TRAITÉ GÉNÉRAL
DE LA VIGNE
ET
DES VINS

Étude Complète au point de vue Théorique et Pratique

DE LA VIGNE

DE LA VINIFICATION

DES VINS

DES RÉSIDUS DE LA VIGNE & DES VINS

DE L'ANALYSE DES VINS

ET DES FALSIFICATIONS

Méthodes de Recherches et d'Analyses précises et douteuses

Description de tous les Appareils employés

Avec 120 Figures dans le Texte

PAR

EMILE VIARD, CHIMISTE

Bibliothécaire de la Société Académique de la Loire-Inférieure

Mentions Honorables, Médailles de Bronze, d'Argent et d'Or.

NOUVELLE ÉDITION DU TRAITÉ GÉNÉRAL DES VINS ET DE LEURS FALSIFICATIONS ENTIÈREMENT REFONDUE ET CONSIDÉRABLEMENT AUGMENTÉE

Ouvrage Honoré d'une Médaille d'Or de 500 francs de l'Académie de Toulouse et d'une Souscription de M. le Ministre de l'Iutruction Publique.

DEUXIÈME MILLE

1892

NANTES	PARIS
EMILE VIARD, Chimiste	J. DUJARDIN, Succr de SALLERON
Rue Kervégan, 10.	Rue Pavée-au-Marais, 24.

TRAITÉ GÉNÉRAL

DE LA VIGNE

ET

DES VINS

NANTES — IMPRIMERIE G. SCHWOB ET FILS

TRAITÉ GÉNÉRAL

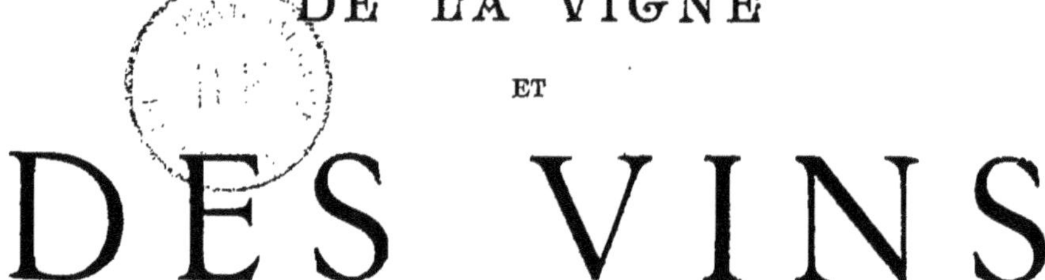

DE LA VIGNE ET DES VINS

Étude Complète au point de vue Théorique et Pratique

DE LA VIGNE

DE LA VINIFICATION

DES VINS

DES RÉSIDUS DE LA VIGNE & DES VINS

DE L'ANALYSE DES VINS

ET DES FALSIFICATIONS

Méthodes de Recherches et d'Analyses précises et douteuses

Description de tous les Appareils employés

Avec 120 Figures dans le Texte

PAR

EMILE VIARD, CHIMISTE

Bibliothécaire de la Société Académique de la Loire-Inférieure

Mentions Honorables, Médailles de Bronze, d'Argent et d'Or.

NOUVELLE ÉDITION DU TRAITÉ GÉNÉRAL DES VINS ET DE LEURS FALSIFICATIONS ENTIÈREMENT REFONDUE ET CONSIDÉRABLEMENT AUGMENTÉE

Ouvrage Honoré d'une Médaille d'Or de 500 francs de l'Académie de Toulouse et d'une Souscription de M. le Ministre de l'Intruction Publique.

DEUXIÈME MILLE

1892

NANTES
EMILE VIARD, Chimiste
Rue Kervégan, 10.

PARIS
J. DUJARDIN, Succr de SALLERON
Rue Pavée au Marais, 24.

PRÉFACE

DU TRAITÉ GÉNÉRAL DES VINS ET DE LEURS FALSIFICATIONS

1884

Comme préface je reproduis un extrait de la lettre que j'ai envoyée à l'Académie des Sciences, Inscriptions et Belles-Lettres de Toulouse en même temps que mon manuscrit, en décembre 1882.

A MESSIEURS LES MEMBRES DE L'ACADÉMIE DE TOULOUSE.

J'ai l'honneur de me présenter au Concours que vous avez institué pour le Grand Prix de 1883.

Le mémoire que je soumets à votre haute compétence est la réponse à la question posée;

« *Indiquer les procédés qui permettent de reconnaître d'une manière sûre les falsifications des vins.* »

La devise que j'ai adoptée pour me servir de nom : *Si la Prudence est mère de la Sûreté, elle est fille de l'Incertitude*, indique bien ma pensée au sujet des falsifications :

C'est que, pour la plupart des corps ajoutés frauduleusement aux vins, il existe peu de procédés *parfaitement certains* pour en démontrer la présence, et que, dès lors, l'expert doit être prudent et s'entourer de tous les renseignements que la science met à sa disposition, avant d'affirmer la fraude : affirmation qui peut enlever à un homme, et sa fortune et son honneur ; mais, en même temps, il lui faut défendre la santé publique contre les dangers que lui font subir les falsificateurs.

Dans la question posée, il ne s'agit que des procédés sûrs pour déceler les falsifications, mais j'ai cru devoir indiquer aussi les procédés contestés ou reconnus inexacts ou peu sensibles, car tel procédé est contesté par un auteur et est tenu pour bon par un autre. Même lorsqu'un procédé est unanimement reconnu inexact, il est bon de le connaître afin d'éviter de faire école, c'est-à-dire de le rechercher en croyant faire une innovation.

La connaissance de tous les procédés donne aussi aux experts une somme de science plus considérable, et, en leur indiquant les travaux antérieurs, les excite à chercher eux-mêmes.

Tel procédé, qui était inexact, est devenu pratique entre les mains d'un autre praticien.

Néanmoins, pour ne pas fatiguer l'analyseur par la lecture de tous les procédés abandonnés ou peu sensibles, j'indiquerai, en tête des chapitres, quels sont les procédés à employer afin d'arriver sûrement au but.

L'ouvrage que je viens de décrire est évidemment le résultat de la compilation des ouvrages antérieurs traitant la question, d'appréciations et d'expériences de la part de son auteur.

Les ouvrages que j'ai consultés sont : (J'ai réuni à la fin de ce livre, sous le titre de Bibliographie, tous les ouvrages traitant des questions intéressant les vins, comprenant ceux qui étaient cités ici, ceux que je me suis procurés depuis et ceux dont j'ai trouvé des extraits).

Je me suis procuré tous ces ouvrages dans le seul but de faire un mémoire qui fût digne de la noble Société à laquelle j'ai l'honneur de le présenter.

Pour la recherche des colorations artificielles des vins, j'ai fait un nombre assez considérable d'expériences sur les réactifs et sur les produits servant à falsifier les vins.

Il est évident que ce mémoire sera ce qu'il y a de plus complet sur la question traitée, puisqu'il donnera tous les renseignements donnés par tous ces ouvrages.

Agréez........

PRUDENCE.

Je ne saurais trop attirer l'attention des experts sur la prudence avec laquelle ils doivent opérer dans la recherche des falsifications et surtout dans les appréciations qui découlent de leurs recherches.

Le chimiste analyseur auquel on envoie tous les jours des substances douteuses, ne doit pas poser en principe qu'elles sont toutes falsifiées, mais bien se rendre compte des altérations naturelles des substances essayées.

Il ne conclura à la fraude que lorsque ses expériences la démontreront d'une façon évidente.

Si les chimistes qui ont publié leurs analyses sur les fraudes des substances alimentaires, avaient insisté sur ce fait qu'on ne leur donne à essayer que des substances déjà très douteuses, les nations étrangères ne se seraient pas emparées de ces faits pour diminuer notre commerce, en jetant une dépréciation, non méritée, sur nos produits.

Emile VIARD.

PRÉFACE

DU TRAITÉ GÉNÉRAL DE LA VIGNE ET DES VINS

1891

Le Traité Général des Vins, imprimé en 1884 en deux éditions consécutives, est épuisé depuis 1888. Malgré de nombreuses demandes, des circonstances indépendantes de ma volonté m'ont empêché, jusqu'à ce jour, de faire paraître une nouvelle édition.

Au sujet de cet ouvrage, j'ai reçu un nombre assez considérable de lettres me demandant de compléter certaines parties de mon livre et d'en ajouter de nouvelles. Si j'avais écouté toutes ces demandes, j'aurais fait une véritable encyclopédie.

Néanmoins, c'est en m'inspirant de ces demandes que j'ai composé le *Traité Général de la Vigne et des Vins*. Sans avoir la prétention d'y avoir mis tout ce qui s'est écrit sur les vins, je crois avoir résumé tout ce qu'il est essentiel de connaître sur cette question. L'article de bibliographie placé à la fin de l'ouvrage permettra aux viticulteurs, négociants en vins et chimistes de pouvoir connaître les ouvrages spéciaux sur chacun des points particuliers qui peuvent les intéresser. Un travail spécial à mon livre, est la description de tous les appareils scientifiques servant à l'étude des vins. Pour obtenir ce résultat, j'ai visité tous les constructeurs de Paris, qui se sont mis à ma disposition, avec une grande bienveillance, pour faciliter mes recherches.

Les nombreuses figures qui ornent ce livre sont dues à des clichés que m'ont envoyés ces constructeurs, dont les noms figurent au bas des dessins. A la fin de l'ouvrage, j'ai placé la liste des constructeurs d'appareils, afin que le lecteur pût se procurer facilement sans perte de temps l'instrument qu'il désire.

Je dois aussi des remercîments sincères à tous les directeurs des grands laboratoires de Paris, qui ont bien voulu me permettre de visiter leurs magnifiques installations, tout en me donnant des explications précieuses.

Enfin, je dois également remercier MM. Salleron, Dujardin, Jarlauld, F. Jean, L.Rey, Courtonne, H. Jay, de Paris; Jean Pi, de Perpignan; Robinet, d'Epernay; C. Blarez, de Bordeaux; Bouffard, de Montpellier; le docteur Campos da Paz, de Rio-Janeiro; Jose de Miquelerena, directeur des douanes de Montevideo et M. Paul Thiry, chimiste à la station de Klosterneuburg (Autriche), qui ont bien voulu répondre à mes demandes de renseignements ou m'envoyer leurs travaux.

Depuis 1884, le nombre des produits servant à frauder les vins a augmenté d'une manière considérable et, par conséquent, les méthodes de recherches de ces produits ont augmenté dans la même proportion, ce qui rend cette étude encore plus difficile.

D'autre part, la fabrication des vins de raisins secs, le sucrage, le salage, le phosphatage et l'introduction des vignes américaines a rendu la question de la couleur des vins plus complexe.

Je dirai donc, encore plus énergiquement qu'en 1884, aux experts, d'agir avec la plus grande prudence dans leurs recherches, et de n'établir leurs appréciations que sur des faits absolument certains; et dans ce cas si la fraude est prouvée, qu'ils poursuivent impitoyablement.

Emile VIARD.

PREMIÈRE PARTIE

DE LA VIGNE

CHAPITRE 1

Histoire. — La Vigne. — Le Raisin. — Le Moût.

HISTOIRE

La Vigne. — La vigne est la première plante dont la Genèse mentionne la culture après le déluge.

La découverte du vin a été attribuée, par les anciens historiens, à Noë, dans l'Arménie ; à Saturne, dans la Crête ; à Bacchus, dans l'Inde ; à Osiris, en Egypte et au roi Gérion, en Espagne.

Quelques auteurs affirment que Bacchus n'est que le nom grec donné à Osiris, lequel aurait trouvé la vigne dans les environs de Nysa (Arabie Heureuse).

Le compilateur grec Athénée (mort au commencement du IIIe siècle de l'ère chrétienne) prétend qu'Oreste, fils de Deucalion, vint régner en Ethna et y planta la vigne.

Selon toute apparence, la vigne est originaire de la Géorgie et de la Mingrélie; d'autres auteurs pensent qu'elle est originaire de la Perse.

Les Chaldéens se sont occupés de sa culture.

Les Hébreux l'ont cultivée avec succès. L'Exode rapporte que deux hommes étaient nécessaires pour porter une grappe cueillie dans ce pays. Ce fait ne serait pas exagéré, si on en croit Strabon (50 ans avant J.-C.), qui affirme que les grappes de ces contrées atteignaient deux pieds de long et que dans la Margiane (Syrie) il y avait des ceps d'une telle grosseur, que deux hommes ne pouvaient en embrasser la tige.

Les Hébreux faisaient de grandes fêtes lors de la vendange ; ils faisaient fermenter le jus dans de grandes cruches et le transvasaient plusieurs fois. Ils connaissaient également plusieurs boissons fermentées, sous le nom de *sichor* (vin d'orge, vin de dattes, hydromel).

Les Phéniciens reçurent la vigne des Hébreux et la transportèrent en Grèce, chez les Carthaginois, en Sicile et à Marseille.

Ce n'est qu'à la fin de son règne, que Numa Pompilius (—714) introduisit la vigne chez les Romains ; il en favorisa la culture et en enseigna la taille.

Les Romains estimaient tellement la vigne, que l'on voit, par les Lois Justiniennes, que quiconque serait atteint et convaincu d'avoir coupé un cep, serait condamné au fouet, à avoir le poing coupé, et à la restitution du double du dommage occasionné.

De Marseille, la vigne gagna la Gaule, l'Espagne et le Portugal.

Du temps de César (—44), il y avait une grande quantité de vignes à Marseille et à Narbonne qui se répandirent dans tout le bassin du Rhône.

En l'an 92, Domitien fit arracher les vignes de la Gaule, sous prétexte qu'elles attireraient les barbares, mais l'empereur Marcus Aurelius Valerius (Probus) rendit aux Gaulois, en 276, la liberté de la culture de la vigne.

La vigne monta le long du Rhône jusqu'aux rives de la Moselle. Les ducs de Bourgogne étaient très fiers de leurs vins ; on les désignait souvent sous le nom de *Princes des bons Vins*.

Saint Martin introduisit la vigne en Touraine, et saint Remy à Reims et à Laon.

Charlemagne en encouragea la culture.

La vigne gagna même l'Angleterre, où l'on voit encore quelques pieds conservés précieusement, mais mis en serre.

Cette disparition de la vigne des pays septentrionaux est la preuve indiscutable du refroidissement lent de la terre.

Le roi de Hongrie Bela IV, fit le premier venir des fameuses collines de Formies le *formint*, plant cultivé sur le mont Mèzes-Male (Haute-Hongrie) et dont tous les produits étaient réservés à la table de l'Empereur.

Aujourd'hui, la vigne est en pleine production en Europe, du 35e au 40e degré de latitude Nord.

Le Vin. — Homère parle d'un vin pouvant supporter 20 fois son volume d'eau. Lycurgues (au xe siècle avant J.-C.) montrait comme exemple, au peuple grec, des esclaves ivres.

Le roi Salomon (—1016 à —976) attribuait au vin la faculté de fortifier l'entendement.

Eschyle (—525 à —456), tragédien grec, a chanté les vertus du vin.

Platon (—427 à —347), philosophe grec, l'interdit aux jeunes gens au-dessous de 22 ans.

Aristote, qui vivait en Grèce, au ive siècle avant J.-C., dit que les vins d'Arcadie se desséchaient tellement dans les outres, qu'il fallait les racler et les délayer dans l'eau pour les boire. Il interdit le vin aux enfants et aux nourrices.

Les Grecs prévenaient l'ivresse en se frottant les tempes avec des onguents toniques.

Caton, mort en —145, est le premier Romain qui ait écrit sur le vin, il ne cite que huit sortes de raisins.

Le vin Maréotique, récolté près d'Alexandrie, faisait les délices d'Antoine (—143 à —87) et de Cléopâtre.

Dioscorides, botaniste grec, du commencement de l'ère chrétienne, parle du *cœcubum dulce* et du *surrentiaum austerum;* il indique l'âge de sept ans, comme terme moyen, pour boire ces vins.

Columelle, agronome du Ier siècle, caractérisa 58 sortes de raisins.

D'après les Géoponiques, les anciens ne savaient que soutirer et transvaser le vin.

Horace (mort en +8) et Virgile (mort en +19) ont chanté les différents vins de Falerne, Massique, Cecube, Calenum, Puccris et Sétris ; les vins grecs estimés des Romains : Chio, Clazomène, Chypre, Lesbos, Sicyone et Thasos ; ceux d'Asie, du Mont-Liban, de Tyr et de Calébon.

Horace a chanté un vin de cent feuilles ; selon lui, le vin de Hongrie était servi à la table de Mécène. Virgile cite les vins mousseux.

Palmerius affirme que Rome ne permettait aux prêtres que trois petits verres de vin par repas.

Pline, le naturaliste (Ier siècle), caractérisa 80 sortes de raisins. Il a décrit deux qualités de vin d'Albe, l'un doux et l'autre acerbe ; il parle également de vins gardés 100 ans, épais comme du miel et qu'on ne pouvait boire qu'en le délayant dans l'eau chaude et le filtrant à travers un linge *(saccatio vinorum) ;* il cite encore un vin de 160 ans servi sur la table de Caligula.

Martial, mort en 102, conseille de filtrer le cœcube sec.

Galien, médecin et écrivain grec, né en 131, a beaucoup écrit sur les vins et c'est l'auteur qui les a le mieux décrits. Un certain nombre de vins d'Asie étaient mis dans de grandes bouteilles suspendues aux coins des cheminées ; là ils acquéraient, par l'évaporation, la dureté du sel (opération nommée *fumarium);* c'était plutôt des raisinés.

Les Romains tiraient leurs meilleurs vins de la Campanie, aujourd'hui terre de Labour, dans le royaume de Naples. Le Falerne et le Massique, tirés des vignobles placés sur les collines autour de Mondragon, aux pieds desquelles coule le Garigliano, nommé Iris par les anciens. Les vins de Amiéla et de Fondi, près de Gaëte ; le raisin Suessa, près de la mer.

Les Grecs avaient deux sortes de vins : le protopon et le deuterion, suc qui s'écoule du raisin avant le foulage et suc extrait par le foulage ; les Romains les appelaient *vinum primarium* et *vinum secundarium.*

Les Romains buvaient aussi le moût tel qu'il sortait de la cuve ; ce *mustum,* quand on l'avait cuit, prenait le nom de *frutum,* et quand on l'avait réduit de moitié ou deux tiers, celui de *sapa ;* ce n'était qu'une sorte de raisiné. Les légionnaires, au commencement de la République, ne connaissaient pas d'autre régal que ce raisiné, dont ils se faisaient des tartines.

Athénée cite deux sortes de Falerne, vins qui ne se buvaient, en général, pas avant 10 ans, ni après 20 ans. Le vin d'Albe ne se buvait qu'après 20 ans et le surentinum qu'après 25 ans.

Les Carthaginois prohibaient le vin en temps de guerre.

Palladius, agronome romain, qui vivait au IIe ou au IVe siècle, dit que les Grecs, très friands de leurs raisins, conservaient longtemps les grappes sur les ceps en les tenant renfermés dans de petits vases de terre cuite, percés par en bas et bien clos par en haut.

Depuis ces époques reculées, la culture de la vigne et la préparation des vins ont fait des progrès constants. Je ne dirai que quelques mots des vins les plus célèbres.

Les vins de la Champagne sont connus depuis le règne d'Urbain II, élu en 1088 ; le vin préféré par ce pape était un vin rouge semblable à celui de Bouzy. Les vins d'Ay ont été célébrés par Eustache Deschamps, en 1400, mais ce n'étaient pas des vins mousseux.

D'après dom Grossart, ce serait dom Pérignon, procureur d'Hautvillers, mort en 1715, qui aurait trouvé le moyen de faire le vin blanc mousseux.

Les vins de Bordeaux sont les vins de France les plus anciennement connus pour leurs qualités. On lit dans les registres de la Douane de Bordeaux, en 1350, qu'il sortit du port 141 navires chargés de vins ayant produit 5004 livres 16 sols de droits (monnaie bordelaise). En 1372, dit encore Froissart, arriva d'Angleterre une flotte de 200 voiles qui allait aux vins. 150 ans après, Champier disait que l'Angleterre ne connaissait pas d'autres vins et grains, que ceux de France.

Il paraît, qu'autrefois, les vins des coteaux de Paris furent renommés parmi les meilleurs. Le vin de Montmartre était recherché comme ceux de Bordeaux aujourd'hui. Le vin de la Goutte-d'Or était si célèbre au moyen-âge que la ville en offrait quatre tonneaux au roi à chaque anniversaire de son couronnement. En 1214, à l'exposition internationale des vins, à Paris, le vin de Chypre fut déclaré le pape des vins, le Malaga, cardinal, et le cru de la Goutte-d'Or, l'un des trois rois. (L'Allemagne refusa de participer à cette exposition).

LA VIGNE

Description. — La vigne est un arbrisseau du groupe des dicotylédonées, de la famille des ampélidées ou sarmantacées, le *vitis vinifera* (Linné). Elle est classée par Tournefort dans la 2e section de la 21e classe, qui comprend les arbres ou les arbrisseaux à fleurs rosacées, dont le pistil devient une baie ou une grappe composée de plusieurs baies. Dans le système de Linné, elle est classée dans la pentendrie monogynie, c'est-à-dire avec les plantes dont les fleurs hermaphrodites ont cinq étamines et un pistil. Selon Jussieu, elle fait partie de la 13e classe, ordre 12e.

C'est une plante sarmenteuse et grimpante et quelquefois formant des buissons ; elle est très résistante.

Les racines se croisent dans tous les sens, elles sont tortueuses et acquièrent un grand développement si le sol est riche en principes fertilisants.

Dans une terre franche et profonde, les racines d'une vigne provenant de pépins s'enfoncent perpendiculairement, formant ainsi un pivot duquel partent des branches latérales. Les racines de vigne venues de crocette sortent par touffes annulaires à chaque nœud, traçant horizontalement dans toutes les directions ; il en meurt beaucoup, les plus fortes se ramifient et se prolongent jusqu'à une assez grande distance ; en même temps il en vient d'autres sur le tronc principal, elles ne vivent que quelques années et sont remplacées au fur et à mesure ; ces racines forment autour de la souche une touffe épaisse de filaments, *radicelles* ou chevelus ; elles sont très sensibles aux changements atmosphériques. Ces petites racines, qui sont douées d'une puissance aspirante très grande, recherchent les fentes des pierres et des rochers ; un excès d'eau les fait pourrir ; elles sont si tenues, si déliées, qu'on leur donne le nom de capillaires. La tige ou tronc est toujours couverte d'aspérités ; elle donne naissance à de gros nœuds, plus ou moins éloignés les uns des autres, et à une écorce de couleur brune, si faiblement adhérente, qu'il s'en détache continuellement des écailles ou longs filaments. Il n'y a donc pas d'aubier et toute la partie du pourtour est très dense. Les tiges de la vigne sont propres à recevoir toutes les formes qu'on veut leur donner. Elle peut atteindre des dimensions considérables, ainsi qu'on le verra plus loin.

Les rameaux, sarmenteux, sont formés de cylindres séparés par des nœuds proéminents qui supportent une feuille à l'aisselle de laquelle se trouve un bourgeon produisant une nouvelle ramification, souvent dès la première année. Du côté opposé aux feuilles se forment des vrilles tournées en spirales, qui servent aux branches à s'accrocher aux corps qu'elles peuvent atteindre pour se soulever et éviter aux grappes le contact de la terre, ce qui pourrirait les baies avant la maturité des graines.

Les feuilles sont alternes, grandes, palmées, en cœur, entières ou découpées en plusieurs lobes, et le plus souvent dentées dans leur pourtour, tiennent au sarment par un long pétiole, à la base duquel se trouve un bourgeon et deux stipules épaisses, ovales ou quadrangulaires, à angles arrondis, qui servent d'enveloppe aux jeunes feuilles du bourgeon. Les feuilles sont ordinairement quinquelobées, le limbe est plus ou moins découpé ; il y a quatre nervures principales, une nervure médiane, qui est la plus robuste et des nervures secondaires, partant de la nervure médiane. Ces nervures sont saillantes à la face inférieure et au niveau de la face supérieure. Les feuilles sont disposées sur les rameaux en spires suivant deux lignes opposées. La fleur, rosacée, est composée de 5 pétales qui, vers le sommet, se rapprochent d'un calice à peine visible, divisé en 5 petits onglets ; ces pétales sont soudés entre eux par le haut.

Ces fleurs, disposées en grappes opposées aux feuilles, tombent rapidement. Au milieu de la fleur on distingue un pédicelle terminé par un réceptacle sur lequel sont insérées de petites glandes ou nectaires qui sécrètent l'huile essentielle qui donne à la fleur son arome ; elles alternent avec des filets supportant à leurs extrémités de petites masses, creuses à l'intérieur, appelées anthères, dans lesquelles on trouve une petite pousière jaune, nommée pollen ; ce sont les étamines ou organes mâles.. Le pistil ou organe femelle, couronné d'un stigmate obtus, sort du milieu du calice ; la partie inférieure, ou ovaire, est divisée en deux loges, contenant chacune 1 ou 2 ovules ; l'ovaire communique au stigmate par un canal étroit. Au moment de la floraison, le stigmate, imprégné d'un enduit visqueux retient le pollen qui se gonfle et dont l'enveloppe crève ; l'intérieur du pollen s'allonge, et traversant le canal du pistil, arrive à l'ovaire, où la fécondation a lieu.

Les fleurs sont hermaphrodites dans l'ancien continent, dioïques ou polygames dans les vignes du nouveau continent.

L'embryon devient une baie ronde dans laquelle on trouverait toujours 5 semences, si une ou deux, et quelquefois trois d'entre elles n'avortaient. Le fruit ou raisin est une baie sphérique, quelquefois ovoïde et même presque cylindrique ; les baies sont portées par des pédicelles reliés à une tige ou rafle qui s'implante sur un pédoncule attaché au sarment.

La baie se nomme grain de raisin, l'ensemble des baies et des supports se nomme raisin ou grappe de raisin.

Les baies se composent de trois parties : les grains ou pépins, la chair ou pulpe et la peau ou pellicule.

Les pépins, au nombre de deux, trois et rarement quatre, sont allongés, ayant une extrémité arrondie et l'autre en forme de bec plus ou moins long. La partie la plus étroite est réunie au pédoncule par un faisceau vasculaire mince et court. Ces pépins sont durs, ayant un albumen corné et huileux ; ils présentent à leurs surfaces des fossettes et des proéminences différentes, qui servent à caractériser les espèces.

La chair est tantôt fondante, tantôt résistante, élastique et dure ; sa couleur est ordinairement verdâtre, ayant des teintes plus ou moins vineuses dans les raisins foncés.

Du pédicelle partent des faisceaux qui vont s'insérer sur graines, et qui y sont tellement adhérentes que, lorsqu'on arrache la baie, il reste sur le pédicelle une petite partie de la pulpe.

La peau est formée de deux parties : la pellicule qui enveloppe la chair ou épicarpe, et d'une portion de la chair elle-même, ou sarcocarpe, qui demeure adhérente à l'épicarpe. L'épicarpe est formé d'une couche de cellules qui, dans presque toutes les variétés, contiennent seules la matière colorante soluble seulement dans l'alcool.

La couleur de la pellicule est des plus variées ; blanche, jaune, verte, rouge, violette et même violet-noire. C'est d'après la couleur que l'on classe d'abord les raisins : blancs, rouges et noirs.

Vigne sauvage. — La vigne est naturellement sauvage, et à cet état elle arrive à une vieillesse très grande, et, dans ce cas, elle prend des proportions étonnantes. La cathédrale de Ravenne possède des portes construites en bois de vigne dont les planches ont près de 4 mètres de hauteur sur 0m27 à 0m32 de large. Ce bois passait pour indestructible, les anciens en faisaient des statues de dieux, des portes et des escaliers de temples.

La vigne sauvage, désignée par les anciens sous le nom de *labrusca*, croît depuis longtemps dans le Midi où on l'appelle *lambresquiero* et lambrusco ; elle ne diffère de la vigne cultivée que par ses feuilles plus petites et plus cotonneuses ; dans ces pays, les haies sont garnies de vignes sauvages dont le raisin, plus petit, mûrit mais n'a jamais le goût de celui de la vigne cultivée.

Dans la Floride, en Amérique, dans presque tout le Pérou, la vigne croît naturellement ; en Afrique, la végétation de la vigne est si puissante qu'elle traverse des fleuves.

Vignes géantes. — En 1888, on a signalé à Oggau (Autriche) un pied de vigne supportant près de 700 grappes.

Aux Etats-Unis, on signale deux vignes apportées par des missionnaires espagnols. On les nomme les vignes de la mission. La première, la plus vieille, couvre un espace de dix mille mètres carrés ; la récolte de ce pied est en moyenne de onze mille livres de raisins superbes ; les grappes pèsent en moyenne cinq ou six livres et produisent un vin noir, épais et saturé d'alcool. La deuxième vigne n'a que 25 ans et elle produit déjà 6,000 livres de raisin par an. A un mètre du sol, sa circonférence est de 1m20.

En Angleterre, on connait deux vignes célèbres : celle de Hampton-Court, à 19 kilomètres de Londres, qui a 43 mètres de long ; sa tige, à 1 mètre au-dessus du sol, mesure 90 centimètres de circonférence ; elle a produit jusqu'à 2,500 grappes, réservées à la table de la reine d'Angleterre ; elle a été plantée en 1768, et celle de Guberland-Lodge, dans le parc de Windsor, produisant 2,000 livres de raisins chaque année ; malheureusement, il est loin d'être bon.

En Cochinchine, certaines vignes s'élèvent à plus de 50 mètres.

Espèces. — La vigne comprend une vingtaine d'espèces, parmi lesquelles je citerai : la vigne cultivée, *vitis vinifera*, ; la vigne à gros fruits, *vitis labrusca* ; la vigne vulpine, *vitis cordifolia*, etc. Ces espèces se subdivisent en de très nombreuses variétés. A la pépinière de Luxembourg, on est arrivé à en réunir 1,400 variétés, parmi celles qui sont cultivées en France.

La vigne laciniée, *vitis laciniosa*, connue sous le nom de Ciotat, raisin d'Autriche, ne paraît être qu'une variété de la vigne cultivée. M. Romanet du Caillaud a transmis à l'Académie deux espèces de vignes chinoises, croissant dans les terrains granitiques de la province de Chen-Si ; elles ne sont pas cultivées et cependant leurs fruits donnent un vin d'une saveur aromatisée framboisée qui rappelle le vin de Bourgueil.

COMPOSITION CHIMIQUE

La Vigne. — Comme dans toutes les plantes, la partie fibreuse de la vigne est composée, pour la plus grande part, de cellulose, cutose, etc.

Les racines renferment du sucre de canne et des sucres réducteurs (Gayon et Millardet, Comptes Rendus, 1879).

La souche renferme neuf fois autant de sels minéraux que le raisin, quatre fois plus de sels alcalins, et quatorze fois autant de sels terreux, parmi lesquels six à sept fois autant de phosphates. Sèche, elle donne environ 6 % de cendres, qui se décomposent ainsi :

Sulfate de potasse.............	0,25
Chlorure de potassium.........	0,13
Carbonates alcalins............	0,97
Carbonate de chaux...........	2,97
Carbonate de magnésie	0,23
Phosphate de chaux...........	0,92
Phosphate. de fer.............	0,10
Silice........................	0,33
	5,90

(Berthier.)

Les cendres de la vigne contiennent de 19 à 20 % d'oxygène ; les proportions de la potasse, de la soude, de la chaux et de la magnésie y sont très variables, mais la somme de l'oxygène que ces bases contiennent reste sensiblement la même.

A. Petit a indiqué que les feuilles contiennent du sucre de canne et du sucre interverti, ou mieux inverti. Il a extrait de 1 kilogr. de feuilles, 17 gr. 5 de sucre inverti et 15 gr. 8 de sucre de canne ; elles contiennent aussi de l'acide tartrique.

M. Descloizeaux a donné les analyses suivantes, par kilogr. :

Les feuilles de la pointe des rameaux fructifères contiennent 14 gr. 21 de sucre et 7 gr. 41 de crème de tartre ; les feuilles de la base, 10 gr. 81 de sucre et 5 gr. 12 de crème de tartre. Les rameaux stériles lui ont donné de 11 gr. 65 à 11 gr. 93 de sucre et de 4 gr. 91 à 6 gr. 90 de crème de tartre.

Les feuilles sont les appareils générateurs du sucre, ainsi que cela a été démontré par M. Aimé Girard, pour la betterave, et par M. Mocagno, pour la vigne ; il faut donc avoir le plus de feuilles possible. D'après M. Mocagno, les sucres et l'acide tartrique se forment préférablement dans les feuilles supérieures du rameau à fruit, et cette production du sucre marche avec celle du raisin ; dans les rameaux verts on trouve peu de matière saccharifiable (amidon, dextrine), tandis qu'elle abonde dans les feuilles. Wittstein a retiré, du suc des jeunes rameaux, du citrate et du lactate de potasse, mais pas d'acide malique. Berthelot et de Fleurieu ont constaté sur le pinot rougeau que, vers le 1er juillet, quand le grain commence à grossir visiblement, l'acide tartrique est concentré dans le raisin et dans la feuille ; le bois n'en a que fort peu. A la fin du mois, la proportion devient quadruple dans la feuille ; enfin, à la vendange, la crème de tartre diminue dans les feuilles et est remplacée par une quantité notable de tartrate de chaux, qui disparaît à la maturation complète.

Raisin. — La rafle se compose de ligneux, tannin, de la chlorophylle, si elle est verte, et des sels organiques et inorganiques, surtout du bitartrate de potasse.

Les pépins sont formés d'une substance amylacée, de gluten, d'albumine, de tannin et de sels organiques et minéraux.

Lorsqu'on examine au microscope la coupe longitudinale d'une partie de la paroi d'un pépin, on constate qu'entre les cellules de l'épiderme, riche en tannin, et les endospodermes (cellules graisseuses du centre), se trouvent : 1° une couche de cellules à amidon ; 2° une couche de cellules à raphides ; 3° une couche durcie, et 4° une enveloppe interne. Les gouttes huileuses du pépin sont donc bien enfermées.

La chair ou jus du raisin constitue presque exclusivement le moût dont je donne la composition plus loin.

Ce jus contient de 15 à 40 °/₀ de sucre, de la dextrine ou des matières réduisant la liqueur de cuivre, dans la proportion de 1 à 2 centièmes du poids du glucose.

Les pellicules sont constituées par de la cellulose, des huiles essentielles, des matières colorantes, rouges, bleues ou jaunes, et des sels.

Les pellicules noires contiennent, pour cent de cendre : potasse, 41,656 ; soude, 2,130 ; magnésie, 6,019 ; oxyde de fer, 2,107 ; oxyde de manganèse, 0,758 ; acide sulfurique, 3,48 ; chlore, 0,496 ; silice, 3,464 ; acide phosphorique, 19,575.

Les pellicules blanches contiennent : potasse, 46,887 ; soude, 1,618 ; chaux, 21,731 ; magnésie, 4,451 ; oxyde de fer, 1,971 ; oxyde de manganèse, 0,511 ; acide sulfurique, 3,882 ; chlore, 0,713 ; silice, 2,571, et acide phosphorique, 15,665 (Crasso).

Le raisin non privé de ses pépins contient (Gautier) de 2 à 3 et jusqu'à 25 °/° de sucre.

Le raisin blanc Furmint, qui donne le Tokai, renferme	13,78 °/₀ de sucres.		
— Kleinberger,	—	10,59	—
— Johannisberg, en partie séché	—	19,24	—

Eau, 80 à 84 ; partie insoluble, 3,50 à 2,52 (J. Brun).

Le maximum du sucre se trouve dans le premier jus extrait ; le jus des peaux est moins riche, celui des parties centrales plus pauvre encore. Le maximum de l'acide se trouve dans la partie centrale et le minimum dans la peau ; la distribution du tartre est la même. Le maximum d'acide tartrique libre a été trouvé dans le premier jus, puis dans le jus des peaux, et enfin dans la partie centrale ; les raisins tout à fait mûrs n'en n'ont plus. L'acide malique abonde surtout au centre, le minimum est dans la peau (Mach et Portelle ; Annales agronomiques, 1886).

Brandenburg et Brunner (J[l] Ph. et Ch., 1877, t. 25, p. 262) ont démontré a présence de l'acide succinique dans les raisins verts. Ils saturent le jus avec de la craie, filtrent, font bouillir, filtrent encore et concentrent en masse épaisse, traitent par l'eau chaude et le noir animal, filtrent, concentrent et abandonnent dans un milieu froid; la liqueur dépose des croûtes cristallines de succinate de chaux.

A. Bouffard (Annales Ecole N[le] Agric. Montp.), par quelques expériences, a cherché quelle était la composition du sucre dans le raisin, et il conclut qu'au début de la formation du grain, la glucose prédomine; c'est vers la véraison que l'égalité des sucres a lieu, puis la lévulose augmente, et, à la maturation, la composition est à peu près la même que celle du sucre inverti; le pouvoir rotatoire varie de + 0°5 à — 6°1.

Dans la maturation finale, les acides sont partiellement oxydés dans le raisin; l'acidité diminue, tandis que le sucre augmente; le raisin dégage alors de l'acide carbonique à l'obscurité et à la lumière (Saint-Pierre).

Chacune des parties de la grappe exerce une influence notable sur la qualité et la composition du produit fermenté.

La *rafle,* herbacée et ligneuse, cède surtout une certaine quantité d'acides, spécialement de l'acide tannique et une matière amère.

Les *pépins* contenant du tannin et une huile grasse altérable, en partie soluble dans le sulfure de carbone, en laissent passer une minime partie dans les vins.

Les pépins ont donné à Crasso, par l'analyse des cendres, en centièmes: Potasse, 27.87; Soude, pas; Chaux, 32.18; Magnésie, 8.53; Oxyde de fer, 0.45; Oxyde de Manganèse, 0.35; Acide sulfurique, 2.40; Chlore, 0.27; Silice, 0.95 et Acide phosphorique, 27.00.

Berthier a obtenu sur les pépins secs 2 °/₀ de cendres, qui se décomposent ainsi: Sulfate de potasse, 3.5; Chlorure de potassium, 1.5; Carbonates alcalins, 13.5; Phosphate de chaux, 50.0; Carbonate de chaux, 17.5; Carbonate de magnésie, 14.0.

Les *pellicules* fournissent un acide tannique spécial et une catéchine, une grande partie de la matière colorante rouge et du bitartrate de potasse dont cette partie est très chargée. D'après quelques analyses de Berthelot et de Fleurieu, les pellicules contiennent de 1/4 à 3/4 de l'acide tartrique total et de 1/3 à 2/3 de tout l'acide libre.

Les expériences de Crasso ont démontré que la soude qui, dans les cendres de bois, se trouve en proportion assez notable, diminue dans toutes les parties du fruit et manque dans les pépins. C'est le contraire pour la potasse qui, dans le jus surtout, s'élève aux deux tiers du poids des cendres.

On remarque, dans les pellicules et les pépins, la présence du manganèse (Lebaigue). Un vin rouge est plus foncé dans un sol contenant du manganèse que dans une terre qui n'en contient pas; et il se trouve en proportion plus considérable dans les raisins noirs que dans les raisins blancs (Ladrey, Dijon, 1857).

M. L'Hote (Comptes Rendus, 11 mars 1887) a trouvé de l'alumine dans un raisin rouge de Thommery, bien lavé. Pour 100 grammes de grains, il a dosé 0 gr. 0027 d'alumine, et pour 100 grammes de rafle, 0 gr. 0462.

M. Galippe (J[l] de Ph. et Ch., 1887, t. 15, p. 430), a constaté la présence du cuivre dans les raisins :

Un raisin de Malaga contenait, par kilogr., 0 gr. 0028 de cuivre.
— Corinthe — — 0 gr. 0044 —

Le Moût. — Le moût est le liquide provenant de l'expression du raisin égrappé ou non. Sa composition est très variable quant aux proportions des corps contenus, mais ceux-ci sont presque toujours les mêmes.

La densité du moût varie de 1060 à 1090, l'eau étant 1 à 15°.

Le moût contient de l'*eau* dans la proportion de 60 à 80 °/₀.

Du *Sucre de raisin* (glucose et lévulose) ; il en contient en moyenne (J. Brun) :

Dans le centre de la France et en Suisse, 15 à 25 °/₀.
— nord — Allemagne, de 12 à 14 °/₀.
— midi — Espagne et en Italie, jusqu'à 40 °/°.

Le moût des raisins du Rhin (Frésenius) contient en moyenne 24 gr. 96 °/₀.

Il y en a 20 gr. 73 qui disparaissent, et au bout de deux ans on trouve 8.45 °/₀ d'alcool et 4.14 de sucre.

Les moûts de Champagne contiennent les proportions suivantes (Robinet) : par litre, Ay, 101 gr. 5 à 102 grammes ; Monthelon, 131 à 155 ; Epernay, 135 à 172 ; Verzenay, 131 à 162,4 ; Verzy, 144 à 162,4 ; Cumières, 155 à 168 ; Rilly, 115 à 178 ; Damery, 146 à 167,5 ; Vertus, 101,5 et Mareuil, 146.

On y trouve du *tannin* et un *ferment.* Il contient ensuite de 2 à 3 °/₀ de *cellulose, matières gommeuses, pectiques* et *mucilagineuses ;* de la *dextrine* (1 à 2 centièmes du poids du glucose), ou plutôt deux matières réduisant la liqueur cuivrique et donnant de l'acide mucique par oxydation ; de l'*inosite ;* 6 à 10 gr. par litre de *bitartrate de potassium ;* des *substances grasses* en fortes proportions, dont une concourt à la formation de l'éther œnanthique ; des *matières azotées,* solubles dans l'eau et l'alcool, et des *matières albuminoïdes ;* des *acides organiques,* surtout de l'*acide tartrique,* puis de l'*acide pectique,* de l'*acide pectinique,* de l'*acide malique* et de l'*acide paratartrique,* en partie saturés par la *potasse,* la *chaux* et un peu de *soude,* d'*ammoniaque,* de *magnésie,* d'*alumine,* d'*oxyde de fer* et quelquefois de *manganèse ;* des *phosphates,* une faible proportion de *chlorures,* une trace de *silice* et un peu de *sulfate de potasse.*

La densité moyenne du moût, en France, est de 1.140 ; la densité la plus faible est de 1.050.

D'après Guyot, la composition moyenne du moût est de :

Eau, 78 ; Glucose, 20 ; Acides libres, 0.25 ; Sels ou Acides organiques, 1.50 ; Sels minéraux, 0.2 ; Matières organiques, 0.05.

Crasso, qui a analysé les cendres du moût, donne les renseignements suivants :

Moût de raisins noirs : Potasse, 65,043 ; soude, 0,423 ; chaux, 3,374 ; magnésie, 4,736 ; oxyde de fer , 0,427 ; oxyde de manganèse, 0,747 ; acide sulfurique, 5,544 ; chlore, 1,029 ; silice, 2,099 ; acide phosphorique, 16,578.

Moût de raisins blancs : Potasse, 62,745 soude, 2,659 ; chaux, 5,111 ; magnésie, 3,956 ; oxyde de fer, 0,403 ; oxyde de manganèse, 0,305 ; acide sulfurique, 4,895 ; chlore, 0,700 ; silice, 2,182 ; acide phosphorique, 17,044.

Boussingault y a trouvé quelques gaz ; de l'*acide carbonique,* de l'*azote*, mais pas d'oxygène, faits confirmés par Berthelot.

Dans un litre de moût de raisins blancs, Pasteur a dosé : Azote de 11^{cc} à 15^{cc} et acide carbonique de 80^{cc} à 94^{cc},6 ; il n'y a pas trace d'oxygène.

Même à l'air, le moût ne contient pas d'oxygène libre, car ce gaz se combine au fur et à mesure avec les principes oxydables. Mais le moût agité avec l'air contient de l'oxygène.

Le moût contient encore des *huiles essentielles ;* des *matières colorantes* jaunes, bleues et surtout rouges ; de 0,2 à 0,8 % de substances azotées ; mal définies de nature albuminoïde, qui, sous l'action d'organismes spéciaux, donnent au contact de l'air des ferments puissants (Ch. Girard).

Par litre, le moût donne de 3 gr. 25 à 3 gr. 75 de cendres et 150 grammes à 280 grammes d'extrait sec à 100. Le poids de l'extrait du vin n'est pas proportionnel à celui du moût.

On a, quelquefois, trouvé dans le moût de l'hydrogène sulfuré, provenant de la fleur de soufre qui a servi à saupoudrer la vigne contre l'oïdium ; quelquefois cette présence est due à l'emploi d'engrais sulfurés.

La composition chimique du moût, comme celle du raisin, varie, non seulement suivant les cépages, mais encore et surtout suivant les terrains.

Dans un sol sec, le jus contiendra beaucoup de sucres et peu d'acides ; dans un sol humide, il y aura beaucoup d'eau, d'acides, de mucilages, de matières azotées et moins de sucres.

Les roches basaltiques, volcaniques, granitiques, cèdent au raisin, en plus ou moins grande quantité, des sels de potasse, soude et chaux ainsi que de l'alumine et de la silice.

Les sols argileux ou marneux donnent des moûts plus faibles, moins sucrés, plus chargés de potasse que ceux des terrains granitiques ou calcaires.

Les sols calcaires et sableux fournissent une moins grande quantité de potasse. Les raisins venus sur les terrains ocreux contenant du manganèse, comme les côtes du Rhône, le Mâconnais et le Jura, renferment de ce métal.

Dans les climats chauds, la proportion de sucre est plus forte que dans les pays du Nord, et dans le même pays, même cépage, la proportion de sucre est plus faible, la proportion d'acides plus forte, dans les années humides et froides que dans les années sèches et chaudes.

CHAPITRE 2.

Cépages français. — Cépages étrangers. — Vignes américaines.

CÉPAGES FRANÇAIS

Je n'ai pas l'intention de développer beaucoup ce chapitre, car l'étude complète des cépages formerait à elle seule un volume énorme. Des travaux fort importants ont été faits sur cette question; en tête, le Comte Odart, puis Rendu, Planchon, Pulliat, Rovasenda et, en dernier lieu, MM. Portes et Ruyssen.

Il est souvent difficile de s'y reconnaître dans les noms des cépages, car le même cépage porte un grand nombre de noms différents, suivant les pays où il est cultivé.

Les cépages qui produisent les vins les plus renommés sont : En *Champagne* et en *Bourgogne*, les pineaux ou pinots rouges, syn. noirien rouge, franc pinot, cépages hâtifs et qui donnent les grands vins de la Bourgogne et de la Côte-d'Or.

Les pinots blancs, noirien blanc, chaudenay, cépages hâtifs fournissant le Montrachet, le Champagne et le Chablis.

Les autres cépages de ces pays sont : le petit plant doré, le pinot noir (ou pineau) syn. noirien, auvernat, salvagnin, schwarz-clävner ; le pinot gris, syn. muscadet, beurot, cordelier gris ; et le pinot blanc, qui donnent les vins supérieurs. Le tusseau et le césard donnent les vins ordinaires. Le gamay noir, le gamay blanc et le meunier donnent les vins communs. On trouve encore le verrot ou tressot et le morillon blanc, syn. épinette, weiss-clävner, auvernat blanc, arnoison et merlier.

Dans le *Jura,* on trouve le Poullard ou Poulsard.

Les vins de l'*Hermitage* sont fournis par la petite sirrah ou syrrah, de maturité tardive, on lui associe le roussanne et le marsanne.

Le *Beaujolais* cultive aussi ces cépages et leur associe le vionnier blanc, le gamay, chalosse, jurançon, penouille, maussein, charge-fort, pignon mercier, amaraye ; cépages abondants.

Le *Midi de la France* cultive le furmint et le macabeo pour les vins de liqueurs ; les cépages noirs donnant les vins rouges ; le carignane ou monestel, le rebalaire, l'aramon, le grenache, le petit-bouschet, le terret, le mourvèdre ou espar, le teinturier, etc. ; et, parmi les cépages blancs, le picpoul, la clairette ou ugniblanc, le colombeau ou chalosse, les diverses variétés de muscats, le barbaroux, le pascal blanc, etc. Les vins riches sont fournis par le ribarein, le mourvèdre, le picpouille, les muscats, le grenache, et les vins communs par l'aramon, le terret et le bourret.

Les cépages : mataro, grignarc, brun-fourca, manosque, san-anthony, maroquin et chauché gris, donnent les vins d'exportation ordinaires.

Au *Sud-Ouest,* on préfère, dans les cépages noirs, le carbenet, ou carmenet ou petite vuidure ou breton, le merlot, le verdot et le malbec, et dans les cépages blancs, le sauvignon, le semillon et la muscatelle.

Les vins de la Gironde sont fournis par le carbenet ou carbenet sauvignon ou petite vuidure frisée, le gros carbenet ou grosse vuidure, les petits et gros verdots, le malbec ou mauzac ou noir de Pressac et le merleau.

Les vins de Médoc viennent du carbenet sauvignon, deux tiers, et des carmenère, merlot, malbec, petit verdot.

Les vins de Graves sont produits par la petite vuidure sauvignone, la grosse vuidure, estrangey ou mouzac (malbec du Médoc), le merlet et le petit verdot ; dans les vieilles vignes on trouve le balouzat ou hourca, le cruchinel et le massoutel.

Le Sauterne vient du sauvignon, du semillon et de la raisinotte blanche.

Les vins de côtes, du carbenet sauvignon, du merlot et du malbec ou cot.

Les vins de Palus, du petit verdot et aussi du gros verdot et du verdot colon ; pour la quantité le gros colon et la folle rouge.

Le massoutel, le cruchinel et le balouzat donnent des vins corsés de couleur légère et d'une fertilité moyenne.

Les vins ordinaires viennent du mancin, teinturier, alicante, peloye, cioutat, petite et grosse chalosse noire, pieds de perdrix, balouzat, jurançon, etc.

La Charente retire de la folle blanche et de l'épinette les meilleures eaux-de-vie ; ce cépage part des Pyrénées et suit la côte Ouest jusqu'au Maine-et-Loire.

Les vins du Cher sont produits par le côt ou noir de Preissac, le quercy et le bourguignon noir.

Le vin jaune d'Arbois provient du savagnin ou naturé blanc.

La Loire-Inférieure cultive le muscadet et le gros-plant.

Les cépages du centre sont : le bicane ou bicaine, le chauché gris et le chauché noir, le chenin blanc, le chenin noir, le gamay d'Orléans, le gros lot, le lucane, le malbeck, le pineau blanc, le poulsard et le tressailler.

Dons le Nord-Est, on remarque, le pinot noir, le pinot gris ou beurot, le sylvaner blanc et rouge, l'aubin blanc et le salvagnin vert.

Voici la liste alphabétique succincte des principaux cépages :

Agudet noir. — Tarn-et-Garonne. — Vins spiritueux et franc de goût.

Aguzelle.— Isère.— Synonymes, Becca, Beccuette, Bâtarde, Bâtarde longue, Bégu, Cul-de-Poule, Etris, Etraîre, Guzelle, Persan, Pressan, Prinsens, Prinsan, Pousse-de-Chèvre, Siranèzé pointue. Vin un peu dur et alcoolique ; haut treillage, vigueur et fertilité.

Alicante bouschet. — Hybride du grenache et du petit-bouschet (1885). Vin très coloré et de bonne qualité, très fertile.

Aligote. — Bourgogne. — Syn. : Alligotay, Carcairone blanc, Giboulot blanc, Plant gris, Purion ; belle végétation, craint la gelée.

Altesse verte. — Isère. — Rhône. — Loire. — Syn.: Anet, Arin, Fusette, Mâconnais, Marclou, plant d'Altesse, Prin blanc, Vionnier blanc. Vins de Condrieu, Côte-Rotie. Cépage vigoureux.

Angelico. — Sud-Ouest. — Blanc Cadillac (Gironde), Blanche douce (Dordogne), Bordelais blanc à longue queue, Doucanelle, Guilhon Muscat, Muscadelle, Sauvignon (Lot, Tarn, Tarn-et-Garonne, Lot-et-Garonne), Muscade (Sauterne), Muscat fou (Bergerac), Muscadet doux, Musquette, Raisonotte (Gironde), Raisins blancs, Vins de Sauterne, Barsac.

Aramon. — Aude, Gard, Pyrénées-Orientales. — Plant riche (Hérault), Pissevin (Hyères), Revalaire (Haute-Garonne), Ugni noir, uni noir, uni negré (Provence). Le plus important du Midi; très fertile, très productif, Vin rouge clair et sans force. Cépage craignant les gelées et les insectes ; très hâtif.

Arbonne. — Aube, Haute-Marne. — Arbanne blanche, Arbois, Maillé, Mayé, Meslier, Orbois. Vin agréable mais peu abondant, maturité précoce.

Argant. — Haute-Loire. — Brumeau, Noireau (Haute-Loire), Gros Margillien (Arbois). Vin très coloré, peu délicat mais de garde. Végétation puissante.

Aspiran blanc. — Midi. — Raisins de table.

Aspiran gris. — Languedoc. — Semblable au suivant.

Aspiran noir. — Midi. — Epiran, Verdal (Hérault), Riveyrenc (Aude), Spiran, Piran (Gard). Vin rouge clair, fin, légèrement parfumé : Saint-Georges. Maturité précoce, fertile et robuste.

Aubin blanc et *Aubin vert.* — Moselle. — Raisins de table.

Avarengo. — Pignerol. — Raisin de table ; vient d'Italie.

Baclan. — Jura. — Petit et Gros Baclan, Béclan, Becclan, Durau, Duret, Petit-Dureau. Vin rouge très coloré, et de bonne qualité ; léger parfum de framboise, par la vieillesse.

Balustre. — Charente-Inférieure. — Cognac, raisins blancs très allongés.

Bargine. — Jura. — Plant de Hongrie. Vin blanc très parfumé.

Baude. — Drôme. — Raisin noir de table,

Bia blanc. — Isère. — Raisins blancs très doux, un peu musqués.

Bicane. — Indre-et-Loire, Midi. — Bicaine (Indre-et-Loire), Panse jaune, Ochivi (Gard), Raisin des Dames, Chasselas d'Alger, Marsi, Olivette jaune, Rousseau (Vaucluse), raisins de table, sujet à la coulure.

Blanc aigre (Ardèche) et Blanc aigre (Savoie), ce dernier est synonyme de la Mondeuse blanche.

Blanc auba — Gironde. — Vin de Sainte-Croix-du-Mont.

Blanc brun. — Jura. — Vins d'Arbois et de Château-Chinon.

Blanc Copi. — Lot-et-Garonne. — Raisin de table.

Blanc Cardon. — Lot-et-Garonne. — Blancardon, Mauzat blanc. Vins ordinaires.

Blanc doux. — Gironde. — Douce blanche. Vins de Sauterne et Barsac.

Bonifacienco. — Corse. — Vin rouge très bon.

Boudalès. — Pyrénées. — Midi. — Syn. : Cinsant, Cinq-Saou (Hérault); Calabre, Poupe de Crabe, Prunella (Gers) ; Espagnen, Moutardier, Plant d'Arles (Vaucluse) ; Malaga (Lot) ; Marocain (Ariège) ; Morterille (Haute-Garonne); Papadou, Passerille, Ulliaou (Ardèche) ; Milhau (Ardèche et Drôme); Pelairé (Aveyron); Picardan noir (Var) ; Prunellas (Lot-et-Garonne) ; et Salerne (Nice). Vin rouge fin, liquoreux ; au-dessus du 46e degré, ce n'est plus qu'un raisin de table.

Bouillenc. — Tarn. — Trois variétés : blanc, rouge et noir.

Bouillenc rose. — Tarn-et-Garonne. — Guillemot (Landes) ; Feldinger (Bas-Rhin). Vin médiocre ; cépage productif.

Bourboulenc. — Vaucluse. — Vin de Châteauneuf du Pape.

Bregin. — Jura. — Syn. : Prougin. Vin coloré, moyen. Cépage très résistant.

Bretonneau. — Haute-Vienne. — Raisin noir de peu de valeur.

Brun Fourca. — Midi. — Caula noir (Vaucluse) ; Farnous (Bouches-du-Rhône) ; Morrastel flourat, Mourastel flourat, Moulan, Moureau (Hérault) ; Moulard (Gard). Vin limpide et de belle couleur. Fertilité très grande et longue durée en terre franche et un peu graveleuse, moins dans les terrains pauvres ou rocailleux.

Bruneau. — Lot. — Variété du teinturier, bonne qualité, bonne production.

Brustiano blanco. — Corse. — Raisins de table.

Burger blanc. — Alsace. — Syn. : Vert-doux, Gouai blanc, Bourgeois, Mouillet. Vin sujet à la graisse, peu alcoolique et sans bouquet. Cépage productif de maturité tardive.

Cabernet franc. — Sud et Centre. — Carmenet, Carbenet, Petite vuidure, Petite vigne dure (Gironde) ; Cabernet gris, Breton, Véronais (Indre-et-Loire, Vienne) ; Arrouyat, Négrillon, Graput, Scarcit (Bordelais) ; Bouschet (Saint-Emilion) ; Fer-Servadou (Tarn-et-Garonne); Petit-Fer (Libourne); Véron (Nièvre et Deux-Sèvres). Vin riche en couleur et de bonne garde dans les terrains graveleux sur fond d'argile, léger, froid et de peu de conserve dans les sables maigres et vin hors ligne sur la pierre calcaire. Cépage très hâtif, prédominant dans les crus renommés du Bordelais, il est peu fertile.

Cabernet Sauvignon. — Gironde. — Vuidure, Bouchet, Navarre, Petit Cabernet, Sauvignonne, Vins de Château-Laffitte, Latour, Léoville. Mouton.

Calitor noir. — Midi. — Bouteillan, Brachet, Brachetto, Bracquet, Charge-Mulet, Cargomuou, Causeron, Cayau, Fouïral, Fouirassau, Foirard, Ginoux d'Agasso, Mouilbas, Nœuds-Courts, Pécoui-Touar, Picpouilles, Sorbier, Saure, Sigolier. Vins abondants mais d'un goût acerbe. Cépage abandonné.

Camaraou. — Pyrénées. — Bons vins blancs. Mûrit très tard.

Carignane. — Bords de la Méditerranée. — Bois dur, Catalan, Carignan, Crignane, Plant d'Espagne. Vin très coloré, corsé, spiritueux. Cépage très fertile, ne craint pas les insectes, mais l'un des cépages les plus sujets à la coulure, à l'oïdium et à l'anthracnose.

Carmenère. — Gironde. — Carmenelle, Carbonet, Grand Carmenet, Grande vuidure. Il ne diffère du Cabernet que par son bois.

Cépin blanc. — Allier. — Grand-Blanc. Bon vin. Cépage productif.

Cernèze. — Isère. — Sérenèze, Cérigné, Cerène (Drôme). Raisin noir très sucré.

César. — Yonne. — Picarniau, Romain. Vins de Côtes. Plant par excellence des coteaux.

Chalosse blanche. — Sud-Ouest. — Blanc pic, Œil de Sourd, Prunélat, Puéras. Vin médiocre. Cépage productif, peu sujet aux gelées.

Chasselas. — Raisins de table.

Chauché Gris. — Poitou. — Plant de Saint-Émilion (Tarn-et-Garonne); Pinot gris du Poitou. Cépage productif mais peu vigoureux.

Chauché noir. — Poitou. — Pinot noir du Poitou. Vins communs. N'a aucun rapport avec les Pinots. Peu productif.

Chenin Blanc. — Gros Pinot (Indre-et-Loire); Plant de Brezé (Deux-Sèvres); Plant de Salès (Provence); Pineau blanc de la Loire, Plant d'Anjou, Plant de Maillé, Plant volé, Plant de Clair de Lune (Anjou); Ugne Lombarde (Gard). Vins renommés de l'Anjou. Cépage des plus cultivés de France. Terrain à fond argileux.

Chenin noir. — Poitou. — Pinot ou Plant d'Aunis (Maine-et-Loire). Vins d'Angers. Cépage rustique et fertile, mûrit tardivement.

Chichaud. — Ardèche. — Tsintsaô et Brunet. Raisin de table.

Cinquien. — Jura. — Est mélangé à d'autres cépages.

Clairette blanche. — Midi. — Clarette, Blanquette (Aube); Claretta (Nice); Clairette verte, Petit blanc (Aubenas); Clairette de Limoux, Blanquette de Limoux, Granolata (Limoux); Catticour (Tarn-et-Garonne); Petite Clarette, Clarette de Trans (Var). Vins blancs nommés Picardans. Cépage très vigoureux et très résistant, mais détruit par l'anthracnose ponctuée.

Colombaud. — Provence et Roussillon. — Colombaou (Provence); Grègues (Hérault); Courombaou, Aubier (Var); Mouilla (Pyrénées-Orientales). Vin sec, incolore. Cépage vigoureux et d'une grande longévité.

Corbeau. — Savoie. — Bourdon, Chasselas noir, Charbono, Douce noir, Gros noir, Greneblois, Montélimart, Monteuse, Montmélian, Mauvais noir, Picot rouge, Pécou rouge, Plant de Garlerin, Plant de Moirans, Plant de Montmélian, Plant de Savoie, Plant de Chapareillan, Provereau, Savoyard et Turino. Vin mélangé avec d'autres vins fins. Cépage fertile et vigoureux, un peu tardif.

Corbel. — Rhône. — Chatus (Ardèche); Corbesse, Persagne-Gamay (Rhône); Vert-Chenu (Isère). Vin âpre, dur, très solide. Cépage très vigoureux et très fertile, mais de deux en deux ans.

Cornet. — Rhône. — Parvereau (Drôme); Prouvereau (Isère). Vin foncé, commun et de garde difficile. Raisin de table.

Cornichon blanc. — Midi. — Crochu, Pisutelle (Provence) ; Scuba el adja (Algérie). Raisins de table.

Douceagne. — Provence. — Se rapproche beaucoup du Pinot blanc. Bon vin, mais en petite quantité.

Enfariné. — Jura, Est. — Bregin, Brezin de Pampau (Haute-Saône) ; Gaillard, Gouai noir, Chineau, Mureau (Côte-d'Or) ; Chamoisien, Goix noir, Petit Goix (Aisne) ; Lombard (Aube) ; Nerre (Haute-Marne). Mauvais vin. Cépage très productif et très résistant.

Folle blanche. — Charente. — Bouillon, Chalos, Dupré de Saint-Maur, Grais, Grosse Blanquette, Grosse Chalosse, Fol, Fou, Plants de Dame, Plant Madame, Plant de Madone, Plant de Grèce, Picpoul, Picpouille blanc, Rebauche, Talosse. Le vin est agréable, fin et brillant, mais c'est surtout à la finesse des eaux-de-vie qu'on en retire, que ce pays doit sa renommée. Quand il a résisté aux gelées du printemps, la coulure n'est pas à craindre.

Folle noire. — Bordelais. — Charente, Cannut de Louzin, Dégoûtant, Saintongeois. Vins communs pour coupages.

Folle verte d'Oléron. — Charente-Inférieure. — Morbihan. Cépage très productif, semblable à la folle blanche.

Fuella de Nice. — Vins délicats, compose la plus grande partie des vignobles de Nice et des environs.

Gamay blanc. — Bourgogne. — Auxerrois, Bourguignon blanc, Pourrisseur, Lyonnaise blanche (Allier) ; Melon (Yonne) . Vin médiocre, cépage productif.

Gamay d'Orléans. — Touraine. — Gamay commun, Lyonnaise commune (Allier) ; Gamay rond, Plant de Varennes, Varennes noir (Côte-d'Or, Seine) ; Hameye (Commercy). Vins médiocres. Cépage très fertile.

Gamay noir (Petit). — Beaujolais et Bourgogne. — Bourguignon noir, Ericé noir, Gamais de Montagne, Gamay de Liverdun, Gros Bourguignon noir, Grosse race, Plant d'Arcenant, d'Evelles, de Labronde, de Malin, de Magny, de Bévy, Nicolas et Picard (Bourgogne), Gamai noir, Petit Gamai (Beaujolais) ; Petite Lyonnaise (Allier). Vins de table du Beaujolais. Ce cépage constitue presque tous les vignobles au nord de Lyon.

Giboudot noir. — Châlonnais. — Giboulot noir, Malain, Plant d'Abraham. Vin fin, mais faible et peu de garde. Cépage à maturité tardive, craint les gelées.

Grec blanc. — Isère. — Raisin de table.

Grec rouge. — Languedoc. — Barbaroux, Gromier du Cantal, Monstrueux de Candolle, Barberousse, Alicante, Grec rose, Rousselet (Tarn-et-Garonne), Gros Gomier du Cantal (Paris) ; Gros-Rouge (Brioude) ; Malaga (Hautes-Alpes) ; Raisin du Pauvre (Gard). Vin commun. Cépage très productif ; raisin d'un volume extraordinaire.

Grenache. — Midi. — Alicant, Granache, Bois jaune (Aude, Gard, Hérault, Pyrénées-Orientales), Alicant, Altos, Rivesaltes, Rivos, Roussillon (Bouches-du-Rhône, Var), Redondal (Haute-Garonne). Vin d'une belle couleur rouge, fin, moelleux, corsé, spiritueux. Cépage très répandu, demande les bonnes terres calcaires, caillouteuses et assez profondes.

Grenache blanc. — Roussillon. — Vins remarquables.

Gris de Salces. — Pyrénées-Orientales. — Salces gris, Guidolenc, Goundoulenc (Tarn). Vins moyens. Cépage d'une fertilité moyenne.

Gros-Guillaume. — Provence. — Barlantin noir, Brunet, Danugue croquant, Glacier, Panse noire, Panta de Mula, Plant à la Barre-de-Nice, Spagnol bleu de Nice. Vins moyens. Cépage le plus résistant au phylloxera.

Grolleau ou *Groslot.* — Centre. — Groslot de Valère (Touraine). Peu productif et presque abandonné.

Gros-Mansenc. — Hautes-Pyrénées. — Mansenc, Petit Mansenc (Hautes-Pyrénées); Gros-Mansain ; Mansain, Tanat (Gers), Mancin (Gironde). Cultivé en grand et mélangé à d'autres cépages.

Gros Mollar. — Hautes-Alpes, vin léger, agréable et de garde. Plant fertile.

Gueuche noir. — Jura. — Rhône, Foirard (Poligny) ; Gouais (Jura) ; Gros Plant, Plant de Treffort (Ain) ; Plant d'Arlay (Salins) ; Plant d'Anjou noir, Plant de Saint-Remy (Rhône). Vins très mauvais, laxatif et sans couleur. Cépage très fertile.

Hibou blanc. — Savoie. — étant sujet à la pourriture, il est délaissé.

Hibou noir. — Savoie. — Gibou, Guibou, Luisant, Raisin-Cerise (Grésivaudan) ; Hivernais (Tarentaise) ; Polofrais, Promère. Vin rouge coloré, bouqueté, vif et même capiteux.

Hourca. — Gironde. — vin coloré, de bonne qualité et de garde. Cépage un peu tardif.

Jacquère. — Savoie. — Buisserate, Cherché, Coufechien, Cugnette, Plant des Abymes de Mians (Isère), Martin Còt, Raisin des Abîmes (Savoie), Robinet (Conflens). Vin blanc, frand de goût, léger. Cépage très productif à maturité tardive.

Jouvin. — Seyssel. — Cépage peu connu, blanc, de maturité précoce.

Jubi. — Gard-Hérault. — Augibi (Hérault), Passerille blanche. Cépage très fertile, un peu tardif.

Loubal blanc. — Tarn-et-Garonne. — Vins moyens.

Loubal noir. — Tarn-et-Garonne. — Moins bon et plus tardif que le précédent.

Lucane. — Deux-Sèvres. — Vins moyens. Cépage hâtif et fertile.

Lyonnaise de Jonchay. — Lyon. — Vin agréable. Cépage fertile et hâtif.

Maccabéo. — Roussillon. — Vin de liqueur ; Rivesaltes. Cépage assez fertile.

Malbec. — Ouest-en-Centre. — Balouzat, Cahors, Cruchinet, Doux-Same, Estrangey, Etranger, Gourdoux, Mausat, Nègredoux, Pied-Rouge,, Pied-de-Perdrix, Pressac, Noir-de-Pressac, Luckens (Gironde, Bouyssalet (Dordogne), Agreste (Haut-Rhin), Bouchalès, Etaulier,, Gros-Noir, Guillon, Hourcat, Moussac, Moussin, Moustère, Moza, Nègre-Préchat, Prolongeau, Romieu, Teinturier, Soumansigne (Haute-Garonne, Landes) ; Cahors (Loir-et-Cher);

Clavier, Claveric (Basses-Pyrénées, Landes); Côt de Bordeaux (Indre-et-Loire), Côte-Rouge, Grand Vesparo, Mauzain, Quillet, Rougeau (Gers), Colis Jacobin (Vienne) ; Gros-Auxerrois, Plant de Beraou (Lot), Gros Pied-Rouge-Mérillé (Lot-et-Garonne), Franc-Moreau, Périgord (Cher), Grifforin (Charente-Inférieure), Magrot, Prunieral (Corrèze), Plants de Roi (Auxerre). Vins plats dans le Bordelais, très bons dans le Gers, riche en couleur, bon goût, beaucoup de corps. Cépage le plus répandu à l'Ouest et au Centre,

Malvoisie. — Pyrénées. — Vins de liqueur les plus exquis. Cépage peu fertile et sujet à la pourriture.

Mancin. — Gironde. — Vins ordinaires.

Maroquin. — Midi. — Vins communs.

Manosque. — Midi. — Vins ordinaires.

Marsanne. — Isère. — Avilleran (Isère), Grosse-Boussette (Savoie). Vins blancs de l'Hermitage. Cépage vigoureux, fertile.

Massoutel. — Gironde. — Ancien cépage.

Mataro. — Midi. — Vins communs.

Mauzac blanc. — Tarn-et-Garonne. — Blanquette, Grand-Mauzac, Mauzac vert, Petit-Mauzac, Picardan (Midi), Feuille ronde (Ariège, Aube). Vin de Limoux. Vigne très robuste, mais tardive.

Mauzac noir. — Lot. — Ardennes. Cépage peu répandu.

Mauzac rose. — Tarn-et-Garonne. — Vins de bonne qualité. Cépage productif.

Merlot. — Gironde. — vin léger, de bonne qualité. Cépage hâtif et très productif, sujet à la pourriture.

Merille. — Sud-Ouest. — Grosse-Merille (Gironde), Bordelais (Tarn-et-Garonne), Périgord, Ponchon (Dordogne), Piquat (Corrèze); Saint-Rabier (Charente).

Merlier. — Synonyme de Morillon blanc.

Molette. — Seyssel. — Vins rouges. Ce cépage abondant, mais de peu de qualité, sert à mélanger à la Mondeuse.

Mondeuse. — Centre et Sud-est. — Maldoux, Maudoux, Rouget (Jura) ; Mandouze, Marve, Molette, Mondeuse, Mouteuse (Savoie) ; Marlanche noir (Beaujolais), Marsanne ronde, Gueyne, Savoyanne, Savoyanche, Savoyet, Tournerin (Isère), Gascon (Loiret), Meximieux, Grand-Chétuant, Gros-Plant (Ain), Persagne, Persaigne, Prossaigne (Ain), Salanaise (Rhône), Vache (Allier). Vins riches en couleur, un peu âpres et de garde. Cépage vigoureux, très productif, formant le fond des meilleurs vignobles de Savoie et Lyonnais.

Mondeuse blanche. — Est. — Aigre blanc, Blanc Aigre, Blanche, Blanchette, Donjin, Jongin, (Savoie) ; Couilleri (Jura). Variété de la Mondeuse.

Monestel. — Synonyme du Carignane et du Morrastel.

Mornen noir. — Rhône. — Mornerain (Loire). Vin alcoolique, coloré. Cépage vigoureux, fertile et très productif.

Morrastel. — Midi. — Mourastel, Monestel, Monastéou, Plant de Lednon (Provence) ; Morrastel (Languedoc et Roussillon) ; Perpignan (Tarn-et-Garonne). Vin noir très foncé, alcoolique, et très bon de goût. Cépage fertile dans les terrains peu légers, en coteaux.

Morillon blanc. — Champagne et Bourgogne. — Epinette, Auvernat blanc, Arnoison, Merlier, Pineau blanc. Vins ordinaires. Cépage productif.

Mourvèdre. — Provence. — Alicante, Buonavise, Clairette noire, Etrangle-Chien, Flouron (Drôme), Balzac (Charente, Vienne), Benadu, Benada (Vaucluse), Beni-Carlo (Dordogne) ; Charnet, Espagne, Espagnen (Ardèche) ; Espar, Spar (Hérault, Gard) ; Mataro (Pyrénées-Orientales), Mourvèdre, Mourvès, Tinto (Bouches-du-Rhône) ; Mourvègue (Basses-Alpes), Plant de Saint-Gilles (Gard), Trinchiera (Nice). Vin foncé, agréable, un peu dur, mais s'améliorant en vieillissant. Vin de coupage. Cépage très résistant, peu sujet à la coulure ; un des plus répandus dans le Midi.

Mouzac. — Médoc. — Estrangey. C'est le Malbec du Médoc.

Muscadet. — Loire-Inférieure. — Quelques coteaux sont plantés de ce cépage de maturité précoce. Vin blanc léger, très agréable.

Muscat blanc. — Sud de l'Europe et Asie-Mineure ; Muscat-Frontignan, Muscat commun ; Moscatel, Raisins de table, Vins muscats, de liqueur. Cépage de longue durée, demandant des terrains un peu forts, tout en étant rocailleux ou pierreux. Il est sujet à la coulure et à l'oïdium ; les gelées d'hiver peuvent le détruire, et lorsque les raisins arrivent à maturité, il faut éloigner les abeilles.

Muscatelle. — Sud-Ouest. — Synonyme de l'Angelico.

Neyran. — Centre. — Neyran (Allier) ; Moret (Cher) ; Goujet, Neyrac (Puy-de-Dôme) ; Petit-Neyran (Saint-Pourçain). Vin rouge foncé, moelleux et d'un bouquet assez fin. Peu fertile.

Noirien rouge et *Noirien blanc.* — Synonyme de *pinot.*

Noir de Pressac. — Synonyme de Malbec.

Œillade-blanche. — Midi et Centre. — Picardan (Hérault) ; Araignan (Var) ; Gallet (Gard) ; Sudunais (Touraine). Vin blanc dit Picardan, que l'on obtient aujourd'hui avec la clairette blanche. Cépage de maturité précoce ; très sujet à la coulure et à la pourriture ; il est abandonné.

Pascal blanc. — Provence. — Brun blanc, Pascaou blanc, Plant Pascal. Se mélange avec la clairette et forme alors de bons vins. Cépage rustique et très fertile ; il est très sujet à l'oïdium et à la pourriture.

Pascal noir. — Vin ordinaire, Raisins de table. Maturité tardive.

Paugayen. — Drôme. — Vin commun, nutritif.

Pelossard. — Ain. — Vin d'Ambérieu, mélangé à la mondeuse. Cépage sujet à la pourriture.

Peloursin. — Sud-Est. — Corsin, Etris, Fumette, Vert-noir (Savoie) ; Duret (Ardèche) ; Dureza (Drôme) ; Gros Noirin, Pourrot (Jura) ; Gros plant, Goudreau, Mauvais noir, Mal noir, Parlouseau, Plant d'Albas, Pelorsin, Saler, Salis, Salet, Sella, Treillin, Verné (Isère) ; Vin de qualité inférieure. Cépage très résistant aux gelées, très vigoureux et très productif, mais un peu sujet à la pourriture.

Peloye. — Gironde. — Vins ordinaires.

Perpignan. — Synonyme de Morrastel.

Petit-Bouschet. — Midi. — Vin très coloré pour coupages. Cépage de semis du Bouschet, très estimé.

Petit-Danesy. — Allier. — Vin blanc très bon prenant un léger goût musqué en vieillissant. Ce cépage fait le fond des bons vignobles de l'Allier.

Petit-Epicier. — Poitou. — Vins de bonne qualité ; raisins de table. Cépage hâtif et d'une production constante.

Petit-Verdot. — Médoc. — Pas très productif, est abandonné.

Picpouille rose ou *grise*. — Hérault. — Piquepoul ou picpoul gris ou rose. Vin de bonne qualité. Ce cépage vient le mieux dans les terrains pauvres et arides, et résiste bien à la gelée, mais il est sujet à la coulure et à la pourriture.

Picpouille noire. — Midi. — Picquepoul noir, picpoul noir. Vin de bonne qualité, assez fin et spiritueux. Très répandu dans le Roussillon ; il tend à disparaître parce qu'il n'est pas très fertile.

Pienc. — Gers. — Syn. Boidroit, Grand-Herrant, Hère, Noir-Prun, Petit-Herrant, Petit Mourastel, Pick, Piec-Herrant, Queufort. Vin ayant un goût de terroir, sert aux coupages. Cépage à maturité tardive, très sujet à l'oïdium.

Pineau blanc Chardonnay. — Est. — Auvernat blanc (Haut-Rhin, Loiret, Loir-et-Cher) ; Auxois blanc, Auxerras blanc (Moselle) ; Beaunois (Yonne, Marne) ; Béarnais (Yonne) ; Bon blanc (Vendée) ; Chardonnay (Mâconnais) ; Chardenet, Chaudenet, Noirien blanc (Côte-d'Or) ; Epinette (Champagne) ; Gamay blanc (Marne, Jura) ; Gentil blanc, Weiss Klevner (Bas-Rhin) ; Luisant (Besançon) ; Morillon blanc (Chablis) ; Plant de Tonnerre (Yonne) ; Petit Chatey (Ain) ; Romeret (Aisne). Vins de choix. Cépage qui ne doit pas être confondu avec le Pineau blanc vrai. Maturité moyenne.

Pineau gris. — Centre et Est. — Auvernat gris, Malvoisie (Indre-et-Loire, Loire) ; Auxois, Auxerrat, Gris de Dornot (Moselle) ; Affumé, Enfumé (Lorraine) ; Beurot, Burot, Pinot gris (Bourgogne) ; Fauvé (Jura) ; Fromentot, Petit Gris (Champagne) ; Gris-Cordelier (Allier) ; Levraut (Beaujolais) ; Malvoisien (Doubs). Vins divers : en Champagne, les vins de Sillery et de Verzenay ; en Alsace, les vins de paille et en Touraine, des vins assez agréables.

Pineau-Meunier. — Centre et Nord-Est. — Blanchefeuille, Fernaise, Meunier (Meurthe-et-Moselle) ; Carpinet (Puy-de-Dôme) ; Goujeau (Allier) ; Morillon-Tacconé, Plant-Meunier (Marne) ; Pinot femelle (Bourgogne) ; Plant de Brie (Seine, Seine-et-Oise) ; Trézillon de Hongrie (Alsace). Cépage très fertile et de maturité facile.

Pineau noir ou *Pinot noir*. — Synonymes : Auvernat noir (Haut-Rhin, Loiret, Loir-et-Cher) ; Franc Pinot (Yonne) ; Franc Noirien, Maurillon, Pineau de Bourgogne, Pineau de Chambertin, Pineau de Volnay, Pineau de Vougeot, Noirien (Côte-d'Or) ; Langedet (Brioude) ; Massoutet (Gironde) ;

Morillon noir (Paris) ; Noirin (Jura, Haute-Loire) ; Orléans, Plant noble (Indre-et-Loire) ; Petit Verot (Yonne) ; Petit Bourguignon (Beaujolais) ; Pineau de Ribeauville, Pineau de Fleury, Plant doré, Plant de Cumière, Plant médaillé, Vert doré (Champagne) ; Plan de Badin (Hautes-Alpes) ; Riesling (Alsace) ; Salvagnin noir (Jura). Vins très bons, colorés, beaucoup de bouquet dans les sols calcaires et sur les coteaux ; vins plus légers, moins parfumés et moins colorés dans les terrains granitiques et vins médiocres dans les plaines. Ce cépage est le type d'un très grand nombre de variétés, dont le caractère commun principal est d'être les premiers à perdre leurs feuilles. Sa végétation est médiocre ; il est peu productif et craint les gelées.

Pineau blanc. — Variété du pineau noir, portant presque tous les noms ci-dessus avec l'adjonction du mot blanc ; il n'en diffère que par la couleur des raisins.

Poulsard. — Est. — Arbois (Haute-Saône) ; Belossard, Blussard, Plussard, Poullart, Pendoulot, Raisin Perle (Jura) ; Boutazat, Boutezat (Haute-Vienne) ; Maithe, Mècle, Metié, Mèthe (Ain). Vin rouge excellent, sert à faire l'imitation du Champagne, vins de paille. Cépage très fertile et très productif en plaine ; le plus estimé du Jura, Ain, Haute-Saône et Doubs.

Pourrot. — Synonyme de Peloursin.

Quercy. — Cher. — Synonyme du Malbec.

Quillard. — Midi. — Blanquette de Fau (Moissac) ; Brachet blanc (Nice, Savoie) ; Jurançon blanc (Tarn, Haute-Garonne, Dordogne) ; Notre-Dame de Guillan (Lot-et-Garonne) ; Plant dressé (Gers). Vin blanc de Jurançon ; dans le Gers, on en fait des eaux-de-vie. Cépage assez productf, mais sujet à la pourriture.

Raisaine. — Ardèche. — Ou Duraisaine. Vin rouge de bonne qualité lorsqu'il est mélangé avec des raisins noirs. Cépage assez résistant, de maturité moyenne.

Raisinotte blanche. — Gironde. — Vin de Sauterne.

Rebalaire ou Revalaire. — Haute-Garonne. — Synonyme d'Aramon.

Ribarein. — Midi. — Vins alcooliques, colorés et de bonne garde.

Riesling. — Bords du Rhin. — Vins renommés. Cépage à maturité tardive, et qui cependant craint les gelées.

Rivier. — Ardèche. — Bon vin ordinaire, rouge. Cépage très vigoureux, très fertile et très productif.

Robin noir. — Drôme. — Vins de bonne qualité. Cépage très productif et très résistant ; l'anthracnose et l'oïdium lui font peu de mal.

Roussane. — Est. — Barbin, Bergeron, Gringet, Martin-Côt (Savoie) ; Fromenteau (Isère) ; Plant de Seyssel, Remoulette (Isère). Vin blanc, de liqueur, très fin. Cépage vigoureux, tardif. Préfère les coteaux rapides.

Roussaou. — Ardèche. — Vin blanc ordinaire pour coupages. Peu répandu.

Rousse. — Lyonnais. — Roussette, bons vins blancs ordinaires. Cépage vigoureux et fertile.

Roussette. — Savoie. — Roussette basse de Seyssel. Vin blanc doux, de bonne garde. Cépage fertile.

Saint-Laurent. — Vin léger et agréable. Cépage hâtif et productif.

Saller, Sallet, Salis, Sella : synonymes de Peloursin.

San Anthony. — Midi. — Vins communs.

Salvagnin. — Synonyme du Pinot noir.

Sauvignon. — Sud-Ouest. — Blanc fumé (Nièvre) ; Douce-Blanche (Dordogne) ; Fié, Surin (Vienne) ; Puinechou, Punechou (Gers) ; Servonien (Bourgogne) ; Servoyen (Yonne). Vins de Sauterne, Château-Yquem, etc. ; vins limpides, corsés, fins, parfumés et capiteux. Cépage fort répandu dans le sud-ouest et remontant jusqu'à la Nièvre.

Savagnin blanc. — Est. — Bon blanc, Vielair (Doubs) ; Blanc-Brun, Naturé-Blanc, Naturé-Jaune, Naturé-Vert ; (Jura) ; Fromenté (Haute-Saône) ; Gentil Duret-Rouge, Gris-Rouge, Noble-Rouge, Roth Edel, Rotlischer, Traminer-Rother (Alsace). Vin excellent. Cépage peu productif, demande un bon terrain et de grands soins.

Semillon blanc. — Blanc Semillon, Colombar (Gironde) ; Chevrier (Dordogne) ; Goulu-Blanc (Isère) ; Malaga (Lot). Mélangé, donne les vins de Sauterne, Château-Yquem, etc. Raisin de table. Cépage très répandu dans le Bordelais.

Sirah. — Est. — Biaune, Plant-de-Biaune (Montbrizon) ; Candive, Entournérin, Hignin, Marsanne noire, Sérène (Isère) ; Petite Syrrah, Serine, Schiras, Sirac, Syra, Syrac, Syrah (Rhône), Vins de l'Hermitage. Ce cépage demande de bons sols pour donner de bons produits.

Siramuse. — Drôme. — Vins riches en couleur pour coupages.

Tannat. — Hautes-Pyrénées. — Vin très coloré, spiritueux, ayant du corps et d'un goût agréable. Cépage très productif.

Tarney-Coulant. — Bordelais. — Vin de belle couleur et de bonne qualité. Cépage peu productif, peu robuste, et sujet à la pourriture.

Teinturier femelle. — Indre-et-Loire, Isère. — Gros noir femelle, Bettue (Isère). Vin moins foncé que le suivant.

Teinturier mâle. — Gros noir (Cher), Oporto (Gironde) ; Plant-d'Orléans, Tintous (Gers)) ; Tachat (Jura) ; Tachoir (Haute-Loire) ; Teinturier mâle (Bourgogne). Plutôt une teinture qu'un vin ; sert à colorer les autres vins.

Téoulier. — Sud-Est. — Grand-Téoulier, Plant Dufour (Alpes) ; Manosquem, Plant de Manosque (Var, Bouches-du-Rhône) ; Plant de Porto (Marseille) ; Brun, Teinturier. Vin très moelleux, couvert. Ce cépage craint les gelées du printemps ; il demande des coteaux bien exposés au soleil ; sa fertilité est moyenne.

Terret blanc. — Languedoc. — Vin de bonne qualité. Cépage hâtif.

Terret-Bourret. — Languedoc. — Terret gris ou rose. Ressemble au suivant, mais son vin blanc est plus commun.

Hybrides.

Autuchon.	Missouri.	Arizonica-Rupestris.
Brandt.	Noah.	Berlandieri-Rupestris.
Canada.	Othello.	Canada-Rupestris.
Champion.	Pulliat,	Cinerea-Rupestris.
Cornucopia.	Rulander.	Colombeau-Rupestris.
Delaware.	Saint-Sauveur.	Cordifolia-Rupestris.
Duchess.	Secretary.	Riparia-Rupestris.
Elvira.	Senasqua.	Cordifolia-Rupestris.
Eumelan.	Triumph.	
Hutingdon.	Vialla.	

Porte-Greffes.

Black Eagle.	Cynthiana.	Rülander.
Berlandieri.	Hermanns.	Rupestris.
Cinerea.	Jacquez.	Solonis.
Clinton.	Marions.	Taylor.
Cordifolia.	Northon's Virginia.	Vialla.
Crevelings.	Oporto.	Wilder.
Cunnin gham.	Riparia.	Yorck Madeira.

Producteurs Directs Naturels. — Parmi ces cépages les plus importants sont ceux qui donnent les vins rouges. Il ne paraît pas, à présent, qu'ils puissent être utiles à la production vinicole en France.

Catawa. — Raisins blancs. Très estimé des Américains comme raisin de table et comme vin. Cépage peu fertile et très attaquable par le phylloxera. Il mûrit difficilement. Son vin a un goût un peu foxé.

Ce plant a été l'un des premiers introduits en France, mais il a été abandonné.

Concord. — Cépage vigoureux, fertile, productif et très résistant au phylloxera, mais il est trop facilement atteint par la chlorose. Son vin a un goût foxé très désagréable pour les gosiers français mais non pour les gosiers américains. Aux Etats-Unis, il est très répandu. Comme il est bien inférieur aux Riparias, il a été abandonné complètement.

Isabelle. — En Amérique, ce cépage est très vigoureux, très résistant et assez fertile dans l'Est, mais il est sujet aux maladies et mûrit inégalement dans l'Ouest.

En Europe, ce cépage ne résiste pas au phylloxera, sa fertilité est moyenne. Son vin a un goût foxé.

A Porquerolles (Hyères), on a planté, vers 1826, des plants d'Isabelle qui ont résisté à toutes les maladies (J. Rousseau). Le même fait se reproduit dans plusieurs vignobles parmi lesquels on cite celui de Saint-Romain-le-Puy, près Montbrison (Pulliat). A part ces exceptions, les résultats ont été mauvais.

Clinton. — Raisins rouges. Cépage très résistant aux maladies cryptogamiques, mais sujet à la chlorose dans certains terrains.

Il lui faut des terres de consistance moyenne, légères, fraîches et perméables, les meilleures sont les terres rouges siliceuses.

Son vin a une très belle couleur, il est très alcoolique, mais son goût particulier est désagréable.

Comme producteur direct, il a été abandonné en France par suite de son médiocre rendement et du goût que possède son vin. Comme porte-greffe, il a réussi assez bien, surtout avec l'Aramon, dans les terrains décrits plus haut.

Black-July. — Raisins rouges. C'est un cépage peu fertile et d'une maturité peu précoce ; il est très délicat et craint beaucoup les gelées. Il est très résistant au phylloxera. Sa production est de 30 hectolitres environ à l'hectare.

Le vin qu'il produit est un des meilleurs de ceux des vignes américaines, tant au point de vue de la qualité que de la composition. Il a une jolie couleur, moins foncée que celle du vin de Jacquez ; son goût est très fin et son bouquet particulier.

En vieillissant, il prend le caractère des meilleurs rancio. C'est un des vins les plus alcooliques de ces sortes de vignes.

Cunningham. — Raisins rouges. C'est le cépage le plus répandu après l'Herbemont et le Jacquez ; il ne produit guère que de 35 à 40 hectolitres à l'hectare. Il est très vigoureux, mais mûrit un peu tard.

Son vin est si peu coloré qu'on préfère le faire en vin blanc, et, alors, il est jaune foncé, alcoolique, très parfumé, ayant beaucoup de fraîcheur. C'est un des meilleurs vins américains.

Cynthiania. Norton's Virginia. — Raisins rouges. Ces deux cépages se ressemblent tellement qu'on les confond généralement. Ils reprennent difficilement boutures, on en obtient à peine 15 %.

Ce n'est qu'en les marcotant qu'on peut les reproduire.

Ils réussissent bien dans les terrains granitiques, les terres rouges à cailloux siliceux, mais même dans ces terrains ils ne sont jamais vigoureux. Dans les terrains argilo-siliceux, ils végètent très mal. C'est dans le Rhône et la Drôme que l'on a pu en tirer un certain parti. Là ils mûrissent bien, mais ils ne peuvent produire avant cinq ans et après leur production est faible.

Ils sont exempts du mildew, mais résistent peu au phylloxera.

Leur vin est excessivement chargé en couleur ; c'est une espèce de vin teinturier, mais de bonne qualité. On en tire un bon parti en ajoutant de l'eau et du sucre à la vendange, on obtient alors une abondante production.

Herbemont. — Raisins rouges. Ce cépage est supérieur au Jacquez, mais il ne peut prospérer que dans les régions du Midi et du Sud-Ouest.

Il lui faut un terrain ni trop argileux ni trop sec, caillouteux, perméable, facile à échauffer et frais l'été. Les sols calcaires à cailloux siliceux ou calcaires colorés par le fer sont ceux qui lui conviennent le mieux.

Il résiste assez bien au phylloxera et très bien aux maladies cryptogamiques. Dans le Bordelais, il produit de 40 à 50 hectolitres à l'hectare.

Le vin d'Herbemont a une belle couleur rouge quoique moins intense que celle du vin de Jacquez ; c'est un vin bon ordinaire de 9 à 10°, s'améliorant beaucoup en vieillissant.

Jacquez. — Raisins rouges. Ce cépage qui avait été placé, dès le début, parmi les premiers, est aujourd'hui très discuté.

C'est un plan très résistant, vigoureux et de reprise facile. Sa maturité se fait à la 3e époque (tardive). Il vient dans tous les sols, sauf ceux qui sont trop humides, mais il ne résiste bien au phylloxera que dans les sols argilo-calcaires.

Dans un climat sec, il a peu à redouter les maladies, mais à la moindre humidité il y est très sensible. Le mildew l'a fait arracher de beaucoup de contrées et l'anthracnose l'attaque facilement.

Les auteurs ne sont pas d'accord sur le vin de Jacquez. Pour les uns, c'est un vin foncé, pâteux, sujet à tourner et qui est tout au plus bon pour les coupages ; pour les autres, c'est un vin très coloré, franc de goût et de garde facile. Pour tous, la couleur de ce vin s'altère avec le temps. Ces différences d'appréciation viennent évidemment de la manière dont la culture et la vinification ont été faites. Le Jacquez possède une quantité de matière colorante tellement grande qu'une partie se dépose, mais ce dépôt une fois fait, la couleur ne se détruit plus.

J'ai analysé un vin de Jacquez fait en 1884. Sa couleur, rouge-violet, a donné 5 1/2 couleurs au vino-colorimètre Salleron.

Au bout d'un an, le violet avait disparu et il restait une teinte rouge, très foncée, très vive et très pure.

Analyse du vin		*Analyse des cendres*	
Densité	0,99876	Potasse	1,659
Acidité	5gr,940	Chaux	0,070
Alcool	11°,4	Magnésie	0,209
Sucres réducteurs	1gr,980	Phosphate d'alumine	0,021
Crème de tartre	6,484	Oxyde de fer	0,014
Acide carbonique	0,150	Acide sulfurique	0,215
Extrait sec à 100°	32,900	— phosphorique	0,152
Cendres	3,185	— carbonique	0,759
Tannin	1,640	Chlore	0,066
Glycérine	7,472		
Acide succinique	1,497		3,185

(Annales de la Société Académique de la Loire-Inférieure, 1er semestre 1891).

La production de ce Jacquez avait été de 50 hectolitres à l'hectare, mais on obtient davantage, M. Bouffard indique de 60 à 100 hectolitres.

M. Bouffard a trouvé le moyen de remédier au défaut de fixité de la couleur de ce vin, du moins en grande partie ; c'est de le cueillir avant maturité complète, de limiter la durée du cuvage et surtout d'ajouter de 2 à 4 grammes d'acide tartrique par litre *(Progrès Agricole 1887)*.

On ne doit donc pas rejeter ce cépage sans avoir fait de nouvelles étude sur sa culture et sa vinification.

Vitis Cordifolia. — Ce cépage a été préconisé par M. Viala pour les terrains calcaires, mais les résultats obtenus par M. Bedel dans les terrains très calcaires ont été négatifs, la chlorose a détruit ces plants en peu de temps.

De plus, ce cépage se multiplie difficilement par boutures.

Vitis Cinerea. — Cette vigne pousse assez bien dans quelques terrains d'argiles feuilletées de l'Aude, mais dans tous les autres terrains elle jaunit et se rabougrit dès la première année.

Vitis Berlianderi. — Ce cépage n'a aucun intérêt comme producteur direct ; ce ne peut être qu'un porte-greffes.

Producteurs directs hybrides. — J'ai déjà dit que les hybrides provenaient du croisement de deux cépages naturels. Parmi ces hybrides, on trouve des cépages produisant des vins supérieurs à ceux obtenus des producteurs directs et comme qualité et comme quantité ; cependant des viticulteurs sérieux et savants sont d'avis qu'il n'y a pas grand fond à faire sur ces vins pour la production française.

Autuchon. — Raisins blancs. Il provient du Clinton et du Chasselas doré ; sa fertilité est faible, la maturité est de 2° époque, son fruit est délicat, sujet à la carie et au mildew. Il résiste au phylloxera,

La production peut être augmentée par la taille longue.

Le vin blanc a un goût musqué très agréable.

Brandt. — Raisins rouges. Ce cépage est peu résistant au phylloxera ; il demande beaucoup de chaleur, c'est pour cela qu'il mûrit difficilement dans la Loire-Inférieure où le vin obtenu n'est pas bon.

Sa production n'est que de 25 à 35 hectolitres à l'hectare, dans les meilleures conditions.

Son vin, dans le Midi, est très bouqueté et rappelle beaucoup celui du Cabernet Sauvignon ; c'est incontestablement le plus fin et le plus distingué des vins de producteurs directs. (A. Bouffard, 1889).

Canada. — Raisins rouges. De même que le Brandt, c'est un hybride de Clinton, avec Black Saint-Peters. Il lui faut les terres riches, profondes et fraîches ; il y prospère dans le Beaujolais.

Il est souvent confondu avec le Brandt, auquel il ressemble, mais qui produit moins. Il résiste assez au phylloxera.

Dans la Loire-Inférieure, il a mieux réussi que le Brandt ; il produit bien, mais le vin n'est pas bon.

De même que tous les producteurs directs, il est condamné par M. Viala, au point de vue de la production. (Conférence à Ancenis, 17 septembre 1891)

Champin. — N'offre aucun intérêt comme producteur direct. Excellent porte-greffes.

Cornucopia. — Raisins rouges. Il ressemble au Clinton, auquel il est supérieur. Sa fertilité lui donnerait une certaine valeur s'il pouvait résister au phylloxera. Il est très cultivé dans les vallées du Rhône et de la Saône. Dans la Gironde, il a moins bien réussi.

Son vin est supérieur à celui du Clinton comme couleur et saveur.

Delaware. — Raisins roses. Hybride de Vitis Labrusca et Vitis Vinifera. Il reprend difficilement par boutures et résiste assez mal au phylloxera. Il ne réussit que dans les sols riches et profonds, et avec beaucoup de soins.

Son vin, blanc, est très agréable et franc de goût ; on peut en faire de bonnes eaux-de-vie.

Duchess. — Raisins blancs. Il demande des terrains profonds. Il s'est peu propagé. Son vin blanc a donné 9° 7 d'alcool, dans la Drôme, en 1886.

Elvira. — Raisins blancs. Hybride de Riparia et Labrusca. Il a une végétation très belle et il est à l'abri de toutes les maladies, sauf toutefois le phylloxera, qui l'attaque dans certains pays. Il n'a pas réussi dans les Charentes, et à Nérac il est très estimé. Les terrains en coteaux argilo-siliceux ou argilo-calcaires sont ceux qui lui conviennent le mieux. Sa production est très abondante.

Son vin est très alcoolique, il a un arome très agréable quoique un peu foxé dans certaines contrées. Les eaux-de-vie obtenues avec ce vin sont parfaites.

Il est délaissé en faveur du Noah, qui a les mêmes qualités et résiste mieux au phylloxera.

Eumelan. — Ce cépage ne pourrait être planté que dans la partie Nord de la Vigne, mais son vin ayant un goût foxé et sa production n'étant que moyenne, je crois qu'il sera délaissé.

Hutingdon. — Raisins rouges. Ce cépage ne s'est pas propagé en France. L'Ampélographie américaine indique que ce plant a une médiocre vigueur et une production faible. S'il faut en croire M. Champin (Vigne Américaine, mars 1885), ce cépage serait excellent à tous les points de vue.

Missouri. — Raisins blancs. C'est une vigne très vigoureuse, de reprise facile, mûrissant à la deuxième époque et prospérant dans les bons terrains. Son vin blanc est très bon.

Noah. — Raisins blancs. C'est un plant robuste qui s'accommode dans un grand nombre de terrains et reprenant facilement par boutures. Il a une végétation puissante. Il doit être taillé à long bois et mis en treilles ou échalas. Dans les terrains argilo-siliceux calcaires, il craint peu le mildew. Il est plus productif que l'Elvira, qu'il tend à remplacer partout.

Le raisin, mûrissant facilement, est vert doré.

Son vin, blanc, a un goût légèrement foxé au début, mais qui disparaît par des soutirages. L'eau-de-vie est excellente, et au Congrès de Vienne on estimait qu'elle valait celle d'Armagnac.

Il est préconisé pour les terres à exposition très chaude de la Loire-Inférieure.

Dans la Drôme, il a donné 11° 2 d'alcool, et dans le Midi de 12 à 13°.

Othello. — Raisins rouges. C'est le plant le plus fertile des producteurs directs, mûrissant bien à la deuxième époque de maturité, il produit à la troisième feuille. Il périt dans les terrains pierreux et peu profonds et est peu résistant dans les sols secs et maigres des coteaux calcaires.

Il demande un sol profond, de bonne qualité et un peu humide ; dans ces terrains il résiste au phylloxera et à la chlorose, mais il est atteint par le mildew.

Comme il est très productif, il est assez en faveur dans le centre et l'ouest de la France et surtout dans la région lyonnaise.

Il ne doit pas être taillé à trop long bois ; les boutures reprennent facilement.

Le vin qu'il produit est foncé en couleur, moins que celui du Jacquez, et fait de 9 à 11° d'alcool, suivant l'exposition. Il a un petit goût foxé qui s'atténue dans les grandes cultures et qu'on arrive à lui faire perdre par des soutirages. Dans certaines années, il est sujet à bleuir. C'est le plus estimé des producteurs directs.

Il peut rendre 70 hectolitres à l'hectare, mais présente des difficultés de culture. (A. Bouffard, 1889. *Progrès agricole).*

Pulliat. — Raisins rouges. Il a été obtenu à Montpellier, par MM. Foëx et Viala. C'est un plant très vigoureux, très fertile, très résistant au phylloxera, réfractaire au mildew et suffisamment productif. Son seul défaut est sa maturité tardive.

Son vin est très coloré, moins que le Jacquez, sans aucun goût foxé, a une saveur franche, acidulée et sucrée.

Rulander. — Raisins blancs. Ce cépage est abandonné parce qu'il résiste mal au phylloxera, et cependant le vin qu'il produit est très bon.

Saint-Sauveur. — Raisins rouges. C'est un hybride obtenu par M. Gaston Bazille, d'un semis de pépins de Jacquez et de Cunningham. Il est préférable au type lui-même, et cependant il est aussi attaqué.

Il pousse bien dans les terrains pierreux et a une bonne production. Il n'est pas exempt du mildew, mais il le craint beaucoup moins que les autres plants.

Secretary. — Raisins rouges. Hybride de Clinton et de Muscat d'Hambourg. Il est peu vigoureux, assez résistant, très fertile, ne mûrit pas régulièrement et est de reprise difficile. Il vient bien dans les terres d'alluvion et les sols argilo-siliceux. Son vin est assez bon.

Senasqua. — Raisins rouges. Le Senasqua reprend facilement de boutures, il débourre très tard et conséquemment craint peu les gelées ; il mûrit un peu avant l'Othello et produit à la troisième feuille. Il faut lui appliquer la taille à long bois dans les terrains riches. Il demande des terrains profonds, argilo-siliceux ; il vient bien dans les terrains granitiques du Lyonnais et du Dauphiné et réussit encore dans les terrains bas et humides à sol léger ; il laisse à désirer dans la Gironde.

Il craint peu le mildew, mais il est moins résistant au phylloxera, sous lequel il succombe dans les terrains médiocres.

Son vin, plus fin que l'Othello, est franc de goût dans certains pays, tandis qu'il a un goût très foxé dans l'Ouest et parfois un mauvais goût et une odeur de punaises.

Triumph. — Raisins blancs. Hybride du Concord et du Chasselas-Musqué. Il est peu résistant au phylloxera et reprend difficilement boutures.

Ce cépage a une maturité tardive qui le confine dans les régions du Midi, et cependant il a été classé en deuxième ligne dans la Loire-Inférieure. Il produit beaucoup dans les terrains tres profonds, les seuls qui lui conviennent.

Son vin, très alcoolique, a une saveur un peu foxée ; l'eau-de-vie qu'on en tire est excellente. Dans la Drôme, on a obtenu 8° 9 d'alcool.

Vialla. — Ce cépage n'a aucune valeur comme producteur direct, il ne sert que pour la greffe. Son raisin est petit, sujet à la coulure ; son vin a un goût foxé prononcé.

York Madeira. — C'est le plus répandu des hybrides. Sa production est minime et son vin a un goût foxé. Il est cultivé comme porte-greffe.

On cite encore comme producteurs directs de vins rouges le *Bacchus* et le *Black-Défiance,* peu connus.

Les hybrides obtenus par le mélange des diverses variétés de vignes, ont donné à M. Millardet, de Bordeaux, des résultats très encourageants.

Arizonica-Rupestris. — Cet hybride n'est qu'à l'état d'essai.

Berlianderi-Rupestris. — Ce cépage croît bien dans les sols crayeux et calcaires de mauvaise qualité.

Canada-Rupestris. — Ce plant possède une précocité recommandable pour le Nord et l'Est.

Cinerea-Rupestris. — Il est extrêmement rustique, résiste à la chlorose et se comporte bien dans les terrains marno-calcaires. Il reprend bien de boutures et a une résistance absolue au phylloxera.

Colombeau-Rupestris ou *Gamay Couderc.* — Il vient dans les terrains des coteaux les plus mauvais. Son vin est coloré et excellent.

Cordifolia-Rupestris. — Ce cépage possède une grande vigueur et une résistance parfaite au phylloxera, Il supporte bien la sécheresse du climat et une certaine aridité du sol, qui cependant doit avoir 45 centimètres de profondeur. Il reprend facilement bouture. Il échoue dans les sous-sols crayeux.

Riparia-Rupestris. — Il est très vigoureux, mais de qualités trop variables.

Cordifolia-Riparia. — N'est encore qu'à l'essai.

Ces essais doivent se continuer, car ils feront vraisemblablement découvrir de nouvelles espèces très avantageuses.

Porte-Greffes. — Si les producteurs directs ne semblent pas devoir prendre une grande extension, les porte-greffes au contraire, ayant donné des résultats très sérieux et très certains, remplaceront tous les anciens plants français atteints par le phylloxera. Mais il faut savoir choisir ces plants, de façon qu'ils soient bien appropriés au sol, au climat et à l'expotition.

Black-Eagle. — Cépage passable, donnant un produit abondant.

Berlandieri. — Ce cépage étant le plus réfractaire au bouturage avait été délaissé, mais sa résistance absolue au phylloxera l'a fait reprendre. Il prospère dans les plus mauvais terrains, même très riches en chaux, et la chlorose ne l'atteint pas.

Dans les premières années, les greffes se développent faiblement, mais au bout de 7 ou 8 ans, elles sont aussi fortes que celles des porte-greffes les plus vigoureux. On reproduira ces plants par le marcottage de sarments d'un an ou même de l'année.

Champin. — J'en ai parlé aux hybrides producteurs directs. C'est un excellent porte-greffe, végétant bien dans les sols les plus arides et ne craignant pas le phylloxera. Il faut bien sélectionner les plants qui ne prennent pas tous bien par bouture.

Clinton. — Vu égalément aux producteurs directs. Ne réussit pas dans tous les sols ; les terres argileuses, trop caillouteuses et humides, trop froides ou trop sèches, ne lui conviennent pas. Il résiste mal au phylloxera. Les essais n'ont pas réussi dans les Charentes. Il porte très bien la greffe de l'aramon dans le Midi.

Cordifolia-Rupestris. — Les cépages du genre Rupestris sont très nombreux, il faut bien les choisir et en faire la sélection par le sol. Ils sont la ressource des terrains caillouteux, pierreux, sableux et stériles. C'est le meilleur des porte-greffes pour les terrains où la marne blanche est à peu de profondeur (Rougier). Dans le Gard, il n'a pas réussi dans les terrains blancs et grisâtres, marneux ou argilo-marneux (Despetits). Pour les reproduire, il ne faudra pas prendre les longs sarments, mais plutôt les moyennes boutures et même les brindilles. Ils sont à peu près indemnes du phylloxera.

Crevelings. — Il ne résiste pas au phylloxera.

Cunningham, — Je l'ai décrit comme producteur direct ; il est peu employé comme porte-greffes.

Cynthiana. — Même observation que pour le précédent.

Herbemont. — Il est décrit aux producteurs directs. C'est un excellent porte-greffes de Folle-Blanche, dans l'Ouest.

Hermanns. — Peu connu ; ne résiste pas au phylloxera.

Jacquez. — Décrit aux producteurs directs. C'est un excellent porte-greffes de la Folle-Blanche dans l'Ouest. Il a très bien réussi dans l'arrondissement de Jonzac.

Marions. — Cépage peu connu et qui ne résiste pas au phylloxera.

Northon's Virginia. — Mêmes observations que pour le Cunningham.

Oporto. — Ce plant est vigoureux, plus résistant que le Vialla et de reprise facile ; il aime les terrains granitiques secs et frais.

Riparia. — Sous ce nom, on comprend un grand nombre de cépages ayant tous les mêmes qualités principales. Ce sont les meilleurs de tous les porte-greffes. Ils sont indemnes du phylloxera.

Les riparias mûrissent sous les plus hautes latitudes et réussissent bien partout ; ils sont très résistants, vigoureux et de reprise facile.

Les terrains qui leur conviennent le mieux sont les terrains riches, profonds, ni trop secs ni trop humides, et ceux formés de roches bien décomposées, profonds et de couleur jaunâtre.

Comme producteur direct, le riparia donne un vin tellement coloré, que mélangé à l'eau, à la dose de 1/20, il la colore comme du vin normal.

Certaines variétés réussissent mieux que les autres ; ce sont celles-là qu'il faut choisir.

Le Riparia tomentueux est le meilleur ; il a un tronc plus gros que les autres espèces ce qui facilite le greffage. Il est peu difficile sur la nature du sol, mais il redoute les marnes blanches infertiles et les terres trop humides.

Le Riparia Portalis ou Riparia Gloire de Montpellier vient ensuite. Il faut le préférer pour les coteaux calcaires et secs, et de même dans les terrains argileux, sablonneux, marneux, où la chlorose l'atteint moins que les autres espèces et où il devient plus vigoureux.

Le Riparia Fabre ou Riparia Martin des Pallières s'est répandu à peu près dans le Midi. Il est remarquable par la dureté de ses racines, sur lesquelles s'attache peu de phylloxera. Les terres moyennes, un peu sèches, lui conviennent mieux ; il ne vient pas dans les marnes blanches, les tufs ou travertins.

Le Riparia Baron Perrier est inférieur aux précédents, mais il mûrit plus vite. Sa souche est de vigueur moyenne et peu fertile. Il est sujet à la Milanose (espèce d'anthracnose), qui lui fait perdre ses feuilles.

Le Riparia sauvage est un excellent porte-greffe, mais non les espèces hybridées par des variétés étrangères. Les autres cépages de la même classe sont sans intérêt.

Rülander. — Ce cépage, abandonné comme producteur direct, est peu employé comme porte-greffe.

Rupestris. — J'ai parlé de cette classe de cépages à propos du Cordifolia Rupestris. Ce sont d'excellents porte-greffes, résistant au phylloxera. Ils sont d'une reprise plus difficile que l'Oporto.

Ils conviennent à tous les sols, même à ceux qui sont modérément calcaires ; ils s'accommodent assez bien des terrains siliceux et caillouteux, pourvu que la chaux n'y domine pas. Ces cépages ont de la valeur pour les terrains maigres.

C'est dans les sols superficiels de Blaye qu'ils ont le mieux réussi. MM. Vassilière et Millardet les ont préconisés pour la Loire-Inférieure et la Vendée.

M. Vialla recommande pour la Loire-Inférieure les sols composés de roches insuffisamment décomposées, caillouteux, mélangés de sable.

Solonis. — Ce cépage est un des meilleurs porte-greffes (Foëx) ; il est presque indemne au phylloxera, très peu sujet à la chlorose, il est très vigoureux.

Il réussit presque partout, sauf dans les sols secs; c'est le cépage des terrains humides et argileux à sous-sols crayeux où les riparias ne réussissent pas.

Dans les climats humides, il est sujet à l'anthracnose. S'il ne résiste pas autant que le riparia au phylloxera, sa résistance est bonne, mais sa reprise de boutures, en gros sarments, est difficile. Les petits sarments bien soignés réussissent dans la proportion des 4/5.

Dans les Charentes, il vient dans les terrains froids avec fond de tuf; il entretient sur ses racines des légions de phylloxera, sans mourir.

Dans la Gironde, il a été classé parmi les premiers, et le deuxième en Vendée.

Taylor. — D'après M. Foëx, ce serait un porte-greffe de premier ordre, par suite de la grosseur qu'atteint rapidement son tronc et la facilité de sa reprise, mais il est difficile sur la nature du terrain. Il se convient bien dans les terrains de consistance moyenne ou même un peu forte, drainés, légers, mais frais. Il ne résiste pas très bien au phylloxera. Il a donné de mauvais résultats dans les Charentes.

Vialla. — C'est le meilleur porte-greffe après le Riparia, mais il est beaucoup plus difficile sur la nature des terrains. Il ne résiste bien que dans les sols riches et profonds, siliceux et légers.

C'est le cépage qui se soude le mieux à nos vignes françaises ; il émet sa sève, au greffage, plus vite et donne peu de manquants. Comme producteur direct, il a un petit raisin à goût foxé, sujet à la coulure. Il craint la chlorose dans les terrains marneux.

Dans les Charentes, la Folle Blanche se greffe très bien, mais elle est facilement atteinte de chlorose.

Dans le Bordelais, il est placé après le Riparia et le Solonis. Le Cabernet-Sauvignon a très bien réussi à Saintes sur le Vialla.

Wilder. — Cépage peu connu et peu employé.

York-Madeira. — Comme producteur direct, il a un produit minime et à goût foxé. Comme porte-greffe, il est très répandu. Il vient bien dans presque tous les sols, excepté ceux qui sont trop calcaires. Il préfère les terrains siliceux, formés de gros cailloux, avec un peu de terre végétale, et moins pauvres que ceux où viennent les Rupestris.

La végétation est lente dans le jeune âge, mais prend ensuite sa revanche. C'est un des cépages les plus résistants au phylloxera. Il réussit bien en Vendée et a été classé le 4e dans le Bordelais (Blaye).

CHAPITRE 3.

CULTURE DE LA VIGNE

Latitude. — La vigne croît du 35e degré latitude Sud au 50e latitude Nord. Abandonné à elle-même, la vigne ne mûrit pas au-delà du 45e degré latitude Nord et cultivée elle donne encore une bonne boisson au-delà du 50e.

Au 35e latitude Sud on trouve les vins de Constance et au 30e les vins du Chili. Sous l'Equateur, on fait d'excellents vins, à condition de soustraire la vigne aux rayons trop ardents du soleil.

C'est entre les 25e et 52e degrés latitude Nord que la vigne est avantageuse. En Perse, on la cultive au-dessous du 25e, mais il faut l'arroser et c'est à Schiraz que se trouve le point le plus au Sud de sa culture. Le point le plus au Nord est Coblentz, en Allemagne.

Jusqu'au 30e degré Nord, il est bon de cultiver la vigne sur les coteaux dont le versant est tourné vers le Nord et au-dessus de ce degré sur les coteaux tournés vers le Midi.

Dans le Nord, le raisin est riche en principes acides et principes putrescibles et pauvre en sucre; ce qui donne une boisson très aigre et peu alcoolique.

La France est le meilleur pays pour la vigne par suite des nombreuses variétés de ses cépages et des qualités diverses de ses vins.

La limite Nord part de Vannes, passe à Alençon et Beauvais pour se terminer à Mézières. La vigne peut encore végéter au Nord de cette ligne, mais ses fruits ne peuvent mûrir que dans des situations exceptionnelles et avec des soins spéciaux. Cette extrême limite Nord tend à s'abaisser de jour en jour vers le Sud, par suite du refroidissement continu de la terre. Déjà on ne trouve plus guère de vignes au Nord de la Loire, à Nantes et dans la Seine, l'Oise, l'Eure, la Seine-et-Marne, les Ardennes et la Seine-et-Oise, le nombre d'hectares plantés en vignes diminue constamment. En 1852, il était de 38,919 et il est tombé à 19,601 en 1880 et 15,558 en 1890.

Climat. — Le climat agit tout à la fois sur la composition du raisin et sur la conservation du vin. (Rougier).

C'est la différence des climats qui fait que la ligne Nord de la vigne suit une oblique, à partir de l'Ouest de la France pour remonter vers le Nord, en Allemagne, et redescendre ensuite.

Dans les régions chaudes et légèrement humides par moments, la vigne se développe avec beaucoup de vigueur, produit de beaux raisins très sucrés. L'influence de la chaleur se traduit, soit par une abondante récolte de raisins d'une richesse moyenne en sucre, soit un rendement moyen de raisins très sucrés et par suite donnant des vins très alcooliques. C'est dans le Midi de la France, l'Italie, l'Espagne, le Portugal et la Grèce que les raisins atteignent le maximum du sucre.

Dans les plaines de ces pays on obtient les vins à bon marché, très abondants, et sur les coteaux les vins doux, liquoreux et fortement alcooliques ; dans les deux cas le rendement par hectare, en sucre, est très élevé. Mais pendant que le sucre augmente, l'acidité diminue, ce qui nuit souvent à la bonne conservation des vins ordinaires.

A l'Equateur, on corrige l'effet de la chaleur en cultivant la vigne à une haute altitude où le climat est plus tempéré.

Au Nord, les vins sont faibles, âpres, astringents et très acides ; on recherche les coteaux peu élevés et tournés vers le Midi.

Pour les terrains plats, sans abris contre les vents du Nord et de l'Est, on ne peut dépasser en France du 47° au 49° degré, mais sur les coteaux abrités on peut aller au 53° ; c'est le cas le plus rare.

La vigne est cultivée, en hauteur, à 509 m. en Auvergne, 800 dans le Valais, 1,200 mètres dans les Hautes-Alpes, 1,300 mètres sur le versant sud de l'Etna, 1,360 mètres en Andalousie et à des hauteurs supérieures en Algérie.

Les climats humides conviennent peu à la vigne ; le vin obtenu est faible ; riche en acides, crème de tartre et pauvre en sucre.

Exposition. — Nous avons déjà vu précédemment que l'exposition a une grande influence et que dans certaines contrées les vignes ne venaient bien que si elles étaient exposées au Nord ou au Midi. En effet, l'exposition a une influence sérieuse sur la vigne. Dans le même pays, souvent, les vignes tournées vers le Midi ont des fruits très différents des vignes tournées vers le Nord ; dans nos pays, les expositions les plus favorables sont le Levant et le Midi ; le premier étant moins favorable que le second.

En Champagne, la meilleure exposition est celle du Midi, puis le Levant, le Couchant est peu favorable et le Nord funeste ; dans ce dernier cas, le raisin conserve un goût acide et âpre et n'arrive jamais à bonne maturité.

L'inclinaison des terrains fait varier la production de la vigne, les sols plats ou ceux qui sont fortement inclinés sont mauvais ; il faut que l'eau ne séjourne pas et ne s'écoule pas trop vite.

La position de la vigne exerce aussi une grande influence. Dans les différentes parties d'une colline les fruits ne sont pas les mêmes.

Au sommet, la vigne est fatiguée par les vents et les brouillards ; la température plus froide, plus variable, les gelées blanches plus fréquentes, affectent désagréablement la vigne ; le raisin y est moins abondant et mûrit moins vite. Le milieu est le plus favorable. Au bas, la vigne, recevant plus d'humidité, est plus vigoureuse, mais le raisin n'est jamais aussi sucré et parfumé qu'au milieu ; l'humidité donne la quantité au détriment de la qualité.

Il faut de l'air à la vigne, un vallon encaissé produit rarement de bonnes vignes, surtout s'il y a une rivière. Cette rivière n'a aucune influence si la colline est très découverte.

Il faut, en général, éviter les arbres qui donnent de l'ombre ; cependant, lorsque la vigne est sujette à geler, il est bon de planter des arbres fruitiers. En 1797, en Bourgogne, toutes les vignes furent gelées, sauf celles qui étaient garanties par des arbres.

Les plateaux ne sont favorables que dans les pays chauds.

Saisons. — Il découle naturellement de ce que j'ai dit précédemment que les changements de saisons, en modifiant accidentellement le climat du pays, doivent influer beaucoup sur le résultat de la culture de la vigne. Dans un pays sec et chaud habituellement, si la saison est froide et pluvieuse on se trouve dans les conditions d'un climat du Nord ; le raisin n'a ni sucre, ni parfum. Il donne un vin faible, sans saveur, qui se conserve mal, et est sujet aux maladies. Si la saison est froide et sèche, le vin est rude et a mauvais goût ; si elle est pluvieuse mais chaude, la récolte est abondante, mais le vin est faible, peu spiritueux et souvent n'est bon qu'à la distillation.

Le temps le plus favorable à la vigne est la chaleur alternée de douces pluies ; les pluies des premiers moments de la croissance du raisin sont très favorables ; à la floraison elles font couler le raisin et à l'approche des vendanges elles deviennent les plus dangereuses, surtout pour les raisins à vins fins.

Les vents sont dangereux pour la vigne ; ils dessèchent les raisins, les tiges et le sol.

Les brouillards sont très dangereux, mortels pour la fleur, ils nuisent aux raisins en ce que par leur évaporation sous l'action des premiers rayons du soleil ils refroidissent énormément les grains ; de plus, ils déterminent les gelées.

Sols. — La question du sol est une des plus importantes sinon la principale pour la réussite de la vigne, car quelle que soient l'exposition, le climat, la saison et la latitude, un sol maigre et ingrat ne donnera jamais de bons résultats.

La vigne s'accommode d'une grande quantité de terrains et l'on rencontre des vins renommés dans les formations géologiques les plus différentes.

Il faut, à la vigne, un terrain pouvant absorber facilement les rayons solaires, légers, caillouteux ayant une légère pente. Le sous-sol doit être perméable pour faciliter l'écoulement des eaux. La couleur foncée de la terre arable est favorable, en ce sens qu'elle s'échauffe plus rapidement et conserve mieux la chaleur que la terre très claire.

Les sols calcaires, alumineux, magnésiens, siliceux, les terrains primitifs transitoires, secondaires, tertiaires et volcaniques conviennent tous à la vigne, pourvu qu'ils ne soient pas imprégnés d'eau.

La vigne vient mal ou pas dans les terrains argileux, humides ou situés dans les bas-fonds.

Dans les terrains granitiques on récolte les vins de l'Hermitage, Cornasset, Côte-Rôtie et de Bordeaux. (Ces derniers viennent aussi dans les sables quaternaires.

Dans les calcaires jurassiques, se trouvent la plupart des vignobles célèbres de la Bourgogne.

Dans les calcaires crétacés, viennent les vignes de la Champagne.

Dans les terres volcaniques se produisent les vins les plus capiteux et les plus délicieux : le Tokai et les meilleurs vins d'Italie ; auprès du Vésuve, se boit le vin de Lachryma-Christi, planté par M. de Saint-Simon, évêque d'Alger.

Sur les bords de la Loire et du Cher, on cultive la vigne dans des terrains gras et féconds, mais on ne cherche que la quantité et non la qualité.

Dans les sols profonds et frais, la vigne prend, en général, un grand développement et donne un produit abondant ; mais si les principes organiques sont en excès, les ceps deviennent très vigoureux et ne donnent qu'une production minime et un vin faible; plus on approche du Nord, plus ce défaut se manifeste.

Dans les terrains secs et pauvres, la végétation est moins active, le rendement moins abondant, mais les vins sont meilleurs, plus alcooliques et de meilleure conservation.

Pour obtenir de bons résultats, le terrain étant bien choisi, il faut remuer souvent le sol, diviser la terre, l'aérer, la rendre poreuse et la nettoyer. Ces travaux amènent aux racines de la plante l'air et l'eau qui leur sont nécessaires pour que la vigne prenne de la vigueur. Dans les terrains légers, perméables à l'air et à l'eau, et dans les terrains siliceux il ne faut qu'un simple labour, mais dans tous les autres un défoncement est nécessaire.

Lorsque les terrains ont peu de pente et que l'eau s'écoule mal, il faut recourir aux drainages.

Les champs plantés en vignes doivent être d'une propreté absolue ; il faut par des labours, des binages et des sarclages, enlever toutes les mauvaises herbes.

Engrais. — La question des engrais est loin d'être résolue quant à la vigne; les opinions les plus diverses ont été émises à ce sujet et souvent absolument opposées. Cependant, depuis une vingtaine d'années, il s'est fait beaucoup de progrès, mais il y a encore beaucoup à chercher.

Chaptal était d'avis qu'il ne faut jamais fumer ni engraisser la terre pour la culture de la vigne. Il disait que tout ce qui active la végétation de la vigne nuit à la qualité du raisin et que les vignes fumées donnent une production abondante, mais sans qualité.

Néanmoins, il étudie les engrais et donne les indications suivantes : Le fumier le plus favorable est celui des pigeons et des volatiles; il faut rejeter les fumiers trop pourris et puants, car ils donnent un goût désagréable, et enfin : à Oléron et à Ré, on fume avec des varechs, le vin en a l'odeur et a une mauvaise qualité.

Au contraire, M. Chassiron a vu que les varechs décomposés donnaient un produit abondant, sans qu'ils aient nui à la qualité et il constate également que les cendres de varechs sont un bon engrais.

Guyot écrit qu'il faut moins de fumier que pour les céréales, et qu'il doit être mis en novembre jusqu'en mars, enterré profondément et recouvert de 15 centimètres de terre, au moins.

Ladrey indique que l'on obtient les meilleurs résultats avec un kilogr. de fumier de ferme par an et par cep.

Husson est d'avis qu'il faut éviter, en général, la fumure des vignes, l'emploi d'engrais trop forts et trop riches en potasse qui pousse au raisin, diminue la qualité et la richesse alcoolique. Si l'on veut avoir une bonne production de vins médiocres, il faut fumer dès que la quantité produite ordinairement faiblit. D'après lui, les meilleurs engrais sont : les marcs de raisins, les boues des rues, les mottes de prés mises en tas pendant un an, les terres brûlées ou les cendres d'écobuages.

Corenwinder (Etudes sur le Camp de Châlons) soutient, avec de nombreux chimistes, que les engrais d'animaux sont nuisibles, surtout à l'état verts. Boussingault croit que ces inconvénients disparaîtraient si on mélangait ces matières avec de la paille, comme on le fait en Alsace et dans le Palatinat.

Enfin beaucoup d'auteurs soutiennent que les matières fécales donnent un mauvais goût au raisin ou au vin.

Aujourd'hui on est d'avis qu'il faut fumer les vignes ou du moins y mettre des engrais, soit végétaux, soit minéraux, mais avec une certaine circonspection. Une fumure trop abondante, surtout très chargée d'éléments azotés, contribue à appauvrir les moûts et à nuire à la conservation du vin. L'excès de matières azotées donne une végétation plus luxuriante, les raisins sont plus chargés d'eau et de matières azotées qui se retrouvent dans le vin et favorisent les maladies.

Il est un fait indiscutable, c'est que la vigne enlève au sol des éléments constitutifs et des éléments apportés ; il faut donc remplacer au fur et à mesure ces éléments. Il est mathématiquement impossible de chiffrer la quantité de ces éléments enlevés par le vin, le marc, les feuilles et les sarments extraits chaque année des champs de vignes. On y arriverait approximativement en analysant ces différents composants de la vigne et en calculant la proportion sur le poids total des divers corps ci-dessus enlevés.

Des travaux dans ce sens ont été entrepris par des Princes de la Science, MM. Müntz et Girard. (*Les Engrais*, t. 1).

Ils ont calculé, pour une vigne rendant 50 kil. par hectare, les chiffres suivants, en kilogr. :

	Azote	Acide Phosphorique	Potasse	Chaux	Magnésie
	—	—	—	—	—
50 kil. de vin......	1.00	1.50	5.00	1.00	1.00
750 kil. de marc.....	7.50	2.25	3.75	3.75	0.75
3.000 kil. de feuilles...	24.00	4.80	8.40	72.00	8.40
3.000 kil. de sarments.	6.00	1.20	9.00	15.50	2.40
	38.50	9.75	26.15	92.25	12.55

Et pour une production de 100 et 200 hectolitres, la quantité des feuilles et des sarments restant la même, ils nous donnent :

Pour 100 hect. : 47 kil. d'azote, 13,5 d'acide phosphorique, 34,9 de potasse, 97,0 de chaux et 14,3 de magnésie.

Pour 200 hect. : 64 kil. d'azote, 21,0 d'acide phosphorique, 52,4 de potasse, 106,5 de chaux et 17,8 de magnésie.

M. Boussingault, dans une vigne d'Alsace, produisant des vins très acides et très riches en potasse, a trouvé, pour un hectare 16 kil. 61 de potasse et 7 kil., 29 d'acide phosphorique ; dans ces chiffres ne sont compris que le vin, le marc et les sarments.

Pour une vigne du Midi, M. Marès nous donne (les feuilles également non comprises) 21 kil. 22 d'azote, 10,50 d'acide phosphorique et 24 kil. 71 de potasse, pour une production de 120 kil.

Enfin, M. Péneau a donné pour une vigne très luxuriante du département du Cher, ayant produit 20 hectolitres : 34 kil. d'azote, 6 kil. 8 d'acide phosphorique et 25 kil. 9 de potasse.

Le vin, seul, n'enlève pas beaucoup d'éléments fertilisants, ainsi qu'on peut le voir dans le tableau suivant :

		Azote	Acide Phosphorique	Potasse	Chaux	Magnésie
		—	—	—	—	—
Müntz et Girard,	50 hect. de vin : en kil.	1.00	1.50	5.00	1.00	1.00
Boussingault,	33 — .	»	2.05	7.00	»	»
Marès,	120 — .	2.40	4.90	12.00	»	»

Ce sont les feuilles qui enlèvent le plus au sol, puis les sarments et le marc.

Il devient donc évident qu'il faut mettre des engrais pour remplacer les éléments enlevés à la terre et non restitués, tels que la potasse et l'acide phosphorique, chaux et magnésie. L'azote peut être restitué par l'atmosphère, du moins en grande partie.

Un engrais bien composé, engrais chimique ou fumier de ferme, additionné de sels minéraux, augmente le rendement sans diminuer la richesse du moût. Dans les sols riches en matières organiques, il ne faut ajouter qu'un engrais potassique.

Cette question n'est encore qu'à l'étude, les essais de M. George Ville, bien connu de tous les agriculteurs, sont loin d'être concluants. Un engrais composé par lui pour remplacer ce que la vigne avait absorbé, a donné des résultats inférieurs à ceux obtenus par d'autres engrais ; il a constaté une progression constante dans le rendement du raisin par l'addition d'engrais de plus en plus potassiques et que les autres éléments laissaient la vigne indifférente.

L'engrais préconisé en dernier lieu par M. G. Ville est composé de superphosphate de chaux à 15 %.......................... 400 kil.
Nitrate de potasse.................................. 300 »
Sulfate de chaux.................................. 300 »
1.000 »

Il ne faut pas tenir compte d'une façon absolue de ces enseignements, car M. G. Ville ne restitue pas l'azote enlevé et dans les terrains maigres, privés d'azote, la vigne ne tarderait guère à dépérir.

Le cultivateur doit faire lui-même des essais d'engrais sur plusieurs parties de ses champs et se rendre compte de celui qui convient le mieux à son terrain. Si les vignes sont fatiguées par l'action du phylloxera, il faut de l'azote pour obtenir une plus grande vigueur de végétation.

M. Gayon a fait à Bordeux des essais sur le Cabernet Sauvignon et il a divisé les engrais en quatre séries qui, essayés séparément, ont donné le classement suivant, les meilleurs engrais en tête :

Engrais Azotés	Engrais Phosphatés
Guano	Phosphate précipité
Cuir torréfié	— fossile
Nitrate de soude	— acide de chaux
	— d'ammoniaque

Engrais Potassiques	Engrais Calciques et magnésiens
Carbonate de potasse	Sels magnésiens
Sulfate —	— calciques
Chlorure de potassium	

Résultat curieux et contraire aux essais de G. Ville, le nitrate de potasse a diminué le rendement ; ce qui prouve l'incertitude de ces essais.

Le sulfure de potassium et le sulfo-carbonate ont également diminué la production.

Suivant moi, il y a certains éléments, en petites proportions, indispensables à la vigne et dont on ne tient pas compte actuellement, justement par suite de leur petite quantité, et qui cependant jouent un grand rôle dans la physiologie des végétaux, et c'est peut-être à leur absence que l'on doit toutes ces malaties des plantes que l'on ne connaissait pas autrefois et qui envahissent toutes nos plantations. Une étude faite dans ce sens amènera sans doute d'utiles découvertes.

Plants. — J'ai décrit précédemment les cépages en indiquant quels sont les terrains et les pays qui leur sont favorables. C'est parmi ces cépages que le viticulteur devra faire son choix.

La règle principale à suivre dans le choix des cépages est de prendre les cépages vivant dans un pays plus froid ; il ne faut pas tirer les plants du Midi pour les porter au Nord (Husson).

Dans les régions méridionales on choisit les cépages à vins sucrés, liquoreux et alcooliques. Dans les régions moins chaudes on maintiendra les cépages qui ont fait leurs preuves, on cherchera surtout à produire les vins fins et bouquetés, puis les vins grand ordinaire et enfin les vins ordinaires. Dans les régions du Nord il faudra adopter les cépages à maturité précoce afin que la vigne arrive à maturité avant les froids de l'automne ; on ne pourrait y planter un cépage du midi dont la maturité est tardive.

L'introduction dans le midi des variétés de vignes à vins fins est aussi irrationnelle et donne de mauvais résultats, car il est rare que ces cépages conservent leurs qualités en changeant de climat ; la maturité se fait de très bonne heure et les raisins se dessèchent et s'altèrent.

Les pineaux et gamays récoltés dans le midi sont loin de donner des produits aussi fins qu'en Bourgogne et dans le Beaujolais, mais la récolte est plus abondante. Le chasselas de Fontenaibleau, venu du Levant sous François Ier, a tellement dégénéré, qu'il ne peut plus fournir de vin. Les plants Grecs, transplantés en Italie, n'ont pas donné le même vin, et enfin la plupart des vins bus à Madrid, proviennent des plants de Bourgogne ; ce ne sont plus les mêmes vins.

Un vignoble peut contenir un ou plusieurs cépages. Les grands crus sont souvent formés d'une seule variété, quelquefois deux et rarement trois. Beaucoup de cépages français renferment les qualités propres que l'on recherche ; dans certains cas on a avantage à adjoindre d'autres cépages pour améliorer le produit principal, soit comme couleur, soit comme goût au bouquet. Les proportions de ces cépages doivent être bien calculées pour obtenir un bon résultat. Il y a plus d'avantages de mêler les raisins à la cuve que de mélanger les vins, une fois faits ; le résultat est bien meilleur.

Dans les pays viticoles les plus avancés le nombre des cépages se restreint de plus en plus, tandis qu'il est incalculable dans les pays où la culture de la vigne n'est qu'accessoire.

Plantation. — Lorsque le cépage est choisi, il vaut toujours mieux faire soi-même une pépinière, car il y a une grande économie et une sécurité absolue sur la valeur des pieds que l'on doit planter. Si on est forcé de les acheter, on peut choisir entre les racinés et les boutures ; ces deux sortes de plants ont des détracteurs et des défenseurs, mais l'usage des racinés est général aujourd'hui pour tous les cépages, et c'est une nécessité pour les plants américains dont la reprise est plus difficile que pour les plants français.

La plantation doit se faire au printemps, dans un terrain défoncé au préalable, et fumé avec un engrais préparé d'avance et très divisé, dans la proportion de 60 à 70,000 kilogr. de fumier par hectare, ou son équivalent en engrais chimique.

Les pieds sont enfoncés de 30 à 40 centimètres de profondeur. Guyot indique 20 centimètres au plus.

Les sarments devant servir de boutures sont plongés tout entiers dans l'eau, égouttés quelques instants et placés dans du sable fin et coulant.

Pour produire l'émission des racines, on emploie trois moyens : la décortication, la torsion ou le martelage. Ces trois opérations s'effectuent à la base du sarment sur une longueur de 5 à 6 centimètres. Ces opérations ont pour but de mettre à nu les couches du liber qui se trouveront ainsi en contact direct avec le sol.

La mise en place s'effectue suivant les usages des différentes régions : dans des trous ouverts par le pal, des fentes faites par la bêche ou la houe, ou dans les sillons faits par la charrue, etc.

Les sarments sont placés verticalement sur un lit de matières organiques en décomposition, fumier, terreau consommé, guano, cendres, etc., le tout rendu pulvérulent par des plâtras ou de la terre meuble. La terre est tassée vigoureusement tout autour en laissant un seul œil au-dessus de la terre, et deux yeux au-dessous ; l'œil supérieur est ensuite recouvert d'une terre légère facile à traverser par le bourgeon naissant.

Les racinés doivent être plantés à la fin de l'hiver, sauf pour les terres froides et humides ; il faut bien faire attention à laisser les racines s'étaler librement.

Il y a deux systèmes de plantations : 1° La plantation en foule ou groupe, qui se fait en Bourgogne et en Champagne. Les différents cépages sont mélangés et permettent facilement le remplacement des plants par le provignage. Ce système est opposé à l'emploi des instruments à attelages. 2° La plantation régulière en plein : en lignes, carrés, quinconces, etc. En lignes, il y a économie de main-d'œuvre mais un rendement moindre ; en carrés, il y a plus de difficultés pour faire les labours d'été, mais il y a plus de rendement qu'en lignes ; en quinconces on peut labourer dans trois sens et on met plus de plants à l'hectare qu'en carrés ; le défaut de ce dernier système, c'est que pour les cépages à sarments étalés, la place finit par manquer. Dans tous les cas, il est bon de donner des tuteurs aux jeunes plants. Lorsque la plantation est terminée, pendant l'été, il faut donner de nombreuses façons à la terre ; elle doit être bien aplanie, bien binée et bien sarclée ; l'hiver, on déchausse, on enlève les drageons et on remplace les sarments chétifs et ceux qui ne sont pas venus, puis au moment de la taille on opère celle-ci avec précaution en laissant le plus d'yeux possible et on butte fortement.

Multiplication. — On multiplie la vigne par semis, marcottes et bouture, La multiplication par semis est faite seulement par les pépiniéristes. Nous venons de voir comment on opère pour les boutures. On prend des sarments bien sains que l'on taille à la hauteur voulue et on laisse trois yeux, dont deux sont mis en terre et un laissé au niveau du sol.

L'emploi des marcottes a pris le nom de marcottage ou provignage.

Le provignage consiste pour la vigne à faire naître des racines sur un sarment avant qu'il ait été détaché du plant qui lui a donné naissance. (G. Foëx : Cours complet de Viticulture).

Il y a quatre principales méthodes de provignages usitées : 1° *Le provignage par marcotte simple.* On creuse une petite fosse à une courte distance du pied de la vigne en face d'un sarment vigoureux, destiné à être marcotté; on courbe ce rameau, sans le détacher de la vigne, de façon qu'il s'appuie sur le sol de la fosse, et on vient le redresser verticalement le long d'un petit piquet sur lequel on l'attache ; le rameau ainsi courbé forme une courbe comme la lettre *s* renversée ; on coupe l'extrémité supérieure de la branche attachée au piquet en laissant deux bourres qui formeront la branche à fruits, et on éborgne tous les yeux entre l'origine du sarment et le point où il pénètre dans le sol. Les racines se forment dans le sol sur le sarment. Ce mode de provignage est très bon pour remplacer les manquants et surtout pour les plants dont l'enracinement par boutures est difficile. On peut provigner des sarments aoûtés ou simplement herbacés. Lorsqu'on veut laisser le plant provigné en place, on le sèvre au bout de deux ans, car avant, on aurait une diminution de la végétation qui influerait sur la fructification. Pour les changements de place, on relève en hiver les sarments couchés en terre au printemps précédent, et on les divise au-dessous de chaque nœud, on obtient ainsi un grand nombre de fragments pourvus de racines nommées mérithalles enracinés (Champin). 2° *Le provignage par versadi*, très pratiqué dans l'Allier, le Puy-de-Dôme, la Charente, la Corse et l'Italie. On fait décrire à la branche un arc courbé vers la terre, et on enfonce la partie terminale dans le sol, à 25 centimètres de profondeur. La branche prend parfaitement racine, sans pour cela cesser de donner des fruits. Après la vendange ou l'hiver, on coupe la partie horizontale courbée, et l'on obtient un pied bien enraciné. Ce procédé demande beaucoup moins de main-d'œuvre que le précédent, et l'on ne perd pas la production de la branche pendant le provignage.

3° *Le provignage chinois* ou *provignage* par *marcotte multiple* est employé pour la multiplication des vignes américaines résistant au bouturage, telles que l'Herbemont, le Northon's Virginia, l'Hermann, etc. La branche à provigner est courbée brusquement jusqu'à terre, de façon à ce qu'elle la touche le plus près possible de son point d'attache, sans se casser, et on la maintient horizontalement dans une rigole ayant de 20 à 25 centimètres de profondeur, le sarment étant supporté par de petites fourches, de manière à se trouver à 6 ou 8 centimètres au-dessous du sol ; on recouvre le sarment de 2 centimètres de terre. Il est bon d'entailler ou de décortiquer une petite portion derrière chaque œil et de faire une ligature en fil de laiton dans chaque entre-nœud.

Chaque nœud se transforme à la partie inférieure en couronne de racines, et à la partie inférieure en bourgeon fructifère, on isole les différents nœuds en coupant le sarment aux endroits où sont les ligatures, et lorsque les jeunes pousses ont de 15 à 20 centimètres de long, on comble la fosse avec la terre qu'on en a retirée mélangée avec du fumier en compost. Il ne faut pas oublier, comme pour le marcottage simple, de supprimer les bourgeons compris entre le sol et la souche. Il faut aussi pailler et arroser si le sol manque de fraîcheur (Portes et Ruyssen) : Traité de la Vigne et de ses produits.

4° *Le Provignage par couchage de la souche*, appelé assiselage en Champagne. Ce procédé est employé en Champagne, Bourgogne, Beaujolais et Portugal. Il permet d'obtenir d'un même pied mère plusieurs provins qu'on fait ressortir à des endroits déterminés. Il perpétue les mêmes vignes sur les mêmes terrains, sans interruption marquée. Ce mode de provignage est combattu par Guyot et M. Foëx. Près du cep, on ouvre en amont de la colline, en remontant la pente, ou latéralement, mais jamais en aval, une jauge profonde, et on incline doucement le pied de la vigne en ayant soin de ne pas briser la racine principale de façon à coucher la souche au fond de la fosse ; on étale alors les sarments, on les recouvre de terre, que l'on foule ensuite ; on laisse deux yeux hors de terre. Les sarments sont dirigés vers les points fixés pour y établir les nouvelles vignes. Chaque provignage peut se faire avec 3, 4 ou 5 pointes, si le cep est vigoureux et la terre forte. La terre servant à combler la jauge doit être bien meuble et mélangée à du fumier.

Le provignage finira, dans bien des pays, par disparaître, et sera remplacé par le greffage sur les vignes américaines.

Echalas. — Les vignes sont laissées à elles-mêmes ou soutenues par des échalas ou des fils de fer.

Dans Horace et les Géoponiques, il est parlé de l'usage général de laisser grimper la vigne aux arbres ; cette méthode s'est perpétuée en Italie ; la production des fruits est très grande, mais la maturité ne se fait pas parfaitement.

Lorsque la vigne est fixée aux échalas, aux palissades ou aux treillages, elle mûrit plus facilement et produit plus de sucre.

Dans les pays chauds, il faut laisser ramper la vigne, qui prend alors une forme touffue, sous laquelle les raisins sont à l'abri du soleil. Quand les raisins mûrissent, on réunit en faisceaux les diverses branches du cep, et on met le raisin à nu, en relevant les grappes ; on fait ainsi échalas, mais seulement dans les saisons pluvieuses. Les échalas doivent s'employer dans les terres fortes qui peuvent nourrir les ceps rapprochés et dans les pays froids pour amener les raisins à la chaleur du soleil ; on les emploie encore dans les terrains gras et humides.

La plantation de la vigne en chaintre donne un cep qui produit des raisins plus gros et plus mûrs que les autres ; le vin est plus sucré et moins vert. Les pieds sont mis en lignes, distants de 3 mètres les uns des autres, et on laisse de 8 à 12 mètres entre les lignes. Le cep est arrêté à une hauteur de 60 à 80 centimètres; on garde deux fortes branches, qu'on laisse grandir et que l'on soutient à 25 centimètres du sol par de petites fourches.

Taille. — La taille de la vigne a une grande importance sur la récolte; plus on laisse de tiges, plus les raisins sont abondants, mais moins la qualité est bonne et plus la vigne dépérit.

La taille de la vigne favorise la maturation et l'augmentation du sucre.

Au sujet de la taille, M. Foëx a posé les principes suivants : 1° L'activité de la végétation dans une plante ou dans un rameau est d'autant plus grande, qu'il porte un plus grand nombre de feuilles, et qu'il se rapproche le plus de la verticale. 2° L'activité de la végétation est d'autant moindre chez un rameau, qu'il fait un angle plus grand avec la verticale.

Les déformations résultant de plaies, étranglements, torsions ou autres accidents, déterminent une diminution dans l'activité de la végétation des parties qui les ont subis.

La production des fleurs est, dans une large mesure, en raison inverse de l'activité de la végétation dans une plante ou sur un de ses rameaux, considéré isolément.

Les rameaux d'un même végétal ont un développement complémentaire, c'est-à-dire que moins il y aura de bourgeons conservés sur un même plant, plus le développement des rameaux auxquels ils donnent naissance, sera considérable ; de même pour les fruits qui sont d'autant plus gros qu'ils sont moins nombreux.

Il y a lieu de tenir compte qu'une foule de cirsconstances peuvent modifier l'application de ces principes.

La taille se pratique de deux manières que l'on nomme taille courte et taille longue; elle est courte, lorsque l'on rabat les sarments à un, deux ou trois bourgeons et elle est longue, lorsqu'on laisse subsister un plus grand nombre d'yeux ; on dit aussi, dans ce dernier cas, tailler à long bois.

La taille longue a des détracteurs et des partisans ; elle épuise le sol, mais elle donne à la vigne la force de résister aux intempéries et aux maladies. Parmi les partisans de cette sorte de taille, je citerai MM. Pulliat, Guyot, Bedel, etc.

La vigne placée sur fil de fer et étalée, produit beaucoup, mais il arrive quelquefois que la première année est mauvaise.

Procédé Dézeiremis. — M. Dézeiremis, de Bordeaux, préconise un système de taille de la vigne qui donne à celle-ci, d'après les essais faits, une telle force de résistance, qu'elle peut supporter le phylloxera. Dans ce système de taille, on ne doit plus couper le sarment en un point quelconque du mérithalle qui s'étend au-dessus du dernier œil conservé, mais bien dans le nœud même placé immédiatement après cet œil, qui est ainsi préservé de l'action désorganisatrice de la chaleur et de l'humidité. La méthode de

M. Dézeiremis consiste à laisser intacte la cloison du nœud, dans l'épaisseur de laquelle on taille, et de façon que l'œil adjacent soit éborgné ; la section doit donc être oblique. Il est bien difficile de remplir simultanément ces deux conditions, indiquées simplement pour aller plus vite. Il est beaucoup plus sur d'opérer en deux mouvements ; un premier coup de sécateur pour tailler un peu au-dessus du nœud, et un second coup pour détruire l'œil adjacent. Cette modification dans le mode opératoire est généralement adoptée par les viticulteurs du Sud-Ouest.

Le principe de la taille Dézeiremis est qu'en taillant au-dessus de l'œil conservé, jusqu'à la cloison du nœud supérieur ; la sève continue à monter jusqu'à ce nœud, de sorte que le dernier œil est parfaitement alimenté par la sève et n'est pas en contact avec les parties desséchées et putréfiables des parties coupées, comme cela a lieu dans la taille ordinaire.

Procédé de M. Mesrouze (Vendœuvre, Indre). — Ce procédé est basé sur le principe d'un grand développement de la vigne par un système de taille et de palissade. Dans les systèmes actuels, on met un grand nombre de pieds à l'hectare, et on les réduit constamment par la taille, ce qui donne des ceps petits et fatigués par ces amputations réitérées. La méthode Mesrouze est basée sur le principe absolument contraire.

Il cultive ses vignes en lignes séparées de 90 centimètres seulement, ce qui permet le passage des voitures sur deux lignes, et celui de la houe à cheval entre chaque ligne ; l'aération est suffisante, le soleil ne frappe pas directement le sol et la production est plus considérable. Les ceps sont placés d'abord à 4 mètres les uns des autres, on leur donne deux bras qu'on laisse s'allonger indéfiniment sur un fil de fer tendu à 26 centimètres du sol. A 35 centimètres plus haut, sont tendus deux fils de fer parallèles, sur un plan horizontal et sur lesquels on fixe les branches à fruits. A mesure que les bras s'allongent, on sacrifie le cep que ces bras viennent rencontrer, de sorte que l'on obtient ainsi d'un seul pied un cordon qui garnit une étendue de 10 à 50 mètres et peut produire de 50 à 80 litres de vin. Dans un pays où la production d'un hectare est en moyenne de 8 à 10 hectolitres de vin à 4°, M. Mesrouze a pu produire 130 hectolitres de vin à 8°. Les chiffres de la production, en argent, sont saisissants : les vignes qui environnent le vignoble de M. Mesrouze, rapportent de 600 à 1,200 francs, tandis qu'il a obtenu 4,992 francs en 1887 et 6,850 francs en 1888, chiffre qui s'est maintenu jusqu'à ce jour. Dans une brochure, M. Mesrouze explique d'une façon très détaillée cette méthode de viticulture.

Recépage. — Sous le nom de recépage, on désigne une opération qui a pour but de renouveler la vigne. Lorsqu'une vigne est rabougrie, usée, on la coupe un peu au-dessus de la terre ; dès la même année, il en repousse toujours des sarments atteignant de 3 à 5 mètres, et produisant de nombreux raisins. Dans beaucoup de cas, cette opération est supérieure au provignage.

Greffage. — Pas plus que pour la taille de la vigne, je n'entrerai dans tous les détails que comporte cette opération qui demande une étude spéciale et que l'on trouvera très développée dans le *Manuel du greffeur de vignes*, de M. Pulliat.

D'une manière générale, le greffage suscite une fécondité plus précoce de la vigne, tout en accroissant la qualité des fruits et avançant l'époque de leur maturité ; c'est une opération d'une grande simplicité, dont la réussite est presque toujours certaine.

Le principe du greffage consiste à juxtaposer à un cep déjà formé, bien raciner un rameau d'une autre vigne ; on obtient cette juxtaposition par des coupures de formes diverses, mais toutes faites de manière que les surfaces du rameau s'appliquent exactement sur les surfaces coupées du cep. La sève du tronc suit le chemin habituel et franchit l'espace infinitésimal qui sépare les deux parties et finit par en faire un seul et même arbre. Le résultat de cette opération est curieux. La personnalité du cep primitif disparaît et la plante finale n'a plus que les caractères du rameau ajouté. Les différents modes de greffage ne diffèrent donc que par les formes données aux surfaces à réunir.

Effeuillage. — Dans certains pays, on arrache les feuilles pour faire mûrir le raisin, dans d'autres, on tord le pédoncule du raisin pour déterminer la maturation ou le dessèchement, en arrêtant l'arrivée de la sève. Pline a écrit que les anciens préparaient ainsi leurs vins doux.

L'ébourgeonnement, le pincement et l'effeuillage produisent des effets qui varient selon les régions. Dans les vignobles méridionaux, ils sont plutôt nuisibles qu'utiles, et dans ceux du Nord, ils sont, dans certains cas, indispensables. Il ne peut donc y avoir de règle générale pour tous les pays vinicoles ; il faut des procédés spéciaux pour chaque climat.

Dans la nutrition du raisin, il y a deux époques : la première est celle où le grain est encore vert ; la seconde, pendant laquelle le vert disparaît pour être remplacé par la couleur jaune ou rouge. Pendant la première période, le grain a besoin d'une grande quantité de principes nutritifs, il les emprunte aux feuilles ; dans la seconde période, il est adulte, il ne crée plus rien, il ne fait que transformer. Les feuilles nourrissent le raisin, par suite de l'amidon qu'elles forment, puis transforment en sucre pour être envoyé au raisin. Jusqu'à la véraison, le sucre semble être utilisé en route et le grain ne reçoit que les résidus acides ou astringents de son oxydation ; ensuite, le sucre arrive au grain.

Lorsque la vigne perd ses feuilles avant la fin de la maturation, le raisin cesse de mûrir et surtout de s'enrichir en sucre. Donc, si l'on veut pratiquer l'effeuillage, il devra s'effectuer tard et seulement pour permettre à la maturation de se parachever sous l'influence d'une chaleur et d'une lumière plus vives.

Dans quelques vignobles : Thomery, Hermitage, Bourgogne, Fontainebleau, etc., c'est une pratique habituelle et régulière; dans d'autres : Bordelais, Midi, etc., ce n'est qu'une pratique exceptionnelle.

Dans la Bourgogne, l'effeuillage se fait au mois d'août, en une seule fois et avec assez de précaution. A Thomery, il se fait en trois fois, de peur de causer un trop vif ralentissement de la maturation et pour éviter le grillage; on ne découvre les grappes que progressivement; on se borne à supprimer le limbe de la feuille, en laissant le pétiole à sa place, ce qui a un double avantage; de permettre aux éléments utiles que contient ce pétiole de retourner au raisin et d'obtenir une bonne cicatrisation après sa chute naturelle.

Dans le Bordelais et le Midi, l'effeuillage ne se pratique que dans les années humides et dans les terres basses gardant l'eau; il se fait progressivement pour éviter le grillage; on dépouille la souche au-dessous du raisin, ne laissant ainsi arriver au raisin que les rayons du soleil réfléchis par le sol; cette pratique a un autre avantage, car l'on a constaté que les feuilles situées au-dessus du raisin sont plus riches en sucre que celles placées dessous; on envoie donc ainsi au raisin un suc plus riche en sucre et d'autre part, par l'aération on augmente l'évaporation de l'humidité.

Epamprage. — Cette opération a pour but de supprimer les pampres qui s'élancent trop rapidement dans une vigne vigoureuse, car alors la sève toute portée à la fabrication du ligneux de ces tiges ne s'arrête pas sur les raisins.

Ebourgeonnement. — L'ébourgeonnement consiste à enlever tous les bourgeons inutiles qui absorberaient une partie de la sève qui sera mieux utilisée après cette opération. On pratique facilement l'ébourgeonnement avec l'ongle, il ne doit être fait qu'au moment où les grappes sont déjà apparentes mais avant qu'elles n'arrivent à floraison, car il ne faut pas s'exposer à détruire des bourgeons fructifères et à en conserver de stériles. Cette opération doit être faite avec la plus grande précaution, il faut tenir compte de la vigueur des ceps, de la saison, de la nature des terrains.

Le docteur Guyot conseille l'ébourgeonnement, Ottavi le recommande pour les vignes âgées, faibles ou fatiguées, mais le proscrit pour les vignes à végétation luxuriante.

Pinçage. — Le pinçage consiste à retrancher un ou deux centimètres de l'extrémité d'un jeune rameau fructifère, il se fait avec l'ongle avant la floraison; il a pour but de prévenir l'avortement du fruit; c'est un des meilleurs procédés pour éviter la coulure.

Cette opération entraîne, généralement, l'évolution des bourgeons situés à l'aisselle des feuilles qui se transforment en rameaux latéraux et que l'on doit pincer à leur tour. Elle est pratiquée avec succès dans le Jura, le Haut-Rhin, la Champagne, la Lorraine, etc.; le rendement obtenu est bien supérieur ; on cite la Mondeuse du Jura qui produirait trois fois plus de jus par 'application du pinçage.

Ecimage. — L'écimage est semblable au pinçage, sauf qu'il se pratique après la floraison, sur le sarment déjà ligneux, et à l'aide du sécateur ; il a pour but de faire grossir le raisin.

MM. Portes et Ruyssen (Traité de la Vigne et de ses produits) écrivent que le pinçage et l'écimage agissent encore sur la future récolte en concentrant la sève sur les yeux qui, l'année suivante, seront les bourgeons fructifères.

En Bourgogne, on ne pince pas les vignes à taille courte mais on les écime quand le grain est noué, après l'accolage qui se fait en juillet, avec de la paille d'avoine trempée dans du sulfate de cuivre, les vignerons qui ne veulent pas accoler pincent à une feuille à deux ou trois reprises ; c'est le meilleur système, car il n'arrête pas brusquement la végétation. Ces opérations sont pratiquées, aujourd'hui, couramment en Italie.

Rognage. — Ce n'est qu'une forme de l'épamprage ; on coupe une partie des pampres de l'année pour conserver aux sarments la longueur voulue pour la taille d'hiver ; on enlève environ le tiers ou la moitié du sarment venu. Cette opération, qui se pratique pendant l'été, a pour but, comme l'épamprage, de favoriser le développement des grains de raisins et en plus de préparer la taille d'hiver.

Le rognage est pratiqué en Champagne, dans le Jura, en Suisse (canton de Vaud), quelques points de la Haute-Savoie et le Médoc, mais il est rejeté dans le Midi ; sauf dans quelques localités de l'Hérault et de l'Aude.

Cisellement. — Lorsque les grappes sont trop longues, ce qui a lieu sur les vignes jeunes et très vigoureuses, on enlève la partie inférieure avec des ciseaux ; avec ce qui reste on obtient un raisin plus gros et plus régulier ; on avance ainsi la maturité d'une quinzaine de jours. Le cisellement n'est employé que pour les raisins de table.

Incision annulaire. — On enlève un anneau d'écorce autour de la branche, en ayant bien soin de ne pas entamer l'aubier, au-dessous de la grappe. Le résultat de cette opération est de ralentir la croissance, en hauteur, de la partie supérieure à l'incision, et d'augmenter sa croissance en diamètre, du moins momentanément. C'est un des meilleurs moyens pour éviter la coulure. Une largeur de 1 à 2 millimètres suffit.

Lorsqu'on incise sur une branche portant des bourgeons fructifères, pendant les premiers temps de la floraison, le fruit dominant l'incision nouera mieux, son volume sera plus grand et sa maturité plus précoce.

L'incision est, pour ainsi dire nécessaire dans les pays à température variable, humide et froide, dans les sols riches fournissant une végétation trop abondante, avec les cépages vigoureux donnant des fruits à maturité tardive ou sujets à la coulure.

L'incision ne doit pas être faite pendant une sécheresse excessive, dans les terrains maigres, sur les vignes malades ou chétives et sur les plonts soumis exclusivement à la taille courte.

Age de la Vigne. — L'âge de la vigne influe beaucoup sur la qualité des vins, les vignes vieilles donnent de bien meilleurs vins que les jeunes vignes. Dans les vignobles où l'on renouvelle les vignes en trop grand nombre la qualité du vin diminue de valeur.

Il faut donc renouveler les vignes constamment et proportionnellement à la quantité de vignes devant disparaître par la vieillesse, dans un temps donné.

Influence des fumées des usines et des locomotives. — Quelle est l'influence des fumées sur les vignes ? C'est une question controversée, certains auteurs soutiennent que les fumées ne font aucun mal, d'autres prétendent qu'elles n'agissent pas. La question des fumées des fours à chaux est celle qui a été le plus étudiée. Auberger, Lecoq, Ferrant, concluent à l'altération des propriétés des vins et eaux-de-vie. La plupart des conseils d'hygiène n'autorisent pas la construction des fours à chaux à proximité des pays vignobles ou du moins n'en permettent l'exploitation qu'après les vendanges et jusqu'en mai. Husson et Convers, dans une expertise faite à Toul, ont démontré l'action nuisible des fumées de fours à chaux ; les feuilles et le raisin étaient infectés. C'est lorsque la fumée arrive sur les raisins mûrs qu'elle se fixe sur la pellicule; si avant la vendange, la chaleur est forte, les principes volatils disparaissent et si les pluies sont abondantes, le raisin lavé n'a aucun goût.

Si la fumée arrive par le brouillard, elle fixe une matière poisseuse, difficile à enlever. Quand, dans le four, la houille seule est en ignition, l'odeur de la fumée est comme celle des usines à gaz; mais, dès que la chaleur agit sur la chaux, il se dégage des principes empireumatiques qui se retrouvent dans les vins et leur donnent un goût désagréable ; ce goût est plus prononcé dans les vins rouges que dans les vins blancs; il est plus fort dans les vins alcooliques que dans les vins faibles.

Il arrête la fermentation des vins rouges plus vite que celle des vins blancs.

Résultats : Vin non altéré, 9° 1/2 d'alcool, bon goût.
Vin blanc gris infecté 8° 1/2 d'alcool, mauvais goût.
Vin rouge infecté, 8° d'alcool, infect.

(Expertise Husson et Convers).

Dans une contre-expertise, Schlagdenhausen, Forthomme et Delcominette sont arrivés aux mêmes conclusions.

Le raisin soumis à l'action de la fumée des locomotives n'a donné aucune couleur ni aucun goût particuliers.

CHAPITRE 4.

MALADIES DE LA VIGNE

Les maladies de la vigne étaient connues des anciens. M. Laflite (Comptes Rendus, 17 février 1882) cite M. Berton qui, en voyageant en Palestine, en 1839, apprit que dans l'ancien temps, dans ce pays, on employait le bitume de Judée mélangé à l'huile d'olive pour enduire les pieds des vignes, afin de les garantir des vers. Il a communiqué à l'Académie un extrait d'un manuscrit de la Bibliothèque Nationale, à la suite d'une chronique de Robert le Moine, relatant également ce fait.

M. Leclerc (Comptes Rendus, 13 mars 1882) a traduit Ibn-el-Beithar qui parle de l'emploi de ce procédé.

M. Lichenstein (Comptes Rendus, 13 avril 1882) cite Strabon, qui a donné la description d'une cochenille blanche farineuse connue aujourd'hui sous le nom de Dactylopius vitis.

Réaumur a très bien décrit le gallinsecte de la vigne : le Pulvinaria vitis.

Le vrai puceron (Aphidiens) que Scopoli citait pour ses ravages dans la Corniole en 1763 et Fabricius en 1775; l'aphis vitis n'avait pu être retrouvé : M. Lichenstein l'a pris sur une belle pousse de Jacquez très vigoureuse; c'est un insecte qui ne pourra pas avoir beaucoup d'action.

Sous le nom générique de maladies de la vigne on désigne toutes les altérations auxquelles elle est sujette quelle qu'en soit la source.

Les maladies se divisent en quatre classes :

1° Les altérations causées par le climat et le sol ;

2° Les désordres produits par les cryptogames ;

3° Les maladies causées par les insectes microscopiques, etc. ;

4° Les ravages que produisent les insectes visibles.

CLIMAT ET SOL

Coulure. — Cette maladie est due à un vice organique causé par les intempéries du printemps ; elle a pour effet de faire avorter la fleur ; il ne se produit pas de raisin.

Pour que la floraison de la vigne se fasse dans de bonnes conditions, il faut que la corolle se détache de sa base, soulevée par les étamines et le pistil, comme une sorte de chapeau ; si elle reste attachée au grain ou si elle s'ouvre à la partie supérieure, la coulure se produit.

Pour y remédier, il serait bon de frapper les pieds des ceps au moment de la floraison, avec un bâton matelassé afin de débarrasser l'orifice du stigmate de tout ce qui pourrait l'obstruer et permettre le contact du pollen (Husson).

Dans le Congrès viticole de Bordeaux (1888), il a été déclaré que l'incision annulaire ne doit être pratiquée qu'avec précaution, ses résultats étant contradictoires, et que les abris doivent être essayés.

Gelée. — Les vignes, sous l'influence du froid humide, gèlent, comme du reste toutes les plantes ; l'effet de la gelée est de détruire le tissu cellulosique, ce qui amène le dépérissement et même la destruction de la vigne.

Les vignes basses, dites à courson, gèlent plus facilement que les vignes élevées au-dessus du sol.

On évite la gelée en couvrant les vignes avec des toits, des paillassons, des feuilles, des branchages ou des capuchons. On a aussi recours avec succès dans plusieurs pays aux nuages artificiels, produit par des foyers, dans lesquels on brûle des substances produisant beaucoup de fumée. Ces nuages, interceptant la lumière de la lune, empêchent le froid de descendre trop bas.

On a préconisé de jeter, au moment où la gelée est à craindre, du plâtre cuit ou du poussier de charbon, à la volée.

Chlorose ou **Jaunisse.** — Cette maladie, qui se traduit par le jaunissement des feuilles, est due à la souffrance des racines, par suite de l'humidité du sol ou des larves d'insectes.

On guérit cette maladie en arrosant le cep malade avec une dissolution de sulfate de fer contenant 2 kilogr. de sulfate par 100 litres d'eau.

CRYPTOGAMES

Anthrachnose. — C'est un champignon parasite du bois, de la feuille et du raisin, le *sphaceloma ampelinum*. Il a existé de tout temps dans le vignoble angevin et s'est ensuite répandu dans divers vignobles.

Pendant la belle saison, il émet des conidies, servant à la reproduction et des pycnides renfermant des spores pour conserver le parasite l'hiver. Il se développe dans un milieu ayant de la chaleur et de l'humidité. MM. Foëx et Viala, qui ont étudié spécialement cette maladie, en ont déterminé trois types différents.

1° *L'Anthracnose maculée* qui est la plus dangereuse. Elle creuse et corrode les jeunes rameaux, et dévore les feuilles et les fruits.

Elle attaque la plupart des cépages connus, et quand elle a attaqué un certain nombre de souches, la perte de la récolte est certaine.

Elle se manifeste par des points isolés brun clair, ressemblant à une meurtrissure, devenant noirs, puis roussâtres au centre ces points s'étendent et se creusent au milieu, en formant des bourrelets sur les bords. Le rameau attaqué devient cassant et rabougri, et la vigne devient buissonnante ; les jeunes feuilles atteintes sèchent et tombent ; les fleurs tombent également.

Les fruits atteints se couvrent de taches grises, cerclées de noir, qui envahissent tout le grain ; sous cette influence le grain éclate et pourrit.

Le Carignane, en France et le Jacquez, dans les Etats de l'ouest de l'Amérique, sont les cépages les plus atteints par cette maladie.

2° *L'Anthracnose ponctuée* est moins dangereuse, car sauf les clairettes, elle n'a pas détruit de vignes ; cependant elle a causé des ravages considérables.

Les souches atteintes sont vert pâle, même jaunes, rabougries, hérissées de rameaux stipulaires ; on aperçoit des petits points noirs isolés ; les feuilles sont rarement atteintes, mais dans ce cas, elles ont le même aspect que lorsqu'elles sont attaquées par l'anthracnose maculée ; les fleurs peuvent couler, mais les raisins souffrent moins, ils sont moins gros et criblés de taches noires.

3° *L'anthracnose déformante* cause la déformation des feuilles ; à la face inférieure, sous les nervures, il se forme des taches brun clair, café au lait, un peu saillantes ; les nervures cessant de s'accroître et le parenchyme grandissant, la feuille prend un aspect gaufré et tourmenté ; les rameaux sont recouverts d'une sorte de croûte roussâtre qui les tord et arrête leur développement. Les chaleurs de l'été ramènent les rameaux à leur état normal, et les nouvelles feuilles reprennent leur forme ordinaire.

Le Congrès viticole de Bordeaux, en 1888, a préconisé comme remèdes :

1° Le double badigeonnage au sulfate de fer, qui doit être essayé en février et mars, 15 jours avant la pousse de la vigne.

2° Le badigeonnage à la bouillie bordelaise, composée par exception de 15 °/₀ de sulfate de cuivre ;

3° L'acide sulfurique, qui donne de meilleurs résultats que le sulfate de fer, et qui de plus éloigne les chenilles.

On a encore préconisé, lorsque la maladie s'est déclarée, de traiter la vigne par un mélange de soufre et de chaux en poudre ou un mélange de plâtre et de sulfate de fer, pulvérisés finement, tous les huit jours.

Black-Rot. *(Pourriture noire).* — Cette maladie, qui nous vient d'Amérique, fit son apparition à Ganges, dans les plaines de l'Hérault, où elle s'était cantonnée, puis elle s'est peu à peu répandue ; en 1885, on la signale à Figeac et à Nérac, en 1887.

La première description en a été faite par MM. Viala et Ravaz, qui l'ont étudiée en 1885 entres Ganges et le Vigan, dans l'Hérault.

Cette maladie est causée par un champignon, le *Phoma Uvicola,* qui se développe surtout sur les grains de raisins, mais se montre aussi sur les jeunes sarments, les pédoncules, les rafles, les pétioles et les feuilles. Le Black-Rot ne se manifeste que quelque temps avant la véraison, il produit d'abord une petite tache circulaire décolorée, sur le raisin, ayant à peine quelques millimètres de diamètre. Cette tache grandit, et brusquement prend une teinte rouge livide, plus foncée au centre, comme une meurtrissure ; elle progresse rapidement, et au bout de 24 ou 48 heures, la baie a une couleur rouge brun livide, la surface lisse et non déformée, mais la pulpe un peu molle, spongieuse et moins juteuse qu'à l'état normal ; à ce moment, on voit apparaître à la surface des petites pustules noires, peu surélevées, visibles à l'œil nu, qui se multiplient rapidement, envahissent tout le grain, de manière à ne plus laisser aucune place dégarnie ; la peau est alors comme chagrinée. Bientôt la peau se ride en prenant une teinte encore plus foncée où le mal a débuté ; elle se flétrit peu à peu, et au bout de 48 heures, le grain de raisin est complètement sec, noir très foncé, avec des reflets bleuâtres ; la pulpe et la peau sont ridées, amincies et collées contre les pépins. Tous ces phénomènes se passent en trois ou quatre jours ; au bout de ce temps, la grappe commence à se dessécher et finit par tomber en totalité ou en partie.

Cette maladie ne se montre jamais simultanément sur toutes les grappes, d'une souche, et plus rarement encore attaque-t-elle tous les grains de la même grappe à la fois ; il y a toujours plusieurs états d'altération sur la grappe.

Cette maladie a détruit, en 1887, des vignes dans les vallées du Lot-et-Garonne et du Tarn. C'est un fléau redoutable ; il est plus lent à se propager que l'oïdium, et il est plus contagieux que l'anthracnose. Les remèdes employés sont : la bouillie bordelaise, contenant de 4 à 6 % de sulfate de cuivre, l'eau céleste, la chaux vive en poudre et le soufre sublimé. Bien que ces remèdes ne soient pas absolument efficaces, ils doivent être employés, puisqu'on n'en connaît pas d'autres.

Coniothyrium. — C'est une nouvelle maladie décrite en 1887 par Foëx et Ravaz. Elle avait été signalée en Italie par Spegazzini, en 1879, puis dans l'Isère par MM. Viala et Ravaz, en 1885, et ensuite en Vendée.

En 1887, elle a pris un développement considérable dans tout le Midi et dans une partie de la Suisse (bassin du Rhône et de l'Hérault); les dommages ont été importants, sauf dans le Gard et l'Hérault.

Cette maladie est causée par un champignon : le coniothyrium diplodiella.

Les raisins se dessèchent ; les grappes ont un certain nombre de grains sur lesquels on voit de petites taches livides qui s'accroissent avec rapidité jusqu'à ce qu'elles aient tout envahi, puis il se forme de nombreuses pustules de couleur saumon fumé. Le grain se flétrit bientôt et prend un aspect chagriné. Des altérations semblables se produisent sur le pédoncule et sur les pédicelles de la grappe ; elles précèdent presque toujours celles du grain.

Il se produit fréquemmet des lésions du pédoncule amenant la chute des grappes des cépages à rafle tendre, tels que l'aramon ; dans tous les cas, il y a dessiccation de la grappe ou du grain.

L'altération du pédoncule se propage sur les feuilles qui prennent une couleur rougeâtre et tombent ; les sarments se couvrent d'une coloration noirâtre parsemée de pustules gris terreux, ils se dessèchent et tombent, les mêmes taches se produisent sur le bois, l'écorce se soulève et se détache. Le grenache est le plus atteint; la clairette et le carignane le sont moins.

On essaiera les remèdes employés pour le black-rot.

Mildew. — Le mildew qui se prononce et s'écrit souvent en français mildiou est une maladie qui a envahi toute la France aujourd'hui.

Cette maladie a traversée l'Atlantique en 1878, année où elle a été constatée par M. Planchon ; elle s'est étendue rapidement en France, en Espagne, en Portugal et en Italie. Elle fit son apparition dans l'Anjou en 1885.

Cette maladie est causée par un champignon microscopique, le *peronospora viticola,* dont le système nourricier est placé dans les tissus de la plante où il puise, au moyen de suçoirs, les aliments qui lui sont nécessaires. Il émet à la surface des filements fructifères qui composent les efflorescences blanches que l'on voit apparaître à la surface inférieure des feuilles et à la surface des fruits verts ; ces efflorescences portent les semences ou graines ou conidies.

La quantité de ces graines est incalculable ; il y en a plusieurs millions sur un vingtième de feuille de vigne. Ce champignon a un autre mode de reproduction ; c'est par l'émission de spores ou œufs d'hiver qui se forment à l'arrière-saison se logent dans le sarment et se répandent ensuite sur les feuilles ; le mildew peut donc se reproduire du fait même de la plante qui le porte et le portera (Baillon, *Revue Scientifique*, *1889*). Les graines ne peuvent germer qu'au contact de l'eau ; à 25°, au moins, il ne faut que de 30 minutes à 2 heures pour que la germination s'accomplisse ; au-dessus de 25° elle est beaucoup plus lente.

La feuille est le séjour de prédilection du mildew, rarement il s'attaque à la fleur, aux fruits ou aux rameaux.

La maladie commence son invasion par les dernières feuilles produites, de là elle gagne les autres feuilles; elle s'annonce par des taches blanchâtres, laiteuses, présentant une légère saillie de 3/4 de millimètre environ, sur la face inférieure de la feuille ; on les enlève facilement à la main ; ce que l'on retire est semblable à du sucre en poudre.

Sur la face supérieure, immédiatement au-dessus de la tache inférieure, le tissu se décolore, forme comme une tache d'huile, puis devient jaune, brun, presque noir et se dessèche, puis tombe.

La tache a un centre qui s'étend progressivement à la feuille entière.

Ces taches n'ont pas le relief de la tache située au-dessous. Le duvet blanc se résout au contact des doigts en une poudre blanche duveteuse donnant une odeur caractéristique de poisson.

On ne peut confondre le mildew avec l'erineum et le rougeaud qui tache sur place la face supérieure de la feuille en rouge lie de vin, en la gaufrant sur les rebords.

Quand il attaque les acini ou graines en formation il constitue la maladie appelée rot-brun et alors il est reconnaissable sans loupe.

A l'extrémité des petits pédoncules, autour du réceptacle floral, on voit se développer des efflorescences blanches constituées par des touffes de poils conidifères, tout semblables à ceux de la face inférieure de feuilles mildiousées, on les a observées sur la corolle des fleurs.

Les jeunes grappes atteintes se dessèchent rapidement, les acini tombent et noircissent comme flambés.

Si la température lui est favorable, il attaque même les grains de raisins avancés qui pourrissent sur place.

La pluie et la rosée sont très propices au développement du mildew que la sécheresse détruit. La température de 25° est la plus favorable, et cependant Millardet l'a vu se développer à 9° seulement. Un vent sec et froid, un abaissement brusque de température suffit pour l'arrêter.

La propagation du mildew se fait par les graines que le vent emporte et dépose sur les feuilles; elles s'y développent, produisent des filaments, sortes de tubes qui s'introduisent dans la feuille de haut en bas, en la traversant le long des nervures ou à l'extrémité des dents et des lobes.

La première période critique a lieu vers le 20 juin dans le Midi, le 1er juillet au centre et le 10 juillet en Bourgogne ; elle peut avoir lieu plus tôt.

Un grand nombre de remèdes ont été proposés ; un seul reste actuellement comme donnant des résultats sérieux et prouvés, c'est la bouillie bordelaise à dosage réduit ; c'est un remède préventif.

La bouillie bordelaise est un mélange d'eau, de chaux éteinte et de sulfate de cuivre ; elle est répandue sur la vigne à l'état de pluie, au moyen d'appareils nommés pulvérisateurs.

Les époques des traitements sont : 1° avant l'invasion du perosnopora, immédiatement après la floraison, fin mai et premiers jours de juin ; de quatre à six semaines après ; 3° la fin d'août ou au commencement de septembre ; certains auteurs placent le 3e traitement fin juillet. Si le mal est grand, on peut faire des traitements plus fréquents.

M. Danrel, de Bordeaux, fait le premier traitement quinze jours avant la floraison et un deuxième immédiatement après ; M. Falconnot préfère quatre traitements avec des doses faibles ; M. Chevassu, de la Haute-Saône, indique le premier traitement quinze jours ou huit jours avant la fleur et dix jours après et un troisième en août, quoiqu'il soit inutile et même dangereux ; il le supprime par une deuxième formule de bouillie bordelaise, ainsi qu'on le verra plus loin.

L'emploi de la bouillie bordelaise, tout en préservant du mildew, détruit les ennemis de la vigne : chenilles, altises, sphinx tête de mort, bombyx, cloportes, pyrales, cochylis, anthracnose, etc.

Quelle que soit la dose adoptée pour chaque élément, la bouillie bordelaise doit se préparer de la façon suivante : Dans un baquet en bois, on verse de l'eau et on y plonge un sac contenant le sulfate de cuivre ; ce sac est suspendu à la partie supérieure de l'eau, mais de façon que le sulfate baigne en entier ; on l'y laisse pendant douze heures ; au bout de ce temps, le sulfate est dissous.

D'autre part, on prépare de la chaux éteinte : on prend de la chaux vive, pure, bien cuite, on verse dessus de l'eau en petite quantité, de cinq en cinq minutes, jusqu'à ce qu'elle tombe en poussière ; cela demande une heure ou deux. On la crible alors et on obtient la chaux éteinte. Cette chaux est versée e dans un baquet, on ajoute de l'eau en brassant de façon à obtenir un lait de chaux bien homogène, en écrasant les grumeaux.

On verse alors lentement, en agitant constamment, le lait de chaux dans le sulfate de cuivre. Il est de toute nécessité de ne pas verser le sulfate de cuivre dans la chaux mais bien la chaux dans le sulfate.

La bouillie obtenue doit être d'un beau bleu ciel ; si elle est grise, c'est qu'on a délayé la chaux avec de l'eau prise dans le baquet où était le sulfate de cuivre, elle ne vaut rien ; si elle est verdâtre ou couleur de rouille, c'est que le sulfate de cuivre contient du sulfate de fer ; si elle est blanc sale, c'est qu'il y a du sulfate de zinc. Par le repos, elle dépose et le liquide qui surnage doit être incolore, faiblement bleu ; si la couleur de ce liquide était notablement bleue, c'est qu'il y aurait un excès de sulfate de cuivre, on ajouterait alors un peu de chaux jusqu'à ce qu'il devienne incolore.

Voici quelles sont les différentes formules qui ont le mieux réussi :

Millardet et Gayon

N° 1		N° 2	
Eau............	100 litres	Eau............	100 litres (maximum)
Sulfate de cuivre.	1k 5	Sulfate de cuivre.	1k
Chaux vive......	0k500	Chaux vive.....	0,340

N° 3

Eau....................	100 litres.
Sulfate de cuivre........	2k
Chaux vive.............	0,670 gr.

M. Millardet, dans ses essais en 1887, a trouvé le n° 2 meilleur.

Sanderens (1891, *Journal d'Agriculture pratique du Midi de la France.*)

Eau....................	100 litres.
Sulfate de cuivre.........	3k
Chaux vive.............	2k

Danrel

Eau....................	100 litres.
Sulfate de cuivre.........	8k
Chaux éteinte............	15k

(C'est l'ancienne formule).

Chevassu

N° 1		N° 2	
Eau.................	100 litres	Eau.................	100 litres
Sulfate de cuivre......	2k	Sulfate de cuivre......	3 à 4k
Chaux éteinte.........	4 à 5k	Chaux éteinte.........	5 à 6k

(La seconde formule supprimant le traitement d'août-septembre.)

La quantité de bouillie bordelaise à verser par hectare peut varier suivant l'état des vignes : dans la Gironde, on emploie pour le premier traitement de 250 à 300 litres et pour le deuxième et le troisième de 350 à 400 litres chacun.

L'application de la bouillie doit se faire par un beau temps, car si la pluie tombe pendant ou après l'aspersion, la bouillie est entraînée sur le sol et n'a aucun effet. La bouillie doit recouvrir le feuillage comme le ferait une pluie fine ; il faut donc avoir un bon pulvérisateur.

Il faut avoir bien soin de brasser le mélange chaque fois qu'on l'introduit dans le pulvérisateur.

Le sulfate de cuivre employé ne doit pas contenir plus de 5 °/₀ d'impuretés.

D'autres bouillies ont été proposées, dans certains pays elles ont donné de bons résultats et dans d'autres des résultats inférieurs à la bouillie bordelaise.

Bouillie bourguignonne

Eau	100 litres.
Sulfate de cuivre.........	1k
Carbonate de soude	0,750

L'ammoniure de cuivre de Gineste et Loisy, obtenue en dissolvant des rognures de cuivre dans l'ammoniaque, a donné de bons résultats.

L'eau céleste Audoynaud

Eau : 125 litres.
Sulfate de cuivre : 2 kilogrammes.
Ammoniaque : 1 litre.

Avec cette eau, il se produit des composés acides qui ont une action néfaste sur la végétation, et quelquefois brûle les feuilles.

M. Lapeyrouze (séance du 6 juin 1891 de la Société d'agriculture de la Haute-Garonne) a essayé le chlorure de cuivre et la chaux ; il a obtenu des résultats supérieurs.

Enfin la bouillie au sucrate de cuivre de M. Michel Perret, préconisée par MM. Aimé Girard, Prillieux et de Vilmorin. Cette composition toute nouvelle doit être essayée partout, comparativement à la bouillie bordelaise à petites doses.

Elle a l'avantage de présenter le cuivre à l'état soluble, sans qu'il y ait lieu de craindre l'altération des feuilles tendres. La solubilité partielle du cuivre rend son action sur le cryptogame plus énergique, la viscosité de la bouillie provoque la suspension du précipité et évite d'agiter constamment ; il ne se produit pas de composés acides.

Pour la préparer, on dissout, d'une part, 2 kilogr. de sulfate de cuivre dans 10 litres d'eau, et d'autre part on mélange 90 litres d'eau, 4 kilogr. de chaux en pâte molle et 2 kilogr. de mélasse. On délaye la chaux et on ajoute le sulfate de cuivre. Cette bouillie est bien mélangée quand le liquide clair surnageant est d'une teinte verte.

Oïdium Tuckeri. — Cette maladie, qui vient d'Amérique, a été signalée la première fois en France, en 1834, dans les vignes du Rhône ; elle attaquait les plants les plus faibles (Sérigne). Cette maladie est attribuée à un champignon microscopique du genre oïdium, signalé par le jardinier Tucker, en 1845, dans les serres de Margate. En 1848, il apparaît dans les serres de Suresnes et se répand bientôt dans tous les environs de Paris. En 1849, il envahit presque tous les départements français ; en 1851, il a envahi toute l'Europe et plus tard la Syrie et l'Asie-Mineure.

Ce champignon ne sévit que sur les parties vertes de la plante qu'il couvre d'une sorte de réseau blanc. Il apparaît d'abord comme une efflorescence blanc grisâtre, terne, peu épaisse, ni grenue ni brillante, donnant aux feuilles froissées entre les doigts une odeur de moisi, rappelant les champignons frais. Après l'aoûtement il se reconnaît aux empreintes continues, brun noirâtre mat, qu'il a laissées. Il s'étend peu à peu en larges taches, d'abord blanches et grasses au toucher, devenant grisâtres, puis gris bleuâtre, et enfin noirâtres. Les feuilles se dessèchent ainsi que les grains qui pourrissent si le temps est humide. Le raisin attaqué de l'oïdium offre cinq états: 1° une simple flétrissure avec amollissement passager et sécheresse finale ; 2° arrivé à moitié volume il ne grossit plus, sèche et durcit, et reste à l'extérieur presque ligneux ; 3° il croît jusqu'à la moitié et même aux 3/4, puis se flétrit et subit une décomposition putride ; 4° la base de la fleur, le pédicule, sont couverts par une couche de mycelium épaisse ; si on enlève cette couche on retrouve la pellicule intacte, sans piqûre, et l'intérieur de la baie très sain ; 5° la baie, attaquée en tout ou en partie, arrive à la maturité, ne gardant que quelques taches. Dès que la maladie a pénétré profondément dans l'organisme, l'atteinte est mortelle.

C'est de la mi-juin à la mi-juillet que l'envahissement est complet. C'est en 1853 que Gautier a trouvé le remède de l'oïdium dans le soufre en poudre ; c'est l'antidote par excellence, et il faut l'employer dès les premiers symptômes. Dans le Médoc, on le mélange avec du charbon en fine poussière ; dans le Midi, avec du plâtre.

Les sels de cuivre n'ont pas d'action. La pratique des incisions sur la souche est mauvaise ; il est préférable d'arroser les ceps avec de l'eau de lessive (Husson). On prévient la maladie en fumant la vigne avec de la cendre de bois (Liebig). On emploie quelquefois la tannée, mais elle détermine souvent l'apparition d'un cryptogame dangereux, l'*Aethalium flavum.* La poudre de charbon produit quelquefois de bons effets. Enfin, on a conseillé encore le lavage à grande eau par l'eau de chaux, l'eau de goudron, etc.

Le froid est mortel à l'oïdium, — 2° à — 3° suffisent pour le faire disparaître ; la chaleur sèche de 32 à 33° produit le même effet.

Pourridié. — Cette maladie présente des caractères extérieurs tout à fait analogues à ceux du phylloxera, mais qui est due au mycelium de divers champignons hypogés, parasites des racines, dont le plus commun est le *Dematophora Necatrix,* du genre *tubéracées.* (Viala, Comptes Rendus, 20 janvier 1890.)

Le champignon qui produit le pourridié de la Haute-Marne est le

Rœsleria hypogea, petit champignon à tête blanche ou gris cendré, de 8 à 10 millimètres. L'arrachage du cep doit être fait et l'on doit détruire ce cep par le feu, car il continue longtemps à végéter sur les racines mortes et détachées ; il peut même, d'après Thüm, en fructifier encore au bout de 2 ou 3 ans. (Prillieux, Comptes Rendus, 14 novembre 1881.)

Le pourridié du Midi est causé par un champignon parasite, l'*agaricus melleus* (Planchon), qui est de plus grande taille que les précédents.

Le mycelium de ces champignons entoure les racines d'une épaisse couche de filaments, formant des flocons d'un blanc de neige, rappelant la laine fine et montant même jusqu'au collet. Au bout d'un certain temps, ces masses passent au gris souris clair, puis prennent une teinte brune plus ou moins foncée. Toute souche atteinte est perdue ; quand elle est morte, elle ne tient plus en terre, le bois ayant perdu toute solidité ; il est devenu spongieux, de couleur jaune ou brun, gorgé d'humidité. Ce champignon, qui pénètre même à l'intérieur du bois, se développe avec une intensité extraordinaire, surtout dans les terrains humides, aussi n'y a-t-il pas de remèdes ; il faut arracher les ceps attaqués, et les brûler, puis faire pour les autres ceps une zone d'isolement.

Le phylloxera est souvent suivi du pourridié.

Comme remède préventif, les sels de fer paraissent avoir bien réussi ; l'ammoniure de cuivre a donné de bons résultats.

Uredo Viticida. — C'est une maladie du département de l'Yonne ; elle a été décrite par M. Daille (*Journal de Pharmacie et de Chimie,* juillet 1878, t. 2, p. 32). L'uredo viticida est un cryptogame différent de celui qui cause l'oïdium et le pourridié.

Les résultats de cette maladie sont semblables à ceux du phylloxera. M. Daille conseille comme remèdes la chaux en poudre, les cendres et lessives pour le lavage des ceps et le soufrage.

ANIMAUX MICROSCOPIQUES

Grise de la feuille. — Cette maladie, peu répandue, est due à un acarus qui attaque la feuille, la fait devenir rouge, et ensuite périr.

Phylloxera. — De toutes les maladies de la vigne, le phylloxera est celle qui a fait le plus de ravages ; un moment il y a eu lieu de craindre la disparition complète de la vigne en France. Aucun remède radical n'a encore été trouvé, mais heureusement on a découvert que les vignes américaines pouvaient vivre malgré les attaques du phylloxera, et que ces mêmes vignes, greffées avec les plants français, donnaient les mêmes vins que les cépages français eux-mêmes.

Cette maladie, qui nous a été apportée d'Amérique par les vignes américaines elles-mêmes, fut signalée pour la première fois, en 1864, dans les vignes du Rhône, en 1867, elle avait pris des proportions inquiétantes, en 1877, elle avait envahi tout le Midi, puis les Charentes ; aujourd'hui elle commence ses ravages dans la Loire-Inférieure et dans la Champagne. On a reconnu que tous ces dégâts étaient dus à un insecte microscopique, le *Phylloxera vastatrix,* espèce de puceron, presque visible à l'œil nu. La femelle a une longueur moyenne de 3/4 de millimètre, sur une largeur d'un demi-millimètre ; sa couleur est jaune et se bronze en vieillissant ; elle a six pattes, 2 antennes sur le haut de la tête et une trompe. Les œufs sont jaune clair et placés tout autour de la femelle ; de chaque œuf, sort une larve de même couleur, remuante, assez agile ; en 20 jours elle change trois fois de peau, après quoi elle est adulte et prête à pondre. Toutes ces petites bêtes sont femelles, et font des œufs reproducteurs, sans que le mâle ait à intervenir. Certaines de ces femelles, nommées nymphes, quittent les racines et viennent à la surface du sol où elles subissent une nouvelle mue, après laquelle elles sont munies de quatre ailes superposées ; les externes toutes blanches et plus longues que le corps : c'est le phylloxera ailé, femelle ne pondant que 3 ou 4 œufs ; les uns plus gros, donnent chacun une femelle, les autres plus petits, des mâles. Ces insectes ressemblent à ceux des racines, mais n'ont ni suçoir, ni organes de digestion ; ils vivent de leur propre substance et ils meurent de la fécondation ; la femelle pond un œuf unique qu'elle dépose sous l'écorce de la souche du cep ou du sarment ; cet œuf doit passer l'hiver et éclore au printemps pour produire une femelle semblable à la mère pondeuse des racines, à part quelques différences ; elle se fixe à la surface des feuilles pour y subir ses mues et pondre. Un œuf d'hiver, éclos le 15 avril, donnera naissance, le 15 juillet, à trente millions d'individus ; à ce moment, un certain nombre deviennent mères pondeuses, dont les 2/3 restent sur les racines, et 1/3 ailées, qui vont se propager au loin ; les deux insectes sont hermaphrodites et donnent naissance à des individus sexués qui produisent les œufs d'hiver ; le cycle est complet.

Les insectes ailés, entraînés par le vent, ne peuvent vivre que s'ils tombent sur la vigne.

Le phylloxera se propage donc de deux manières : 1° par les racines, l'insecte chemine sous terre d'un cep à l'autre ; 2° par les feuilles, les ailés sont transportés à de grandes distances. Un troisième mode de transportation, mais indépendant de l'animal, est le fait de l'homme ; c'est le transport des diverses parties de la vigne ou simplement de la terre par les chaussures ou les instruments des vignerons.

En général le phylloxera ne débute dans un champ que par un petit nombre de pieds qui commencent à faiblir ; leurs rameaux restent plus courts, leurs feuilles jaunissent avant les voisins ; peu à peu tout est envahi. Du 15 juillet au 15 septembre, on peut rencontrer des ailés visibles à l'œil nu, avec leurs longues ailes blanches, souvent pris dans les toiles d'araignées et les haies.

Le moyen le plus sûr de constater le phylloxera, est l'examen microscopique des racines, car cet insecte ne se manifeste par le dépérissement de la vigne qu'au bout de 3 ans ; de sorte que lorsqu'on s'en aperçoit, il y a déjà trois colonies d'ailés qui ont propagé le mal.

Le phylloxera perce les racines de la vigne, des champignons parasitaires s'y introduisent et font pourrir le pied en faisant disparaître les sucres, mais non en invertissant le sucre de canne (Gayon et Millardet, Comptes Rendus, 1879).

Les sols sableux présentent une grande résistance au phylloxera ; ce serait dû, d'après M. de Saint-André, à ce qu'ils ne retiennent pas l'eau. Cette explication a paru, à certains auteurs, en contradiction avec l'opération de la submersion des vignes qui réussit toujours. Cette contradiction peut n'être qu'apparente, car le phylloxera peut demander, pour vivre, une certaine quantité d'eau, un excès et un manque pouvant le tuer.

Il y a un nombre incalculable de remèdes proposés. Le seul qui ait parfaitement réussi, c'est l'immersion des vignes ; toutes les vignes inondées à 40 centimètres pendant les six semaines de la période d'arrêt de la végétation, ont été débarrassées du phylloxera ; malheureusement, ce procédé est impraticable dans la plupart des vignobles. Dans ces vignobles il n'y a qu'à arracher les ceps malades, les brûler et les remplacer par les vignes américaines.

Les moyens suivants ont donné quelques résultats, mais ce ne sont que des palliatifs retardant l'action de l'animal, sans parvenir à arrêter ses dégâts.

Husson a proposé d'arrêter le mal en arrosant les ceps avec de l'eau glacée ; Dumas a préconisé l'emploi des sulfocarbonates alcalins mêlés aux engrais, il a obtenu quelques résultats ; A. Bouchard préconise le procédé Feuillerat, mélange de sulfocarbonate de potasse ou de sulfure de carbone émulsionné avec du savon mou. Le sulfure de carbone a donné de bons résultats, mais il est cher ; M. Rommier a indiqué la possibilité de le dissoudre dans l'eau, ce qui en rend l'emploi plus facile.

Enfin, le remède de M. Bocquet, dont on parle beaucoup actuellement, en Champagne, paraît avoir donné des résultats sérieux ; on fait un mélange de moitié de sulfure de carbone et moitié de pétrole ; ce mélange est injecté dans le sol au moyen de pals, les injections étant à 70 centimètres les unes des autres. Cette opération se pratique avant la fleur, et une seconde fois du 15 juillet au 15 août.

Quelle que soit la non-réussite des procédés employés, il ne faut pas se lasser de chercher les moyens de détruire cet animal redoutable.

Erinose ou **Erineum.** — C'est une maladie due à un petit acarien, le *Philocoptes epidermi* ou *vitis*. Il ne faut pas confondre cette maladie avec le mildew, qui a quelque analogie extérieure avec elle. L'érinose s'attaque aussi aux feuilles, mais les caractères des taches sont différents. Ces taches sont d'un blanc brillant au début, mais elles jaunissent et brunissent rapidement ; elles se trouvent sur les feuilles, entre les nervures, rarement sur les bords. Les feuilles atteintes par l'érinose présentent des protubérances et un gaufrage très apparents ; les concavités de la face inférieure sont garnies de poils très serrés, d'un blanc brillant, très adhérents, même au toucher, tandis que les duvets du mildew se réduisent en poudre grenue, duveteuse ; la face supérieure est surmontée de cloques roussâtres.

C'est une maladie peu grave et qui se combat facilement par des insufflations de soufre sublimé. Le traitement préventif du mildew, au moyen de la bouillie bordelaise, réussit aussi très bien.

INSECTES NUISIBLES.

Les principaux insectes nuisibles qui attaquent la vigne se trouvent dans les grandes classes des Coléoptères, Orthoptères, Hémiptères, Hyménoptères et Lépidoptères.

Dans la classe des coléoptères, on trouve les insectes suivants :

Altise ou **Barbeau** ou **Puceau.** — Cet insecte paraît vers le mois d'avril ; il s'attache aux bourgeons et aux grappes dont il coupe le pédoncule. Il pond ses œufs sous le revers des feuilles que les larves rongent ensuite pour se nourrir.

On détruit ces insectes par des aspersions de jus de tabac ou des insufflations de poudre de pyrèthre ; les larves sont détruites par de la chaux hydraulique en poudre que l'on étend sur la vigne le matin, avant le lever du soleil. Pour prendre les insectes adultes, on secoue les ceps afin de les faire tomber sur un linge et on les brûle ensuite ; on les prend aussi en plaçant dans les vignes des cloches de verre légèrement soulevées, sous lesquelles on place un vase renfermant de l'eau et un peu d'huile.

L'hiver, il faut brûler les broussailles environnantes où elles se réfugient.

Altise oléracée. — Cet insecte, de la même famille que le précédent, s'attaque aussi à la vigne et dépose ses œufs sur les jeunes feuilles ; les larves dévorent le parenchyme des feuilles et le cep paraît avoir été desséché au feu.

Pour cet insecte, on indique un étrange remède ; on livre la vigne à ces insectes pendant une année et ils ne reviennent plus ; si on les chasse, on prolonge leur présence. Pour expliquer ce phénomène, on pense que lorsqu'ils sont très nombreux ils attirent des ennemis redoutables qui les détruisent (?).

Attelabe de la vigne. — C'est un insecte à élytres vertes ou bleues, doré, long de 7 à 8 millimètres, caractérisé par un long bec. Ses pattes et son abdomen sont d'un beau vert bronzé. Le genre des attelabes est de la famille des Rynchofores. Dans le Midi on leur donne le nom de *Moure-Pounchu* (museau pointu), et dans d'autres, ceux de : *Bèche, Lisette, Grisette, Coupe-Bourgeon, Velours-Vert,* etc.

Ces insectes rongent les feuilles et les jeunes bourgeons, sans causer beaucoup de mal, mais la femelle pond ses œufs sur les feuilles qu'elles enroulent et qui servent de nourriture aux larves.

Les moyens proposés pour les détruire sont au nombre de deux : le premier est de faire ramasser à la main, par des femmes, les feuilles roulées et de les brûler ; cette opération se pratique deux fois : fin mai et commencement de juin. Le deuxième moyen est d'insuffler de la chaux en poudre.

Charançons. — Ces insectes sont de deux espèces : le *Peritelus griseus*, qui a les antennes plus longues que la tête et le corselet, le corps plus étroit et plus épais que le deuxième, le *Philopedon plagiatum*, dont les antennes sont moins longues que la tête et le corselet ; il a le corps ramassé et globuleux en arrière. On trouve encore trois petits insectes grisâtres de 6 millimètres de long, le *peritelus rusticus*, le *peritelus subdepressus* et le *peritelus senex* ; ils sont moins gros que le griseus. Le jour on les trouve dans la terre, au pied des ceps, la nuit ils grimpent et dévorent les jeunes pousses.

Pour s'en débarrasser on met de la mousse au pied des vignes, on ramasse la mousse et on la brûle. Le jour, on secoue les branches au-dessus d'un seau d'eau dans lequel ils tombent. Un peu de sulfocarbonate mis au pied de la vigne réussit très bien ; on peut aussi, le soir, jeter à la volée des cendres de four à chaux.

Eumolpe ou **Gribouri** ou **Ecrivain.** — C'est un insecte de 6 millimètres de long, ayant le corps noir, revêtu de protubérances grisâtres, la tête et le thorax ponctués, les élytres rouge-brun, les antennes noires avec le premier article rougeâtre et les jambes gris-fauve.

Il ronge les feuilles en laissant des traces semblables à des lignes d'écriture, d'où son nom d'écrivain ; il dessèche les raisins, mais le plus grand tort qu'il fait à la vigne, c'est que ses larves en rongent les racines. Le baron Thénard conseilla de répandre, avant la première façon, des tourteaux de graines oléagineuses, contenant de la graine de moutarde, n'ayant pas été soumise à l'action de la chaleur.

La chaux vive en poudre est un bon moyen.

Actuellement, on recommande les façons d'hiver qui exposent les larves au froid, la chasse en mai et juin, au moyen de toiles étendues au-dessous des ceps, et surtout de laisser vaguer les volailles dans les vignes.

Euchlore. — C'est un insecte de 15 à 16 millimètres de long, dont le corps épais a une couleur verte métallique très brillante.

Comme l'eumolpe, on le prend en secouant la vigne sur des toiles et le brûlant. Cet insecte faisant des ravages considérables, la chasse qu'on lui fait, quand il est à l'état adulte, doit être très sérieusement faite.

Lethres. — Les Lethres sont inconnus en France, ils sont très dangereux en Hongrie et en Russie.

Ligniperda. — M. Laboulbène (Comptes Rendus, 1890, p. 540) décrit un insecte qui, en Tunisie, dévore la moelle de la vigne et ne laisse que l'écorce ; c'est en octobre qu'il fait ces dégâts.

Le ligniperda ou *apate francisca Fabricius* est un insecte africain ; c'est un coléoptère de la famille des Bostrichides ou Apatides ; son corps cylindrique allongé a de 19 à 22 millimètres de long, il est noir ou bleuâtre, un peu luisant sur le dos et moins foncé et terne dessous. Les antennes sont brunes, à massue d'un jaune fauve ; la tête est verticale, lisse en avant, ponctuée en arrière. Le mâle est plus petit et a sur le front une touffe de poils serrés, blonds ou fauves.

Il faut couper les sarments atteints, les branches cassées, le plant malade et brûler le tout.

Mans ou Ver blanc. — C'est la larve des hannetons qu'il faut détruire lors de la culture. Cet animal est trop connu pour qu'il y ait lieu d'insister. Les corbeaux, hiboux, chouettes et chauves-souris en détruisent un grand nombre.

Rhynchites. — (Blanchard. *Bulletins des Séances de la Société Nationale d'Agriculture.* Mai 1891). Les rhynchites — *Rhynchites betuleti* — sont des coléoptères de la famille des charançons (curculionides) longs de quelques millimètres, d'un beau vert doré, passant au bleu chez quelques-uns, avec des chatoiements. On les appelle Coupe-Bourgeons, Bèche ou Lisette, dans les vignes du Bordelais, où ils font le plus de dégâts.

Ils remontent à la fin d'avril, et au plus tard dans les premiers jours de mai.

La femelle fécondée entaille, à l'aide de ses mandibules, l'extrémité d'une tige, le pétiole d'une feuille et dépose un ou plusieurs œufs dans le pétiole qui ne reste attaché que par une portion étroite. La feuille devient plus ou moins contournée, elle se fane et devient brune. Au bout de quelques semaines, les larves se laissent tomber à terre où elles s'enfoncent et se forment une coque pour se transformer en nymphes.

Le meilleur moyen de détruire ces insectes est d'enlever les feuilles fanées et desséchées, ainsi que les brindilles pendantes, durant les premières semaines de mai, et de les brûler.

Ephipiger. — Dans la classe des orthoptères, il n'y a que l'éphipiger de la vigne qui fasse des dégâts et encore est-il fort peu répandu.

Il faut le détruire lorsqu'il est à l'état adulte.

Dans les Hémiptères on trouve :

Aphis ou Puceron. — Tous les pucerons sont les ennemis des végétaux.

Le *puceron dryophile* attaque surtout la vigne.

Coccus Vitis. — Il compose son nid d'une masse cotonneuse sécrétée par la femelle ; quand la vigne est attaquée par cet insecte, elle dépérit, le raisin se dessèche et la vigne meurt.

Il n'y a pas d'autre remède que l'arrachage des feuilles qui portent ces insectes.

On cite encore dans les Hémiptères le *Kermès* de la vigne, qui est très nuisible, et la *Cigale Hématode,* qui vit sur les vignes du Midi.

Dans la famille des Hyménoptères, je n'ai trouvé qu'un insecte : *l'emphytus tener Fallen,* de la famille des Tenthredines, insecte nuisible à la vigne et qui apparaît en avril. (Comptes Rendus 1890, p. 1220). Les *fourmis* qui appartiennent à cette famille sont peu redoutables pour les vignes ordinaires. On s'en débarrasse en badigeonnant le pied de la vigne avec de l'eau de savon à 100 gr. par litre.

Les lépidoptères dangereux pour la vigne sont assez nombreux.

Cochylis. — La cochylis, qu'on appelle aussi Vert de Nil *(Tortryx ambiguella),* est un des papillons qui font le plus de ravages dans les vignes. Comme elle est très répandue, elle a reçu les noms les plus divers : Ver de vendange, ver coquin, teigne de la vigne, teigne de la grappe, etc.

Elle paraît un peu avant la floraison ; elle enveloppe plusieurs grains par de petits filaments, en toile d'araignée, et s'en nourrit.

Elle produit deux générations dans la même année. La chrysalide d'hiver est enveloppée d'une coque blanche ; on la trouve dans les fentes des échalas, les liens d'osier, sous l'écorce des pieds de vignes ; elle pénètre même dans le bois. La chrysalide d'hiver donnant le papillon mâle est jaune clair, celle qui donnera le papillon femelle est rouge brun ; ces papillons se forment en mai, ils sont jaune paille, avec les ailes supérieures partagées au milieu par une raie brun tabac et aux extrémités ayant cinq petites taches circulaires.

La vie du papillon mâle est courte, celle de la femelle ne dépasse pas 15 jours.

Pendant le jour, ils sont cachés sous les feuilles et la nuit ils volent, et c'est une heure après le lever du soleil qu'ils sont le plus agiles. La femelle pond sur la vigne 30 à 40 œufs blancs qui éclosent en 15 jours et d'où sortent des petites chenilles blanc sale, avec la tête plus foncée ; elles subissent une première mue qui les rend rouge foncé et une seconde qui les colore en rouge clair ; elles ont au maximum 12 millimètres de longueur. Ces chenilles, dites de mai ou de première génération, enveloppent les bourgeons et les fleurs de la vigne d'un réseau semblable aux toiles d'araignées et elles dévorent ces parties, puis s'attaquent à d'autres jusqu'à leur croissance complète, alors elles se renferment dans leurs toiles et se transforment en chrysalide dure ; elles restent dans cet état de 10 à 15 jours, puis se changent en un tout petit papillon qui pond de 30 à 40 œufs, desquels naissent les chenilles de la seconde génération, au bout de 10 à 15 jours. Ces chenilles s'introduisent dans le grain du raisin pour se nourrir de l'amande encore molle du pépin ; dès qu'un grain est vidé, elles passent à un autre, et quand leur nombre est trop grand, elles s'attaquent au pédoncule. Tout grain attaqué par la chenille est perdu, la pourriture s'y met rapidement. La chenille, arrivée à son maximum de croissance, tisse sa coque et reste à l'état de chrysalide tout l'hiver.

Voici quels sont les remèdes qui ont été proposés : M. Dufour verse deux gouttes d'huile de colza épurée sur chaque repaire de chenilles qui sortent immédiatement et meurent; 10 personnes, par ce moyen, ont nettoyé en un jour, un hectare avec 4 litres d'huile.

M. Degrully (Ecole d'Agriculture de Montpellier, 1890) a proposé l'insecticide suivant : faire bouillir 175 gr. de savon dans 4 litres d'eau et verser dans le mélange bouillant 8 litres de pétrole; agiter jusqu'à la formation d'une crème et mêler à de l'eau dans la proportion de 4 à 5 %. Il ne faut par forcer la dose sous peine de brûler les feuilles et les raisins.

En Bourgogne, on a réussi parfaitement avec cette méthode légèrement modifiée : 6 kil. de savon noir mou, 100 litres d'eau et 2 litres de pétrole. Le liquide doit être remué vigoureusement à chaque fois que l'on remplit le pulvérisateur; il faut faire deux traitements.

On détruit les larves en versant de l'eau bouillante sur la charpente de chaque cep et sur les échalas, par un temps sans gelée, vent ou pluie. Il faut visiter les échalas et les plaies de la vigne et écraser intérieurement les larves qui auraient résisté aux traitements.

Pyrale. — La pyrale de la vigne est un papillon nocturne de 20 millimètres de longueur, au plus; ses ailes sont d'un jaune verdâtre, à reflets métalliques dorés. Sa chenille ressemble beaucoup à celle de la cochylis avec laquelle on la confond souvent; elle a 16 pattes d'égale longueur, son corps est ras ou garni de poils courts et isolés. La pyrale n'apparaît qu'une seule fois par an, du 1er juillet au 15 août, à l'état d'insecte parfait.

Le papillon femelle pond ses œufs à la face supérieure des feuilles exclusivement et par agglomérations, mais jamais sur les branches, la souche ou les échalas. Au bout de 15 jours d'incubation, il sort des petites chenilles qui se réfugient aussitôt sous les écorces pour filer un cocon dans lequel elles passent l'hiver; elles ne mangent que les feuilles.

Ces papillons ont fait des ravages énormes dans la Côte-d'Or et dans le Beaujolais.

Le meilleur remède, d'après Collard, est de mettre des poulets dans les vignes.

On emploie l'ébouillantage comme pour la cochylis.

On brûle du soufre sous un récipient de bois recouvrant la charpente des ceps avant le départ de la végétation.

On peut badigeonner les ceps avec un mélange composé de 100 litres d'urine de vache et de 6 kilogr. d'huiles lourdes de gaz.

M. Gaillot a indiqué, en 1888, un procédé qui détruit les pyrales en 2 ou 3 heures.

Dans 100 litres d'eau on met peu à peu de 3 à 4 kilogr. de savon noir, puis peu à peu 2 à 3 litres d'huile de pétrole et on verse dans le pulvérisateur; le premier traitement se fait environ huit jours après la pousse de la vigne, et le deuxième quinze jours après.

Papillons. — Parmi les autres papillons, on cite comme les plus connus, pour la vigne, le *Proscris de la Vigne* et le *Deilephile Elpénore,* tous deux papillons crépusculaires ; le *Bombyx processionnaire* et le *Liparis* ou *Bombyx cul brun,* tous deux nocturnes.

Tous ces papillons doivent être poursuivis à outrance ; leurs larves peuvent être détruites par des arrosements avec des solutions de suie, de substances sulfureuses ou alcalines ; l'échenillage, surtout, doit être pratiqué.

Tous les papillons nocturnes sont détruits facilement en allumant de grands feux où ils viennent se précipiter.

Mollusques. — Il faut faire une chasse active aux limaces et escargots des vignes. On insuffle de la chaux vive en poudre, avant le point du jour, au moment de la germination ; on peut aussi arroser les ceps avec de l'eau de chaux.

Oiseaux. — Les grives, les merles et les étourneaux causent de grands ravages.

Animaux utiles. — Parmi les coléoptères, il y a les staphylins, la grande tribu des carabiques, les lampyres, les coccinelles, surtout la coccinelle commune, qui dévorent une masse prodigieuse de pucerons.

Dans les orthophères, il y a les Mantes, qui habitent le Sud de l'Europe.

Dans les hémiptères, les Nèpes et les Pirates. Pas un seul papillon.

Les moineaux mangent beaucoup de raisins, mais ils nourrissent leurs petits de chenilles ; il faut les respecter au printemps et les chasser à l'automne. Les crapauds et les lézards sont de grands chasseurs d'insectes.

DEUXIÈME PARTIE

DES VINS

Français, *Vin ;* Latin, *Vinum* ; Grec, Οἶνος; Espagnol et Italien, *Vino ;* Portugais, *Vinho ;* Suédois et Danois, *Vin;* Hollandais, *Vyn ;* Anglais, Russe et Polonais, *Wine ;* Allemand, *Wein ;* Arabe, *Vainon.*

Sous le nom de vin, on désigne, d'après la définition légale, la liqueur alcoolique résultant de la fermentation du jus de raisin.

On donne aussi le nom de vin aux liquides spiritueux produits par les jus provenant de l'expression des fruits sucrés ; mais dans ce cas on fait toujours suivre le mot vin du nom du fruit ou de la plante d'où il est extrait, car ce terme employé seul exprime toujours le produit de la vigne ; tels sont les vins de cerises, de groseilles, de pêches, de palmier, de bananes, d'agave, de coco, de canne à sucre, de bouleau, d'érable, etc.

Le vin de raisins secs n'est pas considéré légalement comme du vin ; il faudra toujours dire : du vin de raisins secs.

Le vin de poires se nomme poiré et celui de pommes, cidre.

Les grains germés de l'orge, du riz, du seigle, du maïs et autres graminées, donnent aussi des liquides spiritueux, mais qui ne prennent pas le nom de vin.

Ainsi donc, quand on vendra *du vin,* il est bien entendu que sous cette dénomination on entendra le produit de la fermentation alcoolique du jus de raisins non desséchés, et sans aucune autre addition de substances étrangères à la composition des vins, ou de substances, qui, tout en étant contenues dans le vin naturel, changeraient sa composition normale par suite de leur addition.

CHAPITRE 1

Sucre de Raisin. — Fermentations.

SUCRE DE RAISIN

Le sucre de raisin est ce qu'on appelle en Chimie le *sucre interverti,* ou mieux *sucre inverti,* c'est-à-dire un mélange de *glucose* et de *lévulose* ou sucre incristallisable.

Le premier dévie à droite la lumière polarisée et le second la dévie à gauche. Tous deux réduisent également la liqueur de cuivre, dite de Fehling.

Le glucose a été signalé pour la première fois dans les vins par Lowitz et Proust, mais ce sont Saussure et Proust qui lui ont donné le nom de glucose et établi sa formule.

C'est un corps sucré, mais faiblement ; il sucre deux fois et demie moins que le sucre ordinaire. L'eau en dissout trois fois son poids ; l'alcool à chaud le dissout et le laisse déposer en cristaux par le refroidissement.

Le glucose cristallise dans l'alcool en tables carrées ou en cubes et dans l'eau en mamelons amorphes. Le lévulose a passé pour être incristallisable jusqu'à ces derniers temps. Deux chimistes, Jungfleisch et Lefranc, ont réussi à l'obtenir pur et cristallisé. Depuis, Jungfleisch et Grimbert ont fait connaître le procédé de cristallisation et les propriétés du lévulose cristallisé. (*Journal de Physique et Chimie,* 1888, t. 18, p. 193). Ils l'ont retiré du sucre inverti, l'ont purifié par quatre cristallisations dans l'alcool absolu. Ce sont de belles aiguilles incolores et brillantes, fusibles à 95° ; leur densité à 19° est de 1,6153 ; la densité de la solution aqueuse contenant 5 grammes dans 100cc, à 12°, comparée à l'eau de même température est de 1,01894. La formule est $C^{12} H^{12} O^{12}$. A 100° elle perd de l'eau d'une manière continue, quelques millièmes de son poids par heure.

M. Maumené a découvert d'autres sucres, sans pouvoir rotatoire, mais décomposant la liqueur de cuivre, d'où le nom si bien choisi par M. Aimé Girard, de *Sucres Réducteurs.*

Voici comment M. Maumené explique la composition du sucre de raisin (1881). Le lévulose est nommé par lui *Chylariose,* d'après Soubeiran, le nom de lévulose, étant faux, dit-il. Le sucre inverti est un mélange irrégulier de glucose, de chylariose et d'un autre corps de même formule, sans pouvoir rotatoire et même, dans certains cas, sans action sur la liqueur de cuivre.

Les composants de ce corps sont : 1° l'*hexélose droit* du glucose, seule espèce définie, dextrogyre, réductrice de la liqueur de cuivre ; 2° l'hexélose (chylariose, lévulose), espèce mal définie, incristallisable, lévogyre, pouvant prendre le pouvoir dextrogyre et même revenir à l'état d'hexélose droit, réductrice de la liqueur de cuivre ; l'*hexélose optiquement neutre* (inactose), stable dans les milieux parfaitement neutres, sans action réductrice sur la liqueur de cuivre ; 3° un 4° hexélose, non réducteur de la liqueur de cuivre et non fermentescible, mais dextrogyre. Une des variétés, au moins, de l'hexélose est incapable de fermenter. La preuve existe depuis des siècles dans les vins qui conservent la moitié de leur sucre après fermentation, moitié qui est agyre et non réductrice.

Tous les travaux subséquents ont détruit cette théorie. D'après M. Gayon (1878), le sucre inactif est un mélange de glucose et de lévulose. Winter (*Moniteur Scientifique*, 1888), avance que le sucre inverti est composé de 3 parties de glucose — $C^{12} H^{14} O^{14}$ — et de 4 parties de l'évulose — $C^{12} H^{12} O^{12}$. Jungfleish et Grimbert contestent cette affirmation qui, disent-ils, est en contradiction avec les faits.

D'après Dubief, le principe doux des raisins est à trois états : mucilage, matière douceâtre et principe sucré. Dans le moût, le sucre n'est jamais pur, il est plus ou moins doux et plus ou moins mucilagineux.

Avant la maturité il y a du sucre de canne mélangé au sucre de fruits, après la maturité il n'y a plus que ce dernier (Ladrey).

Le sucre inverti a un pouvoir rotatoire plus faible dans une solution alcoolique que dans l'eau ; dans l'alcool absolu le pouvoir est nul ; cette solution évaporée dans le vide sec donne un résidu qui, repris par l'eau, a un pouvoir nul ; si au contraire l'évaporation a lieu lentement à l'air humide, il a la rotation du sucre inverti normal. Dissous dans l'alcool fort, il donne avec l'éther un précipité qui, redissous dans l'eau, est neutre au saccharimètre. Le sucre neutre et le sucre inverti ont donc la même composition, c'est-à-dire : poids égaux de glucose et de lévulose. Dans l'alcool le glucose a son pouvoir rotatoire maximum, il est égal et de signe contraire à celui du lévulose, d'où inactivité optique (Horsin Déon, *Journal de Pharmacie et de Chimie*, 1880 t. 1, p. 45).

Le sucre de canne, le sucre de lait, le lévulose pur et cristallisé et le sucre inverti ne précipitent pas le sulfate de cuivre ammoniacal. Le glucose pur, tiré du miel, le galactose, précipitent ce sel de cuivre au bout de quelques instants. Le sucre inverti serait donc une combinaison et non un simple mélange de glucose et de lévulose. (Guignet, Comptes Rendus, 1889, t. 10, p. 528).

Mon opinion est qu'il y a entre l'amidon et le sucre inverti un nombre très grand de corps intermédiaires qui ne sont ni sucre ni amidon, et qui participent des propriétés des gommes et des sucres. Ce sont ces corps, en très petite quantité, qui ont troublé jusqu'à ce jour les études de ce sucre qui, lorsqu'il est pur, est une combinaison très instable de glucose et de lévulose.

Le sucre inverti dévie la lumière polarisée à gauche de — 38° (Biot), — 42° (Maumené), ou 44° 2 (Lippmann), à 15° de température. On voit que les auteurs sont loin d'être d'accord. La déviation varie avec la température.

Sa densité est sensiblement la même que celle du sucre de canne.

La dénomination des divers sucres : inverti, glucose, lévulose, donne lieu à bien des divergences, D'après l'étymologie on devrait dire : la glycose, mais « le glucose » a prévalu dans la langue sucrière, et les tentatives pour revenir à l'étymologie n'ont pu réussir. Plusieurs auteurs écrivent la lévulose, d'autres le lévulose. La plupart des auteurs vinicoles désignent sous le nom générique de glucose, de même que les ouvrages sucriers, les sucres glucose, lévulose et sucre inverti. M. Maumené a proposé de changer le nom de sucre interverti en sucre inverti, ce qui est très logique, puisque l'on dit inversion et non interversion.

Je fais peu de cas de ces discussions d'orthographe qui n'intéressent que médiocrement la science. Dans cet ouvrage le sucre ordinaire, qui est appelé sucre de canne, sucre cristallisable, est appelé *sucrose,* les deux premiers noms n'ayant plus aucune raison d'être aujourd'hui, car on obtient la plus grande partie de ce sucre de la betterave, et l'on a fait cristalliser les autres sucres. Je n'ai pas pris le nom de saccharose, qui est plus long, et le placerait dans la même classe que la saccharine ou l'acide saccharique.

Je dirai donc le sucrose, le glucose, le lévulose, le sucre inverti, et, pour exprimer l'ensemble des sucres agissant sur la liqueur de cuivre, les sucres réducteurs.

Le glucose a pour formule chimique $C^{12} H^{12} O^{12}$, 2HO, séché à 120° il devient $C^{12} H^{12} O^{12}$. Le lévulose a cette dernière formule.

	Glucose				Lévulose				
Carbone	C^{12}	=	72	36,36	C^{12}	=	72	=	40,00
Hydrogène...	H^{14}	=	14	7,07	H^{12}	=	12	=	6,67
Oxygène	O^{14}	=	112	56,57	O^{12}	=	96	=	53,33
			198	100			180		100

Le glucose hydraté fond à 70°, maintenu pendant longtemps à 100° et à l'air ou quelques temps à 120°, il perd deux équivalents d'eau et prend l'aspect de la gomme ; à 170° il perd encore deux équivalents d'eau et se transforme en glucosane, substance dextrogyre mais non fermentescible.

Pulvérisé à l'état sec, et dissous rapidement, son pouvoir rotatoire sur la lumière polarisée est de + 105, puis il diminue rapidement pour s'arrêter à + 53° ou 57,6 (Pellet) ou 56 (Commerson).

Le glucose a pu être produit industriellement cristallisé, ressemblant exactement aux cristallisés de sucres de betteraves, par le procédé Cords-Virneisel (*Chemiker Zeitung,* 1888, 13 juin).

Le glucose se combine aux acides : avec l'acide sulfurique il donne l'acide sulfoglucique ; avec l'acide tartrique, l'acide glucotatrique et avec l'acide citrique, l'acide glucocitrique.

A chaud, les acides minéraux étendus le transforment, en général, en acide ulmique et il se produit un peu d'acide formique. L'acide azotique le convertit en acide oxalique et en acide oxysaccharique.

Le glucose étant un acide faible, comme tous les sucres, se combine aux bases pour former des glucosates dont les principaux sont : le glucosate de chaux, le glucosate de baryte et le glucosate de plomb, qui est vénéneux et se produit facilement lorsqu'on laisse refroidir les sirops de glucose dans les vases de plomb.

Le chlore agit sur le glucose et forme l'acide glucosique, mentionné en 1876 par M. Maumené, sous le nom d'acide héxénénique et étudié en 1879 par M. Bontoux (Comptes Rendus, p. 236 et 231) ; on le trouve dans le résidu sec de presque tous les moûts et vins. Il s'en forme un second, découvert par M. Maumené, en 1872 (Comptes Rendus, p. 85), dans l'action du permanganate de potasse sur le sucre de canne ; il se produit aussi par la seule et unique action de l'oxygène ; il se rencontre en dissolution dans les moûts et les vins.

Les acides étendus rendent le pouvoir rotatoire du glucose nul, mais non lévogyre.

Le lévulose a un pouvoir rotatoire de 106° à gauche ; il varie énormément avec la température, à 53° de température il n'est plus que de 53°. Chauffé à 170°, il perd deux équivalents d'eau et se transforme en lévulosane. Ses propriétés chimiques sont analogues à celles du glucose.

Le pouvoir sucrant du glucose est deux fois et demie moindre que celui du sucrose, celui du lévulose lui est supérieur et celui du sucre inverti inférieur. Certains auteurs affirment que le pouvoir sucrant du sucre de raisin naturel est supérieur à celui du sucrose.

La propriété principale des sucres est de se transformer, sous l'influence d'un ferment, en alcool et en acide carbonique ; c'est ce qui constitue la fermentation, opération qui change le moût en vins.

FERMENTATIONS

De *Fervere* (bouillir).

On nomme fermentation le phénomène par lequel différents corps organiques se modifient et se transforment sous l'action de corps organisés nommés *ferments*.

Il y a un certain nombre de fermentations dont la principale est la fermentation alcoolique ; d'autres fermentations, butyrique, lactique et acétique se produisent aussi dans les vins et causent les maladies de ces liquides.

Histoire. — Les phénomènes de la fermentation ont été longtemps ignorés des savants, et la fermentation alcoolique n'a été bien connue que depuis les fameux travaux de Pasteur, savant chimiste que la France s'honore de compter parmi ses enfants.

Le nom de fermentation était employé par les anciens pour le pain. Pline indique que la fermention repose sur un principe acide; le levain ou fermentum, dit-il, est de la pâte qu'on laisse aigrir et que l'on mélange avec celle du pain pour le faire lever.

Tous les savants alchimistes du moyen-âge: Raymond Lulle, Petrus Bonus, Libavius, etc., ont émis des théories diverses sur les phénomènes de la fermentation. Van Helmont attribue toute réaction produisant de la chaleur à de la fermentation ; il observa que le suc de groseilles ne fermentait pas à l'abri de l'air, ce qui fut confirmé par Mayow, en 1654.

Vers 1680, Leuwenhoech étudia la levûre de bière au microscope et vit de petits globules qu'il classa dans le règne végétal. Ce chemin ouvert ne fut pas suivi. Lemery, Stahl, Boerhave et Buquet émettent des théories très différentes qui n'avancent pas la question ; mais cependant, ils classent déjà les fermentations sans toutefois les expliquer. Stahl définit les fermentations spiritueuse, acétique et putride ; pour lui l'action du ferment est purement dynamique ; ce qui a été confirmé par Chevreul. Boerhave cite une foule de substances fermentescibles, et indique la fermentation acéteuse du lait. En 1745, Needham émit les principes de la loi des générations spontanées. Buffon, avec sa théorie moléculaire, en devint le partisan. Ils renfermaient dans des vases clos des matières putrescibles, mis dans des cendres chaudes de manière à produire l'ébullition et au bout de quelques temps ils trouvaient des êtres vivants, dus aux générations spontanées. En 1749, Macquer connaissait le résultat de la fermentation alcoolique, l'esprit de vin et un gaz inconnu, de nature malfaisante ; mais il ne s'expliquait pas leur provenance. En 1765, l'abbé Spallanzini attaqua les expériences de Needham et de Buffon, en disant qu'ils ne chauffaient pas assez et que, par conséquent, ils ne tuaient pas les germes, la découverte d'Appert lui donne raison.

En 1793, Lavoisier est le premier qui définit clairement et positivement le phénomène général de la fermentation.

« Les effets de la fermentation sont de séparer le sucre en deux parties, le sucre qui est un oxyde ; à oxygéner l'une aux dépens de l'autre pour former de l'acide carbonique et à desoxyder l'autre en faveur de la première pour former l'alcool, substance combustible ; de sorte que, s'il était possible de combiner l'alcool et l'acide carbonique, on recomposerait le sucre. »

Dans une expérience, il avait mis de l'eau, du sucre et de la levûre de bière, et avait obtenu de l'acide carbonique, de l'eau et de l'alcool, de l'acide acéteux sec, un résidu sucré non décomposé et de la levûre sèche. Il pensait que le résidu était du sucre non décomposé, tandis qu'on sait aujourd'hui que c'est de l'acide succinique et de la glycérine. Il avait constaté que 100 parties de sucre ne consomment environ que 1/72e de levûre sèche et qu'il se produisait 35 d'acide carbonique et 58 d'alcool.

En 1785, Fabroni, micrographe italien, démontre que la partie glutineuse du froment (gluten), l'écume du vin et la levûre de bière ont la plus grande analogie. La fermentation, dit-il, n'est que la décomposition d'une substance par une autre, comme celle du carbonate par un acide. La matière qui décompose le sucre est une substance végéto-animale, elle siège dans des utricules particuliers, dans le raisin comme dans le blé. Fourcroy combattit ces idées et admit cinq fermentations : saccharine, vineuse, acide, colorante et panaire. Tous deux sont d'avis de la nécessité de la présence d'une matière azotée pour que la fermentation puisse se produire ; le gluten de Fabroni n'est tout simplement que le mycoderme. Dans l'année 1786, le marquis de Bullion fit fermenter du sucre par l'adjonction de feuilles de vignes pilées.

En 1800, l'Institut de France mit au concours la question suivante :

« Quels sont les caractères qui distinguent, dans les matières végétales et animales, celles qui servent de ferments et celles qui en subissent l'action ? » Thénard résolut la question en 1803 ; il posa les deux principes suivants : 1° La levûre est une matière azotée donnant beaucoup d'ammoniaque à la distillation (fait confirmé par Rouelle) ; 2° la levûre perd son azote pendant la fermentation et finit par se changer en produits solubles. Peu de temps après, Dœbereiner annonça que l'azote du ferment se retrouve dans la liqueur à l'état de sel ammoniacal. En 1807, Chaptal fit le premier essai sur les maladies des vins qu'il attribua à un excès de levûre par rapport au sucre. Gay Lussac fit, en 1810, la fameuse expérience de la fermentation des raisins à l'abri de l'air, qui démontra péremptoirement que si l'oxygène est nécessaire pour commencer la fermentation il n'est pas utile pour la continuer.

En 1812, Thénard constata la similitude de la levûre de bière avec les levûres des sucs de plusieurs fruits, groseilles, cerises, etc. ; mais Seguin trouve entre ces levûres une légère différence. Thénard pense que le ferment est une substance qui se sépare, sous forme de flocons plus ou moins visqueux, de tous les fruits qui éprouvent la fermentation vineuse ; il en indiqua quelques propriétés ; et, en 1815, il dit dans son traité : que la fermentation est un mouvement spontané qui s'exécute dans les corps et qui donne naissance à des produits qui n'y existaient pas. Gay-Lussac fit alors l'équation : 100 de sucre donnent 48,66 d'acide carbonique et 51,34 d'alcool, ce qui est erroné.

Lavoisier avait trouvé 4 1/2 % de perte ; il avait vu également qu'en ajoutant 2 % de levûre, tout le sucre n'était pas décomposé. Dumas, Boullay, Thénard et Saussure accusent une perte de 4 %.

En 1825, Colin publia de très curieuses études sur diverses substances introduites dans les liquides sucrés : gluten, vanille, blanc d'œuf, fromage, urine, etc. — Desmazières, en étudiant le ferment de la bière, nommé mycoderma cerevisiæ, par Persoon, crut voir que ces organismes sont animés d'un mouvement propre ; mais Brown, en 1828, démontra qu'il ne faut pas confondre le mouvement de ces globules avec un mouvement vital.

L'étude spéciale du ferment alcoolique revient à Cagniard-Latour, en 1835.

Il démontra que la levûre est un végétal, et que c'est par l'action de sa vie qu'il transforme les liquides sucrés en alcool et en acide carbonique.

Schwann, en 1837, fait des travaux semblables et relève l'erreur de Gay-Lussac qui avait attribué à l'absence d'oxygène la non-réussite de la fermentation dans les expériences de Spallanzani. Il a prouvé que si on soumet les substances organiques à l'air chauffé dans un tube rouge, elles ne fermentent pas. Cagniard constate également que la levûre se multipliait et, par conséquent, était douée d'une vie propre. Dans le même temps, Turpin étudie aussi le ferment de la bière, qui est, pour lui, un végétal formé de tigellules articulées; la fermentation étant un phénomène physiologique.

Liebig combattit cette théorie et contesta les faits avancés par Cagniard-Latour; pour lui le ferment est une substance altérable, et les modifications qu'il subit sont dues à une simple action catalytique ou de présence. Berzelius prétend que l'action du ferment est une simple action de présence; Mitscherlich pensait de même.

Dès 1831, Dubrunfaut avait constaté la présence de l'acide lactique dans certaines fermentations, et il en attribuait la formation à la présence de la craie; ce que Béchamp démontra plus tard. En 1841, Fremy et Boutron démontrèrent que le ferment se décompose, et revinrent à la théorie de Liebig, à la suite de leurs travaux sur la fermentation lactique. Pelouze et Gelis admettent plusieurs fermentations. D'après Pelouze, la fermentation se produirait soit par les cellules elles-mêmes, soit par des corps organisés vivants, souvent gélatineux, substance plasmatique des botanistes.

Schrœder et Dusch, après des essais nombreux, faits en 1854, reprennent la discussion sur les ferments, et ils soutiennent que dans l'air existe le premier principe de vie qui doit animer la fermentation. Helmholtz et Schultze sont du même avis; ils font passer l'air sur de la ouate et n'ont pas de fermentation.

Stafl et Chevreul admettaient l'action purement dynamique du ferment. Berthollet a vérifié que la levûre bouillie ou desséchée fermente moins promptement, et que le gluten fermente mieux si on y ajoute du tartre. Pouchet, en 1858, commença une longue série d'expériences pour prouver les générations spontanées et il fut appuyé par Jolly.

Pour Maumené, la substance azotée serait le ferment composé de deux corps : l'un azoté, la zymóprotéine, l'autre non azoté, l'amylon. A l'air, ces deux principes se séparent et forment les globules de levûre. La zymóprotéine, transformée en oxyzymóprotéine, reste enfermée dans les globules dont l'enveloppe est formée par l'amylon. L'oxymóprotéine détermine une osmose assez forte pour décomposer le sucre. Pasteur, dans ses magnifiques travaux, démontra qu'il fallait absolument rejeter la théorie des générations spontanées; que les ferments sont des espèces de végétaux apportés par l'air et qui vivent des matières azotées qui peuvent être remplacées par des matières minérales. Il combattit également la théorie de Maumené.

Les expériences de Joubert, Chamberland et Tyndall s'accordent avec celles de Pasteur.

La théorie de la fermentation a été très étudiée par Andral, Gavaret, Wagner, Maumené, Berthelot et enfin Pasteur, qui, dans ses magnifiques travaux, a fixé l'état actuel de la science sur la fermentation alcoolique.

Tous les savants sont d'accord sur l'action de présence formulée par Berzelius. La formule actuelle est : La fermentation est une réaction chimique dans laquelle un composé organique (la matière fermentescible) se modifie sous l'action d'un composé organique (le ferment) qui ne perd rien de sa propre substance aux dépens de la fermentation. Une très petite quantité de ferment peut transformer une quantité considérable du corps fermentescible. (Schützenberger.)

La plupart des ferments sont des matières organisées qui vivent comme les végétaux d'ordres inférieurs. Cependant, différents corps non organisés agissent comme les ferments pour déterminer la transformation de divers corps, par l'action seule de leur présence ; tels sont : l'acide sulfurique, la diastase, la ptyaline et la pepsine, qui agissent sur l'amidon et le transforment en dextrine puis en glucose.

Ferments. — Aujourd'hui, on a la certitude absolue que le sucre et l'eau, quelles qu'en soient les proportions, ne fermenteront jamais alcooliquement, s'il n'y a pas la présence d'un ferment alcoolique.

Pendant longtemps, on a cru que la levûre de bière seule était capable de produire la fermentation alcoolique, mais depuis on a trouvé un assez grand nombre de ferments capables de produire cette action.

Levûre de bière. — La levûre de bière, premier ferment examiné, se compose d'une grande quantité de petites cellules qui ont reçu le nom de saccharomyces cerevisiæ ; ce sont des petits corps ovoïdes, transparents, avec un point central.

Mitscherlich a trouvé que ces globules ont 1/100 de millimètre de longueur et 1/200 de largeur. Comme il y a deux enveloppes et un liquide, l'épaisseur de la peau est au plus de 1/600 de millimètre d'épaisseur.

D'après Payen, la levûre de bière se compose de :

Matière azotée	62.73
Cellulose	29.37
Matières grasses	2.10
— minérales	5.80

La cellulose de la levûre de bière et celle de la lie de vin ne sont pas semblables à la cellulose ordinaire (Schlossberger et Mulder).

	Cellulose de la Levûre de bière	Cellulose de la Lie de vin	Cellulose ordinaire
C	45.5	45.0	44.5
H	6.9	6.1	6.2
O	47.6	48.9	49.3

Analyse des globules de la levûre de bière :

	Dumas	Marcet	Schlossberger	Mulder	Mitscherlich	Wagner
C	50.6	50.6	50.6	50.6	50.6	50.6
H	7.3	7.4	6.6	7 .08	7.1	6.9
AZ	15.0	12.6	11 98	11.00	10.76	10.5

Dumas, Schlossberger et Mulder ont trouvé en plus de l'oxygène dans la proportion de 26 à 32.50.

L'enveloppe des globules a été analysée par Mulder et sa formule est $C^{12} H^{10} O^{10}$, c'est à dire celle de la cellulose. Berzelius l'a appelée *amylon* : elle se dissout à froid dans la potasse très concentrée, elle ne donne pas de xyloïdine avec l'acide azotique et par les acides étendus elle se convertit en acide ulmique.

La partie liquide intérieure est semblable à la protéine analysée par Dumas et Cahours et semblable à l'albumine (Mulder).

La séparation de l'enveloppe du globule de la partie intérieure se fait : soit en lavant à l'eau tiède ou très sucrée, soit par la fermentation de l'eau sucrée jusqu'à l'arrêt, et enfin par l'action de la potasse caustique (densité= 1,160) bouillante.

Schlossberger a donné les résultats de l'action d'une faible solution de potasse. La levûre a été dissoute en partie, on filtre et neutralise la potasse par un acide, on obtient la matière azotée ; le résidu insoluble est épuisé par l'acide acétique et l'eau.

	Partie soluble	Partie insoluble dans la potasse
C	55.5	44.9
H	7.5	6.7
AZ	13.9	0.5
O	22.1	47.9

La seconde substance se rapproche beaucoup de la cellulose, mais bouillie avec de l'acide sulfurique étendu, elle forme du sucre fermentescible, ce que ne fait pas la cellulose, et de plus elle est insoluble dans l'oxyde de cuivre ammoniacal.

La matière azotée dont j'ai parlé plus haut, analogue à l'albumine, a donné à Mulder, Carbone, 54.35 ; Hydrogène, 7.04 ; Azote, 16.03 ; Oxygène, 22.33 ; Soufre et Phosphore, 0.25.

Schutzenberger et Demstrem considèrent la levûre comme renfermant des produits complexes, à la fois protéiques et hydrocarbonés, à la manière des glucosides. L'extérieur du globule ne diffère de l'intérieur que par une plus forte proportion de substances hydrocarbonées. La levûre est azotée dans son enveloppe et dans son liquide intérieur ; l'épaisseur de l'enveloppe n'est pas plus de 1/1200 de millimètre.

La levûre de bière renferme une substance qui invertit le sucre de canne (Guyton de Morveau) ; c'est une substance azotée (Dubrunfaut).

Cette matière, nommée invertine par Mayer et Donath, a été isolée par Hope-Seyler.

L'invertine chauffée à 100° et même au-dessus, lorsqu'elle est sèche, ne perd pas ses propriétés, mais chauffée avec de l'eau à 40°, elle n'invertit plus. Barth la préparait de la manière suivante : la levûre récemment pressée est écrasée, répandue sur une assiette et séchée au-dessous de 40° jusqu'à ce qu'elle se change en poussière fine sous les doigts ; elle est alors chauffée pendant 6 heures à 100-105° ; elle peut être conservée pendant plusieurs mois. Pour la purifier, il faut la faire digérer dans de l'eau à 40° pendant 12 heures, passer à l'étamine, puis filtrer et verser dans la liqueur 5 ou 6 fois son volume d'alcool 95° ; on obtient un précipité qu'une agitation énergique rend floconneux ; on lave à l'alcool, reprend par l'eau, filtre, reprend par l'alcool et lave. On obtient une matière pulvérulente blanche, donnant une solution colorée légèrement, moussant par l'agitation. Elle ne se trouble pas à l'ébullition avec l'acide azotique et le chlorure de sodium ; ce n'est donc pas de l'albumine. Cette substance avait 22.1 % de cendres, sa composition en centièmes est de : Carbone, 43.9 ; Hydrogène, 8.4 ; Azote, 6.0 ; Soufre, 0.64 et Oxygène, 41.17 (J[l] de Ph. et Ch., 1878, t. 28, p.513).

Le docteur Mayer, dans une brochure de 1882, a donné un autre mode de prépration : il traite la levûre par un volume égal d'alcool (un excès d'alcool détruit rapidement l'invertine), jette sur un filtre et lave à l'alcool, triture le produit avec du sable et dessèche à basse température, dans un courant d'air, lave à l'eau et précipite la solution aqueuse filtrée par l'alcool à 90° et dessèche sur l'acide sulfurique. Le produit obtenu est de l'invertine que l'on conserve à l'abri de l'humidité.

A l'état humide, elle commence à se détruire à 30°, et à 51° elle a perdu toutes ses propriétés. Son action inversive commence à 0°, augmente jusqu'à 30° et diminue pour s'annuler à 51°. L'invertine ne subit aucune diminution de sa puissance, par suite de la présence du sucre inverti qu'elle produit.

L'invertine n'a pas d'action sur le maltose qui fermente directement ; elle n'a pas d'action saccharifiante sur l'empois d'amidon (Bourquelot, 1883, février. J[l] de Ph. et Ch. t. 7, p. 131).

Les autres ferments sont extrêmement variés, mais tous du genre cryptogame : les *levûres* sont de petits végétaux cellulaires se reproduisant par bourgeonnements, vivant tantôt à la surface, tantôt au fond des liquides ; les *mycodermes*, se reproduisent aussi par bourgeonnements ; ils vivent à la surface des liquides, en formant des pellicules grasses qui se mouillent difficilement ; les *torulacées* qui vivent exclusivement dans les liquides.

Saccharomyces ellipsoïdeus. — Pendant longtemps, on a cru que le ferment de la fermentation alcoolique était le mycoderma vini, dont on verra la description aux maladies des vins. Les ouvrages scientifiques indiquaient : le mycoderma vini ou ferment alcoolique, et ce fut d'après les travaux de Cagniard-Latour que cette confusion eut lieu. Depuis, Pasteur a distingué le véritable ferment alcoolique et l'a dénommé.

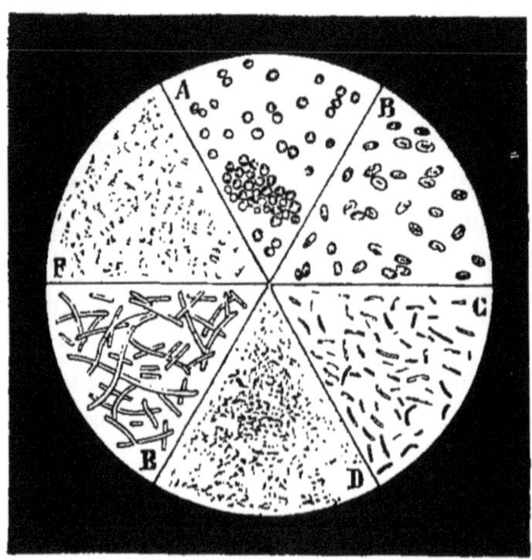

Figure 1

A. Cellules du Ferment Alcoolique en pleine fermentation.
B. Le même, la fermentation arrêtée.
C. Ferment de la Pousse.
D. Micoderma Acéti, la fermentation arrêtée.
E. Ferment de l'Amer.
F. Amer des Vins du Midi.

Le *Saccharomyces ellipsoïdeus* (fig. 1) est un petit organisme de forme ellipsoïdale, d'une longueur moyenne de 1 centième de millimètre sur un deux centième de largeur. Ces petits globules sont transparents et un peu aplatis; ils sont composés d'une enveloppe très fine et unie; leur intérieur est rempli d'un liquide, au sein duquel se meuvent des points noirs qui viennent se fixer à la paroi interne et donnent naissance à de nouveaux individus (fig. 1), en formant une sorte de nodosité A, sur la circonférence du globule qui grandit, forme une demi-circonférence B, devenant ensuite un cercle entier C, et alors se détache de la cellule-mère pour devenir globule à son tour.

Si la fermention est active, la reproduction est si vive que les cellules ou globules deviennnent mères avant de se détacher, de sorte qu'il se forme des sortes de chapelets, *d*. La reproduction de ces globules est telle que, si on prend un vin bien exempt de ferment, si on y dissout du sucre et si, d'autre part, plongeant une baguette de verre dans du moût en fermentation, on l'introduit ensuite dans une bouteille de vin sucré, au bout de quelques heures, ce vin sera en pleine fermentation et rempli de saccharomyces; on peut de même agir sur de l'eau sucrée, mais les ferments qui ont vécu dans l'eau sucrée se développent mal ensuite dans du vin. Lorsqu'on change le ferment de milieu, il faut avoir soin que ce milieu soit bien aéré. Ces globules agissent comme des végétaux ou des animaux d'un ordre inférieur; ils vivent, se nourrissent et se reproduisent. Certains auteurs les considèrent comme des animaux se nourrissant de sucre, exhalant de l'acide carbonique et laissant comme résidu de l'alcool; d'autres, comme des végétaux agissant de même. M. Maumené pense qu'il y a seulement là une action d'endosmose. Le globule n'empruntant rien au sucre, serait-ce une simple action de présence? (Robinet.)

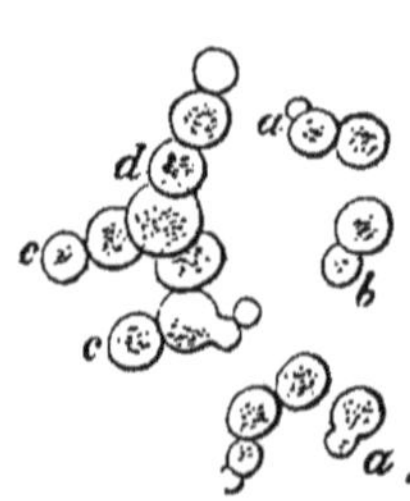

Figure 2 (Dujardin)

Dans tous les cas, ces globules vivent complètement immergés dans le vin et ne semblent pas avoir besoin de l'oxygène de l'air, qu'ils prennent au sucre quand le vin en est privé par la suite.

La question de savoir d'où venaient ces ferments a donné lieu à de nombreuses études. On admet qu'ils existent normalement dans la nature, flottent dans l'air et s'abattent sur les fruits sucrés qu'ils dévorent.

M. Boutroux a trouvé sur certaines fleurs et certains fruits des germes capables de produire la fermentation alcoolique; le cassis, l'épine vinette et les framboises en étaient le plus chargés. Les raisins mûrs, mais sains n'en portaient pas et dès qu'ils étaient entamés ils en étaient couverts. Il a réussi à provoquer la fermentation de liquides sucrés en y introduisant des insectes ayant visité les fleurs *(Annales Sciences Naturelles, 1884, Août)*.

M. Hausen a trouvé de la levûre alcoolique dans la terre, il n'en a pas trouvé sur les fleurs ni sur les raisins. Dispan au contraire dit que le ferment existe dans le verjus le plus vert.

D'après les études déjà faites on pourrait conclure que les ferments agissent comme d'autres insectes ou cryptogames qui se mettent en mouvement lorsque la vigne est en fleurs ou en fruits, se nourrissent de ces différentes parties et rentrent en terre pour se mettre à l'abri des froids de l'hiver.

Le saccharomyces ellipsoïdeus qui fait fermenter tous les vins est-il unique ou bien y a-t-il plusieurs sortes de ces ferments ? Il y a quelques années tous les auteurs étaient d'accord pour penser qu'il n'y avait qu'un ferment unique, mais depuis les travaux des Jacquemin, Duclaux, Marx, Martinand et Riesch, Kayser et Rommier, on doit supposer qu'il y a un très grand nombre de différentes espèces du même ferment. Dans ces travaux, qui sont étudiés au chapitre «Vinification» et à l'article «Addition de Levûres» on a démontré que chaque sorte de vin avait un ferment spécial, lui communiquant son arôme particulier, et que cet arôme pouvait même être introduit dans des vins très différents.

M. Maumené a étudié spécialement la levûre inférieure du vin de Champagne, il a constaté que les plus gros globules ont un grand axe de 1/182 de millim. et les plus petits de 1/367 de millim., ils sont plus ovales que ceux de la levûre de bière et ont une enveloppe qui ne peut avoir plus de 1/1200 de millim. d'épaisseur.

Le saccharomyces ellipsoïdeus n'est pas le seul ferment alcoolique que l'on ait trouvé dans les moûts ou sur les raisins, il y en a un certain nombre d'autres qui avaient échappé jusqu'à ce jour, parce qu'ils étaient annihilés et précipités sous le grand nombre des saccharomyces, car c'est encore un des faits curieux de la vie de ces globules que dès qu'une espèce est prédominante dans un liquide elle tue les autres ou tout au moins les annihile momentanément.

Saccharomyces apiculatus (Reess). — Il a été étudié par Reess, Pasteur, Engel et Hausen, puis par Karl Amtor. (Zeitschrift für phy. Ch. 1888, t. 12, p. 558). Ces globules réunis constituent une masse brune composée de cellules ellipsoïdales affectant la forme du citron ; ceux des différents pays n'offrent pas les mêmes caractères et ne donnent pas les mêmes résultats de fermentation dans des liquides semblables. Cette levûre n'est pas inversive, elle est incapable de faire fermenter le sucrose.

On rencontre ces saccharomyces sur les fruits et dans le suc du raisin en fermentation.

Le saccharomyces postorianus (Reess). — Se trouve également dans le moût, il n'invertit pas le sucrose. Ses globules sont ovales, pyriformes, très polymorphes; ils ne se développent que lorsque les deux ferments précédents ont terminé leur action.

On a encore signalé et décrit le *Sacch. exiguus*, le *Sacch. conglomeratus, (Reess)* et le *Sacch. minor,* de la farine (Engel). Toutes ces espèces semblent apparaître et pulluler les unes après les autres au fur et à mesure que la fermentation avance.

Les saccharomyces ne sont pas les seuls agents de la fermentation alcoolique.

Dès 1858 A. Béchamp annonçait que les moisissures invertissent le sucre de canne comme la levûre de bière.

En 1879 (Académie des Sciences) U. Gayon étudia l'action de plusieurs de ces moisissures et obtint des résultats remarquables.

Le penicillium glaucum et le sterigmato cystis nigra (aspergillus niger) intertissent rapidement les solutions de sucre de canne, mais plusieurs mucorées les laissent intactes, telles sont : le mucor mucedo, le mucor circinelloïdes, le mucor spinosus et le rhizopus nigricans. L'espérience ne réussit bien que si les moisissures sont pures.

Le mucor circinelloïdes, ferment de la famille des Mucorinées, a été découvert par Van Tieghem dans le crottin de cheval, et par U. Gayon dans des sucres bruts de canne altérés. Il provoque la fermentation alcoolique des glucoses et laisse intact le sucre de canne, parce qu'il ne sécrète pas de ferment inversif.

Avec les glucoses et les moûts de bière et de raisin il donne de l'acool et de l'acide carbonique en produisant des corps semblables à ceux que donne la levûre de bière et presque dans les mêmes proportions.

Le *Champignon du Muguet* est aussi un ferment alcoolique, il fait fermenter le glucose, le lévulose, le moltose, etc. Il se développe aux dépens du sucrose sans l'invertir ni le faire fermenter ; il ne peut s'assimiler le lactose. Dons le sucre inverti ce ferment détruit d'abord le glucose en quantité plus grande.

Les produits de cette fermentation sont la glycérine, l'acide succinique, l'acide acétique (1/11e du poids de l'alcool), un peu d'acide butyrique et une assez grande quantité d'aldéhyde. Le muguet mis dans une solution d'alcool le transforme en acide acétique et en aldéhyde (Linossier et Roux, Comptes Rendus, 1890 Avril 21).

La fermentation du sucre est encore obtenue par d'autres substances. Berthelot a obtenu de l'alcool en mettant en présence une matière animale et du bicarbonate de soude ; dans ce cas il se formait des granulations particulières. Ces granulations ne sont-elles pas justement l'une des moisissures dont je viens de parler ? D'après ces essais, Berthelot pensait que la fermentation alcoolique doit être attribuée à la nature chimique de quelques-uns des principes que la levûre a la propriété de sécréter, c'est-à-dire qu'on doit la rapprocher des ferments solubles.

Colin a obtenu, à l'abri de l'air, la fermentation alcoolique sans levûre, avec du glucose, de l'albumine, du gluten, de la fibrine, de la gélatine, etc. Dans ce cas, il faut plusieurs mois pour obtenir le maximum d'alcool et alors il reste encore du glucose non transformé. L'expérience réussit le mieux, avec les proportions suivantes : glucose 10, gélatine 1, bicarbonate de soude 5 et eau 100 ; le tout est mis dans un vase dont on enlève l'air par un courant d'acide carbonique, et maintenu constamment à + 40°.

Fermentation alcoolique. — J'ai indiqué à l'histoire de la fermentation quelles ont été les théories émises pour l'expliquer, il ne me reste plus qu'à dire quelle est l'opinion actuelle des savants à ce sujet. Presque tous acceptent les travaux de Pasteur, démontrant que toute fermentation alcoolique est causée par un ferment agissant comme un être vivant, absorbant du sucre et sécrétant de l'alcool et de l'acide carbonique.

Claude Bernard a fait des expériences tendant à démontrer que le sucre de raisin pouvait se transformer en alcool sans levûres. Pasteur lui a répondu en contestant les résultats et faisant remarquer les conditions défectueuses dans lesquelles ces expériences avaient été faites.

D'après M. Maumené, ce serait à une simple action de présence que seraient dus les phénomènes de la fermentation. Les dissolutions de sucre et de zymine sont des liquides de nature différente, ils déterminent une mégosmose et une microsmose énergique à travers les parois du globule riche en amylon. L'osmose entraîne la décomposition des sucres qui ont une composition chimique identique mais des propriétés physiques différentes. Le sucre solide est oxydé et tout son carbone produit de l'acide carbonique pendant que son hydrogène se porte sur le sucre liquide pour former l'alcool.

1 partie de glucose $= C^{12}H^{12}O^{12} + O^{12} = 12\ CO^2 + H^{12}$
2 parties de chylariose $= C^{24}H^{24}O^{24} + H^{12} = 6\ C^4H^6O^2 + O^{12}$

Il admet que le glucose peut être décomposé avant que la fermentation commence. Schutzenberger et Destrem concluent de leurs expériences: 1° que la présence de l'oxygène et la respiration qu'il entretient laissent invariables le poids et la composition du résidu insoluble, après la fermentation; 2° que la digestion sans oxygène diminue le poids absolu mais élève la proportion des matières hydrocarbonées ; 3° que la fermentation sans oxygène tend au même but ; 4° que la fermentation avec l'oxygène fixe plus de matières hydrocarbonées, ce qui s'accorde avec les idées de Pasteur et 5° que le complément des matières insolubles a toujours été retrouvé dans les parties solubles ou volatiles.

Une autre série d'expériences les a amenés aux conclusions suivantes : 1° La levûre mise hors d'état de se multiplier produit encore la décomposition du sucre, la cellule vivante décompose le sucre par osmose, indépendamment de sa multiplication, assertion qui confirme les idées de Maumené; 2° le rapport des substances albuminoïdes aux matières hydrocarbonées tend à se modifier dès que le milieu varie.

Toutes ces opinions diverses n'infirment nullement l'idée de la vitalité du ferment, qui peut respirer par la peau au lieu de se servir d'organes spéciaux; sa multiplication est du reste un argument inébranlable.

Avec le sucrose (sucre de canne), la première action de la levûre est de le changer en sucre inverti ou sucre de raisin. En faisant passer plusieurs fois une dissolution de sucrose sur un filtre contenant de la levûre fraîche, le sucre est inverti sans fermentation; de même si on met la levûre dans l'eau sucrée, avant le dégagement de l'acide carbonique. (Guyton de Morveau, *Annales de Chimie,* t. 50, p. 294).

L'action des levûres sur les différents sucres a donné lieu à un grand nombre d'expériences de la part de savants chimistes : Leplay, Bourquelot, Gayon, Dubourg, etc. Les uns soutiennent que les levûres n'ont pas de préférence, qu'elles attaquent indistinctement tous les sucres; les autres, que dans un mélange de différents sucres, ils ne sont pas tous attaqués en même temps.

Ce sont ces derniers qui, jusqu'à présent, paraissent avoir raison.

MM. Gayon et Dubourg, qui ont fait les dernières expériences (Comptes Rendus, 1890, avril 21), ont démontré l'inégalité de la fermentation des sucres. Si on suit, au polarimètre, la fermentation alcoolique du sucre inverti, avec les levûres usuelles, la rotation gauche augmente d'abord, arrive à un maximum, puis diminue à 0°; ce phénomène est dû à une fermentation inégale des deux sucres, glucose et lévulose; le glucose étant détruit au début en plus grande quantité. La plupart des levûres industrielles agissent de même, mais toutes ne donnent pas le même maximum de rotation; il varie, de la rotation initiale 100 à 103 et jusqu'à 165. D'autres levûres, au contraire, font fermenter le lévulose plus vite : le saccharomyces exiguum est de tous le plus actif; il faut même, à basse température, détruire tout le lévulose avant que le glucose ait commencé à fermenter.

Causes influant sur l'action des ferments. — Les ferments agissant comme des corps organisés et vivants, agissent différemment suivant qu'ils sont placés dans des milieux propres ou impropres à leur multiplication et suivant les causes extérieures qui gênent ou facilitent leur existence.

Oxygène. — Gay-Lussac a démontré que le ferment avait besoin d'oxygène pour commencer la fermentation, mais qu'il n'en avait pas besoin pour la continuer. Il a écrasé des raisins sous une cloche remplie d'hydrogène; au bout de 25 jours il n'y avait aucune fermentation; ayant introduit quelques bulles d'oxygène, la fermentation commença de suite; le résultat obtenu fut un volume d'acide carbonique 120 fois plus grand que celui du gaz oxygène introduit.

Cette expérience ne réussit pas si on passe préalablement l'oxygène dans un tube chauffé au rouge (Schwann, Helmholtz, Ure); elle ne réussit pas non plus si on le fait passer à travers de la ouate chauffée d'abord au bain-marie et légèrement tassée dans un tube de 2 cent. de diamètre sur 50 cent. de longueur (Schrœder et Dusch).

L'oxygène, sous la pression de 8 atmosphères, empêche la fermentation, mais dissout à l'état liquide il est absorbé rapidement (Maumené).

La *pression* (Mach), l'*électricité* (Dumas et Holtz) et l'*acide carbonique* n'ont aucune action sensible.

Chaleur. — La meilleure température pour la fermentation est de 20 à 25° ; on peut aller jusqu'à 30° sans inconvénient ; à partir de 65°, le ferment se détruit, et à 75° il ne peut plus servir ; à 40, 45°, l'action des ferments s'arrête avant la fin de la fermentation.

Froid. — Le froid arrête la fermentation, mais ne tue pas les cellules ; les vins gelés ne perdent pas leurs propriétés fermentescibles, qu'ils reprennent dès que la température remonte.

Sucres. — L'excès de sucre empêche la fermentation. Un liquide sucré à 17 ou 18° Baumé fermente mal ; et au-dessus, la fermentation n'a pas lieu. Les sirops, liqueurs et vins très sucrés ne fermentent pas, parce que le volume de l'eau est insuffisant.

Alcool. — L'action de l'alcool est des plus sensibles, l'alcool étant la sécrétion des globules, ceux-ci ne peuvent vivre indéfiniment dans son sein. Pasteur a admis que les sécrétions des microbes sont pour eux de véritables poisons. A mesure que le sucre disparaît et que l'alcool se produit, on voit les fonctions du ferment diminuer d'énergie et d'efficacité, et lorsque l'alcool a atteint une certaine limite, la reproduction des cellules s'arrête, leur forme extérieure s'altère, leur convexité s'affaisse et le microscope montre les deux parois extérieures se touchant ; alors les globules tombent au fond du vase, inertes mais non morts. Plus la température est élevée, plus le ferment peut vivre longtemps et supporter une plus forte dose d'alcool.

Dans les pays méridionaux, le vin atteint souvent 16 à 17° ; dans le centre de la France on voit des vins contenant 12 à 13° d'alcool, conserver encore quelques grammes de sucre.

C'est à la présence de l'alcool qu'est due la prolongation de la fermentation. (Chevreul).

Boussingault a réussi à obtenir une fermentation rapide et complète en enlevant l'alcool au fur et à mesure de sa formation. Il chauffe au bain-marie et fait le vide, la vapeur alcoolique étant condensée dans un appareil à glace ; au bout de 6 heures il n'y a plus de sucre. Il se produit la même dose de glycérine et d'acide succinique (Comptes Rendus, 1890, juillet et décembre, p. 91 et 373).

Sels minéraux. — Les levûres ont besoin de sels minéraux pour se développer, comme du reste toutes les plantes et les animaux ; ce fait, très discuté, a été mis en lumière par Pasteur et ne fait plus de doute aujourd'hui.

Mayer, dans ses recherches sur le développement des ferments, donne comme meilleur milieu, par litre : Phosphate de potasse, 0 gr. 1 ; phosphate de chaux, 0 gr. 01 et sulfate de magnésie, 6 gr. 1 ; après la fermentation, la levûre s'est emparée de ces sels.

Azote. — La levûre a également besoin d'azote ; ce fait a été prouvé par de nombreux expérimentateurs. Pasteur, dans une expérience, a dosé l'azote de l'eau de levûre ; il a trouvé, avant la fermentation, 0 gr. 18 d'ammoniaque, et après, 0 gr. 007. C'est surtout aux sels ammoniacaux que la levûre prend l'azote ; l'albumine, la caséine, la fibrine le cèdent rarement et sont sans influence.

Le miel fermente très difficilement faute de sels minéraux et d'azote, et si on ajoute du phosphate ou du tartrate neutre d'ammoniaque, du chlorure de sodium et de l'acide tartrique, la fermentation s'établit aussitôt et devient très active.

Acide succinique. — En 1881, U. Gayon, voulut se rendre compte du rôle que joue l'acide succinique dans la fermentation alcoolique.

Au contact de la levûre de bière, le sucre de canne s'invertit en s'hydratant avant d'éprouver la fermentation alcoolique. Il y a deux agents d'inversion : le ferment soluble isolé par Berthelot et l'acide succinique signalé par Pasteur. Le premier est suffisant (puisque avant le commencement de la fermentation il n'y a pas d'acide succinique), mais le second ne pourrait-il pas invertir le sucre ?

Avec l'emploi du mucor circinelloïdes, il a démontré que l'acide succinique de la fermentation n'a pas d'action inversive même à l'état naissant.

En mettant en présence du sucre de canne, de l'acide succinique et du mucor, il a eu les résultats suivants : 1° Il n'y a pas inversion du sucre de canne, ni en présence ni par l'absence de moisissures ; 2° le sucre et l'acide succinique ont diminué ; ils servent donc directement d'aliment à la moisissure ; si la dose d'acide succinique est très élevée ou si l'ébullition se prolonge trop dans la préparation des ballons Pasteur, une partie du sucre est invertie ; le mucor donne lieu à une fermentation lente, mais le sucre non transformé reste ; 4° la puissance d'inversion de l'acide succinique déjà très faible à l'eau distillée est encore affaiblie par l'eau de levûre.

Acides. — Les autres acides organiques exercent une action favorable sur la fermentation, ainsi que nous le verrons plus loin : « Fermentation du moût. »

Les acides minéraux arrêtent la fermentation.

Corps divers. — Les antiseptiques arrêtent tous la fermentation, tels sont : l'acide sulfureux, le sel marin et le sel ammoniaque ; l'acide borique, l'acide salicylique et tous ses isomères paralysent la fermentation pour un temps plus ou moins long, mais elle reprend par la suite.

Julia de Fontenelle a obtenu des résultats très intéressants en faisant intervenir dans la fermentation des alcools un assez grand nombre de substances très diverses (J[l] de Ph. et Ch., t. 9, p. 450). Il prit 30 bouteilles, dans lesquelles il introduisit 5 litres de moût qu'il mélangea à diverses substances, et nota le nombre de jours qui s'écoulèrent avant le commencement de la fermentation.

Moût pur, bouteille non bouchée	1	jour
Moût pur, bouteille bouchée et ficelée	4	—
Poivre, 16 gr	1 1/2	—
Tabac 1 gr., sulfate de quinine 4 gr., huile de girofle 4 gr., menthe poivrée 4 gr.; anis, bergamotte, citron, lavande, romarin, térébenthine, chacun 4 gr. chacun	2	—
Raves pilées, 192 gr	2	—
Charbon végétal, 16 gr	4	—
Camphre, 4 gr. dans alcool 16 gr	6	—
Soufre, 10 gr	7	—
Feuilles de raves pilées 128 gr., moutarde en poudre chacune	11	—
Poireaux pilés 192 gr	13	—
Echalottes 128 gr	19	—
Soupe 32 gr., essence de térébenthine 32 gr	22	—
Cannelle en poudre 16 gr	25	—
Oignons pilés 160 gr	32	—
Ail pilé 96 gr	41	—
Moutarde pilée 39 gr	240	—

Produits de la Fermentation alcoolique. — Nous avons vu que le sucrose, ou sucre cristallisable, sucre de canne ou saccharose, avant de fermenter, se transforme en sucre inverti en absorbant de l'eau, suivant la formule :

$$C^{12} H^{11} O^{11} + HO = C^{12} H^{12} O^{12}$$

sucrose	eau	sucre inverti
171	9	180

A la suite d'expériences nombreuses, Pasteur a démontré que parmi les produits de la fermentation alcoolique, en outre de l'alcool et de l'acide carbonique, il se trouvait de la glycérine (1859) et de l'acide succinique. Schmidt avait signalé la présence de cet acide dans plusieurs vins. Pasteur a déterminé exactement la proportion des différents corps formés pendant la fermentation alcoolique.

D'après la formule précédente, on obtient : 105,263 de sucre inverti pour 100 de sucre de canne.

Et d'après la règle de Pasteur, 100 seulement de ces parties se transforment en alcool et en acide carbonique.

$$C^{12} H^{12} O^{12} = 2\ C^{4} H^{6} O^{2} + 4\ C\ O^{2}$$

sucre inverti	alcool	acide carbonique.
180	92	88

Soit 51,111 d'alcool et 48,889 d'acide carbonique.

Le reste, 5,263 du sucre inverti subit deux fermentations distinctes :

4,210 subissent la fermentation succinique et 1,053 se transforment en graisse, cellulose et matières indéterminées.

Les expériences de Pasteur lui ont donné les résultats moyens suivants :

1° sur 100 gr. de sucre de canne 3gr 64 de glycérine.
0,673 d'acide succinique.

2° sur 6gr 059 de sucre : Acide succinique 0,47 ; soit 0,68 %.

3° sur 100 gr. de sucre 3gr 64 de glycérine.
0,673 d'acide succinique.
1,633 de cellulose et matières indéterminées.
5,946

4° sur 100 gr. de sucre 3,50 de gylcérine.
0,70 d'acide succinique.

5° sur 100 gr. de sucre 3,067 de glycérine.
0,76 d'acide succinique.

Son procédé de dosage de glycérine donnant des résultats trop forts, il l'a modifié et est arrivé au résultat définitif suivant :

100 de sucre de canne égale 105,26 de glucose.

Alcool	51.11
Acide carbonique	48.89
Glycérine	3.16
Acide succinique	0.67
Cellulose, graisse, etc	0.90
Acide carbonique fixé	0.53
	105.26

Tels sont les résultats de la fermentation établis par Pasteur et reproduits par tous les ouvrages vinicoles. A ce sujet il n'est pas inutile de dénoncer une erreur qui se trouve dans presque tous ces ouvrages. Ils indiquent comme correspondant à 100 de sucrose, 105,36 de glucose, tandis que l'équation précédant ce dernier chiffre 171 : 180 : : 100 : x. donne 105,263. Il y aurait lieu également de signaler de nombreuses erreurs d'additions et de transpositions qui trompent le lecteur.

Mais dans aucun ouvrage on ne tient compte de l'eau absorbée par le sucre dans la fermentation succinique.

Je rétablis donc les chiffres précédents tels qu'ils doivent résulter de l'action de la fermentation succinique :

100 de sucre de canne se changent en 105,263 de sucre inverti par l'absorption de l'eau, ainsi qu'il est dit plus haut.

100 parties forment de l'alcool et de l'acide carbonique.

Sur les 5,263 qui restent : 4,210 subissent la fermentation succinique en absorbant 0,246 d'eau ; d'où le poids total de 4,456, d'après l'équation :

$49\ C^{12}H^{12}O^{12}$	$+\ 60\ HO$	$=\ 72\ C^6\ 8^8\ O^6$	$+\ 12\ C^8H^6O^6$	$+\ 60\ C\ O^2$
sucre inverti	eau	glycérine	acide succinique	acide carbonique
8820	540	6624	1416	1320

Ce qui donne : Acide carbonique........................ 0.628
Glycérine........................... 3.154
Acide succinique...................... 0.674
4.456

Il reste 1,053 de sucre inverti qui se transforme en graisse, etc.

En résumé, la fermentation de 100 gr. de sucre de canne ou de 105,263 de glucose ou de lévulose avec addition de 0,246 d'eau, donne :

Alcool...........................	51.111	100.000
Acide carbonique libre............	48.889	
Acide carbonique fixé.............	0.628	4.456
Glycérine.........................	3.154	
Acide succinique..................	0.674	
Cellulose, graisse, etc...........	1.053	1.053
	105.509	

M. Maumené a proposé en 1859 (Acad. Imp. Reims, t. 31, p. 49), une autre formule :

$6\ C^{12}H^{11}O^{11}$	$+\ 6\ C^6H^8O^6$	$+\ C^8H^6O^8$	$+\ 5\ CO^2$	$+\ C^{23}H^{12}O^{12}$
sucrose	glycérine	acide succinique		matière indéterm nee

Pour pouvoir comparer avec la formule Pasteur, je l'ai transformée en sucrose.

$$49\ C^{12}H^{11}O^{11} + 109\ H\ O = 12\ C^6H^8O^6 + 12\ C^8H^6O^8 + 60\ C\ O^2$$

Les résultats comparatifs sont :

	Expérience	Formule Pasteur	Formule Maumené
Glycérine..................	3.607	3.607	3.607
Acide succinique............	0.773	0.760	0.771
Acide carbonique............	0.710	0.708	0.718
Matières indéterminées.......	1.633	0.000	1.607

La formule de Maumené paraît plus rationnelle posée de cette manière, mais pourquoi part-il du sucre de canne ou sucrose qui ne fermente pas? Si l'équation eut été faite sur le sucre inverti, le matières indéterminées devenaient $C^{23}H^{18}O^{18}$, soit de beaucoup au-dessus du chiffre de l'expérience et en faisant l'équation complète, le chiffre de la glycérine ne serait que de 3, 4 au lieu de 3, 6.

La fermentation alcoolique ne produit pas seulement les corps indiqués ci-dessus ; il se produit d'autres alcools, des éthers et des dérivés des alcools et des éthers.

Schutzenberger a démontré que l'aldéhyde vinique prenait naissance dans la fermentation alcoolique proprement dite, même hors du contact de l'air.

En 1882, M. Henninger a annoncé la présence de l'isobutylglycol primaire tertiaire ou isobutylène glycol dans un vin rouge de Bordeaux. (Comptes Rendus, 10 juillet), et M. Samson a démontré que ce corps se produisait bien dans la fermentation alcoolique normale. *(Journal de Pharmacie et de Chimie*, t. 17, p. 183, 1888).

MM. Claudon et Morin ont déterminé avec une grande exactitude les produits de la fermentation du sucre par la levûre elliptique. (Saccharomyces ellipsoïdeus) dans les conditions normales. (Comptes Rendus, 1887, p. 1109 et 1187). Pour 100 kilogr. de sucre, ils ont obtenu :

Aldéhyde	Traces.	
Alcool éthylique	50615.0	grammes
— propylique normal	2.0	
— isobutylique	1.5	
— amylique	51.0	
Ether œnanthique	2.0	
Isobutylène-glycol	158.0	
Glycérine	2120.0	
Acide succinique	452.0	
Acide acétique	205.2	

Ils n'ont pas trouvé de bases, d'alcool butylique et d'acide butyrique, produits que l'on retrouve dans les fermentations des vins et des matières servant à fabriquer les alcools d'industrie.

Les eaux-de-vie contiennent plus d'alcools supérieurs, proportionnellement à l'alcool éthylique ou vinique, que les résultats obtenus avec de l'eau sucrée ; le sucrage ne peut donc, à ce point de vue, être nuisible.

La présence de l'alcool butylique et de l'alcool butyrique signalés par M. Ordonneau dans les eaux-de-vie provient de l'action du baccilus butylicus qui transforme le sucre et la glycérine en alcool butylique.

Fermentation du Moût. — L'étude de la fermentation alcoolique qui vient d'être faite ne s'applique qu'à des liquides contenant de l'eau et du sucre et quelques corps introduits, mais le moût est un liquide très complexe, dans lequel se passent toutes les actions que je viens de décrire, mais en plus des actions secondaires dues aux corps étrangers au sucre.

Dans la fermentation du moût il y a deux phases : la fermentation tumultueuse et la fermentation lente.

La fermentation tumultueuse est celle qui se fait la première, elle est très active, se traduit par un fort dégagement de gaz et donne les résultats indiqués par Pasteur ; la fermentation lente qui suit se fait sans mouvement du liquide ; elle n'a plus qu'à transformer quelques grammes de sucre par litre ; c'est pendant cette fermentation que se forment les éthers et autres corps étrangers, alcools aldéhydes, etc. qui constituent le bouquet.

Pendant le première fermentation, dans la pratique, le cellier ayant une température de 15 à 16°, il n'y a que 87 à 90 °/₀ de glucose de transformé en alcool qui se retrouve dans les vins ; 2 à 4 °/° sont restés à l'état de sucre et 8 à 9 °/₀ ont disparu sous forme d'alcool volatilisés et de produits complexes.

D'après Frésenius, dans les moûts de raisins du Rhin, contenant 24,96 °/₀ de glucose, il y en a 20,73 qui disparaissent à la première fermentation. Au bout de 2 ans, on trouve dans ces vins, 8,45 °/₀ d'alcool et 4 gr. 14 °/₀ de sucre ou de produits réducteurs.

Si la fermentation est paresseuse et le milieu peu acide, il se fait un peu plus de glycérine et d'acide succinique, ce que plusieurs auteurs admettent comme fait constant pour tous les vins.

La présence de l'air, qui n'est pas indispensable aux ferments, leur est très utile ; elle active leur vie et permet d'obtenir des fermentations complètes, surtout dans les moûts riches. L'air favorise la défécation du liquide, en précipitant les matières azotées.

La production de l'acide carbonique est en raison directe de l'activité du ferment.

Dans le cuvage à air libre il y a une perte d'alcool entraîné par le dégagement de l'acide carbonique. Pasteur a démontré que cette perte était de 11,3 à 15,2 °/° de l'alcool que le vin devrait contenir. Comme on admet qu'il faut 1 kilog. 8 de sucrose pour produire 1 litre d'alcool et que la théorie indique 1 kilog. 55, il y a une perte de 0 kilogr. 25 de sucrose, soit 0 kilogr. 26 de sucre de raisin.

En vases fermés comme dans les bouteilles de champagne, les quantités théoriques d'alcool et d'acide carbonique sont obtenues. Les essais de M. Salleron l'ont parfaitement confirmé : il a trouvé 0l 246 d'acide carbonique au lieu de 0l 247 et 0l 646 d'alcool au lieu de 0l 643.

Lorsque la température dépasse 30°, il y a une perte beaucoup plus grande d'alcool, et il alors il se dégage d'autres principes volatils.

Sous l'influence du ferment, le cellulose, une partie de l'acide pectique, l'albumine, le tannin, les pectates, le phosphate de chaux et la silice se précipitent.

La levûre ne doit pas être en grand excès, car elle peut fermenter elle-même et produire de l'alcool et de l'acide carbonique et d'autres produits nuisibles à la bonne qualité du vin. Si on délaye de la levûre dans de l'eau distillée à 25°, on voit se produire des bulles d'acide carbonique et de l'alcool (Maumené).

Pasteur et Boussingault ont démontré que l'ammoniaque et ses sels disparaissent au fur et à mesure de la fermentation et servent à l'organisation de la levûre, où l'analyse décèle : pour 100 de sucre de canne disparu, 1 °/₀ de graisse et de cellulose de formation nouvelle.

Ils ont constaté que les moûts contiennent de 0 gr. 06 à 0 gr. 07 d'ammoniaque par litre et les vins pas.

Il se forme aussi, par suite de la fermentation du sucre glucose, une petite quantité d'alcools propylique, amylique, propionique, etc.; lesquels se forment surtout si la température s'élève trop.

Il se produit aussi quelques acides gras, de l'acide acétique et de l'acide butyrique en très faibles proportions, par suite de fermentations secondaires, lesquels contribueront plus tard au bouquet.

Le dédoublement du sucre en alcool et en acide carbonique produit une élévation de température. Pour 180 gr. de glucose, il se dégage 74 calories; soit, d'après Dubrunfaut, les 134 millièmes de la quantité totale de chaleur que donne le charbon contenu dans la masse entière d'acide carbonique qui se forme.

La deuxième fermentation est accompagnée de transformations complexes; c'est alors que le vin s'éclaircit, ses matières insolubles se précipitent et forment la lie que l'on sépare par des soutirages, l'acidité diminue et la formation d'éthers fait apparaître le bouquet.

L'air agit peu à peu sur la matière colorante et le tannin, les produits d'oxydation de ces substances forment, avec la crème de tartre, une laque insoluble qui se précipite.

Une élévation modérée de température et l'agitation favorisent le développement du bouquet.

La seconde fermentation terminée il reste toujours une petite proportion de sucre qui ne peut jamais fermenter; cette substance qui réduit la liqueur de cuivre varie dans la proportion de 1/2 gr. à 1 gr. 1/2 par litre. Boussingault, le premier, a signalé ce fait, il en a trouvé des quantités beaucoup plus considérables dans les moûts de fruits.

Les moûts très sucrés conservent une grande quantité de sucre qui ne peut pas fermenter par suite de l'excès d'alcool, mais qui peut fermenter quand on enlève cet alcool, tandis que le sucre indiqué dans le premier cas ne peut plus fermenter.

Rôle des acides dans la fermentation.

Le rôle des acides n'est pas complètement déterminé dans tous les cas, mais en général, ce sont eux qui en déterminant les fermentations secondaires, irtoduisent dans les vins leur saveur et leur bouquet. En effet, le bouquet des vins est formé d'éthers, lesquels se forment par suite de la présence de l'alcool et des acides.

Pendant la fermentation tumultueuse il se produit des éthers dus au contact des acides œnanthique, valérianique et butyrique avec l'alcool, au sein du liquide vineux, ces éthers constituent la plus grande partie du bouquet. (Mulder, Berne 1851).

Dans le vin privé de tout son alcool il peut se former des parfums spéciaux produits par l'action des acides sur la matière extractive, à la longue. L'acide tartrique semble surtout nécessaire à l'éthérification et quelques auteurs prétendent que sans cet acide le bouquet ne se formerait pas. L'acide acétique semble nuisible (Brun).

Le bouquet des vins est composé pour la plus grande partie d'éther œnanthique (Liebig).

L'acide œnanthique peut provenir soit du sucre soit des corps gras du moût (on sait que l'oxydation des matières grasses donne souvent de l'acide œnanthique et de l'acide pélargonique.

S'il dérive du sucre la formule est :

$$\underset{\text{sucre inverti}}{2\,C^{12}H^{12}O^{12}} = \underset{\text{acide œnanthique}}{C^{18}H^{18}O^{4}} + C^{4}H^{6}O^{2} + 2\,CO^{2} + 14\,O$$

On peut ainsi expliquer la mise en liberté de l'oxygène que la matière azotée a dû absorber pour la formation du ferment (Ladrey).

D'après Berthelot et de Fleurieu, dans un vin contenant 10 % d'alcool, la quantité d'acides éthérifiés définitivement est à peu près le 7e de la quantité totale des acides libres. La quantité d'alcool qui s'éthérifie dépend du rapport de la somme des équivalents des acides aux équivalents des alcools. La quantité des éthers est proportionnelle au poids des acides. Leur conclusion, que la pratique confirme, est que : Pour une même dose d'alcool formé un vin qu'on laisse vieillir aura d'autant plus de bouquet, c'est-dire d'éther, qu'il est plus acide.

Pendant tout le temps de la première fermentation, dans les vins de Bourgogne, l'acidité diminue sancesse. D'après ces deux auteurs, l'acidité totale par litre (non compris l'acide carbonique), exprimée en acide sulfurique, est :

	Vin de Givry	Vin de Formichon.
Moût	6gr 53	6gr 59
Après 6 jours de fermentation	3gr 78	5gr 28
» 15 »	» »	» »
Perte	2gr 75	1gr 31

Cette perte n'est due qu'en partie à la précipitation de la crème de tartre moins soluble dans le vin que dans le moût.

Une partie des acides libres disparaît ; peut-être une faible partie s'éthérifie.

D'après Boussingault, au contraire, l'acidité du vin serait supérieure à celle du moût, même lorsque la fermentation a lieu à l'abri de l'air ; mais ses expériences ayant été faites sur une petite échelle, n'offrent pas beaucoup de garanties.

L'action des acides est donc à peu près nulle pendant la fermentation tumultueuse, mais elle a toute sa force dans la fermentation lente.

Les vins des pays modérément chauds, où le raisin mûrit suffisamment pour donner de 160 à 200 gr. de glucose par litre de moût, mais sans qu'il mûrisse assez pour perdre toute acidité au goût, donnent les vins les plus estimés.

Depuis quelques années, dans le Midi de la France, on cueille le raisin imparfaitement mûr ; on obtient un vin parfumé quoique moins alcoolique que celui obtenu avec les raisins mûris.

Les vins provenant de moûts privés d'acides par la craie sont plats.

La dégustation d'un moût est tout à fait insuffisante pour juger du titre acide ; il en est de même du vin nouveau. Le sucre qui reste masque souvent son acidité, de sorte qu'un vin après la deuxième fermentation peut être dur et acide, lorsqu'à l'état de moût ou de vin nouveau, il paraissait doux et tendre.

Il ne faut pas croire néanmoins que l'on puisse déterminer la qualité d'un vin d'après son titre acide ; mais cependant on ne peut le négliger ; il faut qu'il reste dans la moyenne, une insuffisance d'acides donnant un vin sans bouquet, et un excès fournissant des vins désagréables.

Les vins d'une même contrée et d'une même année ont une proportion d'acides presque constante, mais ceux de différentes régions, quoique voisines, ont un titre qui change d'une façon très sensible.

En Champagne, les vins d'Ay 1857 avaient un titre d'acidité bien plus élevé que les vins d'autres crus du même pays, infiniment moins estimés et d'une valeur trois fois moindre (Robinet).

Fermentation acétique. — La fermentation acétique n'est pas une fermentation du sucre mais une oxydation de l'alcool produite par l'action d'un mycoderne, le *mycoderma aceti*. Voir : Vins aigris, piqués ou sautés.

Les mycodermes absorbent l'oxygène de l'air comme le fait le noir de platine et agit à la façon de ce dernier corps, ou bien fixe l'oxygène pour le céder à l'*alcool* pour la sécrétion d'une matière très chargée de ce gaz ; quoi qu'il en soit, la réaction s'écrit ainsi :

$$\underset{\text{alcool.}}{C^4H^6O^2} + \underset{\text{oxygène}}{O^4} = \underset{\text{acide acétique}}{C^4H^4O^4} + \underset{\text{eau}}{2HO}$$

D'après Béchamp, l'acide acétique et ses homologues ne paraissent pas, dans les vins, provenir seulement de l'oxydation de l'alcool durant et après la fermentation, car une petite quantité de cet acide serait le produit direct de la fermentation alcoolique.

L'opinion de Béchamp paraît démontrée dans ce qui se passe chez les vinaigriers d'alcool 3/6 qui ajoutent de la mélasse ou du glucose pour obtenir un rendement plus élevé. La transformation directe du sucre en acide acétique paraît ici avoir lieu, elle est facilitée par les impuretés des deux produits employés, impuretés qui servent de nourriture aux ferments.

L'explication de la transformation du sucre en acide acétique n'est pas satisfaisante. Ou bien le sucre subit une fermentation alcoolique lente et insaisissable à la suite de laquelle l'alcool à l'état naissant se transformerait en acide acétique, ou il y aurait un simple phénomène d'hydratation pour le sucrose.

$$\underset{\text{sucrose}}{C^{12}H^{11}O^{11}} + \underset{\text{eau}}{HO} = \underset{\text{acide acétique}}{3\,C^4H^4O^4}$$

et un simple dédoublement moléculaire du glucose.

$$\underset{\text{glucose}}{C^{12}H^{12}O^{12}} = \underset{\text{acide acétique}}{3\,C^4H^4O^4}$$

Ces deux dernières hypothèses paraissent moins probables que la première, étant donnée la solidité du noyau carbonique.

Fermentation lactique. — Un grand nombre de substances azotées ; l'albumine, la fibrine, la caséine, etc, déterminent la fermentation lactique du sucre. Ces substances produisent également la fermentation alcoolique, mais il faut plusieurs mois pour que la transformation soit complète.

Ces matières, abandonnées à elles-mêmes, fermentent en répandant des odeurs infectes ; si on y ajoute alors du sucre, la fermentation ne s'arrête pas mais change de nature et ne dégage plus de gaz fétides. Il faut donc que ces matières soient abandonnées quelque temps à l'air pour devenir propres à la fermentation lactique.

$$\underset{\text{sucre cristallisable}}{C^{12}H^{11}O^{11}} + HO = \underset{\text{acide lactique}}{2\,C^{6}H^{6}O^{6}}$$

L'acide lactique est aussi produit par la fermentation de la sorbine ; $C^{12}H^{12}O^{12} = 2\,C^{6}H^{6}O^{6}$.

Le jus d'oignon doit être employé de préférence aux autres substances, car il détermine la fermentation lactique, et par son huile essentielle empêche le développement des ferments autres que le ferment lactique.

D'après Pasteur, cette fermentation est due à une substance grise qu'il a nommé *levûre lactique*, et qui se forme sur la masse qui fermente. A l'aide de cette manière grise et de la levûre de bière mélangées au sucre de canne, il a obtenu une fermentation lactique des mieux caractérisées.

Cette fermentation se développe avec beaucoup plus de rapidité, si on met dans la liqueur du carbonate de chaux, qui maintient la liqueur constamment neutre.

Pour préparer l'acide lactique, on abandonne pendant plusieurs jours une dissolution contenant 3 k. de sucre cristallisable et 15 gr. d'acide tartrique pour 13 kilog. d'eau ; on ajoute ensuite 60 gr. de fromage putréfié et 500 gr. de craie pulvérisée, en suspension dans 4 kilogr. de lait écrémé ; au bout de huit jours il reste une bouillie de lactate de chaux, de laquelle on extrait l'acide lactique.

Le mycoderme qui produit cette fermentation, ressemble à celui de la levûre de bière *(mycoderma cerevisiæ)* mais ses globules sont beaucoup plus petits.

Fermentation Butyrique. — La fermentation butyrique fait toujours suite à la fermentation lactique ; elle est toujours accompagnée d'un dégagement d'acide carbonique et d'hydrogène :

$$C^{12}H^{11}O^{11} + HO = C^{8}H^{7}O^{3},\ HO + 4\,CO^{2} + 4\,H$$

Pasteur a étudié aussi le ferment qui détermine cette action et a reconnu que c'était un animal, un infusoire du genre vibrion. Ces animaux ne peuvent vivre au contact de l'oxygène ; ils ne se développent que lorsque la production de l'acide lactique a chassé ce gaz.

Ces infusoires sont constitués par des petits cylindres arrondis à leurs extrémités ; ces cylindres sont ordinairement droits, isolés ou réunis par chaîne de deux, trois ou quatre articles. Leur longueur varie de 2 centièmes à deux dixièmes de millimètre, et leur largeur est en moyenne de 2 centièmes de millimètre. Ils se reproduisent par fissiparité. Leurs mouvements sont assez singuliers ; ils s'avancent en glissant, leur corps reste rigide ou éprouve de légères ondulations ; ils pirouettent, se balancent ou font trembler leurs extrémités et souvent ils sont recourbés.

Fermentation visqueuse. — L'albumine ou la levûre de bière préalablement bouillie avec de l'eau, produit dans les solutions étendues de sucre cristallisable, à la température de + 30, une matière glaireuse particulière qui rend l'eau visqueuse.

Il y a fixation d'eau, et 116 parties de sucre donnent 127 parties de mélange (Ladrey).

Pasteur a découvert le ferment qui transforme ainsi le sucre de canne ; c'est un végétal globulaire, formé de petites cellules ayant de 1, 2 à 1, 4 centièmes de millimètre de diamètre ; et qu'il a nommé ferment gommomannique.

D'après ce grand savant, 100 p. de sucre de canne produisent 51,09 de mannite, 45,48 de gomme et 6,18 d'acide carbonique. Selon Béchamp, ces rapports ne seraient vrais que si le ferment trouvé par Pasteur agissait seul, mais ils seraient tout autres si un ferment différent agissait en même temps. L'équation de Pasteur n'exprime donc pas la réalité. Parmi les produits de cette fermentation, Béchamp a toujours trouvé de l'alcool, des quantités variables d'acide acétique et quelquefois de l'acide lactique. Le sucre de canne seul peut subir la fermentation visqueuse ; dans les mêmes circonstances, le sucre inverti, le glucose de fécule et le lévulose ne produisent pas de matières visqueuses, mais peuvent donner de la mannite.

La substance gommeuse que Béchamp a étudiée et nommée *viscose* par Maumené, a pour formule $C^{12} H^{10} O^{10}$. Par ses propriétés elle diffère de la fécule, de la cellulose et des dextrines. Dans son plus grand état de pureté elle est d'une grande blancheur, facilement pulvérisable et sans apparence de gomme.

L'acide sulfurique agit sur elle comme sur l'amidon en produisant des dextrines et du glucose qui paraît identique à celui produit avec l'amidon.

Il indique ainsi le résultat de cette fermentation ; 100 p. de sucre de canne donnent : viscose 40, mannite 5, alcool 3.34, acide acétique 0.96, acide lactique 4.35 ; le reste est composé de matières extractives, d'un excès de glucose et d'acide carbonique non dosé.

Il se dégage toujours de l'hydrogène mais pas d'acide carbonique ; quand il y a de l'acide carbonique c'est qu'il y a eu fermentation alcoolique.

M. Maumené a retiré cette substance des moûts. En plaçant du moût dans un osmogène, l'eau dissout au bout de 24 heures une substance incolore qui devient, en 24 ou 48 heures au plus, une masse glaireuse comme le blanc d'œuf et semblable à la matière visqueuse des vins filants. Elle contient un peu de sucre et des sels alcalins.

Fermentation du Tartre. — Berzelius écrit que Nœllner a découvert, parmi les produits de la fermentation du tartre un nouvel acide qui s'appelle *pseudo-acétique*. Pour le préparer on sature, avec de la chaux éteinte, l'eau mère du tartre ou du tartre cru qui renferme encore 20 % de matière fermentescible ; il se forme du tartrate de potasse soluble que l'on fait bouillir avec du plâtre ; on abandonne le tartrate de chaux à la fermentation spontanée ; il se dégage beaucoup d'acide carbonique. Vers la fin on ajoute de l'acide sulfurique qui dégage l'acide carbonique et on distille. Le nouvel acide se trouve dans le récipient.

Le tartre cru, sans chaux, a donné de l'acide acétique ordinaire. En analysant le sel de plomb, que Nœllner lui avait envoyé, Berzelius a trouvé que c'était un mélange d'acétate et de butyrate de plomb, par les caractères des sels et non par l'analyse.

Nicklès pense que la fermentation tartrique peut se faire de trois manières: 1° L'acide tartrique, en présence de la potasse, forme de l'acide acétique et de l'acide carbonique ; 2° l'acide tartrique, en présence de la chaux, donne les acides acétique et butyrique ; 3° l'acide tartrique dans des circonstances à déterminer donnera de l'acide carbonique, de l'acide acétique et de l'acide acétobutyrique.

Dumas, Malagutti et Leblanc concluent que les acides pseudo-acétique, butyro-acétique et l'acide metacétonique sont le même acide ; ce dernier acide, découvert par Gottlieb, a donné à tous ces chimistes, comme formule : $C^6 H^6 O^4$; formule de l'acide résultant de la fermentation du tartre.

CHAPITRE 2

VINIFICATION

Sous le nom de vinification on désigne l'ensemble des opérations qui ont pour but de transformer le raisin en vin.

Ces opérations sont soumises à des règles générales qui s'appliquent à tous les vins et à des règles particulières dépendant du pays, du cépage et du produit à obtenir.

Ces règles sont absolument indispensables à connaître, car si quelquefois l'usage établi, paraissant opposé à ces règles, donne de bons résultats, dans la plupart des cas ces usages donnent des produits défectueux comparativement à ceux que l'on obtient en suivant les principes de vinification.

Je ne ferai pas ici une étude technique complète, ce qui demanderait un volume entier ; je ferai simplement la description des principes de vinification et cependant assez développée pour que le lecteur sache tout ce qui s'est dit d'intéressant sur cette question.

Maturité du Raisin. — La formation du raisin subit deux phases : la première qui commence après la fleur et dure tout le temps que le raisin reste vert, et la deuxième phase pendant laquelle la nuance change en produisant la matière colorante rouge ou jaune normale.

Pendant la première période, il faut s'opposer à la destruction des feuilles qui fournissent le sucre au raisin ; on applique alors l'épamprage afin de concentrer tout le sucre sur le fruit et non sur un bois inutile ; le sucre sert au développement du raisin qui ne conserve que les principes acides et astringents. Dans la deuxième époque, la croissance étant arrêtée, tout l'amidon des feuilles, transformé en sucre de raisin, reste dans le fruit ; à ce moment encore les feuilles sont indispensables, ce qui explique les dégâts causés par les maladies qui s'attaquent aux feuilles. Ce n'est qu'un peu plus tard et dans certaines conditions que l'on peut opérer, en partie, l'effeuillage.

La chute des feuilles ne peut être considérée comme un pronostic de la maturité du raisin puisqu'elle peut se produire par les maladies.

Si la vigne perd ses feuilles avant que le raisin soit parfaitement mûr, on n'obtient qu'un moût léger et acide et un mauvais vin ; ce qui a été constaté sur les vignes mildewsées.

Les transformations du raisin sont très influencées par la quantité de chaleur qu'il reçoit. Dans le Midi les vignes bien exposées arrivent plus vite et à une maturation plus complète que dans le Nord.

Quand le raisin a atteint son développement complet, il ne reçoit plus rien du cep et, si on l'y laisse, il subit une transformation très importante par suite de l'évaporation d'une certaine quantité d'eau ; le grain diminue de volume et il se produit une sorte de commencement de fermentation qui exerce une heureuse influence sur le vin.

Lorsque la végétation de la vigne se ralentit, le grain perd de sa dureté, la pellicule s'amincit et devient transparente.

On reconnaît que le raisin est mûr aux caractères suivants :

La queue de la grappe a perdu sa couleur verte pour passer au jaune, puis au brun ou au vineux ; elle a perdu de sa force, de sorte que la grappe est pendante et se détache facilement. Les grains sont devenus mous, leur peau est translucide, le liquide qu'ils contiennent est légèrement trouble, sucré, visqueux et gluant ; ils se détachent avec facilité de leur pédicelle, auxquel ils laissent une certaine quantité de pulpe.

Les raisins noirs sont mûrs quand leur coloration est complète et quand ils se détachent facilement.

Au chapitre Aréométrie, nous verrons comment on apprécie scientifiquement la maturité du raisin.

Quand les gelées font tomber les feuilles, il ne faut pas différer la vendange, quelle que soit la maturité du raisin. (Chaptal).

En Espagne, à Rivesaltes, Candie, Chypre, on laisse les raisins sur la souche après la maturité pour concentrer leurs sucs et obtenir des vins très liquoreux. Pour faire le vin de Tokai et quelques vins d'Italie et d'Espagne, on dessèche les raisins.

Consommation des Raisins et du Moût. — Le poids des raisins est très variable ; dans le Nord, certaines grappes ne pèsent pas plus de 60 gr., dans le Midi de la France, on en trouve quelquefois qui pèsent jusqu'à 5 kilogr.

Les raisins constituent un aliment sain, délicat et agréable, à l'état frais et à l'état sec. Au point de vue hygiénique, les raisins et le moût non fermentés ont les mêmes propriétés ; ils sont employés en médecine tous les deux dans les mêmes cas. Bien entendu, il ne s'agit que du moût n'ayant pas subi un commencement de fermentation.

Le jus de raisin a été depuis longtemps, et est encore, préconisé comme remède contre bien des maladies. Dans ce cas, il faut bien examiner la nature des raisins qui sont loin d'avoir, à cet égard, les mêmes propriétés.

Les composants du moût le rapprochent des eaux minérales de Vichy, Teplitz, Contrexéville, d'Ems, du Mont-d'Or, Carlsbad, Marienbad, Kissingen, Rubinat, etc.

Le jus de raisin peut être purgatif ou astringent, tonique ou déprimant, excitant ou sédatif ; ses propriétés varient suivant les cépages et le pays.

Les raisins contenant peu de principes actifs et des proportions convenables de sucre, d'eau et de matières albuminoïdes, sont adoucissants et pectoraux, béchiques et altérants ; ceux qui sont très aromatiques, tels que les muscats, sont échauffants ; le fer et le manganèse les rendent toniques et fortifiants, et le tannin, astringents ; lorsque la potasse y est contenue en assez grande abondance, ils excitent la sécrétion urinaire, et enfin ceux qui sont laxatifs doivent cette propriété au sulfate de potasse ; ceux qui ont une saveur fade sont dans le même cas.

Le jus du raisin a une certaine analogie avec le lait de la femme ; les quantités de matières azotées, sucres et gommes et sels minéraux étant à peu près les mêmes ; ce fait donne raison, en partie, au vieux dicton qui appelle le vin : le lait des vieillards.

Le sol modifie les propriétés médicinales du raisin. Dans les terres argileuses, froides et humides, il est laxatif et même purgatif ; dans les sols ferrugineux de couleur noire, constipants, et dans les terrains granitiques et surtout volcaniques, diurétiques et excitants.

Les maladies que les raisins servent à combattre sont : la goutte, la gravelle, les bronchites chroniques, les irritations commençantes du poumon, les engorgements et même l'hypertrophie du foie et de la rate, les coliques néphrétiques, l'excès de bile, les maladies inflammatoires, l'hypocondrie, les maladies cutanées et les affections des organes digestifs et des viscères abdominaux.

La cure par les raisins est peu usitée en France, sauf peut-être à Lyon, où je l'ai vu appliquer en 1872, mais en Allemagne et dans le Tyrol, elle est très employée et, paraît-il, avec succès.

Cette cure commence avec la maturité des raisins pour se prolonger pendant 3 semaines au moins et 6 semaines au plus. On commence graduellement à manger les raisins, en 5 repas par jour, on arrive au bout d'un mois à en manger de 2 à 6 kilogr.

Tous les raisins ne sont pas propres à ce traitement : En Allemagne, les raisins les plus employés sont des variétés de chasselas blancs (petit gris, petit noir, morillon, etc.). A Durkheim, on fait usage presque exclusivement du Gutelfeld et du Œsterreicher ; c'est un chasselas blanc à grains serrés, d'une couleur dorée, moins gros et moins charnus que ceux du chasselas de Fontainebleau, mais d'une saveur aussi délicate. Le Klemberger qui est employé pour purger ou affaiblir, est un raisin à gros grains, contenant beaucoup de jus peu sucré.

Les raisins se consomment à l'état sec en quantités considérables, soit pour la table, soit pour faire des piquettes, ou vins de raisins secs.

Pour conserver les raisins à l'état frais, il faut les cueillir par un temps bien sec et pas trop mûrs. On enlève tous les grains atteints d'altération et on les suspend dans une chambre sèche, à l'abri de la gelée ; ils se conservent ainsi plus de trois mois. Si on les place dans des tonneaux, des armoires, ou dans des sacs, à l'abri de la lumière, à l'air sec, ils se conservent bien plus longtemps.

A Thomery, on détache en même temps que la grappe, une partie du rameau qui la porte ; celui-ci est introduit dans un petit bocal contenant de l'eau et un peu de charbon de bois, la grappe qui pend au dehors se conserve bien.

Dans le Midi, on les fait sécher au four, quelquefois après les avoir trempés dans une faible lessive de soude.

Les plus beaux raisins sont ceux d'Alexandrie, de Corinthe, de Damas, et de Smyrne. Les raisins de Malaga sont très estimés..

Les raisins secs constituent un des meilleurs desserts. On les prescrit en médecine dans les affections de poitrine et catharrales.

Les raisins inférieurs de Corinthe servent à faire les vins de raisins secs et certaines bières anglaises.

Le verjus, suc du raisin vert, astringent, très acide, est employé comme assaisonnement et quelquefois comme gargarisme.

Les grains de raisins, sans pépins, confits dans du sucre, donnent une excellente confiture. Le jus des raisins, évaporé et sucré, constitue la marmelade, dont on consomme des quantités considérables, sous le nom de *raisiné*.

Vendange. — Sous le nom de vendange, on désigne l'opération qui consiste à détacher de la vigne les grappes destinées à faire du vin.

L'époque à laquelle doit se faire la vendange varie évidemment suivant la maturité du raisin, la saison et le produit que l'on veut obtenir. Cette question a été l'objet de beaucoup d'études et de controverses.

D'après Pellicot, il n'y a pas de possibilité de préciser une époque générale, c'est la nature du plant qui doit fixer le vrai moment de la vendange.

Béchamp a émis l'opinion qu'il y a deux sortes de maturités du raisin : la maturité physiologique qui existe lorsque le pépin est apte à reproduire la plante (Olivier de Serres), et la maturité de convention ; la première n'est pas suffisante pour l'obtention du vin. La maturité de convention est celle qui se traduit par le maximum de sucre que peut produire le raisin.

Un certain nombre d'auteurs conseillent d'attendre le plus tard possible. Vergnette-Lamotte, dans son traité « Le Vin » est de cet avis. En Bourgogne, dit-il, un raisin ridé par excès de maturité est considéré comme un indice de bonne année ; aussi, dans cette région, vendange-t-on le plus tard possible. Fleury-Lacoste conseille la vendange tardive, mais si le temps se met au froid, elle doit être faite le plus tôt possible. Le docteur Guyot indique comme moment propre à vendanger celui où le jus de raisin a son maximum de sucre, ce que l'on constate par son maximum de densité, au moyen du gluco-œnomètre (aréomètre Baumé).

Machard, au contraire, met en garde contre les inconvénients d'une maturité exagérée, surtout pour les vins rouges dont la fermentation se fait mal. Ces vins restent doux, leur bouquet ne se développe qu'imparfaitement ; ils ont une tendance à piquer et leur couleur n'est pas suffisante. Si on cueille avant la maturité, le vin perd en alcool, couleur et bouquet.

L'abbé Rozier et Bourgeois (*Parfait Vigneron*, Lamy, 1782) sont d'avis que la fixation de l'époque de la vendange demande un grand discernement, qu'elle ne doit être fixée ni trop tôt ni trop tard, et que c'est par l'étude des différents plants qu'on peut déterminer le meilleur moment de la maturité.

Pollacci, savant viticulteur, a posé les vrais principes à suivre. La maturité du raisin est un moment favorable, il faut la chercher aussi complète que possible, dans les pays moins que tempérés et dans les années froides. Il faut vendanger à la maturité atteinte, mais non dépassée, dans les climats tempérés, et un peu avant dans les climats chauds et les années très chaudes. Le moment le plus favorable varie donc suivant les saisons et les climats, ce que je disais plus haut. Dans les pays chauds, si l'on cueille les raisins à leur excès de maturité, pour les vins ordinaires, on obtient du vin défectueux, ce qui est dû au manque d'acides ; c'est la cause de la défectuosité des vins d'Algérie, où l'on attend trop longtemps pour avoir un excès d'alcool. Dans les pays tempérés, les vendanges hâtives tendent à donner un vin vert et dur, et les vendanges trop tardives exposent à la pourriture et par suite à des vins de mauvais goût ; il faut un raisin tout à fait mûr, et pour le constater, on doit se servir des aéromètres, gluco-œnomètre, pèse-moût, mustimètre, etc. Le jour de la récolte doit correspondre au maximum de sucre, ce qui est constaté par des expériences quotidiennes. Tant que le raisin gagnera on peut gagner en degrés gluco-métriques, il ne doit pas être vendangé, si on n'a pas gagné le 1er novembre (Ladrey). Un degré du gluco-œnomètre égale un degré d'alcool dans le vin, les autres matières n'influant que de 1/10 ou 1/15 sur le chiffre du gluco-œnomètre (Guyot). Les plants d'une maturité difficile doivent être vendangés très mûrs.

En résumé, c'est de l'étude attentive du cépage, de la nature du sol et des influences climatologiques que doit dépendre le moment où le raisin doit être cueilli. Il faut aussi tenir le plus grand compte de l'état du temps au moment où cette cueillette va avoir lieu..

Pour les vins colorés, de couleur vive, il ne faut pas attendre la maturité absolue, il faut cueillir les raisins plutôt un peu verts. Pour les vins blancs, la maturité complète est nécessaire. Les raisins destinés aux vins de liqueur doivent être cueillis le plus tard possible ; le parfum caractéristique se développe alors considérablement. Le dessèchement des raisins sur la souche ou dans des greniers n'est usité que pour les vins liquoreux : Tokai, Xérès, Porto, Johannisberg, etc. En Espagne, les raisins sont exposés pendant deux jours au soleil. En Touraine et dans les autres pays où l'on fait les vins de paille, les raisins sont également séchés au soleil. Cette pratique est très ancienne, puisque Pline a écrit que l'on cueillait le raisin un peu avant sa maturité, qu'on le séchait pendant trois jours au soleil ardent, en le retournant trois fois par jour et que le quatrième jour on pressait. Les anciens connaissaient aussi la cuite du moût ; ils avaient trois sortes de vins cuits, le *passum*, fait avec des raisins séchés au soleil, le *defrutum* fait avec du moût réduit à moitié au feu, et le *sapa*, fait avec le moût réduit au 1/3 ou au 1/4.

Dans le nord de Paris, on ne peut attendre la maturité par suite du temps défavorable de cette époque. Les raisins de Condrieu se récoltent en novembre et les raisins d'Arbois, de Château-Châlons et de la Franche-Comté se récoltent en décembre. Après la moindre gelée, la vendange doit être faite.

Pour les vignes américaines à goût foxé, il faut avancer la vendange ; on diminue ainsi cette saveur particulière.

Les raisins destinés à la fabrication des vins mousseux se récoltent avant la maturité complète, afin de laisser une certaine quantité d'acides qui influeront sur la formation du bouquet. Si la maturité d'un vignoble n'est pas régulière, il y a avantage à faire la récolte en deux fois, il ne faut pas mélanger les raisins mûrs avec ceux qui ne le sont pas. Lorsque la récolte dure plusieurs semaines, il faudra faire la cueillette en suivant l'ordre de maturité des plants.

Autrefois, l'administration municipale fixait l'époque de la récolte, c'est ce qu'on appelait le *ban de vendange* ; cette coutume, qui a encore quelques partisans, n'existe plus guère qu'en Bourgogne, où elle tend, du reste, à disparaître.

La vendange doit se faire par un temps sec et chaud, et non par les temps de pluie et de brouillard. Le vin d'une même pièce, obtenu par un temps de pluie, n'est plus le même que celui obtenu par un beau temps. La vendange se fait ordinairement de septembre à octobre. Il faut cependant faire observer que, pendant les journées très chaudes, le raisin peut se mettre de suite en fermentation, ce qui peut provoquer la formation d'acide acétique.

Par un beau temps, l'évaporation aqueuse du fruit est considérable et le moût n'en est que plus sucré ; par la pluie, au contraire, le raisin étant mouillé, on obtient un vin plus aqueux et par conséquent de moins bonne garde.

Pour les vins rouges, il faut un temps sec et chaud et pour les vins blancs un temps sec et frais ; cependant, Ladrey dit que le raisin blanc doit être récolté par un temps humide ou de brouillard, le vin obtenu étant plus facile à clarifier.

Les cueillettes matinales sont très usitées en Champagne ; si on cueillait dans la journée, on ne pourrait empêcher la fermentation (Machard).

Dans le Nord, la cueillette ne doit se faire que lorsque les rayons du soleil ont dissipé la rosée et échauffé les raisins.

Les raisins doivent être cueillis avec le plus grand soin, mis dans de grands paniers qu'on apporte au bord du champ de vigne et versés dans des cuveaux de bois. Pour les vins rouges, les raisins sont immédiatement écrasés avec de forts pilons de bois, mais le raisin ne doit pas séjourner longtemps dans ces cuveaux, afin de ne pas perdre sa chaleur propre ; ces cuves ne doivent pas avoir plus de 3 à 4 hectolitres ; dès qu'elles sont pleines aux 2/3, il faut les transporter de suite à la cuve à fermentation. Certains auteurs préconisent les seaux en tôle.

Pour détacher le raisin, il vaut mieux se servir d'un sécateur qui n'ébranle pas la grappe.

Il faut observer la plus grande propreté dans cette opération ; il faus éviter que les grappes soient souillées de terre ou autres débris pouvant détruire la finesse de l'arôme. Il faut séparer les grains pourris et trop verts ; dans les mauvaises années, on est souvent obligé de passer les raisins à la claie pour se débarrasser des mauvais grains. Si les raisins avaient été salis par une cause quelconque, il faudrait les laver avant de les fouler. Dans plusieurs cas, le triage des raisins s'impose. Pour les vins fins, on trie les raisins des différents cépages et pour séparer ceux qui ont des maturités différentes.

Pour obtenir les vins très colorés, il faut séparer tous les raisins blancs, si peu qu'il y en ait. On peut aussi obtenir des vins colorés avec des raisins blancs, si on les mélange avec 1/4 ou 1/5 de raisins noirs très chargés de couleur.

Presque tous les raisins peuvent faire des vins blancs aussi colorés que l'on veut, pourvu que le jus soit immédiatement séparé de la rafle et de la pellicule des grains ; le moindre retard suffit à le colorer, surtout si le raisin est très mûr et le temps très chaud. Les raisins rouges atteints par la grêle, la pourriture ou le froid sont mis en vins blancs.

Les raisins malades ayant subi l'action de l'oïdium, du mildew, de l'anthracnose, etc,, doivent être séparés ; ils apporteraient dans la cuve des germes de détérioration.

Comme règle générale, pour les vins de consommation courante, on admet qu'il n'y a pas trop d'intérêt à trier les raisins verts ou trop mûrs, mais que pour les vins fins, ce doit être fait ; dans tous les cas, les grains malades doivent être éliminés. Le docteur Guyot soutient que les raisins trop mûrs et même pourris donnent d'excellents vins blancs.

Les raisins qui ont été soufrés par l'oïdium doivent être lavés au cellier (Ottavi), sans cela, le soufre produirait dans la cuve de l'hydrogène sulfuré, dont l'odeur est celle des œufs pourris. On doit également laver les raisins traités par les sels de cuivre, peu de temps avant la vendange, avec de l'eau contenant 1/5 de vinaigre, et de même pour les vins traités par la chaux vive.

Nous avons vu que les raisins rouges étaient écrasés au bord du champ, mais si le cellier est très éloigné de la vigne, il ne faut pas agir de même ; il ne faut pas fouler le raisin, de peur que la masse ne s'échauffe trop vite, car il se déclarerait à l'air des fermentations secondaires. On doit transporter les raisins dans des paniers, sans les fouler, le plus vite possible et en ayant soin d'éviter qu'ils ne soient mouillés s'il survenait un orage.

Dans tous les cas, la cueillette doit être faite rapidement, de façon à remplir une cuve en un jour.

Egrappage. — On appelle égrappage l'opération qui consiste à séparer la rafle des grains. La question de savoir si on doit égrapper est une des plus controversée de l'œnologie ; cette opération est pratiquée dans certains pays et rejetée dans d'autres. Dans la Bourgogne et le Midi on égrappe rarement, mais dans le Bordelais et les pays où le raisin arrive à une maturité moins brillante, on sépare la rafle journellement.

La grappe ou rafle contient des principes acides, astringents et pas de sucre ; on devra la laisser lorsque l'on veut avoir un vin contenant du tartre ou du tannin ; au contraire on la séparera si le vin renferme suffisamment ou trop de ces principes.

Les pays qui font des vins tendres et délicats rejettent l'égrappage, qui enlèverait les éléments conservateurs de la grappe.

Fauré, Machard, Labadie, Béchamp, Guyot et Loiseau, condamnent l'égrappage ; Vergnette-Lamotte et Robinet le conseillent ; l'abbé Rozier, Chaptal et Rouzier l'admettent dans certains cas et le condamnent dans d'autres.

Fauré, de Bordeaux, a trouvé que le vin fermenté avec la rafle contient de 3 à 4 % d'alcool de plus que celui de la vendange égrappée. Machard dit que c'est une pratique pernicieuse ; la grappe faisant donner tout l'alcool et n'augmentant en aucune façon la verdeur. La grappe corrige le manque de corps des vins. La généralité des vins français ont besoin, manquant de tannin, de la rafle ; sans elle, ils sont sujets à la pousse. Cependant il admet que les eaux-de-vie sont un peu moins bonnes, lorsque le vin a été fait avec la grappe, et que pour les raisins meurtris par la grêle ou gelés, l'égrappage partiel peut être recommandé.

Labadie a constaté que la grappe facilitait la fermentation.

Pour Guyot la rafle est utile dans tous les cas, sa suppression ne donnerait pas de qualité et donnerait des défauts. Elle est très utile pour les vins blancs chargés d'albumine, sujets à la graisse ; elle donne du corps au vin et n'est pas étrangère à sa fermeté et à son bon goût. Pour les raisins fins et délicats du Haut-Médoc, Clos-Vougeot, Bouzy, etc., l'égrappage les prive d'une certaine action tonique. Elle est indispensable pour les raisins plats et chargés de couleur. Quant aux raisins surchargés de tous les principes : Roussillon, Cher, Rhône, Midi, sa suppression augmenterait les défauts sans donner une meilleure qualité.

M. Loiseau dit que l'égrappage, qui présente plus d'inconvénients que d'avantages, prédispose à la graisse. La râfle conservée au contact du moût lui cède de l'albumine, du bitartrate, des acides, du tannin, des tartrates et des phosphates ; par un effet mécanique et par ses acides elle produit une fermentation plus complète, de sorte qu'il y a plus de sucre tranformé en alcool. Mais si la rafle contient des acides en excès, le vin obtenu est dur, acerbe, astringent, désagréable et lourd à l'estomac ; dans ce cas seul, l'égrappage est utile.

M. Robinet conseille l'égrappage aux Algériens, les vins ainsi obtenus ayant moins de goût de terroir. Il soutient que cette opération augmente l'alcool, la rafle absorbant de l'alcool. Cette assertion est contredite par les auteurs ci-dessus. L'abbé Rozier condamnait cette pratique dans l'Orléanais et la conseillait dans le Bordelais.

Chaptal dit que l'on égrappe suivant le cas. Dans l'Orléanais on a abandonné cette méthode, les vins obtenus étant gras. Dans le Bordelais on égrappe les raisins rouges pour faire de bons vins ; il faut égrapper beaucoup pour les vendanges peu mûres ou gelées et avec moins de soin lorsque les raisins sont très mûrs. Il ne faut pas égrapper les raisins blancs et les raisins pour vins à brûler.

Enfin pour M. Rougier, la grappe a un rôle mécanique qui facilite l'accès de l'air et un rôle chimique qui est favorable ou défavorable au vin. Dans le Bordelais, le Carbenet Sauvignon demande à être égrappé complètement, le Malbec et le Merlot, à moitié ; le Gros Carbenet, le Carmenère et le Verdot aux 3/4.

On doit égrapper les raisins trop verts, trop astringents et ceux qui ont un goût foxé. Il faut laisser la rafle quand la maturité est très avancée, lorsque les raisins manquent d'acidité et qu'ils renferment trop de matières mucilagineuses.

Dans tous les cas l'égrappage ne compromettra pas le vin si le vigneron introduit dans le moût ce qui peut lui manquer, soit du tartre, soit du tannin.

Pour égrapper on se sert de claies en osier, à mailles assez écartées, ou mieux, de tamis en fils de fer ; les mailles doivent être assez grandes pour que les grains puissent passer. On met sur le tamis une certaine quantité de grappes, et on frotte fortement avec les mains, les grains se détachent et tombent dans la cuve ; ce travail se fait très rapidement ; les rafles sont rejetées.

Il y a des appareils spéciaux pour ce genre de travail, on les nomme fouloirs-égrappoirs. M. Rougier recommande le fouloir-égrappoir Guillot.

Epépinage. — L'épépinage est l'opération qui consiste à séparer les pépins de raisins ; elle est d'une pratique toujours difficile et même impossible avec certains raisins.

Le docteur Guyot a été le plus acharné des promoteurs de cette idée, que la présence des pépins était nuisible aux vins ; il soutient que le pépin est l'œuf de la vigne, renfermant tous les éléments putrides, et que si on épépinait, on aurait toujours de meilleurs vins ; les pépins, dont l'huile est assez mauvaise et rancit facilement, seraient donnés aux volailles.

Mais la pratique a démontré que les pépins ne communiquent presque jamais de mauvais goût aux vins rouges ordinaires, à moins qu'ils ne soient écrasés. Cette pratique ne peut avoir d'intérêt que pour certains vins fins produits par des raisins dont les pépins ont peu de consistance.

Les pépins renferment du tannin à la partie interne-externe ; ce tannin se dissout rapidement dans le moût en fermentation et assure ainsi la conservation du vin. L'huile est au centre du pépin, ainsi que les huiles essentielles, elles ne peuvent donc passer dans le vin, et ce qui le prouve, c'est qu'après la vendange, on retire des pépins de 15 à 17 °/₀ d'huile.

On a objecté que les pépins donnaient une mauvaise odeur aux eaux-de-vie de marc, mais on n'avait pas réfléchi que ces pépins étaient alors soumis à une température d'au moins 100°.

Foulage et pressurage. — Ces deux opérations ont pour but de briser l'enveloppe du grain et par conséquent d'en séparer le jus. La première seule de ces opérations est pratiquée pour les vins rouges ; la seconde seule et quelquefois les deux sont employées pour les vins blancs.

Le foulage a pour but d'écraser les grains, en laissant le tout en contact, c'est-à-dire la pulpe, la rafle, la pellicule et les pépins (si on n'a pratiqué ni l'égrappage ni l'épépinage), tandis que le pressurage sépare complètement le jus de raisin des parties solides.

La nécessité du foulage a été contestée et affirmée par différents auteurs, mais aujourd'hui elle me paraît peu contestable.

En effet, à part certains raisins du Midi dont la peau très fine se déchire en partie sous la pression de la masse de raisin, dans la cuve, et sous l'influence de la chaleur développée, la plupart des raisins, mis en grappes intactes, n'ont donné au bout de 24 heures qu'une sorte de fermentation putride et visqueuse qui élevait beaucoup la température de la masse.

On a constaté que dans les raisins du Midi, dont je viens de parler, les grains entiers, échappés au foulage, ne contenaient plus ni sucre ni acides ; ce fait, dû à leur pellicule extrêmement fine, ne prouve pas que le foulage ne leur soit nécessaire, car ces quelques grains se seront trouvés en fermentation dans une masse considérable de liquide, permettant l'endosmose et l'exosmose. Dans les autres pays, les raisins entiers ont bien subi un commencement de fermentation, mais ils sont encore sucrés au bout de 10 à 12 jours.

Presque tous les auteurs sont d'avis d'un foulage préalable pour les vins rouges ; la fermentation s'établit de suite et se poursuit très régulièrement, tandis que si les grains sont entiers, la fermentation est lente et irrégulière. Cette opération fait obtenir des vins aussi colorés que possible. Il est pratiqué dans tous les vignobles. Il est également préconisé en Espagne où l'on conseille même de chauffer une partie du marc avec le moût ou avec de l'eau.

Pour Saint-Pierre, le foulage préalable paraît inutile dans le Midi pour les raisins à pellicules minces qu'on fait cuver en foudres ; le foulage partiel que l'on pratique en versant la vendange dans le foudre suffisant. Il dit que les pellicules de grains intacts sont décolorées tandis que celles qui ont été déchirées sont à peu près intactes. De plus, les fruits non écrasés subissant une sorte de blettissement, ce ne peut être que favorable aux vendanges. Mais dans tous les autres cas il admet que le foulage doit être pratiqué.

M. Tochon ne croit pas la question de la valeur du foulage résolue. Si personne ne conteste que le foulage abrège la fermentation, on lui reproche de diminuer l'intensité de la couleur du vin. D'après lui, il y aurait avantage à conserver le raisin entier dans les années où la maturité du raisin laisse à désirer ; son séjour à cet état ferait naître une fermentation dite saccharine qui améliorerait le moût.

Enfin, MM. Robin et Vermorel écrivent que, depuis quelque temps, dans le Midi, le raisin est jeté tel quel dans la cuve, et que cette manière de faire n'augmente pas notablement le temps de la curaison et accroît la couleur.

Tous les autres auteurs affirment la nécessité du foulage.

Sampayo, chimiste œnologue portugais, ayant constaté que les fruits mûrs acquéraient des qualités nouvelles, par une conservation plus ou moins longue, conseilla d'attendre deux, trois ou quatre jours avant de fouler le raisin de manière que la saccharification pût se perfectionner avant le commencement de la fermentation. Le foulage devient alors plus facile, la fermentation plus prompte, le vin plus alcoolique, plus coloré et de meilleure garde. Ce procédé ne paraît pas être très appliqué.

Le foulage se fait dans des petits vases avant que le raisin soit versé dans la cuve à fermentation ou dans la cuve elle-même.

Dans les petites cuves on écrase le raisin au moyen de pilons en bois; autrefois on pilait avec les pieds, mais cet usage répugnant a à peu près disparu.

Aujourd'hui, le foulage se fait au moyen de machines composées de cylindres cannelés écartés de 5 millimères, ce qui empêche les pépins d'être écrasés.

Ces cylindres sont montés sur des coussinets mobiles qui les font s'écarter lorsqu'il y a encombrement. Ce foulage se fait rapidement, plus régulièrement et a l'avantage de mieux aérer le moût. Les fouloirs que j'ai vu recommander sont ; le fouloir Gaillot et le fouloir de l'Avenir Viticole.

Dubief recommande le fouloir Gay de Montpellier ou le moulin Bournissac d'Arnove.

Le foulage à la cuve est forcément mieux réussi que le premier ; il s'applique dans le Midi où l'on ne tient pas à l'écrasement préalable. Autrefois, dans les premières 24 heures, les hommes, pieds et jambes nus, descendaient dans la cuve et foulaient le raisin aux pieds ; un deuxième foulage était donné du deuxième au quatrième jour, puis un dernier foulage lorsque la fermentation s'était arrêtée, dans le but de la ranimer. On a remplacé cette pratique malpropre et dangereuse par des bâtons fouleurs ou des fouloirs à leviers articulés.

Lorsque le foulage a été opéré, avant de verser le raisin dans la cuve, il n'y a pas lieu de supprimer le foulage à la cuve, il est nécessaire, d'abord pour écraser les grains qui ont échappé au premier foulage, ensuite pour mieux répartir l'action du ferment dans la cuve ; il contribue à augmenter la coloration des vins et à compléter l'action de la fermentation en aérant le moût et facilitant le dégagement de l'acide carbonique. Il s'opère assez sommairement dans les premières 24 heures pour écraser davantage le raisin ; vers le troisième ou le quatrième jour, l'opération se fait plus à fond.

En Bourgogne, on suit une autre méthode : la vendange est mise de suite sous le pressoir avant d'être versée dans la cuve ; c'est un moyen excellent mais qui demande beaucoup de main-d'œuvre.

Pour faire les vins blancs on met les raisins cueillis dans de grands paniers et on les conduit au pressoir en évitant de les écraser, car dans ces conditions on perdrait du moût et de plus les raisins froissés tournent rapidement. Le raisin est versé dans le pressoir, et lorsque celui-ci est plein, on opère un léger foulage afin de débarrasser le raisin du premier jus, il faut alors presser sans perdre de temps. On serre lentement et sans interruption ; quand le jus cesse de couler ; on arrête le pressurage ; on taille le marc en tranches, on le relève et on serre de nouveau ; on opère ainsi jusqu'à quatre fois ; c'est ce qu'on appelle le vin de cuvée. Le moût obtenu par le cinquième et le sixième pressurage prend le nom de *suites*. Au sortir du pressoir, il est bon de couler le jus au travers d'un panier serré qui retient les pellicules et les pépins.

On conseille en Espagne de laisser dans le moût pour vin blanc 12 °/₀ de rafle bien choisie ; pour les vins légers et suaves préférés par les marchés du nord de l'Europe, de supprimer complètement la rafle et, pour obtenir les vins dorés de raisins blancs, d'exprimer et de remettre la rafle séchée récemment ; on peut aussi faire cuire une partie du moût.

Pour les vins de Champagne ou de Saumur, on fait toutes ces opérations avec les plus grands soins : Le raisin est versé sur la maie du pressoir, bien égalisé par couche n'ayant pas plus de 50 à 60 centimètres d'épaisseur, pressé régulièrement pendant tout le temps que le jus coule abondamment. Lorsque le jus coule moins fort, on desserre vivement le pressoir et on enlève son couvercle ; on coupe le marc tout autour à 25 ou 30 centimètres, on relève cette partie sur la masse et on égalise bien le tout, puis on serre énergiquement ; quand il ne sort plus de jus on desserre encore, retaille et recommence jusqu'à ce que le marc soit épuisé. Le moût de ces serrages, qui sont ordinairement au nombre de trois, forme la *cuvée* qui sera champanisée plus tard. Ce jus est recueilli dans de grandes cuves, nommées *belons*, placées sous le pressoir. Toutes ces opérations ne doivent pas durer plus de deux heures sous peine de faire du vin taché, c'est-à-dire trop coloré, car il ne faut pas oublier que le vin de Champagne est fait avec des raisins rouges.

Le marc contient encore beaucoup de jus que l'on obtient en recommençant les opérations décrites plus haut on obtient au premier serrage le jus de *première taille* puis celui de *deuxième taille* mis chacun à part. On fait fermenter à part les trois vins ainsi obtenus et quand la fermentation est terminée on juge si on doit mélanger ces trois vins. Il est rare que l'on mélange le vin de deuxième taille qui a ordinairement un goût de grappe qui lui enlève sa finesse.

En Champagne, pour être certain de ne pas trop serrer, à chaque pressée on ne tire du marc qu'une quantité déterminée de jus : pour 1,600 kilogr. de raisins on retire huit hectolitres de vin de cuvée, un hectolitre de vin de première taille et un hectolitre de vin de deuxième taille.

On continue ensuite à presser le marc pour obtenir la *rebèche*, moût qui forme un vin commun, impropre à la fabrication des vins mousseux, mais qui sert à la consommation des vignerons. Quant au marc, il sert avantageusement à la fabrication des vins de sucres.

Les systèmes de pressoirs sont très nombreux. Les anciens ouvrages recommandaient les pressoirs Dezaunay, Loire-Inférieure (Barral) et Guillory (Guyot). Aujourd'hui, M. Robinet préconise le pressoir Mabille frères, d'Amboise, disposé pour chaque sorte de vins. M. Rougier indique : le pressoir à levier multiple de l'*Avenir Viticole,* et les pressoirs Vigoureux, Vermorel ou Masson.

Cuvage ou fermentation tumultueuse. — Cuves et fûts. — Décuvage. — On appelle cuvage, le temps pendant lequel s'opère la fermentation tumultueuse et aussi les différentes opérations que l'on fait subir au moût pendant ce temps. Le décuvage désigne simplement la vidange des cuves de fermentation, mais le moment où cette opération doit être faite a été l'objet d'études très attentives.

Cuvage ou fermentation tumultueuse. — Le cuvage s'opère de deux façons très différentes, selon que l'on veut obtenir des vins blancs ou des vins rouges. Pour les premiers, on met le moût, privé de toutes ses grosses parties solides dans des fûts ordinaires, la bonde en haut.

Les fûts employés sont ordinairement des barriques ordinaires à vins, mais on gagne beaucoup en qualité en faisant fermenter les vins dans de plus grands fûts. Certains auteurs préconisent les fûts de 20 hectolitres.

Le fût est rempli de moût jusqu'à la bonde, disent les uns, afin que l'écume s'extravase, et seulement en partie, afin de laisser un vide sous la bonde, disent les autres, parce que le moût extravasé est du vin perdu sans aucun avantage.

Dans le premier cas le tonneau est rempli jusqu'à la bonde, la fermentation commence, le liquide s'échauffe, le gaz se dégage et entraîne avec lui les matières en suspension qui sortent par la bonde sans forme d'une écume sale ; on doit toujours tenir les fûts pleins, sans cela les ferments se précipiteraient sur les lies et les vins auraient tendance à l'amer. Quand il n'y a plus d'écume à la surface du vin, la fermentation continue sous l'influence de la levûre intérieure, on fixe alors une feuille de vigne sur la bonde au moyen d'une pierre jusqu'à la fin de la fermentation, qui dure souvent plus d'un mois. Dans ces conditions la température dépasse rarement 25°.

En Champagne on ne laisse pas déborder le fût ; dès que le gros bouillage est terminé, on remplit le fût et on bouche la bonde par une feuille de vigne.

Pour faire des vins secs on remplit le fût jusqu'à la bonde une première fois ; la fermentation commence, l'écume s'échappe puis le bouillonnement s'apaise et il se produit un certain vide dans le fût ; il est inutile alors de remplir le tonneau tant que dure la fermentation tumultueuse.

Pour obtenir les vins blancs ayant un grand bouquet, on prolonge le pressurage et l'on ne remplit le tonneau de fermentation qu'aux 3/4. On le laisse dans cet état jusqu'au mois de Mai et Juin, au contact de la lie. Il se madérise et peut être mis alors en bouteilles. Il est inutile de dire que cette méthode ne peut s'appliquer qu'aux vins très alcooliques.

Dans quelques localités, avant de mettre le vin en fûts, on le fait passer par une cuve de débourbage où on le laisse de 12 à 24 heures pour précipiter les grosses impuretés. Cette méthode cause une augmentation de main-d'œuvre sans grande utilité.

Dans certains vignobles on traite les vins blancs dans les cuves, comme les vins rouges ; au contact de l'air, il prend alors une teinte roussâtre qu'il conserve ultérieurement.

Nous sommes donc en présence, pour les vins blancs, de trois méthodes différentes, sur un point, qui ont chacune leurs partisans : 1° remplir le fût jusqu'à la bonde et le maintenir plein pendant toute la fermentation tumultueuse ; 2° remplir le fût jusqu'à la bonde et laisser le vide qui se produit ensuite ; 3° enfin ne pas remplir complètement le fût. C'est au vigneron à juger laquelle de ces trois méthodes lui est plus avantageuse.

Dès le foulage on juge de la valeur du moût au moyen de l'aréomètre Baumé. On passe le moût au travers d'un linge et on y plonge l'instrument en observant les prescriptions indiquées au chapitre «Densité» — Aréométrie. On peut se servir aussi du densimètre ou mustimètre, ce qui vaut mieux.

La densité du moût est très variable suivant les années, l'époque de la vendange, etc ; elle varie de 1060 à 1125. La pratique a démontré que l'aréomètre Baumé indique à très peu de chose près le degré d'alcool que l'on obtient dans le vin fait. Si l'aréomètre ou gleuco-œnomètre n'accuse que 6 à 8° on n'aura qu'un petit vin ; de 8 à 15° on obtiendra un bon vin et de 15 à 24° des vins riches en alcool, couleur et tannin. Ces derniers vins peuvent donner de mauvais résultats si cet excès de densité est dû à des gommes, il faut un degré de fluidité normal, entre 8 et 15° (Chaptal).

Nous allons étudier maintenant le cuvage des vins rouges, opération beaucoup plus compliquée que pour les vins blancs, par suite de la présence de tous les composants du raisin.

Il est quelquefois indispensable de mélanger les raisins de divers cépages pour obtenir de bons vins ; l'expérience indique les mélanges à faire. Les vins de vignes américaines peuvent être mélangés avec profit. Le Jacquez, associé à des cépages produisant des raisins riches en acides, donne un vin très stable. Le Cynthiana sert à corriger les moûts trop faibles en matières extractives.

Lorsque la vendange et le foulage ont été pratiqués, on introduit le raisin dans la cuve et on le foule à nouveau. Si la température de l'air est assez élevée, la fermentation s'établit de suite et devient très active au bout de 24 à 36 heures, suivant la température du cellier.

La fermentation produit de l'acide carbonique qui se dégage en grosses bulles de gaz et soulevant le liquide provoque le bouillonnement ; c'est ce qui a fait appeler cette partie de la fermentation : la fermentation tumultueuse.

La cuve est remplie à 0m25 du bord, au plus, afin de ne pas faire déborder le liquide.

La température du liquide monte rapidement aussitôt que la fermentation se déclare, suivant la température du cellier, qui ne doit pas être au dessous de 12° ni au dessus de 22°. La masse passe de 12 à 18° jusqu'à 25° ou 35° et même au dessus suivant les conditions de température extérieure.

La fermentation ne se fait dans de bonnes conditions que si l'on se maintient entre 18°, minimum, et 36° maximum. La température la plus favorable est comprise entre 25° et 32°. Il faut donc tâcher de se mettre dans ces conditions, soit en chauffant dans les pays froids, soit en refroidissant dans les pays chauds. Pour certains vins fins on préfère les températures de 20 à 25°. Lorsque la température extérieure est inférieure à 25-32°, il faut réchauffer le moût de façon qu'il garde une température constante.

La température est d'autant plus élevée que la masse est plus grande, il faut tenir compte de ce fait dans l'installation des cuveries.

Les systèmes de chauffage sont nombreux et ont tous des partisans et des détracteurs.

Il y a deux principes différents, le premier consiste à chauffer tout le local et le second à ne chauffer que le moût. Le premier système est assez attaqué, car dans ce local chargé de débris de toutes sortes si on élève la température on peut provoquer l'éclosion de germes nuisibles.

Il y a bien longtemps que M. Maumené a conseillé d'envelopper les cuves de paillassons afin d'éviter la déperdition de chaleur ; c'est le moyen le plus économique ; il faut l'employer dans tous les cas de chauffage du moût.

Pour chauffer le moût le système le plus simple consiste dans l'emploi d'un cylindre à chauffer les bains, il est très économique ; mais il est impraticable si l'on fait fermenter dans les foudres.

Dans les grandes exploitations on fait circuler à travers des tuyaux introduits dans la cuve de l'eau chaude qui maintient la température normale, sans affecter les parties liquides en contact avec ces tuyaux comme le ferait la vapeur.

On réchauffe aussi le moût de la cuve en y incorporant du moût chauffé à part, dans une chaudière. On doit chauffer de 3 à 5 °/₀ du liquide contenu dans la cuve (Maupin) ; ce moût est versé au milieu de la cuve quand on verse la vendange, pour un tiers ; les deux autres tiers ne seront versés que lorsque le chapeau aura monté.

Dans les pays chauds et surtout en Algérie la température s'élève beaucoup trop, il se produit une fermentation violente qui donne naissance à des corps nouveaux dont l'effet sur le vin est désastreux. Cette fermentation s'arrête brusquement laissant du sucre non décomposé. Les ferments produits trop rapidement sont extrêmement délicats, aussi au contact de l'alcool naissant sont-ils facilement atrophiés et tués.

Pour y remédier il faut refroidir la masse en établissant les cuves dans des caves aussi fraîches que possible. On peut aussi faire traverser la cuve par des tuyaux dans lesquels circule de l'eau froide (Rougier). Mais ces moyens sont peu pratiques en Algérie où il est difficile de trouver des caves fraîches et de l'eau froide ; mais on pourrait avec une petite pompe Westinghouse comprimer de l'air dans un cylindre et ensuite l'envoyer dans des tuyaux placés dans la cuve; ce procédé est employé avec succès dans les savonneries.

L'usage des antiseptiques pour arrêter la fermentation a causé de graves déceptions.

Dans tous les cas, les celliers doivent être bien clos et à l'abri des courants d'air, afin de conserver une température constante : elle ne doit pas être inférieure à 14° ni supérieure à 30°.

La dimension des cuves, avons-nous vu, joue un rôle au point de vue de la température ; elle en joue également un au point de vue de la vinification, qui se fait mieux en masse qu'en petite quantité, mais naturellement il y a une limite : les cuves ordinairement employées ont un volume de 40 à 50 hectolitres.

La meilleure capacité pour les pays tempérés est de 70 à 90 hect. Dans les pays du Nord, cette capacité peut aller jusqu'à 100 et même 200 hectolitres. Pour les pays chauds, il n'est pas prudent de dépasser 30 hectolitres.

La question de savoir si les cuves doivent être ouvertes ou fermées a préoccupé de tout temps les vignerons.

Les partisans des cuves fermées, Dandolo, Goyon, Chaptal, etc., pensaient qu'il se perdait beaucoup d'alcool entraîné par l'acide carbonique ; on a même fait des cuves fermées avec un tuyau et un serpentin pour recueillir cet alcool. Gay-Lussac (*Annales de Physique et de Chimie,* t. 18, p. 380), a démontré qu'on ne perd en eau-de-vie qu'un quatre centième.

Vergnette-Lamotte, à Pommard, faisait cuver le moût dans de grands foudres de 40 à 50 hectolitres. A la place de la bonde se trouvait une large porte permettant le passage d'un homme. La vendange foulée était introduite et le trou fermé par une toile grossière. Il admettait que ce mode de fermentation était un peu moins rapide, mais plus régulier. Dubief a fait des essais de fermentation en vases clos qu'il déclare très réussis.

Dans le Médoc et l'Hermitage, le cuvage se fait en vases clos, avec des raisins triturés et égrappés ; pour ces vins le décuvage est tardif.

Dans presque tous les cas, sauf pour les vins de macération, la cuve ouverte est plus favorable, elle permet l'aération du moût qui produit un effet avantageux indéniable.

L'action de l'oxygène de l'air se porte sur tous les principes du moût ; il modifie la couleur, celle du moût blanc devient jaunâtre et celle du raisin rouge se fonce davantage ; l'oxydation se porte aussi sur les acides et les alcools qui sont changés en éthers ou bouquet du vin.

On recommande cependant de recouvrir ces cuves de planches non jointes, de paillassons ou de toiles claires (Guyot, Tochon, etc.), afin que l'accès de l'air ne soit pas trop vif.

Ces cuves sont presque toujours en bois de chêne ou de châtaignier ayant la forme de tronc de cône, la plus grande base à la partie inférieure.

Les cuves en maçonnerie ont rencontré des adversaires acharnés prétendant que la fermentation ne peut pas s'y faire ; ce qui ne peut s'expliquer à aucun point de vue. Ce mode de construction permet de faire d'énormes cuves à bien moins de frais.

Les cuves en maçonnerie ont quelques défauts ; elles peuvent céder une partie de leurs éléments aux vins ; on peut y remédier en silicatisant les parois de ces cuves, mais alors la crème de tartre n'y est plus adhérente.

Dans les pays chauds, elles ont l'inconvénient de ne pas se refroidir facilement, car les maçonneries gardent mieux la chaleur que le bois ; ce éfpaut devient une qualité dans les pays froids.

En dehors de ces défauts, facilement remédiables, on ne voit guère que des avantages à ce système de cuves. On peut les faire de toutes sortes de formes : carrées, cylindriques et tronc-coniques. On les enduit intérieurement de bon ciment de Vassy ou de Portland.

Elles coûtent près de moitié moins cher que les cuves en bois ; sont d'un plus facile nettoyage, ne donnent aucun goût au vin, et si elles sont carrées, tiennent beaucoup moins de place. Mais pour les vins fins, on n'a pas osé les employer, de crainte que l'on n'obtienne pas un résultat aussi favorable. Les cuves en bois ne sont pas aussi étanches que les cuves en maçonnerie, et l'air qui passe au travers du bois n'est peut-être pas sans influence sur la qualité du vin.

Avant de se servir des cuves en maçonneries neuves, il faut les affranchir. Pour cela, on les lave avec une éponge trempée dans de l'eau renfermant de l'acide sulfurique ou de l'acide tartrique ; on rince et remplit d'eau qu'on laisse séjourner quelque temps, on vide et rince. Il est bon de compléter ce lavage en laissant séjourner de l'eau ayant servi à faire bouillir des feuilles de vigne et enfin de rincer avec du vin commun. Entre les récoltes, il est bon de les laver de temps en temps pour éviter la formation de moisissures. Dans le Midi, on a fait aussi des cuves en briques faïencées.

La forme extérieure étant déterminée, il s'agit de connaître comment doit être installé l'intérieur. Il y a deux sortes de manières d'opérer, soit dans des cuves parfaitement libres intérieurement, soit dans des cuves munies de cloisons horizontales. Le premier genre de cuves est le plus généralement employé.

Dans les cuves libres, le raisin est jeté tel quel ; lorsque la fermentation a commencé, les bulles de gaz carbonique soulèvent les matières solides : pellicules et rafles, et les font monter à la partie supérieure où elles s'amassent et forment une croûte que l'on appelle *chapeau*. Cette séparation a lieu souvent dans les 24 heures, mais ordinairement au bout de 48 heures ; le marc possède une température de 30 à 35°, tandis que le liquide n'a que de 20 à 25° ; c'est encore une des causes qui le fait monter.

Le chapeau qui se forme ainsi peut présenter de graves inconvénients. Les rafles humides, imprégnées d'alcool, constituent une masse poreuse qui met l'alcool en contact direct avec l'air, ce qui produit rapidement la formation d'acide acétique. Celui-ci se dissout dans le vin et lui donne un goût fâcheux et une mauvaise tenue. Si la fermentation doit être rapide et de courte durée, il n'y a pas trop d'inconvénient à le laisser se former ; dans tous les cas, il ne faut pas qu'il touche les planches ou toiles que l'on a placées pour clore la cuve. Mais il vaut mieux l'enfoncer dans le liquide ; cette pratique est conseillée par tous les œnologues : Béchamp, Lacoste, etc.

Le chapeau doit être enfoncé toutes les 10 heures ou tout au moins tous les jours ; mais si, par suite d'un oubli, le cha eau s'était couvert de moisissures, il ne faudrait plus l'enfoncer sous peine d'obtenir un liquide sans valeur.

Certains auteurs soutiennent que cette pratique est très favorable à la fermentation par l'introduction d'air que l'on opère à chaque foulage du chapeau. On constate, en effet, que la température de la cuve est plus élevée à la partie supérieure de la cuve qu'au milieu et surtout qu'à la partie inférieure. La présence de l'air favorise la défécation du liquide en précipitant les matières azotées, utiles pendant le cuvage, mais nuisibles ensuite.

Les cuves ouvertes et libres permettent le foulage à la cuve qui a d'autant plus d'importance que le raisin est plus desséché. Il faut plusieurs foulages quand la maturité est incomplète, il faut les supprimer si le raisin a été pourri, grêlé ou brûlé.

La suppression du chapeau s'opère de plusieurs manières : La plus simple est celle indiquée d'abord par le comte Odart. Lorsque la cuve a été remplie, on pose sur le raisin une claie en bois percée de trous ; cette claie maintient la partie solide au-dessous du liquide passant par-dessus, par suite de l'élévation de température. Les avantages que l'on a trouvés à cette méthode, c'est que la rafle et les pellicules étant mieux en contact avec le jus, leurs composants se dissolvent mieux et qu'il n'y a pas à craindre l'acétification.

Au lieu d'une claie en bois, on met aussi une claie en osier, enfoncée de 5 centimètres dans le liquide et qui est calée au moyen de fortes traverses.

Dès 1858, M. Maumené a proposé de maintenir le marc dans l'intérieur du jus en établissant des cloisons mobiles formées de filets de corde. M. Perret a modifié cette installation primitive en préparant des cuves munies intérieurement de cloisons de bois perforées et se fixant à diverses hauteurs dans la cuve. Lorsque la vendange est arrivée à la hauteur d'une cloison, on place celle-ci et on la fixe, on verse la vendange jusqu'à la seconde cloison, et ainsi de suite. Ce système est très recommandé.

La fermentation se fait très rapidement, au bout de 72 heures le jus ne marque que zéro au glucomètre, et au bout de 72 autres heures, la fermentation est terminée, soit six jours en tout.

Par cette immersion du marc, la macération est aussi bonne que dans les fermentations à cuves ouvertes d'une plus longue durée.

Les vins délicats demandent de 4 à 8 jours. On peut, au lieu de cloisons de bois, mettre des claies d'osier de distance en distance et fixer la claie supérieure fortement. Les expériences comparatives sont en faveur de ce système.

Quel que soit le système de la cuve employée, une petite précaution est indispensable ; c'est de mettre dans la cuve, au-devant du robinet, une petite grille qui empêche les matières de venir boucher la conduite et souiller le vin.

La plus grande propreté doit présider à ces opérations, propreté des hommes et des outils, car les mauvaises odeurs sont facilement absorbées par le vin. Les cuves doivent être bien visitées avant d'y verser la vendange ;

celles qui ne servent qu'une fois par an se couvrent de moisissures. Il faut opérer un lavage rigoureux avec des brosses en chiendent et même de l'eau acidulée, si on perçoit la moindre odeur ; brûler des mèches soufrées ou laver avec un lait de chaux et laisser 24 heures si l'odeur est caractérisée. Enfin, rincer en frottant avec des feuilles de pêcher mâle.

Pour terminer cette étude des conditions extérieures du cuvage, je dirai un mot des cuveries, nom donné aux celliers où se fait le cuvage. En général, les cuveries ayant des murs à doubles parois sont préférables afin de pouvoir mieux maintenir la chaleur, dans tous les cas. Dans les pays chauds, on les refroidira en faisant arriver de l'air froid par des canaux souterrains, et dans les pays froids, on les réchauffera au moyen de poêles. Au-dessus des cuves, on placera un plancher percé de trappes ; le raisin monté sur ce plancher, sera versé directement dans les cuves, ce qui est beaucoup plus pratique. Dans les pays vignobles, produisant des vins communs bon marché, on recherche surtout l'économie dans l'installation des cuveries.

Une grande propreté est indispensable dans ces locaux, il ne faut pas laisser séjourner sur le sol des résidus ou des liquides sucrés ou alcooliques, des germes malfaisants se formeraient bientôt et s'introduiraient dans les cuves.

J'ai laissé le moût dans la cuve en pleine fermentation, ce qui se passe généralement, mais dans certains cas la fermentation se produit lentement ou s'arrête. Ce fait est dû soit à une température trop froide, soit à la faible quantité de ferments dans le moût. Dans le premier cas, on y remédie en ajoutant à la cuve du moût chauffé ou en réchauffant la cuve. Dans le second cas, on ajoute du ferment. Ladrey recommande la lie fraîche ou desséchée ou un peu de levûre de bière. Je ne suis pas partisan de cette dernière levûre, qui ne donne pas les mêmes produits que le ferment du raisin. Il vaut mieux prendre la lie d'un vin nouveau non soutiré et ayant été placé dans un tonneau très propre.

Il ne faut pas non plus un excès de ferment, car son action continuerait ultérieurement dans le vin et amènerait sa dégradation ; de plus, produisant une fermentation trop vive, la température s'élèverait trop et l'on aurait les inconvénients indiqués plus haut. Il faut donc, dans le cas d'un excès de ferment, refroidir la cuve ou ajouter du sucre.

Décuvage. — Cette opération, ainsi que son nom l'indique, consiste à enlever le moût de la cuve ; on arrête ainsi la fermentation tumultueuse. Le moment où l'on décuve est subordonné au temps que doit durer la fermentation tumultueuse. On a beaucoup écrit sur le décuvage et sur la durée de la première fermentation, et les auteurs sont loin d'être d'accord. Chaque localité suit un usage différent, basé sur une pratique plus ou moins justifiée, dans bien des cas.

La plupart des auteurs sont d'accord pour préconiser le cuvage rapide, non le cuvage de 24 à 36 heures, mais la fermentation qui dure 5, 6 et 8 jours ; cependant, elle peut aller jusqu'à 10 et 12 jours dans les pays froids. Voici quels sont les avantages des cuvages rapides : les cuvages courts conservent la force des vins, leur bouquet et la qualité des marcs ; ils donnent des vins plus légers, moins durs et moins colorés. Au bout d'un certain temps de cuvage, le vin ne peut emprunter aux rafles qu'un excès de tannin, des sels, des matières azotées et colorantes, ce qui constitue un défaut pour la plupart des vins ; on sera obligé de leur enlever cet excès par des collages successifs qui fatigueront le vin. Décuvé bouillant, il s'éclaircit de lui-même dès les premiers froids de l'hiver. Moins le vin contient de sucre, plus le cuvage doit être court. Par le cuvage rapide, on est arrivé à donner du bouquet à des vins qui avaient été jugés ne jamais pouvoir en acquérir : tels sont les vins de l'Allier, l'Ain, la Haute-Saône, le Doubs et le Jura.

Par un trop long cuvage, on obtient des vins durs ; la couleur se perd et le vin est disposé à se piquer, s'aigrir ou contracter la pousse.

Si on fait macérer un mois ou plus le marc avec le vin fait, on n'arrive qu'à faire une teinture, parce que la couleur se dissout mieux par un cuvage long ; la couleur est encore plus forte si on foule davantage, si le raisin est plus mûr et plus sucré et partant le vin plus alcoolique.

Le décuvage doit être d'autant plus long que le sucre est abondant et le moût épais, que la température est plus froide et que l'on veut obtenir un vin coloré et propre à la distillation.

En Alsace, le cuvage est très long, aussi les vins prennent-ils une dureté et un goût âpre désagréables ; ce procédé est des plus défectueux et il est pour beaucoup dans la mauvaise qualité de ces vins.

Dans la Champagne, la fermentation ne dure guère plus de trois jours, si la température se maintient à 20° ; si on laissait le vin au contact du marc, il prendrait un goût de grappe désagréable et tournerait facilement à l'aigre.

Les Bourguignons emploient pour cuver des cuves de 12 à 15 hectolitres, qu'ils jugent les meilleures. Pour les vins de Pommard, Volney, Nuits, etc., le cuvage dure de 20 à 30 heures en moyenne, selon les années. Les vins de Vosne sont cuvés plusieurs jours ; ils se conservent plus longtemps que les premiers, mais ils sont plus durs et ils se vendent plus cher. Pour les vins ordinaires, le cuvage est de 4 à 8 jours.

Dans le Jura, le cuvage dure quelquefois jusqu'à trois mois, et si, au moment du pressurage, on constate que le chapeau a pris un mauvais goût, il est mis de côté ; ce procédé est mauvais sous tous les rapports et doit être abandonné.

Les cuves ouvertes sont seules employées dans le Beaujolais ; on y met le raisin tel quel et on laisse la fermentation s'établir sans agiter le marc ; quand elle tend à diminuer, on foule énergiquement et tient le chapeau plongé dans le liquide ; dès que cette seconde fermentation s'arrête, on soutire immédiatement. Un autre procédé est employé pour obtenir les vins colorés. Dans une cuve ouverte, on foule le marc journellement pendant 20 à

30 jours. Ces vins sont si alcooliques qu'ils souffrent peu de ce procédé primitif.

Dans le Midi, le cuvage est des plus variables ; en général il dure de six à douze jours, quelquefois un mois, ce qui est mauvais.

Dans le Bordelais, le cuvage dure de dix à quinze jours ; ici, le cuvage long est nécessaire, parce que le cuvage court donne des vins tendres et de garde difficile.

Le moment précis où l'on doit décuver dépend de la durée que l'on donne à la fermentation.

En général, on s'aperçoit que la fermentation est terminée lorsque le dégagement de l'acide carbonique diminue considérablement, le chapeau reste immobile et s'affaisse. La température reste alors à 5 ou 6° au-dessus de la température ambiante ; la saveur du sucre commence à disparaître pour faire place à la saveur vineuse. Si on prend du moût dans un verre, il ne se produit plus de dégagement abondant de gaz. La densité du liquide essayé au glucomètre tombe à 0° et même au-dessous et ne varie pas au bout de vingt-quatre heures ; c'est l'instant choisi pour décuver, dans beaucoup de contrées. On obtient ainsi les vins blancs secs. Il ne faut pas décider d'une manière absolue que le cuvage ne doit pas dépasser le moment où le glucomètre marque 0° ; dans quelques pays, le vin ne serait pas suffisamment fait et n'aurait pas enlevé à la grappe et aux pellicules tout ce qu'il doit prendre.

Lorsque l'aréomètre marque 0°, cela ne veut pas dire qu'il n'y a plus de sucre dans le moût et le marc ; ce dernier contient du sucre même après six mois de cuvaison (Guyot). En effet, le sucre augmente la densité de l'eau et l'alcool la diminue, et il y a en plus les matières extractives qui agissent comme le sucre. Le zéro n'est donc que le point précis où le sucre et les matières extractives font équilibre à l'alcool. Néanmoins, c'est ce moment précis qui paraît le plus favorable dans beaucoup de cas.

Au lieu d'un aréomètre assez fragile, Vergnette-Lamotte a inventé une petite boule, très répandue en Bourgogne, en cuivre étamé, en fer-blanc ou en verre, lestée de manière à flotter dans l'eau distillée. Lorsque cette boule flotte à l'intérieur du moût, on décuve.

M. Bertholon arrête la fermentation lorsque le chapeau descend ; pour le constater, il place une règle en bois mince, supportée par un liège, dans un tube ouvert aux deux extrémités, et plongée en partie dans le liquide ; par les mouvements de cette règle, on juge du niveau du liquide.

Le signe le plus certain de la marche de la fermentation, c'est la production de l'alcool que l'on dose tous les jours ; lorsqu'il n'augmente plus d'une façon sensible, la fermentation est terminée. On peut aussi doser le sucre, ce qui donne un résultat semblable, mais il faut tenir compte qu'il en reste toujours un peu, la fermentation tumultueuse terminée.

Pour obtenir les vins blancs doux : avant que la fermentation ait détruit tout le sucre, on soutire le vin clair à demi formé, on l'agite à l'air en le transvasant à plusieurs reprises (Médoc, Midi) dans des tonneaux remplis de vapeurs d'acide sulfureux, ou en le faisant couler en cascades dans une enceinte où l'on fait brûler du soufre. Pour beaucoup de vins muscats, on arrête la fermentation par l'addition d'alcool. Pour les vins très riches en sucre, comme les vins de liqueur, lorsque la production de l'alcool est suffisante, la fermentation s'arrête d'elle-même ; on a ainsi des vins alcooliques et sucrés.

On sait que les vins rouges sont plus hygiéniques que les vins blancs qui agissent plus sur le système nerveux ; mais si on fait fermenter les raisins blancs avec la grappe, Guyot soutient qu'ils sont aussi sains que les vins rouges.

La vendange versée dans la cuve donne ordinairement des 4/5 aux 3/4 de vin et 1/5 ou 1/4 de marc.

Par la fermentation, le moût a subi une modification profonde : la saveur sucrée a disparu et a été remplacée par la saveur vineuse ; le sucre s'est changé en alcool, acide carbonique, glycérine et acide succinique ; les matières colorantes se sont dissoutes ; l'alcool a précipité une grande partie de la crème de tartre et des matières albuminoïdes et enfin il s'est déjà formé des éthers constituant le bouquet.

Pressurage. — Dès que le moment du décuvage est arrivé, on ouvre le robinet de la cuve et on laisse couler le liquide, avec lequel on remplit des fûts de plus petite capacité. Le marc est ensuite porté dans le pressoir, le liquide qui s'écoule de la cuve et du pressoir, naturellement, sans pression, est dit : vin de goutte, c'est le *propotum* ou *mustum sponte defluens* des anciens (Husson).

Le passage du marc, de la cuve au pressoir, doit se faire très rapidement pour éviter l'action de l'air sur le marc alcoolique ; il se formerait de l'acide acétique.

Le marc est placé sur le sol du pressoir en couches bien égales et horizontales afin d'avoir une pression régulière. On presse d'abord lentement puis plus fortement et sans interruption jusqu'à ce qu'il ne s'écoule presque plus rien ; on obtient ainsi le vin de première pressée. On desserre alors le pressoir, on coupe le marc tout autour de la cuve du pressoir à 20 ou 25 cent. du bord, on le désagrège et le jette sur le marc du milieu et on presse fortement; ce second vin obtenu est moins bon que le premier, c'est le vin de suite que l'on ne mélange pas toujours au premier. Autrefois on faisait une troisième pressée, mais aujourd'hui où les vins de marcs se font d'une manière générale on se contente de deux pressées.

En Bourgogne et dans le Bordelais, où la vinification est très minutieusement étudiée, on a soin de répartir dans tous les fûts, destinés à une cuvée, les différentes parties de la cuve, parce que si on mettait dans un même fût le dernier jus qui s'écoule de la cuve on aurait un vin plus dur, plus âpre, plus taché et moins bon que celui du début de la vidange de la cuve. Quelquefois on répartit le vin de première pressée sur le vin de goutte, surtout dans les bonnes années. Le vin de deuxième pressée est mis à part. Ce mode de fractionnement qui n'influe que sur le goût n'est praticable que pour les grands vins.

Dans les pays où le vin est naturellement très dur, comme dans le Poitou, par exemple, on ne pressure jamais le marc ; lorsque le liquide s'est écoulé de la cuve, on se contente de fouler le marc dans la cuve avec des pilons; le marc sert à faire des piquettes.

Nous avons vu quels sont les pressoirs recommandés au paragraphe précédent «Foulage et Pressurage».

Fermentation Lente. — Le moût est maintenant débarrassé de toutes ses grosses impuretés, il ne contient plus qu'une petite quantité de sucre. C'est dans cet état que la fermentation continue lentement, ranimée qu'elle est par l'introduction de l'air produite par la mise en fûts et par le pressurage. C'est pendant cette fermentation que le vin s'achève, le sucre disparaît, le tartre et les autres sels se précipitent en même temps que les matières albuminoïdes et l'excès des matières colorantes. Les acides se combinant à l'alcool disparaissent pour former les éthers ou bouquet des vins.

Le résultat définitif de cette fermentation dépend beaucoup de la manière dont elle est conduite et des soins apportés à éloigner toutes les influences extérieures qui pourraient la compromettre.

Le vin étant mis dans des fûts, que l'on place dans des celliers ou dans des caves, pour que la fermentation lente se fasse, nous étudierons donc d'abord les vases vinaires, puis les celliers ou caves, enfin la conduite de la fermentation.

Vases Vinaires. — La capacité des vases a une influence marquée sur la fermentation lente, plus les tonneaux sont grands plus la fermentation se termine rapidement. Dans certains pays on met les vins dans de grands foudres, ce ne peut être que pour des vins très riches en sucre et en alcool, il faut que ces foudres soient placés dans une cave voûtée et fraîche. On emploie aussi de grandes caves en maçonnerie.

Les grands crus du Bordelais et de la Bourgogne sont logés en fûts de 228 litres, mais pour les premiers crus on emploie des feuillettes de 115 litres. Le vin s'y fait lentement et bien, et par ce petit volume, on diminue les chances de pertes, en cas de fûts d'un goût défectueux,

Dans presque tous les pays on emploie pour la fermentation lente les fûts qui servent à l'expédition.

Les fûts en bois sont seuls employés, à de rares exceptions près. La nature du bois est loin d'être sans influence sur les vins ; on les divise en quatre grandes classes, 1° Les *bois de pays*: qui ont une certaine proportion de tannin, mais moins que les autres bois, conviennent parfaitement aux vins rouges. Les bois les plus employés sont ceux du chêne et du châtaignier, rarement les bois de sapin qui communiquent aux vins un goût et une odeur de résine ; 2° les *bois du Nord,* dit merrains de Dantzig, Lübeck, Riga, Stettin et Memel, qui conviennent aux vins blancs et aux eaux-de-vie, ces bois renferment de la quercine et des arômes particuliers qui, quoique très agréables, ne plairaient pas dans les vins rouges ; 3° les *bois de Bosnie,* nom donné à tous les bois qui nous viennent par l'Adriatique ; ces bois très riches en tannin, conviennent à tous les vins communs, en général ; ils sont bons surtout pour les vins rouges chargés de matières albuminoïdes, aux gros vins de la Dordogne, d'Entre-deux-Mers et de Palus ; 4° enfin les *bois d'Amérique,* dits merrains de Philadelphie, New-Yorck, Baltimore, New-Orléans et Boston, conviennent à tous les vins, blancs ou rouges.

Le bois convient le mieux pour la fermentation lente, par sa porosité il permet l'introduction de l'air et une certaine évaporation du liquide.

Les anciens employaient des amphores en terre cuite vernissée et recouvraient le vin d'une couche d'huile ; cette méthode est encore, dit-on, pratiquée dans quelques localités d'Italie.

Les Egyptiens, les Grecs et les Romains utilisaient les outres de peaux de bouc et couvraient également le vin d'huile ; ces outres sont encore employées dans les pays montagneux de l'Espagne, l'Italie, la Corse et même la Tarentaise, en Savoie. Ces outres communiquent aux vins un goût très désagréable.

On a essayé les fûts en fer étamé, mais les acides du vin ont eu bientôt détruit l'étamage.

Les cuves en maçonnerie employées quelquefois dans le Midi lors des années de grandes récoltes, sont complètement délaissées.

La première des précautions à prendre avant de se servir des fûts, c'est d'examiner s'ils sont d'une propreté absolue. Dans tous les cas il faut leur faire subir un traitement préalable.

En Bourgogne, on emploie les fûts neufs pour les vins nouveaux et des fûts ayant déjà servi pour les vins vieux.

Pour enlever aux fûts neufs le goût de bois, plusieurs moyens sont proposés :

1° De passer un peu d'eau bouillante et de resserrer les douves ;

2° Pour un tonneau de 220 litres, verser trois ou quatre litres d'eau bouillante contenant 1 kilogr. de sel de cuisine ; agiter en tous sens et laisser reposer quelque temps, sur chaque face, puis laver avec une décoction de feuilles de pêcher bouillante ;

3° Passer les tonneaux à l'eau froide d'abord, puis à l'eau chaude, ensuite y verser de l'eau contenant le 15e de son poids d'acide sulfurique et rouler avec soin ; la liqueur acide d'une barrique est repassée dans une seconde, etc., rincer à l'eau bouillante d'abord et froide ensuite ;

4° Dans les grands chaix on envoie un courant de vapeur dans l'intérieur du fût jusqu'à ce que l'eau condensée n'ait plus d'odeur ;

5° On peut faire macérer des petits copeaux de chêne, imprégnés d'alcool bon goût, dans l'eau chaude et jeter cette décoction dans le tonneau que l'on roulera avec soin ;

6° On a conseillé de brûler dans l'intérieur du fût de l'alcool au moyen d'une mèche d'amiante et de verser ensuite une décoction de feuilles de pêcher qui doit y séjourner quelques jours.

7° Pour les fûts neufs en bois résineux, on versera dix litres de lessive de soude ou de potasse bouillante et on roulera dans tous les sens puis on lavera avec soin à l'eau bouillante puis à l'eau froide.

Lorsque les fûts ont servi à une opération et ne doivent être utilisés que plus tard, il faut dès qu'ils sont vides les rincer deux ou trois fois avec de l'eau et une chaîne qui détache le tartre, on ôte un des fonds et on enlève les taches du bois avec l'erminette, on replace le fond et on passe dans le fût, autant de grammes de chaux vive qu'il contient de litres et on ajoute de l'eau ; il ne faut pas mettre la bonde. Vingt-quatre heures après, on rince à l'eau bouillante et, vingt-quatre heures après, on rince à l'eau fraîche.

Dans ce cas, on peut se contenter de laver avec soin à l'eau chaude, puis à l'eau froide et mettre à l'égout jusqu'à ce que le fût soit absolument sec ; alors, on le mèche fortement, on le tamponne et le met dans un lieu sec. Il est très important d'éloigner les tonneaux ayant contenu du vin des endroits humides, car dans ces conditions le tartre qu'imprègne le bois se décompose et est envahi par les moisissures.

Si le fût doit être conservé vide jusqu'à la vendange prochaine, soit de huit à dix mois, on opère ainsi : On débarrasse le fût de la lie et du tartre, on brosse l'intérieur et rince à grande eau, on laisse sécher et on fait brûler une mèche soufrée de 2 à 3 centimètres par hectolitre, et on renouvelle le méchage plusieurs fois.

Lorsque l'on veut se servir de ces fûts, on les débonde, les lave à l'intérieur à grande eau, les laisse sécher et mèche légèrement ; on peut aussi les brosser avec une brosse en chiendent, les rincer à l'eau chaude en agitant avec une chaîne et les rincer à nouveau avec du vin inférieur, mais de bon goût.

Lorsque l'on veut employer pour les vins blancs des fûts ayant servi aux vins rouges, il faut les rincer avec de l'eau chaude, les égoutter, puis ajouter 1 kilogr. de chaux vive en petits fragments, les promener dans le tonneau, ajouter un peu d'eau et bien rouler ; au bout d'une heure ou deux, il faut rincer à plusieurs fois avec de l'eau tiède ; la matière colorante ne résiste pas.

L'emploi des cristaux de soude a donné de bons résultats, mais non l'emploi des acides sulfurique et chlorhydrique.

Lorsque les tonneaux ont été envahi par les moisissures, il faut les traiter sérieusement par l'un des procédés suivant :

1° Enlever un fond et flamber à l'esprit de vin, replacer le fond et rincer à l'eau bouillante ;

2° Verser deux ou trois litres de vin légèrement chauffé, boucher, agiter et laisser en repos pendant vingt-quatre heures. Si la dégustation donne un léger goût de moisi, il faudra rincer avec cinq litres, par hectolitre, d'un mélange d'eau et d'acide sulfurique fait d'avance (1 p. d'acide, 9 p. d'eau), on roulera plusieur fois et lavera à grande eau.

Ici, je ferai observer que l'emploi de l'acide sulfurique peut avoir un inconvénient ; cet acide, dans le commerce, est souvent fort impur et renferme de l'arsenic qui peut se fixer sur le fût et, plus tard, se retrouver dans les vins. Il faut donc demander de l'acide exempt d'arsenic ;

3° On dissout 100 grammes de bisulfite de chaux dans dix litres d'eau chaude et on emploie cette quantité pour un fût ; on rince avec de l'eau salée ;

4° La vapeur détruit parfaitement toutes les moisissures ; on opère comme il a été dit plus haut, puis on lave à plusieurs reprises avec de l'eau chaude ou mieux avec de l'eau acidulée par l'acide sulfurique ;

5° On verse dans le fût 15 litres d'eau bouillante et par dessus 2 kilogr. d'acide sulfurique, on mélange bien, ferme le fût et agite en tous sens pendant une heure ; on vide et rince à l'eau, puis on met dans le tonneau 30 litres d'eau et 2 kilogr. de noir animal, on agite bien en roulant le tonneau, on rince deux fois à l'eau et on mèche.

Le *bleu* dans un fût est dû à une espèce de moisissure causée par un champignon de la famille des Pinicillum qui vit aux dépens du tartre ; il a un aspect semblable aux moisissures du pain moisi, dont il a du reste l'odeur qu'il communique au vin.

On guérit ce mal avec les moyens indiqués ci-dessus pour les moisissures.

Lorsqu'un fût renferme de la lie sèche, on rince le tonneau avec 5 litres d'eau bouillante contenant 60 grammes de bisulfite de chaux, on rince et laisse égoutter pendant vingt-quatre heures. On rince à nouveau avec 5 litres d'eau et 250 grammes de sel marin, puis on laisse sécher.

Si le tonneau, mal bouché, a contracté le goût de lie ou de sec, il est assez difficile de le lui enlever. Il faudra délayer dans l'eau chaude 1 ou 2 kilogr. de tan, rouler dans tous les sens et laisser séjourner pendant quatre ou cinq jours ; le tonneau est vidé et lavé avec dix litres d'eau contenant 100 grammes de soude caustique, on rince ensuite plusieurs fois à l'eau pure.

Pour toutes les mauvaises odeurs provenant de putréfaction, lie ou moisissures, voici un procédé qui réussit très bien:

On verse dans le fût 30 grammes de sel de cuisine, 20 grammes de bioxyde de manganèse en poudre et 50 grammes d'acide sulfurique du commerce et 1 litre d'eau bouillante ; on ferme fortement la bonde et on laisse le tonneau (228 litres) en repos pendant trois heures ; il se produit du chlore qui détruit toutes les matières putrescibles, on débouche la bonde et rince à l'eau pure jusqu'à ce que l'eau sorte claire ; si la mauvaise odeur se fait encore sentir, on recommence l'opération.

Lorsqu'un fût a contracté le goût d'aigre, on rince avec un lait de chaux puis à l'eau ; si l'odeur persiste, on gratte l'intérieur, on y fait flamber de l'alcool ; enfin si l'odeur persiste, il faut essayer le procédé suivant, employé pour les fûts ayant contenu du vinaigre : On introduit dans le tonneau cinq litres d'eau bouillante tenant en dissolution 1 kilogramme de cristaux de soude, on agite en tous sens en roulant à plusieurs reprises dans la journée ; le lendemain on vide le fût et on le rince à l'eau bouillante qui dissout l'acétate de soude qui s'est formé, on rince à l'eau chaude plusieurs fois, en plusieurs jours, et on mèche enfin.

Les fûts qui ont contenu des liqueurs alcooliques telles que : rhum, absinthe, etc., sont assez difficiles à enlever. On a essayé de laver une première fois avec de l'eau-de-vie et ensuite avec de l'eau, mais il faut au moins six lavages successifs.

La plupart du temps, il suffit de laver le fût avec de l'eau bouillante mélangée avec de la chaux vive et de la potasse ou soude, ou de la chaux éteinte et du carbonate de soude ; lorsque ce moyen ne réussit pas on traite par le chlore, comme il a été dit plus haut, au moyen du sel marin, au bioxyde de manganèse et de l'acide sulfurique ; on lave à l'eau froide plusieurs fois. Si l'odeur du chlore persistait, on laverait à l'eau contenant 500 grammes d'acide sulfurique pour dix litres d'eau et on rincerait ensuite à l'eau pure.

Pour nettoyer un fût ayant contenu du miel, on lave deux fois à l'eau bouillante. Si ces deux opérations sont insuffisantes, on verse dix litres d'un mélange de 500 grammes de soude caustique et de dix litres d'eau bouillante, on laisse quelques heures, fait écouler et rince plusieurs fois à l'eau chaude.

Il ne reste plus à parler que des tonneaux ayant contenu des vins fraudés artificiellement. Le bois de ces tonneaux a gardé une partie de la matière frauduleuse et la cède aux vins très alcooliques ou très acides qu'on y introduit ensuite ; de sorte qu'un vin peut être saisi et déclaré fraudé par le seul fait du fût. Il y a donc lieu de bien les nettoyer. Pour cela, on prend 2 ou 3 litres de lessive de soude caustique à 10 ou 11° Beaumé et 20 litres d'eau, et on verse dans le tonneau ; on agite pendant quelque temps et le lendemain on rince à grande eau.

Les grands vases se nettoient de même que les petits en proportionnant les doses à la surface interne.

Caves et Celliers. — Doit-on employer les caves ou les celliers ? Ces deux sortes de locaux ont leurs partisans et leurs détracteurs. Les caves sont sous terre, et les celliers au niveau du sol.

D'après Chaptal, la cave doit être profonde et son ouverture au Nord ou à l'Est ; il faut éviter les vibrations qui font vieillir les vins jeunes et tourner les vieux. Il n'est pas nécessaire que les caves soient d'une obscurité complète qui, du reste, n'a aucun inconvénient.

Machard, au contraire, prétend que les caves profondes sont mauvaises et que le vin se plaît à air libre. Dans les caves profondes, il y a des miasmes et des exhalaisons nitreuses ; le vin est dans l'atonie, ce qui ne donne aucune énergie aux parties mucilagineuses.

Il cite comme exemple le Clos-Vougeot, qui est moins sujet aux maladies que les autres vins de la Côte-d'Or, parce que le cellier est au niveau du sol ; où du reste on entretient l'obscurité et un courant d'air assez fort, ce qui est en opposition avec ce qui se fait généralement.

D'après Loiseau et beaucoup d'autres auteurs, les caves doivent être exposées au Nord, leur température doit être de 10°, régulière et uniforme ; les soupiraux doivent être au Nord ou à l'Est. Il faut qu'elle soient profondes et n'aient de communication avec l'extérieur que par une porte et un ou deux soupiraux. Il ne faut pas qu'il y ait de courants d'air, chaud surtout. L'humidité doit être absolument proscrite ; le sol doit être bien battu et bien sec, avec une légère pente, afin de faire écouler les eaux et rendre le nettoyage facile.

Les courants d'air empêchent l'éclaircissement du vin, de même que le mouvement, cependant il faut pouvoir ventiler au besoin.

Si la température s'élevait brusquement, il faudrait y remédier de suite, sous peine de voir se troubler la fermentation lente.

Bergasse indique que pour faire vieillir les vins plus vite, il faut chauffer les caves dont la température est au-dessous de 8°. Il dit également que les vins liquoreux se trouvent bien des celliers, et que pour les vins secs, il n'y a guère que le Bordeaux qui puisse s'y conserver.

Les fûts sont placés sur de forts appuis ou tains en bois sains ; il faut que ces appuis soient très solides pour qu'il n'y ait aucun mouvement dans la masse mise en place. Si l'espace dont on dispose est peu considérable, on est obligé de gerber les fûts ; dans ce cas, on doit les gerber en fosse, c'est-à-dire que la pièce supérieure doit être placée dans l'espace vide formé par les pèices inférieures ; comme on les gerbe la bonde en dessus, on peut facilement ouiller. On pose simplement la bonde sur le trou, à la main, ou l'on couvre d'une feuille de vigne maintenue par du sable.

Dans toutes les opérations, il faut éviter de répandre sur le sol l'eau des rinçages qui se corrompt si rapidement.

Pour les vins rouges, les fûts doivent être à 20-25 centimètres du sol ; on les remplit de vin de goutte et de pressurage également répartis, dans la proportion de 3/4 de vin de goutte et de 1/4 de vin de pressurage.

Cette méthode donne un vin de bonne garde et de bonne qualité si la cuvaison n'a pas été prolongée. Dans le cas des vins de macération, il ne faut pas mélanger le vin de pressurage.

Le dernier jus exprimé du pressoir doit toujours être travaillé à part, car il donnerait trop de verdeur et de dureté à l'ensemble.

Le vin de goutte, ou mère goutte, est moins acide, moins trouble, moins rude et peut être consommé avant les suivants : le vin de première serre est le mieux constitué, il a une proportion plus forte d'alcool, il a plus d'acides et de colorants, il est moins agréable au goût mais se conserve mieux ; le vin de deuxième serre est moins riche en alcool et en colorants, mais contient encore plus d'acides, de matières mucilagineuses et de substances acerbes.

Pour les vins blancs, on agit à peu près de même ; mais dans certains pays, on laisse continuer la fermentation lente dans les fûts mêmes qui ont servi à la fermentation tumultueuse. Il y a avantage à loger les vins communs dans de grands foudres, la fermentation est mieux régularisée.

Le moût versé dans le fût, qu'il soit blanc ou rouge, ne doit pas remplir complètement le tonneau, il faut laisser un vide de un litre environ dans les premiers jours de la fermentation qui est encore active, ensuite on remplit le fût jusqu'à la bonde et on continue tous les deux jours à faire le plein pendant 15 jours.

Ouillage. — On appelle ouiller, l'action de remplir le fût, afin de le maintenir constamment plein.

Quand le vin est dans les fûts en bois, il se produit une perte de vin par l'évaporation et l'absorption par le bois ; cette perte n'est pas négligeable ; on a constaté qu'un tonneau de 228 litres ne perdait pas moins, en Bourgogne, de 3/4 de litre en 25 jours pendant la deuxième année ; pendant la première année, la perte est plus considérable ; à la troisième année, la vidange n'est plus que de 1/2 litre. On a obtenu ainsi un vide de 35 litres pendant 3 ans. A Arbois, dans le Jura, on a trouvé, pour 16 mois, une perte de 1/30 du volume du fût.

Le fût en vidange laisserait une certaine surface du vin en contact avec l'air; dans ces conditions, le ferment alcoolique ayant diminué de force et de nombre par sa précipitation à l'état de lie, laissse la place aux autres ferments qui s'en emparent ; on voit de suite se former le mycoderma vini ou fleurs de vin, précurseur du mycoderma aceti, lequel produit le vinaigre. L'ouillage doit donc être pratiqué avec soin pour éviter ce danger.

Pendant les 15 premiers jours , il faut ouiller tous les 2 jours, et pendant les 15 jours suivants tous les 3 ou 4 jours.

Ensuite, on fait le plein tous les 15 jours pendant un mois et demi, puis tous les 20 jours dans les caves sèches et aérées, et un mois dans les bonnes caves.

Le vin qui doit servir à ouiller doit être divisé en de petits tonneaux afin qu'il ne reste pas en vidange.

Lorque l'on manque de vin pour faire le plein, on peut laisser tomber dans le fût des cailloux bien propres.

Il faut veiller avec soin à ce que les bondes ne se couvrent pas de moisissures qui altéreraient fortement le vin ; lorsqu'on en aperçoit quelques-unes, il faut laver les bondes à l'eau très chaude et même bouillante.

Fausset Houdart. — Comme le fût, une fois rempli, se vide lentement d'un ouillage à l'autre, l'air entre peu à peu et exerce son action. Pasteur a démontré que si on fait passer l'air qui rentre ainsi sur coton séché au four, cet air, ne contenant plus de germes malfaisants, n'exerce plus sur le vin qu'une action bienfaisante. M. Houdart, le savant négociant en vins des Lilas, près de Paris, a inventé un fausset, sorte de cornet recourbé en forme de tronc de cône, avec courbure horizontale à la partie supérieure, base du cône.

La pointe du tronc de cône ouverte sert de bonde ; la partie supérieure, au-dessus du fût, est bourrée de coton séché à une haute température ; l'air traverse ainsi le coton avant d'arriver dans le fût.

Un autre système consiste à maintenir le fût constamment plein ; pour cela le moyen le plus simple est de percer un bondon de manière à introduire le col d'une bouteille que l'on remplit de vin et que l'on renverse sur le trou de bonde en bouchant celui-ci ; lorsque la bouteille est vide, on la remplit à nouveau.

La fermentation lente s'opère de cette façon tranquillement ; le reste du sucre se décompose en alcool et en acide carbonique, les acides disparaissent par précipitation ou éthérification et le bouquet se complète.

Dans plusieurs vignobles à vins blancs, on conseille de mélanger, de temps en temps, la lie avec les vins en roulant les tonneaux lorsque les vins n'ont pas assez de corps ou sont trop verts.

Soutirages. — Les soutirages, qui consistent à enlever le vin clair qui surnage sur une boue solide, nommée lie, afin de le séparer de ce dépôt, ont une importance très considérable. En effet, lorsque l'hiver a passé, la chaleur augmentant, le vin prend une nouvelle vie, se met en mouvement et, par conséquent, la lie serait mélangée au vin et apporterait à son contact les matières précipitées qui subiraient des transformations néfastes pour la qualité du produit. Le soutirage a donc pour but d'enlever le vin clair de dessus la lie.

Les soutirages se pratiquent de différentes façons.

Le procédé le plus simple est d'établir un robinet à la hauteur du vin clair et de laisser couler dans des bassins en cuivre étamé ou dans des baquets de bois bien propres, au moyen desquels on remplit ensuite les fûts à l'aide d'un entonnoir ; c'est la méthode mâconnaise employée dans les entrepôts de Bercy. Il faut avoir soin de ne jamais fermer le robinet, car cette action produirait dans la pièce un mouvement de recul qui ferait remonter la lie.

On peut aussi, lorsque la pièce à vider est plus élevée que la pièce à remplir, ajuster sur le robinet un tuyau qui se rend directement dans le trou de bonde du nouveau fût.

Pour placer les robinets, il faut une grande habitude, de manière à ne pas les placer trop bas, ce qui introduirait de la lie dans le vin, ou trop haut, ce qui ferait perdre du vin clair. Le défaut de cette manière de faire est le contact prolongé avec l'air qui est absorbé en trop grande quantité, circonstance favorable cependant pour certains vins, et l'évaporation des matières aromatiques du vin, aussi faut-il aller très vite.

Un deuxième procédé consiste dans l'emploi des siphons ; mais il présente des difficultés de pratique très grandes, car on ne sait à quelle distance enfoncer le siphon ; c'est plus difficile que pour le robinet qui agit par écoulement horizontal, tandis que le siphon agit par aspiration verticale et, par conséquent, s'il est placé juste à la hauteur de la lie, il en absorbe. Ce moyen n'est bon que pour les transvasements.

La meilleure manière de faire est celle qui est opérée dans le Bordelais : elle consiste à placer un robinet et à la suite un tuyau conduisant au tonneau à remplir, placé soit au même niveau, soit en hauteur ; au moyen d'un soufflet spécial appliqué sur le trou de bonde du tonneau plein, on comprime de l'air au-dessus du vin qui, poussé par la pression, monte dans le fût vide. Une portion du liquide clair, celle qui remplit le tuyau, retourne bien avec la lie, mais c'est peu de chose et on pourrait même éviter cette perte par un petit robinet au bas de ce tuyau. Si dans le Bordelais on pratiquait le soutirage à l'air libre, la matière colorante du vin rouge tournerait au jaunâtre.

Pour les vins communs du Midi, on ne prend pas de grandes précautions ; les vins étant mis dans de grands foudres de 5 à 600 hectolitres, il faut aller très vite. On emploie alors pour faire les soutirages des pompes aspirantes et foulantes. Les pompes les plus recommandées sont celles de Petit, Beaume, Noël et Prudon, Dubost, et Vigouroux ; les pompes rotatives ne donnent pas de bons résultats.

Les tonneaux dans lesquels on met le liquide clair doivent être parfaitement propres et exempts des plus petites traces de matières putréfiables ; la moindre malpropreté entraîne la perte de la pièce. Les vins délicats doivent être logés dans les fûts mêmes d'où ils sortent, après que ces fûts ont subi un lavage soigné.

Le premier soutirage, pour les vins très communs, se fera dans la première quinzaine de décembre, afin de débourber au plus tôt la grosse lie. Les vins rouges de bonne qualité se soutirent ordinairement de février à mars ; l'époque n'est pas d'une précision absolue ; si l'hiver a été rigoureux et que les vins soient limpides, on peut soutirer en février, sinon on reculera l'époque du soutirage.

Les plus vieux écrits recommandent le mois de mars pour cette opération, ce qui s'explique par la raison que c'est dans ce mois que la température commence à monter et que le vin, subissant la loi de toute la nature, commence à rentrer en travail.

La température agit aussi au point de vue physique, par suite de la différence de densité qu'il y a entre le vin et la lie.

Pour les vins communs, ce soutirage est plutôt une espèce de débourbage, mais pour les vins fins, il doit être fait fin clair, c'est à dire que, lorsque le liquide passe trouble, il faut le mettre à part.

Pour faire le soutirage, il faut choisir un temps sec et vif, avec un vent de Nord, si c'est possible, et non par un temps de pluie, de vent ou orageux ; si le baromètre est bas, l'acide carbonique que contient le vin nouveau se dégage et mélange ainsi les parties fines de la lie.

Pour les vins blancs secs, un premier soutirage doit être fait dès que la fermentation apparente est terminée ; c'est plutôt un débourbage.

Dans quelques pays, on laisse les vins blancs sur leur grosse lie jusqu'à la fin de l'hiver, pour leur conserver de la blancheur, mais cette méthode est blâmable, en ce qu'elle donne lieu à des vins disposés à la graisse.

Les soutirages suivants dépendent de plusieurs causes : la nature des vins, l'époque de l'année et le climat.

Aristote conseillait de soutirer souvent et Baccius de soutirer les vins faibles et ceux des terrains gras et couverts, au solstice d'hiver; les vins médiocres au printemps et les plus généreux en été.

Le nombre des soutirages, la première année, est ordinairement de trois, aux mois de mars, mai ou juin et septembre. Celui de mars est le plus important; il est le premier pour les vins rouges et le second pour les vins blancs. Les vins communs ne supportent pas toujours trois soutirages; l'action de l'air pouvant précipiter la matière colorante, on ne fait alors que deux soutirages, en mars et en septembre.

Souvent le deuxième soutirage des vins blancs est fait bien avant le mois de mars, puisqu'on signale l'envoi de vins du Midi dès le mois de novembre.

Pour les vins blancs secs, le deuxième soutirage est fait vers janvier et le troisième en mars.

En Bourgogne, pour les grands vins, on soutire trois fois : la première année, aux dates indiquées ci-dessus et les années suivantes, deux fois, en juin et octobre. Les vins de l'Hermitage sont soutirés en mars et septembre. En Champagne, on soutire au milieu d'octobre, le 15 février et à la fin de mars.

Pendant les grandes chaleurs de juillet, il s'établit une légère fermentation dans les tonneaux, ce dont on s'aperçoit en enlevant la bonde pour pratiquer l'ouillage; dans ce cas, on perce un petit trou à côté de la bonde et on y place un guillon que l'on enlève de temps en temps pour laisser échapper le gaz; dans ces conditions, il ne faut pas soutirer.

Le troisième soutirage se fait en août ou septembre pour les vins fins.

Les vins inférieurs que l'on garde plus d'un an ne doivent subir qu'un seul soutirage, la deuxième année, au mois de mars.

Pour les vins destinés au bouchon, on soutire en mars et septembre, tous les ans, jusqu'à leur mise en bouteilles.

D'après Husson, les vins généreux, tels que les rouges de la Marne, peuvent rester, sans inconvénients, sur lie pendant 3 ou 4 ans, étant seulement soutirés tous les ans.

Dans tous les cas, il ne faut pas soutirer aux époques du travail de la vigne, premiers bourgeons, fleurs et véraison du raisin. Cette opération doit être faite à la fraîcheur du matin et non pendant la chaleur du jour.

La durée de la fermentation lente est très variable, elle dépend de la variété des crus, de la température des années et de la capacité des tonneaux. Les vins fins restent ordinairement quatre ans en fût, le Clos-Vougeot pas moins de six ans et d'autres vins davantage.

Les vins communs se font ordinairement très vite; ils doivent être consommés de bonne heure; certains vins faibles sont consommés sur lie. Les autres vins, qui ne sont pas destinés à s'améliorer en bouteilles, restent deux ans en fûts et, lorsqu'ils sont limpides, mis dans les fûts d'expédition. A leur arrivée, ces vins sont collés, soutirés et mis en bouteilles pour la consommation courante.

Mise en Bouteilles. — Lorsque la fermentation est complètement terminée, on met en bouteilles afin de mettre le vin complètement à l'abri de l'air. Les vins mousseux sont mis en bouteilles dans des conditions absolument spéciales que nous étudierons à leur étude particulière.

Le choix des bouteilles a une importance considérable sur la qualité ultérieure du vin. La nature du verre est la cause de cette importance donnée à la bouteille. En effet certaines sortes de verre sont attaquables par les acides et dès lors par le vin qui contient toujours des acides. A la longue, le vin décompose ces espèces de verre et, en se saturant, dissout une partie des constituants de ces verres, dont les propriétés sont toujours de donner mauvais goût aux vins. Bien des auteurs ont traité cette question, et il y a déjà longtemps qu'elle est résolue. Bobierre a fait une étude particulière de cette question (Annales de la Soc. Acad. de la Loire-Inférieure, 1868, p. 28). Je ne tirerai de ce travail que les analyses des verres inattaquables aux acides et par conséquent propres aux bouteilles à vin, et les analyses des verres attaquables par les acides, qu'on doit toujours rejeter.

	Verre inattaquable par les acides.			Verre attaquable.	
	Maumené.	Berthier.	Champeaux.	Bobierre.	Champeaux.
Acide silicique	58.4	60.0	59.0	45.0	50.1
Alumine			7.0		12.0
Oxyde de fer	11.0		4.2	10.0	4.2
Chaux	18.6	20.0	22.4	30.0	25.7
Potasse de soude	11.7			15 0	
Non dosé et pertes	0.3	20.0	7 4		8.0

En examinant ces analyses on constate que la mauvaise qualité des bouteilles est causée par l'excès de chaux et la faiblesse en acide silicique. Donc dans un achat de bouteilles il y a lieu d'en prélever un échantillon et le faire analyser. Il y aura lieu de rejeter les bouteilles contenant plus de 22 % de chaux et moins de 57 % d'acide silicique.

La forme des bouteilles ne paraît pas influencer la qualité du vin, on admet que le choix de la bouteille n'est qu'une simple question d'usage.

A la réception, les bouteilles doivent, une fois rincées, être vérifiées une à une ; le verre doit être d'une nuance égale, ni trop claire, ni trop foncée, les embouchures doivent être bien faites et les bagues bien adhérentes, le goulot ne doit être ni trop petit ni trop grand. Il faut examiner avec soin si les bouteilles n'ont pas de soufflages, petites bulles d'air emprisonnées dans la masse, ces soufflages diminuent l'épaisseur de la paroi de sorte que ces bouteilles sont plus faciles à casser que les autres ; il en est de même des bouteilles dont le verre est réparti inégalement et dont certaines parties sont en verre très mince. Il faut refuser les bouteilles faites à la houille, qui donnent mauvais goût.

Lorsque l'on veut employer des bouteilles neuves, il faut les rincer avec beaucoup de soin. Pour faire cette opération, il faut préférer dans les petites exploitations les chaînes et les brosses et dans les grandes exploitations les machines à brosses tournantes. Les perles d'étain ou de plomb nettoyent bien, mais s'il en reste dans la bouteille le vin est perdu car il est vénéneux. Une fois rincées, on met les bouteilles la tête en bas soit sur des porte-bouteilles soit dans des corbeilles en osier.

Les bouteilles qui ont servi se lavent ordinairement de même, mais si le tartre est adhérent on emploie le procédé suivant qui nettoie rapidement: on introduit dans la bouteille de la lessive de carbonate de soude (2 kilgr. de carbonate, 10 litres d'eau) et on agite, le dépôt s'enlève instantanément ; on lave à l'eau froide et on sent la bouteille; si elle a une odeur de vin gâté, on essaie l'un des procédés de nettoyage des fûts, indiqués précédemment.

La bonne qualité des bouchons a au moins autant d'importance que celle des bouteilles, et de plus leur forme a un certain intérêt. Ils doivent être ronds, un peu amincis d'un bout, fermes sans être durs, moelleux et avoir une taille nette ; il ne faut pas de parties noires. Ceux qui sont troués ou aplatis laissent passer le liquide ; trop durs, ils risquent de casser le col ; trop mous, ils s'écrasent et rentrent mal. Ceux qui sont cylindriques enfoncent souvent et ceux qui sont trop pointus ne tiennent pas.

Pour les vins fins, il ne faut employer que des bouchons neufs ; ce serait une désastreuse économie que de se servir de vieux bouchons.

La Bourgogne, la Champagne, le Saumurois et le Bordelais, accaparent les bons bouchons de sorte que ce qui reste pour les autres vignobles est plus ou moins défectueux Les bouchons neufs doivent être lavés à l'eau chaude et s'ils prennent des nuances foncées ou différentes du liège naturel, on est en face de vieux bouchons blanchis ; il faut les rejeter.

Le lavage à l'eau chaude se fait en faisant bouillir les bouchons dans l'eau pendant 2 ou 3 heures et laisser égoutter en suite, l'emploi de la vapeur d'eau est préférable.

Avant d'utiliser les vieux bouchons, ce qui se fait pour les vins communs, on leur fait subir le traitement suivant : Les bouchons sont placés dans un grand chaudron de cuivre avec de l'eau et portés à l'ébullition pendant une heure, ensuite ils sont égouttés et séchés à l'air libre ; ils sont alors d'un noir sale. On compose un bain de 100 gr. d'acide oxalique, 200 gr. d'acide chlorhydrique et 10 litres d'eau et on y fait passer rapidement les bouchons qu'on lave ensuite à grande eau et qu'on fait sécher, soit au soleil, soit dans un grenier, soit dans un four à 70-80°.

L'époque de la mise en bouteilles varie suivant les pays et les crus. C'est surtout sur la dégustation que l'on base l'époque à laquelle un vin doit être mis en bouteilles, mais cette dégustation ne vient que corroborer les expériences déjà faites. Il faut pour mettre le vin en bouteilles que sa transformation par suite de la fermentation soit complète, qu'il n'ait plus de sucre, sauf pour les vins mousseux ; sans cela la fermentation continuerait dans la bouteille, surtout aux époques de travail de la vigne, ce qui pourrait causer de graves accidents ; il faut qu'il soit complètement débarrassé de l'excès de tartre, des matières albuminoïdes et acides, afin de ne pas faire de dépôts ;

enfin qu'il ait subi un commencement de vieillissement et qu'il soit d'une limpidité parfaite.

Ordinairement les vins blancs se mettent en bouteilles dès le mois de mars suivant la vendange et les rouges trois ou quatre ans après. Le comte Odard, recommande de mettre les vins blancs en bouteilles dès le mois de janvier, quitte à en voir quelques-uns prendre mousse.

La précocité de la mise en bouteilles conserve aux vins un bouquet remarquable, un goût de fruit prononcé.

Les vins conservés au delà de 3 ou 4 ans en tonneaux sont plus dépouillés et plus secs, mais ils sont moins fins et ont moins de sève et de bouquet; au delà de 4 ans, ils vieillardent.

Généralement c'est en mars et septembre que l'on bouche les vins ; l'hiver est également convenable. On doit faire cette opération par un temps sec et clair et par le vent du Nord ; le vent du Sud et les temps orageux ne sont pas favorables.

En Champagne c'est pendant la pleine lune de mars que l'on bouche les vins mousseux, les vins blancs secs sont bouchés pendant le déclin de la lune, par un temps sec et clair. En Belgique on fait la mise en bouteilles un an après la récolte.

Lorsque l'époque est choisie, il faut examiner le vin et, s'il n'est pas très limpide, il faut lui faire subir un collage plus ou moins énergique suivant son état ; les vins très foncés doivent subir deux collages et deux soutirages avant la mise en bouteilles. Les vins faibles doivent être vinés légèrement. Le gros plant ne doit pas être mis en bouteilles.

La mise en bouteilles s'opère ordinairement en plaçant un robinet sur le fût, et versant dans la bouteille ; on peut employer des robinets à deux becs pour aller plus vite. Dans les chaix importants, surtout en Champagne et à Saumur, on emploie les tireuses à siphons, avec lesquelles on remplit plusieurs bouteilles à la fois ; on peut arriver avec ces tireuses à remplir jusqu'à 2000 bouteilles par jour.

Quand un fût est commencé à être mis en bouteilles, il ne doit pas être laissé en vidange, car même en douze heures il se produit un grand changement dans le vin. On met de côté les 5 ou 6 premières bouteilles tirées, ainsi que les 14 ou 15 dernières, avant la lie, on laisse reposer et on décante dans d'autres bouteilles ; pour les vins chers, on met la lie en bouteilles et après repos on décante le vin qui est dessus.

La bouteille doit être remplie à 2 ou 3 centimètres au-dessous de la bague. On procède alors au bouchage ; les bouchons doivent être trempés dans du vin ou dans de l'eau-de-vie, mais jamais dans de l'eau comme l'indiquent quelques auteurs.

On bouche, soit en plaçant le bouchon avec la main et frappant ensuite avec une batte, soit au moyen de machines, lesquelles sont très nombreuses. Il y a d'abord les machines à mains ; on y place le bouchon et on l'enfonce d'un seul coup avec un maillet ; puis les machines à boucher automatiques ; ces machines évitent la casse des bouteilles et la perte du liquide.

M. Rougier recommande le bouche-bouteilles Guillot. Un système particulier de bouchage est celui dit « à l'aiguille », système très bon pour les grands vins blancs et rouges que l'on veut garder longtemps. On prend une tige de fer de 6 à 7 centimètres de long, sur 2 à 3 millimètres de largeur ; cette aiguille est pointue d'un bout, plate d'un côté et ronde de l'autre, et ayant une rainure sur la partie plate ; elle est munie d'une charnière qui se replie sur le bord de la bouteille lorsque la pointe de l'aiguille est introduite dans le goulot ; l'aiguille placée et fixée, la partie plate appliquée sur le verre, on introduit le bouchon jusqu'à toucher le vin, ce qui est facile, l'air s'échappant par la rainure de l'aiguille ; le bouchon étant en place, on retire l'aiguille par la charnière, le liège se dilate immédiatement et remplit tout le col. Avec ce système, qui malheureusement est très coûteux, il n'y a pas d'air dans la bouteille.

Les bouchons sont soumis à des altérations causées par l'humidité des caves ou par le vin lui-même qui suinte, lorsque le bouchon n'est pas de toute première qualité. Ce sont ordinairement des moisissures qui se développent d'abord extérieurement, puis finissent par pénétrer intérieurement et donner au vin cet affreux goût dit : goût de bouchon. L'une de ces affections, qui cause de grands dégâts, est due à la chenille d'un lépidoptère : *œnophila W. flava,* petit papillon grisâtre, ressemblant beaucoup à la teigne des habits (Bedel). L'insecte parfait doit être chassé de la cave, on y parvient en suspendant dans diverses parties des bottes de branches de lavande.

Le seul moyen sérieux d'empêcher les bouchons d'être attaqués, c'est de les cacheter, soit à la cire, soit au goudron, soit avec des capsules.

Lorsque les bouteilles doivent rester longtemps à la cave, le meilleur moyen est le suivant : Dès que la bouteille est bouchée, on mouille le bouchon avec de l'essence de lavande, et on recouvre le tout de cire à bouteilles, mélangée de goudron de Norwège.

On peut aussi enduire le bouchon jusqu'à la bague d'une forte couche de goudron de Norwège, de cire à bouteilles seule, si le vin ne doit pas rester longtemps en cave, et mieux avec un mélange de gomme brute ou résine de pin fondue, 1 kilogr. et 40 gr. de suif, versé chaud sur les bouchons bien secs.

Les capsules en étain, laissant très bien passer l'air, ne doivent être employées que pour les expéditions ; avant de placer les capsules, il faut enlever la cire.

Quand les bouteilles sont remplies et goudronnées, on les place dans la cave ; les bouteilles contenant des vins rouges sont placées horizontalement en quinconces, les unes sur les autres et pointe contre tête ; c'est le procédé le plus primitif et sujet à beaucoup de casse ; on les a ensuite entourées de capuchons de paille pour les garantir, puis placées dans des casiers en planches ; mais ce qui vaut le mieux de tout, ce sont les porte-bouteilles en fer. Les vins blancs et les cidres sont placés debout.

Les caves doivent remplir les conditions dont j'ai parlé précédemment au paragraphe « Caves et celliers » ; elles doivent être humides plutôt que sèches, mais sans excès d'humidité ; ne pas dépasser 10° de température et ne pas recevoir les rayons directs du soleil. Enfin il faut éviter avec soin de placer les caves dans le voisinage des machines, ateliers, voies carrossables, etc., car les secousses imprimées aux vins les troublent ; enfin, les bouteilles ne doivent pas toucher la terre.

La bouteille est pour le vin un lieu de repos ; il y est à l'abri de l'air, de la chaleur et de la lumière ; il s'y perfectionne lentement et s'y maintient longtemps ; les vins communs gagnent peu à être mis en bouteilles, et au bout d'un an ils deviennent détestables.

Quelquefois il se forme un dépôt plus ou moins abondant dans les bouteilles, il faut alors mècher un fût, y verser un verre ou deux d'eau-de-vie ou d'alcool et verser vivement le vin des bouteilles par un entonnoir ; le vin est collé, soutiré et remis en bouteilles.

Vins divers. — Les méthodes générales de vinification subissent quelques changements lorsque l'on veut faire des vins spéciaux ; mais les vins dont je veux parler dans ce paragraphe ne subissent que des modifications de détail dans le traitement de la vendange ; les vins préparés, c'est-à-dire ceux qui sortent complètement des méthodes générales, ont un chapitre particulier.

Les *vins rouges* se font suivant les données générales ; par suite de la grappe et par la nature même du raisin, ils sont plus hygiéniques et plus digestifs que les vins blancs.

Les *vins blancs* se font, soit avec des raisins blancs, soit avec des raisins rouges ; dans ce dernier cas, le jus obtenu par pression, avant la fermentation, a d'abord une teinte rosée qui disparaît ensuite. Les vins blancs étant fermentés sans la rafle ont une fermentation plus lente, et par conséquent une température moins élevée ; il s'en suit que la perte en alcool et en éthers étant moins grande, ces vins sont plus alcooliques et plus bouquetés que les vins rouges, mais ils sont moins toniques.

La défécation des vins blancs est plus difficile que celle des vins rouges, parce que les matières en suspension sont plus légères et qu'il y en a moins ; on maintiendra donc la température des caves à un degré un peu plus élevé et l'on fera des soutirages plus fréquents et toujours à l'air.

Les outils qui ont servi aux vins rouges doivent être passés au lait de chaux quand on veut les faire servir aux vins blancs.

Les *vins blancs secs* sont ceux dont tout le sucre est transformé en alcool ; ils se font suivant les prescriptions décrites dans les données générales ; ils sont plus excitants que les vins ordinaires.

On appelle *vin griot*, un vin de couleur pelure d'oignon rose, c'est un vin provenant de raisins rouges dont on a interrompu la fermentation au bout de 24 à 48 heures, et qui n'a pas été foulé en cuves. Au moment du décuvage, il possède encore le tiers ou la moitié de son sucre qui disparaît ensuite par la fermentation lente opérée comme il est dit aux vins rouges.

Les vins de macération, qui se préparent surtout dans l'Hermitage, dans le Médoc, le Midi de la France, l'Espagne et l'Algérie.

Par le procédé de la macération, on obtient de beaux vins de coupages, riches en alcool et en couleur ; c'est par une fermentation prolongée au contact de la grappe que l'on obtient ce résultat.

Il faut agir sur des raisins à jus très colorés et de maturité parfaite.

Dans le Midi, on préfère le teinturier Bouschet et surtout le Petit-Bouschet, l'Alicante Henri Bouschet, puis le Carignane et le Morastel (Mataro des Espagnols). Les cépages américains préférés sont le Jacquez, le Saint-Sauveur et le Cynthiana. Les raisins parfaitement mûrs sont placés sur un plancher, une terrasse ou une bâche en plein soleil, en couches de 50 à 60 centimètres, sans les froisser ; on les recouvre ensuite de toiles ou de paillassons, vers la fin du 2e ou du 3e jour on les rassemble en tas et les jours suivants on les découvre au soleil, de façon que la température monte à 30 ou 35° Après 4 jours, Masson a constaté, en Algérie, la température de 37°. Ces raisins ont alors une odeur acide de vins ; on les encuve.

Le foulage à la cuve est pratiqué, et on tient le chapeau immergé ; la fermentation tumultueuse s'établit de suite et dure 48 heures ; à ce moment on vine avec de l'eau alcoolisée dans la proportion du dixième du volume du liquide de la cuve, soit 6 °/₀ de celui de la vendange ; le vinage est tel, qu'une fois pratiqué, le degré alcoolique de la masse est de 15°. L'eau alcoolisée est bien mélangée par un fouettage énergique, on soutire une quantité de moût égale à celle de l'eau alcoolisée ; ce moût, pris à part, sert à couper les vins de choix, on soutire encore du moût que l'on reverse sur la partie supérieure de la cuve, à plusieurs reprises : on obtient ainsi un parfait mélange de la cuve. Il se fait alors une fermentation lente qui dure de 4 à 6 jours, suivant l'état des raisins et la température extérieure ; on soutire ; le vin retiré, qui titre 14°, a une belle couleur brillante, un goût alcoolique prononcé et une solidité à toute épreuve pour les voyages, mais il ne peut servir qu'au coupage des vins faibles.

Ces vins et surtout ceux d'Algérie contiennent encore du sucre, ce qui est un inconvénient pour les coupages, parce que ceux-ci, une fois faits, la fermentation tend à reprendre pour transformer ce sucre restant.

Dans le centre de la France, ce procédé ne peut être essayé qu'avec des cépages américains dont la composition se rapproche de celle des cépages du Midi.

Guyot est tout à fait opposé à ces sortes de vins ; d'après lui, l'excès de tannin, matières colorantes, etc., ne donne aux vins rouges ni solidité, ni durée et ils ne deviennent potables que lorsque cet excès s'est précipité ; la macération tue le vin ! Il a goûté des vins fins de pineaux bien mûrs tués par quinze jours de macération ; ce n'était plus qu'une liqueur plate et fade.

Les *vins rosés* sont assez connus sous le nom de *vins d'une nuit, vins de vingt-quatre heures ;* ils sont préparés exactement comme les vins griots, dont il ne sont, du reste, que le synonyme. Suivant la nuance que l'on veut obtenir, on laisse cuver de 24 heures jusqu'à 48 heures ; ils sont plus alcooliques et plus acides que les vins rouges faits avec les mêmes raisins ; ils ont la composition des vins blancs faits avec les raisins rouges. Ils sont consommés directement ou servent à la fabrication des champagnes rosés.

Avant l'invasion phylloxérique les vins de *Tavel* (Gard), ainsi préparés avaient une grande réputation ; ils étaient faits avec un mélange de raisins Grenache, Carrignane et Terret-Bourret, ils étaient cuvés pendant vingt-quatre heures et mis en tonneaux ; après avoir subi un collage et plusieurs soutirages, ils étaient livrés à la consommation à l'âge de deux ou trois ans.

Ces vins se trouvent peu dans le commerce, ils sont préparés par les propriétaires pour leur usage personnel.

Les *vins de raisins mouillés de terre* doivent être faits en vins blancs en les pressant et les consommant de suite. Il faut ajouter de l'acide tartrique si les acides du vin ont été neutralisés par le carbonate de chaux de la terre. On peut aussi les faire fermenter au contact de raisins très riches en couleur tels que les Jacquez ou les hybrides Bouschet.

Les *Vins de Vignes Américaines* demandent des soins spéciaux pour arriver au degré de perfection qu'ils doivent atteindre.

Les *vins de Jacquez* sont francs de goût, d'une bonne constitution, corsés, colorés et très alcooliques ; malheureusement, à l'air, la couleur grenat rouge devient bleu violacé, se précipite et trouble le liquide et le vin prend un goût spécial, âcre ; ces défauts persistent dans les coupages. J'ai donné l'analyse d'un vin de Jacquez (vignes américaines) qui ne présentait pas ces phénomènes, ils sont donc dus, soit à une mauvaise culture, soit à une mauvaise vinification.

Pour corriger ces défauts, plusieurs moyens ont été proposés : Comme le bleuissement et le trouble ne sont que des défauts immédiats, on a eu l'idée de filtrer ces vins lorsque le trouble a été suffisamment manifeste ; après la filtration, ces vins n'ont plus bougé, même au contact de l'air ; ce phénomène n'est donc dû qu'à un excès de matière colorante. L'aération du moût, la filtration ou le collage pratiqués en hiver réussissent très bien.

M. A. Bouffard (*Vinification du Jacquez*, Montpellier 1887) a proposé l'emploi de l'acide tartrique qui redissout la matière colorante bleue précipitée (cette matière bleue renferme 10 °/₀ de son poids, de sesquioxyde de fer).

Il conseille d'employer de 3 à 3 gr. 5 d'acide tartrique par litre, soit 300 à 350 grammes par hectolitre. car il a reconnu qu'avec 100 ou 200 grammes la couleur tournait encore au bleu. M. Chauzit (1888) recommande aussi l'acide tartrique dans la proportion de 100 à 300 grammes par hectolitre ou le plâtrage (400 grammes plâtre par hectolitre).

Pour vérifier si la dose d'acide est suffisante, après le cuvage on met une petite couche de vin dans une assiette et on l'examine au bout de quelques heures ; si on aperçoit à la surface une matière à reflets métalliques et une couleur bleu violet dans le liquide, on ajoute de l'acide tartrique dans le tonneau.

Le *vin du Cynthiana* est d'un beau rouge, très riche en extrait sec, d'un goût neutre et un peu bouqueté. Par les procédés ordinaires de vinification le vin obtenu est peu agréable et très épais. Il faut, ou l'étendre d'eau sucrée ou le mélanger à des vins faibles et si l'acidité est faible par rapport au sucre, ajouter de l'acide tartrique. M. Robin (Drôme), qui cultive ce cépage en grand, ajoute à 100 litres de moût :

300 litres d'eau et 50 kilogr. de sucre ; donc 100 litres de vin sont produits par 75 litres d'eau et 25 litres de moût.

Les vins de vignes américaines, provenant des espèces labrusca et riparia et de leurs hybrides, ont un *goût foxé* désagréable, qui s'atténue beaucoup en vieillissant et qui au bout de quelques années disparaît dans les vins où il est peu prononcé au début. On ne connaît pas de procédés permettant d'éviter ce goût d'une matière absolue, on n'est parvenu qu'à l'atténuer, sensiblement il est vrai. Il faut égrapper et faire un cuvage rapide et opérer ensuite plusieurs collages et de nombreux soutirages. Il sera bon de vendanger de bonne heure, sans attendre la maturité et ajouter à la cuve le sucre qui manque.

CHAPITRE 3

OPÉRATIONS LICITES

Sous le nom d'opérations licites, je comprends tous les traitements que l'on peut faire subir aux moûts et aux vins, permis par la loi, et qui sortent des données générales de la vinification.

Les opérations licites se divisent d'abord en trois classes :

1° Les traitements qui ne s'appliquent qu'aux moûts, tels sont : l'aération des moûts, le sucrage, le plâtrage, le phosphatage, le salage, les fleurs de vigne et l'addition des levûres.

2° Les traitements qui s'appliquent aux moûts et aux vins, tels sont : le mouillage, le vinage, le tartrage, le mutage, le soufrage, le tannisage, le chauffage, et la coloration naturelle ;

3° Les opérations qui ne se font que sur les vins, comme : le collage, la conservation ou vieillissement, les voyages, l'oxygénation, l'électrisation, la congélation, les coupages, la filtration et la décoloration.

En dehors de cette classification on peut en établir une autre :

1° Les opérations qui n'introduisent aucun agent dans les vins et pour lesquelles il n'est pas nécessaire de prévenir l'acheteur, telles sont : l'aération des moûts, l'emploi des levûres, la conservation des vins, les voyages, l'oxygénation, l'électrisation, le chauffage, la congélation, les coupages, la filtration et la décoloration.

2° Les traitements par lesquels on introduit dans les vins une ou plusieurs substances admises par la loi et pour lesquelles il n'est pas nécessaire d'en faire connaître l'emploi : ce sont le sucrage, la chaptalisation, le vinage, le tartrage, le phosphatage, le mutage, le soufrage, le collage, l'addition de fleurs de vigne et la coloration naturelle ;

3° Les traitements dont l'acheteur doit être prévenu, comme le mouillage, le mouillage et sucrage, et la fabrication des vins préparés.

4° Enfin, les opérations qui sont licites lorsque l'agent employé est à une certaine dose et deviennent falsifications à une dose plus élevée. Tels sont : le plâtrage, le tannisage et le salage.

AÉRATION DES MOUTS

Si Gay-Lussac a démontré que l'air, indispensable au commencement de la fermentation, n'est plus indispensable pour la continuation de cette opération, il n'en est pas moins vrai que sa présence est très utile, ainsi que l'a prouvé Pasteur.

L'aération des moûts pendant la fermentation tumultueuse procure une oxydation prolongée qui complète les résultats de la fermentation du moût. Du reste, dans la pratique, on aère les moûts sans s'en rendre compte, le foulage et les soutirages remplissant ce but.

L'action de l'air se porte sur le tannin et la matière colorante et sur les matières azotées qu'il précipite. Le ferment, au contact de l'air, reprend de la vigueur et attaque le sucre avec plus de facilité.

Maumené est le premier qui, en 1858, ait recommandé l'aération des vins. Il avait remarqué que les moûts agités avec de l'oxygène brunissaient et que le goût des vins était changé ; les vins rouges prenaient le goût de rancio et les vins blancs le goût de raisins secs.

Le moût agité avec l'air contient de l'oxygène, on n'en trouve plus dans les vins nouveaux ou vieux. Pasteur a prouvé que les soutirages donnaient de l'oxygène aux vins. Après un soutirage fait à jet très fort, il a analysé les gaz qui contenaient 10,4 % de leur volume d'oxygène. Il y a également introduction d'azote ; un vin contenant 1082cc d'acide carbonique et 6cc 5 d'azote par litre, soutiré par un robinet de bronze de 1 centimètre de diamètre, contenait, après le soutirage, 467cc 5 d'acide carbonique et 12cc 5 d'azote.

L'aération des moûts est pratiquée depuis de longues années en Lorraine; comme le moût dans les cuves s'aère difficilement par suite du dégagement de l'acide carbonique, qui chasse l'air, on brasse la vendange pendant 48 heures, sans interruption, avec des pelles, puis on laisse fermenter ; on obtient ainsi un vin plus alcoolique et plus agréable, dit *vin de pelle.*

Fritz et Ott, de New-York, font barbotter de l'air finement divisé et à la température de 26-27°, tous les jours, pendant quelques minutes, jusqu'à la fin de la fermentation ; le vin obtenu est d'une limpidité parfaite et d'une saveur plus agréable que le même vin non aéré.

M. Menudier a imaginé un appareil spécial pour aérer les raisins tout en les écrasant. Cet appareil, qui est employé avec succès au domaine du Pland (Charente-Inférieure), est préconisé par M. Rougier. Cette machine se compose d'un tambour, muni de lames, fixé sur un arbre rotatif; les raisins sont écrasés au contact de l'air qui se mélange au jus.

L'aération du moût doit être pratiquée dans les cas qui suivent :

1° Dans les pays chauds, où la fermentation ne s'achève pas par suite de la température trop élevée ou de l'excès de sucre ;

2° Lorsque la vendange a lieu au moment où la température est basse et qu'alors les raisins fermentent difficilement; dans ces deux cas, l'aération facilite la fermentation et donne des vins plus alcooliques et de meilleure garde ;

3° Pour les vins riches en matières azotées,

Et 4° Pour les vendanges altérées par les maladies qui attaquent la vigne et qui chargent les raisins de matières azotées ; dans ces deux derniers cas, l'aération précipite ces matières nuisibles au vin.

MOUILLAGE

Le mouillage est le fait d'ajouter de l'eau au vin de quelque façon que l'on s'y prenne. On peut mouiller le vin soit en ajoutant de l'eau au moût, soit en mélangeant simplement le vin avec de l'eau.

Mouillage de la vendange. — Dans certains cas le moût est tellement chargé de sucre que la fermentation ne s'achève pas ou reste incomplète, et alors il se produit des fermentations secondaires, putrides ou acétiques, qui diminuent considérablement la valeur des vins. Je citerai les vins de Cynthiana dont je viens de parler, les vins d'Espagne, d'Italie, d'Afrique et quelques-uns de la Grèce; ces vins mélangés à d'autres vins plus faibles se mettent à fermenter et produisent des vins rouges ou blancs mousseux désagréables.

Il est donc de toute nécessité d'ajouter de l'eau au moût pour pouvoir obtenir un vin potable. Cette opération ne peut être prohibée.

En France, on n'a guère à redouter l'excès de sucre sauf pour quelques producteurs directs américains; dans le Midi, où ce fait pourrait se produire, on utilise ces moûts pour produire des vins de liqueur, et dans ce cas on se garde bien d'ajouter de l'eau; cependant quelques vins de ce pays demandent l'addition d'eau sucrée.

En Algérie, cet inconvénient se produit, mais il est facile à remédier.

Presque tous les vins blancs d'Espagne sont dans ces conditions; Chapot préconisait l'addition d'eau accompagnée d'une augmentation de chaleur et d'un brassage énergique.

Il y aurait des désagréments sérieux à trop mouiller la vendange; il ne faut jamais ajouter assez d'eau pour que le moût arrive à peser moins de 12° à l'aréomètre Baumé.

L'eau employée doit être de bonne qualité, bien filtrée, exempte de matières organiques et de sels de chaux.

Mouillage du vin. — Dans l'addition d'eau au vin on peut considérer deux cas: le premier est celui qui comporte l'addition d'eau au moment de la consommation. Sur ce mouillage il n'y aurait pas grand chose à dire, cette pratique pourrait être tolérée, mais alors il serait expressément entendu que l'acheteur serait prévenu que le mouillage a été opéré.

Quoique Horace ait écrit « ne biberis diluta », le mouillage était bien connu des anciens, puisque Pline dit que le vin mouillé se débitait à Rome sous le nom de vinum dilutum; à ce propos, il cite Homère déclarant qu'il était indispensable d'ajouter, au vin de Maronée, vingt fois son volume d'eau pour lui ôter sa force indomptable; le consul Mucianus disait quatre-vingts fois.

Comme il est entendu ici qu'il s'agit de la consommation immédiate, pourquoi ne prendrait-on pas cette habitude de vendre du *vin dilué?* Ce serait au grand profit de la moralisation du peuple, que l'on conduit actuellement à l'alcoolisme.

Dans le second cas, il ne s'agit pas d'une consommation immédiate, le vin mouillé est livré au consommateur en barriques, il doit être mis en bouteilles et consommé dans un temps plus ou moins long. Le mouillage a alors des inconvénients, même fait avec de l'eau distillée et même avec de l'eau chaude qui donne de meilleurs résultats; le degré alcoolique s'affaiblit et le vint se trouble; il devient sujet aux maladies.

Les eaux de source ou les eaux des puits artésiens sont les meilleures.

Par suite du vide qui s'est produit en France dans la production des vins, les négociants en vins de demi-gros et de détail se sont vus privés de leurs vins de coupages.

Alors quelques-uns ont imaginé de livrer aux consommateurs des vins naturels du Midi de la France, d'Espagne et d'Italie, simplement coupés d'eau pour les rendre potables, ce qu'ils ne sont pas naturellement.

On dira bien que le consommateur aurait bien mis de l'eau lui-même. Eh bien! non; le consommateur veut un vin, dit de consommation, contenant une proportion moyenne d'eau, d'alcool, d'extrait, etc., qu'il puisse boire pur ou avec une quantité d'eau toujours semblable. Cette pratique pourrait être tolérée lorsqu'il n'y aurait aucune autre addition au vin; mais dans tous les cas, ces vins mouillés se conservant mal, l'acheteur doit être prévenu.

Donc le mouillage doit être prohibé en principe, car il est rare que le vendeur prévienne l'acheteur, et que le mouillage est le point de départ d'une masse de falsifications qui ont justement pour but de le dissimuler. (Voir *Falsifications*.)

SUCRAGE

Le sucrage, ou addition de sucre aux moûts ou aux vins, est une opération non seulement licite mais encore très recommandable, car le sucre étant une des parties constitutives du raisin, lorsque ce dernier en manque, il est nécessaire de lui en ajouter.

Dans aucun cas, l'addition de sucre ne peut faire de mal aux consommateurs.

Histoire. — Les Romains et les Grecs pratiquaient le sucrage des vendanges en y introduisant du miel; mais cette substance donne aux vins un goût particulier peu agréable.

Avant la Révolution, les moines de Citeaux ajoutaient du sucre à la vendange.

Macquer, en 1776, a fait d'excellents vins blancs avec de mauvais verjus de pineau et des cassonades et, en 1777, il en a fait de meilleurs avec de gros raisins du Midi. Avec du verjus de Paris, il a obtenu un vin semblable au vin de raisin, assez fort, mais sans parfum ni bouquet.

De Bullion faisait fermenter les treilles de son parc en y ajoutant du sucre.

En 1800, Chaptal reprit les idées de Macquer et proposa le sucrage au moyen des sucres bruts de canne; son procédé fut suivi dans quelques pays sous le nom de Chaptalisation. Il conseillait d'ajouter de 1 k. 6 à 3 k. 3 de sucre par hect., ce qui représente de 1 à 2° d'alcool, pour corriger les raisins non mûrs. En 1819, il revint au sucre extrait du raisin lui-même.

En 1825, Mollerat, voulant étendre la chaptalisation, eut la pensée de se servir du glucose dont le prix bien moindre que celui du sucre de canne devait tenter les vignerons. A cet effet, il monta, en Bourgogne, une usine de glucose et réussit à l'obtenir d'une pureté remarquable. Il fut forcé d'abandonner son usine, en 1845, devant les nombreuses plaintes qui lui parvinrent. En effet, les vins ainsi sucrés avaient fait éprouver des mécomptes fâcheux. La finesse de leur saveur s'était perdue, et il s'était manifesté une amertume appréciable. Le commerce a donc frappé les vins glucosés d'une dépréciation dont ils ne se sont pas relevés. Mais en même temps le sucrage en lui-même fut déclaré mauvais.

Petiot, en 1854, opéra en grand sur les vins fins de Bourgogne et eut des résultats satisfaisants; son procédé prit le nom de petiotisation, mais il ne put convaincre les Bourguignons de la valeur du sucrage; aussi voyons-nous, en 1859, Delarue proscrire le sucrage des grands crus et ne l'admettre pour les crus ordinaires que lorsque les circonstances semblent l'exiger.

C'est à notre grand maître en matières sucrières, Dubrunfaut, que revient l'honneur d'avoir démontré la valeur et la nécessité du sucrage, et d'avoir réussi à le faire admettre par toute la France comme une opération excellente. De 1860 à 1882 il lutta constamment pour introduire cette opération parmi les traitements habituels du jus de raisin.

Il démontra que tous les insuccès dus à l'emploi du sucrage provenaient de l'emploi du glucose dont les produits de la fermentation renferment des alcools autres que l'alcool vinique.

Sampayo combattit le glucose donnant au vin une saveur étrangère désagréable, il dit qu'il ne peut remplacer le moût concentré et bouillant.

Siemens, en Allemagne, conseilla l'eau sucrée pour augmenter le sucre et diminuer l'acide.

M. Maumené a combattu le glucose, il n'admet que le sucrage avec le sucre de raisin. Il faut prendre, dit-il, du jus de raisin le plus mûr, le faire chaufferau bain-marie, ajouter un peu de marbre ou de craie en poudre fine, coller au blanc d'œuf, filtrer et évaporer à la consistance la plus épaisse.

C'est parfaitement vrai ; mais comment ce moyen pourrait-il suppléer au manque de vin, puisque justement ce sont les raisins qui manquent ?

En 1882, devant le triste résultat de nos vignes ravagées et de trois mauvaises récoltes successives, la question fut mise sérieusement à l'étude. G. Vimont déclara que, depuis 1868, il ne buvait que des vins d'eau sucrée mis à fermenter sur des marcs de raisins noirs pressés pour en obtenir du vin blanc.

La Société d'Agriculture de France mit cette question à l'étude, et M. de Lucay, rapporteur, déclara, en juin 1882, que le sucrage devait être expressément recommandé. En août 1882, M. Aimé Girard, dans un mémoire adressé à l'Académie des Sciences, a fait une magnifique étude des vins de 2e cuvée, dont je parlerai à cet article.

En résumé, aujourd'hui, le sucrage est pratiqué universellement, et la quantité de sucre employée à cet usage dépassait en 1890, 33 millions de kilogr.

Depuis 1883, on a appliqué le sucrage aux cidres et les essais ont été si favorables qu'en 1890 on a employé pour cet usage plus de 325,000 kilogr.

Théorie du sucrage. — Nous avons vu à l'article « fermentation », que 100 de sucre de canne donnent 51,111 d'alcool et que 105,263 de sucre de raisin donnent le même résultat.

D'après ces chiffres, sachant que la densité de l'alcool absolu est de 0.7948 à 15°, nous voyons que 100 kilogr. de sucre cristallisable produisent 51^k111 ou 64 litres 307 d'alcool absolu, et que 100 kilogr. de sucre de raisin donnent 48^k556 ou 61 litres 092.

Dans le cas où l'on emploierait le glucose concret, qui a pour formule $C^{12} H^{14} O^{14}$, il faudrait tenir compte des deux équivalents d'eau de plus. Dans ce cas, on trouve qu'il en faut 115^k789 pour produire 51^k111 d'alcool ; d'où 100 kil. de glucose concret pur donnent 44^k141 ou 55^l537.

D'après ces résultats, il faut, théoriquement, pour obtenir 1 litre d'alcool absolu :

1^k5504 de sucre cristallisable,
1^k6358 de sucre de raisin,
1^k8006 de glucose concret pur.

Ceci est la théorie, mais dans la pratique ce n'est plus cela, par suite des pertes d'alcool entraînées par le dégagement rapide de l'acide carbonique.

Dans les moûts, nous avons vu les produits secondaires de la fermentation : glycérine et acide succinique, exister en plus forte proportion, comparativement à l'alcool, que la théorie ne l'indique ; cela est dû au même fait : l'évaporation de l'alcool.

Dubrunfaut avait d'abord indiqué qu'il fallait ajouter 1700 gr. de sucre de canne pour produire 1 litre d'alcool ; depuis on a reconnu que l'on était plus sûr du résultat en ajoutant 1800 gr., et même M. Marcel Dupont, en 1882, indique le chiffre de 2 kil. Je crois cette appréciation trop élevée et, du reste, elle n'a pas été adoptée ; il y a donc lieu de maintenir le chiffre de 1800 gr.

Ce dernier chiffre est évidemment exact; ce qui le démontre, c'est que depuis fort longtemps on a remarqué que 1° de l'aréomètre Baumé dans le moût correspond à 1 p. 100 d'alcool en volume dans le vin fait (tous les auteurs sont d'accord sur ce fait). Or, 1° Baumé indique que le moût contient 1800 gr. de sucre par hectolitre.

Les chiffres pratiques seront donc ceux-ci : Pour obtenir 1 litre d'alcool absolu par hectolitre, il faudra :

1800 gr. de sucre cristallisable,
1900 gr. de sucre de raisin,
2090 gr. de glucose concret.

Comme tous les chiffres donnés par la pratique, ceux-ci ne sont qu'approximatifs. Le résultat obtenu dépend de la façon dont est menée la fermentation.

Si on opère la fermentation en vase clos, on obtient les résultats donnés par la théorie ; c'est le cas des vins mousseux.

Si on opère dans les conditions ordinaires de la fermentation des moûts, l'alcool obtenu est indiqué par les chiffres pratiques que je viens de donner ; mais si on opère dans des conditions défectueuses, on n'obtient plus la quantité d'alcool déterminée par ces données. Si la fermentation est trop rapide, ou faite dans un endroit chaud, il y a pertes plus fortes d'alcool et par conséquent celui qui reste est en plus faible proportion. Lorsque l'on mutte le vin, la quantité d'alcool est aussi plus faible, mais dans ce cas il reste du sucre dans le vin.

— Le sucrage s'emploie pour obtenir trois résultats très distincts : 1° le sucrage des moûts pauvres en sucre afin de leur donner la quantité d'alcool nécessaire à leur qualité et à leur bonne conservation ; 2° le sucrage des moûts déjà riches en sucre, pour que la fermentation alcoolique, arrêtée d'elle-même par un excès d'alcool, laisse dans le vin du sucre qui lui communique sa saveur sucrée ; 3° le sucrage des vins faits, afin qu'une nouvelle fermentation éprouvée dans des bouteilles bien bouchées, produise une nouvelle quantité d'alcool et de l'acide carbonique, qui formera de la mousse à l'ouverture de la bouteille, et, de plus, qu'il reste ensuite un excès de sucre. Le premier cas s'applique à tous les vins ; le second aux vins de liqueur, et le troisième aux vins mousseux. (Voir *Vins préparés*).

Pratique du Sucrage. — Dans un rapport présenté à la Société Nationale d'Agriculture, J.-B. Dumas, de l'Institut, dit que le sucrage est une pratique bienfaisante, honnête, qu'il faut favoriser, mais qu'il exige l'emploi de sucre cristallisé.

Lorsqu'on ajoute du sucre à la vendange, on donne au moût une composition normale, il fermente comme s'il avait acquis une maturité régulière, le vin contient plus d'alcool, de glycérine, d'acide succinique et de matière colorante,

Le sucrage est bien supérieur au vinage, parce que l'alcool à l'état naissant se combine moins aux éléments constitutifs du vin. Il est surtout utile dans les pays froids.

Machard n'admet pas le sucrage pour les vins de Bourgogne des bonnes années. Les vins sucrés ont d'abord une sève plus douce, plus agréable, mais ils deviennent lourds, pâteux et ternes ; ce sont, dit-il de jeunes vieillards.

On s'est demandé si le vin sucré était naturel et pouvait être vendu comme vin pur. Si la quantité de sucre ajoutée ne dépasse pas la dose que contient le moût dans les bonnes années et s'il n'a pas été ajouté d'eau, on doit considérer le vin comme naturel.

Cependant, j'ai fait une observation en comparant la couleur des vins naturels et des vins sucrés qui indique qu'il se produit un léger changement dans l'état de cette couleur, causé par le sucrage. La couleur n'est pas exactement la même, elle ne donne pas la même teinte avec l'ammoniaque et la laine. (Voir à la Recherche du sucrage et aux Colorations artificielles. « Procédé Viard. »)

Dans tous les cas, on ne peut inscrire sur la facture : « Vin non sucré », si le vin a été sucré.

J'ai dit, plus haut, que le sucrage était préférable au vinage pour la qualité hygiénique des vins ; il l'est également au point de vue du prix. Un litre d'alcool pur revient au vigneron, au minimum, à 2 fr. 30 ; or, pour produire un litre d'alcool, il faut 1 kil. 8 de sucre, et le sucre en pains vaut 75 fr. les 100 kil., soit pour 1 kil. 8, la somme de 1 fr. 35 ; le sucre cristallisé blanc, titre 99°, et coûte 65 fr. les 100 kil., soit pour 1 kil de sucre pur, 0 fr. 656 et pour 1 kil. 8 = 1 fr. 18 ; enfin le glucose titre 65°, et coûte 48 francs les 100 kil., soit pour 1 kil. de glucose pur, 0 fr. 74 ; soit pour 2 kil. nécessaires : 1 fr. 48 le litre d'alcool.

En France, la richesse moyenne du jus de raisin est de 10° d'alcool, et celle du vin de 9 à 10°. Lorsque le moût est normal, il n'y a pas lieu de le sucrer, mais lorsque par suite d'une mauvaise année le raisin est pauvre en sucre, incomplètement mûri, où chargé d'eau par les pluies, il faut ajouter du sucre. Dans les contrées où le raisin est toujours pauvre (pays du Nord), le sucrage doit être une opération normale, à condition que la dose d'acidité soit suffisante.

La quantité de sucre à ajouter ne doit donc que compléter ce qui en manque dans le moût pour arriver au chiffre d'alcool normal ; cependant on sucre aujourd'hui des vins qui n'avaient jamais donné plus de 6 à 8°, de façon à obtenir 10° ; il faut, dans tous les cas, considérer 12° comme un maximum.

Le sucre ne doit pas être versé au commencement de la fermentation, mais seulement au moment où le marc ou chapeau commence à s'enfoncer, ou dans les cuves à cloisons, quand la fermentation se ralentit ; il faut faire pénétrer le sucre par des foulages réitérés.

Lorsque le sucrage a été exagéré, par suite de trop faible quantité de ferment, le vin peut rester doux, il perd son bouquet, masqué par un goût d'alcool et il peut arriver qu'il contracte une saveur désagréable.

Bien que le sucrage à la cuve ne soit pas recommandé pour les vins fins, M. Robinet a vu obtenir de très bons résultats de vins de Bourgogne sucrés.

Dans les premiers temps, où le sucrage a été appliqué en grand, il y a eu beaucoup de mécomptes, dans beaucoup de cas le sucre n'avait pas fermenté, de sorte que l'on obtenait des vins doucereux, désagréables et qui ne pouvaient se clarifier ; cela tenait à ce que le sucre n'avait pas été mélangé convenablement dans la cuve, de sorte que le sucre qui restait à l'état sirupeux ne se dissolvait qu'au moment du décuvage. Pour certains vins blancs, le sucre avait été jeté simplement dans le foudre et il était resté au fond.

Maintenant les précautions sont mieux prises, mais il y a encore quelques vins pauvres en ferments qui donnent de mauvais résultats, cela est dû à ce que le ferment n'a pas assez de force inversive pour transformer tout le sucre en sucre inverti.

MM. Klein et Fléchou (Comptes Rendus, 1887, Février, 21) ont démontré que dans ce cas, si on invertit préalablement le sucrose, le résultat obtenu est très bon et que, dans tous les cas,il est supérieur. Il vaut donc toujours mieux faire l'inversion du sucre.

C'est une opération assez facile, dans un chaudron on fait dissoudre le sucre dans la plus petite quantité d'eau possible (1/2 d'eau), on fait bouillir et on ajoute 3 grammes d'acide sulfurique, par kilogr. de sucre, et on fait bouillir pendant 45 minutes ; on neutralise avec de la craie pour précipiter l'acide sulfurique à l'état de sulfate de chaux. Il vaut mieux employer l'acide tartrique qui, s'il coûte plus cher, n'a pas les inconvénients de l'acide sulfurique ; il faut 10 gr. d'acide tartrique par kilogr. de sucre et faire bouillir pendant une heure, mais il n'y a pas besoin de saturer l'acide. C'est ce produit que l'on mélange à la cuve.

Le décret du 22 juillet 1885, dégrevant le sucre appliqué au sucrage des vins accorde 20 kilogrammes de sucre par 3 hectolitres de vendange, en première cuvée, et 50 kilogrammes par 3 hectolitres pour la deuxième cuvée, soit 25 kilogrammes par hectolitre de moût.

Dans le premier cas, on obtient une augmentation de 5°5 de degré Baumé, soit 5°5 d'alcool et, dans le second, 13°9 ; ce sont donc des maximum.

Mais cette loi oblige à dénaturer le sucre pour pouvoir l'employer aux vendanges et règle cette dénaturation.

« La dénaturation sera faite en mélangeant, à poids égaux, la vendange foulée et le moût : 1 hectolitre de moût et 100 kilogrammes de sucre.» Il ne faut pas oublier que 1 hectolitre de moût et 100 kilogrammes de sucre donnent un liquide dont le volume total est de 162 litres.

On juge de la valeur d'un moût au moyen des glucomètres, ou mieux du mustimètre (Voyez : Aréométrie).

Il faut, en général, arriver à la densité moyenne du moût de raisins du cépage à traiter, dans les bonnes années.

Lorsque l'on veut sucrer un moût, la première chose à faire, c'est de chercher la quantité de sucre que contient ce moût. Cette recherche se fera le plus simplement par l'aréomètre Baumé, en se servant de la table que j'ai calculée. Mais, dans tous les cas, je préfère la méthode que j'ai donnée, par la liqueur de cuivre ; une personne exercée pouvant faire au moins 50 dosages dans la journée, et les résultats étant bien plus certains.

La dose de sucre contenue dans le moût, on en conclut au quantum d'alcool que l'on obtiendra, sachant qu'il faut 1,900 gr. de sucre de raisin pour obtenir 1° d'alcool.

L'aréomètre indiquera 1,800 gr. par degré, mais en sucre cristalisable. On calculera donc la quantité de sucre à ajouter pour obtenir le degré d'alcool que l'on désire,

Lorsque l'on n'emploiera pas un sucre pur, il faudra l'analyser et voir ce qu'il en faut à l'état brut pour former la quantité de sucre pur nécessaire.

Exemple : Je suppose que j'analyse un moût qui renferme 133 gr. de sucre par litre ; ce moût donnera 7° d'alcool ; mais comme, dans les bonnes années ce moût fournit ordinairement 9° $^1/_2$, il faudra donc ajouter du sucre pour arriver à ce chiffre ; je veux employer un sucre de canne contenant 96 °/° de sucre. D'abord, en sucre cristallisable, il faut, pour obtenir les 2° $^1/_2$ d'alcool en sus, $1800 \times 2.5 = 4^k500$ de sucre pur par hectolitre ; or, comme le sucre de canne à employer n'en contient que 96 p. 100, il en faudra davantage, soit $\frac{4500 \times 100}{96} = 4^k6875$,

Chaptal, le premier, a démontré que le moût du raisin, pour fournir un vin de bonne qualité, devait peser au moins 10°5 à l'aréomètre Baumé ; il a donné le conseil d'ajouter du sucre jusqu'à ce que le moût eût atteint ce degré.

L'échelle arbitraire de Baumé a toujours été employée pour peser le moût, parce que par hasard ses divisions représentent 1° d'alcool ; mais ce fait est sujet à caution, car l'échelle de Baumé se prête mal à l'évaluation de la quantité de sucre ; l'échelle du densimètre de Gay-Lussac s'y prête mieux.

Sucres employés au Sucrage. — Les différentes sortes de sucre employées pour le sucrage des vendanges ou des vins faits sont les suivantes :

Sucres Candis, cristallisés de canne et de betteraves, sucres en pains, sucres bruts de canne, mélasses de sucreries ou de raffineries de sucres canne, glucose de parmentière ou de maïs, raisins secs.

Ces différents produits ne donnent pas les mêmes résultats au point de vue du bouquet, du goût et de la conservation des vins.

Sucres Candis de Cannes. — Ces sucres sont reconnus unanimement comme la matière préférable à employer pour le sucrage des vins fins ; leur prix seul les éloigne des vins ordinaires.

Ils sont employés exclusivement pour la fabrication des vins de Champagne.

Quelques auteurs ont reproché à ces sucres de ne pas être absolument purs ; cette opinion, basée sur l'analyse pure et simple des produits, les conduisait à cette conclusion absolument erronée qu'il fallait abandonner l'usage des candis, usage amené par une simple illusion. Ces auteurs ne connaissaient évidemment pas la question au point de vue théorique et pratique de la préparation des vins de Champagne. C'était dire aux maisons de la Champagne : Vous ne savez pas ce que vous faites ; depuis de longues années vous employez des sucres que vous payez très chers, et bien inutilement, puisqu'ils sont moins purs que d'autres sucres dont le prix est moindre.

Eh bien ! ces auteurs ont fait une erreur capitale : les maisons de la Champagne savent parfaitement ce qu'elles font et elles auraient grand tort de faire autrement. Si elles suivaient les conseils donnés d'employer les sucres les plus purs, elles arriveraient à accepter l'emploi des sucres cristallisés blancs de betteraves qu'elles ont rejeté absolument jusqu'à présent et à si juste titre.

J'ai fait du sucre candi pendant dix ans et aujourd'hui je suis absolument désintéressé dans la question ; je puis donc dire, sans crainte d'être accusé de plaider ma cause, ce que je pense des sucres candis.

Ces sucres sont fabriqués avec les sirops ou clairces les plus purs que l'on puisse préparer en raffineries ; si on en obtient des produits moins purs, cela tient à une manière de travailler spéciale et très coûteuse, qui a pour but de transformer une partie du sucre en produits glucosiques doués d'un arome et d'une saveur très agréables.

Ce sont ces produits qui embaument les sucres au point de faire croire, lorsque l'on entre dans les chambres où on sépare les sucres de leur sirop, que l'on se trouve dans une confiserie.

La cristallisation du sucre en gros cristaux retient entre les cristaux une partie du sirop, la plus pure et la plus fine, qui constitue les impuretés du candi, impuretés qui jouent un si grand rôle, au point de vue du bouquet, dans la préparation des vins de la Champagne.

Les Champenois savent parfaitement que ces matières, qui ne sont que dans une infime proportion (15 à 30 kilogr. sur 10,000 kilogr. de sucre), se modifient par la fermentation et constituent des éthers dont il faut les plus petites quantités pour donner les aromes agréables qui, s'ajoutant au bouquet naturel des vins, constituent l'ensemble parfait que l'on connaît. Ils savent aussi que les impuretés des sucres cristallisés les plus purs de betteraves, en quantités plus petites encore (de 9 kilogr. à 15 kilogr. par 10,000 kilogr. de sucre), par la fermentation développent des goûts désagréables qui se font sentir malgré le bouquet des vins.

Analyse des Sucres Candis

	Candis blancs bien maillés	Maillettes	Candis frisés	Candis roux foncés
Sucrose	99.40 à 99.70	99.30 à 99.40	99.30 à 99.50	98.40
Sucres réducteurs..	0.10 à 0.14	0.15 à 0.20	0.15 à 0.25	0.82
Cendres	0.05 à 0.10	0.06 à 0.10	0.07 à 0.11	0.15
Eau	0.06 à 0.15	0.20 à 0.24	0.26 à 0.35	0.36
Matières organiques	0.05 à 0.13	0.05 à 0.10	0.07 à 0.15	0.27

Sucres cristallisés de Raffineries de Sucre de Canne. — Ce sont des variétés de Sucres Candis d'une grande pureté, mais ne possédant pas l'arome spécial des candis.

Ils se composent de cristaux détachés, réguliers, ayant de 2 à 5 millimètres de longueur. On les emploie pour la préparation des vins de Champagne de qualité inférieure, des vins de Saumur et des vins destinés à faire des eaux-de-vie.

Analyse de ces sucres

	Gros Cristaux	Petits Cristaux
Sucrose	99.60 à 99.80	99.50 à 99.60
Sucres réducteurs	0.13 à 0.18	0.18 à 0.20
Cendres	0.03 à 0.04	0.03 à 0.04
Eau	0.08 à 0.11	0.11 à 0.15
Inconnu	0.10 à 0.12	0.12 à 0.15

Sucres en pains. — Ces sucres sont plus purs que les précédents et cependant ils proviennent de la cuite des sirops de beaucoup inférieurs, comme qualité et surtout comme goût. Leur pureté est causée par le mode de travail employé pour leur purification, qui en enlevant tous les corps étrangers en fait des sucres neutres. Cependant, pour les connaisseurs, il y a toujours au palais une différence entre les sucres de cannes et les sucres de betteraves.

La consommation exigeant des sucres très blancs, on bleuit les sucres en pains comme on bleuit le linge, en y ajoutant du bleu d'outre-mer. Certaines maisons en mettent même des quantités considérables, relativement. Si ce bleu ne peut avoir de grande action dans l'hygiène, il n'en est pas de même des vins, car le bleu d'outre-mer, traité par les acides, dégage de l'acide sulfhydrique. Il faut donc, pour le sucrage, demander des pains sans bleu. On a essayé, en Angleterre, l'emploi des bleus d'aniline ; ces couleurs doivent être proscrites, car on les retrouverait peut-être dans les vins qui passeraient pour être fraudés.

Analyse des Sucres en pains

(E. VIARD)	SUCRES DE CANNES					SUCRES DE BETTERAVES					
	Nantes			Marseille		Paris					
	A	B	C	A	B	A	B	C	D	E	F
Sucrose	99.50	99.50	99.70	99.80	99.70	99.70	99.70	99.80	99.75	99.80	99.70
Sucres réducteurs	0.22	0.16	0.10	0.08	0.14	0.04	0.05	0.06	0.05	0.06	0.06
Cendres	0.03	0.05	0.06	0.03	0.02	0.03	0.04	0.02	0.05	0.04	0.06
Eau	0.19	0.22	0.10	0.03	0.05	0.17	0.13	0.08	0.10	0.08	0.09
Matières organiques	0.06	0.07	0.04	0.06	0.09	0.06	0.08	0.04	0.05	0.03	0.09

Sucres bruts blancs cristallisés de cannes. — Ces sucres, qui viennent de la Guadeloupe et de la Martinique, sont en petits cristaux bien séparés ;

ils sont moins purs et moins bien nettoyés que les sucres cristallisés provenant des raffineries. On les emploiera avec avantages pour le sucrage des vins ordinaires, mais non pour les vins fins, car ils ont un arome spécial que l'on retrouverait dans ces vins. Les analyses de ces sucres sont très variables ; elles dépendent surtout de leurs nuances et aussi de leur mode de fabrication.

Les analyses varient entre les chiffres suivants :

Sucrose.....................	98.20	à	99.30
Sucres réducteurs	0.12	à	1.10
Cendres.....................	0.16	à	0.23
Eau	0.05	à	0.46
Matières oganiques...........	0.14	à	0.49

Sucres candis de betteraves. — Ces sucres, plus purs que ceux qui proviennent des sucres de cannes, ne sont pas obtenus par la même méthode de fabrication. Dans leur préparation on cherche à obtenir le maximum de rendement, ce qui donne des sucres neutres au point de vue des *aromes formés*, mais non neutres par suite de la présence des *aromes naturels.* Ils ne doivent pas être employés dans les vins de Champagne et de Saumur ; ils peuvent l'être pour les vins ordinaires.

Sucres cristallisés de betteraves. — Ces sucres, moins purs que les candis ci-dessus, au point de vue des essences particulières à la betterave, seront employés dans les vins dont la qualité sera d'un degré au-dessous de celle des vins pour lesquels on emploie les candis de betteraves.

Les analyses de ces sucres varient de :

Sucrose.....................	99.32	à	99.71
Sucres réducteurs............	0.00	à	0.03
Cendres.....................	0.04	à	0.14
Eau	0.20	à	0.40
Matières organiques	0.03	à	0.11

Cassonades. — Les cassonades de raffineries de sucres de cannes sont excellentes, dans les belles nuances, pour le sucrage des vins ordinaires, et dans les nuances plus basses pour les vins médiocres.

Quant aux cassonades brutes provenant des sucreries de cannes, on ne peut les employer que pour les vins médiocres. Celles des sucreries de betteraves doivent être absolument rejetées.

Mélasses. — Je ne conseillerai pas l'emploi de ces produits, qui donnent toujours aux vins un goût autre que celui qu'ils possèdent naturellement, mais je proscris surtout l'usage des mélasses provenant du travail de la betterave.

Glucose. — D'après les travaux de Dubrunfaut, il doit être complètement exclu du sucrage des vendanges. Les vins qu'il donne éprouvent des fermentations secondaires qui produisent des alcools différents de l'alcool vinique, lesquels possèdent un mauvais goût très déclaré. Ces vins, du reste, ne se conservent pas.

Les alcools produits par la fermentation du glucose sont : l'alcool vinique, l'alcool propylique ($C^5 H^8 O^2$), l'alcool butylique ($C^8 H^{10} O^2$) et l'alcool amylique ($C^{10} H^{12} O^2$).

Les fabricants de glucose font de grands efforts pour le faire adopter par les viticulteurs ; la question de prix intervient en leur faveur, car le glucose vaut, acquitté en gare du destinataire, 65 fr. les 100 kilogr. Mais cette économie n'est qu'apparente, car le glucose masssé contient seulement 68 °/₀ de glucose ; il renferme en plus 12 p. 100 de dextrine et 20 p. 100 d'eau. En faisant la proportion, on trouve que 100 kilogr. de glucose pur coûtent 95 fr. 50. Or, pour ce prix, on trouve des sucres bruts de cannes ou de betteraves bien préférables à tous les points de vue. Si la dextrine, sous l'action des acides du moût, se met à fermenter, elle développe encore plus de produits nuisibles. Il y a donc lieu de rejeter cette substance pour le sucrage des boissons.

Raisins secs. — On a proposé l'emploi des raisins secs, exempts d'avaries, pour le sucrage. Il est évident qu'ils conviennent très bien pour atteindre le but cherché, mais cependant ils introduisent les éléments des vins à un état qui n'est plus celui des raisins frais ; ces vins ont un goût différent, et de plus, il est beaucoup plus difficile de calculer exactement la quantité du produit à ajouter pour obtenir le résultat voulu.

Consommation des sucres pour le sucrage — A la séance de Juin 1891, de la Société nationale d'Agriculture, M. Dureau a communiqué les chiffres suivants, en kilogr. :

Années	Vins	Cidres	Totaux
1885.......	7.933.887	24.142	7.958.029
1886.......	27.856.592	145.555	28.002.147
1887.......	37.446.584	235.641	37.682.225
1888.......	38.763.158	272.405	39.035.563
1889.......	20.327.112	266.529	20.593.641
1890.......	33.048.677	325.512	33.374.189
Totaux.....	165.376.010	1.269.784	166.645.794

En 1890, la production de vins de sucre a été de 2.848.444 hectolitres, et la production totale de 27.416.000 hectolitres, soit donc plus du dixième.

Sucrage des cidres. — J'ai cru devoir donner quelques indications sur l'emploi du sucre à la préparation des cidres.

La pomme, de même que le raisin, ne cède, au pressoir, qu'une partie de son jus. Mille parties de pommes ne devraient donner que 50 parties de marc, si l'on possédait une presse assez forte ; mais on obtient 300 parties de marc avec une presse hydraulique, et jusqu'à 600 avec un pressoir à mouton ; donc il reste du jus dans la pulpe.

En délayant la pulpe de pommes avec de l'eau sucrée et pressant à nouveau, on obtient un excellent résultat. Si l'on ajoute 6 kilogr. de sucre par hectolitre on fait un cidre assez alcoolique pour qu'il se conserve un an.

Un poinçon (environ 180 l.) de pommes valant de 20 à 50 fr., arrosé de 6 hectolitres d'eau sucrée par 36 kilogr. de sucre, donnera 7 hectolitres de cidre à 4 ou 5° d'alcool et d'une qualité au moins égale à celle d'un cidre obtenu par l'expression directe de 5 poinçons de pommes, la quantité de cidre étant égale.

Le cidre provenant du sucrage revient à 60 fr les 7 hectolitres, tandis que celui qui provient des 6 poinçons revient à 120 fr.

C. Boursier indique les proportions suivantes : Pour 1.000 kilogr. de pommes il faut ajouter 9 hectolitres d'eau sucrée de façon à obtenir un cidre contenant 4° d'alcool et on obtient ainsi 1.500 litres de cidre.

1.000 kilogr. de pommes écrasées sont mélangés avec la moitié de l'eau à ajouter ; après 12 heures de macération on soutire et on mouille avec la seconde moitié de l'eau ; on soutire par le bas et on reverse par le haut plusieurs fois dans la journée ; on laisse reposer 12 heures ; on soutire à nouveau ; on presse le marc ; puis on mélange les trois produits dans les tonneaux.

D'après Vivien (Octobre 1883), il faut employer au sucrage des cidres de l'eau pure. Les eaux sales ou brunes des mares de fermes sont pernicieuses par suite des fermentations visqueuses ou butyreuses qu'elles provoquent. Elles rendent le cidre filant et lui donnent une odeur des plus désagréables.

Les eaux sales sont le plus souvent la cause de l'altération des cidres, qui se *tisent* (se colorent en brun foncé quelque temps après avoir été tirés), de plus, ces eaux peuvent provoquer des maladies.

L'emploi de la cassonade et de la mélasse est nuisible ; ces produits impurs occasionnent des inconvénients analogues à ceux que produisent les eaux impures. L'alcool provenant de la fermentation des mauvais sucres ou de la mélasse est nauséabond ; il est chargé d'alcools amylique, butylique et caproïque, et de divers éthers et huiles essentielles des plus nuisibles (Vivien).

Il est évident que Vivien parle ici des cassonades et des mélasses de sucres de betteraves ; car les produits dérivés de la canne n'ont pas ces inconvénients.

CHAPTALISATION

Sous ce nom on dénomme ordinairement le sucrage de la vendange parce que Chaptal l'avait recommandé, mais c'est une injustice parce que c'est à Macquer que l'on doit les premiers essais de sucrage, on devrait donc dire Macquérisation. Il est plus simple de dire le sucrage, d'autant plus que le procédé indiqué par Chaptal comportait aussi la neutralisation des acides.

Le procédé indiqué par Chaptal consistait essentiellement dans la neutralisation de l'excès des acides du vin par le marbre ou la craie en poudre et dans l'augmentation de la richesse sucrée du moût par l'addition de sucrose. Dans ce procédé il n'y a pas augmentation sensible de volume parce qu'on n'ajoute pas d'eau.

Le vin devient plus pauvre en acide et plus riche en alcool ; dans quelques cas il reste un petit excès de sucre.

Ce procédé est indiqué comme se pratiquant en Bourgogne, dont il relèverait le bouquet de ses vins. En enlevant l'acide par la craie, dit-on, on produit un vin plus savoureux et on y fait prédominer un arome qu'on ne soupçonnait pas. On ne peut parler évidemment ici que d'un excès d'acides, car nous avons vu que les acides libres sont nécessaires au développement du bouquet.

Ce procédé a l'inconvénient d'introduire dans le vin une petite quantité de sels solubles, il faut donc agir avec une grande prudence dans son emploi.

Neubauer et Kayser ont fait des expériences de chaptalisation sur du moût du Palatinat (Allemagne), cépage Riesling. Ils ont employé 1 gramme de carbonate de chaux par litre.

	Moût	Vin naturel	Vin chaptalisé
Alcool	»	9° 4	9° 4
Extrait à 100°	221.5	22.6	20.8
Sucres réducteurs	180.0	2.0	1.9
Cendres	3.5	2.2	2.8
Glycérine	»	8.55	7.95
Acides libres	5.64	5.28	3.91
Acide succinique	»	1.55	1.50
Acide tartrique total	2.54	1.92	0.90
Potasse	1.58	1.13	1.54
Chaux	0.14	0.10	0.03

Dans cet essai les sels de chaux sont en moindre proportion dans le vin chaptalisé que dans le vin naturel, mais la proportion de potasse est beaucoup plus considérable. Je n'ai pas fait figurer les autres termes de l'analyse parce qu'ils sont à peu près semblables.

De plus les auteurs n'ont pas sucré le vin, ce n'est donc qu'une partie d e la chaptalisation que l'on pourrait appeler *désacidification.*

Pour enlever l'excès d'acide des moûts on a proposé plusieurs agents.

La craie ordinaire donne au vin une amertume quelquefois détestab[illegible] i vaut mieux employer le marbre blanc pulvérisé et lavé, ou mieux [illegible] ch aux

Pour les vins de bonne qualité, le produit à employer est le tartrate neut re de potasse qui ne change pas la composition des vins et n'y introduit auc un agent nuisible.

Pour calculer la quantité de tartrate neutre à ajouter, on dose l'acidit totale du moût et l'on juge de l'excès d'acide que l'on doit neutraliser.

Comme l'acidité, en France, est calculée en acide sulfurique monoh draté, le calcul se fait sur cette base : Pour neutraliser 49 d'acide sulfurique monohydraté, il faut 226,2 de tartrate neutre de potasse. Donc pour 1 gr., par litre, d'acidité en trop, il faudra ajouter 4 gr. 616 de tartrate neutre, par litre.

On peut aussi expérimenter sur un litre de vin et faire la proportion.

Pour les vins communs, cette manière d'opérer coûterait trop cher, c'est alors qu'on a recours à la chaux ou au marbre.

On prend de la chaux vive, on l'éteint avec de l'eau claire et on lave à grande eau pour enlever le goût fade, laisse sécher et l'essaie sur le vin. On en prend 1, 2, 3, 4 grammes qu'on additionne, séparément d'un litre de vin et l'on juge du résultat. Généralement, 75 à 100 grammes sont suffisants.

On ajoute la chaux au vin, on remue énergiquement et on ajoute 2 litres d'alcool 96° par hectolitre de vin afin de précipiter tout le tartrate de chaux qui est très peu soluble dans un liquide alcoolique de 10°.

Pour le marbre, on peut faire l'essai comme ci-dessus, mais il faut tenir compte que l'action se fait beaucoup plus lentement. Pour saturer 1 gramme d'acidité il faut 0 gr. 816 de marbre.

MOUILLAGE ET SUCRAGE

Gallisation. — Ludwig Gall est le premier qui a proposé d'ajouter de l'eau et du sucre aux vins, d'où le nom de gallisation donné à ce procédé.

Gall admet que, pour donner un bon vin, le moût doit avoir une composition définie de sucre, eau et acides libres (il ne tient aucun compte des autres éléments).

D'après lui, les moûts de bonne qualité renferment 24 °/₀ de sucre, 0,4 d'acide et 75,4 d'eau et les moûts médiocres 18 à 20 °/₀ de sucre, 0,5 à 0,6 d'acide et 79,5 d'eau; il faut ramener tous les moûts à la composition des bons moûts.

Dans la pratique, on se guide d'après des tableaux faits par Gall.

En admettant qu'un moût de moyenne qualité doive contenir 20 °/₀ de sucre et 0,4 d'acides libres et que celui que l'on veut traiter contienne 10 °/₀ de sucre et 0,8 d'acide, il faudra faire le mélange suivant :

à 100 k. de moût renfermant 0,8 acide et 10 k. °/₀ sucre, on ajoute :

70 k. d'eau et 30 k. °/₀ sucre, on obtient 200 k. de moût renfermant 0,4 d'acide et 20 k. °/₀ de sucre, et l'on a doublé la vendange. Quand les proportions ne sont pas exactes, le résultat n'est pas atteint. (Le glucose d'amidon lui a donné des résultats pitoyables.)

Je n'ai pas besoin d'insister sur la défectuosité de ce procédé, car il est bien évident qui si le vin produit par ce mélange renfermera la dose d'alcool et d'acides normale, il n'en sera pas de même des autres éléments, qui seront dédoublés. Un tel vin sera reconnu de suite comme mouillé et viné.

Petiot a conseillé d'ajouter de l'eau sucrée sur les marcs pour en faire des petits vins, son procédé est étudié aux vins de 2e et 3e cuvées au chapitre suivant.

Voici quelques essais de Neubauer et Kayser sur les différents procédés de sucrage et de mouillage et sucrage.

Les moûts gallisés l'ont été avec 13 gr. 5 de sucre candi blanc et 368 cc. d'eau distillée pour 1 litre de moût, et avec 13 gr. 5 de glucose blanc jaunâtre solide et 368 cc. d'eau distillée.

Le moût chaptalisé l'a été par 10 gr. de carbonate de chaux pur et précipité, par litre de moût. Enfin la pétiotisation a été opérée sur 330 gr. de moût correspondant à 1 kilogr. de raisin avec 200 gr. de sucre candi et de l'eau pour faire 1 kil.

	MOUT	MOUT GALLISÉ		MOUT	MOUT	VIN
		sucre candi	glucose	chaptalisé.	pétiotisé.	naturel.
Alcool	»	12°2	9°1	6°6	10°4	6°6
Extrait sec à 100.	178.70	21.10	59.10	21.90	19.80	25.3
Sucres réducteurs	139.00	1.80	3.40	2.00	3.00	2.1
Cendres	3.30	1.00	1.70	2.80	1.60	2.6
Glycérine	»	11.59	8.00	6.00	0.90	6.5
Acides libres	8.91	4.99	5.23	4.30	3.18	8.32
Acide succinique	»	1.40	1.14	1.12	1.27	1.10
Acide tartr. total	5.01	1.20	1.40	0.14	1.50	3.43
» » libre	1.88	»	»	»	»	0.12
» malique	7.20	4.00	3.88	7.10	1.65	7.15
Potasse	1.56	0.51	0.81	1.34	0.93	1.17
Chaux	0.12	0.07	0.18	0.27	0.06	0.09

Ces essais, faits sur de petites quantités, auraient besoin d'être refaits sur un volume plus considérable.

Les vins destinés à faire des eaux-de-vie, s'ils sont trop faibles en sucre, peuvent être additionnés d'eau et de sucre, à la dose de 1 k. 8 de sucre par degré d'alcool et il ne faut pas ajouter plus de 20 litres d'eau pour 1 k. 8 de sucre. Il ne faut pas exagérer ce sucrage si on ne veut pas avoir de l'eau-de-vie plate. Cette méthode est bien préférable au vinage préalable du vin.

Pour appliquer cette méthode avec des vins blancs très acides, il faut prendre quelques précautions. La régie fait dénaturer le sucre sous ses yeux en le mélangeant à son volume de moût, et comme le résultat n'est bon que si le sucre est inverti, il faut opérer de la façon suivante. On étend le moût sucré avec de l'eau de manière à ce qu'il y ait 18 kilog. de sucre par hectolitre d'eau, on ajoute de l'acide tartrique et on fait bouillir pendant une heure, comme je l'ai dit au « Sucrage ». Si on faisait bouillir le moût seul avec le sucre, le tout prendrait un goût de cuit qui se retrouve dans le vin. On mélange alors le tout avec la vendange, dans la cuve.

Le cellier doit être chauffé si l'on n'a que de petites cuves et surtout au commencement de la fermentation, sinon elle se fait mal et il reste du sucre qui subit les fermentations secondaires. Par ce moyen on est arrivé, avec des vins très acides, à doubler et même tripler la vendange, tout en obtenant un produit supérieur au vin naturel. Mais il ne faut pas oublier qu'il y a mouillage et que l'extrait diminue. L'acheteur doit être prévenu.

VINAGE

L'addition d'alcool au vin, ou vinage, est une opération parfaitement licite; elle est autorisée par le Gouvernement, qui réduit les droits sur l'alcool destiné au vinage, et elle est approuvée par l'Académie de Médecine, dans certaines conditions.

Les règlements de certaines administrations, telles que la Guerre, la Marine et l'Assistance publique, ont rendu le vinage nécessaire par suite de leur exigence sur le titre alcoolique des vins; le titre exigé étant supérieur à la moyenne alcoolique de la production normale de la France.

Le vinage doit être aussi ancien que la distillation, mais les souvenirs de cette opération ne remontent pas très loin. Il y a des lois anciennes et des arrêts du Parlement de Paris qui punissaient sévèrement le vinage; depuis, il a été pratiqué en France, librement et avec exemption de tous droits jusqu'en 1852; à cette époque la franchise de droits ne fut conservée que pour les sept départements riverains de la mer Méditerranée; les autres départements furent jaloux de la prospérité causée par la franchise des droits et en obtinrent le retrait en 1865. Aujourd'hui, les droits sont si élevés que le vinage est presque impossible et une grande campagne est faite auprès du Gouvernement pour obtenir la franchise des droits sur l'alcool destiné au vinage.

Tardieu et Soubeyran blâment le vinage, même avec de l'alcool de vin.

Le docteur Bergeron fit à l'Académie de Médecine, le 15 mai 1870, un rapport remarquable sur le vinage. Le résumé de ses conclusions est que : Le vinage est devenu une nécessité par suite du mauvais choix des cépages et de l'imperfection des moyens de culture. (La destruction d'une partie des vignes par le phylloxera l'a rendu encore plus nécessaire depuis cette époque.)

Les avantages du vinage sont de pouvoir relever les vins dont le titre alcoolique est inférieur à 10°, chiffre le plus convenable pour la consommation, et leur permettre ainsi de supporter les transports. Il atténue dans les mauvaises années l'acidité de certains crus et met à l'abri de fermentations secondaires les vins dans lesquels la fermentation n'a pas développé une quantité d'alcool en rapport avec leur richesse en sucre.

Les dangers du vinage sont d'introduire dans le vin de l'alcool qui n'étant pas associé intimement avec les autres substances du vin, s'y trouve en quelque sorte à l'état libre et agit avec la même rapidité et la même énergie que l'alcool dilué. Il enlève ainsi aux vins leur qualité de boisson tonique et salutaire pour les transformer en un breuvage excitant d'abord et stupéfiant ensuite, dont l'emploi prolongé est évidemment nuisible.

Le danger devient sérieux lorsque l'on emploie les alcools rectifiés de grains, de betterave ou de mélasse, car ces alcools nuisent à la santé des consommateurs, et que la production de ces alcools étant pour ainsi dire sans limite, leurs bas prix permettent aux plus pauvres de s'en procurer, ce qui amènera pour notre pays une vraie déchéance morale.

Ces dangers peuvent être conjurés en partie, d'après Bergeron : 1° par le vinage à la cuve, ce qui amène la combinaison intime de l'alcool avec les autres éléments du vin ; 2° l'emploi d'eau-de-vie naturelle, qui par sa composition, se rapproche beaucoup plus de celle du vin que les 3/6 ; 3° l'interdiction absolue des vinages dépassant 4 à 5 °/₀ d'eau-de-vie, soit 2 à 2 ¹/₂ °/₀ d'alcool absolu ; 4° l'interdiction absolue de l'emploi des alcools rectifiés de grains, de betterave et de mélasse ; 5° le maintien du droit commun relativement aux taxes à acquitter pour les eaux-de-vie employées aux vinages ; 6° la suppression des droits de circulation, d'entrée et d'octroi sur les vins, et l'élévation de toutes les taxes sur les eaux-de-vie et trois-six (Bergeron).

Il faut tenir compte que ce savant docteur écrivait ceci, il y a 21 ans, et qu'alors on n'avait pas trouvé les moyens que l'on possède aujourd'hui de rectifier les alcools de grains, de betterave et de mélasse ; et que dès lors ces alcools contenaient des proportions sensibles d'alcools amylique, propylique et autres analogues.

Tous les auteurs sont d'accord à déclarer que le vinage à la cuve est de beaucoup supérieur au vinage du vin, les avantages du vinage en sont augmentés et les inconvénients bien diminués. Le vin obtenu ainsi n'est pas aussi sec, l'alcool versé se combinant bien mieux à l'alcool naissant ; l'eau-de-vie de marc versée dans la cuve, a perdu après la fermentation son goût caractéristique, ce qui n'a pas lieu dans le cas de vinage du vin fait.

Les avantages du vinage sont : de rendre le vin plus alcoolique, ce qui le rend de meilleur garde ; d'améliorer les vins âpres, acerbes et acides aussi bien que ceux qui sont pâteux et plats ; d'augmenter la couleur dans une forte proportion, ce qui permet avec les raisins colorés, Alicante, Bouschet et Jacquez, d'obtenir des vins colorants naturels, qui peuvent rendre inutiles les colorants artificiels ; de développer le goût et le bouquet par la précipitation de l'excès d'acides et de matières azotées.

Sans le vinage beaucoup de vins ne pourraient pas être consommés ; lorsque l'année est mauvaise, le degré du vin est faible et dès lors ne se conservant pas, il sera sujet à toutes les maladies et fermentations dont les effets sont beaucoup plus nuisibles sur les fonctions digestives que ceux de l'alcool ; ces vins ne seraient donc propres qu'à faire de l'eau-de-vie.

Lorsque les vins doivent voyager, du moins pour un assez long trajet, ils doivent avoir au moins 12°, s'ils ne les ont pas, il faut les viner, c'est ce que l'on fait à tous les ports d'embarquement.

Pour se conserver, sans voyager, un vin doit porter de 9 à 10° ; il y a donc lieu de viner dans beaucoup de cas.

Si le vinage a des avantages, il a aussi des inconvénients, mais qui sont bien moins graves si le vinage a été fait à la cuve. Lorsque l'on vine à la cuve, on risque d'arrêter la fermentation, l'alcool en excès tuant les mycodermes ; il y a perte d'alcool absorbé par la rafle lorsque l'on traite les vins rouges. Champouillon a remarqué que les vins vinés passent au vinaigre avec une facilité surprenante. Les vins vinés directement sont plus dangereux, à degré alcoolique égal, que les vins naturels; l'ivresse produite par ces vins présente des caractères plus accentués et plus violents. L'alcool ajouté agit comme un simple mélange d'eau et d'alcool.

L'alcool produit par la fermentation n'est donc pas à l'état de simple mélange, quoi qu'en disent certains auteurs ; il est évident qu'il y a là une combinaison, peu stable, il est vrai, mais qui n'en existe pas moins. Lorsque l'on verse de l'alcool dans un vin, cette combinaison n'existe pas, d'où les résultats indiqués ci-dessus ; mais au bout d'un certain temps la combinaison est faite et le vin viné n'a plus les inconvénients signalés. A la dégustation, certains experts émérites reconnaissent un vin viné, mais au bout d'un an il leur est impossible de le reconnaître.

J'ai fait des liqueurs en employant de l'alcool 90°, bon goût, dans les premiers mois l'odeur de 3/6 prédominait sensiblement puis allait en diminuant et disparaissait complètement, de même pour le goût.

L'emploi des alcools n'est pas indifférent ; il est reconnu que les alcools de vin, qui cependant ne sont pas neutres, donnent de bien meilleurs résultats que les alcools d'industrie neutres, il semblerait que l'on ne se trouve pas en présence d'un produit identique ; cela doit tenir à la présence d'une quantité infinitésimale d'un produit qui agit sur le vin dans les mêmes conditions que les sucres candis de betterave, presque purs, agissent sur les vins de Champagne.

Le vinage ne peut être appliqué de manière à obtenir des vins marquant plus de 15° d'alcool ; c'est le maximum toléré par les règlements des contributions Indirectes et des Douanes ; ces vins à 15°, par suite des Traités de Commerce ne paient pas un droit supérieur à celui payé par les vins naturels de 7, 12 et 15° ; aussi les vins de 10 à 12° sont-ils vinés à 15° afin de pouvoir être mouillés ensuite.

En dehors de ce maximum toléré, il y a lieu de rechercher dans quelle proportion l'on doit viner pour se trouver dans de bonnes conditions. On a reconnu que pour obtenir le maximum de matières colorantes, un vinage à 3 ou 4 degrés est suffisant. Au point de vue de l'hygiène, le vinage devient nuisible lorsqu'il est fait à la dose de plus de 3 °/₀ avec des alcools à 85° et à la dose de 5 °/₀ avec des eaux-de-vie à 50° ; parce que plus la dose d'alcool est grande, moins vite se fait l'assimilation.

Jusqu'ici je n'ai parlé que d'alcools d'industrie, neutres, c'est-à-dire exempts de produits étrangers parce qu'il ne peut y avoir de discussion que sur les alcools neutres. Les alcools d'industrie provenant de la distillation des grains, betteraves, mélasse, etc., lorsqu'ils sont impurs, doivent être impitoyablement rejetés de la consommation, sous quelque forme qu'ils s'y présentent. De plus ces alcools donneraient aux vins un goût défectueux que l'on reconnaît surtout lorsqu'on les coupe d'eau pour les boire, et souvent le mauvais goût s'accentue encore à la longue.

Le vinage des vins sucrés dits : de liqueur, est une sorte de mutage ; lorsque la quantité de sucre contenue dans le moût est capable de fournir de 16 à 18° d'alcool, la quantité d'alcool ajouté, laisse dans le vin la proportion de sucre en excès correspondant à 16° que la fermentation ne dépasse ordinairement pas; on obtient ainsi les vins blancs doux muscats, Frontignan, Lunel; on obtient également des vins très alcooliques en même temps que liquoreux comme le Zucco, le Marsala et le Porto.

Cette addition d'alcool influe sur la formation postérieure des éthers, dont elle fait croître peu à peu la quantité ; mais ce n'est en général, qu'au bout de plusieurs années que cette éthérification est complète, surtout dans les vins non sucrés, et que le goût spécial de l'eau-de-vie a disparu pour se confondre avec le bouquet.

Le vinage à la cuve doit se faire, pour le vin rouge, le plus tôt possible, afin de précipiter l'excès de bitartrate de potasse, mais il ne faut pas verser l'alcool avant que la fermentation ne soit bien établie, sous peine de la voir s'arrêter, ce qui arrive inévitablement si l'on verse plus de 4 litres d'alcool par hectolitre de moût. L'alcool doit être mis au moment où la fermentation est à peu près terminée, mais non tout à fait.

Le vinage des vins faits doit se faire au moment des coupages. En Champagne, où l'on vine les vins avec la fine-champagne, le vinage ne doit pas être fait au moment du tirage, car le vinage tardif influe d'une manière fâcheuse sur la multiplication des mycordermes (Robinet). L'alcool des vins mousseux ordinaires ne doit pas dépasser 11° et celui des grands vins, 12°, sinon on risque de gêner la fermentation.

Pour les vins ordinaires le sucrage est de beaucoup préférable au vinage, car l'alcool produit est parfaitement combiné au vin et se comporte à tous les points de vue comme l'alcool naturel, tandis qu'il n'en n'est pas ainsi des alcools ajoutés.

Pour calculer la quantité d'alcool à ajouter au moût pour obtenir un degré alcoolique voulu, on opère de la manière suivante : on dose le sucre du moût et on calcule ce qu'il produira d'alcool, sachant que 1800 gr. de sucrose, si on s'est servi des aréomètres, et 1900 gr. de sucre inverti, si on a dosé le sucre par la liqueur de cuivre, donnent 1 litre d'alcool. On en déduit l'alcool à ajouter.

Exemple : Un moût, d'après le degré du sucre, doit produire 7°,9 d'alcool et l'on veut arriver à 10° ; il manque donc 2°,1 sur 1000 litres de moût il faudra 21 litres d'alcool pur ; si on a de l'alcool à 90°, on aura

$$\frac{21 \times 100}{90} = 23^{l}\ 3.$$

Il faudra donc ajouter 23[l] 3 d'alcool par 1000 litres de moût.

C'est ainsi que tous les ouvrages vinicoles expliquent ce calcul ; mais ce n'est pas mathématiquement exact, le degré d'alcool ne sera pas de 10°, il sera de 9°8.

En effet,	1000	litres de moût contiennent		79	litres d'alcool pur.
	23,3	— d'alcool 90°	—	21	—
	1023,3	— de mélange	—	100	—
d'où	1000	—	—	9,77	—

On obtiendra la quantité exacte d'alcool à verser, avec une très minime fraction en multipliant le volume d'alcool à verser par 113, au lieu de 100, et divisant par le titre alcoolique de l'alcool à verser.

Dans l'exemple ci-dessus on aura $\frac{21 \times 113}{90} = 26^{l},4$ d'alcool.

d'où	1000	litres de moût contiennent		79	litres d'alcool pur.
	26,4	— d'alcool 90°	—	23,76	—
	1026,4	— de mélange	—	102,76	—
	100	— —	—	10,01	—

Autre exemple : moût ayant 8°,6 d'alcool ; il faut ajouter 1°4 ou 14 litres par 1,000 litres d'alcool, l'alcool étant à 96°.

On a $\frac{14 \times 113}{96}$ = 16 litres 47 d'alcool 96° à verser.

1000	litres de moût contiennent		86	litres d'alcool pur.
16,47	— d'alcool 96°	—	15,82	—
1016,47	— de mélange	—	101,82	—
100	— —	—	10°01	—

Enfin, avec un moût devant produire 5° d'alcool soit à y ajouter 5 °/₀ et avec de l'alcool à 85° on arrive au chiffre de 9°, 99 °/₀.

Alcools employés pour le vinage. — Les alcools employés pour le vinage sont assez nombreux. On les divise en deux grandes classes : les alcools de vin et les alcools d'industrie provenant de la fermentation et de la distillation de toute autre substance que le vin ou ses dérivés ; on comprend aussi dans la classification des alcols de vin, c'est-à-dire moins dangereux, ceux de divers fruits, pommes, poires, cerises, etc.

Eaux de-vie. — Sous ce nom on comprend les liquides alcooliques contenant de 30 à 60 °/₀ d'alcool ; ce sont des liquides provenant de la distillation des vins, d'une coloration jaune tirant sur le roux, plus ou moins foncée. Aujourd'hui, en raison de la diminution de la vigne en France, on introduit dans les vins, avant de les distiller, beaucoup d'alcools de grains, de betteraves et de mélasses.

Les eaux-de-vie fabriquées par la distillation des vins des Charentes prennent les noms de *Cognac* et de *fine Champagne*. Le titre alcoolique de ces vins ont remonté par un sucrage préalable.

Les vins qui ont un goût de terroir, le donnent plus ou moins aux eaux-de-vie et ce goût se retrouve dans les vins vinés, lorsqu'il est exagéré.

Eau-de-vie et *alcool de marc*. — Ils sont obtenus par la distillation des marcs pressés ; ils conservent un fort goût de grappes, qu'il est impossible de leur enlever. Ces eaux-de-vie se préparent surtout dans le Languedoc, la Bourgogne, la Champagne et la Lorraine ; on en fait aussi beaucoup dans l'Ouest de la France.

Eau-de-vie de cidre. — L'eau-de-vie de cidre est employée en Normandie. Elle contient de 60 à 64 °/₀ d'alcool pur ; on l'obtient par la distillation du cidre fait. Aujourd'hui, on fait intervenir le sucrage du cidre avant la distillation, afin d'obtenir un rendement plus élevé. Elle a une odeur forte et désagréable.

Eaux-de-vie de poiré et de fruits sucrés. — Elles sont obtenues de même que l'eau-de-vie de cidre, par la fermentation du jus de ces fruits et par la distillation du produit fermenté ; on les vend sous le nom d'alcool de vin.

Eau-de-vie de cerises ou Kirschenwasser, que l'on obtient par la fermentation et la distillation des mérises ou cerises noires de la Forêt-Noire, et du pied des Vosges.

Eau-de-vie d'asphodèle. — Les tubercules de l'asphodèle sont traités comme les substances précédentes pour en extraire l'alcool. Ces eaux-de-vie sont fabriquées dans le Midi, à Montpellier, Frontignan, Villevayrac, Poussan et Vernet ; à Poitiers et dans le Cher.

On cite encore les alcools de sorgho et de garance peu intéressants.

Eau-de-vie de cannes. — Le jus de la canne à sucre mis à fermenter fournit un liquide alcoolique très connu sous le nom de *rhum*, ce liquide est blanc et diaphane au sortir de l'alambic, il se colore en jaune naturellement, dans les tonneaux en dissolvant la matière colorante jaune des bois, mais pour se colorer il lui faut un temps très long, c'est pour cela que l'on colore les rhums et qu'on les aromatise pour les faire consommer plus vite, on y fait infuser en proportions diverses des clous de girofle, des pruneaux, du goudron et surtout des râpures de cuir tanné ; la coloration est complétée par du caramel (Baudrimont).

Eau-de-vie de mélasse de cannes. — Les sucreries de cannes, dans les colonies, distillent leurs mélasses et produisent un liquide alcoolique moins bon que le rhum et connu sous le nom de *tafia* ; on lui fait subir des prépations analogues à celles que l'on fait subir au rhum.

Les mélasses des raffineries qui n'emploient que le sucre de canne et surtout de celles qui fabriquent le sucre candi fournissent de très bons alcools avec lesquels on peut imiter le rhum ou le tafia, ces divers alcools de mélasse ne sont pas employés pour le vinage.

Alcools. — On désigne sous ce nom des mélanges simples d'eau et d'alcool, quelle qu'en soit la provenance ; ces alcools sont incolores ou très légèrement colorés en jaune pâle. Les différentes sortes d'alcool sont : l'*alcool anhydre*, qui n'existe guère et n'est employé que dans quelques opérations chimiques, on lui donne aussi le nom d'*alcool absolu ;* l'*alcool des laboratoires* titrant de 90 à 98° l'*esprit trois-six* ou 3/6, contenant de 85 à 90 °/₀ d'alcool en volume, ou marquant 33 à 36 à l'aréomètre Cartier ; l'*alcool rec-*

tifié qui contient de 66 à 70° °/₀ d'alcool, ou marque de 24 à 26° Cartier; l'*alcool preuve* de *Londres* titre 61° alcoolimétrique, 24° Baumé ou 23° Cartier; le *double Cognac* donne 59° Gay-Lussac. 23° Baumé et 22° Cartier; l'*alcool* ou *eau-de-vie* de *preuve* de *Hollande* renferme 59 °/₀ d'alcool (19° Cartier); on dit qu'il peut perler, c'est-à-dire faire la perle ou le chapelet par l'agitation; l'*esprit de Hollande* contient un peu plus d'alcool.

Alcool de betterave. — On râpe la betterave, on presse le tout et on fait fermenter le jus pour en retirer l'alcool. Il a un goût particulier désagréable.

Alcool de mélasse. — Les mélasses de sucreries ou de raffineries qui travaillent la betterave donnent des alcools mauvais goût, par suite de la présence d'autres alcools que l'alcool vinique.

Alcool de riz et de grains. — Il est retiré des graminées, le riz, le froment et le maïs; on retire la farine de ces grains, on la convertit en glucose par l'acide sulfurique, puis en alcool par la fermentation et on distille l'alcool. Les alcools de riz obtenus dans le nord de l'Amérique sont d'une grande franchise de goût.

Alcool de pomme de terre. — On fait cuire la parmentière (nom que l'on aurait bien dû conserver, d'abord par reconnaissance, ensuite pour la beauté du langage), on la traite par un mélange de malt et de levûre de bière qui provoque la fermentation alcoolique, puis on distille.

Il a un goût désagréable d'alcool amylique.

— Ces trois derniers alcools possédaient autrefois à la livraison différents goûts très désagréables et plus ou moins nuisibles, par suite de la quantité d'alcool amylique (lequel est un poison), et d'autres alcools analogues contenus.

Mais dans ces derniers temps des progrès immenses ont été réalisés; divers procédés ont permis de délivrer l'alcool vinique des autres alcools et substances étrangères qui le souillent.

Je citerai spécialement le procédé Neujean de Liège (février 1882) pour l'alcool de parmentière, lequel sépare, avant la fermentation, les substances contenues dans ce tubercule produisant les alcools autres que le vin. Ce procédé consiste dans un système de lavage parfait de la parmentière, et de la pulpe obtenue par le râpage. L'alcool à 96° est excellent.

Je citerai encore le procédé de désinfection des alcools par l'électricité, par Naudin et Schneider (Bulletin de la Société chimique de Paris, 20 septembre 1881).

Ces différents procédés de rectification des alcools, joints aux splendides appareils Savalle, permettent d'obtenir des alcools parfaitement neutres.

On peut dire, sans exagération, que Savalle père est le rénovateur de la distillerie; les appareils primitifs modifiés constamment à leur avantage par la maison D. Savalle et Cie, de Paris, permettent d'obtenir des alcools bon goût avec les produits les plus divers, et avec un minimum absolu de pertes. Les distillateurs auront intérêt à lire le livre de D. Savalle (Masson éditeur) : « Les Distilleries, » ils y verront que cette maison a couvert de ses appareils toutes les parties du monde et qu'elle fabrique depuis quelque temps des appareils de distillation parfaits, au point de vue de la pureté des alcools et du rendement, et parfaitement transportables ; ce qui pour moi est un très grand avantage.

Alcool de bière. — La bière faite, distillée, donne un alcool parfaitement pur, mais le prix de revient serait trop élevé, aussi ne fabrique-t-on cet alcool que sur les moûts de bière, et aussi cet alcool a-t-il les mêmes inconvénients que les précédents ; on y remédie de la même manière.

— Dans tous ces liquides alcooliques obtenus par la fermentation et la distillation de ces diverses plantes, l'alcool vinique $C^4 H^6 O^2$ est évidemment le même corps, mais plus ou moins souillé de différentes matières étrangères plus ou moins infectes et nuisibles. Donc si l'on enlève ces subtances, il ne reste plus que l'alcool pur et dès lors le produit n'a plus ni mauvais goût, ni mauvaise odeur, ni action nuisible sur l'estomac en dehors de celle de l'alcool de vin. C'est justement ce que l'on fait aujourd'hui d'une manière presque parfaite, grâce aux nouveaux procédés et aux nouveaux appareils de rectification.

PLATRAGE

Le plâtrage, ou addition de plâtre aux vins, est généralement pratiqué dans le Midi de la France et dans quelques contrées de l'Espagne, du Portugal et de l'Italie.

Il paraît avoir été découvert d'abord en Afrique d'où il serait passé en Grèce et ensuite en Italie.

Les anciens connaissaient le plâtrage : les Géoponiques disent que le plâtrage absorbait l'humidité en excès dans le vin. Du temps des Romains, le plâtrage était usité dans l'île de Crète et dans l'Afrique septentrionale. *Africa gypso mitigat asperitatem* (Pline, liv. 14).

Si le plâtre est ajouté au moût, il favorise le développement de la couleur, tandis que s'il est mis dans le vin il diminue l'intensité de la couleur tout en la rendant plus limpide et plus brillante. Il assure de plus la conservation des vins.

Le plâtrage est considéré par presque tous les chimistes comme une fraude, et c'est mon opinion. Il y a bien une tolérance légale qui permet de plâtrer les vins jusqu'à ce qu'ils renferment 2 grammes de sulfate de potasse; mais le mot de tolérance est bien appliqué et comme, d'après M. A. Bouffard, le plâtrage au-dessous de 2 grammes est inutile, il n'y a donc plus lieu de l'appliquer.

Un grand nombre d'auteurs vinicoles, et moi-même, ont préconisé l'emploi de l'acide tartrique pour remplacer le plâtrage, mais dans toutes les contrées le résultat n'a pas été aussi satisfaisant ; cela dépend peut-être de la manière dont il a été appliqué, car j'ai reçu des remercîments de grands viticulteurs du Midi qui, sur mes conseils, ont substitué l'emploi de l'acide tartrique au plâtrage.

L'étude entière du plâtrage est classée dans les « Falsifications. » En la plaçant ainsi, je ne fais que suivre la voie tracée par tous les chimistes vinicoles.

TARTRAGE

Sous ce nom on désigne les procédés dans lesquels on emploie l'acide tartrique ou ses sels.

Acide tartrique. — L'addition d'acide tartique aux vins, lorsqu'elle n'a pour but que d'améliorer cette boisson, n'est pas une falsification. Lorsque cet acide est ajouté à la cuve, il active la fermentation et par la suite disparaît en partie, en s'éthérifiant, de sorte que le vin fait ne contient que très peu d'acide tartrique libre. Comme les résultats cherchés par le plâtrage sont produits par la mise en liberté de l'acide tartrique, il est plus naturel de l'ajouter directement.

Tous ou presque tous les auteurs vinicoles ont parlé en faveur de l'introduction de l'acide tartrique à la vendange.

Dès 1846, Bastilliat, dans son Traité des Vins de France, recommande cet acide pour corriger et bonifier les vins du Midi. Ensuite Gautier conseilla pour les raisins des pays chauds, dont la vendange doit être faite, ces raisins non *absolument mûrs*, d'y ajouter s'il le faut 1 ou 2 millièmes d'acide tartrique, de soutirer de suite après la fermentation, qui se fait rapidement, et de chauffer si c'est nécessaire.

Bastide a écrit qu'il faut toujours ajouter de l'acide tartrique au moût des raisins dont les grains sont ouverts ou qui ont été salis par la boue.

L'acide tartrique, qui est extrait de la vigne, aide puissamment à extraire la matière colorante du marc; il donne aux vins de l'arôme et de la fraîcheur. Ajouté à un vin riche en potasse, il déplace l'acide malique et les autres acides organiques pour former du bitartrate de potasse qui se dépose. Les acides mis en liberté ne donnent au vin que la moitié ou les deux tiers de l'acidité de l'acide tartrique ajouté, parce que ce dernier est bibasique et que les autres acides sont presque tous monobasiques (A. Bouffard).

Il est inoffensif lorsque la dose n'est pas exagérée; dans ce cas le vin a un goût acide désagréable, et l'on n'a pas intérêt à en mettre trop, son prix étant relativement élevé. Comme il ne change pas la constitution intime des vins, il doit être préféré au plâtrage.

Ce produit est bon, dit un auteur, mais coûte deux fois plus cher que l'acide sulfurique. Je répondrai que ce n'est pas une raison pour y substituer ce dangereux produit.

Les vins dans lesquels l'emploi de cet acide est nécessaire sont ceux qui manquent d'acide, ceux provenant de vignes atteintes de maladies cryptogamiques, surtout le mildew, ceux qui sont trop sucrés et enfin les vins dont on veut modifier la couleur, tels que les vins du Midi et notamment le Jacquez.

L'emploi à la cuve est toujours préférable.

Il est difficile de connaître à l'avance la dose d'acide à ajouter au moût; il faut doser l'acidité du moût, le comparer avec les années de bonne récolte et voir à ces époques quelles étaient les augmentations d'acidité procurées par un plâtrge ayant donné de bons résultats comme couleur; on ajoutera alors le double d'acide nécessaire pour produire cette acidité.

Lorsque l'acidité d'un moût est inférieure à 7 gr. ou 9 gr. par litre il faut revenir à cette acidité sous peine d'avoir un vin plat, lourd et de mauvaise garde. Cette acidité est calculée en acide tartrique.

Dans beaucoup de contrées on a obtenu de très bons produits en ajoutant de 600 à 900 grammes d'acide par 1000 kilog. de vendange. M. Bouffard indique la dose de 700 gr. pour l'aramon et le carignane, au maximum, soit 1 gr. par litre de moût et jusqu'à 4 gr. pour le vin de Jacquez.

L'introduction de l'acide tartrique dans le vin fait ne donne pas lieu aux mêmes conclusions, car alors cet acide ne procure plus qu'une amélioration dans la couleur et la tenue et là, toute la quantité d'acide versée reste presque complètement dans le vin, surtout si sa fermentation est terminée.

D'après Robinet : « L'introduction de cet acide dans le vin n'est pas *une fraude*, mais on peut avoir intérêt à en démontrer la présence. Il peut arriver, et il arrive souvent, qu'un vin est louche et plat, que malgré le collage il ne prend pas ce brillant indispensable à un vin de bonne vente; dans le but de remédier à cet accident, on y introduit des quantités plus ou moins considérables d'acide tartrique. Cette addition n'a, il est vrai de le dire, aucun inconvénient pour la santé des consommateurs, mais elle n'en est pas moins *une fraude*, en ce sens qu'il y a dénaturation de la qualité de la marchandise.

» Nous ne pensons pas cependant que la loi puisse atteindre une fraude de ce genre; car, même pour les vins très bons, on ajoute quelquefois un peu d'acide tartrique en les collant, pour en assurer la conservation; cette pratique s'emploie surtout pour les vins blancs qui ont conservé trop de douceur, et qui sont ce qu'on appelle plats. »

J. Brun est d'un avis contraire. — L'acide tartrique libre a sur l'estomac une action analogue à celle de l'acide acétique libre; il est même plus nuisible. Ses sels sont inoffensifs. Le vin qui en contient a une saveur acerbe accompagnée d'une certaine chaleur à la gorge.

Il est évident que le vin qu'il a eu à examiner en contenait une proportion telle qu'il était inbuvable et ressemblait aux vins piqués ou sautés, car on fait des limonades à l'acide tartrique très agréables et très rafraîchissantes.

Pour trouver la quantité d'acide tartrique à ajouter aux vins, on opère de la manière suivante, qui est très simple et qui indique si le vin contient suffisamment d'acides et par conséquent se conservera limpide toute l'année.

On fait une solution de carbonate de soude au 200e (1 gr. dans 200 gr. d'eau). Une partie de vin fermenté et quatre parties de cette solution ne doivent guère changer de couleur lorsqu'on les mélange. Si la couleur devient bleu verdâtre, il faut alors ajouter au vin 15 gr. d'acide tartrique par hectolitre.

Si le changement de couleur a lieu avec 1 p. de vin et 3 p. de solution, il faut en ajouter de 30 à 40 gr. par hectolitre; avec 1 p. de vin et 2 de solution, il faut en mettre 50 à 60 gr., et enfin, si la variation de teinte est produite par 1 p. de solution sur 1 p. de vin, la quantité d'acide à introduire sera de 80 à 100 gr. par hectolitre.

Comme l'acide tartrique coûte 4 fr. le kilogramme, la dépense sera donc de 6 à 40 centimes par hectolitre, dépense minime, étant donné le résultat obtenu : Vin clair, léger, brillant et bien préférable comme goût et bouquet aux vins plâtrés.

Lorsqu'après la fermentation on constate que les vins ont une tendance à ne pas s'éclaircir, il y a lieu de rechercher si ce défaut est dû au manque d'acide ou au manque de tannin. Un essai indique de suite lequel de ces deux agents manque; si c'est l'acidité qui est trop faible on ajoute de l'acide tartrique dans la proportion de 5 à 10 grammes par hectolitre et on laisse reposer. Si l'opération ne réussit pas, c'est que le vin est malade.

L'acide tartrique employé dans les vins faits n'augmente pas la couleur, il l'avive seulement et donne de bons résultats avec les vins destinés à vieillir.

Il ne faut pas oublier que les vins faits, naturels, ne contiennent que très rarement de l'acide tartrique libre et que, par conséquent, si on en trouvait une quantité sensible dans un vin donné comme naturel, il pourrait y avoir lieu à chicane.

Dans les années pluvieuses on ajoute du tannin aux vins blancs et 24 heures après de 50 à 100 gr. d'acide tartrique, ou mieux de 50 à 75 gr. d'acide citrique (Robinet).

L'acide tartrique est aussi employé en Champagne au moment du collage pour précipiter le tannate de gélatine qui est en partie soluble, ainsi que l'a démontré M. F. Jean.

M. Robinet préfère l'acide citrique à l'acide tartrique pour le traitement des vins de Champagne, cet acide ayant donné des résultats meilleurs.

Acide tartrique et plâtre. — M. Chauzit (Progrès agricole et viticole, 1887) a trouvé que le meilleur résultat, pour les vins de Jacquez, était obtenu par un mélange de 3 kilog. d'acide tartrique et de 5 kilog. de plâtre par 1000 kilog. de raisin.

En 1888, M. Bouffard a essayé ce procédé et a trouvé que le meilleur résultat était donné par d'autres doses : Pour 1000 kilog. de raisins il n'a ajouté que 1 kilog. de plâtre (pouvant donner 1 gr. de sulfate de potasse par litre de vin) et de 350 à 700 gr. d'acide tartrique; la dépense n'est que de 0 fr. 25 à 0 fr. 50 par h. l. de vin. Pour le raisin de Jacquez, il faut augmenter considérablement ces doses.

Grappillons verts. — M. A. Bouffard (La Loi Griffe et le Plâtrage) conseille d'ajouter à la vendange les grappillons verts, en les écrasant, au préalable, avec beaucoup de soin. L'acidité du jus de ces raisins peut aller jusqu'à 15 gr. d'acide tartrique par litre (8 gr. 7 d'acide sulfurique). Avec ces grappillons, pour obtenir les 700 gr. d'acide indiqués plus haut, il n'en faudrait que 7 kilog. pour 1000 kilog. de vendange, et l'on obtiendrait une acidité de 1 gr. par litre, parce que 10 gr. de grapillons contiennent une acidité de 1 gr.

Tartrate de chaux. — Ce procédé est dû à M. Calmettes, négociant de Narbonne, qui l'a proposé en 1887, pour remplacer le plâtrage. Il a d'abord essayé l'emploi du tartrate de chaux préparé d'avance, mais il n'a pas obtenu d'aussi bons résultats qu'en produisant ce sel dans la cuve même de fermentation.

Il a constaté qu'il est préférable pour les vins de retarder la combinaison de l'acide tartrique avec la chaux.

Son procédé consiste à additionner alternativement le raisin foulé ou non d'acide tartrique, puis de craie concassée ou de blanc d'Espagne. Le mouvement produit dans la cuve par la fermentation amène l'acide tartrique dissous par le moût au contact de la craie, il se fait du tartrate de chaux et il se dégage de l'acide carbonique; le tartrate neutre de chaux est insoluble et se dépose au fond des vases vinaires.

Il avait opéré sur 150 gr. de tartrate neutre de chaux par comporte de vendange, dans le premier cas, et dans le second sur 10 comportes, en ajoutant 400 gr. de blanc d'Espagne et 600 gr. d'acide tartrique en cristaux, placés chacun sur une comporte différente. (La comporte est de 43 à 60 litres suivant les localités.) Ces chiffres sont des maximum.

Si on foule la vendange, pour une cuve de 100 hect., il faudra mettre le blanc d'Espagne avant la première comporte de la série de 10 et l'acide tartrique avant la sixième, et ainsi de suite.

D'après M. Calmettes. le tartrate de chaux ne peut être nuisible en aucun cas, il ne peut être qu'inutile dans certains cas. Les résultats sont de beaucoup supérieurs à ceux du plâtrage. Le tartrate de chaux, à dose égale, est beaucoup plus énergique que le plâtre, il augmente la finesse du vin, fixe beaucoup mieux la couleur qui est plus intense, plus brillante et surtout plus solide. Du reste, c'est en grande partie à l'excès de tartrate de chaux du moût qu'est dû la beauté et l'inaltérabilité des petits vins du Centre. L'emploi du tartrate de chaux ne change rien à la composition normale des vins, mais les matières mucilagineuses et albuminoïdes sont précipitées.

A la récolte de 1887, il y eut de nombreux essais de vinification faits par ce procédé; les résultats ont été très contradictoires.

M. A. Gautier fit un rapport à l'Académie de Médecine, le 17 juillet 1888 :

1° Ce procédé élève de 1° au moins le titre alcoolique des vins, l'ensemble des autres éléments restant le même;

2° L'acidité de la liqueur est un peu diminuée;

3° La couleur est un peu supérieure à celle des vins naturels mais inférieure à celle des vins plâtrés;

4° Le moût fermente plus vite que s'il n'est pas additionné de tartrate de chaux et ne produit pas, ou peu, d'alcools secondaires et supérieurs, c'est-à-dire les plus nuisibles;

5° Le tartrage ne modifie pas sensiblement la composition des vins.

D'après M. Croumydis, il n'y a pas d'augmentation d'alcool ni d'acidité. (Voir « Phosphatage ».)

Pour M. Portes il y a augmentation d'acidité mais pas pour l'alcool et l'extrait. La dégustation laisse une grande incertitude sur les avantages du tartrage.

Pour 100 kilog. de vendange il faut employer :

Acide tartrique pilé, 615 gr.; blanc d'Espagne concassé, 923, pour les petits vins de 7 à 8°, de vignes sèches; acide, 770 gr.; craie, 1230 pour les vins de 9 à 9° 1/2, de vignes submergées ou arrosées; acide, 923 gr.; craie, 1540 gr., pour les vins de plus de 10°, vins mous, bleutés, Bouschet, Jacquez et Aramon; acide 1077 gr. et craie, 1845 gr., pour le Jacquez pur; la dépense varie de 0 fr. 54 à 1 fr. 26 par hectolitre.

M. A. Bouffard (Annales de la Société d'Agriculture de Montpellier, 1889), a fait une série d'essais, très minutieusement faits, pour comparer les divers procédés pour remplacer le plâtrage, et il a trouvé que le tartrage donnait toujours des résultats inférieurs. Les lecteurs que cette question intéresse devront lire cette belle étude. Voici quels sont les résultats de sept groupes d'essais ; à la dégustation, moyenne des classements :

1	Plâtre et acide tartrique	1.62
2	Phosphate d'ammoniaque	3.00
3	Plâtrage	3.12
4	Phosphate et carbonate d'ammoniaque	3.50
5	Phosphate de chaux	3.87
6	Vin naturel	4.12
7	Tartrate de chaux	4.60

Il n'y a de résultats bien tranchés que pour l'emploi du plâtre, et du plâtre et acide tartrique, les autres produits ont donné des essais contradictoires; mais dans tous les cas, les vins au tartrate de chaux ont été classés les derniers comme couleur, parce qu'ils étaient jaunes et cassants à l'air.

En 1890, le même savant (La Loi Griffe et le Plâtrage) revient sur le même sujet et déclare que les essais de tartrage par le tartrate de chaux sont complètement nuls; il n'y a eu de résultats que lorsque l'acide tartrique était en excès, donc l'acide tartrique seul vaut mieux.

Pourquoi M. Bouffard n'a-t-il pas fait également une série d'essais avec l'emploi de l'acide tartrique seul, pour les comparer avec les essais ci-dessus ?

Crème de tartre. — La crème de tartre est quelquefois ajoutée aux vins rouges obtenus avec des raisins trop mûrs, afin d'obtenir une acidité, qui avive la couleur, d'une part, donne une certaine saveur, d'autre part, et enfin permet le développement du bouquet du vin.

Dans ce cas, ce n'est pas une falsification, lorsque la quantité de ce sel ne dépasse pas la dose normale ; du reste, l'analyse ne peut indiquer l'addition de cette substance.

C'est Bullion qui, le premier, a conseillé d'employer le tartre pour faciliter la fermentation des raisins trop sucrés.

On l'ajoute aussi afin de faciliter l'action du collage, mais à des doses assez faibles.

Lorsqu'elle est ajoutée aux vins plâtrés ou mouillés pour dérouter les experts, c'est une falsification. (Voir aux *Falsifications*).

Nous avons vu dans l'étude de la Chaptalisation l'emploi du tartrate neutre de potasse pour enlever l'excès d'acidité d'un moût, c'est-à-dire, dans le but contraire du tartrage.

PHOSPHATAGE

L'emploi des phosphates, pour remplacer le plâtrage, a été essayé presque simultanément, par M. Audoynaud (1886), qui fit des expériences de laboratoire, d'une grande précision et par M. Hugounencq (1887) dont les essais furent faits en grand.

Quelques explications sont nécessaires sur les phosphates. L'acide phosphorique est un acide tribasique, c'est-à-dire qu'un équivalent d'acide phosphorique s'unit à trois équivalents de base ou oxyde; cette propriété permet à l'acide phosphorique de former trois sortes de sels avec les oxydes :

Les sels neutres dans lesquels il y a trois équivalents de bases pour un d'acide ; on les a appelés, à tort, pendant longtemps, phosphates basiques, il vaut mieux dire phosphates tribasiques et les sels acides qui sont bibasiques et monobasiques ; dans ces derniers sels, un ou deux équivalents d'eau jouent le rôle de base. Exemple :

Phosphate tribasique de chaux	....	$P\,O^5$, 3 CaO
— bibasique —	....	$P\,O^5$, 2 CaO, H O
— monobasique —	....	$P\,O^5$, CaO, 2 H O

En dehors de ces phosphates simples, il se forme des phosphates composés, dans lesquels il peut entrer jusqu'à trois bases différentes.

M. Audoynaud a essayé le phosphate bicalcique de chaux, et il a trouvé que son action sur la fermentation du moût était la même que celle du plâtrage. Il essaya ensuite le phosphate d'ammoniaque pur (8 fr. le kilogr.), à la dose de 25 à 50 gr. par 50 kilogr. de vendange ; soit de 500 gr. à 1 kil. par 1000 kil. de vendange (dépense de 0 fr. 50 à 1 fr. par hect. de vin). Les effets produits ont été plus marqués qu'avec le phosphate bicalcique. Enfin, il fit des essais sur le phosphate de chaux bibasique et le carbonate d'ammoniaque employés séparément comme dans le procédé Calmettes (Tartrage). Pour 50 kil. de vendange, il a employé 50 gr. de phosphate de chaux, et pour 50 autres kil. de vendange, 50 gr. de carbonate d'ammoniaque (dépense 0 fr. 50 par hectol.).

Dans ses résultats, il a constaté que le phosphatage produisait un bouquet plus agréable, que la dose d'alcool était augmentée de 0°2 à 1°2, ce dernier chiffre a été contesté, et que les vins phosphatés s'enrichissent de 1 gr. à 1 gr. 1/2 par litre de phosphate de potasse et de chaux ; il reste à savoir si ce sel n'est pas nuisible, quoique l'on dise qu'il sert à la reconstitution des tissus.

M. Hugounencq expérimenta le phosphate de chaux bibasique et le fit essayer par plusieurs vignerons. Ce phosphate est préparé en traitant les os par l'acide chlorhydrique et en précipitant l'acide phosphorique par un lait de chaux en quantité convenable ; on le trouve dans le commerce, mais il n'est pas toujours pur ; il renferme fréquemment un peu de fluorure, de magnésie, de matières organiques azotées et de très notables proportions d'arsenic, provenant de l'acide chlorhydrique impur (A. Bouffard) ; c'est donc un produit qui peut être très dangereux.

M. Hugounencq prit 800 kil. de raisins frais écrasés et égrappés, il les logea par parties égales dans 8 bombonnes de 60 litres chacune, les raisins furent plâtrés et phosphatés (la dose employée était de 350 gr. de phosphate de chaux précipité pur ou de 350 gr. de plâtre pur par hectolitre de vin, soit 2 kil. 45 par 1000 kil. de vendange). La fermentation terminée, le vin obtenu fut soutiré dans des bouteilles de verre clair.

Le vin naturel mit 45 jours à se clarifier, les vins plâtrés ou phosphatés se dépouillèrent très vite et d'autant plus qu'ils étaient plus phosphatés et plus plâtrés ; avec un avantage sensible pour les premiers. A la suite de ses essais, M. Hugounencq proposa le phosphatage à l'Académie de Médecine (1887), en faisant remarquer que l'acide phosphorique contenu dans les vins a plus que doublé et qu'il s'élève à 0,25 et 0,27 par litre pendant que les cendres et le sulfate de potasse n'ont pas augmenté.

M. A. Gautier fut prié par M. Hugounencq de faire l'analyse des vins qu'il avait obtenus à la suite de ces essais. Ce sont ces analyses et les conclusions qui en découlent que M. Gautier présenta à l'Académie de Médecine le 17 juillet 1888.

Voici un extrait de ces analyses :

	VIN DE LODÈVE			VIN de Montpellier		VIN de Villeveyrac		VIN de Villa-Lassac	
	Naturel	Phosphaté	Plâtré	Naturel	Phosphaté	Plâtré	Phosphaté	Plâtré	Phosphaté
Alcool	10°5	11.2	11.7	8.10	8.8	11.0	11.0	10.8	11.5
Extrait à 100	21.86	29.88	28.24	18.40	19.08	24.25	26.16	23.48	28.40
Cendres	2.36	4.88	4.92	3.48	3.32	4.60	5.25	4.08	3.90
Crème de tartre	2.01	3.86	1.63	3.21	3.28	1.93	5.46	2.76	2.98
Alcalinité des cendres en CO^2 KO.	0.66	0.44	0.58	0.91	0.66	0.11	0.15	0.14	0.30
Sucres réducteurs	1.25	2.60	1.48	1.03	1.64	0.76	1.50	0.64	6.57
Acidité	5.39	6.12	6.32	5.92	6.27	6.61	8.52	6.41	8.57
Acide phosphorique	0.08	1.28	0.09	0.02	0.88	0.11	0.48	0.20	0.20
Sulfate de potasse	1.62	1.86	2.34	1.26	1.45	2.02	1.99	»	»
Chaux	0.12	0.28	0.36	0.14	0.21	0.52	0.45	0.31	0.25

Ses conclusions sont : 1° le phosphatage, comme le plâtrage, augmente de 0,2 à 1 % la proportion d'alcool du vin ; 2° les vins plâtrés perdent la moitié de leurs phosphates naturels, tandis que les vins phosphatés s'enrichissent de 1 gr. à 1 gr. 1/2 de phosphate acide de potasse, ce qui augmente la valeur nutritive ; 3° l'acidité augmente dans les vins phosphatés de même que dans les vins plâtrés ; 4° l'extrait des vins phosphatés, déduction faite du sulfate de potasse, est supérieur à celui des vins naturels et plâtrés ; 5° dans les vins phosphatés, le poids de la crème de tartre est égal à celui des vins naturels, sinon supérieur ; 6° dans les vins phosphatés, le poids du sucre réducteur et des gommes est un peu supérieur à ce qu'il est dans les mêmes vins naturels et surtout plâtrés ; 7° la couleur est supérieure à celle des vins naturels et inférieure à celle des vins plâtrés ; 8° la dégustation est égale à celle des vins plâtrés. A tous ces points de vue, les vins phosphatés sont supérieurs aux vins plâtrés, sauf la couleur qui est un peu moins intense.

M. Cromydis a fait d'autres expériences comparatives entre le plâtrage, le tartrage et le phosphatage.

	PLATRAGE	TARTRAGE	PHOSPHATAGE
Alcool	12°0	12.0	11.9
Extrait à 100	27.76	25.44	26.92
Cendres	4.92	2.56	4.80
Crème de tartre	5.18	4.56	3.83
Tannin	0.92	0.80	0.92
Acidité	5.15	5.10	5.59
Acide phosphorique	0.18	0.17	1.59
Sulfate de potasse	3.82	0.56	0.63
Potasse	2.09	1.09	2.28
Chaux	0.21	0.08	0.09
Densité	997	995	997

(Sophistication des Vins, A. Gautier, 1891.)

Les résultats de M. Cromydis ne sont pas tout à fait d'accord avec ceux de M. Gautier : les poids de l'alcool, de l'extrait et de la crème de tartre, dans les vins phosphatés sont inférieurs à ceux des vins plâtrés. Pour pouvoir bien juger de la valeur relative de chacun de ces procédés, il eût fallu donner en même temps le résultat obtenu avec le vin naturel.

Dans ses essais, M. Portes n'a pas trouvé d'augmentation du degré de l'alcool.

M. A. Bouffard a repris cette étude et n'a pas trouvé de résultats très nets, ainsi qu'on l'a vu au Tartrage. Le degré alcoolique est diminué, dans la plupart des cas, par le phosphatage et, dans les autres cas, l'augmentation d'alcool ne dépasse pas 0.2 %. Dans la moitié des essais, l'acidité des vins phosphatés est inférieure à celle des vins plâtrés et, dans l'autre moitié, cette acidité est égale ou supérieure, mais sans dépasser 0 gr. 4 par litre, et dans deux essais seulement (le nombre des vins phosphatés était de 24). Le phosphate d'ammoniaque a donné les meilleurs résultats.

Le phosphatage par le phosphate acide de chaux est presque impossible, car si, avec le produit commercial, on ne dépense que 1 fr. 70 par hectolitre de vendange, on se trouve en face d'un produit impur, qui peut être très dangereux, et si l'on se sert du phosphate pur, coûtant 8 francs le kilogramme, on arrive à dépenser 3 fr. 40 par hectolitre de vendange.

La formule de la réaction du phosphate de chaux bibasique sur la crème de tartre est la suivante :

$$\underset{\text{Phosphate de chaux}}{PO^5, 2\,CaO, HO} + \underset{\text{Crème de tartre}}{C^8 H^4 O^{10}, KO, HO} = \underset{\text{Tartrate de chaux}}{C^8 H^4 O^{10}, 2\,CaO} + \underset{\text{Phosphate de potasse}}{PO^5, KO, 2\,HO}$$

Le phosphate de potasse monobasique obtenu est un sel très acide ; son acidité est à peu près égale à celle du bisulfate de potasse et il donne de l'acide phosphorique assimilable.

M. Maumené dit qu'il faut employer le phosphate pur et que, puisque les sels de potasse sont nuisibles, il faut obtenir du phosphate de soude, ce qui n'est pas facile.

M. Remy (Epernay 1890) ayant constaté que si les vins ne fermentaient pas complètement, cela tenait souvent à l'absence de phosphates, a ajouté 2 grammes de phosphate de soude par pièce de vin, et il a réveillé ainsi la fermentation qui s'acheva dès lors dans des conditions normales.

En résumé, le phosphatage n'a pas donné, jusqu'à présent, les avantages sur lesquels on comptait.

MUTAGE

Le mutage est l'opération qui a pour but d'arrêter la fermentation, de le rendre muet.

Lorsqu'un vin a une fermentation trop vive, qui menace de se transformer en fermentation secondaire, on y ajoute des agents qui ont pour but de régler ou d'arrêter cette fermentation ; c'est ce qu'on appelle muter les vins.

On l'emploie généralement comme moyen de conservation des vins communs et pour conserver aux vins riches en sucre une certaine douceur, due au sucre restant, qui ne peut plus fermenter. C'est un moyen puissant de conservation et de clarification.

Certains vins blancs sont consommés lorsqu'ils n'ont subi qu'une partie de la fermentation. A un moment donné de la fermentation, le vin renfermant encore du sucre, on mute le vin, ce qui arrête brusquement toute fermentation, de façon qu'il puisse supporter le voyage, et on le livre de suite à la consommation. Ce vin est laxatif et rafraîchissant.

Les anciens connaissaient le mutage, mais non par l'emploi du soufre ; ils composaient un mastic avec de la poix, 1/50 de cire, un peu de sel et d'encens qu'ils brûlaient dans les tonneaux ; cette opération était nommée *picare dolia* et les vins qui en résultaient *vina picata* : Plutarque et Hippocrate en parlent; Baccius indique qu'il faut résiner les tonneaux au moment de la canicule, opération appelée *picare vasa*, et Pline condamne l'usage de la cire pour enduire les amphores poreuses, disant qu'elle faisait aigrir les vins.

Le mutage se produit au moyen de plusieurs agents antiseptiques, qui tous n'ont pas seulement pour but d'arrêter la fermentation alcoolique, mais qui sont le plus souvent employés pour assurer la conservation des vins en empêchant les fermentations secondaires et les altérations qui en résultent.

Ces agents sont : l'acide sulfureux, l'alcool, la moutarde, l'acide borique et l'acide salicylique. Le chauffage est aussi employé dans le but de muter les vins.

Soufre. — L'emploi du soufre ou soufrage est une opération qui a pris beaucoup d'extension, aussi lui ai-je consacré un paragraphe spécial à la suite de celui-ci. Dans le cas de mutage il n'agit que momentanément comme pour les vins blancs, dont il est parlé ci-dessus.

Alcool. — L'addition d'alcool au vin, ou vinage, arrête la fermentation lorsque la quantité d'alcool est suffisante.

Le vinage est une opération très importante qui a été étudiée précédemment.

On mute beaucoup au moyen de l'alcool; il suffit, pour arrêter la fermentation, de l'ajouter en proportion convenable pour que le vin en contienne de 17 à 18 °/₀ en volume.

A doses moindres la fermentation ralentit, et le vin possède des propriétés spéciales.

Pour obtenir les vins de Frontignan, Lunel, Rivesaltes et d'Espagne, après avoir pressuré le raisin, on additionne les moûts de 5 °/₀ d'alcool 3/6; la fermentation se fait beaucoup plus lentement, s'arrête plus tôt, et les vins restent plus sucrés.

Les vins très sucrés marquant de 20 à 30° au glucomètre se mutent d'eux-mêmes, dès que la dose d'alcool atteint 18°.

Moutarde. — Une pincée de moutarde, par hectolitre de moût, empêche toute fermentation, mais le vin conserve toujours un petit goût, quoique peu marqué.

Acide salicylique et **Acide borique.** — Ces deux agents, surtout le premier, sont des produits dangereux pour l'hygiène publique; leur emploi étant défendu, je les ai classés dans les falsifications.

Chauffage. — Le chauffage, indiqué par Pasteur, est aujourd'hui employé pour le mutage des vins qu'il empêche de fermenter pendant quelques mois; mais son usage le plus général a pour but d'arrêter les fermentations secondaires ou maladies des vins.

Le chauffage est aussi employé pour concentrer les moûts de façon à obtenir des liquides concentrés, infermentescibles qui, versés dans des moûts plus légers, en activent la fermentation.

Le chauffage est étudié complètement plus loin, dans ce chapitre.

SOUFRAGE

Le soufrage a pour but d'introduire dans le vin de l'acide sulfureux résultant de la combustion du soufre.

Cet acide arrête la fermentation en marche et prévient les fermentations subséquentes. On ne l'emploie pas pour les vins fins, car il reste toujours une trace de cet acide, dont le goût est désagréable.

L'acide sulfureux engourdit les ferments et les empêche complètement d'exercer leur action, mais il ne les tue pas; il se combine aux matières organiques qu'il décolore ordinairement; il précipite les matières albuminoïdes; il empêche les moisissures dans les tonneaux vides; il rend les vins faibles ou astringents incapables de tourner au gras et il empêche la coloration des vins blancs par les fûts.

Les vins rouges sont décolorés momentanément par l'acide sulfureux, mais le principe de la couleur n'est pas détruit, celle-ci revient bientôt aussi vive qu'auparavant; un excès d'acide ne peut donner qu'une teinte de vieillesse en modifiant légèrement le colorant bleu.

Le mauvais goût de l'acide sulfureux ne disparaît que trois ou quatre mois après son introduction dans le vin.

L'acide sulfureux agit soit en se combinant directement aux matières organiques, soit en enlevant leur oxygène ou en absorbant l'oxygène du vin, et dans ce cas il se transforme en acide sulfurique.

Le *méchage*, ou emploi de mèches soufrées, est le premier moyen trouvé pour introduire l'acide sulfureux dans les vins; il est encore le plus employé par suite de son extrême simplicité. Caton est le premier qui parle de l'emploi de ces mèches.

Les mèches sont des bandes de grosse toile de chanvre ou de coton, que l'on plonge à plusieurs reprises dans du soufre fondu, et auquel, dans certains pays, on ajoute des poudres aromatiques.

Machard conseille l'emploi des mèches aromatisées parce qu'elles fondent moins vite.

Les mèches de carton ne valent rien, elles donnent mauvais goût au vin.

Les mèches s'accrochent à une tige de fer passée au centre d'un bouchon de bois assez large pour fermer la bonde; c'est ce qu'on nomme le *méchoir*. Ce procédé a l'inconvénient de laisser tomber dans le tonneau ou dans le vin une partie des cendres de la mèche et des petites parties de soufre fondu; les cendres contiennent des sulfures qui se dissolvent dans le vin et qui peuvent donner à la masse un peu d'acide sulfhydrique, lequel a l'odeur des œufs pourris.

L'abbé Rozier a remédié à cet inconvénient au moyen d'un méchoir imaginé par lui et qui rend impossible la chute des cendres ou du soufre dans le vin. Son méchoir se compose d'un récipient en terre ou en tôle, percé de trous et suspendu à une chaîne fixée dans la bonde; la mèche est mise enflammée dans le vase, qui a la forme d'un dé à coudre, et le tout est descendu dans le tonneau, les cendres restent dans le fond du vase de terre ou de tôle.

Le méchage a l'inconvénient de ne pouvoir régler facilement la quantité d'acide sulfureux à introduire dans le vin.

On opère, en grand, dans des chambres spéciales, dans lesquelles le vin coule sur des gradins à travers des douelles percées, destinées à le diviser, afin de lui permettre de mieux absorber l'acide sulfureux; un courant d'air continu, dont le mouvement est en sens inverse de celui du vin, passe au-dessus de soufre en combustion, qu'il entretient et active, et va mettre le gaz produit au contact du vin; on peut facilement régler la quantité d'*acide* à faire absorber par le vin.

On a essayé d'employer les sulfites ou l'acide sulfureux dissous, je ne saurais recommander l'emploi de ces agents; les sulfites introduisent, naturellement, la base à laquelle est combiné l'acide sulfureux; l'acide sulfureux en dissolution se conserve assez mal mal et se transforme, en partie, en acide sulfurique qui est loin de remplir le même rôle.

Un liquide vendu comme acide sulfureux liquide, analysé par le Laboratoire Municipal de Paris, contenait, par litre, 30 gr. d'acide sulfureux, 8 gr. de résidu et une quantité notable d'acide sulfurique. Lorsque l'on veut muter le moût de raisins blancs pour le consommer à l'état doux, comme il a été dit au mutage, on mèche fortement un fût et on y verse le moût sortant du pressoir, la fermentation s'établit lentement. Dès que la dégustation indique le moment de consommation, on verse 100 litres du vin dans un tonneau méché avec une forte mèche, on ferme et agite vivement; le vin absorbe le gaz; dans la partie vide on brûle une nouvelle mèche, on remplit le tonneau, on le bouche et le roule en tous sens; la fermentation est ainsi suspendue pour quelques mois. Au moment de la consommation on le soutire à l'air en le versant de haut; l'acide sulfureux se dégage.

Lorsque les vins nouveaux faits doivent voyager, il faut les soufrer fortement; c'est une précaution indispensable pour les vins communs.

Tous les gros vins rouges du Midi sont ainsi fortement méchés avant de les faire voyager. Il faut être plus prudent pour les vins légers en couleur. En juillet surtout il est nécessaire de soufrer les vins, même pour un transport de peu de durée. Pour soufrer ces vins, on fait ordinairement brûler dans des barriques de 3 à 4 mèches soufrées; on y introduit le moût, ou le vin, au tiers du fût; on bouche et on agite pendant une heure et demie à deux heures. L'air vicié de la barrique est retiré au moyen d'un soufflet; l'air frais le remplace; on y fait brûler à nouveau 3 ou 4 mèches, et on agite; on répète cette opération, plus ou moins de fois, suivant le degré à obtenir. Ordinairement, on consomme 25 mèches soufrées, et quelquefois 70 par chaque tonneau de 350 litres.

Pour la conservation des vins en tonneaux, on opère de la façon suivante : on brûle une bonne mèche dans le fût (2 centim. de mèche par hectolitre), on verse le vin immédiatement dans le fût, mais en allant lentement, de façon que le vin absorbe le gaz sulfureux, on peut aussi, après avoir méché, fermer la bonde et attendre quelque temps puis verser le vin ensuite, mais il ne faut pas trop attendre, parce qu'une partie de l'acide se serait échappé ou se serait condensé sur les parois, ce qui peutd onner un mauvais goût.

Lorsqu'on veut conserver quelque temps des tonneaux vides, il est bon de les mécher pour empêcher les moisissures ; lorsqu'on voudra les employer il suffira de les passer à l'eau chaude. Dans le cas de soufrage d'un fût contenant du tartre, il se formera du sulfate de potasse ; l'acide sulfureux se transformera en acide sulfurique et celui-ci décomposant le tartre formera du sulfate de potasse dont la dose peut être assez forte pour qu'un vin versé directement dans ce fût soit considéré comme plâtré. Un foudre soufré à saturation fournirait ainsi plus de 100 gr. de sulfate de potasse, soit 1 gr. par litre. (T. Piétri.)

Lorsqu'un vin en barriques ne paraît pas bien se comporter et qu'on veuille le soufrer, il faut agir de la manière suivante : On fait un trou, au moyen d'un foret, aux environs de la bonde et on présente à l'orifice une mèche allumée, puis on soutire quelques litres de vin ; l'acide sulfureux est attiré par le vide produit dans la barrique ; on roule la barrique et on remet le vin soutiré.

Quand on veut mécher un fût vide, il y a quelques précautions à prendre : il faut s'assurer d'avance qu'il n'est pas rempli de vapeurs d'alcool, sans cela il y aurait explosion et le fût brûlerait en petite partie, il est vrai, mais suffisamment pour l'infecter ; il ne faut pas mécher un fût vide humide s'il ne doit pas servir de suite, car l'acide se dissoudrait dans l'eau, se décomposerait rapidement et l'infecterait.

Dans un tonneau très humide, la mèche brûle mal par suite de la présence de la vapeur d'eau, mais elle brûle néanmoins, puisque l'on mèche bien sur vin, dont les vapeurs, il est vrai, sont alcooliques.

Certains fûts vides éteignent la mèche, cela est dû à des gaz qui remplissent ces fûts, il suffit de souffler avec un soufflet pour remédier à cet inconvénient.

Machard et Béchamp conseillent de brûler une mèche au moment du soutirage, c'est une méthode, employée en Bourgogne, qui réussit très bien pour tous les vins de conservation peu facile.

Dans le Mâconnais, le méchage est peu employé.

En Champagne, on ne mèche pas les vins blancs de raisins noirs, qui supportent difficilement l'acide sulfureux. On a esssayé de l'employer pour décolorer les moûts trop rouges, mais après la fermentation, la couleur reparaissait toute entière ; si on en mettait davantage, la fermentation était entravée et les vins restaient doux et soumis dès lors aux fermentations secondaires ; du reste, ces vins avaient un goût de mèche qu'il était difficile de leur faire perdre.

A Marseillan (Hérault) et en Espagne, on soufre fortement du moût de raisins blancs collé ; ce liquide, nommé *muet*, se conserve pendant plusieurs années sans fermenter ; sa saveur est douceâtre et il a une forte odeur de soufre. On l'ajoute aux vins que l'on veut garantir de l'ascescence, on en met 2 ou 3 bouteilles par tonneau.

L'acide sulfureux est nuisible. J. Brun cite cinq personnes gravement malades pour avoir bu du vin soufré, contenant 0gr 52 ! d'acide sulfureux par litre.

La fleur de soufre employée pour traiter l'oïdium donne l'acide sulfhydrique dans le moût ; la fermentation le transforme en acide sulfurique. Il vaut mieux enlever cet acide en brûlant au contact du vin un peu de soufre : $SO^2 + 2SH = 2HO + 3S$; le soufre se dépose et reste dans la lie.

Un moût trop chargé d'acide sulfureux peut être corrigé par une quantité proportionnelle d'acide *sulfhydrique* en dissolution dans l'eau, d'après l'équation précédente. L'essai de la dose nécessaire devra se faire d'abord sur un litre de vin par des pesées exactes, puis sur toute la pièce, en *évitant* de décomposer *entièrement* l'acide sulfureux. Du reste, l'acide sulfureux s'oxyde et se transforme spontanément dans le vin nouveau en acide sulfurique, et au bout de peu de mois, il n'en reste plus de traces (J. Brun).

L'emploi de l'acide sulfhydrique est un remède pire que le mal, car ce gaz est beaucoup plus nuisible que l'acide sulfureux et il est presque impossible d'arriver exactement à la quantité nécessaire à la réaction ; il vaut donc mieux attendre l'action du temps et de l'air. (E. V.).

COLLAGE

Le collage est une opération qui a pour but de précipiter les matières en suspension dans les vins et qui troublent leur limpidité.

Pour coller les vins on y ajoute des substances, qui en s'unissant au tannin que ces vins contiennent naturellement, forment avec eux un composé insoluble qui entraîne et précipite la majeure partie des matières en suspension, ainsi qu'une certaine proportion des substances dissoutes.

Les substances les plus employées sont : le blanc d'œufs, le sang, la colle de poissons, la gélatine, le lait et des poudres diverses.

Pour faciliter le collage on emploie des matières qui, par elles-mêmes, ne sauraient coller, telles sont : le tannin, l'acide tartrique, la crème de tartre, le sel marin, le kaolin et le talc.

Blanc d'œufs. — Le blanc des œufs est composé d'albumine presque pure ; cette substance, soluble dans l'eau, a la propriété de devenir insoluble, en se coagulant, sous l'action de la chaleur et de divers agents, parmi lesquels l'alcool et le tannin entrent en première ligne. Comme le vin contient de l'alcool, mais en proportions assez faibles, relativement à la masse, et que le tannin agit faiblement, la coagulation de l'albumine ne se fait que très lentement. Chaque atôme d'albumine subit un commencement d'insolubilisation, et dès lors tend à se rapprocher des atômes voisins pour former un corps solide ; tous les atômes ayant la même propension à la réunion, il s'en suit une sorte de réseau qui englobe toutes les substances insolubles de la la masse. Le réseau ne peut être vu, au sens propre du mot, parce que dès que l'albumine devient visible dans le liquide par suite de la réunion d'un certain nombre d'atômes, le réseau est rompu, en partie. Dès lors, les atômes de l'albumine se réunissent sur des points quelconques et forment des flocons que l'on voit flotter dans la masse. Dans le vin, ces flocons ne tardent pas à se précipiter au fond, par suite de leur plus grande densité. Dans les sirops de sucre, au contraire, les flocons viennent à la surface.

La formation du réseau a été niée par de savants auteurs, cela ne m'étonne pas, vu qu'il est invisible et ce n'est qu'à la suite de longues observations sur la coagulation des matières albuminoïdes dans les sirops de sucre que j'ai pu constater que le réseau embrassait bien toute la masse.

Il se passe le même phénomène que dans la cristallisation des corps en gros cristaux ; les atômes sont appelés des divers points du liquide pour se réunir à un point quelconque.

Dans un sirop de sucre blanc légèrement trouble, laissé en repos, on voit le trouble se condenser peu à peu sur certains points et toutes les impuretés se réunir à cette sorte d'éponge qui en se contractant forme une masse de plus en plus visible pendant que les parties du liquide abandonnées par la masse blanchâtre, sont d'une limpidité parfaite. Ce phénomène, dû aux matières albuminoïdes des sucres bruts blancs, met très longtemps à se former, ce qui permet de se rendre bien compte de la marche suivie. Le mot réseau est peut-être impropre, c'est plutôt éponge qu'il faudrait dire, mais éponge englobant toute la masse et se déchirant pour se condenser sur divers points.

Les blancs d'œufs sont employés de préférence pour les vins rouges et surtout dans les climats chauds.

Le collage au blanc d'œufs n'est pas si énergique que les autres collages, mais il ne laisse jamais de fadeur ni de goûts étrangers.

La dose à employer est de 5 à 7 œufs par pièce de 225 litres ; on prend des œufs bien frais, on en verse le blanc dans une terrine et on ajoute 1 litre de vin et on agite vivement, sans les battre en neige, puis on verse dans le tonneau et on fouette vigoureusement et on laisse reposer.

On peut soutirer 15 jours après, on peut même attendre jusqu'à trois semaines avec les blancs d'œufs, mais pas en été ; il ne faudrait pas dépasser ce temps, même en hiver, car la lie pourrait remonter.

Si on se servait d'œufs avariés, on développerait dans le vin des mauvais goûts qui pourraient le perdre.

Sang. — Le sang employé doit être frais et défibriné ; pour le défibriner on bat le sang, sorti de l'animal, avec des balais de bouleau, jusqu'à ce que la fibrine s'étant coagulée se soit attachée aux branches du balai.

L'action du sang est beaucoup plus énergique que celle du blanc d'œuf, aussi faut-il l'employer prudemment pour les vins rouges qu'il décolore sensiblement, dépouille beaucoup trop et affaiblit ; pour les vins communs rouges on l'emploie à la dose de un verre de sang par hectolitre.

C'est le seul agent, avec la colle de poisson, employé pour les vins blancs, on l'emploie alors à la dose de 1 litre par hectolitre. Le sang est versé dans le vin et celui-ci est fouetté vigoureusement, puis laissé en repos. On soutire dès que le vin est éclairci, ordinairement 15 jours suffisent.

Lorsque l'animal est tuberculeux, les microbes persistent quelque temps avec leur virulence, dans le vin ; au bout de quelques jours ou quelques semaines, le vin soutiré n'en contient plus, ils sont inertes, mélangés à la lie (Galtier et Martin).

Le collage avec du sang gâté donnera au vin un goût putride qui pourrait donner lieu à des poursuites en dommages et intérêts.

Colle de poisson ou *Ichtyocolle*. — Cette colle est formée des débris des membranes intérieures de la vessie natatoire de l'esturgeon ; lorsqu'elle est pure, elle n'a ni odeur ni saveur et ne donne aucun goût au vin. L'action de l'ichtyocolle est double : elle agit d'abord mécaniquement, par sa matière insoluble, et ensuite sa matière gélatineuse, se combinant au tannin du vin, forme des tannates insolubles qui, en se précipitant, agissent à leur tour mécaniquement.

C'est le seul agent à recommander pour les vins blancs, il est plus cher que le sang et d'un usage moins facile, mais il n'en a pas tous les inconvénients.

La préparation de la colle de poisson varie suivant les contrées, mais elle a toujours le même principe : dissolution de la colle par son gonflement préalable dans l'eau ou le vin.

M. Salleron indique la préparation suivante : Dans un petit tonneau de bois défoncé, nommé barillet, on met 250gr de colle de poisson, réduite en minces parcelles, on ajoute, progressivement, 20 litres de vin, en agitant avec un balai de jonc. Au bout de 3 à 4 jours elle se gonfle, se désagrège et le liquide s'épaissit ; on verse alors dans un autre barillet surmonté d'une large passoire étamée, on bat le mélange et on verse petit à petit 80 litres de vin vieux ; ce liquide s'emploie à la dose de 1 litre par hectolitre, ce qui donne 2gr5 de colle sèche par hectolitre.

M. Robinet indique que pour une pièce de 220 litres on emploie une colle contenant 5 gr. de colle sèche par litre, à la dose de 1 litre par pièce : on étend ce litre de colle de 5 à 6 litres de vin et on verse dans le fût, on fouette et laisse reposer de 10 à 20 jours.

Voici comment on opère pour coller les vins de Beaune, ce qui peut servir de modèle pour les autres vins :

Pour 5 barriques de vin de 228 litres, on prend 35 gr. de colle de poisson que l'on coupe en petit morceaux de 1cm sur 2cm ; on les laisse tremper pendant 24 heures dans 1/4 de litre d'eau, à la températurs de 12 à 15° (à la température de 25° la putréfaction s'y mettrait avant 24 heures). On press la colle dans un linge, afin d'en expulser l'eau ; puis on la pétrit pendant près d'une heure, en la mouillant de temps en temps ; lorsqu'elle ne contient plus de membranes, on la délaie dans 2 litres d'eau [où on la laisse 1/2 heure ; on prend alors la boule de colle dans la main droite et on la frotte sur la paume de la main gauche, en la mouillant de temps en temps, puis on la passe à travers un tamis. Pour la conserver, on l'arrose d'un peu d'alcool.

On prend la 5e partie de cette colle ; on la délaie dans un litre de vin blanc, et on verse le tout dans la barrique, ayant soin qu'il y ait un vide d'environ 3 litres ; on agite vivement, on laisse reposer, puis on soutire. Si l'on veut rendre le collage plus énergique, on ajoute une forte cuillerée à bouche de crème de tartre, par barrique.

Gélatine. — La gélatine est une matière azotée — $C^{13}\ H^{10}\ Az^{2}\ O^{5}$ — qui constitue, en partie, la matière soluble des os, de la peau, des cornes, des sabots et de certaines parties molles des animaux. On distingue la gélatine sèche employée dans l'alimentation et la colle forte, gélatine moins pure employée dans l'industrie.

La colle forte à la dose de 15 à 20 gr. par hectol. est très énergique, mais ne peut servir que pour les gros vins qui menacent de tourner et qu'il faut purger à fond ; cette colle a quelquefois réussi pour guérir les vins atteints du tour.

La colle de Flandre est plus pure, mais moins énergique, la colle de Givet peut la remplacer avantageusement.

Il vaut mieux employer la gélatine pure et blanche et bien préparée, car toutes les gélatines ne réussissent pas de même. La gelée obtenue en faisant bouillir les os, tissus, etc., avec de l'eau et versée dans le vin forme une mauvaise colle, mais si on l'a évaporée à sec, lavée à l'eau et desséchée, elle devient très bonne. La gélatine donne un moins mauvais goût au vin que la colle forte.

La gélatine fournit des lies très légères et très facilement altérables, aussi ce collage doit-il se faire en mars ou avril et si on a négligé de le faire, il faut attendre l'hiver, car il serait dangereux de coller à la gélatine pendant les chaleurs.

La gélatine mal préparée donne aux vins un goût putride qui peut donner lieu à des poursuites.

La gélatine ordinaire donne de bons résultats à la dose de 10 à 12 gr. par hectolitre. Pour la dissoudre, on la fait d'abord ramollir dans de l'eau fraîche pendant 6 heures, on renouvelle l'eau et on laisse encore 6 heures, puis on couvre la gélatine d'eau bouillante (1 kilogr. de gélatine 10 litres d'eau bouillante). Un décilitre de ce liquide sert à coller un hectolitre de vin. Je ne suis pas partisan de l'emploi de la gélatine.

Lait. — L'emploi du lait est mauvais pour les vins rouges, bon pour les vins blancs (Desmoulins); les vins alcooliques s'en trouvent très bien, mais non les vins légers. Beaucoup de personnes l'emploient pour décolorer les vins blancs tournant au jaunâtre ou au rougeâtre. On l'emploie à la dose de 1 litre de lait frais par barrique de 228 litres ; on le verse tel quel dans le vin et on fouette vigoureusement.

Beaucoup d'auteurs, et j'en suis du nombre, condamnent l'emploi du lait, parce qu'il introduit dans le vin du sucre de lait et des matières azotées provoquant la fermentation lactique.

Gomme arabique. — Chaptal a signalé l'emploi de ce produit à la dose de 2 onces pour 400 pots de vin. Le prix de ce produit, fût-il très bon, en empêche l'usage aujourd'hui.

Poudres diverses. — La pulvérine Appert n'est que de l'albumine de sang séchée et pulvérisée; la poudre Jullien est de la gélatine sèche pulvérisée. Toutes les autres poudres sont à peu près dans le même genre. J'en déconseille l'emploi, car on doit toujours connaître le produit que l'on emploie afin d'en juger les conséquences.

Dans bien des circonstances le collage se fait mal, soit par suite de la faiblesse en alcool, soit par suite du manque de tannin, soit enfin parce que les matières en suspension sont trop légères par elles-mêmes ou dans un milieu peu acide.

C'est pour faciliter la précipitation et même la provoquer que l'on ajoute à la colle, quelle qu'elle soit, différents produits.

Tannin. — Le tannin étant l'agent principal qui précipite la colle à l'état de tannate, il était tout naturel que l'on pensât à en ajouter lorsque le vin n'en contenait pas suffisamment.

Lorsque le vin contient un excès de tannin par rapport à la colle, la précipitation se fait beaucoup mieux, c'est pour cela qu'un vin tannisé prend beaucoup mieux la colle qu'un vin naturel.

Il résulte d'expériences très précises de M. J. Jean, vérifiées par M. Salleron, qu'il faut 1 gr. de tannin pour précipiter 0 gr. 8 de colle de poisson.

Pour les vins blancs, après le premier soutirage, il est bon de coller le vin en y ajoutant de 4 à 8 gr. de tannin par hectolitre, et de coller le lendemain avec la colle de poisson (2 gr. 5 par hectolitre); on peut même aller pour les vins faibles jusqu'à 10 et 15 gr. (Voir Tannisage.)

Acide tartrique. — Pour que la précipitation du tannate de gélatine se fasse bien, il faut qu'il soit produit dans un milieu acide, aussi a-t-on constaté qu'en ajoutant de l'acide tartrique on obtenait un résultat supérieur.

En Champagne on recommande d'ajouter 5 gr. d'acide tartrique par litre de colle, préparée comme il a été dit ci-dessus.

M. Rougier recommande la dose de 20 à 30 gr. d'acide tartrique par hectolitre, lorsque la colle ne prend pas.

Sel marin. — Le sel marin est employé depuis longtemps pour favoriser la précipitation de la colle; cet agent, dont la propriété d'insolubiliser la colle ne peut être niée, ne doit pas, évidemment, agir par l'augmentation de densité qu'il apporte au liquide, la proportion employée étant insignifiante, à ce point de vue; il ne peut agir que par suite d'une réaction chimique qui n'est pas encore connue.

On l'emploie à la dose de 20 à 30 gr. par hectol., ce qui ne donne que 0 g. 2 à 0 gr. 3 par litre.

La loi prohibe les vins contenant plus d'un gr. de sel marin par litre, il faut donc s'assurer avant d'ajouter du sel marin que le vin ne contient pas de chlorures naturels en proportion assez grande pour que, par suite de l'addition au collage, du sel marin, on arrive à un chiffre dépassant 1 gr. de sel par litre.

Crème de tartre. — Ce sel a été employé dans le même but que l'acide tartrique et le sel marin. On l'emploie à la dose de 10 grammes par hectolitre.

Kaolin. Talc et *Terres argileuses.* — Les terres argileuses agissent par l'alumine qu'elles contiennent; l'alumine est d'abord dissoute par les acides du vin puis, à la longue, elle se précipite en entraînant les matières en suspension et un peu de la matière colorante. Les chimistes français sont tous d'avis qu'une partie de l'alumine reste dissoute dans les vins, à l'état d'alun, ce qui est une falsification, tandis que Fresenius et Bergmann soutiennent qu'il ne se forme pas d'alun. Le collage ainsi fait ne précipite pas le tannin des vins.

D'après Schmolder (Frankfurt), c'est le kaolin, dit terre de Lebrija, qui est le meilleur; il donne de bons résultats l'hiver, meilleurs en été. Il réussit le mieux avec les vins de fort degré alcoolique et les vins de liqueur; il réussit aussi mieux avec les vins blancs ou mousseux et les cidres qu'avec les autres vins.

Pour les vins rouges d'assez forte constitution on emploie de 40 à 50 gr. de terre de Lebrija, contenant 4 à 7 gr. d'alumine.

La terre d'Espagne nommée « Yeso gris » sépare les matières albuminoïdes et colorantes qui deviennent brunes et insolubles, 1 kilog. de Yeso abandonne à 1 hect. de vin, 20 gr. d'alumine avec un peu de magnésie; la réaction de cette terre est alcaline.

Le kaolin opère avec une grande lenteur et ce n'est guère qu'au bout de plusieurs mois que la laque d'alumine est précipitée.

On a essayé aussi le talc dans le même but.

On a proposé aussi l'emploi direct de l'alumine précipitée de l'alun par le carbonate de soude et lavée, mais dans cet état elle entraîne une notable proportion de matières colorantes et une partie est dissoute en saturant les acides libres du vin.

Je ne puis que blâmer l'emploi de l'alumine, sous toutes ses formes, dans les préparations alimentaires. Du reste, la présence de l'alumine étant la caractéristique de l'alun, tout vin qui contiendra un excès d'alumine sera considéré comme falsifié. Il y a donc, en France, prohibition de ce moyen de collage.

Husson recommande d'ajouter au vin, la veille du collage, deux cuillerées à bouche d'alun calciné, et quelques minutes avant le collage 100 gr. de tannin, 100 gr. de noir animal et un peu de crème de tartre, ceci pour les vins blancs jaunes. Je viens de dire que l'alun était défendu; quant au noir animal, j'engage le lecteur à lire plus loin le paragraphe de la Décoloration des Vins.

Pratique du collage. — Les fûts dans lesquels on effectue le collage doivent être placés dans des caves ou dans des celliers dont la température est régulière, car s'il y a des variations de température, la colle tombe mal et peut même remonter, ce qui rend l'opération nulle.

Lorsqu'il y a un mouvement de fermentation dans le vin, il ne prend pas la colle, surtout chez les vins blancs, il faut attendre la fin de la fermentation et soutirer dans une cave fraîche. (Ladrey.)

Le collage doit se faire par un temps frais, serein et par le vent du nord; par un temps pluvieux, par un violent vent de sud et surtout aux époques où la vigne travaille, le collage réussit mal. (Machard.)

La température qui convient le mieux pour cette opération est celle qui va de 7 à 12°; au-dessous la colle se dissout sans former de réseau et au-dessus les matières albuminoïdes peuvent fermenter, ce qui troublerait davantage le liquide.

Les collages réitérés affaiblissent le vin en diminuant sa partie solide; la dose d'extrait, des cendres, de la crème de tartre, du tannin et des matières colorantes est diminuée, mais en proportions assez faibles; sur les vins fins, l'effet est très marqué : leur qualité est amoindrie ainsi que leur couleur et leur vieillissement est empêché. Au contraire, les vins communs perdent de leur âpreté et de leur excès de couleur et, par suite, deviennent plus vite propres à la consommation.

Le collage, en précipitant les matières azotées du vin, lui enlève naturellement l'azote qu'il contenait. MM. Cazeneuve et Ducher (1890) ont trouvé qu'un vin rouge non collé, qui contenait 0 gr. 340 d'azote par litre, n'en contenait plus que 0 gr. 276 après avoir été collé.

Le collage est nécessaire pour les vins nouveaux durs et couverts, les vins des mauvaises années et des mauvais cépages, les vins destinés à voyager et ceux que l'on doit placer dans un endroit chaud ou soumis aux trépidations.

Le vin blanc a plus besoin de collages que le vin rouge parce que, contenant peu de tannin, il est plus chargé de matières albuminoïdes.

Les vins rouges, lorsqu'ils sont limpides, ne doivent pas être collés sous peine de diminuer leur goût fruité en les rendant trop secs; les collages ne doivent s'opérer que s'ils demeurent troubles après deux soutirages.

Avant de mettre un vin en bouteilles il est nécessaire de le coller, quelle que soit sa limpidité, sinon on s'expose à avoir une grande partie de la bouteille renfermant de la lie; les vins foncés en couleur ont besoin de deux collages et de deux soutirages avant la mise en bouteilles; dans ce cas on emploie le blanc d'œufs et quinze jours après on peut soutirer.

Les vins pauvres ne prennent pas la colle facilement; quand le collage n'a pas réussi on soutire dans un fût méché, on ajoute un litre d'eau-de-vie bon goût et on colle à nouveau.

Dans le Mâconnais, on ne colle presque jamais; en Bourgogne, lorsqu'on veut faire faire au vin des voyages de 8 à 10 jours, on colle les vins avant le départ, de sorte qu'à la réception il n'y a plus qu'à laisser reposer le vin quelques jours; dans ce cas on met 6 blancs d'œufs et 60 gr. de sel de cuisine par pièce de vin; dans le Bordelais, on colle toujours, les vins de ce pays en ayant essentiellement besoin; dans la Savoie, on colle rarement le vin rouge et c'est seulement au moment de le mettre en bouteilles. En Espagne, on colle au blanc d'œufs et avec du sel marin ou de l'eau salée; dans quelques contrées avec du kaolin. En Sicile, le collage se fait directement sur le moût lui-même, dans la cuve à fermentation.

Souvent après le collage les vins se troublent à nouveau, soit parce que la fermentation du vin n'est pas absolument terminée, soit que les matières albuminoïdes n'aient pas été complètement précipitées et dans ce cas le vin se trouble en voyage, ou par une élévation de température, soit enfin parce que la quantité de colle a été exagérée.

Lorsque l'on veut savoir si un vin se troublera après collage sans qu'il y ait surcollage, on fera l'expérience indiquée par le comte Cencelli (Gionarle Vinicolo Italiano, 1888, Février 12). On prend deux bouteilles de vin, l'une est placée dans un local dont la température est au moins de 20° ; l'autre est remplie à moitié et fortement agitée, au contact de l'air intérieur, puis recouverte d'une feuille de papier et mise à côté de l'autre. Si les deux bouteilles restent limpides, il est rare qu'elles se troublent en été ; on colle alors si on le juge nécessaire. Si les deux bouteilles se troublent, c'est qu'il reste du sucre non fermenté, un collage ne servirait à rien, il faut laisser la fermentation se terminer ; si la deuxième bouteille seule se trouble, il faut pratiquer plusieurs soutirages en aérant le plus possible, avant de coller.

Le trouble après collage se produit souvent dans les vins mildiousés, on y remédie en ajoutant de l'acide tartrique au moment du collage.

Un vin qui renferme un excès de colle est dans de très mauvaises conditions, surtout s'il a été collé à la gélatine ; la colle étant une matière azotée peut produire la fermentation putride ; ces vins se troublent d'eux-mêmes ; mélangés avec des vins limpides, ils donnent un précipité abondant.

On reconnaît qu'un vin contient un excès de colle, lorsqu'en l'additionnant de quelques gouttes d'une solution alcoolique de tannin fraîchement faite, il se produit un précipité abondant qui se dépose au bout de 12 heures ; le même vin, additionné de 4 à 5 volumes d'alcool à 90°, produira un précipité floconneux, qui ne peut être confondu avec le précipité cristallin de crème de tartre qui se produit en même temps.

On remédie aux vins surcollés en y ajoutant du tannin et laissant reposer ou en les mélangeant avec des vins riches en tannin, laissant en repos et soutirant.

TANNISAGE

Le tannisage est l'opération qui a pour but d'ajouter du tannin au vin. Nous venons de voir son application dans le but de favoriser le collage ; il nous reste donc à voir dans quelles conditions on l'introduit dans les vins pour en assurer la conservation, et comment l'on calcule la dose du tannin à ajouter au collage.

Préparation du Tannin. — Le tannin se prépare soit à l'alcool, soit à l'éther ; ce dernier est tout à fait pur, mais le premier, qui est bien meilleur marché, est suffisant pour les besoins vinicoles ; seulement, comme il peut présenter de grands écarts dans sa pureté, il est bon de l'essayer ou de le faire analyser. Pour préparer le tannin à l'alcool, on prend de la noix de galle concassée, et on la met dans un appareil à déplacement ; on traite alors par l'alcool 95-96°, et on laisse en contact pendant quelques heures ; on soutire et verse à part, on remet de l'alcool deux autres fois et on réunit les trois liquides que l'on distille pour récupérer l'alcool ; quand le liquide devient sirupeux, dans l'alambic, on le verse dans une grande capsule et on finit l'évaporation au bain-marie, on obtient une masse jaunâtre qui cristallise par le refroidissement.

Pour l'employer, on dissout 100 grammes de tannin dans un litre d'alcool à 90° ; chaque centilitre représente un gramme de tannin ; on ajoute au vin et on bâtonne vigoureusement ; si on veut coller, on ne le fait que 24 heures après. En Champagne on dissout 200 grammes de tannin dans un litre d'alcool à 95°.

On a préconisé pendant longtemps l'emploi des pépins de raisins écrasés que l'on fait digérer pendant plusieurs jours avec les vins, avant le collage, et à la dose de 2 à 3 kilogr. par hectolitre, mais ce procédé a l'inconvénient d'introduire dans le vin les huiles essentielles qui sont à l'intérieur du pépin.

On a proposé aussi la gomme Kino, qui n'agit que par son tannin et introduit beaucoup d'éléments nuisibles ou inutiles. Il en est de même de la racine de grenadier.

En résumé il est beaucoup plus simple d'acheter du tannin à l'alcool dans une maison dont l'honorabilité est reconnue. Dans les années où l'on fait la vendange par un temps de pluie, il est bon d'ajouter au vin 3 à 4 grammes de tannin par hectolitre, et 24 heures après, de l'acide tartrique.

Lorsque les raisins sont atteints de pourriture, l'addition de tannin, au moment du cuvage, a donné de très bons résultats, à la dose de 10 à 20 grammes par hectolitre de moût ; le tannin précipite les produits susceptibles de donner la fermentation visqueuse ; la couleur sera plus blanche et il n'y aura pas la teinte jaune si redoutée dans l'Est de la France.

Les vins blancs sont très pauvres en tannin, par suite du cuvage sans la rafle, de sorte que la colle ne trouvant pas de substance, en proportion sensible, qui se combine avec elle, n'a pas d'action, reste dissoute en partie et détermine des altérations dans ces liquides. Aussi conseille-t-on, lorsqu'on veut coller ces vins, d'ajouter 24 heures avant le collage 6 grammes de tannin par hectolitre, sinon le vin s'éclaircit difficilement et a une tendance à devenir bleu.

Ordinairement, 12 grammes de tannin par hectolitre suffisent pour enlever aux vins toutes leurs substances altérables, et leur donner de la stabilité ; on peut alors les coller à l'albumine et éviter ainsi d'une manière certaine que les vins blancs ne tournent à la fermentation visqueuse.

En Champagne, avant de coller les vins, on y ajoute une proportion ca culée de tannin dissous dans l'alcool ; vingt-quatre heures après on y ajou de la colle de poisson. Le tannin agit énergiquement sur la colle de poisson et l'albumine ainsi que la gélatine qu'il coagule et précipite de leurs dissolutions ; il précipite également les matières albuminoïdes des vins et les empêche ainsi de tourner à la graisse. On emploie habituellement de 5 à 10 grammes de tannin pur et sec par 2 hectolitres, soit de 0,025 à 0,05 par litre, et comme on a ajouté par litre 0,025 de colle équivalant à 0,02 de tannin, il reste un petit excès de tannin qui prévient les maladies.

Un défaut des vins de Champagne est le *masque,* causé par la dissolution du tannate de gélatine ; on empêche cette dissolution par l'emploi de l'acide tartrique, ou mieux de l'acide citrique (Robinet).

Enfin on ajoute de 4 à 8 grammes de tannin par hectolitre, dans les vins qui en contiennent peu après le premier soutirage. Les vins de Bourgogne, du Midi, du Bordelais et des bords de la Loire, n'en ont pas besoin.

Si les vins ont une tendance à ne pas s'éclaircir, c'est qu'ils manquent d'acide ou de tannin ; si c'est le tannin qui manque, on en ajoute de 3 à 5 grammes par hectolitre, si cette addition ne réussit pas, on est en présence d'une maladie (Bedel).

L'addition du tannin est donc une bonne chose, mais à condition de ne pas en exagérer la dose, car alors il donnerait des vins astringents qui pourraient ne pas être buvables.

Lorsque les vins sont trop astringents, on leur enlève ce goût par des collages successifs qui précipitent le tannin ; mais en même temps ils enlèvent de la matière colorante.

Souvent on en met une proportion un peu forte dans les vins trop mous ou de garde difficile, mais alors on a l'inconvénient que je viens de signaler,

Il faut donc bien calculer, autant que possible, les proportions de colle et de tannin à ajouter aux vins ; on n'y arrive que par le dosage du tannin dans les vins (Voir *Dosage du Tannin*) et dans les produits que l'on ajoute.

La première question à résoudre est celle-ci : Quelle quantité de tannin faut-il ajouter à un vin pour précipiter toutes ses matières albuminoïdes?

On dose le tannin contenu dans le vin ; puis on ajoute un excès de tannin, en poids connu ; on agite vivement et on dose à nouveau.

De la somme du tannin contenu dans le vin, plus le tannin ajouté, on déduit le tannin trouvé par le deuxième dosage ; on obtient ainsi le tannin précipité. Du tannin précipité si l'on retranche le tannin contenu dans le vin, on trouve la proportion de tannin à ajouter.

Si le poids du tannin précipité est inférieur à celui contenu dans le vin, c'est que le vin contient un excès de tannin.

Deuxième question : Quelle quantité de tannin faut-il ajouter pour rendre insoluble la colle avec laquelle on clarifie le vin?

Nous avons vu qu'il était nécessaire de ne pas ajouter un excès de colle, qui resterait dissoute dans le vin, et, par suite, amènerait sa décomposition et même la putréfaction.

On prend un volume de la colle dissoute, telle qu'elle doit être versée dans le vin. On y ajoute un volume connu de liqueur type de tannin en léger excès et on filtre (le tannin et la gélatine agissent l'un sur l'autre en poids à peu près égaux).

On détermine la quantité de tannin de la liqueur type, puis celle de la même dissolution additionnée de colle et filtrée. La perte de tannin indique la proportion de cet agent à employer pour insolubiliser la colle.

Comme, d'autre part, on a cherché quelle était l'action du vin sur le tannin, de ces deux essais on déduira quelle est la quantité de colle à ajouter au vin et quelle sera la dose de tannin à introduire pour que la colle ajoutée et les matières albuminoïdes du vin d'une part, neutralisent le tannin contenu dans le vin et le tannin ajouté d'autre part.

Il faut toujours ajouter plus de tannin que de colle, car le vin supporte mieux un excès du premier que de la seconde.

L'addition de tannin devient une falsification lorsqu'il est ajouté aux vins pour en reler la saveur ; car il reste en dissolution, et s'il n'a pas d'action toxique immédiate sur l'estomac, il exerce à la longue une action nuisible en causant des diarrhées prolongées.

SALAGE

Le sel mélangé à la colle (Voir *Collage*), accélère son action et, mêlé aux lies les empêche de s'altérer. Son emploi est nécessaire aux vins acides pour le maintien de la couleur.

Le sel augmente le pouvoir de conservation des vins en même temps qu'il clarifie et avive la couleur.

Le plâtrage étant condamné, on a essayé le salage, mais aussitôt le Gouvernement est intervenu, et les vins contenant plus de 1 gramme de sel marin par litre sont saisis ; c'est pourquoi j'ai placé cette étude aux falsifications.

ADDITION DE FLEURS DE VIGNE

Lorsqu'on ajoute au moût en fermentation des fleurs de la vigne recueillies et séchées avec soin lors de la floraison, on parfume les vins très agréablement.

Cette opération parfaitement licite et très recommandable est pratiquée en Espagne (J. Brun).

On les ajoute également aux vins à l'état d'infusion alcoolique ; on cueille les fleurs au moment où la vigne va passer de fleur, on les fait infuser dans l'alcool à 85°, à la dose de 100 gr. de fleurs pour 5 litres d'alcool ; au bout de 8 jours on filtre et distille au bain-marie, le liquide distillé possède un arôme très fugace ; on l'emploie à la dose de 5 centilitres par hectolitre.

Cette pratique est à peu près abandonnée aujourd'hui ; je doute qu'à part quelques villages espagnols, elle soit faite sur les vins.

COLORATION NATURELLE

On a cherché pendant longtemps à colorer les vins faibles en couleur avec la couleur naturelle des pellicules de raisins rouges. Ces pellicules, lorsqu'elles ont servi à faire des vins rouges et surtout des vins blancs, renferment une quantité considérable de matière colorante rouge, qui se trouve sans emploi, par suite de la difficulté d'extraire cette couleur.

Comme le consommateur exige des vins colorés, y voyant là, souvent bien à tort, une marque de qualité, on a essayé d'abord de mélanger aux vins faibles en couleur des vins très colorés ou des vins teinturiers ; pratique tolérée lorsqu'il s'agit de colorer des vins rouges faibles, mais défendue pour la coloration des vins blancs.

Depuis quelques années, divers procédés ont été indiqués pour retirer la couleur des pellicules de raisins rouges. Tous permettent de retirer l'œnocyanine qui sert ensuite à donner de la couleur aux vins faibles.

L'emploi de l'œnocyanine n'est pas une falsification, puisque ce produit est retiré directement de la vigne et que loin d'être nuisible ou inutile cette substance améliore sensiblement le vin dans lequel elle est introduite.

Y a-t-il fraude dans son emploi pour les vins faibles ? C'est un point délicat. Évidemment si le vin est donné comme absolument naturel, il y a fraude, puisque le vin réellement naturel ne possédait pas cette couleur et que cette coloration peut faire croire qu'on est en présence d'un vin produit par un autre cépage ou un autre pays ; mais commercialement parlant, ce vin ne peut être déclaré fraudé, pas plus qu'un vin auquel on a ajouté l'alcool qui lui manquait, soit par le sucrage, soit par le vinage. Du reste, je crois l'analyse impuissante à déceler l'introduction de la matière colorante.

Lorsqu'il s'agit de vins blancs ou de vins d'eau sucrée, la question n'est plus la même, elle est légalement tranchée, puisque le coupage des vins rouges avec les vins blancs et surtout avec les vins d'eau sucrée est défendu.

L'extraction de l'œnocyanine des marcs de raisins est étudiée au chapitre « Résidus de la Vigne et des Vins ».

ADDITION DE LEVURES

Lorsque le moût ne fermente pas, c'est que le ferment est en trop petite quantité ou qu'il ne se trouve pas dans un milieu propre à son développement ; ce dernier cas a été étudié précédemment ; le moût manque d'acide, de sucre ou de sels, ou bien il est trop épais ou trop froid.

Lorsque la non-activité de la fermentation est due au manque de ferment il est logique de penser à en ajouter, c'est ce qui a été fait depuis longtemps. On a proposé d'ajouter au moût fermentant mal, de la lie de vin nouveau, fraîchement précipitée, ou du moût d'une autre cuve en pleine fermentation ; on a proposé aussi d'ajouter de la levûre de bière ; les deux premiers procédés ont beaucoup mieux réussi que le troisième qui donnait des vins un peu inférieurs à ceux obtenus par les deux premières méthodes.

La question nouvelle qui se présente est celle de l'emploi des diverses sortes de levûres des vins.

Pasteur, dans ses études sur la bière, a reconnu que plusieurs fermentations ne peuvent avoir lieu simultanément dans le même liquide, avec la même énergie ; qu'il arrive souvent que le ferment le plus énergique domine les autres et finit par les annihiler ; cette découverte ouvrit le champ à d'intéressants travaux d'application.

Pasteur avait essayé de régler la fermentation des moûts, en les chauffant il stérilisait les mauvais ferments et ensuite il mettait ces moûts à l'abri de l'air sous une couche isolante d'acide carbonique ; mais ce procédé n'eut pas d'application pratique.

Mais l'idée la plus importante fut celle qu'il émit sur la diversité des levûres de vin. Il pensait que les levûres des diverses sortes de vins n'étaient pas les mêmes et que peut-être était-ce à ces levûres différentes qu'étaient dus les différents bouquets des vins ; de plus il indiqua la méthode de culture des levûres.

Sur les travaux subséquents beaucoup d'auteurs réclament la priorité sur l'emploi des levûres pour améliorer les vendanges, je vais tâcher d'établir les travaux faits d'après les dates que j'ai pu recueillir.

M. Jacquemin, dans une étude sur le vin d'orge (Comptes-Rendus 5 Mars 1888), fit connaître qu'en 1887, il avait élevé des levûres de raisins de Barsac et de Sauterne, pour la fermentation des moûts d'orge tartarisés et qu'il avait obtenu des moûts d'orge plus fins que ceux faits avec la levûre des raisins de Meurthe-et-Moselle. En 1888, il a envoyé de ses levûres de Chablis et de Riquewhyr à M. Quénot, fabricant de raisins secs, qui a obtenu des vins qu'on pouvait confondre avec les vins de Chablis et de Riquewhyr.

En 1888, M. Duclaux, élève de Pasteur, a appelé l'attention de l'Académie des Sciences sur les différentes races du ferment du vin et il a démontré que les crus célèbres possédaient des races de ferments spéciales et prouvé qu'en prenant de la levûre de champagne pour faire fermenter un autre moût de vin et même un autre liquide, on communiquait au produit de la fermentation le bouquet du vin de champagne.

M. Hansen, également élève de Pasteur, appliqua cette invention à l'industrie en installant une usine de levûres, dans laquelle il préparait des levûres pures de saccharomyces cerevisiæ, de différentes qualités. Aujourd'hui les brasseurs travaillent avec des cultures de levûres pures et de différentes races, suivant la bière à obtenir.

En 1888, M. Marx (Moniteur Scientifique) publia un important mémoire, sur le moyen pratique d'améliorer les vins en faisant fermenter le moût par des levûres spéciales communiquant un bouquet particulier ; il a cultivé un certain nombre de races de levûres de vin et il s'en est servi pour faire fermenter séparément diverses portions d'un même moût et il a constaté que les vins fournis par ce moût avaient le bouquet du cru dont le ferment provenait.

MM. Martinand et Rietsch (Marseille) ont alors multiplié les essais avec des cultures pures de levûres des crus de Bourgogne, Champagne et Bordeaux. Les résultats obtenus ont été très précis. Ils préparent des levûres qu'ils introduisent dans des bouteilles où elles se conservent pendant un an sans altération. Ils envoient aux vignerons ces bouteilles qu'il suffit de verser dans la cuve en les rinçant avec du moût. Le ferment cultivé entre immédiatement en travail, se multiplie rapidement et arrive à dominer la masse des autres ferments qui deviennent inertes.

M. Kayser est arrivé à isoler douze levûres différentes de cidre qu'il a déterminées et cultivées séparément ; les résultats obtenus sont très bons.

M. A. Rommier (Comptes-Rendus, 1889, Juin 24), ne paraissant pas connaître les travaux antérieurs, écrit qu'il pense qu'on peut communiquer aux vins ordinaires le bouquet des vins de qualité, en changeant les levûres qui les font fermenter. La principale levûre du vin, le saccharomyces ellipsoïdeus, était considéré autrefois comme unique, mais il y a lieu de croire qu'il y a autant de levûres que de variétés de cépages et de crus ; il suffirait donc de changer la levûre pour modifier le bouquet. La levûre ajoutée envahit rapidement la cuve et paralyse la germination des levûres naturelles, mais si la température s'élève au-dessus de 21-22°, les levûres naturelles se développent parrallèlement ; mais même à la température de 22-28°, il a obtenu avec le chasselas de Fontainebleau, qui donne ordinairement un vin plat, les bouquets des vins de Champagne, Côte-d'Or et Buxy (Châlons-sur-Saône).

En 1890 (Comptes-Rendus 20 Mai et 23 Juin), M. Rommier annonce que les alcools résultant de la fermentation de diverses levûres sur un même moût ont des parfums différents, et dans le second rapport il donne le moyen de préparer facilement et sûrement les diverses sortes de levûres de vin. Si donc M. Rommier, n'a pas le mérite de la priorité, il a celui d'avoir fait passer dans la pratique un procédé d'amélioration resté encore dans le domaine de la théorie.

M. Jacquemin (Comptes-Rendus, 1890, juin 2) fait connaître qu'en 1889, il a élevé des levûres de vins d'Ay, Beaune, Chablis, Riquewhyr et que ces levûres donnaient au vin d'orge les bouquets de ces crus.

Il décrit une expérience très importante, au point de vue des résultats futurs : Pour conserver une levûre, on la paralyse en la faisant vivre dans de l'eau diluée à 10 °/₀ de sucre, qu'on renouvelle jusqu'à ce que la levûre soit incapable d'agir ; cette levûre endormie se réveille immédiatement au contact du moût. Dans la période qui précède le sommeil, tant que la levûre agit un peu sur l'eau sucrée, elle développe un bouquet caractéristique ; cette eau sucrée contient très peu d'alcool, mais elle contient un liquide d'une saveur délicieuse, dont le bouquet est exalté, une véritable sève de Champagne, de Bourgogne et de Bordeaux ; la production de ce bouquet cesse avec la vie de la levûre.

MM. Martinand et Rietsch (Bull. Séances Soc. Nle Agric. 1891. Juin) ont repris les essais en 1890, en employant 50cc de levûre sélectionnée par hectolitre.

Ils ont envoyé leurs levûres à près de 300 viticulteurs, qui ont répondu à leur appel. Les essais n'ont pas tous réussi au point de vue du bouquet, mais tous ont donné des vins supérieurs à ceux obtenus sans addition de levûres. Dans tous les cas, la fermentation a été plus complète, la dose d'alcool formée plus grande, l'éclaircissement plus rapide, la conservation mieux assurée et la couleur souvent supérieure, jamais inférieure ; et cependant ces essais ont été, pour la plus grande partie, assez mal faits.

Les essais qui ont bien réussi ont donné des vins plus bouquetés ; ils ont gagné une plus-value considérable. Un aramon a donné le goût du Champagne. Les vins d'Algérie ont été l'objet d'une réussite remarquable, le sucre a disparu en quelques jours, et toutes les qualités de ces vins, bien faits, étaient celles des mêmes vins, des mêmes cépages, en France.

Dans deux expériences, les vins de vignes américaines avaient perdu le goût foxé.

Un vin fait avec des raisins souillés de boue et mouillés était très bon et très clair, tandis que le même vin, sans levûre, ne s'est pas éclairci.

Enfin M. Rommier (Comptes-Rendus, 1891, Septembre, 14) cite le fait suivant :

Les cépages du Bordelais transplantés dans la Dordogne donnent des vins semblables à ceux obtenus dans ce dernier département, avec les autres cépages ; mais les moûts de ces cépages, mis à fermenter dans une cuve ayant déjà servi à faire fermenter du Saint-Emilion, ont donné des vins ressemblant à s'y méprendre à ce dernier.

Voilà donc l'état de la question aujourd'hui et il me semble qu'il y a un intérêt considérable à renouveler les essais.

De grands viticulteurs pensent que l'amélioration des vins par les levûres ne portera jamais que partiellement sur le bouquet, c'est aller peut-être un peu vite, car les essais ont été encore assez restreints. Il est évident que la levûre transportée dans un milieu tout différent n'agira pas absolument de même, mais il est peut-être possible d'arriver très près de la ressemblance par l'addition des quelques corps spéciaux aux différents cépages. Je m'explique : certains crus renferment soit du fer, soit du manganèse, soit des sels de chaux, etc., par l'étude attentive des vins et par l'addition des substances constatées dans ces vins, en même temps que de leurs levûres, on se rapprochera davantage de la nature.

CONSERVATION. — VIEILLISSEMENT.

L'opération la plus simple à faire subir au vin est de le mettre dans les tonneaux et de l'y laisser vieillir. Cette simple opération n'en change pas moins très profondément la nature et la qualité par suite de la continuation lente de la fermentation.

Le vin nouveau est saturé d'acide carbonique, mais ne contient ni azote, ni oxygène. Peu à peu, grâce à l'action de l'air, un peu d'azote est dissous dans le vin, qui demeure chargé d'acide carbonique en proportions variables, mais de plus en plus faibles, et qui finissent par tomber entre 1 ou 2 décigrammes par litre.

Le vin ne contient jamais d'oxygène, ainsi que l'ont successivement reconnu Boussingault, Berthelot et Pasteur ; toutefois en tonneaux ou même en bouteilles, il absorde lentement l'oxygène de l'air, mais pour se l'approprier immédiatement.

Un vin du Clos-Vougeot, examiné par Pasteur, avait absorbé en quatre ans de 30 à 40^{cmc} d'oxygène par litre. Ce gaz oxyde certains principes du vin, augmente le bouquet et modifie la couleur.

C'est par les pores du bois que se fait l'introduction de l'air qui, ainsi filtré, n'agit pas comme s'il était entré par la bonde.

Le tannin et les catéchines se tranforment et deviennent partiellement susceptibles de se précipiter en entraînant avec eux une partie de la matière colorante devenue insoluble, ainsi que la crème de tartre et quelques autres sels.

Le vin conservé en vases hermétiquement clos, ne vieillit pas et ne dépose que fort peu ; on dit qu'il ne *se fait pas*. C'est pourquoi en Bourgogne il est d'usage de conserver le vin en tonneaux pendant deux ou trois ans avant de le mettre en bouteilles.

La lumière du soleil active le travail des vins, surtout de ceux qui sont colorés ; elle altère plutôt qu'elle n'en favorise la bonne composition ; elle transforme et détruit la matière colorante et tend à faire tourner les vins à l'aigre et à l'amer. La lumière diffuse et les lumières artificielles n'agissent pas.

La température de la cave agit beaucoup sur la transformation des vins; la meilleure température est celle de 10 à 15°, au-dessous le vieillissement est presque nul ou très lent, au-dessus la vieillesse arrive très vite et le vin devient bientôt caduc et soumis à toutes les maladies. La température doit être constante.

La masse du vin influe aussi sur le vieillissement, plus les fûts sont grands plus le vin vieillit vite ; dans les petits fûts le vin reste stationnaire.

Les vibrations font vieillir les vins jeunes et tourner les vieux.

Les sons musicaux activent le vieillissement des vins (Guyot).

Dans les tonneaux, la perte de l'alcool est assez sensible. En 1841, Fauré dosa l'alcool d'un vin et trouva 10°, six mois après il n'y avait plus que 9°,65, au bout d'un an 9°15 et deux ans 9°,0.

Des essais plus récents ont donné, au bout d'un an, 8,75 °/₀ de perte d'alcool (le pour cent est calculé sur le chiffre primitif de l'alcool) ; la deuxième et la troisième année, la perte a été de 5 °/₀ chacune ; la quatrième et la cinquième 3,75 °/₀ chacune ; les sixième, septième et huitième années, 2,50 °/° chacune, soit un total de 33,75 °/₀ de l'alcool primitif (Cosmos). Cette perte est rarement atteinte, elle dépend de l'espèce du bois, de son âge et de son épaisseur ; de l'humidité, de la température et de l'aération des caves.

En résumé, le résultat obtenu par le vieillissement est l'amélioration notable des qualités du vin par suite de la transformation du sucre qui reste en alcool, de l'alcool et det acides en éthers, de la transformation du tartre et du tannin, du développement des acides volatils, de la décomposition des matières azotées et colorantes, du dépôt de l'excès de sels, des matières albuminoïdes et du tannin. Le goût devient moins acide, le bouquet se développe et le vin est moins chargé.

Cependant, il y a une limite qu'il ne faut pas dépasser et qui est propre à chaque sorte de vin. Passé ce temps, reconnu par l'expérience, le vin perd de ses qualités, puis finit par se changer en un liquide sans valeur. Cependant certains vins paraissent devoir se conserver très longtemps. Pline parle d'un vin conservé plus de 160 ans, et Horace a chanté un vin de cent feuilles.

Les vins riches en tannin se conservent mieux que ceux qui en sont privés ; les vins médiocres ne gagnent presque rien par la vieillesse ; la plupart y perdent.

Les vins de liqueur se conservent très longtemps, 30 ou 40 ans ; le vin de l'Hermitage se fait en 8 ou 10 ans ; les autres vins ont des durées de vieillesse plus ou moins longues.

Les fûts devant toujours être pleins pour que le vin puisse se conserver, il faut pratiquer l'ouillage et il doit être fait avec les mêmes vins ou tout au moins avec des vins de même nature.

Le bois des fûts absorbe du vin et, arrivé au contact de l'air, ce vin s'évapore, d'où perte constante. Dans une bonne cave une pièce de 230 litres ne perd qu'un ou deux verres de vin par mois, tandis que, dans une cave sèche, la perte peut aller jusqu'à 1 litre 1/2.

Lorsqu'on ne peut faire le plein d'un tonneau ou lorsqu'on le consomme en barrique, on peut le conserver jusqu'à la dernière goutte en le recouvrant d'une légère couche d'huile ; cette huile soustrait le vin à l'action de l'air et empêche l'évaporation de l'alcool et des éthers. Lorsque le fût est vide on retire cette huile qui, filtrée sur du coton, peut servir à l'éclairage.

Il faut employer pour cet usage de très bonne huile d'olive.

On peut aussi conserver un fût en vidange, mais sans tirer par le robinet, en le mèchant sur vin et fermant hermétiquement la bonde.

Les vignerons italiens ont conservé l'usage antique de la couche d'huile sur les fûts, en Grèce et en Turquie on emploie aussi un usage remontant aux temps anciens, c'est d'additionner les vins de térébenthine ; en Espagne on conserve les vins dans des outres enduites de résine.

L'usage des aromates et des résines a pour but de supprimer l'action de l'air parce qu'il se forme à la surface du vin un léger voile de matières résineuses.

Dans les caves, il est bon de placer les fûts contenant les vins vieux, la bonde légèrement sur le côté ; on s'assure ainsi d'une fermeture hermétique.

M. Gay a appris à Pasteur qu'au Chili on empêche le vin d'aigrir en plongeant dans les fûts un morceau de viande ; Pasteur explique ainsi ce fait : plus un vin est privé de matières azotées, plus il est propre au mycoderma aceti ; plus il est jeune et chargé de matières azotées, et plus il est propre au mycoderma vini qui étouffe le mycoderma aceti ; la viande donne la matière azotée.

VOYAGES

Les transports des vins sont presque toujours une nécessité afin de les mettre à la portée des consommateurs, et, dans ce cas, ils ne les supportent pas tous également.

Les vins nouveaux, dont la fermentation paraît terminée, se remettent à fermenter dès qu'ils sont mis sur une charrette ; aussi faut-il faire un fausset à côté de la bonde.

Les vins faibles ou légers sont très sujets aux altérations pendant les voyages, aussi faut-il les viner avant de les faire voyager.

Pour les vins supérieurs, au contraire, l'action de voyager hâte l'action du vieillissement ; de sorte que ces vins se font plus rapidement et permettent de juger de la qualité qu'ils auront beaucoup plus tard.

Les grandes maisons, possédant de grands crus dont elles désirent connaître la qualité future, embarquent un certain nombre de tonneaux de leurs différents vins, leur font faire un long voyage et à leur retour jugent de la qualité future de leurs récoltes.

Les effets du voyage sont étonnants sur le Porto et le Madère ; les fortes chaleurs des tropiques sont pour beaucoup dans ces résultats.

Pour voyager sans inconvénients, les vins doivent avoir un minimum d'alcool fait ou pouvant se faire par suite de la présence du sucre dans le vin ; on calcule ainsi, parce que les vins doivent être jeunes pour voyager, mais il faut que la plus grande partie de la fermentation soit terminée.

Pour les voyages en France, il faut 10° d'alcool, quoique des vins inférieurs en titre alcoolique voyagent très bien, mais pas dans toutes les saisons.

Pour l'Europe et directement en Amérique, sans traverser la ligne, il faut, pour les vins de Bordeaux et de Bourgogne, un minimum de 10° d'alcool et 4 % de sucre, lorsque ces vins sont en bouteilles. En barriques, il faut 12 % d'alcool et 6 % de sucre.

Pour traverser la ligne, les vins doivent avoir 13 % d'alcool et 6 % de sucre ou 15 % d'alcool et 2 % de sucre, s'ils sont en bouteilles, et 20 % d'alcool total, s'ils sont en tonneaux. On voit que, dans ce dernier cas, le vinage est forcé.

Lorsque les vins arrivent de voyage, dans nos pays, il faut faire le plein des barriques avec du bon vin, changer le linge des bondes, mettre dans une cave bien fraîche, mais non brusquement si la température est élevée, poser la barrique la bonde sur le côté et laisser reposer trois semaines avant de s'occuper de la mise en bouteilles.

Lorsque les vins ont fait une longue route ou qu'ils arrivent par une grande chaleur, il faut les mettre à l'ombre pendant 24 heures et ensuite les encaver dans une cave fraîche, mais qui ne soit pas au-dessous de 9 à 10°. On débonde, change le linge et remet la bonde, puis on fait un trou de fausset à côté de la bonde et 24 heures après on met le fausset, on laisse reposer, colle et met en bouteilles.

OXYGÉNATION

Pasteur a fait de nombreuses expériences qui démontrent que le vieillissement des vins est dû à l'oxygène de l'air.

Trois litres de vin furent mis dans un grand cristallisoir ; 24 heures après, un litre de vin contenait : Acide carbonique 21^{cc}, Azote 18^{cc} et Oxygène 6^{cc} ; d'après cette expérience, Pasteur pense que l'ouillage introduit lentement plus d'oxygène que l'exposition à l'air.

Dès que le mycoderma vini apparaît, le vin ne renferme plus d'oxygène.

Il a pris huit sortes de vins d'Arbois, sous le marc, et il les a mis en bouteilles ; neuf ans après, ils avaient la même couleur, la même saveur de vin vert et acerbe et jusqu'à l'odeur et le goût, assez sensible, de la levûre ; le vin ne vieillit donc pas à l'abri de l'air.

Ces vins mis en tubes fermés n'offraient pas, au bout de six semaines, de différence, qu'ils fussent placés à l'ombre ou à la lumière ; les vins traités comme à l'ordinaire vieillissaient.

Au contact de l'air, le changement est considérable et il faut plus de temps dans l'obscurité qu'à la lumière.

Dans les tubes pleins, pas de changement de couleur, rouge ou jaune, ni de goût ; dans les tubes demi-pleins, dépôt considérable, le vin blanc se fonce et le vin rouge s'éclaircit pour n'être plus, à la longue, que brun-rouge très faible ; dans ces conditions, le vin dépasse la vieillesse, le vin blanc prend un goût de madère et le rouge un goût de rancio.

Pasteur en conclut que tous les dépôts et changements de couleur qui s'effectuent dans les vins sont dus à l'oxygène de l'air.

Le développement du bouquet a également la même cause, puisque Pasteur est arrivé, en quelques semaines, par l'oxydation, à développer le bouquet du Château-Chalon.

En 1865, Pasteur conseilla l'essai suivant : une pièce de vin, à moitié pleine de vin pour champagne, fut roulée pendant une demi-heure ; ce vin est devenu grand mousseux en huit jours, tandis qu'il a fallu trois semaines au vin non aéré pour acquérir une bonne mousse ordinaire. Au bout de 15 jours, pour le vin aéré, les bouteilles se sont vidées aux 3/4, tandis que pour l'autre vin, les bouteilles furent débouchées sans qu'il y ait eu explosion ; le débordement n'a été que de 8 centilitres.

A la suite de ces travaux, on a essayé l'oxygène et l'ozone (oxygène électrisé) pour obtenir un vieillissement rapide, mais on n'a pu y arriver ; l'acidité augmente, le bouquet disparaît et l'alcool diminue. L'action de l'oxygène doit donc être lente.

Cependant, l'emploi de l'ozone, appliqué aux eaux-de-vie, a donné de bons résultats.

ELECTRISATION

L'électricité a une grande influence sur le vin, ainsi qu'on le constate en Champagne ; par les temps d'orage, il y a beaucoup plus de casse, et si le temps est humide, les bouteilles pleines se couvrent d'humidité, tandis que les bouteilles vides n'offrent pas ce phénomène. Les orages, en ébranlant l'air, donnent des vibrations aux tonneaux, aussi faut-il les charger, si les vins sont nouveaux ou sur colle.

Un très petit nombre d'essais ont été faits sur l'application de l'électricité au vieillissement et à la conservation des vins.

En 1869, M. E. Lefèvre, de Rogat (Ariège) assista à une expérience d'électricité faite sur une barrique de vin. Trois barriques furent envoyées à Londres ; les deux barriques non électrisées aigrirent, la troisième, qui l'avait été, ne bougea pas.

Les pôles d'une pile ont été garnis de blocs de charbon entourés de flanelle et plongés dans le vin ; toutes les impuretés du vin sont venues s'adapter à la flanelle du charbon négatif ; en aucun cas le liquide ne perdit de sa force. Les vins légers et clairets demandent deux heures de contact, les vins plus résistants douze heures et les plus récalcitrants quarante-huit heures (F. Audibert, *Echo Universel*).

Dans la même année, M. Scoutten publia un mémoire tendant à prouver que l'électricité améliore et conserve les vins ; ses expériences ne sont pas comparatives et tout à fait insuffisantes.

M. Mengarino, de Rome (Cosmos, 1890, 15 mars), a constaté que l'électrisation procure aux vins de la saveur et du bouquet; les vins électrisés et collés immédiatement après ne sont plus sujets aux maladies, ni sur terre ni sur mer.

Ces essais paraissent concluants ; il est donc nécessaire que de nouvelles expériences soient faites dans ce sens.

CHAUFFAGE

L'emploi de la chaleur pour la conservation des vins se perd dans la nuit des temps.

Caton, mort en — 145, a dit que pour faire le vin de Cos avec le vin d'Italie, il fallait ajouter une forte proportion d'eau de mer et laisser pendant quatre ans au soleil.

Pline (1er siècle) dit que les Grecs faisaient un vin généreux appelé Bios avec des raisins séchés, pressés et fermentés, puis laissé *vieillir au soleil.*

Columelle (1er siècle), le plus exact des agronomes romains, a écrit que, pour donner de la durée aux vins, on ajoutait à la vendange des proportions variables de moût cuit, réduit au 1/3, dans lequel on avait introduit de l'iris, de la cannelle, de la myrrhe et de la poix-résine, et pour conserver les vins qui aigrissent facilement, on mélangeait le moût avec 1/10 d'eau et on le faisait cuire jusqu'à évaporation de l'eau ajoutée.

Belon a dit que les Crétois faisaient bouillir les vins destinés à être transportés.

En Espagne, dans certaines contrées, on fait cuire tout le moût ; cette pratique paraît y avoir été apportée par les Arabes.

Fabroni (1785), a décrit la méthode espagnole et Scheele (1742-1786), disait que pour conserver le vin il fallait le faire bouillir ou chauffer dans des bouteilles ; ce serait donc le premier qui ait parlé de la conservation des vins par la chaleur, car il ne faut pas confondre la cuite du moût avec le chauffage.

Appert fit ensuite sa série d'essais pour la conservation des matières alimentaires, mais il ne pensa aux vins que plus tard, en 1823 ; avant lui, Cadet de Vaux avait essayé d'appliquer son procédé à la conservation des vins.

En 1827 et 1829, Mlle A. Gervais prit deux brevets pour des appareils à chauffer les vins et publia deux brochures sur le chauffage ; son appareil est basé sur la circulation du vin froid à travers le vin chauffé pour le refroidir.

Les défauts de son appareil étaient le chauffage à feu nu et de ne pouvoir se vider.

Le chauffage s'étendit alors dans le Midi où l'on envoyait de la vapeur d'eau par des tubes dans des cuves ou des réservoirs en maçonnerie.

La célèbre maison Thomas, de Mèze, fabrique depuis de longues années des vins inaltérables en les chauffant à 65° pendant un temps variable suivant les qualités qu'elle veut leur communiquer.

M. Vergnette-Lamotte (1850) a fait des essais sur le chauffage des vins par le procédé Appert, pour voir si ces vins se conserveraient à l'exportation. Ses conclusions sont que le chauffage facilite la conservation pour les voyages s'il n'altère pas la qualité du vin. Il chauffait à 50° pendant deux mois, mais ses essais ne furent pas concluants, puisqu'il recommanda préférablement la congélation.

En 1864, Pasteur envoya à l'Académie une série de communications sur les maladies des vins, leurs causes et leurs remèdes, dont le chauffage était le principal.

M. Vergnette revendiqua la priorité des essais sur le chauffage ; mais d'après ce qui précède, on voit qu'il n'y avait pas plus droit que Pasteur, puisque, sans parler de Scheele, Cadet de Vaux et Appert, Mlle Gervais avait déjà posé (en 1829) les résultats du chauffage, ainsi décrits dans ses brochures : 1° les acides sont émoussés ; 2° l'action du ferment est paralysée ; 3° celle de l'air et autres causes de fermentation détruite ; 4° les principes du bouquet se développent mieux ; 5° la verdeur est corrigée ; 6° le vin est vieilli, rendu plus fin, plus dépouillé, plus délicat.

En résumé, c'est Pasteur qui a établi scientifiquement et pratiquement l'emploi du chauffage, et si ses devanciers, surtout Vergnette-Lamotte, avaient fait des essais assez sérieux, aucun d'eux n'avait établi d'une façon aussi mathématique la valeur et la raison d'être du chauffage et ce n'est que depuis que ces travaux ont été publiés, que cette opération a pris une grande extension. Pasteur a rencontré bien des oppositions, mais il est toujours sorti vainqueur de ces tournois scientifiques. Pasteur avait constaté qu'un liquide fermentescible renfermé en vase clos et exposé pendant une heure à

75°, n'était plus susceptible de fermenter, tant qu'il restait à l'abri de l'air ; il mit du vin dans des bouteilles bien bouchées, les porta au bain-marie pendant 1 heure à 75° et les exposa à 25° pendant un mois ; le vin n'avait pas bougé, tandis qu'il eût fermenté s'il n'avait pas été chauffé. Enfin, en 1865, il fit une expérience devant la Commission représentative du commerce des vins en gros ; 28 vins furent chauffés à 65° pendant quelques minutes, et examinés un mois après : on a trouvé 13 vins chauffés supérieurs aux vins non chauffés, 8 vins non chauffés supérieurs aux vins chauffés et 7 vins égaux. Un nouvel essai examiné au bout de 4 ans devant la Commission syndicale des vins de Paris, a donné : 15 vins chauffés supérieurs aux vins non chauffés et 3 vins seulement non chauffés supérieurs. Un dernier essai a donné 22 vins chauffés supérieurs sur 24.

Enfin, par des essais répétés, Pasteur, après avoir constaté que les maladies des vins sont dues à des organismes divers, démontra qu'il suffisait de maintenir les vins pendant quelque temps à une température de 55 à 65° pour tuer les ferments et en empêcher le développement.

La chaleur arrête même une maladie en pleine activité.

Pour que le chauffage donne de bons résultats, il faut que toutes les parties du vin atteignent au moins la température de 55° pendant quelques minutes, et 65 à 70° si le vin est déjà malade.

Pour que les propriétés des vins soient modifiées le moins possible, il est nécessaire qu'aucune portion du liquide ne dépasse 65° et que l'action de la chaleur ne s'exerce que pendant quelques instants. On doit aussi éviter le contact de l'air qui oxyderait le vin chaud et développerait un goût de cuit, entraînerait ou modifierait le bouquet, et pendant le refroidissement pourrait introduire de nouveaux germes.

Le chauffage, qui n'agit que sur les matières organisées des vins, ne change pas leur composition intime.

Lorsque le vin chauffé est refroidi, il ne possède pas de différence de goût sensible dans les premiers temps.

Au bout de quelques années, ces vins qui ne sont plus sujets aux maladies, s'améliorent plus que les vins ordinaires ; la couleur s'avive, le bouquet paraît s'exalter, surtout pour les vins de Bourgogne, la verdeur et l'âpreté disparaissent en partie.

Tous les vins essayés par Pasteur : français, italiens, hongrois et américains, deviennent inaltérables même après être restés quelque temps en vidange ; ils peuvent résister indéfiniment à la navigation.

La durée du chauffage est fonction de la température, à 30° il faut un mois, à 45° 50, huit jours sont suffisants, et à 65°, quelques minutes sont seulement nécessaires.

Après les travaux de Pasteur, le premier qui fit un appareil de chauffage, M. Terrel-Deschênes, a constaté que dans un vin chauffé, le bouquet est plus développé, le principe alcoolique semble exalté, la couleur est plus franche et plus veloutée, la verdeur ou acidité en partie disparue, plus de maturité sans vieillesse, mais le vin a perdu, en totalité ou en partie, son goût de fruit.

L'inconvénient du chauffage, c'est de donner un goût de vieux ou de cuit, cet inconvénient n'existe que lorsqu'on dépasse 65° ou lorsque l'on maintient trop longtemps cette température. Cet inconvénient n'existe plus aujourd'hui que dans les appareils modernes qui se répandent de plus en plus en France.

Les petits vins et les vins communs du Midi sont ceux pour lesquels le chauffage est le plus utile.

Les appareils pour le chauffage des vins sont nombreux ; le premier en date est celui de Terrel-Deschênes, puis vient ensuite celui de Vinas et Giret, de Béziers, qui a obtenu, en 1870, le prix de 3.000 francs donné par la Société d'Encouragement, pour les meilleurs appareils de chauffage et de conservation des vins. L'appareil de Périer frères présente un chauffage et un refroidissement plus rapides ; l'appareil Bourdil à marche continue. L'appareil Victor Mèze se compose de deux vases, l'un servant à chauffer le vin et l'autre à le refroidir, le courant du vin froid allant en sens contraire du courant du vin chaud, il peut chauffer 1.000 hectolitres à 70-75° en 24 heures. L'appareil Legal (de Nantes, 1885) peut chauffer 7.000 litres à 65-70° en 10 heures, avec une dépense de 1 hectolitre de coke, et ne coûte que 1.500 francs. L'appareil Pommier, de Marseille, celui de Vigouroux (Nîmes). L'appareil Houdart (de Paris, Les Lilas), le mieux compris, suivant moi, en ce sens que le chauffage du vin se fait au moyen d'un thermosiphon, ce qui fait que le vin n'est pas au contact direct du feu. Cet appareil peut se chauffer au gaz ou au charbon. Pasteur lui a donné un certificat d'une grande valeur. L'appareil Bréhier, qui tient le moins de place, est aussi chauffé par l'eau chaude ; au-dessus du foyer est une colonne pleine d'eau chauffée, dans laquelle sont des tubes destinés à contenir le vin à chauffer, tout autour est une capacité dans laquelle le vin froid arrive et se réchauffe au contact du vin déjà chauffé qui se refroidit ainsi.

Pictet et Kuhn, pour éviter le goût fâcheux que prennent quelquefois les vins par le chauffage, ont eu l'idée de les chauffer à 60° sous une pression d'acide carbonique, puis de les ramener brusquement à leur première température ; ils ont constaté que le goût n'était pas altéré.

Dans leur appareil, ils chauffent à 55-58° pendant 1/4 d'heure, puis refroidissent subitement au moyen d'un liquide incongelable fourni par une machine frigorifique ; on arrête le refroidissement quand le vin marque 8°. M. Robinet recommande cet appareil.

Suivant moi, les conditions que doivent remplir ces appareils sont : Les tuyaux et vases en cuivre doivent être sérieusement étamés et maintenus constamment dans cet état. Le fer doit absolument être rejeté pour la partie en contact avec le vin. Le vin arrivant froid doit servir à refroidir le vin déjà chauffé afin d'économiser le combustible.

Le vin ne doit pas être en contact direct avec le feu, ni avec la vapeur à une haute pression ; le chauffage à l'eau chaude est celui qui convient le mieux.

Des thermomètres bien disposés doivent indiquer la température des différentes parties du vin.

Le contact de l'air doit être soigneusement évité, tout en laissant un dégagement pour les vapeurs.

Le vin trop chauffé prend un goût de cuit, de vinasse, celui qui ne l'est pas assez n'a aucune qualité de plus après le chauffage qu'avant, au contraire. Il faut maintenir une certaine pression au-dessus du vin, afin de le modifier le moins possible.

Le vin froid doit arriver dans les tonneaux en évitant l'accès de l'air.

On peut chauffer le vin en bouteilles, en opérant comme suit : Après avoir séparé le dépôt par décantation et transvasement, on bouche hermétiquement et on ficelle les bouteilles remplies jusqu'à 1 ou 2cm du bouchon.

On porte au bain-marie et l'on chauffe graduellement jusqa'à 60 ou 65° (J. Brun indique, à tort, 90°). Lorsqu'un thermomètre marque le degré voulu dans l'intérieur d'une bouteille prise comme témoin, on les retire du bain-marie et on les laisse pendant quelques jours dans une position verticale ; on les conserve à la cave ou au grenier. Cette méthode les vieillit et les améliore considérablement.

L'eau du bain-marie doit s'élever jusqu'à la cordeline ; la dilatation du vin tend à faire sortir le bouchon, mais la ficelle le retient et le vin suinte ; pendant le refroidissement le vin diminue, on frappe sur le bouchon pour le renfoncer, on ôte la ficelle et encave.

Lorsqu'on a en cave et en bouteilles des vins fins ou ordinaires qui passent, tournent ou s'absinthent, on s'assure d'abord si les bouchons sont en bon état et bien assujettis ; on met les bouteilles verticalement dans un panier d'osier en les assujettissant avec du foin, et on plonge ce panier dans une chaudière pleine d'eau à 75° ; on les y maintient pendant 1 heure en conservant la température de 75°, on redescend ensuite les bouteilles à la cave et on les couche. Ce vin se conservera indéfiniment.

Les vins malades doivent être chauffés à 70° pour pouvoir détruire la maladie, soit dans les appareils, soit en bouteilles.

CONGÉLATION

Si on abaisse la température des vins à 6 ou 7 degrés au-dessous de zéro, il se forme des glaçons que l'on enlève.

Ce procédé conserve les vins mais moins bien que le chauffage.

Les anciens paraissent avoir connu la congélation ; Horace conseille de refroidir le vin, mais sans aller jusqu'à la congélation ; Van Helmont (1577-1644), y fait allusion, Melsens en parle longuement, Stahl et Parmentier ont donné des indications sur la manière de faire. Fabroni (1785), dans son Traité sur l'art de faire le vin, dit qu'on a conseillé la gelée pour conserver les vins, mais que Bucquet observe qu'on ne peut le conserver longtemps et qu'il tourne au vinaigre.

C'est surtout Vergnette-Lamotte (1850), qui a le plus étudié la congélation, i a fait des expériences très précises à ce sujet (Ann. de Phys. et de Ch., 25, p. 353).

Voici les résultats obtenus sur six vins rouges et blancs : L'augmentation du degré alcoolique a été de 0,72—0,34—0,57—0,40—0,45—0,47 ; le déchet causé par la glace enlevée a été de 12—7—7,5—7—20 et 8 °/₀ ; la glace a fait perdre au vin en alcool 0,95—0,58—0,45—0,56—1,86—0,44, et la richesse alcoolique de la glace était de 7,91—8,28—6,00—8,00—9,25—5,50 °/₀ ; la glace n'est donc qu'un vin moins riche en alcool.

L'action du froid, même sans congélation, produit un dépôt de sels, ferments et matières colorantes ; au froid de 0° à — 6°, il se précipite du tartre et des matières albuminoïdes ; au froid de — 6° à — 12°, la partie la moins alcoolique se congèle.

Pasteur a fait aussi des essais de congélation, les vins congelés par lui sont tournés à l'amer.

Raoult a essayé l'effet de la congélation sur les liquides hydroalcooliques et sur les vins ; voici les résultats trouvés par lui :

Point de congélation des liquides hydro-alcooliques.

Degrés de froid	Degré alcooliq.	Froid	Alcool	Froid	Alcool	Froid	Alcool
0°	0°	— 5	14.2	10	23.3	20	36.1
— 1	3.2	— 6	16.4	12	26.4	24	40.0
— 2	6.3	— 7	18.7	14	29.1	28	43.7
— 3	9.2	— 8	20.4	16	31.3	32	47.9
— 4	11.8	— 9	21.9	18	33.8		

Essais sur les vins :

	Degré alcoolique	Degré de congélation	
		des vins	d'alcool et eau au même degré alcoolique
Vin rouge ordinaire...	6°6	2°7	2°2
» blanc » ...	7.0	3.0	2.3
Beaujolais............	10.3	4.4	3.4
Bordeaux rouge.......	11.8	5.2	4.0
Bourgogne...........	13.1	5.7	4.5
Roussillon...........	15.2	6.9	5.5
Marsala..............	20.7	10.1	8.1
Cidre................	4.8	2.0	1.5
Bière................	6.3	2.8	2.0

En 1886, M. Guinet a essayé l'effet de la congélation sur les vins et en a obtenu de très bons résultats. Le froid a été produit, dans des cylindres, par une machine pneumatique faisant le vide ; dans ces cylindres on a mis des vins de deux mois dont la fermentation avait été bien conduite ; l'eau du vin s'est transformée en petits cristaux incolores ; si le vin est faible en alcool on enlève tout ou partie des glaçons. Au bout de 24 heures de refroidissement le vin est devenu limpide et brillant, son arome et sa saveur ont été très rehaussés ; les ferments, les matières albuminoïdes et les matières en suspension ont été précipitées.

Expériences de M. Bouffard (1891). Montpellier. Rôle de la chaleur et du froid dans la vinification.

VINS	Point de congélation.	Vin recueilli p^r cent après congélation			Titre alcoolique				Acidité	
		Egouttage.	Turbinage.	Total	Vin primitif.	Après congélation Egouttage.	Turbinage.	Total	Primitif.	Congelé Egoutté
Aramon.......	5	57	20	77	8.1	10.2	8.1	9.6	6.6	8.6
Carignane.....	6	57	22	79	8.6	11.2	7.2	10.1	4.7	6.2
Jacquez,.......	7	67	—	—	9.3	11.2	—	—	4.2	4.9
Black July.....	9	43	38	81	14.4	16.8	16.1	16.4	7.2	8.9

Ses conclusions sont que l'amélioration est certaine mais que ce procédé n'est pas, économiquement, pratique.

En résumé, ce procédé ne peut guère s'appliquer que dans les pays du Nord, sauf pour les vins déjà riches en alcool et d'une qualité supérieure pouvant supporter les frais de la production du froid.

La congélation est bonne pour tous les vins rouges et blancs, sans distinction de crus, cependant il y a des vins que la congélation prive de leur tartre et qui se détériorent lorsque les chaleurs arrivent. Vergnette Lamotte conseille la congélation pour les vins mous et ayant une tendance à tourner.

Dans les caves ou à l'air, si les tonneaux sont soumis à un froid de 2 à 9°, il se forme des lamelles de glace qui se déposent sur les parois, le vin ne tarde pas à s'éclaircir en produisant un dépôt solide. Ce vin, aussitôt transvasé, doit rester dans un milieu de près de zéro pendant un mois, on le transvase une seconde fois et on le porte dans une cave ordinaire en lui faisant suivre une graduation de température; si le vin congelé est laissé tel quel, c'est-à-dire si on ne retire pas les glaçons, la température s'élevant, la glace redevient liquide et le vin reste fortement trouble, il est alors sujet à toutes les altérations. Cette condition se rencontre souvent dans les vins qui ont voyagé pendant un temps très froid.

Dans le Nord, l'application de la congélation est très simple, par les grands froids on expose, au dehors, le vin logé dans des petits fûts de 60 à 75 litres, en ayant soin de ne pas dépasser 6 à 9° au-dessous de zéro; le lendemain on pratique un soutirage rapide, en laissant dans le fût les cristaux de glace; l'exposition au froid se fait la nuit et 12 à 15 heures suffisent; la perte ordinaire est de 12 à 14 °/₀, largement compensée par la plus-value qu'acquiert le vin, car la congélation vieillit le vin sans lui enlever en rien la finesse de son bouquet.

COUPAGES

S'il est une pratique nécessaire et bienfaisante, c'est certainement celle des coupages,

Sous ce nom on désigne les mélanges que l'on fait des divers vins, afin de produire des vins de consommation ayant des qualités de goût, d'odeur et de conservation que ne présentent pas les vins pris séparément.

C'est dans la Gaule que cette pratique prit naissance, elle est aussi en usage depuis longtemps dans la province de Jerès, en Espagne, et cette opération constitue la base de son type, si répandu à l'étranger.

Cette méthode, bien étudiée et bien faite, donne des types uniformes de vins qui réduisent à un très petit nombre les vins communs de France et facilite leur exportation, avantages dont ne bénéficient encore ni l'Espagne, ni l'Italie. (A. Bayo. Falsifications des vins et autres boissons. Rapport à la Commission nommée par le Ministre du Commerce d'Espagne, le 5 janvier 1887.)

Sans la possibilité de couper les vins, une grande quantité de ceux-ci ne pourraient aborder la consommation et périraient plus par faute d'emploi que par leur faible constitution.

Il y a aussi la question de prix, avec le coupage tout négociant peut arriver à fournir à sa clientèle des vins de bonne qualité aux prix fixés par les clients eux-mêmes.

Lorsqu'une année est mauvaise on peut remédier à la mauvaise qualité du vin en le mélangeant avec des vins vieux de différents cépages.

Certains auteurs ont dit qu'au lieu de couper les vins il vaudrait mieux produire des vins complets en cultivant des cépages de natures différentes. Mais cette manière de faire, qui est beaucoup pratiquée, ne résout pas du tout la question, car chaque pays ne donne pas, avec les mêmes cépages, les mêmes vins, de sorte que le nombre des différentes qualités de vins pour la consommation seraient très limitées.

Avant l'invasion du phylloxera en France, les coupages ne se faisaient guère qu'entre vins français, mais depuis il a fallu recourir aux vins étrangers, d'Espagne, d'Italie et même de Hongrie.

C'est dans la connaissance parfaite des mélanges de vins que réside toute la science des négociants en vins; par des coupages bien combinés, ils arrivent à donner aux consommateurs des produits qui leur plaisent et à des prix qu'ils ne pourraient obtenir sans cela.

Le commerce de Bercy est arrivé à ce point de vue à un résultat vraiment remarquable; les vins qu'il livre à la consommation sont d'une régularité de goût, de couleur et de bouquet vraiment étonnante.

Il ne peut y avoir de règle particulière, on ne peut donner que des règles générales, le reste est une affaire de longue expérience, de réflexion et de goût.

Cependant, il est bon de connaître quels sont les vins qui se marient bien et quels sont ceux qui ne doivent pas se mélanger.

Les vins de Bourgogne donnent au mélange de la délicatesse, de la sève et du bouquet; les vins du Var du nerf et du brillant; ceux du Midi du corps, de la douceur et de la force alcoolique; les vins du Bordelais du tannin et de la fraîcheur; ceux du Cher et de Cahors de la couleur; ceux de l'Auvergne de la fermeté et enfin ceux de la Sologne et du Nantais de la légèreté et de la verdeur.

Généralement, les coupages se font avec des vins du Midi mélangés avec des vins blancs du Gers, de la Loire-Inférieure, de l'Anjou et de la Vendée.

On peut couper les vins blancs avec les vins rouges teintés, de beaucoup de manteau ; les vins blancs tirant sur le jaune avec les vins rouges foncés; les vins blancs avec les vins rouges ordinaires et les vins rouges très colorés ; les vins rouges de teintes différentes se mélangent bien entre eux; les bleus avec les rouges brillants, etc.

On doit couper les vins légers, plats, mous ou de mauvaise conservation avec des vins alcooliques; les vins faibles avec des vins forts; par exemple les vins d'Aramon, du Midi, ont besoin d'être mélangés avec des vins plus corsés comme ceux de Narbonne, du Roussillon, d'Italie ou d'Espagne; les vins insipides et âcres avec des vins blancs secs et forts; ceux qui sont forts, pesants avec des vins suaves et légers; ceux qui sont acerbes avec des vins riches en couleur, en alcool, mais pauvres en acides; les vins légèrement amers avec ceux qui sont nouveaux et francs de goût; les vins âpres, verts et peu spiritueux avec des vins de Narbonne vinés. Les vins rouges durs et acerbes se coupent avec des vins blancs bien secs et vieux, mais une trop forte proportion rendrait le rouge insoluble.

Les vins doux se coupent avec des vins plus légers contenant un excès de ferment et on laisse fermenter; les vins doux et insipides avec des vins fermes et durs; ceux qui ont un goût de terroir ou de la verdeur perdent ces goûts dans un mélange avec des vins blancs légers et d'un goût franc; les vins très aromatiques se réunissent à des vins sans bouquet; enfin les vins vieux avec des vins nouveaux non acides et sans ferment; si le vin est très vieux, le vin nouveau doit avoir quelques années.

Il ne faut pas couper un vin fini à moins qu'il ait subi un commencement de détérioration, dans ce cas on le coupe avec des vins plus généreux, du même cru.

Les vins défectueux ne doivent pas entrer dans un mélange, il en suffit d'une très petite quantité pour perdre beaucoup de vin. Il faut éviter le coupage des vins verts des mauvaises années avec ceux des années chaudes, avant qu'ils n'aient terminé la fermentation lente ; sinon on s'expose à une nouvelle fermentation.

Il faut bien faire attention de ne pas couper les vins faibles de nos pays avec les vins importés d'Espagne et d'Italie contenant 15 % à 16 % d'alcool mais renfermant encore du sucre parce qu'il se détermine dans les bouteilles une deuxième fermentation; ces mélanges deviennent mousseux, les bouchons sautent et le vin restant se transforme en vinaigre ; beaucoup de petits ménages ont été victimes de ce fait qui peut se produire également si l'on sucre le vin avant sa mise en bouteilles.

Ces vins riches en alcool laissent du sucre inattaqué par la fermentation, mais dès qu'ils sont mélangés à d'autres vins plus faibles, le sucre reprend sa fermentation, et il se produit de l'acide carbonique, qui rend ces vins mousseux.

On peut remédier à cet inconvénient en portant ces vins coupés à une température assez élevée pour coaguler le ferment.

Ou si ce procédé restait inefficace, de les additionner de tannin et de les coller, pour entraîner le ferment à l'état de précipité inactif.

Les coupages ne sont pas une falsification ; cependant si on vend un vin coupé, comme vin pur non coupé, il y a fraude (Loi du 27 Mars 1851). Le coupage des vins blancs avec les vins rouges est défendu (Jugement du Tribunal Correctionnel de Lyon, confirmé en appel, en 1886 ; 50 francs d'amende et affichage). La raison qui a fait défendre le coupage est donnée par les hygiénistes. Le vin blanc n'a pas la même action sur l'organisme que le vin rouge, les vins blancs agissent plus sur le système nerveux et sont moins toniques. Mais il faut bien le dire, malgré cette loi, il y a peu de vins rouges livrés à la consommation qui ne soient mélangés de vins blancs, dont c'est le seul emploi. Si la répression de ce mélange devenait absolument énergique, on verrait se perdre un volume considérable de vin blanc pendant que la pénurie de vins rouges serait considérable. Il y aurait donc lieu comme pour le salage et le plâtrage de laisser une certaine tolérance, mais dans tous les cas tout coupage doit être connu de l'acheteur.

Le coupage avec les piquettes, vins d'eau sucrée et vins de raisins secs sont également défendus.

Le coupage avec des vins malades n'est pas toléré sauf pour la graisse et l'amer pourvu toutefois que la proportion des vins atteints de ces maladies ne cause un retour de la maladie dans le mélange.

On peut couper les vins fûtés, moisis et non francs de goût pourvu que la dégustation ne les découvre pas.

Une fois le coupage fait, il faut attendre un certain temps afin que la combinaison des divers éléments des vins mélangés se fasse ; cette combinaison se fait mieux en grande masse, et après la vendange que sur les vins complètement faits.

La couleur des différents vins a une importance très grande, dans cette question ; les vins de consommation ayant une teinte à peu près uniforme, il est nécessaire par les mélanges de vins plus colorés avec des vins faibles en couleur et même des vins blancs, d'obtenir la teinte voulue.

On se sert pour cela des colorimètres ; le vino-colorimètre Salleron est très utile dans ce cas. (Voir *Dosage des matières colorantes*).

Etant donnés les chiffres obtenus par l'instrument, voyons comment on peut s'en servir pour les coupages.

Les chiffres donnés par le vino-colorimètre indiquent l'épaisseur du vin sous laquelle on arrive à l'égalité d'intensité avec la teinte type. — Plus un vin sera coloré, plus son épaisseur sera petite.

Pour obtenir le rapport d'intensité de couleur de deux vins, il faudra diviser leurs épaisseurs l'une par l'autre.

Un vin possède une intensité de 100 et un autre une intensité de 200 ; le second vin est de deux fois moins coloré que le premier, ou celui-ci deux fois plus que le second.

« Pour trouver le nombre de litres d'un vin qui doit être coupé avec un autre vin pour former un volume total donné, à un titre aussi donné, il faut multiplier ce volume total par la différence du second vin au vin cherché et diviser le produit par la différence des deux vins donnés. »

On obtient ainsi le volume du premier vin ; par différence avec le volume total on trouvera le volume du second.

Exemple: On a un vin de Roussillon à 80 et un vin de l'Ouest à 190; quelles quantités faut-il prendre de chacun d'eux pour obtenir 228 litres de vin à 120 ?

Pour le premier vin on posera le calcul suivant :

$$228 \times \frac{190 - 120}{190 - 80} = 228 \times \frac{70}{110} = 145 \text{ litres.}$$

Et pour le second $228 - 145 = 83$ litres.

Les différents problèmes que l'on peut se poser à propos de la couleur des vins, dans leurs coupages, sont donnés dans une notice qui accompagne l'appareil.

On a souvent aussi à se poser les questions suivantes : Etant donnés deux vins ayant chacun un titre alcoolique connu, dans quelles proportions les mélanger pour obtenir un vin ayant un titre alcoolique fixé ?

La réponse est facile, c'est une simple question d'algèbre.

Soit un vin à 15° et un autre à 8° pour en faire un mélange à 10° par hectolitre.

Soit x la proportion d'alcool à 15° à ajouter on aura :

$(15 \times x) + 8\,(100 - x) = 10 \times 100$ d'où $15\,x + 800 - 8\,x = 1000$ enfin on arrive à $100 \times \frac{10 - 8}{15 - 8} = \frac{200}{7}$ 28^l^,570 à 15° et par différence à 71^l^,43 à 8° dont la réunion forme 100^l^ à 10°.

Pour former un mélange de deux vins dont on connaît les titres alcooliques, sous un volume donné, on multiplie ce volume par la différence du chiffre alcoolique à obtenir et du plus faible chiffre d'alcool des deux vins ; puis on divise ce résultat par la différence entre le plus fort chiffre d'alcool des deux vins et le plus faible. — On obtient ainsi le volume du vin le plus riche en alcool.

Autre exemple : On veut faire 228 litres de vin à 11° avec deux vins dont les degrés alcoométriques sont de 14 et 9°.

On pose le calcul $228 \times \frac{11 - 9}{14 - 9} = 228 \times \frac{2}{5} = 91{,}2$

$228 - 91{,}2 = 136{,}8$

On versera donc 91 litres 2 du vin à 14° et 136 litres 8 du vin à 9°,

Preuve :	91^l^2 à 14°	contiennent	12^l^ 768	d'alcool pur
	136^l^8 à 9°	—	12, 312	—
			25^l^ 080	—
	228^l^ à 11°	—	25, 08	—

Ces calculs faits, on introduit dans un verre ou une éprouvette jaugée, les quantités indiquées et on juge à la dégustation et à la couleur si on a bien atteint le résultat désiré. (Voir Mesure des Vins. — Analyse).

Pour mesurer les quantités de vins calculées, dans les tonneaux, il est préférable d'agir par pesée, sur la bascule, en se servant du densi-volumètre de Salleron, ou du pèse-litre Courtonne, qui indiquent quel est le poids correspondant au volume.

On tare le tonneau sur la bascule, on ajoute sur le plateau le poids de l'un des vins et on verse ce vin jusqu'à équilibre ; on met alors le poids total des deux vins sur le petit plateau et on équilibre en versant le second vin. On opérera de même avec plusieurs vins.

FILTRATION

Lorsque les soutirages n'ont pas donné un vin clair et limpide et qu'on ne veut pas coller ce vin, il faut avoir recours à la filtration qui est très employée en Espagne.

La filtration n'agissant que mécaniquement ne dépouille pas les vins des matières dissoutes en trop grande abondance et qui se déposent subséquemment, en déterminant plus tard des fermentations secondaires.

Mais pour soustraire temporairement les vins communs du Midi ou de l'Espagne et de l'Italie à ces fermentations, c'est un moyen très pratique.

M. Robinet affirme que pour les grands vins, les vins fins et délicats la filtration est une mauvaise opération ; elle leur enlève la finesse de leur bouquet, elle les énerve et les ramène de suite à une qualité moyenne.

Le filtre le plus simple et le plus anciennenent employé se compose de chausses ou manchons de toile ou de flanelle revêtus intérieurement d'une bouillie de papier Joseph, transformé en pâte au pilon et mélangé dans du vin ; le papier s'applique sur la flanelle et arrête l'écoulement du vin qui ne filtre plus que lentement.

La filtration se faisant très lentement au contact de l'air, la couleur est modifiée, le bouquet enlevé en partie ainsi que l'alcool.

Des chausses en tissus spéciaux ont été inventées sur lesquelles on filtrait les vins collés fortement à la gélatine ; les inconvénients étaient les mêmes que pour les chausses à papier-filtre.

Il y a un assez grand nombre de filtres mécaniques : le filtre Géraud, est formé de manches filtrantes placées horizontalement ; un bac supérieur permet de régulariser la pression ; son nettoyage est facile ; le filtre Rétif, successeur de Mésot, est aussi un filtre à manche ; dans ce filtre on emploie une petite quantité de noir animal purifié (Voir *Décoloration*). Cet appareil est bon pour les lies et les vins communs, mauvais pour les vins délicats ; le filtre Mésot, est plus compliqué que le filtre Rétif ; on emploie aussi le noir animal ; il donne d'assez bons résultats et il est excellent pour la filtration des lies ; le filtre Vigoureux a remporté le premier prix au concours de Nîmes; c'est un filtre analogue à l'ancien filtre Taylor ; le filtre Simoneton rappelle le filtre-presse Farinaux, employé en sucrerie ; la filtration se fait sous pression, mais il a l'inconvénient de mettre le vin au contact de l'air ; il est bon pour les grandes quantités de vin à filtrer. Il y a beaucoup de filtres-presse qui n'ont qu'un canal unique pour la sortie du liquide, ils ont l'avantage de ne pas mettre les vins au contact de l'air ; parmi eux je citerai le filtre-presse système Kroog.

Les filtres-presse sont les meilleurs filtres et surtout les plus commodes ; aussi depuis la publication de ma première édition, (1884) où je ne signalais que leur existence en sucrerie, ont-ils pris une extension sérieuse.

Pour les vins fins et délicats qui craignent l'air, on emploiera le filtre-presse Kroog, ou de ses similaires et pour les vins jeunes, rudes et très corsés qui, au contraire, gagnent au contact de l'air, on se servira du filtre-presse Simoneton, ou de ses analogues.

DÉCOLORATION

Certains vins ont un excès de couleur qui les rend noirs, aussi a-t-on essayé de les décolorer, mais aujourd'hui que la couleur a une grande valeur on ne cherche plus à le faire ; seulement, dans les vins rouges, on cherche à leur enlever les teintes fausses.

La décoloration est beaucoup plus employée pour les vins blancs.

Nous avons vu que les collages décoloraient un peu les vins, surtout s'ils contiennent beaucoup de tannin, mais on ne l'emploie pas ordinairement dans ce but.

Divers agents décolorent les vins : Julia de Fontenelle cite (J[l] de Ph. et Ch., t. 11) les poireaux, les échalottes, les oignons, l'ail et la moutarde, qui décolorent le moût et le clarifient ; Henry (J[l] Ph. et Ch., t. 11) a constaté que le sulfate de quinine, au contact du tannin des vins, formait du tannate de quinine qui précipite la couleur sans présenter d'amertume.

Mais ce sont surtout les charbons qui ont été et sont employés pour la décoloration des vins. Les charbons végétaux réduits en poudre fine et obtenus avec des bois tendres, tels que fusains et peupliers, ne cèdent rien aux vins, mais, en même temps que la couleur, ils lui enlèvent les éthers volatils, d'où perte du bouquet. Une partie de charbon de saule décolore 12 parties de vin ; si on le laisse plus de deux jours, le vin se perd et quelquefois plus tôt.

On s'oppose à une trop forte décoloration des vins en faisant fermenter le moût sur du charbon (Duburqua, Ann. de Chimie, t. 53).

Le charbon animal, ou noir animal, renferme de 10 à 12 °/₀ de carbone et d'azote et 90 à 88 °/₀ de phosphates, carbonates, etc. ; il y a aussi presque toujours des sulfures, quelquefois des cyanures et quelques sels solubles.

Lorsqu'on verse un tel noir dans le vin, l'acidité naturelle de ce vin agit sur le noir ; le carbonate est décomposé, il se forme du tartrate de chaux et l'acide carbonique est mis en liberté, une partie de l'acidité est ainsi saturée et les sulfures décomposés également mettent en liberté de l'acide sulfhydrique dont l'odeur est celle des œufs pourris. On ne peut donc employer ce noir à cet état.

On purifie le noir animal en le traitant par l'acide chlorhydrique dilué dans l'eau, cet acide décompose les carbonates et les sulfures, dissout les phosphates et les autres sels et laisse le carbone pur ; on décante et ajoute de l'eau, décante à nouveau jusqu'à ce que l'eau ne renferme plus de sels solubles ; il faut de très nombreux lavages pour laver complètement ce noir.

Pour les vins, il ne faut employer que ce noir purifié, quel que soit son prix, sous peine de risquer de perdre le vin ; il faut beaucoup moins de ce noir lavé, pour obtenir ce même résultat, que de noir non lavé.

Un litre de vin rouge est décoloré entièrement par 45 grammes de ce noir animal et il conserve son odeur et sa saveur ; sa densité diminue (Bull. de Ph., t. 3, p. 311).

L'emploi du noir permet de rétablir et d'utiliser les vins tournés, moisis ou altérés, d'affaiblir la coloration du vin jusqu'au degré voulu.

Il faut déterminer à l'avance sur une petite portion de vin la quantité de noir que l'on doit employer pour arriver au résultat voulu. On prend 100^{cc} de vin et on y ajoute successivement 1/2, 1 gr. 1/2 de noir jusqu'à ce que le résultat soit atteint.

Pour essayer l'état de pureté du noir animal acheté on opère de la façon suivante : On pèse 5 grammes de noir (acheté comme pur) et on le fait sécher pendant 1 heure 1/2 à l'étuve à 120°, la perte de poids donne l'humidité ; ce noir est versé dans une capsule de porcelaine et couvert de 100^{cc} d'eau distillée ; on fait bouillir et on jette sur un filtre sec et dont on a pris le poids, on lave la capsule avec de l'eau bouillante et cette eau est rejetée sur le filtre, toute l'eau de filtration réunie dans un même vase, on cesse les lavages lorsque quelques gouttes d'eau qui filtre, évaporées sur une lame de platine ne laissent plus de résidu ; on porte le filtre à l'étuve et on le sèche à 120° jusqu'à ce qu'il ne perde plus de poids ; du poids du noir et du filtre, on déduit le poids du filtre et l'on obtient ainsi le poids du noir pur sur 5 grammes. Comme on a obtenu le poids de l'eau, par différence, à 5 gr., on a le poids des sels solubles dans l'acide chlorhydrique ; comme contrôle, on peut évaporer dans une capsule de platine les eaux de lavages, sécher à 120°, on obtient comme résidu les sels solubles, que l'on peut analyser. (E. V.).

CHAPITRE 4.

VINS PRÉPARÉS

Sous ce titre je comprends tous les vins qui subissent un travail particulier en dehors de la vinification générale et pour lesquels on emploie une ou plusieurs des opérations licites indiquées dans le chapitre précédent.

On a voulu leur donner le nom de vins fabriqués, ce terme ne me semble pas exact ; fabriqué veut dire qui n'est pas naturel, or ces vins sont parfaitement naturels, leur base est le raisin et ce n'est que la manière de guider la fermentation qui change les caractères de ces vins ; au sens que l'on veut appliquer à ce mot, à propos de ces vins, tous les vins seraient donc fabriqués aujourd'hui, car tous ne sont pas le seul résultat de la fermentation du raisin ; le collage suffirait pour les faire traiter de vins fabriqués.

Et les vins mousseux, sur lesquels a le plus porté cette expression, sont ceux qui la méritent le moins.

Les vins que l'on pourrait traiter ainsi, avec plus juste raison, sont les vins d'eau sucrée, les piquettes, les vins de raisins secs et les vins d'imitation et cependant personne n'a eu l'idée de dire que les piquettes n'étaient pas naturelles.

Par le mot fabriqué on entend généralement dénommer les vins qui sont fabriqués de toutes pièces, fraudés et falsifiés.

VINS BLANCS DOUX

Les vins blancs doux sont des vins dans lesquels on a arrêté la fermentation afin de conserver une certaine quantité de sucre qui donnera au vin le goût douceâtre estimé d'un certain nombre de consommateurs.

Ils sont quelquefois consommés en nature, mais ils servent surtout à la préparation des vins d'imitation.

Dans certaines régions (Loire-Inférieure) on en consomme une certaine proportion ; ces vins n'ont subi qu'un commencement de fermentation, ils sont laiteux et renferment de la crème de tartre insoluble maintenue en suspension par l'acide carbonique ; ces vins ont l'inconvénient de porter fortement à la tête. Pour les conserver plus longtemps dans cet état, on les place dans des caves très fraîches et on leur fait subir subséquemment plusieurs soutirages ; on peut ainsi les garder tout l'hiver ; ils sont ordinairement consommés dans le premier mois qui suit les vendanges.

On arrête complètement la fermentation au moyen du soufrage, celui-ci communique au moût un goût particulier que l'on enlève par plusieurs soutirages au contact de l'air. Dans certaines contrées on arrête aussi la fermentation en introduisant dans les tonneaux des copeaux de noisetier, de coudrier ou de hêtre.

Pour les vins blancs doux, liquoreux, qui sont très sucrés, on attend la maturité complète. On fait la fermentation dans des cuves ou des tonneaux dont les robinets sont placés assez haut pour ne pas entraîner les impuretés déposées, lorsque la première fermentation est suffisante on transvase la partie claire dans d'autres fûts. Au bout de quelques heures les ferments se séparent, une partie plus légère monte à la surface sous forme de flocons d'écume, l'autre partie se dépose au fond; l'épaisseur de ces dépôts augmente sans cesse ; l'instant précis du soutirage est celui qui coïncide avec le moment où la couche supérieure commence à se fendiller, ce qui annonce le commencement de la fermentation. Il faut soutirer dès que l'on aperçoit la moindre gerçure sous peine de voir, sous l'action de l'acide carbonique, le dépôt inférieur se mélanger à la masse. On soutire de suite dans un autre tonneau où la même opération suivie d'un autre soutirage se présentera. La plupart du temps ces deux opérations sont suffisantes, mais quelquefois il en faut une troisième, dans ce cas il est bon de sucrer. Enfin on met le vin dans un fût méché où il se conserve sans fermentation.

VINS MOUSSEUX ORDINAIRES

Rien n'est plus facile que d'obtenir un vin mousseux, il suffit de prendre du moût dont la fermentation n'est pas achevée et de le mettre en bouteille bien fermée. La fermentation produit de l'acide carbonique, qui ne pouvant se dégager, se dissout pour la plus grande partie dans le vin, tandis que la partie non dissoute se comprime dans la cavité vide de la bouteille, pression qui fait sauter le bouchon lorsqu'on le délivre de ses attaches. Le gaz dissous dans le vin sous l'influence de la pression, se dégage lorsque le vin arrive au contact de l'air et c'est ce dégagement de gaz qui produit la mousse.

Il y a plusieurs procédés pour obtenir des vins mousseux, mais qui ne diffèrent que par les détails, le principe est le même ; mais pour avoir des résultats convenables, il faut agir sur des vins ayant au moins 5 gr. d'acidité par litre.

Lorsque la fermentation tumultueuse s'est achevée en tonneau, on l'arrête de suite en séparant les ferments et la lie par un soutirage dans un fût légèrement méché ; on colle le vin quelques jours après, on le met en bouteilles, au bout de quelques semaines le vin est mousseux et agréable à boire ; on augmente la quantité de mousse en mêlant au vin, au moment de la mise en bouteilles, du moût non fermenté mais filtré.

Pour rendre mousseux un vin dont la fermentation est terminée et qui est clair, il suffit d'ajouter dans la bouteille du sucre candi à la dose de 22 gr. par litre (si le vin ne contient pas plus de 1 à 2 % de sucre). Les bouchons doivent être ficelés solidement.

Enfin, si l'on veut obtenir un petit vin champanisé, on opérera ainsi : On prépare au bain-marie un sirop avec moitié vin blanc bien clarifié et moitié sucre de belle qualité ; on met le vin bien clair en bouteilles et on ajoute la valeur de 3 centilitres du sirop par litre de vin, ensuite les bouteilles bien ficelées sont placées à la cave la tête en bas. Au bout de 5 ou 6 semaines chaque bouteille est prise avec précaution sans la changer de position et on la débouche la tête en bas, au-dessus d'un vase, de façon à ne laisser tomber que le dépôt qui s'est formé et on la retourne vivement. Si le vin est clair, on remplit la bouteille par du vin clair et on laisse se continuer la fermentation ; si le vin n'est pas clair, on ajoute un peu de colle de poisson et d'eau et on laisse se former le dépôt ; lorsqu'il est formé on opère comme ci-dessus.

Vins mousseux de l'Ardèche. — Ces vins sont faits avec des raisins blancs que l'on met sur des planches à l'action du soleil pendant 4 ou 5 jours ; on les égrappe, les met dans une cuve, les foule et laisse de 24 à 30 heures, puis on soutire tous les deux jours jusqu'à ce que la fermentation tumultueuse soit achevée ; le vin, qui est clair, est mis dans de fortes bouteilles que l'on bouche le lendemain.

Vin mousseux de l'Aude. — Ce vin est connu sous le nom de Blanquette de Limoux, il est produit par les raisins du Cépage Blanquette ; on laisse les raisins pendant 4 ou 5 jours sur des planches, on égrappe et égrène les raisins en séparant les grains verts ou pourris, on les crible, les foule et les introduit dans des petits fûts de 100 à 120 litres où on les laisse pendant 5 ou 6 jours. Le vin est alors versé dans des filtres à toiles très serrées ; à la sortie des filtres le vin est remis dans les mêmes barriques, bien nettoyées pendant la filtration : on couvre un peu le trou de bonde et on bouche fortement 5 ou 6 jours après. On met ce vin en bouteilles dans la pleine lune du mois de mars suivant.

Vin mousseux du Gard. — Il se prépare surtout à Saint-Ambroix à peu près de la même manière que la blanquette ; on égrappe, foule, et fait fermenter de 36 à 48 heures, on filtre sur un filtre en papier gris et on met en bouteilles.

Vin mousseux du Haut-Rhin. — Pour l'obtenir, dans les environs de Belfort, on presse les raisins et filtre le moût à plusieurs reprises et l'on met de suite en bouteilles ; le vigneron est content s'il ne casse que la moitié de ses bouteilles, ce qui n'est pas étonnant.

Vin mousseux du Jura. — Ce vin se fait surtout à Arbois. On égrappe le raisin, on presse et fait cuver de 24 à 48 heures, on soutire, remet dans la cuve jusqu'à fermentation d'une nouvelle croûte et soutire à nouveau ; on exécute ces opérations trois ou quatre fois, jusqu'à ce que le vin soit clair et limpide, on remplit alors des fûts jusqu'à la bonde et on ouille jusqu'à la fin de la fermentation, on soutire plusieurs fois, en janvier et février, on le colle en mars et on le met en bouteilles. Pour obtenir le vin jaune, on le conserve dix ans et plus en barriques.

VINS DE SAUMUR

L'Anjou et la Touraine fournissent des vins blancs qui, traités comme les vins de Champagne, donnent des vins mousseux très bons et très salubres, mais qui n'ont ni le bouquet ni la finesse de goût des grands crus de la Champagne.

Les vins de Saumur peuvent se diviser en trois classes : 1° les vins inférieurs, qui sont produits par un mélange de vins d'Anjou ou de Touraine avec des vins de la Loire-Inférieure ; 2° les vins de qualité moyenne dans lesquels n'entrent que des raisins de la Touraine ou de l'Anjou, et 3° les vins supérieurs de Saumur qui sont préparés par les grandes maisons au moyen de raisins du pays mélangés à des raisins récoltés en Champagne ; ces vins sont souvent bien meilleurs que les vins inférieurs de la Champagne.

Pour faire le vin de Saumur, on emploie rarement le sucre candi, le sucre préféré est le sucre cristallisé des raffineries de cannes ; ce sucre est très pur mais ne donne pas l'arome que produit le sucre candi, arome qui ne peut se retrouver que dans les grands vins.

La préparation des vins de Saumur est exactement la même que celle des vins de Champagne, sauf que les produits employés sont moins chers, économie forcée par le prix de vente qui est si faible pour ces vins.

CHAMPAGNE

Ces vins, dont la renommée est universelle, sont alcooliques, sucrés et mousseux. Leur préparation est l'objet de soins constants et méticuleux.

Les champs sont ordinairement plantés 1/4 en raisins blancs et 3/4 en raisins rouges. Le vin fait avec des raisins noirs seul a plus de corps, de vinosité, de bouquet et de résistance à l'influence des saisons que le vin fait avec des raisins blancs, mais ce dernier a plus de finesse et il produit plus de mousse. Le raisin rouge donne un bon vin mais peu mousseux, et le raisin blanc donne un vin léger trop mousseux ; c'est de la réunion de ces deux sortes de raisins que provient la qualité des vins de la Champagne. Pour faire les vins rosés, on égrappe et foule légèrement les raisins, on laisse entrer en fermentation et on presse ; il se dissout un peu de matière colorante.

Les raisins sont vendangés avec le plus grand soin puis triés, classés et portés au pressoir dont le plancher est très large, afin de pouvoir aller très vite.

Le pressurage a lieu souvent dans la nuit même, ou dès le lendemain matin, dès que l'on a réuni 4.000 kil. de grappes, ou un *marc*. Le premier jus qui s'écoule est mis à part sous le nom de vin de choix, les deux pressées prennent le nom de première et deuxième *tailles*, conservées aussi à part, puis une troisième pressée, la *rebèche*.

On obtient ainsi 20 hectolitres de moût par 4.000 kilogr. de grappes. Le moût obtenu est ordinairement blanc, sauf, quelquefois, dans les meilleures années, quand le raisin est bien mûr. Dans ce cas, quelle que soit la précipitation avec laquelle on opère le pressurage, le jus possède une certaine coloration, on dit alors qu'il est *un peu taché*.

Ce qui forme la différence première entre les marques de Champagne, c'est le mélange de divers cépages. On réunit des raisins souvent récoltés dans des localités très éloignées, afin d'obtenir un moût participant des propriétés propres à chacun des cépages mélangés.

Une fois obtenu, le moût est introduit dans de grands foudres d'environ 40 hectolitres et après que la première écume (cotte) est montée sur le vin, ce qui a lieu au bout de 6 à 10 et même 24 heures, on le soutire dans des tonneaux de 200 litres, neufs ou remis à neuf. Ces tonneaux sont soufrés préalablement avec 1/5 de mèche pour les vins de cuvée et de 1/4 pour les tailles. Ce soufrage a pour but de décolorer le vin et de purifier les tonneaux ; mais il ne faut verser le moût qu'après la disparition de la plus grande partie de l'acide sulfureux, car un excès arrêterait la fermentation du moût.

Ces tonneaux sont rangés dans des celliers froids afin d'éviter une fermentation trop vive ; la bonde des tonneaux est simplement recouverte d'une feuille de vigne maintenue par du sable fin.

Lorsque les vins sont versés dans les tonneaux, on y verse ordinairement ce que l'on appelle la *liqueur*, c'est du vin contenant 500 gr. de sucre dissous par litre. La quantité de liqueur à ajouter dépend de la quantité de sucre que contient le moût. Dans les celliers de la Champagne, la fermentation s'arrête dès que le vin contient de 12 à 13° d'alcool, mais on ne cherche pas à obtenir ce degré, car si le moût est trop sucré, la fermentation ne s'établit pas. Le maximum d'alcool est de 11 à 12°, sinon on s'expose aussi à faire manquer la mousse en arrêtant la fermentation subséquente.

Certaines maisons ont l'usage d'alcooliser la vendange avec de l'eau-de-vie de première qualité ; cette pratique nous paraît mauvaise, l'alcool produit par le sucre coûtant moins cher et ne modifiant pas le bouquet. On laisse, dans chaque tonneau, un vide de 6 à 10 litres pour permettre au bouillage de se produire. Dans les celliers dont la température est de 12 à 22°, la fermentation tumultueuse s'établit de suite ; au bout de 1 à 4 jours elle est terminée, quelquefois 8 jours et même plus s'il y a trop de sucre ou si la température est basse. Le fût est lavé tout autour de la bonde. Le vin est laiteux et il peut rester 15 jours dans cet état ; ensuite on le remplit avec du vin de la cuvée et on met la bonde sans aucune garniture, en laissant un trou pour l'échappement du gaz et on les laisse en repos jusqu'aux gelées. En décembre et janvier, on ouvre les celliers pour que la température s'abaisse, le vin s'éclaircit par le dépôt successif des matières solides en suspension ; on soutire les vins clairs dans les mêmes tonneaux bien rincés à la chaîne ; on verse dans chaque fût une petite quantité d'alcool pour remplacer celui qui s'est évaporé pendant le soutirage ; les vins sont alors classés d'après leur goût.

Les grandes maisons doivent leur supériorité à l'art de faire les mélanges des différents cépages, lesquels possèdent tous des qualités qui leur sont propres, mais dont aucun ne donne un produit parfait. Aussi dans ces maisons, la salle de dégustation des vins est-elle un véritable Temple. Lorsque les vins ont été goûtés, et la nature et la quantité de chaque sorte décidée, on procède à l'*assemblage*.

Si le vin restait louche et avait une tendance à ne pas s'éclaircir, c'est qu'il serait pauvre en tannin ou en acide ; dans ce cas, on soutire et on ajoute de 3 à 5 grammes de tannin par hectolitre ou de 5 à 10 grammes d'acide citrique ; ce moyen réussit toujours, sauf dans les cas de maladies.

L'assemblage se fait dans de grands foudres de 260 à 280 hectolitres chacun. Les barriques contenant le vin sont amenées devant les foudres, dans la proportion où elles doivent être mélangées ; on y verse ordinairement de 5 à 10 grammes de tannin par barrique (200 litres) et on vide les barriques dans les foudres, puis on agite violemment le vin. On dose l'acool du vin et on vine jusqu'à la dose de 11° 1/2 à 12, on remplit rapidement, avec ce vin, des pièces de 200 litres et on colle à la colle de poisson, à la dose de 5 grammes de colle sèche par barrique. Chaque cuvée du grand foudre est mise à part et marquée d'un signe particulier. Lorsque le collage est terminé, on réunit un certain nombre de barriques de chaque cuvée, on les vide dans le foudre où on laisse reposer, puis on soutire pour séparer la lie. Le vin ne doit pas être tiré trop fin-clair, sans cela il manquerait de ferment pour produire la mousse ; au moyen du microscope, on vérifie s'il y a assez de ferments (Voir : *Maladies des Vins*). M. Salleron ayant ensemencé des vins tirés très clairs avec du ferment alcoolique a parfaitement réussi ses essais.

Au mois de mars on colle de nouveau. Comme ces vins ont été obtenus par pression des raisins grappés, ils ne contiennent presque pas de tannin, cet agent indispensable de conservation ; on ajoute donc du tannin (tannisage) 24 heures avant le 2e collage, et la proportion ajoutée varie suivant les années, de 6 à 10 grammes de tannin pur par tonneau de 200 litres ; quelquefois l'on va jusqu'à 15 gr.

On admet, en Champagne, qu'un vin, pour se conserver, doit contenir de 0.50 à 0.70 de principes astringents par litre.

Il y a donc lieu de doser le tannin (*Analyse des Vins*).

On laisse reposer les tonneaux, au plus profond des caves, pendant un certain temps ; on les remonte de nouveau, puis on procède à une nouvelle dégustation et à de nouveaux coupages avant la mise en bouteilles (tirage).

C'est à ce moment qu'on introduit la *liqueur de tirage*, contenant le sucre destiné à faire la mousse. La quantité de sucre, qui est ordinairement de 22 à 24 grammes par bouteille, doit être bien calculée ; un manque de sucre ne donnerait pas assez de mousse, un excès ferait casser les bouteilles. Il faut connaître le pouvoir dissolvant du vin en acide carbonique et la pression du vin de tirage.

On calcule ensuite la quantité de sucre nécessaire pour produire l'acide carbonique. La pression du vin doit être de 5 atmosphères dans les bouteilles.

La liqueur ordinaire se compose de 120 kilogr. de sucre candi blanc ou légèrement jaune, 120 kilogr. de vin et 8 kil. 6 d'esprit fin de Cognac, pour former 200 litres.

L'oxygène nécessaire au tirage est donné suffisamment par l'agitation dans le foudre et par le passage du vin dans les tireuses et de celles-ci dans les bouteilles. Les tireuses sont des appareils qui permettent de remplir un grand nombre de bouteilles à la fois ; les bouteilles, une fois pleines, sont bouchées avec de bons bouchons maintenus par des agrafes mobiles, puis descendues dans les caves ou des celliers où la température moyenne est de 8°, où le vin est meilleur, mais pouvant aller jusqu'à 25°. Les hautes températures sont nécessitées par le degré élevé d'alcool admis à 12°. Les bouteilles sont ainsi mises, couchées en tas, pendant deux ou trois ans, pour que tout l'alcool se soit formé. A ce moment, la proportion d'alcool doit être de 12°5 ; on l'y amène par le dosage, qui consiste à introduire dans la bouteille une dissolution de sucre candi dans de la bonne eau-de-vie de Cognac ; c'est ce qu'on appelle la *liqueur de dosage*. La proportion de sucre et d'alcool varie suivant les maisons et surtout suivant les pays où ces vins sont expédiés. Par exemple, les Anglais veulent des vins alcooliques et peu sucrés, tandis que les Russes préfèrent les vins très sucrés et peu alcooliques. Le dosage a donc une grande importance.

Chaque maison de Champagne possède une formule particulière pour la liqueur de dosage, le sucre et l'alcool en sont les principaux éléments, mais il y a en outre divers corps destinés à donner de la saveur ou de l'odeur aux vins.

Avant d'introduire la liqueur de dosage, il faut enlever le dépôt qui s'est formé dans les bouteilles.

On prend donc les bouteilles qui sont en tas et on les amène peu à peu par le repos, sur des plans inclinés, à la position verticale, le bouchon en dessous. Le dépôt vient se placer sur le bouchon. Un ouvrier habile enlève peu à peu ce bouchon par un mouvement de va et vient, l'attire brusquement, enlève 5 à 6 centilitres du dépôt et bouche immédiatement avec un vieux bouchon, durci presque comme du bois. Il fait reprendre à la bouteille la position normale ; c'est alors que l'on procède au dosage avec rapidité.

Pendant que le doseur met le dosage, la bouteille reste ouverte ; si le gaz carbonique était dissous dans l'eau, les 3/4 du gaz s'échapperaient dans ce laps de temps, tandis que le vin en retient les 4/5 ; cela tient à son pouvoir dissolvant et à une espèce de combinaison, puisque les vins rendus mousseux à la façon de l'eau de seltz, ne retiennent pas les gaz. Le dosage a pour but de finir le degré de la mousse et de laisser dans le vin une proportion de sucre, qui rend les vins de Champagne moins aigrelets et plus alcooliques.

On pose alors les bouchons d'expédition, on capsule et met en cave jusqu'au moment de la vente.

Lorsque l'on débouche une bouteille de champagne, le bouchon est lancé au dehors avec bruit et le liquide sort de la bouteille sous forme d'une mousse pétillante, et c'est ce qui plaît le plus, dans le champagne, pour la plus grande partie des consommateurs ; aussi tient-on à obtenir le plus de mousse possible ; d'autres consommateurs ne tiennent pas à la mousse et font refroidir les bouteiles afin d'absorber tout l'acide carbonique.

La mousse subit des différences sérieuses suivant que le vin a un pouvoir absorbant pour l'acide carbonique plus ou moins considérable. Un vin d'un faible pouvoir absorbant (à quantité de gaz égale) dissoudra peu de gaz et, dès lors, la pression de la chambre vide de la bouteille sera très forte ; la bouteille débouchée, il y aura une violente détonation, mais pas de mousse ; si, au contraire, le vin possède un fort pouvoir dissolvant, il y aura peu de bruit et beaucoup de mousse. Plus la température est élevée, plus la détonation et la mousse sont fortes ; un vin frappé ne produit rien. L'acide carbonique est retenu dans le liquide à l'air par la viscosité du liquide et il se dégage sous l'influence des chocs ou sous l'action de présence de corps solides introduits dans le liquide ; c'est ce qui explique toutes les expériences que l'on fait sur les verres de champagne.

Je recommande à tous les producteurs de vins mousseux de lire le beau travail de M. Salleron « *Vins Mousseux* », traitant de la préparation de ce vin, de la mousse rationnelle, des bouteilles et du liège. Il faut consulter aussi le *Manuel général des Vins Mousseux*, de M. Robinet, d'Epernay.

Partie Chimique. — Par ce qui précède, on voit que le producteur de vin de Champagne ne doit opérer qu'en pratiquant constamment l'analyse du vin qu'il prépare.

Dès la mise en tonneaux, il faut analyser le moût pour doser le sucre, afin de savoir quelle quantité de liqueur de vendange il faut ajouter pour obtenir le degré d'alcool voulu ; au moment du soutirage, il faut doser l'alcool avant et après cette opération, pour remplacer l'alcool évaporé. Au moment de l'assemblage, on dose le tannin, l'acidité et l'alcool. Le collage ne se fait que l'analyse à la main. On dose encore le sucre dans le vin avant de verser la liqueur de tirage et avant de verser le dosage, pour calculer la quantité d'alcool et d'acide carbonique produite, ce qui déterminera la pression voulue, ce qui donnera une mousse suffisante, mais incapable de briser les bouteilles.

Ces diverses questions sont étudiées à l'analyse des Vins, dosage du Sucre, du Tannin, de l'Alcool et de l'Acide carbonique ; dans ce dernier paragraphe, sont étudiés l'emploi des manomètres et des aphromètres utilisés pour constater la marche de la pression dans les bouteilles.

Les vins de Saumur sont traités exactement de même.

Fraudes. — On vend des quantités considérables de vins mousseux de divers pays sous le nom de vins de Champagne. C'est une concurrence illégale aux vrais vins ; c'est une fraude, car on trompe l'acheteur sur la nature de la marchandise. On devrait les étiqueter « Façon Champagne ».

A l'étranger, surtout en Amérique, cette fraude prend une proportion incroyable ; on va jusqu'à fabriquer des étiquettes ressemblant, à s'y méprendre, à celles des grandes maisons, et à les coller sur des bouteilles semblables.

VINS DE PAILLE

Ces vins sont ainsi nommés parce que, après la vendange, on les étend sur de la paille afin d'achever le mûrissement. C'est surtout en Alsace et en Touraine que l'on prépare cette qualité de vins.

Tous les cépages ne sont pas également bons pour ces sortes de vins. Arrivés au moment de la vendange, les raisins sont cueillis et chargés dans des paniers avec le plus grand soin. Amenés dans la chambre du pressoir, ils sont étendus sur de la paille, mais le plus ordinairement on les attache à des perches ou à des cordes, ce qui rend la visite plus commode ; on les laisse ainsi jusqu'à la fin de février. Les raisins sont soigneusement épluchés, les grains pourris sont gardés, mais les grains moisis sont rejetés. Les raisins sont foulés dans des petits baquets, parce qu'en masse le centre résisterait à la pression ; on les entasse ensuite dans un fût mâté sur un de ses fonds, où on les laisse vingt-quatre heures ; la masse subit un commencement de fermentation qui la ramollit ; on porte alors au pressoir.

Une barrique de vin de paille est produite par le raisin qui, avant dessiccation, eût produit dix barriques,

Ce vin n'atteint son maximum de qualité qu'au bout de 10 ou 15 ans, et pendant tout ce temps, il n'est ni ouillé, ni soufré, ni collé ; la grande quantité de sucre qu'il renferme le rendant inaltérable.

Les marcs de ces vins s'emploient pour faire des eaux-de-vie ou pour bonifier des vins blancs faibles et malades ; dans ce dernier cas, on verse les vins sur le marc, on brasse soigneusement et dès que la fermentation apparaît, on soutire et on met en fûts, où la fermentation s'achève.

Procédé Dubief. — Dans une cuve on établit, à 20 centimètres du fond inférieur, un fond mobile formé de planches mal jointes ; on emplit la cuve de raisins et on recouvre de planches ; il se forme un mouvement spontané de l'eau et du principe doux qui échauffe la masse ; la température s'élève de façon à égaler celle produite par les feux du soleil du Midi ; par ce léger mouvement de fermentation, le raisin perd une partie de son acide, de son acerbe et acquiert le principe sucré.

Le Tokai, qui est un vin de paille, est récolté par 45° de latitude nord ; il provient d'un excellent plant cultivé dans un très bon sol, bien exposé.

En Alsace, sous la même latitude, les vins de paille proviennent du pinot gris ; quand ils sont bien faits, ils égalent le Tokai.

Dans le Jura, on en fait avec le pulsard (2/3) et le salvagnin jaune (1/3), desquels on prend les grappes les plus mûres des vieux ceps, récoltées par un temps chaud et sec.

VINS DE LIQUEUR

Les moûts sucrés du midi de l'Europe, l'Espagne, le Portugal, l'Italie, la Hongrie, le midi de la France, produisent des vins alcooliques et sucrés, parce que la proportion du sucre est tellement forte que lorsque la dose d'alcool de 16 à 18 °/₀ est atteinte, il reste encore du sucre ; plusieurs de ces vins n'ayant pas une dose de sucre aussi grande, sont vinés avant la fermentation ; de sorte que le vin étant mutté artificiellement, il reste du sucre en excès.

Les vins de liqueur sont de deux sortes : les vins blancs de liqueur, secs et alcooliques, dont le type est le madère, et les vins de liqueur, dont les types sont le Frontignan blanc et le Malaga noir.

Les vins blancs n'ont plus de sucre, mais ils sont très alcooliques, et c'est un fait curieux et qu'on n'a pu encore expliquer ; plusieurs des vins de liqueur, très doux à l'origine, perdent au bout de quelques années ce goût sucré pour devenir très secs. Le Madère, le Marsala, le Xérès, le Malvoisie et le Zucco, de très sucrés deviennent très secs, au bout de deux ans, par l'exposition des fûts au soleil ; le Madère est celui chez lequel l'effet est le plus sensible. Ce fait n'a pas lieu par la fermentation lente, la quantité d'alcool contenue s'y opposant. La disparition du sucre étant accélérée par l'élévation de la température, on admet que la quantité assez forte de sucre contenue à l'origine se combine avec l'alcool.

Je crois avoir trouvé une explication de ce fait, qu'il serait du reste facile de vérifier sur les lieux de production. Pendant que les vins sont dans les fûts à l'action du soleil, le vin étant échauffé, l'alcool contenu s'évapore peu à peu, et dès lors sa quantité diminuant, son action sur le sucre disparaît, celui-ci peut donc fermenter ; de sorte que le sucre fermenterait pour produire de l'alcool au fur et à mesure que l'alcool disparaîtrait. Pour vérifier la vérité de cette hypothèse, il faudrait doser la glycérine et l'acide succinique, une fois la fermentation terminée, et refaire ces deux dosages au bout des deux ans d'exposition au soleil. La dose de ces deux corps doit augmenter.

Ces vins sont produits dans les régions chaudes où les raisins mûrissent parfaitement et sont très sucrés et où la température de la fermentation est élevée. Les vins ne doivent pas contenir de sucre de manière à produire plus de 15 à 16° d'alcool, sans cela ils resteraient doux ou mettraient trop longtemps à devenir secs.

La plupart de ces vins servent à faire des liqueurs spéciales dont le vermouth est le type.

Pour obtenir un vin de liqueur, il suffit d'évaporer l'eau de son moût, de façon que celui-ci pèse 20° au glucomètre, c'est-à-dire la quantité de sucre nécessaire pour produire 20° d'alcool. Ces vins sont ordinairement vinés, une fois la fermentation terminée.

Les vins de liqueur sucrés se préparent dans le Midi de la France, en Espagne, Portugal, Italie et Grèce ; ils sont très alcooliques et très sucrés ; c'est par l'addition d'alcool que l'on mute ces vins afin de leur laisser une plus grande quantité de sucre que la fermentation seule ne leur en laisserait.

Ces vins ne peuvent constituer une boisson naturelle, ce ne sont que des vins de dessert et à ce point de vue ils sont très hygiéniques, par leur sucre ils sont nutritifs ; Claude Bernard, considérant le glucose seul comme un aliment puisqu'il est absorbé complètement, tandis que le sucrose se trouve en partie dans les urines, l'autre partie n'étant absorbée qu'après sa transformation en glucose.

Les vins de liqueur se préparent suivant quatre méthodes différentes :

1° Dans les pays chauds, on laisse les raisins mûrir d'une façon exagérée et même se dessécher sur le cep, soit en lui tordant le pédoncule, soit en le détachant et le plaçant au pied du cep ; le raisin se ride, se blettit et se dessèche pendant que le sucre subit une transformation particulière qui influe très favorablement sur la fermentation et la qualité du vin ; il suffirait de laisser ainsi les raisins 2 ou 3 jours, mais généralement on laisse de 6 à 8 jours, on broie, presse et fait fermenter ;

2° Dans les pays du Nord on les laisse mûrir le plus possible, et ensuite on les traite comme je l'ai dit aux vins de paille.

3° C'est le procédé le moins bon et cependant le plus employé ; il consiste à concentrer les moûts à l'ébullition jusqu'à ce qu'ils marquent 30° Baumé, on refroidit et on mélange avec du moût naturel pour obtenir 20° ; il faut avoir soin de ne pas enlever l'acidité ni plâtrer.

4° Pour les vins de grande qualité, on fait fermenter une partie du moût de raisins noirs avec les pellicules, et après le soutirage on ajoute de la liqueur obtenue par la cuisson de moût préparé avec le jus des raisins desséchés et écrasés.

Parmi ces vins on cite ceux de Madère (le Madère doux), de Porto, de Malaga, de Xérès, Malvoisie, d'Alicante, de Tokai, de Frontignan, de Lunel, etc.

Plusieurs de ces vins, comme le Malaga et le Porto, sont *cuits ;* c'est-à-dire que pour les obtenir on ajoute au moût sortant du foulage une certaine proportion de moût, réduit au quart ou au cinquième de son volume primitif par évaporation.

Chez les Romains on employait déjà ce procédé, pour bonifier les vins trop acerbes ou trop pauvres en sucre. Pline dit qu'on évaporait le moût en consistance de sirop pour l'ajouter à des vins peu savoureux et les améliorer.

Le vino branco de Lisbonne et le vin de Prioral, près Tarragone, sont obtenus en faisant macérer le raisin égrappé et très mûr dans 12 à 15 °/₀ de son poids de 3/6 à 86°, puis soutirant au bout d'un mois et laissant vieillir ; il faut qu'ils marquent de 19° à 21° centésimaux.

Le Porto et quelques autres vins paraissent devoir en même temps une partie de leur goût et de leur couleur à l'addition de matières colorantes étrangères, et spécialement à des baies de sureau qu'on écrase avec le raisin.

Le vin de Malaga, débité dans cette ville, est préparé de la façon suivante : La vendange a lieu dans la première quinzaine d'août. Le moût est placé dans des cuves en bois et abandonné à lui-même pendant un mois et demi ; on y mélange alors 5 °/₀ d'alcool et on le verse dans des barriques, où il achève de se dépouiller et de fermenter ; le Malaga sec reçoit plus d'alcool que le Malaga doux.

Ce qui contribue le plus à modifier l'arome de ces vins, c'est l'addition, en proportions diverses, d'un liquide connu sous le nom de *vino tierno* (vin tendre). Le vino tierno se prépare en prenant une certaine quantité de raisins secs écrasés, et en en faisant une pâte à laquelle on ajoute 1/3 de son poids d'eau. On le presse et on obtient un liquide formant le 1/3 du raisin employé. Le vino tierno est versé dans les vins au bout d'un an, lorsqu'ils sont entièrement faits ; il donne de l'amertume et du piquant.

Le Malaga noir est, à peu près, le seul consommé en France. C'est un malaga blanc, sec, doux, auquel on ajoute un liquide nommé *arrope* (moût de vin cuit, sirop de raisin).

Pour préparer l'arrope on met du malaga doux dans une chaudière et on le réduit au 1/3 de son volume.

On ajoute 3 °/₀ d'arrope aux vins blancs d'une année dont on veut faire du malaga brun.

Depuis quelques années on trouve dans le commerce des vins de Malaga colorés avec du caramel ou d'autres substances analogues.

Le vin blanc de Château-Yquem (Gironde) est obtenu avec des raisins du cépage le Semillon, qu'on laisse sur la souche jusqu'à ce que les grains soient couverts de moisissures.

Le vin de Château-Châlons est retiré des raisins laissés sur souche jusqu'aux grands froids et mis ensuite sur la paille (vin de paille).

Le vin muscat est un vin obtenu avec le cépage muscat, traité spécialement, le muscat de Frontignan ou muscat blanc est le plus répandu dans le midi de la France et en Italie. On laisse les raisins sur la souche jusqu'à ce que leur moût marque 18 a 19° Baumé, on foule et presse et met le moût dans des tonneaux placés dans des celliers frais, la fermentation est lente et le vin conserve mieux son arome ; au bout de 3 à 4 jours on vine à 2 °/₀ d'alcool pour ralentir la fermentation, on vine encore deux fois tous les trois jours avec 2 °/₀ d'alcool, à chaque fois. En novembre on soutire pour enlever les grosses lies et on laisse jusqu'en février où l'on colle et soutire à nouveau. A ce moment on examine les vins, on les mélange, les vine, on les sucre suivant leurs qualités respectives. Le vin est laissé un an ou deux en tonneaux ; pendant ce temps on soutire deux fois par an ; enfin on met en bouteilles.

VINS D'IMITATION

Tous les vins de liqueur étant en quelque sorte artificiels, on ne saurait s'étonner que l'on ait suivi les mêmes méthodes pour les imiter avec les raisins du midi de la France.

Il en résulte que, lorsque l'on croit boire les produits savoureux des vignobles étrangers : Alicante, Malaga, Syracuse, Chypre, Madère, Oporto, on ne boit le plus souvent que des vins fabriqués dans les départements du sud de la France, notamment dans l'Hérault, le Gard et les Pyrénées-Orientales.

La ville de Cette exporte chaque année de 5 à 600.000 hectolitres de vins de liqueur, attribués à d'autres pays ; les villes de Mèze et de Narbonne en produisent également de grandes quantités.

Les raisins très doux de ces pays, tels que le Grenache, le Carignane et le muscat de Frontignan, de Lunel et de Rivesaltes, sont traités suivant trois procédés : 1° une partie du moût est saturée par la craie lavée ou du marbre blanc en poudre pour enlever l'acidité, puis concentrée jusqu'à 30-32° Baumé ; on ajoute ce sirop au moût obtenu naturellement dans la proportion de 20 à 30 %, et on vine au degré voulu. On obtient ainsi le Malaga, parce que par suite de l'évaporation au bain-marie ou sur le feu nu, le sirop est plus ou moins brun ; 2° on opère comme il a été dit précédemment aux vins blancs doux pour arrêter la fermentation, et on vine jusqu'à 16 à 20° d'alcool total, on laisse déposer et soutire dans un fût soufré ; 3° on fait sécher une partie des raisins au soleil, on les foule et les presse, et le moût obtenu est mélangé au moût des autres raisins.

Ces vins une fois ainsi préparés sont relevés d'une trace de parfums pour leur donner un bouquet correspondant à celui du vin exotique que l'on veut imiter. Pour le Madère et le Xérès, on colore les vins avec un peu de caramel de sucre. On les fait ensuite chauffer au soleil à 25-30° pendant un an ou deux, ou dans des appareils en cuivre étamé, à 60 ou 65° pendant quelques minutes, pour *marier* les substances et *vieillir* ou *mûrir* ces vins qui deviennent ainsi très bons.

On les colle après le refroidissement ; on les filtre et on les met dans des petits tonneaux pour être expédiés.

On transforme ainsi environ 500.000 hectolitres des meilleurs vins du Midi, et 400.000 autres hectolitres sont brûlés pour en extraire l'alcool afin de remonter le titre alcoolique des premiers.

Ces vins très alcooliques sont consommés en petites doses, surtout par les peuples des climats froids : les Anglais, Américains, Danois, Suédois et Russes.

Les avis sont partagés au sujet de ces vins. Les uns les traitent comme vins falsifiés, les autres comme parfaitement licites.

Il y a évidemment tromperie sur la provenance de la marchandise lorsque les bouteilles sont étiquetées : Malaga, Madère, etc., sans aucune autre indication.

Mais lorsque les fûts portent sur l'étiquette, comme cela se fait dans les grandes maisons, l'indication du pays de provenance : Malaga de Cette, Xérès de Narbonne, Oporto de Bourgogne, etc., ce commerce est parfaitement licite et doit même être encouragé, car il augmente beaucoup la valeur des produits, aussi bien au point de vue de nos exportations qu'au point de vue de la qualité, et il doit bien être permis de faire en France ce que font chez eux les étrangers.

Souvent même les vins français sont plus purs que les vins d'origine pour lesquels on emploie des matières colorantes étrangères défendues en France. Dans certaines parties de l'Espagne et du Portugal on foule avec le raisin une quantité sensible de baies de sureau ou autres colorants ; les Français ont abandonné ce système, ayant remarqué que ces matières colorantes se précipitent à la longue sous l'influence du vinage. La question des parfums seule peut laisser du doute, mais je n'hésiterai pas à la poser telle qu'elle doit être.

Lorsque les produits employés sont naturels et inoffensifs, il n'y a aucune raison pour en défendre l'emploi, mais lorsque ces produits sont fabriqués, comme les éthers ou bouquets des vins, leur usage devrait être absolument défendu, car ces éthers sont tous plus ou moins toxiques (Voir *Falsifications : Odeur des vins*), et ne se ressemblent que de très loin aux aromes ordinaires des vins de liqueur. J'ai été fortement indisposé pour avoir ingéré du vin de Frontignan que la dégustation m'avait fait reconnaître composé avec ces éthers.

Voici quelles sont les substances pouvant servir à préparer les vins de liqueur.

Angélique. — L'Angélique est une plante de la famille des ombellifères, tribu des Angélicées, sa tige droite, qui s'élève jusqu'à deux mètres, ses feuilles, ses racines et ses semences sont odorantes, stomachiques, cordiales et vermifuges ; les confiseurs emploient ses tiges lorsqu'elles sont jeunes ; pour les vins on emploie l'écorce de la tige dont on fait une infusion.

Amandes amères. — Ces fruits contiennent une huile fixe et douce, l'émulsine (qui est une matière albumineuse), un sucre analogue au glucose, de la gomme, de la cellulose et une matière azotée : l'amygdaline.

L'essence d'amandes amères se forme par l'action de l'eau et de l'émulsine sur l'amygdaline ; il se forme aussi de l'acide prussique.

On reconnaîtra cette addition à l'odeur, si toutefois la quantité introduite est suffisante.

L'infusion d'écorces d'oranges amères se prépare en torréfiant légèrement les coques et les mélangeant ensuite avec de l'alcool de vin, bon goût, dans la proportion de 1 kilogr. pour 1 litre d'alcool ; on laisse infuser quelques semaines et on soutire. La teinture se prépare en dissolvant 1 gramme d'essence d'amandes amères dans 1 litre d'alcool 90°, et laissant en contact un mois avant de s'en servir. L'essence d'amandes amères qui se trouve dans le commerce ne doit s'employer qu'à des doses infinitésimales, et l'on doit bien s'assurer qu'elle n'est pas falsifiée.

Absinthe. — L'absinthe est une plante du genre armoise, famile des composées, tribu des corymbifères. Il y en a deux espèces : 1° la grande absinthe (artemisia absinthium), employée dans l'économie domestique, la médecine, la chirurgie et l'art vétérinaire. — Elle détruit les vers intestinaux. C'est avec elle que l'on prépare l'absinthe suisse et le vermouth ; 2° la petite absinthe (artemisia pontica), qui possède les mêmes propriétés que la grande absinthe.

On la reconnaît à son odeur, par le procédé Suskind.

Benjoin. — C'est un baume ou résine qui découle naturellement par incision de l'absinthe benjoin, arbrisseau de la famille des Ebénacées, qui croît dans les îles de la Sonde et de Sumatra. Il ne faut pas le confondre avec l'aliboufier officinal qui croît dans le Midi de la France. Le benjoin est composé d'acide benzoïque, d'huile volatile, de résine et d'une matière soluble dans l'eau et l'alcool. (Buchloz.) En médecine on l'emploie à l'intérieur comme stimulant et en vapeurs pour les maladies de poitrine. On l'emploie dans les vins à l'état de teinture alcoolique. Le styrax benjoin ou storax est une espèce de résine benjoin.

Calament. — Nom vulgaire d'une espèce de mélisse (Melissa Calamenta), c'est une herbe à feuilles purpurines ou blanchâtres, avec des taches violettes, disposées en grappes paniculées. Pour en faire usage on remplit un petit tonneau ou une cruche de grès de ces herbes desséchées et coupées et on les couvre d'alcool à 58°.

Cannelle. — Sous ce nom on désigne l'écorce d'un arbre, le cannellier (canella) de la famille des Guttifères. Le cannellier blanc, le plus commun, est un arbre de l'Inde atteignant jusqu'à 10 mètres et un diamètre de 20 à 25 centimètres. L'écorce est tonique et est employée par les médecins anglais, mélangée au quinquina, dans les fièvres intermittentes.

Caramel. — Cette substance est un colorant brun obtenu par la décomposition du sucre sous l'influence de la chaleur. Sa préparation, assez facile, demande cependant quelques soins. Dans une bassine, placée sur le feu, on met 10 kil. de sucre et 3 litres d'eau et on fait chauffer ; lorsque l'eau est évaporée, le sucre forme de grosses bulles et roussit, à ce moment on modère le feu et on jette dans le liquide un petit morceau de beurre ou un peu d'huile, afin d'empêcher la mousse de déborder et on agite tout le temps avec une spatule afin d'empêcher la masse de prendre au fond. Le sucre se colore de plus en plus en répandant des vapeurs âcres et irritantes. De temps en temps on prélève des échantillons, de manière à arrêter avant les dernières limites de la caramélisation. On retire du feu et on verse une petite quantité d'eau froide qui durcit de suite la masse. On ajoute alors peu à peu de l'eau et on replace sur le feu pour obtenir un liquide à 40° Baumé ; on laisse reposer et on ajoute 5 % d'alcool pour le conserver.

Cardamome. — C'est une espèce de plantes du genre amome, originaire de l'Inde. Ses graines, connues sous le nom de graines de Paradis, ont à peu près les mêmes propriétés que le poivre, en médecine on les emploie comme stimulant ; elles sont l'objet d'un commerce assez étendu sur les côtes du Malabar.

Cassis. — Le cassis est la baie ou le fruit du groseiller noir (Ribes Nigrum) ; elle a une couleur noire et une odeur aromatique ; elle contient de l'*acide malique* et de l'*acide citrique,* de la gélatine et un principe mucososucré.

On l'introduit dans les vins pour son odeur et pour sa couleur.

Cédrat. — C'est le fruit du cédratier, espèce du genre oranger, groupe des citronniers. Ces fruits ont une écorce fort épaisse remplie d'une huile essentielle très odorante ; son suc est d'une acidité agréable. On fait avec le cédrat d'excellentes confitures et les confiseurs le font confire en entier ou par tranches dans le sucre ou l'eau-de-vie. On l'emploie dans les vins à l'état de teinture alcoolique d'écorces.

Citron. — C'est le fruit du citronnier, arbre du genre oranger. Avec l'écorce on fait une teinture alcoolique.

Coriandre. — Les semences de coriandre (plante de la famille des ombellifères) possèdent une odeur désagréable, très forte, qui donne de violents maux de tête et des envies de vomir ; desséchées, leur principe actif s'est évaporé ; il ne leur reste plus qu'une saveur aromatique.

Les confiseurs en font des petites dragées ; les brasseurs en parfument la bière et les peuples du Nord en mettent dans leur pain.

On les reconnaît dans les vins à leur odeur particulière.

Fenouil. — Le fenouil (fœniculum officinale) est une plante vivace dont le fruit est lenticulaire, comprimé et strié. Il contient deux petites semences aromatiques dont on retire une huile employée en médecine ; la plante elle-même sert aussi comme stimulant et diurétique. Les Allemands les emploient en guise de poivre.

Elles entrent dans la préparation de l'anisette et pour remplacer l'angélique.

Fraisier (Fragaria). — Genre de plantes de la famille des Rosacées, de la tribu des Dryadées, trop connues pour les décrire. C'est de la racine dont on se sert pour faire une teinture alcoolique. On prend 100 gr. de racines sèches bien divisées et on les fait macérer pendant un mois avec un litre d'alcool à 90°.

Framboises. — Ce sont les fruits du framboisier (Rubus) plante de la famille des Rosacées Dryadées, originaires de Crète, d'après Pline. Pour les vins de liqueur blancs on emploie les fruits du framboisier commun à fruits blancs. On cueille les fruits très mûrs, on les émonde et on met 10 kil. pour 12 litres d'alcool à 85°, dans un baril à large bonde, on laisse macérer vingt jours et on filtre ; on écrase les fruits, ajoute de l'eau-de-vie à 50°, on laisse macérer un mois et on presse. On obtient ainsi deux teintures, la première a un arome très suave et une couleur rose avec les fruits rouges et incolore avec les blancs, la deuxième est plus colorée mais le goût est moins fin ; si on le distille on obtient l'esprit de framboise encore inférieur à la première teinture. Ces teintures s'emploient ordinairement à la dose de 2 à 10 centilitres par hectolitre, on les emploie aussi beaucoup pour les vins mousseux.

Gingembre (Zingiber). — Genre de plantes de la famille des Zingibéracées, détachée des Amomées; le gingembre officinal est la plante la plus importante de ce genre; c'est une plante herbacée, originaire de l'Inde orientale, mais cultivée depuis près d'un siècle dans les Antilles. Sa racine est tuberculeuse, nouée, un peu aplatie, d'une longueur de 5 à 6 centimètres et large de 1 centimètre; elle est gris jaunâtre et possède une saveur âcre et piquante et une odeur aromatique assez agréable. Elle est administrée en poudre, tablette, sirop, teinture, marmelade ou infusion; elle fortifie l'estomac et réveille l'appétit; on en fait aussi des conserves délicieuses après les avoir fait tremper quelques heures dans le vinaigre. Sa teinture alcoolique est introduite dans les vins.

Genièvre. — Les baies de genièvre sont les fruits du genévrier (Juniperus communis).

Ces baies, d'un noir bleuâtre, de la grosseur d'un pois, ont une pulpe de couleur rousse et d'une saveur aromatique.

Par la macération dans l'eau froide, elle donne une liqueur douée de propriétés toniques et diurétiques; et par la fermentation une liqueur spiritueuse excellente pour faciliter la digestion, connue sous le nom de genièvre; suralcoolisée elle forme le gin.

Girofle. — Le clou de girofle est la fleur entière du giroflier, cueillie avant la fécondation du pistil et séchée. Le giroflier est un arbre de 5 à 10 mètres de haut (Caryophyllus) de la famille des Myrtacées.

Il croît naturellement dans les îles Moluques où il est aussi cultivé.

Son tronc acquiert jusqu'à 33 centimètres de diamètre.

Les clous de girofle sont trop usités dans la cuisine française et dans la préparation des liqueurs pour qu'il y ait lieu d'insister; ils sont stimulants. Les parfumeurs s'en servent également.

L'essence de girofle, que l'on trouve dans le commerce, peut s'extraire par macération, pression ou distillation; l'esprit concentré de girofle est le produit des clous de girofle concassés, macéré avec de l'alcool à 85° et distillé (300 gr. girofle, 5 litres alcool). On peut aussi faire macérer pendant 8 jours 100 gr. de girofle avec 1 litre d'alcool à 90°, en remuant de temps en temps; on filtre ensuite.

Gomme Kino. (Gummi rubrum astringens.) — C'est une gomme tirée de plusieurs arbres des régions tropicales, principalement du Ptérocarpe, originaire du Sénégal et du Nauclea Gambier, arbuste de la famille des Rubiacées, qui croît dans les îles de la Sonde. Cette gomme est rouge brun et inodore, elle est tonique et astringente; elle sert aussi à colorer les peaux en jaune fauve. On l'emploie à l'état de teinture.

Iris de Florence. (Iris Florentina.) — Plante de la famille des Iridacées, vivace et herbacée, très commune en Italie, se rencontre aussi en Provence.

La racine, séchée et pulvérisée, exhale une odeur de violette, elle est légèrement émétique, aussi l'emploie-t-on comme expectorant. La racine est blanche, d'un diamètre moyen de 2 centimètres, très irrégulière, genouilleuse, tordue et applatie. Son parfum s'extrait difficilement par distillation, on l'emploie plutôt à l'état de teinture. On prend 100 gr. de racine d'iris rapée et on les met dans un litre d'alcool à 85°, on bouche et agite le flacon que l'on place dans un endroit chauffé de 20 à 35°, jamais plus, pendant 15 jours, on agite de temps en temps, puis on passe au tamis, presse le résidu et filtre le tout. On l'emploie à la dose de 5 centilitres par hectolitre. On peut aussi faire macérer 125 gr. d'iris en poudre dans un litre d'alcool à 90° et 1/2 litre d'eau pendant 48 heures, puis distiller le tout de façon à en obtenir un litre.

Laurier cerise. — Le laurier cerise (prunus lauro-cerasus), arbre de la famille des Rosacées, du genre cerisier, est un arbrisseau qui exhale dans toutes ses parties une odeur très forte d'amandes amères, due à l'acide prussique qu'il contient.

Le poison contenu dans cet arbrisseau est tellement subtil qu'on ne peut s'arrêter sous son ombrage sans éprouver des vertiges et des nausées. L'odeur de l'acide prussique étant très caractéristique, une faible proportion est perçue de suite.

Ce sont ordinairement les feuilles qui sont employées.

Lavande. — La lavande vraie (Lavandula vera) est un sous-arbrisseau élégant de la famille des Labiées qui croît dans les régions tempérées de l'Europe, elle ne dépasse pas Lyon. C'est avec les feuilles et les fleurs que l'on prépare l'eau et l'essence de lavande très usitée en parfumerie.

Muscade. — La noix de muscade est le fruit du muscadier, arbre de la famille des Myristacées (Myristica aromatica) qui croît aux îles Moluques, dans les îles Banda et à la Réunion, c'est un arbre de 10 mètres de haut, ressemblant à l'oranger; la noix de muscade est une amande très dure, blanche, huileuse et très odorante. On l'emploie à l'état d'esprit de muscade, plus lourd que l'eau. On mélange 500 gr. de noix de muscade pulvérisée à 10 litres d'alcool et on distille à feu nu.

Noix. — La noix est le fruit du noyer (Juglans), genre de plantes de la famille des Juglandées, originaire de la Perse. Ce fruit se compose de trois parties; la partie interne tendre, agréable et huileuse, autour une sorte de péricarpe intérieur de consistance dure et à l'extérieur une pulpe plus ou moins dure ou charnue qu'on appelle le brou de noix et qui donne une belle teinture noire.

La noix s'emploie pour les vins et les liqueurs à deux états; d'abord lorsque l'enveloppe interne est encore molle, c'est-à-dire lorsque la noix est verte et loin d'être mûre, ensuite lorsque la noix est bien mûre on ne se sert plus que du brou.

Infusion de brou de noix vertes :

1° Noix vertes 1 kil. alcool à 82°, 1 litre 6 ;

2° Brou de noix 1 kil. alcool, 1 litre 6 infusion de cannelle 2 centilitres, macération deux mois, filtration ; sur le brou de noix on remet de nouvel alcool et on laisse macérer six mois, un an ; plus elle est vieille, meilleure elle est.

L'infusion de brou de noix sec se fait en prenant 100 gr. de brou premier choix, macéré un mois dans un litre d'alcool à 90°.

Oranges. — Les oranges sont les fruits de l'oranger (Citrus), genre de la famille des Aurantiacées; l'écorce renferme une huile aromatique; la pulpe du fruit est acidulée par l'acide citrique.

C'est l'écorce qui est seule employée pour les vins à l'état d'infusion alcoolique.

Persil (Petroselinum sativum). Originaire de la Sardaigne; c'est une herbe aromatique, apéritive, résolutive, diurétique et même vulnéraire; sa graine est excitante et contient une huile volatile. On l'emploie dans quelques formules.

Réséda. Genre de plante de la famille des résédacées. La principale espèce, le réséda odorant (reseda odorata) est une herbe annuelle originaire de l'Egypte et de la Barbarie; ses fleurs sont blanc jaunâtre, à anthères couleur brique, exhalant un délicieux parfum.

L'essence s'obtient difficilement, on monde les fleurs et on les place sur du coton ou de la laine imbibée d'huile de ben, au bout de quatre jours on renouvelle les fleurs jusqu'à ce que l'étoffe soit bien odorante; on presse et on met l'huile en contact avec de l'alcool 85° et on filtre. Cette teinture s'emploie à la dose de 1 à 5 centilitres.

Romarin (Ros marinus). Cet arbrisseau, à peine haut d'un mètre, de la famille des Labiées, croît abondamment dans le Midi de la France.

Ses feuilles contiennent une huile volatile, contenant beaucoup de camphre, tonique et excitante; la distillation des fleurs donne une eau nommée eau de la reine de Hongrie. En Italie on s'en sert pour aromatiser le riz, en France on en parfume les jambons.

Roses.— Les roses ont été employées par les Romains, qui avaient poussé la gourmandise jusqu'à ses dernières limites, mais je doute fort qu'aujourd'hui on en introduise dans les vins.

Sassafras (Laurus Sassafras). Espèce de plantes de la famille des Laurinées, de la tribu des Flaviflores et du genre laurier. C'est un arbre qui atteint jusqu'à 14 mètres de hauteur, il croît dans l'Amérique, au Sud et au Centre. En Europe il croît aussi, mais il n'arrive guère qu'à la moitié de la hauteur qu'il acquiert en Amérique. Son bois renferme une huile volatile sudorifique et stomachique.

On retire l'essence par distillation du bois ou de l'écorce rapée avec de l'alcool; elle a une odeur suave et est plus lourde que le vin, on l'emploie à très petite dose.

Sureau. — Le sureau (sambucus nigra) possède des fleurs blanches disposées en larges ombelles et exhalant une odeur aromatique.

Prises en infusion, elles sont sudorifiques; prises extérieurement, elles guérissent les érésypèles, les œdèmes, le coryza et les ophtalmies passagères.

Sauge. — La sauge officinale (salvia officinalis) est une plante de la famille des Labiées. Ses fleurs ont une saveur amère et une odeur aromatique; on les prescrit, en médecine, comme toniques et anti-spasmodiques.

La sauge sclarée jouit des mêmes propriétés. On s'en sert quelquefois dans la fabrication de la bière en guise de houblon.

Tartrate de fer. — On l'emploie sous le nom de *Teinture de fer*. On prend 500 grammes d'oxyde de fer, 500 grammes d'acide tartrique et deux litres d'eau et on laisse en contact pendant un mois.

Thym. — Le thym commun (Thymus vulgaris) est une petite plante de 15 à 20 centimètres de haut, de la famille des Labiées et de la tribu des Saturéinées ; ses fleurs sont blanches ou purpurines ; elle est toujours verte, aussi sert-elle dans les jardins à former les bordures, comme le buis. Ses fleurs donnent une huile essentielle, de couleur jaune, contenant beaucoup de camphre, elle est douée de propriétés toniques ou stomachiques.

Le thym entre dans l'alimentation comme excitant.

Enfin, on emploie quelquefois le tilleul et les violettes.

En somme, tous ces agents, sauf l'iris de Florence et le laurier cerise, sont inoffensifs ou bienfaisants. Les doses auxquelles on emploie tous ces corps ne peuvent influer en rien sur la santé, quoique certaines personnes nerveuses puissent en être incommodées. Mais ces arômes ne se conservent pas comme la sève et les bouquets naturels ; qu'on ne connaît guère que de nom, puisque dans les pays d'origine on agit à peu près de même.

Dans le bouquetage des vins d'imitation, chaque maison a sa formule spéciale qui se compose ordinairement de plusieurs des agents dénommés ci-dessus. Les formules varient donc à l'infini.

Je vais seulement donner les formules le plus généralement employées :

Alicante

Vin de Roussillon	100 l.
Sirop de raisin	8
Alcool 86°	10
Infusion de brou de noix	2
Cannelle	6 gr.

Coller, soutirer huit jours après, filtrer et mettre en bouteilles couchées un mois après.

Chypre

Vin muscat vieux et peu doux	25 l.
Vin blanc très sec, bien vineux	64
Alcool 86°	5
Infusion de brou de noix	4
Caramel	2

Infusion de girofle, assez, mais pas pour dominer.

Mélanger les vins, ajouter l'alcool, le brou de noix et le caramel fondu sur un feu doux, avec de l'eau pour obtenir la couleur ambrée, verser peu à peu en agitant, puis l'infusion de girofle peu à peu.

Grenache sec

Vin de Bandol	50 l.
Vin blanc	40
Infusion de Calament	0,2
— d'écorces d'amandes	3
— de brou de noix	3
Sirop de raisin	10
Alcool à 86°	10
Infusion de romarin	0,3

Opérer comme pour l'Alicante.

Grenache doux

Vin de Roussillon	50 l.
Vin blanc sec	40
Sirop de raisins	8
Infusion d'écorce d'amandes	3
— de brou de noix	2
— de thym	5 gr.
Alcool 86°	12 l.
Colorant naturel du vin.	

Opérer comme pour l'Alicante.

Lachryma-Christi

Vin de Bagnols vieux	85l.
Gomme Kino	50gr.
Infusion de brou de noix	1l.
Sirop de raisin	6
Alcool 86°	8

Dissoudre la gomme Kino dans l'alcool, mélanger le tout et laisser reposer.

Madère

Vin blanc sec, 12 à 15°	100l.
Infusion d'écorces d'amandes	»
Amères torréfiées	3
Infusion de brou de noix	4
Alcool à 86°	6
Cognac vieux	2

Opérer comme pour l'Alicante.

Malaga

Vin de Bagnols vieux	68l.
Sirop de raisins	20
Alcool 86°	10
Brou de noix	3

Caramel pour donner une belle coloration ambrée foncée.

Muscat-Lunel

Vin Picardan doux	85l.
Sucre Candi	3kgr.
Fleurs sèches de sureau	600gr.
Alcool à 85°	10l.

Opérer comme pour le Frontignan.

Muscat-Frontignan

Vin Picardan sec	80l.
Sirop de raisin	8
Ou sucre Candi	4kgr.
Fleurs sèches de sureau, feuilles de persil de l'année	500gr.
Alcool	12l.

Faire fondre le sucre avec un peu d'eau sur le feu et y mettre infuser les feuilles de sureau jusqu'à refroidissement, passer au tamis, verser le vin sur les fleurs, pour enlever le sucre et mélanger le tout.

Porto

Vin rouge très coloré de Narbonne	50l.
Vin blanc sec de bonne qualité	30
Sirop de raisin ou de sucre	6
Alcool de vin	12
Colorant naturel du vin	20

Bien agiter, repos et soutirage.

Tokai

Vin de Bagnols vieux	80l.
Sirop de raisin	10
Ou sucre Candi	5kgr.
Fleurs sèches de sureau	300gr.
Infusion de framboises	2l.
— de brou de noix	1
Alcool 85°	6

Opérer comme pour le Frontignan.

Xérès

Ajouter aux substances indiquées pour le Madère ;

1 ou 2 litres d'infusion de framboises blanches.

Ces formules sont extraites du Traité complet des Manipulations des Vins, de M. Bedel (Paris, Garnier frères) dans lequel on trouvera les formules pour faire de ces vins par la méthode dite de Paris, pour faire le vermouth, les eaux-de-vie, les liqueurs et même les eaux de toilette.

VINS D'EAU SUCRÉE

Le jus obtenu par première expression ne dissout qu'une partie de la crème de tartre, du tannin et des matières colorantes de la grappe; on peut donc en retirer encore.

C'est ce que l'on fait en ajoutant de l'eau sucrée au marc pressé et faisant fermenter à nouveau.

Cette boisson ne doit pas être vendue comme vin naturel.

Ces vins sont appelés aussi *vins de 2e cuvée* lorsqu'ils sont obtenus par la fermentation de l'eau sucrée sur le marc qui n'a servi qu'au vin naturel et *vins de 3e cuvée* lorsqu'il a servi au vin de 2e cuvée.

On les appelle aussi piquettes, mais c'est à tort, car les piquettes sont des boissons préparées avec le marc, mais sans sucre.

C'est Petiot, en 1854 et 1855, qui le premier a essayé la fermentation de l'eau sucrée sur le marc, d'où le nom de *Pétiotisation* donné à cette opération; mais lui avait agi en mélangeant de l'eau sucrée à son moût, ce que l'on peut classer sous le titre de mouillage et sucrage vu précédemment avec 60 hl. de vendange il avait obtenu 285 hl. de vin ayant un goût, un bouquet, une couleur et de l'alcool supérieurs à ceux obtenus par la fermentation de la vendange seule. Il a également opéré sur du mars seul et a obtenu des résultats très satisfaisants.

La quantité des vins sucrés produite en France est très considérable et c'est ce qui explique, dit M. Ch. Girard, l'énorme quantité de vins dits de Bordeaux, vendus en France.

Le Gouvernement français reconnaissant la nécessité de la production de ces vins par suite des maladies qui ont accablé la vigne, a réduit les droits du sucre pour l'emploi du sucrage de 60 à 24 francs, aussi la proportion de ces vins est elle très forte; vins de 2e et 3e cuvée :

1881	2.130.000 hl.	1886	2.688.000 hl.
1882	1.700.000	1887	2.936.000
1883	1.049.000	1888	2.388.000
1884	1.255.000	1889	1.479.000
1885	1.713.000	1890	1.947.000

Il ne suffit pas d'ajouter simplement sur le marc de l'eau sucrée pour voir la fermentation s'établir de suite, car si le marc a été pressé ou non pressé il y a des différences sensibles; si le marc a été cuvé ou n'a pas été cuvé, les résultats sont bien différents.

Il faut donc bien s'assurer de l'état du marc et ajouter ce qui manque. En premier lieu il peut manquer de ferment, et dès lors la fermentation s'établira mal, l'inversion du sucre ne se fera pas; on peut remédier à ce dernier cas en invertissant préalablement le sucre, ce qui vaut le mieux dans tous les cas, par la méthode Klein et Fléchou; d'autant plus que l'acide tartrique n'est qu'en très faible proportion dans le marc. Cette méthode a déjà été décrite au sucrage.

Les essais faits lui ont toujours été favorables. M. Michel Perret a trouvé que la fermentation était toujours complète et que le vin avait perdu sa saveur douceâtre ; la couleur est plus forte et le tartre a moins de tendance à se déposer ; enfin il se rapproche davantage des vins ordinaires. Mélangés avec des vins de Jacquez et de Cynthiana on obtient de très bons vins. Si on ne fait pas l'inversion, il faut ajouter à la cuve de l'acide tartrique à la dose de 100 à 200 gr. par hectolitre ; il vaut mieux doser l'acidité du moût d'eau sucrée et ajouter assez d'acide pour arriver à l'acidité du moût naturel.

Si le ferment manque complètement on ajoute alors de la lie du vin retirée du moût ayant donné la première cuvée ; si cette lie vient à manquer et qu'on n'en ait pas d'autre il faut essayer la levûre de bière, mais il lui faut subir un traitement préalable, sans cela elle donnerait au vin un goût amer. Il y a deux sortes de levûres de bière, bien différentes : 1° la levûre de fermentation haute avec laquelle on produit l'alcool entre 15 et 20°, ce ferment monte pour arriver à l'air ; 2° la levûre de fermentation basse (6-8°) dont le ferment reste immergé. La levûre haute vaut mieux pour le raisin. Il faut laver la levûre à l'eau claire dans la proportion de 5 parties d'eau pour une de levûre ; on agit par décantation. La levûre est additionnée de 4 fois son poids d'eau et on la fait bouillir pendant 4 heures, on sépare l'eau qui ne renferme pas de saccharomyces cerevisiæ, mais contient leurs principes solubles propres à la nutrition des saccharomyces ellipsoïdeus.

M. Audoynaud ajoute du phosphate d'ammoniaque pour assurer la nourriture du ferment ; il n'y a pas lieu d'insister sur la valeur de cette addition.

Les auteurs italiens recommandent d'ajouter de la crème de tartre à la dose de 250 à 300 gr. par hectolitre, ou d'y substituer le même poids de feuilles de vignes vertes ou de pousses de vignes pilées ; dans ce cas on n'ajoutera pas d'acide tartrique.

Il faut aussi ajouter du tannin dans la proportion de 5 à 8 gr. par hectolitre de 2e vin et de 10 à 16 gr. par hectolitre de second vin ; le dosage du tannin est très utile en pareil cas.

L'eau nécessaire à fondre le sucre doit être potable et l'eau de pluie doit être préférée. Il faut autant que possible que l'eau sucrée soit aussi riche en sucre que l'était le jus de raisins, mais plus il y a de sucre plus il y a d'alcool, de couleur, de bouquet et d'extrait soluble ; mais il ne faut guère dépasser 10°, chiffre qui semble préférable à tous les points de vue; dans tous les cas il ne faut pas descendre au-dessous de 7 %. A dix degrés il faudra mettre 18 kilogr. de sucre par hectolitre.

L'eau sucrée ne doit pas être froide, il vaut mieux la verser à la température de 20 à 25°, la fermentation s'établit beaucoup plus vite.

Le marc doit être pressuré si le vin de presse est nécessaire à la bonne constitution du premier vin, mais pour la bonne qualité du vin de 2e cuvée il vaut mieux que le marc ne soit pas pressuré, car avec ces sortes de marcs on n'en a pas à craindre l'altération ; il faut, en tout cas, ne retirer que 70 % du vin de presse qui coulerait naturellement de façon à en laisser 30 %, au moins, dans le vin de deuxième cuvée.

Sur le marc non pressuré le sucre s'invertit de suite et la fermentation est rapide ; Petiot a fait du vin en moins de trois jours.

Sur le marc pressuré pour invertir le sucre, une bonne méthode, en dehors de celle de Klein et Fléchou, consiste à verser sur le sucre de l'eau à 50° et à ajouter par hectolitre d'eau 1 litre de lie de vin et 300 gr. de tartre brut dissous dans l'eau très chaude ; en moins d'une heure tout le sucre est inverti.

L'aération des moûts est indispensable pour ces sortes de vins.

Le volume de l'eau sucrée doit représenter exactement le volume du moût de première cuvée.

Toutes ces conditions étant remplies, l'eau sucrée se met de suite en fermentation ; il faut la surveiller attentivement ; il n'y a pas lieu de s'occuper du chapeau, parce que tous les viticulteurs sont d'accord que pour ces sortes de vins il faut que le marc soit maintenu dans le liquide par une claie, et qu'il vaut toujours mieux, dans tous les cas, séparer les différentes parties du marc par des cloisonnements à l'intérieur de la cuve. La cuve est soutirée plusieurs fois par jour par en bas et le liquide reversé sur le haut de la cuve, on continue ainsi jusqu'à ce que le gleuco-œnomètre ou le mustimètre marque zéro.

M. Pezeyre fait un levain avec 1 kilogr. de lie fraîche séparée du vin par filtration, à laquelle il ajoute 2 litres d'eau, 500 gr. de sucre blanc et 30 gr. de tartre brut, l'eau étant chauffée à 40° est incorporée peu à peu au ferment ; il couvre le vase et laisse deux heures sans refroidissement ; le sucre est attaqué, l'acide carbonique gonfle la masse. Quand le levain est bien monté on l'emploie à la dose de 1 kilogr. pour 2 ou 3 hectolitres d'eau sucrée, le sucre employé dans le levain venant en déduction de celui à verser dans la cuve.

M. Piot (Sainte-Gemme, Marne) conseille la manière de procéder suivante : sur le marc on ne met d'abord que la moitié de l'eau sucrée, correspondant au vin de goutte ; lorsque la fermentation commence à baisser, soit au bout de 24 à 36 heures, on ajoute 1/4 de l'eau chauffée, la fermentation reprend et 24 heures après on verse le dernier quart ; les vins ainsi obtenus ont beaucoup plus de couleur.

Pour obtenir de l'eau sucrée chaude d'une manière rapide, on prépare le sucre nécessaire dans un tonneau défoncé d'un bout et sur ce sucre on verse 1/3 de l'eau, bouillante, et lorsque tout le sucre est fondu on verse le reste de l'eau à la température ordinaire, on obtient ainsi un mélange à 25°, 30°.

La fermentation dure généralement de 4 à 6 jours, et dès que le zéro est marqué par les aréomètres il faut décuver de suite, car il ne faut pas prolonger la cuvaison. M. Aimé Girard a constaté que le séjour du vin au contact du marc l'appauvrit ; il abandonne à ce marc une partie du tartre, du tannin et des matières colorantes dissous d'abord ; il a constaté également qu'un excès de marc par rapport à l'eau donne un gain sensible de tannin et de matières colorantes, mais qui n'influe pas sur l'ensemble des matières fixes du vin ; il n'y a donc pas lieu de changer les proportions habituelles.

Le vin marquant zéro aux aréomètres est décuvé d'abord par soutirage. Si l'on doit faire d'autres cuvées il ne faut pas pressurer ; dans le cas contraire, on passe au pressoir et on mélange le vin de pressurage avec le vin de soutirage.

Avant de loger ce vin de deuxième cuvée en barriques, on peut l'additionner de 50 à 75 gr. de crème de tartre dissoute dans un peu de vin et 20 à 30 gr. de tannin par hectolitre ; on essaie ensuite l'acidité, et si le chiffre de cet essai n'arrive pas à 4 1/2 à 5 gr. en acide sulfurique, on complète par de l'acide tartrique ; le vin obtenu ainsi a à peu près la même analyse que le premier vin, sauf une plus faible proportion de couleur. D'autres auteurs ne parlent pas de crème de tartre, ils ajoutent seulement 100 gr. d'acide tartrique par hectolitre.

Le nombre de cuvées que l'on peut faire dépend de la maturité du raisin et de la valeur du marc ; dans la plupart des vignobles de France on peut faire deux cuvées de vins d'eau sucrée, et lorsque les marcs sont riches, on peut en faire trois.

D'Israël a fait fermenter jusqu'à cinq fois de l'eau sucrée sur du marc et a obtenu un vin suffisamment chargé en couleur pour donner de la qualité à des vins trop acides ou trop acerbes (Aimé Girard).

Pour la troisième cuvée, le marc ne possède pas autant de ferment et celui qu'il contient n'est plus aussi énergique ; il faudra donc ajouter de 400 à 500 gr. de lie de débourbage ou de lie fraîche de soutirage par hectolitre. Dans ce cas, l'inversion est encore plus nécessaire que pour les vins de deuxième cuvée, l'addition d'acide et de tannin doit être plus forte et mieux examinée.

M. Aimé Girard, dans son étude sur ces vins, a comparé les vins préparés par 1re et 2e cuvée et il a obtenu les résultats suivants :

1° Les vins qui proviennent de la première fermentation de l'eau sucrée en présence des marcs fournissent tous, quand ils titrent de 6 à 11 p. 100 d'alcool, une quantité d'extrait moindre que celle fournie par les vins de vendange. Cette quantité varie de 50 à 75 % du poids de l'extrait de ces derniers vins, elle ne s'abaisse guère au-dessous de 14 gr. par litre et s'élève rarement au-dessus de 18 gr. (Extrait dosé dans le vide sec à froid).

2° La proportion de tartre est toujours inférieure à celle du vin de vendange ; voisine de 2 gr. par litre, elle ne s'abaisse pas au-dessous de 1gr600.

3° Les proportions de tannin et de matières colorantes y sont également inférieures à ce qu'elles sont dans le vin de vendange ; la diminution varie considérablement, quelquefois de moitié, d'autres fois des quatre cinquièmes (dosage par son procédé).

4° L'intensité de la coloration est toujours moindre que celle des vins de vendange, et la diminution de cette intensité, souvent très grande, varie de 50 à 75 p. 100.

Si on prolonge le contact de l'eau sucrée avec le marc, la diminution des produits est *encore plus grande*.

Lorsque le vin de vendange a été obtenu avec des raisins égrappés, si on joint au marc les rafles mises de côté, on obtient un vin presque aussi riche en tannin que les vins de vendange.

En résumé, les vins de deuxième cuvée, ou *vins de marcs,* valent comme propriétés hygiéniques les 2/3 des vins naturels (A. G.)

DÉSIGNATIONS (M. Aimé Girard)		Alcool en volume		Extrait dans le vide, à froid		Crème de tartre		Tannin et matière colorante		Intensité de la coloration	
		Vin de vendange	Vin de marc	Vin de vendange	Vin de marc	Vin de vendange	Vin de marc	Vin de vendange	Vin de marc	Vin de vendange	Vin de marc
Bordeaux, Haut-Médoc	Labarde	12.4	11.0	29.8	18.1	2.40	1.98	3.62	1.48	100	23.8
— —	Cantenac	11.5	10.1	30.4	17.8	2.42	2.05	n. dosé	0.90	100	17.2
Bourgogne, Yonne	Épineuil	10.6	10.4	24.1	17.4	2.68	1.77	2.73	0.41	100	17.5
Cher	Montrichard	9.0	10.5	27.6	13.7	3.22	1.85	2.86	0.32	100	36.3
Hérault	Capestang	8.5	11.0	24.7	14.3	2.56	1.60	1.06	0.39	100	55.5
Isère	Tullins	9.5	9.1	25.3	15.7	2.42	1.89	2 66	1.20	100	51.5

M. Bedel a dirigé la fabrication de vins d'eau sucrée et il a obtenu des vins presque aussi colorés que les vins de première cuvée.

Mais c'est là un résultat exceptionnel, car tous les vins d'eau sucrée que j'ai eus entre les mains étaient bien moins colorés que les vins naturels (E. V.).

Pour M. Charles Girard, ces vins sont des boissons chaudes, excitantes, possédant un certain bouquet, devenant très vite bonnes à être mises en bouteilles et se conservant assez bien ; leur saveur alcoolique est moins vineuse que celle des vins naturels ; ils désaltèrent moins et ne paraissent pas supporter aussi bien l'eau ; ils s'améliorent avec le temps.

M. Carles a publié un certain nombre d'analyses de vins de sucre de la Gironde (Journal de Ph. et Ch., 1883, t. 7, p. 14). Comme dans tous ces vins le degré alcoolique est inférieur, non seulement au degré du vin naturel, mais encore au chiffre de 10° admis comme devant être atteint, je n'ai pas cru devoir reproduire ces chiffres. Je dirai seulement que dans les vins de marcs tous les chiffres sont inférieurs à ceux des vins de vendange, l'extrait surtout est bien inférieur, il est moins de la moitié dans plusieurs cas, la moitié dans la plupart et les 2/3 dans les autres cas ; la gomme a subi aussi une diminution sensible.

Il ne faut jamais employer le glucose solide pour la fabrication des vins d'eau sucrée, les résultats obtenus sont mauvais.

Braun l'a essayé, à la dose de 20 kgr. de glucose et 100 litres d'eau, versés sur du marc de raisins rouges et il a obtenu un vin contenant : Alcool, 7°. Extrait à 100 : 43gr20 par litre ! Glucose, 32,00, cendres, 1,745. Acide sulfurique 0,372, chaux 0,195.

La fabrication de ces vins doit être recommandée, en ce sens qu'elle permet de tirer parti des substances restant dans le marc.

Il n'y a pas de doutes que ces vins d'eau sucrée ne soient employés aux coupages, mais c'est une fraude et qui est punie comme telle. (Voir *Falsifications*).

PIQUETTE

On appelle piquette la boisson produite par la fermentation que subit le liquide qui s'écoule du marc délayé dans l'eau pure et pressé énergiquement.

C'est une boisson faible en alcool et peu riche en extrait sec. Elle est consommée sur place par les vignerons.

Le marc traité par l'eau pure donne la piquette, cette eau s'empare de l'alcool resté dans le marc et dissout une certaine proportion de principes solides, ce n'est donc qu'une espèce de lavage du marc.

Dans le Poitou, on ne pressure pas le marc, il est simplement foulé et le jus qui s'écoule naturellement, seulement recueilli. Ce marc est mis en fûts bien cerclés et est couvert d'eau. Il ne reste pas assez de sucre pour qu'une nouvelle fermentation s'établisse, il ne se fait qu'une dissolution des principes solubles de marc. Chaque fois que le vigneron soutire de la piquette, il la remplace par une égale quantité d'eau ; cette boisson, qui est d'abord d'un goût peu agréable et aigrelet, ne finit plus que par être que de l'eau presque pure.

Avec des marcs peu riches, on fait sur le marc d'une cuvée de 100 hectolitres de vin, de 25 à 30 hectolitres de piquette.

Piquette par macération. — Sur le marc bien émietté, on verse un volume d'eau valant le 1/4 ou la moitié du vin de goutte, on laisse en contact pendant 5 ou 6 jours, en foulant plusieurs fois par jour, et couvrant la cuve. Si la température est basse, l'eau doit être chauffée à 30° avant son emploi.

Le liquide obtenu ne peut être employé que dans les régions froides, et encore doit-il être consommé de suite ; dans les régions chaudes, il produirait sûrement de l'acide lactique et acétique.

Piquette par aspersion. — Le marc est placé dans un vase, cuve ou foudre, muni d'un faux-fond percé de trous ; l'eau est versée en plusieurs fois et en petite quantité, au moyen d'un seau de 12 à 15 litres pour un foudre ordinaire, pour que l'eau ne séjourne pas au contact du marc. Cette opération est renouvelée toutes les dix minutes, jusqu'à épuisement du marc, on soutire au fur et à mesure par le bas ; le marc est ensuite pressé.

Piquette par lavage méthodique. — On place le marc dans des séries de cuves communiquant entre elles. L'eau passe de l'une dans l'autre en se chargeant de plus en plus de principes solides. Sur la cuve contenant le marc déjà lavé plusieurs fois on fait arriver l'eau pure, celle-ci soutirée, le marc est rejeté et remplacé par du marc neuf, l'eau passe ensuite sur du marc moins lavé que le premier, puis elle passe ensuite sur d'autre marc de moins en moins lavé pour arriver sur le marc et ensuite être utilisée comme piquette. L'eau la plus pure suit donc un chemin en sens direct de la richesse du marc, l'eau la plus pure sur le marc le moins riche, l'eau la plus chargée sur le marc le plus riche ; ces piquettes ont de 3 à 4° d'alcool.

Pique champêtre. — M. Dubief a reconnu que les pellicules fermentées à part donnaient un petit vin. M. Robinet propose cette boisson pour les vignerons, voici comment il opère : Un fût défoncé de 2 hect. est rempli de peaux de raisins rouges, séparées de temps en temps par une couche de grappes, pour diviser la masse et donner quelques principes astringents. Une bonne addition, c'est d'y mettre des pommes coupées en tranches et séchées au four; elles donnent un goût agréable. Quand le fût est bien plein, on le remplit d'eau et on laisse macérer pendant quelques jours en soutirant chaque jour et rejetant le liquide sur la masse. On peut alors boire la pique. A chaque soutirage le liquide enlevé est remplacé par une égale quantité d'eau. Un fût semblable peut donner pendant un mois de 12 à 15 litres par jour d'une boisson fraîche, encore agréable et très saine. Si elle était trop plate on pourrait ajouter de 75 à 100 gr. d'acide citrique dans l'eau, mais si on ajoute des prunelles ou des pommes il est inutile d'ajouter de l'acide.

Quelques viticulteurs améliorent leurs piquettes par l'addition de sucre ou de raisins secs et font un petit vin de 4 ou 5° d'alcool plus corsé et moins altérable.

Les piquettes fabriquées sur le marc ayant servi à faire du vin de deuxième cuvée seraient beaucoup trop faibles, aussi doit-on ajouter à l'eau 4 à 5 kil. de sucre par hect.

Les piquettes ont été l'objet de quelques analyses : je citerai seulement celle de M. Bapst sur deux piquettes du Midi :

1° Piquette de marc de Celeyran, près de Narbonne, cépages aramon et carignane, plâtré, plaine et coteau;

2° Piquette de marc de Roussillon, cépages carignane et grenaches, plâtré.

	N° 1	N° 2
Alcool	5.9	6.1
Extrait à 100°	17.9	19.0
— dans le vide	20.8	22.8
Sucre réducteurs	traces	traces
Crème de tartre	3.59	3.30
Acide tartrique libre	0.75	1.05
Sulfate de potasse	2.75	1.70
Cendres	4.68	4.94
Acidité	4.07	4.26
— de l'extrait dans le vide	3.48	3.40
Alcalinité des cendres en CO^2KO	0.45	0.55

Enfin je donnerai la recette d'une boisson économique revenant à 0 fr. 15 le litre et qui se rapproche de la piquette : Dans un peu d'eau tiède, on fait fondre 625 gr. de sucre, cassonade brute, et 70 gr. d'acide tartrique, on mélange dans un tonneau de 100 litres avec 20 litres de gros vin de bonne qualité; on remplit le tonneau en agitant avec de l'eau chaude versée par fraction, le mélange doit durer de 15 à 20 minutes et on laisse fermenter. Il ne faut pas bonder pendant la fermentation qui dure de trois à quatre jours, on bonde alors et on laisse reposer cinq à six jours, puis on soutire.

On emploie les piquettes aux mélanges avec les vins de première cuvée. Dans le cas des coupages avec les vins de première et de deuxième cuvée, il y aura diminution des produits solubles du vin et par suite mouillage; l'acheteur doit donc être prévenu, sans cela il y aura fraude.

VINS DE RAISINS SECS

La diminution considérable de la production vinicole en France dans ces dernières années, a fait chercher les moyens d'y suppléer par différentes boissons. Les vins de raisins secs ont été découverts et sont venus donner un appoint assez fort à la production.

Malheureusement, il a été fait un abus considérable de l'emploi de ces vins de raisins secs pour les couper avec les vins naturels. Cela, joint à la difficulté de déceler ces vins dans les mélanges, a poussé le Gouvernement à intervenir de façon à entraver cette fabrication par des augmentations d'impôts et des vexations dans l'exercice de ces usines.

Dans la Loire-Inférieure, elles ont disparu les unes après les autres dans le courant de cette année (1891).

On a beaucoup discuté la question de savoir si la boisson de raisins secs était du vin, dans l'acception ordinaire du mot; les uns répondent oui, les autres non. Le docteur Brissard est d'avis que c'est du vin comme le vin de vendange, puisqu'en desséchant le raisin on n'enlève que de l'eau; à l'analyse, le chimiste trouvera tous les éléments du vin, sans pouvoir dire s'il provient du raisin desséché. D'autres disent que le raisin a perdu de l'eau par la dessiccation et qu'en lui restituant cette eau évaporée avant de faire fermenter, on se trouve dans les mêmes conditions qu'au moment de la vendange; le sucre, le tartre, l'acide tartrique y sont toujours, le *tannin seul a diminué par oxydation*. Enfin d'autres disent que ces raisins sont employés depuis longtemps dans le Midi, dans les années médiocres, pour remonter les vins faibles en alcool.

Je ne suis pas convaincu par tous ces arguments : Cette boisson est du vin de raisins secs, mais non pas du vin. La dessiccation n'a pas pour but que d'enlever de l'eau, que les chimistes ou vignerons qui soutiennent ce fait prennent donc des raisins secs, leur restituent l'eau qui leur a été enlevée et les fassent ensuite passer pour des raisins frais! Il n'y a pas là qu'une simple dessiccation, il y a une transformation de la matière organique, que nos yeux, notre palais nous font parfaitement voir, si la chimie paraît impuissante à le constater. Pourquoi les vins de raisins secs rouges sont-ils presque incolores? C'est que la matière colorante s'est décomposée comme les autres matières organiques. Cette question n'a pas été assez étudiée au point de vue chimique, mais il est un fait certain, c'est que les propriétés physiologiques ayant été changées, les produits eux-mêmes ont été modifiés.

La production des vins de raisins secs, en France, a été de 1875 à 1891 :

1875	247.000 hectolitres	1883	2.681.000 hectolitres
1876	327.000	1884	1.630.000
1877	519.000	1885	2.254.000
1878	890.000	1886	2.812.000
1879	1.532.000	1887	2.618.000
1880	2.351.000	1888	2.220.000
1881	2.320.000	1889	1.826.000
1882	2.500.000	1890	4.892.000

En moyenne, 100 kil. de raisins secs donnent 30 litres d'alcool pur; si donc, à 100 kil. de raisins on ajoute 300 litres d'eau, on obtiendra 300 litres de vin à 10°, d'où le tableau suivant pour 100 kil. de raisins secs :

200 litres d'eau	donnent	200 litres de vin	à environ	15°
225	—	225	—	13°
250	—	250	—	12°
275	—	275	—	11°
300	—	300	—	10°
325	—	325	—	9°
350	—	350	—	8°5
375	—	375	—	8°
400	—	400	—	7°5

Les principales sortes de raisins employés sont :

Les raisins de *Corinthe*, qui sont les plus petits de tous, sans pépins et sans le bois de la grappe ; ce sont les plus recherchés par suite de la façon dont ils sont expédiés, qui ne cause pas de mécomptes.

Les raisins de *Thyra* (Turquie d'Asie, Smyrne) sont à peu près de la grosseur des raisins français, ils sont expédiés avec la grappe.

Les raisins de *Samos* sont plus gros ; ils sont bons pour faire de l'alcool de bonne qualité. Les raisins muscats sont employés dans la préparation des vins d'imitation.

Les raisins de *Vourla* ont la même grosseur que les Samos et ne sont employés que pour les vins fins.

Les locaux où doivent fermenter les raisins secs doivent avoir une température de 18-20°, mais pas plus. Les cuves doivent être d'une propreté parfaite; ces cuves sont en bois fort et cloisonnées parce que le marc au contact de l'air s'aigrirait rapidement.

Pour préparer le vin de raisins secs on verse dans des cuviers d'un hectolitre chacun 15 kil. de raisins de Corinthe et on jette dessus quelques litres d'eau tiède. Au bout de 48 heures on écrase les raisins avec un pilon, puis on ajoute de l'eau tiède en brassant vigoureusement et on vide les cuviers dans la grande cuve ; on complète la cuve avec le volume d'eau nécessaire, calculé.

La fermentation s'établit lentement, puis devient tumultueuse; elle dure de 10 à 15 jours et le liquide atteint la température de 20-22°; la température est suivie attentivement avec le mustimètre; lorsqu'il marque zéro degré on attend encore 24 heures et on décuve; il ne faut pas laisser plus longtemps, sans cela il se développerait des fermentations secondaires qui détruiraient rapidement la qualité du vin.

On soutire et on pressure rapidement le marc; le vin de presse est mis à part, collé et soutiré, puis mélangé au vin de goutte.

Comme ce vin est plus sujet que le vin normal aux fermentations secondaires, on doit mettre dans le tonneau une ou deux mèches soufrées. (Audibert.)

On voit donc bien que le vin de raisins secs n'est pas tout à fait du vin ordinaire.

La grosse lie se dépose rapidement en hiver, plus lentement en été; on fait un deuxième soutirage, puis on ajoute de 4 à 6 gr. de tannin, par hectolitre, et de l'acide tartrique ou citrique pour arriver à 4 ou 5 gr. d'acidité par litre et on colle fortement au sang de bœuf ou mieux à la colle de poisson.

Le procédé Mèze (Hérault) a un principe un peu différent. 100 gr. de raisins secs et 80 kil. d'eau sont versés dans une cuve chauffée à la vapeur 25-30°. Au bout de 24 à 48 heures, la fermentation est terminée, on soutire et on ajoute au marc 80 kil. d'eau à 30° et on soutire quelque temps après et mélange les deux liquides; enfin le marc est lavé une ou deux fois avec de l'eau devant servir aux opérations suivantes. Le liquide fermenté contient 7° d'alcool; il est viné à 10°.

Si les raisins sont très mûrs, très riches en sucre, il est bon d'ajouter 500 gr. de crème de tartre par 100 kil. de raisins; pour les raisins secs en caisse de première qualité, il faut ajouter l'eau de façon à faire un moût pesant 10-11° au glucomètre, un peu de crème de tartre et faire fermenter; pour les vins de qualité ordinaire il faut pour 500 kil. de raisins secs verser 1,000 litres d'eau, 2 kil. 5 de tartre purifié et 500 gr. de sel marin, pour obtenir un parfum plus fort. (Dubief.)

Les marcs peuvent être distillés pour fournir de l'alcool ou lavés pour fournir l'eau qui est employée pour les fermentations subséquentes.

Le vin de raisins secs doit être conservé en fûts bien pleins et en caves fraîches.

Ces vins se vendent suivant leur degré alcoolique; plus ils sont blancs, plus leur prix est élevé; ils ont toujours une couleur paille quoiqu'ils soient faits avec des raisins rouges.

La première étude de ces vins a été faite par M. Reboul en 1880, depuis d'autres travaux ont été faits, mais la question n'a guère avancé, car si ces vins purs se distinguent très bien des vins naturels par leur excès d'extrait et de sucre, une fois mélangés aux vins naturels, ils deviennent très difficiles à découvrir.

Il résulte de tous ces longs et consciencieux travaux, que les procédés indiqués pour distinguer les vins de raisins secs des vins naturels sont variables dans leurs résultats et par conséquent insuffisants.

Le caractère du pouvoir rotatoire à gauche est loin d'être absolu.

Il en est de même de la présence des sphérules de la levûre de bière (saccharomyces cerevisiæ) dans le dépôt abandonné par les vins de raisins secs qui, d'après Müller, s'y trouve toujours.

Reboul a trouvé dans ces dépôts diverses espèces de saccharomyces constituant les levûres de raisin, à l'exclusion de la levûre de bière.

Même résultat, pour un caractère spécial, que Reboul lui-même avait cru trouver dans la proportion de gomme relativement considérable que fournissent les raisins secs aux vins qu'ils servent à préparer ; car si elle est du double plus élevé dans la plupart des vins de raisins secs, elle est également abondante dans certains vins du Var et de la Corse.

D'après Béchamp et Chancel, les vins de l'Aude, de l'Hérault et de la Bourgogne ne contiennent pas plus de 1 % de gomme ; les vins de l'Orléanais en ont encore moins ; les vins du Var en ont 2,03 et ceux de la Corse, Ometto 4,36 et Sallacaro 2,15.

Le meilleur caractère, quoiqu'il ne soit pas absolu, est la présence d'une notable proportion de sucre réducteur lévogyre, dans les vins de raisins secs ; elle y varie de 8 à 10 pour 1.000, tandis qu'elle ne dépasse guère 2 ou 3 millièmes dans nôs vins ordinaires. Cette proportion de sucre augmente d'autant le poids de l'extrait sec, qui est de 30 à 50 grammes par litre.

Certains vins naturels ont néanmoins beaucoup de sucres réducteurs : Var, 2gr 8 par litre ; Fréjus, 2,6 ; Chablis, 2,7 ; Corse, 1,5 à 1,7 ; Tallone, 3,2 ; Sallacaro, 7,3 : Olmetto, 8,5.

La rotation n'indique rien de précis ; il y a des vins naturels qui dévient à gauche le plan de polarisation de 1° et des vins de raisins secs qui dévient à droite (*Moniteur Vinicole*, 1880, janvier, 17).

Voici quelques analyses de vins de raisins secs :

VINS	ALCOOL	EXTRAIT	ACIDITÉ	CENDRES	SUCRES	TARTRE	TANNIN	GOMME	Déviation au Saccharimètre	SULFATES	ANALYSTES
Corinthe.....	12.6	36.1	—	2.35	10.41	3.75	—	2.41	—	—	Reboul
Thyra.......	10.7	30.6	—	—	9.05	3.82	—	2.58	—	—	»
Vourla......	10.4	30.5	—	3.05	8.20	1.78	—	1.82	—	—	»
id.	—	39·0	—	3.55	19.00	—	—	—	—	—	»
Beghlergé ...	8.8	28.6	3.35	3.20	4.20	1.22	0.85	5.62	+0.5	0.88	Portes
Corinthe.....	9.7	26.5	5.42	3.12	5.00	2.95	0.72	2.42	—1.0	0.79	et
Caraboumou.	10.3	25.2	4.45	3.40	6.01	1.43	0.64	4.65	—1.0	0.91	Ruyssen
Chésmé	10.2	28.6	4.77	3.60	9.25	1.27	0.87	4.25	—4.5	1.10	»
Ercara	10.0	29.9	2.62	3.76	12.68	1.38	0.95	4.00	—6.0	0.88	»
Elémé.......	9.0	37.0	5.84	3.80	17.12	1.48	0.89	5.85	-11.0	0.83	»
Sultanines ..	11.9	27.8	3.10	4.10	7.13	1.32	0.83	6.85	—1.0	1.23	»
Thyra.......	10.2	23.5	2.90	3.70	4.25	1.47	0.66	3.68	—0.8	0.87	»
Tzal	9.4	21.9	3.40	3.50	3.98	1.48	0.69	4.20	—0.7	0.84	»

M. Chatin présenta au Comité consultatif d'hygiène (1880, janvier, 12) les analyses comparatives suivantes :

	Vin de raisins secs	Vin de vendange
Alcool	8° 1	13° 3
Extrait	26.50	21.50
Cendres	2.40	1.76
Glycérine	5.00	5.40
Acide succinique	0.77	1.39
Glucose	6.84	traces
Matières protéiques	0.46	0.09
Gomme	4.03	2.04
Tartre	1.75	0.77
Acide acétique et carbonique	4.29	3.30

La fabrication des vins de raisins secs est une opération parfaitement licite ; mais, il faut que les négociants en vins le sachent bien, le *coupage des vins de raisins secs avec les vins naturels est une fraude et est puni par la loi* au même degré que le mouillage.

Aussi dois-je mettre en garde les négociants contre les circulaires de ces fabricants de boissons qui préconisent justement leur emploi pour les coupages. Leur intérêt les y pousse et ils n'auraient rien à craindre d'une expertise qui pourrait faire le plus grand tort au négociant en vins.

Une de ces circulaires, que j'ai entre les mains, dit même que l'on peut colorer les vins de raisins secs avec des baies de sureau de Portugal, la coloration obtenue n'étant pas nuisible à la santé ; c'est vrai, mais la présence de cette couleur dans un vin est tenue sérieusement comme falsification et traitée légalement comme telle.

Quoique le Congrès des chimistes vinicoles ait déclaré qu'on ne pouvait discerner les vins de raisins secs dans un coupage, il n'en est pas moins vrai qu'on condamne des négociants pour ce fait ; et du reste on peut trouver du jour au lendemain un procédé pour les reconnaître infailliblement et le négociant se trouver pris.

J'engage mes lecteurs qui voudraient étudier à fond la fabrication des vins de raisins secs, à lire l'excellent ouvrage de M. J. Audibert, Marseille : l'*Art de faire le vin avec des raisins secs* (4 fr. 10 franco, rue des Minimes, 53. Voyez : *Falsifications, Raisins secs*.)

CHAPITRE 5

Défauts. — Maladies. — Altérations.

Les vins sont soumis à de nombreuses causes qui en altèrent les qualités de goût, d'odeur et de conservation. J'ai divisé ces changements dans l'état des vins en trois classes :

1° Les défauts qui ne sont dus qu'au cépage, au sol ou à une mauvaise vinification ;

2° Les maladies qui altèrent profondément la constitution du vin et sont causées par le développement de germes qui vivent dans le vin en le décomposant ;

3° Les altérations des vins faits par suite du manque de soins dans leurs manipulations.

DÉFAUTS

Couleur. — L'excès de couleur des vins rouges s'enlève facilement par le repos, des collages successifs et même la décoloration.

On remédie au manque de couleur par un coupage avec des vins très colorés, de vignes américaines ou de vins teinturiers cultivés spécialement pour cet usage. Aujourd'hui on colore également avec la couleur naturelle extraite des pellicules de raisins rouges.

En Lorraine, on a l'habitude pour coller et rehausser la couleur des vins d'y ajouter des mérises noires à la dose de 1 kil. 250; elles déterminent une légère fermentation à la suite de laquelle la clarification se fait; elles ne nuisent pas à la conservation ; elles tendent plutôt à bonifier qu'à nuire et i y en trop peu pour qu'il y ait fraude (Husson); cependant il ne faudrait pas que l'analyse en découvrit la présence, ils seraient considérés comme falsifiés et traités comme tels (E. V.).

Les vins qui manquent d'acide, comme le Jacquez surtout, voient se manifester l'instabilité de leur couleur; elle passe du grenat au bleu violacé et se dépose en lamelles noires sur les parois de la bouteille. L'addition d'acide tartrique prévient ce défaut.

On cherche la dose minima d'acide à employer comme je l'ai dit à la vinification du vin de Jacquez, il est rare qu'il faille plus de 3 gr. d'acide tartrique par litre.

Les vins blancs prennent quelquefois une teinte jaune en vieillissant mais sans perdre leur goût et leur limpidité; ils sont souvent, dans ce cas, plus agréables et plus recherchés; dans d'autres vins, au contraire, c'est une marque de dégénérescence.

Quand c'est un vin nouveau, sur lie, qui prend la couleur jaune, c'est un défaut, auquel on remédie en retournant le fût la bonde dessous; au bout de dix jours on renouvelle l'opération et après repos on soutire dans des futailles fortement méchées et on colle énergiquement.

Quand la couleur jaune est due au fût ayant contenu de l'eau-de-vie il faut mécher et coller fortement.

La coloration rose que possèdent divers vins blancs peut provenir de plusieurs causes :

1° Elle peut provenir de la pellicule des raisins rouges faits en vins blancs si le pressurage n'a pas été assez vivement fait;

2° Elle peut se produire lorsqu'un vin nouveau, même mis en fûts neufs, n'a pas été débarrassé des matières fermentescibles, par suite d'une fermentation qui se forme dans certaines conditions de mouvement et de température;

3° Enfin elle peut être due à certains bois de chêne.

Il suffit ordinairement de mécher, mais si on ne réussit pas il faut essayer le collage.

M. Robinet a fait de nombreux essais pour blanchir les vins blancs roses, sans en altérer la finesse et il a absolument échoué; le collage au lait ne décolore que momentanément et laisse un goût reconnaissable et prédispose aux fermentations secondaires; le collage au tannin et à la gélatine décolore complètement, mais le vin perd tout son cachet et sa finesse; le charbon de bois enlève tout le bouquet et une partie de l'acidité; il reste un liquide alcoolique sans valeur.

Lorsque la pulpe du raisin rouge a été plus longtemps en contact avec les pellicules, la teinte du vin devient rouge; une partie de cette couleur disparaît par la fermentation, mais il en reste un excès. Pour enlever cette teinte on a employé avec succès la braise de boulanger, en poudre impalpable. On soutire le vin dans un fût en bon état, on verse 500 gr. de la poudre, par pièce, délayée dans quelques litres de vin, on agite et laisse en repos; le lendemain on agite de nouveau et au bout de quelques jours on agite encore si le vin n'est pas clair, enfin on colle

Inertie. — C'est l'état du vin dans lequel la fermentation ayant été mal dirigée s'est arrêtée avant la fin.

L'inertie provient quelquefois du soufrage exagéré des fûts, ou d'une trop basse température; dans ces deux cas, la fermentation tumultueuse ne peut se faire; elle devient languissante et finit par s'arrêter.

Un vin dont la fermentation s'est ainsi arrêtée est beaucoup plus sujet aux maladies, car il renferme encore des ferments accessoires ou des substances azotées non détruites et aptes à former des ferments.

Ce vin n'est pas suffisamment alcoolique, il n'a pas le goût voulu et il se conserve mal. Il est pâteux et de couleur douteuse.

Pour remédier à ce défaut, il faut placer, sans retard, les tonneaux au soleil ou dans un local chauffé à 30° jusqu'à ce que la fermentation se reproduise. On réussit mieux en ajoutant du moût ou du marc frais.

Goût de terroir. — C'est un goût particulier dû au pays dans lequel se trouve plantée la vigne ; c'est une qualité pour les vins fins et quelques vins communs et un défaut pour la plupart de ces derniers. Ce goût est souvent accompagné d'une saveur stypique, âpre et amère fort désagréable.

Le goût foxé des vignes américaines peut être considéré comme goût de terroir.

En France, pour le plus grand nombre des vins, ce défaut est dû à un cuvage exagéré et au peu de soin apporté à la vinification, car c'est surtout la grappe qui communique ce goût aux vins ; pour l'éviter, il faut faire un cuvage rapide, séparer les vins de pressurage et soutirer fréquemment pendant la fermentation lente.

Les vins d'Algérie doivent, au contraire, leur goût très prononcé à la trop grande rapidité de la fermentation sous l'influence d'une haute température ; il faut ralentir la fermentation. L'égrappage est le meilleur des moyens préventifs ; il réussit admirablement en Algérie et il a donné de très beaux résultats dans le Narbonnais.

On l'évite donc, d'abord, en égrappant et, si on ne peut, en diminuant la durée du cuvage ; dès que le mustimètre marque 0° il faut décuver, ensuite il faut séparer le jus de pressurage qui renferme les liquides de la grappe, acides, couleur jaune et un peu de tannin ; enfin éviter le contact du vin avec la lie par des soutirages fréquents. Après les premiers froids un bon collage à la colle de poisson finira par enlever presque tout ou tout le goût de terroir ; mais il ne faut pas que le collage soit assez fort pour enlever la couleur.

Lorsque ce goût existe dans le vin, mais sans exagération, on le fait presque disparaître par un collage à la gélatine en ajoutant par barrique de 220 litres de 5 à 10 gr. de tannin et de 20 à 40 gr. d'acide tartrique.

Quand il est trop prononcé, il faut essayer l'huile d'olive ; après le premier soutirage on ajoute un demi-litre d'huile par barrique, on fouette fortement, laisse reposer, enlève l'huile et procède à un bon collage.

Astringence. — Ce défaut est dû à un excès de tannin ; dans ce cas les vins ont un goût astringent plus ou moins accentué.

Les vins sont astringents dans les années où les raisins n'ont pas suffisamment mûri, ou lorsque l'on cuve trop longtemps avec la totalité de la rafle.

C'est, d'après Robinet, ce que l'on appelle la verdeur proprement dite, le goût est âpre, comme si on mordait dans un fruit vert. Ces vins sont de bonne garde.

En vieillissant, ces vins se corrigent eux-mêmes par suite de la transformation de l'acide tannique en acide gallique et autres substances.

Une longue fermentation dans les fûts, ou des voyages sur mer, diminuent l'astringence, de même que la vieillesse et pour la même cause; c'est ce qui a lieu principalement pour les crus de Bordeaux.

On amoindrit l'astringence en collant plusieurs fois avec de la gélatine; celle-ci élimine, en partie, le tannin en formant un composé insoluble.

Mais il faut agir prudemment en s'assurant d'abord que ce goût est dû à l'excès de tannin, par le dosage de cette substance, et n'ajoutant de gélatine que ce qu'il faut pour enlever cet excès. On doit ensuite procéder à des essais en petit et juger le vin par la dégustation. Il faut, de toute nécessité, employer un peu de sel marin dans ce collage.

L'exposition du vin à la gelée enlève aussi l'astringence.

Verdeur. — Lorsque le raisin a mal mûri, on obtient un vin riche en acides et en sels acides, dur au palais et par conséquent peu agréable.

Il ne faut pas confondre la verdeur avec l'ascescence; dans les vins verts, le goût est dû en grande partie à un excès de crème de tartre, tandis que dans les vins aigres, il est dû à l'acide acétique.

Dans le nord de la France et en Allemagne les raisins obtenus étant toujours très verts on prévient ce défaut en employant la gallisation ou sucrage et mouillage, mais l'acheteur doit être prévenu.

Le seul procédé que l'on doive employer, dans le cas de la verdeur, est celui indiqué par Jullien, en 1826, et mentionné précédemment par l'abbé Rozier, Chaptal et Parmentier. Les autres procédés rentrent dans les falsifications. (Voyez *Modification du Goût*.)

Ce procédé est basé sur l'emploi du tartrate neutre de potasse.

J'en ai déjà parlé à la chaptalisation. On dose l'acidité totale et on calcule la quantité de tartrate neutre pour enlever l'excès d'acide. Il ne faut employer que du tartre en beaux cristaux bien blancs et pour l'employer en dissoudre 1 kil. dans deux litres de vin, l'action se fait sûrement en 24 heures. Si on jetait simplement les cristaux dans le vin, la plus grande partie n'agirait pas. Jullien donne les chiffres de 200 à 450 gr. par barrique, mais il vaut mieux faire l'essai chimique ci-dessus et faire ensuite des essais en petit dont on déguste avec soin les résultats.

Vins passés. — Ce sont des vins qui sont restés trop longtemps en futailles et, par ce fait, se sont altérés. On peut les rendre potables, à nouveau, en les transvasant dans des fûts largement alcoolisés et en y mêlant 1/5 de bon vin.

Vins trop vieux. — Il n'est pas de vignoble dont le vin n'ait une durée fixe et connue; passé cette époque, il devient maladif et perd ses propriétés; il ressemble beaucoup aux vins passés.

Les anciens connaissaient bien ce fait. Gallien, en parlant du Falerne, le meilleur vin du temps des Romains (il n'existe plus : les coteaux de Falerne, délayés par les pluies, ont disparu pour ne laisser que des rochers) dit qu'avant 10 ans il est trop jeune; de 15 à 20 ans il est bon, et que passé ce terme sa qualité décline; Dioscoride lui donne 7 ans comme terme moyen. Cicéron, en parlant d'un Falerne de 40 ans, disait qu'il portait bien son âge.

Il ne s'agit ici que des vins de qualités supérieures.

J'ai ouï dire que dans les caves d'Heidelberg on avait trouvé des bouteilles de vin du Rhin ayant plusieurs centaines d'années et dans lesquelles il ne restait qu'un dépôt solide et très résistant.

En vieillissant, les vins, sous l'influence de l'oxygène se dépouillent de leurs matières colorantes qui forment divers dépôts caractéristiques. Tantôt il se dépose des petits feuillets translucides ou de petits mamelons incolores, tantôt ce sont des feuillets colorés s'attachant aux parois des vases et enfin d'autres fois ces dépôts prennent la forme de granulations ressemblant aux cellules organisées.

Sous le nom de *vins qui vieillardent* on désigne des vins produits par les raisins des mauvaises années, des mauvais plants ou des vins non cuvés avec la grappe; ces vins sont pauvres en alcool et surtout en tannin. Ils ont peu de couleur et peu de goût ; ils s'affaiblissent rapidement et deviennent vieux de bonne heure.

On les rajeunit en les repassant sur du marc nouveau ou en les mélangeant avec des vins jeunes, collant et soutirant dans des fûts méchés avec 1/4 ou 1/3 de mèche.

MALADIES

Ces maladies furent d'abord attribuées par Chaptal à un excès de ferment. C'est aux observations de Pasteur que l'on doit de savoir qu'elles sont dues, sans exception, à des végétations parasitaires qui n'existent pas dans la composition normale des vins, mais qui trouvent en lui des conditions favorables à leur développement.

Malgré les nombreux travaux faits sur les maladies des vins, cette étude est encore incomplète, plusieurs points n'ont pas été étudiés, et sur d'autres points les savants ne sont pas d'accord.

Plusieurs maladies sont désignées sous le même nom et même ont été longtemps confondues.

C'est au moyen du microscope que Pasteur a pu faire les belles découvertes qui l'ont illustré, et comme on ne peut déceler ni étudier les maladies des vins sans cet appareil, je vais en dire quelques mots, sans entrer dans la théorie physique, ce qui sortirait complètement du cadre d'un livre sur les vins. Mon intention est seulement de faire connaître à mes lecteurs les appareils dont ils peuvent avoir besoin dans l'étude des vins.

Microscopes. — Il y a deux sortes de microscopes : 1° le microscope simple, connu sous le nom de *loupe* et qui n'est rien autre chose qu'une lentille bi-convexe, d'un très court foyer ; on n'en fait pas usage dans l'étude des vins ; 2° le microscope composé, dont l'invention a été attribuée à Zaccharie Jansen, au commencement du 17e siècle et qui, perfectionné d'abord par Galilée, est arrivé à la perfection que nous lui connaissons aujourd'hui. Cet appareil se compose essentiellement de deux lentilles convergentes, dont l'une, appelée l'*objectif*, d'un très court foyer, est tournée vers l'objet placé sur le *porte-objet*, entre deux lames de verre, tandis que l'autre lentille, nommée *oculaire*, est placée près de l'œil. Ces deux lentilles sont montées sur un tube de cuivre formé de deux parties rentrant l'une dans l'autre et permettant de rapprocher ou d'éloigner l'oculaire de l'objectif.

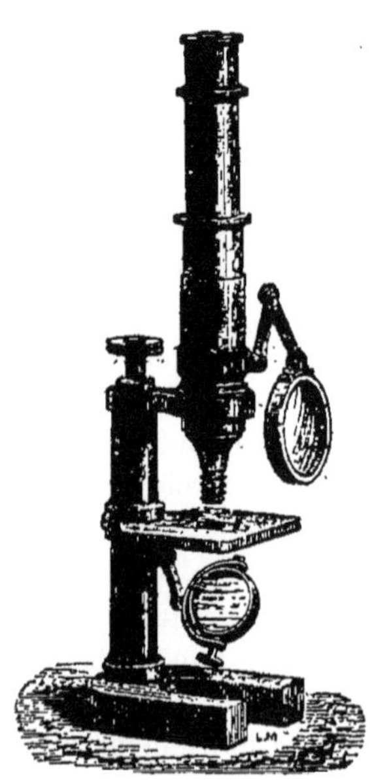

Fig. 3.

(Dujardin — 200 francs).

L'oculaire a un deuxième verre destiné à rendre les images plus nettes, et l'objectif a une série de lentilles superposées qui permettent d'obtenir un grossissement plus considérable.

L'objet est éclairé vivement par un miroir inférieur s'il est transparent, et par une lentille convergente supérieure s'il est opaque.

Le microscope composé est une loupe avec laquelle on regarde l'objet, non plus directement, mais son image réelle et agrandie par une première lentille.

Les deux microscopes que je puis signaler spécialement pour le cas qui nous occupe sont : 1° le microscope Dujardin (fig. 3), avec lequel on peut obtenir à volonté 90, 140, 400, 600 diamètres, c'est à dire que l'on peut obtenir un grossissement de 90 à 600 fois. Ce microscope est très bon pour les études ordinaires des maladies des vins, l'étude des lies, des ferments, etc. ; 2° Le microscope Ph. Pellin (fig. 4) ayant un grossissement de 800 diamètres ; cet appareil permet de pousser les essais beaucoup plus loin ; il est muni en plus d'un polariseur et d'un analyseur. Cette maison possède des microscopes plus compliqués, dont l'un donne 1,200 diamètres. Du reste, toutes les maisons s'occupant d'appareils scientifiques possèdent plus ou moins de microscopes ; il s'agit seulement de savoir bien choisir les appareils.

Lorsqu'on veut faire un examen microscopique, on place l'appareil face au grand jour, ou devant un bec de gaz ou une lampe et l'on regarde par l'oculaire en tournant le miroir inférieur jusqu'à ce que l'appareil soit bien éclairé ; on place alors l'objet sur la lame de verre et on place sur le porte-objet ; on applique alors l'œil sur l'oculaire et on le fait avancer ou reculer lentement, de façon à rester au point où l'image est à son maximum de netteté. Dans les études microscopiques, on fait usage de différents moyens pour bien apercevoir certains corps translucides, on le colore soit à la fuchsine, soit à l'indigo ; pour faire certaines séparations on emploie l'iode qui colore en bleu les cellules amylacées, la potasse en solution qui dissout certains corps sans toucher aux autres, l'acide acétique, etc.

Fig. 4.

(Ph. Pellin — 400 à 500 francs.)

Pour l'étude des ferments du moût et de la plupart des maladies, un grossissement de 400 d. est suffisant ; pour la maladie de la pousse, il faut aller jusqu'à 600 d. ; à 800 d. on juge mieux des détails et de la marche de la maladie.

Il suffit de plonger une baguette dans le moût ou le vin et de laisser tomber une goutte sur la plaque de verre du microscope et de l'examiner.

C'est surtout dans la lie que l'on peut trouver la plus grande quantité de ferments, aussi est-ce là le plus souvent qu'on va les chercher ; pour cela on se sert d'un long tube en verre effilé d'un bout et non de l'autre. On appuie fortement un doigt sur la partie non effilée et on plonge l'autre partie dans la bouteille ou le tonneau ; le tube étant arrivé au fond, on soulève le doigt et on le replace instantanément et on retire vivement le tube ou pipette ; la lie est entrée dans le tube et c'est de cette lie dont on verse une goutte sur le porte-objet. Pour bien voir au microscope, il suffit d'être bien éclairé et d'être arrivé à la distance exacte qu'il doit y avoir entre l'objet et l'oculaire. Pour obtenir le diamètre voulu, il suffit de visser ou de dévisser les disques qui sont à la base du microscope et qui représentent chacun un grossissement différent ; ils s'ajoutent les uns aux autres pour les forts grossissements.

Vins Fleuris. — On constate souvent à la surface de certains vins des productions blanchâtres qui augmentent en volume, de plus en plus ; ces productions ou *fleurs de vin* sont dues entièrement au *mycoderma vini* (fig. 5). C'est un petit cryptogame aérobite, ayant le même aspect que le *mycoderma cerevisiæ*, qui est anaérobite, mais plus gros ; d'après plusieurs auteurs, le *mycoderma vini* ne serait qu'une modification du *mycoderma cerevisiæ*.

Fig. 5. — 1/100 de millimètre.

a. Mycoderma vini.
b. Jeune mycoderma aceti.
c. Vieux mycoderma aceti.

Le mycoderma vini, qui a été pendant quelque temps pris pour le ferment alcoolique du vin est un globule allongé, ovoïde, transparent, très réfringent et d'une grosseur très variable ; sa plus grande longueur est de 1/100 de millimètre, son diamètre de 1/200 de millimètre et en moyenne de 5 à 6 millièmes de millimètres de longueur sur 2 à 3 millièmes de large. Il est composé d'une enveloppe très fine et d'un liquide intérieur au centre duquel se meuvent des points noirs très réfringents, mais on n'aperçoit ces points qu'avec un grossissement de 1.800 diamètres ; il ne faut pas les confondre avec les petits disques qu'on aperçoit avec un diamètre moindre. Ils sont doués d'une vitalité énergique et se reproduisent par bourgeonnements ; c'est leur amoncellement qui constitue les fleurs du vin que l'on voit à la surface à l'état de pellicules ; en quelques jours il a envahi toute la surface. Il a une odeur de moisi, fade et désagréable qui se communique au vin, et il est le précurseur du mycoderma aceti qui donne le vinaigre.

Le mycoderma vini ne donne mauvais goût au vin qu'à la longue en s'emparant de l'oxygène de l'air pour le porter sur l'alcool qui est transformé en eau et en acide carbonique ;

$$\underset{\text{alcool}}{C^4H^6O^2} + \underset{\text{oxygène}}{12\,O} = \underset{\text{acide carbonique}}{4\,CO^2} + \underset{\text{eau}}{6\,HO}$$

Les acides salicylique et borique, l'hyposulfite de soude, l'acide hydrosulfureux, un excès de froid ou une température de 75° le tuent.

Les fleurs se forment surtout sur les vins mouillé ; losrsqu'un vin nouveau est mal logé, que les fûts ne sont pas en état et qu'ils ne sont pas pleins, il se forme des fleurs qui se produisent aux dépens du sucre et des autres éléments.

Dès qu'on a constaté cette pellicule il faut la chasser, et pour cela il suffit de remplir le vase de manière à rejeter les fleurs au dehors. On bouche bien le fût, il n'y a plus rien à craindre, à moins qu'on ait trop attendu et qu'il y ait des mycoderma aceti.

Si une partie de l'alcool a disparu, il faut le remplacer par un vinage de 2 à 3 litres d'excellent alcool à 90° par pièce de vin ; on peut aussi ajouter un peu d'acide tartrique. Le froid réussit aussi très bien.

Quand il y a des fleurs dans une bouteille et qu'on ne veut pas ajouter de vin, il faut opérer de la façon suivante : on débouche la bouteille sans l'agiter ; on fait un tampon avec du coton attaché autour d'une petite baguette et on l'introduit doucement au-dessous du niveau du vin, et on le promène lentement le long des parois intérieures du col, puis sur toute la surface et on le retire ; on recommence s'il y a lieu avec du nouveau coton, jusqu'à ce qu'il n'y ait plus de fleurs.

Il faut ensuite boucher solidement et coucher les bouteilles.

Dans le Jura, les vins qu'on laisse après la vendange dans des fûts avec 5 centimètres de vide sous la bonde, sont constamment couverts de fleurs formant une couche blanche épaisse sous laquelle le vin est très limpide ; cette pratique est sans doute utile pour l'aération, mais ce vin n'a pas de bouquet. Les vins nouveaux ne contiennent que du mycoderma vini, mais les vins fins qu'on laisse en tonneaux pendant 5 ou 6 ans, avant la mise en bouteilles, renferment du mycoderma aceti.

L'ouillage est nécessaire en Bourgogne, où le mycoderma aceti se produit d'abord.

Event, Poux ou **Pourri**. — Selon sa composition, un vin couvert de fleurs, voit cette maladie se changer en évent ou en ascescence.

L'évent se produit lorsque la vendange a été faite dans une année froide et pluvieuse, lorsque le moût est acide et peu sucré, s'il y a des grains de raisins pourris ou si la vinification a été mal faite.

La première phase de cette maladie est le goût d'évent qui arrive rapidement au goût de poux ou pourri. Cette maladie provient de la décomposition des matières azotées par suite de la disparition de l'alcool. L'évent est un goût particulier, désagréable, légèrement putride, le poux est plus accentué et il se dégage une odeur ammoniacale insupportable ; il est alors couvert d'une efflorescence grasse, qui reste d'abord à la surface, puis finit par tomber au fond avec l'aspect d'une matière charnue plus ou moins épaisse, ensuite le vin subit la fermentation putride.

Dès que l'on a constaté le goût d'évent, il faut y remédier, ce qui est assez facile : on le repasse sur du marc frais et on fait fermenter. Si on ne se trouve pas au moment de la vendange, on colle le vin, on soutire dans un fût méché et on le mélange avec un vin généreux, vert s'il est possible, et on vine avec un 1/2 litre d'alcool ou 1 litre d'eau-de-vie. On ajoute un peu de charbon de bois sec en morceaux, suspendus à des ficelles, et on laisse une ou deux semaines ; s'il restait, par hasard, encore un petit goût, on mettrait à nouveau du charbon.

Lorsque le vin a le poux, on le filtre à la chausse de flanelle au fond de laquelle on a mis de la poudre de charbon ; si le vin a un mauvais goût, on le traite comme il est fait pour l'évent.

Ce que Machard appelle *goût de détendu, brouissure,* ressemble parfaitement au poux ; il se produit dans les années très abondantes où il y a trop de raisins pour qu'ils puissent mûrir, ou lorsque les raisins ont été gelés avant leur maturité, ou soumis aux brouillards suivis d'ardent soleil. Le cuvage avec la grappe est indispensable, et si le goût se produit néanmoins il faut appliquer aux vins les remèdes ci-dessus.

Ascescence. Vins piqués, échauffés, aigres ou sautés. — Dans cette maladie, qui se propage le plus rapidement de toutes et enlève aux vins leurs qualités, l'alcool se transforme en acide acétique ou vinaigre.

Un vin est dit piqué ou échauffé quand il est légèrement acide ; il est aigre lorsque l'acidité est plus prononcée, et lorsqu'il est sauté il est imbuvable.

Un vin se pique, en général, lorsqu'il est peu alcoolique, ou lorsqu'il est soumis à l'action de l'air sur une large surface ; les tonneaux en vidange en offrent souvent l'exemple.

D'après Pasteur, cette maladie est due à un petit cryptogame le *mycoderma aceti*, qui provoque l'absorption rapide de l'oxygène de l'air par le vin, et détermine la perte de l'acide carbonique et la formation de l'acide acétique.

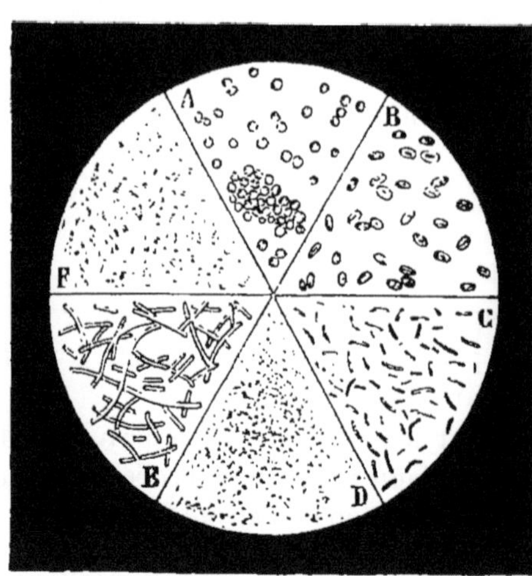

Fig. 6.

A. Saccharomyces ellipsoïdeus en pleine fermention.
B. Le même, fermentation arrêtée.
C. Ferment de la pousse.
D. Mycoderma aceti, fermentation arrêtée.
E. Ferment de l'amer.
F. Ferment de la maladie des vins du Midi.

Le mycoderma aceti (fig. 5 et 6), consiste en chapelets d'articles légèrement étranglés vers leur milieu, dont le diamètre un peu variable est en moyenne de un millième et demi de millimètre ; sa longueur est un peu plus du double.

Chaque grain ressemble à la réunion de deux petites cellules, et si ces globules sont réunis en amas, un peu serrés, on peut croire qu'ils composent un groupe de petits globules. Quand le mycoderma aceti a acquis un certain développement, les chapelets se brisent et le vin se remplit de points noirs.

Ils se multiplient en s'étranglant de plus en plus pour fournir deux individus séparés. Ce cryptogame diffère beaucoup du mycoderma vini, qui l'accompagne presque toujours et le précède souvent. Le mycoderma vini est beaucoup plus volumineux que le mycoderma aceti ; il est non étranglé, ovoïde, et il offre des bourgeonnements latéraux ; du reste, il ne se développe pas en présence de l'acide acétique.

Pour obtenir le mycoderma aceti, il suffit de laisser à l'air pendant quelques jours, 100 gr. de levûre de bière, 1 ou 2 grammes d'acide acétique et 3 ou 4 gr. d'alcool, le tout se recouvre d'un voile de ces petits champignons.

Le vin étendu de son volume d'eau et légèrement acidifié avec de l'acide acétique le produit aisément.

La mère du vinaigre est composée de millions de mycoderma aceti ; ce petit végétal est à la fois aérobite et anaérobite, c'est-à-dire qu'il vit au contact de l'air ou privé d'air. Il vit aux dépens de l'oxygène et de l'alcool.

$$\underset{\text{alcool.}}{C^4H^6O^2} + \underset{\text{oxygène}}{O^4} = \underset{\text{acide acétique}}{C^4H^4O^4} + \underset{\text{eau}}{2HO}$$

L'eau et l'alcool, au contact de l'air, ne forment pas d'acide acétique, mais lorsqu'on y ajoute des matières organiques, celles-ci absorbent de l'oxygène et acétifient l'alcool (Liebig). Cette fermentation se produit sous l'influence d'un être organisé qui agit comme le noir de platine. Chaptal, Persoon (1822), Desmazières (1825), Kutzing (1838) ont décrit les pellicules qui se forment à la surface des vins qui aigrissent, comme étant des productions végétales.

Les anciens attribuaient trois causes à l'ascescence : l'humidité du vin, les variations de températures et les commotions.

Le vin aigrit plus vite à l'époque des chaleurs, de la sève de la vigne et de la floraison.

Lorsqu'au cuvage on a laissé trop longtemps le chapeau à l'air, le vin se pique, s'échauffe et même peut aigrir.

Lorsqu'il y a un excès de levûre dans la fermentation lente, le vin a tendance à aigrir. Il faut, dans ce cas, coller, mécher et soutirer.

Dans le vin rouge nouveau, non étendu d'eau, il se forme rarement du mycoderma aceti, mais si on étend d'un volume d'eau, le myc.vini apparaît rapidement et envahit la masse tandis que le myc. aceti qui se développe lentement est rejeté au fond ; tandis que si on ajoute un volume de vin aigre c'est le contraire qui se produit. Dans le premier cas, lorsque le myc. vini est épuisé il fait place au myc. aceti.

Il est rare qu'un vin ne contienne pas un peu d'acide acétique, et même à très faible dose il constitue une des qualités des vins.

L'ascescence est fréquente dans le Jura, surtout dans les régions des vignobles d'Arbois, Arsures, Pupillin, etc., (Pasteur). Le vin jaune de Château-Châlons, très estimé après fermentation et soutirages, est mis en tonneau où on le laisse indéfiniment jusqu'à ce qu'il mange sa lie ; il reste

15, 20 ans en tonneau, sans ouillage ; souvent il y a une perte de 3 à 6 hl., sur des fûts de 10 à 20 hl., il est exempt de la plupart des maladies, mais il est sujet à l'ascescence.

Les vins acides perdent une partie de leur bouquet, et ils déposent du tartre ; les vins rouges perdent en outre une partie de leurs matières extractives et colorantes.

Cette maladie est inconnue en Champagne.

Corriger ce défaut est à peu près impossible; lorsqu'il est peu accentué, à force de soin on peut y parvenir, mais il vaut mieux le prévenir. A ce sujet M. Houdart a rendu un grand service à la vinification en appliquant les idées de Pasteur, au moyen de son fausset à coton grillé ; l'air arrive bien à la surface du vin, mais privé de ses germes il ne peut déterminer aucune maladie.

On prévient cette maladie par un ouillage régulièrement pratiqué (ouiller vient du latin *oleare doria*, couvrir d'huile, pour éviter le contact de l'air) et le mutage par les mèches soufrées.

Lorsque le vin commence à donner des signes d'ascescence, il faut le traiter immédiatement. Dans ce cas on conseille plusieurs moyens qui réussissent bien : en première ligne le chauffage ; ensuite un fort méchage, le refroidissement et la congélation.

Machard soutire dans un fût méché à 1/4 ou 1/2 mèche après avoir versé 1 litre d'alcool et 12 à 15 litres de vin franc par barrique de vin ; il colle au blanc d'œuf, laisse reposer et soutire dans un fût méché.

On doit toujours mécher les vins provenant des régions du centre, les bons plants des années chaudes et les raisins trop mûrs.

On a, dit-on, réussi, en soutirant dans un fût méché et ajoutant 1 litre de lait et fouettant vigoureusement. Après le repos, le vin soutiré dans un fût méché avait perdu son acidité, par suite de la combinaison de l'acide acétique avec la caséine ; ce vin doit être viné ensuite.

Dans tous les cas, quel que soit le traitement employé, il est bon d'ajouter de 5 à 8 gr. de tannin par barrique.

Lorsque le mal est un peu plus avancé, on peut avoir recours au tartrate neutre de potasse, suivi d'un collage énergique ; la dose de tartrate neutre à employer varie de 50 à 250 gr. par pièce de vin ; il se forme du bitartrate de potasse et de l'acétate de potasse.

On fait des essais en petit, comme il a été dit au « Tartrage » et à la « Verdeur ». Lorsque l'addition du tartrate neutre a été opérée, il est bon de soutirer dans un fût méché et de viner à 1 ou 2 °/₀ ; il faut le recouper ensuite avec un vin très riche de goût.

Pasteur a conseillé d'employer la potasse pure. Il prend le titre acide du vin malade et celui d'un vin sain et ajoute la quantité de potasse nécessaire pour arriver au chiffre donné par le vin sain.

Il a toujours réussi quand l'acidité en excès ne dépasse pas 2 gr. par litre ; le bouquet du vin reparaît, mais quand l'ascescence est trop prononcée l'acétate de potasse donne une saveur pharmaceutique.

Depuis, tous les auteurs vinicoles ont écrit qu'un vin contenant plus de 1 gr. d'acide acétique par litre devait être livré à la vinaigrerie. Il peut y avoir discussion sur l'emploi du tartrate neutre et celui de la potasse, par suite de l'introduction dans le vin de l'acétate de potasse, corps étranger au vin ; mais comme dans tous les vins on rencontre l'acide acétique et la potasse, c'est-à-dire les composants de ce sel, il y a doute et je l'en ai fait bénéficier en le classant dans les opérations licites ; l'emploi des autres alcalins se trouve indiqué aux falsifications.

Si le vin est piqué, on lui fait subir un fort collage, on le soutire, ou mieux on le filtre, puis on l'additionne de 3 à 5 °/₀ d'alcool et on le chauffe pendant quelque temps à 65°. Sous l'influence de cet excès d'alcool et de la chaleur, l'acide acétique disparaît lentement, sans doute en s'éthérifiant en partie ; le vin vieillit et peu même prendre un nouveau bouquet. Il convient ensuite de couper ce vin avec un petit vin nouveau, qui permet de rétablir le titre alcoolique primitif et s'oppose utilement au développement du mycoderma aceti (Gautier).

Si le vin est passablement acide, il faudra introduire jusqu'au fond du tonneau le tuyau d'un fort soufflet et souffler vigoureusement. L'acide acétique étant très volatil, est entraîné par le courant d'air. Comme l'alcool est aussi volatil, cette opération diminue le degré alcoolique du vin. On achève au besoin la correction avec le tartrate neutre (Berzélius).

Ce procédé bizarre ne vaut pas grand'chose.

Bézu conseille de refroidir le vin soit en introduisant un peu de glace dans le tonneau, 1 kil. 5 de glace pour 250 gr., soit en arrosant le tonneau avec de l'eau glacée ; Vergnette conseille la congélation et Parmentier prescrit de soutirer après un grand froid.

Pousse. Vins Poussés ou Vins Montés. — Les vins poussés, montés, tournés, cassés et bleus ont été longtemps considérés comme ayant la même maladie, aujourd'hui encore les ouvrages sont très confus à ce sujet.

La pousse est due à un ferment anaérobie qui vit aux dépens de l'acide tartrique du sucre et de la glycérine en produisant les acides carbonique, acétique, propionique et probablement lactique ; le vin devient plat, fade, chargé de gaz et le tartre disparaît des tonneaux. C'est le résultat d'une fermentation incomplète du sucre.

Le ferment de la pousse, fig. 6, est composé de filaments cylindriques, flexibles, sans étranglements, de véritables sections de fils non rameux et dont les articulations ne sont pas toujours bien accusées ; il ne peut être confondu avec le ferment lactique dont les articles sont légèrement déprimés à leur milieu de façon que sous un certain jour on croirait voir une série de points, lorsque plusieurs articles sont bout à bout.

La pousse ressemble beaucoup à la tourne, mais il y a production de gaz dans la pousse, ce qui n'a pas lieu dans la tourne.

Il y a trois phases dans cette maladie : 1° le vin se trouble, devient louche, douceâtre, d'une saveur plate mais sans donner la marque d'effervescence ni de pétillement; 2° la fermentation commence, il y a dégagement de gaz, pétillement dans la bouche, la couleur se modifie, noircit un peu et diminue d'intensité; 3° fermentation violente, effervescence subite, il pétille avec force et noircit rapidement à l'air, la couleur est gris sale, l'odeur est celle de l'eau croupie; le vin est perdu; les vinaigriers eux mêmes n'en veulent plus.

Cette forme de la maladie, la plus grave, est due à des causes multiples, peu connues, mais que l'on attribue à la décomposition des matières azotées de la lie provenant surtout de raisins atteints de pourriture.

L'autre forme de la maladie, qui est bien moins grave, est due à une certaine proportion de sucre échappé à la première fermentation; c'est une nouvelle fermentation lente qui se produit au printemps; le sucre en excès est décomposé par les germes restés dans le vin et il se produit de l'acide carbonique pendant qu'il y a altération des autres composants du vin; la couleur est attaquée, il se produit de l'acide acétique, puis le liquide se trouble et la première forme de la maladie apparaît. L'écume du vin poussé est violette et elle passe au bleu sale au contact de l'air, son bouquet et son odeur sont désagréables.

Dans les deux cas la production de gaz chasse la bonde avec violence ou fait éclater le tonneau, d'où le nom de pousse, si on n'a pas eu soin de donner de l'air au vin.

Dès que l'on a constaté les premiers symptômes de cette maladie, il faut l'arrêter de suite, car le mal marche très vite.

Cette maladie se développe surtout au moment des fortes chaleurs, sous l'influence des brusques changements de pressions barométriques, qui font remonter la lie; il faut donc que la fermentation soit complète avant les grandes chaleurs.

Pour prévenir cette maladie, il faut éliminer les grains de raisins pourris, pratiquer de fréquents soutirages avec une légère mèche; il est même bon de chauffer les vins qui y sont habituellement sujets.

Les remèdes sont assez nombreux: Lorsqu'on se trouve en présence de la deuxième forme de la maladie il suffit quelquefois de soutirer dans un fût fortement méché et de coller énergiquement après un repos de 24 heures, mais souvent la colle ne prend pas par suite du dégagement du gaz, alors on soutire à nouveau dans un fût moins fortement méché que la première fois et on colle à nouveau.

Les antiseptiques arrêtent cette fermentation.

Le meilleur remède est le chauffage à 70°-75°, la maladie est arrêtée net; mais ces vins doivent être consommés de suite parce qu'ils pourraient, au bout de peu de temps, contracter à nouveau la maladie.

Lorsque le vin est attaqué par la première forme de la maladie, on agit différemment selon qu'il en est arrivé à un degré plus ou moins avancé.

Quand le vin est à la première période du mal, on remédie à son mauvais état en soutirant dans un fût méché et collant fortement ensuite.

M. Robinet a réussi avec ce traitement mais en ajoutant de 40 à 60 gr. d'acide citrique, par pièce, au moment du soutirage.

Machard prescrit le traitement suivant : On soutire dans un tonneau méché et ajoute de suite 1/2 litre d'alcool, par 220 litres, on colle avec 8 œufs, laisse reposer au clair, et soutire dans un tonneau propre, légèrement mèché. L'inconvénient du vinage c'est que si l'on coupe ce vin avec un autre plus faible, la maladie se reproduit.

Pour supprimer le vinage on opère comme ci-dessus, mais après le collage on laisse reposer un mois, on colle à nouveau et on soutire pour enlever le goût de mèche.

On peut encore traiter par l'acide tartrique, chauffer et coller.

Lorsque le vin est arrivé à la seconde période, les soutirages, collages et mèchages ne font que peu de chose. Le chauffage chasse le gaz ammoniaque et arrête net la fermentation.

Le meilleur remède est de passer ce vin sur du marc frais et ayant cuvé peu de temps (15 jours au plus). Pour 1 hl. de vin poussé il faut prendre, au moins, le marc ayant servi à faire 3 hl. de vin, laisser en contact 24 heures, verser de nouveau vin sur le marc et laisser celui-ci trois jours, soutirer puis en mettre d'autre qu'on laissera 15 jours ou 3 semaines ; si on n'a que peu de marc, il faut ajouter des grappes. Le pressurage de ces vins n'est bon que pour la distillation. Lorsqu'on n'a pas de marc, on soutire dans un fût fortement méché et on le maintient toujours plein jusqu'au moment de la vendange.

Dans la dernière période, au commencement on peut essayer le passage sur le marc, seul remède possible, mais un peu plus tard il n'est bon que pour la distillation et même à la fin il n'est plus bon à rien.

Tourne. Vins tournés ou vins louches. — Le vin atteint de cette maladie paraît bien se conserver, mais dès qu'il est exposé à l'air il se trouble fortement en formant des ondes soyeuses que l'on aperçoit très bien en agitant le vin, dans un verre ou dans un tube, au soleil ; il se produit une irisation à la surface, sa couleur passe du rouge au violacé, puis se précipite sous forme de précipité pulvérulent, couleur chocolat, tandis que le liquide qui surnage prend l'odeur et la couleur d'un sirop cuit, acidulé, légèrement amer et d'une couleur orange. C'est la plus grave des maladies des vins du Midi ; elle ne produit pas de dégagement de gaz.

Fig. 7.

a. Cristaux de crème de tartre.
b. Cristaux de tartrate neutre de chaux.
c. Filaments de la tourne.
d. Mycoderma vini.

D'après Pasteur, la tourne est due à la présence de filaments d'une extrême ténuité (1/1000 de millimètre de diamètre) et d'une longueur variable, ce sont de longs filaments cylindriques, flexibles, sans étranglements bien apparents, de véritables fils non rameux et dont les articulations ne sont pas toujours bien accusées. (Fig. 7.)

Balard prétendait que le ferment de la tourne et le ferment lactique étaient identiques, les vins tournés contenant toujours de l'acide lactique et en effet Pasteur n'a trouvé d'acide lactique que dans les vins renfermant les filaments de la tourne. Mais le ferment lactique est formé d'articles courts, légèrement déprimés à leur milieu, sous un certain jour on dirait une série de points, lorsque plusieurs articles sont bout à bout.

Les filaments de la tourne sont plus fins que ceux des vins amers, leurs articulations moins sensibles et ils ne s'incrustent pas de matières colorantes.

Ce sont ces cryptogames qui troublent le vin, et non la lie qui remonterait comme on le croyait autrefois. Le dépôt que l'on trouve au fond est formé d'un vrai feutrage de ces filaments souvent très longs, constituant une masse glutineuse noirâtre, et qui se transforme en filets d'aspect muqueux lorsqu'on la retire des fûts, à l'aide d'un tube effilé.

Ces parasites n'ont pas besoin de l'oxygène de l'air pour se développer. Ce ferment provient, ainsi que l'a démontré Béchamp, de la destruction du sucre, de la glycérine et du tartre transformé en totalité ou en partie en carbonate de potasse (Breton 1822), et qui produit de l'acide propionique et une augmentation de la potasse (Béchamp, Nicklès), de l'acide acétique et de l'acide métacétique (Duclaux).

D'après Duclaux, il se forme dans les vins tournés, aux dépens de l'acide tartrique, une nouvelle quantité d'acide acétique et d'acide propionique en quantités à peu près égales, 2 gr. 5 par litre.

Pasteur et Béchamp ont trouvé de l'acide lactique.

A. Glénard qui, en 1859, a examiné une grande quantité de vins tournés, y a toujours constaté la disparition des tartrates et l'augmentation notable de l'acide acétique.

Par leur séjour dans les tonneaux, ces vins font disparaître l'alcool et changent la lie en carbonate de potasse. Celui-ci précipite les matières qui troublent le vin, *bleuit* la matière colorante et le tannin en les transformant en produits humiques.

Nous venons de voir combien cette maladie altérait les vins ; cette altération est encore plus grave lorsque les vins tournent sur la lie ; car alors le tartre qui est déposé se redissout, pour se transformer en carbonate de potasse. On dit que ces vins *dévorent la lie*. Les analyses suivantes de Béchamp en donneront une idée :

	Alcool.	Extrait à 100°	Cendres.	Tartre.
Mèze 1861 moyenne......	5 °/₀	27,5	7,10	6,80
Saint-Georges non plâtré .	7 ½ °/₀	24,5	5,00	8,05
— plâtré .	»	34,0	10,60	pas

D'après Nicklès, cette maladie est due à une fermentation tartrique ; l'acide tartrique se décompose, se transforme en acide carbonique, pour former du carbonate de potasse ; le vin devient alcalin et tourne au bleu. Suivant d'autres, l'altération provient de l'albumine de la lie.

Dans ces deux cas, il ne se dégage pas de gaz, et même, s'il y a beaucoup de sucre, il se décomposerait, en donnant naissance à de l'acide lactique.

Ces vins n'arrivent jamais à une acidité franche ; le vinaigre qu'ils donnent n'a ni force ni bon goût, par suite de l'acide lactique dont le goût est très désagréable, et qu'il n'est pas possible de séparer ou de détruire dans le vin.

Suivant M. Gautier, la maladie des vins tournés du Midi ne peut être confondue avec la pousse. Elle se développe souvent dans les vins, quand les vendanges se sont faites dans un automne pluvieux, et que la moisissure envahit la grappe. On la constate quelquefois au début de l'hiver après le premier soutirage.

Les caractères de la maladie sont ceux que nous avons décrits plus haut, d'après Gautier et les autres auteurs.

L'alcool n'a pas sensiblement varié ; le tannin, la matière colorante et le tartre sont complètement modifiés ou ont totalement disparu ; il s'est formé de l'acide acétique (2 gr. 04 par litre), des acides volatils ($0^{gr},2$ à $0^{gr},45$ par litre, en acide acétique) et de l'acide tartronique.

Il a obtenu aussi une notable proportion d'acide lactique.

Réactions : $2\,(C^8 H^4 O^{10}, KO, HO) = 2\,(C^6 H^2 O^8 KO, HO) + C^4 H^4 O^4$

Crème de tartre — Bi-tartronate de potasse — Acide acétique.

$$3\,C^8 H^6 O^{12} = 3\,C^6 H^4 O^{10} + C^6 H^6 O^6$$

Acide tartrique — Acide tartronique — Acide lactique.

L'examen du dépôt lui a montré un grand nombre de filaments flexueux, mais non articulés, très analogues à ceux de la tourne indiqués par Pasteur, et un autre parasite formé de filaments très rares, nettement articulés ; leurs articles, alternativement clairs et obscurs, sont au nombre variable de 2 à 6. Ils sont mélangés de nombreuses cellules de levûre, de cristaux en éventail, et de matière colorante précipitée. (Comptes Rendus, 27 mai 1878, p. 1.507 et 1.033).

Balard a décrit sous le nom de tourne des petits filaments droits qu'il rapproche du ferment lactique et qui doivent être ceux de la pousse.

Tous ces ferments sont anaérobie, c'est-à-dire qu'ils vivent à l'abri de l'air.

Les vins de Champagne, les vins clairets et mousseux du Jura, quand ils contractent la tourne, prennent un goût de piqué désagréable.

La bière est sujette à cette maladie.

La tourne est difficile à guérir : le collage, les soutirages, le vinage, le tannisage et le chauffage n'arrêtent pas l'action de ce ferment; dès que le vin est à l'air, la maladie reprend et continue tant qu'il reste de la matière colorante.

L'acide tartrique réussit assez bien ; il faut ajouter de cet acide jusqu'à ce qu'on soit revenu au goût ordinaire et à la couleur normale; il faut d'abord faire des essais en petit (Brun).

Le meilleur remède consiste à viner le vin à 10°, ajouter 10 à 15 gr. de tannin et 50 à 100 gr. d'acide tartrique, par barrique, coller après vingt-quatre heures et soutirer quinze jours après dans un fût fortement méché.

M. Bordas a signalé (Comptes Rendus, 1888, janvier, 2) une maladie spéciale aux vins d'Algérie. Elle est causée par un ferment spécial qui amène l'acétification en très peu de temps. Ce ferment se compose de nombreux petits bâtonnets très fins, courts et immobiles, assez semblables, de la bière tournée, mais différant par leur longueur moindre et leur immobilité.

Ce n'est pas la tourne, puisque la matière colorante n'est pas attaquée, et que le goût n'est pas amer ; le tartre est diminué. On peut reproduire ce ferment dans un liquide contenant par litre : 4 gr. de crème de tartre, mais on ne le peut pas si ce liquide n'en contient qu'un gramme. Il se reproduit dans certains vins et pas dans d'autres.

Le tour ou la cassure, vins cassés. vins plombés. — Sous ce nom les divers auteurs décrivent des maladies différentes et qui sous les mêmes noms ne se ressemblent pas.

M. Robinet, sous le nom de tour, décrit exactement la tourne dont je viens de parler. Maladie causée par le ferment de Pasteur, dans laquelle le vin perd sa couleur, devient fade, plat et de mauvais goût, production à l'air d'ondes soyeuses, puis dépôt du ferment et production de quelques bulles d'acide carbonique. Elle se produit dans les vins des années froides et pluvieuses ou des vendanges acides et peu sucrées et surtout s'il y a des grains pourris.

En 1867, M. Robinet reproduisit le ferment du *tour* dans un milieu artificiel : Eau 800^{cc}, sucre candi 20 gr., tartre 4 gr., phosphate d'ammoniaque 0 gr. 25.

Cette solution fut mise en bouteilles avec quelques gouttes de vin *tourné ;* les bouteilles furent bouchées et mises à l'étuve à 24° pendant vingt-cinq jours, il se produisit beaucoup d'acide carbonique et une odeur nauséabonde et de pourriture. Restait 11 gr. de sucre et 2 gr. 75 de tartre ; il s'était produit de l'alcool et le dépôt se composait de saccharomyces ellipsoïdeus mélangé aux filaments du tour. Un liquide semblable, dans lequel il avait ajouté un fragment de poire pourrie, avait donné le même résultat, plus putride encore.

D'après les symptômes de cette maladie, on reconnaît que l'on se trouve plutôt en présence de la pousse que de la tourne.

M. Bedel distingue la tourne du tour ou vins cassés.

Les vins plombés sont ainsi appelés parce que leur couleur prend une couleur fausse, terne, désignée sous le nom de couleur plombée ; leur goût devient fadasse et passé.

D'après M. A. Calmettes, la maladie nommée tour en Bourgogne et cassure dans le Midi, est provoquée par la diminution de l'acidité et l'augmentation des matières albuminoïdes. Ces résultats sont produits par des maturations anormales dues à la chute des feuilles, aux maladies cryptogamiques et aux mauvaises saisons ; les raisins étant pauvres en acides et en sucres. D'après lui, il y a un rapport inverse et constant entre la proportion des matières albuminoïdes et ferments indirects et la proportion des composés tartriques ; c'est ce qui a fait croire que l'acide tartrique déféquait les moûts, ce qui est une erreur. Cet acide n'a pas d'action déféquante propre ; la clarification des moûts naturellement riches en acide tartrique provient de leur faible richesse en matières albuminoïdes.

Cette maladie commence à se manifester dans le vin après la cuvaison, par suite de la décomposition des matières albuminoïdes de tous les glucosides du vin, de la matière colorante, du tartre et du tannin. Le vin prend de plus en plus un goût fadasse et perd rapidement son acidité et son astringence, pendant qu'il prend une teinte fausse souvent rebutante et qui finit par tourner au noir jaunâtre. La plupart des vins du Midi sont dans ce cas.

Les vins blancs qui deviennent laiteux ou qui plombent sous l'action de l'air sont dans un cas semblable.

On voit par ce qui précède qu'il est difficile de se faire une opinion sur cette maladie, aucune étude approfondie n'ayant été faite. Est-ce la tourne, la pousse ou une maladie différente ? Dans tous les cas, les remèdes proposés ne sont pas les mêmes que pour la pousse et la tourne.

Presque tous les vins non plâtrés du Midi sont sujets à cette maladie, et le plâtrage est souvent impuissant à les protéger.

Si le vin décuvé est trouble, il faut le filtrer, puis le coller et ensuite ajouter de l'acide tartrique et 15 à 20 gr. de tannin par hectolitre.

M. Calmettes prescrit, selon le degré d'altération, de traiter le vin par du blanc d'Espagne à l'état de bouillie (25 à 50 gr.). On verse la bouillie dans le vin et on agite vivement, puis on ajoute de l'acide tartrique (deux fois le poids du blanc d'Espagne) dissous dans du vin. Il se produit du tartrate de chaux qui précipite les matières albuminoïdes. Au bout de sept à huit jours si le vin n'est pas plâtré, et beaucoup plus si le vin est plâtré, le vin étant devenu limpide, on soutire. Si l'acidité avait très diminué, il faudrait ajouter de l'acide tartrique, mais en quantité strictement nécessaire. Cette addition, inutile pour les vins non plâtrés, est souvent obligatoire pour les vins plâtrés. La guérison est radicale.

D'après M. Robinet l'alcool ne change pas dans le tour, mais l'ascescence se produit et les vinaigriers ne peuvent l'employer. Le seul moyen de combattre cette maladie est d'isoler le ferment par une filtration sur des toiles de coton spéciales; il faut ajouter de l'acide citrique pour rétablir l'acidité. Un chauffage à 80° arrête le mal, mais n'enlève pas l'odeur.

L'étude de ces diverses maladies est donc toute à faire.

Bleu. — Cette maladie, qui est spéciale aux vins blancs est devenue assez commune depuis l'invasion des vignes par les cryptogames.

Le vin, assez clair dans le fût où il a subi la fermentation, est soutiré, tannisé et collé; mais au lieu d'obtenir un vin clair, on n'obtient qu'un liquide louche et ayant, par transparence, un reflet bleuâtre; il n'a pas pris la colle. Ce phénomène se produit surtout dans les vins pauvres en alcool et en acides, c'est-à-dire dans les vins plats; dans ce cas, les soutirages fréquents aident à la formation du bleu. Les vins riches en acides et pauvres en alcool peuvent devenir bleus et ceux qui sont riches en matières azotées deviennent tous bleus, sans exception. On ne rencontre que rarement cette maladie dans les vins rouges.

Dans les vins susceptibles de devenir bleus, on rencontre de la glutine ou glaïadine qui se trouve toujours dans les vins gras.

M. Maumené attribue le bleu à ce que le ferment devient subitement soluble et reste en suspension dans la masse liquide.

M. Robinet en a fait une étude très complète. Pour lui, c'est une fermentation nouvelle et il le démontre. Avec un microscope à 1.000 diamètres on aperçoit une foule de vésicules flottant dans la masse; c'est un nouveau mycoderme ayant une grande analogie avec le mycoderma aceti et le mycoderma croceum (*Journal d'Agriculture pratique*, 1867); il est très éphémère. Avec un grossissement de 1.800 diamètres, on constate dans tous les vins bleus la présence de mycodermes infiniment petits ayant une teinte grise, peu transparents et peu réfringents et se reproduisant par bourgeonnements comme le saccharomyces ellipsoïdeus.

L'alcool tue ces cryptogames qui ne peuvent vivre que dans les vins pauvres en alcool. Un vin contenant ces mycodermes, viné et traité par l'acide, pour lui donner un quantum de 12 % d'alcool et 5 gr. d'acidité et reposé, sans tannisage ni collage, est devenu limpide et a pu être employé.

Cette maladie est assez facile à guérir. Il faut viner fortement le vin, l'additionner de 6 à 8 gr. de tannin par hectolitre, laisser reposer 24 heures puis coller à la colle de poisson avec acide tartrique, pour les vins blancs, et aux œufs avec du sel marin pour les vins rouges; il est rare que la maladie résiste. Dans le cas contraire, on met en cave dans des fûts pleins; au bout de quelques mois, le vin devient limpide. L'acide citrique, à la dose de 25 à 50 gr. par hectolitre, donne les meilleurs résultats. Si le vin résiste encore, on colle énergiquement avec de la gélatine après avoir ajouté, 24 heures avant, 8 à 10 gr. de tannin par hectolitre; la maladie est détruite, mais le vin est énervé.

Le froid réussit très bien.

Graisse, Vins gras, huileux, filants. — Cette maladie, qui est fréquente chez les vins blancs et rare dans les vins rouges, les rend visqueux, troubles, plats et fades. Elle altère les vins, même lorsqu'ils sont contenus dans des vases hermétiquement clos ; elle se produit surtout dans les vins faibles en alcool et en tannin.

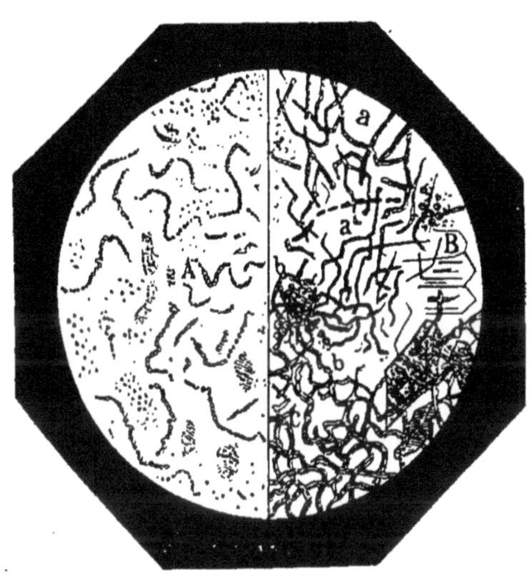

Fig. 8

A. Graisse de vins blancs de Champagne.
B. Amertume.
a. Ferment de l'amertume.
b. Filament en pleine activité.
c. Filament mort.
d. Filament mêlé à des cristaux de tartre et à de la matière colorante.

Les vignobles de l'Orléanais, du Cher, du Poitou, de la Loire et surtout de la Champagne ont été particulièrement éprouvés par ce fléau.

Chaptal a décrit très exactement certaines causes auxquelles il attribuait cette maladie.

François, de Nancy (*Annales de Physique et de Chimie*, 1829-1831), a attribué ce phénomène à la présence d'une matière azotée, la glaïadine ou glutine, semblable à celle que l'on retire du gluten de froment traité par l'alcool, et que le tannin élimine en la rendant insoluble.

MM. Maumené, Vergnette-Lamotte, Ladrey, etc., sont arrivés aux mêmes conclusions.

Pasteur l'attribue à un ferment filamenteux qui se présente au microscope (fig. 8) sous forme de chapelets, de petits globules sphériques dont le diamètre varie sensiblement suivant le cas, et que l'on trouve, soit au fond de la bouteille, soit en suspension dans la masse. Ce ferment s'entoure d'une sorte de gelée. Ces matières mucilagineuses et les chapelets enchevêtrés du mycoderme forment quelquefois par leur réunion une véritable peau gluante analogue à la mère du vinaigre.

D'après M. Robinet, cette fermentation n'est due qu'à la présence de la glaïadine, qui fermente d'une manière toute particulière, différente en tous points de la fermentation alcoolique. Si on dose exactement le sucre d'un moût contenant des grains pourris, on constate, après la fermentation, une perte d'alcool ; le sucre s'est transformé en acide carbonique et en glaïadine. Dans l'examen microscopique d'un vin malade de la graisse (300 diamètres), on constate que le saccharomyces ellipsoïdeus est modifié, que les globules sont légèrement allongés et qu'il y a de nombreux chapelets de mycodermes infiniment petits (1/1000 de millimètre de diamètre), extrêmement transparents, réfringents, vaste réseau qui donne aux vins un aspect huileux. Il s'y produit une matière mucilagineuse, sorte de concrétion formée par le mycoderme de la graisse.

Par de nombreux essais, M. Robinet a constaté que chaque fois qu'il a isolé la glaïadine du vin, il n'a pas eu la graisse dans le vin et que chaque fois qu'il introduisait cette substance dans un vin il obtenait la maladie au bout de peu de temps.

M. Robinet est d'avis (*Manuel général des Vins*) qu'il est impossible qu'une reproduction organique puisse modifier à ce point la constitution physique du vin ; le mycoderme se développe grâce à la présence des principes albumineux ou gélatineux et les résultats de ce développement sont de transformer ces substances en zyméose (graisse du vin).

D'après Béchamp (Comptes Rendus, t. 98), la graisse est causée par une matière non azotée provenant de l'altération du sucre ; elle a été nommée *viscose*, en 1870, par M. Maumené ; elle ne contient pas d'azote.

M. Blondeau attribue cette maladie à des germes végétaux ; dans les vins gras il a vu se développer les germes du penicillum glaucum (J[l] de Ph. et Ch., t. 12). La production de la viscose est annoncée par une pellicule membraneuse à la surface du vin ; cette pellicule introduite dans un vin plus ou moins sain le rend visqueux.

Neerler et Bersch sont d'avis que cette maladie est causée par des bactéries.

M. Krammer (*Annales Agronomiques*, 25 octobre 1890) distingue au moins trois bactéries produisant la maladie de la graisse :

1° Un bacille qui rend visqueuses les solutions de sucrose, neutres ou alcalines ; 2° un bacille qui altère de même les solutions acides des sucres de raisins et le vin ; 3° une bactérie à laquelle on doit attribuer la viscosité du lait.

Le premier, le *bacillus viscosus sacchari*, ne peut produire la maladie des vins, ne pouvant vivre ni dans les liquides acides, ni dans le vin. Le second, le *bacillus viscosus vini*, se trouve dans les vins visqueux, en bâtonnets assez fins et très allongés, formant des chaînes gélatineusss de 1/2 micromillimètre de long, tellement nombreux qu'on pourrait, au premier abord, leur attribuer la mucosité du vin ; à côté, il y a toujours des germes de levûres de vin et des petits globules de détritus. Ces ferment est anaérobie, l'oxygène de l'air le tue ; il ne supporte pas plus de 30° et il exige la présence du sucre de raisin qu'il transforme en mucilage, acide carbonique et mannite. M. Krammer a cultivé ce bacille à l'état de pureté dans du vin stérilisé et couvert d'huile. Des vins ensemencés avec ce bacille sont devenus visqueux au bout de 4 à 8 semaines.

En résumé, cette question n'est pas élucidée, M. Pasteur pense que la maladie est causée par le ferment ; M. Robinet croit que c'est la matière visqueuse qui produit le mal et enfin M. Krammer, tout en donnant raison à Pasteur, décrit un autre ferment que celui reconnu par tous les auteurs.

Si le ferment de la graisse ne produit pas la maladie, quel est le ferment qui a produit la glaïadine ?

Il se pourrait très bien qu'il y eût deux ferments différents : le premier en date produisant la fermentation du sucre et des gommes, dont le résultat sera de la glaïadine, qui deviendrait néfaste pour ce ferment, comme cela a lieu par l'alcool sur le saccharomyces ellipsoïdeus, dans la fermentation alcoolique et qui, au contraire, pourrait servir de nourriture au deuxième ferment.

M. Pasteur conteste, que les bactéries puissent vivre dans les vins. D'après lui, il n'y a que les ferments végétaux qui puissent vivre dans les vins : les infusoires, bactéries, kolpodes, anguillules, etc., seront tués par les acides ; les spores des moisissures n'y germent pas davantage, parce qu'elles ont besoin d'oxygène pour vivre.

Quoi qu'il en soit, le résultat de la maladie c'est d'introduire dans le vin une substance gélatineuse, visqueuse ou glaireuse.

Cette substance nommée successivement : *Gliadine, Glaïadine, Glutine* et *Viscose,* est analogue à la Glutine du froment. En 1742, Biccari découvrit le gluten du froment, duquel on extrait la glutine par le procédé suivant : on traite le gluten par l'alcool à 80° et bouillant, on filtre et met la première liqueur de côté ; on traite à nouveau par l'alcool bouillant, puis par l'éther bouillant. Il reste une substance ressemblant à la fibrine animale ; le premier alcool évaporé donne la caséine, le second alcool donne la glutine presque pure et l'éther les matières grasses.

La glutine obtenue est traitée par l'éther absolu qui enlève les corps gras et les huiles essentielles, et on a la glutine pure ; c'est une matière jaune, visqueuse, ayant la même composition que l'albumine.

Certains auteurs pensent que c'est cette substance qui se trouve dans les vins gras, mais M. Maumené a démontré que c'est la viscose que j'ai décrite à la « Fermentation Visqueuse ».

Pour rechercher la viscose dans les vins gras, on évapore lentement un litre de vin jusqu'à 200cc, et s'il y a du sucre on fait fermenter avec de la levûre de bière ; quand il ne se dégage plus d'acide carbonique, on ajoute 20cc d'alcool absolu, on filtre et on évapore jusqu'à l'état pâteux ; on traite le résidu par l'éther, puis par l'alcool bouillant ; lorsque le liquide est refroidi on décante. C'est dans cet alcool que l'on constate la présence de la viscose, par le précipité que l'on obtient avec cette substance en ajoutant une solution alcoolique de tannin.

Nous avons vu que cette maladie ne se développait que dans les vins faibles ; la composition du sol n'est pas étrangère à cette maladie : les marnes du lias y prédisposent beaucoup. Les plants qui produisent des raisins riches en matières azotées, tels que les gamais blancs ou les chasselas, sont dans le même cas. Une forte fumure et des raisins mal mûrs, à grands produits, sont la cause directe du mal.

Les vins rouges sont rarement atteints et ce ne sont que ceux qui, étant faibles, ont cuvé peu longtemps.

Les vins atteints de la graisse deviennent gras, huileux, visqueux; ils filent et s'attachent aux parois des vases en couches huileuses.

Ces vins ne supportent pas la colle; ils ne s'éclaircissent pas, parce qu'ils manquent de tannin. Distillés ils donnent des eaux-de-vie grasses, colorées et huileuses (Chaptal).

Le meilleur préservatif est de cuver le vin avec la grappe, malheureusement ce moyen est inapplicable aux vins blancs.

François ayant appris que Taddeï se servait de la gliadine pour reconnaître le tannin proposa ce dernier comme remède de la graisse des vins.

Dubois, sans connaître les travaux de François, a indiqué l'emploi des fruits du sorbier domestique ou cormier, lorsqu'ils ont acquis leur entier développement, avant la maturité à la dose de 750 gr. à 1 kil. par hectolitre; on les pile et on les verse dans le vin; au bout de quinze jours, un mois au plus, le vin est parfaitement clair, sans qu'il soit nécessaire de le coller. (J. de Ph. et Ch., t. 16.)

On a proposé aussi les pépins de raisins pulvérisés et la noix de galle en poudre, cette dernière à la dose de 50 gr. par barrique. C'est toujours du tannin.

On fait dissoudre de 5 à 10 gr. de tannin, suivant la tendance du vin à contracter la graisse, dans 5 à 10 centilitres d'alcool et on verse dans un hectolitre de vin; on laisse reposer 24 heures, d'autres disent 10 à 12 jours, on soutire et on colle à la colle de poisson; ce procédé n'enlève pas le bouquet des vins. Depuis l'emploi du tannin, il n'y a plus de vins gras en Champagne; c'est le meilleur remède.

On peut aussi dissoudre 150 gr. de crème de tartre par hectolitre dans 8 ou 10 litres d'eau bouillante; on verse cette solution bouillante dans le tonneau et on agite vivement; le lendemain on colle à la gélatine et au bout de 5 à 6 jours on soutire au clair.

Un remède mixte consiste à faire dissoudre dans l'eau tiède 250 gr. de crème de tartre, 1 kil. de sucre et mélanger 250 gr. de cachou, on verse le tout dans un seau contenant du vin non chauffé et on soutire quand le vin est clair; il ne faut pas employer la mèche.

Herpin a conseillé de mettre de la lie de vin généreux et sain dans le tonneau de vin gras; ce ne peut être qu'un palliatif.

Pasteur a recommandé le chauffage. En effet, par l'action de la chaleur la gélatine se précipite, comme l'albumine, à l'état de magma insoluble; mais ce procédé a un grave inconvénient pour les vins blancs, auxquels il enlève la fraîcheur, et les vins fins dont il atténue le bouquet.

Si on abandonne au froid un vin gras, la matière visqueuse se dessèche peu à peu et tombe au fond et le vin devient limpide; si on soutire alors, le vin est guéri, mais si on le laisse revenir à une température plus élevée, le ferment se redissout et il peut y avoir une nouvelle fermentation qui guérirait le vin.

Les vins rouges en bouteilles ayant contracté la graisse se guérissent :

1° En exposant les bouteilles à l'air et surtout dans un grenier bien aéré;

2° En agitant les bouteilles pendant un quart d'heure et débouchant pour laisser échapper le gaz et l'écume ;

3° En mettant dans chaque bouteille du jus de citron ou de l'acide tartrique.

Pour le vin en fûts, on enlève 1/5 du vin du fût et on le roule en tous sens, on laisse reposer et on soutire.

M. Robin (Répertoire de Pharmacie, 1884) ayant un vin blanc de Quincy, devenu filant, ajouta du tannin et n'eut aucun résultat. Il agita vivement la bouteille ; le vin déposa rapidement et devint brillant et mousseux ; on peut le consommer de suite. Si on veut le conserver, il faut ajouter du tannin et coller.

Amertume, Amer. Goût de vieux. — Tous les vins rouges sont sujets à cette maladie, mais elle atteint surtout les vins fins de la Côte d'Or et de la Bourgogne, où elle cause les plus graves dommages. C'est surtout les vins provenant du cépage Pineau qui sont le plus sujets à cette maladie. Malgré les soins les plus attentifs sur les vins des meilleures années, cette maladie peut se produire dans les vins en fûts ou en bouteilles. Mais c'est surtout aux vins de raisins avariés avant le cuvage que l'amer s'attaque.

Vergnette-Lamothe indique qu'il y a deux sortes d'amertume : la première atteint les vins à leur 2e ou 3e année ; l'autre ne se produit que dans les vins très vieux. Cette dernière est la moins grave ; elle n'altère le vin qu'au bout de longues années et leur donne un goût spécial, nommé goût de vieux ; les causes en sont mal connues et ne doivent pas être confondues avec celles qui produisent l'amertume proprement dite.

Dans l'amertume, dès le début de la maladie, le vin acquiert une odeur particulière, sui generis, une couleur moins vive et un goût plus fade ; le vin devient ensuite amer, avec un goût acide de fermentation, causé par l'acide carbonique ; puis la matière colorante s'altère complètement, forme des dépôts qui ne s'attachent pas aux bouteilles ; le tartre est décomposé et le vin n'est plus consommable. Tous ces phénomènes se passent dès les premières années.

Cette maladie est produite, suivant Pasteur, par un ferment spécial (Fig. 6 et 8), en filaments rameux, noueux, articulés, à rameaux irréguliers, contournés ou brisés, de diamètres variables, en général légèrement colorés en jaune, rouge ou brun, souvent associés à des amas bruns mamelonnés de matières colorantes ou à des cristaux solubles dans l'alcool acidulé. Ces filaments paraissent formés d'articulations réunies par une matière plus molle, qui leur permet de se briser souvent sans se disjoindre ; chaque article est fait lui-même de sous-articles qui s'accusent par des renflements et des rétrécissements alternativement clairs ou obscurs.

Ces filaments affectent diverses formes que Pasteur attribue à l'âge du vin, à sa richesse en matières colorantes ou au milieu dans lequel la maladie se déclare. Ils sont toujours immobiles.

Suivant Machard, les vins amers noircissent souvent à l'air et dégagent un peu d'acide carbonique. Les vins peu amers sont quelquefois meilleurs qu'avant.

D'après Pasteur, des vins amers peuvent rester ainsi 4 ou 5 ans, puis le dépôt s'attachant à la bouteille, si on décante on a de très bons vins; dans ce dépôt il a trouvé le ferment de l'amer. Un vin de Pommard de 17 ans continuait à nourrir le parasite. Un vin de 1822 a été parfait pendant 30 ans puis il a faibli et 10 ans après il contenait des filaments.

En général, elle ne se manifeste que dans les vins de 2 ou 3 ans ou plus vieux.

Les vins ordinaires, en vidange, prennent souvent une amertume notable qui est due à une action purement chimique. L'amertume disparaît si l'on supprime la vidange et si l'on conserve quelques semaines ce vin en bouteilles pleines (Pasteur). Maumené pense que la saveur amère tiendrait à la formation d'une petite quantité de résine d'aldéhyde ammoniaque, l'ammoniaque provenant de l'altération des matières albuminoïdes et l'aldéhyde de l'oxydation de l'alcool. Suivant d'autres, l'amer proviendrait de l'oxydation du vin et de sa matière colorante.

Glénard indiqua, dans un vin amer, l'absence de crème de tartre et une quantité notable d'acétate de potasse, et il en déduisit que dans les vins qui tournent à l'amer le tartre se transforme en entier en acétate de potasse et en acide acétique. Pasteur pense que c'était un vin tourné et non amer; ce qui semble le confirmer, c'est une note additionnelle de Glénard lui-même. Cependant Duclaux a signalé dans les vins amers la présence de l'acide acétique accompagné de 1/12 à 1/16 d'acide butyrique et d'une quantité d'acide valérique qui ne dépasse pas 10 milligr. par litre.

D'après J. Brun : quelques chimistes croient que c'est une fermentation longue qui a détruit les principes azotés; d'autres croient, *avec raison*, que ce goût est dû à la formation d'un peu d'éther citrique dont la saveur est très amère.

Cette maladie se développe avec une grande rapidité, aussi faut-il traiter le vin dès les premières constatations du mal.

Le chauffage est le remède infaillible, ce qui est constaté par les travaux de Pasteur, Vergnette-Lamotte, H. Marès et autres. Tout vin chauffé ne prend pas l'amertume ; tout vin amer est rétabli par le chauffage.

M. Robinet, dans une expérience comparative, a vu que le tannin empêchait l'amer.

Procédés divers pour remédier à l'amertume : Viner les vins avec de très bon alcool pour les remonter de 2 à 3 degrés au plus ; soutirer 24 heures après; ajouter 10-15 gr. de tannin et 50-75 gr. d'acide tartrique par pièce; ce traitement suffit pour rétablir un vin peu malade.

Pour 220 litres de vin amer, on verse 2 litres de bonne lie de vin non collé ou à son défaut de vin collé; on y ajoute 2 kil. de bon sucre en poudre et on mélange, ensuite on verse 2 litres de bon vin chauffé à 35-40°, on couvre et on entoure le vase pour éviter le refroidissement et au bout d'une heure on verse ce mélange dans le vin préalablement soutiré dans un fût propre non méché; on roule le tonneau et on le bonde en laissant un trou de fausset.

Dans le vin placé à une température modérée, la fermentation alcoolique commence et précipite le ferment de l'amer; au bout de quinze jours ou un mois, le vin est rétabli s'il est solide et légèrement attaqué (Bedel).

Si le vin a perdu sa transparence le mal est sans remède, et cependant M. Chaverondier affirme avoir guéri des vins à cet état avec une dilution de 20 à 30 centigr. de chaux par litre de vin que l'on verse dans les bouteilles ou des tonneaux. On agite fortement, laisse reposer, soutire et colle. Le même procédé est recommandé par M. Maumené.

Ce dernier procédé ne doit pas être employé, car il change la constitution des vins en enlevant une partie de l'acide et introduisant une petite proportion de sels de chaux à la place.

Jaune. — Cette maladie a été pendant longtemps confondue avec le tour. M. Pasteur n'en parle pas.

C'est à M. Robinet (J. d'Agric. pratique, 1867, février 21) que l'on doit de connaître cette maladie.

Elle est produite par un mycoderme spécial que l'on distingue avec un microscope, à 900 diamètres. Il est extrêmement petit, de forme oblongue; il mesure dans sa plus grande longueur 1/600 de millimètre et sa plus grande largeur 1/900; son épaisseur est si faible qu'il peut tourner sur lui-même entre les verres du porte-objet. Sa reproduction se fait très rapidement par bourgeonnements, comme celle du ferment alcoolique; il ressemble beaucoup par sa grandeur au mycoderma aceti, mais il en diffère d'abord par sa forme et ensuite parce qu'on en trouve rarement plusieurs soudés ensemble.

Il n'altère pas le goût du vin, mais il est le premier pas vers une nouvelle fermentation qui le détériore complètement. Pasteur n'en parle pas.

La maladie se produit dans les vins pauvres en tannin, alcool et acide tartrique et riches en acide malique. Ces vins proviennent de vendanges faites par les temps froids et pluvieux ou de raisins de vignes défeuillées ou contenant des grains pourris.

La présence du ferment ne serait due qu'à la présence de l'acide malique dont la fermentation constituerait la maladie.

Une autre forme de maladie donnant la teinte jaune est probablement causée, d'après M. Robinet, par une réaction chimique.

Deux bouteilles exemptes de mycodermes ont été laissées, l'une bouchée, l'autre à l'air; cette dernière a jauni en 48 heures, et un microscope de 1800 diamètres n'a donné aucune trace de mycoderme; le vin avait une forte odeur de cidre; la bouteille bouchée est devenue jaune, mais au bout d'un temps très long.

Cette autre maladie est peut-être le résultat d'une réaction de l'alcool sur l'acide malique produisant de l'éther malique. Cette réaction expliquerait l'odeur du cidre, mais non la couleur jaune.

$$\underset{\text{alcool}}{C^4H^6O^2} + \underset{\text{acide malique}}{C^8H^4O^8, 2\,HO} = \underset{\text{éther malique}}{C^{12}H^9O^9} + \underset{\text{eau}}{5\,HO}$$

La glycérine disparaissant dans les vins jaunes, il peut y avoir la réaction suivante :

$$\underset{\text{acide malique}}{C^8 H^4 O^8, 2HO} + \underset{\text{glycérine}}{C^6 H^8 O^6} = \underset{\text{éther malique}}{C^{12} H^9 O^9} + \underset{\text{acide carbonique}}{2CO^2} + \underset{\text{eau}}{5HO}$$

M. Robinet a pu faire disparaître le jaune, mais non le goût de cidre, en ajoutant au vin du sucre et de la lie fraîche de bon vin et laissant fermenter.

Pour prévenir le jaune des vins il faut ajouter 5 à 10 gr. d'acide citrique par hectolitre et coller immédiatement à la colle de poisson et viner si le degré alcoolique est faible.

Pour arrêter la première forme de la maladie le meilleur moyen est le chauffage, mais le vin devient impropre à la préparation des vins mousseux.

M. Robinet a essayé avec succès l'addition d'une forte dose d'acide citrique, suivi de vinage, et quelques jours après tannisage et collage. L'acide et l'alcool tuent le mycoderme; l'alcool précipite le bimalate de chaux et le tannisage et le collage enlèvent les mycodermes inertes ; le mal est arrêté, mais la couleur jaune acquise ne peut s'enlever.

On a préconisé le collage au lait, remède pis que le mal, car la nuance reparaît au bout de peu de temps, et les composants du lait altèrent le vin.

Vins gelés. — Lorsque les vins gelés reprennent une température supérieure à 0° dans le fût même, la couleur du vin se trouble et la saveur est altérée.

L'eau pure changée en glace et dégelée a un goût particulier de fadeur bizarre tout à fait étrangère à l'eau non gelée, à plus forte raison la saveur est-elle altérée dans un liquide complexe comme le vin.

Ladrey a dit que lorsqu'on expose le vin à une température très basse, on le voit se troubler bien avant zéro degré.

Il ne faut pas faire voyager le vin par le froid, surtout quand le thermomètre marque — 6°, point de solidification du vin.

Lorsque le vin renferme quelques glaçons, il faut le soutirer de suite. S'il n'y a que des petits cristaux, il faut mettre le vin à l'abri et au repos jusqu'à disparition des aiguilles, alors on le colle et on le soutire, cela suffit ordinairement pour le rendre limpide. Quand il conserve un goût plat il faut le viner ou le couper avec un vin corsé.

Vins mildewsés. — Le mildew, s'attaquant principalement aux feuilles, donne des vins plats sujets aux maladies.

Si le champignon s'est attaqué aux raisins, on a constaté que des raisins paraissant donner de bon vin après cuvaison, avaient produit un vin ayant un fort goût de moisi, saveur particulière au champignon du mildew.

Ces vins sont très pauvres en tartre, plats, sans nerf, et ayant une couleur sans consistance.

Les vins blancs contractent le jaune sous ses deux formes dès les premiers soutirages. Les vins rouges tournent au jaune dès le commencement de la maladie.

Il est difficile de guérir cette maladie, mais il est assez facile de la prévenir.

L'emploi de la crème de tartre n'a pas donné de bons résultats. Le meilleur moyen de prévenir cette maladie est de la traiter dès le premier soutirage. On additionne le vin de 15 à 20 gr. d'acide citrique par hectolitre, et on laisse reposer ; peu de vins résistent à ce traitement ; si le vin a tendance à jaunir on peut élever la dose au double. Quelques jours après, on tannise et on colle. Tous les vins de Champagne qui furent ainsi traités, en 1886, ont été exempts de jaune.

Vins rouges doucereux et mousseux. — Les vins dont la fermentation alcoolique a été incomplète continuent plus tard cette fermentation et peuvent donner en bouteilles des vins sucrés et mousseux. Lorsque le vin lui-même est inerte mais sucré, il devient actif dès qu'il est coupé avec un vin léger et acide. Ces phénomènes se produisent surtout depuis l'emploi du sucrage et des vins d'eau sucrée dans lesquels on n'ajoute pas d'acide tartrique ; de sorte que l'inversion du sucre est incomplète ; ils se produisent également avec les vins mutés par le soufrage exécuté plus tôt.

Un vin mis trop jeune en bouteilles continue sa fermentation et devient mousseux. On diminue cette fermentation en plaçant les bouteilles debout, dans un local frais et laissant au moins deux jours ; on débouche ensuite et laisse une heure ou deux ; mais le mal recommencera plus tard. Comme ces vins sont presque toujours louches, il vaut mieux les remettre en barriques, les additionner de tannin et coller ensuite ; on les soutire dans un fût méché.

Les vins qui sont clairs en fûts et qui se troublent en bouteilles se remettent par le passage de l'hiver, sinon on les met en barriques et on les traite comme ci-dessus.

Certains vins rouges, mis en fûts depuis longtemps, conservent une saveur sucrée et restent troubles malgré plusieurs collages. Ils se couvrent de mousse à la surface ; cette mousse est composée de saccharomyces ellipsoïdeus. La fermentation alcoolique n'est pas terminée. Ce sont des vins obtenus pendant une saison pluvieuse, de raisins mal mûris ou attaqués par les maladies cryptogamiques. Il faut donc détruire l'excès de sucre, car ces vins sont invendables, par une nouvelle fermentation. On obtient ce résultat en malaxant de la lie fraîche de vin blanc, 100 à 200 gr. par hectolitre, de l'acide tartrique 30 à 40 gr., et du sucre cristallisé, 400 à 500 gr. Le sucre est dissous dans un litre du vin chauffé à 30-40°, et le reste mis ensuite ; le tout est laissé pendant 2 ou 3 heures à la température de 30-35°, puis dilué dans 2 ou 3 litres du vin et versé dans la masse en fouettant énergiquement. On débonde de temps en temps, et dès que le vin est clair on soutire.

ALTÉRATIONS

Masques. — Sous le nom de masques on désigne les dépôts qui s'attachent aux parois des bouteilles de vins de Champagne, après le tirage, et qui ne s'en détachent que difficilement.

Ces dépôts ont, sans doute, des causes multiples, mais la principale est la présence dans le vin de composés visqueux et collants produits par la combinaison de la colle et du tannin.

M. F. Jean a démontré (Notes sur la clarification des moûts destinés à la fabrication des vins de Champagne, Paris, 1882), que les acides du vin dissolvent du tannate de gélatine, de sorte que ce vin s'en trouve souvent saturé, et que plus sa proportion est considérable, moins il est sujet à se précipiter.

Par suite de la fermentation, l'acidité du vin diminuant, le tannate devient insoluble et se dépose sur les bouteilles à l'état de mince couche gluante ; sur cette couche se déposent les ferments du vin et la lie. Il faut les chocs violents des machines, dites à électriser, pour les détacher.

Les vins verts ou acides des mauvaises années sont moins sujets à masquer que les vins des bonnes années.

Dans les vins d'expédition, on pense qu'il n'y a pas de masques, mais peut-être échappent-ils par leur transparence, tandis qu'ils apparaissent dans les vins bruts par suite du dépôt de la lie et des ferments.

La production des vins bleus, lors de l'opération pour la liqueur d'expédition, doit avoir la même cause ; la liqueur, moins acide que le vin, doit produire un dépôt de tannate de gélatine et de matière colorante.

On combat ce défaut par l'emploi des acides tartrique ou citrique.

M. Salleron estime que l'acidité totale nécessaire aux vins de Champagne ou Saumur doit être de 5 gr. par litre.

Vins en voyage. — La plupart des vins ne supportent pas les voyages et les changements de température que leur font subir les transports. Ils sont sujets alors à la plupart des maladies décrites ci-dessus, surtout s'ils sont légers.

Les fûts placés dans la cale sont dans les plus mauvaises conditions ; le bois des tonneaux moisit, devient poreux, ce qui amène le vide des fûts, vide qui n'est pas compensé par l'ouillage.

Le Bourgogne se conserve le mieux de tous les vins, le Bordeaux ensuite, surtout le Bordeaux de coupages. Les vins de Provence ont besoin de traitements multipliés qu'ils ne reçoivent pas sur les navires.

On prévient ces altérations en les vinant de manière qu'ils contiennent 12 °/₀ d'alcool.

Ces vins contiennent souvent de l'eau de mer, soit introduite frauduleusement, soit par le contact de l'eau de la mer avec les tonneaux, dans ce cas on les appelle vins marinés. (Voyez : Voyages aux Opérations licites et Salage aux Falsifications.

Goût de fût et Fleurs de fûts. — C'est une altération très légère, due à de petits champignons très petits,famille des mucédinées, division des Cystopores. Ces cryptogames renferment des huiles essentielles sécrétées à l'état de gouttelettes à l'extérieur de leurs filaments ou à leurs spores. Ces huiles, solubles dans les liquides alcooliques, produisent sur l'économie des accidents, ordinairement insignifiants ; cependant Lunel a signalé quelques cas toxiques : irritation du canal digestif et vomissements, lorsque ces moisissures tapissent l'extérieur des tonneaux mal rincés ou pas du tout.

On prévient cette altération en carbonisant les parois internes des tonneaux avant de s'en servir.

Les fleurs s'enlèvent en entretenant les tonneaux toujours pleins. Pour enlever au vin ce mauvais goût, Pomier, pharmacien de Salins, a conseillé de transvaser le vin dans un tonneau bien propre et de l'agiter avec un litre de bonne huile d'olive par barrique ; l'huile d'olive dissout l'huile essentielle à laquelle est due l'odeur et le goût spécial à cette altération ; on décante l'huile qui vient flotter à la surface. Ce moyen réussit ordinairement très bien. On recommence si on n'a pas enlevé tout le mauvais goût la première fois.

Machard prétend que le passage sur le marc frais est un remède souverain, mais qu'il ne faut mélanger les pressurages.

Goût de bois. — L'action des fûts sur les vins dépend de la nature des bois employés. L'étude de ces actions a fait, depuis longtemps, préférer le chêne au châtaignier et au sapin. Fauré a fait des travaux très complets sur cette question ; ses conclusions sont : que quelques substances contenues dans le chêne exercent une action fâcheuse sur les vins, telles sont : la quercine, le tannin, les matières extractives, mucilagineuses et colorantes, enfin l'acide gallique. Il range les bois de chêne dans l'ordre suivant : Bois d'Amérique, sans action apparente ; bois de Dantzig, Stettin, donnant une saveur agréable ; bois de Lübeck, Riga, Memel, modifiant sensiblement la couleur et donnant une légère âpreté au goût ; enfin les bois de France et de Bosnie altérant également la couleur et le goût.

L'action des bois est plus appréciable sur les vins blancs que sur les vins rouges, et plus sensible sur les vins fins et légers que sur les vins colorés et corsés.

Action des bouteilles. — Le vin peut présenter diverses altérations, par suite de la mauvaise fabrication des bouteilles ; ce fait, quoique assez rare, se présente cependant quelquefois.

Lorsque le verre a été mal cuit, il peut abandonner aux vins une partie de son alcali.

Lorsque la vitrification n'a pas fait disparaître les sulfures alcalins dans les verres de mauvaises qualités, dits verres hépathiques, les acides du vin attaquent ces sulfures et mettent en liberté l'acide sulfhydrique, qui communique aux vins l'odeur d'œufs pourris. Ces verres sont dus à la dissolution dans la masse vitreuse de sulfures alcalins provenant de la réduction du sulfate de la soude brute ou des varechs dont se servent les verriers.

Peligot attribue la plupart des modifications que le vin subit en bouteilles, au verre lui-même.

M. Maumené considère les sels de magnésie comme nuisibles à la conservation du vin en bouteilles.

Les bouteilles fabriquées à la houille présentent presque toujours des taches noires grasses formées de carbone très divisé et imprégné de goudron de houille ; ces taches donnent au vin un mauvais goût. On y obvie en les faisant macérer pendant trois ou quatre jours dans de l'eau contenant 200 gr. de potasse ou de soude pour 100 litres d'eau ; on les rince ensuite à l'eau claire

Les bouteilles ne doivent pas présenter d'irisations à leur surface, ce que l'on voit facilement en mouillant les bouteilles et en les regardant ensuite au soleil, dans une position horizontale ; ces irisations indiquent une altérabilité facile du verre.(Voyez Mise en bouteilles, Vinification).

Goût de bouchon. — Lorsque les bouchons ont subi quelques altérations par suite de l'humidité des caves, ou par un long service, il s'y développe des moisissures qui communiquent aux vins une saveur désagréable dite *goût de bouchon*. Pour éviter cet inconvénient, on trempe les bouchons dans de la cire ou on les recouvre d'une capsule d'étain.

Lorsqu'ils ont servi, il faut les laver de suite, les faire sécher et les garder à l'abri de l'humidité.

Dans les vins dont les bouteilles sont mal bouchées, les maladies se propagent avec rapidité, surtout l'ascescence.

Pour enlever le goût de bouchon, on transvase le vin dans un fût légèrement méché, et on verse dessus un litre de bonne huile d'olive, on agite, laisse reposer et soutire ; le goût est enlevé.

Goût de lie. Goût de sec. — Les vins logés dans des fûts contenant de la lie sèche, contractent le goût de sec très désagréable ; ceux qui restent trop longtemps sur la lie prennent le goût de lie, odeur putride, qui rend les vins invendables.

L'emploi de 2 litres d'huile d'olive donne de bons résultats quand le mal n'est pas très grand. Si on ne réussit pas, il faut essayer de faire fermenter le vin en y ajoutant de la lie fraîche de vin blanc non soutiré et 2 à 3 kil. de sucre par hectolitre.

On a conseillé l'emploi de charbon incandescent ; c'est un remède pire que le mal.

Goût de moisi. — On pourrait classer cette saveur dans le goût de fût, mais il en diffère un peu en ce sens qu'il est plus désagréable et dû à des moisissures. Les vins qui contractent ce goût ont été logés dans des fûts mal soignés et contenant ce que les tonneliers appellent le *bleu*. L'huile d'olive enlève le goût de moisi.

Goût de mèche. — Ce goût est dû à la présence de l'acide sulfureux en excès ; cela tient souvent à ce qu'on n'a pas rincé les fûts méchés, pour les conserver, avant de s'en servir.

Souvent il suffit d'un ou deux soutirages pour enlever ce mauvais goût. Si on ne réussit pas ainsi, on emploie l'huile d'olive qui réussit très bien. L'emploi des charbons incandescents fatigue trop le vin et affaibit la matière colorante.

Vins noirs. — Lorsque par accident, le fer est mis en contact avec le vin pendant un temps assez prolongé, celui-ci prend une teinte noire plus ou moins foncée. Cette couleur est produite par l'action du tannin sur le fer. (Voir *Falsifications accidentelles*).

Vins noircissants. — M. A. Bouffard (Progrès Agricole, Montpellier), a signalé un vin blanc de Saint-Cloud (Algérie) noircissant dès qu'il était exposé à l'air. Ce vin contenait 11° d'alcool, 16 gr. d'extrait et 1gr 82 d'acidité.

Au contact de l'air, il noircit, se trouble et laisse déposer un précipité bleuâtre pour reprendre ensuite une couleur jaune clair terne.

Dans le liquide et le dépôt, au microscope, on voit quelques ferments en forme de bâtonnets, mais leur petit nombre et le goût droit du vin montrent qu'ils sont sans action.

Par l'addition de tannin, le vin a noirci et il s'est formé un précipité noir bleuâtre soluble dans l'acide tartrique ; c'est évidemment du tannate de fer.

En ajoutant de l'acide tartrique, avant le contact de l'air, le vin n'a plus noirci, même après addition de tannin.

Un vin blanc ne noircissant pas a donné ce phénomène après qu'on lui eût ajouté un sel de fer.

Ce vin est récolté dans un terrain ferrugineux.

Le remède est l'addition de 1 gr. d'acide tartrique par litre.

J'ai vu un vin semblable récolté dans la Loire-Inférieure, mais je n'ai pas eu l'occasion de l'examiner.

CHAPITRE 6

DES VINS FAITS

Propriétés. — Classification. — Production vinicole.

Lorsque la fermentation est absolument terminée et que la vinification en est arrivée à la dernière phase, le vin est bon à boire ; c'est à ce moment que l'on doit juger de ses propriétés.

PROPRIÉTÉS

Dégustation. — Pour boire les vins de Bourgogne, de Bordeaux, du Beaujolais et du Jura et presque tous les vins fins, en général, il faut qu'ils soient restés quelques heures dans l'appartement afin d'en acquérir la chaleur pour qu'ils puissent donner la plénitude de leur bouquet. A l'arrivée de la bouteille dans l'appartement, on la bouche et on replace légèrement le bouchon.

D'autres vins sont, au contraire, refroidis considérablement pour plaire à certains palais, mais la sensation de froid enlève beaucoup de sensibilité aux organes du goût.

Enfin, certains vins vieux doivent être placés légèrement inclinés, afin qu'il n'y ait pas mélange du dépôt qui s'y produit toujours.

Pour déguster un vin, afin de le juger, il faut en absorber une gorgée, dans la bouche, promener le liquide dans tout l'intérieur de façon à lui faire toucher toutes les papilles de la langue et du palais, l'excédent peut être rejeté. Le goût du vin frappe la langue et le palais qui rendent immédiatement compte des saveurs acides, sucrées ou stypiques, âpres ou astringentes, la force alcoolique et tous les goûts accessoires sont aussi indiqués. C'est l'odorat qui juge du bouquet, par la communication établie entre l'arrière-gorge et les narines. Plus un vin est généreux, et par suite est volatil, plus le bouquet parvient vite au système nerveux.

La vue intervient également dans le jugement d'un vin ; elle est impressionnée agréablement par une grande limpidité et par une couleur franche, que le vin soit blanc, rouge ou rosé ; le contraire a lieu si le vin est louche, trouble, roussâtre ou violacé.

Un vin rouge doit avoir une couleur vive, sans mélange de bleu, une grande limpidité, une odeur franchement vineuse et un bouquet agréable.

Le vin blanc doit avoir une légère couleur jaune très limpide, une saveur légèrement acide et un bouquet très sensible.

Le bouquet des vins est plus ou moins accentué, suivant sa vinosité, la finesse des cépages et les soins pris pendant la vinification.

Action sur l'organisme. — Les anciens connaissaient fort bien les propriétés des vins au point de vue hygiénique. *Galien* a écrit que les vins forts et épais sont les plus nutritifs et que les vins aqueux et sucrés sont peu nourrissants. Les vins blancs sont un peu diurétiques et les vins rouges agissent moins sur les nerfs.

Chaptal a constaté dans les vins les propriétés suivantes : Il n'y a que les vins légers qu'on puisse boire de suite ; le vin récent est flatueux et purgatif ; le vin nouveau enivre aisément par suite de l'action sur le système nerveux qu'il paralyse ; les vins vieux sont toujours toniques et très sains pour les estomacs débiles et pour les vieillards ; les vins rouges sont plus spiritueux, plus légers et plus digestifs ; les vins blancs sont plus diurétiques, plus faibles, plus gras, plus nutritifs et plus gazeux.

Pour le *Dr Guyot*, le vin est une boisson alimentaire avant tout, la satisfaction de la vue et de l'odorat ne vient qu'après. Ce sont l'estomac, les muscles, le cœur et la tête qui sont les juges suprêmes des vins.

Les vins désagréables donnent des malaises et de la tristesse.

C'est le vin qui fait la franchise et la générosité des Français ; les buveurs de bière n'ont jamais autant d'esprit et de gaîté ; les pays à cidre n'ont pas la franchise. Cette opinion en faveur du vin est sans doute exagérée, car l'Espagne et l'Italie boivent aussi du vin et les caractères nationaux sont loin d'être identiques. A l'Espagne on peut accorder la gaieté, la franchise et la générosité, mais je ne crois pas qu'on puisse attribuer ces deux qualités à la masse du peuple italien ; bien entendu, je ne parle pas de la société bien élevée et instruite.

Suivant *Arnould*, il y a dans le vin un merveilleux assemblage de substances utiles, dans des proportions si bien équilibrées que rien ne peut le remplacer.

Burdel, de Vierzon, est d'avis que les petits vins que les travailleurs consomment à l'ordinaire, leur rendent plus de services que ne le feraient des vins plus alcooliques. Le petit vin de la Sologne, que le commerce n'a aucun intérêt à travailler, parce qu'il se transporte difficilement, conserve intact son arome et sa saveur qui le font trouver agréable ; or toute substance qui plaît remplit la première des conditions requises pour être utilisée dans l'organisme.

Brouardel, pendant la guerre de 1870, traitait les scorbutiques par de la viande de cheval et du vin chauffé ; et c'est à l'abondance du vin pendant le siège de Paris que l'on doit la non-apparition du typhus.

Husson (du Vin, 1877) a fait remarquer qu'un certain nombre de vins plus ou moins étendus d'eau, étaient employés avec succès dans diverses maladies. Tels sont : les vins de Champagne, Bourgogne, Jura, Bagnols, Bordeaux, Malaga, etc.

M. Ch. Girard, dans ses Documents, dit : De toutes les boissons alcooliques, le vin est celle qui est le plus utile à l'homme. La stimulation produite par le vin est plus favorable que celle produite par l'alcool dilué de même force. Beaucoup de vins stimulants sont moins riches en alcool que d'autres qui stimulent peu. Les sels de potasse et les phosphates sont propres à restituer à l'homme les éléments dont il ne peut se passer.

On peut encore citer une étude complète de l'action des vins sur l'hygiène publique, du *Dr Gaubert* (Etudes sur les Vins et les Conserves. Paris, 1857).

D'après *Claude Bernard*, le tartrate acide de potasse ne donne pas au vin de qualité hygiénique, les sels de potasse étant nuisibles. L'action enivrante n'est pas seulement due à l'alcool, comme l'a cru *Beck;* elle est due aussi aux éthers, aux huiles essentielles, etc. A doses d'alcool égales, certains vins sont plus enivrants que d'autres.

Le vin, pris avec modération, fortifie l'estomac, aide aux fonctions du corps et de l'esprit et favorise la transpiration, ainsi que les autres excrétions.

Les vins blancs sont des stimulants du système nerveux ; légers, ils agissent rapidement en exaltant les fonctions de l'organisme ; leur action est de courte durée parce qu'ils s'échappent rapidement par la peau, les muqueuses et surtout les voies urinaires ; ils sont donc excitants et diurétiques. Ils ne conviennent pas aux personnes nerveuses.

Les vins rouges sont des stimulants des fonctions digestives, leur influence s'étend d'un repas à l'autre ; ils sont toniques, cordiaux et stomachiques.

Les vins de Bordeaux sont, grâce leur tannin et à leur fer, les vins par excellence des enfants, des vieillards et des convalescents.

Les vins fins sont bons pour les personnes faibles.

L'opinion générale est que la couleur plus ou moins accentuée d'un vin est un signe de sa qualité ; c'est une erreur qui est la source des colorations artificielles ; les vins de Bordeaux sont moins colorés que les vins du Midi et cependant ils sont bien plus hygiéniques.

Les vins de liqueur dissipent les pesanteurs d'estomac, mais il ne faut pas en faire un usage habituel.

Les caractères généraux des vins sont modifiés par les cépages, le sol, le climat et la vinification ; il y a une différence sensible entre le même vin produit à basse ou à haute fermentation, entre les vins peu cuvés et les vins de macération.

Ivrognerie. — Alcoolisme. — Ces deux maladies proviennent de l'abus de l'alcool ; la première a pour cause l'abus du vin, et la seconde ayant les mêmes caractères mais beaucoup plus terribles, l'abus des eaux-de-vie et alcools. Cette dernière maladie s'est beaucoup agravée depuis l'entrée dans la consommation des alcools d'industrie.

Le vin produit moins d'action, à dose d'alcool égale, que l'eau-de-vie et les liqueurs alcooliques, les vins vinés, surtout avec les alcools d'industrie, agissent comme les alcools.

Le vin pris en excès produit l'ivresse momentanée, mais lorsqu'on en contracte l'habitude on arrive à l'ivrognerie ou à l'alcoolisme chroniques.

L'action de l'alcool est néfaste sur l'organisme : les fonctions digestives sont attaquées, la soif est vive, la bouche pâteuse et amère, la salive visqueuse, la langue blanche et l'appétit nul. Le malade ressent la sensation de brûlures à l'épigastre ; il éprouve des nausées et quelquefois des vomissements répétés, puis des désordres nerveux et même le délire.

Les urines sont abondantes et quelquefois albumineuses.

L'alcoolisme chronique est la cause de nombreuses maladies très graves, parmi lesquelles je citerai : les tremblements nerveux, le delirium tremens, l'apoplexie, l'imbécillité, la paralysie et la folie.

L'ivrognerie est un véritable fléau pour l'espèce humaine ; Murray a observé qu'elle tue plus de monde que les maladies les plus meurtrières.

Elle cause plus de 1/20e des morts dans les hôpitaux de Paris.

Elle influe également sur le moral, car, pour le plus grand nombre, les malfaiteurs sont devenus criminels à la suite de cette maladie.

Jules Simon a déclaré que dans les grands centres manufacturiers, il fallait compter 25 pour cent des hommes et 12 pour cent des femmes, adonnés à l'ivrognerie.

Dans un mémoire que j'ai envoyé à la Société française de Tempérance, en 1885 (Mention honorable) j'étudie les causes de l'ivrognerie, qui sont suivant moi : la misère et la pauvreté, l'exemple, la tolérance morale envers les ivrognes, l'oisiveté, les armées permanentes, la gourmandise, l'usage du tabac, l'habitude ; causes qui amènent progressivement l'homme à l'ivrognerie ; puis la misère subite, un grand trouble moral ou physique qui l'amène brusquement à cet état, enfin les falsifications des boissons qui influent d'une façon néfaste sur le moral du buveur et le font contracter l'habitude de boire.

L'ivrognerie chronique est un véritable empoisonnement, elle se fait sentir jusque dans la descendance. Amyot dit que l'ivrogne n'engendre rien qui vaille ; les enfants des ivrognes sont sujets à une très grande mortalité ou à rester idiots ou imbéciles. Suivant Bruhl, Cramer, etc., l'ivrognerie du père influe plus sur les enfants que celle de la mère.

Noë est le premier qui ressentit les premiers effets de l'ivresse. Dès les temps les plus anciens, ce vice était combattu. Lycurgues à Lacédémone, faisait enivrer les ilotes pour inspirer aux citoyens le dégoût de l'ivresse ; Dracon punissait de mort ceux qui s'enivraient. La loi de Carthage défendait toute autre boisson que l'eau le jour de la cohabitation maritale. A Rome, dans les premiers temps, il était défendu aux femmes de boire du vin ; Lucullus commença à distribuer du vin au peuple et César en fit autant à propos de ses triomphes ; aussi à la chute de Rome l'abus des boissons était-il énorme.

Mahomet trouva en Arabie l'ivrognerie tellement répandue qu'il proscrivit absolument le vin. Innocent 3, Charlemagne et François 1er punissaient les ivrognes.

Les remèdes contre l'ivresse momentanée sont : l'ammoniaque et ses sels, surtout l'acétate ; quelques gouttes dans un verre d'eau ; lorsqu'on ne peut faire boire, on peut prescrire 30 à 40 gouttes en lavement. On peut aussi employer l'eau vinaigrée à l'intérieur et à l'extérieur, une forte infusion de café sans sucre, des sinapismes et des affusions d'eau froide.

Dans le cas de maladie chronique, c'est tout un traitement médical à suivre, mais dont le principal remède est la diminution constante de la dose d'alcool absorbée journellement ; la suppression absolue et immédiate de l'alcool pouvant amener la mort.

Le vrai remède préventif est la suppression des causes qui engendrent la maladie et que j'ai décrites plus haut. L'instruction morale, l'amour de la propriété et de la famille, et le mépris de l'ivrognerie.

Propriétés. — Les vins ont les propriétés physiques et chimiques de tous les liquides et en plus les propriétés qu'ils doivent à leur composition particulière.

Action de la chaleur. — Sous l'influence de la chaleur, le vin se dilate comme tous les liquides ; puis l'alcool, se séparant de ses combinaisons, s'évapore peu à peu en entraînant les autres alcools, les éthers, l'acide carbonique, les aldéhydes, les huiles essentielles et, en dernier lieu, l'acide acétique. Ses éléments solides, même au bain-marie, subissent des modifications plus ou moins profondes suivant la durée et l'élévation de la température du chauffage ; si la température ne dépasse pas 75° et si elle n'est pas prolongée les effets ne sont que passagers ; le liquide résultant de la distillation, dans les alambics servant à doser l'alcool, rétabli avec l'eau alcoolisée qui a passé dans l'éprouvette, au même volume avec un peu d'eau, est nauséabond et d'un goût fade, mais au bout de quinze jours le goût sera le même qu'avant, surtout si on fait absorber au mélange un peu d'acide carbonique.

La température prolongée au-dessous de 100° donne un goût de cuit produit par l'altération du sucre, de la crème de tartre et des sels organiques.

Au-dessus de 100°, le vin brunit, se caramélise, puis finit par donner un charbon poreux et des cendres.

Lumière. — La lumière exerce une action lente mais efficace sur les transformations du vin ; la lumière vive agit sur la matière colorante qu'elle peut même détruire complètement.

Oxygène. — A l'état pur, son action est presque nulle vers 15° et même sous une pression de 8 kilogr. (Maumené, 1860).

Le vin oxygéné peut se conserver pendant un an sans la moindre augmentation d'acide carbonique ou autre ; il est utilisé en médecine ; si on fait passer un courant électrique dans un tel vin, il se forme les acides acétique, oxalique et carbonique (Maumené).

Les autres métalloïdes ne paraissent pas exercer d'actions spéciales.

Les *métaux* sont dissous par les acides du vin et il se forme de l'hydrogène qui peut avoir mauvaise odeur si le métal est impur, et dans ce cas le vin peut être perdu ; un simple clou peut produire ce résultat. L'argent est le seul métal dont on doive se servir pour goûter et chauffer les vins,

Les *acides* étendus n'altèrent pas les vins, mais les *oxydes* neutralisent les acides et décomposent la couleur.

CLASSIFICATION DES VINS

Les vins sont classés d'abord suivant leur couleur ;

Vins blancs, paille, jaunes ou rosés.

Vins rouges, violets et bleus.

Ensuite on les divise en trois grandes classes.

1° Les *vins secs* sont ceux dans lesquels l'alcool prédomine, ils contiennent des principes excitants ; ils chauffent la langue à la première dégustation et excitent le système nerveux. Ils sont rouges et blancs, transparents, légers et fluides, à bouquet plus ou moins prononcé, d'une saveur non sucrée, légèrement acide et astringente. On les dit *généreux* lorsque la proportion d'alcool dépasse 10 à 11 %. Tels sont les vins de Bordeaux, Bourgogne, Roussillon, etc.

2° Les *vins liquoreux* et sucrés ou *vins de liqueur*, dans lesquels une certaine proportion de sucre échappe à la fermentation. En général, ils sont assez fortement alcooliques et la crème de tartre y est en faible proportion. Tels sont les vins d'Alicante, Frontignan, Lunel, Malaga, Lacryma Christi, etc.

3° Les *vins mousseux* ou gazeux dans lesquels la fermentation a été suspendue, à dessein, dans les barils, et que l'on laisse se terminer dans les bouteilles. Ces vins contiennent de l'acide carbonique qui produit une effervescence au moment où on les débouche ; la viscosité du liquide empêche ce gaz de se dégager rapidement ; ce qui procure au palais une sensation piquante et aigrelette agréable. Tels sont les vins de Champagne, Saumur, Asti, Limoux et Nissan.

Les dénominations de vins fins, ordinaires et communs sont toutes commerciales. Bouchardat a proposé la classsfication suivante :

1° Vins dans lesquels domine un des principes essentiels de ce liquide :

Alcooliques.	secs	Madère, Marsala.
	sucrés	Malaga, Lunel.
	de paille	Arbois, Ermitage.
	sucrés, tanniques	Saint-Raphaël, Banyuls.
Astringents.	avec bouquet	Ermitage.
	sans bouquet	Cahors.
Acides	avec bouquet	vins du Rhin.
	sans bouquet	Argenteuil, Gouais.
	mousseux	Champagne, Saumur.

2° Les vins mixtes ou complets :

Avec bouquet	Bourgogne	Clos-Vougeot, Montrachet, Chambertin, Corton, Romanée.
	Médoc	Château-Laroze, Sauterne.
	Midi	Langlade.
Sans bouquet	Bourgogne et Bordeaux ordinaires.	

3° Les vins communs : Hérault, Aude, etc.

Les vins secs peuvent être moelleux, c'est une transition entre les vins secs et les vins liquoreux.

M. Husson a admis la classification suivante :

Rouges	Vins liquoreux et sucrés	Vins de liqueurs, alcool 15 à 20 pour cent.	
		Secs : Madère, Marsala.	
		Sucrés : Malaga, Bagnols, Lunel.	
		Vins de paille: Arbois, Ermitage.	
	Vins généreux	Alcool 10 à 15 °/° : Bourgogne, Bordeaux.	
		Alcool 10 à 15 °/₀, Mâcon, Midi.	
	Vin bon ordinaire.	Alcool 7 à 9 °/₀ mêmes vins, 2es crus.	
		Vin du Toulois, bonnes années.	
	Vins faibles.	Alcool 6 à 7 °/₀, les mêmes, mauvaises années.	
Blancs	Non mousssseux	Non acides: Sauterne, Chablis.	
		Acides	Avec bouquet: Rhin, Alsace.
			Sans bouquet : Argenteuil, Lorraine.
	Mousseux........................	Champagne, Saumur.	

En dehors de ces grandes classifications il y a des variétés assez nombreuses qui indiquent les qualités spéciales aux vins et qui sont exprimées par des dénominations particulières.

Acerbe. — On nomme vin acerbe celui qui provient de raisins incomplètement mûris et qui possédent un goût légèrement âpre.

Bouche. — Un vin de bouche est de première qualité.

Chaud. — On appelle vin chaud celui qui a beaucoup de spiritueux.

Corps, Corsé. — On dit qu'un vin a du corps, qu'il est corsé, lorsqu'il remplit la bouche et la chauffe à la première dégustation ; il a une certaine consistance, un goût prononcé et une certaine force vineuse.

Crudité. — Se dit d'un vin trop jeune, pas encore mûr et d'une verdeur désagréable.

Doux. — Un vin doux est sucré parce qu'il n'a pas complètement fermenté.

Droit. — On dit qu'un vin est droit quand il a un goût franc et qu'il est sans mélange.

Dur. — Un vin est dur quand il est nouveau et a un goût âpre.

Faible. — Les vins faibles sont ceux qui ont peu d'alcool et peu de couleur.

Fait. — On dit qu'un vin est fait, lorsqu'il est arrivé à l'époque précise où il doit être bu ; certains vins demandent de trois à cinq ans, d'autres de six à dix et même davantage.

Fins. — On appelle vins fins ceux qui possèdent un bouquet délicat, une grande netteté de couleur et un ensemble parfait.

Fort. — Un vin est fort lorsqu'il est très spiritueux, qu'il a un goût prononcé, donne du ton à l'estomac et supporte beaucoup d'eau.

Fumeux. — Les vins fumeux sont ceux qui, contenant de l'acide carbonique, font monter la partie spiritueuse au cerveau.

Généreux. — On dit qu'un vin est généreux lorsqu'il est chaud, qu'il donne du ton à l'estomac, facilite les fonctions et rétablit les forces.

Goût de terroir. — Un vin qui a goût de terroir est celui qui emporte, en l'exagérant, la senteur communiquée à la sève par le sol ; exemple, les vins qui ont le goût de pierre à fusil.

Grain. — Sous ce nom on désigne une espèce d'âpreté qui n'est pas désagréable et qui se fait sentir dans la plupart des vins moelleux et secs, pas très vieux et non coupés.

Gras. — Un vin gras mouille la bouche et l'empâte.

Gros. — Un gros vin est haut en couleur, contient beaucoup de tartre et de matières extractives et ne sert guère qu'à colorer les autres vins.

Grossier. — On dit qu'un vin est grossier lorsqu'il est dur, lourd, épais, d'un goût pâteux et sans agrément.

Léger. — Les vins légers sont peu pourvus de corps, de couleur et de grain, quelquefois ils sont très spiritueux.

Marier. — On dit des vins qu'ils se marient bien, lorsqu'ils s'assemblent bien dans un coupage.

Moëlleux. — Un vin a du moelleux lorsqu'il tient le milieu entre un vin sec et un vin liquoreux ; tels sont les vins de la Gironde, de la Côte-d'Or et de quelques autres cépages.

Montant. — Un vin a du montant lorsque ses principes aromatiques et spiritueux montent au cerveau.

Mordant. — On appelle vins qui ont du mordant, ceux qui sont susceptibles de communiquer leur goût aux vins auxquels on les mélange ; c'est une qualité pour les vins forts et un défaut chez les vins faibles.

Nerveux. — Les vins nerveux ont assez de corps, de spiritueux et de force pour se maintenir ainsi longtemps.

Passé. — Les vins passés sont restés trop longtemps en futailles ou en bouteilles ; ils ont perdu leurs qualités.

Plat. — Les vins plats n'ont presque pas de saveur ; ils sont l'opposé des vins qui ont du corps. Les vins énervés par l'âge, ne formant plus qu'une liqueur décomposée, chargée de tartre altéré, sont des vins plats.

Puissant. — Le mot puissant s'applique aux vins qui sont chauds sur l'estomac.

Sec. — Les vins secs sont ceux qui ne laissent aucune humidité dans la bouche.

Sève. — On désigne sous le nom de sève la force vineuse et la saveur aromatique qui se développent lors de la dégustation, en embaumant la bouche et persistant après le passage de la liqueur.

Vert. — Les vins verts sont ceux qui proviennent de raisins dont la vendange a été faite avant la maturité ; ces vins sont plus durs au palais que les vins acerbes.

Vineux.— Un vin est vineux lorsqu'il a beaucoup de force et de spiritueux.

PAYS DE PROVENANCE

Les vins sont tous connus sous les noms des pays qui les produisent, les désignations précédentes n'étant que la marque des qualités communes à beaucoup de vins, tandis que le nom du pays indique la nature spéciale des vins. Pour un grand nombre de ces liquides, le territoire qui les produit est extrêmement restreint, quelquefois il n'y a qu'un seul coteau.

En première ligne, dans les vins Français on cite :

Les *Vins de Champagne* ; ce sont des vins mousseux d'un goût très agréable. Les principaux crus blancs sont ceux de Sillery, un peu ambré et qui passe pour le meilleur de la Champagne ; le Haut-Sillery, vin au deuxième rang ; Aï, léger, et pétillant ; Avize, Epernay, dont les vins sont paillés, rosés, mousseux ou non ; Avize, Monthelon, Mareuil, Hautvillers, Dizy, Le Ménil, Pierry, dont les vins ont un goût prononcé de pierre à fusil ; Oger, Verzy, Ludes, Chigny, Cumières, Villers-Alleraud, et autres vins de la Marne. Les vins rouges sont précieux. On cite ceux de Verzy, Verzenay, Mailly, Saint-Basle, Bouzy, Saint-Thierry, Cumières, Pierry, dont les vins ont le goût de pierre à fusil, dans la Marne ; ceux des Riceys, qui sont spiritueux, pleins de feu, d'un goût très agréable et vraiment mûrs après 3 ans de fût ; Balnot-sur-Laigne, Avirey et Bagneux-la-Fosse, dans l'Aube.

Les *Vins de Bourgogne* rouges ont une belle couleur, un goût agréable et délicat ; ils sont alcooliques et possèdent beaucoup de finesse et de parfum. On cite dans la Côte-d'Or les vins de Vosne, qui ressemblent un peu aux vins de Nuits, mais plus fermes et plus agréables ; Romanée-Conti, ayant un bouquet vineux, mais moins fin et moins estimé que le Romanée rouge rubis, qui a beaucoup d'arome, et qui est fin, spiritueux et agréable, mais on en récolte fort peu ; Richebourg, vins légers, moëlleux et généreux, et ayant un bouquet spécial ; Clos-Vougeot, le meilleur de la Bourgogne, vin très parfumé, spiritueux, corsé, savoureux, ayant un léger goût exquis de framboise ; Chambertin, moëlleux, corsé, coloré fin et d'un bouquet suave, on en récolte très peu ; Nuits, corsé, un peu dur, bouquet agréable, se boit après 3 ou 4 ans ; Corton, très bon ; Volnay, vin qui a un bouquet et une saveur très agréables ; Pomard, rouge foncé, très généreux, se perfectionnant en vieillissant ; Beaune, vin très franc de goût et de couleur, il a beaucoup de chaleur et de bouquet ; c'est le rival du Bordeaux qu'il dépasse en bouquet ; Mercurey, saveur très franche et bouquet agréable ; puis Mussigny, La Tâche, Chambolle, Meursault, Savigny et Morey.

Dans la Saône-et-Loire : Mâcon, fameux vins dont plusieurs acquièrent une grande perfection de goût et de couleur, au bout de 3 ans de bouteille-ce sont des vins corsés, fumeux, spiritueux, ayant un bouquet agréable et se conservant bien ; Thorins, 14° d'alcool, riche en couleur, très dur, mais à parfum léger ; Romanèche, Châlons, Chagny, Saint-Georges et Givry. Dans l'Yonne, on trouve Tonnerre, rouge, très corsé, d'un goût agréable, mais sujet à devenir amer en vieillissant ; Auxerre, généreux, pouvant se boire dès la 2e année et se conservant bien ; Coulanges, très vineux, mais manquant de sève et de bouquet ; Joigny, léger, délicat et très agréable ; Avallon, bouquet très agréable, se conserve bien ; on trouve encore les vins de Pitoy, Des Préaux, Chaînette, Migraine, Epineuil, Francy, Chablis, Cravant, Perrières, Clairon, Olivettes, Boivins et Quétard. Dans le Jura on trouve les vins rouges d'Arbois (vins de paille) très renommés.

Les vins blancs de Bourgogne sont très estimés. On cite dans la Côte-d'Or : Montrachet, Chevalier-Montrachet, Meursault, Charmes, Lapeyrière, Goutte-d'Or, Blagui, Le Rougeot, La Combotte et Les Genevrières.

Dans l'Yonne : Chablis, vins parfumés, vineux, très agréables, couleur transparente ; Vaumorillon, Grisées, Tonnerre, Junay, Fley et Milly.

Dans la Saône-et-Loire : Pouilly, vin fin, spiritueux, d'un bouquet très agréable, Fuissey, Salutré, Chaintré, Pupillin, L'Etoile et Quintigil.

Dans le Jura : Arbois, vins légers, pétillants, pouvant être bus dès la première année ; Château-Chalon.

La Bourgogne fournit aussi beaucoup de vins ordinaires parmi lesquels on cite ceux de Joigny et d'Avallon.

Les vins du *Lyonnais* sont renommés. Parmi les rouges on cite : Côte, Rotie, très chaud, très spiritueux, gagnant beaucoup en vieillissant ; Moulin-à-Vent, Vézinay, Sainte-Colombe, Fleury, Chénas, Morgon et Villefranche. Parmi les blancs, ceux de Condrieux, corsés, spiritueux, prenant une couleur ambrée en vieillissant, et Combarieu.

Le *Dauphiné* possède de très bons vins rouges. Celui de l'Hermitage, que plusieurs œnologues mettent au même rang que les meilleurs vins de la Bourgogne et de la Gironde, est un vin généreux, très spiritueux, ayant une couleur éclatante, un goût moelleux et fin de fruit, une bonne sève et un bouquet suave bien prononcé, à l'âge de 3 à 4 ans ; acool 12 °/₀.

Les vins de Tain, Croze, Mercurol, Gervans, Tullein et Raventin, se rapprochent de l'Hermitage, mais sont plus communs. Dans la Drôme, les vins de Montélimar sont comme ceux de Mercurol ; les vins de Dic, dits Clarette-de-Dic, sont mousseux et se consomment sur place ; on y fait aussi de très bons vins de paille.

Dans la *Savoie* les vins de Bugey et de Montmélian sont ordinaires.

Dans le *Comtat Venaissin*, les vins rouges dits Côtes-du-Rhône, possèdent les qualités des vins de Bourgogne et de Tavel ; ils sont vifs, d'une couleur légère et jolie ; les jeunes sont moelleux et ont 11 à 12° d'alcool ; en vieillissant ils prennent du bouquet et supportent bien les voyages.

A Château-Neuf-du-Pape, les vins sont fins et prennent du bouquet au bout de 2 à 3 ans ; ceux de Château-du-Pape-Clément ont de la vinosité et du brillant ; les vins de Châteauneuf-de-Gadagne, Vaucluse, Sorgues, Saint-Sauveur et Morières ont une couleur vive et une bonne sève. Ceux des environs d'Avignon, d'Orange et de Sérignan sont bien réussis, mais ont moins de tenue que les précédents. Les vins de plaine sont très communs et très échauffés.

La *Provence* récolte des vins rouges très colorés ; ils ont un bon goût et une sève analogue à celle des vins de Tavel et des Côtes-du-Rhône ; les meilleurs sont le Séon-Saint-Henri, Saint-André, Saint-Louis, Sainte-Marthe, vins de table qui se consomment à Marseille : les vins d'exportation ont une belle couleur, un goût assez franc, un peu pâteux quand ils sont nouveaux, et 12° d'alcool ; ils voyagent bien et prennent de la qualité en vieillissant ; ce sont ceux de Château-Renard, Orgon, Sainte-Marie, Tarascon, Aubagne et Géménos. Les vins de la Camargue, d'Auriol et de Cuges sont communs et ceux d'Aix encore plus. Dans le Var on trouve des vins de table et d'exportation. Les vins de table de La Gaude, La Malgue, Saint-Laurent, Cagnes, Saint-Paul et Villeneuve, à 3-5 ans, ont une belle couleur, une sève et un bouquet agréables ; les vins d'exportation ont un bon goût de fruit, une bonne sève et une très riche couleur ; ils gagnent de qualité en voyageant et en vieillissant ; ils ont en moyenne 12 °/₀ d'alcool, tels sont les vins de Bandols, Castenet, Saint-Cyr et Bausset. Les vins de la côte de Toulon : Pierrefeu, Cuers, Sollies, Farlède et Hyères ont moins de corps et de tenue que ceux de Bandols, auxquels ils sont inférieurs sous tous les rapports ; ceux de Brignoles sont encore plus communs. Les vins de Nice sont riches en couleur.

Le *Languedoc* étant une très grande province, possède une grande quantité de vins très différents. Les vins rouges sont très spiritueux et très corsés. Dans le Gard on trouve : Tavel, très sec et faible en couleur ; Chusclan, plus coloré, moins sec, très bon : Lirac, sec et d'un rose vif ; Saint-Geniès, Sédéron ; Saint-Laurent-des-Arbres ; tous ces vins sont les plus fins du Languedoc ; leur couleur est vive et légère, leur goût est franc et moëlleux, en vieillissant ils prennent un bouquet prononcé de violette et de girofle, en même temps que la couleur se dore. Les vins de Saint-Gilles et de Bagnols sont très riches en couleur, le goût est franc et moelleux ; ils acquièrent des qualités par les voyages et la vieillesse. Les vins de Langlade sont légers en couleur, peu corsés, moelleux, d'une sève agréable ; ils prennent du bouquet dans les bonnes années, par la vieillesse. Les vins de Roquemaure et tous les vins ordinaires sont faibles en couleur, sans qualités, et deviennent âcres dès la deuxième année. Les vins communs ont de la couleur et de la viscocité : Lirac, Saint-Geniès, Ledanon, Beaucaire, Bagnols. On cite encore parmi les bons vins : Cornas, Saint-Joseph, Mauves, Limong, qui sont très chauds ; Carnols et Vauvert, qui sont très bons.

Dans l'Ardèche, les vins de Saint-Peray et Saint-Laurent sont spiritueux et ont un goût de violette.

L'Hérault donne en abondance des vins rouges de table : Saint-Georges-d'Orques, Saint-Geniez, Castries, Saint-Drézéry, Montpellier, vins d'une couleur légère, moelleux, franc de goût, et contenant 11° d'alcool; Vérargues et Saint-Christol, plus couverts ; Villeveyrac, Garrigues, Pérols, Frontignan, Poussan, vins de 12°, ayant plus ou moins de qualité, selon les cépages. Les vins communs ont plus ou moins goût de terroir, ils ont peu de couleur et sont sujets à la tourne ou à l'âcreté : Mèze, Langlade, Loupian, Pézénas, Béziers, Agde ; ils servent surtout à faire des eaux-de-vie.

Le département de l'Aude est couvert de vignobles, les vins rouges de Narbonne, Sigean, La Palme, Ginestas, Leucate, Treilles et Limoux sont très connus.

La première marque de Fitou a une couleur vive très riche, un goût de fruit moelleux, sans douceur, goût de terroir ou de râpe ; ils voyagent très bien et gagnent en vieillissant, à 4 ou 5 ans ils prennent un bouquet agréable et une couleur de tuile; les vins des deuxièmes marques de Narbonne sont plus communs, leur couleur est moins franche et ils ont moins de corps; le vin de Lézignan est le plus commun.

Les vins blancs du Gard : Laudun, Clavisson, sont moelleux et légers, mais se trouvent peu dans le commerce ; ceux de l'Aude sont exportés ou employés pour la fabrication des vermouths. Quant aux vins blancs de l'Hérault, ils sont universellement connus. Les vins muscats de Frontignan et Lunel sont les meilleurs de tous; les petits muscats de Maraussan, Sauvian, Monbazin et Cazouls viennent ensuite; Léon, Ciotat, Cassis, Marseillan et Pomerols où l'on fait les fameux vins de Picardan, qui, jeunes, sont blancs, forts et liquoreux, et en vieillissant deviennent très secs; enfin la Blanquette de Limoux, doux et d'un bouquet très agréable. Les vins blancs de Saint-Jean et Saint-Péray(Ardèche) sont très délicats, spiritueux, mousseux et sentant la violette.

Le *Roussillon* produit des vins rouges de différentes qualités ; les vins liquoreux de Banyuls et de Colliourre sont renommés.

Les vins non liquoreux, dits vins de plaine, sont les plus spiritueux et les plus colorés de France; ils sont très foncés, très corsés et très spiritueux, ayant à la fois un bon goût et des vertus toniques. Ils servent à relever les vins faibles, ce sont les vins de : Grenache, Baïxas, Port-Vendres, Collioure, Perpignan, Saltes, Rivesaltes, Espira del Agly, Corneilla, Pézilla, Villeneuve, Teyssier, etc.; les premiers choix ont 14 à 15° d'alcool, un bon goût de fruit mais non sucré, une couleur très intense et très belle, se maintenant parfaitement pendant deux ans, puis prenant la teinte brique ; en vieillissant ils développent un bouquet de giroflée très agréable ; ils supportent fort bien les voyages.

Les vins de table sont peu dans le commerce ; en tête celui de Torremilla ou Torémila, c'est une sorte de liqueur appelée communément rancio ; il n'a toutes ses qualités qu'à 10 ou 12 ans ; Rivesaltes, généreux, chaleureux, liquoreux, parfumé; Terrats, Esparon et Vernet ont 11 à 12° d'alcool, une couleur ordinaire et prennent du bouquet avec l'âge.

Les vins de Banyuls, Cosprons, Port-Vendres et Collioure, dans les bonnes années, ont une couleur très foncée, 15° d'alcool, non vinés; ils sont francs de goût, doux et liquoreux; à 5 ou 6 ans ils prennent un bouquet agréable, la couleur devient dorée, rancio; ils conservent leur douceur, on les vine à 3° et ils voyagent très bien.

Les vins blancs servent à faire des vins de liqueur : Rivesaltes, vins généreux, chaleureux, liquoreux et parfumés; c'est le meilleur vin muscat de France, il a le plus de sève et de bouquet. Avec le cépage Antoine on y fait des vins rouges liquoreux analogues au Rota; à Banyuls et à Collioure on fait des vins ressemblant au Chypre; à Salces, avec le cépage macabeo, on obtient un vin ayant quelques rapports avec le Tokay; les autres vins sont ceux de Saint-André et de Prépouille de Salles.

Sous le nom de vins du *Midi* on comprend ceux qui se trouvent dans la partie sud de la France, comprenant une partie du Languedoc, Tarn et Haute-Garonne, le comté de Foix, le Béarn et une partie de la Guyenne.

Dans le Tarn, les vins de Gaillac ont une couleur très foncée, beaucoup de corps et de spiritueux, bon goût mais un peu âpre, voyage bien.

Albi, dont les vins rouges sont légers, faibles en alcool et délicats, mais possèdent une sève agréable et prennent, par la vieillesse, un bouquet assez suave; ils sortent peu du pays.

Dans la Haute-Garonne, Fronton et Villandrie, dans les bonnes années, donnent des vins ayant une belle couleur vive, un goût de fruit franc, sans âpreté; ils sont corsés et ont 10 à 11° d'alcool. Les vins de Blagnac, Cornebarieu, Cugnac, Carbonne, Caraman, Lévignac, Montastruc, Lardène, Saint-Paul, Saint-Gaudens, Villemur, Verfeil, etc., sont estimés. Les vins de Toulouse sont médiocres.

Dans les Hautes-Pyrénées, les vins sont riches en couleur, mais pâteux; ils ne peuvent se consommer qu'au bout de quelques années.

Les Basses-Pyrénées ne possèdent que les vins de Jurançon et de Gan; les rouges sont spiritueux; ils ont un joli bouquet et portent à la tête. Le vin blanc de Jurançon, très corsé, très généreux, très parfumé et très fumeux est préférable au rouge.

Le Gers produit beaucoup de vins rouges mais dont la majorité se conserve peu; ils sont faibles en alcool, très peu colorés et communs; ils servent surtout à faire les eaux-de-vie d'Armagnac. Les vins de Verlus sont supérieurs. Les vins blancs sont très renommés, quand ils sont purs et bien réussis.

Dans le Tarn-et-Garonne on ne fait que des vins rouges : Campas, Castelsarrazin, Aussas, Fau, Lavilledieu donnent des vins d'une belle couleur; leur sève est moins commune que celle des vins de l'Agenais, leur goût n'a pas trop d'âpreté, il est franc sans goût de terroir; la dose d'alcool est de 10 à 10 1/2; ils voyagent bien en mer.

Les autres vins rouges sont très communs, faibles en alcool; la couleur est terne; ils se conservent difficilement sans tourner.

Le Lot-et-Garonne produit des vins rouges et blancs; les meilleurs vins rouges sont connus sous le nom de côtes de Buzet à Thézac, Perricard, Montflanquin, Buzet et Clairac. Ces vins ont une belle couleur, un bon goût et dans les bonnes années 10 à 12° d'alcool et même 15° dans les premirs crus; ils se conservent bien et s'améliorent en vieillissant.

Le vin blanc doux, que l'on appelle vin pourri, est fait à Buzet et à Clairac avec des raisins blancs, cueillis altérés, ce vin est doux lorsqu'il est nouveau, mais perd ce goût en vieillissant.

Dans l'Aveyron, on ne cite que le vin de Sainte-Eulalie.

Dans le Lot on trouve les vins de Cahors qui sont rouges ou noirs : les vins rouges servent à colorer les autres vins, par suite de leur excès de couleur; ils sont acides et âpres, leur sève est neutre et commune et leur saveur a goût de fruit, mais en vieillissant ils perdent leur âpreté et alors ils sont assez estimés des gourmets.

La couleur des vins de Cahors ne se marie pas avec celle des vins blancs verts peu alcooliques; lorsqu'on en met trop peu, la faiblesse alcoolique est la cause de la précipitation de la couleur.

Les vins noirs de première marque sont cultivés à Luzech, Mel-la-Garde, Savanac, Preissac, Prémiac, etc.; ils viennent d'un cépage nommé teinturier, Ce sont des teintures, plutôt que des vins; elles servent à colorer les vins faibles.

On fait aussi, pour donner une couleur très foncée aux vins liquoreux, une teinture appelée *rogomme ;* on fait bouillir pendant un temps assez long des pellicules et du moût dans une chaudière et on verse dans le mélange de l'eau-de-vie à 60° de façon à obtenir 18 0/0 d'alcool; cette teinture ne pourrait servir à colorer des vins ordinaires parce que le sucre du moût se mettrait à fermenter.

Le département de la Dordogne (Périgord) donne des vins rouges et blancs.

Les vins rouges des premiers crus de Bergerac ont beaucoup d'analogie avec les vins de côtes de la Gironde; dans les bonnes années ils ont 9 à 9° 1/2 d'alcool; leur robe est belle, le goût de fruit est prononcé et sans goût de terroir.

Les vins de Domme, La Terrasse, Pécharmont, Les Farcies, Campréal, Sainte-Foix, etc., sont très couverts mais mous et communs; en vieillissant leur couleur ne se soutient pas; ils peuvent atteindre jusqu'à 8 1/2 0/0 d'alcool.

Les vins de Ribérac, Sarlat et Périgueux sont mous et communs; leur couleur est plombée et quelques-uns ont un goût de terroir; leur dose d'alcool varie beaucoup.

Les vins blancs sont meilleurs. Les vins de Montbazillac bien traités et bien conservés, à 4 ou 5 ans sont prêts à être mis en bouteilles; ils sont liquoreux et ont une sève musquée et agréable; les vins ordinaires sont fort difficiles à conserver doux, on est obligé de les muter.

Les vins blancs doux de Bergerac sont faits avec des cépages communs; ils sont souvent mutés et ne se conservent que quelques mois. Les vins de Saint-Messan et de Sancé sont moelleux et sujets à fermenter.

Le *Bordelais* produit des vins rouges connus dans le monde entier; ils ont un bouquet très prononcé, très agréable et une légère âpreté. Leur composition leur permet les longs voyages. Leur couleur rouge est très belle et finit par tourner à la teinte de rouille lorsqu'ils ont atteint un âge avancé et ont perdu une partie de leurs qualités. Ils sont riches en alcool et en tannin. Ils contiennent des sels de fer et c'est à ces sels qu'ils doivent, en partie, leurs propriétés toniques; les vins de Pessac en contiennent plus que la moyenne des eaux ferrugineuses.

Ces vins furent appréciés des étrangers dès le 13e siècle; les Français ne comprirent leurs qualités que vers le milieu du 18e siècle.

Parmi les grands vins on cite : le Château-Margaux, très riche en sève et en bouquet, d'une finesse extrême, moelleux et très délicat; le Château-Laffitte, très soyeux, plein de sève et de bouquet; il a une saveur de violette et de framboise; le Château-Latour, qui a beaucoup de sève et de bouquet, il a plus de corps que le Laffitte, mais il est moins fin et moins soyeux; le Château-Haut-Briont est âcre et spiritueux, très estimé des gourmets; il lui faut 8 ans pour parvenir à parfaite maturité; le Saint-Emilion a une belle couleur et un peu du bouquet du Médoc, il se conserve bien; ensuite viennent des vins qui possèdent tous des qualités de premier ordre et des caractères particuliers : Château-Destournel, Château-Yquem, Saint-Julien, Saint-Estèphe, Pauillac, Larose-Kirwan, Palus, Talence, Léoville, Pessac, Mérignac, Rozan, Gorse, Brame-Mouton, Saint-Gemme, Cantenac, Saint-Esprit, Castelnau de Médoc et Sauterne.

Parmi les vins blancs : Château-Margaux, il ressemble beaucoup au Volnay, il est plus sec, plus ferme et de bonne conservation; Sauterne, un des meilleurs vins blancs de France; Grave, très estimés, d'une saveur et d'un mordant particuliers; le Barsac ressemble un peu au Sauterne, mais il est beaucoup moins fin et plus spiritueux. Les autres vins de Bordeaux blancs sont un peu durs après la récolte, mais ils prennent aussitôt un bouquet parfait et une saveur délicieuse : Bomme, Rioms, Blanquefort, Preignac, Langon, Entre-deux-Mers, Podensac, Sauveterre, Saint-Bris, Carbonieux, Poulac, Cérons, Pujols, Hats, Landiras, Virlade, Loupiac, Sainte-Croix-du-Mont, etc.

Le Bordelais produit en outre beaucoup de vins ordinaires.

Dans les *Landes,* les vins dits de Sable valent ceux de Bordeaux, tels sont : Messanges, Soustons, Sarlat, Cap-Breton, Vieu-Boucaud et les Rives de l'Adour.

Les vins des *Deux-Charentes* sont surtout blancs et destinés à la fabrication des eaux-de-vie de Cognac. On cite cependant les vins rouges d'Angoulême qui sont francs de goût, légèrement âpres, légers et peu corsés; leur couleur est ordinaire et ils peuvent atteindre jusqu'à 9° d'alcool dans les bonnes années; à 18 mois ils commencent souvent à dégénérer. Les Charentes produisent aussi des vins rouges communs ayant beaucoup de couleur, mais qui sont ternes et se précipitent facilement; ils sont mous et ont un goût de terroir.

Les vins des Iles-de-Ré et d'Oléron sont supérieurs aux vins de terre ferme.

Le *Centre* de la France fournit des vins de différentes qualités et plus ou moins estimés.

Les vins rouges d'Auvergne et de Limagne sont assez bons et ceux de Chanturgues et Clermont-Ferrand sont très bons.

Sous le nom de vins de l'*Ouest*, on désigne spécialement les vins de la Vendée et de la Loire-Inférieure. On n'y cultive guère que des raisins blancs; les vins ordinaires servent aux coupages; les vins de muscadet de Vallet, de Monnières et de Gorges sont très bons et employés concurremment avec les vins d'Anjou. Les gros plants sont très durs.

Les vins d'*Anjou*: Angers, Saumur, Vouvray, Parnay, Dampierre et Souzay sont blancs et rendus mousseux comme les vins de Champagne. Il y a aussi des vins rouges spiritueux et très généreux.

Les vins du *Cher* sont précieux pour les coupages; les vins rouges de Pouilly (Nièvre) sont assez agréables, mais les blancs sont préférables.

Dans l'Indre-et-Loire on récolte les vins rouges de : Amboise, Bléré, Chisseaux, Civray, Athée et Azay.

Dans les environs de *Paris*, il n'y a que des vins ordinaires; le vin de Suresnes est renommé pour sa dureté et sa couleur bleue.

Dans l'*Est* on trouve les vins rouges de Bar-le-Duc et de Bussy qui sont fort agréables.

Dans le *Haut-Rhin*: Riquewhir, Ribeauvillé, Geisbourg, Guebviller, Thann, Türckheim, Pfassenheim, Enguisheim, Inguisheim, Sigolzheim, Bergoltzelle, Katzenthal, Mittelveyer, Kaiserberg, Amerschwir, Hunneveyer, Hientzheim et Babelheim; dans le *Bas-Rhin*; Molsheim, Wolscheim et Neuville. Ces vins blancs sont très connus; la plupart sont des vins de paille.

La *Corse* produit des vins rouges assez estimés: Sari et Cap Corse; les blancs sont assez spiritueux, d'un parfum très agréable, mais ils se conservent difficilement plus de deux ans et ne supportent pas les voyages. J'ai eu connaissance de quelques-uns de ces vins qui, titrant 12 % d'alcool, se troublaient pendant le voyage en France; les vins de Sari et du Cap-Corse sont liquoreux, mais médiocres.

Les vins de l'*Algérie* sont délicats et fort estimés. Depuis que le phylloxera a envahi la France, la culture de la vigne a pris une très grande extension en Algérie surtout dans la province d'Oran et près de Bone; à Constantine il y a peu de vignes, mais les vins sont renommés. Les vins d'Alger, Médéah, Milianah, Oran et Mascara ont de la finesse et une belle couleur. Les vins communs sont peu résistants par suite de la difficulté que cause la température pour la réglementation de la fermentation.

Parmi les vins étrangers je citerai seulement les plus célèbres :

Portugal. — Vins de liqueur : Porto ou Oporto, rouge très sec et très spiritueux ; Carcavello, Lamalonga et le vino branco de Lisbonne.

Espagne. — Vins de liqueur : Malaga blanc et noir ; Jéres vin blanc d'Andalousie, très estimé, très sec, très spiritueux, sève et bouquet aromatiques ; Tinto ou Alicante, Beni Carlo, Pukaret, Seche, Val de Peñas, San Lucar, Vinaroz, Tintilla ou Rota d'Andalousie, vin rouge liquoreux ayant une grande analogie avec l'Alicante, Rancio, Malvasia, Saragono, Cariena, et Priorat près de Tarragone.

Italie. — Vins de liqueur : Lacryma-Christi, très liquoreux, très parfumé ; Marsala (Sicile) blanc, ambré, très parfumé ; Syracuse (Sicile) vin muscat très liquoreux et parfumé ; Malvoisie, Zucco, Barolo sec d'Asti, Marengo, Vernaccia, Albano, Orvieto, Falerne, Monte-Fiascone, Monte-Pulcino, Montalicino, Riminese, Santo-Stephano, Capri, Catane et Girgenti.

L'Espagne et l'Italie produisent aussi beaucoup de vins analogues à ceux du Roussillon et du Midi et qui heureusement viennent combler les vides causés dans ces deux pays par le phylloxera.

Allemagne. — Les fameux vins du Rhin sont blancs, fins au goût, spiritueux et ont un bouquet prononcé ; le plus célèbre est le Johannisberg, récolté sur la rive droite du Rhin, dans l'ancien duché de Nassau ; il a du bouquet mais il a un goût, même lorsqu'il est vieux, qui tient de la résine de houblon et du raisin pourri, sa réputation est surfaite ; les vins de la Moselle et des bords du Neckar sont très alcooliques ; on y trouve aussi les vins blancs et rouges du Margraviat.

Suisse. — On y trouve beaucoup de vins blancs et rouges : Chiavanna, blancs ; Boudry et Cortaillod, rouges.

Hongrie. — Les vins de Tokay ont une renommée universelle et cependant le vrai vin est réservé pour la table de l'Empereur ; dans le commerce on ne trouve que les vins inférieurs des vignobles voisins ; il est cultivé sur le Mont Mèze-Male (Haute-Hongrie) ; il provient du plant le formint originaire des collines de Formies ; il a été introduit par le roi de Hongrie, Bela 4. Les vins rouges communs sont assez bons et commencent à venir en France ; ils viennent de la Dalmatie et de la Hongrie ; les vins rouges : Villanze, Syegzoord, Ofer, Erlau, Menesse, Visontal ; les blancs : Steinbruck, Magyara, Messemelye, Badaszonye, Schomlau, Rust, Menest, Buda-Pesth, Presbourg et Früskrichen.

Turquie d'Europe et d'Asie. — Le vin de Chypre est rouge, liquoreux, et possède une grande finesse de goût et de bouquet ; Kotnar (Moldavie), Piatra (Valachie), Chio, Candie et Kersoan (Syrie), Andrinople.

Grèce. — Les vins de ce pays sont tous très sucrés et très parfumés : Zante, Santorin, Samos et Céphalonie.

Russie. — Les vins du Don sont sucrés assez fortement, mais peu alcooliques ; les vins de la Bessarabie, du Caucase et d'Odessa ont de 11 à 13 % d'alcool.

Asie. — On y trouve seulement Chiraz, Perse, Samaki et Yesed.

La Cochinchine produit des petits vins qu'il est nécessaire pour les Français de connaître puisque ce pays leur appartient. Ces vins ont été analysés par M. Sambuc (J[l] Ph. et Ch. 1884, Mars, t. 9 p. 199). Ils sont retirés des fruits d'un cissus à racines tuberculeuses, vigne de Cochinchine; les grappes sont énormes et peuvent peser jusqu'à 14 kilogr., le fruit a une saveur âcre et irritante, qu'on a un peu améliorée par la culture. Ces vins sont blancs ou rouges pelure d'oignon.

	Vin rouge 1881	Vin blanc 1883
Densité à 15°	999.2	1000.3
Alcool	6°9	4°8
Acidité	6.76	5.11
Extrait sec Houdart	19.6	17.0
Sucres	0.98	0.38
Crème de tartre	3.35	3.16
Acide tartrique libre	0.30	0.89
Glycérine	1.17	1.20
Tannin	0.95	»
Cendres	2.01	»

Afrique. — Au Sud les vins de Constance, au Cap de Bonne-Espérance, provenant du cépage du Schiraz (Perse). Les vins de Madère : Ténériffe, Gomère, Palme, Açores. L'Ile de Madère, découverte en 1345 par les Anglais, fut revue en 1418 par les Portugais; en 1431 ce n'était qu'une vaste forêt (Madeira), le feu mis accidentellement dura 7 ans, ce qui causa sa fertilité extraordinaire. Des ceps de vignes furent apportés de Chypre en 1445 et produisirent ces fameux vins ; il y en a trois sortes : le madère sec, le malvoisie et le madère doux. On a récolté jusqu'à 260.000 hl., mais l'oïdium a tellement attaqué ces vignes, qu'en 1876, Madère n'exportait plus que 8.760 hl. de vin. A cette époque les habitants ont remplacé la vigne par la canne à sucre, le tabac et le nopal à cochenille. Aujourd'hui on replante la vigne.

Australie. — La vigne prend une grande extension dans ce pays ; on y obtient de très bons vins alcooliques du Schiraz rouge et de Penena ; les vins ordinaires deviennent assez abondants pour arriver jusqu'en Europe.

Etats-Unis d'Amérique. — La vigne venait naturellement aux Etats-Unis, surtout dans la Californie, où on a trouvé des vignes sauvages, montant dans les arbres, de 10 à 20 mètres de haut et les garnissant complètement. Un pied a donné 255 litres d'un vin très coloré, riche en tannin et en tartre. (Comptes-Rendus, 1881, Janvier, 24 p. 203. Savignon).

Cette province a fait des progrès rapides dans la culture de la vigne et dans la préparation des vins ; en 1885 elle produisit 7.500.000 gallons de vin et en 1886 elle a monté à 18.000.000 (le gallon vaut 4l543). Les vins des bons crus acquièrent une plus grande valeur par la vieillesse ; on estime à

25 % l'augmentation de valeur, par an; ces vins sont expédiés à New-York ou à Panama.

Les vignes américaines donnent des vins spéciaux dont j'ai déjà parlé; mais les vins des Etats-Unis ne ressemblent à aucun des vins des autres pays, car ils sont tous travaillés au sucre ou à l'eau-de-vie; la récolte tend toujours à s'accroître de plus en plus.

Les cépages du Médoc introduits aux Etats-Unis donnent des vins analogues à ceux du Bordelais. Le Missouri et l'Ohio donnent de très bons vins; la Californie donne des Madères de très bonne qualité.

Mexique. — Les vins de Paso-del-Norte sont assez connus.

Pérou. — Les vins de Lucombat, Pisco et Sicamba (Province d'Arequipa) sont très estimés.

Brésil. — La culture de la vigne commence à prendre, dans ce pays, une certaine extension. A l'Etoile du Sud (Rio-Janeiro) près de la ville de Moggy das Cruzes, province de Sao-Paulo, il y a un vignoble de 80.000 ceps qui fournit en moyenne 720 hl. par an. Il y a de grandes plantations dans les Etats de Sao Paulo, Minas Geraes, Parana, Rio-de-Janeiro et Rio Grande do Sul; on en rapporte d'excellents échantillons de vins de vignes américaines cépages Isabelle et Norton's Virginia. Une grande Compagnie, sous la direction du savant docteur Campos da Paz, s'est fondée pour acquérir les vignobles et les exploiter (Compagnie Générale des Vins Brésiliens); nul doute que le pays ne soit couvert de vignes, surtout si le Gouvernement du Brésil arrive à supprimer les falsifications qui, dans ce pays, ont atteint un degré dont nous ne pouvons avoir idée en Europe.

Chili. — Ce pays produit actuellement environ 1.800.000 d'hectolitres de vin, mais la culture s'augmente tous les jours. Les vins rouges de Cuyo sont très connus et très bons.

La zone propice à la culture de la vigne est entre les 30e et 37e degrés de latitude; entre deux limites il y a deux zones séparées par le 33e de latitude; pour les vignes françaises, celle du centre, au-dessus du 33e donnent des vins se rapprochant du Bordeaux: la zone dite du sud, au-dessous du 33e, donne des vins ressemblant au Bourgogne et titrant de 13 à 14°. Il y a là pour les Français une source de fortune, mais il faut des capitaux.

Il y a dans l'accroissement de la culture de la vigne un grand enseignement à tirer pour la France; des pays où elle exportait ses vins vont bientôt pouvoir se suffire à eux-mêmes; il lui faudra chercher de nouveaux débouchés.

Dans la *République Argentine,* il y a 12.000 hectares plantés en vignes; la province de Mendoza possède à elle seule 6.500 hectares. On estime que la consommation du vin s'est accrue, depuis 9 ans, de plus d'un tiers dans cette République.

PRODUCTION VINICOLE EN FRANCE

La production des vins en France est l'une des principales sources de richesse pour notre pays, mais que, malheureusement, un petit insecte microscopique, le phylloxera a fortement attaquée et même a fait craindre un moment de voir disparaître.

La renommée des vins de France est très ancienne, mais on n'a guère de données certaines sur la production générale avant le siècle dernier.

En consultant les calculs faits avant la Révolution, on compte 800.000 hectares consacrés à la culture de la vigne. Chaque hectare donne par année en moyenne, de 12 à 14 barriques. Le revenu de cette branche d'agriculture s'élève à la somme de 761.270.000 francs d'alors.

De 1720 à 1790, le commerce des vins a presque doublé, et en 12 ans seulement, de 1778 à 1790, ce commerce s'est accru de 18.944.223 livres.

Les chiffres exacts de la production des vins en France sont, d'après les Documents officiels du Ministère des Finances, en hectolitres :

Année	Hectolitres
1788	25.000.000
1808	28.000.000
1827	36.819.000
1829	30.973.000
1830	15.282.000
1835	26.476.000
1840	45.486.000
1845	30.140.000
1847	54.316.000
1850	45.266.000
1852 (oïdium)	28.636.500
1853 id.	22.662.000
1854 id.	10.824.000
1855 id.	15.750.000
1856	21.294.000
1857	35.410.000
1858	45.805.000
1859	53.910.000
1860	39.558.450
1861	29.788.243
1862	37.110.080
1863	51.371.875
1864	50.653.364
1865	68.924.961
1866	63.917.341
1867	38.869.479
1868	50.109.504
1869	71.375.965
1870	53.537.942
1871	57.084.054
1872	50.528.182
1873	35.769.619
1874	63.146.125
1875	83.632.391
1876	41.846.748
1877	56.405.363
1878	48.720.553
1879 (phylloxera)	25.769.552
1880 id.	29.677.472
1881 id.	34.138.715
1882 id.	30.886.352
1883 id.	36.029.182
1884 id.	34.780.726
1885 id.	28.536.151
1886 id.	25.063.345
1887 id.	24.333.284
1888 id.	30.102.151
1889 id.	23.223.572
1890 id.	27.416.327

Production vinicole par départements (Unité : 1000 hectolitres)

	1877	1883	1890		1877	1883	1890
Hérault........	6.842	2.715	6.046	Aveyron.......	347	358	85
Charente-Inférre.	4.989	1.464	379	Tarn-et-Garonne	313	629	217
Charente.......	3.568	306	84	Allier..........	305	208	190
Gironde........	3.511	1.868	1.594	Hautes-Pyrénées	290	304	92
Aude..........	3.468	4.844	2.856	Seine-et-Marne..	270	128	52
Gers...........	1.929	1.421	897	Seine-et-Oise....	257	142	156
Vienne.........	1.631	976	262	Doubs..........	249	206	45
Loir-et-Cher....	1.625	364	458	Nièvre.........	249	175	109
Indre-et-Loire...	1.567	499	439	Gard...........	234	450	1.626
Saône-et-Loire..	1.407	1.029	563	Savoie.........	216	177	170
Pyrénées-Orles..	1.403	1.375	1.261	Corrèze........	214	206	13
Loire-Inférieure.	1.375	1.347	620	Vosges.........	182	116	67
Côte-d'Or.......	1.190	1.001	527	Ardèche.........	165	73	103
Dordogne.......	1.161	297	91	Basses-Pyrénées	160	185	145
Lot-et-Garonne..	1.119	504	231	Haute-Savoie...	160	146	126
Rhône.........	1.067	541	427	Sarthe.........	159	45	54
Yonne..........	1.048	831	373	Bouch.-du-Rhône	157	155	991
Puy-de-Dôme...	982	895	885	Drôme.........	112	74	126
Maine-et-Loire..	909	544	499	Ariège.........	101	141	57
Loiret..........	876	452	138	Haute-Loire....	98	70	40
Haute-Garonne..	797	1.274	386	Aisne..........	90	71	50
Meurth.-et-Moslle	792	616	305	Hautes-Alpes...	78	83	27
Tarn...........	768	1.150	55	Basses-Alpes....	73	63	44
Isère...........	680	359	343	Vaucluse.......	63	157	174
Ain............	656	376	167	Eure-et-Loir....	58	8	11
Haute-Marne....	638	412	176	Ardennes.......	49	13	5
Lot............	559	226	68	Seine..........	41	16	18
Var............	541	437	400	Alpes-Maritimes.	40	80	44
Vendée.........	528	365	263	Haute-Vienne...	26	11	(1)
Aube...........	505	623	277	Eure...........	18	3	10
Landes.........	473	252	275	Morbihan.......	18	41	8
Marne.........	473	411	253	Cantal.........	12	9	3
Jura...........	451	251	115	Oise...........	10	3	3
Cher...........	445	199	111	Lozère.........	9	12	4
Deux-Sèvres....	425	184	67		—	—	—
Haute-Saône....	406	222	54	Ille-et-Vilaine (hl)	915	480	360
Indre..........	361	235	66	Mayenne.......	853	906	2.121
Meuse.......	359	310	161	Creuse.........	110	152	48
Loire..........	350	307	377	(1) Haute-Vienne			482

Si on fait une moyenne de la production vinicole, par période de cinq ans, on obtient pour la France entière :

de 1876 à 1880	40.483.938	hectolitres.
1881 à 1885	32.914.225	—
1886 à 1890	26.027.736	—

Production vinicole de l'Algérie

1876	222.425	1884	896.291
1877	265.173	1885	1.018.300
1878	338.220	1885	1.569.284
1879	351.525	1887	1.902.457
1880	432.580	1888	2.728.373
1881	288.549	1889	2.512.198
1882	681.335	1890	2.844.130
1883	821.564		

Paris consomme 4 millions d'hectolitres de vin par an.

On n'a pas de données aussi exactes sur la production des vins dans tous les pays, car les relevés ne sont pas faits partout aussi fidèlement.

La France a produit (moyenne de 1880 à 1890)	29.677.098 hl
Algérie — (moyenne de 1889 à 1890)	2.678.164
Tunisie (1890)	60.000
Italie (moyenne de 1889-1890)	25.023.500
Espagne —	24.250.000
Portugal et Madère (moyenne)	4.650.800
Allemagne	4.200.000
Suisse	1.000.000
Autriche	14.040.000
Hongrie	6.000.000
Grèce	1.500.000
Turquie	2.600.000
Roumanie	1.850.000
Bulgarie	2.900.000
Serbie	2.000.000
Russie	3.500.000
Etats-Unis	1.520.000
Chili	1.800.000
République Argentine	1.500.000
Cap de Bonne-Espérance	100.000
Australie	100.000

L'Angleterre, le Danemark, la Suède, la Norwège, la Belgique et la Hollande ne possèdent pas de vignes.

L'impôt sur les boissons, qui était de 176 millions de francs en 1860, a monté à 223 millions en 1870, 454 mililons en 1880 et 413 millions en 1889. Le chiffre de 1880 est le plus élevé de tous, car 1879 a produit 422 millions et 1881 413 millions ; le chiffre le plus élevé ensuite est de 428 millions en 1884.

Si maintenant on examine le nombre d'hectares plantés en vignes, on constate que ce n'est pas à la diminution des surfaces cultivées qu'il faut attribuer la faiblesse des récoltes en vins, mais bien à la mauvaise réussite des raisins.

Nombre d'hectares plantés en vignes, en France :

1871	2.369.484	1881	2.099.923
1872	2.373.130	1882	2.135 349
1873	2.380.946	1883	2.095.927
1874	2.446.862	1884	2.040.759
1875	2.421.247	1885	1.990.586
1876	2.360.834	1886	1.959.102
1877	2.346.497	1887	1.944.150
1878	2.295.989	1888	1.843.580
1879	2.241.477	1889	1.817.787
1880	2.204.459	1890	1.816.544

La diminution de la surface plantée en vignes, en 1890, est de 23,3 °/₀ de la surface plantée en 1871, tandis que la diminution de production des vins, qui passe de 57 à 27 millions d'hectolitres, est de 52,6 °/°.

L'Algérie possède actuellement près de 100.000 hectares de vigne.

Les importations, qui étaient de 148.000 hl en 1871, ont monté à 7.219.000 hl en 1880 et à 10.470.000 en 1889.

Les exportations étaient de 3.319.000 hl en 1871 ; elles ont diminué à 2.488.000 hl en 1880 et à 2.466.000 en 1889.

En 1890, la production des vins d'eau sucrée a été de 1.946.729 hl et celle des vins de raisins secs de 4.292.850 hectolitres.

La production des cidres, qui s'était élevée à un très haut chiffre en 1883, est revenue au chiffre normal, de sorte que ce n'est pas cette boisson qui compense aujourd'hui la perte sur les vins.

Production des Cidres

(Moyenne de 1870 à 1880, égale 11 millions d'hectolitres.)

1880	5.465.000 hl	1886	8.301.000 hl
1881	17.122.000	1887	13.437.000
1882	8.921.000	1888	9.767.000
1883	23.492.000	1889	3.701.000
1884	11.907.000	1890	11.095.000
1885	19.955.000		

Si on considère qu'en 1870 la production moyenne du vin était de 50.000.000 d'hectolitres, et qu'elle est tombée, en 1890, à 27 millions, soit 23.000.000 d'hectolitres de moins ; or la production du cidre est restée stationnaire, de même que les exportations ; il n'y a donc à chercher à récupérer la perte que sur les importations et les vins d'eau sucrée et de raisins secs : les importations ont augmenté de 10 millions, les vins d'eau sucrée ont été de 2 millions et les vins de raisins secs de 4 à 5 millions ; le total est de 16 à 17 millions ; il reste donc 6 à 7 millions qui ont dû se porter sur la bière ou autres boissons.

CHAPITRE 7

COMPOSITION GÉNÉRALE DES VINS

Les vins sont des liquides très complexes, mais dont chaque composant sert à lui donner un cachet particulier comme aliment et comme goût. Les proportions de ces composants varient beaucoup suivant le terroir, l'époque de la vendange, les variations atmosphériques et surtout suivant les procédés de préparation des vins.

Les corps contenus dans les vins se divisent en trois classes :

1° Les *Corps neutres :* eau, alcool vinique, alcools butylique, amylique, etc. ; plusieurs aldéhydes, éthers acétique, butyrique, œnantique, etc., plusieurs huiles essentielles, du sucre de raisin, de la mannite, du mucilage, de la gomme, de la dextrine, de la pectine, des matières colorantes, grasses et cireuses, des matières azotées, albumine, gliadine, ferments. 2° Les *Sels* qui se divisent en deux classes : A, les *sels végétaux :* le tartrate acide de potasse, le tartrate neutre de chaux, d'ammoniaque, le tartrate acide d'alumine et le tartrate acide de fer ; les racémates, acétates, propionates, butyrates et lactates alcalins ou alcalino-terreux. B, les *sels minéraux :* sulfates, azotates, phosphates, silicates, chlorures, bromures, iodures et fluorure de chaux, potasse, soude ; magnésie, alumine, oxyde de fer, oxyde de manganèse et d'ammoniaque. 3° Les *acides libres :* acides carbonique, tartrique et racémique, malique, citrique, tannique, pectique, métapectique, succinique, acétique, lactique, butyrique et valérique.

Tous ces corps préexistent dans le moût, ou sont produits par la fermentation.

Ceux qui sont produits par la fermentation sont : les alcools et les aldéhydes, les éthers, la mannite, la glycérine, les acétates, propionates, butyrates et lactates, l'acide carbonique et les acides pectique, métapectique, acétique, lactique, succinique, butyrique et valérique.

Tous les autres corps existent dans le moût.

D'après Bouchardat, un vieux vin rouge se compose de : eau, 878 ; alcool de vin, 100 ; autres alcools, aldéhydes, éthers, parfums et huiles essentielles, traces ; les autres corps 22, le tout faisant 1000.

En moyenne, les vins de consommation contiennent : Eau, de 81 à 94 % ou 800 à 940 gr. par litre ; alcool de 5 $^1/_2$ à 14 $^1/_2$ pour 100, ou 50 à 150 gr. par litre ; les autres substances de 1 $^1/_2$ à 4 % ; dans lesquelles les éthers et les acides volatils entrent pour 0,5 à 1,5 % ; l'extrait sec est de 15 à 50 gr. et les cendres de 3 à 4 gr.

Je vais faire ici l'étude de tous les composants du vin, tant au point de vue de leurs propriétés générales qu'à celui de leur action dans les vins.

Densité. — La densité des vins est le rapport du poids de 1 litre de vin à 15°, au poids de 1 litre d'eau à 4° et pesée dans le vide.

Le poids de 1 litre d'eau à 4° et pesée dans le vide est de 1 kilog.

Cette densité varie suivant le degré alcoolique et la proportion de substances dissoutes. Elle ne présente aucun rapport avec la qualité des vins. La proportion d'alcool tend à diminuer la densité, mais celle-ci n'est pas en rapport avec cette proportion, car les matières dissoutes peuvent la compenser bien au-delà ; aussi les vins sucrés, quoique très alcooliques, sont plus lourds que l'eau.

La densité des vins d'un même cru varie dans de faibles limites, et c'est seulement pour ce fait qu'il est nécessaire de la connaître.

Filhol donne pour les vins de la Haute-Garonne de 0,991 à 0,998 et Fauré pour les vins de Bordeaux de 0,984 à 0,996.

Les vins ordinaires sont un peu moins lourds que l'eau, c'est pourquoi lorsqu'on verse très lentement un vin rouge dans un verre d'eau on voit le vin rester sur la surface de l'eau. Les vins de liqueur sont plus lourds que l'eau, mais en proportion assez faible ; 1,040.

Pour la densité des différents vins et le dosage des divers corps contenus dans les vins, voir le Tableau Général à la fin de ce chapitre.

Eau. — Le vin contient une forte proportion d'eau, puisqu'elle est de 81 à 94 °/₀ ou de 800 à 940 gr. par litre ; la somme des éléments nutritifs ou excitants n'est donc que de 60 à 200 gr. par litre de vin. La moyenne générale des vins est de 895 gr. d'eau par litre.

Alcools. — L'*alcool vinique* ou *alcool éthylique* est le seul important, les autres alcools étant en proportions peu sensibles.

L'alcool appelé aussi *esprit de vin* (de spiritus ; d'où le nom de spiritueux donné aux liquides alcooliques) était appelé autrefois eau ardente, *esprit ardent :* en Anglais, *spirit ;* en Espagnol, *aguardiente (eau ardente).*

Cet alcool est extrait par distillation de tous les liquides provenant de la fermentation des plantes sucrées ou féculentes : raisins, pommes, poires, cerises, framboises, prunes, etc., cannes à sucres, betteraves, grains, topinambours, maïs, dattes, figues de Barbarie, asphodèle mangues, racines de manioc, bibasse, jamrosa, sarrazin, châtaignes, pommes de terre, gentiane, mûres blanches, sorgho, millet, arbouses, glands doux, carottes, garance, mahonica, etc., mélasses, sirops de fécule et miel.

Les *eaux-de-vie* (qu'on appelait dans le principe eau-de-vigne, aqua vitis et non aqua vitæ) sont des mélanges d'eau et d'alcools de vin ou de ses produits, distillés.

Les *Kirsch* ou *Kirschenwasser* (eau de cerises) est le produit de la fermentation des cerises noires ou mérises.

L'*Arack* ou *Rack* des Indes-Orientales est obtenu par le riz fermenté mélangé de cachou.

Le *Gin* ou *Genièvre* est de l'eau-de-vie de grains distillés sur du genièvre.

Le *Wiskey* est produit par la fermentation de la drèche.

Le *Marasquin* de Zara (Dalmatie) vient des prunes est des pèches.

Les autres alcools ont été étudiés à l'article Vinage : Alcools pour le vinage.

Tous les peuples, même les plus sauvages, confectionnent des liquides alcooliques avec les sucs sucrés.

Les Kalmouks font de l'eau-de-vie de lait fermenté.

L'origine de la distillation remonte assez loin dans l'antiquiié.

Les premiers écrits sur les appareils fermés datent du premier siècle de l'ère chrétienne ; Dioscorides les appelle *ambic* et Morewood en a décrit quelques-uns. On pense que ce sont les Arabes qui ont perfectionné et nommé ces appareils *al hambic.* Davicenne dit que, vers 980, l'appareil avec cuburbite, chapiteau et réfrigérant était connu. Le premier auteur qui a décrit d'une manière précise la distillation et auquel on attribue la découverte de l'alcool est *Arnault de Villleneuve* (1300), son élève ; *Raymond de Lulle* (1235-1315), a beaucoup écrit sur l'eau-de-vie (aqua vitis). Arnault avait traité l'eau-de-vie par le tartre calciné pour l'obtenir anhydre ; il a nommé ce produit alcool. Ensuite, les écrivains qui traitent cette question, sont : Michel Savonarole (1400), Joseph Robec, Bazile Valentin, qui obtint l'alcool anhydre par la chaux vive ; Mathiole, Nicolas Lefèvre, Arnaud de Lya, Glauber (1658), qui inventa le chauffe-vin ; Philippe Sacchs (1661), Athanase Kirscher (1663) ; J.-B. Porta, chimiste napolitain (1690), fit un Traité sur la Distillation, c'est l'inventeur de la colonne à plateaux; C. Lefèvre (1676), Moïse Charras (1677), Berchusen (1718) et Bœrhave (1733) ; ce savant médecin hollandais s'occupa de la distillation ; ses Éléments de Chimie décrivent un serpentin à spirale. A partir de ce moment, l'alcool sortit des mains des alchimistes pour se répandre dans le public. En 1770, Poissonnier inventa un appareil de ditillation des vins et même de l'eau de mer et qu'il présenta aux ministres en 1779. En 1780, Argand perfectionna le chauffe-vin et Joubert fonda, près Montpellier, la première grande brûlerie. Adam, en 1801, fit la première application industrielle du chauffe-vin, brevet du 1er juin, et appliqua l'appareil de Woulf à la distillation ; ilobtint d'une seule chauffe des 3/6 ou des eaux-de--vie à volonté ; il mourut de misère en 1807 ; Isaac Bérard fit, en 1805, un appareil plus simple et moins coûteux. Cellier Blumenthal inventa (1813) l'appareil à marche continue, qu'il céda à Derosne qui le simplifia; vinrent ensuite les appareils Egrot, puis Savalle, qui aujourd'hui sont dans le monde entier.

Alcool absolu. — C'est de l'alcool éthylique à l'état anhydre : $C^4 H^6 O^2$. Sa composition en centièmes est de : Carbone 52,174, Hydrogène 13,043, Oxygène 34,783.

C'est un liquide incolore, transparent, très fluide, d'une saveur brûlante et pénétrante, et d'une odeur agréable et enivrante.

Un volume d'alcool donne 488,3 volumes de vapeur, à 100°.

Il bout à 78°41, sous la pression de 760mm et se volatilise sans se décomposer ; la densité de sa vapeur est de 1,6133, elle est donc plus lourde que l'air.

A —130°5 il devient comme une huile épaisse. Il brûle avec une flamme bleue éclairante qui devient de plus en plus pâle suivant qu'il contient plus d'eau; avec 3/5 d'eau, la flamme disparaît.

Sa densité, d'après Gay-Lussac, est de 0,8095 à 0°; 0,7948 à 15° et 0,7920 à 20°. Il est très réfringent.

Sous l'influence de la chaleur l'alcool se dilate; sa dilatation a été déterminée par M. Maumené à diverses températures ;

à 0°	0,00000000
5°	0,00548168
10°	0,01096761
15°	0,01647742
20°	0,02203190
25°	0,02764872
30°	0,03335216
35°	0,03915424

Un litre d'alcool dissout 4 gr. 0,61 d'oxygène (Carius).

Mélangé à l'air, il forme un mélange détonant; il faut tenir compte de ce fait dans sa préparation et surtout que sa vapeur est plus lourde que l'air et par conséquent descend sur le sol.

Il est vénéneux, parce qu'il coagule l'albumine du sang; mais, grâce à cette propriété, c'est un antiseptique.

Il se combine facilement avec l'oxygène sous l'influence d'un ferment ou d'une éponge de platine pour former de l'acide acétique.

C'est un dissolvant précieux pour les chimistes; il dissout le soufre 1/200, le phosphore 1/240, le brôme, l'iode, les hydrates de potasse et de soude, les sulfures alcalins, les chlorures, bromures, iodures, etc.; les résines, les matières grasses, les huiles essentielles, éthers, alcaloïdes et la plupart des acides organiques.

Il absorbe l'acide sulfureux, l'hydrogène sulfuré, l'acide carbonique, l'oxyde de carbone, l'éthylène, etc.

Il forme des éthers sous l'action des acides, des chlorures de fer, d'aluminium, d'antimoine de zinc, de platine et d'étain, avec le chlorhydrate d'ammoniaque et les fluorures de bore et de silicium.

Avec les azotates de mercure et d'argent il donne un produit fulminant.

En présence du chloroforme, il donne de l'aldéhyde.

$$\underset{\text{alcool}}{C^4H^6O^2} + \underset{\text{chlore}}{2Cl} = \underset{\text{acide chlorhydrique}}{2ClH} + \underset{\text{aldéhyde}}{C^4H^4O^2}$$

Sous l'influence de l'acide sulfurique concentré et de la chaleur, il se transforme en eau et en un carbure d'hydrogène, le gaz oléfiant C^4H^4. Cette propriété a été utilisée par Berthelot pour faire la synthèse de l'alcool. Il fit absorber du gaz oléfiant par l'acide sulfurique, à la température ordinaire, il l'étendit de 5 à 6 fois son volume d'eau et distilla; il obtint ainsi de l'alcool.

L'alcool se combine à la potasse pour former $3C^4 H^6 O^2, KO$.

Pour préparer l'alcool anhydre, on prend de l'alcool à un titre élevé 95 à 96° degrés et on distille sur de la chaux vive ou du carbonate de potasse sec; c'est un procédé pratique mais présentant certains dangers d'inflammation : il faut chauffer avec beaucoup de précaution.

On prépare l'alcool parfaitement pur par la méthode suivante, indiquée par E. Waller ;

On agite l'alcool avec du permanganate de potasse jusqu'à ce qu'il soit nettement coloré ; on le laisse alors reposer quelques heures, jusqu'à ce que le permanganate soit décomposé et que l'oxyde de manganèse soit précipité; on ajoute du carbonate de chaux et on distille lentement jusqu'à ce que 10cc du distillat, bouilli avec 1cc de lessive de potasse ou de soude caustique ne donne plus de coloration appréciable, au bout d'une demi-heure de repos ; alors on recueille le produit qui distille; il est neutre et donne avec les alcalis et le nitrate d'argent des solutions parfaitement incolores, même après ébullition et repos prolongé. Il ne contient aucune autre substance, que l'alcool éthylique ; pour l'avoir anhydre on opère comme ci-desus.

Hydrates d'alcool. — L'alcool absolu a une très grande avidité pour l'eau, il absorbe l'eau de l'air et même de la glace.

Lorsqu'on mélange l'alcool à l'eau, il se produit plusieurs phénomènes; la température s'élève beaucoup et, une fois refroidi, le volume du mélange est plus petit que la somme des volumes eau et alcool, il y a contraction.

Il y a là des phénemènes de combinaison et non de simple mélange.

La nature de l'eau a une influence sur la contraction: Parmentier a obtenu, en mélangeant de l'eau et de l'alcool, 18° au moment du mélange et au bout de quatre jours de repos, 16°.

L'alcool mélangé avec de la glace pilée ou de la neige donne une température qui descend jusqu'à — 37° ; il y a contraction.

Au point de vue de la dissolution des sels, les hydrates d'alcool agissent proportionnellement à leurs quantités respectives d'eau et d'alcool et d'après leurs pouvoirs dissolvants. Si on verse de l'alcool dans de l'eau contenant des sels en dissolution, il précipite les sels insolubles dans l'alcool ; si on verse de l'eau dans de l'alcool ayant dissout des sels insolubles dans l'eau, ceux-ci se précipitent.

Nous venons de voir que le poids d'un mélange d'eau et d'alcool est beaucoup plus fort que les poids de ces deux corps pris séparément pour former le même volume. Cela tient à une propriété spéciale des mélanges d'eau et d'alcool, nommée contraction. Lorsqu'on mélange deux volumes égaux d'alcool et d'eau, le volume total est inférieur à la somme des deux autres. Un litre d'eau et un litre d'alcool diminuent de près de 8 centilitres et la température s'élève d'environ 9°.

Mais, d'après l'alcoométrie, on admet que l'eau seule se contracte, puisque l'on indique comme volume d'alcool celui qui a été introduit. Ainsi, si on mélange un volume d'alcool et un volume d'eau, il y a contraction, et si on ajoute de l'eau pour revenir au volume total (deux volumes), l'alcoomètre marquera 50°.

En est-il réellement ainsi ? Cela n'est pas prouvé, car l'alcool a parfaitement pu se contracter, diminuer de volume en augmentant de densité ; mais pour la pratique, cela n'influe en rien, car les poids de l'alcool et de l'eau seront les mêmes dans les deux cas. Le maximum de la contraction s'obtient avec les proportions suivantes : Alcool 53,739; eau, 49,836, soit 103,575, volumes qui se réduisent 100 volumes ; ou 55 d'alcool et 45 d'eau qui se réduisent à 96, 23 volumes.

La densité de ce mélange est de 0,927 à 10° et l'alcool représenté par la formule suivante : $C^4 H^6 O^2, 6 H O$.

D'après Würtz, la contraction maximum s'obtient avec 52, 3 volumes d'alcool et 47,7 volumes d'eau, soit 100 volumes qui se réduisent à 96,35 pour le volume du mélange.

Table de Contraction de l'eau et de l'alcool à 15° calculée par Budberg, d'après les tables de densités de Gay-Lussac.

ALCOOL	EAU	CONTRACTION	ALCOOL	EAU	CONTRACTION
100	0	0.00	45	55	3.64
95	5	1.18	40	60	3.44
90	10	1.94	35	65	3.14
85	15	2.47	30	70	2.72
80	20	2.87	25	75	2.24
75	25	3.19	20	80	1.72
70	30	3.44	15	85	1.20
65	35	3.615	10	90	0.72
60	40	3.73	5	95	0.31
55	45	3.77	0	100	0.00
50	50	3.745	»	»	»

On voit, d'après cette table, que l'alcool doit se contracter comme l'eau et même davantage, puisque 95 litres d'alcool et 5 litres d'eau se contractent de 1,18, tandis que 95 litres d'eau et 5 litres d'alcool ne se contractent que de 0,30 ; mais comme le volume est complété par de l'eau, les résultats en poids sont les mêmes, si on considère que l'eau seule se soit contractée. D'autre part, l'alcoomètre plongé dans un mélange d'eau et d'alcool fait par volumes égaux indiquerait un volume d'alcool plus grand que celui introduit, mais qui représenterait néanmoins le poids exact par litre de ce mélange.

Maumené a fait une table dans laquelle il tient compte de la contraction. Malheureusement, elle n'est pas d'accord avec la graduation de l'alcoomètre. En effet, prenons 50°, l'alcoomètre indique que dans le mélange il y a 50 volumes d'alcool pour 100 volumes de mélange, soit 397 gr. 400 d'alcool par litre — et non, comme le comprend Maumené, 50 volumes d'alcool et 50 volumes d'eau mélangés et devenant moindres, ce qui lui donne 413,576 pour 1 volume de 1 litre. — Il a plus de 50 volumes d'alcool.

La température influe sur la contraction ; elle est plus forte dans les températures basses :

4°	3,97
15	3,77
17,5	3,60
37,5	3,31

Sykes voulant établir la base de son hydromètre obtint par la contraction de l'eau et de l'alcool un volume de 175,25 avec 100 volumes d'alcool pur et 81,82 volumes d'eau.

M. Groning s'est occupé des points d'ébullition des liquides alcooliques contenant plus ou moins d'eau. La table suivante est dressée d'après ses expériences.

ALCOOL °/₀ EN VOLUME		Tempéra-ture de la vapeur.	ALCOOL °/₀ EN VOLUME		Tempéra-ture de la vapeur.
Liquide bouillant.	Liquide distillé.		Liquide bouillant.	Liquide distillé.	
0	0	100.	30	78	85.00
1	13	98.75	35	80	83.75
2	28	97.50	40	82	82.50
3	36	96.25	50	85	81 25
5	42	95.00	65	87	80.00
7	50	93.75	70	89	79.50
10	55	92.50	75	90	78.75
12	61	91.25	80	90.5	78.15
15	66	90.00	85	91.5	77.80
18	68	88.75	90	92	77.50
20	71	87.50	92	93	77.25
25	76	86.25			

La question de savoir si l'alcool et l'eau forment un simple mélange est loin d'être élucidée, les savants ne sont pas d'accord à ce sujet.

Gay-Lussac a conclu de ses expériences que c'était un simple mélange : 1° 100 cc de vin mis dans un ballon de 150cc à col étroit (12mm de diamètre) ont été traités par (15 ou 20 grammes à la fois) 120 grammes de carbonate de potasse anhydre et en poussière fine ; ce sel a été dissous par l'eau du vin et a formé une solution concentrée à la saturation. L'alcool absolu s'est séparé ; il peut même être mesuré. 2° Si à un litre de vin on ajoute 50 grammes de litharge en poudre très fine et si, après décoloration, on verse dans le vin 1 kilogr. de carbonate de potasse, bouche avec soin, remue plusieurs fois et laisse reposer plusieurs heures, l'alcool pur absolu se sépare. Gay-Lussac pensait que le carbonate était incapable de détruire une combinaison un peu stable d'eau et d'alcool et considérait le vin comme un simple mélange.

Bien avant lui, Raymond Lulle faisait cette séparation avec l'alcali fixe desséché ; Bazile Valentin proposa la chaux en 1395 ; d'autres sels, tels que l'acétate de potasse agissent de même.

Les autres expériences faites dans le but de prouver le simple mélange, sont :

On peut distiller le vin sans élever la température au-dessus de l'ordinaire en opérant dans le vide ; l'alcool s'évapore d'abord, non tout à fait pur mais avec une proportion d'eau moindre que celle du vin ; ensuite la congélation produit de la glace presque pure.

Je ne suis pas de cet avis, lorsqu'on ajoute de l'alcool anhydre à l'eau, il se fait une forte élévation de température, et il y a une contraction de volume très sensible, faits qu'on ne rencontre pas dans les simples mélanges.

L'opinion du simple mélange provient de ce qu'on ne connaît pas suffisamment l'action de l'eau, et que l'on admet qu'il y a simplement dissolution ou mélange dans beaucoup de cas où il doit y avoir réellement combinaison.

Vis-à-vis de l'eau, l'alcool se conduit exactement comme la potasse et la soude, quoique à un degré moins fort. L'alcool absolu reste difficilement à cet état, il suffit de déboucher le flacon pour qu'il absorbe l'eau de l'atmosphère ; s'il n'y avait que simple dissolution, l'alcool n'irait pas chercher son dissolvant, il y a affinité. Si par le mélange d'un sel on arrive à séparer l'alcool absolu, c'est que ce sel a plus d'affinité pour l'eau que l'alcool ; les sels déliquescents ont de l'affinité pour l'eau et s'y combinent, tandis que les sels efflorescents sont dans le cas contraire. Par la distillation on sépare les hydrates les moins stables, mais on ne peut arriver à l'alcool absolu sans la présence d'un produit chimique. S'il n'y avait pas combinaison, par la congélation, l'eau se congèlerait à 0°, et non à 6° comme elle le fait pour un simple mélange de 10 % d'alcool. Quels sont les hydrates d'alcool ? il est difficile de résoudre cette question dans l'état actuel de la science, mais il doit y en avoir plusieurs, car de l'alcool déjà hydraté à 95,80, 70° mélangé à l'eau produit également une élévation de température mais de moins en moins forte, toujours comme la potasse et la soude. Et encore, la combinaison n'est pas instantanée, mais elle demande ou se complète en un temps plus ou moins long ; un mélange d'alcool neutre avec l'eau a une volatilité que l'on constate par l'odeur, plus grande au début qu'au bout de quelque temps. Dans le vin y a-t-il d'autres combinaisons ? on ne sait, mais ce que tous les physiologistes affirment, c'est qu'à degré égal le vin produit moins de troubles sur l'organisme qu'un liquide alcoolique, eau et alcool. De plus un vin viné se reconnaît au palais dans les premiers temps et finit par ne plus se distinguer.

En résumé, question mal étudiée, surtout parce qu'on a été arrêté par la supposition du mélange simple ; on n'a donc pas cherché à aller plus loin. Il doit y avoir de nombreuses combinaisons, peu stables, que l'on a considérées jusqu'à présent comme mélanges ; telle est la combinaison du glucose et du lévulose dans le sucre inverti, combinaison entrevue aujourd'hui.

L'eau-de-vie naturelle obtenue par distillation marque de 40 à 42°, et renferme tous les principes aromatiques du vin ; par la rectification on arrive à 85°, mais elle a perdu presque toutes les propriétés des eaux-de-vie de vins.

Pour désigner les alcools on employait autrefois des fractions ; ces nombres indiquent les poids de la quantité d'eau à ajouter à chaque liquide alcoolique afin d'obtenir la preuve de Hollande. Ainsi le 3/8 indiquait qu'en prenant 3 parties, en poids, de cet alcool, et 5 parties d'eau, on obtenait la preuve de Hollande ; le 3/6 demandait poids égal d'alcool et d'eau, on avait ainsi 3/9, 3/8, 3/7, 3/6, 3/5, 3/4, 2/3, 4/7, 6/11. De toutes ces appellations il ne reste que 3/6 qui désigne des alcools de forts degrés : 85 à 92°.

Le tableau suivant indique la valeur de ces différents alcools.

ALCOOLS	ALCOOMÈTRE Gay-Lussac	DENSITÉ	ARÉOMÈTRE Cartier	ARÉOMÈTRE Baumé
Alcool absolu	100.0	0.794	44.2	47.0
Alcool à 40°	95.4	0.814	40.0	43.0
Alcool rectifié	94.1	—	39.0	—
Esprit 3/8	93.4	0.820	38.5	41.0
Esprit rectifié, 3/6 betterave	89.6	0.835	36.0	39.0
— 3/7	88.0	0.845	35.0	37.8
— 3/6 de Montpellier	84.4	0.851	33.0	35.0
— 3/5	77.3	0.869	29.5	31.5
Eau-de-vie, preuve d'huile	59.0	—	22.1	—
— forte	57.2	0.924	21.5	22.5
— preuve de Londres	57.5	—	21.6	—
— — de Hollande (Payen)	58.1	—	22.0	—
— — — (Malepeyre)	49.1	0.936	19.0	20.0
— — — (Robinet)	43.0	—	17.4	—
Double Cognac	52.5	—	20.0	—
Eau-de-vie ordinaire	45.5	—	18.0	—
— faible	36.9	0.957	16.0	16.5

Alcool des vins. — La proportion de l'alcool dans les vins varie suivant la quantité de sucre que contenait le moût, en tant que tout ce sucre ait fermenté.

La moyenne des vins de consommation est de 5 1/2 à 14 1/2 % en poids, soit de 50 gr. à 150 gr. par litre ; ceux qui en contiennent une plus grande proportion ont été alcoolisés après la fermentation (Gautier).

D'après J. Brun, ils en contiennent de 6 à 20 % en volume ; ce qui correspond à 47 gr. et 159 gr. par litre; plus loin il donne de 50 gr. à 200 gr. et 80 ordinairement.

Les autres auteurs ont donné des chiffres plus ou moins différents : Gay-Lussac, pour 42 vins, de 6 à 17° ; Brandes, pour 55 vins, de 9,1 à 23,8 ; Fontenelle, sur 27 vins, de 5,8 à 11 ; Bouis, 34 vins, de 10,3 à 16,3 ; Maillard, 24 vins, de 6,7 à 13,7 ; Fauré, 122 vins, de 7,7 à 19,8 ; Filhol, 22 vins, de 7,6 à 12,3 ; Maumené, 48 vins, de 9,1 à 14,1 ; Vergnette-Lamotte, de 7, 4 à 13,3.

Les vins qui contiennent moins de 55 gr. par litre (6°9) proviennent de raisins imparfaitement mûris ; cependant certains vins de Bordeaux et de Bourgogne peuvent à peine en contenir davantage.

Au-dessous de 6°, le vin est dit faible ; il ne peut ni voyager ni se conserver ; de 6 à 8° sont compris les vins de consommation courante ; de 8 à 10° les vins peuvent très bien se conserver, s'ils n'ont pas trop de matières albuminoïdes et mucilagineuses ; les grands vins titrent de 9 à 12° ; certains vins de Roussillon titrent 15°, ils servent aux coupages ; au-dessus on ne trouve que les vins de liqueur vinés.

Dans les vins nouvellement faits, l'alcool augmente rapidement, mais son poids reste inférieur à celui que l'on retrouvera après la fermentation lente des mois d'hiver.

Boussingault fils a dosé un vin d'Alsace dont le moût contenait 183 gr. 13 de glucose ; après 5 jours de fermentation il y avait 45 gr. 66 d'alcool par litre ; après 10 jours, 84 gr. 16 et après 18 jours, 88 gr. 77 ; il ne restait alors que 3 gr. 77 de glucose, qui disparurent ensuite.

Influence des traitements que l'on fait subir aux vins sur le degré alcoolique.

Vieillissement. — Quand le vin vieillit, à partir du 5e ou 6e mois, l'alcool tend à diminuer, une portion s'évapore à travers les tonneaux, l'autre s'oxyde, donne de l'acide acétique, de l'aldéhyde et l'autre s'éthérifie. Fauré donne les indications suivantes sur les vins de Bordeaux ; à la récolte 10 °/° d'alcool, après 6 mois, 9,65, un an 9,55 et deux ans 9,13.

Le *Collage* a pour effet de diminuer le degré alcoolique, mais d'une manière à peu près nulle, puisque la diminution n'est que de 0,1 à 0,4 pour quatre collages successifs (Gautier).

Le *Mutage* diminue aussi le degré alcoolique, mais plus ou moins fortement, suivant le moment où il a été opéré, puisqu'il a pour but d'arrêter la fermentation du sucre et par suite sa transformation en alcool.

Enfin, toute addition de corps étrangers aux vins, pour en augmenter le volume, ou qui ont ce résultat, diminuent le degré alcoolique ; tels sont : le mouillage, l'addition de cidre, poiré, piquette, etc. Au contraire, toute addition qui a pour but de précipiter les sels contenus augmente, mais très légèrement, le degré alcoolique. Quant au vinage, il est inutile d'insister sur son action. (Voyez Vinage et Recherche du vinage).

Alcools homologues. — La fermentation du vin ne produit pas que de l'alcool vinique ou éthylique, elle produit aussi d'autres alcools, dits supérieurs, parce qu'ils contiennent plus de carbone. Plus ces alcools contiennent de carbone, plus ils sont dangereux pour l'économie animale.

C'est Philipps Taylor qui a indiqué, le premier, la présence des alcools supérieurs dans les vins. Balard a prouvé l'existence de l'alcool amylique dans les vins (Annales de Ch. et Ph., t. 12) ; Chancel a trouvé plus de moitié d'alcool propylique dans l'huile de marc de raisins ; Würtz a établi que l'alcool amylique est toujours mélangé d'alcool butylique dans les vins (Ann. Ph. et Ch. 42) ; Faget a retiré l'alcool caproylique ou caproïque des huiles de marc de raisins (Comptes rendus, t. 37) ; Henninger (1882) a retiré 15 gr. d'alcool amylique par hectolitre dans un vin du Rhin ; il a retiré également 12 gr. d'un produit qu'il pensait être de l'isobutylalcool, et que Ordonneau a démontré être de l'alcool butylique normal. Schwartz a constaté que la proportion d'alcool amylique augmente dans la fermentation tumultueuse; le kirsch ne contient pas d'alcools supérieurs par suite de sa fermentation lente (Dingler Polytechnisches, 172). Lebel a vérifié ce fait sur la bière fermentée à basse température (Bull. Soc. Chim., 1882, t. 2). Ordonneau, dans une vieille eau-de-vie, a trouvé les alcools hexylique et heptylique (1886, 25 janvier, Comptes Rendus). A. Riche (1889, J[l] Ph. et Ch., t. 19) signale la présence des alcools méthylique, œnanthylique et isopropylique.

D'après Lindet, les alcools supérieurs ne sont pas les produits de la fermentation alcoolique normale; ils se produiraient dans les fermentations secondaires; il s'en produit d'autant plus que la température est plus élevée et qu'il y a moins de levûre. (Comptes Rendus, 1890, t. 112 p. 102 et 664). Voyez *Analyse, Recherche des impuretés des alcools.*

La proportion de ces alcools varie avec les cépages, la maturation des fruits et la rapidité ou la lenteur de la fermentation.

Alcool amylique. $C^{10} H^{12} O^2$. Carbone, 68,18. Hydrogène 13,63. Oxygène, 18,19.

C'est un liquide incolore, très fluide, ayant une odeur nauséabonde et caractéristique. Il est inflammable; il bout à 132°; sa densité est de 0,812, celle de sa vapeur est de 3,147; il se solidifie à —20°. Il est très soluble dans l'alcool et l'éther et très peu dans l'eau. Il dissout l'iode, le soufre et le phosphore.

Alcool Butylique. — $C^8 H^{10} O^2$ — Carbone 64.87 — Hydrogène 13.51 — Oyygène 21.62. Cet alcool est un liquide incolore, plus fluide que l'alcool amylique et d'une odeur analogue mais plus vineuse et moins pénétrante; il brûle avec une flamme éclairante; il bout à 116°-118°; sa densité est de 0,805 et celle de sa vapeur de 2,589. L'eau en dissout 9 1/2 % de son poids. Il dissout le chlorure de calcium et le chlorure de zinc.

Alcool Caproyliqae. — $C^{12} H^{14} O^2$ — Carbone 70,58 — Hydrogène 13,72 Oxygène 15,70. Liquide incolore; son odeur rappelle celle de l'alcool amylique; il bout à 150°

Alcool Propylique. — $C^6 H^8 O^2$ — Carbone 60 — Hydrogène 13,33 — Oxygène 26,67. Liquide incolore, d'une odeur de fruits enivrante; il bout à 96°; plus léger que l'eau. Il est très soluble dans l'eau.

Alcool Méthylique. — $C^2 H^4 O^2$ — Carbone 37,50 — Hydrogène 12,50 — Oxygène 50,00. Liquide très fluide, incolore, odeur alcoolique, saveur brûlante. Il est très inflammable et brûle avec une flamme bleue plus pâle que celle de l'alcool; il bout à 65°5; sa densité est de 0,820 et celle de sa vapeur 1,620. Il est soluble en toutes proportions dans l'eau, l'alcool et l'éther. Il dissout un peu d'iode et de phosphore.

Alcool Œnanthylique. — $C^{14} H^{16} O^2$ — Carbone 72,42 — Hydrogène 13,79 — Oxygène 13,79. Liquide incolore, odeur se rapprochant de celle de l'alcool caproylique; il bout à 165°; il est insoluble dans l'eau.

Aldéhydes. — Le mot aldéhyde veut dire alcool déshydrogéné. La présence de ces corps dans les vins n'est plus contestée aujourd'hui. Chancel, le premier, en avait signalé la présence. Magnes-Lahens en a trouvé dans les vins et les vinaigres; Pierre et Puchot en ont obtenu dans la distillation totale de l'alcool; Ordonneau, en 1886, a trouvé de l'aldéhyde; Morin, en 1887, n'en constate que des traces; Mohler, en 1891, en trouve dans toutes les eaux-de-vie naturelles. L'éther de Fauré a une grande identité avec l'aldéhyde, dans ses réactions chimiques. Maumené pense qu'elle contribue à former le bouquet et le goût.

Aldéhyde vinique. — C^4 H^4 O^2 — Carbone 54,54 — Hydrogène 9,09 — Oxygène 36,37. Ce corps a été découvert par Dœbereiner et étudié par Liebig; c'est un liquide incolore, ayant une forte odeur éthérée suffocante; il bout à 21°; sa densité est de 0,790; il est soluble en toutes proportions dans l'eau, l'alcool et l'éther: il dissout l'iode, le soufre et le phosphore.

Les autres aldéhydes: propylique, butylique, œnanthylique et caproylique doivent aussi exister dans les vins, mais on ne les a pas encore séparées.

Ethers. — Bouquet des Vins. — Pour M. Berthelot, et c'est aujourd'hui l'opinion générale, le bouquet des vins n'est pas une substance unique; c'est la réunion de principes oxydables dont les altérations, sous l'influence de la chaleur et de l'oxygène répondent aux altérations du bouquet lui-même, tandis que les phénomènes permanents sont dus aux éthers.

Deleschamps, pharmacien de Paris, isola, le premier, le principe qui donne l'odeur aux vins. C'est une huile qu'il a obtenue vers la fin de la distillation d'une grande quantité de vin. Il n'en étudia ni la composition ni les propriétés, mais il demanda à *Liebig* et à Pelouze leur opinion sur ce liquide inconnu.

Ces deux savants, après de longues expériences, reconnurent que ce liquide était un éther composé qu'ils nommèrent *éther œnanthique*. Ils en déterminèrent les propriétés: Liquide huileux, incolore, d'une saveur forte, odeur de vin très prononcée, désagréable et presque enivrante, quand on le respire de près; densité 0,872, point d'ébullition 225°; il est soluble dans l'eau, l'éther et l'alcool. Sa formule chimique est C^{22} H^{22} O^4; il est donc composé de l'éther C^4 H^5 O et de l'acide œnanthique C^{18} H^{17} O^3. En effet, en traitant ce composé par la potasse caustique, on en sépare les deux composants; en distillant, à une basse température, on obtient de l'éther et de l'œnanthate de potasse. On l'obtient en distillant de la lie de vin délayée dans moitié de son volume d'eau sur un bain de chlorure de calcium; on lave le produit avec du carbonate de soude et on distille sur du chlorure de calcium; l'éther œnanthique est pur.

Liebig et Pelouze, tout en affirmant la présence de l'éther œnanthique dans le vin, ne peuvent expliquer son mode de formation; ce produit n'existant pas dans le raisin doit être formé pendant la fermentation lente, les vins vieux en contenant plus que les jeunes.

Balard a retrouvé cet éther dans l'huile qui infecte les eaux-de-vie de marcs; *Winckler* a prétendu avoir isolé le bouquet des vins; il a pris 500 gr. de vin, il les a évaporés presque à sec et a remis de l'eau pour faire le quart du poids primitif et a ajouté 125 gr. de chaux bien caustique et distilla au bain d'huile; il obtint un produit aromatique qui, repris par l'eau, filtré, évaporé et chauffé avec un peu d'acide sulfurique, lui aurait donné un nouvel acide, d'une odeur caractéristique; neutralisé, cet acide donnerait un sel neutre ayant au suprême degré l'odeur particulière des vins. Würtz, Maumené, Oudemans, Güning, etc., n'ont pu retrouver le résultat indiqué par Winckler.

Zenneck (1837) trouva dans les aromes des vins une huile odorante dont il admit la préexistence, et à laquelle il attribua la propriété de communiquer au vin son bouquet. Il extrayait cet arome au moyen de la congélation des vins; le liquide séparé était distillé avec de l'eau; le résidu de cette distillation, doué d'une odeur aromatique, étant mis en contact avec l'éther, laissait par l'évaporation une huile dont l'odeur ressemblait beaucoup à celle du vin sur lequel on avait opéré. Cette huile était grasse; elle développait sur le papier non collé et sur la peau une tache translucide que la chaleur ne faisait pas disparaître.

Fauré (1844), par une distillation spéciale, a obtenu un esprit recteur qu'il qualifia de bouquet des vins et qu'il affirma être différent de l'éther œnanthique. Robinet pense que malgré cette affirmation, ce doit être cet éther. D'après Fauré, le bouquet des vins est dû à une huile essentielle particulière qui ne se forme que sous certaines influences, et dont les éléments variables résident dans les pellicules du raisin, comme l'arome des fleurs dans leurs pétales.

Suivant *Stickel,* ce bouquet est dû à une huile grasse devenue libre par la fermentation.

Berthelot (1864) fit des travaux pour isoler le bouquet des vins; il opéra de la manière suivante : en agitant à froid, dans un vase rempli d'acide carbonique, le vin avec de l'éther ordinaire, purgé d'air, et, l'évaporant ensuite à une basse température dans un courant d'acide carbonique, il obtint un extrait d'un poids inférieur au millième du poids du vin employé. Le goût vineux et le goût particulier se trouvent concentrés dans cet extrait; la vinasse qui reste a une saveur acide et alcoolique fort peu agréable. Dans cet extrait, il a trouvé un peu d'alcool amylique, une huile essentielle insoluble dans l'eau, qui renferme les éthers, une trace de matière colorante jaune, enfin un principe neutre qui paraît appartenir au groupe des aldéhydes très oxygénées et qui est, selon lui, la véritable essence du bouquet. Sa proportion est de un trente millième et à un quinze millième au plus. On a découvert aussi la présence de l'aldéhyde ordinaire dans certains vins.

Stracke croit que le bouquet est dû à la décomposition de l'huile des pépins sous l'influence du ferment; car du sucre fermenté avec une émulsion de pépins de raisins donne une odeur agréable.

Pour *Pasteur* (1873) il y a dans le vin des *bouquets naturels* et des *bouquets acquis;* les premiers existent sans doute dans le raisin lui-même et passent directement dans le vin, mais il y a des bouquets introduits par les procédés mêmes de vinification, et leur développement serait à peu près exclusivement produit par l'oxygène de l'air.

D'après *Maumené* (1874), le savant chimiste sucrier et vinicole, le parfum des vins est multiple comme celui d'un bouquet de fleurs.

« L'éther œnanthique, d'autres éthers, les alcools vinique, amylique, etc.; aldéhyde et peut-être certaines huiles essentielles, sont les éléments de l'ensemble auquel on doit appliquer le nom de bouquet. Il varie avec les circonstances dans lesquelles a lieu le développement du raisin. Le sol a une grande influence sur lui, car le même cépage, dans des terrains différents, ne présente pas les mêmes résultats. L'influence du cuvage est également considérable. La maturité du raisin semble une condition fondamentale de son développement. »

En résumé aucun des procédés indiqués par les différents auteurs cités ci-dessus n'établit d'une façon certaine et indiscutable la composition complète et exacte du bouquet des vins.

Je me range à l'avis de Maumené sur la composition du bouquet des vins ; c'est justement parce qu'il est composé de corps très différents qu'il n'a pu être possible de le recueillir seul, et que les auteurs varient d'opinion sur sa composition. Ce qui différencie les différents vins, ce sont les différences de proportions, par rapport les uns aux autres, des différents éthers et autres corps qui constituent l'odeur particulière à chaque vin.

Un fait certain, c'est que sans le tartre et sans la fermentatation tumultueuse, les éthers ne prennent pas naissance, mais que ces éthers se forment surtout dans la fermentation lente qui suit la fermentation tumultueuse.

Le goût et l'arome des vins sont formés de tous les corps existants dans ces boissons. Le bouquet, l'alcool, les alcools homologues, les aldéhydes, les acides libres du vin, enfin des essences qui paraissent exister dans le raisin, constituent un ensemble qui agit sur le sens du goût et de l'odorat exactement comme la réunion des sons agit sur le sens de l'ouïe.

Maumené a fait des essais d'imitation du bouquet des vins; avec de l'éther butyrique, un peu d'essence de poire, d'éther œnanthique et d'alcool, il a obtenu l'odeur du vin de Bouzy.

C'est plutôt un à peu près qu'il a obtenu, car dans l'état actuel de la science, il est impossible d'obtenir un corps ressemblant exactement au produit naturel.

Les éthers dont la présence a été démontrée dans les vins sont l'éther éthylique ou vinique, l'éther éthylacétique, l'éther éthylpropionique, l'éther éthyltartrique, l'éther éthylœnanthique et l'éther éthylsuccinique; ceux dont la présence est très probable sont : l'éther éthylbutyrique, l'éther éthylcaproïque, l'éther éthylcaprylique, l'éther éthylpélargonique et l'éther éthylmalique.

On a trouvé aussi l'éther propylbutyrique, l'éther caproylacétique et les éthers amylacétique, propylique, butyrique, caproïque, caprylique et pélargonique.

Le bouquet d'un vin est d'autant plus fort que ce vin est plus riche en acides et en spiritueux; la chaleur favorise la production des éthers, l'excès d'eau la retarde.

D'après les essais déjà faits, on peut admettre que la dose des éthers ne dépasse pas 1 gramme par litre de vin et n'est pas au-dessous de 0 gr. 005.

Ether éthylique ou *vinique*. — $C^4 H^5 O$ — Carbone 64,86 — Hydrogène 13,51 — Oxygène 21,63. Liquide incolore, très fluide, très odorant, saveur brûlante; il bout à 35°6; sa densité est de 0,724 à 12°; celle de sa vapeur est de 2,563; cette vapeur mélangée à l'air forme un gaz détonant. Il se dissout dans dix parties d'eau et en toutes proportions dans l'alcool. Il dissout le soufre, 1/80, le phosphore, 1/37, l'iode, le brôme, les iodures, le gaz ammoniaque et quelques chlorures; les résines, les huiles essentielles et les corps gras.

Ether éthylacétique. — $C^8 H^8 O^4$ — Carbone 34,54 — Hydrogène 29,09 — Oxygène 36,37. Liquide incolore, odeur douce; il brûle avec une flamme jaune; il bout à 70; sa densité est de 0,890 à 15° et celle de sa vapeur 3,067. Il se dissout dans sept parties d'eau et dans l'alcool en toutes proportions. Il dissout les mêmes corps que l'éther éthylique.

Ether éthyltartrique. — $C^{16} H^{14} O^{12}$ — Carbone 46,60 — Hydrogène 6,80 — Oxygène 46,60. Liquide soluble dans l'eau, décomposable par la chaleur et agissant sur la lumière polarisée.

Ether éthylœnanthique. — $C^{18} H^{18} O^3$ — Carbone 72,00 — Hydrogène 12,00 — Oxygène 16,00. Liquide incolore, très fluide, saveur âcre et désagréable, odeur de vin excessivement forte et presque enivrante; il bout à 230°; sa densité est de 0,862 et celle de sa vapeur de 10,477; il est très inflammable et très soluble dans l'alcool et les éthers.

Ether éthylpropionique, ou *métacétique*, ou *métacétonique*. — $C^{10} H^{10} O^4$. Liquide peu dense, d'une odeur agréable de fruit se distinguant nettement de celle de l'éther butyrique.

Ether éthylbutyrique. — $C^{12} H^{12} O^4$. Liquide incolore, inflammable; d'une odeur qui se rapproche de celle de l'ananas; il bout à 110°; la densité de sa vapeur est de 4,04. Il est peu soluble dans l'eau, mais très soluble dans l'alcool et l'esprit de bois.

Ether éthylsuccinique. — $C^{16} H^{14} O^8$. — C'est un liquide, d'une saveur brûlante et d'une odeur aromatique; il bout vers 215° et la densité de sa vapeur est de 6,06.

Ether éthylpélargonique. — $C^{22} H^{22} O^4$. — Liquide, incolore; densité 0,860; bout à 217°. Certains auteurs pensent qu'il est identique à l'éther éthylœnanthique.

Ether éthylcaproïque. — $C^{16} H^{16} O^4$. — Liquide huileux, limpide, d'une odeur d'ananas; sa densité est de 0,882 et celle de sa vapeur de 4,965; il bout à 120°.

Ether éthylcaprylique. — $C^{10} H^{10} O^4$. — Liquide d'une odeur aromatique agréable.

Ether éthylmalique. — $C^{12} H^9 O^9$. — Liquide incolore soluble dans l'eau.

On trouve encore dans les vins : *l'éther propylbutyrique ; l'éther caproylacétique,* liquide incolore, plus léger que l'eau, bouillant à 45° ; *l'éther amylacétique,* $C^{14} H^{14} O^4$, liquide incolore, odeur aromatique, bouillant à 125°, densité de sa vapeur 4,458, insoluble dans l'eau, soluble dans l'alcool ; *l'éther amylpropylique : l'éther amylbutyrique : l'éther amylcaproïque ; l'éther amylcaprylique et l'éther amylpélargonique.*

Triméthylamine. — $C^6 H^9 Az$. — Muller avait constaté que cette base se formait dans les fermentations putrides. Bruck l'a trouvée dans certains vins et Ludwig a confirmé les essais de Bruck. Elle provient sans doute de la décomposition des ferments; elle peut aussi provenir des engrais. Il y a sans doute d'autres amines.

Acétone. — $C^6 H^6 O^6$. — C'est un liquide incolore, d'une saveur âcre et brûlante et d'une odeur particulière. Sa densité est de 0,792 et celle de sa vapeur de 2,022 ; elle bout à 56°. Elle est soluble en toutes proportions dans l'eau, l'alcool et l'éther. Ce corps doit se trouver dans les vins, ou tout au moins dans les eaux-de-vie, mais il n'a pas été isolé.

Acétal. — $C^{12} H^{14} O^4$. — On l'appelle aussi aldéhyde diéthylique ; c'est un produit de l'oxydation de l'alcool. Liquide incolore, d'une odeur agréable et d'une saveur caractéristique. Densité 0,821 à 22°, 4. Il bout à 105°. La densité de sa vapeur est de 4,24 ; il brûle avec une flamme brillante ; il est soluble dans 6 fois son poids d'eau et en toutes proportions dans l'alcool et l'éther. Ce corps a été isolé d'une eau-de-vie de Cognac, par M. Ordonneau, en 1886.

Furfurol. — $C^{10} H^4 O^4$. — C'est un liquide oléagineux, incolore ; son odeur rappelle celle de l'essence d'amandes amères et celle de l'essence de cassia ; il bout à 162°,5 ; sa densité est de 1,68 et celle de sa vapeur 3,34. Il est très soluble dans l'eau et dans l'alcool.

Fœrster a constaté que le furfurol se forme en faibles proportions, lorsqu'on abandonne le sucre, à partir de 38°, en présence des acides étendus.

En 1887, M. Ivison O'Neale signale la présence de ce corps dans les vins et caux-de-vie, il en attribue la présence à la carbonisation des fûts neufs.

La même année, M. Morin en trouve dans une eau-de-vie des Charentes, faite avec des vins sains ; en 1890, M. Lindet démontre que ce corps n'est pas un produit de la fermentation alcoolique ; d'après lui il est dû à la distillation à feu nu ou à l'action des acides minéraux ; en 1891, Mohler en trouve dans toutes les eaux-de-vie à la dose de 0,0008 à 0,0065 par litre.

Isobutylglycol. — $C^4 H^{10} O^2$. — C'est un liquide incolore, un peu visqueux, miscible à l'eau, bouillant à 178°,5, ayant une odeur empyreumatique particulière ; sa densité à 0° est de 1,018 et à 20° de 1,002.

Dans l'extraction de la glycérine des vins, il est fortement retenu par celle-ci, dont il constitue une des impuretés.

M. Henninger (Comptes Rendus, 1882, Juillet, 10) a signalé la présence de ce corps dans les vins ; il a pu en retirer une petite quantité d'un vin rouge authentique de Bordeaux (1881), au moyen de son appareil à colonne.

Sucre de Raisin. — Pohl n'admet pas la présence du sucre dans les vins normaux ; il affirme n'en avoir pas rencontré dans ses recherches sur les vins. Il y a là, évidemment, une erreur grave.

J. Brun, au contraire, dans les nombreuses analyses qu'il a faites des vins de France et d'Allemagne, en a trouvé de 1 1/2 à 10 gr. par litre et ordinairement 2 gr.

Fischern a trouvé de 3 à 10 gr. de sucre par litre dans des vins d'Allemagne.

M. Berthelot (Comptes Rendus, 1879) a constaté dans un vin de Porto de 45 ans 3,15 de sucre réducteur °/₀ ; et après inversion par un acide minéral 3,68, soit du sucre de canne pour 0,53 °/₀. Pour un vin de 100 ans, il a trouvé 1,25 et 1,29 soit 0,04 pour le sucre de canne.

M. Gautier a signalé ce fait que dans quelques vins et en particulier dans les vins doux des pays chauds, on trouve une substance extractive jouissant d'un pouvoir réducteur si puissant que si l'on calcule son poids en glucose, d'après la réduction du réactif cupropotassique, ce poids s'élève à deux fois, et plus, celui de l'extrait sec contenu dans ces mêmes vins. Sestini a trouvé 172 gr. de glucose dans un muscat de Syracuse qui ne donnait que 147 gr. d'extrait sec.

Ils me semble impossible que les chimistes vinicoles s'en tiennent à la simple énonciation de ce fait, il faut le vérifier, et, s'il est prouvé, chercher quelle est la substance qui trouble ainsi le dosage du sucre ; dosage sur lequel on ne pourrait plus s'appuyer.

Le sucre inverti ou sucre de raisin existe évidemment dans les vins, *je l'ai toujours rencontré en doses plus ou moins fortes* ; il y est en très faibles quantités dans les vins secs et en proportion plus ou moins considérable dans les vins de liqueur, auxquels il donne le goût sucré qu'ils possèdent.

Dans le moût et dans le vin, une petite partie de ce sucre est combinée aux acides tartrique et malique libres, sous forme de glucosides : les acides glucosotartrique, glucosomalique, etc. Ces combinaisons se détruisent lentement et l'acide est mis en liberté. (Berthelot et de Fleurieu.)

Glycérine. — $C^6 H^8 O^6$. — Carbone 34,29. — Hydrogène 4,76. — Oxygène 60,95.

Ce corps, qui est un alcool, a été découvert par Scheele, en 1779, et nommé par lui principe doux des huiles; Chevreul en détermina la formule et en étudia les propriétés. C'est la substance qui, combinée aux acides gras, forme tous les corps gras.

La glycérine est un liquide incolore, sirupeux, onctueux au toucher, sans odeur, ayant une saveur douce et sucrée. Sa densité est de 1,266 à 15°; elle ne se solidifie pas à -36° et se vaporise dans le vide, sans laisser de résidu. A l'air elle commence à se vaporiser à 90° après avoir perdu son eau. En 1881, Couttoline a trouvé qu'elle perdait 0 gr. 0037 environ par centimètre carré de surface, et par heure. Elle est combustible, soluble dans l'eau et l'alcool en toutes proportions; insoluble dans l'éther et le chloroforme; elle est neutre au papier de tournesol.

La solution aqueuse de glycérine, abandonnée pendant plusieurs mois à elle-même, en présence des ferments, à une température de 25-30°, subit une décomposition pendant laquelle il se forme de l'acide acétique et de l'acide métacétonique (Redtenbacher).

Avec le chlorure d'or elle produit un précipité d'un beau rouge pourpre foncé; cette réaction a lieu avec une très faible quantité de glycérine.

Avec les acides elle forme un grand nombre de sels. Elle a la propriété d'être très avide d'eau; elle attire l'eau de l'atmosphère de sorte qu'un corps enduit de glycérine et laissé à l'air ne peut se dessécher.

A propos de la fermentation, nous avons vu que la glycérine est le résultat de la fermentation alcoolique du sucre.

La théorie indique que 100 de sucre de canne donne 3.154 de glycérine et que 100 de sucre interverti en donne 3.00, et correspond à 51.111 d'alcool; mais en pratique, le poids de la glycérine par rapport à celui de l'alcool est plus considérable, par suite de la perte de celui-ci par entraînement ou évaporation.

Dans le traité de viticulture de Ladrey, il est dit que la glycérine produite par 100 gr. de sucre est de 3.16 à 4 %.

Le poids de la glycérine varie de 5gr 5 à 7gr 5 par litre en moyenne et de 6gr 5 à 7gr 5 dans les vins du Midi (Chancel).

D'après tous les essais faits par Pasteur et les autres chimistes sur les vins purs, pour le dosage de la glycérine, le poids de celle-ci varie entre la 11e et le 14e du poids de l'alcool, mais ne lui est inférieur en aucun cas; quelquefois elle est du 10e. Le chiffre du 16e, théorique, n'est donc vrai que pour la fermentation du sucre en vase clos.

Voici quelques poids donnés par Pasteur:

Bordeaux supérieurs	7gr 142	par litre.
— ordinaires	6 970	—
Bourgognes supérieurs	7 340	—
— ordinaires	4 340	—
Arbois vieux	6 750	—

Elle forme *moins de la moitié et plus du tiers du résidu sec.*

Un vin contenant 12°6 d'alcool, ou 100 gr. par litre, contiendra de 7gr14 à 10 gr. de glycérine par litre. (Gautier.)

Poids de glycérine trouvés par différents chimistes :

Vins français de 5.6 à 7.6 ; Bourgognes rouges, 5.8, pour 81.2 d'alcool ; Bordeaux rouges ordinaires, 7.19 ; Hérault rouges corsés, 6.5 à 7.6. Pour les vins italiens, Macagno a trouvé qu'ils contenaient un poids de glycérine dix-huit fois et demie plus faible que celui de l'alcool ; mais sa méthode est erronée. Les analyses des mêmes vins, faites par Fausto Sestini, del Torre et Baldi, indiquent les proportions les plus diverses qui varient du 9e au 24e.

Il est très probable que ces vins sont vinés.

Ayant le tant pour 100 d'alcool, soit par exemple 9°, on en conclut à la quantité de sucre préexistante dans le moût, par le poids de l'alcool comparé au sucre d'après la formule de la fermentation.

9 degrés égalent 9 $\times$ 0.7948 = 71gr532 d'alcool par litre, en poids ;

51gr111 d'alcool proviennent de	100 gr. sucre de canne	et	105gr26 de glucose	
71gr532	id	140 gr.	id.	147gr30 id.

Or 100 gr. de sucre de canne donnent 3gr16 de glycérine,
140 gr. id. donneront 4gr42 id.

ou plus simplement : 51gr11 d'alcool = 3.16 à 3.60 glycérine.
1/16e 1/14e
71gr532 id. = 4.42 à 5.03 id.
1/16e 1/14e

Ces chiffres, qui sont exacts pour la fermentation du sucre dans des bouteilles bien bouchées, ne le sont plus dans les conditions ordinaires de la fermentation des vins.

Comme, dans les vins, le rapport de la glycérine à l'alcool varie du 11° au 14°, il est beaucoup plus simple de diviser le poids de l'alcool par 11 ou par 14 pour avoir le poids de la glycérine ; lequel dans le cas cité plus haut serait de 6.503 ou de 5.109.

Inosite. — Robinet, dans son *Manuel pratique d'analyses des Vins* (1884) signale la présence de l'inosite dans les vins.

Cette substance a pour formure : $C^{12} H^{12} O^{12}$, 4HO. Elle est donc isomère du glucose ; et comme elle possède une saveur sucrée, on la rangerait de suite dans la classe des sucres si elle éprouvait immédiatement la fermentation alcoolique, ce qui ne paraît pas être ; cependant, en présence d'une membrane en putréfaction, elle se transforme en acide lactique et en acide butyrique. (Wohl.)

Scherer, le premier qui l'a découvert (1850) et lui a donné son nom, l'a trouvée dans les eaux mères de la préparation de la créatine.

La présence de cette substance a été constatée dans le cerveau par Muller, dans le tissu pulmonaire par Cloetta et dans les haricots verts par Wohl.

L'inosite pure se présente sous forme d'aiguilles prismatiques, incolores, qui perdent leur transparence au contact de l'air en laissant dégager une partie de leur eau de cristallisation.

L'eau en dissout 6 % à 22°. La dissolution est sans action sur la lumière polarisée, elle ne brunit pas sous l'influence de la potasse caustique comme le fait le glucose ; elle ne réduit pas le réactif cupropotassique ; elle est précipitée par le sous-acétate de plomb. Le baryte forme un sel brun à reflets de cantharides : $C^{12} H^{4} O^{10}$, BaO.

Humectée avec de l'acide azotique, puis desséchée doucement sur une lame de platine et ensuite mouillée avec de l'ammoniaque, puis du chlorure de calcium, et enfin chauffée de nouveau, elle donne une teinte rouge très vive. (Voir *Vins factices*).

Mannite. — $C^{6} H^{7} O^{6}$. Prat a trouvé de la mannite dans les vins blancs de Bordeaux : Haut-Sauterne, Château-Yquem, etc. Cette substance, véritable alcool hexatomique, se produit aux dépens du glucose, dans la fermentation visqueuse.

Pectine. — $C^{64} H^{48} O^{64}$. — Cette substance, qui existe dans les fruits et fait prendre leurs jus en gelées dans les confitures, se rencontre aussi dans le raisin ; l'alcool la précipite à l'état gélatineux ; les acides la changent en acide pectique ; elle n'existe donc guère que dans les moûts et dans les vins nouveaux.

Mucilage. — D'après Vauquelin (1822), tous les vins contiennent ou semblent contenir une substance molle, plastique, filante, transparente, grisâtre, qui diminue de volume en séchant ; elle semble avoir une grande analogie avec la fibrine. En brûlant, elle dégage une légère odeur ammoniacale, puis des gaz acides.

Phipson considéra cette substance comme provenant de la fermentation visqueuse du sucre de raisin ; mais il n'a pas trouvé d'ammoniaque dans cette matière.

Vauquelin a commis une erreur, l'odeur ammoniacale qu'il a constatée ne vient pas de la gomme, mais du ferment qu'il ignorait et d'une matière grasse. M. Robinet a repris cet essai : 5 litres de vin évaporés à l'état pâteux, et traités par l'alcool ont donné comme résidu une pâte plastique gris sale, collante ; cette pâte, dissoute dans l'eau bouillante, filtrée et traitée par la baryte jusqu'à cessation de précipité et filtrée, a fourni un liquide qui, évaporé et traité par l'éther, lorsqu'il est arrivé à l'état pâteux, donna une masse qui se crispa brusquement. Cette masse, lavée à l'éther et à l'alcool, ressemble au gluten ; elle fut séchée jusqu'à ce qu'elle devînt cassante ; calcinée, elle n'a pas fourni d'ammoniaque ; c'est le mucilage de Vauquelin, ou œnanthine de Fauré.

Œnanthine. — Fauré, parmi ses nombreux essais, a obtenu cette substance, qu'il pensa être un corps particulier et nouveau.

L'œnanthine est une substance élastique, filante, glutineuse ; elle est soluble dans l'eau et dans l'alcool faible ; elle brûle en se cornant, donne du charbon, des sels de potasse et de chaux et dégage de l'ammoniaque. Fauré, qui l'a rencontrée seulement dans les grands vins de Bordeaux, lui attribuait leur onctuosité ; ses expériences lui ont fait admettre qu'elle provient de la fermentation et n'est ni de la pectine ni du mucilage. Pour la préparer, voici comment il faut opérer : On précipite le tannin et la matière colorante par la gélatine, on filtre et fait évaporer à une douce chaleur ; le résidu pâteux est traité par l'alcool à 85° qui coagule l'albumine, le mucilage et la pectine échappés à la gélatine ; on filtre et évapore l'alcool ; l'œnanthine ainsi obtenue n'est pas pure, elle entraîne avec elle un peu de bitartrate et de tartrate neutre de potasse et de chaux ; on l'en débarasse en la malaxant pendant quelques instants dans l'alcool ; on la purifie par un lait de chaux, on évapore, sèche et pèse.

Mulder a repris ces essais et a trouvé que l'œnanthine possède une partie des propriétés de la dextrine et est très analogue au mucilage décrit par Vauquelin

Gomme ou Dextrine. — Fabroni avait déjà dit que dans les vésicules qui constituent la pulpe centrale du grain réside un suc plus gommeux que le suc des autres parties. Neubauer, Hope, Seyler, etc., ont pensé que le corps gommeux obtenu par divers auteurs et par eux-mêmes était de la dextrine ; c'est une erreur. Béchamp et Pasteur ont démontré que cette matière était une espèce de gomme, ayant un pouvoir optique et réduisant la liqueur de cuivre, mais sept fois moins que le glucose. Pasteur en a constaté la présence, en quantités variables, mais sensibles, dans tous les vins.

Cette substance, combinée à du phosphate de chaux, a toutes les propriétés des gommes ; avec l'acide azotique elle fournit une grande quantité d'acide mucique, identique à celui de la gomme arabique. Pour l'obtenir, il faut réduire le vin au quinzième, laisser cristalliser le bitartrate de potasse pendant 24 heures, décanter et à l'eau mère ajouter 3 ou 4 fois son volume d'alcool 90° ; le précipité se présente sous deux états : tantôt il se rassemble et s'agrège en diminuant beaucoup de volume, on peut même renverser le vase sans qu'il se détache des parois ; tantôt il est floconneux, alors il est associé à des sels de chaux, dont le principal est le tartrate neutre ; on le lave à l'alcool par décantation, on le dissout dans l'eau, filtre et précipite par l'alcool.

Matières grasses. — La présence de ces matières est admise par un grand nombre de chimistes, l'huile grasse provenant de la fermentation du sucre de raisin en présence des pépins ; cependant elles n'ont pas été déterminées et on n'a pas de preuves absolues de leur présence. Batilliat pense que c'est de l'huile de pépins ; en effet, les pépins contiennent de l'huile et peuvent donc en céder aux vins une faible proportion.

Matières azotées. — Ces substances se composent des matières albuminoïdes naturelles, de corps gras et d'huiles animales dissous accidentellement, et des ferments. Une partie provient de la malpropreté des outils et des procédés de foulage. Le collage en introduit un peu à l'état d'albumine. On ne connaît pas leur influence sur la qualité et la conservation des vins, mais on sait que lorsqu'elles sont en grande quantité elles sont la cause de fermentations secondaires.

Acides. — Les acides contenus dans les vins se divisent d'abord en deux grandes classes : les acides organiques et les acides minéraux. Ces acides sont contenus à trois états différents : 1° à l'état d'acides libres fixes ou volatils ; 2° à l'état de sels acides; 3° à l'état de sels neutres.

On appelle *Acidité totale* ou *Titre Acide* la proportion des acides contenus dans les vins capables de saturer un alcali qu'on y verse.

Le titre acide comprend les acides libres et la partie des acides des sels, acides, qui n'est pas saturée.

Comme la quantité totale de ces acides influe beaucoup sur la qualité des vins, il est nécessaire de la connaître. Il n'y a pas de rapport entre la quantité de crème de tartre contenue dans un vin et l'acidité totale de ce même vin, l'acidité étant due en partie à d'autres acides, et le tartre n'ayant d'acidité que la quantité d'acide tartrique excédant celle nécessaire à former un sel neutre.

L'acide carbonique n'est pas compris dans l'acidité totale, on a soin de l'éliminer avant de chercher le titre acide.

Les acides que l'on trouve dans le moût sont : les acides malique, tannique, pectique, phosphorique, tartrique, acétique, sulfurique et azotique. L'acide tartrique est à l'état de bitartrate de potasse (crème de tartre) et forme $^1/_3$ à $^2/_3$ de l'acidité totale. Lorsque le vin est fait, le bitartrate de potasse se précipite en partie, et tandis que l'acidité totale du jus de raisin mûr équivaut de 8 à 12 gr. d'acide sulfurique monohydraté par litre (non compris l'acide carbonique) elle s'abaisse à 4 ou 6 gr. dans le vin nouveau. D'après Frésénius, dans les bonnes années la proportion d'acides par rapport au sucre est de 1 : 29. Les espèces médiocres de 1 : 16. En 1847, année peu abondante, 1 : 12; en 1854, meilleure, 1 : 16 et en 1848, bonne année, 1 : 24. La diminution du titre acide est due à la moindre solubilité de la crème de tartre et à la diminution des acides libres qui s'éthérifient.

Par le vieillissement des vins, l'acidité diminue encore et tombe entre 1gr 5 et 5 gr.

Dans les vins faits, les acides sont de deux sortes : 1° les acides fixes : tartrique, tannique, succinique, malique, pectique, métapectique, et peut-être lactique. 2° Les autres acides sont volatils ; tels sont l'acide acétique et des traces de ses homologues, œnanthique et quelquefois butyrique, valérique, propionique et pélargonique. L'acidité due aux acides volatils est du 20e au $^1/_4$ de l'acidité totale; les acides éthérifiés concourent aussi au titre acide.

Dans quelques vins on trouve, à l'état libre, les acides tartrique et phosphorique ; on trouve aussi, parfois en quantité notable, par suite de fermentations accidentelles, les acides lactique, butyrique, propionique, valérianique et pélargonique. Il faut y joindre l'acide métapectique, qu'on ne rencontre du reste que très rarement dans les vins, sauf dans quelques cas d'altération (Robinet).

Les vins des pays modérément chauds, où le raisin mûrit suffisamment pour donner de 160 à 200 gr. de glucose par litre de moût, mais sans qu'il mûrisse assez pour perdre toute acidité au goût, sont les plus estimés.

Néanmoins, on ne peut déterminer la qualité d'un vin d'après son titre acide; mais cependant on ne peut le négliger; il faut qu'il reste dans la moyenne, une insuffisance d'acide donnant un vin sans bouquet, et un excès d'acide donnant des vins désagréables.

Les vins d'une même contrée et d'une même année ont une proportion d'acide presque constante, mais ceux de différentes régions, quoique voisines, ont un titre qui change d'une façon très sensible.

Le titre acide, se composant d'acides très divers, ne peut s'estimer en poids mathématique ; il faut rapporter cette quantité à un acide quelconque,

La base admise en France est celle de l'acide sulfurique monohydraté, SO^3, HO, c'est-à-dire que l'acidité des vins aura la même action sur les réactifs basiques que la quantité d'acide sulfurique.

A l'étranger, la plupart des pays ont choisi comme terme de comparaison l'acide tartrique. Je crois qu'ils ont raison, car cet acide entre pour la plus grande part dans l'acidité totale des vins ; de plus en employant cette base de comparaison on simplifie beaucoup les calculs dans la vinification lorsqu'on dose l'acidité d'un moût ou d'un vin pour savoir quelle quantité d'acide tartrique l'on doit ajouter.

D'autres auteurs ont choisi comme types : la soude caustique, le carbonate de soude sec, l'acide carbonique, lesquels n'ont aucune raison d'être.

Dans cet ouvrage *tous les chiffres d'acidité donnés sont calculés en acide sulfurique monohydraté pour les acides fixes et en acide acétique pour les acides volatils;* les chiffres donnés par les différents auteurs sont donc convertis en ces deux acides.

Las moûts ont en moyenne de 10 à 12 grammes d'acidité, cette acidité tombe à 5 ou 8 grammes après la première fermentation et descend ensuite plus ou moins.

Voici quelques chiffres d'acides fixes et volatils.

	Güning		Mulder.
	Acidité totale.	Acides volatils	Acides volatils.
Champagne	2.09	0.753	0.754
Hermitage............	2.15	0.071	1.258
Langlade.............	2.55	0.788	—
Beaune...............	1.79	0.180	0.377
Pomard...............	2.63	0.380	0.793
Tavel................	3.08	0.341	0.348
Narbonne.............	2.99	0.390	—
Muscat Rivesaltes	2.09	0.587	—

	Güning. Acidité totale.	Acides volatils.	Mulder. Acides volatils.
Roussillon	2.66	0.360	—
Bordeaux	2.15	0.490	1.025
— Côtes, blanc	3.63	1.482	—
— Saint-Georges	3.81	0.518	—
— Sauterne	2 21	0.500	1.045
Bergerac blanc	2.66	0.770	1.606
Lacryma-Christi	2.09	1.388	
Beni-Carlo	2.80	1.094	
	Blaanderen		
Madère	2.25	1.965	
Ténériffe	2.14	1.344	
Porto	1.67	0.412	
Rhin	1.97	0.777	

Acides volatils (Pasteur).

Arbois bon ordinaire	1863	au bout de	2 ans	1.33
Bordeaux	1859	—	6 —	1.08
Douby, Beaujolais	1854	—	9 —	0.66
Bourgogne ord	1856	—	8 —	0.80
Des Arsures	1859	—	5 —	2.41

Analyses du docteur Goppelsœder (exprimées en acide sulfurique).

				Acides fixes	Acides volatils	Acidité totale
Vins rouges d'Alsace	3	analyses,	moyenne	2.69	0.48	3.17
— — Turckeim	1	—	—	2.82	0.60	3.42
— blancs d'Alsace	19	—	—	2.80	0.50	3.30
— rouge Margraviat	3	—	—	2.44	0.55	2.99
— blanc —	8	—	—	2.75	0.40	3.15
— rouges Suisse, Schaffouse			—	3.46	1.63	5.09
— — — Vaud			—	2.62	1.12	3.74
— — — Bâle			—	2.88	0.78	3.66
— blanc — Zurich, 8			—	2.86	0.95	3.80

Analyses de deux chimistes allemands cités par M. Maumené; Moûts :

	Œsterreicher		Weissergutedel		Riesling	Burgender
Acide tartrique	2.210	2.205	2.207	2.246	4.379	2.640
— racémique	0.311	0.225	0.287	0.299	0.078	0.062
— malique	1.289	1.352	1.007	1.127	2.465	2.075
— citrique	0.098	0.246	traces	traces	traces	traces
Tartre	1.208	1.215	1.341	1.356	—	—
Tartrate de chaux	0.224	1.239	0.226	1.521	—	—

Acide tartrique. — $C^8 H^4 O^{10}, 2 HO$. Carbone, 32,00 ; Hydrogène, 2,67 ; Oxygène 33,00; Eau, 12,00. — Cet acide, le plus important de ceux contenus dans les vins, était aussi nommé acide du tartre, acide tartareux, acide tartarique.

C'est un corps solide, incolore, inaltérable à l'air et d'une densité de 1,75. Il cristallise facilement en prismes obliques à base rhombe terminés soit par des sommets dièdres et tronqués sur les arètes longitudinales, soit en prismes hexagonaux terminés par un pointement à trois faces. Sa saveur acide n'est pas désagréable. Il est soluble, il fond à 130 et 140°, brunit à 160°, et en élevant la température il se carbonise, répand une odeur de pain brûlé et donne un charbon volumineux. Sa solution aqueuse s'altère et se remplit d'une substance blanche, visqueuse et filamenteuse.

L'acide tartrique, qui est bibasique, forme avec les bases deux sortes de sels : les sels acides ayant un équivalent de base et un équivalent d'eau, on les nomme des bitartrates ou des tartrates acides, et les sels neutres contenant deux équivalents de base pour un acide, on les nomme tartrates neutres ou tartrates bibasiques ; les sels acides sont plus acides que les sels neutres.

Cet acide préexiste dans un grand nombre de fruits, mais c'est le raisin qui en contient le plus.

L'acide tartrique existe à deux états isomériques, dont la seule différence est dans leur action sur la lumière polarisée que l'un dévie à droite (acide tartrique droit) et l'autre à gauche (acide tartrique gauche).

La combinaison de ces deux acides produit l'*acide paratartrique* ou *acide racémique* qui, tout en ayant la même composition, n'a plus les mêmes propriétés.

L'acide racémique se trouve combiné avec la potasse dans la crème de tartre des raisins des Vosges ; il n'y existe, du reste, qu'en faible proportion.

La présence de l'acide tartrique à l'état libre dans les vins naturels a été niée par un grand nombre d'auteurs les plus compétents.

Berthelot et de Fleurieu, au contraire, ont admis sa présence dans quelques vins et surtout dans les vins jeunes. Ils l'ont du reste reconnu par leur procédé de dosage, admis par Würtz et par Robinet avec quelques légères modifications. Weigelt en a trouvé de 0,01 à 0,06 et Claws également.

Liebig assure que les vins du Rhin contiennent de l'acide tartrique libre, surtout s'ils ont été conservés longtemps en tonneaux; mais Andrew a démontré depuis que ce devait être de l'acide acétique.

Robinet, dans les nombreuses analyses qu'il a faites, n'en a trouvé que de rares échantillons ; cependant dans les vins blancs dont le raisin n'a pas mûri, il en a trouvé quelquefois, rarement dans les vins rouges.

Dans tous les cas, la quantité doit être bien petite pour que l'on soit si peu fixé à cet égard ; on le trouve rarement en proportions appréciables dans les vins normaux, surtout dans les régions où le vin mûrit suffisamment.

L'acide tartrique existe aussi dans les vins à l'état d'acide glucoso-tartrique ; le sucre disparaît peu à peu et l'acide reste libre.

On le trouve, pour la plus grande partie, à l'état de crème de tartre qui est étudiée plus loin.

Une petite partie y est aussi à l'état de tartrate de chaux et quelquefois combinée à la magnésie, le fer et l'ammoniaque.

Acide tannique ou tannin ou œnotannin. — C^{54} H^{22} O^{34}. — Carbone, 52,44. — Hydrogène, 3,56. — Oxygène, 44,00.

Le tannin varie avec les végétaux ; chaque sorte de tannin possède certaines propriétés particulières, tout en ayant les propriétés générales des tannins.

Le type des tannins est celui qui est retiré de la noix de galle, le gallotannin ou acide gallo-tannique ; les autres tannins bien différenciés sont : le quercitannin, retiré du chêne rouvre ; le cachutannin, extrait du cachou ; le cafétannin qui existe dans le café ; le morintannin que l'on trouve dans le bois jaune ; le quinotannin retiré du quinquina et enfin l'œnotannin que l'on trouve dans les vins.

Le gallotannin a été découvert en 1760 par Lewis, mais ce n'est qu'en 1834 que Pelouze indiqua un moyen de l'extraire assez pur ; Maumené inventa un appareil qui rendit cette extraction pratique.

Il est solide, blanc ou légèrement ambré, spongieux et amorphe ; il est inodore ou possède une légère odeur éthérée (Pelouze) ; sa saveur est astringente, sans amertume.

Il est soluble dans l'eau, très soluble dans l'alcool et à peine dans l'éther. Il rougit le papier de tournesol, décompose les carbonates, ne donne aucun précipité avec les sels de protoxyde de fer mais précipite en noir bleuâtre les sels de sesquioxyde ; il précipite presque tous les sels métalliques en vert, brun ou noir, et les sels à base d'alcalis organiques en formant des sels peu solubles dans l'eau et très solubles dans l'acide acétique ; avec les alcalis il forme des tannates solubles. Il précipite aussi la gélatine, l'amidon, l'albumine, la fibrine et la caséine.

Le gallotannate de gélatine est soluble dans un excès de gélatine surtout à chaud et insoluble dans un excès de tannin. Les peaux l'absorbent. Bouilli avec de l'acide sulfurique étendu, le gallotannin se change en acide gallique et en glucose. Récemment dissous, il précipite plus de gélatine que lorsque sa solution est vieille.

La potasse, à l'ébullition, le change en acide gallique ; à l'air les alcalis produisent à froid une couleur rouge brunâtre, si foncée que le liquide semble opaque ; cette couleur est due à la production d'acide tannoxylique ; à l'ébullition, c'est de l'acide tannomélanique qui se forme.

Il y a plusieurs sortes de tannins, exerçant une action différente sur les persels de fer : 1° ceux qui précipitent en bleu ou en noir ; noix de galle, écorce de chêne, sumac, bouleau, etc. ; 2° ceux qui les colorent en noir verdâtre, quinquina, cachou, thé, pins, etc., l'œnotannin est dans cette catégorie ; 3° ceux dont la coloration obtenue est gris verdâtre : ratanhia, absinthe.

L'*œnotannin* est soluble dans l'eau, l'alcool et l'éther ; sa solution aqueuse précipite difficilement la gélatine, ce qui le distingue du gallotanin ; avec les sels de protoxyde de fer, il ne donne aucune réaction et avec les sels de peroxyde il donne une coloration vert bouteille. A l'air, il s'oxyde rapidement et se colore en rose et en rouge (Gautier). Il a une saveur astringente, il faut lui attribuer la sensation d'oppression que subissent les consommateurs délicats lorsqu'ils boivent certains vins trop riches en tannin, surtout si ces vins ont été additionnés de gallotannin.

Mis en liberté par l'acide sulfhydrique, de la combinaison qu'il forme avec l'oxyde de cuivre, il se présente sous la forme d'un corps blanc, cristallin et acide.

Dans les vins, il s'oxyde lentement et se précipite avec les matières colorantes et albuminoïdes ; la plus grande partie se retrouve dans les lies.

Pour extraire l'œnotannin du vin, on suit le procédé indiqué par M. Gautier. On sature le vin par du carbonate de soude, en laissant une légère acidité, on ajoute du sel ammoniaque (15 °/₀ du vin), l'œnocyanine est précipitée ; le liquide filtré est presque incolore, on y délaie du carbonate de cuivre récemment précipité, laisse reposer 48 heures, filtre et lave rapidement le précipité, à l'abri de l'air, avec de l'eau alcoolisée chargée d'acide carbonique (le précipité est un mélange d'œnotannate et de carbonate de cuivre) ; on le délaie dans l'eau pure et on le décompose par l'acide sulfhydrique ; on porte ensuite à 100°, filtre de suite et évapore dans le vide ; le résidu est traité par l'éther, distillé et mis tout humide sous une cloche remplie d'acide carbonique, au-dessus de l'acide sulfurique ; l'œnotannin reste en pellicules incolores ou rosées.

Fauré a étudié les vins de la Gironde pendant deux ans, en 1841 et 1842 ; un seul des vins ne lui a pas donné de tannin, le Ht-Brion, en 1842. Le minimum, sur 227 échantillons, a été de 0gr649 par litre (Sadirac. 1842) et le maximum 1gr843 (Quinsac, 1842).

M. Aimé Girard, par son procédé de dosage de l'œnotannin, a trouvé, dans le vin de Tullein (Isère), 2gr66 ; dans deux vins de Capestang (Hérault), 1gr06 et 1gr08, et dans les vins d'Epineuil (Yonne), 0gr88 à 2gr73. Un vin blanc dans de bonnes conditions doit contenir 0gr60 à 0gr70 de tannin par litre, et un vin rouge de 0.8 à 1,3 (Mulder et Fauré). Les vins blancs de Bordeaux en contiennent à peine 0gr1 à 0gr2. Les vins rouges astringents en contiennent jusqu'à 2 gr. par litre. Certains vins de Bordeaux sont tellement riches en tannin que, malgré l'opération de l'égrappage pratiquée au moment de la vendange, leur saveur présente une âpreté particulière, mais aussi leur conservation est indéfinie.

La fonction du tannin dans les vins est d'assurer leur conservation et leur clarification, par suite de la précipitation d'une partie des sels et des matières colorantes, grasses et azotées.

Matières colorantes. — L'étude des matières colorantes des vins laisse beaucoup à désirer au point de vue strictement théorique. On est bien fixé sur les diverses réactions que produisent les matières colorantes des vins au contact des réactifs, mais les avis sont très partagés sur la nature et la composition des colorants. Jusqu'en 1878, les avis des auteurs, en général, étaient qu'il n'y avait dans les vins qu'une seule matière colorante rouge et une matière colorante jaune ; la couleur bleue n'étant que la modification de la couleur rouge ; mais à cette époque, Gautier fit un travail pour démontrer que la couleur rouge n'est pas la même dans tous les vins. Cependant, on se trouve en présence de trois sortes de couleurs :1° Une couleur rouge unique, d'après certains auteurs, variable suivant les vins, d'après Gautier ; 2° Une couleur bleue qui est distincte de la précédente, d'après divers chimistes, et, suivant d'autres, elle est la couleur principale, la couleur rouge n'en étant que la modification ; 3° Une couleur jaune préexistante dans les vins. Divers auteurs pensent que cette couleur s'augmente par le vieillissement ; d'autres soutiennent que la couleur jaune, qui se produit pendant la vieillesse des vins, n'est pas la même que celle qui préexiste. Je citerai d'abord les auteurs qui sont partisans de la couleur rouge unique dans les vins.

Le premier qui ait retiré cette substance est *A. Glénard* (1858). Il la nomma *Œnoline*. Pour la préparer, on opère de la manière suivante : le vin rouge est précipité par le sous-acétate de plomb, tant qu'il se forme un précipité et que la liqueur qui filtre n'est pas entièrement décolorée. Ce précipité bleu est lavé avec soin et séché à 100°. Il est alors introduit dans un petit appareil de déplacement, en verre, et arrosé avec de l'éther anhydre chargé de gaz acide chlorhydrique, en quantité suffisante pour saturer tout l'oxyde de plomb contenu dans le précipité, c'est-à-dire tant que la liqueur reste neutre ou à peine acide. Au contact de ce liquide, le précipité devient rouge vif et l'éther s'écoule, avec une teinte jaune brunâtre, dans le flacon inférieur après avoir abandonné au précipité l'acide chlorhydrique qu'il contenait. Le résidu est lavé avec de l'éther pur, afin d'enlever l'excès d'acide chlorhydrique jusqu'à ce qu'il cesse de filtrer une liqueur acide. Ce précipité est séché, puis digéré avec de l'alcool à 36°, qui le décolore et se charge de la matière colorante rouge.

L'alcool prend une couleur d'un rouge vif extraordinaire de richesse et d'intensité, tandis que le précipité est décoloré. L'alcool filtré est réduit par l'évaporation au bain-marie jusqu'à ce qu'il n'y ait plus qu'une très petite quantité de liquide ; puis, une fois froid, additionné de 4 ou 6 fois son volume d'eau distillée.

La matière colorante se sépare sous forme de flocons rouges. Séchée, elle est presque noire ; sa poudre est d'un beau rouge violacé.

Gautier déclare cette méthode excellente et dit qu'on peut préparer l'œnoline avec presque tous les cépages, sauf l'aramon (Jl Ph. et Ch., 1878, t. 28, p. 466). Glénard, qui pense que cette couleur rouge est le principe colorant des vins rouges, en a fixé la composition et les propriétés.

L'œnoline, $C^{20}H^{10}O^{10}$, est une substance dont la formule semblerait la faire placer à côté des sucres et de l'amidon, c'est-à-dire dans les hydrates de carbone ; mais on ne saurait douter qu'elle n'ait la plus grande analogie avec le tannin et qu'elle n'en dérive directement.

Elle est insoluble dans l'éther, à peine soluble dans l'eau, mais soluble dans l'alcool qu'elle colore en cramoisi et où elle se conserve sans altération ; elle est aussi soluble dans l'esprit de bois ; enfin elle est insoluble dans le chloroforme, la benzine et l'essence de térébenthine. Soumise à une ébullition prolongée avec l'eau, elle s'altère fortement, devient brune et perd sa solubilité dans l'alcool, comme beaucoup de matières tanniques d'un grand nombre d'extraits lorsqu'on les évapore. Aussi le vin, évaporé par l'ébullition et repris par l'alcool, donne-t-il une substance couleur lie de vin brunâtre ressemblant aux pellicules rougeâtres qui se déposent avec le temps dans les bouteilles. La matière colorante rouge dissoute dans l'alcool aqueux donne les réactions suivantes :

Les acides sulfurique ou chlorhydrique concentrés ne l'altèrent pas, même à une douce chaleur. Le chlore la détruit et la transforme en matière jaune soluble. L'acide azotique faible, en excès, la décolore peu à peu et la transforme bientôt en flocons jaunes. La potasse très faible donne une coloration bleue qui passe au brun par suite de l'absorption de l'oxygène de l'air par l'œnoline. L'eau de chaux donne un précipité couleur feuilles mortes. Le bicarbonate de soude produit une coloration bleue, et le chlorure de calcium un précipité bleu. L'alun avive la couleur, et si on ajoute du carbonate de soude, il se forme une laque lilas. L'acétate de plomb décolore sa liqueur et donne un précipité franchement bleu $C^{20} H^{9} O^{9}, PbO$. L'azotate de plomb donne un précipité rouge violacé, après quelques instants. L'acétate de cuivre fournit un précipité marron, et l'azotate de protoxyde de mercure un abondant dépôt couleur lie de vin ; enfin le nitrate d'argent précipite en rouge brun. L'œnoline a été obtenue par d'autres auteurs : *E. Varenne*, qui lui conserve son nom, la prépare d'une manière très simple, tout en étant d'une grande sûreté. Cette méthode a été préconisée par Robinet, l'éminent chimiste d'Epernay, à la suite d'essais sur les gros vins du Midi. On délaie de la chaux vive dans les vins rouges ou dans les lies de vins rouges, de manière à former une bouillie pas trop épaissse, laquelle prend une couleur gris-noirâtre ; on la jette sur un filtre et on lave avec de l'eau pure, pour la débarrasser du vin qu'elle contient. On laisse égoutter, puis on délaie la masse restée sur le filtre dans l'alcool à 95° et on ajoute alors une quantité suffisante d'acide sulfurique pour saturer la chaux employée ; dès qu'on y ajoute l'acide, l'œnoline se sépare et colore l'alcool en rouge ; on filtre l'alcool, puis on distille au bain-marie ; on décante l'alcool qui reste, on fait évaporer doucement et on obtient l'œnoline.

Robinet ne croit pas que le produit obtenu soit un produit simple, quoiqu'il soit bien la couleur des vins.

Robinet a modifié le procédé Glénard de la façon suivante : Le vin est traité par le sous-acétate de plomb ; on recueille le précipité et on le sèche à 100°. On pèse et on calcule la quantité exacte d'acide sulfurique monohydraté nécessaire pour convertir tout le plomb en sulfate. Il reste alors un liquide d'une belle nuance rouge, d'où l'on précipite la matière colorante, au moyen d'un grand excès d'éther. Il est d'accord sur les réactions de Mulder et de Maumené.

2° Matière colorante bleue.

Cette matière se trouve principalement dans les vins foncés d'Espagne, du Roussillon et du Midi de la France, pour manquer complètement dans les vins du Nord de la France. Les vins des pays chauds en contiennent une plus grande proportion ; ce qui leur donne leur teinte bleuâtre caractéristique.

J. Brun admet que la couleur des vins est due à une substance bleue jouissant de la propriété de passer au rouge sous l'influence des acides, or les vins ont toujours une réaction acide ; ce ne serait donc que l'œnoline.

Sans prendre de parti dans cette question, je ferai observer que la matière tinctoriale des mûres de haies, qui est rouge avant la maturité et devient ensuite violet noir, a beaucoup d'analogie avec celle des raisins noirs, qui suit à peu près la même transformation.

Lorsque le fruit n'est pas mûr, il est chargé d'acide et par conséquent reste rouge ; mais sous l'influence de la végétation et au contact de l'air l'acide disparaît en partie et la matière colorante devient violette. La moindre trace d'alcali rend cette substance bleue, tandis qu'il faut une dose d'acide assez forte pour la faire devenir rouge. C'est ce qui explique comment cette matière est violette en présence d'un peu d'acide. Or, les vins violets d'Espagne, d'Italie, etc., donnent avec une très faible quantité d'alcali une belle coloration bleue.

Si on plonge deux papiers à filtres dans une solution de mûres, l'un étant plongé au fond du liquide, l'autre flottant à la surface, le papier qui a plongé est rouge et garde cette couleur après dessiccation ; celui qui a été placé à la surface est violet bleu, plus ou moins foncé ; il y a donc là une oxydation plus ou moins directe. La même chose ne se passe-t-elle pas ainsi dans le raisin ? C'est probable. La matière colorante bleue ne préexiste pas ; elle est le résultat de l'oxydation de la matière colorante rouge, et elle existe plus ou moins abondamment dans certains vins. Car les vins violets sont cependant acides ; mais un excès d'acide ramène la couleur au rouge.

Du reste l'œnoline, traitée par les alcalis, est toujours bleue.

En résumé, je pense que la matière colorante rouge et la matière colorante bleue sont deux substances différentes, mais qui peuvent passer de l'une à l'autre sous les moindres influences.

Ladrey a émis l'opinion suivante sur la couleur des vins :

1° Lors du cuvage, les premiers jours, lorsqu'il n'y a que peu d'alcool de formé, une partie seulement de la matière colorante, *normalement bleue*, est dissoute et immédiatement rougie par l'addition proportionnelle des acides et du tartre : le vin est rouge ;

2° La fermentation rendant l'alcool plus abondant, celle-ci dissout beaucoup plus de matière colorante bleue, et le vin a alors une couleur bleue ou violette ;

3° Plus tard, la lie, en se déposant, entraîne de la matière colorante ; l'intensité de la couleur diminue et l'acidité, au contraire, augmente par la formation d'un peu d'acide acétique; le vin redevient rouge et reste ainsi longtemps;

4° Avec l'âge, cette couleur se modifie, et plus le vin est vieux, plus il tourne à la couleur pelure d'oignon.

Je n'ai qu'une objection à faire à cette théorie; c'est que la matière rouge et la matière bleue n'agissent pas de même sur l'ammoniaque. La première devient verte et la seconde bleuit davantage; il y a donc là une différence marquée entre les deux substances.

Fauré, de Bordeaux (1836), qui a fait des travaux excessivement minutieux sur les vins de cette contrée, n'y reconnaît que deux matières colorantes: l'une bleue et l'autre jaune.

La bleue est soluble dans l'eau, peu dans l'alcool, et insoluble dans l'éther; elle diffère donc de l'œnocyanine, qui est insoluble dans l'eau. La matière jaune est soluble dans l'eau, l'alcool et l'éther. Malheureusement, Fauré n'est pas arrivé à purifier suffisamment ces deux substances, ce qui enlève beaucoup de valeur à son opinion.

D'autre auteurs ont employé, pour isoler le principe colorant du vin, la litharge en poudre fine, qu'on sépare ensuite du mélange par un courant d'acide sulfhydrique. On obtient ainsi une teinture d'un beau bleu violacé; c'est la matière bleue de Fauré.

Fauré a constaté l'affinité du tannin pour la matière colorante du vin; en ajoutant du tannin au vin puis de la gélatine, le tannin et la matière colorante se précipitent. Il essaya un procédé de dosage par comparaison en décolorant les vins par une liqueur de chlore dont 100 gram. décoloraient exactement 100 grammes d'une solution de sulfate d'indigo. Ce procédé n'a aucun intérêt aujourd'hui.

Guibourt annonça l'existence d'une substance rouge cristallisable, dans les pellicules du raisin et certaines feuilles de vigne, mais sans en faire connaître la composition.

Batilliat a trouvé dans le vin deux matières colorantes, la *pourprite* et la *rosite*. Pour les préparer, on sépare d'abord les grosses lies, puis on attend la formation d'autres lies, que l'on prend et que l'on verse sur une toile fine, on laisse égoutter, puis on les délaie dans une grande quantité d'alcool à 85°. Au bout de plusieurs heures, la solution est d'un beau rouge; on filtre et on évapore de manière à chasser tout l'alcool. Au moment où l'on jette sur le résidu de l'eau distillée, qui se trouble fortement, les deux matières se séparent: l'une, la pourprite est précipitée; on filtre et on lave tant que l'eau se colore; la matière soluble est la rosite.

La pourprite, qui est la substance dominante, est purifiée par des lavages à l'éther. Sèche, elle paraît noire. Elle est insoluble dans l'eau, d'une saveur astringente; insoluble dans l'éther, soluble dans l'alcool à 85°, lequel en dissout 6 gr. 1/2 par litre. Le peroxyde de fer ajouté à sa solution produit de l'encre; l'acide sulfurique la dissout et l'eau la précipite de nouveau. La gélatine la précipite; les alcalis la font passer au vert et l'ammoniaque la décolore à tout jamais.

Ce corps est donc incontestablement un mélange de tannin et de matière colorante; ce qui le prouve plus qu'évidemment, c'est son action sur le peroxyde de fer et la gélatine.

Les caractères que Batilliat donne à la rosite indiquent facilement que ce composé est le même que sa pourprite, mais infiniment moins riche en tannin. Si on agit sur des vins ayant quelques années, il est presque impossible de reproduire la série si longue des phénomènes obtenus par Batilliat.

En 1856, Mülder a isolé un corps particulier d'une couleur bleue qui est, d'après lui, la matière colorante des vins. Maumené l'a nommée *œnocyanine* et Gautier pense qu'elle n'est pas analogue à l'œnoline de Glénard.

Pour préparer l'œnocyanine de Mülder, on précipite le vin par l'acétate de plomb; on obtient un précipité bleu pâle, qui est lavé, puis mis en suspension dans l'eau et décomposé par l'acide sulfhydrique; on jette sur un filtre, et on obtient un liquide rouge et chargé d'acide tartrique; le sulfure est épuisé par l'eau, tant que celle-ci se colore. Le sulfure de plomb retient la presque totalité de la substance colorante. Pour l'en extraire, on le traite par l'alcool mêlé d'un peu d'acide acétique, qui entraîne toute la matière colorante, et l'on évapore jusqu'à ce que tout l'alcool soit chassé; quelques corps gras ou résinoïdes salissent le résidu sec; on les enlève par l'éther, puis on sèche; enfin on lave la matière à l'eau acidulée d'acide acétique.

L'œnocyanine reste alors à l'état de pureté, mais toujours accompagnée de phosphates.

C'est une substance d'un bleu noirâtre, insoluble dans l'eau, l'alcool, l'éther, le chloroforme, l'essence de térébenthine, l'huile d'olive et le sulfure de carbone. Elle est soluble dans l'alcool, l'éther et le chloroforme additionnés d'acides tartrique ou acétique. Une trace d'acide acétique donne avec elle une solution d'un beau bleu, qui devient rouge, si on augmente la quantité d'acide. La solution alcoolique acide devient d'un beau bleu par l'ammoniaque à faible dose; un excès fait passer au jaune; un acide ravive la couleur. Les alcalis font virer la teinte au violet, vert, puis bleu ses solutions acides, qui, dès lors, s'altèrent rapidement, à la façon des tannins, sans doute en s'oxydant. Dans les solutions alcoolo-tartriques d'œnocyanine, les alcalis détruisent la couleur et l'ammoniaque fait passer au vert.

Elle est inattaquable par les acides sulfurique et azotique; le chlore la colore en brun; l'azotate d'argent forme un précipité rouge foncé; l'azotate de protoxyde de mercure et l'alun n'offrent aucun changement; l'acétate d'alumine donne un précipité violet et l'acétate de plomb un précipité bleu pur. Mülder pensait que cette matière était d'abord incolore, puis devenait bleue dans certains vins et brune dans le vin de Porto.

D'après *Filhol* (1857) la matière colorante insensiblement précipitée au contact de l'air, puis dissoute à nouveau dans l'alcool présente, avec l'ammoniaque son sulfhydrate, une couleur verte bien nette; cette substance verte est divisée par le carbonate d'ammoniaque en deux matières : l'une bleue insoluble et l'autre jaune soluble.

Maumené a repris les essais de Mülder dont il a adopté entièrement les idées, sauf sur deux points : 1° l'œnocyanine est soluble dans l'eau acide ; 2° elle est plus modifiée par l'évaporation que Mülder ne le pensait : une certaine quantité de cette substance délayée dans l'alcool acide n'ayant pas été dissoute en deux mois.

D'après Maumené, l'œnocyanine est primitivement incolore et elle devient bleue par le premier degré d'oxydation, dans la pellicule. La couleur bleue est la vraie puisqu'elle persiste dans le raisin malgré l'acidité du milieu ; qu'elle ne devient rouge qu'en s'unissant aux acides minéraux et revient bleue toutes les fois qu'on la sépare de ces acides ; les couleurs jaunes de Fauré ne sont que cette œnocyanine inoxydée.

Maumené a trouvé un peu de fer dans deux ou trois cas mais jamais plus de 0.3 à 0.4 %.

Maumené a préparé l'œnocyanine par un autre procédé que celui de Mülder : on fait passer une grande masse de vin sur du noir animal lavé à l'acide chlorhydrique et séché à 150° ; le noir absorbe toute l'œnocyanine ; le noir est ensuite chauffé dans de l'eau-de-vie à 50° acidulée avec 2 ou 3 gr. d'acide sulfurique par litre jusqu'à 45-50° température ; le liquide se colore en beau rouge. On ajoute de l'eau titrée de baryte ; le sulfate de baryte entraîne une partie de la couleur ; on lave le précipité à l'eau et on fait sécher. Traité par l'alcool 85-90°, il donne presque toute l'œnocyanine, qui, après évaporation, reste sous forme de grains cristallins bleus violets.

Simmler a trouvé les caractères particuliers de l'œnocyanine suivants : elle est très soluble dans les éthers acétique et butyrique en beau violet. Par évaporation spontanée elle est obtenue pure, alors l'ammoniaque la verdit et même la brunit, quand on en met en excès (Bull. Soc. chim. t. 4, p. 328).

Duclaux a fait de nouveaux essais sur l'œnocyanine ; il n'a obtenu qu'une substance impure en traitant, par l'alcool, les pellicules de raisins noirs ; il attaque les travaux de Mülder, bien à tort, puisqu'il n'a obtenu qu'un produit impur. D'après lui, l'œnocyanine est soluble dans l'eau et l'alcool ; elle réduit la liqueur de cuivre ; elle absorbe l'oxygène en prenant une teinte brune et en devenant insoluble dans l'eau, tout en restant soluble dans l'alcool ; elle peut être ramenée à son état primitif : traitée par la potasse elle devient verte, mais si on reprend par un acide elle est soluble dans l'alcool ou l'eau acidulée avec une belle couleur rouge, connue précédemment. Elle se précipite avec le tartre des vins pendant que ceux-ci vieillissent. Il a confirmé l'absence de fer dans cette substance.

Ainsi, à part Batilliat, tous les auteurs ont toujours considéré la matière colorante des vins comme unique. Glénard et Varenne, avec l'œnoline ; Mülder, Maumené, Filhol, Simmler et Duclaux, avec l'œnocyanine, et Fauré avec sa matière bleue.

Gautier, dans les nombreux travaux qu'il a faits sur la couleur des vins, commencés en 1878 (Comptes Rendus, Juin 1878) et continués jusqu'à présent, a démontré non seulement l'existence d'une matière colorante bleue à côté d'une matière colorante rouge, mais aussi l'existence de plusieurs matières rouges.

Dans les vins très corsés, surtout les vins jeunes des pays chauds, on trouve à côté de la matière colorante rouge une substance bleue, qui paraît répondre à l'œnocyanine de Mülder, et se précipite la première, quand on sature ce vin par un alcali très faible. La matière bleue semble persister longtemps, dans certains vins, à côté de la matière rouge elle-même.

La matière colorante des vins rouges n'est pas due à une matière colorante unique. Selon qu'elle est extraite de tel ou tel cépage, la matière colorante principale est d'une composition différente. L'ensemble des matières retirées des vins qui ont été examinés, forme comme une famille naturelle de corps analogues, mais non identiques, véritables acides, appartenant à la série aromatique par leurs propriétés et leurs dédoublements, existant dans les vins, en partie libres, en partie à l'état de sels ferreux, de couleur violacée et paraissant avoir pour origine l'oxydation du tannin spécial de la pellicule au moment de la maturité du fruit.

Gautier à cette époque admettait trois principes colorants dans les vins : le premier étant l'œnoline de Glénard retirée du Gamay, les deux autres extraits par le même procédé (Glénard) du Carignane et du Grenache.

Le Pinot, le Teinturier, etc., n'ont été examinés que sommairement ; ils lui ont paru fournir des substances analogues aux précédentes mais non identiques.

L'aramon donne une matière colorante fort différente. Cette couleur se développe plus particulièrement pendant l'hiver et après que la fermentation tumultueuse a pris fin. Cette substance rose ne peut être confondue avec celle des vins français ordinaires.

En même temps, on rencontre dans les vins une certaine quantité de matières colorantes azotées, qui (d'après ses analyses) sont comme les corps amidés des précédentes ; elles renferment du fer et constituent de véritables sels ferreux de ces acides amidés, où le fer remplace l'hydrogène. L'œnocyanine paraît être le sel ferreux violet, que Gautier a obtenu, en saturant presque exactement le vin par l'ammoniaque, et ajoutant un grand excès de sel ammoniac. Il se précipite alors lentement une poudre d'un violet bleu foncé ayant toutes les propriétés de celle de Mülder, dans laquelle, du reste Gautier a découvert du fer. Elle se dépose la première dès qu'on sature les vins par un alcali faible. Gautier conclut donc à la différence entre la couleur bleue et la couleur rouge, et à l'existence de plusieurs matières colorantes rouges. Ce sel ferreux aurait pour formule $C^{126} H^{60} Fe Az^{2} O^{60}$. Nous avons vu que Maumené et Duclaux nient la présence du fer dans l'œnocyanine.

D'après les travaux plus récents de Gautier, les matières colorantes des vins appartiennent à 4 groupes distincts : 1° Une matière colorante rouge, principale, variable avec le cépage, insoluble dans l'eau et ayant les propriétés des tannins ; 2° une substance semblable, mais soluble dans l'eau, elle prédomine dans certains vins : le petit bouschet et surtout le teinturier; 3° des matières colorantes azotées, ferrugineuses ou à la fois azotées et ferrugineuses; 4° une matière jaune résistant presque indéfiniment à l'oxydation. Ce sont des acides, les acides œnoliques, espèces de tannins qui précipitent les sels ferriques et tannent la peau. Voici les corps trouvés par Gautier (Formules atomiques) :

Gamay		$C^{40}\ H^{40}\ O^{20}$
Carignane,	abondant,	$C^{42}\ H^{40}\ O^{20}$
id.	faible quantité,	$C^{43}\ H^{48}\ O^{20}$
id.	dans les lies,	$C^{47}\ H^{44}\ O^{20}$ Az.
Grenache,	principale,	$C^{43}\ H^{44}\ O^{20}$
Aramon,	peu soluble,	$C^{46}\ H^{34}\ O^{20}$
Teinturier,	id.	$C^{44}\ H^{38}\ O^{20}$
Petit Bouschet,	id.	$C^{45}\ H^{36}\ O^{20}$
id.	id.	$C^{47}\ H^{38}\ O^{20}$

Ils se présentent sous la forme d'une poudre rouge brique, lie de vin ou violacé, amorphe mais pouvant cristalliser, quoique difficilement en aiguilles ou en lames microscopiques. Ils sont peu ou pas solubles dans l'eau, mais fort solubles dans l'alcool et insolubles dans l'éther. Ils ont un goût astringent et la potasse les dédouble comme les catéchines. Ils s'unissent aux bases et déplacent l'acide carbonique des carbonates. Ils précipitent tous l'acétate de fer en violet, bleu violet ou vert foncé ; ils forment également des précipités diversement colorés avec la chaux, la baryte, la magnésie et les oxydes de zinc, étain, plomb, mercure et argent, ils sont réduits seulement par l'acide iodhydrique ou le zinc à une température élevée et l'acide hydrosulfureux à froid. Ils s'oxydent rapidement et s'unissent à la gélatine pour former des corps solubles ou insolubles. Enfin ils précipitent les alcaloïdes et l'émétique.

Par l'action de la potasse l'acide du Carignane lui a donné une substance cristallisée de saveur douce et réduisant la liqueur de cuivre : $C^{12}\ H^{6}\ O^{6}$.

Maumené (Comptes Rendus, 1882, Novembre 13), à la suite d'une expérience curieuse, a émis l'opinion suivante ; c'est que l'œnocyanine est incolore pendant 8 à 12 jours avant sa formation complète et que la coloration ne se fait que par oxydation et hydratation, ce qui prouve que le fer est étranger à la coloration. Voici cette expérience : on prend des raisins parfaitement verts sur des ceps portant quelques grappes ayant une coloration rougeâtre, on les place dans un vide de 1 à 2 millimètres au plus et au-dessus d'acide sulfurique concentré ; ils se dessèchent en 3 ou 4 jours, deviennent durs et cassants, à peine jaunâtres. Mis ensuite à l'air, ils absorbent promptement l'humidité et l'oxygène de l'air ; les grains noircissent à vue d'œil jusqu'à l'intensité de nuance observée plus tard, sur les grains de raisins frais parfaitement mûrs.

Terreil a indiqué une nouvelle méthode de préparation de la matière colorante des vins : on précipite la matière colorante par un volume d'acide chlorhydrique égal à celui du vin ; la précipitation a lieu en 24 ou 48 heures à froid et en quelques minutes à l'ébullition. Il se précipite en même temps une matière ulmique produite par les sucres ; on traite par l'alcool qui dissout l'œnocyanine et laisse la matière ulmique. On fait évaporer l'alcool à sec avec un peu de carbonate de baryte, on lave à l'eau chaude pour enlever le chlorure de barium formé, on dessèche, traite par l'alcool et évapore ; on obtient des écailles brillantes, rouge brun, sans indice de cristallisation. Cette substance n'est pas pure ; elle colore l'alcool en rouge brun un peu jaune qui rappelle certains vins de liqueur vieux.

En résumé, les opinions les plus diverses existent sur la nature des corps colorants dans les vins. Je suis du même avis que Gautier; la couleur bleue n'est pas la même que la couleur rouge, et la couleur rouge varie suivant les cépages.

L'étude des différents vins le démontre constamment par les différences produites par les réactifs sur les vins naturels.

Dans les vins violets, la matière bleue se dépose la première, de sorte que ces vins agités sont violets et par le repos peuvent devenir rouges. J'ai constaté ce fait sur des vins d'Espagne.

La couleur rouge des vins français est à peu près insoluble dans l'alcool amylique, qu'elle colore à peine en rose pâle ; tandis que la couleur rouge de différents vins d'Espagne et d'Italie colore l'alcool amylique en rouge cerise très vif. Une foule de différences semblables existent et sont développées dans la recherche des matières colorantes étrangères aux vins.

Matières colorantes jaunes des vins : 1° On a découvert dans les vins rouges une substance incolore ou jaunâtre soluble dans l'éther, et dont la solution éthérée abandonnée à la lumière et à l'air devient d'abord rose, puis rouge, puis violacée. Gautier a montré que cette substance avait toutes les propriétés d'une catéchine; qu'elle verdissait fortement les sels ferriques, et en s'oxydant contribuait à engendrer les couleurs précédentes. Cette substance ne doit pas être confondue avec la matière jaune qui persiste dans les vins vieux.

Gautier a confirmé les observations de Fauré, cette matière jaune devient à l'air, rose, rouge et enfin violacée. Voici comment il la prépare : On prend la pellicule du point noir bien mûre, on la lave jusqu'à épuisement et on la sèche; on la traite par l'alcool qui dissout la couleur en se colorant en belle teinte de vin; la dissolution laissée à l'air et au soleil est promptement décolorée; la liqueur reste jaunâtre; au fond du vase il y a un dépôt grisâtre d'œnocyanine altérée et de tannin. L'éther dissout la matière jaune. Maumené soutient que c'est de l'œnocyanine incolore; il s'en suivrait, d'après son expérience précédente que l'onocyanine serait d'abord incolore, se colorerait sous l'action de l'oxygène, se décolorerait et se recolorerait ensuite, toujours sous la même action ;

2° La matière colorante des vins blancs provient, d'après Mülder, d'une altération du tannin, donnant à la longue un composé particulier soluble dans l'alcool faible. Maumené qui en a indiqué la préparation et les propriétés l'a nommée *œnochrysine*. Pour l'extraire des pellicules de raisins blancs on les fait macérer pendant deux heures dans l'eau tiède; on les fait presque sécher sur une toile et on les plonge dans de l'alcool à 95°; l'alcool se colore en jaune; on fait distiller au bain-marie, puis dans le vide; on lave le résidu deux ou trois fois avec un peu d'éther qui enlève le vernis du raisin et un peu d'œnotannin; on traite par l'eau qui dissout quelques sels; on dissout la matière colorante dans l'alcool à 75°, on ajoute de l'acétate de plomb qui la précipite et on traite par l'hydrogène sulfuré.

Cette substance réduit la liqueur de cuivre; traîtée par la potasse à l'abri de l'air elle donne une solution qui absorbe l'oxygène de l'air comme l'œnocyanine;

3° Dans les vins vieux il y a une matière colorante jaune qui leur donne une teinte plus ou moins brique.

Cette substance résiste presque indéfiniment à l'oxydation; elle est soluble dans l'éther; on peut l'obtenir en agitant ce liquide avec du vin; cette solution abandonnée à l'air devient rose, puis rouge et enfin violette. Elle paraît être la même que celle indiquée en premier lieu par Gautier. Fauré était d'avis que ce n'est pas la même substance.

Dans les tonneaux, et même dans les bouteilles, l'air altère peu à peu les matières colorantes des vins, et les produits de leur oxydation forment avec le bitartrate de potasse une laque insoluble qui constitue la lie.

L'oxygénation de la matière colorante des vins produit de nouvelles fermentations, que le chauffage des vins empêche de se produire.

Les travaux de Pasteur sur cette question ont servi de base à toutes les études subséquentes.

L'action de l'oxygène sur la matière colorante a pour résultat de produire une décoloration partielle; le vin de rouge bleu devient rouge jaune, en absorbant de l'oxygène.

Expérience. On remplit entièrement un tube à essai (fermé d'un bout) de vin et on le renverse sur une cuve à mercure, puis on y introduit de l'oxygène, de manière à chasser environ la moitié du vin. On laisse ensuite le tout en repos dans une chambre maintenue à une température modérée. Au bout de quelques jours, la décoloration a lieu, et la colonne de vin s'est élevée dans le tube par suite de l'absorption de l'oxygène.

Certains chimistes ont attribué cette action à la lumière. Pasteur y a répondu en opérant simultanément, sur le même vin et dans les mêmes conditions, dans deux tubes, l'un étant dans l'obscurité et l'autre à la lumière. La différence de couleur était extrêmement faible. Le vin soustrait à l'action de l'oxygène devrait donc garder fort longtemps sa couleur. Pasteur a préconisé l'emploi du chauffage, pour arriver à ce résultat et en même temps pour tuer tous les ferments qui peuvent altérer le vin. Mais le chauffage des vins change la composition de ceux-ci en agissant directement sur la matière colorante, en lui donnant la teinte de celle des vins vieux.

Expérience. On chauffe pendant deux heures à 60° dans un tube dont l'extrémité est ouverte juste assez pour permettre l'issue des gaz. Après le refroidissement, le vin a pris la teinte des vins vieux; puis, si on ferme le tube à la lampe et qu'on le laisse exposé au soleil pendant des mois, il ne se produit plus aucun changement de nuance.

Les ferments sont détruits (le vin est mort), la matière colorante ne se modifie plus et le vin ne peut s'altérer.

Dans le commerce des vins, on n'a pas à s'occuper de la nature chimique des matières colorantes, mais seulement de la nuance et de l'intensité de la couleur des vins.

Acide Œnogallique. — L'acide gallique dérive du tannin :

$$C^{54} H^{22} O^{3} + 8 HO = 3 C^{14} H^{6} O^{10} + C^{12} H^{12} O^{12}$$

Tannin. Acide Gallique. Glucose.

il n'est donc pas étonnant d'en trouver un peu dans les vins.

F. Jean a constaté qu'un vin ne contenant pas de tannin pouvait renfermer de l'acide œnogallique. En effet, un vin fait, qui n'a pas encore été collé, contient des principes albumineux qui ne sont pas précipités, en même temps qu'un principe astringent possédant la plupart des propriétés des tannins; mais si on ajoute du tannin, on précipite ces matières; donc cette substance n'est pas du tannin.

On rencontre cet acide dans les vins, surtout lorsque le moût a séjourné longtemps sur les rafles. Les vins de Lorraine et d'Allemagne, qui ne séjournent jamais sur les grappes, n'en contiennent pas, tandis que les vins des Grisons, que l'on fait séjourner sur les marcs, en contiennent toujours, mais en petite proportion.

Cet acide, chauffé avec une solution concentrée de chlorure de calcium, dégage de l'acide carbonique et laisse déposer, à 120°, une poudre rouge cristalline, qui rougit le tournesol (Robiquet).

Acide succinique. — $C^{8} H^{3} O^{5}, 3 HO$. — Carbone 40,67 — Hydrogène 2,54 — Oxygène 33,89 — Eau 22,90.

On le nommait autrefois sel volatil du succin ou d'ambre jaune, acide karabique.

Il cristallise en prismes rectangulaires, blancs, brillants et nacrés, inodores, d'une saveur un peu âcre et nauséabonde, volatils sans altération.

Il est plus soluble dans l'eau à chaud qu'à froid, très soluble dans l'alcool et moins dans l'éther; il fond à 180-185°; vers 140° il émet des vapeurs âcres et se sublime; il bout à 235-245°.

Les acides chlorhydrique, sulfurique et azotique sont sans action sur lui. Les bases forment des sels insolubles dans l'éther; les sels de potasse sont solubles dans l'eau et l'alcool; les sels de chaux et de baryte sont peu solubles dans l'eau et insolubles dans l'alcool. Il précipite l'acétate neutre de plomb en blanc, et les persels de fer en flocons rouge brunâtre.

Sa présence dans un grand nombre de plantes est démontrée.

L'acide succinique, se formant dans la fermentation alcoolique, doit nécessairement se retrouver dans les vins, où il a été découvert par Schmidt en 1847, et sa présence, démontrée par Pasteur (1848), qui pense que cet acide contribue pour une part notable à donner aux vins la saveur vineuse spéciale qui les caractérise.

Théoriquement, 100 gr. de sucre de canne et 105 gr. 263 de sucre inverti donnent 0,674 d'acide succinique; donc 51 g. 111 d'alcool devraient correspondre à 0 gr. 674 d'acide succinique; mais, de même que pour la glycérine et pour les mêmes raisons, ce rapport est supérieur. Le rapport de la glycérine à l'acide succinique reste le même; de sorte que : *dans les vins le poids de l'acide succinique est environ cinq fois moins fort que celui de la glycérine.*

On n'a pu l'isoler des vins qu'à l'état libre.

Les vins de Bordeaux, de Bourgogne et d'Arbois en contiennent de 0,87 à 1,50. Les Bourgogne rouges 1,17 et les Bordeaux rouges ordinaires 1,43. (Pasteur.)

Acide Malique. — $C^8 H^4 O^8, 2 HO$ — Carbone 35,82 — Hydrogène 2,98 — Oxygène 47,76 — Eau 13,44.

Cet acide est sans odeur; sa saveur est acide et agréable; il est soluble dans l'eau et l'alcool. Il bout à 83° et se décompose à 176°.

L'acide azotique le transforme en acide oxalique.

Il y a deux sortes d'acides maliques : l'un appelé actif agit sur la lumière polarisée, c'est le plus répandu; il forme avec les bases des sels neutres et des sels acides, tous insolubles dans l'alcool; l'autre est nommé inactif parce qu'il n'agit pas sur la lumière polarisée.

Les malates et les bimalates de soude, de potasse et d'ammoniaque, sont très solubles dans l'eau, ainsi que le malate de chaux et le bimalate de baryte; le malate de baryte et le bimalate de chaux sont peu solubles; le bimalate et le malate de plomb sont presque insolubles.

Cet acide a été découvert en 1785 par Scheele dans le suc de pommes; sa présence dans le vin n'est connue que depuis les travaux de Pasteur; il n'y existe qu'en très faible proportion à l'état libre et à l'état combiné. Si le vin a déjà plus de huit à dix mois, il ne contient plus d'acide malique, s'il est naturel; car le ferment du vin transforme à la longue l'acide malique en acides succinique et butyrique (Dessaignes), et, au bout d'un an, il n'en reste plus traces.

Les raisins verts contiennent toujours de l'acide malique (Schwartz); mais il disparaît promptement à la maturité du raisin. Donc l'acide malique peut exister dans les vins nouveaux provenant de raisins dont la maturité n'a pas été complète.

Ladrey, Mülder et Boyer admettent sa présence dans le verjus comme assez fréquente, mais sa présence dans le vin comme tout à fait exceptionnelle.

On le trouve aussi à l'état d'acide glucosomalique.

Acide Citrique. — $C^{12} H^5 O^{11}$, 3 HO. Il cristallise en prismes rhomboïdaux; sa saveur est acide et agréable; il est très soluble dans l'eau et l'alcool; il est insoluble dans l'éther. Il ne précipite pas la potasse et ne forme pas de précipité dans l'eau de chaux à l'ébullition; caractères qui le distinguent de l'acide tartrique.

Il a été découvert par Scheele, en 1784, dans le jus de citron et depuis il a été trouvé dans un grand nombre de fruits. Proust a admis sa présence dans le raisin avant sa maturité (Annales de Ch., t. 57). Kauffmann considérait le raisin vert comme une bonne matière première pour sa préparation; mais Dumas n'en a constaté que quelques traces.

Sa présence dans le raisin paraît encore problématique.

Acide acétique.— $C^4 H^3 O^3$, HO. — Carbone 40 — Hydrogène 5 — Oxygène 40 — Eau 15.

Cet acide est liquide à la température ordinaire; il se solidifie et cristallise entre + 2 et + 4°. Il bout à 120°, a une densité de 1,063, et émet une vapeur qui brûle avec une flamme bleue.

Sa saveur et son odeur sont fort connues, puisqu'il constitue le vinaigre.

Avec les bases, il forme des acétates solubles dans l'eau, sauf l'acétate d'argent et l'acétate de protoxyde de mercure; ils sont presque tous solubles dans l'alcool et insolubles dans l'éther.

Il existe souvent à l'état libre dans les vins; on ne le trouve guère que dans les vins médiocres, en proportions sensibles, ou les vins mal faits ou ayant subi une fermentation prolongée. Il n'influe pas trop sur le goût, mais il a l'inconvénient redoutable de favoriser la formation du *mycoderma aceti* qui fait tourner les vins au vinaigre.

Il est impossible de déterminer l'acide qui serait combiné aux bases, mais, du reste, au moment où il prend naissance dans le vin, celui-ci contient des acides plus énergiques combinés et qu'il ne peut déplacer. On peut donc admettre en principe qu'il est toujours à l'état libre.

Il existe en quantité plus ou moins considérable dans les vins piqués ou sautés.

Acide lactique. $C^6 H^5 O^5$ HO. — Découvert par Scheele, en 1780.

Cet acide n'existe pas dans les vins en bon état de conservation. Sa présence dans le moût n'est pas prouvée suffisamment. Ce qui peut le faire découvrir dans les vins, c'est l'usage de certains pays de coller les vins blancs avec un verre de lait de vache par hectolitre de vin. Ce collage est considéré comme fraude. On le trouve dans les vins malades, à l'état libre. Il provient de la fermentation accidentelle des principes sucrés. (Voir *Fermentation lactique*.)

Acide butyrique. $C^8 H^7 O^3$, HO. — Découvert en 1814 par Chevreul.

Cet acide ne se rencontre que dans les vins gâtés; il est produit par la fermentation butyrique du sucre. *Winckler* est arrivé à isoler cet acide sur de grandes masses de vins.

Acides propionique et valérianique. — Ces acides ne se trouvent dans les vins que par suite de fermentations accidentelles des matières animales et végétales, dites putrides. Leur recherche étant très difficile, on n'a pu que supposer leur présence dans les vins gâtés.

Acide pectique. $C^{22} H^{20} O^{28}, 2 HO$. — C'est un acide gélatineux, insoluble dans l'eau ; on ne le trouve guère dans les vins qu'à l'état de pectate de chaux peu soluble dans l'eau et insoluble dans l'alcool et dans l'éther. On ne le trouve que dans les vins jeunes. Les vins de 1 ou 2 ans n'en contiennent plus ; ce corps et ses sels étant peu stables, sont décomposés pendant la deuxième fermentation.

Acide métapectique. $C^{8} H^{5} O^{7}, 2 HO$. — Cet acide a été rencontré par divers auteurs, mais il ne doit se trouver que dans les vins altérés ou piqués.

Acide métacétonique. $C^{6} H^{5} O^{3}, HO$. — La présence de cet acide dans les vins n'a été indiquée par aucun auteur, mais je crois qu'on doit le trouver dans certains vins altérés, car il se produit par l'action des ferments sur la glycérine et par la fermentation de l'acide tartrique, conditions qui se trouvent dans les altérations des vins.

Acide Carbonique. CO^{2}. — Carbone 27,27. Oxygène 72,73.

C'est un gaz inodore, incolore, d'une saveur piquante et aigrelette, plus lourd que l'air ; ce n'est pas un poison, mais il n'entretient pas la respiration ; ce qui fait qu'un animal plongé dans ce gaz périt par suffocation. Ce fait arrive aux hommes ou aux animaux qui se trouvent dans les celliers mal aérés et où la fermentation du vin produisant l'acide carbonique le laisse à la surface du sol.

Sa densité est de 1,529. Il existe dans l'air, dans la proportion de 400 à 600^{cc} par mètre cube d'air. Lorsque l'air contient 15 % d'acide carbonique, les bougies s'éteignent ; s'il contient 25 % l'homme ne peut plus respirer.

L'acide carbonique forme des carbonates avec tous les oxydes ; ils sont solubles et insolubles; ces sels sont trop connus en chimie pour que j'en fasse ici la description ; mais un caractère particulier, c'est que, l'acide carbonique étant gazeux, est déplacé avec la plus grande facilité par tous les acides solides ou moins gazeux.

L'acide carbonique facilite la dissolution de beaucoup de corps, soit en formant des bicarbonates, soit par son acidité propre.

Les vins contiennent tous plus ou moins d'acide carbonique ; lorsqu'on les chauffe, l'acide se dégage, et souvent les vins se troublent par suite de la précipitation des tartrates et des phosphates dissous, grâce à sa présence.

L'acide carbonique est plus soluble dans l'eau que dans l'alcool ; dans l'eau, certains corps facilitent sa dissolution ou du moins empêchent son dégagement ; tels sont les sucres et les gommes ; c'est pour cela que les vins conservent plus d'acide carbonique que l'eau de seltz, lorsqu'ils sont laissés à l'air.

De Saussure a donné quelques chiffres :

100cc d'eau dissolvent				106cc de gaz
100cc d'une solution de sulfate de potasse,	9g42,	densité	1077..	62cc —
100cc — acide tartrique,	53,37,	—	1285..	41cc —
100cc — sucre	25,	—	1104..	72cc —
100cc — gomme	25,	—	1092..	75cc —
100cc d'alcool, d'une densité de	0,803			260cc —
100cc — —	0,840			187cc —

La solubilité de l'acide carbonique a été déterminée, dans l'eau par Bunzen et dans l'alcool par Carius.

TEMPÉRATURE	SOLUBILITÉ DANS L'EAU	SOLUBILITÉ DANS L'ALCOOL	TEMPÉRATURE	SOLUBILITÉ DANS L'EAU	SOLUBILITÉ DANS L'ALCOOL
0	1.7967	4.3295	20	0.9014	2.9465
5	1.4497	3.8908	21	0.8900	2.9034
10	1.1847	3.5140	22	0.8800	2.8628
11	1.1416	3.4461	23	0.8710	2.8247
12	1.1018	3.3807	24	0.8630	2.7890
13	1.0653	3.3177	25	0.8560	2.7558
14	1.0321	3.2578	26	0.8505	2.7251
15	1.0020	3.1993	27	0.8460	2.6969
16	0.9753	3.1438	28	0.8420	2.6711
17	0.9519	3.0908	29	0.8390	2.6478
18	0.9318	3.0402	30	0.8370	2.6270
19	0.9150	2.9921			

La proportion de cet acide dans le vin est très variable, surtout suivant l'âge du vin. Les vins d'un an en contiennent toujours un excès ; les vins vieux sont peu chargés de ce gaz, sauf les vins en bouteilles, dans lesquelles le dégagement est pour ainsi dire nul.

C'est ce gaz qui donne à l'eau de Seltz et aux vins mousseux leurs propriétés bien connues. Un vin mousseux qui en est saturé contient environ 2 gr. par litre ; cette proportion disparaît peu à peu et arrive à 1 ou 2 décigr.

Il contribue au goût, mais surtout à la conservation de la liqueur alcoolique, en s'opposant à son oxydation.

Acide sulfurique. SO^3, HO. — Il ne se trouve pas à l'état libre dans les vins naturels, dans lesquels il n'existe qu'à l'état combiné, surtout avec la potasse, avec laquelle il forme le sulfate et le bisulfate de potasse. Une petite quantité est à l'état de sulfate de chaux et de sulfate de magnésie.

49 d'acide sulfurique égalent 87,1 de sulfate de potasse, ou 1 d'acide sulfurique égale 1,77755 de sulfate.

Un vin naturel contient ordinairement de 0g17 à 0,27 d'acide sulfurique monohydraté par litre, mais pas plus de de 0g39, sauf de rares exceptions. Des nombreuses analyses faites par Marty, il résulte que les vins non plâtrés renferment de 0g109 à 0,328 d'acide sulfurique à l'état de sulfates. Barbet n'a jamais trouvé plus de 0g28 d'acide sulfurique dans les vins de la Gironde ; ce fait a été confirmé par Blarey qui a trouvé par exception 0g45.

Acide sulfureux. SO^2 et **Acide sulfhydrique.** SH. — Ces deux acides ne se trouvent que dans les vins qui ont été soufrés ou dans quelques vins provenant de contrées où l'on amende les vignes avec des cendres très riches en sulfures, ou bien encore dans des vignes atteintes de l'oïdium et très fortement traitées au soufre.

La présence du premier, quoique très désagréable, peut encore se supporter ; mais celle du second, qui donne aux vins l'odeur des œufs pourris, les rend imbuvables.

Acide phosphorique. PO^5 — Cet acide existe à l'état combiné, dans tous les vins et quelquefois à l'état libre. Il forme des phosphates de chaux, d'alumine, de fer, etc. Le phosphate de chaux constitue de 20 à 75 °/₀ du poids des cendres de vins. Ce sel étant éminemment nutritif, rend le vin très apte à réparer les forces.

Acide borique. BO^3. — Découvert par Homberg. Cet acide cristallise en cristaux lamelleux incolores, inodores et d'une saveur faible. L'eau en dissout 1/25 de son poids à 20° et 1/3 à 100° ; sa dissolution froide rougit le papier tournesol en rouge vineux et sa dissolution saturée à chaud, en rouge pelure d'oignon. Sa dissolution aiguisée de quelques gouttes d'acide chlorhydrique, colore en brun un papier de curcuma, qu'on fait sécher ensuite, et l'hématine en bleu, comme le ferait un alcali. L'acide borique se dissout un peu dans l'alcool concentré qui brûle alors avec une belle flamme verte. L'acide tartrique, les tartrates et l'acide phosphorique empêchent la formation de la couleur verte ; l'acide paratartrique, l'acide citrique et les autres acides organiques fixes empêchent également la couleur verte, mais il en faut des quantités beaucoup plu considérables. Une addition d'acide sulfurique fait reparaître, dans tous les cas, la couleur verte.

M. Baumert (*Bull. Soc. Chim.*, 1889, février) a constaté, au moyen de la réaction du curcuma, la présence de l'acide borique dans un grand nombre de vins et même dans toutes les parties des ceps de vigne de diverses provenances. L'acide borique vient du sol. Ces résultats sont d'accord avec ceux annoncés par Solstein et Ripper ; le premier en a trouvé dans les vins de Saxe et le second dans 1.000 échantillons de divers vins ; dans un vin de Riesling, il a pu même l'isoler à l'état de fluoborate.

Pendant trois ans, Baumert a cherché l'acide borique dans les vins d'Allemagne, de France et d'Espagne, et il en a trouvé dans tous les vins ; il en a constaté également la présence dans les moûts de Fribourg et de Naumbourg ; dans les vignes de Thuringe et de Fribourg, il en a trouvé dans les feuilles, les vrilles, le bois, la grappe et la queue.

Von Lippmann et Crampton en ont trouvé dans beaucoup de cendres de sucres, betteraves, feuilles de pêcher, etc., mais pas dans les pommes et les cidres.

Enfin, on rencontre encore dans les vins l'*acide azotique* et l'*acide silicique* combinés.

Iode. — La présence de ce métalloïde a été prouvée par Chatin, qui indique que les vins sont plus riches en iode que les eaux douces, et que sa proportion varie suivant les cépages. Les vins les plus iodurés qu'il a trouvés sont ceux qui proviennent des granits du Beaujolais et du Mâconnais, des basaltes du Vivarais et dans la grande bande de craie verte qui va de La Rochelle à Cahors ; puis les vins du sol tertiaire de la Gironde, du diluvium de l'Isère et enfin dans la craie blanche de la Champagne.

Chlore. — On le rencontre dans presque tous les vins, à l'état de chlorures ; il est peu de vins où l'on n'en trouve pas, ne fût-ce que des traces.

Brôme, Fluor. — Ces corps combinés avec les bases à l'état de bromures et fluorures, n'existent que dans les vins récoltés sur les bords de la mer. Le brôme et le fluor n'ont pas été rencontrés dans les autres vins.

Bases ou **Oxydes.** — Les bases ne peuvent exister à l'état libre, puisqu'il y a des acides libres dans les vins ; elles sont donc toutes combinées avec les différents acides indiqués plus haut, pour former des sels.

Potasse. KO. — Combinée avec l'acide tartrique, elle forme la crème de tartre, le sel le plus important des vins et qui est étudié plus loin.

On la trouve aussi à l'état de sulfate, de bisulfate, d'azotate et de chlorure.

Soude. NaO. — Elle se trouve ordinairement, en petite quantité, dans les vins sous forme de chlorure et de sulfate. Certains vins récoltés sur le bord de la mer renferment une proportion assez sensible de chlorure de sodium.

Chaux. — CaO. — Elle se rencontre dans presque tous les vins, mais dans des proportions variables ; elle s'y trouve surtout à l'état de tartrate neutre de chaux, peu soluble dans l'eau, mais plus soluble en présence de la crème de tartre ; elle forme aussi le sulfate et le phosphate de chaux.

Magnésie. MgO. — La présence de cette base dans les vins est indiscutable. Robinet l'a trouvée dans un grand nombre de ces liquides. Il pense qu'elle y est à l'état de tartrate double de chaux et de magnésie, ou peut-être de tartrate double de potasse et de magnésie.

Alumine. Al^2O^3. — Cette base se trouve en très petites proportions à l'état de phosphate ; Filhol l'a fait figurer dans ses analyses, à l'état de tartrate.

Vauquelin est le premier qui parle de la présence de l'alumine dans les vins. Saussure indique que sa proportion est au-dessous de 1/100 du poids des cendres. Delesse n'en a pas rencontré dans les vins. (Bull. soc. n[le] Agric., 1881). L'Hôte (1887, Comptes Rendus, Mars, 11), n'en a pas trouvé dans les vins de Vouvray ; dans les vins de Bourgogne il en a obtenu 0gr 02 par litre et dans les vins plâtrés, de 0,012 à 0,036. En 1881, Louvet a cherché à déterminer la proportion de l'alumine dans les vins naturels, et il nous donne comme moyenne 0,05 et comme maximum 0,08.

Fauré a trouvé du tartrate d'alumine dans les vins de la Gironde et Filhol dans les vins du Tarn-et-Garonne ; c'est un sel incristallisable, ayant l'aspect de la gomme.

Ammoniaque Az H⁴ O. — Cette base ne se rencontre qu'accidentellement dans les vins, et encore en proportions peu sensibles.

Elle existe dans les moûts ; lorsqu'on les sature par un alcali, il n'est pas rare d'en sentir l'odeur.

Boussingault en a trouvé dans un litre de vin rouge de Lampertsloch : 0^{gr} 06 en 1864 et 0^{gr} 07 en 1865. Molher (1891), en a également constaté la présence.

Maumené en trouve de 0^{gr} 0174 à 0,0976 par litre de vin.

Champagne (Bouzy), 0,02551 à (Verzenay), 0,0976 et 0,1187.

Bourgogne (Montrachet), 0,07904 à (Corton) 0,09227.

Bordeaux (Château-Latour), 0,0297 à (Château-Margaux), 0,0509.

Languedoc (Frontignan), 0,0284 à (Narbonne), 0,0762.

Etranger (Alicante), 0,0174 à (Vins du Rhin), 0,1187.

Oxyde de fer. $Fe^2 O^3$. — On trouve le peroxyde de fer dans presque tous les vins : Ceux de Suisse, de France et d'Allemagne contiennent de 0^{gr} 01 à 0^{gr} 02 de peroxyde de fer, soit de 7 à 14 milligrammes de fer par litre.

Poggiale a dosé en même temps la silice et l'oxyde de fer dans les vins plâtrés et non plâtrés.

Montpellier.........	Vins non plâtrés	0.035	Plâtrés	0.055
Var................	—	0.080	—	0.070
Pyrénées-Orientales .	—	0.065	—	0.085

Marignac donne le phosphate de fer et d'alumine :

Montpellier, blanc sec, 0.040 ; Montpellier, blanc doux, 0,055 ; Veauvaire, Bourret rouges, 0.020 et 0.025 ; Beaujolais, Morgon, 0,025 ; Genève, Lancy, 0.021.

J. Brun indique pour les vins d'Espagne, 0.030 à 0.091 d'oxyde de fer, soit de 0.027 à 0.063 de fer.

Filhol a dosé le fer à l'état de tartrate.

Villandrie, 4 ans, 0.045. Un autre vin d'une autre récolte, 2 ans, 0.131. (Ce chiffre me paraît erroné ; d'après les quantités contenues dans les autres vins, ne serait-ce pas 0.031). Portet, 3 ans, 0.036. Même vin, 2 ans, 0.036. Saint-Gaudens, 4 ans, 0.027 ; même vin, 4 ans, 0.030 ; même, 2 ans, 0.030. Montastruc, 2 ans, 0.036. Caraman, 2 ans, traces. Avignonet, 2 ans, 0.046.

Fauré, dans son étude si complète des vins de Bordeaux, donne aussi le fer sous forme de tartrate de fer. Or les vins de Bordeaux sont ceux qui contiennent le plus de fer. C'est du reste ce qui les rend toniques, car il y est à l'état de tartrate et de phosphate de fer, lesquels exercent une action fortifiante sur l'estomac.

Gironde ; 1er arrondissement	de	0.0720	à	0.0974
2[e]	—	0.0532		0.0927
3[e]	—	0.0912		0.1120
4[e]	—	0.0910		0.1242
5[e]	—	0.0721		0.1042
6[e]	—	0.0790		0.0970

1 de tartrate de fer : $C^8 H^4 O^{10}, Fe^2 O^3 = 0.3773$ de peroxyde de fer et 0.2651 de fer.

M. Maumené dit que les vins de la Vallée du Rhône contiennent le double de fer que les vins de Bordeaux ; ceux du Jura trois fois plus, et ceux du Mâconnais et du Beaujolais 3 à 4 fois plus.

M. Carles (J[l] de Ph. et Ch., 1880, t. 2, p. 489), dit qu'il existe dans tous les vins, même ceux du Midi ; mais que dans ceux-ci, il se précipite très vite, tandis qu'il reste dissous dans les vins de Bordeaux ; il trouve que les quantités de fer indiquées pour les vins de la Gironde sont exagérées.

M. Sambuc (J[l] de Ph. et Ch., 1887, t. 16, p. 344) signale les vins ferrugineux naturels de la Seyne (Var) ; vin de Jacquez : alcool 8° 4. Extrait sec à 100° = 20.50, acidité 6.20, cendres, 2.60, peroxyde de fer, 0.11. A cette époque je trouvais 0[gr] 014 de peroxyde de fer dans un vin de Jacquez de Pomerols.

Manganèse. — On le rencontre dans beaucoup de vins à l'état de peroxyde, MnO^2. On a remarqué que les vins qui en contenaient étaient plus colorés. Lorsque le sol est assez riche en peroxyde de manganèse, le vin en contient une quantité sensible. M. Robinet en a trouvé dans les vins de Romanèche (Saône-et-Loire), et l'on sait que ce pays est très riche en manganèse et qu'il y a même une mine de ce métal.

M. Maumené a fait beaucoup de recherches au sujet de ce métal. (Comptes Rendus, 1884, Mars 31, Avril 28) ; les chiffres qu'il donne sont exprimés en milligrammes.

Pommard 1881	2.0	Dauphiné	0.2
— 1878	1.6	Algérie	0.3
— 1883	0.0	Italie	0.2
Montrachet 1877 à 1883	0.1 à 0.5	Alicante	0.5
Beaujolais (Gamay) 1865 à 1883	0.1 à 0.6	Dalmatie	0.8
Bordelais (Pineau)	0.6 à 0.9	Roumélie	0.7
Bourgogne	0.8	Corse (Bastia)	1.8
Languedoc	0.2 à 1.2	Grave (Bois d'Oingt) 1865	5.0 à 7.0
Perpignan	0.4	— 1882	—
Châlons 1883	1.4	— 1883	—

Il paraît être à l'état de tartrate de potasse et de manganèse, dans le vin de Grave ; le terrain contient du manganèse.

Il en a trouvé dans les lies, mais non dans le tartre cristallisé.

Sels. — Les sels contenus dans les vins n'étant que les combinaisons des acides et des bases que je viens d'énumérer, il est inutile de les détailler ; je m'occuperai seulement de la crème de tartre, le sel le plus important.

Ces sels varient suivant l'âge, le cépage, le terrain et les années.

Les principes les plus constants varient du simple au triple.

Les sels contenus dans les vins sont, en grande partie, des sels organiques qui se décomposent dans la calcination pour former des sels minéraux.

D'après Filhol et Fauré, outre le bitartrate de potasse, on trouve aussi des tartrates de magnésie, d'alumine et d'oxyde de fer, en quantités variables. On y trouve des malates, pectates, acétates, propionates et butyrates.

Parmi les sels minéraux, on distingue : le phosphate acide de chaux et de magnésie, le phosphate de fer et d'alumine, du chlorure de sodium, du sulfate de potasse et un peu de sulfate de chaux.

Ces sels minéraux ne s'élèvent guère, en total, à plus de 1 gr. par litre et ils descendent quelquefois à 0.15.

Tableau des sels contenus dans les vins de la Haute-Garonne et du Tarn-et-Garonne (*Filhol*, 1846)

NOM ET AGE DU VIN	TARTRATES de Potasse	TARTRATES de Chaux	TARTRATES d'Alumine	TARTRATES de Fer	Chlorures de potassium avec traces de soude chaux et magnésie	SULFATES de Potasse	SULFATES de Chaux	PHOSPHATES de chaux avec traces de magnésie
Villandrie 4 ans ...	0.840	0.031	0.042	0.054	0.080	0.083	0.012	0.620
id. 2 » ...	0.910	traces	traces	0.131	0.077	0.160	0.012	0.420
Portet 3 » ...	1.165	0.062	0.029	0.036	0.024	0.061	0.149	0.405
id. 2 » ...	1.180	0.072	0.025	0.036	0.032	0.064	0.128	0.442
St-Gaudens 4 » ...	1.457	0.070	0.041	0.027	0.069	0.127	0.032	0.452
id. 2 » ...	1.624	0.070	0.039	0.030	0.259	0.463	0.032	0.370
id. 2 » ...	0.984	0.070	0.052	0.030	0.044	0.130	0.032	0.700
Montastruc 2 » ...	1.242	traces	0.047	0.036	0.034	0.265	traces	0.493
Caraman 2 » ...	1.055	traces	0.037	traces	0.042	0.057	0.032	0.328
Avignonet 2 » ...	1.600	traces	0.025	0.046	0.047	0.115	0.032	0.430
Villemur............	0.820	0.024	0.031	0.071	0.066	0.074	traces	0.560
Merville............	2.425	0.024	0.041	0.044	0.067	0.076	—	0.405
Verfeil............	1.248	—	0.054	0.036	0.062	0.074	0.102	0.089
Vieille-Toulouse......	1.476	—	—	0.036	0.021	0.027	0.036	0.460
Cornebarieu.........	0.913	—	—	0.036	0.041	0.045	0.032	0.183
Lardène..........	0.974	—	—	0.036	0.050	0.068	0.032	0.325
Cugnaux............	0.966	—	0.027	0.036	0.040	0.115	0.032	0.277
Léguevin..........	1.200	traces	0.027	0.036	0.065	0.106	0.032	0.337
Martres............	1.256	—	0.027	0.036	0.061	0.057	0.032	0.325
Carbone..........	1.312	—	0.032	0.027	0.019	0.266	0.032	0.300
Saint-Gaudens.......	0.820	traces	traces	traces	0.045	0.075	0.032	0.620
Villefranche.........	1.476	—	0.048	—	0.032	0.084	0.032	0.254
Haute-Garonne, *min.*	0.820	0.000	0.000	0.000	0.021	0.074	0.000	0.183
id. *max.*	2.425	0.072	0.054	0.131	0.259	0.266	0.149	0.750

Vins de Lampertsloch 1846 : Alcool 87.3 ; Glycérine et matières extractives 36.2 ; Bitartrate de potasse, 2.90 ; Sulfate de potasse, 0.20 ; Chlorure de sodium, traces ; Phosphate de magnésie, 0.50 ; Phosphate de chaux, 0.20 (Boussingault).

Les autres renseignements sont donnés à l'étude des cendres.

Bitartrate de Potasse. ou *Crème de Tartre.* $C^8 H^4 O^{10}$, KO HO. — On l'appelait autrefois *tartre purifié* et *surtartrate de potasse.*

Composition en centièmes : Acide tartrique anhydre....... 70.18
potasse................ 25.03
eau.................... 4.79

A l'état pur, c'est un sel blanc, qui cristallise en prismes obliques à base rhomboïdale. Il possède une saveur acide et rougit le tournesol. Si on le brûle, il répand une odeur très prononcée de caramel.

La solubilité de la crème de tartre a été déterminée par M. Alluard, dont les résultats sont dans la première colonne du tableau suivant, et par d'autres auteurs.

Température	Eau pure		Eau contenant 10c5 d'alcool
0	3gr 2	2gr 44	1.41
5	»	3 00	1.75
10	4 0	3 70	2.12
15	»	4 53	2.53
20	5 7	5 53	3.05
25	»	6 70	3.72
30	9 0	8 95	4.60
35	»	9 60	5.70
40	13 1	11 30	7.00
50	18 1	—	—
60	24 1	—	—
70	32 0	—	—
80	45 0	—	—
90	57 0	—	—
100	69 0	—	—

Il est plus soluble dans l'eau contenant de l'acide tartrique libre et il est insoluble dans l'alcool et l'éther.

On le retire, par purification, des tartres rouges ou blancs.

Les tartres qui se déposent dans les vins ont, d'après Scheurer-Kestner, la composition suivante (1866) :

	TARTRES BLANCS			TARTRES ROUGES	
	ALSACE	SUISSE	TOSCANE	BOURGOGNE	ESPAGNE
Bitartrate de Potasse....	84.95 à 85.10	73.50	84.88	32.10	24.20
Tartrate de chaux......	4.64 9.92	18.38	»	46.25	45.20

Ce sel a une grande importance dans les vins ; il leur communique une grande partie de leur acidité et en avive la couleur. Comme il est peu soluble dans l'eau à froid (5gr 5 par litre) et insoluble dans l'alcool, il se précipite en partie au fur et à mesure que la fermentation s'achève.

Son poids varie, dans les vins nouveaux, de 4 à 5 gr. par litre ; au bout de quelques mois, il n'est plus que de 3 gr. à 1gr 5, et cette quantité diminue encore avec le temps.

Le tartre en se déposant, sous forme de lie, entraîne avec lui une partie de la matière colorante ; c'est pourquoi les vins vieux plus ou moins dépouillés de leur acidité et de leur vive couleur, ne conservent plus qu'une teinte pelure d'oignon.

Dans les tartres bruts, on trouve quelquefois du tartrate de magnésium et du tartrate de fer.

Les raisins verts contiennent beaucoup plus de crème de tartrate que les raisins mûrs, le moût plus que le vin fait et les bons vins moins que les vins ordinaires.

Les bons vins de 2 à 4 ans renferment de 1 à 4 gr. de ce sel par litre ; les vins de Bordeaux, de 2 à 3, et ceux de Bourgogne, 1, 8, en moyenne.

Les vins de Suisse en contiennent, en moyenne, de 3gr 50 par litre (Mülder); les vins du Vaudois, blancs, 4,07 (Brun) et ceux de Genève et des environs 4,00 (Marignac).

Dans les tonneaux, et même en bouteilles, l'air altère peu à peu les matières colorantes et le tannin ; et les produits de leur oxydation forment, avec le bitartrate de potasse, une laque insoluble qui contribue à diminuer la quantité de crème de tartre soluble.

L'éthérification fait disparaître, sous forme d'éther éthyltartrique, de 1/3 à 1/4 de l'acide tartrique total, suivant l'alcoolicité du vin. (Berthelot et de Fleurieu).

Le tartre contient le 1/4 de son poids de potasse : 588 : 2351 :: 1 : 4.

Son poids ne peut pas être plus fort que quatre fois la potasse anhydre du vin, et il est toujours au-dessous, vu la présence des acides chlorhydrique, phosphorique et sulfurique, qui s'unissent d'abord à cette base.

1,000 litres de vin donnent dans la première année 2 à 3 k. de tartre brut.

Dans les vins tournés, les tartrates disparaissent et l'acide acétique augmente.

Le vinage diminue le poids de la crème de tartre ; le sucrage de la vendange obtient le même résultat et pour la même cause.

Le plâtrage la décompose complètement, jusqu'au point de la faire disparaître.

Le poids du tartre ne peut être plus de 8 1/2 fois plus fort que l'acide carbonique total des cendres, car 2351 de bitartrate de potasse laissent par la calcination 863 de carbonate de potasse, contenant 275 d'acide carbonique ;

275 : 2351 : : 1 : 8 1/2.

En général, le poids du tartre est de 2 à 2 1/2 fois plus fort que le poids des cendres, dans un vin normal.

M. Fleury a dosé la crème de tartre des vins algériens de 1883, par le procédé Reboul (Jl de Ph. et Ch. 1884 Janvier, p. 38). Voici ses chiffres, qui démontrent que les vins dissolvent plus de crème de tartre que l'eau alcoolisée, au même titre.

Birkadem, 3,18 ; Arba, 3,72 ; Bouffarich, 2,77, et 2,93 ; Crescia, 2,60 ; Guyotville, 3,63 ; Médéah, 3,13 et 3,14 ; Millianah, 2,36 et 3,66 ; Castiglione, 2,88 et St-Eugène, 2,80.

Tartrate de Chaux. — $C^8 H^4 O^{10}, 2 CaO, 8 HO$. — C'est le tartrate neutre de chaux, qui contient 21,54 de chaux. Il est très peu soluble dans l'eau, mais beaucoup plus en présence de la crème de tartre ; il cristallise en prismes droits rhomboïdaux avec modification des angles de la base par les faces de l'octaèdre.

Le tartrate de chaux ne se trouve pas dans tous les vins ainsi qu'on l'a vu précédemment.

Sulfate de Potasse. — SO^3, KO. — $SO^3 = 45,92$. — $KO = 54,08$. — C'est le seul des sels minéraux qu'on ait pu isoler d'une manière positive. Il est peu soluble dans l'eau ; celle-ci à 0° n'en dissout que 8, 3 % et à 101°,5 elle dissout 26, 3 %.

Il est insoluble dans l'alcool qui le précipite de ses solutions aqueuses ; il fond mais résiste à la plus forte calcination ; il cristallise en prismes à six faces terminés par des pyramides hexaèdres.

Il existe dans tous les vins, ses proportions sont indiquées plus haut à l'acide sulfurique. (Voir Plâtrage aux Falsifications).

Bisulfate de Potasse. — $2. SO^3, KO, HO$. — $SO^3 = 58,77$. — $KO = 34,61$. — $HO = 6,62$. — C'est un sel à saveur très acide, rougissant le papier tournesol et soluble dans deux parties d'eau froide et une partie d'eau bouillante ; il cristallise en prismes incolores qui, exposés à l'air, s'effleurissent. Chauffés, ils entrent facilement en fusion et ne se décomposent que vers 600° en acide sulfureux, acide sulfurique, oxygène et sulfate neutre de potasse. Sa dissolution dans l'eau traitée par l'alcool est décomposée en sulfate neutre qui se précipite et en acide sulfurique.

Sa présence dans les vins naturels n'est pas prouvée ; dans les vins plâtrés, Poggiale, Bussy et, Marty sont d'avis qu'il y existe, mais d'autres auteurs constatent ce fait. (Voyez Plâtrage.)

Sulfate de Chaux. — SO^3, CaO. — $SO^3 = 58,83$. — $CaO = 41,17$. — C'est le plâtre pur ; il est soluble en faible proportion dans l'eau et est insoluble dans l'alcool.

Il existe en petites proportions dans les vins, surtout dans les vins plâtrés.

Sulfate de Magnésie. — SO^3, MgO. — $SO^3 = 66,67$. — $MgO = 33,33$. — La présence de ce sel n'est pas prouvée dans les vins ; il ne pourrait exister que dans un vin privé de chlorure de sodium ; car en présence du chlorure de sodium, le sulfate de magnésie se change en chlorure de magnésium.

Phosphate de Chaux. — PO^5, CaO. — PO^5 = 45,83. — CaO = 54,20. — Ce sel est très connu, il forme la base des os. Il est insoluble dans l'eau, mais soluble dans les acides.

Il existe dans tous les vins en plus ou moins grandes proportions ; il provient du sol et des engrais.

Phosphate de Magnésie. — PO^5, $Mg\,O$, $2\,HO$. — Sa présence est admise dans les vins, d'après la constatation de ses composants, mais on n'a pu le séparer de façon à affirmer nettement qu'il y existe. Les tartrates et sulfates sont dans le même cas.

Phosphate d'Alumine. — $3\,PO^5$, $4\,Al^2\,O^3$. — Il y a plusieurs phosphates d'alumine et il n'est pas prouvé que ce soit ce sel qui existe dans les vins plutôt que le sous-sel qui a pour formule PO^5, $Al^2\,O^3$, $9\,HO$., du reste il y existe le plus souvent à l'état de phosphate d'alumine et de fer.

Non calciné, il est soluble dans les acides ; il est précipité de cette solution par l'ammoniaque.

C'est le composé d'alumine qu'on trouve le plus souvent dans les vins, mais en petite proportion.

Azotate de Potasse. — $Az\,O^5$, KO. — On l'appelle aussi nitrate de potasse, salpêtre. Il existe dans quelques vins, surtout ceux qui proviennent de vignes fumées avec excès.

Chlorure de Potassium. — $Cl\,K$. — Il peut se trouver dans les vins, concurremment avec le chlorure de sodium, mais il n'a pu en être isolé.

Chlorure de Sodium. — $Cl\,Na$ — Cl = 60,65. — Na = 39,35. — Ce sel est aussi appelé sel marin, sel de cuisine, sel gemme. Sa densité est de 2,13. Il est soluble dans l'eau qui en dissout à 14°, 35,87 % et à 109°, 40,35 %. Dans l'eau alcoolisée il est plus soluble que dans l'eau pure.

Wagner a trouvé que :

100 p. d'alcool	à 75°	et à	14°	de température	dissolvaient	66,1	de chlorure.
—	—	—	15° 1/4	—	—	70,0	—
—	—	—	38°	—	—	73,6	—
—	—	—	71° 1/2	—	—	103,3	—
—		à 95°,5	15°	—	—	17,4	—
			77° 1/4	—	—	17,1	—

Il est peu soluble dans l'alcool anhydre.

Chlorure de Magnésium. — $Cl\,Mg$. — Cl = 74,71. — Mg = 25,29. — Ce sel cristallise en aiguilles incolores et déliquescentes d'une saveur amère. Il se décompose à une faible élévation de température en dégageant de l'acide chlorhydrique et laissant de la magnésie comme résidu.

On le trouve dans les vins de vignobles situés près des bords de la mer. M. Robinet est parvenu à l'isoler des vins.

Autres Sels. — Il y a d'autres sels, tels que : pectactes, succinates, etc., mais on n'a pu les isoler parce qu'on les détruit dès qu'on les traite pour l'analyse ; aussi n'a-t-on obtenu ces acides qu'à l'état libre ; ils seraient, dans les vins, à l'état de sels de chaux.

Gaz, Azote. — Le vin ne contient à l'état de gaz que de l'acide carbonique et de l'azote ; il n'y a pas d'oxygène.

Nous avons vu que la présence des gaz acide sulfureux et sulfhydrique est accidentelle.

Extrait Sec. — Sous ce nom on désigne le résidu de l'évaporation du vin, soit à l'étuve à 100° soit à froid dans le vide sec. Il est donc formé du toutes les substances non volatiles du vin.

Il se compose, en général, pour la moitié, de : glycérine, acide succinique, crème de tartre, et quelques sels minéraux ; et, pour l'autre moitié, de matières odorantes, colorantes, de substances telles que la catéchine (extraite par Gautier en petite proportion) des acides malique, tannique, pectique, et minéraux.

La quantité de l'extrait sec est très importante à connaître, car le poids des substances contenues dans les vins indique la valeur nutritive du vin normal.

Les vins contiennent, en général, de 14 à 90 °/₀₀ d'extrait sec. (Gautier.)

On a signalé des vins ne laissant que 10 à 11 °/₀₀ d'extrait.

Je crois, d'accord avec différents auteurs, qu'ils étaient mouillés ; d'autres ont laissé 190 gr. ; ils étaient évidemment sucrés, soit directement, soit par le mutage.

La moyenne du poids de l'extrait sec pour les vins de France est de 22 gr. (Würtz, J. Brun.)

Cet extrait varie suivant le terrain, le cépage et l'âge de la vigne, le mode de fermentation, ainsi que les divers traitements qu'a pu subir le vin.

On ne peut donc donner des chiffres certains pour chaque sorte de vin, mais des indications utiles à consulter dans une expertise.

L'extrait des vins de consommation, en France, varie suivant les divers auteurs de : 19 gr. à 25 gr., par litre (Robinet) ; 13,5 à 40 gr. (Gautier) ; 18 à 36 gr. (Rougier) ; 16 gr. à 23 gr. (Robin) ; 20 gr. à 30 gr. (Maumené).

Les vins rouges du Midi, non plâtrés, en contiennent de 17,5 à 22 gr. Pour une année moyenne, les vins du Cher, de l'Orléanais, du Mâconnais et du Beaujolais laissent de 18 ½ à 19 gr. d'extrait par litre.

Les meilleurs vins rouges de Bourgogne, du Bordelais et du Midi en ont de 15 à 20 grammes (Gautier). Les vins fins et sucrés, de 20 à 50 et les vins de liqueur, de 50 à 100 (Maumené). Pour les vins allemands, français et suisses, la dose d'extrait oscille entre 18 et 28 grammes par litre.

Causes de variations dans le poids de l'extrait sec. — Les divers traitements que l'on fait subir aux vins font varier le poids de l'extrait sec ; les traitements licites ont pour résultat d'augmenter ou de diminuer ce poids ;

les traitements frauduleux ont pour but de l'augmenter afin de cacher la fraude ; le mouillage et le vinage seuls le diminuent.

Parmi les premiers, il y a : la conservation du vin, la filtration, le mutage, le vinage et le sucrage. Parmi les seconds : le salage, le carbonatage, le plâtrage, l'addition de cidre, poiré, alun, crème de tartre, acide tartrique, sucres, glycérine et de toutes les autres substances solides ajoutées par fraude.

La *conservation du vin*, par suite de la concentration qui s'opère, augmente le poids du résidu sec, surtout si les caves sont légèrement chaudes ; elle peut augmenter le poids de 1 gramme à 1 gr. 2 par litre.

L'action du froid de l'hiver est considérable ; les fûts refroidis à l'air libre à 6 ou 8° au-dessous de zéro ont fait perdre, en trois jours, 7 grammes d'extrait par litre de vin qu'ils contenaient ; le poids de l'extrait est tombé de 32 grammes à 25 grammes ; ce fait se présente souvent pour les vins expédiés de l'étranger ; une diminution de 2 grammes par litre ne doit pas étonner les expéditeurs (A. Bedel).

La *filtration*, en enlevant les matières en suspension, fait diminuer le poids de l'extrait sec, cette diminution peut, dans certains cas, aller jusqu'à 2 grammes par litre. Le simple repos d'un vin trouble donne à peu près le même résultat ; le poids de l'extrait sec d'un vin trouble étant depuis quelque temps en cave ne sera pas le même que celui qu'il avait à l'arrivée dans la cave.

Le *mutage*, ou arrêt de la fermentation par l'alcool, l'acide sulfureux et l'acide salicylique, conserve dans les vins une certaine proportion de sucre, qui augmente le poids de l'extrait, surtout si le vin est sucré naturellement, ou s'il l'a été préalablement.

Le *sucrage* est la suite de l'opération précédente, dans le cas qui nous occupe. Le dosage du glucose doit être fait dans tous les cas, et le poids obtenu en excès sur le poids de glucose normal contenu dans un vin de même nature, doit être déduit de celui de l'extrait sec.

Le *collage* à la gélatine ou au blanc d'œuf diminue le poids de l'extrait, mais en quantité insignifiante, puisqu'elle ne varie que de 0 gr. 2 à 0 gr. 5 par litre, par collage. Le collage enlève le tannin d'abord, puis la matière colorante, une petite quantité de crème de tartre, quelques sels et acides organiques. La preuve du collage se fait par le dosage du tannin.

Le *vinage* diminue aussi le poids de l'extrait sec, tant par la dilution qu'il apporte au vin, que par la précipitation d'une certaine proportion de substances dissoutes. La moyenne de la perte d'un vin pesant 9° et viné à 15° est de 0 gr. 5 à 1 gr. 4 par litre.

Le *plâtrage* augmente le poids de l'extrait sec de 3 gr. 25 environ par litre, lorsqu'il a été pratiqué avant la fermentation, ce qui est le cas le plus général. Il faut donc s'assurer si le vin a été plâtré et déduire le poids du bisulfate de potasse qui est en excès.

L'addition de cidre et de poiré augmente la quantité de l'extrait. Malgré mes recherches, je n'ai pas trouvé de chiffres indiquant dans quelles proportions.

Les autres additions de substances étrangères devront être recherchées d'après les méthodes indiquées dans leurs articles spéciaux, et le poids trouvé déduit de l'extrait total obtenu donnera le poids de l'extrait naturel que l'on comparera avec celui des vins identiques.

Cendres. — Les cendres des vins sont le résidu de leur calcination ; elles se composent de tous les sels fixes minéraux contenus dans les vins, et des alcalis qui, combinés avec les acides organiques, se sont transformés par la calcination en carbonates.

Les vins de France, de Suisse et d'Allemagne contiennent ordinairement 2 grammes de cendres par litre, et elles varient de 1 gr. 5 à 3 grammes. (J. Brun.)

Le résidu de la calcination varie de 0 gr. 8 à 4 grammes par litre pour les vins non plâtrés (Gautier.)

Les vins d'Espagne contiennent en moyenne par litre :

Cendres, 2,38 à 4,034. Peroxyde de fer, 1,03 à 0,09. Acide sulfurique, de 0,273 à 0,388.

L'analyse moyenne des cendres a donné à J. Brun, par litre :

Acide sulfurique	0gr17 à	0gr27
Id. phosphorique (vins rouges)	0.335	
Id. Id. (vins blancs)	0.155	
Id. chlorhydrique	0.14 à	0.06
Peroxyde de fer	0.01	0.02
Alumine phosphatée	0.03	0.06
Chaux	0.05	0.09
Magnésie	0.11	0.15
Potasse	1.00	2.00

Analyses diverses de cendres de vins.

Poggiale	Vin de Montpellier	Vin des Pyrénées
Sulfate de potasse	0.395	0.367
Carbonate de potasse	1.869	1.363
Phosphate de chaux, magnésie et alumine	0.525	0.395
Chaux	0.082	0.097
Magnésie	0.066	0.135
Silicate de peroxyde de fer	0.035	0.065
Poids total des cendres	2.972	2.422

	BOUSSIGNAULT — VIN ROUGE	J. BRUN (1862) MÂCON ROUGE 1857 bon vin	LANGLADE 1861 un peu acide	SAVOIE, BUGEY 1861 vins rouges ordinaires	
Cendres	1.870	2.376	2.424	2.090	2.700
Potasse	0.842	1.004	0.994	0.970	1.438
Chaux	0.092	0.058	0.092	0.050	0.067
Magnésie	0.172	0.153	0.155	0.096	0.146
Acide sulfurique	0.096	0.372	0.255	0.172	0.157
Acide carbonique	0.250	0.270	0.476	0.400	0.640
Acide phosphorique	0.412	0.420	0.303	0.230	0.172
Chlore	»	0.044	0.048	0.058	0.050
Silice	0.006	»	»	»	»
Alumine phosphatée	»	0.055	0.064	0.032	0.030
Résidu insoluble dans l'acide azotique	»	»	0.032	0.082	»

MARIGNAC 1862 — Pour 1 litre	MONTPELLIER Blanc sec trouble	Blanc doux muscat	VAUVERT Rouge Bourret 1861	Rouge Bourret 1861	BEAUJOLAIS Morgon 1867 TRÈS BON	GENÈVE Lancy 1861 BON	PETIT NARBONNE 1861 PLATRÉ
Potasse	0.998	1.095	2.067	1.588	0.690	1.162	1.881
Chaux	0.045	0.085	0.064	0.075	0.062	0.078	0.255
Magnésie	0.108	0.131	0.152	0.154	0.202	0.136	0.197
Phosphate d'alumine et fer	0.040	0.055	0.025	0.020	0.025	0.021	0.055
Acide sulfurique	0.173	0.295	0.177	0.163	0.087	0.213	1.710
Acide phosphorique	0.163	0.147	0.478	0.424	0.332	0.275	0.220
Acide carbonique	0.319	0.271	0.496	0.290	0.018	0.227	0.243
Chlore	0.044	0.051	0.051	0.046	0.049	0.038	0.069
Poids total des cendres	1.890	2.130	3.510	2.760	1.465	2.150	4.630

Cendres des vins plâtrés

POGGIALE — Pour 1 litre	Avant le plâtrage Montpellier	Pyrénées-Orientales	Après le plâtrage Montpellier	Pyrénées-Orientales	Légèrement plâtré — Vins du Var	Plâtré — Vins du Var
Sulfate de potasse	0.395	0.367	2.996	7.388	2.312	4.582
Sulfate de chaux	0	0	0.235	0.365	0	0.298
Carbonate de potasse	1.869	1.363	0.010	0	0.837	0
Phosphates, CaO, MgO, Al^2O^3	0.525	0.395	0.995	1.420	0.305	0.415
Chaux	0.082	0.097	0.142	0.334	0.137	0.105
Magnésie	0.066	0.135	0.057	0.512	0.137	0.168
Silicate de fer	0.035	0.065	0	0	0.080	0.070
Sulfate de fer	0	0	0.055	0.085	0	»
Poids total des cendres	2.972	2.422	4.490	10.104	3.308	5.638
Alcool pour 100 en volume	10	13	11	16	»	»
Phosphate de potasse	notable	notable	0	0	notable	0
Chlorures	traces	traces	notable	traces	»	»

J. BRUN Pour un litre	Saint-Gilles 1862 rouge goût agréable	Nîmes 1862 rouge foncé, sec, astringent	Roussillon 1862 rouge foncé agréable
Potasse	2.804	1.700	2.450
Chaux	0.315	»	»
Magnésie	0.198	»	»
Phosphate d'alumine et de fer	0.087	0.046	»
Acide sulfurique	2.315	1.430	2.010
Acide phosphorique	0.239	»	»
Acide carbonique	0.040	»	»
Chlore	0.182	»	0.230
Cendres	6.180	4.810	5.930
Sulfate de potasse	5.020	3.130	4.400

Toutes les altérations des vins qui font diminuer le poids de l'extrait sec font aussi diminuer le poids des cendres.

Lorsque le poids des cendres d'un vin dépasse la moyenne indiquée dans les tableaux, il faut recourir à l'analyse de ces cendres.

TABLEAU GÉNÉRAL DES ANALYSES DES VINS

J'ai recueilli toutes les données que j'ai pu réunir sur les analyses des vins, étant convaincu que pour les experts rien ne parle mieux aux yeux qu'un tableau.

Dans le premier tableau, j'ai réuni toutes les analyses comportant plusieurs éléments des vins ; dans le deuxième, ne sont compris que les chiffres de l'alcool et de l'extrait.

Les tableaux suivants ne donnent pour chaque vin qu'un seul élément.

La densité est exprimée en grammes par litre ; le degré alcoolique est indiqué en volume pour cent, suivant l'habitude; l'extrait sec est fait à 100° ; le tartre est dosé à l'état de crème de tartre ; le sucre est chiffré en glucose anhydre $C^{12} H^{12} O^{12}$; l'acidité est exprimée en acide sulfurique monohydraté ; les autres éléments sont obtenus par pesées directes ; à part l'alcool, tous les termes sont marqués en grammes par litre.

VINS	DENSITÉ	ALCOOL	EXTRAIT	ACIDITÉ	CENDRES	SUCRES	GLYCÉRINE	TARTRE	ANALYSTES
France, Suisse et Allemagne moyenne..		10.0	22.0		2.00	2.00	2.0	4.0	Brun
France, maximum.........	1000	18.2	40.5		3.80		7.6	5.0	Gautier
— moyenne..........		10.2	18.9	2.50					id.
— minimum..........	986	6.9	15.0		1.20		5.6	1.2	id.
CHAMPAGNE — Marne, maximum.	998	14.5	53.0	5.30					Maumené.
— moyenne..	à	11.5	24.1	à					id.
— minimum.	990	8.4	16.8	1.88	2.40				id.
Aï ...... 1 an. 1864.		10.5		4.90		4.57			Robinet
— .... 1865.		11.8		2.94		3.57			id.
— .... 1866.		9.4				7.20			id.
— .... 1857.		12.0	19.2						Maumené.
— ...... sucré. 1854.		9.3	53.3	4.39					id.
Avenay .... 1858.			25.9	4.80					id.
Cumières. ...... 1864.		8.6		6.41		8.58			Robinet.
Chavot......... id.		9.4		6.47		7.35			id.
— .... 1865.		10.4		4.90		4.16			id.
Epernay........ 1858.		10.5	17.5	4.68					Maumené.
— .. 1 an. 1864.		10.2		5.90		9.09			Robinet.
— .... 1865.		10.6		4.41		12.50			id.
— .... 1866.		10.1		4.35					id.
Ludes......... 1858.		11.5	15.8	4.43					Maumené.
Mailly .... 1858.		11.5	31.9	5.30					id.
Mareuil .... 1858.		10.8	21.3	4.36					id.
Mesnil......... 1858.		11.6	37.7	3.85					id.
Monthelon...... 1864.		9.3		6.66		2.00			Robinet.
Pierry .... 1858.		11.0	16.8	4.88					Maumené.
Rilly.......... 1864.		10.4		5.04					Robinet.
— .... 1865.		11.9		4.41		3.33			id.
Verzenay....... 1864.		10.1		5.09		25.00			id.
— .... 1865.		11.4		4.95		3.33			id.
— 1866		6.5				5.12			id.
— .... 1858.		12.4	21.8	4.40					Maumené
— .... 1858.		13.2	21.6	4.02					id.
Verzy .... 1864.				7.15		5.43			Robinet.
Vertus .... 1865.				3.72		3.12			id.
Champagne carte blanche....		11.2	134.0	3.80	1.30	115.0			Ch. Girard.
Romery........ 1864.		10.1		6.45		6.40			Robinet.
LORRAINE — Meuse............		6.8	22.8			0.80			Ch. Girard.
LORRAINE — Vosges-Mirecourt... 1861.		5.9	22.9			0.90			id.
ALSACE — Bas-Rhin.									Boussingault
Lampertsloch. 1846.		10.9	36.2		1.96			2.90	Goppelsrœder
Turkheim rouge.....		11.1	22.5	3.42	2.17	0.13			
Alsace rouges. maxim.		11.2	22.9	3.60	3.83	1.32			id.
— — moyen.		11.1	20.5	3.30	2.92	0.30			id.
— — minim.		11.0	19.8	2.70	2.29	0.23			id.
— blancs. maxim.		12.2	23.8	4.21	2.98	1.85			id.
— 19 analyses moyen.		10.2	19.5	3.30	2.21	0.87			id.
— — minim.		6.2	15.8	2.45	1.04	0.39			id.
Haute-Saône... 1881.		8.1	18.4			1.20			Ch. Girard.
Jura. Arbois, vieux...							6.75		Pasteur.

BOURGOGNE

VINS	DENSITÉ	ALCOOL	EXTRAIT	ACIDITÉ	CENDRES	SUCRES	GLYCÉRINE	TARTRE	ANALYSTES
Blanc.................. 1875	995	9.5	17.1						Houdart.
Ordinaires, 3 à 4 ans		10.2					5.80		Pasteur.
moyenne de 10 essais....				2.50				1.80	Berthelot.
petit vin d'un an.........	996	7.8	15.6						Houdart.
ordinaires...............	991								Brisson.
supérieurs...............		13.0						2 à 3	Brun.
Bse-BOURGOGNE, 22 ans... max.		10.6	25.4	4.01	1.72	1.70		3.02	Ch. Girard.
— — ... min.		5.8	13.0	2.68	1.59	0.50		1.89	id.
Hte-BOURGOGNE, 5 ans... max.		11.9	22.6	5.21	2.55	3.50		3.39	id.
— — ... min.		9.0	13.7	4.11	1.95	0.80		2.83	id.
— 25 ans. moyen.		9.1	20.7			1.10			id.
— vieux........		11.0	18.4		2.03	0.60		1.40	id.
YONNE. Augy, très petit vin.	999	6.4	17.2		1.84				Gautier.
— Tonnerre		11.0						3 à 5	Brun.
— Coulanges.........		8.4	14.7	4.87	1.80	0.70		3.02	Ch. Girard.
— id.		8.6	14.7	4.09	1.50	0.60		2.26	id.
— Augy... ... 1881.		7.0	19.3	0.41	2.30	2.10		2.78	id.
— Avallon..... 1882.		7.1	22.4			0.50			id.
— Chablis, 5 ans		6.5	16.3			0.50			id.
— —		11.0	20.0			0.90			id.
— Auxerre..... max.	999	9.1	20.8						Houdart.
— — ..... min.	997	7.3	18.7						id.
— Chablis...... max.	996	11.0	18.7						id.
— — ..... min.	993	7.5	15.3						id.
— St-Brisblanc.. de.	993	7.1	14.2						id.
— — .. à.	996	10.8	17.3						id.
CÔTE-D'OR. Beaune.........		9:3	21.7	3.19	2.10	2.40		3.76	Ch. Girard.
— Richebourg 1865.	993	12.5	23.6						Houdart.
— — petit vin.	996	7.8	15.6						id.
— Corton..........		11.2	23.8		1.92	1.30		3.70	Ch. Girard.
— Gevrey-Chambertin		11.5	23.3		1.77	1.40		3.57	id.
— Pomard vieux ...		11.9	21.6	3.23	2.03	0.40		1.54	id.
— Nuits, maximum.	994	13.0	23.6						Houdart.
— — minimum.	993	11.8	20.3						id.
— Puligny... 1879.		6.8	23.3	5.31					Ch. Girard.
SAÔNE-ET-LOIRE.									
Mâcon............ 1881.		10.5	18.7	5.07	1.85	0.70		2.10	id.
— .... 1881.		9.5	17.0	4.11	1.71	1.60		1.70	id.
— .... 1881.		11.0	20.8	2.69	2.00	1.20		2.16	id.
— .... 11 ans.		10.1	19.9			1.20			id.
— Thorins...........		11.2	18.9		1.75	1.20		1.14	id.
— — ..... 1878.		12.2	24.0	4.96	2.14	1.80		2.43	id.
— Tournus...........		7.6	14.3	3.38	1.97	1.10		2.53	id.
— Aluze....... 1881.		9.0	21.2	3.08	1.88	2.00		2.00	id.
— Chagny		9.6	22.1	4.00	1.95	1.60		1.98	id.
— Chassey		5.8	22.7	5.60	2.23	2.00		3.96	id.
— Saône-et-Loire		9.1	19.8		1.48	1.00		2.60	id.
— Mâcon.. maximum.	996	11.4	20.7						Houdart.
— — minimum..	994	9.0	18.0						id.
— Tournus, maximum.	997	11.1	20.2						id.
— — minimum..	994	8.2	17.8						id.

	VINS	DENSITÉ	ALCOOL	EXTRAIT	ACIDITÉ	CENDRES	SUCRES	GLYCÉRINE	TARTRE	ANALYSTES
BOURGOGNE	Mâcon rouge, très bon. 1857.		10.0	19.1	5.57	2.38			2.34	J. Brun.
	AIN. Bugey, r. ordin.. 1861.		5.5	21.5		2.10			3.03	id.
	— — ordinaire.....		5.0	23.2	3.70	2.70			4.39	id.
BEAUJOLAIS	RHÔNE. Beaujolais, 5 ans, max.		10.7	23.0			1.70			Ch. Girard.
	— — — min.		8.5	17.0			0.70			id.
	— — 1870.	995	10.5	19.6		2.17				Houdart.
	— — 3 ans 1872.	993	11.0	20.7		2.17				id.
	— — ordinaire...	994	10.9	19.6		2.07				id.
	— Morgon....... 1878.		10.4	17.6			1.00			Ch. Girard.
	— Fleury........ 1878.		11.1	18.4			0.90			id.
	— Fleurie... maximum.	996	11.1	19.6						Houdart.
	— — minimum.	994	8.7	18.6						id.
	— id. 5 ans excel. 1870.	994	10.5	19.6		2.11				Gautier.
	— Morgon.. maximum.	996	10.8	19.7						Houdart.
	— — minimum.	994	8.9	18.6						id.
	— — très bon.			21.4	0.86	1.47				Marignac.
	LOIRE.......... moyenne.		6.2	18.2			0.90			Ch. Girard.
SAVOIE	SAVOIE..................		9.0						3.5	Brun.
	—..................								à 4.5	id.
	St-Pierre-d'Alçigny.. 1882.		5.3	17.7			0.60			Ch. Girard.
DAUPHINÉ	ISÈRE..................		10.1	21.5			1.00			id.
	DRÔME. Hermitage blanc....		15.5	17.2	2.15					Blaanderen.
PROVENCE	VAUCLUSE, Avignonnet. 1844.			21.0						Filhol.
	VAR..................						2.80		3.64	Reboul.
	— Fréjus..............						2.60			id.
	— .... 1882.		11.5	22.4	3.07	1.92	2.00		2.64	Ch. Girard.
LANGUEDOC	GARD.............. 1881.		10.0	15.5			1.40			id.
	Auzon............ 1878.		11.5	20.2	4.27	3.20	1.00		1.70	id.
	Vauvert rouge............			27.2		3.51			6.35	Marignac.
	— Bourret...... 1861.			26.8		2.76			4.50	id.
	Langlade........... 1861.		11.9	21.9	7.43	2.42			3.17	J. Brun.
	Tavel..................		14.0	18.5	3.08					Blaanderen.
	HÉRAULT, rouges..... max.	999		19.0	5.06	3.50		7.60	2.20	Chancel.
	— — ..... min.	993		16.0	2.50	1.75		6.50	1.50	id.
	— ordinaires........		10.1	23.0		1.98			5.00	id.
	— petits vins coupés..	994	10.2	17.8		2.62				Gautier.
	— — ..		10.5	18.9		2.71				id.
	— .... 1878.		7.8	17.0	5.06	2.02	1.00		2.63	Ch. Girard.
	— .... 1882.		10.2	22 3	3.38	4.15	1.10		2.18	id.
	— Beaufort.... max.	997	14.4	26.3						Houdart.
	— — .... min..	994	11.1	24.1						id.
	— Capestang... max.	998	10.5	23.7						id.
	— — .... min..	997	8.2	20.1						id.
	— Cazedarnes.. max.	997	14.0	27.4						id.
	— — .... min..	995	10.8	23.8						id.
	— Cébazan.... max.	997	14.5	27.4						id.
	— — .... min..	994	10.5	24.3						id.
	— — .... 1880.		9.3	18.7	3.40	3.88	2.90		3.35	Ch. Girard.
	— Creissan.... max.	997	14.0	27.4						Houdart.
	— — .... min..	995	9.7	21.5						id.

	VINS	DENSITÉ	ALCOOL	EXTRAIT	ACIDITÉ	CENDRES	SUCRES	GLYCÉRINE	TARTRE	ANALYSTES
LANGUEDOC	Hérault. Croissan... 1880.		9.3	18.7	3.40	3.88	2.90		3.35	Ch. Girard.
	— Frontignan, musc. très doux......		10.0	265.0		3.80			2.80	Béchamp.
	— Loupian.........	996	15.0	19.1						Houdart.
	— — viné à 15°	999	10.0	17.1						id.
	— — ....1876.	995	11.0	19.1						id.
	— Montels.... max.	998	8.1	22.7						id.
	— — ... min.	996	9.2	19.3						id.
	— Manguio . 1861.		11.0	21.4		2.80			3.12	Béchamp.
	— Montpellier 1861			28.0		3.20			3.63	id.
	— — blanc sec.			18.7		1.89			3.04	Marignac.
	— — — doux			46.6		2.13			3.15	id.
	— Olonzac.... max	997	12.3	24.1						Houdart.
	— — .... min.	995	9.3	21.8						id.
	— Quarante . max.	998	12.0	24.3						id.
	— — ... min.	995	8.5	20.0						id.
	— Ramejean.. 1881.		8.9	20.9	2.80	2.85	1.30		3.00	Ch. Girard.
	— Redoudo .. 1881		8.6	19.8	2.86	2.81	1.30		3.18	id.
	— Tural. .. . 1881.		8.0	20.0	3.00	3.58	0.50		1.39	id.
	Aude.............. max.		14.2	18.9	3 00					—
	— .. . . moyenne.		11.0	18.8					5.73	—
	— .... min.		8.5	17.8	2.00					—
	— .... beau 1876.	996	12.5	28.1						Houdart.
	— .... petit 1876.	1000	7.9	22.6						id.
	— ...... petit, 5 essais.		10.2	17.4						id.
	— Bize.......... max.	996	13.4	27.2						id.
	— — .... min.	995	11.0	22.3						id.
	— Coursan........ max.	997	10.0	24.6						id.
	— — .... min.	996	8.3	19.0						id.
	— Fabrezan....... max.	997	14.5	27 2						id.
	— — .... min.	994	10.8	24.5						id.
	— Lézignan....... max.	998	12.0	24.9						id.
	— — .... min.	996	9.7	22.5						id.
	— Loupia......... max.	998	12.6	25.2						id.
	— — .... min.	995	9.5	22.5						id.
	— Marcorignan.... max.	998	12.2	26.2						id.
	— — .... min.	996	8.7	21.3						id.
	— — .... 1878.		12.2	26.6	5.00					Ch. Girard.
	— Ouveillan....... max.	997	13.5	27.8						Houdart.
	— — .... min.	995	9.4	22.1						id.
	— Pépieux........ max.	998	12.6	25.3						id.
	— — .... min.	995	9.1	23.2						id.
	— Talairan........ max.	997	13.3	26.2						id.
	— — .... min.	995	10.8	24.2						id.
ROUSSILLON	Pyrénées-Orientales Roussillon. max.		14.1	27.4	3 48	3.87	3.20		1.08	Ch. Girard.
	— min.		11.7	22 3	2.99	3.77	1.80		1.04	id.
	Picpoul..................		10.2	16.6	3.30	2.96	1.90		1.55	id.
	— Roussillon, 16 vins, max.		12.3	35.5	6.22	5.24	7.23	9.90	2.70	Bischop et
	— — — min.		7.0	20.2	4.04	2.08	0.88	4.90	1.56	Ferrer.
	— Vins de table.. 1875.	992	17.0							A. Mangin.
	— — 1004 à.	987	15.0	25.3		2.42				Poggiale.

	VINS	DENSITÉ	ALCOOL	EXTRAIT	ACIDITÉ	CENDRES	SUCRES	GLYCÉRINE	TARTRE	ANALYSTES
ROUSSILLON	PYRÉNÉES-O^les ..... 1040 à.	987								Bouis
	— Rivesaltes.. max.	996	15.0	28.5						Houdart.
	— — .. min.	994	11.9	24.8						id.
	— St-Martin... max.	998	12.5	26.8						id.
	— — ... min.	996	9.0	23.2						id.
MIDI	Midi................ moy.				4.77			7.00		Chancel.
	— 19 ans.......... max.		13.4	27.5	4.45	4.40	3.60		3.57	Ch. Girard.
	— .... min.		8.8	20.0	2.20	2.33	0.80		1.47	id.
	— 20 ans.......... moy.		10.5	21.7			1.30			id.
	— 11 ans 1882...... max.		12.0	26.1	3.30	4.98	2.50		3.50	id.
	— — ...... min.		8.4	19.1	2.74	2.18	0.70		0.95	id.
	— vieux.................		10.5	20.8	3.08	3.06	1.20		1.52	id.
	— Picpoul blanc..........		11.6	18.2	4.50				3.50	Pasteur.
	TARN.............. 1881.		12.2	29.0			1.20			Ch. Girard.
	TARN-ET-GARONNE .... max.	998	11.0	24.4			2.40			id.
	— .... min.	991	8.8	18.7			0.90			id.
	HAUTE-GARONNE		10.0	22.6			1.80			id.
	— rouges 28 essais max.	998	12.5	28.8		3.01			4.00	Filhol.
	— rouges 28 essais moy.		9.9	22.0		1.41			2.50	id.
	— rouges 28 essais min.	990	7.6	18.9		0.67			1.40	id.
	—		10.0						8.00	J. Brun.
	LOT-ET-GARONNE, 8 ans. max.		11.4	20.7			1.20			Ch. Girard.
	— .... min.		7.8	17.8			0.50			id.
	— Clairac.... max.	998	11.2	21.4						Houdart.
	— — .... min.	995	7.8	19.6						id.
	— Marmande. max.	998	11.0	20.8						id.
	— — min.	995	8.0	19.2						id.
	LOT. Cahors......... 1880.		9.7	21.6	2.74	1.98	2.00		3.02	Ch. Girard.
	— — .... 1881.		10.0	21.8	3.40	1.97	1.70		3.92	id.
	AVEYRON. Ste-Eulalie. 1874.		11.0	20.0						—
			9.5	21.3			1.00			Ch. Girard.
	DORDOGNE. Pommerols. 1882.		8.8	18.6	4.01	2.63	1.10		3.02	id.
	— Montbazillac. max.	996	11.7	20.8						Houdart.
	— — min.	994	9.2	19.4						id.
BORDELAIS	GIRONDE....... rouges.....	984								Filhol.
	— .... id.	994								Fauré.
	— .... blancs.....	996								Filhol.
	— .... id.	999								Fauré.
	— Bordeaux, rouge......	994	10.1		2.15					Guning.
	— — — ordin.	991	8.0	20.9		1.60				Fauré
	— — — —	999	11.0	22.2		3.00				id.
	— — — max.				1.84			7.19		Pasteur.
	— — — min.				0.65			6.97		id.
	— — supérieurs.		7.3	16.4	2.15					Guning.
	— - rouge, bon.		10.9	16.9		1.6 à	3.00			Gautier.
	— Médoc..............		10.3	19.0	3.96	2.05	0.90		1.42	Ch. Girard.
	— Bordeaux, 20 ans. max.		11.3	24.6	4.41	2.40	3.80		3.77	id.
	— — — min.		7.8	16.3	2.20	1.76	0.90		0.94	id.
	— — moy. de 40 vins.		10.2	22.0			1.20			id.
	— Bassens, 3 ans. 1870.	994	10.9	22.2		2.09				Gautier.

VINS	DENSITÉ	ALCOOL	EXTRAIT	ACIDITÉ	CENDRES	SUCRES	TANNIN	TARTRE	ANALYSTES
BORDELAIS — GIRONDE.									
— Bassens, côtes.. 1870.	996	11.0	22.2						Houdart.
— Blaye.......... 1879.		10.5	21.8		2.14	0.8			Ch. Girard.
— Biche-Latour... 1878.		9.5	17.0	4.06		1.1		2.07	id.
— — ... 1879.		10.0	16.7	4.77		1.0		2.45	id.
— Castillon....... 1878.		18.8	19.7			2.1			id.
— Chau-Margaux.. 1878.		10.2	23.6			1.5			id.
— — Batailley.. 1874.	996	11.0	23.6						Houdart.
— — By....... 1870.	991	11.0	21.4						id.
— — Dubrassier 1874.	996	10.9	23.3						id.
— — St-Lambert 1874.	995	11.0	21.1						id.
— — Yquem... 1865.		15.0	82.8			37.0			id.
— — — ... 1871.		13.3	145.0			105.0			id.
— Cissac...............	995	8.7	18.6						id.
— —	996	10.6	20.4						id.
— Couquequiès.........	995	8.7	18.7						id.
— —	997	10.6	20.3						id.
— Entre-deux-Mers.. bl. 1874.	995	9.2	16.8						Gautier.
— id. 20 m. 1874.	994	9.2	16.8		3.61				id.
— —		9.5	17.3	1.95	0.88	0.70		0.70	Ch. Girard.
— — blanc. max.	995	10.2	16.3						Houdart.
— — — min.	993	7.8	13.6						id.
— Graves. blanc. max.	994	11.4	18.1						id.
— — — min.	993	9.3	15.2						id.
— Libourne....... 1878.		10.6	23.2			1.20			Ch. Girard.
— La Barde							3.62		A. Girard.
— —							2.13		id.
— Montferrand.... max.	996	11.5	21.0						Houdart.
— — .... min.	994	9.2	19.8						id.
— Pichon-Longuev. 1877.		11.0	22.3	-	2.42	1.30		2.16	Ch. Girard.
— St-Christoly..... max.	997	10.4	21.4						Houdart.
— - ..... min.	994	8.8	18.8						id.
— St-Émilion...........		11.4	20.4	3.77	1.96	1.00		1.98	Ch. Girard.
— St-Estèphe..... 1878.		11.1	22.4	2.96	2.20	1.50		1.31	id.
— Ste-Eulalie...... max.	996	10.8	20.8						Houdart.
— — ...... min.	995	9.0	19.6						id.
— St-Estèphe...... 1875.	996	10.9	23.9						id.
— Sauterne....... moy.		10.3	18.4			2.90			Ch. Girard.
— —	995		19.5						Blaanderen.
— Sauveterre blanc......		8.8					2.51		—
— St-Seurin....... max.	997	11.2	20.7						Houdart.
— — .... min.	994	8.9	18.5						id.
— St-Germain..... max.	997	10.6	20.2						id.
— — .... min.	995	8.6	19.1						id.
1er Arr. Blaye.......... 1841.	996	10.3					1.59	0.57	Fauré.
1er Arr. Bourg.......... id.	997	10.3					1.20	0.52	id.
1er Arr. S.-Cier-Lalande. id.	998	9.2					1.37	0.64	id.
1er Arr. Civrac......... id.	996	9.7					1.15	0.58	id.
2e Arrt St-Émilion...... id.	995	9.2					0.95	0.53	id.
2e Arrt Brannes........ id.	997	9.5					1.47	0.66	id.
2e Arrt — .... id.	997	9.8					0.41	0.68	id.

		VINS		DENSITÉ	ALCOOL	EXTRAIT	ACIDITÉ	CENDRES	SUCRES	TANNIN	TARTRE	ANALYSTES
BORDELAIS	2e Arrt	Sainte-Foy	1841.	997	9.0					1.47	0.57	Fauré.
		—		996	11.0					0.47	0.69	id.
		Rausan	1841.	996	8.8					1.27	0.63	id.
		Castillon		995	11.0					0.60	0.68	id.
		Baron		997	9.0					0.62	0.68	id.
	3e Arrondt	La Réole		998	8.5					1.52	0 72	id.
		—		996	9.0					0.42	0.69	id.
		St-Macaire	1841.	998	7.8					1.02	0.77	id.
		Montségur	1841.	997	7.8					0.80	0.75	id.
		Sauveterre	1841.	999	8.2					0.92	0.72	id.
		—	1841.	996	8.8					0.60	0.72	id.
	4e Arrt	Bazas	1841.	997	9.0					1.01	0.95	id.
		Aillas	1841.	998	9.1					1.41	0.99	id.
		Sauterne		995	15.0					0.40	0.65	id.
		Bomme		998	12.2					0.37	0.68	id.
		Langon		997	11.0					0.61	0.64	id.
	5e Arrondissement	Gironde Bordeaux	1841.	997	10.1					1 40	0.63	id.
		Talence	1841.	996	9.8					1.07	0.52	id.
		Montferrand	id.	996	9.5					1.32	0.59	id.
		Haut-Brion	id.	995	9.0					0 72	0.50	id.
		Barsac	1er cru.	995	14.8					0.41	0.46	id.
		Carbonnieux		994	13.2					0.60	0 57	id.
		Podensac		997	13.8					0.42	0.58	id.
		Ste-Croix-du-Mont		998	12.2					0.62	0.64	id.
		Preignac		996	11 5					0.60	0.50	id.
		Langoiran		998	10.3					0 52	0.70	id.
		Salleboeuf		998	9.8					0.59	0.69	id.
		Sadirac		998	8.4					0.83	0.72	id.
	6e Arrt	Château-Laffite	1840.	996	8.7					1.01	0.36	id.
		Cos Destournel	id.	997	9.0					0.90	0.36	id.
		Léoville	id.	996	9.2					0.80	0.41	id.
		Therme Cantenac	id.	998	9.2					1.00	0.48	id.
		St-Estèphe-Phé.	1841.	998	9.8					0.70	0.47	id.
OUEST		Charente-Infre Courand			9.0	17.5	5.57	1.60	0.50		3.00	Ch. Girard.
		— Ile-de-Ré	1881.		8.5	18.4	3.00	3.10	1.50		1.50	id.
		— d'Oléron			10.7	27.3			3.40			id.
		— Saintes	1881.		10.0	19.6	2.46					id.
		Poitou	max.	996	10.2	16.7						Houdart.
		—	min.	994	8.1	15.2						id.
		Loire-Inférieure			6.6	19.6		1.24	0.50		1.12	Ch. Girard.
		Anjou	max.	997	9.8	16.8						Houdart.
		—	min.	994	7.3	14.5						id.
		— Saumur			8.5	21.7			1.40			Ch. Girard.
		Sarthe. Pont-Vallain.	1881.		10.7	19.2			1.60			id.
CENTRE		*Centre*. rouges	max.		10.0	22.0	7.00	2.50	1.30		3.00	Barillot.
		— —	min.		7.0	11.0	3.50	1.50	1.00		1.00	id.
		— 27 ans	1881.		8.4	21.4	2.80	2.10	1.10		3.48	Ch. Girard.
		— 29 ans	max.		9.7	22.4			1.20			id.
		— —	min.		6.5	17.3			0.50			id.

	VINS	DENSITÉ	ALCOOL	EXTRAIT	ACIDITÉ	CENDRES	SUCRES	TANNIN	TARTRE	ANALYSTES
CENTRE	*Auvergne* CANTAL...........		7.5	18.5			0.90			Ch. Girard.
	— —		8.6	19.2			0·80			id.
	— PUY-DE-DÔME max.		9.4	21.0			1.20			id.
	— — min.		7.0	16.5			0.50			id.
	Bourbonnais ALLIER........		8.3	20.4			1.30			id.
	Nivernais NIÈVRE moyenne..		7.9	18.1			0.90			id.
	Berry CHER......... max.		8.9	23.9			1.70			id.
	— — .... min.		5.3	16.2	3.13		0.70		3.01	id.
	— —			18.0		1.7 à 2				Gautier.
	— — .... 1875.	996	7.8	15 6						Houdart.
	— — pet. vins 8 m. id.	996	9.2	18 7		1 76				Gautier.
	— —	996	7.8	15.6		1.94				id.
	— —	996	7.8	15.6		2.20				id.
	— — gros noir.. max.	1001	8.6	24.2						Houdart.
	— — — min.	1000	6.2	22.1						id.
	— — Bleré..... max.	997	10.2	21.0						id.
	— — — ..... min.	996	8.5	18.3						id.
	— — — ..... 1875.	996	9.3	18.7						id.
	— — Athé ..... 1876.	996	9.0	18.4						id.
	— — Montrichard.....							2.86		A. Girard.
	Touraine............ 1879.		10.0	19.2	3.65	2.28	1.20		1.40	Ch. Girard.
	— IND.-ET-L. Blézé. 1884.		8.2	23 7	3.00	2.11	1.40		2.03	id.
	— — Chinon bl.. max.	995	10.9	17.4						Houdart.
	— — — min.	993	8.5	15.6						id.
	— — — 1875.	994	9.4	15.6						id.
	— — Vouvray p. 1876.		8.8	69.8			3.20			id.
	— — — beau. 1874.		9.7	134.9			105.0			id.
	— — — — six mois		9.7	133.8						—
	— ....max 1881.		10.2	23.5						Ch. Girard.
	— .. ..min. id.		7.1	22.8	4.04					id.
	— Chinon........ 1881.		10 5	25.2	3.13					id.
	— St-Quentin. ... id		8.1	24.4	3.62					id.
	Orléanais LOIR-ET-CHER									id.
	Blois..... 1881.		7.6	18.3	4.88	2.15	1.80		3.20	
	— — ..... max.	998	10.4	23.5						Houdart.
	— — ..... min.	997	7.3	18.8						id.
	— Selles..... max.	999	10.2	22.1						id.
	— — ..... min.	996	7.2	19.1						id.
	— Sologne bl. 1876.	995	9.6	17 2						id.
	— Gatinais... 1875.		6.6	17.5						id.
	— LOIRET Orléans, 8 mois. 1875.	998	6.7	17.9		1.77				Gautier.
	— — Tavers.. 1881.		6.4	26.6	4.17		1 10		3.29	Ch. Girard.
	— —		8.9	22 5			1.00			id.
	SEINE-et-O. Maurécourt 1881.		8.1	22.4	4.11		0.70		2.82	id.
CORSE	....		12.0	24.5			2.80			id.
ALGÉRIE	2 ans.............. 1881.		11.7	24.1	3.43		1.30		1 69	id.
	4 ans............... 1882.		11.0	23.9	3.00	2.49	1 80		1.72	id.
	Bône.............. 1881.		10.3	19.1	6.37	2.89	0.60		0.82	id.
	Condé Smendou..... id.		9.9	19.4	6.41	4.08	0.50		2.80	id.
	Blidah........... 1880-81.	995	11.9	24.1						Houdart.
	Damiette........... 1878.		12.2	29.0	5.14		3.30		2.63	Balland.

	VINS	DENSITÉ	ALCOOL	EXTRAIT	ACIDITÉ	CENDRES	SUCRES	TARTRES	ANALYSTES
ALGÉRIE	Damiette .... 1879.		11.4	33.0	3.52			2.50	Balland.
	Id. .... Id.		12.1	29.0	2.64		2.50	1.13	id.
	Id. .... Id.		11.4	28.0	3.04	4.00			id.
	Kouba .... 1880.		11.3	21.5	4.31	2.66	0 70	1.10	Ch. Girard.
	Médéah .... 1879.		12.1	29.0	2.64		2.50	1.13	Balland.
	Sidi Melbrouck........ 1881.		12.2	22.3	6.37	3.06	1.00	0.75	Ch. Girard.
	Smendou .... 1881.		11.7	26.1	5.48	3.19	1.90	2.57	id.
	Staoueli .... 1880.		10.4	22.3	4.80	4.62	0.70	0.80	id.
	Zaoura................ 1881.		10.0	18.6	7.90	3.09	0.80	2.39	id.
MIDI	*Vignes américaines*...........		12.1	25.9	4.41	3.91	1.80	3.67	id.
	Jacquez		10.4	23.3	7.46				Saint-Pierre
	Catawa bl., fort agréable.....		12.1	17.0	5.67				et Foëx.
	Herbemont, bl. de raisins roug.		10.9	16.8	5.47				id.
	Jacquez, 14 éch..... 1881-83.	996.8	11.3	29.0	4.50	3.08		2.69	A. Bouffard.
	Id. 5 Id...... 1883-88.		10.3	26.6	4.93				id.
	Cunningham, 7 éch.. 1881-84.	994.4	12.5	26.3	6.30	2.49		3.41	id.
	id. .. 1884-87.		11.5	27.4	6.06				id.
	Rülander, 5 éch.... 1882-84.	994.3	9.5	17.2	5.10	2 40		2.50	id.
	id. .... 1887.		12.0	21.3	4.35				id.
	Black-July, 4 éch... 1881-84.	994.5	13.7	32.0	5.30	3.05		1.63	id.
	id. 5 éch... 1882-88.		13.4	32.6	5.08	3.22			id.
	Herbemont, 5 éch.. 1881-84.	996.4	9.7	23.7	3.90	3.03		2.08	id.
	id. 4 id.. 1881-88.		10.3	23.3	3.66	3.44			id.
	Northon's, Gard....... 1883.	999.1	6.9	29.8	4.78	3.07		3.66	id.
	Marion, Gironde.... 1882-83.	998.4	8.6	31.4	5.15	1.89			id.
	Brandt............. 1886.		10 6	27.0	5.24				id.
	Lenoir.............. 1888.		10.6	30.8	3 45				id.
	Canada .... id.		10.7	26.0	5.24				id.
	Autuchon .... id.		12.7	24.5	6.35				id.
	Othello, 4 éch ..... 1883-84.	995.2	10.0	24.1	3.90	2.42		3.04	id.
	id .... 1887.		8.6	21.6	3.05				id.
	Noah .... 1886.		12.4	19.5	4.46				id.
	Triumph............. 1888.		8.6	14.8	5.21				id.
	York-Madeira......... 1887.		9.8	24.5	4.67				id.
	Secretary............ 1886.		10.4	29.4	4.46				id.
	Taylor............... 1884.		13.0		4.12				id.
	Elvira............... 1884.		9.5	19.6	3.12				id.
	Pulliat.............. 1888.		7.5	23.0	9.04				id.
	Diana................ 1886.		12.6	17.0	4.12				id.
	ETRANGER								
PORTUGAL	Porto commun..............	982	20.0						Brandes.
	id. id. .... 1882.		13.5	20.8	3.72	2 92	2.90	3.15	Ch. Girard.
	id. 12 espèces...........			44.9	1.67				Blaanderen.
	id. rouge................		19.3	66.9	2.70	2.90	44.95 [2]		Ch. Girard.
	id. id.		21.6	87.0	2.90	2.30	63.0		id.
	id. blanc................		19.8	87.0	2.20	2.10	48.0		id.
	Madère commun............	986							Brandes.
	id. viné, 12 espèces.......		20.2	40.2	2.25				Blaanderen.
	id.		19.8	40.2					Ch. Girard.
	id.		18.9	53.2	3.10	3.80	33.9		Ch. Girard.

	VINS	DENSITÉ	ALCOOL	EXTRAIT	ACIDITÉ	CENDRES	SUCRES	TARTRE	ANALYSTES
ESPAGNE	Vins ordinaires........ max.	998	14.0			4.03			
	— .. .. min.	993	12 5			2.38			
	Vins de 11 ans........ max.		16.4	27.6	4.12	5 20	6.80	3.00	Ch. Girard.
	— .... min.		12 3	19 8	1.50	2.60	2.10	0.60	id.
	Vins de 7 ans .....moyenne.		13.8	25 7			3.10		id.
	Malaga.. .... —	1057	16.0	188.0					Gautier.
	— .... —	1057	15.0	185.0					id.
	Jerès .... 1875.	995	13.6	27.5					Houdart.
	Valence 1878-81....... max.	995	14.3	28.5					id.
	— — .... min.	994	13 9	26.7					id.
	Aragon — .... max.	994	14.2	27.0					id.
	— — .... min.	994	14.0	26.2					id.
	Navara — .... max.	995	13.6	25.8					id.
	— — .... min.	994	12.3	24.6					id.
	Cataluna.............. max.	995	13.1	26.0					id.
	— . ... min.	994	12.5	23.1					id.
	Malaga....................		12.5	144.0			93.0		Ch. Girard.
	—		15.1	198.5	2.55	2.70	155.0		id.
	Jerès ou Xerès..............		20.8	48.8	2.80	5 70	17.4		id.
	— — plâtré.........		20.2	26.9	3.30	6.60	5.2		id.
	Vins de l'Exposition de 1887..								id.
	Badalona (Barcelone) .. 1860.		15.1	145.0	4.70	3.60	99.0		id.
	Campo-Real (Madrid)		19.0	41.0	5.50	2.20	51.0		id.
	Castilleja de la Sierra (Sevilla)............... 1860.		22.1	25.7	3.60	6.30	5.8		id.
	Chapara (Malaga)...... 1876.		19.0		3.90		305.0		id.
	Constanti (Tarragona).. —		16.3	74.0	3.80	2.50	55.0		id.
	Esparraguera (Barcelona).....		19.7	94.0	5.20	4.30	82.0		id.
	Garcibuey (Salamanca).......		14.5	24.0	3.50	2.20	8.0		id.
	Jerès de la Frontera (Cadiz) 1866		12.6	461.0	2.00	6.00	426.0		id.
	Malaga.............. 1865.		19.6	513.0	3 20	4.10	492.0		id.
	— .... —		20.6		3.30		640.0		id.
	Maria del Roga (Valencia) 1876.		14.3	211.0	3.50	11.00	137.0		id.
	Monovar (Alicante).... 1870.		18.2		3.90		196.0		id.
	Montbrio (Tarragona).. 1876.		12.6	278.0	4.60	5.40	165.0		id.
	Onteniente (Fondillon). 1850.		22.2	130.0	3.90	8.80	118.0		id.
	Peligros (Granada)		17.4	43.0	4.10	6.70	23.0		id.
	Pinoso (Fondillon dulce) 1830.		22.1	214.0	5.10	7.10	176.0		id.
	Porrera (Tarragona)... 1876.		18.4	135.0	1.10	4.00	99.0		id.
	Puebla de Rugat (Castellon)...		22.9	198.0	1.90	4.00	147.0		id.
	Puerto de Sta-Maria (Cadiz) 1830		14.8		4.90		492.0		id.
	— — —		18.8		2.90		176.0		id.
	Ribarroja (Tarragona).. 1870.		16.5	158.0	4.10		140.0		id.
	S.-Lucar de Barremada (Cadiz)		22.4		2.90		29.0		id.
	S.-Vincente de la Soncierra (Logrono) .... 1866.		22.7		5.70		27.0		id.
	Tarancon (Cuenca)... . 1869.		17.0	30 0	3.20	3.60	8.0		id.
	Turis (Valencia)....... 1876.		17.0		2.30		280.0		id.
	Villanueva de l'Ariscal (Sevilla)		22.9	26.7	6.20	3.50	8.7		id.
	Villarubia de Santiago (Toledo)		18.2	19.0	2.60	3.00	2.8		id.

VINS	DENSITÉ	ALCOOL	EXTRAIT	ACIDITÉ	CENDRES	SUCRES	TANNIN	TARTRE	ANALYSTES
ITALIE									
Muscat de Sicile...........		15 3	208 0	4.10	4 10	171.0			Ch. Girard.
Marsala...................		20.8	41 0	3 60	4.50	31.0			id.
—		19.8	54.0	3.60	4.30	42 0			id.
Nobiole de Ligurie, rouge, choix, 9 ans...	991	14 5	17.4	7.87	2 00	8.4	1.44		Fausto-Cestini.
Barola sec d'Asti, r. ch. 9 ans.	993	12.5	17 3	7.12	1.87	9.5	1 08		Del Torre et Baldi
Chianti de Toscane, 7 ans .	991	13 3	14 6	5.66	1.86	7 2	1 38		id.
Aleatico, 7 ans...	1004	15 8	47.4	6.00	2.46	25.2	0.51		id.
Lacryma-Christi du Vésuve	1040	14.9	108.8	6 71	4 95	116.1	1 70		id.
Zucco duc d'Aumale	997	16 8	36 3	7.01	3.43				id.
Malvoisie (Sicile)..	1025	17.5	89 9	5 92	2 28	98.6	0.10		id.
Muscat de Catane, 4 ans ..	1054	16.5	51.0	5 74	4.00	125.1	0.38		id.
Marsala de Palerme, supér .	997	21 4	39 4	5 55	4.25	27.3	0 26		id.
Marengo supérieur, 7 ans...	993	12 6	17.8	7.80	1.32	8.3	1.18		id.
— — — ..	992	11.2	16.1	9.00	1.20	1 8	0 03		id.
Muscat blanc d'Asti, 2 ans..	998	13 7	28.3	4.80	1.61	24.3	0.05		id.
Capri..	991	13 5	11 9	5 85	2 82	3 5	0 09		id.
Vernaccia sec de Sardaigne.	1000	17 8	73.7	7.95	3 56	30.4	0.26		id.
Toscane, 67 analyses.......		12 0	26.2		2 40				Silvestri.
Italie, 9 ans .... max		14.7	27.8	3 18	2 95	4 10		2.44	Ch. Girard.
— .... min.		9 0	20 9	2.13	2.34	0 90		0.50	id.
Piémont.		10.8	22.9			2.00			id.
Riposto.. . ... 1880.		13.4	26 6	2.73	3 89	4.00		1.25	id.
Lucco .... —		13.7	27 4	2 90	2.50	3.70		0.60	id.
Canoza. . ... —		12.8	24.9	2.91	2.48	2.70		2 64	id.
Boletta.... ... . —		13.5	29 0	3 80	3 45	4.50		1.41	id.
Syracuse............ —		13 9	28 9	3.36	2 53	6.00		3.11	id,
— 1880-81 . ... max.	995	13.9	27 9						Houdart.
— — ..... min.	995	13.5	27.3						id.
Barletta, 1877-81..... max.	995	13 5	26 2						id.
— — .... min.	994	12 8	24.2						id.
Calabria, 1880-81..... max.	996	12 5	25.4						id.
— — . ... min.	995	12.2	24 9						id.
Millazo, 1878-81 .. . max.	998	14 1	34.0						id.
— — ..... min.	996	13.4	30.5						id.
Riposto, 1877-81..... max.	996	12 5	26.4						id.
— — ..... min.	995	12 0	24.7						id.
Vittoria, 1879-80-81.. max.	996	13.3	26.5						id.
— — . ... min	995	12.5	25.8						id.
Falerne..		16 0	13.6	6.34	2 70				F. Sestini.
(Exposition de Vienne 1873)									
Haut Bassin du Pô rouges.	994	13 4	22 9	4.30	2.02				id.
— — . blancs	1015	13 2	61.3	4.39	1 79				id.
Lombardie .... rouges	993	13.1	16.3	4.09	2 12				id.
— — . blancs	1009	13 2	47.9	4 39	2.20				id.
Vénétie .... rouges.	997	12.4	20 2	4.65	2 01				id.
— .... blancs.	1003	14 5	20.9	4.33	2.02				id.
Ligurie. . ... rouges.	992	13.2	19.0	4.72	2.19				id.
— .... blancs.	1008	15 1	53.1	4 82	2.04				id.
Émilie.... .... rouges	998	13 6	25.8	4.84	1.91				id.
— .... blancs.	1005	14 8	42.9	4 50	1 77				id.

		VINS		DENSITÉ	ALCOOL	EXTRAIT	ACIDITÉ	CENDRES	SUCRES	ANALYSTES
ITALIE		*Ombrie*	rouges.	998	13.6	25.5	4.35	2.49		F. Sestini.
		—	blancs.	1006	14.3	40 2	4.61	2.43		id.
		Toscane	rouges.	991	13 9	18.0	4 04	2.26		id.
		—	blancs.	1006	14.3	42 6	4 40	2 24		id.
		Sardaigne	rouges.	1004	15.0	42.2	3 61	2 66		id.
		—	blancs.	994	17.2	28 2	4 38	2 75		id.
		Sicile	rouges.	1021	17 2	80.4	4.02	3 40		id.
		—	blancs.	1024	19.0	88.4	3 77	3 86		id.
		Sud-Adriatique	rouge..	996	13 9	17.0	3 52	2.95		id.
		—	blanc..	1026	15 4	74.8	3.76	3.20		id.
		Sud-Méditerrannée	rouges.	997	13.5	24.5	4 57	2.75		id.
		—	blancs.	1003	14.3	13.7	4.19	2 42		id.
	EXPOSITION PARIS 1878	*Côtes Adriatique*	4 éch		14.6	150 7	3 80	3 00	128 0	Ch. Girard.
		— *Méditerrannée.*	16 —		15 3	99 7	4.30	3.60	69.0	id.
		Émilie	2 —		13 5	129.5	4 40	2.00	105.0	id.
		Ligurie			16.1	158.0	4 60	2.90		id.
		Piémont	10 éch.		14.4	96 6	4.30	1·90	78 0	id.
		Sardaigne	7 —		16 3	68 4	4.20	3.40	72 0	id.
		Sicile	88 —		17.9	89.7	3 80	3 90	136 0	id.
		Toscane	2 —		17 0	115 4	4 00	3.70	118.0	id.
		Vénétie			13.7	111 4	4.00	2 00	70.0	id.
SUISSE		*Suisse*, vins moyens			12.0	20			1 80	id.
		— vins paille blanc.	1849.	995	14 0	22.2	5 10	2 36	1 13	Müller.
		Bâle	rouges.		9.1	21.9	3 65	2.66	0 26	Goppelsrœder.
		Christenbühl	blanc..	1001	12 0	27.6	5.50	1 96	1 56	Müller.
		Frauenfeld,	rosé....	995	13 0	18.0	4 70	1 12	1 08	id.
		Genève Lancy, bon....	1861.			20 8	1 19	2.15		Marignac.
		La Côte, blanc	vieux..	990	13.0	17.6	5 10	2.52	1 56	Müller.
		Malans, rouge	1856.	995	15.0	23.3	3 90	2.52	4.54	id.
		— —	1855.	995	14 0	23.5	4 30	2 52	3.70	id.
		Rheinstein, rouge	foncé..	992	15 0	19 8	3 20	2.44	1.25	id.
		Sargans	1856.	992	15.0	21.8	3 90	2.40	2 83	id.
		Schaffouse	rouges.		8 4	19 2	5.09	2 56	0 30	Goppelsrœder.
		Steineck, blanc,	1846.	995	13 5	20 6	5 10	1 88	1 78	Müller.
		— foncé	1855.	995	12 5	18 0	5.10	2.40	1 38	id.
		Teissin	rouge..	995	13 0	22 7	6 39	2 12	1 62	id.
		Teuffen, rouge	1857.	994	14.0	21.2	4 40	2.64	4.16	id.
		Twann, muscat	blanc..	994	13.5	18 0	5 10	1.80	1.56	id.
		Vaud	rouges.		10.7	19.4	3.73	2.67	0.31	Goppelsrœder.
		Weinfelden	1855.	994	13.5	19 2	4.00	2.00	1 28	Müller.
		Zurich blancs	max...		12.6	22.2	4 73	4 93	1 19	Goppelsrœder.
		— —	moyen.		9 5	18 1	3 80	2.52	0.77	id.
		— —	min....		7.5	13 3	3.46	1.33	0 51	id.
ALLEMAGNE		Champagne du Rhin			11.7	105.0	3 70	1.60	87 0	Ch. Girard.
		Margraviat	rouge..		11 4	20.2	3 70	3 47	0 29	id.
		—	—		10 3	21.1	2 88	2 03	1 87	id.
		—	—		9.5	18 8	2.41	2.90	0 16	id.
		— blanc	max...		11.2	20.2	3 67	2 56	2.00	id.
		— —	moyen.		9.8	18.1	3.15	1 90	0 93	id.
		— —	min....		8.8	16.9	1 79	1.60	0.24	id.

	VINS	DENSITÉ	ALCOOL	EXTRAIT	ACIDITÉ	CENDRES	SUCRES	TARTRE	ANALYSTES
ALLEMAGNE	*Palatinat*..................		10.0					5.50	J. Brun.
	— sucré........ 1884.		9 5	27.0			11 0		Fischern.
	Lieb frauenmilch, sucré. 1842.		9 3	27.0			10.0		id.
	— — 1843.		9.4	23 0			15.0		id.
	Hesse, Worms, — 1846.		9 8	27.0			13.0		id.
	— — —		10.5	26.0			16.0		id.
	— — —		10.4	27.0			15 0		id.
	Saxe............. — 1842		9.4	30.0			8 0		id.
	Wurtemberg. 1842 .... max.		11.3	28.0	5.88			2.90	Bronner.
	— .... moy.		10.0	24.0					id.
	— .... min.		8.0	20.3	3.66			1 80	id.
	Franconie, Würtzbourg.......		8.0					3 50	J. Brun.
	Vins du Rhin, sucrés. 12 espèc.			17 7			4.09		Blaanderen.
	— } max.		15 3	105.0	3 26			4.50	id.
	— moy. rouges } moy.		11 5	27.0	1.97				id.
	— } min.		8.2	12.0	1.38			2.50	id.
	— { Quatre mois après la		10.7	42.1	3.63				Frésénius.
	— { vendange, la fermen-		11.1	51 8	3 48				id.
	— { tation finie.........		10.2	55.8	3.25				id.
	— vins faits..........	992	10.6	24 6	3.92				Kersling.
	— —	992	10.6	20.4	4.25				id.
	— —	994	8.2	23.8	5.29				id.
	Johannisberg, 11 ans........	992	10 2	20 6	3.17	1.20	4 16		Diez.
	— .. 1842.	1000	10.0	21 0	6.34	1.20	4.20		id.
	Assmannhauser, 5 ans.......	996	11 4	25.1	5 53	2.27	3 42		id.
	Oberingelheim, 7 ans.......	998	11 8	25.4	5.77	2.75	4.63		id.
	Auerbacher...............	992	10.5	14.5	4.24		3.40		Kersling.
	Raisin Riesling.	993	8.6	12.5	4.89		2.40		id.
	Ferst............... 1834.	995	11 9	21.0	3 00	1.30	3.00		Diez.
	—............... 1844.	995	11.6	24.0	4.30	1.40	4.30		id.
	—............... 1846	996	11 5	24.0	5.70	1.50	5.70		id.
	—............... 1848.	996	11 4	25.0	6 30	1.30	6.30		Id.
	—............... 1852.	996	11.2	25.0	6 50	2 00	6 50		id.
	Deidesheimer......... 1846.	995	12 1	20.0	1.10	1 40	1 10		id.
	— .... 1848.	997	12 0	20.0	5.30	1.30	5 30		id.
	— .... 1853.	1000	11.2	32.0	7 80	1 50	7 80		id.
	Rüdesheimer .... 1846.	996	11.6	21.0	3.90	1.50	3.90		id.
	— .... 1848.	996	11.4	25.0	4.30	1.80	4.30		id.
	Dürkheimer.......... 1849.	996	12.0	21 0	5.80	1.70	5.80		id.
	— .... 1852.	996	11.4	21.0	6 40	1.80	6.40		id.
	Oppeneeimer......... 1848	995	11.3	21.0	5.00	1 30	5.00		id.
	Steinberg............. 1846.	996	11.6	21 0	3.50	1.50	3 50		id.
	Bords du Neckar, p. vins 1842.		6.3	19.0			6.00		Fischern.
	— — 1845.		5.6	21.0			2.00		id.
	— blanc....... 1846		8.4	27.0			7.00		id.
	— rouge....... 1846.		9.4	24 0			14 00		id.
HONGRIE	*Hongrie*.............. 1827.		9.3	26.0			12.00		id.
	—		17.4	37.8	4.60				Ch. Girard.
	—		14.0	29.8	7.50	1.50	1.19	2.25	id.
	Tokay		10.8	220.0			174.0		id.

	VINS	DENSITÉ	ALCOOL	EXTRAIT	ACIDITÉ	CENDRES	SUCRES	GLYCÉRINE	TARTRE	ANALYSTES
HONGRIE	Tokay........................		14 0	97.4	3.90	3 30	83 4			Ch. Girard.
	—		12.0	173 0	3.20	2.80	141.0			id.
	— muscat		10.0	323.0	4.05	5 10				id.
	Hongrie blanc........ max.	994	9 2	13 9						Houdart.
	— — .... min.	993	8.7	13.6						id.
	Fehertemplon, blanc		10.3	26 3	2.02	1.80	0.20	8 80		Boussingault.
	— — .. 1874.		8 0	25 3	3.52	3.40				Blankenhorn.
	Fertoto —		11 6	23.6	4.96	2.10				Pohl.
	Gombar — .. 1874.		12 1	26.1	4.24	1 20				Girtler.
	Gyongyos —		7.8	24.9	6 23	1.50		4.00		Weigert.
	Hideghut —		13 1	31.6	4.90	1.90	7.70	11.20		Kayser.
	Mokra —		9 8	18.8	3.92	1.80				Liebermann.
	Neszmély — .. 1875.		10.8	117 3	4 24					Rœsler.
	Pécs............... 1874.		12 5	24 3	4 37	2.10				Pohl.
	Pones		8.0	22.0	4.89	2.50				Lieberman.
	Paszto.....................		7.3	19.0	4.89	1.90				id.
	Ruszt.............. 1841.		10.1	22.0	4 11	2.60				Karoly.
	Sopron		12.9	31 8	4.44	1.50	0.20	10.00		Boussingault.
GRÈCE	Muscat		22 6	246 0		3 50				Ch. Girard.
	—		11 7	160 0	3 53	2.90	137.4			id.
	Achaja, Malvoisie..........		18 3	204.8	3 78	2.28	160.2	13.16		Sachs.
	— —		17.2	175.7	4 18	2.90	138 7	12.52		id.
	Achilles.....................		13.3	264 3	4 11	3.60	192.5	12.40		id.
	Agamemnon..................		19.3	185.3	3.26	3.15	131.5	10.97		id.
	Camarite....................		14.4	37.6	5 15	2 98	4.62	8.76		id.
	Chephalonie................	1047	11 9	151.2	5.70	2 10	107.9			Chemiker-Zeitung.
	Corinthe........... rouge.		14.8	41.7	4.57	2 32	3.84	8.86		Sachs.
	Elia.........................		16.2	32 3	4.63	2.80	7 55	10.31		id.
	Elis................ rouge.		10.7	89 2	4 57	3.10	0 00	7.07		id.
	Homer		13 3	40.3	3 92	3.92	5.26	9.13		id.
	Helena		13.3	189.5	3 78	2.98	162.2	10.67		id.
	Kalliste.....................		18.3	73 0	4.04	2 18	47 1	10.74		id.
	Malvoisie....................		12.5	248.9	4.18	3.72	189 5	8.86		id.
	— Misistra		11.2	326.0	5.35	4 35	255.0	9.84		id.
	— rosé		11.2	337.5	5.33	3.30	255 0	9.00		id.
	Mavrodaphné................		18 3	170.4	3.40	3.15	125 0			id.
	Moscato.....................		14.4	178 4	4.18	2 88	135 0	9.45		id.
	Mont Enos...................		16 2	30 9	4.12	2.08	2.66	10 65		id.
	Nestor.......................		14.4	453.4	3.26	2 88	372.2	8 82		id.
	Odysseus....................		14 4	184 4	3 26	2.88	155.0	8 86		id.
	Samos	1028	12 1	116.0	7.30	3.30	76.8			Chemiker-Zeitung.
	Santorin.....................	1149	11.6	368.6	4.40	2.20	327.9			id.
	Vino di Bacco		13.3	46.4	3.92	2.42	14.2	9.13		Sachs.
TURQUIE	Turquie 1880-81..... max.	996	12.6	26 3						Houdart.
	— — ..... min.	995	11.6	23.2						id.
	Andrinople.......... 1880.		11.4	22 9	3.10	2.47	5.00			Ch. Girard.
	Iles de la mer de Marmara............ 1878.		14.5	27 9		2.50	6.90		2.06	id.
	Liban		17 2	162 3						Vergnette-L.
	Chypre	991			6.12					Lefèvre.
	— .... à.	1089								Hitschoot.

	VINS		DENSITÉ	ALCOOL	EXTRAIT	ACIDITÉ	CENDRES	SUCRES	GLYCÉRINE	TARTRE	ANALYSTES
RUSSIE	Bessarabie	rouges.	994	11.2	22.7	3 55	1 99	3.87	3.29	0 66	Salomon
	Caucase...........	—	996	11.9	27.5	3.16	2.65		4.49	0.89	id.
	Côtes Sud	—	994	13.3	27 6	4.05	2 67		6 38	1.12	id.
	Don.	—	1278	8.1	83 3	2 22	1.40	72.60	2.50	0.50	id.
	Vallée.	—	996	11.2	24 1	4.16	2 17	17 56	3.24	0.65	id.
	Bessarabie	blancs	992	11.6	16.1	3 76	1 75		4.37	0.88	id.
	Caucase	—	995	13.2	29 8	4.40	2.46		5.19	1.21	id.
	Côtes Sud	—	993	14.9	25.7	3.21	2 04	12.23	5 89	1.10	id.
	Don	—	1051	9.7	164.0	3.42	2.50	82.60	3.12	0.62	id.
	Vallée............	—	993	11.9	23 2	4.02	2.20	14.10	5.10	0.85	id
AMÉRIQUE	Norton's Virginia, r. bon.			11 9	27.4	5.67					Saint-Pierre
	Riesen Blatt, rouge moy.			14.5	25 5	4.57					et Foëx.
AUSTRALIE	Schiraz, rouge			17.1	38.6	5.80	2.00				Ch. Girard.
	Penena			16.6	92.6	7 80	4.00				id.
	VINS PLÂTRES										
AUDE	AUDE..........			10.7	22 0	3.25	3.93	2 60		1.13	Ch. Girard.
	— Beaufort, 4 gr.	1874.	991	14 9	21 3						Houdart.
	— — — .	—		10 8	26.7						id.
	— Conilhac — .	1875.	996	9 8	20.5						id.
	— — — .	1876.	993	14 5	24 0						id.
	— Corbières ...	1882.		10.3	24.6	3.76	4 35	3.80		1.30	Ch. Girard.
	— Marcorignan..	1878.		10.7	25.8	5.00	3 97	2.40		1.45	id.
	— Minervois, 4 gr.	1876.	991	14.6	20 9						Houdart.
	— Narbonne —	1876.	1000	7 9	23.6						id.
	— — petit vin.....				24.2	2 50	4 63			0.89	Mérignac.
	— —	1861.		13.4	31 5		5 10			0.00	Béchamp.
	— —	1878.		11.0	21 2		5 13	1.40		1.27	Ch. Girard.
	— —	1881.		9.6	22 4	3.30	4 10	1.70		2.25	id.
	— Oupia. 4 gr...	1876.	993	14.8	25 9						Houdart.
	— Rayssac —....	—	995	12.6	23.6						id.
GARD	GARD Aramon commun			10.1	24.0	4.20	2 95				Pasteur.
	— Nimes, r. foncé.	1862.		12 5	31.8	4 57	4 81	0.00		0.00	J. Brun.
	— St-Gilles, fort agréable			12.0	28.4	2.71	6 18	2.50		0.00	id.
GERS	GERS — 1881..	max.		9 7	21 4			1.70			Ch. Girard.
	— — — .	min.		8.3	18.9			0.80			id.
HÉRAULT	HÉRAULT, ordinaires			10 2	21.0	4 90	3 20				Pasteur.
	— —			10 4	25 0	5 10	4 60				id.
	— petit vin.........		994	10 2	17.8		2 62				id.
	— corsés	max.	993	10.7	16 0	2 50	1 75		6.50	1.50	Chancel.
	— —	moy.			19.0					2.20	id.
	— —	min.	999	10.7	23.0	5.06	3 50		7.60	5.00	id.
	— petits vins colorés..			10 3	23 5		3 90				Pasteur.
	— Capestang...	1880.		8.0	18 4	3.82	3 56	3.80		2.44	Ch. Girard.
	— Cazedarnes .	—		7.5	19.9	3.85	3 65	0.80		1.23	id.
	— —	—		8.5	20 6	3.75	4 80	0.60		2.17	id.
	— Lecastillonne 4 gr.... .	1875.	995	12.3	23.5						Houdart.
	— Loupian, 4 gr.	—	998	8.5	21.6						id.
	— Mèze... —	1876.	996	9 4	19 9						id.

	VINS	DENSITÉ	ALCOOL	EXTRAIT	ACIDITÉ	CENDRES	SUCRES	TARTRE	ANALYSTES
HÉRAULT	MONTPELLIER		12.0			4.49			Poggiale.
	— pet. vin, c. d'aramon.	994	10.5	18.9		2.71			Gautier.
	Pommerols, 4 g. .... 1876.	996	10.0	19.1					Houdart.
	— — —	989	15.0	17.1					id.
	Villevayrac — ...... 1875.	999	7.2	19.9					id
	— — ...... 8 m.	999	10.7	21.6		4.05			Gautier.
PYRÉNÉES-ORIENT.	Roussillon 1861		14.9	27.5		6.40		0.00	Béchamp.
	— - r. foncé 1862.		16.5	119.5	5.33	5.93	95.07	0.00	J. Brun
	— — fortem. plâtré.		16.0			10.11			Poggiale.
VAR	Provence, 4 gr. .... 1875.	997	9.5	21.6					Houdart.
	— —		10.5			5.64			Poggiale.
	— — légèr. plâtré.		11.0			3.81			id.
PORTUGAL,	Tinto, tr. foncé, viné 1875.	994	13.6	27.5		2.59			Gautier.

Dans le tableau précédent il y a très certainement des vins plâtrés, mais comme ils n'ont pas été indiqués comme tels, je n'ai pu les séparer.

2e TABLEAU. --- ALCOOL ET EXTRAIT à 100°

	VINS	ALCOOL	EXTRAIT	ANALYSTES
CHAMPAGNE	France, v. de cons..	10.0	20.0	Gautier.
	MARNE, mousseux..	12.8	82.7	Blaanderen.
	Bouzy....... 1846.	12.3	20.4	Maumené.
	— ..... 1857.	14.8	17.7	id.
	— ...... -	14.6	20.6	id.
	Cumières... 1867.	14.2	17.6	id.
	Chouilly... 1858	10.5	22.8	id.
	Rilly .... 1857.	12.5	24.3	id.
	Verzenay... 1867.	13.2	21.6	id.
	Vertus.......	13.6	21.6	id.
	Champagne fait....	13.6	111.0	Ch. Girard.
	— Moët..	10.3	97.8	Vergnette.
	Hautvillers.. 1857.	12.8	19.6	Maumené.
MEUSE.	Bar-l-Duc 1875.	7.6	14.4	Houdart.
BOURGOGNE	Bourgogne, r. 1875.	6.4	17.2	id.
	— ordin. 3 à 4 ans	10.9	16.9	Vergnette.
	— g. vins —	13.0	20.0	id.
	Yonne, Chabl. bl. 6 m.	9.7	14.6	Houdart.

	VINS	ALCOOL	EXTRAIT	ANALYSTES
BOURGOGNE	CÔTE-D'OR Chambolle, Mussigny	9.4	20.3	Ch. Girard.
	Evelles.	10.1	22.1	id.
	Richebourg...	10.7	15.5	id.
	Beaune...........	12.0	14.1	Blaanderen.
	Chambertin.. 1865.	13.5	24.2	Houdart.
	Pommard, r.. max.	13.5	18.0	Magnier,
	— — moy	11.6	15.1	de la
	— — min..	10.3	14.8	Source.
	Vins ordinaires....	11.2	23.6	Houdart.
	SAONE-ET-LOIRE, Châlons 1882	10.0	23.3	Ch. Girard.
	Givry.	8.5	20.3	id.
	Saint-Martin....	9.7	21.5	id.
	1878.	9.1	19.8	id.
LANGUEDOC	GARD, Roquemaure, 1881	12.4	21.9	id.
	Saint-Gilles.......	11.2	20.8	id.
	AUDE, albas,. 1878.	12.5	28.0	id.
	— — 1879	10.6	24.6	id.
	— — 1880	9.1	24.1	id.

	VINS	ALCOOL	EXTRAIT	ANALYSTES
LANGUEDOC	AUDE Carcassonne...	11.1	21.9	Ch. Girard.
	Lezignan .... max.	12.0	25.8	id.
	— .... min.	11.0	24.2	id.
	Limoux .. .. 1841.	11.2	26.7	id.
	Ventenac.... —	12.2	22.0	id.
	Narbonne. . max	11.6	24.6	id.
	— . .. min.	9.5	21.2	id.
ROUSSILLON.	Rivesaltes viné.	14.6	24.5	Blaanderen.
—	—	15.0	28.4	id.
MIDI	Hte-GARONNE, Bla-			Filhol.
	gnac ..... 1844.	9.5	25.1	id.
	Cornebarieu . —	10.0	22.0	id.
	Caraman ... 1844.	9.7	19.0	id.
	Cugnac .. .. —	12.3	25.0	id.
	Fronton, roug. 1842.	12.0	25.0	id.
	Grenade.. .. 1844.	10.3	22.3	id.
	Lardène..... —	8.8	25.0	id.
	Léguevin .... —	10.7	25.0	id.
	Lévignac.. . —	10.3	23.0	id.
	Martres..... —	11.2	24.0	id.
	Merville .... 1842.	10.6	21.3	id.
	— .. . 1844.	10.7	24.9	id.
	Montastrac .. —	10.1	23.3	id.
	Portet .... . 1843.	10.0	23.5	id.
	— . .... 1844.	9.5	24.2	id.
	St-Gaudens.. 1842	8.7	18.9	id.
	— ..... —	8.6	20.0	id.
	— 1844	10.0	22.0	id.
	— .... —	10.1	24.0	id.
	St-Paul .... —	10.3	23.5	id.
	Verfeil ... . —	9.1	21.2	id.
	V. Toulouse. —	8.1	21.0	id.
	Villandric... 1842.	12.6	23.4	id.
	— ..... 1844.	11.1	24.0	id.
	Villemur . . —	12.3	28.0	id.
	Toulouse..	8.5	18.9	Ch. Girard.
	St-Martin.... 1878.	9.9	20.5	id.
	— 1879	12.5	26.5	id.
	— 1881	9.4	27.7	id.
	LOT-ET-GAR.. max.	10.2	24.3	id.
	— ...... min	9.4	20.2	id.
	— Agen 1882	11.4	20.7	id.
	— Argenton. 1881.	7.9	17.8	id.
	LOT......... max.	10.3	20.2	id.
	— .... . min	8.3	19.1	id.
	DORDOGNE,			
	Bergerac... 1881.	10.3	21.0	id.
	Negrondes ... —	8.4	20.2	id.
	GERS, Fleurance.. .	8.7	21.4	id.

	VINS	ALCOOL	EXTRAIT	ANALYSTES
BORDELAIS	Blaye. ..... 1881.	10.0	23.1	Ch. Girard.
	Cissac....... 1877.	10.6	20.4	id.
	Conquequiès. 1878.	10.6	20.3	id.
	Château-Dubrassier.	11.2	22.7	id.
	Libourne..... .	9.5	18.7	id.
	— .... 1878.	10.6	23.2	id.
	Mouton 1874	11.7	21.4	id.
	Pic.-Longuev. 1877.	11.0	22.3	id.
	St-Christoly.. 1878	11.7	21.2	id.
	Exupery-Margaux ..	10.1	20.0	id.
	Germain 1878	10.6	19.6	id.
	Loubès...... 1881	10.2	23.2	id.
	Seurin ... 1880	11.2	20.4	id.
CENTRE	INDRE-ET-LOIRE, Amboise ..... 1881.	9.4	25.3	id.
	Amboise . .. —	9.6	21.8	id.
	St-Avertin. 1878.	8.8	25.0	id.
	LOIR-ET-CHER 1882.	8.5	23.7	id.
	LOIRET . . . —	6.4	14.9	id.
	ORLÉANAIS... 1876	6.7	17.9	Houdart.
	SEINE-ET-OISE			
	Argenteuil . . 1881	8.4	20.7	Ch. Girard.
	— ... —	6.9	17.8	id.
	Corbeil..... —	7.3	22.9	id.
ÉTRANGER	Espagne, Malaga ..	16.0	187.8	Lamotte.
	— Jerès . 1875	14.8	25.4	Houdart.
	Portugal, Madère...	20.3	41.9	Vergnette.
	Italie, Lacryma-C...	18.1	20.1	Blaandaren.
	Hongrie, Tokay....	9.1	106.0	
	— — ..	9.9	220.0	
PLATRÉS	AUDE, Beaufort ...	10.8	26.7	Houdart.
	Lézignan. .. 1875.	10.5	25.1	id.
	— 1876	12.0	27.2	id.
	— ..... 1875.	10.4	25.2	id.
	Roussillon, 4g. 1874	15.1	28.7	id.
	— — 1875.	15.0	28.2	id.
	— — 1876.	12.8	28.3	id.
BOISSONS DIVERSES	Bière double.......	7.0	6.11	Ch. Girard.
	Porter anglais... .	6.0	9.10	id.
	Bière d'Erfurt.....	4.1	6.50	id.
	— forte, Paris..	3.4	3.27	id.
	— Strasbourg .	4.1	3.98	id.
	Petite bière	2.0	1.18	id.
	Cidre anglais . . .	10.0	4.10	id.
	Bon cidre Normand.	7.5	3.90	id.
	Cidre ordinaire....	4.9	3.15	id.
	Cidre de Paris....	3.1	3.85	id.
	Cidre d'Alsace.. .	7.1	69.9	Baudrimont

ALCOOL

CHAMPAGNE		
Mousseux	11.5	Gay-Lussac.
—	11.8	id.
—	11.3	Métis.
—	13.8	id.
—	16.6	Brandes.
Non mousseux	12.7	id.
—	7.9	Gay-Lussac.
—	14.1	Fontenelle.
Mousseux	12.4	id.
Blancs	11.5	A. Mangin.
Rouges	10.5	id.
Marne		
Avize 1864	10.3	Robinet.
— 1865	10.9	id.
— 1866	8.3	id.
Aï, un an 1867	11.5	id.
— 1868	11.8	id.
Bouzy 1849	11.8	Maumené.
— 1864	10.2	Robinet.
— 1865	11.2	id.
— 1866	7.2	id.
— 1867	11.3	id.
Cramant 1864	9.5	id.
— 1865	10.3	id.
— 1866	6.7	id.
— 1867	10.3	id.
— 1868	10.1	id.
Cumières 1865	11.4	id.
— 1866	9.4	id.
— 1867	11.0	id.
— 1868	11.3	id.
Chavot 1866	7.0	id.
— 1867	6.2	id.
Chouilly 1864	9.3	id.
— 1865	10.1	id.
— 1866	9.5	id.
Epernay 1867	10.5	id.
— 1868	10.6	id.
Hermonville	10.0	Maumené.
—	9.2	id.
Mareuil 1864	9.7	Robinet.
— 1865	11.0	id.
— 1866	8.4	id.
— 1867	9.9	id.
Monthelon 1865	11.0	id.
— 1866	7.8	id.
— 1867	10.3	id.
— 1868	10.4	id.
Rilly 1866	7.0	id.
— 1867	11.0	id.
— 1868	11.1	id.
Verzenay 1867	11.0	id.
— 1868	11.1	id
Villedommange 1839	10.2	id.
— 1846	10.7	id.
— 1869	9.3	id.

Aube		
Les Riceys	7.2	Gay-Lussac,
Essoyes	7.5	id.
Ardennes		
Romery 1865	10.4	Robinet.
— 1866	6.8	id.
LORRAINE		
Bar-le-Duc	6.9	Gay-Lussac.
ALSACE		
Barr	6.9	id.
Egersheim	6.0	id.
Forst	11.5	id.
Hambach	9.2	Christison.
Molsheim	9.2	Gay-Lussac.
Rosheim	8.6	id.
Scherviller	10.0	id.
—	11.0	id.
Turkheim	11.0	id.
Wachenheim	11.9	id.
Westoffen	10.0	id.
JURA 1842	9.7	Bouillon.
BOURGOGNE		
Ordinaires	12.0	A. Mangin.
— à	15.0	id.
Vins fins	13.4	Brandes.
petits vins	7 7	Maillard.
Vieux	16.7	Fontenelle.
Moyens	12.1	id.
Bourgogne	11.5	Gay-Lussac.
Basse-Bourgogne	7.1	id.
Yonne		
Avallon	11.4	Filhol.
— 1834	11.1	Bouchardat.
Chablis	7.3	Maillard.
Girolles, pineau blanc	12.5	Bouchardat.
Saint-Georges 1839	11.4	id.
Tonnerre	7.3	Maillard.
— côte Pitois 1846	11.0	Jacob.
— — 1839	10.0	id.
Vaumorillon bl. 1842	11.7	id.
Côte-d'Or		
Beaune	12.2	Filhol.
—	11.0	Gay-Lussac.
— à	11.5	—
— sucré 1847	13.1	Vergnette-Lamotte.
Chambertin	11.0	
— à	11.5	id.
Chassagne 1822	11.5	id.
— 1825	12.2	id.
— 1826	11.5	id.
— 1832	10.7	id.
— 1833	11.6	id.
— 1834	12.4	id.
— 1842	11.7	id.

ALCOOL (Suite)

Vin	Alcool	Observateur
Chassagne...... 1844.	10.5	Vergnette-Lamotte.
— ...... 1846.	12.5	id.
Corcelles .... 1850.	9.5	id.
— gamay......	10.4	id.
Meursault...... 1824.	10.4	id.
— gamay. 1826.	9.6	id.
— ...... 1839.	8.7	id.
— ...... 1842.	12.5	id.
— ...... 1844.	10.5	id.
— ...... 1845.	9.0	id.
— ...... 1845.	8.8	id.
— ...... 1847.	11.1	id.
— rugiens 1838.	11.5	id.
— — 1839.	10.4	id.
— — 1843.	10.6	id.
— — 1844.	11.8	id.
— — 1845.	10.4	id.
— — 1847.	11.9	id.
— — 1847.	11.7	id.
— Santenot 1827.	11.7	id.
— — 1830.	12.0	id.
— — 1831.	11.6	id.
— — 1832.	12.1	id.
— — 1833.	13.3	id.
— — 1834.	13.1	id.
— — 1834.	12.7	id.
— — 1835.	11.2	id.
— — 1835.	11.0	id.
— — 1836.	11.0	id.
— — 1840.	10.1	id.
— — 1841.	11.8	id.
— — 1847.	10.0	id.
— — 1838.	11.5	id.
— Genevrières 1822.	13.3	id.
— — 1841.	12.5	id.
Meursault — 1842.	13.2	Vergnette-
— — 1844.	12.9	Lamotte.
— — 1845.	11.5	id.
— — 1846.	15.0	id.
— Luxeuil, 2e cru 1845.	10.5	id.
— — 1846.	14.1	id.
— — 1847.	13.2	id.
— Perrières 1826.	13.3	id.
— ...... max.	13.3	Blaanderen.
— ...... moy.	10.4	id.
— ...... min.	9.5	id.
Pomard sucré.. 1832.	12.5	Vergnette.
— 6 ans bout. 1833.	13.1	id.
— ...... 1835.	11.5	id.
— ...... 1839.	10.4	id.
— ...... 1841.	11.9	id.
— ...... 1843.	10.6	id.
— ...... 1844.	11.8	id.
— ...... 1845.	10.4	id.
— ...... 1846.	13.1	id.
— ...... 1847.	11.7	id.
Pomard blanc....		
— Nazareth mous.		
— — 1827.	10.6	Vergnette.
— — 1845.	9.0	id.
— plaine 1846.	12.2	id.
Puligny-Montrachet....	14.9	id.
— — 1831.	13.0	id.
Richebourg..........	11.0	Gay-Lussac.
— .... à.	11.5	id.
St-Romain, gamay 1840.	9.9	Vergnette.
— — 1846.	12.6	id.
Savigny, vergeless 1825.	12.4	id.
— — 1825.	10.3	id.
— — 1847.	11.5	id.
Volnay......... max.	12.7	Filhol.
— .... moy.	10.6	id.
— .... min.	7.3	id.
—	11.0	Gay-Lussac.
— .... 1833.	12.6	Vergnette.
— noirien... 1839.	8.4	id.
— Fremier.. 1840.	11.0	
— — sucré. 1841.	14.6	
— Pailleret 1er cru.	12.5	
— Grange-l-D. 1845.	7.40	
— — 1846.	12.9	
— suc. 1847.	13.6	
— — 1847.	8.9	
Vosne Romanée. 1822.	12.9	
— .... 1825.	14.0	
— sucré.... 1832.	12.7	
— Grang.-l-D. 1847.	8.9	
— Tâche ... 1834.	12.1	
SAÔNE-ET-LOIRE		
Mâcon, rouge ordinaire.	10.0	Gay-Lussac.
Saint-Georges.........	15.0	id.
Mâcon	11.0	Filhol.
— rouge..........	7.7	Maillard.
— blanc	7.1	id.
— —	7.7	Filhol.
BEAUJOLAIS	10.0	Gay-Lussac.
DAUPHINÉ		
DRÔME.		
Ermitage, rouge.......	11.3	Gay-Lussac.
— —	17.4	Brandes.
— —	12.0	A. Mangin.
— — ..... à	13.0	id.
— blanc	15.0	id.
— — ..... à	17.0	id.
— rouge.......	11.3	Brandes.
— blanc	16.0	id.
— rouge, 4 ans.	13.9	Fontenelle.
— blanc	16.8	id.
VAUCLUSE.		
Orange..............	10.4	Brandes.
Châteauneuf-du-Pape...	12.1	Gay-Lussac.

ALCOOL (Suite)

PROVENCE		
Arles ... 1837.	15.0	Filhol.
Nice ...	13.5	Brandes.
— ...	14.6	id.
LANGUEDOC		
Ardèche.		
Côte-Rôtie ...	11.3	Filhol.
— ...	11.3	Brandes.
— ...	11.3	Gay-Lussac.
Languedoc ... max.	18.0	A. Mangin.
— ... min.	15.0	id.
Côte-Rôtie ... max.	14.0	id.
— ... min.	12.0	id.
Gard.		
Bagnols, encore sucré..	15.2	Bouchardat.
— ...	17.0	Gay-Lussac.
Langlade ...	11.3	id.
St-Georges ...	15.0	id.
Vauvert ...	13.3	id.
Hérault.		
Frontignan ...	11.8	Brandes.
— 5 ans ...	18.6	Fontenelle.
— de l'année ..	16.0	id.
— muscat ...	11.8	Gay-Lussac.
— très fort ...	12.8	id.
— ... max.	18.0	A. Mangin.
— ... min.	16.0	id.
Lunel ... max.	19.0	id.
— ... min.	16.0	id.
— ...	14.3	Brandes.
— ...	13.7	Gay-Lussac.
— 8 ans ...	20.0	Fontenelle.
— de l'année ..	16.0	id.
Montagnac, 10 ans ...	20.0	id.
— de l'année ..	19.8	id.
— plaine ...	18.1	id.
Béziers ... 8 ans.	20.1	id.
— ...	18.6	id.
Picardan blanc ...	10.0	Maillard.
Nissan, 9 ans ...	20.1	Fontenelle.
— ...	18.6	id.
Valmagne gren.. 1858.	14.6	Gay-Lussac.
— rouge ...	11.9	id.
— picpoul ...	12.8	id.
Aude ... max.	17.0	A. Mangin.
— ... min.	16.0	id.
Carcassonne, 1 an ...	17.0	Fontenelle.
— 8 ans ...	18.4	id.
Corbières ... 1837.	13.9	Filhol.
Fitou ... 1837.	11.3	id.
id. et Leucate, 1 an...	19.4	Fontenelle.
— 10 ans..	21.2	id.
La Palme, 1 an...	19.6	id.
— 10 ans..	22.0	id.
Lézignan, 1 an...	19.4	Fontenelle.
— 10 ans..	21.0	id.
Mirepeysset 1 an...	20.3	id.
— 10 ans..	22.2	id.
Narbonne ... 1837.	13.0	Filhol.
— ... 1837.	13.6	Bouis.
— ...	13.7	Gay-Lussac.
— plaine, 1 an.	17.7	Fontenelle.
— —	19.4	id.
— 8 ans.	21.5	id.
Sigean ... 1 an..	19.2	id.
— ... 10 ans.	21.5	id.
— ... 1838.	12.6	Bouis.
ROUSSILLON		
Roussillon ...	16.7	Brandes.
Baho ... 1837.	15.4	Filhol.
Bages ... 1837.	14.6	id.
Baïxas ... 1837.	14.6	id.
Banyuls ... 1838.	15.9	id.
— ... 1 an.	20.3	Fontenelle.
— ... 18 ans.	23.6	id.
Calces ... 1837.	14.2	Filhol.
Céret ... 1838.	15.2	id.
Collioure ... 1838.	16.1	id.
— ... 1 an.	19.4	Fontenelle.
— ... 15 ans.	23.0	id.
Corbère ... 1837.	13.9	Bouis.
Corneille-la-Riv. 1837.	14.9	Filhol.
Espira del Agly. 1837.	13.9	id.
— 1837.	14.2	Bouis.
Finistret ... 1837.	14.4	Filhol.
Ille ... 1837.	11.3	id.
— ... —	16.3	Bouis.
Maury ... —	14.7	Filhol.
Millas ... —	14.6	id.
Oleta ... —	13.2	id.
— ... —	13.6	Bouis.
Palla ... —	13.6	Filhol.
Pia ... —	10.3	id.
Perpignan ... —	15.0	id.
Prades ... —	13.9	id.
Rivesaltes ... —	14.6	id.
— ...	11.7	Christison.
— ...	14.6	Gay-Lussac.
— ... 1 an.	20.0	Fontenelle.
— ... 20 ans.	23.4	id.
Rodès ... 1837.	14.5	Bouis.
Salces ... 1837.	14.2	id.
— ... 1 an.	19.4	Fontenelle.
— ... 10 ans.	21.8	id.
— ... 1837.	13.0	Filhol.
Saliès ... plaine.	13.0	Bouis
Saint-Paul ... 1837.	13.7	Filhol.
Saint-Martin ...	12.9	id.

ALCOOL (Suite)

Tesserre	14.8	Filhol.
Torelles	14.2	id.
Trouillas	15.0	id.
Villefranche	13.6	id.
—	13.7	Bouis.
Vinça	14.3	Filhol.
MIDI		
Vins de poids	13.0	Gay-Lussac,
— communs.	9.8	id.
TARN-ET-GARONNE.	10.7	Maillard.
HAUTE-GARONNE.		
Avignonnet 1843.	10.3	Filhol.
Caraman 1844.	8.5	id.
Carbone —	10.3	id.
—	8.7	id.
Grenade 1847.	10.4	id.
Lardène	8.7	id.
Revel 1844.	8.6	id.
Villefranche 1844.	12.3	id.
LOT-ET-GARONNE.		
Nérac	10.6	id.
LOT		
Cahors	11.4	id.
—	10.0	id.
— max.	12.3	Gay-Lussac.
— moy.	10.8	id.
— min.	8.9	id.
— rouges 1790.	11.0	Clary.
— — 1800.	11.1	id.
— — 1802.	11.0	id,
— — 1810.	11.7	id.
— — 1811.	12.0	id.
— — 1818.	10.7	id.
— — 1820.	11.0	id.
— — 1822.	11.3	id.
— — 1840.	10.3	id.
— — 1842.	11.0	id.
— blancs 1811.	12.3	id.
— — 1818.	11.3	id.
— — 1820.	11.3	id.
— — 1822.	12.3	id.
— — 1840.	11.0	id.
— — 1842.	11.0	id.
BASSES-PYRÉNÉES		
Jurançon, rouge	13.7	Gay-Lussac.
— ordinaire	13.0	id.
— blanc	15.2	id.
HAUTES-PYRÉNÉES.		
Argelès 1837.	13.6	Filhol.
— —	13.7	Bouis
GERS		
Tillac 1860.	11.6	Gay-Lvssac.
— 1862.	13.4	id.
— blanc.	11.6	id.

DORDOGNE.		
Bergerac	13.7	Maillard.
Thénac	10.6	Bouillon.
GIRONDE		
Bordeaux max.	13.0	Mangin.
— min.	11.0	id.
— supérieur.	9.8	Fauré.
— —	9.2	id.
— 1841.	10.1	id.
— 1842.	9.3	id.
— 1841.	10.1	Filhol.
— claret.	13.9	Brandes.
Aillas 1841.	9.0	Fauré.
— 1842.	8.9	id.
Ambarés 1841.	10.3	id.
— 1842.	9.8	id.
Arbanats 1841.	9.0	id.
— 1842.	8.9	id.
Avensan 1841.	9.3	id.
— 1842.	9.9	id.
Baron 1841.	8.0	id.
— 1842.	7.8	id.
Barsac 1841.	9.5	Filhol.
— 1842.	9.2	id.
—	12.8	Brandes.
— blanc, 1er crû.	14.2	Gay-Lussac.
— — 2e —	12.6	id.
— — 3e —	12.1	id.
Bassens 1841.	9.4	Fauré.
— 1842.	9.2	id.
Bayon 1841.	10.3	id.
— 1842.	10.0	id.
Bazas 1841.	9.0	id.
— 1842.	8.9	id.
Beauliac 1842.	9.3	id.
Beaurech 1841.	9.2	id.
— 1842.	9.0	id.
Beautiran 1841.	10.0	id.
— 1842.	9.5	id.
Bégadan 1841.	9.2	id.
— 1842.	10.0	id.
Bègles palus 1841.	10.0	id.
— — 1842.	9.2	id.
— rose 1841.	9.2	id.
— — 1842.	9.9	id.
Beychac 1841.	8.3	id.
— 1842.	8.5	id.
Blanquefort 1841.	9.1	id.
— 1842.	9.0	id.
Blaye 1841.	10.3	id.
— 1842.	10.5	id.
—	8.3	Maillard.
Bordeaux ordinaire	11.3	Christison.
— vieux	17.0	Fontenelle.
— ordinaires	14.6	id.
Bomme blanc	12.2	Gay-Lussac.

ALCOOL (Suite)

Bouliac	1841.	9.3	Fauré.
—	1842.	9.4	id.
Bourg	1841.	10.2	id.
—	1842.	10.3	id.
Bouscat	1841.	8.7	id.
—	1842.	8.8	id.
Brame-Mouton	1840.	9.0	id.
—		9.0	Gay-Lussac.
Brames	1841.	9.5	Fauré.
—	1842.	9.3	id.
Bruges	1841.	9.0	id.
—	1842.	8.7	id.
Cadaujac	1841.	9.4	id.
—	1842.	9.2	id.
Cadillac	1841.	10.9	Filhol.
—	1842.	9.4	id.
Cambes	1841.	9.3	Fauré.
—	1842.	9.3	id.
Capiau	1841.	9.6	Filhol.
—	1842.	9.3	id.
Carbonieux	1841.	10.0	Fauré.
—	1842.	9.9	id.
Carignan	1841.	9.5	Filhol.
—	1842.	9.2	id.
Carmasac	1841.	9.0	Fauré.
—	1842.	8.9	id.
Cars	1841.	10.2	id.
—	1842.	10.3	id.
Castillon	1841.	9.3	Filhol.
—	1842.	9.2	id.
Castres	1841.	9.6	id.
—	1842.	9.7	id.
Caudéran	1841.	8.9	Fauré.
—	1842.	9.0	id.
Caudrot	1841.	8.9	id.
—	1842.	8.8	id.
—	1842.	8.3	Filhol.
Cesson	1841.	10.0	id.
—	1842.	9.7	id.
Cestas	1841.	8.8	id.
—	1842.	8.6	id.
Château-Destournel		9.0	Gay-Lussac.
— Haut-Brion		9.0	id.
— Laffite		8.7	id.
— —		8.7	Filhol.
— Latour		9.3	Gay-Lussac.
— —		9.3	Filhol.
— Margaux		8.8	id.
— —		8.7	Gay-Lussac.
— —		9.8	id.
— —		12.6	Métis.
Citrau	1842.	9.9	Filhol.
Civrac	1841.	10.0	id.
—	1842.	9.9	id.
—	1841.	9.7	Fauré.
Créon	1841.	9.1	id.
Créon	1842.	8.6	Fauré.
Cos Destournel	1840.	9.0	id.
Coutenac	1840.	9 3	id.
Coutras	1841.	8.3	id.
—	1842.	8.3	id.
Cursac	1842.	10.2	Filhol.
Daubèze		8.5	id.
Destournel	1840.	6.0	id.
Duchâtel St-Julien	1838.	8.0	id.
—	1838.	8.7	Bouchardat.
Entre-deux-Mers	blanc.	8.7	Fauré.
—	1838.	9.0	Maillard.
Eysine	1841.	8.9	Fauré.
Farques	1841.	9.3	id.
—	1842.	9.7	id.
Floirac, côtes	1841.	9.3	id.
— —	1842.	9.2	id.
— palus	1841.	10.0	id.
— —	1842.	10.5	id.
Gauriac	1841.	10.2	id.
—	1842.	10.1	id.
Génissac	1841.	9.1	id.
—	1842.	9.0	id.
Giscours		9.1	Gay-Lussac.
—	1840.	9.1	Fauré.
Grave		12.3	Filhol.
Gradignan	1841.	8.8	Fauré.
—	1842.	8.9	id.
Grand-Larose-Kirwan		9.8	Gay-Lussac.
— —	1841.	9.9	Fauré.
Graves, 3 ans		14.2	Fontenelle.
— —		13.6	id.
Guitre		9.5	Filhol.
Haut-Brion	1841.	9.0	Fauré.
—	1842.	9.0	id.
Ivrac	1841.	10.2	id.
—	1842.	10.0	id.
—	1842.	8.9	Filhol.
Izon	1841.	8.8	Fauré.
—	1842.	8.9	id.
—		9.8	Filhol.
Kirwan Cantenac	1840.	9.3	Fauré.
Labastide	1841.	10.0	Filhol.
Lalagune	1840.	9.3	Fauré.
Laloude	1842.	8.9	Filhol.
Langoiran	1841.	9.2	id.
—	1842.	10.3	id.
—	1841.	9.3	Fauré.
—	1842.	9.1	id.
La Mission	1841.	10.1	id.
—	1842.	10.0	id.
La Réole	1841.	8.5	id.
—	1842.	8.7	id.
La Sauve	1841.	8.5	id.
—	1842.	8.8	id.
La Trène, côtes	1841.	9.3	id.

ALCOOL (Suite).

La Trène, côtes.	1842.	9.1	Fauré.	Quinsac........	1842.	9.0	Fauré.
— palus	1841.	9.6	id.	Rauzan.........	1841.	8.8	id.
— —	1842.	9.3	id.	—	1842.	8.9	id.
Léognan........	1841.	9.5	id.	Riom..........	1841.	9.2	id.
—	1842.	9.2	id.	—	1842.	9.2	id.
Léoville........	1840.	9.2	id.	Sadirac........	1841.	8.4	Filhol.
—		9.1	Gay-Lussac.	-	1842.	8.3	id.
Lesparre.......	1841.	9.7	Fauré.	St-Aignan..........		6.7	Maillard.
—	1842.	9.5	id.	St-Andr.-d-Cubzac	1841.	9.8	Filhol.
Libourne.......	1841.	9.9	Filhol.	—	1841.	9.5	Fauré.
Lormont.......	1841.	9.1	Fauré.	—	1842.	8.8	id.
—	1842.	9.0	id.	St-Ciers-l-Lande.	1841.	9.2	Filhol.
Ludon.........	1841.	9.0	id.	—	1841.	9.5	Fauré.
—	1842.	8.7	id.	-	1842.	8.9	id.
Lussac.........	1841.	9.0	Filhol.	Saint-Christoly..	1841.	9.4	id.
—	1842.	9.3	id.	—	1842.	9.3	id.
Macau.........	1841.	9.0	Fauré.	Sainte-Eulalie...	1841.	10.1	id.
—	1842.	8.9	id.	—	1842.	10.0	id.
Margaux.......	1841.	9.7	id.	Saint-Emilion...	1841.	9.2	id.
—	1842.	9.8	id.	—	1842.	9.2	id.
Martillac.......	1841.	9.1	id.	Saint-Estèphe...	1841.	9.8	id.
—	1842.	8.7	id.	—	1842.	9.3	id.
—	—	8.8	Fihol.	—	rouge.	9.8	Gay-Lussac.
Meignac........	1841.	8.3	id.	—	1875.	9.7	id.
—	1842.	8.5	id.	Sainte-Foy......	1841.	9.0	Fauré.
Montferrand....	1841.	9.5	id.	—	1842.	9.1	id.
—	1842.	9.7	id.	Saint-Julien.....	1867.	10.5	Gläsner.
Montbrié.......	1841.	9.4	Fauré.	Saint-Laurent...	1841.	9.0	Fauré.
—	1842.	9.4	id.	— ...	1842.	8.6	id.
Montségur......	1841.	7.8	id.	Saint-Loubès....	1841.	8.5	id.
—	1842.	7.7	id.	—	1842.	8.6	id.
Paillet.........	1841.	9.4	id.	Saint-Macaire...	1841.	7.8	id.
—	1842.	9.3	id.	— ...	1842.	7.9	id.
—	1842.	9.4	Filhol.	— ...	1842.	7.8	Filhol.
Panillac........	1841.	9.7	Fauré.	— ...	1843.	7.9	Bouchardat.
—	1842.	9.3	id.	—		8.3	Maillard.
Parsac.........	1841.	9.5	id.	Saint-Maixent...	1841.	8.8	Fauré.
—	1842.	9.2	id.	-- ...	1842.	8.5	id.
Persac.........	1841.	9.1	Filhol.	— ...	1842.	8.8	Filhol.
—	1842.	9.0	id.	Saint-Martin....	1841.	10.6	Fauré.
Phélan.........	1842.	9.1	id.	—	1842.	10.7	id.
— 1er cru blanc..		13.7	Gay-Lussac.	Saint-Médard...	1841.	9.3	id.
— 2e — —		13.0	id.	— ...	1842.	9.4	id.
— 3e — —		12.1	id.	Saint-Nicolas...	1842.	9.3	Filhol.
— rouge		9.2	id.	Saint-Paul......	1844.	10.3	id.
Podensac............		9.2	ib.	St-Pierre-du-M..	1841.	8.2	id.
Pompignac......	1841.	9.1	Fauré.	—	1842.	11.5	id.
—	1842.	9.0	id.	—		11.5	Gay-Lussac.
Preignac............		11.5	Filhol.	St-Pier.-d'Aurillac	1841.	8.2	Fauré.
Queyrias.......	1841.	10.7	Fauré.	—	1842.	7.7	id.
—	—	10.0	id.	Saint-Savin.....	1841.	9.1	id.
—	—	9.8	id.	—	1842.	9.0	id.
—	1842.	11.0	id.	Saint-Seurin....	1841.	10.2	id.
—	-	10.5	id.	— (de Bourg).	1842.	10.2	id.
—	—	10.2	id.	Saint-Seurin....	1841.	10.3	id.
Quinsac........	1841.	9.1	id.	— (de Cubzac).	1842.	10.2	id.

ALCOOL (Suite)

Saint-Sulpice ... 1841.	8.9	Fauré.
— .... 1842.	8.8	id.
Sainte-Terre.... 1841.	8.9	id.
— .... 1842.	8.7	id.
Sainte-Trelody .. 1841.	9.3	id.
— .... 1842.	9.8	id.
Salleboeuf...... 1841.	9.3	id.
— ...... 1842.	8.8	id.
— ...... —	9.8	Filhol.
— ...... 1841.	9.2	id.
Sauveterre...... 1841.	8.2	Fauré.
— ...... 1842.	7.9	id.
Sauterne....... blanc.	15.0	Gay-Lussac.
—	14.2	Brandes.
—	13.1	id.
—	12.0	Maillard.
Soussans....... 1841.	9.7	Fauré.
— .... 1842.	9.2	id.
Talence........ 1842.	9.5	Filhol.
.... 1841.	9.8	Fauré.
— .... 1842.	9.2	id.
Targon......... 1841.	7.8	id.
— .... 1842.	8.0	id.
Tauriac........ 1841.	10.2	id.
— .... 1842.	10.1	id.
— .... —	9.2	Filhol.
Therme-Cantenac......	9.1	Gay-Lussac.
— 1840.	9.2	Filhol.
Trenc.......... 1841.	9.6	id.
Tronquoy-Lalande.....	9.9	Gay-Lussac.
— 1840.	9.9	Fauré.
— Lafond 1840.	9.9	Filhol.
Tuillac......... 1841.	10.2	Fauré.
— .... 1842.	10.3	id.
Valeyrac....... 1841.	9.3	id.
— .... 1842.	9.6	id.
OUEST	10.1	Gay-Lussac.
CHARENTE-INFÉRIEURE.		
— 1860.	7.8	id.
— 1862.	9.9	id.
CHARENTE .... 1862.	9.9	id.
— choix. 1862.	12.5	id.
VENDÉE blanc.......	8.8	id.
ANJOU blanc........	10.0	Maillard.
Angers coteaux.......	12.9	Gay-Lussac.
Saumur blanc.........	9.9	id.
CENTRE		
CHER	8.7	id.
Sancerre rouge	8.3	Filhol.
—	8.3	Maillard.
Cher, vin rouge.......	8.0	id.
— commun.....	9.8	Gay-Lussac.
INDRE-ET-LOIRE		
Chinon..............	8.3	Filhol.
Chinon..............	8.3	Maillard.
Vouvray blanc........	9.7	id.
NIÈVRE Pouilly blanc.	9.0	id.
LOIR-ET-CHER.		
Sologne.............	8.7	Filhol.
—	8.7	Maillard.
Blois, rouge..........	7.3	id.
Loches..............	7.1	Gay-Lussac.
LOIRET Orléans.....	10.7	Filhol.
SEINE-ET-OISE.		
Verrières............	6.2	Gay-Lussac.
Argenteuil...... 1860.	4.3	id.
— ...... 1861.	9.9	id.
— ...... 1862.	8.8	id.
— ...... 1863.	8.8	id.
— ...... 1864.	9.5	id.
SEINE.		
Paris, détail..........	8.8	id.
— bouteilles	10.5	id.
Châtillon............	7.5	id.
ESPAGNE		
Tinto...............	12.2	Brandes.
Vins ordinaires	18.0	id.
Brun	16.6	Beck.
Alicante.............	12.7	id.
—	13.8	Blaanderen.
Amontillado	15.9	Christison.
Barcelona ...... 1859.	18.0	Gay-Lussac.
Catalan......... 1859.	18.1	id.
Malaga..............	15.1	id.
— .... 1896.	17.4	Brandes.
—	15.9	id.
Madre da Jerès.......	21.3	Christison.
Jerès, très fort........	20.3	id.
— 13 espèces, vieux.	19.3	id.
— 9 — Indes.	18.5	id.
— faible..........	17.3	id.
—	17.6	Brandes.
—	19.2	id.
— .... min.	14.0	A. Mangin.
— .... max.	19.0	id.
PORTUGAL		
Carcavellos..........	17.2	Brandes.
Lisbonne, sec.........	17.7	Christison.
—	17.4	Brandes.
Madère	15.1	Gay-Lussac.
— très vieux	16.0	id.
— Malvoisie.....	15.1	Brandes.
—	22.2	id.
— le plus faible...	17.4	id.
— .... max.	20.0	A. Mangin.
— .... min.	16.0	id.
— fort..........	23.7	Beck
— rouge.........	22.3	id.

ALCOOL (Suite)

Madère conservé Indes.	21.3	Christison.
— sercial	19.1	id.
— faible	17.7	id.
Porto	22.9	Brandes.
— max.	24.0	A. Mangin.
— min.	22.0	id.
— blanc	20.0	
— fort	23.5	Christison.
— 7 espèces	20.4	id.
— faible	18.8	id,
—	21.0	Beck.
Ténériffe, 12 vins	19.8	Brandes.
—	18.2	id.
—	17.2	Chritison.
Torre Vedras	18.9	Beck.
ITALIE		
Lachryma Christi	18.1	Brandes.
Malvoisie	15.1	id.
Marsala	23.8	id.
—	25.5	id.
Syracuse	14.1	id.
—	15.3	id.
PIÉMOMT.		
Castelmajolo 1865.	12.2	Moschini.
Castagnole 1871.	11.2	id.
— 1872.	8.9	id.
Marengo 1865.	11.2	id.
Valmagra 1863.	10.0	id.
— 1865.	11.7	id.
SUISSE		
Supérieurs	20.0	Müller.
Ordinaires	9.0	id.
Genève bl. 4 échant	11.3	Marignac.
Schaffouse-Hallauer	8.7	Glasner.
ALLEMAGNE		
Ahrbleichert 1852.	11.2	Diez.
Asmannhauser 1848.	11.2	id.
Bergstrasse max.	10.7	Kersling.
— min.	8.2	id.
Bizamberg 1834.	13.8	Métis.
Bockenheimer 1834.	8.2	Ziel.
— 1835.	11.0	Diez.
Bodenheimer	10.5	Glasner.
Brauneberger	7.9	Ludersdorff.
Brünner 1811.	11.4	Métis.
— 1822.	12.6	id.
Castel von Schlossberg.	8.3	Glasner.
Celtinger	7.3	Ludersdorff.
Deidesheimer 1831.	7.9	Zierl.
— 1834.	9.6	id.
— —	10.0	id.
— —	10.4	id.
— riesling.	11.9	Diez.

Deidesheimer traminer.	11.8	Diez.
Dienheimer	9.8	Geiger.
Durckheimer 1834.	9.3	Zierl.
Durtheimer 1868.	8.0	Glasner.
Edenkofener 1850.	10.2	Diez.
Eisler, Rhin	11.0	Filhol.
Erbacher 1865.	9.9	Glasner.
Erschendorf 1822.	11.3	Métis.
Forst 1822.	8.2	Zierl.
— 1834.	9.9	id.
— —	10.8	id.
— —	10.1	id.
Forster Riesling	11.0	Ludersdorff.
Forster traminer. 1865.	9.6	Glasner.
Freinsheimer 1811.	8.7	Zierl.
Geisenheimer 1842.	12.2	Diez.
— 1848.	11.4	id.
—	12.6	Geiger.
Gimmelding 1849.	12.0	Diez.
— 1852.	11.2	id.
Grinzing 1822.	12.6	Métis.
Gritzendorf 1831.	12.6	id.
Guisenheim, Rhin	12.0	Filhol.
Gumpoldstirch 1822.	12.6	Métis.
Gruneberger	6.5	Ludersdorff.
Hambach 1865.	9.6	Glasner.
Haslach 1822.	10.1	Métis.
Hattenheimer 1834.	11.9	Diez.
— 4 mois.	10.7	Frésénius.
Heinrichsleute 1822.	12.5	Métis.
Hoch, Rhin	11.1	Brandes.
Hochkeimer 1846.	11.5	Diez.
— 1868.	7.8	Glasner.
Hohenheim, Rhin	10.8	Filhol.
Jacobsberger 1842.	9.4	Glasner.
Johannisberger	16.0	Kersling.
— 1842.	10.0	Diez.
Kahlenberg 1834.	12.6	Métis.
Kahlstadter —	9.9	Zierl.
Laubenheimer 1846.	11.1	Diez.
— 1868.	10.0	Glasner.
Losteinwein	7.2	Ludersdorff.
Liebfrauenmilch 1811.	9.9	Fischern.
— 1842.	9.3	id.
— 1843.	9.4	id.
—	10.6	Geiger.
Luguinslender 1834.	9.5	Fischern.
Markgraft 1868.	8.1	Glasner.
Marcobrunner	11.1	Filhol.
— Rhin	9.4	Ludersdorff.
— 1822.	12.2	Diez.
—	11.6	Geiger.
— 4 mois.	11.1	Frésénius.
Moselle	11.3	Métis.
Musbach 1842.	10.5	Diez.
Naumburger	6.4	Ludersdorff.

ALCOOL (Suite)

Neckar Eberstader 1842	6.3	Fischern.
— — 1845.	5.6	id.
— blanc ... 1846.	8.4	id.
— rouge ... —	9.4	id.
Nersberg	10.8	Geiger.
Nesteiner ...... 1868.	10.0	Glasner.
Neusiedl .... 1835.	10.0	Métis.
Niersteiner ..... 1868.	9.0	Glasner.
Oppenheimer ... 1848.	11.3	Diez.
Palatinat Ruster. 1834.	11.4	Fischern.
— Zeller.. 1846.	9.3	id.
— meilleur	9.3	id.
— traminer	10.5	id.
— ruslander	10.4	id.
Pisporter .... 1848.	10.8	Diez.
Prusse-Lissa	23.4	Brandes.
Pisporter	6.7	Ludersdorff.
Rauenthal ...... 1834.	12.1	Diez.
Rœdelseer	8.5	Ludersdorff.
Rothenenburger	9.6	Glasner.
Rudesheimer, 1er choix	10.4	Christison.
— ordinaire	8.7	id.
— 1865.	10.0	Glasner.
—	12.7	Geiger.
Ruppertsberger	9.3	Zierl.
—	10.1	id.
Rhin .... max.	11.9	Gay-Lussac.
— .... min.	11.0	id.
Scharlachberg .. 1848.	10.2	Diez.
—	12.7	Geiger.
Schlosslenzburger 1865.	7.8	Glasner.
Spaarberg, rouge 1842.	9.4	Fischern.
Steinberg	10.2	Filhol.
— Rhin	10.9	Geiger.
— 4 mois	10.1	Frésénius.
— choix	10.2	id.
Ungsteiner	9.1	Zierl.
— ..... 1853.	11.2	Diez.
Ungsberger	6.8	Ludersdorff.
Wachenheimer.. 1834.	10.1	Zierl.
— 1852.	11.4	Diez.
— 1868.	8.2	Glasner.
Weinheimer	11.0	Filhol.
—	11.7	Geiger.
Westphalie	10.0	Gay-Lussac.
Wiedling .... 1834.	12.6	Métis.
Yvorne (Wadt).. 1867.	9.2	Glasner.
Zurcher-Seewein 1868.	7.0	id.
HONGRIE		
Adlersberger ... 1827.	9.3	Fischern.
Tokay	9.1	Brandes.
— .... 1867.	16.8	Glasner.
—	12.1	Ludersdorff.
GRÈCE		
Zante	17.1	

Corfou	15.0	Hirtschoot.
TURQUIE		
Chypre	15.1	Gay-Lussac.
—	17.0	Hirtschoot.
Hébron	18.0	id.
Liban, 1 an	17.0	id.
Rhodes	18.0	id.
Samos	14.0	id.
Smyrne	13.0	id.
Syrie	15.0	id.
PERSE		
Schiraz	14.3	Brandes.
AFRIQUE		
Constance blanc	18.2	id.
— rouge	17.4	id.
Madère du Cap	18.9	Beck.
Muscat du Cap	16.8	Brandes.
AMÉRIQUE	10.3	Beck.
BOISSONS DIVERSES		
Rhum	49.4	Gay-Lussac.
Eau-de-vie	49.1	id.
Genièvre	47.5	id.
Wiskey	50.0	id.
Ale de Burton	8.2	id.
— d'Edimbourg	5.7	id.
— —	7.2	Christison.
— — 2 ans.	7.6	id.
Porter de Londres	3.9	Gay-Lussac.
— 4 mois	6.7	Christison.
Bière forte Londres	6.3	Brandes.
— petite —	1.2	id.
Ale —	8.2	id.
Bière de Strasbourg	3.9	Gay-Lussac.
— nouvelle	3.0	id.
Bière de Paris	1.9	id.
Poiré	6.7	id.
Cidre faible	4.8	id.
— le plus fort	9.1	id.
— Vallée Dixe	6.0	Vivien.
— d'Angleterre	4.8	
— Issigny	4.6	
— —	3.1	
— Blangy	4.5	
— Alençon	3.9	
— Lisieux	3.2	
— Jersey	3.2	
— Amérique	4.4	
— Alsace	7.1	
Hydromel	6.7	

EXTRAIT

CHAMPAGNE		
Champagne Moët......	97.8	Vergnette.
—	82.7	Blaanderen.
— ..... max.	126.0	Métis.
— ..... min.	111.0	id.
Bouzy.......... 1846.	20.4	Maumené.
— .... 1849.	21.7	id.
Hermonville .... 1839.	27.8	id.
— .... —	55.4	id.
Villedommange . 1839.	28.5	id.
— 1846.	27.4	id.
— 1849.	30.7	id.
BOURGOGNE		
Beaune...............	14.1	Blaanderen.
Pomard...............	18.0	id.
Saint-Georges.... max.	22.0	id.
— .... min.	18.1	id.
BEAUJOLAIS		
Hermitage............	17.2	id.
Villefranche .... 1844.	19.1	Filhol.
LANGUEDOC		
Langlade.............	14.0	Blaanderen.
Tavel................	18.5	id.
Narbonne.............	22.0	id.
ROUSSILLON		
Rivesaltes............	24.5	id.
MIDI		
Bergerac.............	26.8	id.
— blanc nouveau.	83.6	Gautier.
Clairac......... 1875.	20.3	Houdart.
BORDELAIS		
Gironde......... max.	20.0	Blaanderen.
— .... min.	16.4	id.
— rouge, 1 ans.0	20.9	Gauthier.
Sauterne............	19.5	Blaanderen.
CENTRE		
Saumur rouge	15.93	Viard.
— — 15 mois.	20.60	id.
PORTUGAL		
Ténériffe............	32.6	Blaanderen.
Porto...............	44.9	id.
Madère..............	40.2	id.
—	41.9	Vergnette.

ESPAGNE		
Beni Carlo	31.1	Blaanderen.
Malaga .,.............	187.8	Vergnette.
—	187.0	Mayer.
ITALIE		
Lacryma-Christi.......	20.1	Blaanderen.
ALLEMAGNE		
Bergstrasse...... max.	25.0	Kersling.
— ...... min.	17.0	id.
Bochenheimer... min.	20.0	Zierl.
Brauneberger.... min.	15.0	Ludersdorff.
Deidesheimer.... min.	32.0	Frésénius.
Eberstadter ..... min.	19.0	Fischern.
Hattenheimer.... min.	42.0	Frésénius.
Hochheimer..... min.	16.0	id.
Liebfrauenmilch . max.	41.0	Fischern.
Naumburger..... max.	23.0	Ludersdorff.
Rhin, 12 analyses	17.7	Blaanderen.
Steinberger...... max.	69.0	Geiger.
Spaarberg....... max.	30.0	Fischern.
Wiesloch .... min.	22.0	Geiger.
Wurzbourg...... max.	72.0	Schubert.
Zeller........... max.	73.0	Fischern.
Forster 1834..... max.	37.0	Zierl.
Mosler.......... min.	25.0	Métis.
Ruster de choix.. max.	107.0	Fichern.
Steinberger — —	106.0	Frésénius.
Lampertsloch.........	40.0	Boussingault.
HONGRIE		
Tokay exceptionnel....	106.0	Ludersdorff.
TURQUIE		
Liban...............	162.3	Vergnette.
Palestine........ max.	96.0	Hitschoot.
— .... min.	14.0	id.
GRÈCE		
Ordinaire............	46.0	Métis.
VINS PLATRÉS		
Lézignan.... 6 mois.	21.5	Gautier.
— .... 2 —	21.5	id.
— .... 16 —	23.0	id.
Narbonne ... 16 —	23.1	id.
Hérault...... 8 —	20.7	id.
Roussillon...........	26.8	

DIVERS

Champagne	Acidité	2.09	Güning.
Marne moyens. 1864.	—	6.00	Würtz.
— — 1865.	—	4.22	id.
Bourgogne ord. 3 à 4 ans	—	5.73	Lefèvre.
— blancs		5.08	id.
— crus médiocres.	—	6.47	id.
— — max.	—	9.95	id.
Beaune blanc.	—	1.79	Güning.
Pommard............	—	2.63	id.
Dauphiné Hermitage bl.	—	2.15	id.
Gard Saint-Georges...	—	2.49	id.
— Langlade........	—	2.55	id.
Aude Narbonne.......	—	2.99	id.
Roussillon Rivesal. musc	—	2.09	id.
Midi Gers....... max.	—	7.87	Lefèvre.
— — ..... min.	—	6.01	id.
— Dordogne Bergerac, blanc	—	2.66	Güning.
Bordelais rouges	—	5.36	Lefèvre.
— blancs	—	2.51	Gautier.
— Sauterne moy.	—	2.21	Güning.
Centre .... 1884.	—		
Saumur bl. non mous.	—	5.23	Viard.
— — —	—	5.14	id.
— — —	—	6.24	id.
— rouge —	—	3.11	id.
— bl. —	—	6.76	id.
— — —	—	4.97	id.
— rouge —	—	3.13	id.
— — 15 mois.	—	5.20	id.
Italie Lacryma Christi.	—	2.09	Güning.
Espagne Beni Carlo....	—	2.84	id.
Turquie Chypre.......	—	6.12	Lefèvre.
Grèce Samos..........	—	1.81	Viard.
Bière de Nantes.......	—	0.60	id.
—	—		
Lorraine Meuse Fleury 1864.	Sucres	1.25	Robinet.
Provence, Var, Fréjus.	—	2.60	Reboul.
— —	—	2.80	id.
Roussillon, Rivesaltes, muscat............	—	2.37	Viard.

Corse	Sucres	1.50	Reboul.
—	—	1.70	id.
— Tallone.... 1875.	—	3.20	id.
— Olmetto... 1877.	—	8.50	id.
— Sallacoro.. 1877.	—	3.56	id.
Anjou Vouvray. beau, 1874.	—	105.0	Houdard.
— petit 1876.	—	3.20	id.
— Saumur, n. mous.	—	1.69	E. Viard.
— — —	—	1.45	id.
Allemagne .... max.	—	10.0	Fischern.
— ..... min.	—	3.00	id.
Grèce, Samos	—	238.2	Viard.
Petite bière de Nantes.	—	8.33	id.
Cidre d'Alsace........	—	15.40	Baudrimont.
Alsace...............	Cendres.	1.96	Boussingault.
Beaujolais Fleurie 8 ans.	—	2.10	Gautier.
Hérault ordinaires....	—	2.05	Poggiale.
— —	—	2.90	id.
— Montpellier..	—	2.91	id.
— beaux vins max.	—	3.50	Gautier.
— — min.	—	1.75	id.
Espagne, Malaga	—	3.80	Mayer.
— —	Tartre		
Mâconnais .... max.	—	5.00	J. Brun.
— .... min.	—	3.00	id.
Var	—	3.64	Reboul.
Corse...............	—	3.40	id.
— Olmetto.. 1877.	—	1.31	id.
Suisse moyens	—	3.50	Müller.
— Vaudois, blancs..	—	4.00	Brun.
— Genève bl. 4 essais	—	4.00	Marignac.
Yonne, Epineuil. min.	Tannin.	0.88	A. Girard.
— — max.	—	2.73	id.
Roussillon Banyuls 1886.	—	0.87	Viard.
Loire-Infre blanc 1886.	—	0.04	id.
Anjou Saumur bl. n. m.	—	0.07	id.
Berri Montrichard.....	—	2.86	A. Girard.
Bourgogne supérieurs..	Glycérine.	7.34	Pasteur.
— ordinaires..	—	4.34	id.
Jura, Arbois	—	6.75	id.
Bourgogne grands vins.	Acide succinique.	1.17	id.
Bordeaux rouges ordin.	—	1.43	id.

CHAPITRE 8.

Résidus de la Vigne et des Vins.

Dans les différentes opérations de la viticulture et de la vinification il reste des résidus qui peuvent être utilisés et même peuvent rapporter un certain bénéfice; il est donc nécessaire de connaître l'emploi qu'il est possible d'en faire.

Dans la vigne nous trouvons les rameaux et les feuilles de la vigne, enlevés par la taille et l'effeuillage; dans la vinification il reste : les marcs, les lies et le tartre des fûts.

RAMEAUX ET FEUILLES

Avec les feuilles on a essayé de faire du vin; M. Robinet a décrit un essai fait en 1875 et qui a à peu près réussi. On a voulu retirer l'acide tartrique des feuilles de la vigne, mais elles n'en contiennent pas assez pour que ce travail soit rémunérateur. Le seul usage que l'on fasse de ces feuilles c'est d'en faire des engrais.

Vin de feuilles de vigne. — On prend un sirop de sucre, d'une densité de 1070, on l'additionne de 1 °/₀ d'acide tartrique et on fait bouillir une demi-heure. On le laisse refroidir jusqu'à 25° et on y plonge une certaine quantité de feuilles fraîches que l'on maintient au-dessous de la surface du liquide; la fermentation se termine au bout de douze jours et on soutire sans pressurer.

On obtient un liquide blanc, ayant un goût de vin prononcé, une saveur aigrelette assez agréable et un degré assez fort pour en assurer la bonne garde. L'extrait sec à 100° était de 13 gr. par litre. Le marc distillé a donné un alcool médiocre.

L'emploi des sels de cuivre sur la vigne rend impossible cette manière de traiter les feuilles.

Engrais de feuilles de vigne. — On peut faire deux sortes d'engrais soit à l'état naturel, soit à l'état de cendres.

Dans le premier cas, les feuilles sont mises en tas en plein air et on les laisse pourrir; on les mélange également avec du fumier; dans ces deux cas on conserve l'azote contenu dans les feuilles en même temps que les sels minéraux, mais il y a un inconvénient grave, c'est que les germes des maladies de la vigne ne sont pas détruits et que ces engrais sont les meilleurs propagateurs de ces germes.

Lorsque l'on brûle les feuilles pour en retirer les cendres qui serviront comme engrais on n'a pas à craindre l'inconvénient que je viens de signaler.

Engrais des rameaux. — Les rameaux ou pampres sont ordinairement traités comme les feuilles pour en faire des engrais : on les entasse dans un endroit retiré, à l'air libre et on les y laisse pourrir ; il est évident que, dans ce cas, les rameaux ont le même inconvénient que les feuilles.

On les brûle également pour en retirer les cendres qui sont utilisées soit pour la lessive, soit comme engrais de potasse.

Il est beaucoup plus avantageux d'en retirer le tartre et l'acide tartrique libre (qui y est en plus grande quantité que la crème de tartre).

Le vigneron n'a pas intérêt à fabriquer de l'acide tartrique ou de la crème de tartre, fabrication qui entraîne à un matériel assez compliqué et à des connaissances spéciales ; il lui suffira de préparer du tartrate de chaux, ce qui n'est ni long, ni difficile, et qui ne demande qu'une chaudière de 2 hectolitres, pour 500 kil. de rameaux, montée sur un foyer. Le tartrate de chaux est vendu aux fabricants d'acide tartrique.

Les pampres sont coupés et placés dans des petits baquets en bois fort ; on les pile le plus fortement possible, pour en réduire le volume ; on les jette dans la chaudière et on ajoute de l'eau pour les baigner ; on fait bouillir pendant un quart d'heure. On les retire en les pressant légèrement à la main.

L'eau qui reste dans la chaudière peut servir à faire cuire de nouveaux pampres et ainsi de suite jusqu'à ce qu'elle soit saturée. Les pampres déjà cuits peuvent être remis avec de l'eau pure pour en extraire tout l'acide tartrique ; on établit ainsi une espèce de lavage méthodique des rameaux.

Lorsque l'opération est terminée, on réunit toutes les eaux dans un cuveau et on y ajoute de 150 à 200 gr. d'acide chlorhydrique, on brasse énergiquement, laisse refroidir et reposer jusqu'au lendemain ; on soutire et on sature *exactement* le liquide avec de la craie en poudre, projetée par petites portions dans la chaudière ; on s'assure du degré de saturation au moyen du papier tournesol bleu qui rougit d'abord et ne rougit plus dès que la saturation est exacte. Si on ne saturait pas assez on aurait un produit trop riche en acide tartrique et on serait en perte, mais si on ajoutait un excès de craie, le produit serait trop pauvre et donnerait lieu à des réclamations de la part du fabricant auquel on le livrerait.

Pendant tout le temps de l'addition de la craie en poudre il faut brasser très fortement, mécaniquement si l'on peut ; on laisse reposer quelques heures et on soutire ; le liquide est jeté. Le dépôt blanc est mis sous forme de galettes minces et séché avec soin rapidement, car le tartrate de chaux humide s'altère très vite. Ce sont ces galettes, broyées ou non, qui sont livrées aux fabricants d'acide tartrique.

Les pampres cuits peuvent servir à plusieurs usages :

1° On les dessèche pour s'en servir de combustible ;

2° On les tasse dans une fosse où ils se décomposent et se tassent comme les mottes de tanneurs, on les fait sécher et on s'en sert de combustible ;

3° On les brûle et on utilise les cendres pour la lessive ou comme engrais.

MARCS

Les marcs peuvent avoir des usages très variés suivant leur qualité et leur composition. Le vigneron devra choisir l'emploi le plus rémunérateur pour lui.

Vins d'eau sucrée. Piquettes. — Nous avons vu à l'étude des vins d'eau sucrée et des piquettes l'emploi que l'on peut faire des marcs. Mais ces marcs, surtout ceux qui ont servi à plusieurs vins d'eau sucrée ou aux piquettes ne sont plus bons à grand'chose ensuite.

Eau-de-vie de marc. — L'emploi le plus général du marc est la fabrication de l'eau-de-vie ; en effet, le marc une fois pressé contient encore 3 à 4 % d'alcool qu'il est intéressant de retirer.

Pour les eaux-de-vie, il faut rejeter les marcs ayant subi une altération quelconque et, comme il est rare que l'on distille immédiatement après la vendange, et, qu'au contraire, on ne fait guère ce travail qu'en hiver, il devient nécessaire de conserver ce marc sans altération.

La première altération qui se forme, par suite de la présence du sucre, est la production d'alcool puis de vinaigre ; ensuite le tout pourrit.

Le marc sain, au sortir du pressoir, est soustrait à l'action de l'air en le plaçant dans un tonneau défoncé d'un bout, bien étanche ; on tasse fortement le marc, on refonce et par la bonde on introduit du vin ou de l'eau contenant 10 % d'alcool ; le fût est ensuite placé dans un endroit sec et frais. Dans ces conditions, le marc se conserve d'une année à l'autre (Pezeyre).

Un autre procédé est également employé : dans le fût défoncé on ne met du marc fortement tassé que jusqu'à 30 centim. du haut ; le marc est alors recouvert d'une légère couche de feuilles sèches, paille ou balle de blé ; par dessus on étend une couche de terre glaise de 10 à 15 centim. d'épaisseur, très bien pétrie avec de l'eau et on couvre d'une couche de sable fin de 8 à 10 centim. de hauteur. On surveille la couche surmontant le marc afin de boucher les trous qui se formeraient.

Le marc qui a servi à faire la piquette ne peut produire de l'eau-de-vie, puisqu'on a enlevé tous les éléments nécessaires,

Aubergier a conseillé d'émietter le marc et d'ajouter de l'eau dans la chaudière de l'alambic ; ce procédé est mauvais en ce sens que le marc tombe au fond et s'attache aux parois de la chaudière ; alors il brûle en produisant des matières empyreumatiques. Il vaut mieux, d'après Guyot, délayer le marc dans l'eau tiède, faire fermenter à nouveau, soutirer, presser et distiller seulement le liquide.

Les marcs devront être étendus d'eau (deux fois le volume du vin retiré par pression) et laissés en fermentation pendant cinq ou six jours; si elle cessait il faudrait la ranimer par un peu d'eau chaude sucrée; il faut employer l'eau de pluie et rejeter les eaux chargées de matières organiques ou de sels minéraux. L'eau-de-vie ainsi obtenue est de bonne qualité. (L'abbé Vigneron, 1886.)

Dans le cas où on distille le marc et le jus, il faut placer dans le fond de la chaudière une claie fine, placée à 5 ou 6 centimètres du fond, afin d'empêcher les matières solides d'y adhérer. On a préconisé l'emploi d'une couche de paille, mais elle peut se déplacer par l'ébullition.

Lorsqu'on veut opérer par lavage du marc, on émiette celui-ci dans une cuve sans le tasser, et on remplit la cuve d'eau. Au bout de deux jours, on soutire et on distille cette eau; on ajoute d'autre eau que l'on soutire et distille deux jours après. Par ces deux lessivages on obtient les 9/10 de l'eau-de-vie contenue dans le marc; la distillation directe n'en donnerait pas davantage; l'eau-de-vie est meilleure et le prix de l'extraction moitié moindre.

Pour augmenter la quantité d'eau-de-vie, il suffit de recourir au sucrage. M. de la Roque (Gironde) conseille d'ajouter à 60 kil. de marc 25 kil. de sucre et 120 litres d'eau; on obtient ainsi 25 à 27 litres d'eau-de-vie à 50°; la fermentation dure de douze à vingt-quatre jours suivant la température.

M. Rommier (Comptes Rendus, 1886, 9 août) a pu obtenir une eau-de-vie franche de goût avec du marc de vin blanc. D'après lui, le mauvais goût est causé par les levûres secondaires qui dominent par suite de la difficulté de fermentation des marcs. Il a réussi à supprimer ces fermentations secondaires en traitant le marc par l'eau, le sucre et des levûres cultivées, provenant de raisins bien choisis.

La distillation se fait au moyen d'alambics; ces appareils sont très nombreux; il faut bien choisir ceux qui brûlent le moins de charbon et qui donnent le plus d'eau-de-vie bon goût. M. Villard (Lyon) a inventé deux appareils distillatoires pour les marcs de raisins; ils sont construits d'après le même principe: envoyer de la vapeur d'eau dans la masse pour vaporiser l'alcool. Les alambics préconisés sont: ceux de la maison Savalle et Cie, les alambics Deroy et Egrot, et le rectificateur Girin qui permet d'obtenir de l'eau-de-vie à un degré supérieur, débarrassée de la plus grande partie de la mauvaise odeur.

La distillation des eaux de lavage du marc permet d'employer les alambics continus; le lavage est donc préférable dans tous les cas. Au commencement de la distillation, le mélange obtenu est assez pauvre en alcool et riche en principes plus volatils que l'alcool et qui se nomment *flegmes de tête*; on les met à part pour les rectifier à nouveau; on recueille le produit qui passe lorsqu'il atteint de 40 à 60° suivant l'appareil et la vivacité de la distillation;

plus la distillation est vive, plus le degré où se fait le coupage doit être bas. Vers la fin de la distillation, lorsque le produit ne donne plus que 48°, on met à part le liquide qui coule ensuite : *flegmes de queue* ; ils contiennent les alcools supérieurs qui sont dangereux et mauséabonds ; à ce moment on peut sans inconvénient forcer le feu.

Les eaux-de-vie de marc obtenues avec des marcs aigris ont toujours goût d'aigre.

L'eau-de-vie de marc a un goût désagréable, plus accentué quand on distille le marc en même temps, dû d'après Aubergier à l'huile empyreumatique qui se trouve dans les pellicules du grain de raisin, et qui se volatilise d'autant plus que l'on s'éloigne davantage du point de départ de la coulée ; pour d'autres, ce mauvais goût est causé par l'huile essentielle des pépins de raisins.

On indique ordinairement, pour que l'eau-de-vie ait moins mauvais goût, de séparer le premier tiers de la coulée et de distiller l'eau-de-vie au bain-marie en ayant soin de laver le serpentin ; on enlèvera les dernières traces en faisant macérer dans cette dernière eau-de-vie de la magnésie calcinée pure.

Dès 1859, Febvre Trouvé désinfectait les eaux-de-vie de marc en passant la petite eau de l'alambic sur des copeaux de frêne ; il repassait à l'alambic et mettait de côté la première eau-de-vie, ayant une odeur empyreumatique, jusqu'à ce qu'elle marquât 67°, il obtenait de l'eau-de-vie bon goût jusqu'au titre de 56°.

On a aussi proposé les deux procédés suivants : 1° on met au fond de l'alambic de la poussière de charbon de bois ; on verse dessus l'eau-de-vie mauvais goût et on distille ; 2° on verse dans l'alambic, par hectolitre, 50 gr. d'acide sulfurique concentré et 60 gr. de magnésie en poudre ; on verse l'eau-de-vie et on distille à feu lent.

Il vaut mieux ne distiller que le liquide et employer le sucrage qui donnera plus d'eau-de-vie et de meilleur goût.

Les vins de deuxième et troisième cuvées peuvent servir à faire de bonnes eaux-de-vie, mais elles ne devront pas être vendues sous le seul nom d'eau-de-vie de vin ; leur origine doit être connue.

L'eau-de-vie mauvais goût peut être employée au vinage de la vendange sans inconvénient.

Le marc qui a subi la distillation fait un excellent engrais : on le mélange avec du fumier ; on recouvre le tout de terre et on laisse consommer ; le terreau ainsi obtenu est très bon pour la vigne. On peut également le brûler pour en retirer les cendres, mais c'est moins avantageux.

Alimentation des bestiaux. — Le marc frais est une substance alimentaire plus riche que le foin vert, mais il n'est pas aussi digestible, aussi faut-il le mélanger au foin.

On peut le donner aux chevaux, aux bœufs et surtout aux moutons qui le préfèrent chaud. Lorsqu'on le garde pour la nourriture des animaux il prend un certain goût et dès lors est refusé.

Saint-Pierre a proposé, pour le conserver, d'employer la dessiccation au soleil ; une partie des pépins se sépare et est donnée à la volaille.

Le marc distillé ne doit pas être utilisé pour l'alimentation.

Engrais — Le mars frais ou distillé peut être employé comme engrais ; pour le marc frais, c'est le mode d'emploi le moins avantageux.

En brûlant le marc de raisin on obtient des cendres chargées de carbonate de potasse et autres sels de potasse ; 200 kilogr. de marc en produisent environ 20 kilogr. Ces cendres peuvent servir soit à la lessive, soit comme engrais.

Crème de tartre. — La crème de tartre peut s'extraire facilement du marc qui peut en donner 2 kilogr. 2 par hectolitre.

On met du marc dans une chaudière que l'on remplit d'eau ensuite, et on élève la température jusqu'à l'ébullition ; on fait bouillir lentement pendant une heure en remplaçant l'eau qui s'évapore. Le liquide décanté est versé dans un fût ; le marc est pressé ; le liquide est réuni au premier et le résidu sert comme engrais. En refroidissant, le liquide laisse déposer le tartre ; au bout de 2 ou 3 jours on soutire et on emploie l'eau pour une nouvelle opération avec le marc. Lorsqu'on aura fini de passer tout le marc, on enlève de la chaudière les cristaux de tartre brut qui s'y sont déposés et on les joint à ceux déjà recueillis ; la dernière eau de cristallisation dans le fût est évaporée jusqu'à ce qu'il se forme une pellicule à la surface ; on verse alors dans un fût.

Pour le marc qui vient d'être distillé, c'est plus simple : on fait arriver l'eau du serpentin dans la cucurbite et on fait bouillir dix minutes, puis on retire l'eau qui a dissous la plus grande partie du tartre, et on la verse dans des vases peu profonds où le tartre cristallise.

On peut ainsi obtenir de 1 à 1 kilogr. 5 de cristaux par hectolitre de marc (Rougier). Il vaut donc mieux remettre de l'eau une deuxième fois et faire bouillir de 30 à 45 minutes pour retirer encore 500 à 700 grammes de tartre.

Le tartre ainsi obtenu n'est pas pur, c'est le *tartre brut*, mais il peut être vendu à cet état.

Pour obtenir la crème de tartre, on fait dissoudre le tartre brut dans l'eau bouillante, on décante ou filtre et on fait cristalliser, avec l'eau on retraite à nouveau du tartre brut et ainsi de suite. On fait ainsi cristalliser le produit jusqu'à ce qu'il soit parfaitement blanc. La crème de tartre se vend à deux états : le premier et le deuxième blanc.

Acide tartrique. — La crème de tartre ou le tartre brut purifié est dissoute dans l'eau bouillante à saturation ; on ajoute alors de la craie pulvérisée en agitant vigoureusement jusqu'à ce qu'elle ne fasse plus d'effervescence ; on laisse reposer et on décante sur une toile ; on lave le dépôt à l'eau en décantant plusieurs fois, puis on presse. Le tartrate de chaux obtenu est délayé dans l'eau à l'état de bouillie claire; on ajoute alors de l'acide sulfurique mélangé avec deux fois son poids d'eau, par petites quantités; on laisse refroidir, décante, filtre et presse; le liquide est de nouveau traité par l'acide sulfurique; on décante et filtre sur du charbon; on évapore le liquide et on laisse cristalliser. Les cristaux qui sont gros et incolores sont séchés à l'étuve entre 30 et 40°. Les eaux mères sont retraitées à nouveau. Pour plus d'explication, voyez plus loin : Lies. — Acide tartrique.

Couleur. — Pendant longtemps on a cherché le moyen de retirer la matière colorante contenue dans la pellicule des raisins rouges et que le vin même foncé n'enlève qu'en petite partie. On savait bien, d'après M. Maumené, que cette matière colorante était soluble dans les liqueurs acides, mais on n'avait pu expliquer pratiquement cette propriété.

Procédé Carpéné (1876 et 1877). On presse les marcs distillés et on jette dans de petites cuves; par le refroidissement, le tartre se dépose sous forme de bouillie que l'on sèche et vend; le liquide est extrait par siphonage et évaporé jusqu'à réduction de 250^{cc} pour un litre, en agitant fréquemment pour empêcher les agglomérations; à peine froid on ajoute de l'alcool à 94°, de façon à faire un litre; il se forme un précipité abondant de matières albuminoïdes, cellulose, chlorophylle, crème de tartre, etc.; le liquide filtré obtenu est limpide, d'une belle couleur rouge violet par transparence et vin vieux pur par réflexion; la couleur est celle du vin. On voit que ce procédé n'a rien de pratique.

Procédé Barnicaud (1877). — Les marcs pressurés sont mis à macérer à la température ordinaire pendant dix ou quinze jours dans de l'alcool à 60°, puis pressés. Le jus recueilli est filtré sur une toile et distillé au bain-marie jusqu'à ce que presque tout l'alcool soit évaporé; il doit rester 1/3 du liquide qui est étendu en couches minces sur des plaques à rebords ou dans des vases très larges et peu profonds dans un lieu soumis à une douce température; le vide vaut mieux. Lorsque la matière devient légèrement sirupeuse, on filtre de nouveau et on a une solution limpide très colorée, rouge foncé; on obtient une substance qui peut se dissoudre dans le vin, sans l'alcooliser.

La couleur recueillie par l'alcool seul n'est pas assez forte et de plus par l'évaporation une notable partie devient insoluble.

Procédé Gautier. — Il s'applique surtout au traitement des lies de collage des vins rouges. Les lies sont filtrées, essorées et pressées. On les arrose peu à peu en agitant avec 7 litres d'acide chlorhydrique par hectolitre de lies.

La matière rougit fortement; on la porte pendant quelques instants à 100° et on laisse refroidir; la lie coagulée se dépose; on la presse, puis on l'émiette afin de la faire sécher très vite; à cet état, on ne retrouve guère que 10 à 12 kgr. par hectolitre de lie épaisse. On épuise la lie sèche par l'alcool à 90° de façon à faire un lavage méthodique; les jus concentrés sont distillés au bain-marie, à l'aide du vide si c'est possible (ce qui n'est pas pratique, E. V.) jusqu'à la réduction au 5e du volume primitif. On ajoute

4 fois le volume, du résidu, d'eau distillée et il se précipite une substance qui, sèche, se présente sous forme d'une poudre rouge et est composée de plusieurs matières colorantes et de quelques sels minéraux. Elle se dissout dans l'eau alcoolisée.

Pour retirer la couleur des marcs, il les traite d'abord par une faible proportion d'acide chlorhydrique, les chauffe et les soumet à la presse, pour continuer le traitement ci-dessus.

Procédé Targe. — Ce procédé est la réunion des trois procédés Carpené, Barnicaud et Gautier.

On fait bouillir dans une grande chaudière du marc mélangé avec autant de vin qu'il peut contenir, pendant plusieurs heures ; on laisse reposer et on soutire. Si on veut enlever l'acidité et le tannin, on neutralise par la craie, on laisse reposer, on soutire et on filtre, puis on diminue par évaporation le volume de moitié ; il suffit de quelques litres de ce liquide pour colorer un hectolitre.

1er Procédé Carpéné et Comboni (1879). — On traite les marcs de raisins rouges fermentés pressés ou non, aux environs de 30° de température, par des mélanges d'eau et d'alcool ou mieux d'alcool pur, dans des vases fermés pendant 2 à 4 jours ; le jus soutiré est repassé sur de nouveau marc, pendant que les premiers marcs sont soumis à de nouvelle eau alcoolisée. Les jus assez colorés sont clarifiés et distillés ; ils laissent un extrait nommé *œnorubine,* qui peut être desséché. Les meilleurs résultats ont été obtenus avec 160 à 200 litres d'eau alcoolisée à 45° pour 100 kgr. de marcs. L'extrait liquide d'une densité de 1025, à la dose de 2 litres, colore suffisamment un vin blanc à la couleur commerciale.

L'œnorubine est insoluble dans l'éther, le chloroforme, le sulfure de carbone, la benzine et l'essence de térébenthine.

Contrairement à ce que dit Carpené, la dessiccation de ce produit le rend de moins en moins soluble.

2e Procédé Carpéné et Comboni. — Les pellicules des raisins noirs sont séparées des grappes et sont triturées dans un mortier avec de l'eau acidulée à l'acide tartrique. On les place dans un fût avec de l'eau et de l'alcool.

Pour 100 kgr. de pellicules on emploie : 25 litres d'eau, 100 litres d'alcool 90° et 1 kgr. 250 d'acide tartrique. Au bout de trois jours, on presse ce mélange et on obtient un très beau colorant.

Les tablettes de Carpené, employées en Italie, sont, sans doute, faites au moyen de ce procédé. Il suffit de les dissoudre dans l'alcool qui sert à viner le vin.

1er Procédé du docteur Prunaire. — On sépare les pellicules des rafles et des pépins, on les lave à grande eau à plusieurs reprises, puis on les traite par l'alcool à 60-80°. Pour 50 kgr. de pellicules, on emploie 100 litres d'alcool. On laisse macérer, puis on soutire et on presse ; on a un liquide très chargé en couleur dont 2 ou 3 litres suffisent pour amener uue pièce de vin à la couleur normale. Si l'on veut conserver cette teinture, on y ajoute 1 gr. d'acide tartrique par litre.

On peut employer une autre forme de ce procédé : on émiette et tasse le marc dans un tonneau défoncé et on replace le fond ; on verse de l'alcool 85°-86°, de façon à le remplir (environ 50 litres par hectolitre de marc), on ferme hermétiquement et on laisse macérer six ou huit mois. L'alcool précipite les sels et les matières azotées ; il dissout la couleur et le tannin. L'alcool coloré et contenant de 22 à 24 gr. de tannin par litre est employé pour remonter les vins faibles.

Le marc pressé est mis à tremper dans du vin et pressé de nouveau ; ce vin est employé pour colorer,

2e *Procédé du docteur Prunaire.* — On remplit une grande chaudière avec du marc de raisin et on tasse à la main, puis on verse autant de vin qu'il en faut pour faire baigner le marc et on fait bouillir pendant plusieurs heures. La couleur et le tannin sont dissous ; on laisse déposer, on soutire et on passse. Le liquide, qui est presque noir, reprend sa couleur rouge au contact des acides ; il est réduit par l'évaporation, et quand il est éclairci et soutiré, on y verse un peu d'alcool. Si on ne veut pas qu'il y ait du tannin, il faut ne traiter que les pellicules.

L'addition de la couleur à un vin rouge, lorsqu'elle est bien préparée, ne peut qu'améliorer le vin. Mais il faut bien savoir qu'il est défendu de colorer des vins blancs.

Il faut, en outre, lorsqu'on achète de ces teintures, s'assurer s'il n'y a pas d'autres matières colorantes défendues.

En résumé, tous ces procédés sont à peu près semblables ; ils n'emploient que l'alcool et l'acide tartrique. La grande difficulté qui empêche de généraliser l'emploi de cette couleur à l'état solide, c'est que par la dessiccation elle devient pour la plus grande partie insoluble et la partie soluble ne subsiste pas très longtemps dans le vin.

L'emploi des acides minéraux m'a donné des résultats déplorables.

M. F. Ganter (Bull. Soc. Ch. 1884) a démontré que la matière colorante contenue dans les pellicules du raisin ne se dissout pas dans l'alcool, mais que son véritable dissolvant était l'acide tartrique. Maumené, le premier, a découvert la solubilité de cette substance dans les liqueurs acides.

Voici quels sont les résultats des expériences de F. Ganter : la matière colorante des pellicules de raisin a pu être extraite presque complètement en chauffant ces pellicules avec du moût non fermenté et chauffé, c'est-à-dire en l'absence d'alcool, contrairement à l'opinion de Ladrey. — Les pellicules de raisin débarrassées du moût par des lavages à l'eau distillée, n'abandonnent que très peu de matières colorantes à l'alcool faible, froid ou chaud ; l'eau sucrée en dissout un peu plus ; l'eau acidulée par l'acide tartrique ou la crème de tartre la dissout abondamment.

Avec les solutions d'acide tartrique, Ganter est arrivé aux conclusions suivantes : 1° à la température ordinaire, la solubilité de la matière colorante augmente avec la concentration de la solution tartrique ; 2° à concentration constante de l'acide, elle augmente avec la température ; 3° cet accroissement de solubilité avec la température est moindre lorsque la solution tartrique est additionnée de sucre.

Œnotannin. — Ainsi qu'on vient de le voir, on peut retirer le tannin du marc, mais comme c'est dans la partie ligneuse, rafle et pépins, qu'il se trouve, il est plus simple de l'y aller chercher.

L'extraction du tannin peut être rémunératrice, mais elle est impossible au vigneron, par suite de sa difficulté.

Tous ou presque tous les *Conservateurs* sont à base de pépins de raisins broyés après un léger traitement. On nettoie et lave les pépins avec soin. On les fait sécher à une haute température pour volatiliser les huiles volatiles et on les pulvérise finement. C'est encore la manière la plus simple d'employer le tannin des pépins.

Lorsque l'on veut préparer l'œnotannin pur, on opère de la façon suivante : On broie les pépins et on les fait sécher à 100°, puis on les met dans un appreil à déplacement et on les traite par l'alcool absolu ou à 95° ; on évapore l'alcool et on obtient le tannin à l'alcool qui n'est pas encore pur. En substituant l'éther à l'alcool on obtient le tannin pur ; cette préparation ne peut se faire que par une personne très compétente dans les questions chimiques.

On a proposé de retirer des tannins impurs des pépins de raisins en traitant ceux-ci tels quels ou broyés par l'alcool, mais le produit obtenu reste pâteux, ne peut se sécher et contient les huiles des pépins. On ne peut le doser exactement par suite de l'irrégularité de sa composition et il ne doit être employé que pour les vins communs. Il est donc beaucoup plus simple d'employer directement les pépins séchés et pulvérisés.

Huile de pépins de raisins. — Les pépins de raisins contiennent de 15 à 20 pour cent de leur poids d'une huile jaune dorée supérieure à l'huile de noix brute ; elle n'est pas comestible, mais elle est très bonne pour l'éclairage ; elle brûle en ne dégageant qu'une faible fumée, à peine odorante. Avant de l'utiliser, il faut la purifier, ce qui lui fait perdre 20 pour cent de son poids.

Dubief prétend avoir obtenu 20 kilogrammes d'huile pour 10 hectolitres de marc ; cette huile était très douce et très agréable à la bouche (ce qui est en contradiction avec tous les auteurs) ; sa lumière était très blanche, sans odeur ni fumée.

L'extraction de cette huile se faisait autrefois en Italie ; elle paraît être abandonnée ; dans tous les cas, elle ne peut se faire qu'avec une grande quantité de pépins.

Pour extraire l'huile, on a porté les pépins à 100° ; les huiles passent à la distillation ; c'est évidemment le plus mauvais moyen pour avoir de bonne huile.

Voici quelle est la méthode suivie autrefois en Italie : On fait sécher le marc et on sépare les pépins au moyen d'un van ; on les nettoie à travers un crible, puis on les moud comme du blé; plus la farine est fine, plus on retire d'huile ; on tamise la farine et on repasse à la meule ce qui n'est pas assez fin. Cette farine est mise dans un chaudron ; au centre de la farine on fait un trou allant jusqu'au fond du chaudron et dans ce trou on verse de l'eau, dans la proportion du tiers du poids de la farine. Le chaudron étant placé sur un feu doux, on remue peu à peu pour éviter les grumeaux et on laisse jusqu'à ce qu'on ne puisse plus tenir la main dans le liquide. De la bonne direction dépend la quantité d'huile extraite. La farine chaude est placée dans des étamines, puis pressée comme on le fait pour les graines à huile. Après la première pression on écrase la farine avec la main et on donne une seconde pressée. 100 kilogr. de marcs de raisins bien mûrs donnent ainsi de de 10 à 12 kilogr. d'huile.

Vert de Gris. — Le vert de gris est un acétate de cuivre bibasique $C^4 H^3 O^3, 2\, CuO, 6\, HO$.

Ce sel traité par l'eau se décompose en acétate sesquibasique qui se dissout et en acétate tribasique insoluble. Dissous dans l'acide acétique, il forme l'acétate neutre de cuivre, désigné dans les arts sous le nom de *Verdet* ou *cristaux de Vénus* ; le verdet est employé dans la teinture noire sur laine et dans la peinture.

Voici la composition de quelques vert-de-gris (Pelouze et Frémy) :

	Acétate bibasique	Vert-de-gris français	Vert-de-gris anglais crist.	Vert-de-gris anglais compr.
Acide acétique anhydre	27.45	29.3	28.30	29.62
Oxyde de cuivre.......	43.24	43.5	43.25	44.25
Eau..................	29.21	25.2	28.45	25.51
Impuretés............	0.10	2.0	0.00	0,62
	100.00	100.0	100.00	100.00
	(Berzelius)			(Phillips)

Pour préparer le vert-de-gris on dispose des plaques de cuivre séparées les unes des autres par des couches de marc de raisin humide et ayant fermenté. Le tout, mis en fosses ou cuves, est abandonné à lui-même ; l'alcool du marc, au contact de l'air, se change en acide acétique qui attaque le cuivre et, grâce à l'oxygène de l'air, forme l'acétate bibasique. On retire les feuilles de cuivre et on racle la poudre verte de vert-de-gris dont elles sont recouvertes. Cette préparation se fait dans le Midi, du côté de Marseille.

LIES

Il y a deux sortes de lies : la *grosse lie*, qui se forme naturellement par le repos dans la fermentation lente, et la *lie de collage*, qui se précipite après chaque collage.

La grosse lie est plus riche en alcool, tartre, matières colorantes, etc., que les lies de collage ; celles-ci contiennent en plus de l'albumine, de la gélatine ou de la colle de poisson, suivant la substance employée pour le collage, ce qui les rend plus facilement putrescibles.

La lie du premier collage est plus riche en substances du vin que les lies des collages suivants.

Les lies ou dépôts des vins sont composées de trois sortes d'éléments : 1° les cristaux de crème de tartre, de tartrate neutre et de chaux et quelques sels minéraux ; 2° la matière colorante oxydée et insolubilisée, les matières solides en suspension dans le vin nouveau, les tannates d'albumine et de gélatine, les matières grasses et autres matières végétales ; 3° les ferments du vin et les autres ferments parasites.

Le ferment de la lie obtenu en traitant cette dernière par la potasse et précipitant par l'acide acétique, a donné l'analyse suivante :

	Schlossberger		Mülder
Carbone	55.5	54.4	51.9
Hydrogène ...	7.5	7.0	7.2
Oxygène.....	23.0	22.6	29.8
Azote........	14.0	16.0	11.1

Mélangée à l'eau, à la température de 15 à 30°, la lie donne des fermentations putrides semblables à celles des matières animales.

Braconnot a analysé de la lie desséchée :

Bitartrate de potasse.................	60.75
Tartrate de chaux	5.25
— magnésie	0.40
Phosphate de chaux	6.00
Silice mêlée de grains de sable	2.00
Albumine et matières azotées	20.70
Matière verte, chlorophylle.......	1.60
Matière grasse de consistance cireuse....	0.50
Gomme, œnocyanine, tannin...........	traces

Les usages de la lie sont assez nombreux : 1° l'amélioration des vins, 2° la préparation des vins de lies, 3° de l'eau-de-vie, 4° du vinaigre, 5° de la potasse, 6° du tartre et de l'acide tartrique, 7° comme engrais.

Amélioration des vins. — Lorsque les lies sont bien fraîches, elles servent à améliorer les vins jeunes. Les lies de vins vieux, riches en principes et en bouquet servent à donner aux vins nouveaux des qualités supérieures ; dans ce but, 1/2 litre de lie de fond de bouteille suffit pour 10 litres de vin. Les lies des vins jeunes corrigent l'âpreté, la dureté et l'astringence des vins nouveaux.

Lorsque les lies proviennent de vins de l'année, elles sont employées avec succès pour aider à la combinaison des coupages.

Vins de lies. — Les lies retirées des fûts sont baignées du vin d'où elles sortent ; dans la plupart des cas, ce serait une perte sérieuse que de ne pas retirer ce vin, quoique sa valeur soit toujours inférieure à celle du vin qui surnageait cette lie.

Pour faire ce travail, il faut opérer dans des locaux à l'abri des variations atmosphériques, sinon le vin obtenu aurait mauvais goût.

Les lies des vins nouveaux contiennent de 30 à 90 % de vin ; celles qui proviennent des collages en contiennent 70 %, retirés par simples filtrations, plus le vin de lie pressée.

Lorsque le vin est de qualité supérieure, on met la lie dans des sacs de toile de 10 litres et on laisse d'abord écouler le vin qui filtre sans effort ; on le met à part, car il est meilleur que celui obtenu ensuite. Les sacs sont ensuite placés dans la cuve d'une presse que l'on serre lentement et progressivement : une forte pression retirerait moins de liquide, parce que les pores des toiles seraient bien vite obstrués. Une barrique de lie produit une demi-barrique de vin et 125 kilogr. de lie humide qui, par dessiccation, perd la moitié de son poids.

Lorsque les vins sont de qualité moyenne ou inférieure, on fait passer les lies directement par le filtre-presse qui donne le vin, d'un côté et le tourteau de lie sec, de l'autre.

Comme on ne traite pas les lies à chaque fois qu'on les retire, il faut certaines conditions pour les conserver. On réunit toutes les lies d'un cellier ou d'une cave dans un fût méché, muni de faussets de 5 en 5 centimètres, pour pouvoir soutirer à différentes hauteurs ; il faut mécher ce fût chaque fois qu'on ajoute de la lie, s'il y a plusieurs jours d'intervalle entre chaque addition. Quand il est plein, on bonde et laisse reposer pendant 15 jours et on soutire le vin clair, puis on remplace le vin par de la lie. Lorsqu'il n'y a plus de lie, on laisse reposer de 10 à 15 jours et on soutire de plus en plus bas, suivant que le vin retiré est plus ou moins clair. Pendant tout le temps que l'on travaille les lies, il faut ouiller régulièrement les fûts.

Les vins obtenus sont moins bons et plus difficiles à clarifier que les vins sur lie. On les additionne de 10 à 20 grammes de tannin, par hectolitre, on les colle. Les vins rouges sont collés à forte dose : 10 blancs d'œufs par barrique, bien battus avec 10 gr. de sel et en vinant jusqu'à ce que le vin marque 9°. Les vins blancs alcooliques sont collés à l'albumine et les vins faibles à la gélatine à haute dose. Ces vins se gardent très bien.

Lorsque ces vins proviennent des grands crus, ils sont souvent supérieurs aux vins ordinaires.

Les autres vins sont employés pour les coupages avec des vins communs, pour la boisson des ouvriers ou pour faire de l'eau-de-vie.

Lorsque le vin de lie a un goût désagréable on ajoute, par barrique, de 500 à 1000 gr. de charbon végétal en poudre fine bien lavée et on filtre (il ne faut jamais décanter), si on ne peut enlever le mauvais goût le vin est livré à la vinaigrerie.

Les lies pressées sont séchées dans un grenier aéré ou à l'air libre, au soleil ; celles qui sortent des filtres-presse sont presque sèches quand elles sortes de l'appareil.

Eau-de-Vie de Lies. — Lorsque les vins que l'on pourrait retirer de la lie n'ont pas de valeur et sont sans emploi direct, il vaut mieux les distiller.

On emploie deux méthodes : la première consiste à distiller la lie et le liquide, et la seconde à distiller seulement le liquide séparé de la lie.

Dans le premier cas, on étend les lies de deux fois et demie à trois fois leur volume d'eau pure avant de distiller ; l'eau-de-vie ainsi obtenue n'est pas aussi franche que l'eau-de-vie de vin, mais cependant elle est assez bonne.

La lie distillée avec le liquide donne de l'eau-de-vie très parfumée mais qui a une âcreté désagréable ; à l'air elle devient noirâtre, louche et difficile à clarifier ; mélangée à l'eau, elle bleuit, noircit, et se trouble. Les lies avancées lui donnent une odeur et un goût nauséabonds.

Pour éviter ces inconvénients, on ajoute dans l'eau de dilution de 500 à 1000 gr. de charbon végétal en poudre fine lavée, par barrique, on brasse le tout et on distille ; on peut aussi ajouter à la lie un volume d'alcool égal à celui quelle contient et distiller.

Dans le second cas, on lave les lies avec des eaux successives et ce sont ces eaux seules que l'on distille ; l'eau-de-vie obtenue est beaucoup plus franche de goût. Le filtre-presse à lavage à revers est un très bon instrument pour ce genre de travail.

Vinaigre. — Les vins séparés des lies font ordinairement de très bons vinaigres. Les vignerons se contentent souvent de livrer leurs lies mélangées du vin aux vinaigriers qui font la séparation ; ils transforment la partie liquide en vinaigre et vendent la partie solide.

Potasse. — La partie solide des lies est séchée et calcinée à l'air, on obtient ainsi des cendres gris verdâtre nommées *cendres gravelées,* contenant 1/30 de leur poids en alcali caustique. Lorsqu'on les calcine dans un four à une haute température on obtient la *potasse perlasse*, qui est employée par les savonniers et quelques autres industriels.

On peut obtenir du *carbonate de potasse*, qui se vend beaucoup plus cher, en calcinant la lie dans un four fortement chauffé, laissant refroidir et traitant le liquide par l'eau bouillante que l'on refroidit ensuite ; on filtre et on concentre le tout.

Engrais. — La lie de vin simplement pressée ou desséchée constitue un excellent engrais. La lie simplement pressée peut contenir jusqu'à 67 % d'eau.

L'analyse d'une lie de vin pour engrais m'a donné, à l'état sec :

Azote	6.136 %
Acide tartrique	7.719
Potasse	2.583
Phosphate de chaux	3.523

Tartre et Acide Tartrique. — Les lies sont moins riches en tartre que les tartres des fûts ; dans les vins plâtrés il n'y en a presque plus mais il y a du tartrate de chaux.

Les lies de la Gironde sont les plus riches ; celles du Médoc vont jusqu'à 45 %, mais presque toutes les autres sont bien au-dessous.

Les cristaux obtenus par le traitement des lies par l'eau bouillante sont très estimés et préférés par les fabricants de crème de tartre.

Pour préparer la crème de tartre on traite la lie privée de son vin et séchée par l'eau bouillante de façon à saturer l'eau et à épuiser la lie comme je l'ai dit au marc ; l'eau saturée est mise à refroidir dans des vases demi sphériques où la crème de tartre cristallise ; on purifie celle-ci par plusieurs cristallisations successives ; elle doit être parfaitement blanche.

Les lies de vins plâtrés ne conviennent pas du tout pour cet usage ; elles ne peuvent servir qu'à la préparation de l'acide tartrique ; les autres lies servent également à cette fabrication, qui est très rémunératrice.

Pour préparer l'acide tartrique on met la lie sortant du filtre-presse dans une grande chaudière de fer, on ajoute de l'eau pour bien diluer la masse et de façon à bien dissoudre tout le tartre ; alors on verse, pour 100 kilogr. de lies pressées sèches, 2 kilogr. d'acide chlorhydrique du commerce, dans le liquide porté à l'ébullition que l'on maintient pendant quelque temps ; l'acide chlorhydrique déplace l'acide tartrique du tartrate de chaux. On filtre rapidement sur une toile en ayant soin de ne pas laisser trop refroidir le liquide que l'on remet dans la chaudière et que l'on traite par de la craie en poudre. La craie doit être pulvérisée finement et ajoutée par petites portions pendant que l'on agite vivement. Il se produit une violente effervescence causée par le dégagement de l'acide carbonique dont l'acide tartrique prend la place pour former du tartrate de chaux ; chaque addition de nouvelle craie ne doit être faite que lorsque le dégagement de gaz s'est calmé, sans cela on risquerait de faire déborder le liquide ; on ajoute ainsi de la craie tant que le liquide rougit le papier bleu de tournesol. Lorsque le papier reste bleu, on agite fortement et on laisse reposer. Il se forme un dépôt lourd de tartrate de chaux et de craie qui n'a pas été attaquée ; au bout de 24 heures on décante le liquide qui renferme du chlorure de potassium, pouvant être utilisé dans les grandes usines. Lorsque le dépôt est en masse compacte on le coupe en tranches que l'on fait sécher.

Les briquettes ainsi séchées sont pesées avec soin pour calculer exactement la quantité d'acide sulfurique nécessaire à la décomposition du tartrate de chaux en sulfate de chaux et acide tartrique.

$$C^8H^4O^{10},2\,CaO,8\,HO + 2\,(SO^3,HO) = 2\,(SO^3,CaO) + C^8H^4O^{10},2\,HO + 8\,HO$$

tartrate de chaux	acide sulfurique	sulfate de chaux	acide tartrique	eau
260	98	136	15	72

Pour 260 de tartrate de chaux il faut 98 d'acide sulfurique monohydraté.
— 100 — 37,69 — —

Dans la pratique il faut ajouter de 39 à 40 % d'acide sulfurique.

Le tartrate de chaux est délayé avec de l'eau dans une cuve en bois de façon à en faire un liquide un peu fluide ; on ajoute alors l'acide sulfurique par petites portions en agitant. Lorsque la réaction est terminée on laisse reposer 24 heures, puis on décante le liquide clair. On concentre dans une chaudière de cuivre jusqu'à ce que le liquide prenne une consistance sirupeuse; à ce moment on verse le tout dans des cristallisoirs de bois où on laisse refroidir tranquillement. Au bout de quelques jours l'acide tartrique s'est cristallisé en gros cristaux incolores ; on décante les eaux mères qui servent à diluer de nouveau tartrate de chaux ; on lave les cristaux, avec de l'eau qui est également employée avec le tartrate de chaux et on sèche à l'étuve. L'acide tartrique vaut de 4 à 5 francs le kilogr.

Les lies sont achetées par les fabricants de crème de tartre ou d'acide tartrique d'après leur contenance en bitartrate de potasse. Le maximum est de 38 à 40 °/₀, le maximum 20 à 30 °/₀ et la moyenne 25 à 28 °/₀.

TARTRE DES FUTS

Lorsque le vin est conservé dans les fûts, il dépose des sels qui cristallisent et adhèrent à la surface interne du fût ; ce sont ces dépôts cristallins, qu'on nomme *tartre brut ;* il y en a deux sortes : le tartre blanc, provenant des vins blancs, et le tartre rouge, qui s'est déposé dans les vins rouges.

Le tartre brut des tonneaux n'est pas un produit pur ; il est composé pour la plus grande partie de bitartrate de potasse, accompagné de tartrate de chaux, de silice, d'alumine et de ligneux ; souvent il y a du sable.

Les tartres d'Alsace, de Bourgogne, du Midi de la France et de l'Allemagne, contiennent du tartrate de chaux ; ceux de l'Espagne en sont chargés, aussi sont-ils recherchés pour la fabrication de l'acide tartrique.

La Bourgogne, le Beaujolais et le Lyonnais, en plus du tartre des fûts, donnent les *cristaux d'alambics*, obtenus dans la distillation ; ils titrent de 70 à 80 °/₀ de bitartrate de potasse.

L'Aude et l'Hérault donnent des tartres titrant de 60 à 65 °/₀ ; c'est avec ces tartres que se fabrique la crème de tartre dite de premier blanc.

Le Gers donne des tartres exempts de tartrate de chaux et titrant 80 à 87 °/₀.

Les tartres rouges de la Gironde ont un titrage de 70 à 75 °/₀.

L'Auvergne et la Dordogne ne fournissent que 60 à 70 °/₀.

Les tartres du Portugal sont très colorés et atteignent rarement 70 °/₀ ; ils sont très recherchés des fabricants de crème de tartre.

L'Italie donne une forte quantité de tartre très beaux et très estimés sous les noms de cristaux de San Antimo et Vinaccia. L'Autriche expédie tous ses tartres aux Etats-Unis.

Dans le Midi de la France, 10 hectolitres de vin donnent de 2 à 3 kilogr. de tartre qui se vend de 100 à 150 francs les 100 kilogr.

Voici les résultats de quelques analyses qui complètent celles que j'ai données au paragraphe de la crème de tartre (Composition générale des vins).

Analyses de tartres de Dingler (1861) :

	BLANCS			ROUGES	
	Toscane	Suisse	Hongrie	Alsace	Espagne
Bitartrate de potasse......	86.80	79.26	67.35	82.50	24.20
Tartrate de chaux.........	0.00	13.05	9.20	7.28	45.20
Un peu de silice, oxydes de fer et de manganèse, sucre, matières colorantes, ligneuses et extractives.					

Analyses de G. Schnitzer (Bull. Soc. Chim., t. 451).
— Kaerlin — — —
— Scheurer Kestner (Répert. Chim. Appliq., 1860, p. 397).

TARTRES BLANCS	Bitartrate de Potasse	Tartrate de chaux	Analystes	TARTRES ROUGES	Bitartrate de potasse	Tartrate de chaux	Analystes
Alsace................	82.5	6.7	G.S.	Bourgogne............	41.5	32.2	G.S.
—	72.5	4.6	—	Bordeaux.............	71.3	7.7	—
Castelnau...............	47.0	18.8	—	Castelnau	35.7	16.9	—
Italie, Ancône..........	77.0	9.4	—	Espagne, Malaga......	79.7	11.5	—
— Sicile	52.6	18.8	—	Italie, Gênes..........	60.1	10.1	—
— Messine.........	66.5	20.7	—	— Piémont	63.9		—
— Livourne........	61.6	8.0	K.	— Ancône	70.5	15.0	—
— Toscane.........	84.5	0.0	S.K.	— Naples..........	60.1	11.3	—
— —	85.2	0.0	—	— Brescia	64.0	9.2	K.
— —	88.5	0.0	—	— Livourne........	45.4	11.8	—
Suisse, Lausanne.......	78.8	4.1	G.S.	— —	54.0	16.0	—
— Bâle.............	69.5	13.1	—	— Ferrare.........	79.0	3.7	—
— —	75.8	8.5	—	Suisse, Bâle...........	56.4	6.6	G.S.
— —	87.2	0.6	K.	— —	62.6	11.2	K.
— —	85.0	7.7	S.K.	— —	72.0	9.0	—
Bavière, Heilbronn.....	70.5	20.5	G.S.	— —	60.4	12.8	—
Wurtemberg, Stuttgard.	63.9	20.0	—	— —	73.5	18.3	S.K.
Hongrie	76.1	5.2	—	Autriche, Tyrol........	60.2	14.2	K.
Croatie	58.2	6.8	—	— —	50.7	18.8	G.S.
—	59.2	5.2	—	— Laybach.....	70.7	6.2	—
—	54.8	6.3	—	— Pesth........	52.6	8.4	—
—	61.6	5.2	K.	— —	69.0	4.8	—
Bohême, Pesth.........	67.6	15.0	G.S.	— —	65.8	7.5	—
— —	64.8	9.4	—	Le Cap................	72.8	6.4	K.
— —	60.1	12.2	—	Chili..................	83.6	5.8	—
— —	58.5	9.9	—	Cristaux de Mares.....	30.7	35.1	—
— —	67.2	9.4	K.	—	26.4	34.6	—
— —	67.3	9.2	S.K.	—	43.2	31.9	—
				—	22.5	30.5	—
				—	16.9	459.	—

Indépendamment de ces chiffres, G. Schnitzer donne quelques nombres indiquant le tartrate de fer et d'alumine et le sable.

La quantité de sable n'a aucun intérêt, mais la proportion de tartrate de fer et d'alumine peut servir dans quelques cas; il ne donne, du reste, que quatre chiffres : Tartres rouges Suisse, Bâle, 3,7 ; Autriche, Pesth, 1er échantillon, 4, 5; Cristaux de marcs, 2e échantillon, 3, 4, et 3e échantillon, 5,10.

Les tartres bruts sont l'objet d'un commerce considérable, dont Bordeaux est le principal centre; il en est expédié de grandes quantités aux Etats-Unis.

Il se prépare près de trois millions d'acide tartrique; on compte six usines aux environs de Londres, 3 en Allemagne, 2 en Autriche et une à Lyon. Dans le Midi de la France et à Bordeaux, quelques usines fabriquent de la crème de tartre.

Le tartre brut se vend aux 100 kilogr. d'après le titrage; celui qui est le plus riche se paie plus cher par degré et par 100 kilogr. que celui qui est moins riche, parce qu'il y a plus de frais d'extraction.

Ordinairement, les tartres bruts à 70° coûtent 5 centimes de plus par degré que les tartres ne titrant que 60°.

VINAIGRE

Le vinaigre, ainsi que son nom l'indique, est du vin aigre; c'est du vin dans lequel le mycoderma aceti a transformé tout l'alcool en acide acétique (Voyez Fermentation acétique et Ascescence).

C'est un excellent condiment, quand on n'en abuse pas; il rend certains aliments plus tendres et d'une digestion plus facile, tout en relevant le goût.

Le vinaigre de vin possède seul ces propriétés; il n'en est pas de même des vinaigres de bière, cidre, poiré, mélasses, surtout du vinaigre de bois. Cela tient à ce que le vinaigre de vin ne doit pas seulement ses propriétés à l'acide acétique, mais aussi aux autres acides, aux sels, à la gomme, aux mucilages, à l'alcool indécomposé, etc., qu'il renferme. De plus, il a un arome que les autres n'ont pas.

Malheureusement, aujourd'hui, la plus grande partie du vinaigre consommé est fabriqué avec des alcools d'industrie, seuls ou mélangés aux vins.

Le vin blanc donne un vinaigre plus fin et plus délicat que celui qui est produit par le vin rouge.

Pour faire du vinaigre de bonne qualité, il faut un vin de 8 à 9°; au-dessus, la transformation de l'alcool ne serait pas complète, et au-dessous le vinaigre ne serait pas assez fort; les vins forts sont étendus d'eau et les vins faibles sont vinés. Ils doivent être très limpides.

Les vins soufrés doivent être très aérés avant de les transformer en vinaigre; les vins moisis et poussés, s'ils ne sont pas trop altérés, perdent leur mauvais goût en se transformant en vinaigre.

Dans la fabrication du vinaigre il faut de l'air et une chaleur de 25 à 30°.

Sans entrer dans les détails de cette préparation, je dirai seulement qu'il y a deux procédés différents : le procédé d'Orléans et le procédé allemand.

Dans le procédé d'Orléans, on se sert de fûts à vins placés les uns au-dessus des autres et percés d'un trou sur l'un des fonds à la partie supérieure. Le vin étant à l'état de vinaigre dans le fût, est recouvert d'une masse épaisse de mycoderma aceti, nommée mère du vinaigre ; de temps en temps on siphonne par le trou une certaine quantité de vinaigre que l'on remplace par une égale quantité de vin. Ce vinaigre est ensuite filtré sur des copeaux de hêtre tassés dans une cuve.

Dans le procédé allemand on se sert de cuves remplies de copeaux de hêtre sur lesquels on fait couler goutte à goutte le vin pendant qu'on retire le vinaigre par la partie inférieure. Ce procédé donne beaucoup plus de vinaigre dans le même temps, mais il est toujours moins fin.

CHAPITRE 9.

Boissons diverses.

On donne le nom de vin à différentes boissons qui ne ressemblent en rien au vin de raisins ; il est vrai qu'on y ajoute un qualificatif, formé de la substance d'où cette boisson est tirée, mais ce n'est pas suffisant. On devrait appliquer à ces boissons un autre nom ; on a essayé de remplacer le mot vin par le mot piquette, mais le terme n'est pas plus exact, car il s'applique à la boisson faite par le lavage du marc avec de l'eau. Il ne doit pas cependant être difficile de trouver un autre mot, tel que *vinette* ou autre.

Vin de groseilles. — Les groseilles ont un jus très riche en acide malique et citrique, mais pauvre en sucre (10 à 15 %) et en matière colorante ; on ne peut donc en obtenir qu'une boisson de qualité passable.

C'est un vin rosé un peu acide, riche en alcool (8 à 9°) grâce au sucrage ; son odeur est vive, très agréable, mais le goût est plat.

En Angleterre, le vin de groseilles à maquereau est très employé ; par sa saveur il imite celle du vin de Chablis, un peu mousseux et légèrement sucré. On le prépare avec les fruits d'une belle variété de groseillier violet, épineux, devenu inermis par la culture.

Dans le Midi, on le coupe avec des vins colorés ; ce n'est pas un avantage car il revient plus cher que le vin de raisins secs.

La préparation de cette boisson n'est pas difficile ; on écrase les groseilles et on y ajoute une dose de sirop de sucre de 1080 de densité en quantité suffisante pour produire 8 à 9° d'alcool et on laisse fermenter jusqu'à ce que le densimètre marque 0° ; on pressure et on descend le liquide dans une cave fraîche ; à un moment on ajoute 10 gr. de tannin par hectolitre. Au bout de trois semaines ou un mois on soutire, ajoute 5 gr. de tannin et colle au blanc d'œuf.

Vin de framboises. — Ces fruits se prêtent mieux que les groseilles à la préparation d'une boisson fermentée, par suite de leur écrasement facile, mais elle est moins agréable.

Les framboises contiennent de 10 à 11 % de sucre, ce qui donne de 5 1/2 à 6° d'alcool, beaucoup d'acide et un arome agréable.

Ce vin bien fait a un arome très fort et suave qui le fait rechercher pour les coupages, on l'a employé pendant longtemps pour fabriquer des imitations de vins de Bordeaux.

Le vin naturel de framboises est trop faible; si on y ajoute du sucre, ce vin devient généreux, mais il prend aisément une grande amertume.

La préparation du vin de framboises est la même que celle du vin de groseilles, seulement comme il est beaucoup moins acide on ajoute 100 gr. d'acide tartrique par hectolitre de framboises écrasées.

D'après M. Rommier (Comptes rendus, 1886, décembre 20), les framboises ont à leur surface un ferment particulier : la levûre Würtzii qui ne produit pas l'inversion; par conséquent tout le sucre n'est pas transformé en alcool. Si on ajoute de la levûre de vin on obtient une boisson plus agréable et l'eau-de-vie qu'on en retire a une odeur fortement aromatique rappelant la framboise, le noyau et le genièvre.

Vin de fraises. — Le vin de fraises est plus agréable que celui de framboises; il se conserve bien si on l'amène à 16° d'alcool en le sucrant et en ajoutant des levûres de vin (Rommier).

L'eau-de-vie faite avec la fraise anglaise est à peine buvable, tellement elle est aromatisée, mais si on ajoute beaucoup de sucre et du ferment de vin elle devient très bonne (Rommier).

Le vin de fraises se prépare comme le vin de framboises.

Vin de cerises rouges. — C'est une boisson légère, spiritueuse et agréable.

On cueille les fruits mûrs, on enlève la queue et on presse sur un tamis de crin ; on ajoute du sucre et on fait fermenter pendant trois mois.

En Alsace on met les cerises écrasées dans un tonneau que l'on remplit au tiers, on bouche bien, laisse fermenter, roule et soutire. La coction d'une partie des cerises améliore beaucoup le reste.

Vin de mûres sauvages ou mûrons de haies. — Ce vin est léger, acidulé et assez agréable.

On écrase les fruits et on les laisse fermenter; une cuisson partielle ou totale améliore beaucoup cette boisson. Il ne faut rien ajouter, pas même du sucre.

Si on veut obtenir un vin liquoreux, il suffit d'ajouter au vin fini 1/6e d'eau-de-vie et 1/6e de sucre.

En Franche-Comté, les vignerons mélangent des mûres à leurs petits vins blancs, ils obtiennent ainsi un vin coloré plus agréable.

Vin de prunes. — Les prunes les plus sucrées ne renferment pas plus de 18 à 20 % de sucre, ce qui correspond à 10° d'alcool.

Ce vin doit être fait avec les fruits dont on a enlevé les pellicules, sinon le vin a une couleur qui devient promptement brunâtre et très désagréable.

Vin de figues. (Comptes Rendus, 1891, t. 112, p. 811.) — Les meilleures figues pour cet usage sont celles de l'Asie Mineure; on les arrose avec de l'eau acidulée d'acide tartrique.

Elles fermentent rapidement et donnent une boisson vineuse de 8°.

Cette boisson contient tous les éléments constituants du vin, à de très légères différences près.

Vin d'oranges. — Depuis 1875, on fait en Californie du vin d'oranges sauvages de la Floride.

On prend des oranges bien mûres, on enlève leur peau et on les coupe en morceaux que l'on presse pour en retirer le jus; on ajoute de 22 à 23 kilog. de sucre blanc par hectolitre et on fait fermenter dans des cuves à cloisons intérieures fermées.

Ce vin a une belle couleur jaune, un goût agréable et le parfum de l'orange; il paraît très tonique. Son prix ne dépasse pas 1 fr. le litre, même lorsqu'il est vieux.

Vin de Bassia Latifolia. — L'emploi de cette boisson a été signalé en 1883 par M. Robinet, l'éminent chimiste d'Epernay.

Le bassia latifolia est un très bel arbre de la famille des sapotacées, dont le bois est très dur et croît facilement dans l'Asie équatoriale. Il donne de nombreuses inflorescences chargées de fleurs, qui, la floraison terminée, deviennent charnues, succulentes et chargées de matières sucrées. Dans cet état, elles sont de couleur brune. On les récolte avec facilité et sans grandes dépenses. Un arbre en produit jusqu'à 200 kil. Séchées, elles peuvent être livrées à 20 fr. les 100 kil. Ces fleurs, traitées par les mêmes procédés que les raisins secs, peuvent donner un jus brun clair alcoolique qui tentera sans doute les fabricants de vins artificiels ; car, additionné d'une certaine quantité de gros vins du Midi, il fournira un coupage grossier ayant une certaine analogie avec les vins communs des cabarets.

Vin de Palmier. — En Algérie, les Arabes font une boisson spiritueuse avec la sève de palmier. Pour recueillir cette sève, les Arabes font une incision circulaire au-dessous du bouquet terminal de l'arbre; le bouquet étant respecté soigneusement. Au-dessous de l'incision on place un roseau qui conduit la sève, coulant naturellement alcoolique, jusqu'à terre. On le recueille chaque jour et on le boit sans retard. Cette boisson a l'aspect de lait coupé d'eau; son odeur légèrement excitante et sa saveur agréable la font ressembler au cidre mousseux ; quand l'acide carbonique s'est dégagé il est fade. Sa densité est de 1029 et il est visqueux au toucher. Mis en bouteilles il parvient à sa dernière limite au bout de 5 jours, alors le bouchon part et le vin pétille.

Voici l'analyse d'un vin de palmier récolté à Laghouat (Algérie), faite par M. Balland (Journal de Ph. et Ch., 1879, t. 30, p. 461) :

Eau................	83.80 %
Alcool..............	4.38
Acide carbonique....	0.22
— malique.......	0.54
Mannite............	5.60
Glycérine...........	1.64
Sucres	0.20
Gomme	3.30
Sels minéraux.......	0.32
Résidu à 100°.......	11.60
Acidité totale.......	0.69

La gomme de cette boisson est très poisseuse, fort soluble dans l'eau chaude, insoluble dans l'alcool et l'éther et facilement saccharifiable par l'acide chlorhydrique dilué. L'acide azotique la change en acide mucique.

Dans le dépôt de la bouteille il y a de l'albumine et des globules d'un amidon particulier.

Un arbre arrivé à 40 ans, c'est-à-dire à son maximum de vigueur, donne de 7 à 8 litres de vin par jour, au début; au bout de un mois le rendement n'est plus que de 3 à 4 litres par jour. Lorsque la sève ne coule plus on recouvre l'incision avec de la terre.

Vin d'asperges. — Les baies d'asperges contiennent un suc épais et visqueux qui, après fermentation, fournit un vin rouge brun, d'une odeur franche et d'une saveur un peu fade. (Dubois, Journal de Pharm. et Ch., t. 8, p. 496.)

Ce n'est qu'à titre de curiosité que j'en parle, car la quantité que l'on peut obtenir, de ce vin, ne peut être que très minime.

Vin de vesou ou de canne à sucre. (Salazien Moniteur, Journal des Fab. de Sucre, 1888, septembre 19.) — Ce vin obtenu de la fermentation du jus de la canne donne à l'analyse 11° d'alcool et 23 gr. d'extrait sec par litre. Il est très agréable.

Il forme une des boissons principales des habitants de la Réunion. On le prépare en faisant macérer des fragments de cannes dans l'eau et laissant fermenter; au bout de dix jours la fermentation est terminée.

M. Lapeyrière, pharmacien de marine, a produit un vin supérieur par la fermentation directe du vesou, en vase clos, par le ferment du raisin.

Vins de Betteraves. — On a prétendu avoir trouvé un liquide remplaçant parfaitement le vin, dans le produit de la fermentation du jus de betterave rouge. Voici les conclusions du rapport que fit à ce sujet Jules Lefort, Membre de l'Académie de Médecine, et publié par le journal « *Le Temps* » le 5 avril 1882.

Le vin de betterave n'a de vin que le nom. L'alcool de betterave, après avoir subi des rectifications spéciales, peut remplacer l'alcool de vin; ce n'est pas douteux, et tout le monde sait que la plus grande partie des eaux-de-vie de Cognac provient de la betterave. Mais ce même alcool brut, mélangé avec d'autres alcools impurs et produits par la fermentation de la pulpe de betterave, est dangereux pour la santé publique. Il se forme de l'alcool vinique, de l'aldéhyde (cause principale de la dépréciation des alcools de betterave), puis des alcools propylique, butylique, et amylique ; toutes substances toxiques, même à petites doses, d'après les expériences de Dujardin, Beaumetz et Audigé. L'inventeur assure que le vin de betterave ne le cède en rien à bien des vins soi-disant de nos crus méridionaux. C'est à se demander s'il s'est donné la peine d'en préparer, puis de le goûter.

Voici ce que nous avons observé : Râpé un kilogr. de betteraves rouges ; épuisé la pulpe avec 2 litres d'eau ordinaire un peu tiède ; filtré à travers un linge ; puis ajouté un peu de levûre de bière. La fermentation s'établit de suite, et après trois jours, tout le sucre était converti en alcool et en acide carbonique. Le liquide obtenu était rouge pâle, contenant 4 à 5 °/₀ d'alcool, d'une conservation facile et d'un goût extrêmement désagréable. Il avait conservé tout le principe odorant de la betterave, au point de dégoûter le palais le plus accommodant.

Depuis cette époque, de nouveaux essais ont été faits, et quoique leurs auteurs prétendent qu'ils ont réussi, je ne crois pas que cette préparation ait été pratiquée.

M. Siemens dit avoir fait un vin d'assez bonne qualité en faisant bouillir 18 litres de jus de betteraves avec $1^{l},10$ environ de baies écrasées d'épine-vinette ayant la propriété de purifier le jus par suite de l'acide malique qu'elles contiennent. On passe au travers d'une chausse de flanelle sur 500 gr. de charbon de bois et on colle au blanc d'œuf. La liqueur concentrée par évaporation a perdu son goût de betterave et la fermentation était terminée au bout de 3 jours.

Le moût purifié a été mêlé avec deux fois son poids de moût de raisin et le vin obtenu n'avait aucun goût de betterave. Se développera-t-il avec le temps ?

MM. Rivière et Bailhache on fait un essai de fabrication directe de l'alcool éthylique bon goût par la fermentation des jus de betteraves à l'aide des levûres de vin cultivées et pures. Cet essai leur a donné de très bons résultats.

Vin de Riz. — Dans toute l'Asie Orientale, et surtout dans le Japon on fait, avec le riz, une boisson alcoolique nommée *Saké*.

On passe du riz à la vapeur et on le saupoudre des spores d'un champignon qui se multiplient à sa surface avec un grand dévelopoement de chaleur ; on obtient ainsi le *Kodji* dont la partie soluble ressemble à celle du malt ; cette substance liquéfie l'amidon, forme du maltose, de la dextrine, puis du glucose, et les albuminoïdes passent de l'état insoluble à l'état soluble, on fait digérer le tout ensemble, puis on fait fermenter le liquide. (Büsgen. J[l] de Ph. et Ch., 14).

Vin d'Orge. — Ce vin était autrefois très estimé des Egyptiens ; Hérodote et Euterpe (+77) en parlent avantageusement.

M. Jacquemin (Comptes Rendus, 1888, 5 mars) a essayé de le remettre en usage ; son procédé est breveté.

En 1876, Pasteur écrivait dans ses *Etudes sur la Bière :* « J'ai cultivé cette levûre (Saccharomyces ellipsoïdeus) sur une assez grande échelle dans le moût de bière ; elle a fourni une bière vineuse particulière, un véritable vin d'orge ; c'est dire que le goût, les qualités des vins dépendent en partie de la nature spéciale des ferments. On doit penser que si on soumettait un même moût de raisin à l'action de levûres diverses, on obtiendrait des vins différents. »

En 1886, M. Jacquemin arrivait à fabriquer pratiquement et économiquement le vin d'orge.

Son procédé consiste à faire fermenter un moût d'orge, contenant 2gr5 de crème de tartre par litre, par de la levûre de raisin cultivée.

D'après M. Jacquemin, on obtient un vin d'une vinosité franche, agréable, plus nourrissant que le vin blanc ordinaire dont il a la couleur et la saveur ; cette boisson précipite plus abondamment par le tannin que le vin. L'alcool obtenu par distillation a bon goût.

Les membres de l'Institut, à qui ce vin avait été soumis, partagent l'opinion de Jacquemin. L'Académie de Médecine et le Conseil d'Hygiène considèrent cette boisson comme aussi saine et aussi nourrissante que la bière, et aussi stimulante que le vin.

Cette boisson, titrant 10° d'alcool, revient à 10 fr. l'hectolitre ; on peut la rendre mousseuse comme la bière, au même prix de revient.

Voici les analyses de deux vins d'orge préparés par M. Jacquemin :

Alcool	6°	10°.2
Sucres	1.00 °/o	1.250 °/o
Dextrine	3.00	1.860
Glycérine	0.20	0.125
Acide succinique	0.04	0.025
— acétique	0.02	0.200
Crème de tartre	0.25	0.250
Albuminoïdes	0.23	0.740
Eau	89.18	87.390
Extrait sec	6.00	4.450
Cendres	0 30	0.150

La présence de la dextrine et des matières azotées, insolubles dans l'alcool et précipitables par le tannin, qu'on ne trouve pas dans le vin de raisins, permet aux chimistes de différencier ce vin et de le retrouver dans les mélanges.

Une modification au procédé précédent pour la fabrication du vin d'orge, faite par Jacquemin, consiste à ajouter au moût d'orge du sucre cristallisé préalablement inverti, en présence de 2 °/₀ d'acide tartrique, par une heure d'ébullition.

On peut remplacer le malt par des grains d'orge non germés ou du froment concassé ; on obtient ainsi des vins égaux, comme qualité, au vin de malt, et d'un prix inférieur.

Hydromel. — Cette boisson ne nous est guère connue que de nom ; nous savons seulement que c'était la boisson favorite des héros du paradis antique.

Pline dit que le vin de miel devait être fait avec de l'eau conservée pendant cinq ans ou bouillie jusqu'à réduction d'un tiers. On prenait une partie de miel et trois parties d'eau et on exposait pendant 40 jours au soleil, à partir de la canicule.

L'acidité lui manquant, dans certains lieux on remplaçait une partie de l'eau par du vinaigre ; on obtenait ainsi de l'*oxymel*.

Voici une préparation de l'hydromel indiquée dans un vieil ouvrage : On jette dans une bassine en cuivre autant de litres d'eau qu'on veut faire de litres d'hydromel, on y ajoute 500 gr. de miel par litre d'eau et on fait bouillir jusqu'à réduction de 1/3 ou 1/4 en remuant, et on laisse fermenter. L'hydromel se bonifie en bouteilles ; en vieillissant, il ressemble à du vieux madère, puis à du vieux cognac et enfin à l'alcool pur.

La fermentation du miel s'opère d'une façon très lente et très irrégulière ; c'est dû à ce que le miel manque de matières azotées et de sels minéraux, ce qui empêche le développement de la levûre.

On a recommandé d'ajouter au miel du phosphate ou du tartre neutre d'ammoniaque, du chlorure de sodium et de l'acide tartrique.

M. Gastine (Comptes Rendus, t. 109, p. 479) préconise, dans le même but, le mélange suivant, qu'il emploie à la dose de 5 gr. par litre de moût de miel ensemencé par des traces de levûres de vin.

Le litre de moût doit contenir 300 gr. de miel, correspondant à 218 gr. de glucose.

Phosphate bibasique d'ammoniaque.............	100
Tartrate neutre —	350
Bitartrate de potasse....................	650
Magnésie........................ ...	20
Sulfate de chaux......................	50
Sel marin.........................	3
Soufre............................	1
Acide tartrique......................	250
	1374

Bière, Cidre, Poiré. — Ces boissons sont trop connues pour que j'en parle dans le présent ouvrage. Elles sont, du reste, l'objet de nombreux volumes traitant spécialement de chacune d'elles.

La Bière n'a aucun rapport avec le vin et ne peut y être mélangée.

Le Cidre et le Poiré sont quelquefois mélangés aux vins ; j'étudie cette question aux Falsifications. (Augmentation de volume.)

TROISIÈME PARTIE

ANALYSE ET ESSAIS DES VINS

Cette partie ne comprend que l'étude des procédés et des appareils employés pour rechercher ou doser toutes les matières que l'on rencontre dans les vins naturels ; les méthodes de recherche et de dosage des substances ajoutées aux vins dans un but frauduleux sont étudiées dans la quatrième partie : *Falsifications.*

L'analyse d'un vin comprend l'étude de ses propriétés physiques et chimiques ; la densité et le volume d'un vin, la puissance de sa coloration, son pouvoir rotatoire sont des propriétés physiques ; toutes les autres sont des propriétés chimiques.

Comme mon livre ne s'adresse pas exclusivement aux chimistes de profession, mais aussi à tous les négociants en vins qui ont intérêt à faire souvent les essais des vins qu'ils reçoivent ou manipulent, j'ai tâché, dans cette partie de mon livre, d'être le plus clair possible, afin qu'il n'y ait pas d'hésitation dans la manière d'opérer. La valeur de chaque procédé est indiquée, et, en tête des chapitres j'ai soin d'énumérer quels sont les procédés pratiques et les procédés scientifiques, plus exacts, mais plus difficiles d'exécution.

J'ai cru égalemnt utile de donner quelques notions préliminaires sur les analyses de vins.

Lorsque l'on débute dans l'étude, soit des analyses en général, soit d'une méthode d'analyse seulement, il est indispensable de suivre *mot à mot* les prescriptions de l'auteur. Il ne faut, en aucun cas, croyant simplifier les opérations, dévier de cette ligne de conduite, car la plupart du temps on arrive au résultat diamétralement opposé.

Lorsqu'on fait un certain nombre de fois la même analyse, on peut essayer de trouver des simplifications, mais encore faut-il pouvoir bien se rendre compte de savoir si les simplifications que l'on a en vue n'influeront pas sur l'exactitude du résultat.

Il ne faut jamais s'effrayer de la longueur de la description d'une analyse, car souvent ce ne sont pas les descriptions les plus longues qui donnent les opérations les plus compliquées.

Il faut avoir le plus grand soin des appareils et des objets dont on se sert ; il faut les entretenir dans le plus grand état de propreté. Le nettoyage de ces objets doit être fait immédiatement après leur usage, car ce nettoyage est toujours beaucoup plus facile à ce moment que plus tard.

Dans les recherches de corps quelconques, il faut s'assurer à l'avance que les appareils et les produits chimiques n'en renferment pas. On s'assure de ce fait en faisant un essai à blanc, c'est-à-dire en recherchant ce corps dans l'eau distillée, avec les appareils et les vases qui serviront à faire l'essai sur le vin.

Je ne crois pas qu'il soit utile, même aux chimistes, de préparer les produits chimiques ; c'est du temps perdu que l'on peut mieux utiliser. Il vaut mieux acheter ces produits dans une maison renommée pour la pureté de ces substances ; mais à leur réception, le chimiste devra s'assurer de leur pureté ; le négociant ne devra acheter que des produits garantis purs.

Le vrai chimiste doit préparer lui-même toutes ses liqueurs titrées et en faire le titrage soigneusement, car il ne doit donner que des résultats dont il soit absolument certain. Le négociant se procurera ces liqueurs dans une maison qui en fait sa spécialité.

Tous les appareil gradués devront être vérifiés, ainsi que je l'indique au chapitre *Mesure des Vins*.

Il ne faut pas regarder à la dépense lorsque l'on veut s'outiller pour une ou plusieurs analyses, car si on est mal installé, on se crée une source d'ennuis et déboires considérables. Moins on est habitué à ces sortes d'essais et mieux il faut être installé.

La température du local où l'on fait les expériences doit être dans les environs de 12 à 20° ; des températures très différentes peuvent causer des erreurs. Ainsi une liqueur titrée à 5° ne donnera pas le même résultat dans une chambre à 30° de température.

Dans les basses températures, les saccharymètres donnent des résultats erronés, etc.

Les termes ordinaires de l'analyse servant à déterminer la valeur du vin sont : la densité, l'alcool, l'extrait, les cendres, le tartre, l'acidité, la coloration, les sucres réducteurs et la glycérine.

Pour des cas particuliers, on dose le tannin, les acides libres et volatils, l'acide succinique, etc.

CHAPITRE 1

MESURE DES VINS

Densité — Aréométrie — Volumétrie — Coupages

J'aborde ici une des questions les plus compliquées de l'analyse des vins, quoiqu'elle paraisse simple à première vue. Cela est dû à ce que, dans le commerce des liquides, on a adopté la vente au volume au lieu de la vente au poids.

Théoriquement, la densité, qui devrait se faire par une seule et unique méthode, a été troublée par l'usage de différentes méthodes, qui sont loin de donner des résultats semblables.

L'aréométrie, qui n'est qu'une partie de la densité, est dans le même cas.

La mesure des vins, par la seule inspection du vase, devient presque impossible par suite de l'habitude prise par chaque contrée d'employer des fûts différents comme forme et comme capacité.

Il était donc nécessaire, dans cette étude, de séparer la question théorique de la question pratique, par des paragraphes différents ; c'est ce que je crois avoir réussi à faire.

DENSITÉ

En physique, la densité d'un corps est sa masse (quantité de matière, qu'il contient) sous l'unité de volume. On ne peut dire quelle est la *densité absolue*, c'est-à-dire la quantité réelle de matière qu'un corps renferme ; on ne peut déterminer que sa *densité relative*, c'est-à-dire la quantité de matière qu'il contient, à volume égal, par rapport à un autre cors pris pour terme de comparaison. Ce corps, pour les solides et les liquides, est l'eau distillée à 4° au-dessus de zéro et pesée dans le vide.

Le *poids absolu* d'un corps est la pression qu'il exerce sur l'obstacle qui l'empêche de tomber. Le *poids relatif* est celui qui se détermine au moyen de la balance ; c'est le rapport du poids absolu du corps à un autre poids déterminé choisi pour unité. Dans le système métrique, cette unité est le gramme. Le *poids spécifique* d'un corps est le rapport de son poids sous un certain volume, à celui d'un égal volume d'eau distillée à + 4°. La densité et le poids spécifique des corps se désignent sous les mêmes chiffres, puisque l'unité de poids est précisément le poids de l'eau sous l'unité de volume. (Physique de Ganot.)

Dans le langage physique, on ne peut donc déterminer la densité absolue mais seulement la densité relative ; mais dans la pratique on a modifié les termes ci-dessus en faisant intervenir un nouveau facteur.

On appelle densité absolue d'un corps quelconque, le rapport du poids de ce corps pris à 0°, à celui d'un égal volume d'eau distillée à + 4° ; les deux pesées faites dans le vide. Ceci est la formule mathématique, celle qui est appliquée lorsqu'il n'y a pas d'autres indications ; mais comme il est peu pratique d'opérer à zéro degré, on a adopté, dans bien des cas, la température de 15° ; dans ce cas, la formule ci-dessus est simplement changée en ce que l'on place 15° à la place de 0°

Or, d'après le système métrique, le kilogramme est le poids d'un litre ou décimètre cube d'eau distillée à + 4° (maximun de la densité de l'eau) et pésée dans le vide, sous la latitude de 45°, et au niveau de la mer ; donc, la densité absolue d'un corps sera égale au poids de un litre de ce corps, à la température de 0° ou de 15° (ou toute autre température choisie) et pesé dans le vide, divisé par 1.000, et par conséquent, la densité de ce corps, multipliée par 1.000, donnera le poids du litre, à 0 ou 15°, et pesé dans le vide.

En résumé : *La densité absolue d'un corps est égale au poids de un centimètre cube de ce corps, pesé dans le vide.* Cette densité se traduit presque toujours pour les vins en poids du litre, c'est-à-dire la densité absolue multipliée par 1.000 ; c'est pour cela que j'ai pris plus haut le kilogramme comme unité au lieu de prendre le gramme.

On nomme densité relative d'un liquide, le rapport du poids de ce liquide à la température de 15° et pesé dans le vide, à celui du poids d'un égal volume d'eau, pris également à 15° et pesé dans le vide. Les Allemands ont pris pour point de départ 14° Réaumur ou 17° 1/2 centigrades ou Celsius.

Gay-Lussac est le premier qui a donné l'exemple de la densité relative, pour la construction de son densimètre et de son alcoomètre.

Jusqu'à présent, personne ne s'est rendu compte des raisons qui l'ont fait, croit-on, sortir du système métrique. Dans tous les cas, il ne s'imaginait pas tous les travaux et toutes les discussions auxquelles ont donné lieu la question des densités absolues et relatives.

L'opinion générale au point de vue de la densité relative, c'est que pour établir cette densité on ne s'appuie plus sur le poids de un litre d'eau à + 4° pesée dans le vide, mais sur le poids de 1000 gr. d'eau distillée à + 15° et pesée dans le vide. Ce chiffre de 1000 gr. est le poids, non du litre mais de 1l.000875 d'eau distillée, pesée dans le vide, ce qui donne pour le poids du litre 999gr125.

Je ne crois pas que Gay Lussac, en graduant ses appareils, ait voulu dire que le poids du litre de l'eau distillée à 15° pèse 1000 grammes, pas plus qu'il n'a voulu dire que le poids du litre d'acide sulfurique à 15° pèse 1842 gr. 7. Comme il ne cherchait que la densité des liquides et non leur poids et que cette densité se prend à + 4 pour l'eau et à 0° pour les autres liquides, mais que d'autre part la température de 15° était la plus facile à obtenir dans nos climats; il a gradué ses appareils de façon à ce que plongés dans un liquide à 15°, ils indiquassent la densité réelle de ces liquides, telle qu'elle est donnée ordinairement par la science. Son densimètre et son alcoomètre plongés dans l'eau à 15° marquera 1 ou 1000, c'est-à-dire la densité de l'eau à + 4°; son densimètre marquera dans l'acide sulfurique à 15° la densité 1,8427 ou 1842,7, c'est-à-dire la densité de cet acide à 0°.

Mais ces appareils sont erronés parce qu'il n'est pas tenu compte de la différence de dilatation des deux liquides ni de la différence qui existe entre les deux points de départ 0° et 4°, ce que j'expliquerai plus complètement dans l'étude du densimètre de Gay Lussac.

Il en est de même de la méthode du flacon lorsque l'on ne tient aucun compte des circonstances extérieures et qu'on se borne à peser le liquide et l'eau distillée à la même température; dans ce cas, on obtient la densité relative et non la densité absolue; dans ce cas, la densité relative de tous les corps est ramenée à 4° au-dessus de zéro, leur dilatation étant considérée comme étant la même que celle de l'eau distillée.

En résumé la densité absolue d'un liquide à 15° est le poids du litre de ce liquide à 15° et pesé dans le vide; la densité relative d'un liquide à 15° est le poids du litre que pèserait ce liquide à la température de 4°, dans le vide, son coefficient de dilatation étant égal à celui de l'eau.

Il est bien entendu que toutes ces divergences n'ont réellement lieu qu'au point de vue scientifique et que dans la pratique on n'a guère à en tenir compte, la différence entre la densité absolue et la densité relative étant inférieure à 1 gramme par litre, c'est-à-dire un dixième de degré du densimètre; les erreurs de graduation et d'expériences peuvent être plus fortes; cependant dans certains cas on ne peut négliger cette différence.

La densité absolue de l'eau à 15° n'a pas même pu être établie d'une façon absolue, ce qui prouve la difficulté de la question. Voici quelques chiffres trouvés :

Gay Lussac.............	0.999.146
Despretz................	0.999.125
Rossetti................	0.999.160
Barbet..................	0.999.150

M. Salleron et beaucoup d'autres savants ont adopté le chiffre de Despretz; aujourd'hui, on tend à se servir de la table de Rossetti.

Si on s'en tenait aux chiffres qui se rapprochent le plus et constituent la moyenne, c'est le chiffre de Barbet qu'il faudrait adopter.

Dans la pratique ces différences n'ont aucune valeur puisque entre les deux chiffres extrêmes, Despretz et Rossetti, il n'y a qu'une différence de 35 milligrammes par litre, et qu'on exprime la densité en grammes par litre, tout au plus en décigrammes.

Il est du reste très facile de revenir d'une des densités à l'autre :

Lorsqu'on a la densité relative d'un liquide à + 15°. on obtient la densité absolue en multipliant la densité relative par 0,999,125.

Quand on a la densité absolue d'un liquide à + 15°, on obtient la densité relative en divisant la densité absolue par 0,999,125.

Le chiffre de la densité relative est toujours plus élevé que celui de la densité absolue.

Connaissant la densité d'un liquide à 0°, pour avoir sa densité absolue à une température quelconque, on se sert de la formule :

$$Dt = \frac{Do}{1 + Kt}$$

Dt densité absolue à t degrés de température.
Do densité absolue à 0°.
K coefficient de dilatation du liquide.
t température.

Poids de un litre d'eau distillée, dans le vide, à des températures diverses.

Températures	DENSITÉS ABSOLUES			Températures	DENSITÉS ABSOLUES		
	Gay Lussac	Despretz	Rossetti		Gay Lussac	Despretz	Rossetti
0	999g.872	999g.873	999g.870	16	998g.937	998g.978	999g.002
1	999.927	999.927	999.928	17	998.817	998.794	998.841
2	999.967	999.966	999.969	18	998.633	998.612	998.654
3	999.995	999.999	999.990	19	999.441	998.422	998.460
4	1000.000	1000.000	1000.000	20	998.236	998.213	998.259
5	999.995	999.999	999.990	21	998.024	997.004	998.047
6	999.970	999.969	999.970	22	997.803	998.784	997.826
7	999.931	999.929	999.933	23	997.577	997.566	997.601
8	999.882	999.878	999.886	24	997.343	997.297	997.367
9	999.818	998.812	999.824	25	997.098	997.078	997.120
10	999.738	999.731	999.747	26	996.841	996.800	996 866
11	999.646	999.640	999.655	27	996.580	996.562	996.603
12	999.536	999.527	999.549	28	996.307	996.274	996.331
13	999.419	999.414	999.430	29	996.027	995.986	996.051
14	999.288	999.285	999.290	30	995.740	995.688	995.765
15	999.146	999.125	999.160	50	—	988.093	—

Lorsque la température du liquide n'est pas à 15° on fait la correction d'après la table de Despretz, en supposant que le coefficient de dilatation de ce liquide soit égal à celui de l'eau.

Supposons un liquide à 20°. Pour obtenir la densité absolue à 4°, il faut diviser le poids obtenu dans le vide par 0,998213 (Despretz), et pour avoir son poids à 15°, multiplier le résultat par 0,999125.

Poids des liquides dans le vide. — Nous avons vu précédemment que le système métrique avait pour base le poids de l'eau distillée dans le vide ; au point de vue scientifique c'est mathématiquement exact parce qu'on ne peut avoir une base exacte et toujours vérifiable que dans ces conditions. Mais comme il est absolument impossible de peser dans le vide, on ne peut arriver à ce poids que par le calcul. Or la différence de poids dans l'air ou dans le vide n'est pas négligeable puisqu'elle atteint 2 gr. par litre.

C'est à cette base que sont dues les difficultés que rencontrent les savants tous les jours ; car enfin jamais sur les balances on ne pèse exactement et dans toutes les analyses en volumes il est impossible de faire coïncider les éléments trouvés par la pesée avec la densité absolue.

C'est pour cette raison que beaucoup de savants cherchent aujourd'hui à remplacer la densité par le poids dans l'air sous la pression 760 millimètres. On a objecté à cette méthode qu'il était aussi difficile de se trouver sous la pression 760 millimètres que dans le vide ; l'argument n'est que spécieux. Dans la pratique des analyses, même les plus scientifiques, un chimiste s'est-il occupé de la pression barométrique et de la pression du vide, alors que les différences sont beaucoup plus fortes ? Non, eh bien, il y a toujours eu une cause d'erreur sérieuse, tandis qu'en adoptant la pression de 760, les erreurs deviennent presque nulles, même avec les plus fortes différences de pressions atmosphériques.

Le calcul de la pesée dans le vide est basé sur le principe d'Archimède :

Tout corps plongé dans un liquide ou dans un gaz perd une partie de son poids égale au poids du liquide ou du gaz qu'il déplace.

Donc, tout corps plongé dans l'air perd de son poids une partie égale au poids de l'air qu'il déplace.

Or, lorsqu'on pèse dans une balance et dans l'air un litre de liquide qu'arrive-t-il ?

Le liquide perd le poids de son litre d'air.

Le vase qui le contient perd de son poids celui d'un volume d'air égal au sien.

Les poids perdent également.

Mais comme avant l'introduction du liquide dans le vase, on a taré ce dernier en faisant l'équilibre de la balance, il n'a donc plus à intervenir ; il ne reste plus à chercher que le poids de l'air déplacé par le liquide et celui de l'air déplacé par les poids.

Exemple de la pesée d'un litre d'eau distillée à $+15^{o}$, à la pression 760^{mm}, la température de l'air étant 15°.

Le poids de 1 litre d'air à 0° et à la pression 760^{mm} est de 1 gr. 2932.

Pour avoir le poids de 1 litre d'air à la pression 760 et à la température de 15°, il faut savoir que la pression atmosphérique diminue de $0^{mm},1181$ par degré de température au-dessus de zéro, on aura donc :

$$\text{Pression barométrique à } 0^{o} = 760 - (0{,}1181 \times 15) = 758{,}2285.$$

Le poids est alors calculé d'après la formule :

$$\text{Poids du litre d'air} = 1{,}2932 \times \frac{\text{Pression à } 0^{o}}{760} \times \frac{1}{1 + (0{,}00367 \times \text{Température})}$$

$$\text{d'où poids de l'air} = 1{,}2932 \times \frac{758{,}2285}{760} \times \frac{1}{1 + (0{,}00367 \times 15)} = 1^{gr},22287$$

Pour une expérience d'une précision mathémathique, il faudrait aussi tenir compte de la quantité d'eau contenu dans l'air, dans ce cas la formule est :

$$\text{Poids 1 litre air} = 1{,}2932 \times \frac{\text{Pression à } 0^o \times \frac{3}{8}\,\text{tension vapeur eau}}{760} \times \frac{1}{1 + (0{,}00367 \times \text{temp.})}$$

Le poids d'un litre d'eau à 15° dans le vide est de 999,125.

Dans l'air, il perd de son poids une partie égale à celui du volume d'air qu'il déplace, soit un litre dont le poids est de 1 gr.22287.

Donc, le poids du liquide dans l'air serait de 999,125 — 1 gr. 222287 = 997 gr. 90213.

Mais les poids placés sur l'autre plateau perdent aussi de leur poids une partie égale à celui du volume de l'air déplacé.

La densité du laiton est de 8,4 et celle de la fonte 7. C'est-à-dire que ces corps pèsent respectivement 8,4 fois et 7 fois plus que l'air et, par conséquent, occupent un volume 8,4 fois et 7 fois plus petit ; d'où :

$$\frac{997{,}90213}{8{,}4} \times 0{,}00122287 = 0{,}14527$$

$$\frac{997{,}90213}{7} \times 0{,}00122287 = 0{,}17433$$

Le poids de l'eau à + 15° pression 760ᵐᵐ à 15° sera donc de :

997,90213 + 0,14527 = 998,04740 pour les poids de laiton.
997,90213 + 0,17433 = 998,07646 avec des poids de fonte.

Ou plus simplement en retranchant le poids de l'air déplacé par les poids de celui déplacé par le liquide, et soustrayant ensuite cette différence du poids du liquide.

999,125 — (1,22287 — 0,14527 = 1,07760) = 998,04740
999,125 — (1,22287 — 0,17433 = 1,04854) = 998,07646

J'ai donné cette marche à suivre pour bien faire comprendre comment le calcul avait été établi, mais mathématiquement il y a une petite cause d'erreur parce que les poids mis sur la balance sont de 998 gr. 0474 evec les poids de laiton et que ces poids n'ont été comptés que pour 997,90213 dans le calcul de l'air déplacé, mais l'erreur ne porte que sur la cinquième décimale.

On calcule d'une façon bien plus simple et plus exacte au moyen de la formule suivante :

$$\text{Poids de 1 lit. d'eau à } 15^o \text{ à l'air} = \frac{\text{Poids du lit. d'eau à } 15^o \text{ dans le vide} - \text{Poids litre air.}}{1 - \dfrac{\text{Poids de 1 centim. cube d'air}}{\text{densité du laiton.}}}$$

Cette formule donne 998,04742 au lieu de 998,04740.

En se servant de la table de Rossetti au lieu de la table de Despretz, on arrive au chiffre de 998,084.

Lorsqu'on se trouve dans d'autres conditions de température de l'eau et de l'air et de pressions barométriques on change dans les formules les chiffres de 760 et de 15° par les nouveaux chiffres.

Quand on a pesé l'eau dans l'air et que l'on veut connaître le poids dans le vide on se sert de la formule tirée de la précédente :

$$\text{Poids 1 lit. eau 15° vide} = \text{poids 1 lit. eau 15° air} \times \left(1 - \frac{\text{Poids 1cc air}}{\text{densit. laiton}}\right) + \text{Poids l. air 15°}$$

ou de la formule de Berthelot :

$$\text{Poids 1 lit. eau 15°, vide} = \text{poids laiton} \times \frac{(\text{densit. lait.} - \text{1cc air})\ \text{densité eau 15°}}{(\text{dens. l'eau 15°} - \text{poids 1cc air}) \times \text{densité laiton}}$$

qui donne le même résultat.

Lorsque la température n'est pas de 15°, on remplace ce chiffre, dans les formules précédentes, par le chiffre indiqué par le thermomètre.

Quand l'eau n'est pas à la température de 15°, une fois les calculs précédents faits, on l'y ramène d'après les tables données précédemment et les indications qui suivent ces tables.

Lorsqu'on opère avec des liquides autres que l'eau, il faut tenir compte de leur coëfficient de dilatation.

Méthode du flacon. — La méthode la plus précise pour prendre la densité est celle inventée par Klaproth et dite du flacon. Elle consiste à peser un volume quelconque du liquide à essayer et, dans le même vase, de peser ensuite un égal volume d'eau, et on divise les deux poids l'un par l'autre.

Scientifiquement, on pèse un volume du liquide à essayer ramené à 0° par la glace fondante, puis on pèse le même volume d'eau ramenée à + 4°, et on divise les deux poids trouvés l'un par l'autre.

On ne tient donc aucun compte du poids de l'air, considérant que ce poids n'influe pas sur le calcul, puisqu'il est le même pour le liquide et pour l'air, pourvu toutefois que la pression ne varie pas pendant l'expérience.

Ce n'est pas tout à fait exact, car théoriquement la densité est égale

$$\text{à}\ \frac{\text{Poids du liquide à 0°}}{\text{Poids de l'eau à} + 4°}\ \text{ou simplement}\ \frac{\text{Poids du liquide}}{\text{Poids de l'eau}}$$

pesés dans le vide tandis que dans la pesée à l'air on a :

$$\frac{\text{Poids du liquide} - \text{Poids air}}{\text{Poids de l'eau} - \text{Poids air}}$$

Le poids de l'air étant égal à la différence entre le poids de l'air déplacé par le liquide et le poids de l'air déplacé par les poids de laiton.

On voit à simple vue que, théoriquement, ces deux formules ne doivent pas donner le même résultat, et, en effet, le calcul démontre qu'il en est ainsi :

1er exemple : vin pesant à l'air 979 gr. 021 donnera :

	à l'air	dans le vide
vin...........	979,021	980,110
eau...........	998,047	999,125
densité........	0,980,937	0,980,968

différence : 0 gr. 031 par litre; insignifiante.

2e exemple : liquide pesant à l'air 1,500 gr. :

liquide........	1,500,00	1,501,079
eau...........	998,05	998,05
densité........	1,502,93	1,502,39

différence 0 gr. 540 par litre.

Enfin, pour un corps pesant 3000 gr. dans l'air et 3001,79 dans le vide, on aura comme densités 3,00587 et 3,00377, soit une différence de 1 gr. 10 par litre.

Théoriquement, il faut donc toujours remener le poids du corps dont on prend la densité et celui de l'eau, à la pesée dans le vide avant d'établir le rapport des deux poids (E. V.).

Dans mon Traité Général des Vins je disais, d'accord avec beaucoup d'ouvrages traitant la question, que pour avoir la densité d'un liquide il suffisait de peser le même volume de ce liquide et d'eau distillée, dans les mêmes conditions de températures et de pression atmosphérique. Ceci n'est pas exact, tout au moins pour la densité absolue.

En effet, si je cherche la densité d'un liquide, à 15°, par la méthode du flacon, comme je viens de le dire, je n'aurai pas le poids de ce liquide à 15°, mais le rapport de ce liquide avec de l'eau à 4° ; c'est-à-dire le poids qu'il aurait à 4°, et ce, sans tenir compte de son coëfficient de dilatation.

En effet, je suppose un liquide inconnu dont je cherche la densité (c'est de l'eau distillée). Je trouve à la balance, pour un litre légal le poids de 998 gr. 047 ; d'autre part, je pèse un litre d'eau distillée à 15° ; j'obtiens le même poids, d'où la densité égale :

$$\frac{998.047}{998.047} = 1.000$$

J'obtiens donc le poids à 4° et non le poids à 15°, c'est-à-dire la densité relative.

C'est, du reste, bien d'accord avec la définition de la densité : rapport du poids d'un corps à une température quelconque, choisie, à celui du poids de l'eau à 4° et pesé dans le vide.

On doit faire la densité absolue d'un corps en le pesant à 0° ou à 15° et en pesant un même volume d'eau à 4° ; les deux poids ramenés au poids dans le vide.

Si on se contente simplement de peser les deux corps dans l'air et à la même température, par la division on ramène le poids du premier liquide au poids de l'eau à 4° et dans le vide, c'est-à-dire en ne tenant compte que de la dilatation de l'eau.

En effet, supposons un liquide dont la dilatation soit de 20 °/₀₀ de 4 à 15°, c'est-à-dire que ce corps pesant 1000 gr. à 4° n'en pèsera plus que 980 à 15°, dans le vide ; tandis que l'eau ne passe que de 100 à 999,125.

Si on cherche la densité de ce liquide à 15° on aura :

$$\frac{980}{999,125} = 0,9808 = 980 \text{ gr. } 8 \text{ au litre}$$

tandis que si on cherche la densité avec les deux liquides, à la température de + 4° on aura

$$\frac{1000}{1000} = 1 = 1000 \text{ gr. au litre}$$

Les densités relatives obtenues dans ces deux cas ne sont donc pas semblables ; c'est dû à la différence de dilatation des deux liquides.

Dans un petit nombre d'essais que j'ai faits sur des liquides alcooliques au moyen du flacon et en calculant sur les densité relatives, j'ai retrouvé les mêmes chiffres que ceux obtenus avec l'alcoomètre, en opérant à 15°.

J'ai constaté également que les densités trouvées n'étaient pas exactement les mêmes en opérant à 10 et à 25°.

Comme la densité d'un liquide n'est que le poids du litre pesé dans le vide, le plus simple et le plus exact serait d'avoir un vase jaugé d'une façon mathémathique et de peser ce liquide à la température voulue ; puis par le calcul ramener à la pesée dans le vide.

Balances. — La première chose à faire pour trouver la densité par la méthode du flacon, c'est de se procurer une bonne balance de précision. Tous les constructeurs ont un certain nombre de différents modèles s'appliquant à la nature des essais que l'on veut faire. Je ne citerai que deux sortes de balances : la balance de M. Collot, que j'ai vue dans presque tous les grands laboratoires de Paris, et la balance Curie, toute nouvelle, qui se distingue des autres par d'ingénieux agencements permettant de faciliter la besogne si ingrate de la pesée de précision.

La *balance simple à deux colonnes de M. Collot* (Figure 9) est celui des modèles de cette maison, qui convient le mieux pour les essais et analyses des vins.

Cette balance est montée sur deux colonnes, ce qui la rend très stable ; les étriers qui portent les plateaux sont rigides et en nickel massif, ce qui en permet le maniement par des personnes peu habituées à ce genre d'essais.

L'arrêt des plateaux, si ennuyeux à obtenir dans les balances ordinaires, est ici fait par un système indépendant de la balance elle-même; pour arrêter les plateaux il suffit de tourner un bouton de droite à gauche ou de gauche à droite. Deux systèmes de cavaliers permettent de juger des milligr. et demi-milligr., sans se servir de poids.

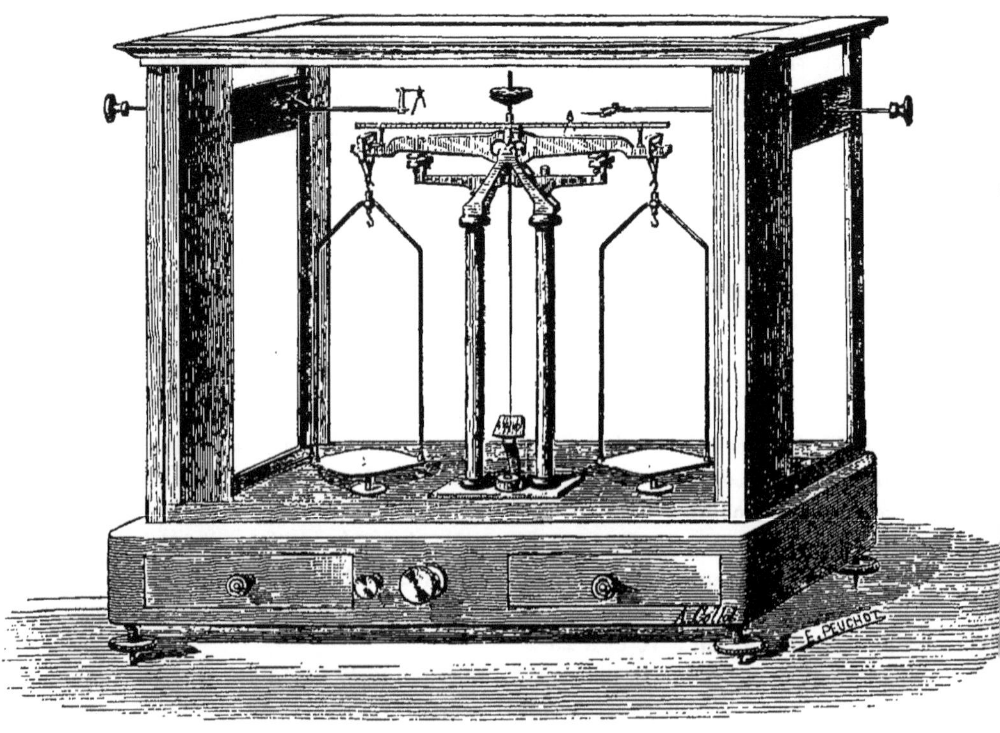

Fig. 9

(A. Collot. — 265 fr.)

Cette balance peut peser 250 gr. dans chaque plateau à un demi-milligr. près. Dans le prix ci-dessus est compris la boîte de poids, de 100 gr., division du gramme en platine.

M. Collot vient d'inventer un *appareil de projection lumineuse* (Comptes Rendus, 1891, t. 112, p. 99) qui, adapté à une balance de précision (fig. 10), permet d'obtenir des pesées très rapides. Pour une même approximation la vitesse d'oscillation devient cinq ou six fois plus grande et, les derniers centigrammes, les milligrammes et leurs fractions s'apprécient directement avec contrôle immédiat. Il est absolument indépendant des organes de la balance, ce qui est indispensable pour obtenir un bon fonctionnement et une grande sincérité dans la pesée.

La modification apportée à la balance consiste à déplacer le centre de gravité du fléau, de façon à diminuer la sensibilité et, par suite, à obtenir une vitesse beaucoup plus grande; puis, par des moyens optiques, on augmente considérablement l'amplitude des oscillations. Au lieu d'obtenir une image amplifiée virtuelle de ces oscillations en regardant dans un microscope, ce qui serait très fatigant pour l'opérateur, cette image est projetée sur un écran divisé formant cadran; la lecture se fait alors très facilement et sans efforts, la division étant vue par transparence.

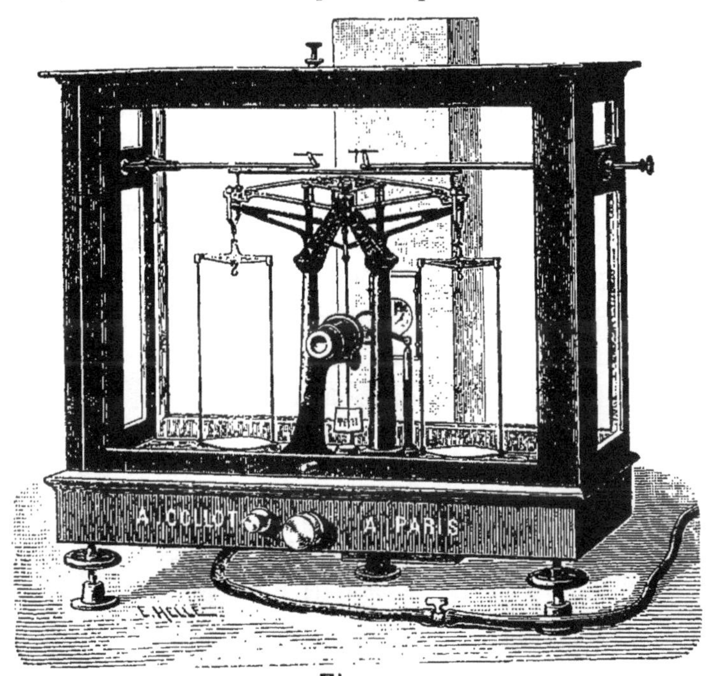

Fig. 10
(Appareil en plus de la balance, 75 fr.)

L'appareil est formé d'un petit objectif achromatique **A**, qui termine le corps d'un microscope **B**, dans lequel se trouve l'écran divisé **C**, qui reçoit l'image amplifiée du reticule **a** fixé sur l'aiguille. Sur le reticule **a** sont projetés les rayons, condensés au moyen d'une forte loupe **D**, qui proviennent

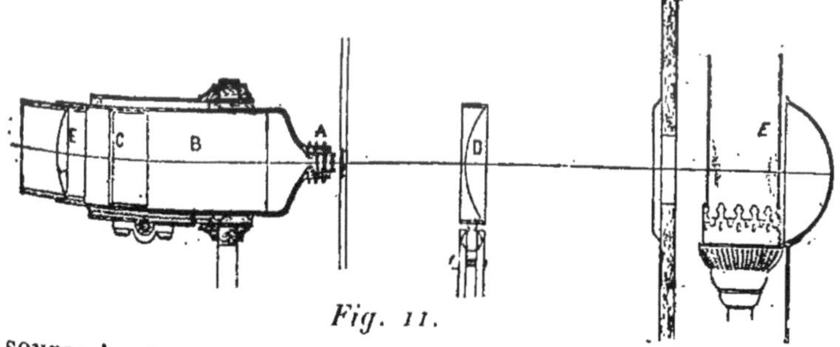

Fig. 11.

d'une source lumineuse quelconque **E**, placée derrière la balance. En avant de l'écran divisé **C** se trouve une lentille **E** qui grossit les divisions de cet écran et sert en même temps de réflecteur pour les éclairer du côté où elles sont vues. La mise au point se fait au moyen d'un pignon **c** et d'une crémaillère **d**.

La source lumineuse consiste, soit en une lampe à gaz, soit en une petite lampe électrique avec réflecteur.

Le bec de gaz est placé dans une boîte en noyer, pour éviter la projection de la chaleur sur la balance ; un robinet placé sur la conduite de caoutchouc permet d'établir le bec de gaz en veilleuse, dès qu'une pesée est faite. Un commutateur remplace le robinet pour une lampe électrique.

Pour faire une pesée, le gaz étant établi en veilleuse, on opère comme d'habitude jusqu'à ce que l'extrémité de l'aiguille ne sorte plus du cadran inférieur divisé en 10 divisions de chaque côté du trait-milieu ; la valeur de chaque division varie de 3 à 10 milligr., suivant la sensibilité de la balance. On apprécie ainsi les trois derniers centigr. ou le dernier décigr. sans tâtonnements. A ce moment on ferme les portes de la cage, on ouvre le robinet de gaz et on met la balance en marche ; on lit alors sur le cadran lumineux la différence qu'il y a entre les divisions parcourues à droite et à gauche. Comme les images sont renversées sur le cadran, il faut un peu de pratique.

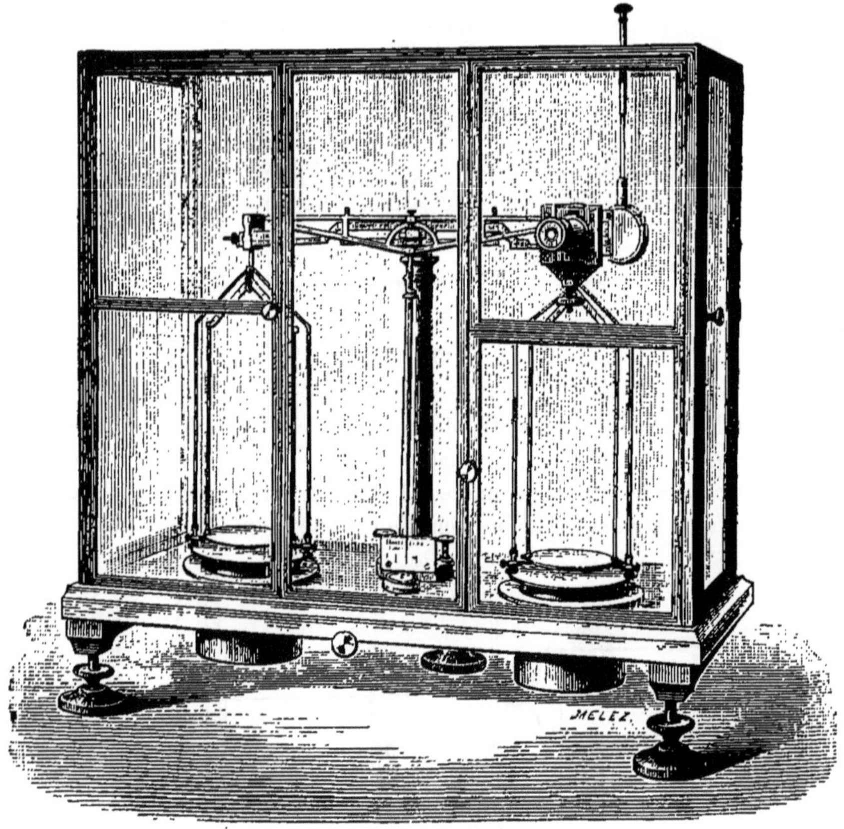

Fig. 12
(Société Centrale de Produits Chimiques. — 250 fr.)

Le nombre des divisions indique le nombre des milligr. et fractions de milligr. dont il faut déplacer le cavalier sur sa règle pour obtenir l'équilibre parfait ; ce qu'on vérifie à l'instant. Il faut, avec ce système, 4 ou 5 fois moins de temps qu'avec la balance simple.

La *balance Curie* (fig. 12), a également pour but d'éviter tous les essais relatifs aux petits poids, c'est-à-dire la partie la plus longue et la plus délicate de la pesée ordinaire.

Cette balance se compose d'un plan de verre supportant la colonne centrale, la cage et les boîtes pour les amortisseurs. Le fléau est construit de manière que le centre de gravité soit à une grande distance de l'arrêt du couteau central, ce qui permet un réglage tel que la sensibilité soit indépendante de la charge dans les plateaux ; ce réglage s'opère au moyen d'un bouton molleté placé sur le fléau, en élevant ou abaissant le centre de gravité ; un autre bouton molleté, placé à gauche du fléau, permet de l'équilibrer ; à droite se trouve la pièce servant à régler le micromètre dont l'emploi permet de placer le centre de gravité du fléau beaucoup plus bas que d'ordinaire ; il en résulte une grande rapidité dans les mouvements de l'instrument.

Le *micromètre* m, m (fig. 13), obtenu par un procédé photographique, porte un grand nombre de divisions et des chiffres ; il est fixé sur le bras droit du fléau. Il est disposé pour fonctionner sur une étendue de 200 mil-

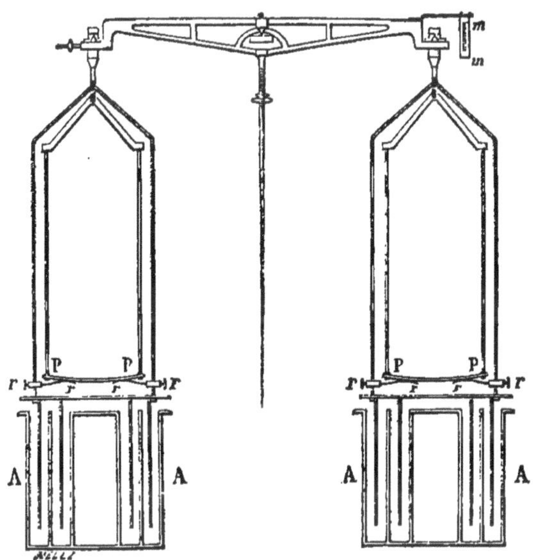

Fig. 13.

ligr. ; les divisions vont donc de 0 à 200, mais chaque milligr. est divisé en 1/2, et grâce à un *microscope* fixé dans les parois de la cage et muni d'un réticule et d'un oculaire positif, on apprécie la position du fil d'un réticule du micromètre à 1/5 de division près, soit 1/10 de milligr. Le micromètre est éclairé, soit directement, soit par un miroir muni de deux mouvements à angle droit.

Les mouvements des plateaux sont amortis par des *amortisseurs à air*, *A A* ; ce sont des cloches suspendues au-dessous des plateaux et qui règlent par de petits écrous, R R ; ces cloches s'enfoncent plus ou moins dans les cuvettes suivant le mouvement du plateau ; l'air contenu dans ces cuvettes amortit la vivacité du plateau par sa compression.

Pour peser dans cette balance on commence comme d'habitude jusqu'au poids de 1 décigr. ; on laisse ensuite le fléau s'incliner sous l'influence de la petite différence de charge, et après une ou deux oscillations, le fléau atteint sa position d'équilibre ; on lit alors directement sur le micromètre le restant de la pesée à 1/4 ou un 1.10 de milligr. ; on ajoute aux poids placés sur le plateau de droite le nombre de milligr. lus sur le micromètre, et de cette somme on déduit 1 décigr. Par double pesée on ne retranche pas le décigr.; la tare doit être mise dans le plateau de gauche. La balance ci-dessus pèse 100 gr. dans chaque plateau avec une précision de 1/4 de milligr., tout en faisant une pesée très rapide. Un autre modèle pèse de 300 à 500 gr. avec une précision de 1/5 de milligr. ; il coûte 475 francs.

Flacons à densités. — Au premier abord il paraît simple de prendre la densité d'un liquide puisqu'il suffit d'en mesurer un volume et de le peser, mais il y a des difficultés que l'on est arrivé à vaincre en construisant des vases spéciaux.

La première difficulté à vaincre consistait dans un mesurage exact. Comme on opère ordinairement sur des quantités assez faibles de liquides, il fallait trouver des appareils dans lesquels le volume fût toujours constant, en suivant la ligne de jauge ; en effet, dans un flacon ordinaire, la ligne de jauge se trouve sur une surface assez large, de sorte qu'une ou deux gouttes de plus ne paraissent guère et pèsent pourtant plusieurs centigr. ; il fallait donc faire des vases plus ou moins volumineux, mais dont le niveau du liquide fût indiqué par une très petite surface.

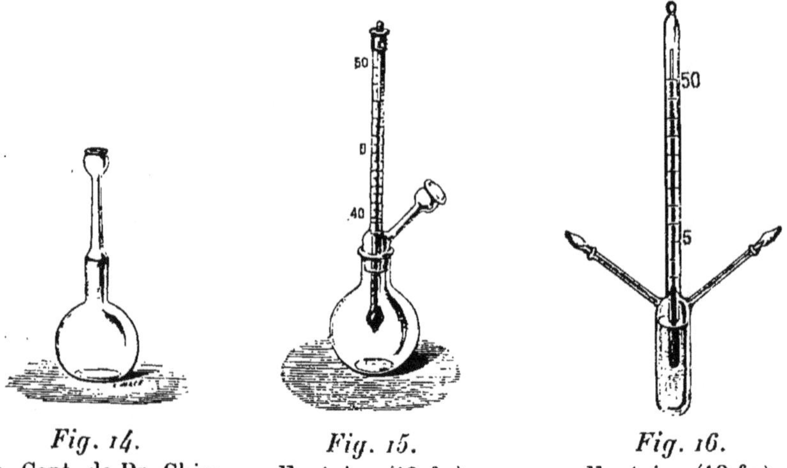

Fig. 14. Soc. Cent. de Pr. Chim. (2 à 3 fr.)

Fig. 15. Fontaine (12 fr.)

Fig. 16. Fontaine (18 fr.)

Le flacon le plus simple (fig. 14) se compose d'un petit ballon à col droit coupé ras et rodé intérieurement ; un bouchon creux surmonté d'un tube capillaire et d'un entonnoir ferme ce flacon. Pour s'en servir on remplit le ballon du liquide et on place doucement le bouchon sur le liquide qui passe dans le bouchon et le tube capillaire ; on ajuste par l'entonnoir au niveau voulu et on essuie le flacon extérieurement, et on enlève le liquide de l'entonnoir avec du papier filtre ; l'inconvénient de cet appareil, c'est qu'il déborde facilement entre le bouchon et les parois du flacon, néanmoins il est assez pratique.

Les physiciens emploient le flacon de Regnault formé d'un gros tube étranglé au milieu et ouvert à la partie supérieure qui se ferme avec un bouchon ; le picnomètre de Sprengel est aussi employé ; il se compose d'un tube en U terminé par deux tubes capillaires ; on remplit ce flacon par aspiration.

Mais avec ces flacons, il y a impossibilité de constater si la température du liquide dans le flacon est bien celle que l'on désire au moment du mesurage; c'est pour cela que l'on a construit des appareils dont le bouchon contient un thermomètre, le flacon (fig. 15) est dans ce cas.

Le picnomètre de Sprengel a été modifié dans ce sens (fig. 16). Le thermomètre ferme la partie supérieure du tube ; des deux côtés sont les tubes capillaires ; on plonge l'un d'eux dans le liquide et on aspire par l'autre ; on ferme ensuite les deux tubes pour éviter l'évaporation.

Flacons Viard. — C'est pour éviter les ennuis des manipulations de ces divers tubes que j'ai combiné les deux appareils suivants ; 1° Un flacon

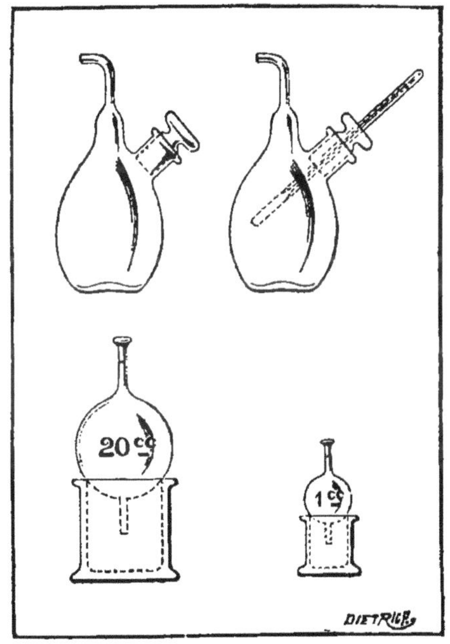

Fig. 17.

à densité avec ou sans thermomètre ; ce flacon (fig. 17), se compose d'un corps ovale à base aplatie et terminée à la partie supérieure par un tube capillaire coudé; sur le côté se trouve l'ouverture du flacon que l'on bouche au moyen d'un bouchon plein en verre soufflé, muni ou non d'un thermomètre. Pour utiliser ce flacon on l'incline de façon que le goulot soit vertical et on remplit le flacon avec le liquide jusqu'au bord supérieur de l'ouverture, on place ensuite le bouchon légèrement conique ; le liquide est chassé par le tube capillaire ; le flacon est ainsi rempli de suite au niveau voulu ; ces flacons peuvent se construire de façon à contenir de 50cc à un litre, suivant la précision que l'on veut obtenir. De plus ils peuvent se graduer très exactement, ce qui supprime la pesée de l'eau, ainsi que nous le verrons plus loin.

2° La pipette à densité, qui ne s'emploie que dans les cas très restreints où l'on n'aura qu'un très petit volume de liquide, comme dans les essais physiologiques. Cet appareil se compose d'une petite éprouvette en verre dont les bords sont rodés avec la boule d'une pipette de façon à faire fermeture ; la pipette se compose d'une boule terminée par deux tubes capillaires très courts ; un trait est gravé sur le tube supérieur. Pour se servir de cet appareil, on ajuste sur le tube supérieur un tube en caoutchouc muni d'une pince et terminé par un tube en verre. On plonge la pointe de la pipette dans le liquide, on desserre la pince et on aspire au moyen du tube de verre dominant le caoutchouc ; lorsqu'on est arrivé juste au trait, on ferme la pince ; on essuie le tour du tube inférieur et on place la pipette sur l'éprouvette ; on enlève alors le tube de caouthcouc et on peut couvrir le tube supérieur de la pipette. Le volume est ainsi bien déterminé ; mais il est évident qu'on ne peut agir comme avec le tube de Régnault, en plongeant cet appareil dans la glace fondante ; mais, d'autre part, avec le tube Régnault, on ne peut déterminer la densité d'un liquide dont on n'a que quelques centimètres cubes, tandis qu'avec cet appareil, il est facile de faire la densité à 15° en le plaçant, ainsi que le liquide, dans une cage dont on amène la température à 15°.

Recherche de la Densité absolue. — La recherche de la densité absolue se fait scientifiquement à 0 ou à 15°. A 0° c'est le terme ordinaire existant toujours lorsqu'il n'y a pas l'indication de densité à 15°.

Pour rechercher cette densité, on plonge le flacon à densité, rempli du liquide à essayer, Régnault, Sprengel ou autre, dans la glace fondante, et lorsque la température est bien à zéro degré, on pèse rapidement.

Ensuite, on remplit le flacon d'eau, on amène la température à + 4° et on pèse rapidement. On se contente habituellement de diviser les deux poids pris dans l'air l'un par l'autre ; nous avons vu précédemment que pour être absolument exact, il fallait ramener les deux pesées au vide ; dans ces deux cas, le poids de l'air déplacé est le même, si le baromètre et le thermomètre, placés dans l'air, n'ont pas varié. Le poids du liquide à 0, divisé par le poids de l'eau à 4°, donne la densité absolue, et comme le poids de l'eau à 4° ramené au vide a le même chiffre que le volume de l'eau, il s'ensuit qu'on a divisé le poids du liquide par son volume, soit le poids du litre.

Le procédé le plus exact et le plus rapide consisterait donc à avoir un vase de la capacité d'un litre, jaugé très exactement, une fois pour toutes, par la pesée de l'eau à 4° ramenée au vide, et ensuite de peser le liquide à essayer, amené à 0°, et de ramener son poids au vide.

Densité absolue à 15° (Poids du litre dans le vide). — Nous prenons un flacon Viard, contenant 100cc, 250cc, 500 ou 1000cc environ, et muni d'un thermomètre, nous le plaçons dans une cage dont les doubles parois peuvent recevoir un courant d'eau froide ou chaude de façon à obtenir la température de 15° ; nous plaçons à côté de lui de l'eau distillée dans laquelle plonge un thermomètre. Lorsque tout le contenu de la cage est à 15°, nous remplissons le flacon, en ayant soin de ne pas l'échauffer ou le refroidir avec les doigts, et nous le portons rapidement sur la balance, préparée à l'avance; avec la tare mise à peu près sur le plateau de gauche, nous équilibrons vivement, et nous enlevons le flacon dont nous n'avons plus à nous occuper.

A la place du flacon, nous mettons des poids, ce qui nous donne le poids de l'eau et du flacon. Le flacon vide et sec est pesé de la même façon ; par différence nous avons le poids de l'eau à + 15°. Ensuite, par le calcul, nous ramenons le poids dans l'air au poids dans le vide, d'après la pression barométrique et la température de l'air. Nous obtenons donc le poids de l'eau dans le vide ; de là, nous déduisons le volume du flacon à 15°, sachant qu'un litre d'eau distillée à 15° pèse 999gr125 ou 999gr160.

Voyons quelles erreurs nous pouvons commettre. Les balances les plus sensibles servant à peser 1 kgr. donnent à peine le dixième du milligr., soit la 4e décimale, soit 1/10 de millimètre cube, pour 1 litre ; tandis que les savants, pour l'eau seule, ont trouvé comme différence dans la pesée de l'eau 999.160 — 999.125 = 0,035, soit 35 millimètres cubes. Si on prend un flacon de 500cc, on le pèsera sur une balance ordinaire au 1/2 mill., ou 1 milligr. par kilogr., on n'aura d'erreur que sur la 3e décimale, soit un millimètre cube. Pour 250 gr. on aura une erreur de 2 millim. c. ; enfin, avec un flacon de 100cc, avec une balance pesant au demi-milligr. (c'est la balance la plus répandue, pouvant peser 200 gr. dans chaque plateau), l'erreur à la balance supposée le double de sa sensibilité, soit 1 mill., ne portera sur le litre que pour 10 milligr., soit 10 millimètres cubes.

Si nous passons aux pipettes à densités, nous voyons qu'avec une pipette de 10cc, nous arrivons à l'erreur maximum de 0gr1 par litre, et avec la pipette de 1cc au maximum de 1 gr. par litre, et dans ces derniers cas, il est bien entendu qu'on n'opère ainsi que lorsqu'on ne peut faire autrement.

Donc, la jauge des flacons est très facile et bien moins sujette à erreur que le reste des manipulations de la recherche de la densité, puisque les auteurs arrivent à des différences de 35 millim. c. pour l'eau, tandis que la balance en accuse à peine un.

La température de l'eau est une cause d'erreur beaucoup plus forte, puisque sur la table de Despretz nous voyons qu'entre 14 et 15° il y a une différence de 0gr160, soit 160 millimètres cubes et qu'entre 15 et 16° la différence est de 0gr147 soit 147 millim. c.

C'est là ce qui explique les différences trouvées par les différents auteurs pour la dilatabilité de l'eau qui est de 0gr035 par litre, ce qui correspond à 1/4 de degré du thermomètre. Or, si le thermomètre de notre flacon est gradué de 10 à 20° en 5es et même 10es de degré, nous aurons une approximation plus grande que celle obtenue par ces auteurs.

Une fois le flacon gradué, il n'y aura plus à y revenir qu'une fois tous les ans, ou tous les deux ans, pour voir si le verre n'a pas subi de contraction, ce qui pourrait changer le volume ; ce qui serait insignifiant en pratique.

Procédé pratique. — Avec un flacon ainsi gradué, rien de plus simple que de chercher la densité ou poids du litre d'un liquide.

On amène la température du liquide à 15°, on pèse sur la balance et on déduit de ce poids celui du flacon vide ; on a ainsi le poids du liquide dans l'air. On ramène ce poids d'après le volume du flacon au poids du litre dans l'air ; pour ramener ce poids au vide, il suffira de faire les calculs indiqués plus haut, ou plus simplement en se basant sur ce fait, précédemment expliqué, que le poids d'un litre d'eau à 15° pression 760, pesé avec des poids de laiton, 998gr0474, au lieu de 999 gr., 125 dans le vide ; ou plus simplement que le litre d'eau perd de son poids, dans l'air, 1gr0776, perte qui sera la même pour le liquide.

Pour des différences de pressions avec 760, de 20 millimètres, le poids de l'air ne varie que de 3 centigrammes par litre.

Pour des différences de températures de l'air de 5°, avec 15, le poids de l'air ne varie que de 2 centigr. par litre.

Ces deux conditions réunies ne déterminent pas une erreur de 4 centigr. par litre, il n'y a donc pas lieu de tenir compte de ces différences dans la pratique, il suffira toujours de calculer sur 760 de pression et et 15° de température, dans les limites de 10 à 20° de température de l'air, bien entendu.

Si on éprouve de la difficulté à amener le liquide à 15°, pour calculer exactement, il faudra connaître son coefficient de dilatation, sinon on calculera approximativement sur le coefficient de dilatation de l'eau, ainsi que je l'ai dit à la suite des tables de densités de l'eau ; mais il faut, autant que possible, ne pas varier de plus de 2°, c'est-à-dire se tenir dans les limites de 13 à 17°.

Densité relative. — Pour obtenir la densité par la méthode du flacon, il suffit de remplir le flacon du liquide à une température ne s'écartant pas trop de 15° et de peser ce liquide; d'autre part, on pèsera un égal volume d'eau à la même température et on divisera l'un par l'autre.

Exemple : Poids du flacon vide = 24.607

Poids du flacon plein d'eau distillée à 15°4 = 89.241

Poids du flacon plein de liquide à 15°4 = 86.666

Poids de l'eau..... 89.241 — 24.607 = 64 gr. 634

Poids du liquide... 86.666 — 24.607 = 62 059

$$\text{Densité } \frac{62.059}{64.634} = 0.960.15$$

Avec le flacon jaugé on évite la pesée de l'eau. On multiplie, une fois pour toutes, le volume du flacon en centimètres cubes par 0,998 gr. 047, on a ainsi le poids de l'eau à 760 et à 15°.

Si la température n'est pas de 15° on ramène à cette température d'après les tables de densité de l'eau.

Si j'ai tant insisté sur la recherche des densités par la méthode du flacon, c'est que plusieurs pays étrangers n'admettent pas les aréomètres; la densité et l'alcool, dans les liquides, sont cherchés par la méthode du flacon et non par les densimètres et alcoomètres.

ARÉOMÈTRES

Pour éviter toutes les opérations si délicates de la recherche de la densité par la méthode du flacon, on a cherché à faire des appareils donnant facilement cette densité, approximativement.

Pour cela, on s'est basé sur le principe d'Archimède : « Tout corps plongé dans un liquide perd une partie de son poids égal au poids du liquide déplacé.» Si donc on suppose un flotteur établi dans l'eau et en équilibre, son poids sera alors égal à celui de l'eau déplacée, car si son poids était plus lourd il descendrait dans l'eau; si ce poids était moindre le flotteur remonterait.

Ce flotteur introduit dans un liquide plus lourd que l'eau déplacera un volume de liquide moindre pour faire équilibre à son poids, il remontera donc ; si, au contraire, il est plongé dans un liquide plus léger que l'eau, il faudra qu'il déplace plus de liquide pour obtenir le même poids, il s'enfoncera donc.

Il est donc possible de faire des appareils qui, s'enfonçant plus ou moins dans les liquides, sont gradués de telle sorte que le volume immergé du flotteur indique la densité du liquide.

C'est sur cette base qu'ont été construits les aréomètres. Dans le principe, on ne s'est pas occupé de la densité, on n'a vu qu'une chose, c'est que les flotteurs s'enfonçaient plus ou moins suivant que le liquide était plus léger ou plus lourd ; on a établi sur cette base des appareils dont les graduations arbitraires ne correspondaient à rien. Plus tard on a fait des tables pour ramener ces graduations à la densité ; puis on a fait des densimètres.

La question des densimètres, aréomètres et alcoomètres est une des plus embrouillées de la physique et de la chimie actuelle. Lorsqu'on examine ces différents appareils, on est surpris de trouver des divergences considérables (au point de vue théorique) dans les graduations de ces appareils et dans les tables qui lss accompagnent.

Toutes ces divergences proviennent des différences dans les points de départ. Les aréomètres Baumé, surtout, présentent des graduations très diverses et qui varient suivant chaque constructeur.

Les uns prennent pour point de départ l'eau distillée à + 15° sous la pression 760mm ; ce qui correspond à 998,047 d'eau par litre ; les autres, le poids de l'eau distillée à + 15°, pesée dans le vide ; ce qui donne comme poids de l'eau par litre 999 gr. 125. Enfin d'autres ne s'occupent ni de la pression, ni de la température.

M. J. Salleron gradue ses densimètres et ses aréomètres suivant le système métrique, c'est-à-dire que le zéro de ses aréomètres Baumé et le 1000 de ses densimètres indiquent le poids de 1 litre (légal) d'eau à + 4° et pesée dans le vide. Il n'y a que l'alcoomètre de Gay Lussac, qu'il est obligé, à son grand regret, de régler suivant le poids de l'eau à + 15°.

La discussion ne porte plus aujourd'hui que sur deux points : Le zéro ou mille des appareils indiqué dans l'eau à + 15 ou à + 4° pesée dans le vide.

Les appareils qui, plongés dans l'eau à + 15°, marquent 0 ou 1000 du densimètre, ne donnent pas le poids du litre, mais la densité relative, c'est-à-dire le poids que l'eau aurait, si elle était à 15°.

Les appareils qui, plongés dans l'eau à + 4°, marquent 0 ou 1000, donnent le poids du litre, c'est-à-dire la densité absolue.

Les aréomètres plongés dans de l'eau à 15° indiqueront dans le premier cas 1000 (densité relative) et dans le second cas 999,125 (densité absolue).

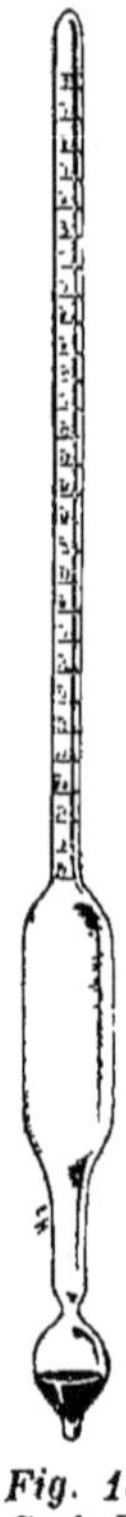

Il y aura donc entre eux une différence de 0 gr. 875, c'est-à-dire près de 1 gr. par litre égalant 1/10 de degré du densimètre.

De la nécessité de prendre comme point de départ le poids de l'eau distillée à + 4°, dans le vide, il ne s'ensuit que l'on doive se mettre dans les mêmes conditions pour l'examen du liquide dont on cherche la densité. Quelles que soient les conditions de températures de l'air et du liquide et de pression atmosphérique, on obtiendra toujours comme densité, au moment de l'expérience, le poids légal du liquide, divisé par 1000.

Seulement comme les coefficients de dilatation des liquides ne sont pas les mêmes que ceux de l'eau, et que dans la recherche des densités on calcule presque toujours d'après la dilatation de l'eau, il a fallu choisir une température uniforme pour prendre la densité. La température de 15° a été choisie pour les liquides parce que dans nos climats c'est la température moyenne et la plus facile à obtenir.

Les aréomètres ont tous à peu près la même forme (Fig. 18).

Ils se composent d'une partie renflée, destinée à déplacer le liquide, et au-dessous d'une petite boule dans laquelle on place du lest, formé de mercure ou de grains de plomb, qui maintient l'appareil verticalement dans le liquide ; le tout est surmonté d'une tige cylindrique plus petite ; quelquefois cette tige est plate.

Fig. 18
(S. C. d. P. C.)

On a construit de ces appareils en métal, mais aujourd'hui ils sont presque tous en verre, ce qui est plus commode à tous les points de vue, car on peut les plonger dans tous les liquides, et le nettoyage en est beaucoup plus facile. A l'intérieur de la tige de verre on glisse un rouleau de papier dans les tiges rondes et une bande dans les tiges plates; c'est sur ce papier que sont graduées les divisions de l'appareil.

Il y a deux sortes principales d'aréomètres : 1° Les aréomètres pour les liquides plus lourds que l'eau dont le zéro est à la partie supérieure de la tige, et 2° Les aréomètres pour les liquides plus légers que l'eau et dont le zéro est à la base de la tige.

En dehors de ces deux grandes classes il y en a d'autres qui diffèrent par leurs graduations et par les usages auxquels ils sont destinés.

Dans la graduation des aréomètres il y a un facteur important dont il convient de tenir le plus grand compte; c'est le ménisque ou petit anneau liquide qui entoure la tige de l'appareil au-dessus du niveau du liquide m' (fig. 19).

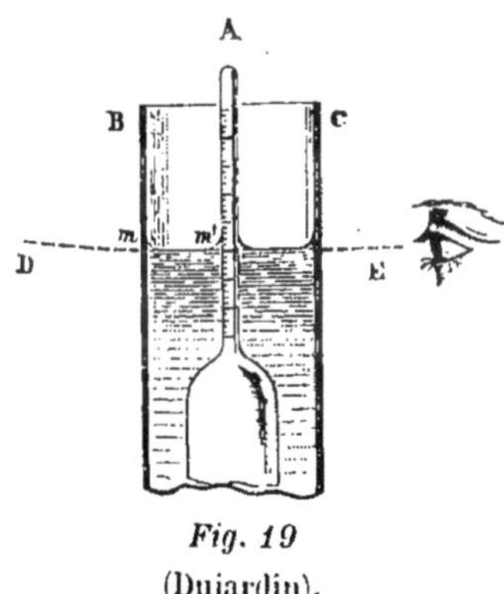

Fig. 19
(Dujardin).

Le ménisque s'élevant le long de la tige de l'appareil ajoute son propre poids à celui de l'aréomètre et le fait enfoncer davantage. Le poids de cet anneau varie, d'après la théorie de Laplace, avec la nature du liquide et la circonférence de la tige.

MM. Petit et Pinson sont arrivés à peser (1874) le ménisque de l'eau et ils ont trouvé 4 milligrammes pour chaque millimètre de contour de la tige. Le ménisque d'alcool pur ne pèse que 2 milligr. Le poids du ménisque doit donc varier suivant la quantité d'alcool contenu dans l'eau.

La graduation doit donc en tenir compte de façon à ce qu'elle produise une erreur inverse et égale.

Il ressort de là que tous les flotteurs aréométriques ne doivent pas donner les mêmes chiffres, c'est-à-dire les mêmes densités, suivant la nature des liquides dans lesquels ils sont plongés; la fluidité de ces liquides influe beaucoup.

Donc tous les aréomètres doivent être gradués spécialement pour les liquides auxquels ils sont destinés et l'étendue des densités indiquées par leurs échelles doit être aussi petite que possible, pour chaque appareil.

Précautions à prendre dans l'emploi des aréomètres. — Il faut acheter ces appareils chez les constructeurs spéciaux, bien connus, car dans le commerce on trouve des aréomètres à bon marché qui peuvent donner lieu à des erreurs sérieuses. Il faut s'enquérir de la façon dont la graduation a été faite, si elle part du zéro trouvé dans l'eau à + 15° ou à + 4° pesée dans le vide, ou si le zéro a été simplement pris dans l'eau à + 15° à l'air. Il faut en vérifier avec soin les points extrêmes qui sont ordinairement exacts, mais aussi les degrés intermédiaires dont on se sert habituellement et qui peuvent être faux si la tige ne présente pas, dans toute sa longueur, une cylindricité parfaite. Il vaut encore mieux se procurer des *aréomètres étalons,* qui, s'ils sont plus chers, sont tout à fait exacts, et servent à vérifier les appareils moins chers que l'on confie aux ouvriers. Pour les vins, les aréomètres dont on se sert doivent être divisés en dixièmes de degré.

Il faut aussi s'assurer si les appareils ont été gradués dans les liquides auxquels on les destine ; ce que l'on aperçoit à la vérification que l'on fait soi-même sur des liquides dont la densité est connue d'avance.

Plus l'instrument est gros, plus ses divisions pour une même densité sont espacées et moins il y a de chances d'erreurs.

Le liquide dont on prend le degré doit être homogène, purgé de gaz, et contenu dans un vase d'un diamètre assez grand pour que les parois ne puissent agir par attraction sur la boule de l'aréomètre.

J'ai constaté, à la suite de nombreux essais, qu'il fallait qu'il y ait, au moins, entre la paroi de l'éprouvette qui contient l'aréomètre et la boule de celui-ci, une distance de 6 millimètres pour les liquides plus légers que l'eau et de 8 millimètres pour les liquides plus lourds que l'eau.

L'éprouvette doit être bien verticale afin que le niveau du liquide soit bien horizontal et la tige de l'instrument doit être au centre de la surface, sans cela elle se trouverait sur la partie courbe du liquide constituant le ménisque formé sur les bords de l'éprouvette (fig. 19). La lecture se fera au-dessous du ménisque, c'est-à-dire sur la dernière ligne inférieure de ce ménisque D, E.

Il faut que la surface supérieure du liquide soit parfaitement propre. La tension superficielle des différents liquides n'est pas la même ; elle dépend de la couche superficielle des molécules en contact avec l'air ; elle peut échapper aux regards et modifier sensiblement l'effet capillaire.

M. Coulier (Journal Ph. et Ch., 1876, t. 23, p. 475) a signalé le fait curieux suivant : Un aréomètre étant plongé dans l'eau, si on touche la surface avec une baguette imprégnée d'une trace d'alcool, benzine, pétrole et surtout eau de savon, l'aréomètre sort du liquide, comme s'il avait reçu un choc de bas en haut.

Pour ramener au degré, il faut faire déborder l'éprouvette en enlevant l'aréomètre. Si on prend une baguette de verre bien nettoyée au blanc d'Espagne et qu'on touche la surface du liquide, l'aréomètre ne bouge pas, mais si on passe un des bouts dans les cheveux et qu'on touche la surface du liquide, l'aréomètre subit un choc qui va jusqu'à 2° pour les petits instruments, quoique la densité n'ait pas changé.

Quand on remplit l'éprouvette, il est bon de laisser déborder le liquide, mais il ne faut pas le faire en y plongeant l'aréomètre, parce qu'alors le degré n'est pas exact, fait que j'ai publié en 1883 et qui a été vérifié par M. Commerson.

Il ne faut pas non plus que le niveau supérieur du liquide affleure le bord supérieur de l'éprouvette BC (fig. 19), parce que la surface du ménisque serait changée ; il faut environ 1 centimètre de distance entre le liquide et le bord supérieur de l'éprouvette.

L'éprouvette et l'aréomètre doivent être bien propres et surtout exempts de corps gras. Pour le nettoyage de ces appareils, je verse dans l'éprouvette une solution de soude caustique à 2° Baumé et j'y plonge l'aréomètre pendant quelques minutes ; je recueille la soude qui peut servir un grand nombre de fois, et je lave à grande eau ; je lave à l'alcool avec de l'alcool à 90° et j'essuie avec soin avec un linge fin.

Par un essai préalable, on cherche quel est à peu près le degré de l'aréomètre ; on le retire en partie de l'éprouvette et on essuie la partie ayant touché la surface du liquide avec un linge fin ; on verse alors une goutte de solution de soude caustique de 10 à 20° Baumé sur une feuille de papier filtre et on entoure avec la partie de l'aréomètre qui a effleuré la surface du liquide en frottant tout autour ; on essuie avec le papier filtre et on prend le degré ; grâce à ce petit artifice, indiqué par M. Delachanale, les résultats trouvés sont toujours semblables, surtout dans l'alcoométrie.

L'aréomètre est enfoncé verticalement dans le liquide, à quelques degrés ou dixièmes de degré, suivant sa graduation, au-dessous de l'affleurement qu'il prend d'abord lui-même et on examine si le petit ménisque qui l'entoure est bien fermé, ce qui arrive toujours si on prend les précautions ci-dessus. On le laisse alors livré à lui-même, mais s'il tend à s'approcher des bords de l'éprouvette, il faut le ramener au centre. Pour les liquides denses, il faut attendre quelque temps ; en tout cas, il faut que ce temps soit suffisant pour que l'appareil puisse prendre la température du liquide. On regardera s'il n'est pas resté de bulles d'air sous les renflements de l'appareil, ce qui arrive lorsqu'on le plonge trop rapidement.

Les aréomètres en verre subissent, comme tous les appareils faits avec cette substance, une modification lente, qui en change quelquefois le volume d'une façon assez sensible pour influer sur la lecture des degrés de l'échelle. Plus le volume est grand et plus cette modification a d'importance. Il faut donc, de temps en temps, vérifier ses appareils avec des étalons nouveaux. La durée des aréomètres, sans changement, est de plusieurs années.

Le travail moléculaire du verre se fait beaucoup plus rapidement et d'une façon plus marquée dans les appareils qui servent à déterminer la densité des liquides bouillants.

Aréomètre Baumé. — Baumé inventa le premier cet appareil, tout en verre, qui était tellement pratique qu'il prit une extension incroyable (fig. 18). La graduation que Baumé donna à son appareil étant tout à fait arbitraire et n'étant basée sur aucun fait scientifique, n'indique absolument rien comme densité. Ce n'est qu'à l'aide de tables que l'on arrive à connaître le véritable poids des liquides.

Son appareil a l'avantage, dans un grand nombre d'industries, d'indiquer à l'ouvrier un chiffre auquel il doit toujours se tenir pour arriver au but à atteindre.

Baumé graduait ses appareils de la manière suivante : il prenait un aréomètre dont la tige supérieure était ouverte et dans laquelle se tenait une feuille de papier roulée ; il plongeait l'appareil dans l'eau distillée à 15° centigrades et marquait avec soin le point d'affleurement de l'eau à la base du ménisque. Ce point formait le degré 0 de l'échelle. Il prenait ensuite 15 grammes de sel marin bien pur et bien sec, les faisait dissoudre dans 85 grammes d'eau distillée à 15°, puis plongeait l'aréomètre dans cette solution ; le point d'affleurement formait le 15° degré. Il reportait ensuite la distance exacte qui séparait les deux points d'affleurement sur la feuille de papier, divisait cette distance en 15 parties égales, puis continuait ces divisions au-dessus de 15° et au-dessous de zéro ; ensuite il introduisait le papier dans l'aréomètre de manière que le zéro du papier coïncidât exactement avec le trait d'affleurement dans l'eau pure et marquée sur la tige de verre. Le papier était ensuite fixé solidement au verre par de la cire à cacheter, et la partie supérieure de la tige de verre soudée à la lampe.

On opère toujours de même pour la manipulation des aréomètres ; les graduations seules ont changé.

MM. Berthelot, Coulier et d'Almeida ont repris la vérification des aréomètres Baumé en faisant une solution type de sel marin d'une densité absolue de 1,11164 à 12°5 et pression normale 760, le poids apparent, c'est-à-dire dans l'air, étant de 1110 gr. 57 à 12°5. Le zéro est établi dans l'eau distillée +12°5, le densimètre (?) marquant 998,404. (C'est le poids du litre, dans l'air à 12°5.)

Ils ont inutilement compliqué la question des aréomètres Baumé en faisant intervenir une nouvelle température.

La graduation de Baumé avec le clorure de sodium, c'est-à-dire un corps de composition variable, et qu'il est difficile de maintenir à l'état sec, a été bientôt abandonnée pour celle indiquée qar Gay Lussac, Guyton de Morveau et Vauquelin.

Le zéro est obtenu de la même façon, mais la 66° division est indiquée par le point d'affleurement dans l'acide sulfurique monohydraté pur à 15° et d'une denité de 1,8427 à 0°. Les degrés intermédiaires sont calculés d'après le volume de l'aréomètre.

L'aréomètre de Gay Lussac donne donc la densité relative, c'est-à-dire qu'il ne donne pas le poids du liquide à 15°, mais le poids qu'il aurait s'il était ramené à + 4° pour l'eau et à zéro pour l'acide sulfurique. Cette explication suffit pour démontrer l'irrégularité de l'échelle, dont un des points indique pour le liquide à + 15° le poids à + 4°, et pour l'autre point le liquide étant aussi à + 15°, le poids qu'il aurait à 0°,

M. Salleron, le savant constructeur d'appareils vinicoles, qui a tant fait pour la science analytique des vins, gradue, depuis plus de 30 ans, ses appareils suivant les données du système métrique ; il gradue leur zéro dans l'eau distillée à + 4° et pesée dans le vide. Le zéro ou 1000 de ses appareils donne donc la densité absolue ou poids du liquide dans le vide à une température quelconque. L'autre point de l'échelle est obtenu au moyen de la densité absolue de l'acide sulfurique à 0°, soit 1,8427. Dans ce cas, il y a la même différence de température entre 0 et 4° pour les deux liquides, mais comme il s'agit de poids absolus ou poids du litre, il n'y a plus de causes d'erreurs, parce que l'appareil peut aussi bien être gradué sans faire intervenir l'eau et l'acide sulfurique qu'en les employant. Le zéro représente un liquide pesant 1000 grammes au litre dans le vide et le 66e degré indique un liquide pesant 1842 gr. 7 au litre, quelle que soit la température de ce liquide.

Si on plonge l'aréomètre Baumé de Salleron et celui de Gay Lussac dans un liquide marquant le 66e degré et que l'on fasse la densité par la méthode du flacon, on obtiendra 1,8427 pour la densité absolue avec l'aréomètre Salleron mais on n'obtiendra pas ce chiffre pour la densité relative avec l'aréomètre Gay Lussac, puisque, par la méthode du flacon, donnant la densité relative, on ramène l'acide sulfurique à + 4° et non zéro.

On calcule la densité relative ou la densité absolue suivant le point de départ de l'appareil d'après la formule établie par Gay Lussac :

Densité $= \dfrac{144.307}{144.307 - \text{degrés Baumé}}$, pour les liquides plus lourds que l'eau,

et Densité $= \dfrac{144.307}{144.307 + \text{degrés Baumé}}$, pour les liquides plus légers que l'eau.

MM. Berthelot, Coulier et d'Almeida ont choisi un autre coefficient 149,36.

Lorsque l'on se sert d'un aréomètre Baumé. il faut savoir s'il a été gradué dans l'eau distillée à + 15°, à + 12°5, à + 4° ou à + 17°5, comme on le fait en Allemagne.

Avec l'aréomètre gradué à + 4°, en opérant à + 15°, on aura le poids du litre dans le vide à + 15°. Avec les aréomètres gradués à + 15°, + 12.5, + 17.5, on aura la densité relative en opérant à ces diverses températures.

Lorsque la température du liquide diffère de la température du liquide type, il n'est pas nécessaire de l'y ramener matériellement ; on le ramènera par le calcul, sachant que l'aréomètre Baumé varie de 1/22 de degré par chaque degré de température, soit 0,04545 par degré de température, ou mieux $\dfrac{\text{n degrés}}{22}$.

La table suivante indique les différences qu'il y a entre les trois graduations de Gay Lussac, Salleron et Berthelot.

Dans la première colonne sont les degrés Baumé, le premier chiffre — 0,13 est le point où s'enfonce l'aréomètre Salleron dans l'eau à 15° ; la seconde colonne donne les densités absolues de cet appareil. Les 2e et 3e colonnes donnent les densités de l'aréomètre Gay Lussac calculées par lui de 5 en 5 degrés et complétées par Collardeau-Vacher, dans l'eau à 15°. Les 5e et 6e colonnes donnent : la densité et le poids du litre à l'air, la température étant de 12°5, pour l'aréomètre de MM. Berthelot, Coulier et d'Almeida.

DEGRÉS BAUMÉ	SALLERON	GAY-LUSSAC		BERTHELOT	
	Densité absolue	Densité relative	Densité absolue	Densité absolue	Poids du litre à l'air
—0.13	999.125				
0	1000.0	1000.0	999.125	999.5	998.4
1	1006.9	1006.9	1006.0	1006.2	1005
2	1014.0	1014.0	1013.1	1013.0	1012
3	1021.2	1021.2	1020.3	1020.0	1019
4	1028.5	1028.5	1027.6	1027.0	1026
5	1035.9	1035.9	1035.0	1034.0	1033
6	1043.4	1043.4	1042.5	1041.0	1040
7	1051.0	1051.0	1050.1	1048.5	1047.5
8	1058.7	1058.7	1057.8	1056.0	1055
9	1066.5	1066.5	1065.6	1064.0	1063
10	1074.4	1074.4	1073.5	1071.5	1070.5
11	1082.5	1082.5	1181.6	1079.0	1078
12	1090.7	1090.7	1189.7	1087.0	1086
13	1099.0	1099.0	1098.0	1095.0	1094
14	1107.4	1107.4	1106.4	1103.0	1102
15	1116.0	1116.0	1115.0	1111.6	1110.6
16	1124.7	1124.7	1123.7	1120.0	1119
17	1133.5	1133.5	1132.5	1128.5	1127.5
18	1142.5	1142.5	1141.5	1137.0	1136
19	1151.6	1151.6	1150.6	1146.0	1145
20	1160.8	1160.8	1159.8	1155.5	1154
66	1842.7	1842.8	1841.2	1798.0	1797

On voit, dans ce tableau, que l'innovation de Berthelot, en ramenant les degrés de l'aréomètre Baumé aux indications de son inventeur, n'a fait que compliquer la question des aréomètres en introduisant à nouveau un appareil délaissé et qui, aujourd'hui, en fait un troisième.

Beaucoup d'expérimentateurs s'étaient livrés avant lui à cette étude ; je citerai seulement les suivants :

Poids spécifiques correspondant aux degrés Baumé

DEGRÉS BAUMÉ	DELEZENNE	FRANCŒUR	BOHNENBERGER	GILPIN	BRIX	GERLACH	KAPPELER	GAY-LUSSAC
0°	1000	1000	1000	1000	1000	1000	1000	1000
15°	1200	1109 5	1107	1114	1116 2	1113 8	1115	1116
42°	1428 5	1381 8	1371	1414	1411 1	1413 8	1407	1410 5

On voit, dans ce tableau, que Brix et Gay Lussac sont très près l'un de l'autre ; or Brix a fondé (d'après Baumé) les aréomètres allemands et Gay Lussac le densimètre français.

L'aréomètre Baumé n'ayant qu'une graduation absolument arbitraire qui ne signifie absolument rien et qu'on n'a pu rendre pratique qu'à l'aide de tables plus ou moins exactes devrait être abandonné complètement et remplacé partout par le densimètre ou par le pèse-litre.

Densimètre. — Je ne rentrerai pas ici dans toutes les questions théoriques qui viennent d'être étudiées, je me bornerai à décrire ces instruments. A la suite de la publication de mon Traité Général des Vins et de leurs Falsifications, dans lequel j'indiquais la différence qu'il y avait entre les densimètres gradués dans l'eau à 4° et dans l'eau à 15°, il y eut une polémique qui dura plus d'un an entre tous les savants sucriers dans le Journal des Fabricants de Sucre ; le densimètre gradué dans l'eau à 4° triompha et le pèse-litre fit son apparition.

Gay Lussac graduait son densimètre, comme son aréomètre Baumé, dans l'eau à 15°, marquant 1000 et l'acide sulfurique indiquant 1842,7. Il donnait donc la densité relative avec l'irrégularité de l'échelle signalée à l'aréomètre Baumé.

Salleron, depuis plus 30 ans, graduait ses densimètres dans l'eau à + 4° pesée dans le vide. Ce densimètre est généralement accepté aujourd'hui.

Le densimètre marque donc la densité des liquides, telle qu'on l'observe quand on pèse un litre de ce liquide en corrigeant la pesée, du poids qu'il perd quand il est dans l'air et de la perte qu'éprouvent aussi les poids plongés dans le même air.

Le densimètre marque 1000 dans l'eau à + 4° et 0.999,125 dans l'eau à + 15° et 998,213 dans l'eau à 20°.

Le densimètre marque la densité absolue du liquide dans lequel il est plongé, quelles que soient la température et la pression atmosphérique.

Il y aurait une correction à faire, si la température était très différente, le densimètre n'étant exact que pour la température à laquelle il a été gradué. L'erreur provient de la dilatation du verre, mais cette erreur ne peut affecter que la quatrième décimale.

L'instrument porte marquée sur sa tige l'indication de la densité du liquide, en nombres entiers, c'est-à-dire, le poids du litre en grammes. Ainsi 995 veut dire densité 0.995 et poids du litre 995 gr. Pour les usages spéciaux on ne marque que les dernières décimales.

Quoique le densimètre marque la densité absolue quelle que soit la température, il est nécessaire d'opérer toujours à la même température afin de pouvoir posséder des termes de comparaison entre les différents liquides dont le coefficient de dilatation peut différer de celui de l'eau. Le chiffre adopté est de 15°.

Pour avoir la densité d'un vin, il n'y a donc qu'à plonger le densimètre dans le vin à 15°, laisser reposer et lire le chiffre marqué sur la tige, au point d'affleurement du liquide, suivant les précautions indiquées précédemment.

Le densimètre a pour but de simplifier la prise de densité d'un liquide, mais il ne peut donner des résultats aussi exacts que la méthode du flacon.

Les densimètres les plus précis du commerce ne donnent que le gramme par litre, à peine peut-on lire une demi-division ou 1/2 gramme.

Dans certains cas, cependant, on fait des densimètres donnant le décigramme.

L'alcoomètre légal qui est une sorte de densimètre est le plus exact ; sa tige contient 20 degrés d'alcool divisés en dixièmes, soit 200 divisions pour une longueur de tige de 16 centimètres, soit 0mm 8, par division de 0 à 20°; la densité va de 1000 à 975,87, soit une différence de 24 gr. 13, dont le 200e est de 0 gr. 1206, tandis qu'avec la méthode du flacon en ne pesant que 50 avec deux milligrammes d'erreur, on ne commet qu'une erreur de 0,04 par litre. Nous verrons de plus à l'étude de l'alcoomètre qu'on ne peut garantir la lecture à moins de 1/10e près.

Les seules causes qui influent réellement sur la graduation, sont : la pesée de l'eau à + 4° ou à 15° dans le vide ou à 15° dans l'air, qui donnent respectivement 1000, 999,125 et 998,047. Quant à la pression et à la température de l'air, elles n'affectent que les centigrammes, que les instruments ne peuvent indiquer.

Le densimètre absolu marque 1/10e de moins que le densimètre relatif dans l'eau distillée, quelles que soient toutes les conditions extérieures.

Aréomètre Farhenheit. — C'est un aréomètre à volume constant et à poids variable.

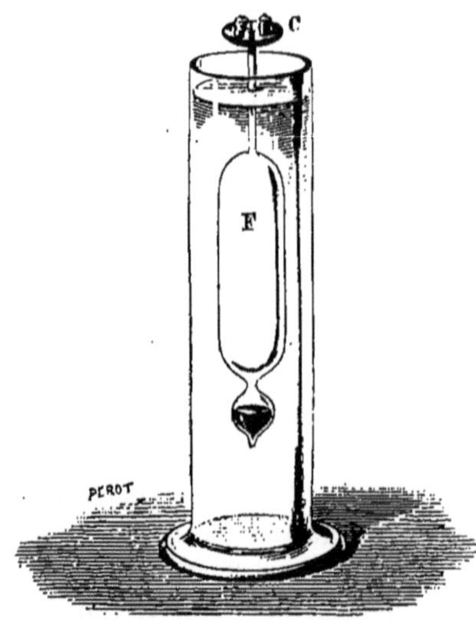

Fig. 20

(Dujardin — 10 Fr.

Cet instrument (fig. 20) se compose d'un flotteur F, d'un volume assez grand, terminé à sa partie supérieure par une tige de verre déliée, surmontée elle-même d'un petit plateau C ; au milieu de la tige supérieure se trouve un trait d'affleurement.

Pour les liquides plus lourds que l'eau, cet appareil affleure au trait marqué dans l'eau distillée à + 4°. Pour les liquides plus légers que l'eau il affleure dans l'alcool pur, à 15°.

Pour déterminer la densité d'un liquide au moyen de cet aréomètre, on pèse d'abord l'instrument dans une balance, on note son poids P ; on le plonge ensuite dans l'eau distillée, et pour amener le niveau du liquide au point d'affleurement on met des poids p sur le plateau ; par conséquent $P + p$ représente le poids du volume d'eau déplacée par l'aréomètre et par suite le volume de l'instrument lui-même.

On plonge ensuite l'aréomètre dans le liquide dont on cherche la densité et l'on amène de nouveau l'affleurement avec d'autres poids, p'. Le poids du liquide déplacé est alors de $P + p'$, et la densité de $\frac{P + p'}{P + p}$. L'eau distillée et le liquide étant examinés à la température de 15°.

Cet appareil ne sert qu'à des essais scientifiques (Voyez Alcoométrie).

Densimètre Rousseau. — Cet appareil a été inventé par Rousseau, pour trouver la densité des liquides, dont on n'a que quelques grammes.

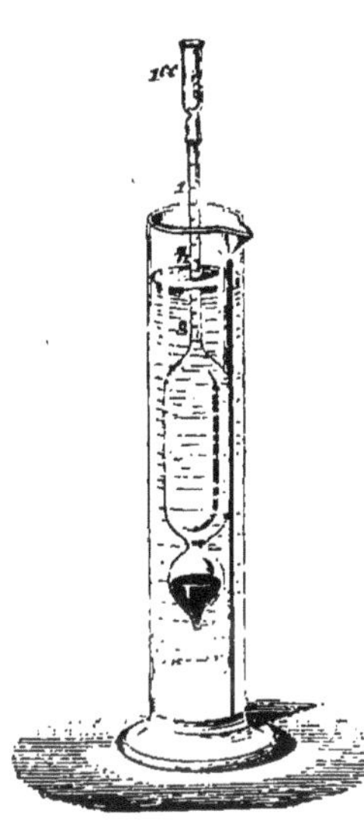

Fig. 21

(Soc. C. de Pro. Ch., 4 f. 50)

Il a la forme des aréomètres ordinaires, mais au sommet de la tige il a un petit réservoir, contenant 1cc de capacité exactement jaugé. On le leste de manière que dans l'eau distillée à 4°, son point d'affleurement se trouve au bas de la tige, au zéro de l'appareil. On remplit ensuite le centimètre cube de la petite capacité supérieure avec de l'eau distillée à 4°, l'appareil s'enfonce ; au nouveau point d'affleurement on marque 20 et on divise l'intervalle entre 0 et 20 en 20 divisions correspondant chacun à 0 gr. 05.

On continue les divisions jusqu'au sommet de la tige.

Pour obtenir la densité d'un liquide, on en remplit la petite capsule de 1cc et on note le point d'affleurement ; si, par exemple ; on avait 20° 1/2 on aurait comme densité $0{,}05 \times 20{,}5 = 10{,}25$ si on avait 21 divisions on aurait 1,050 ; le poids de l'eau à 4° étant 1. Pour les liquides plus légers que l'eau pour 19 divisions, par exemple, on aurait $0{,}05 \times 19 = 0{,}950$.

Cet instrument, ainsi qu'on le voit par les exemples ci-dessus, n'est que très approximatif.

Densimètre-thermo-correcteur de H. Pellet. — Ce densimètre a pour but d'éviter les calculs des corrections de températures du densimètre, les corrections étant indiquées par l'appareil lui-même. A la partie inférieure de ce flotteur se trouvent deux boules pleines de mercure, dont une sert de réservoir pour le thermomètre qui constate la température du liquide. A côté des traits représentant les degrés, sont placés des chiffres indiquant le nombre de décigr. qu'il faut ajouter ou retrancher de la densité trouvée, pour ramener cette densité à 15°. Par exemple si on lit 1047 et que le thermomètre marque 23°, pour avoir la densité à 15°, il suffit de voir quel est le chiffre correspondant à 23° ; on trouve 20 décigr. Par conséquent, 1,047 plus 2 égale 1049, densité à 15°.

Cet appareil doit être gradué dans les liquides auxquels il doit servir, car les corrections ne sont pas les mêmes suivant la nature des liquides.

Le thermomètre n'indique que la température du liquide à l'endroit où se trouve la boule du mercure et non la température du liquide qui entoure le corps de l'appareil ; les chimistes préfèrent aujourd'hui enlever l'aréomètre et prendre la température du liquide à l'endroit où se trouvait la boule avec un thermomètre très sensible, divisé en cinquièmes de degré.

Litromètre. — MM. Petit et Pinson (Moniteur Vinicole, 1879, Novembre 29) ont proposé un aréomètre qu'ils nommèrent litromètre ; cet appareil avait pour but d'indiquer de suite le poids du litre, dans l'air, du liquide dans lequel il était plongé.

L'aréomètre plongé dans l'eau à 15° pression 760 marquait 998,084 (d'après la table de Rossetti), c'est-à-dire le poids que l'on eût obtenu en pesant un litre égal d'eau, dans ces conditions, sur la balance.

Cet appareil n'est faussé que par les différences de pressions avec 760, qui sont insignifiantes, ainsi que nous l'avons vu et par les variations de températures au-dessus et au-dessous de 15° que l'on peut facilement corriger et qui sont du reste les mêmes qu'avec le densimètre. Il est vrai que les différences existant entre le litromètre et le densimètre ne sont que de 1 gr. 041 par litre soit 1 kilogr. par 1000 litres; c'est ce qui a fait abandonner, à tort suivant moi, cet appareil par leurs inventeurs.

Pèse-litre Courtonne. — En 1887, M. Courtonne a repris l'idée de MM. Petit et Pinson. M. Courtonne considère le densimètre absolu comme un instrument de physique de cabinet, mais non pratique.

Le densimètre plongé dans l'eau à 15°, et dans l'air, doit marquer 999,125 ou 999,160, tandis que le poids de un litre d'eau dans l'air est de 998,047.

Dans toutes les déterminations très précises on ne se sert que de la balance, qui donne le poids dans l'air; pourquoi donc ramener au poids dans le vide? On doit donc graduer les aréomètres d'après le poids apparent, c'est-à-dire celui qu'on obtient directement sur la balance. Le densimètre n'a été fait que pour remplacer la balance, il doit donc la remplacer complètement. Il sera toujours possible de revenir, par le calcul, au poids absolu, quand on le voudra.

Baudin construisait, en 1855, ses premiers densimètres en les graduant dans l'eau à 4°; en 1873, d'après les indications de Berthelot, il fit un densimètre (ce n'est plus un densimètre), marquant 998.08 dans l'eau à 15°.

Les avantages du nouvel appareil sont les suivants : 1° Vérification prompte et rapide des aréomètres et vases jaugés; 2° concordance des instruments et de la balance ; 3° concordance parfaite entre les analyses rapportées à 100 kilogr. et les analyses rapportées à 100 litres.

Je suis absolument de l'avis de M. Courtonne, et beaucoup de chimistes praticiens ont donné leur adhésion à cette idée. Dans la pratique il serait beaucoup plus commode de connaître le poids absolu calculé, qu'on ne peut jamais faire directement, mais le poids réel obtenu sur la balance, pour un volume donné.

Il est évident qu'on n'a plus alors la densité, l'appareil n'est donc pas un densimètre, c'est un *pèse-litre*, ainsi que l'a désigné M. Courtonne, mais que l'on pourrait appeler *aréo-balance*, puisqu'il est destiné à remplacer cet instrument.

Nous avons vu que le densimètre est moins exact que la balance, le densimètre n'est donc qu'un instrument pratique, mais le pèse-litre le sera bien davantage à tous les points de vue.

Le pèse-litre donnant de suite le poids d'un litre de liquide, si on a le poids total de ce liquide, on en aura de suite le volume ; c'est donc aussi un volumètre.

En résumé, dans les essais concernant la densité, les poids et volumes, on se servira pour les essais scientifiques de la balance ; et pour les essais pratiques du densimètre, si on veut la densité et du pèse-litre, si on veut le poids du litre. L'aréomètre Baumé doit absolument être mis de côté.

VOLUMÉTRIE

La mesure du volume des vins et des alcools a été soumise aux mêmes péripéties que la densité ; les deux questions n'en faisant qu'une.

Comme les fûts contenant les alcools et les vins ont une forme qui permet difficilement l'évaluation exacte du volume et que la contenance des fûts varie énormément d'un pays à l'autre, il s'en suit qu'il faut chercher le moyen d'avoir le volume exact par un autre procédé que le mesurage des fûts. Cela est d'autant plus nécessaire que les vins et les alcools se vendent au litre.

C'est l'étude des différents procédés proposés pour trouver le volume des vins qui constitue ce chapitre.

Jaugeage des vases de Laboratoire. — Les anciens constructeurs jaugeaient leurs vases en prenant pour le litre le volume formé par le poids de 1.000 gr. d'eau à 15° pesée dans le vide, et ce d'après le chiffre marqué sur l'aréomètre Baumé ou le densimètre Gay-Lussac, dans l'eau à 15°. Mais le vrai litre contient 1.000 gr. d'eau à 4° et pesé dans le vide ; or comme l'eau à 15° est plus dilatée que l'eau à 4°, il s'en suit que le même poids d'eau à 15° occupe un plus grand volume que l'eau à 4°.

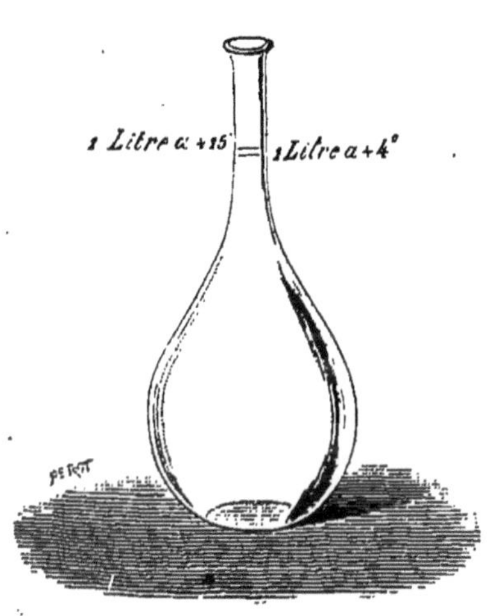

Fig. 22.
(Dujardin, — 10 fr.)

Le litre gradué à 15° est plus grand de 0l 000875 que le litre à 4°, soit près de un centimètre cube.

Pour bien faire comprendre la différence qu'il y a entre les deux graduations, M. Salleron a eu l'idée de construire un vase (fig. 22), indiquant le poids de 1.000 gr. à 4° et à 15°.

Ce litre, ou ses fractions, est très commode pour la vérification des vases gradués. Il suffit de peser ce vase vide et plein d'eau distillée pour avoir le poids de 1 litre d'eau, soit à 4, soit à 15, suivant que le vase à vérifier est gradué de l'une ou l'autre façon. Ensuite on opère de même avec le flacon à jauger et du rapport des deux poids on déduit le volume exact du second ; l'eau étant à la même température dans les deux cas.

Comme les vases gradués à 15 ne sont pas des multiples ou des fractions exacts du litre, nous recommandons instamment à nos lecteurs de ne demander aux constructeurs que des litres ou subdivisions du litre gradués à 4°.

En dehors de ce flacon, la vérification des vases jaugés est très facile ; supposons que la pression soit de 760 mm., on prend de l'eau distillée récemment bouillie ; on l'amène exactement à 15° et on la pèse en déduisant le poids du flacon du poids total ; on aura, sur la balance de précision :

Pour un litre.............	998 gr	047
— 500 cc...............	499	0235
— 200 cc...............	199	6094
— 100 cc...............	99	8045
— 50 cc...............	49	9022
— 10 cc...............	9	9805

D'après la table de Despretz et la formule indiquée à la « Densité ».

Avec la table de Rossetti on aurait pour le litre 998.081, soit une différence de 34 centigrammes ou 34 millimètres cubes, ce qui a une certaine valeur sur la balance, mais n'en a aucune dans la graduation des vases.

En effet, les ballons de un litre ont un col dans lequel 1 cc a une hauteur de 5 millim. au plus ; les 34 mmc auraient une hauteur de 0 mm 17, ce qui est invisible ; la raie sur le verre étant plus épaisse et allant à près de 1/2 millim.

Pour 100 cc il n'y a plus que 4 milligr. de différence entre les deux poids.

Le jaugeage des burettes et pipettes se fera d'une façon un peu différente ; on tare un vase quelconque, et l'on vide dedans le contenu ou une partie connue de la burette ou de la pipette et on le pèse de suite ; le poids de l'eau rapporté aux chiffres ci-dessus indiquera si la graduation est exacte. Il faut que la température de l'eau soit bien de 15° ; les autres conditions de pression et de température de l'air n'ont aucune valeur pratique.

Par un beau temps très sec, baromètre 790, température 30°, on a 998 gr 103.14.

Par un mauvais temps et froid, baromètre 730, température 5°, on a 998 gr 00688.

Et pour le temps moyen, 15°, pression 760, on a 998 gr 04740.

L'erreur maxima sera donc de 96 milligr. sur un litre, et avec la moyenne cette erreur n'est que de 57 ou 39 milligr., et j'ai choisi des pressions que l'on n'atteint presque jamais et qui ne durent que peu de temps ; il sera donc très facile de remettre à un autre moment cette vérification du litre sur le col duquel les 96 milligr. font moins de 1/2 millim. Elle n'influe aucunement sur les subdivisions, et si le vase a été mal gradué, on n'aura que 57 milligr., soit une hauteur de 1/5 de millim. d'erreur dans son évaluation.

La hauteur du centimètre cube dans les cols des ballons de 100^{cc}, pour lesquels l'erreur est 10 fois plus petite n'est que de 6 millim.

On pourra peser de l'eau à une autre température que celle de 15°, mais alors il faudra ramener au vide et chercher le volume d'après les tables de Despretz ou de Rossetti.

Une cause d'erreur plus sérieuse pour les liquides que l'on transvase, c'est la quantité de liquide restant après les parois de ces vases. Si on remplit un litre à la jauge et qu'on le renverse, on n'a pas un litre ; il faut bien en tenir compte.

Pour les burettes et pipettes, elles ne sont graduées que d'après leur déversement ; mais le plus souvent elles sont graduées avec de l'eau, or le volume d'eau restant attaché aux parois ne sera pas le même que celui du vin ou du lait par exemple ; plus un liquide est fluide, moins il reste ; plus le liquide est visqueux, et plus les parois en retiennent. Les burettes et pipettes doivent donc être jaugées avec les liquides auxquels elles doivent servir.

Pour vérifier cette jauge, on prend une éprouvette type bien graduée, très haute et peu large ; on mesure un volume du liquide à essayer et on pèse, puis, avec la burette ou la pipette, on en mesure un volume égal ou multiple, et on pèse à nouveau ; les deux poids doivent correspondre ; la température du liquide n'ayant pas varié.

Dans tous les appareils gradués pour mesurer les liquides, c'est le ménisque inférieur du liquide qui doit être de niveau avec les traits de jauge. Les liquides dans les tubes de peu de diamètre forment à leur partie supérieure trois lignes très distinctes nommées ménisques (figure 23) ; le trait, A, marque la partie du liquide qui s'attache au verre ; les traits, B, et C, indiquent la courbure du liquide, le trait C étant la surface du liquide au centre du tube. C'est le bord inférieur du ménisque, C, qui doit être tangent au trait, D, marqué sur le tube, l'œil étant placé juste au niveau du liquide.

Fig. 23

Volume des alcools purs. — Le volume des alcools purs varie avec la température d'une façon assez sensible pour donner des différences appréciables. Il peut en résulter des discussions lors des livraisons des alcools de hauts degrés.

Les livraisons d'alcools doivent avoir pour base le litre à la température de 15° ; donc, à la réception, si la température est au-dessous de 15°, on recevra moins de litres et si elle est au-dessus de 15° on doit en recevoir davantage.

Au moyen de la table de correction suivante on trouvera, en prenant simplement la température de l'alcool, la quantité de litres que l'on doit recevoir :

Température.

+	1	2	3	4	5	6	7	8	9	10	11	12	13	14	15
50	11	10	9	9	8	7	6	5	5	4	3	2	2	1	0
55	11	11	10	9	8	7	6	6	5	4	3	2	2	1	0
60	12	11	10	9	8	8	7	6	5	4	3	2	2	1	0
65	12	11	10	10	9	8	7	6	5	4	3	2	2	1	0
70	13	12	11	10	9	8	7	6	5	4	4	3	2	1	0
75	13	12	11	10	9	8	7	6	5	5	4	3	2	1	0
80	13	12	11	10	10	9	8	7	6	5	4	3	2	1	0
85	14	13	12	11	10	9	8	7	6	5	4	3	2	1	0
90	14	13	12	11	10	9	8	7	6	5	4	3	2	1	0

Alcoomètre.

Température.

—	16	17	18	19	20	21	22	23	24	25	26	27	28	29	30
50	1	2	2	3	4	5	5	6	7	7	8	9	10	10	11
55	1	2	2	3	4	5	6	6	7	8	9	10	10	11	12
60	1	2	3	3	4	5	6	7	8	8	9	10	11	12	12
65	1	2	3	3	4	5	6	7	8	9	10	10	11	12	13
70	1	2	3	4	4	5	6	7	8	9	10	11	12	12	13
75	1	2	3	4	5	5	6	7	8	9	10	11	12	13	14
80	1	2	3	4	5	6	7	8	9	9	10	11	12	13	14
85	1	2	3	4	5	6	7	8	9	10	11	12	13	14	15
90	1	2	3	4	5	6	7	8	9	10	11	12	13	14	15

Les chiffres de la table indiquent les dixièmes de litre à ajouter ou à retrancher de 100 litres mesurés à la température indiquée.

1er Exemple : Je reçois 400 litres d'alcool 90° à la température de 25° ; quel est son volume réel à 15° ? Je cherche dans la table, dans la colonne 25° de température, et je trouve en face de 90° le chiffre de 10 dixièmes de litre ou un litre et comme au-dessus de 15° le volume d'alcool augmente, j'ai donc à retrancher pour revenir à 15° 1 litre par 100 litres, soit 4 litres ; je n'ai donc reçu que 396 litres.

2e Exemple : Je reçois 496 litres d'alcool 70° à la température 6° ; je trouve dans la table 8 dixièmes de litre ou $0^l,8 \times 5 = 4$ litres à ajouter à 496 ; j'ai donc reçu 500 litres à 15°.

Le volume de l'alcool, quelle que soit la température, est déterminé comme celui des vins.

Volume des vins. — La mesure du volume du vin peut se faire par trois méthodes différentes : 1° la mesure directe du vin par le dépotage dans des vases jaugés, ce qui ne se fait guère que dans quelques cas ; 2° la mesure approximative, calculée d'après la dimension des tonneaux ; 3° la mesure du volume calculée d'après le poids du vin et sa densité.

Mesure directe. — On possède de grands vases jaugés, multiples du litre légal ; on vide dedans les barriques contenant du vin, qui doit être à 15° ou environ, et on remet le vin en barriques ; c'est une opération longue, coûteuse et qui a l'inconvénient de mettre le vin en contact avec l'air.

Dimensions des fûts. — Un grand foudre doit avoir un diamètre, à la bonde, égal à sa longueur ; on peut augmenter la longueur, mais il faut alors un plus grand nombre de cercles ; d'autre part, la diminution de la longueur est au détriment de la solidité ; il faut trois cercles par mètre de longueur.

Les tonneaux doivent avoir les rapports ci-dessous entre leur capacité et leurs dimensions.

Capacité en litres	Longueur en centimètres	Circonférence en centimètres
10	33	75
20	42	100
30	50	110
35	50	117
53	40	120
50	61	127
60	64	128
80	67	150
110	75	167
120	78	171
150	84	176
220	94	210
350	97	260
550	114	300
600	144	300

(Rougier).

Jaugeage des fûts.— Le volume exact des fûts ne peut se déterminer, car ils n'ont pas une forme géométrique régulière; on y arrive d'une façon suffisamment approchée pour la pratique.

Un fût se compose de deux parties ayant la forme de troncs de cônes courbes accolés à leurs bases ; on emploie donc la formule du tronc de cône :

Volume en hectolitre $= 0,2618 \times L \times (D^2 + d^2 + Dd) \times 10$.

L = longueur intérieure entre les deux fonds ;

D^2 = diamètre intérieur à la bonde multiplié par lui-même ;

d^2 = diamètre intérieur des fonds, multiplié par lui-même ;

Dd = diamètre à la bonde multiplié par le diamètre des fonds.

L'erreur est peu sensible si les diamètres sont peu différents ; le volume obtenu est toujours un peu faible.

Si le fût est fortement bombé, les deux diamètres sont très différents ; on emploie alors la formule suivante :

Volume en hectolitres $= 0,2618 \times L \times (2\,D^2 + d^2) \times 10$.

Les grands foudres du Midi, qui ont les fonds bombés comme le ventre, demandent une autre formule, appliquée à Montpellier :

Volume en hectolitres = D × d × 8 × L.

L est une moyenne de sept longueurs différentes; la première entre les deux centres des fonds ; la deuxième à la partie supérieure et la troisième à la partie inférieure des fonds; la quatrième et la cinquième entre les deux fonds, à droite et à gauche à la hauteur du milieu; la sixième à moitié distance des points où l'on a mesuré les troisième et quatrième longueurs et la septième à moitié distance des points qui ont servi à la troisième et à la cinquième longueurs. Les dimensions sont prises de l'extérieur; on déduit l'épaisseur du bois.

Jauge diagonale Grandvoinnet. — C'est une règle carrée en fer de 1m20 environ, graduée en centimètres sur une face et de dix en dix litres sur la face opposée. Un index à coulisse et à ressort glisse le long de la règle. On introduit la jauge dans le fût, par la bonde, en l'inclinant jusqu'à ce qu'elle rencontre le bas de l'un des fonds ; on fait alors glisser l'index jusqu'à ce qu'il soit au niveau inférieur du bois de la bonde et on lit le volume ; on retire un peu la jauge et on lui fait prendre la direction opposée de manière l'arrêter à la partie inférieure de l'autre fond; on fait de nouveau glisser l'index et on lit le second volume, la moyenne des deux volumes donne celui du tonneau.

La régie possède une règle semblable, mais seulement graduée en centimètres; on mesure les deux longueurs diagonales, comme je viens de le dire, on additionne les deux chiffres et on divise par deux, puis on cherche dans la table suivante le chiffre de centimètres ainsi trouvé ; en face se trouve le volume du tonneau en litres.

LONGUEUR diagonale en centimètres	CONTENANCE en litres	LONGUEUR diagonale en centimètres	CONTENANCE en litres	LONGUEUR diagonale en centimètres	CONTENANCE en litres	LONGUEUR diagonale en centimètres	CONTENANCE en litres	LONGUEUR diagonale en centimètres	CONTENANCE en litres	LONGUEUR diagonale en centimètres	CONTENANCE en litres
25	10	40	39	55	100	70	205	85	367	1 01	615
26	11	41	42	56	106	71	214	86	380	1 02	634
27	12	42	45	57	111	72	223	87	394	1 03	652
28	13	43	48	58	117	73	232	88	408	1 04	672
29	14	44	51	59	123	74	242	89	422	1 05	690
30	16	45	55	60	129	75	252	90	436	1 06	710
31	18	46	59	61	135	76	262	91	454	1 07	732
32	20	47	63	62	143	77	273	92	465	1 08	754
33	22	48	66	63	149	78	284	93	480	1 09	775
34	24	49	70	64	156	79	295	94	496	1 10	796
35	26	50	75	65	194	80	306	95	512	1 11	817
36	28	51	79	66	172	81	318	96	528	1 12	840
37	30	52	84	67	180	82	330	97	545	1 13	863
38	32	53	89	68	188	83	342	98	563	1 14	885
39	35	54	95	69	197	84	354	99	580	1 15	910
								100	598		

Mesure des manquants. — On nomme manquant le vide qui se produit dans les fûts soit par la vidange directe, soit par l'effet de l'évaporation ou du coulage, dans les caves ou dans les navires.

Pour évaluer cette perte, sans toucher au fût, il fallait avoir une mesure uniforme. La Chambre Syndicale des Négociants en Vins, de Bercy, après avoir étudié la question, a composé la table suivante, qui a été acceptée par les Compagnies de chemins de fer.

La première colonne indique en millimètres la hauteur du vide entre la surface du liquide et la surface supérieure interne du bois, à la bonde. Les colonnes suivantes indiquent le vide en litres.

Millimètres de vide	Fûts de 110 à 114 litres	Fûts de 220 à 228 litres	Fûts de 300 à 350 litres	Fûts de 400 à 450 litres	Fûts de 500 à 550 litres	Fûts de 600 à 650 litres
28	1.5	2	2.5	3	3.5	4
55	5	6	6.5	9	10	10.5
83	9	13	14	19	20	20
110	15	20	24	30	35	39
135	22	30	36	45	50	48
165	29	40	49	60	66	68
193	37	49	63	72	85	90
220	45	61	78	91	105	113
250	53	74	94	111	126	135
275	61	86	111	126	148	158
300	68	100	128	150	172	180
333	75	114	145	171	184	206
360	82	128	162	192	229	230
390	88	142	178	215	254	259
415	94	154	192	235	278	291
440	100	167	208	255	302	325
470	105	178	224	274	326	365
500	109	189	240	288	350	397
525	114	199	255	304	374	436
550		208	270	319	398	458
580		215	283	335	420	487
600		222	296	350	442	510
636		226	307	365	460	532
666		228	315	378	478	554
690			320	390	495	574
720			324	402	510	593
748			326	411	520	614
776				415	527	626
800					530	637
823						645
854						648
880						650

Pour faire usage de cette table, on introduit une règle métrique en bois dans le fût de manière qu'elle plonge un peu dans le vin et on marque le point d'affleurement extérieur du bois; on regarde le nombre de millimètres de longueur du tout; puis on déduit d'abord la longueur de millimètres de la partie ayant plongé dans le vin, puis l'épaisseur du bois; on cherche dans la première colonne le nombre de millimètres égal à celui trouvé, et en face, suivant la capacité du tonneau, on trouve le nombre de litres manquants.

Cette mesure n'est qu'approximative, puisque dans certains cas un millimètre fait plus de 1 litre de différence.

Mesure du volume du vin par le poids. — Depuis longtemps, dans le commerce des vins, on s'est occupé de remplacer le jaugeage des fûts par la pesée du vin, le poids du vin étant ramené au volume par des tables basées sur la densité et le degré alcoolique ; or, nous avons vu que la densité était loin d'être d'accord avec le degré alcoolique ; il y a donc là déjà une cause d'erreur.

Les vins du centre de la France sont généralement pris kilogr. pour litre ; ceux du Roussillon qui dépassent 14° sont cotés avec une augmentation commerciale de 1 % sur le poids, pour arriver au volume, bien que les tableaux des densités indiquent davantage ; pour les vins d'Espagne et d'Italie, les négociants opèrent de même. L'acheteur ne peut, en aucune façon, se plaindre de ce procédé, car rigoureusement ces vins devraient donner une contenance plus forte relativement à leur poids.

En attendant que la vente au poids soit acceptée par le commerce vinicole, voici comment on peut, pratiquement, revenir du poids du vin à son volume.

On prendra deux fûts et on les tarera, puis on les remplira d'eau, dans les environs de 15°, et on fera le poids net. On considérera le poids de l'eau comme égal au volume (quoique ce ne soit pas tout à fait exact, puisque le poids de l'eau à + 15°, pression 760, est de 998 kilogr. pour 100 litres).

On videra les fûts pleins d'eau et on les remplira du vin dont on prendra le poids net. Ensuite on pèsera toute la livraison.

Le poids total du vin multiplié par le poids de l'eau et divisé par le poids du vin des 2 fûts donnera le nombre de litres.

Avec cette manière d'opérer, on est sûr de livrer un ou deux litres de plus par 1000 litres, on n'aura donc à craindre aucune contestation.

Exemple : Je veux livrer 50 barriques de vin de Bordeaux, j'en remplis 2 avec de l'eau et j'ai pour son poids $445^{k}100$. Je les vide et les remplis de vin dont le poids est de $443^{k}3$. Le poids total est de 11055 kilogr.

Le poids de l'eau donne comme volume $445^{l}1$ pour un poids de vin de 443.3, donc le poids du litre de vin est 443.3 : 445,1 = $0^{k}99595$.

Le volume total est donc de 11.055 : 0.99595 = 11099 litres.

Ou d'après la formule précédente. $\frac{11055 + 445.1}{443.3} = 11099$ soit $221^{l}98$ par barrique. On livrera de 11 à 22 litres de plus sur le tout.

Saint-Pierre et Pujo (1867) ont pris la densité d'un assez grand nombre de vins, rouges et blancs, secs et doux pour voir si le pesage pouvait être substitué au mesurage. Leurs conclusions sont que la densité des vins rouges de nos pays se rapproche de celle de l'eau ; que les vins blancs sont plus légers que les vins rouges et que les vins de liqueur sont un peu plus lourds que l'eau.

Densi-Volumètres. — Si on connaît le poids d'un vin et que l'on sache le poids de ce litre de vin, il est évident que l'on aura son volume.

Volumètre Houdart. — C'est sur ce principe que M. Houdart a basé l'emploi de son volumètre ou densimètre. (Pour combiner cet appareil, M. Houdart s'est adressé à M. Salleron, qui a réussi à faire un instrument extrêmement pratique).

On pèse le vin, puis on y introduit un densimètre. Le litre légal étant le volume de 1 kilogr. d'eau pesée dans le vide et à la température de + 4°, il y a donc une différence entre le volume pesé dans l'air et la densité.

Dans l'eau à 4°, le volumètre marque 1000 litres, et dans l'eau à 15°, il indique $1000^{l}875$.

Dans l'eau à 4°, le densimètre marque 1000 kilogr., et dans l'eau à 15°, il donne $999^{k}125$.

Voyons donc les chiffres que nous obtiendrons en mesurant 1000 litres d'eau ou en en pesant 1000 kilogr.

Si on pèse $998^{k}076$ d'eau à 15° avec des poids de fonte (1000 litres), on aura, le densimètre marquant 999.125 et le volumètre 1000.875 :

$$\text{Capacité : } 998.076 \times \frac{1000,875}{10000} = 998^{l}95 \text{ ; différence, } 1^{l}05.$$

Si on connaît le volume de 100 litres d'eau à 15 et qu'on veuille avoir le poids, on aura $0.999125 \times 1000 = 999^{k}125$ au lieu de $998^{k}076$, différence de : $1^{k}049$.

1 pour 1000 est une petite erreur,

Le volumètre est un aréomètre portant deux échelles en regard : la première, *volumètre*, indique le volume occupé par 100 kilogr. du liquide pesé — 102 veut dire que 100 kilogr. de vin occupent 102 litres ; la seconde, *densimètre*, coloriée en rose, fait connaître le poids que pèsent 100 litres de vin.

Quand on veut connaître le volume du liquide correspondant à un poids donné, il faut multiplier ce poids par le volume spécifique de ce liquide, c'est-à-dire par l'indication du volumètre.

Quand on veut déterminer le poids que doit avoir un volume donné, il faut multiplier ce volume par la densité de ce liquide, c'est-à-dire par l'indication du densimètre.

1er exemple : Trouvez la capacité d'un tonneau ? Le tonneau vide pèse 10 kilogr., et plein 228 kilogr. ; le vin pèse donc 218 kilogr. L'aréomètre étant plongé dans le vin marque 102 au volumètre ; c'est-à-dire que 100 kilogr. de vin occuperont 102 litres ; le volume du tonneau sera donc de 222 litres 1/3.

2e exemple : Versez dans un tonneau un volume déterminé de vin ? L'aréomètre plongé dans le liquide marque au densimètre 98, ce qui veut veut dire que 100 litres du vin pèseront 98 kilogr.

Si on veut faire un coupage et mettre 60 litres d'un vin on aura la proportion 100 : 98 : : 60 : x — x = 58k8. On tarera le tonneau et on pèsera 58k8. de vin; il occupera 60 litres.

L'emploi de cet appareil facilite singulièrement les opérations des marchands de vins. Il donne le volume ou le poids des vins dont on connaît le poids ou le volume. Il est d'une utilité incontestable pour la mesure des vases et pour les coupages; il est de plus d'un maniement extrêmement facile. Il suffit de le plonger dans le vin et de lire le chiffre qui affleure la surface du liquide. Cette opération est beaucoup plus simple que celle que j'ai indiquée plus haut, par le poids de l'eau, et tout aussi exacte.

Pèse-Litre Courtonne. — Nous avons vu que MM. Petit et Pinson avaient eu la première idée de cet appareil, mais qu'ils l'avaient abandonnée, dans la crainte de sortir du système métrique ; nous avons vu également que le négociant qui pèse son vin, le chimiste qui pèse ses produits, sortent également tous les jours du système métrique.

M. Courtonne a donc repris cette idée très pratique et a fait construire, par M. Dujardin, successeur de M. Salleron, un instrument qui donne le poids du litre de liquide à 15° dans l'air. Cet instrument donnera donc de suite le poids ou le volume du liquide. Il y aura une petite différence parce que l'appareil est gradué avec des poids de laiton, tandis que l'on pèse avec des poids de fonte, mais cette différence n'est que de 30 grammes sur 1000 kilogr., c'est-à-dire nulle.

Cet instrument est beaucoup plus logique que le densimètre, pour cet usage ; en effet, si un liquide pèse d'après l'appareil 998 grammes au litre, sur la bascule, le négociant obtiendra 998 kilogr. pour 1000 litres.

Alcoomètre de Gay Lussac. — M. Courtonne a eu l'idée de faire servir l'alcoomètre à la recherche du volume et du poids des alcools purs, cet appareil servant à la fois de pèse-litre et de volumètre. Pour y arriver il a composé une table basée sur l'eau à 15° = 999 gr. 16 (Rossetti).

La première colonne indique le degré de l'alcoomètre plongé dans l'alcoo à 15°, ou ramené à 15° d'après la table de correction ; la deuxième colonne indique le poids du liquide à 15° pesé dans l'air sous la pression 760mm ; la troisième colonne indique le volume occupé par 1 kil. du liquide à 15° et pesé dans l'air.

Degrés de l'alcoomètre	Poids en grammes du litre dans l'air à + 15°.	Volume en centimètres cubes de 1000 gr. à 15° pesés dans l'air.	Degrés de l'alcoomètre	Poids en grammes du litre dans l'air à + 15°.	Volume en centimètres cubes de 1000 gr. à 15° pesés dans l'air.	Degrés de l'alcoomètre	Poids en grammes du litre dans l'air à + 15°.	Volume en centimètres cubes de 1000 gr. à 15° pesés dans l'air.
0	998.080	1001.92	34	958.658	1043.12	68	893.313	1119.55
1	996.521	1003.49	35	957.338	1044.56	69	890.895	1122.46
2	995.033	1005.00	36	955.969	1046.05	70	888.446	1125.56
3	993.604	1006.43	37	954.561	1047.60	71	885.968	1128.70
4	992.215	1007.84	38	953.102	1049.20	72	883.469	1131.90
5	990.855	1009.22	39	951.613	1050.84	73	880.941	1135.14
6	989.536	1010.57	40	950.073	1052.55	74	879.383	1138.45
7	988.247	1011.89	41	948.475	1054.32	75	875.795	1141.82
8	986.998	1013.17	42	946.836	1056.14	76	973.167	1145.25
9	985.788	1014.41	43	945.167	1058.00	77	870.509	1148.75
10	984.609	1015.63	44	943.468	1059.93	78	867.820	1152.31
11	983.460	1816.81	45	941.729	1061.87	79	865.092	1154.84
12	982.331	1017.98	46	939.951	1063.88	80	862.334	1159.64
13	981.232	1019.12	47	938.141	1065.93	81	859.546	1163.40
14	980.153	1020.24	48	936.293	1068.04	82	856.718	1167.24
15	979.094	1021.35	49	934.414	1070.18	83	853.850	1171.16
16	978.044	1022.44	50	932.496	1072.39	84	850.933	1175.18
17	977.015	1023.52	51	930.537	1074.64	85	847.974	1179.28
18	975.995	1024.59	52	928.538	1076.96	86	844.967	1183.47
19	974.976	1025.66	53	926.500	1079.33	87	841.908	1187.77
20	973.967	1026.72	54	924.432	1081.74	88	838.791	1192.19
21	972.968	1027.78	55	922.332	1084.20	89	835.603	1196.74
22	971.969	1028.83	56	920.224	1086.69	90	832.345	1201.42
23	970.960	1029.91	57	918.106	1089.20	91	829.007	1206.26
24	969.950	1030.98	58	915.977	1091.73	92	825.580	1211.26
25	968.940	1032.05	59	913.829	1094.29	93	822.053	1216.46
26	967.911	1033.15	60	911.650	1096.91	94	818.405	1221.88
27	966.862	1034.27	61	909.441	1099.57	95	814.618	1227.56
28	965.793	1035.41	62	907.213	1102.27	96	810.660	1233.56
29	964.694	1036.59	63	904.965	1105.01	97	806.503	1239.92
30	963.554	1037.82	64	902.686	1107.80	98	802.117	1246.70
31	962.385	1039.08	65	900.388	1110.63	99	797.480	1253.95
32	961.176	1040.39	66	898.060	1113.51	100	792.554	1261.74
33	959.937	1041.73	67	895.701	1116.44			

Rien n'est plus facile que de se servir de la table ; il suffit de plonger l'alcoomètre dans le liquide alcoolique, et de ramener d'après la table de Gay Lussac au degré à 15° de température et de regarder dans la table en face du degré.

1er exemple. Un client reçoit une livraison d'alcool : Poids net de l'alcool 500 k., l'alcool marque 95° à 19 1/2 soit 94° à 15 ; d'après la table volume du kil. 1221,88 volume de l'alcool dans le fût 1,2218 × 500 = 610 l. 94 à 94° et $610{,}94 \times \frac{94}{100}$ = 574 litres 37 d'alcool à 100°.

2e exemple. On reçoit 400 litres d'alcool 90° à 15, quel en est le poids dans l'air ? 1 litre pèse 832 gr. 345 ; 400 litres pèseront 832,345 × 400 = 332 k. 380.

Les variations de l'atmosphère n'influent pas dans la pratique.

A la réception des alcools, comme on se sert de l'alcoomètre pour vérifier

30

le degré alcoolique, l'opération matérielle est faite; pour avoir le poids ou le volume, il n'y a qu'à calculer d'après la table.

Mais il faut faire la correction de la dilatation de l'alcool si la température est différente de 15°, d'après la petite table que j'ai donnée précédemment.

VOLUME DES FUTS

Le système métrique est obligatoire en France et cependant le commerce des vins se sert d'une foule de mesures très diverses et portant des noms différents. Les mesures portant les mêmes noms varient de capacités suivant les pays de production; ce qui produit une grande confusion dans les rapports commerciaux.

Ces mesures ne sont autre chose que les fûts utilisés dans les divers pays, devenant ainsi des unités de capacité.

J'ai cru utile de donner ici la capacité des fûts employés dans le commerce des vins; les chiffres donnés indiquent les litres; ils sont extraits du Traité de M. Bedel et en partie de celui de M. Dubief, pour la France; les mesures étrangères ont été publiées par M. Boudeville, dans le Moniteur Vinicole.

France. — *Anée.* — Isère 76, Rhône 93, Bresse et Mâconnais 300.

Baral. — Carpentras et Orange 26,5, Gap 32 à 34, Saint-Gilles et Gard 45,5, Vaucluse 49, Isère 50, Tavel 57,5.

Barbantane. — Languedoc 565.

Bareille. — Rhône 228.

Barillo. — Corse 150.

Barrique. — Hautes-Pyrénées 80, Charente 205, Hérault 203 à 215, Tarn 205 à 215, Ardèche 206 à 214, Drôme 210, Isère 210 à 230, Bouches-du-Rhône 214 à 220, Charente-Inférieure 215 à 225, Tarn-et-Garonne 218, Bordeaux 220, Dordogne, Gers, Gironde, Gâtinais, Ille-et-Vilaine, Lot, Lot-et-Garonne, Loire-Inférieure, Morbihan, Tarn-et-Garonne, Var, Vendée 228, Basses-Pyrénées 270, Vienne 252, Deux-Sèvres 289 à 305, Landes 304, Marseille 518.

Boute. — Provence, le plus ordinairement, 520 (voir Millerolle).

Botte. — Saône-et-Loire, Rhône 212.

Bussard. — Anjou 350.

Busse. — Maine-et-Loire 230, Saumur 232, Mayenne 233, Sarthe 240 à 250, Anjou 251.

Caque ou *Tierçon.* — Champagne 91.

Carreau. — Nord 4 l. 38.

Charge ou *Hotte.* — Meurthe 39 à 40, Meuse, Toul 40, Narbonne 94, Hautes-Alpes 88 à 120, Isère, Limoux 100, Pyrénées-Orientales 118, Grasse 134, Castelnaudary 138, Carcassonne 143, Ardèche 150 à 167.

Chaudron. — Meuse 10.

Comporte. — Hautes-Pyrénées 43 à 60, Tarbes 53.

Coupe. — Digne 17, Sisteron 23, Barcelonnette 30.

Cruche ou *Héralde.* — Pau 23, Paris (autrefois) 32.

Demi-botte. — Languedoc 221.

Demi-caque. — Champagne 53.

Demi-char.— Haute-Garonne 325.

Demi-feuillette. — Champagne 67.

Demi-muid. — Seine-et-Oise 133, Bourgogne 136, Languedoc et Roussillon 340 à 360 et dans quelques localités 152 à 167. *Gros demi-muid,* Bourgogne 152. *Très gros demi-muid,* Bourgogne 167.

Demi-pièce. — Châlons-sur-Saône 112 à 114, Paris 115, Côte-d'Or 128, Château-Thierry 183, Reims 198 à 200, Vaucluse 275.

Demi-queue. — Provins, Nogent-sur-Seine, Anglure, Villenoxe 175 ; Bar-le-Duc 180, Château-Thierry, Champagne 183, Reims 198, Bordelais, Renaison 201, Hermitage 205, Croussier 208, Saint-Dizier, Mâcon, Montigny, Charlieux 213, Lachaize, Saint-Pourçain, Gannat, Gâtinais, Sancerre, Cahors 221, Riceys 221 à 228, Châlons-sur-Saône 222, Grobard, Bar-sur-Aude, Bar-sur-Seine, Châtillon, Châlonnaise 224, Beaune, Pouilly, Orléans, Côte-d'Or 228, Sologne, Chapelle-Blanche (Bourgueil), Blois, Limoux 236, Noël, Mont-Louis, Chinon, Anjou, Cher (Dubief), Nantaise 243, Cher (Bedel) 245 à 255, Touraine 247, Condrieux 251, Vouvray 255, Languedoc 274, Auvergne 280, Saint-Gilles 289.

Demi-queue cruchée. — Vichy, Cusset, Varennes, Moulins 208.

Ermine. — Hautes-Alpes 22 à 30.

Feuillette. — Côte-d'Or, Saône-et-Loire 112 à 114, Mantes-sur-Seine 133, Bourgogne 136; la *grande feuillette,* Bourgogne 144.

Hout. — Nord 17,5.

Juste. — Ariège 2 à 4.

Mannée. — Anjou 40 à 50.

Mesure. — Vosges 42 à 45, Meurthe, Moselle 44.

Millerole. — Aix 50, Var 60 à 70, Marseille 64, Aubagne, Gemenas, Roquevaire 65, Ciotat 70, Allauch 72, Gardanne 75.

Muid. — Haute-Marne 230 à 241, Aisne 250 à 266, Seine-et-Oise 266, Yonne 272, Rhône 288, Orléans 289, Bourgogne, Cahors 297, Doubs, Jura 300 à 318, Bourgogne (rappé) 304, (gros rappé) 320, (très gros rappé) 342, (très gros rappé Bourgogne) 350, Aube 365, Saint-Gilles 380, Languedoc 449 à 460, Roussillon 472, Montpellier 510, Hérault 685.

Ohm. — Haut-Rhin et Allemagne 50.

Petit-muid. — Languedoc 365.

Pièce. — Aube 172 à 182, Aisne 182 à 205, Haute-Saône 180 à 200, Haute-Marne 182 à 228, Nièce 180 à 230, Ain 182 à 248, Saône-et-Loire 212, Bordeaux, Pouilly, Sancerre 220, Chinon, Nantaise 226, Loiret, Pyrénées-Orientales, Seine-et-Oise, Côte-d'Or 228, Anjou, Orléanais, Gâtinais, Riceys et Gros Bar 230, Blois 236, Indre-et-Loire 243 à 258, Touraine, Cher, 244, Vouvray 248.

Pipe. — Anjou 480, Saumur 472, Nantes 540, Languedoc, La Rochelle 533, Paris 620, Cognac 624 à 650, Montpellier 646, Saint-Gilles 761; *grande-pipe* de Paris 900.

Poinçon. — Eure-et-Loir 210 à 230 ; Indre, Cher 218, Vendôme 220, Nièvre 224, Blois 228, Loiret 225 à 228, Chinon 230, Cher 250.

Pot. — Toul 2.5, Auvergne 14.75.

Quari. — Doubs 79.

Quart. — Yonne 68, Haute-Bourgogne 114, Pouilly et Sancerre 105, Mâconnais, Beaujolais 106.

Quart de botte. — Languedoc 106.

Quart de muid. — Champagne 67; Bourgogne 68.

Quart de tiercerolle. — Languedoc 114.

Quartaut. — Champagne 91, Mâcon 106, Châlonnais, Beaune et Orléans 114, Touraine, Vouvray 126, Auvergne 137.

Quartaut busse. — Languedoc 122.

Queue. — Côte-d'Or 456.

Razière — Nord 70.

Saumée. — Ardèche 87 à 100.

Setier. — Doubs 50.

Sixain. — Champagne 60, Languedoc 114.

Tiercerolle. — Gâtinais 228, Languedoc 53.

Tierceron. — Languedoc 228.

Tierçon. — Doubs 53.

Tonneau. — Bordelais 912 (vaut 4 barriques).

Vase. — Rhône, Condrieux 76.

Etranger. — Portugal : *Almude* 16.54 ; *Canada* 1.38 ; Quadrilla 0.34 ; *Pipe* 4.96 ; *Baril* de Madère 15.

Espagne ; *Alquez*, Saragose 119.92 ; *Arrobe*, Ségovie 15.66, Ciudad Real 15.76, Séville 16, Madrid 16.24, Almeria 16.36, Grenade, Guadalajara 16.42, Albacete 16.5, Malaga 16.66 ; *Bota*, Huelva 516 ; *Baril*, Alicante 38,5, Malaga 30 ; *Barrique* de Catalogne 464 ; *Canado*, Lugo 36, Pontevodra 32.7 ; *Cantara*, Castellon 11,27, Alicante 11.54 ; *Cantaro*, Huesca 9.98, Valence 10.77, Lerida 11.54, Navarra 11.77, Valladolid 15.64, Palencia 15.76, Santander, Soria 15.8, Avila 15.92, Zamora 15.96, Salamanca 15.98, Burgos 16, Alava, Logrono 16.04, Castilla 16.133, Tolède 16.24, Teruel 21.92 ; *Charge*, Barcelona. Gerone, Tarragone 121.6 ; *Cuortina*, Iles Baléares 26.67 ; *Moyo*, Oreuse 128 ; Nietro, Huesca 160 ; *Pipe* d'Alicante 556 ; *Arrobe de Cuba* 25,498.

Italie : système métrique ; dans quelques localités : *Canturo* 89.289, Salma 175, Soma 185.

Allemagne : système métrique ; *Kanne* 1 litre, *Schoppen* 1/2, *Fass* 100, *Scheffel* 50.

Angleterre : *Baril* 145, *Gallon* 4.543, *Grill* 0.141, *Pint*, 0.564, *Quart* 1.135, tonne 1.444.

Hollande : système métrique ; *Vingerhuet* 0.01 ; *Maatje* 0.1 ; *Kan* 1, *Uat* 100.

Suède : système métrique ; Kanne 2.617.

Autriche-Hongrie : système métrique ; *Eimer* 50.6 ; Fass 566 ; Fuder 131.2 ; Mass impérial 1.415.

Grèce : quelquefois au poids ; *Oque* 1k28 ; souvent à l'hectolitre appelé *Kilo royal*.

Turquie : système métrique ; *Metro* 13.33 ; *Oke* 1.333.

Roumanie : *Vadra*, Valachie 15.2, Moldavie 12.88.

Russie : *Vedro* 12.229, *Batchka* 491.94.

Tunisie : système métrique ; *Mataro* 9.845, *Millerole* 64.

Etats-Unis : *Wine-Gallon* 3.785 ; *Pipe* 434.2.

Mexique : *Baril* 75.75.

Uruguay : *Baril* 76, *Frasco* 2.38, *Médio* 1,1, *Pipe* 304.

Voici la contenance des fûts admise par l'Administration, d'après M. Dubief : Renaison, Sancerre 210; Charlieu, Mâcon 212 ; Beaujolais, Marseille, Pouilly-sur-Loire 215; Cahors, Fitou, Gaillac, Riceys 220 ; Lachaise 225 ; Beaune, Bordeaux, Châlons, Chinon 228 ; Anjou, Auvergne, Gâtinais, Nantes, Orléans, Sologne 230 ; Beaugency, Loiret 236 ; Cher, Touraine, Vouvray 250 ; Feuillette de Bourgogne 136.

L'énoncé de ces mesures si nombreuses et si différentes comme poids fait sentir le besoin impérieux qu'il y a de modifier des usages aussi peu fondés. Il y a évidemment lieu de chercher à employer une mesure unique : l'hectolitre et ses multiples. Mais comme les fûts ne peuvent être fabriqués avec précision, il y a lieu de faire ce que l'on fait pour les autres liquides, les huiles par exemple, de vendre les vins au poids.

Coupages — Les vins se consomment le plus souvent mélangés les uns aux autres, de sorte que les mélanges possèdent un ensemble de qualités que ne pourraient avoir les vins séparément.

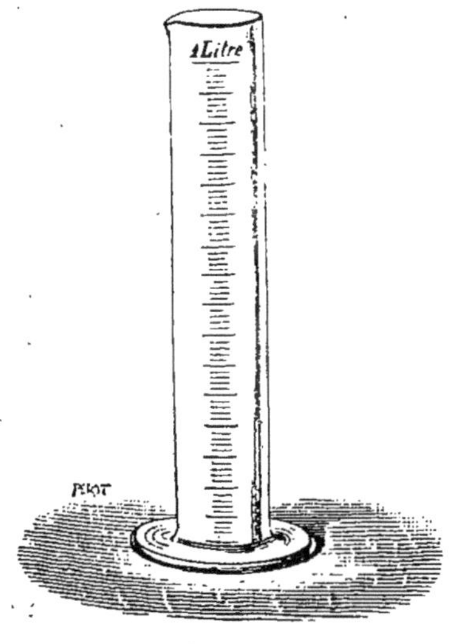

Fig. 24.
(Dujardin. — 5 à 8 fr.)

Pour déterminer la proportion de chaque vin qui doit entrer dans un coupage, il est nécessaire de faire un essai en petit, afin de juger au point de vue de la couleur et du goût du vin que l'on produira par un mélange quelconque.

Pour faire ces essais, on se sert d'appareils gradués, soit une éprouvette de 1/4, 1/2 ou 1 litre (fig. 24), soit un verre gradué (fig. 25).

On introduit d'abord le vin qui doit servir de base dans l'un ou l'autre de ces vases gradués dans une proportion calculée à l'avance d'après la quantité d'alcool et de couleur qu'il contient ; puis on ajoute un deuxième et même un troisième vin, suivant ce que l'on veut obtenir, soit comme goût, degré d'alcool ou couleur un volume connu, on mélange le tout et on examine le résultat.

Fih. 52.

(Dujardin. -- 4 fr.)

On ne peut ainsi opérer que par tâtonnements, mais qui sont rendus très faciles par suite des divisions de ces vases qui indiquent le volume des vins versés à chaque fois.

L'alcool doit être dosé à l'avance dans chaque vin ; la couleur s'étudie au vino-colorimètre ; quant au goût, ce n'est qu'une appréciation personnelle.

Lorsque le mélange réunit les qualités voulues, on note les quantités employées de chacun des vins, et on fait le mélange en grand, proportionnellement aux chiffres indiqués par les vases gradués.

Supposons trois vins :

Roussillon	couleur	4	alcool	16
Hérault	»	2	»	7
Anjou	»	1	»	8

Il s'agit de les mélanger de façon à obtenir 10° d'alcool et 2 de couleur ; on voit déjà qu'il faudra moins de la moitié du Roussillon qui donnerait seul avec moitié eau 2 de couleur ; en effet :

Roussillon	50	couleur	2.0	alcool	8.0
Hérault	20	»	0.4	»	1.4
Anjou	30	»	0,3	»	2.4
			2.7		11.8

Nous essayons alors 1/3 de Roussillon ; nous avons :

Roussillon	30	couleur	1.2	alcool	4.8
Hérault	30	»	0.6	»	2.1
Anjou	40	»	0.4	»	3.2
			2.2		10.1

L'alcool est bien, mais la couleur est un peu forte ; il faudrait donc un peu forcer sur le vin d'Anjou ou sur le vin de l'Hérault en diminuant le Roussillon.

Roussillon	25	couleur	1.0	alcool	4
Hérault	30	»	0.6	»	2.1
Anjou	45	»	0.45	»	3.6
			2.05		9.7

On voit par les deux derniers mélanges que l'on ne peut faire coïncider la couleur voulue avec la dose d'alcool de 10°; on s'en tiendra donc au troisième mélange si le goût est suffisant, à moins de faire intervenir un quatrième vin ayant 10° d'alcool et un peu moins de couleur que le Roussillon. (Voyez Coupages, aux Opérations licites).

CHAPITRE 2

DES SUCRES

Le dosage des sucres a une très grande importance. Dans les moûts, nous avons vu dans l'étude de la Vinification qu'il était nécessaire de connaître la quantité de sucre pour savoir à l'avance quelle dose d'alcool le vin contiendrait. Dans les vins faits, le dosage des sucres a un peu moins d'importance, mais néanmoins il est bon de le faire pour se rendre compte si la fermentation est bien terminée ; ce dosage est nécessaire chaque fois que l'on fait une étude de ce vin au point de vue de sa composition ou des falsifications ; le sucre constituant une partie de l'extrait.

Dans la fabrication des vins de Champagne et de Saumur ce dosage doit être exécuté à chaque instant afin de suivre la transformation du sucre en alcool et en acide carbonique ; c'est à l'aide de ces dosages répétés que l'on peut se rendre compte de la bonne marche du travail.

Dans les moûts et dans les vins on n'a à doser que le sucre inverti ou sucre de raisin ou glucose ou sucres réducteurs ; le sucrose ou sucre cristallisable ou saccharose ne se recherche que lorsqu'on l'y a introduit récemment ; il est étudié spécialement à la fin de ce chapitre.

Le sucre de raisin peut se doser par différents procédés plus ou moins pratiques et plus ou moins exacts.

Le procédé le plus employé est celui du dosage des sucres par les aréomètres, mais il n'est que très approximatif.

Le procédé que je recommande spécialement est celui du dosages des sucres réducteurs par la liqueur titrée de cuivre, tel que je l'ai modifié, avec la modification Salleron ; il a l'avantage d'être rapide, tout en étant exact (sauf quelques cas très rares de vins de liqueur).

Les autres méthodes présentent des difficultés pratiques ou sont erronées.

DOSAGE DU SUCRE PAR LES ARÉOMÈTRES

Dès le premier emploi des aréomètres, on avait reconnu que, très approximativement, un degré Baumé plongé dans le moût correspondait à un degré d'alcool, pour cent, dans le vin fermenté. On partait donc de cette base, qui est très approchée, puisqu'un degré Baumé correspond à 1.8 de sucre °/₀ soit à peu près 1.800 grammes de sucre par hectolitre, quantité nécessaire, en pratique, pour obtenir un degré d'alcool. (Aréomètre Baumé 0° = 1000 eau + 15°).

Ensuite, pour avoir des chiffres plus exacts, différents auteurs auteurs ont composé des tables. Pour faire ces tables, comme on n'a pas la densité exacte du sucre de raisin qui paraît différer très peu de celle du sucre cristallisable, on a admis que les solutions de glucose anhydre dans l'eau, et celle du sucre cristallisable, ont la même densité.

Il y a une faible erreur, mais sans importance dans la pratique.

Table de Pohl.

Densité du sucre cristallisable.	Densité du sucre de raisin.	Quantité °/₀.
1.0080	1.0072	2
1.0201	1.0200	5
1.0281	1.0275	7
1.0405	1.0406	10
1.0487	1.0480	12
1.0616	1.0616	15
1.0704	1.0693	17
1.0838	1.0830	20
1.0929	1.0909	22
1.1068	1.1021	25

A l'examen de cette table, on voit de suite qu'elle n'a rien de régulier ni d'exact, et que, par conséquent, on ne peut en tenir compte. En effet, la densité du sucre de raisin est inférieure à celle du sucre cristallisable pour tous les chiffres, sauf pour le 4e, où elle est supérieure, ce qui ne peut être. De plus, les différences entre les densités des deux sucres sont de 8, 1, 6, 1, 7, 0, 11, 8, 20 et 47, ce qui n'a rien de régulier. Dans le mémoire que j'ai eu l'honneur d'adresser à l'Académie des Sciences, Inscriptions et Belles Lettres de Toulouse, j'ai fait une étude très détaillée de toutes les tables données par différents auteurs. Je crois que ce serait surcharger inutilement cet ouvrage de copier toutes ces tables. Je me bornerai donc à indiquer dans le tableau suivant, les quantités de sucre par litre, telles qu'elles ressortent des calculs que j'ai établis d'après ces tables.

D'après M. Maumené, le sucre inverti en se dissolvant dans l'eau présente une contraction notable, de même que le sucre de cannes.

Sucre pour 100.	Volume à 0°.	Contraction.	Densité à 0° Sucre inverti.	Sucrose.
0	1.00000	0.00000	1.0000	1.0000
5	0.99863	0.00137	1 0206	1.0203
10	0.99744	0.00256	1.0417	0.0413
15	0.99639	0.00361	1.0634	0.0630
20	0.99546	0.00454	1.0856	0.0854
25	0.99462	0.00538	1.1086	1.1086

On peut donc dire que la densité du sucre inverti est la même que celle du sucrose.

Aréomètre Baumé. — L'aréomètre Baumé a donc été le premier instrument employé dans les vins pour en indiquer la teneur en sucre, et comme la densité du sucre inverti est la même que celle du sucrose, on s'est servi pour le calcul des tables données par les chimistes sucriers ; malheureusement ces tables ne coïncident pas entre elles ainsi qu'on peut le voir par les résultats suivants :

Poids du sucre dans 1 litre d'eau sucrée.

DEGRÉ BAUMÉ	DENSITÉS	POHL	STEINHEIL	PAYEN	DUBRUNFAUT	MAUMENÉ	BALLING	COMMERSON 1°	COMMERSON 2°	VIVIEN	BARBET	PELLET
0.5	1003	»	7.4	»	7.5	»	7.5	9.0	9.4	7.8	10.0	7.8
1	1007	»	17.3	15.0	18.0	»	17.9	18.1	18.3	18.3	20.0	18.0
1.5	1010	23.3	24.6	23.0	25.0	29.1	25.8	27.3	27.3	26.1	28.3	26.0
2	1014	»	34.9	33.0	37.0	»	36.3	36.5	36.1	36.6	38.7	36.0
2.5	1018	»	44.2	43.0	47.0	»	46.3	45.8	45.2	47.1	49.1	47.0
3	1021	53.4	51.5	50.0	56.0	58.6	54.2	55.1	54.7	54.9	56.9	55.0
3.5	1025	»	61.3	59.0	67.0	»	64.7	64.6	64.3	65.4	67.3	63.0
4	1028	71.7	68.6	66.0	76.0	»	72.5	74.0	73.8	73.5	75.1	71.0
4.5	1032	»	78.3	75.0	86.0	88.0	82.9	83.6	83.5	83.6	85.5	82.0
5	1036	»	88.1	82.0	99.0	»	92.4	93.2	93.2	94.1	95.9	93.0
5.5	1040	102.7	97.8	90.0	111.0	109.4	103.0	103.0	103.1	104.5	106.3	103.0
6	1043	»	105.1	98.0	118.0	»	110.8	112.6	112.9	112.3	114.1	112.0
6.5	1047	»	114.9	»	130.0	»	120.2	122.5	122.8	122.8	124.5	125.0
7	1051	131.8	124.7	114.0	140.0	138.9	131.6	132.4	132.8	133.2	135.0	135.0
7.5	1055	»	134.5	»	150.0	»	142.1	142.4	142.9	143.7	145.4	145.0
8	1059	»	144.4	132.0	160.0	»	152.7	152.5	153.0	154.2	155.8	157.0
8.5	1063	162.9	154.3	»	170.0	171.0	163.5	162.6	163.3	164.6	166.2	169.0
9	1067	»	164.2	150.0	181.0	»	174.4	172.9	172.6	175.1	176.6	178.0
9.5	1071	183.5	174.2	»	192.0	192.4	184.5	183.1	184.0	185.6	187.1	189.0
10	1074	»	184.3	167.0	203.0	»	195.0	194.0	194.5	196.6	197.5	199.0
10.5	1079	»	194.4	»	215.0	»	205.6	205.0	205.0	207.1	207.9	210.0
11	1083	214.7	204.6	185.0	226.0	224.5	216.0	215.5	215.6	217.5	218.4	220.0
11.5	1087	»	214.9	»	237.0	»	226.5	226.1	226.3	228.1	228.8	230.0
12	1091	245.9	»	202.0	247.0	245.9	237.1	236.8	237.1	238.6	239.3	240.0
12.5	1095	»	»	»	258.0	»	247.6	247.5	246.9	249.1	249.8	251.0
13	1099	»	»	220.0	270.0	»	258.2	258.3	257.7	259.8	260.2	262.0
13.5	1103	»	»	»	281.0	272.7	268.0	269.1	269.7	»	270.7	272.0
14	1107	279.8	»	240.0	294.0	»	281.4	280.9	280.6	281.6	283.8	285.0
14.5	1112	»	»	»	306.0	»	291.3	292.5	292.1	291.1	294.3	295.0
15	1116	»	»	260.0	317.0	»	301.3	303.6	303.3	300.7	304.8	305.0
15.5	1121	»	»	»	320.0	325.2	316.1	315.0	314.9	»	318.0	319.0
16	1125	»	»	279.0	338.0	»	326.3	326.3	326.3	»	328.5	330.0
16.5	1129	»	»	»	349.0	347.6	336.4	338.1	337.7	»	339.1	340.0
17	1134	»	»	298.0	365.0	»	350.4	351.0	350.5	343.7	352.3	352.0
17.5	1138	»	»	»	375.0	»	361.9	361.9	362.1	353.4	362.9	362.0
18	1143	»	»	315.0	387.0	»	374.9	373.8	374.1	»	376.1	375.0
18.5	1147	»	»	»	398.0	»	385.4	386.0	385.8	»	386.7	385.0
19	1152	»	»	333.0	412.0	»	398.6	398.6	398.0	388.8	400.0	398.0
19.5	1157	»	»	»	426.0	»	411.9	410.7	410.2	»	413.3	413.0
20	1161	»	»	»	437.0	433.3	422.6	422.6	423.2	»	424.1	423.0

On voit, d'après cette table, qu'il y a des différences assez fortes dans les appréciations des quantités de sucre indiquées par les aréomètres. Une grande partie de ces différences provient surtout des conditions diverses de températures et de densités prises par les auteurs de ces tables. Il faut donc, lorsqu'on les possède, bien connaître la température à laquelle elles s'appliquent, et si l'eau a été prise comme unité à la température indiquée, ou si on a pris la densité réelle de l'eau comme base; mais il arrive le plus souvent que l'on copie les tables, sans noter ces indications, de sorte qu'on ne sait plus comment s'en servir.

Balling, Brix et Commerson, ont pris pour base le poids de l'eau à 17°, 5 ; Dubrunfaut 0° ; Pellet 4°, l'eau pesant 1000, et Maumené l'eau à 15°, l'eau pesant 1000 ; Steinheil, l'eau égale à 1000 pour 15°,1.

Pellet, Maumené et Dubrunfaut ont établi leurs tables d'après le densimètre et ont trouvé comme coefficient par 1000e de densité : Pellet 0,263, Dubrunfaut 0,2727, Barbet 0,265 et Maumené 268,1.

La table de Maumené, qui me semble la plus exacte et qui se rapproche presque exactement de celle que j'ai calculée, me paraît avoir une erreur d'appréciation. La densité 1000 est indiquée comme ne contenant pas de sucre et comme se rapportant à l'eau distillée prise pour 1000. Il me paraît d'après le calcul des chiffres de sucre correspondant aux densités qu'il n'en est pas ainsi. En effet de la densité 1000 à la densité 1010, il y a un écart de 2,9108 par millièmes de densité (par litre) tandis que dans tout le reste de la table des écarts sont de 2,6767. Le 1000 du densimètre doit donc être la densité absolue et 999,125 le poids de l'eau distillée à + 15°.

Table pour l'emploi de l'aréomètre Baumé. — Il serait à désirer qu'une impulsion puissante fût donnée afin de faire abandonnner cet appareil qui n'a rien de théorique et qui peut se remplacer pratiquement, très avantageusemenl, par les densimètres, qui ont au moins le mérite de donner immédiatement la densité. La question serait beaucoup simplifiée, au point de vue des appréciations industrielles, et au point de vue de la lecture des ouvrages pratiques et théoriques.

La régie emploie le densimètre marquant 1000 dans l'eau distillée à 4° et pésée dans le vide.

Comme l'aréomètre Baumé est encore très employé, il est nécessaire de posséder une table indiquant les densités qui correspondent à ses degrés, ainsi que les proportions de sucre qu'ils indiquent dans les liquides.

La table suivante est calculée d'après ma table donnée pour le densimètre. Les densités sont celles calculées par Gay-Lussac et Collardeau, mais appliquées à la densilé absolue, parce que cette table ne s'applique qu'aux aréomètres gradués dans l'eau distillée à + 4°.

Quantités de Sucre indiquées par les Aréomètres Baumé et les Glucomètres dans les solutions à 15°.

DEGRÉS Baumé	DENSITÉS Absolues Poids du litre dans le vide	POIDS DU SUCRE dans 100 gr. de liquide	POIDS DU SUCRE dans 1 litre d'eau sucrée	POIDS DE L'EAU dans 1 litre d'eau sucrée	POIDS DU SUCRE dans 1 litre de Moût (Les 12 gr. déduits).	POIDS DU SUCRE dans 1 litre de vin fait. Lecture directe François. Vin réduit au 6e 5 degrés déduits.
—0.13	999.125	0	0	999.125	»	»
0.	1000.0	0.24	2.35	997.65	»	»
0.5	1003.4	1.14	11.45	991.95	»	»
1.0	1006.9	2.07	20.83	986.07	»	»
1.5	1010.4	2.99	30.21	980.19	»	»
2.0	1014.0	3.93	39.86	974.14	7.70	»
2.5	1017.6	4.86	49.50	968.10	17.35	»
3.0	1021.2	5.79	59.15	962.05	27.00	»
3.5	1024.8	6.71	68.79	956.01	36.64	»
4.0	1028.5	7.65	78.71	949.79	46.56	»
4.5	1032.1	8.56	88.35	943.75	56.20	»
5.0	1035.9	9.51	98.53	937.37	66.38	0.04
5.5	1039.5	10.40	108.18	931.32	76.03	1.91
6.0	1043.4	11.37	118.63	924.77	86.48	3.47
6.5	1047.1	12.28	128.54	918.57	96.39	5.03
7.0	1051.0	13.22	138.99	912.01	106.84	6.64
7.5	1054.7	14.12	148.91	905.79	116.76	8.25
8.0	1058.7	15.08	159.63	899.07	127.47	9.86
8.5	1062.5	15.98	169.81	892.69	137.65	11.46
9.0	1066.5	16.92	180.52	885.98	148.37	13.12
9.5	1070.3	17.81	190.71	879.59	158.55	14.72
10.0	1074.4	18.77	201.69	872.71	169.54	16.59
10.5	1078.4	19.69	212.41	865.99	180.26	18.03
11.0	1082.5	20.63	223.39	859.11	191.24	19.77
11.5	1086.5	21.54	234.11	852.39	201.96	21.42
12.0	1090.7	22.49	245.37	845.33	213.21	23.16
12.5	1094.7	23.39	256.08	838.62	223.93	24.82
13.0	1099.0	24.35	267.60	831.40	235.45	26.60
13.5	1103.1	25.25	278.59	824.51	246.44	28.30
14.0	1107.4	26.19	290.11	817.29	256.96	30.09
14.5	1111.6	27.11	301.36	810.24	269.31	»
15.0	1116.0	28.06	313.15	802.85	281.00	»
15.5	1120.2	28.96	324.41	795.79	292.25	»
16.0	1124.7	29.91	336.46	788.24	304.31	»
16.5	1129.0	30.82	347.99	781.01	315.83	»
17.0	1133.5	31.76	360.04	773.46	327.89	»
17.5	1137.9	32.67	371.83	766.07	339.68	»
18.0	1142.5	33.62	384.16	758.34	352.00	»
18.5	1146.9	34.52	395.95	750.95	363.79	«
19.0	1151.6	35.48	408.54	743.06	376.39	»
19.5	1156.1	36.38	420.60	735.50	388.44	»
20.0	1160.8	37.32	433.19	727.61	391.04	»
35.4	1326.0	66.04	875.82	750.18	»	»

Lorsque la température n'est pas à 15°, il y a lieu de faire une correction : au-dessous de 15°, on déduit autant de fois 0,04545 degrés Baumé qu'il y a de degrés du thermomètre au-dessous de 15°.

Au-dessus de 15°, on ajoute autant de fois 0,04545 qu'il y a de degrés au dessus.

Lorsque les aréomètres marquent les dixièmes de degré, et que l'on voudra une approximation plus grande : on divisera par 5 la différence du sucre contenu existante entre les deux demi-degrés, dans lesquels se trouve comprise la notation de l'aréromètre, et on multipliera le chiffre trouvé par le nombre de dixièmes indiqués en sus du demi-degré inférieur, et on l'ajoutera au sucre contenu indiqué par le chiffre inférieur.

Exemple : L'aréomètre marque 8°,3 ; à 8° ; correspondent 159gr36 par litre, et à 8°,5 : 169,81 dont la différence 10,45 divisée par 5 donne 2,09 pour 1/10 de degré. — 2,09×3=6,27 lesquels ajoutés à 159,36= 165,63 gr. de sucre par litre.

Explication de la table. — Première colonne : Degrés Baumé.

Deuxième colonne : Densités correspondantes. Ces densités sont absolues, c'est-à-dire qu'elles se rapportent au poids de 1 litre d'eau distillée à 4° au-dessus de zéro, la pesée étant faite dans le vide. Par conséquent, elles indiquent exactement le poids de 1 litre de solution sucrée à +15°, pesée dans le vide.

Troisième colonne : Poids du sucre dans 100 gr. de liquide. Elle a été calculée d'après le poids du litre et la proportion du sucre contenu dans ce litre.

$$\text{Tant pour cent} := \frac{\text{Sucre par litre} \times 100}{\text{Poids du litre}}$$

Quatrième colonne : Poids du sucre contenu dans un litre. Il a été calculé d'aprés les densités et le sucre indiqué dans la première table pour le densimètre.

Cinquième colonne : Le poids de l'eau dans 1 litre est égal à la différence qui existe entre le poids du litre et le poids du sucre.

Le poids de l'eau n'indique pas son volume, car les solutions sucrées subissent une contraction plus ou moins forte, lors de la dissolution du sucre. On ne peut rien avancer de bien certain au sujet de cette contraction, les deux auteurs qui ont traité cette question : Maumené et Barbet, n'étant pas d'accord.

Sixième colonne : Elle donne de suite la quantité de sucre contenu dans le moût en face du degré indiqué par l'aréomètre plongé dans ce liquide. On admet que de la densité du moût on doit déduire 12 gr. pour les matières étrangères et chercher la nouvelle densité.

Septième colonne : Elle donne de suite la proportion de sucre correspondant au degré Baumé obtenu en plongeant cet appareil dans le vin réduit au 6e (Voir procédé François).

On écrase le raisin au-dessus d'une capsule, puis on passe le jus au travers d'un linge fin, et on plonge l'aréomètre dans le moût contenu dans une éprouvette large et non pleine ; les bulles d'air doivent être enlevées du moût.

Pour le moût obtenu par la vendange, on laisse déposer les matières en suspension, puis on plonge l'appareil, bien lavé et bien essuyé, doucement, de manière qu'il ne s'enfonce pas trop vite; lorsqu'il s'est arrêté, on le fait entrer dans le liquide d'environ 5 millimètres et on le laisse en repos. On note au bout de quelque temps le degré marqué par le point d'affleurement du liquide. On prend ensuite la température au moyen d'un thermomètre exact (celui qui est contenu dans la trousse alcoométrique de Salleron est parfait pour cet usage); on fait la correction de la température, s'il y a lieu, et on cherche dans la table les chiffres correspondants au degré calculé. Si on n'a pas de table spéciale au moût, on déduit 0,012 de la densité correspondant au degré trouvé et on cherche la quantité de sucre qui correspond à la nouvells densité.

Exemple : Le moût a donné à l'aréomètre 10° à la température de 20°, la correction de la température sera de 5/22 ou 0,23 en sus, soit 10.23. On prend dans la table la moyenne des chiffres portés en face des degrés 10 et 10,5.

En 1884, M. Barbet a fait une table donnant l'écart qu'il y a entre le poids du litre des solutions sucrées, obtenu par la balance et celui qu'il devrait avoir d'après le calcul des densités.

La différence entre ces deux poids donne la contraction des solutions sucrées dont le maximum se trouve entre 40 et 41 %. Voici quelques chiffres :

Sucre pour 100cc	Poids du litre calculé	Poids réel	Ecart par litre
1	1002.88	1002.99	0g11
10	1036.50	1037.57	1.07
20	1073.87	1075.95	2.08
31	1114.95	1117.96	3.01
40	1148.56	1151.98	3.75
50	1185.93	1188.96	3.03
60	1223.29	1225.36	2.07
69	1256.91	1257.98	1.07
78	1290.53	1290.59	0.06
79	1294.26	1294.21	—0.05
88	1327.88	1326.93	—0.95

M. Maumené a trouvé qu'en dissolvant le sucre dans l'eau, il y avait un changement de volume de 137 cent millièmes :

Poids du sucre pour cent d'eau	Sucre	Eau 1 litre à 15°	Total	Observé	Différences
9.406	2.8988	100.08751	103.9863	103.8765	+0.1098
74.434	46.6670		146.7545	146.5490	+0.2055
144.288	90.4630		190.5508	190.8082	—0.2574
204.907	128.4679		228.5554	228.5642	—0.0880

Il en conclut que le maximum de contraction a lieu lorsqu'il y a moitié sucre et moitié eau, soit 50 % de sucre.

L'aréomètre Baumé, employé pour peser les moûts, se compose de deux appareils différents, divisés en dixièmes de degrés Baumé. L'un est gradué de 0 à 12, et l'autre de 10 à 20.

Les différents glucomètres ne sont que des aréomètres Baumé modifiés, ou plutôt gradués par leurs auteurs de manière à s'appliquer spécialement aux moûts et aux vins.

Gleuco-œnomètre de Cadet de Vaux. — Cet aréomètre est le premier appareil fabriqué spécialement pour l'essai des vins. Il indique à la fois, successivement le sucre contenu dans le moût, puis l'alcool produit par la fermentation. Le zéro de l'appareil se trouve au milieu de la tige ; au-dessous sont indiqués les degrés Baumé, pour les liquides plus lourds que l'eau, et au-dessus les degrés Cartier (Voir *Dosage de l'alcool.*) ; pour les mélanges alcooliques plus légers que l'eau, il y a 15° au-dessus et 15 au-dessous de zéro. En face le 0 se trouve le mot décuvage, c'est-à-dire le moment où il faut décuver le vin ; ce qui n'est pas exact.

Les résultats indiqués par cet appareil pour l'alcool sont erronés, car les matières étrangères dissoutes dans les vins faussent complètement les chiffres donnés. Ce qui en a occasionné l'usage général, c'est la coïncidence fortuite qu'il présente entre ses degrés et la richesse alcoolique qu'aura le vin après sa fermentation.

Glucomètre Guyot. — C'est une amélioration du gleuco-œnomètre de Cadet de Vaux. Il possède trois échelles différentes : l'une est celle de Baumé ; la 2e représente le nombre de grammes de sucre contenu dans un litre de moût, et la 3e fait connaitre quelle est la richesse alcoolique du vin ayant fermenté.

La valeur du degré de ces appareils varie avec le cépage du raisin, sa maturité et la proportion de sels minéraux.

Ce n'est que l'aréomètre Cadet de Vaux, mais possédant seulement 2 degrés au-dessus et 2 degrés au-dessous de zéro. Il ne sert que pour la fabrication des vins de Champagne et ne donne qu'une appréciation très approximative.

Densimètre. — Puisqu'on est arrivé à se rendre compte de la teneur en sucre des moûts, au moyen de l'aréomètre Baumé, qui n'est qu'une sorte imparfaite de densimètre, il est évident que l'on doit y arriver tout aussi bien et en toute connaissance de cause avec le densimètre.

Les tables, nous l'avons vu, sont très nombreuses, mais plus ou moins erronées, c'est pour cela que j'ai cru utile d'établir une table qui paraît appuyée sur les constatations scientifiques les plus rigoureuses.

Table de Viard. — Pour calculer cette table, j'ai pris comme chiffre extrême celui de la solution de sucre saturée à la température de + 15°, et dont la densité absolue est de 1326. Ce chiffre extrême a été établi d'après les travaux des plus grands savants sucriers.

Flourens a donné comme quantité de sucre contenue dans une dissolution de sucre saturée à 15° : 66 °/₀ pour une densité de 1326. Scheibler avait indiqué 66,1 °/₀.

Dans la table de contraction des liquides sucrés, faite par Barbet (Comptes Rendus, 1878, juillet 15) on voit qu'à cette densité le poids réel du litre est inférieur de 0,90 au poids du litre calculé d'après la densité du sucre.

Enfin, Maumené a trouvé que la densité du sucre à + 15° était de 1,5951 ; chiffre adopté généralement et qui me paraît très exact, quoique d'autres auteurs aient donné des chiffres différents : Brisson, 1606 ; Dubrunfaut, 1630 ; Walkoff, 1623.

En calculant les résultats de Flourens d'après les poids et volumes du sucre et de l'eau, modifiés par la dilatation indiquée par Barbet, on trouve pour le sucre une densité de 1,59567, dont la différence avec le chiffre de Maumené est de + 0,00057.

Le même calcul fait sur les résultats de Scheibler m'a donné une densité de 1,59453 dont la différence avec Maumené est de — 0,00057. J'ai donc pris la moyenne des deux résultats : 66,05 °/₀ ; de sorte que ce chiffre correspond exactement à la densité du sucre.

1326 de densité absolue 66,05 °/₀ donne pour un litre de solution sucrée

$$\frac{1326 \times 66,05}{100} = 875^{\text{gr}} 823.$$

Comme le point de départ de la table est de 999,125, il s'ensuit qu'il y a comme différence de ce point à 1326, le chiffre de millièmes du densimètre 326,875. Et comme la proportion de sucre est proportionnelle à la densité, l'écart entre chaque millième est de 2,679382 par litre ; soit pour le 0,875 premier millième, 2,3445925.

La table est ensuite calculée à écarts égaux.

Il est bien entendu que les chiffres de la table sont pour un liquide ayant une température de 15° et que le poids du litre est indiqué par le densimètre marquant 1000 dans l'eau distillée à + 4° et pesée dans le vide.

Lorsque l'on a un densimètre qui marque 1000 dans l'eau distillée à + 15°, il faut, pour se servir de la table, multiplier la densité indiquée sur l'appareil par 0,999125 et chercher le chiffre de densité absolue trouvée dans la colonne des densités ; la proportion exacte du sucre se trouve en face.

Pratiquement : Si le densimètre marque 1000 dans l'eau distillée à 15°, on déduit 1 millième de la densité trouvée par l'appareil et on cherche le chiffre corrigé dans la colonne des densités.

Proportions de sucre contenues dans les solutions sucrées à + 15°. La densite indiquant le poids exact du litre (pesé dans le vide) *à cette température.*

Densités ABSOLUES	Sucre par litre en GRAMMES	Densités ABSOLUES	Sucre par litre en GRAMMES	Densités ABSOLUES	Sucre par litre en GRAMMES
999,125	0	1059	160.428	1119	321.191
1000	2,345	1060	163.107	1120	323.870
1001	5,024	1061	165.787	1121	326.550
1002	7,703	1062	168.466	1122	329.229
1003	10,383	1063	171.146	1123	331.908
1004	13,062	1064	173.825	1124	334.588
1005	15,742	1065	176.504	1125	337.267
1006	18,421	1066	179.184	1126	339.947
1007	21,100	1067	181.863	1127	342.626
1008	23,780	1068	184.542	1128	345.305
1009	26,459	1069	187.222	1129	347.985
1010	29,138	1070	189.901	1130	350.664
1011	31,819	1071	192.581	1131	353.344
1012	34,497	1072	195.260	1132	356.023
1013	37,176	1073	197.939	1133	358.702
1014	39,856	1074	200.619	1134	361.382
1015	42,535	1075	203.298	1335	364.061
1016	45,215	1076	205.978	1136	366.740
1017	47,894	1077	208.657	1137	369.420
1018	50,573	1078	211.336	1138	372.099
1019	53,253	1079	214.016	1139	374.779
1020	55,932	1080	216.695	1140	377.458
1021	58,612	1081	219.374	1141	380.137
1022	61,291	1082	222.054	1142	382.817
1023	63,970	1083	224.733	1143	385.496
1024	66,650	1084	227.413	1144	388.176
1025	69,329	1085	230.092	1145	390.855
1026	72,008	1086	232.771	1146	393.734
1027	74,688	1087	235.451	1147	396.214
1028	77,367	1088	238.130	1148	398.893
1029	80,047	1089	240.809	1149	401.572
1030	82,726	1090	243.489	1150	404.252
1031	85,405	1091	246.168	1151	406.931
1032	88,085	1092	248.848	1152	409.611
1033	90,764	1093	251.527	1153	412.290
1034	93,443	1094	254.206	1154	414.969
1035	96,123	1095	256.886	1155	417.649
1036	98,802	1096	259.565	1156	420.328
1037	101,482	1097	262.245	1157	423.007
1038	104,161	1098	264.924	1158	425.687
1039	106,840	1099	267.603	1159	428.366
1040	109,520	1100	270.283	1160	431.046
1041	112,199	1101	272.962	1170	457.839
1042	114,879	1102	275.641	1180	484.633
1043	117,558	1103	278.321	1190	511.427
1044	120,237	1104	281.000	1200	538.221
1045	122,917	1105	283.680	1210	565.015
1046	125,596	1106	286.359	1220	591.809
1047	128,275	1107	289.038	1230	618.602
1048	130,955	1108	291.718	1240	645.396
1049	133,634	1109	294.397	1250	672.190
1050	136,314	1110	297.077	1260	698.984
1051	138,993	1111	299.756	1270	725.778
1052	141,672	1112	302.435	1280	752.571
1053	144,352	1113	305.115	1290	779.365
1054	147,031	1114	307.794	1300	806.159
1055	149,711	1115	310.473	1310	832.953
1056	152,390	1116	313.153	1320	859.747
1057	155,069	1117	315.832	1325	873.144
1058	157,749	1118	318.512	1326	875.823

Lorsque la température du liquide n'est pas de 15°, il y a lieu de faire une correction pour ramener la température à ce degré.

Mais la correction à faire varie avec la densité, de sorte qu'il faut tenir compte à la fois de la température et de la densité.

La dilatation de l'eau n'est pas la même pour une différence de 1 degré de température ; elle augmente progressivement avec la température. De même la dilatation des liquides sucrés augmente avec leur densité.

Le petit tableau suivant, que j'ai déterminé, indique les corrections à faire.

DENSITÉS TROUVÉES	Température de 10 à 15° à déduire	T. de 15 à 20° à ajouter	T. de 20 à 25° à ajouter	T. de 25 à 30° à ajouter
999 . 125	0.12	0.18	0.23	0.28
1.000 à 1.014	0.13	0.19	0.24	0.29
1.014 1.028	0.14	0.20	0.25	0.30
1.028 1.041	0.16	0.22	0.27	0.32
1.041 1.055	0.17	0.23	0.28	0.33
1.055 1.069	0.18	0.24	0.29	0.34
1.069 1.083	0.20	0.26	0.31	0.36
1.083 1.099	0.21	0.27	0.32	0.37
1.099 1.114	0.22	0.28	0.33	0.38
1.114 1.130	0.24	0.30	0.35	0.40
1.130 1.145	0.25	0.31	0.36	0.41
1.145 1.161	0.26	0.32	0.37	0.42

Exemple : Le densimètre plongé dans un liquide à 21° indique la densité de 1050. Je vois que cette densité est comprise entre 1041 et 1055 et que dans la colonne de 20 à 25° sur la ligne qui correspond à ces densités on trouve le chiffre de 0,28 et de 0,23 pour 15 à 20.

De 15 à 20 il y a 5° à 0,23 = 1,15 et de 20 à 21 il y a 1 degré à 0,28. Il faut donc ajouter 1,15 + 0,28 = 1°43, soit densité vraie à 15° = 1051,4.

J'engage fortement les praticiens à se maintenir dans les températures comprises entre 12 et 20°. Les résultats sont beaucoup plus certains.

Mustimètre Salleron. — Sous ce nom, M. Salleron désigne le densimètre rationnel appliqué à l'essai des moûts. Cet instrument porte deux indications à la fois : la division du milieu, 1000, représente le poids de l'eau distillée ; au-dessus les densités inférieures et au-dessous les densités supérieures à l'eau. Il indique les densités depuis 970 jusqu'à 1170; il est divisé en degrés indiquant le 3e chiffre de la densité et les dixièmes de degré indiquent le 4e. Ainsi 2°,1 veut dire densité de 1021 ; les dixièmes de degré marquent donc le gramme par litre.

Pour trouver la quantité de glucose contenue dans un moût, on se sert de la formule de Dubrunfaut, laquelle donne la quantité d'extrait sec que l'on obtiendrait en évaporant un litre de moût (s'il ne contenait que du sucre).

$$Q = \frac{(D - 1000) \times 1000}{1600 - 1000} \times 1,6$$

Q = extrait sec, D densité trouvée par le mustimètre. 1600 densité du sucre.

Du poids de l'extrait sec ainsi trouvé, il faut en déduire la quantité de matières autres que le sucre qui se trouvent dans le moût.

Il est admis par de nombreuses expériences pratiques que chaque degré du densimètre représente 2 gr. 666 de matières sèches dans le moût; or si on multiplie ce chiffre par les 12 gr. que l'on déduisait autrefois de la densité pour avoir le quantum du sucre on a 2.666 × 12 = 31 gr. 992.

Si maintenant je regarde ma table précédente à 1012 de densité, je trouve en face 34 gr. 497; mais comme, au moment où l'on a établi ces 12 gr. on se servait de densimètres marquant 1000 dans l'eau à 15° et qu'avec les nouveaux densimètres un liquide marquant 1000 contient 2 gr. 345 par litre, il s'ensuit qu'avec les anciens densimètres on eût trouvé 34.497 — 2.345 = 32 gr. 152 au lieu de 31.992, différence 0,16 ; ma table est donc bien d'accord avec les expériences antérieures.

Tous les auteurs ne sont pas d'accord sur le poids moyen des matières étrangères au sucre dans le moût; les uns ont pris 25 gr. les autres plus de 30 gr. M. Salleron a pris le chiffre de 30 gr. à la suite de nombreux essais comparatifs entre le mustimètre et la liqueur cuivrique, ce résultat a été confirmé par M. Robinet. Mais il faut savoir que la table de M. Salleron, pour son densimètre, indique 3 gr. de sucre par litre de moins que la mienne, de sorte que si on veut se servir de celle-ci il faudra déduire 33 gr., les résultats seront toujours les mêmes dans les deux cas.

Donc si le mustimètre marque 1070, nous trouverons dans la table 189 gr. 901 de sucre par litre; en déduisant 33 gr. nous aurons 156 gr. 9 de sucre par litre.

Pour calculer la quantité d'alcool, on se sert d'une formule empirique, résultat de l'expérience.

1 kilog. de sucre de raisin fournit 0 litre 590 d'alcool, au lieu de 0,610 que donne la théorie; ce chiffre de 0,590 correspond à 1700 gr. de sucre de raisin pour un litre d'alcool pur. (Salleron.)

1 kilogr. de sucre de raisin donne théoriquement 0 kilogr. 4667 d'acide carbonique.

D'après Chaptal, un vin pour être dans de bonnes conditions doit marquer 10° B. densité 1075 (en tenant compte des anciens aréomètres); à cette densité nous trouvons dans ma table 203,298 — 33 gr. = 170,298, ce qui correspond à 1703 gr. de sucre pour un litre d'alcool); il faut donc ramener à ce degré les moûts qui en diffèrent; soit en ajoutant du sucre, soit en ajoutant de l'eau, ce que je ne puis préconiser.

Donc on n'aura à ajouter que du sucre. Pour le sucrage, M. Aimé Girard a fixé le chiffre de 1800 gr. de sucrose à employer pour obtenir un degré d'alcool.

Tout moût qui contiendra moins de 170 gr. 298 de sucre devra donc être complété à ce taux ou mieux à la différence entre le sucre du moût et le chiffre de 170,3 multipliée par $\frac{1800}{1703} = 1,05$.

Exemple : Un moût marque au mustimètre 1046 ; il contient par litre 125,596 — 33 = 92 gr. 596 de sucre ; il faut donc lui ajouter 170,298 — 92,596 = 77 gr. 702 soit 7 kilogr. 770 par hectolitre ou mieux 7,770 × 1,05 = 8 kilogr. 158.

Le mélange du moût et du sucre donnera 100 litres plus $\frac{8,158}{1,6} = 5^{l}, 1 =$ 105 litres, après la fermentation le sucre transformé en alcool donnera $\frac{8,158}{1,7} =$ 4 litres 8 d'alcool, soit donc 105 litres et non 100 litres ; c'est sans doute par suite de cette augmentation de volume que le chiffre du sucre à employer pour le sucrage est plus fort que celui du sucre existant dans le moût, pour obtenir un même degré d'alcool.

DOSAGE DU SUCRE DANS LES VINS PAR LES ARÉOMÈTRES

Procédé François. — François, pharmacien de Châlons-sur-Marne, rendit un service énorme à la fabrication des vins de Champagne en publiant en 1836 son procédé, qui, s'il n'est pas tout à fait exact, donne des indications approximatives ; tandis qu'avant lui les Champenois n'avaient pour toute base que la dégustation.

On tare une capsule de porcelaine et on y verse 750 gr. de vin, à la température de + 15°, on les réduit au bain-marie, à peu près au 6e et on pèse de nouveau ; si le poids de 125 gr. n'est pas atteint, on chauffe de nouveau ; s'il est dépassé, c'est-à-dire que l'on obtienne moins de 125 gr. (ce qui est plus facile), on ajoute de l'eau pour revenir à ce poids ; on verse la réduite ou produit de l'évaporation dans une éprouvette à pied, que l'on bouche ; et on laisse pendant 24 heures dans un endroit frais.

Les sels n'étant plus dans les mêmes proportions du liquide, se précipitent ; on décante et on plonge le gleuco-œnomètre de Cadet de Vaux, dans le liquide. François considérait un vin pesant 5° après réduction, comme ne contenant pas de sucre ; ces 5° représentant la densité des corps en dissolution dans le vin, autres que le sucre, qu'il évaluait à 13 gr. 5 par litre.

Un vin marquant 12° dans le vin réduit au 6e, est dans les conditions voulues (en Champagne) pour donner une mousse suffisante sans que la pression fasse briser les bouteilles.

Si on déduit de 12° les 5°, il reste 7°, qui correspondent, d'après la table, à 23 gr 16. François comptait 20 gr. de sucre à ce point, mais il se servait d'anciens aréomètres.

Il est admis aujourd'hui, en Champagne, que le vin au moment du tirage, pour donner une mousse suffisante, sans casser les bouteilles, doit contenir 20,22 et même 24 gr. de sucre par litre, c'est-à-dire peser au glucomètre, après l'évaporation au sixième, de 11 à 13°.

Robinet, l'éminent chimiste d'Epernay, considère le chiffre de 20 gr.

comme insuffisant et conseille de le porter à 22 gr. dans les années moyennes et 24 gr. dans les bonnes années où le vin est riche en alcool.

D'après lui, lorsqu'un vin, après réduction, pèse 7°, soit 19 gr. moins 13,5 = 5gr5, il faut ajouter 14,5 ; 16,5 ; 18,5 selon que l'on veut obtenir 20,22 ou 24 gr. de sucre par litre, ou pour que le sucre étant ajouté, le vin marque 12° ; 12°,7 ou 13°,2 au gleuco-œnomètre.

Maumené donne les indications suivantes : Le procédé François basé sur la présence de matières solubles dans les vins autres que les sucres, dans la proportion de 13gr50 par litre ou marquant 5° à l'aréomètre, est évidemment défectueux ; car ces substances sont essentiellement variables. Si le vin est pauvre en tartre, riche en acides et matières étrangères qui viennent influer sur le glucomètre, ces 5° peuvent représenter du sucre de raisin ; au contraire, si le vin est riche en tartre et en matières mucilagineuses, se précipitant mal et pauvre en acides, la diminution est insuffisante.

En 1865, il y a eu de graves erreurs produites en Champagne, par cette méthode. De plus le procédé François ne donne pas les petites quantités de sucre, et il est long, puisqu'il faut évaporer 750 gr. de vin et qu'il faut attendre ensuite 24 heures. La quantité de glycérine influe également sur le degré de l'aréomètre ; mais, connaissant la quantité de glycérine, on peut, d'après la proportion normale de glycérine et celle trouvée, déterminer l'erreur produite par son fait en se servant de la table de Fabian indiquant la densité de la glycérine à 17°5.

10 °/°	= 1.024	45 °/°	= 1.117	80 °/°	= 1.210
20	= 1.051	50	= 1.127	90	= 1.232
30	= 1.075	60	= 1.159	94	= 1.241
40	= 1.105	70	= 1.179		

Modification Robinet. — Frappé de la longueur de l'expérience de François, il a modifié ce procédé de manière à opérer beaucoup plus vite.

Cette modification est basée d'après une étude expérimentale sur les crus de la Champagne. Il a reconnu que la proportion de sels et autres substances évaluées à 13gr5 était exacte, et que la densité de ces sels restait invariable. Lorsque l'alcool a disparu, le sucre élève donc seul la densité de ces vins.

On mesure, dans un matras jaugé, 200cmc du vin de tirage à essayer, et on l'évapore à moitié environ dans une capsule de porcelaine portant un trait émaillé indiquant le volume de 100cc. L'alcool est ainsi chassé du vin. Lorsque le liquide est refroidi, on le transvase dans le matras de 200cmc ; on lave la capsule à l'eau distillée ; on ajoute les eaux de lavage aux vins, et on complète le volume de 200cmc, avec de l'eau distillée.

On verse alors ce liquide dans une éprouvette et on y plonge un densimètre très sensible, lorsque la température est exactement + 15°.

Pour calculer le poids du sucre, on multiplie la densité trouvée par le coefficient 2,444, et on retranche du produit le poids de 13gr 50 attribué aux matières solides du vin. Lorsque le degré de température n'est pas de 15°, il faut faire une correction indiquée dans la 2e des tables suivantes. (Le densimètre construit par Salleron pour ce procédé ne porte que les deux derniers chiffres de la densité : 10 veut dire 1010).

La première des tables a pour but de simplifier le calcul indiqué ci-dessus ; elle donne les indications du densimètre s'appliquant le plus habituellement aux vins de tirage.

DENSITÉS	POIDS DU SUCROSE PAR LITRE
6	1g2
7	3.6
8	6.0
9	8.5
10	10.9
11	13.4
12	15.8
13	18.3
14	20.7
15	23.2
16	25.6

TEMPÉRATURES	CORRECTIONS
10°	— 0.6
11°	— 0.5
12°	— 0.4
13°	— 0.3
14°	— 0.2
15°	0
16°	+ 0.1
17°	+ 0.3
18°	+ 0.5
19°	+ 0.7
20°	+ 0.9

La deuxième table donne la correction à faire à la densité trouvée lorsque la température du liquide n'est pas à 15°.

Exemple : Le vin est pesé à la température de 18°, le densimètre marque 11° ; il faut ajouter 0.5 ; le poids du vin à 15° est donc de 11.5, il contient alors 14gr 6 par litre.

Ces données étant tout expérimentales ne s'appliquent qu'aux vins de Champagne. Une heure suffit pour faire les deux opérations précédentes, tandis que pour le procédé François, il faut 48 heures.

Ce procédé s'appliquant aux vins de Champagne pour l'introduction du sucre candi dans les vins est basé sur le sucre cristallisable ou sucrose et non sur le glucose ; il se traduit donc ainsi :

Densité Robinet × 2,444 = sucrose + extrait sec (= 13,5) ; et si on dose le glucose par la liqueur de cuivre on a : densité Robinet × 2,444 = Glucose × 0,95 + extrait sec 13,5.

Pour la recherche du sucre : sucrose = (densité R × 2,444) — Extrait 13.5.

Pour la recherche de l'extrait sec vrai :

Extrait sec = (densité R × 2.444) — (Glucose trouvé × 0.95).

On pourrait donc trouver l'extrait sec par le procédé Robinet, malheureusement la méthode étant empirique, on obtient des différences allant de 0gr 52 à 1 gr. par litre, pour plusieurs essais que j'ai faits ; et au-dessus pour les vins de Saumur qui ont de 14 à 17 d'extrait (E. V.).

Procédé Robinet. — Ce procédé a pour but d'éliminer les substances dissoutes autres que le sucre.

On fait réduire 750 gr. de vin à 125 gr., on ajoute alors 500^{cme} d'alcool aussi pur que possible à 96 ou 98° et on agite fortement : il se forme un précipité abondant de tartre, sels de chaux, albumines, mucilages, etc. On filtre avec soin en lavant le filtre avec 100^{cme} de nouvel alcool.

Le liquide clair ne contient plus que les sels solubles dans l'alcool à 75°, quelques acides, la glycérine et le sucre de raisin.

(Pour récupérer l'alcool, on sature les acides entraînés, par le carbonate de soude et on distille jusqu'à l'évaporation des 2/3; cet alcool peut reservir). Le tiers restant est versé dans un vase à précipité et saturé au moyen d'une solution concentrée d'acétate neutre de plomb ; il se forme un nouveau précipité abondant ; on filtre et on lave le filtre à l'eau distillée, puis on évapore jusqu'à ce que le résultat de la filtration soit ramené au poids de 125 gr. On laisse refroidir dans une éprouvette, où il se forme quelques flocons de malate de plomb sans importance.

Quand le liquide est à 15° centigrades, on le pèse au gleuco-œnomètre, et le degré qu'il donne représente très sensiblement le degré réel du vin.

Ce procédé contient plusieurs causes d'erreurs, reconnues du reste par l'auteur. Il reste un peu de sucre sur les filtres et dans les précipités à l'état de glucosate de plomb insoluble dans l'eau. De plus, la glycérine influe sur le gleuco-œnomètre et fausse le résultat. Enfin l'acide acétique provenant de la décomposition de l'acétate de plomb reste dans le résidu, car il ne s'évapore que partiellement à 100°.

Tous ces procédés de dosage du sucre par les aréomètres disparaissent de plus en plus, remplacés qu'ils sont très avantageusement par l'usage de la liqueur de cuivre ; dont les erreurs, même entre des mains inhabiles, sont loin d'atteindre celles produites par ces méthodes.

Lévuro-dynamomètre de Billet. — C'est un aréomètre qui a pour but de déterminer la puissance de fermentation de la levûre ; il peut aussi servir au dosage de l'acide carbonique et du sucre (très approximativement).

C'est un gros aréomètre dont la tige a un diamètre extérieur de 1^{cm} et munie à la partie supérieure d'un entonnoir ouvert ; elle est graduée en $1/2^{cm}$ sur une longueur de 10^{cm}. La panse contient environ 350^{cmc}, et la solution sucrée qui doit fermenter étant *versée dans l'aréomètre* occupe un volume de 104 à 105^{cm}.

On plonge cet instrument dans l'eau à 30°, et avec de l'eau on fait affleurer au zéro. Le déplacement de la tige de 0 à 10 dans l'eau à 30° est de 7^{gr} 82, soit par centimètre 9,782.

La fermentation complète de 16 gr. de sucre cristallisable dégageant 7^{gr} 82 d'acide carbonique ferait donc remonter l'aréomètre jusqu'au chiffre de 10.

Cet appareil n'est que très approximatif, mais il peut servir pour comparer deux levûres, deux moûts ou deux vins.

C'est par la perte de l'acide carbonique que l'on juge de la proportion de sucre contenu.

DOSAGE DU SUCRE DE RAISIN PAR LES LIQUEURS CUIVRIQUES

Ce procédé, dit *Procédé Fehling*, du nom du premier chimiste qui l'a appliqué est basé sur l'emploi de la liqueur de cuivre à l'état de tartrate de cuivre et de potasse, ou tartrate cupropotassique, en dissolution sodique ; liqueur découverte par Bareswil et rendue pratique par Fehling, dans le dosage du glucose, du lévulose et autres sucres réducteurs.

Principe du procédé. — La liqueur de cuivre, ou tartrate cupropotassique, est composée de sulfate de cuivre et de tartrate de potasse et de soude mis en dissolution dans une solution de soude caustique.

Les différents sucres réducteurs ont la propriété d'agir sur le cuivre de cette liqueur en le précipitant, à l'ébullition, à l'état d'oxyde rouge ou jaune, suivant la dilution de la liqueur.

Le cuivre, dans la liqueur Fehling, est à l'état de bioxyde $Cu\,O$, combiné à l'acide tartrique. Par l'action du glucose, le bioxyde de cuivre est réduit et passe à l'état de protoxyde $Cu^2\,O$, lequel est insoluble dans la liqueur sodique, et d'un beau rouge rosé à l'état anhydre et jaune à l'état hydraté.

Jusqu'en 1879, les savants croyaient que les sucres réducteurs réduisaient la liqueur de cuivre proportionnellement à leur poids, quelles que fussent les conditions de l'essai. Dans un mémoire adressé à l'Académie des Sciences de Paris (4 février 1878), j'ai démontré qu'il n'en était pas ainsi.

Voici les conclusions de mon rapport :

1° Les glucoses ne réduisent pas exactement les liqueurs de cuivre proportionnellement à leur poids dans toutes les circonstances.

2° *a*. Plus le liquide sucré est étendu d'eau, plus il faut de glucose pour obtenir la réduction.

b. Les liquides très étendus, contenant un peu de glucose, n'ont plus de pouvoir réducteur.

c. Dans la liqueur de cuivre traitée par les liquides étendus de, *b*, si on verse des liquides concentrés, il faut plus de ceux-ci que si l'on avait opéré directement avec ces liquides concentrés.

3° *a*. Plus la quantité de liqueur cuivrique est forte, plus la réduction se fait vite.

b. Dans la liqueur cuivrique très étendue, la réaction est très retardée avec des liquides sucrés concentrés, mais moins que si la liqueur de cuivre était concentrée et les liquides sucrés étendus.

4° La soude, dissolvant de la liqueur de cuivre, agit, en colorant en jaune les substances extractives avant ou après la réduction, suivant la nature des sucres et l'excès de la liqueur cuivrique.

5° Les sucres réducteurs contenus dans les sucres bruts de canne accentuent encore ces différences.

Après la publication de ce mémoire dans le *Journal des Fabricants de sucre* (6 mars 1878), et à la suite d'une discussion scientifique avec M. Pellet, savant chimiste sucrier, j'ai déterminé la manière d'opérer pour obtenir exactement le poids des sucres réducteurs.

M. Soxhlet, chimiste allemand, a repris mes essais (J[l] fur prakt chem. 1880, t. 21, p. 22) en les complétant, et depuis beaucoup de chimistes, même français, lui attribuent la découverte de la non-proportionnalité de la réduction de la liqueur de cuivre, lorsque ses essais ont été faits deux ans après les miens.

Il a démontré qu'un équivalent de glucose anhydre ne réduisait pas exactement 10 éq. de sulfate de cuivre et que tous les sucres réducteurs n'ont pas le même pouvoir de réduction.

Il n'a pas opéré avec une seule liqueur de cuivre, mais avec deux liqueurs formées chacune d'une partie des éléments de la liqueur de cuivre ordinaire; il mélange ses deux liqueurs au moment de l'expérience. Les premières portions de sucre ajoutées réduisent plus de sucre que les dernières. Par la pesée de l'oxyde de cuivre on obtient toujours des résultats plus forts que par la méthode volumétrique. La réduction est complète après deux minutes d'ébullition. Par la méthode Knapp, par le cyanure de mercure, les résultats sont plus variables encore.

Histoire. — En 1841, Frommherz et Trommer ont reconnu que le glucose réduit facilement à 100° l'oxyde de cuivre dissous à l'état de tartrate de bioxyde dans la potasse caustique, tandis que le sucrose n'agit pas.

Barreswill composa la première liqueur de cuivre appliquable au dosage du glucose; elle était composée de crème de tartre, de sulfate de cuivre et de soude caustique; elle ne se conservait pas. Il appliqua ce procédé au dosage du sucrose en invertissant ce sucre, d'après l'étude de Biot.

Fehling trouva qu'une dissolution titrée de glucose de lévulose agit proportionnellement aux sels de cuivre suivant les équivalents : 10 éq. de sulfate de cuivre cristallisé sont décomposés par 1 éq. de glucose ou de lévulose, soit 1246,8 de sulfate de cuivre pour 180 de sucre; ce fait fut confirmé par Neubauer; il a été infirmé par Viard et Soxhlet. La liqueur Fehling ne différait de celle de Barreswill que par une quantité un peu plus forte de crème de tartre.

Depuis cette époque, le nombre des liqueurs et des procédés de dosage des sucres réducteurs d'après le principe de la réduction des sels de cuivre est tellement considérable qu'il faudrait un volume pour en faire l'historique. Je me contenterai de citer les principales liqueurs employées.

Critique du procédé Fehling. — D'après M. Robinet, l'éminent chimiste vinicole d'Epernay, la grande objection faite à l'emploi de cette méthode, est que le vin contient diverses substances autres que les glucoses, réduisant la liqueur de cuivre, telles que l'aldéhyde et certaines huiles essentielles, ainsi qu'une gomme, dont le pouvoir réducteur est sept fois moindre que celui du glucose; mais leur proportion est tellement insignifiante qu'il n'y a pas lieu d'en tenir compte, surtout pour une analyse industrielle.

Dans tous les cas, ce chimiste préfère ce procédé aux autres procédés indiqués pour ce dosage.

Gautier, l'auteur d'un ouvrage sur les vins, repousse cette méthode, parce que, dit-il, les dosages sont beaucoup trop élevés, ce que je ne comprend pas, car dans les moyens qu'il indique pour doser le glucose par le procédé Fehling, tous enlèvent du glucose au vin.

En résumé, les critiques formulées ne me paraissent pas sérieuses et, sauf quelques cas particuliers de vins liquoreux, les résultats trouvés ont toujours été sanctionnés par la pratique. Cette méthode à la fois simple et rapide doit donc être préférée aux autres méthodes, moins exactes.

Liqueurs de cuivre.

Les liqueurs de cuivre peuvent se diviser en six grandes classes :

1° Liqueurs contenant de la crème de tartre, du sulfate du cuivre et de la soude caustique : Liqueur de Barreswill employée par Monier et liqueur de Fehling employée par Walkhoff ;

2° Liqueurs dans lesquelles la crème de tartre est remplacée par du tartrate neutre de potasse : Poggiale, Boussingault, etc.;

3° Liqueur dans lesquelles la crème de tartre et le tartrate neutre de potasse sont remplacés par du sel de Seignette (tartrate double de potasse et de soude) : Chevallier et Baudrimont, Neubauer et Vogel, Pasteur, Violette, Viard, et Peligot, employée par Claude Bernard ;

4° Liqueurs contenant un peu de carbonate de soude : Berthelot, Claude Bernard ; ou du sel ammoniac, liqueur de Monier : ou de l'ammoniaque, liqueur de Pavy ;

5° Liqueur de Lœve contenant de la glycérine ;

6° Liqueur sans alcalis caustiques : Lowenthal, Possoz et Pellet.

(Pour l'étude de toutes ces liqueurs voir la Fabrication du sucre par Pellet et Sencier.)

Les liqueurs employées exclusivement aujourd'hui sont celles inscrites dans le n° 3 et toutes diffèrent bien peu.

	Chevallier et Baudrimont.	Neubauer.	Violette.	Viard.
Sulfate de cuivre....	34 g. 65	34 g. 65	36.46	34.64
Eau..............	200 cc.	200 cc.	140 cc.	(100cc.)
Sel de Seignette	173 g.	173 g.	200 g.	187 g.
Lessive de soude ...	480 cc.	400 cc.	500 cc.	470 cc.
Degré Baumé.......	à 18°5	17°7	24°0	24°0
Densité............	1,147	1,140	1,199	1,199

Ces liqueurs ne diffèrent guère que par la quantité de soude caustique ; Neubauer en met le moins et Violette de beaucoup le plus ; c'est ce qui assure la conservation plus grande de sa liqueur.

Liqueur Baudrimont. — On pèse 34 gr. 65 (Grandeau 1877, Ch. Girard 1884) ou 34 gr. 639 (Fresenius 1875) de sulfate de cuivre pur et séché entre des feuilles de papier filtre; on dissout dans 200^{cc} d'eau distillée et on mélange cette solution avec une autre composée de 173 gr. de sel de seignette pur et de 480 cc. de lessive de soude à 1,14 de densité; on agite le mélange et on l'étend d'eau distillée à 15° de manière à faire un litre. Cette liqueur est employée au Laboratoire Municipal de Paris sous le nom de liqueur de Neubauer, quoique ce soit la formule de Baudrimont.

Liqueur Violette. — M. Violette, de Lille, a basé le titrage de sa liqueur de cuivre sur le sucrose et non sur le sucre inverti; d'après les équivalents : 180 de glucose anhydre $C^{12}H^{12}O^{12}$ correspondent à 1246,8 de sulfate de cuivre, soit 34 gr. 64 de sulfate de cuivre pour 5 gr. de sucre inverti; mais d'après le rapport des équivalents entre le glucose et le sucrose : 180 : 171, on a $34{,}64 \times \frac{180}{171} = 36{,}46$. *Donc 1 litre de la liqueur Violette correspond à 5 gr. de sucrose et 5 gr. 263 de glucose ou sucre inverti.*

J'insiste sur ce fait parce que certaines personnes qui préparent la liqueur de Violette, d'après ses indications, considèrent que 1 litre de cette liqueur correspond à 5 gr. de glucose, ce qui n'est pas.

En se servant des tables faites sur ce chiffre elles commettent constamment des erreurs.

On prépare la liqueur de Violette de la manière suivante :

On fait deux solutions séparées; la première se fait en introduisant dans une carafe jaugée d'un litre, 500^{cc}. de lessive de soude caustique pure marquant 24° à l'aréomètre Baumé, ou 600^{cc}. de lessive de soude à 22°, puis 200 gr. de sel de Seignette pur; on chauffe légèrement au bain-marie et on agite. Pour préparer la deuxième solution, on dissout, à l'aide d'une chaleur modérée, 36 gr. 46 de sulfate de cuivre sec, pur et non effleuri, avec 140 cc. d'eau distillée dans une petite capsule de porcelaine à bec; on agite de temps en temps avec une baguette de verre que l'on a soin de laisser dans la capsule.

Lorsque les deux solutions se sont opérées, on verse, avec précaution et lentement, la liqueur cuivrique dans la solution alcaline du sel de Seignette, en la faisant couler le long de la baguette de verre appuyée verticalement contre le bec de la capsule.

On agite de temps à autre; on rince la capsule et l'agitateur, et on complète le litre presqu'au trait de jauge. On laisse le tout refroidir à 15° et on complète enfin le litre avec de l'eau distillée.

Liqueur Viard. — Après un grand nombre d'essais, j'ai constaté que la formule de la liqueur Violette était la meilleure, et ce d'accord avec tous les chimistes sucriers; mais je trouvais le mode de sa préparation assez ennuyeux par suite de la nécessité de chauffer, aussi ai-je essayé de préparer cette liqueur à froid; j'ai parfaitement réussi.

La nouvelle liqueur présentait une particularité : c'est que la fin de l'opération était plus difficile par suite de la redissolution de l'oxyde de cuivre par la soude, bien plus accentuée dans la liqueur faite à froid que dans la liqueur faite à chaud; c'est pourquoi j'y ai diminué un peu la quantité de soude indiquée par Violette.

D'autre part, comme avec la liqueur de cuivre on ne dose que les sucres réducteurs et par exception seulement le sucrose, j'ai ramené les quantités de produits à employer de façon que un litre de la liqueur pût être réduit par 5 gr. de sucre inverti; d'où la formule définitive suivante :

Dans une carafe de un litre, on met 34 gr. 64 de sulfate de cuivre pur, sec, non effleuri, bien exempt de fer, et on ajoute environ 100cc d'eau distillée bouillie; puis on introduit 200 gr. de sel de Seignette (tartrate double de potasse et de soude) et 470 cc. de lessive de soude à 24° Baumé, ou d'une densité de 1199; on agite le tout et on laisse la solution s'opérer seule, à froid, en agitant de temps en temps et remplissant peu à peu par de l'eau distillée bouillie. Pendant que la dissolution s'opère, la carafe doit être bouchée.

Cette préparation demande deux jours, mais il n'y a aucune difficulté de manipulation puisqu'il suffit de peser les produits et d'agiter jusqu'à dissolution complète; on remplit alors la carafe jusqu'au trait de jauge avec de l'eau distillée bouillie; la température du liquide doit être d'environ 15° au moment du remplissage. A ce moment on couvre le goulot de la carafe d'une feuille mince de caoutchouc et on applique dessus la paume de la main; on opère le mélange en renversant le flacon à plusieurs reprises et en évitant d'en renverser une seule goutte tant que le mélange n'est pas parfait. S'il y a lieu on filtre sur un entonnoir dont le fond est obstrué par un petit tampon d'amiante et couvert d'une plaque de verre pour éviter l'accès de l'air; il ne faut pas filtrer sur du papier qui est attaqué par la soude caustique de la liqueur.

La liqueur mélangée et filtrée est divisée dans des flacons de petites dimensions, de manière qu'ils ne restent pas en vidange pendant plus de deux mois; leur volume dépendra donc de la consommation de liqueur que l'on fait. Ces flacons doivent être entourés de papiers bleus ou noirs pour les mettre à l'abri de la lumière; dans ces conditions cette liqueur se conserve un an, mais pas plus, sans altération. Les flacons employés doivent être bouchés à l'émeri et non au liège et il faut bien faire attention avant de placer le bouchon d'essuyer le tour du col, intérieur, car s'il y avait de la liqueur de cuivre entre le col et le bouchon au bout d'un certain temps il faudrait casser le col pour enlever le bouchon.

La solution de soude caustique à 24° doit être faite à l'avance; si on se sert de soude à l'alcool, il suffit de peser environ 140 grammes de soude pour 500cc et on introduit le tout dans une éprouvette graduée de 1/2 litre de capacité, on met la soude et de l'eau distillée et on agite avec une baguette; il se fait une forte élévation de température, on prend le degré à l'aéromètre lorsque le liquide est refroidi.

Lorsqu'on a de la soude à la chaux, comme elle est impure, on en pèse 140 à 160 grammes et on amène à 24° comme ci-dessus, puis on recouvre l'éprouvette et on laisse reposer pendant 48 heures; la chaux, le fer, etc., se déposent ; on enlève la partie supérieure impure ; on décante, on laisse la partie inférieure toujours trouble.

Lorsqu'un flacon contenant de la liqueur de cuivre est en service, il faut éviter de le laisser débouché, parce qu'alors l'acide carbonique de l'air intervient, sature une partie de l'alcali, et il se dépose de l'oxyde de cuivre, puis par l'ébullition se décompose en partie.

Pour éviter l'inconvénient du contact de l'air avec la liqueur de cuivre, dans les grands laboratoires on a inventé divers flacons permettant de remplir les pipettes sans passer par le contact de l'air ; malheureusement, il y a un petit défaut, c'est que le volume du liquide employé est remplacé par un égal volume d'air, non privé d'acide carbonique.

Je citerai ici deux nouvelles formules de liqueur de cuivre qui n'ont pas encore été étudiées de façon à démontrer leur supériorité sur les anciennes.

Liqueur Lagrange. — Il a constaté que dans les liqueurs cuivriques, s'il n'y a pas assez d'alcool, il se fait une réduction partielle de la liqueur de cuivre ; s'il y a trop d'alcali, le glucose est attaqué par la soude et l'oxyde de cuivre précipité se redissout ; il emploie donc moins de soude, mais il remplace les sels employés par le tartrate neutre de cuivre sec préparé en traitant le sulfate de cuivre par le tartrate neutre de soude, lavant et séchant à 100°.

La liqueur se compose de :	Tartrate neutre de cuivre, sec	100 gr.
	Lessive de soude à 24°	400 cc.
	Eau	500 cc.

D'après l'auteur, cette liqueur est inaltérable à la lumière, et une ébullition de 24 heures, soit avec la liqueur seule, soit avec la liqueur mélangée de sucrose ne donne aucune réduction.

Procédé H. Causse. — (Journ. Ph. et Ch. 1889, t. 19, p. 171). Le ferrocyanure de potassium est sans action sur la liqueur de cuivre froide ou bouillante ; si donc, dans une liqueur de cuivre contenant de ce sel, on laisse couler une solution sucrée, chaque goutte détermine au point de contact un précipité d'oxydule de cuivre qui se redissout en même temps, tandis que la teinte bleue s'atténue ; si les proportions du cyanoferrure sont convenables, la liqueur devient incolore, sans trace de dépôt. Il s'est servi de la couleur de Fehling, dont la formule est dans l'ouvrage de Méhu et a opéré ainsi : Il a mis dans un ballon 10cc de cette liqueur de cuivre, 20cc d'eau distillée et 4cc de solution de ferrocyanure au vingtième ; il a fait bouillir et versé le liquide sucré jusqu'à décoloration. Dès que le ballon est retiré du feu, la solution brunit et il se dépose un corps en cristaux incolores.

Ce procédé mérite d'être étudié, car s'il n'y a aucune cause d'erreur, ce serait le plus pratique, la difficulté du dosage du sucre par la liqueur de cuivre étant causée par le précipité rouge qui empêche de voir la décoloration.

Appareils nécessaires au dosage des sucres réducteurs par la liqueur de cuivre. — J'ai constitué ce paragraphe particulier, afin de ne pas gêner l'étude des opérations à faire dans l'analyse par la description des appareils employés.

La liqueur de cuivre est mesurée au moyen d'instruments en verre nommés *pipettes*.

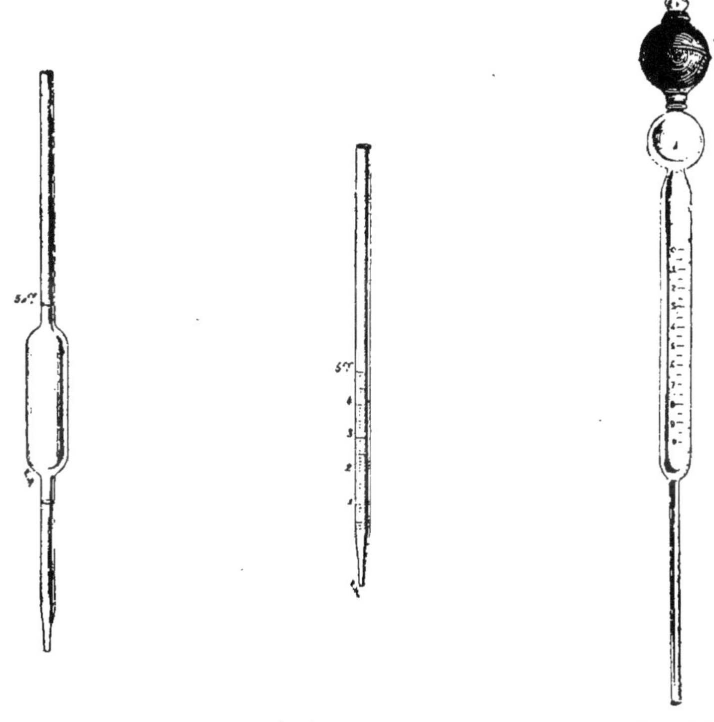

Fig. 26 *Fig. 27*
(Soc. Centr. de Prod. Chim., 2 fr. 25 — 1 fr. 50)

Fig. 28.
(Fontaine, 5 fr.)

Les pipettes sont des tubes plus ou moins renflés et de formes plus ou moins différentes dans lesquels on aspire le liquide à mesurer jusqu'à un trait marqué sur le plus petit diamètre du tube.

La pipette la plus simple est celle de la figure 27, c'est un simple tube effilé à la partie inférieure et gradué en centimètres cubes et dixièmes de centimètre cube ; cette pipette ne sert que pour les petits volumes ; elle est graduée de façon que le liquide mesuré aille jusqu'à la pointe. Pour mesurer un liquide avec cette pipette, on plonge la pointe seulement dans le liquide et on aspire avec la bouche placée à la partie supérieure du tube jusqu'à ce que le liquide soit arrivé au-dessus de la marque 5^{cc}, alors on ôte rapidement la bouche et l'on place non moins vivement le bout de l'index de la main droite sur l'ouverture supérieure du tube ; ce mouvement doit être assez vif pour que le liquide ne descende pas au-dessous du trait marqué 5^{cc} ; alors on place ce trait en face de l'œil et on laisse descendre le liquide jusqu'à coïncidence du ménisque avec le trait, comme je l'ai dit aux « Vases gradués. — Volumétrie ». On porte ensuite la pipette au-dessus du vase dans lequel on doit verser le liquide et on laisse écouler celui-ci ; il ne faut pas souffler ni agiter la pipette pour faire tomber la dernière goutte qui doit rester dans le tube, ne faisant pas partie du volume indiqué ; avec cette pipette on peut mesurer tous les volumes de 1 à 5cc.

La pipette (fig. 26) ne porte qu'un seul volume marqué entre deux traits; on procède à l'aspiration de la même façon que précédemment, mais pour la vidange on arrête la descente du liquide lorsque le ménisque du liquide, dans le tube inférieur, se trouve en face du trait marqué ; ces pipettes sont préférables à celles qui sont graduées jusqu'à la pointe, parce que dans celles-ci la goutte restant varie de volume suivant la viscosité du liquide ; les pipettes à deux traits se font par dix centimètres cubes jusqu'à 100cc.

La pipette Limousin (fig. 28) est très avantageuse lorsqu'on mesure un liquide dangereux, et c'est le cas avec la liqueur de cuivre, pour les personnes peu habituées aux manipulations chimiques ; l'aspiration se fait par le moyen de la poire de caoutchouc, la bouche n'intervient donc pas.

Dans les grands laboratoires, on se sert de la pipette Bardy formée d'une succession de renflements et de parties étranglées permettant de mesurer très exactement tous les volumes employés pour l'analyse par la liqueur cuivrique.

Un appareil très commode lorsqu'on a un grand nombre d'essais à faire, c'est le flacon pipette Dupré, qui sert en même temps de flacon burette. Cet appareil (Fig. 29) se compose d'un flacon réservoir de la liqueur de cuivre; le bouchon en caoutchouc de ce flacon est percé d'un trou par lequel passe un gros tube s'arrêtant à la base du bouchon ; ce tube en contient un autre plus petit qui descend jusqu'au fond du flacon ; ce dernier tube s'élève puis se recourbe pour entrer dans le récipient en verre et finir par déboucher au-dessus d'un tube divisé en dixièmes de centimètre cube ; ce tube divisé est soudé au récipient, fermé par un bouchon de verre, et descend au-dessous pour se terminer par un robinet de verre, une tige de verre plein soudée au reste de l'appareil en assure la solidité ; de la base du récipient part un tube oblique, muni d'un robinet de verre sur sa longueur, qui va se souder au gros tube fixé dans le bouchon de caoutchouc ; en face de ce tube, sur le même conduit, est soudé un autre tube terminé par une poire de caoutchouc ayant une ouverture sur la base ; cette ouverture peut se fermer à l'aide d'un petit bouchon attaché par un fil. La manœuvre de cet appareil est facile ; on veut remplir la pipette graduée : on place le doigt sur le trou de la poire de caoutchouc et on presse celle-ci ; l'air comprimé dans le flacon pèse sur le liquide et le fait monter dans le tube central, il se déverse dans la pipette jusqu'à ce qu'il y ait débordement dans le petit récipient supérieur ; on arrête la pression et on ouvre le robinet placé en face de la poire de caoutchouc, le liquide retourne du récipient dans le grand flacon ; on a ainsi toujours et immédiatement un volume égal dans le tube gradué ; il suffit d'ouvrir le robinet de verre inférieur de ce tube pour obtenir le volume de liquide voulu. Il sert de burette lorsque c'est le liquide du flacon qui sert à faire la recherche par tâtonnements.

Le volume de la liqueur de cuivre étant déterminé, passons aux vases dans lesquels on l'introduit.

Violette emploie de longs tubes en verre de 25mm de diamètre et de 25 cm de longueur ; ce qui est très bon mais très difficile dans la pratique ; on parvient à grand'peine à éviter les projections, malgré les morceaux de pierre ponce que l'on met dans la liqueur. Il faut toute la dextérité du savant professeur pour se servir de ces tubes avec tant d'habileté. D'autres préfèrent le ballon de 100cmc.

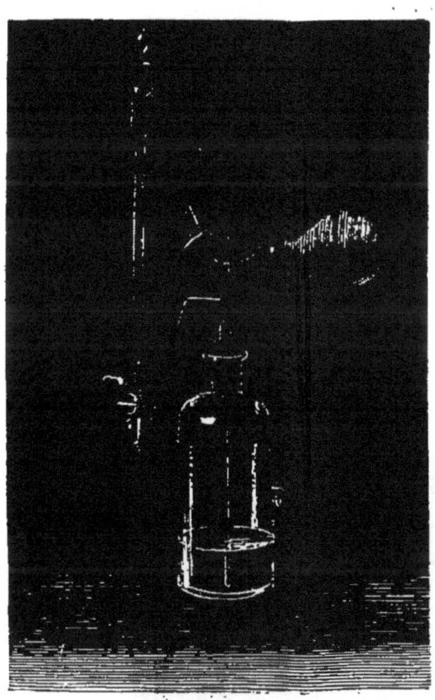

Fig. 29.
(Chabaud, 35 francs)

Après bien des essais, je suis toujours revenu à la capsule de porcelaine, qui permet d'aller très vite et qui par sa blancheur permet de saisir très nettement la teinte du liquide, sans les fausses teintes que l'on a toujours avec le verre.

Depuis 1878, époque à laquelle j'ai préconisé l'emploi de la capsule de porcelaine, elle est devenue d'un usage général.

Le liquide sucré, préparé soit pour le titrage de la liqueur, soit pour le dosage du sucre dans les vins, est versé dans une burette ou tube divisé en dixièmes de centimètre cube.

Les burettes sont de formes très diverses, ayant toutes leurs avantages et leurs inconvénients ; je n'en connais pas de parfaites.

La première en date est celle de *Gay-Lussac* (fig. 30, à gauche), elle se compose d'un gros tube, primitivement tout droit, divisé en 25 centimètres cubes par dixièmes et d'un petit tube qui part de la base pour remonter jusqu'au dessus des divisions et se termine en bec. On remplit le gros tube du liquide jusqu'au zéro; le liquide monte dans le petit tube au-dessus du zéro ; il suffit d'incliner convenablement cette burette pour verser le liquide goutte à goutte ; cette burette a comme défauts : d'abord d'être très fragile, le petit tube se cassant fréquemment à la base, ensuite d'immobiliser la main qui la tient.

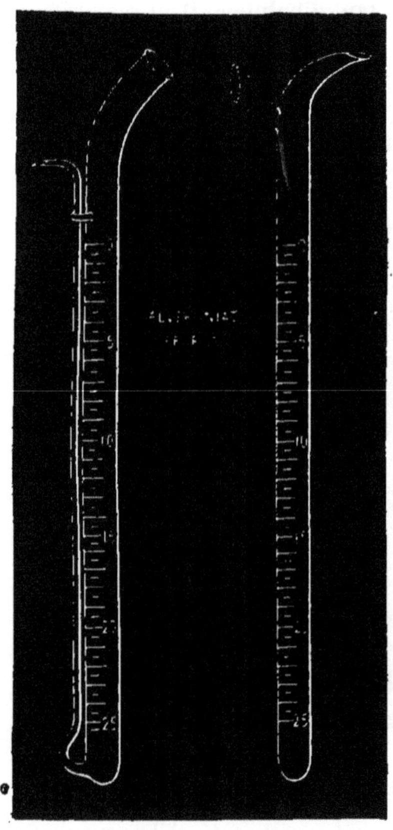

Fig. 30
(Chabaud — 4 fr. 50).

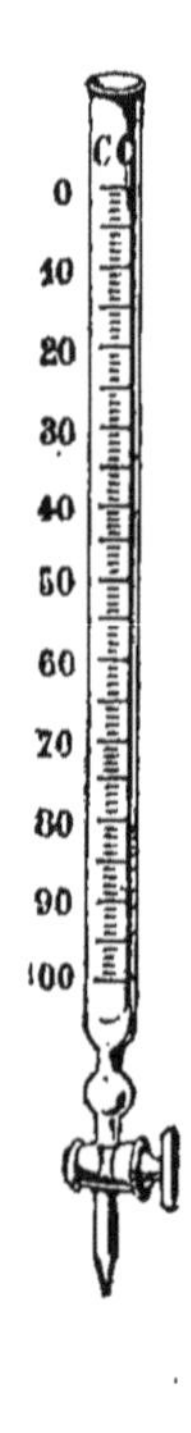

Fig. 31
(Fontaine — 6 fr. 25).

Pour remédier à la fragilité de cette burette, on a inventé la *burette anglaise* (fig. 30, à droite) ; elle se compose d'un simple tube terminé d'un côté par un entonnoir et de l'autre par un bec ; on remplit le tube par l'entonnoir jusqu'au zéro et l'on incline en mettant le bout de l'index sur l'entonnoir pour verser goutte à goutte ; cette burette est très solide, mais on est obligé de la tenir à la main,

La burette à robinet de verre (fig. 31) se fixe à un support et dès lors les mains sont libres ; on remplit le tube divisé et il suffit de tourner le robinet pour obtenir le volume voulu, cette burette serait parfaite si le robinet ne finissait par fuir.

Je ne suis pas partisan de la burette Mohr, dans laquelle le robinet ci-dessus est remplacé par un tube de caoutchouc avec pince qui l'étrangle au milieu ; car dans le remplissage de la burette, il reste souvent des bulles d'air sous la pince ; et comme ces bulles d'air s'échappent ensuite, le volume est faussé.

La *burette Salleron* (fig. 32) est celle que je préfère, parce qu'on obtient très facilement la vitesse d'écoulement voulue et que l'arrêt de la chute du liquide est instantanée ; de plus, elle ne fuit pas par le bas. Son seul défaut est la fragilité de la tige de verre intérieure, aussi faut-il faire bien attention dans son maniement.

La burette Salleron se compose d'un gros tube droit terminé en cône à la partie inférieure et muni d'un entonnoir latéral à la partie supérieure ; au centre se trouve une baguette de verre plein, rodé à la partie inférieure contre les parois de la burette de manière à faire tampon ou soupape hermétique. La partie supérieure de cette tige est munie d'un pas de vis entrant dans un bouchon creux, et d'une bague en verre permettant de la prendre entre les doigts ; il suffit de tourner cette bague de droite à gauche ou de gauche à droite pour ouvrir ou fermer l'ouverture de la burette ; elle se fixe sur un support.

Pour nettoyer ces burettes, j'ai fait faire par M. Dujardin un goupillon long et mince qui permet avec un peu d'eau d'opérer rapidement ; pour sécher la burette, je prends une bande de linge fin de 2 cent. de large que j'enroule en oblique autour du goupillon, l'autre bout de ce ruban étant tenu à la main ; le nettoyage et le séchage sont ainsi vite faits.

Porte-burettes Viard. — Les supports employés actuellement pour les burettes et les capsules se composent d'une tige munie d'anneaux glissants et soutenant des cercles métalliques sur lesquels on place les capsules ; indépendamment de leur peu de stabilité, ils ont les défauts de ne pas garantir la capsule de la flamme et de maintenir la burette fixe au-dessus du liquide ; c'est l'examen attentif de tous ces supports qui m'a fait découvrir les deux causes d'erreurs suivantes et combiner le support à burette de la fig. 32.

Lorsque la flamme placée sous la capsule vient à lécher la partie extérieure de la capsule correspondant à la surface interne du liquide dans la capsule, il y a altération de ce liquide ; la liqueur de cuivre est réduite à la surface et il se forme de l'oxyde noir de cuivre, insoluble ; les résultats sont faussés d'autant.

A la suite d'expériences répétées, j'ai constaté que la présence de la burette au-dessus du liquide pendant la chauffe dilatait assez le liquide de la burette pour causer une erreur dans la lecture.

La chauffe précédant l'ébullition durant 5 minutes a augmenté le volume du liquide de la burette de 1/10 de ^{cc} ; l'opération de réduction durant de 7 à 10 minutes a augmenté le volume de 1/10 de ^{cc} en plus, soit 2/10 ; il faut 25 minutes de repos pour revenir à la température ordinaire, c'est-à-dire au même volume. Si on soustrait la burette du contact du liquide pendant la chauffe précédant l'ébullition, l'augmentation de volume n'est que de $0^{cc}1$ et il ne faut que 10 minutes pour revenir au volume réel.

Le support à burettes se compose d'une planchette supportant deux montants en laiton ; ces deux montants servent de glissières à deux tiges de laiton horizontales et se fixant par un écrou à la hauteur voulue ; chacune de ces tiges est munie d'un petit piton servant à maintenir une feuille de cuivre épaisse, percée de deux trous ronds dont le diamètre est calculé de façon à être plus petit que celui du cercle produit par le minimum de liquide dans les capsules que l'on pose sur ces trous ; la surface du liquide est donc bien à l'abri de l'action directe de la flamme.

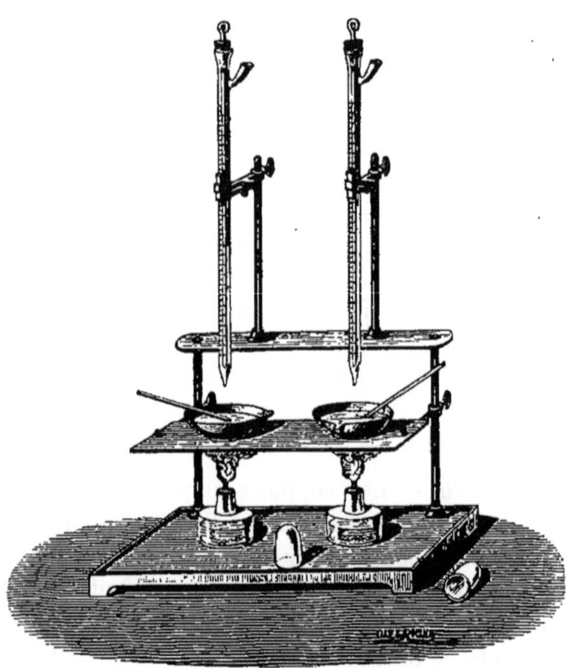

Fig. 32
(Dujardin — 50 fr.).

Sur la partie supérieure des deux montants est placée une lame de laiton servant à supporter deux autres montants placés en face des centres des trous de la plaque porte-capsules ; sur ces montants glissent deux pinces à burettes à mâchoires et se fixant par un écrou. Les deux pinces étant fixées à la hauteur voulue, on ouvre les mâchoires, on introduit les burettes dans les ouvertures et on referme au moyen des vis qui sont spécialement disposées à cet effet ; les deux montants peuvent pivoter sur leur base, on peut faire décrire aux burettes un cercle horizontal entier, de sorte que pendant la chauffe, on peut placer les burettes en arrière, c'est-à-dire loin de l'action du feu.

Ce support sert avantageusement dans tous les essais par les liqueurs titrées, avec ou sans ébullition ; sa solidité ne fait craindre aucune chute. Dans les essais alcalimétriques, on peut sur l'un des montants placer une troisième burette ; il suffit pour cela d'une pince à burette de plus. On peut faire fabriquer un support ayant autant de burettes que l'on veut.

Pour chauffer les capsules de porcelaine ou tout autre appareil, on emploie ordinairement la lampe à alcool (fig. 32) lorsqu'on ne possède pas l'installation du gaz, mais quand on peut se servir du gaz c'est toujours préférable ; on emploie dans ce cas un tube à gaz spécial nommé *brûleur Bunzen* (fig. 33). C'est un tube en laiton courbé à angle droit posé sur un pied ; à la base de la partie verticale se trouvent deux trous se faisant face ; ces deux trous peuvent être ouverts ou fermés par un anneau mobile muni de deux trous semblables. Lorsque les trous sont fermés on ouvre le robinet du gaz et on allume au dessus du tube vertical ; la flamme est jaune et éclairante ; si on ouvre progressivement les deux trous le courant d'air qui s'établit brûle le carbone de la flamme et celle-ci devient bleue presque invisible ; la puissance de chauffage est fortement augmentée.

Fig 33

(Wiesnegg. — 3 fr.)

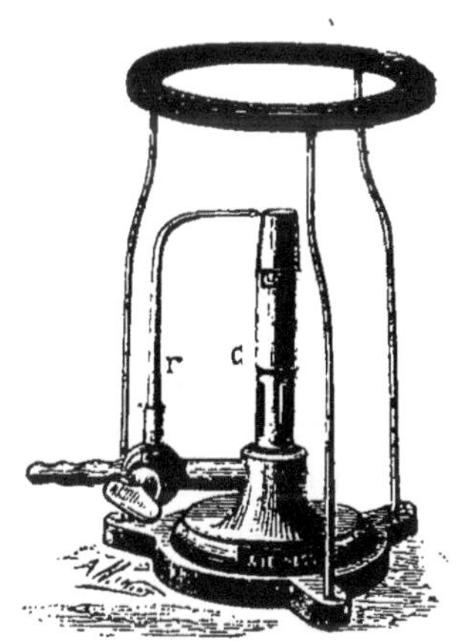

Fig. 34

(Wiesnegg.)

Le brûleur Bunzen à *veilleuse* (fig. 34) est un tube semblable, seulement sur la partie horizontale du tube se trouve un robinet disposé de telle sorte que lorsqu'il est fermé, il laisse échapper une petite partie du gaz qui, passant par le tube vertical, *r*, reste enflammé à son extrémité recourbée à l'état de veilleuse. Je recommande spécialement ce brûleur qui permet d'éteindre le bec principal chaque fois que l'on veut arrêter l'ébullition dans la capsule et le rallumer immédiatement, le bec veilleuse restant toujours allumé lorsque le bec principal est éteint ; il faut toujours avant d'allumer le brûleur fermer les deux trous inférieurs, sinon on arriverait à enflammer le gaz au-dessous des deux trous, ce qui a des inconvénients.

Marche à suivre pour la réduction de la liqueur de cuivre. — Les liqueurs sucrées étant préparées comme il sera dit plus loin, on les introduit dans la burette que l'on tourne du côté opposé à la capsule.

On mesure, dans une éprouvette graduée, 50 centimètres d'eau ordinaire filtrée, ou tout autre volume, mais toujours le même dans tous les essais et on verse dans la capsule de porcelaine, placée sur un des trous de la plaque de cuivre du porte-burettes. Les capsules ont un diamètre de 84 millim.

Je n'emploie pas d'eau distillée pour cette opération, parce que l'eau distillée a la curieuse propriété de décomposer la liqueur de cuivre, pour former de l'oxyde noir (Boivin, Pellet, Viard). L'eau ordinaire, calcaire, précipite un corps bleu de ciel que j'ai reconnu être un mélange de tartrate de chaux et de carbonate de cuivre (J[l] des Fab. de Sucre, 1878 Octobre 23); le sel de cuivre est réduit par le glucose de sorte qu'il n'influe pas sur le titrage.

On allume le gaz et on fait bouillir l'eau pour chasser l'acide carbonique qu'elle peut contenir et on verse alors la quantité de liqueur de cuivre mesurée avec la pipette; on laisse bouillir pendant quelques minutes et on examine s'il n'y a pas de traces de précipité rouge; si on en constatait l'existence c'est que la liqueur serait mauvaise et devant être jetée à moins que les appareils mal nettoyés ne continssent du glucose. Lorsque la liqueur reste avec sa belle couleur bleue on amène la burette sur la capsule et on verse régulièrement le liquide sucré jusqu'à la décoloration complète de la liqueur bleue. Quand le terme final est reconnu, on enlève la capsule et on attend 10 minutes avant de faire la lecture sur la burette.

La durée de la réduction influe d'une manière très sensible sur le résultat final. L'exemple d'une des opérations moyennes, que j'ai faites en étudiant cette question, est frappant:

Vin décoloré et liqueur de cuivre: 1° en allant très vite, versé 19^{cc},3 de vin préparé, correspondant à 6 gr. 77 de glucose par litre; 2° en allant très lentement, versé 20^{cc}7 de vin préparé, correspondant à 7 gr. 24, soit une différence de 0 gr. 47 par litre. Si j'avais eu affaire à un vin contenant environ 20 gr. de sucre par litre, j'aurais dilué le vin de façon à trouver à peu près le même nombre de centimètres cubes, les chiffres auraient été de 20 gr. 31 et 21 gr. 72, soit une différence de 1 gr. 41 par litre; pour le moût contenant jusqu'à 200 gr. par litre, pourraient donner des différences allant jusqu'à 14 gr. par litre; il est vrai que c'est le chiffre extrême, dans tous les cas.

Il faut donc se créer une marche, toujours la même de manière à titrer la liqueur et faire les opérations de dosage dans le même temps; il n'y a que la fin de l'opération qui peut varier, sans inconvénients, si toutefois on ne la prolonge pas par trop.

On arrive à l'exactitude par deux méthodes: 1° on fait un essai préliminaire en tâtonnant plus ou moins vivement et on note le chiffre obtenu; on recommence en versant d'un seul coup, un volume de liquide sucré inférieur de 1 à 4 centimètres, à celui obtenu précédemment, suivant que le liquide sucré est plus ou moins concentré et on termine en versant goutte à goutte;

2° on règle l'écoulement du liquide, ce qui est très facile avec la burette Salleron, ou à robinet de verre, de façon à obtenir une vitesse constante ; pour cela il suffit de laisser les gouttes tomber une à une sans espacement entre elles.

Pour cet essai M. Ch. Girard verse dans la capsule 10^{cc} de liqueur de cuivre 40^{cc} d'eau disiillée et 2 à 3 cc. de soude caustique, fait bouillir et ajoute goutte à goutte le vin décoloré. Par cette addition de soude la liqueur de Baudrimont employée est rapprochée de la formule de Violette et de Viard ; quant à l'usage de l'eau distillée j'ai donné mon opinion à ce sujet plus haut.

Point terminal. — La difficulté pratique de la méthode de dosage des sucres par la liqueur de cuivre réside tout entière dans le peu de facilité qu'on rencontre de bien juger de la décoloration du liquide.

En effet dès les premières gouttes de liquide sucré versé dans la liqueur bleue il se produit un précipité de couleur rouge carmin qui donne au liquide une couleur violette qui tourne de plus en plus au rouge au fur et à mesure que l'action est plus profonde ; à un certain moment on ne voit plus qu'une masse rouge, mais si on arrête l'ébullition, le précipité se dépose et on voit que le liquide surnageant a une teinte bleue ; mais plus la teinte bleue s'affaiblit plus elle est difficile à saisir, d'autant plus que la coloration se complique d'une teinte jaune due à l'action de la soude sur les substances autres que le glucose contenues dans les vins.

Pour juger du point terminal il faut aller très vite à la fin de l'opération et dépasser le point dans tous les cas, sauf à déduire la quantité de liquide ajoutée pour dépasser ce point : pour cela on arrête l'ébullition le dépôt du précipité se fait rapidement si la liqueur n'est pas trop nouvelle ; on incline la capsule et sur la partie blanche, non couverte de précipité, on juge de la teinte du liquide ; si on perçoit la moidre teinte de bleu, on remet à l'ébullition et l'on ajoute quelques gouttes de liqueur sucrée et on recommence à regarder le liquide. L'opération est terminée lorsque le liquide est franchement incolore ou jaune sans aucune teinte de vert ni de gris ; alors une goutte de plus donne une teinte gomme-gutte très franche ; on déduit la goutte ajoutée.

Lorsque le point terminal n'est pas atteint, l'oxyde de cuivre précipité se redissout facilement dans la soude de sorte que le liquide bleuit visiblement tandis que lorsque ce point a été atteint ou dépassé la redissolution du cuivre est assez longue.

Pour faire cet essai on doit se placer au grand jour, devant une fenêtre, mais non au soleil ; il faut toujours faire cet essai dans les mêmes conditions de jour pris pour titrer la liqueur de cuivre ; je n'ai pu obtenir de résultat avec les lumières artificielles.

Pour être certain que le point terminal a bien été atteint, M. Ch. Girard, filtre une petite portion du liquide de la capsule et en fait deux parts : dans la première, mise dans un tube à essais, il verse deux ou trois gouttes de liqueur de cuivre et fait bouillir ; il ne doit pas se former de précipité rouge, sinon il y aurait un excès de vin ; la deuxième partie est acidulée par l'acide acétique de façon à colorer en rouge le papier tournesol, alors il ajoute du cyanure de potassium ; s'il se formait une coloration jaune, c'est qu'il y aurait un excès de cuivre.

Pour juger du point terminal, M. Salleron filtre le liquide de la capsule, acidifié par l'acide acétique, et on ajoute une goutte de cyanoferrure de potassium, qui, en présence de la moindre trace de cuivre, donne une couleur rouge marron très intense.

Pour arriver à la filtration rapide de la liqueur de cuivre, il a inventé un petit appareil qu'il a nommé *pipette-filtre*.

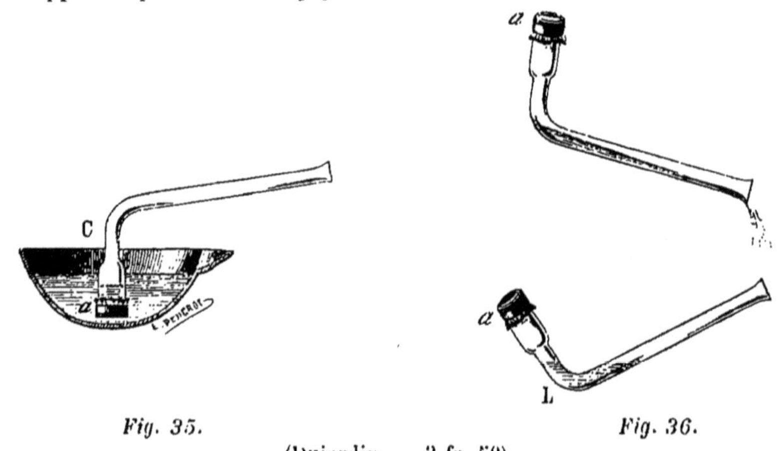

Fig. 35. *Fig. 36.*

(Dujardin. — 3 fr. 50).

Ce petit appareil se compose d'une sorte de pipe en verre dont le fourneau *a* (fig. 36), se ferme au moyen de papier à filtrer ; on serre sur son orifice deux disques superposés de papier à filtrer fin, au moyen de l'anneau *a*. Quand, dans un essai, la liqueur bleue ne s'éclaircit pas, on plonge le filtre de la pipette au sein du liquide de la capsule (fig. 35) et on l'en retire quelques instants après. Le liquide clair a traversé en petite quantité le papier filtre et s'est introduit dans la pipette, on la retourne alors dans la la position L de la figure 36, on juge alors si la teinte est encore bleue ; si la liqueur est bleue on rejette le liquide dans la capsule en inclinant le tube pour lui donner la position du tube supérieur de la figure 36 ; on recommence une nouvelle addition de vin et on refait une nouvelle filtration avec la pipette-filtre ; c'est lorsque le liquide ne paraît plus bleu, qu'on essaie dans une capsule le cyanoferrure de potassium.

Cette pipette-filtre a un petit inconvénient, c'est que s'il y a du liquide intérieurement il y en a aussi extérieurement qui glisse le long de la pipette et arrive sur les doigts lorsqu'on retourne la pipette pour renverser le liquide dans la capsule.

J'ai évité ce petit inconvénient en faisant une modification que j'ai fait exécuter par M. Dujardin ; le tube de la pipette reste le même, sauf que en *a* le diamètre est le même que pour le tube et au milieu de l'espace *a* L est soudé à angle droit un court tube du diamètre du tube *a* de la pipette-filtre

Salleron ; c'est à l'extrémité de ce tube que se trouve le système de filtration. La pipette se plonge verticalement dans la capsule, puis s'incline pour amener le liquide en L et l'on vide la pipette par l'orifice *a*.

Titrage de la Liqueur de cuivre. — A la suite de mes travaux, M. Pellet écrivit que pour obtenir le dosage exact des sucres réducteurs, il fallait se tenir, dans ce dosage, dans les mêmes conditions que dans le titrage de la liqueur. Tout en acceptant ces différents titrages de la liqueur de cuivre afin de diminuer les causes d'erreurs, dans la plupart des cas, je ne crois pas que ce soit suffisant et je propose la méthode rationnelle que je vais décrire, laquelle a déjà été publiée.

Pour titrer le liquide cuivrique, on prend 4gr 75 de sucre en pain parfaitement sec (dans la partie qui se trouve aux 2/3 à partir de la base) on les introduit dans un ballon avec environ 50cmc d'eau, puis quelques gouttes (4 ou 5) d'acide chlorhydrique, ou mieux, quelques morceaux d'acide tartrique (2 à 5 décigr.) et on fait bouillir pendant 4 ou 5 minutes. On verse le liquide bouillant dans un matras de 500cmc, rempli préalablement à moitié d'eau ordinaire filtrée. On laisse refroidir le tout et on complète avec de l'eau le 1/2 litre.

L'opération de verser le liquide bouillant, qui ne doit jamais être jaune, dans de l'eau froide, a pour but d'empêcher la couleur jaune, qui est le signe de la décomposition du sucre inverti formé, d'apparaître.

Un certain nombre d'auteurs recommandent de saturer l'acidité de la liqueur de glucose ; les uns emploient le carbonate de soude, ce qui est mauvais, car le moindre excès agirait sur la liqueur de cuivre ; les autres neutralisent avec de la soude caustique.

A la suite de nombreux essais je me suis assuré que l'acidité du liquide n'influe, en aucune façon, avec ma liqueur de cuivre ; les essais ont toujours été les mêmes lorsqu'ils étaient obtenus avec le liquide acide ou le liquide acide neutralisé par la soude et le papier de tournesol restant violacé ; lorsque le liquide neutralisé était bleu au papier de tournesol, les essais ont donné des résultats très irréguliers.

Les 4gr 75 de sucre de canne se sont tranformés en 5 gr. de sucre inverti d'après les équivalents 171 et 180.

On a donc un liquide A contenant 5 grammes de sucre inverti pour 500cmc, soit 0gr 01 par centimètre cube ; on en remplit la burette.

D'autre part, avec une pipette de 5cmc graduée entre deux traits et on verse dans la capsule de porcelaine, contenant de l'eau bouillante, et on décolore la liqueur de cuivre jusqu'au point terminal.

Le nombre de centimètres cubes de liquide sucré versés indique le nombre de centigrammes de glucose nécessaire pour décomposer 10cmc de liqueur de cuivre, dans les conditions indiquées ci-dessus.

Ordinairement les liqueurs préparées comme je l'ai indiqué sont décomposées par 4, 9 à 5, 3cmc soit 0gr 049 à 0gr 053 de glucose.

B. On prend 50cmc du liquide sucré, on en fait 100cmc avec de l'eau et on recommence l'opération avec 10cmc de liqueur de cuivre ; on a ainsi un nouveau titre variant de 1 à 2 dixièmes de centim. cubes.

C. On prend 50cmc du liquide B, on en fait 100cmc et on titre 5cmc de liqueur de cuivre.

D. On dédouble encore le liquide sucré précédent et on opère encore sur 5cmc de liqueur cuivrique.

On a ainsi quatre titres différents, plus que suffisants pour le dosage de ces sucres dans les vins, car le dernier cas correspond à 0gr 135 de glucose par litre.

On peut encore dédoubler, si l'on veut aller plus loin, en prenant 2cmc de liqueur de cuivre, de manière à se rapprocher du volume de liquide sucré versé dans l'opération sur le produit sucré à essayer.

Exemple d'une liqueur tirée :

A.	10cmc	liqueur	Viard ;	versé 5cmc1	liqueur	sucrée,	titre	0.051
B.	10	—	—	— 10 4	—	—	—	0.052
	10	—	—	— 15 9	—	—	—	0.053
	10	—	—	— 21 6	—	—	—	0.054
C.	5	—	—	— 10 8	—	—	—	0.027
D.	5	—	—	— 22 4	—	—	—	0.028
	5	—	—	— 46 4	—	—	—	0.029

Dans tous les dosages de glucose, on devra se maintenir dans les conditions de titrage de la liqueur de cuivre, telles qu'elles sont indiquées ci-dessus.

Dans aucun cas on ne devra verser moins de 8cmc de liquide sucré, ni prendre plus de 10cmc de liqueur de cuivre ; même en se servant de la liqueur de cuivre titrée dans les mêmes conditions, on n'a pas la vérité, car les matières autres que le sucre agissent sur la liqueur et empêchent de voir la fin de l'opération.

Comme les résultats varient au plus de 0gr 2 de sucre par litre, on peut se contenter (pour les vins) de ne faire qu'un seul titrage de la liqueur de cuivre d'après les données suivantes : On pèsera 4gr 75 de sucre, et on les invertira comme il est dit plus haut et on en fera un litre, puis on procédera à la réduction de la liqueur cuivrique ; le titre sera égal à la moitié du nombre de centimètres cubes de liquide sucré versé.

Dans l'appréciation des résultats, on pourra tenir compte des différences suivantes, qui sont toujours constantes pour toutes les liqueurs de cuivre.

Titre a. — Si l'on verse 5.1 centimètres cubes de vin, il y aura 10 gr. de glucose par litre, et si on se sert du titre seul que je viens d'indiquer on trouvera 9.80 ; différence 0.20.

Titre b. – Le seul cherché. Si on verse 10.4 centimètres cubes de vin il y aura 5 gr. de glucose par litre. Chiffre exact.

Titre c. — Si on verse 10cc8 de vin il y aura 2gr 50, et avec le titre on trouvera 2gr 40 ; différence 0.1.

Titre d. — Si on verse 22cc4 de vin, il y aura 1gr 25 et on trouvera 1gr 16; différence 0.09.

Exemples de rectifications :

J'ai un seul titre B — 0gr 052 de glucose nécessaire pour décolorer 10 centimètres cubes de liqueur de cuivre,

Pour 10 centimètres cubes liqueur cuivre.

1° Je verse 8 centimètres cubes de vin ; j'ajouterai au chiffre trouvé par le calcul 0gr 10 par litre.

2° Je verse 10 centimètres cubes de vin, j'ai le chiffre exact.

Pour 5 centimètres cubes liqueur cuivre,

1° Je verse 10 centimètres cubes de vin, j'ajouterai 0gr 10.

2° Je verse 20 centimètres cubes de vin ; j'ajouterai 0.09.

Avec ces données, que j'ai vérifiées sur un grand nombre de dosages de glucose et avec des liqueurs de cuivre différentes, un seul titre suffira, puisque les autres seront indiqués par déduction.

Mais pour cela il ne faut pas que le titre unique varie de plus de 4.9 à 5.3.

Il faut bien tenir compte du titrage complet lorsqu'on se trouve en présence d'un vin très sucré ou d'un moût, car alors les erreurs se multipliant beaucoup arrivent à des chiffres élevés.

Certains auteurs pensent qu'il est inutile en pratique de s'occuper des différences de titrage, tout au moins pour les essais faits sur les vins mousseux, étant donné que l'on dose le sucre du vin et le sucre de la liqueur de titrage avec la même liqueur de cuivre et que par conséquent les résultats doivent être constants; c'est une erreur; je vais le démontrer :

Je suppose une liqueur comptée comme titrant 5 (0.05) et qui titre réellement 5.3.

Le vin contenant 5 gr. 3 de glucose sera compté comme 5.0; déduction faite de 1 gr., pour le sucre qui ne fermente pas, il reste comme sucre 4 gr. 3 comptés pour 4 gr.; transformé en sucrose en multipliant par 0.95, on a 4 gr. 09 comptés pour 3 gr. 8.

La liqueur contenant 500 gr. de sucrose par litre (526 gr. 3 de sucre inverti) exactement d'après la liqueur titrant 5.3, ne donnera plus à l'essai que 471 gr. 7 de sucrose (496 gr. 5 de sucre inverti) avec le titre 5.

Si on veut avoir 22 gr. de sucrose par litre on dira 22 — 3.8 = 18 gr. 2 à ajouter; un litre de liqueur contenant 471.7 pour avoir 18 gr. 2 il faudra verser 38 cc. 6; tandis qu'avec le vrai titre on dira 22 — 4.1 = 17 gr. 9 et avec une liqueur contenant 500 gr. par litre pour obtenir 17 gr. 9, il faut en verser 35 cc. 8; en adoptant le chiffre de 5.0 au lieu de 5.3 on aura donc versé 2 cc. 8 de liqueur de trop et comme cette liqueur contient 500 gr. par litre on aura introduit dans le vin 1 gr. 4 de sucre de trop, par litre, soit 23 gr. 4 au lieu de 22.

Préparation du vin pour le dosage du Glucose. — *Pasteur* défèque le moût par l'ébullition, le décolore par le noir animal s'il y a lieu, filtre puis étend au 20e. La liqueur invertie par les acides donne du glucose en sus, soit qu'il y ait du sucre de canne, de la gomme, de la dextrine ou des mucilages transformés en glucose par l'acide. Cette quantité ne dépassant jamais 1/100e du poids de glucose, il n'y a pas à en tenir compte.

Gautier dit que la décoloration par le plomb est imparfaite et entraîne du glucose, surtout si on verse du carbonate de soude pour séparer l'excès de plomb. On prend 50 à 100 cc. de vin ; on ajoute une solution étendue de carbonate de soude, jusqu'à ce que, par l'agitation, la couleur devienne violacé bleuâtre ou violacé verdâtre. On ajoute alors 10 gr. de noir animal en poudre ; on fait bouillir jusqu'à réduction de moitié ; on jette sur un filtre ; on lave et on réduit au quart du volume primitif ; puis on verse le vin décoloré dans la liqueur de cuivre étendue à trois ou quatre volumes d'eau et à 85° pour éviter la réduction de la liqueur cuivrique par les gommes du vin.

Robinet. Pour le vin blanc on agit directement ; l'opération marche très bien et ne présente pas de difficultés ; mais si on opère sur un vin rouge ou rosé, dès les premières gouttes de vin, le réactif se colore en vert, qui empêche de voir la fin de la réaction. On agit alors ainsi : On prend 100 cc. de vin, on les sature exactement avec une solution concentrée d'acétate de plomb, on filtre, on lave le filtre avec soin, puis on précipite l'excès de plomb que renferme le liquide par le carbonate de soude ; on filtre de nouveau ; on lave et on ramène au volume primitif par l'ébullition.

Le vin est entièrement décoloré, seulement il y a perte de glucose dans les précipités. Il faut les recueillir avec soin, les délayer dans l'eau et convertir le tartrate de plomb en sulfate de plomb insoluble par une addition d'acide sulfurique dilué, filtrer et saturer l'excès d'acide par le carbonate de soude ; le glucose rendu libre est dosé comme d'habitude. Pour les vins de Champagne, le réactif devient vert, vers la fin de l'opération ; il n'y a pas lieu de s'en préoccuper. Il faut ajouter du vin jusqu'à ce que cette couleur ait disparu pour faire place à une belle couleur jaune d'or. C'est à ce moment que le précipité devient rouge vif, car tant que le précipité est brun l'opération est incomplète.

J. Brun. On décolore 100 gr. du vin à essayer avec du charbon animal ; on fait bouillir ; on filtre et on l'allonge d'eau de manière à avoir de nouveau exactement 100 gr.

Viard. Le procédé que j'ai proposé en 1883 est basé sur les principes admis par les chimistes qui ont à doser constamment les glucoses dans les matières sucrées. — 1° Emploi du sous-acétate de plomb, qui précipite les matières étrangères aux sucres, telles que le tannin, les gommes, les matières colorantes, les acides tartrique, carbonique, etc. Il faut trois fois plus de sous-acétate de plomb que de tannin.

Ce précipité a deux effets contraires qui se neutralisent :

1° Il entraîne une certaine proportion du glucose ; 2° il diminue le volume du liquide par suite de son propre volume. Commerson et Laugier ont indiqué et d'autres chimistes ont prouvé que ces deux effets se neutralisent exactement dans les mélasses de canne et de betteraves, lesquelles forment des précipités au moins aussi forts que ceux du vin.

J'ai voulu vérifier ce fait sur les vins, et l'expérience suivante est concluante.

J'ai pris un vin contenant 2 gr. 37 de glucose par litre, dosé par une première expérience. J'en ai pris 100 cc.; j'y ai ajouté 5 gr. de sucre inverti, obtenu par l'inversion de 4 gr. 75 de sucre de canne, et j'en ai fait un litre après addition de sous-acétate de plomb jusqu'à cessation du précipité. Ce litre contient donc 5 gr. 237 de glucose. J'ai filtré et obtenu un liquide incolore avec lequel j'ai traité la liqueur du cuivre.

Pour 10 cc. de liqueur de cuivre, j'ai versé 10 cc. de liquide sucré. Le titrage du réactif cuivrique était de 0,0525. J'ai donc la proportion : 10 cc. liq. sucré neutralisant 10 cc. cuivre, contiennent 0 gr. 0525 de glucose. — 1,000 cc. liq. sucré contiennent 5 gr. 25. Or il y avait 5 gr. 237, donc la différence est de 0 gr. 013 en plus. Ce qui est insignifiant et dans les limites des erreurs de tous les procédés; il est bien entendu que la gomme ou la dextrine qui peut influer n'est pour rien dans cette différence, car elle aurait déjà eu son action sur les 2 gr. 37 ;

2° Emploi du sulfate de soude pour précipiter l'excès de sous-acétate de plomb, au lieu du carbonate de soude, lequel, en excès, accélère la réduction de la liqueur de cuivre;

3° Pour les vins colorés, après l'emploi du sous-acétate de plomb, emploi du noir animal, purifié de la manière suivante : Le noir est traité à chaud par de l'acide chlorhydrique dilué, de façon à dissoudre la presque totalité des sels de chaux ; après quelques heures de contact, on lave à grande eau jusqu'à ce qu'il n'y ait plus de précipité par l'ammoniaque et l'oxalate d'ammoniaque, puis on fait sécher.

Il faut tenir compte que cet agent retient une proportion sensible de sucre, et que le premier liquide qui passe est moins riche en sucre que le suivant ;

4° Neutralisation des acides du vin qui viendraient diminuer la proportion de soude libre de la liqueur de cuivre.

Le *Comité Consultatif des Arts et Manufactures* pour le dosage des sucres réducteurs dans les vins traite ceux-ci par le sous-acétate de plomb et par la liqueur de cuivre.

Au *Laboratoire Municipal de Paris*, M. Ch. Girard dit qu'on peut employer deux méthodes :

1° On prend 100 cc. de vin, on ajoute goutte à goutte une solution étendue de carbonate de soude jusqu'à la teinte violacé bleuâtre ou verdâtre; on ajoute 10 gr. de noir et fait bouillir jusqu'à un volume de 50 cc. et on filtre, on lave le noir à l'eau distillée et on fait 100 cc. que l'on divise en deux parties ; l'une pour le polarimètre, l'autre pour le dosage du glucose ;

2° On peut aussi précipiter 100 cc. de vin par 10 cc. de sous-acétate de plomb et filtrer ; à 60 cc. de liquide qui passe on ajoute 6 cc. de solution saturée de carbonate de soude ou de sulfate de soude et on filtre à nouveau.

Le noir employé est préparé ainsi : on mélange cinq parties de chaux hydratée pure, une partie de poix résine et une partie de goudron ; on met dans un creuset et on recouvre d'une couche épaisse de chaux vive, on ferme bien et calcine au rouge vif ; on reprend par l'acide chlorhydrique et l'eau distillée. On a un noir léger, très poreux, presque chimiquement pur ; sa puissance de décoloration est quatre fois plus grande que les autres noirs.

Je ne puis approuver ces deux méthodes pour les raisons données plus haut.

Salleron emploie le noir animal purifié et un appareil de filtration très pratique ; ce procédé, avec les modifications que j'y ai apportées, devient exact et très facile à exécuter.

Procédé Viard pour le dosage du sucre dans les moûts, les vins blancs et les vins rouges. — Depuis 1883, j'ai étudié constamment cette question et je n'ai pas fait à ce sujet moins de 300 essais différents. J'ai fait des constatations intéressantes :

L'ébullition préalable du vin est indispensable dans tous les cas, sinon on trouve toujours un résultat trop fort, soit que l'on opère sur le vin tel quel, sur le vin traité par le sous-acétate de plomb, ou sur le vin traité par le noir animal.

La neutralisation du vin par la soude est nécessaire pour le procédé scientifique, mais elle ne doit pas aller à l'alcalinité, car dans ce cas les résultats obtenus sont trop faibles ; la neutralisation au papier de tournesol restant rose ou violet donne le résultat exact : dans le procédé Salleron la neutralisation est inutile et l'addition de pastilles de potasse dans la liqueur de cuivre nuisible ; les résultats sont toujours trop faibles.

Le sous-acétate de plomb doit être employé en quantité exactement nécessaire pour précipiter les matières organiques du vin ; un excès cause des erreurs par suite de la précipitation du plomb dans l'essai cuivrique ; un manque de sous-acétate laisse exister des matières autres que le sucre réduisant la liqueur de cuivre.

Le sulfate de soude doit être en quantité suffisante pour précipiter tout le sous-acétate de plomb versé en trop ; un petit excès de sulfate de soude n'a aucune influence sur l'analyse.

Le liquide obtenu par le traitement de la soude, du sous-acétate de plomb et du sulfate de soude doit être absolument incolore ; la moindre trace de matière colorante agit sur la liqueur de cuivre, en la réduisant ; le résultat trouvé est beaucoup trop fort.

Pour décolorer complètement le vin, il ne faut pas suivre le procédé indiqué dans les ouvrages sucriers pour décolorer les mélasses ; les résultats sont toujours trop faibles. Mais si on suit le procédé Salleron, modification Viard, on arrive à des résultats très exacts.

Marche à suivre pour la préparation du vin ou du moût :

On prend 2 cc. de liqueur de cuivre et on essaie le vin naturel, tel quel ; on voit ce qu'il faut en verser pour réduire 2 cc. de liqueur de cuivre ; on multiplie par 5 et l'on obtient le volume de vin nécessaire pour réduire 10 cc. de liqueur de cuivre ; sur le résultat trouvé on calcule de combien il faut étendre le vin ou le moût pour verser, dans l'essai, au moins 10 cc. de liquide sucré ; ce qui correspond à 5 gr. de sucre par litre de vin, environ ; un vin contenant 20 gr. sera dilué quatre fois ; un moût contenant 200 gr. sera dilué quarante fois ; pour les vins contenant moins de 2 gr. on ne prendra que 5 cc. de liqueur de cuivre.

Pour faire la dilution des liquides on se sert de ballons gradués de 200 cc., 100 cc., 50 cc. et des burettes.

Pour diluer à moitié, on remplit avec le vin un ballon de 100 cc. et on le transvase dans un ballon de 200 cc., on lave avec de l'eau ordinaire filtrée le ballon de 100 cc. et on reverse dans le ballon de 200 cc. ; on fait ainsi plusieurs lavages en ayant soin dans les transvasements de ne pas perdre une seule goutte, surtout au commencement ; pour diluer au quart, on emplit le ballon de 50 cc. et on remplit le ballon de 200 comme précédemment ; pour le 8e, on prend avec la burette 25 cc. ; pour le 16e, 12 cc. 5 ; pour le 20e, 10cc ; pour le 30e ce qui est une bonne moyenne des moûts, on en mesure 33 cc. 3 que l'on verse dans un ballon de un litre ; enfin pour le 40e, on en verse 25 cc. ; en employant la burette, il n'y a pas de lavages à faire ; on étend d'eau jusqu'au trait de jauge du ballon.

On ne se sert donc pour la réaction à faire subir aux moûts et vins que de ballons de 200 cc. et de 1000 cc., mais dans le second cas, on mesure du liquide un volume de 200 cc. ; reste donc un ballon de 200 cc. qui doit être gradué au-dessus du trait 200 en 40 divisions marquant chacune un demi-centimètre cube.

Les 200 cc. de vin dilué sont versés dans une capsule de porcelaine un peu grande, afin d'éviter les projections, on lave le ballon avec un peu d'eau et on fait bouillir le vin pendant 4 à 5 minutes ; on laisse refroidir, verse dans le ballon de 200, et lorsque la température du liquide s'est équilibrée avec celle du local où a lieu l'essai, on complète le volume à 200 cc avec de l'eau ; on plonge alors dans le liquide un morceau de papier bleu de tournesol fait sur papier filtrée, ce papier tombe au fond ; on ajoute alors goutte à goutte une solution saturée de soude caustique jusqu'à ce que la teinte rouge vif du papier tournesol s'atténue et touche le vineux ou violacé ; si on arrivait au bleu, il faudrait revenir au rose par une solution saturée d'acide tartrique ; alors on verse goutte à goutte la solution d'extrait de Saturne ou sous-acétate de plomb, tant qu'il se forme un précipité ; il faut aller lentement, de façon à bien voir si par une nouvelle addition il y a formation de précipité ; on ajoute du sulfate de soude tant qu'il se forme un précipité et ensuite, un peu plus.

Le volume de 220 cc. est complété avec de l'eau distillée ; on mélange le tout en appuyant le pouce sur l'ouverture du ballon et agitant ; on filtre sur un filtre sans plis. Le liquide obtenu doit être clair et ne pas précipiter par le sulfate de soude.

Si le liquide est incolore, on le verse dans la burette et on opère la réduction de la liqueur de cuivre ; si le liquide est coloré, on le traite par le noir, méthode Salleron.

Il faut tenir compte que le liquide a été dilué de 1/10e par les agents clarifiants ; le résultat trouvé sera donc multiplié par 110/100 ou 1,1. Ensuite on tiendra compte de la dilution préalable.

Exemples : 1° Un vin fait, non dilué préalablement, a demandé pour 5 cc. de liqueur de cuivre 25 cc. de liquide sucré du ballon 200-220. A ce chiffre correspond le titrage de la liqueur de cuivre 0.028, donc

25 cc. de liquide sucré contiennent 0gr028 de glucose

100 cc. — — $\frac{0^{gr}028 \times 100}{25} = 0.112$

mais nous avons dilué de 1/10, d'où $0.112 \times 1,1 = 0,123$ pour 100 cc., soit 1gr23 par litre.

2° Un vin de Champagne dilué au quart et traité ensuite dans le ballon de 200-220, a demandé 12 cc. de liquide sucré pour décolorer 10 cc. de liqueur de cuivre, correspondant au titre 0,052.

12 cc. de liquide sucré correspondant à 0gr052 de sucres réducteurs

100 cc. — — $\frac{0^{gr}052 \times 100}{12} = 0,4333$ —

mais nous avons dilué au 10e et au 1/4, on a donc :

$(0.4333 \times 1,1) \times 4 = 1^{gr}906$ pour 100 cc., soit 19gr06 par litre.

3° Un moût dilué au 40e et traité ensuite dans le ballon de 200-220 a fait verser dans 10 cc. un volume de 17 cc. de liquide sucré ; le titrage est alors de 0.53, d'où :

17 cc. de liquide contiennent 0gr053 de sucres réducteurs

et 100 cc. — — $\frac{0^{gr}053 \times 100}{17} = 0,31176$

mais nous avons d'abord dilué au 40e, puis au 10e, aussi avons-nous :

$(0.31176 \times 1,1) \times 40 = 21^{gr}717$ pour 100 cc., soit 217gr17 par litre.

On voit que dans le premier calcul de chaque essai on multiplie le litre par 100 pour diviser par le nombre de centimètres cubes versés. Aussi dans la pratique inscrit-on les titres en nombres entiers, l'unité étant le centigramme : 5,1 — 5,2 — 5,3, etc.

Il est toujours bon de faire deux essais, le premier en allant très vite, pour connaître approximativement la quantité de liquide sucré à verser, et la liqueur de cuivre à employer. Le second, pour obtenir le titre exact.

Il faut toujours prendre 5 cc. ou 10 cc. de liqueur de cuivre ; on peut prendre 2cc., mais jamais plus de 10cc. Quant au liquide sucré : Pour 10 cc. de liqueur de cuivre il ne faut pas en verser plus de 20 cc ni moins de 8 cc. Dans le cas où l'on dépasse 20 cc., on recommence avec 5 cc. liqueur de cuivre.

Si on verse moins de 8 cc.. on étend d'eau comme il est dit plus haut, de façon à verser plus de 8 cc. et moins de 20 cc.

Pour 5 cc. il ne faut pas verser moins de 10 cc.; quant à l'excès, il n'y a pas de limites (pour les vins), les quantités au-dessus de 20 cc. devenant insignifiantes.

Pour les sucres bruts de canne on versera : 1° Pour 10 cc. liqueur cuivre, de 8 à 20cc, liquide sucré; 2° pour 5 liq. cuivre de 10 à 40; 3° pour les liquides moins riches en sucres réducteurs, on prendra 2 cc. de liqueur de cuivre, pour lesquelles on ne versera pas moins de 16 cc. liqueur sucrée (20 gr. de sucre pour 100 cc.). Dans cette classe sont les sucres : Antilles blancs et les très beaux Réunion, sucres candis et sucres en pain de raffinerie de sucre de canne; 4° pour les sucres de betterave, on n'emploiera que 1 cc. de liqueur de cuivre et on versera par 25 cc. de liquide sucré à la fois.

Ce procédé est applicable à tous les liquides contenant des sucres réducteurs, tels que les *urines* pour la recherche du glucose — les *confitures, sirops, cidre, poiré,* et pour les produits solides sucrés de toute nature.

Lorsqu'on cherche le sucre cristalisable, par cette méthode, il faut l'invertir comme pour le titrage de la liqueur et tenir compte que 5 gr. de glucose correspondent à 4gr75 de sucre cristallisable.

On dose d'abord le glucose seul, on invertit le liquide, on dose à nouveau le glucose. Du 2e chiffre trouvé on déduit le premier; on a ainsi le glucose produit par l'inversion. Ce chiffre multiplié par 4.75 et divisé par 5 donne le poids du sucre de canne, lorsqu'il n'y a pas de substances se transformant en glucose par l'action des acides, ce qui est le cas le plus rare, et ces substances sont ordinairement en petites quantités.

L'emploi de cette méthode supprime la plupart des causes d'erreurs. Le sous-acétate de plomb précipitant la majorité des sels et des matières organiques, l'aldéhyde étant chassée par l'ébullition, la dextrine et la gomme ne pouvant se transformer en glucose par suite de l'alcalinisation préalable des vins, il n'y a donc que la gomme de Béchamp qui pourrait influer, mais dont la quantité est faible et dont l'action réductrice est 7 fois moins forte que celle du glucose.

Procédé Salleron. — M. Salleron, l'habile constructeur de Paris, a combiné un appareil qui permet de traiter les liquides par le noir animal avec une facilité et une rapidité incroyables.

Cet appareil, qu'il a appelé *filtre à succion,* se compose (fig. 37) de trois parties distinctes : 1° un flacon F, en verre muni de deux tubulures; 2° un entonnoir-filtre formé de deux pièces distinctes : un entonnoir métallique B muni d'un bouchon de caoutchouc autour de son tube inférieur. qui sert à le placer sur le flacon F, cet entonnoir fermé à la partie supérieure par une plaque perforée de petits trous, porte une armature circulaire supportant trois prisonniers qui servent à fixer dessus le corps cylindrique A sur l'entonnoir au moyen des trois écrous e, e, e; le corps cylindrique est fermé à la partie inférieure par une grille métallique assez fine; 3° une pompe aspirante P, munie d'un tuyau de caoutchouc terminé par un tube métallique traversant un bouchon de caoutchouc s'adaptant à la tubulure latérale du flacon F. Pour opérer une filtration au moyen de cet appareil, on place une feuille de papier filtre sur la grille de l'entonnoir, à plat, et on pose dessus la partie cylindrique et on serre les écrous ; on verse le vin mélangé au noir dans le récipient A, on fixe la pompe sur la tubulure du flacon F et on fait manœuvrer lentement la pompe P, le vide se fait dans le flacon et l'air extérieur pressant sur la surface du vin le force à passer à travers le noir et le papier à filtrer.

Cet appareil est extrêmement commode pour tout genre de filtration ; on peut l'appliquer dans tous les cas où la filtration est lente ; dans la chimie générale, il suffit de remplacer l'entonnoir A B par un entonnoir en verre muni d'un bouchon de caoutchouc pour qu'il puisse s'appliquer sur la tubulure supérieure du flacon.

Fig. 37
(Dujardin. — 30 fr.).

Pour faire l'analyse d'un vin on verse dans le filtre une mesure M de noir pulvérisé lavé à l'acide chlorhydrique. (Voyez : Préparation du vin pour le dosage du Glucose ; Viard 3°). On mélange avec le noir 50 cc. du vin, on agite au moyen d'une baguette et on fait filtrer ; le vin filtré est incolore, mais il a perdu une partie de son sucre, absorbée par le noir ; on rejette ce vin appauvri et on verse de nouveau 50 cc. de vin, on aspire encore et c'est avec le vin qui s'écoule que sont faits les essais sur la liqueur de cuivre. Les moûts et les vins sucrés sont dilués de façon qu'ils ne contiennent pas plus de 5 gr. de sucre par litre.

Pour faire l'analyse des vins secs, M. Salleron propose de traiter 10 cc. de liqueur de cuivre par 10 cc. de liqueur sucrée provenant du vin non dilué, puis de terminer l'essai par une liqueur sucrée connue, beaucoup plus riche. Je ne puis que combattre cette manière de faire ; lorsqu'on opère la réduction de la liqueur de cuivre d'abord par un liquide dilué, ensuite par un liquide concentré, le chiffre du glucose trouvé n'est pas du tout le même que si on eût traité séparément la liqueur de cuivre par les deux liquides, ainsi que je l'ai démontré en 1878.

On pourrait opérer exactement en mélangeant, avant la réduction, un volume de vin et un volume de liqueur sucrée concentrée, mais je crois que c'est inutile de compliquer ainsi l'analyse, car dans presque tous les vins en employant 5 cc. de liqueur de cuivre on trouve facilement et directement le résultat; dans des cas très rares j'ai été obligé de prendre 2 cc. de liqueur de cuivre.

Enfin, avant la réduction, M. Salleron met dans la liqueur de cuivre quelques pastilles de potasse pour neutraliser l'acidité du vin. Il augmente ainsi l'alcalinité de sa liqueur de cuivre, qui est déjà plus grande que celle de la liqueur Violette ou de la mienne, puisqu'il emploie 500 cc. de lessive de soude à 24° pour 34 gr. 64 de sulfate de cuivre. Avec les deux liqueurs précédentes j'ai reconnu, en opérant par le procédé Salleron, que sans mettre de potasse on trouvait un résultat se rapprochant beaucoup plus de l'analyse scientifique.

Modification Viard. — Lorsqu'on mélange 50 cc. de liquide sucré à 25 gr. de noir et qu'on aspire sur le filtre à succion, le noir qui reste retient 60 % de son poids, du liquide sucré; si on verse alors 25 cc. de liquide sucré (après avoir rejeté le premier liquide), les 25 cc. passent entièrement mis à part et opérés ainsi successivement. J'ai essayé tous ces liquides séparément et j'ai obtenu les résultats suivants :

Avec un liquide contenant 1 gr. de glucose par litre :

Premier versement (25 cc.), perte 0,10, deuxième 0,06, troisième 0,04.

Pour un liquide contenant 2 gr. de glucose par litre :

Premier versement, perte 0,12, deuxième 0,10, troisième 0,06.

Pour un liquide contenant 5 gr. de glucose par litre :

Premier versement, perte 0,18, deuxième 0,14, troisième 0,10.

Dans le dernier cas, au troisième versement on obtient une perte de 0,10 et si on a traité un vin contenant 20 gr. de sucre, on l'a dilué au 1/4, la perte de sucre sera donc multipliée par 4 soit 0 gr. 40 par litre ; si on a affaire à un moût on aura dilué au 30e, la perte sera donc de 3 gr. par litre.

J'ai constaté que la neutralisation du vin par la soude donnait des résultats moins exacts que lorsqu'on laissait l'acidité du vin.

L'ébullition du vin est obligatoire si on veut éviter des erreurs de plusieurs décigrammes par litre.

Cette méthode a été essayée comparativement avec l'analyse scientifique indiquée antérieurement avec des liquides connus et avec des vins ; l'analyse scientifique telle que je l'ai décrite m'a donné des résultats exacts de même que le procédé Salleron modifié comme suit :

Par un essai préalable, sans décoloration, on juge de la quantité approximative de sucre et on dilue le vin en conséquence.

On prend le volume de vin devant correspondre à 200 cc. de liquide sucré, on l'introduit dans une capsule de porcelaine et on fait bouillir pendant 4 à 5 minutes, on laisse refroidir et on verse dans un ballon jaugé de 200 cc.

en y versant également les eaux de lavages de la capsule ; on termine le remplissage par de l'eau ordinaire filtrée, bouillie.

On mélange 50 cc. du liquide avec 25 gr. de noir purifié dans un verre à bec pendant 10 minutes en agitant de temps en temps avec une baguette de verre ; on jette le tout sur le filtre et on laisse filtrer naturellement jusqu'à ce que le liquide ne coule plus ; on aspire alors lentement de façon à ne faire couler le liquide que goutte à goutte, mais les gouttes s'écoulant sans interruption. Il faut éviter qu'il se fasse des chemins dans le noir, c'est-à-dire des trous. Si on en aperçoit à la surface lorsque le noir est desséché, il suffit de passer dessus la baguette de verre pour les boucher ; s'il se fait un chemin circulaire autour du noir, il faut le fermer en tassant le noir sur les bords ; on rejette le liquide filtré, on remet 50 cc. de vin que l'on passe de même et rejette également, enfin on repasse 50 cc. qui serviront à l'essai et donneront un résultat exact si le liquide est incolore.

Si le liquide est peu coloré, l'erreur n'est pas forte, mais si on a passé un vin rouge coloré, la teinte peut être forte il faut traiter ce liquide par de nouveau noir et de la même façon, mais dans ce cas on est obligé de faire un nouveau volume de 200 cc. pour le passer sur le premier noir afin d'avoir au moins 150 cc. de liquide à faire passer sur le second ; mais comme toutes ces opérations vont très vite, l'opération tout entière n'est pas longue.

D'autres procédés ont été indiqués pour doser le glucose par les liqueurs titrées, mais ces procédés sont peu applicables dans le cas qui nous occupe ; car ils sont, ou fort longs, et alors ne servent qu'aux recherches tout à fait scientifiques, ou erronés. Je ne ferai donc que les indiquer sommairement.

Procédé Aimé Girard. — Le procédé découvert par M. Aimé Girard, mon vénéré maître, est tout à fait scientifique, et d'une grande précision. *(Comptes Rendus de l'Académie des Sciences, 29 octobre 1877).*

On porte à l'ébullition 100 cmc. d'une liqueur cupropotassique bien préparée et résistant à cette épreuve ; on y verse brusquement un volume de solution sucrée capable de décomposer seulement une partie de la liqueur de cuivre. On maintient le mélange pendant une ou deux minutes à l'ébullition ; lorsque l'oxyde est d'un beau rouge, on jette le tout sur un filtre à filtration rapide et on lave à l'eau bouillante jusqu'à ce qu'il n'y ait plus de réaction alcaline ; quelques minutes suffisent pour opérer ce lavage. Le filtre est ensuite replié sur lui-même, couché dans une large capsule de platine, séché rapidement à la lampe à gaz et brûlé au contact de l'air ; après refroidissement, la nacelle est introduite dans un tube de verre où l'on réduit l'oxyde de cuivre par un courant d'hydrogène pur. L'expérience a démontré que 1 gr. d'oxyde de cuivre réduit correspond à 0 gr. 569 de sucre réducteur.

La filtration indiquée plus haut doit être des plus rapides, car la liqueur de cuivre non décomposée complètement tend toujours à redissoudre l'oxyde de cuivre, ainsi que je l'ai toujours constaté.

Procédé Pellet. — Sa liqueur est composée de : 200 gr. de sel de Seignette; 100 gr. de carbonate de soude, 68 à 70 gr. de sulfate de cuivre pur et cristallisé, 7 gr. de chlorhydrate d'ammoniaque, puis de l'eau distillée pour faire un litre. On verse les produits solides dans une capsule de porcelaine, puis de 500 à 600 cmc. d'eau distillée et on chauffe le tout jusqu'à dissolution complète ; on laisse refroidir et on fait un litre.

Dans un volume connu de la liqueur de cuivre, on verse un volume connu de solution sucrée, insuffisant pour réduire tout le cuivre. On porte au bain-marie bouillant pendant une heure. Au bout de ce temps, on filtre et on lave le précipité à l'eau bouillante. Le filtre est alors introduit dans la capsule qui a servi à la réduction et qui conserve toujours des traces d'oxydule, malgré les lavages.

On verse assez d'acide chlorhydrique pour dissoudre le cuivre et on ajoute une quantité de chlorate de potasse suffisante pour transformer tout le protochlorure de cuivre en bichlorure.

Cela fait, on dose le cuivre par le procédé Weill, c'est-à-dire au moyen d'une solution connue de protochlorure d'étain (titrée par une solution de sulfate de cuivre pur). Ce sel réduit le bichlorure de cuivre, qui est vert, en protochlorure, qui est incolore. Ce procédé est très bon pour les très petites quantités de glucose, car une partie de sucre y précipite de 3,3 à 3,5 de cuivre, tandis que dans la liqueur Violette il ne se précipite que 1 gr. 85 de cuivre.

C'est une méthode scientifique beaucoup trop délicate pour la plupart des praticiens et plus longue que le procédé que j'ai indiqué.

Procédé Méhay. — Il recueille le précipité d'oxydule de cuivre formé dans la liqueur de cuivre et le calcine à l'air ; il se forme de l'oxyde noir. Reuner employait ce procédé dès 1863 ; il ajoutait un peu d'acide nitrique à l'oxyde de cuivre rouge pour faciliter sa transformation en oxyde noir.

Procédé F. Jean. — On traite le liquide contenant du glucose (0 gr. 1) par un excès de liqueur de cuivre et on fait bouillir dans un petit ballon.

Le précipité est recueilli et lavé, puis dissous dans l'acide chlorhydrique. La solution rendue ammoniacale est versée dans un vase à précipités dans lequel on met ensuite du nitrate d'argent ammoniacal. Il se forme un précipité d'argent métallique dont le poids est proportionnel à la quantité de protoxyde de cuivre que contient la solution (Millon et Commaille). Le poids de l'argent précipité sera de 3,14 à 3,16 pour 1 de sucre de canne ou 1,0526 de glucose, 1 de glucose correspond à 2,99 d'argent et 1 de sucre de canne à 3,15. Robinet dit en avoir obtenu des résultats très corrects.

Procédé Maumené. — On traite la solution sucrée par un excès de liqueur de cuivre, et avec de l'eau bouillante on complète un volume connu ; on prend la moitié du volume primitif, après précipitation de l'oxyde, on ajoute de l'ammoniaque en excès et on filtre le cuivre non réduit par le sulfure de sodium. Par différence on obtient le sucre réduit et par suite le sucre réducteur.

Il doit y avoir redissolution de l'oxyde de cuivre précipité par suite de l'eau ajoutée pour compléter le volume, et par le temps nécessaire à obtenir la précipitation complète de l'oxyde de cuivre. Il y a une autre petite cause d'erreur due au volume du précipité.

Procédé Mohr. — On traite un volume connu de la solution sucrée par un excès de liqueur de cuivre ; on filtre à l'état bouillant pour séparer le précipité que l'on dissout dans l'acide chlorhydrique et que l'on dose par le permanganate de potasse. Ce procédé n'a aucune valeur.

Procédé Perrot, d'après Buignet. — On dissout 39 gr. 275 de sulfate de cuivre pur et bien sec de manière à faire 1 litre à 15°. Un centimètre cube de cette solution contient 0 gr. 01 de cuivre. D'autre part, on prépare une solution de 25 gr. de cyanure de potassium pur dans un litre d'eau. On prend 10^{cc} de cette dernière solution que l'on chauffe de 60 à 70° dans un ballon avec environ 20^{cc} d'ammoniaque ; on y verse alors, goutte à goutte, la solution de cuivre à l'aide d'une burette divisée, jusqu'à production de la teinte bleue. On connaît ainsi la quantité de cuivre qui correspond à la solution de cyanure.

Pour essayer le sucre, on traite la solution par un excès de liqueur de Fehling ; on filtre l'oxydule de cuivre que l'on lave à l'eau distillée bouillie et que l'on dissout dans l'acide azotique étendu de son volume d'eau avec addition d'un peu de chlorate de potasse. On verse alors la solution étendue à un volume déterminé (100 à 150^{cc}) dans 10^{cc} de cyanure de potassium additionné d'ammoniaque jusqu'à coloration bleue. On obtient ainsi la quantité de cuivre réduit par le sucre, et par conséquent le sucre lui-même, car 5 de sucre ou 5,263 de glucose correspondent à 9 gr. 298 de cuivre. Robinet trouve que ce procédé est d'une exactitude telle qu'il doit être préféré pour les analyses délicates, malgré les difficultés des manipulations.

Je ferai une objection à ce procédé : malgré les précautions employées, l'oxydule de cuivre se redissout toujours un peu sur le filtre, et le titre de la solution de cyanure n'étant pas stable, il est nécessaire de le rechercher souvent.

2° Procédé Maumené — On fait évaporer au bain-marie 200^{cc} du vin dans lequel on ajoute 30 à 40 gr. de bichlorure d'étain cristallisé pur, on soumet le résidu de cette évaporation à une température de + 130 à + 140° dans l'étuve Gay-Lussac pendant au moins un quart d'heure, on reprend par de l'eau aiguisée d'acide chlorhydrique, qui dissout toutes les parties solides, excepté un résidu noir nommé *caramélin*. On lave bien à l'eau acidulée, puis à l'eau pure, et on fait passer toutes les eaux de lavage sur un filtre de même poids, qui doit retenir le caramélin. On fait sécher les deux filtres ensemble et on les pèse ; le poids du caramélin est représenté par la différence de leurs poids. La quantité de sucre se calcule d'après la proportion suivante : Sucre : Caramélin :: 5 : 3. Ce procédé témoigne d'une haute science de la part de son auteur, mais il est très délicat et est très contesté par divers chimistes.

Procédé Gautier, *par fermentation.* — On évapore rapidement le vin au quart de son volume ; on précipite par l'acétate neutre de plomb; on filtre, puis on ajoute un peu d'acide sulfurique pour séparer l'excès de plomb; on sature partiellement l'excès d'acide ; on filtre de nouveau, et on introduit cette liqueur dans un petit ballon avec 5 ou 6 gr. par litre de levûre de bière. Le bouchon porte un tube effilé et fermé plongeant dans le liquide, et un tube qui permet aux gaz qui se dégagent de passer à travers deux tubes en verre reliés par des tubes de caoutchouc ; le premier contenant de la pierre-ponce imprégnée d'acide sulfurique, le second, de la pierre-ponce imbibée de potasse caustique ; ce second tube seul est pesé.

Lorsque la fermentation est terminée, ce qui a lieu au bout de douze à quarante huit heures à 37° à 38°, on porte la liqueur du ballon à près de 100°, puis on brise la pointe du tube effilé et on fait passer lentement un courant d'air à travers tout l'appareil pour entraîner tout l'acide carbonique. La différence de poids acquise par le tube à potasse caustique donne le poids de l'acide carbonique. On en conclut à celui du glucose, d'après cette observation de Pasteur que 48,89 d'acide carbonique correspondent à 105,260 de glucose anhydre $C^{12} H^{12} O^{12}$.

Par cette méthode on évite l'erreur provenant des gommes et des dextrines, et surtout des tannins fortement réducteurs et infermentescibles qui existent dans les vins (Gautier).

Ce procédé n'est pas du tout exact, quoiqu'en dise son auteur, car si théoriquement on obtient 48,89 d'acide carbonique, pratiquement il n'en est pas ainsi ; il suffit pour cela de se reporter aux expériences de Pasteur, dans lesquelles le chiffre de l'acide carbonique obtenu varie de 0,6 à 0,7 pour cent parties de glucose pour la partie qui se transforme en glycérine et acide succinique, soit 0,628, le chiffre que j'ai donné à l'article fermentation.

En pratique, on ne s'éloigne pas trop de la vérité en admettant que 100 p. de glucose anhydre correspondent à 47 p. d'acide carbonique.

Il est donc facile de comprendre que si l'on obtient des résultats si divers avec le même poids de glucose dans des expériences faites mathématiquement, il y a des chances d'erreurs bien autrement graves dans les analyses courantes.

De plus, la levûre seule dégage de l'acide carbonique qui vient s'ajouter à celui de la fermentation.

Polarimètre. — *Procédé Bouchardat.* — On précipite l'acide tartrique et autres corps par le sous-acétate de plomb et on termine la décoloration par le noir animal. On tient compte de la température qui agit sur le pouvoir rotatoire du sucre de raisin ; ou mieux, on opère à + 15°, et on regarde le liquide dans un tube de 50 cm au polarimètre ordinaire, ou dans un tube de 20cm pour le saccharimètre.

Bouchardat ayant contrôlé ses observations par le dosage de l'alcool produit par la fermentation, conclut qu'à 15° il faut 2° des appareils de polarisation ordinaire pour obtenir 1 °/₀ d'alcool et 3°1/3 du saccharimètre Soleil pour obtenir le même résultat.

Cette méthode n'a pas été contrôlée.

De plus, le saccharimètre Soleil est complètement mis de côté, étant très imparfait, et remplacé partout avantageusement par le saccharimètre Laurent. Enfin Gaston Sencier ayant demandé à Pellet et à moi si on pouvait doser les glucoses au saccharimètre, nous avons chacun répondu non. Le sucre inverti étant composé de glucose et de lévulose en proportions qui ne sont pas toujours les mêmes et contenant en sus des sucres de la même famille, des sucres sans action sur le polarimètre découverts par Maumené.

DOSAGE DU SUCRE CRISTALLISABLE OU SUCROSE

Le sucre de canne ou de betterave introduit dans les vins ne reste pas longtemps à cet état, les acides libres le transformant rapidement en glucose; on peut néanmoins avoir intérêt à le doser.

L'opération est fort simple ; dans le liquide décoloré qui a servi au dosage du glucose par la méthode Viard, on ajoute 2 ou 3 gouttes d'acide chlorhydrique à 50cc du liquide; on fait bouillir pendant 2 ou 3 minutes et on complète après refroidissement, à 15°, le volume légèrement diminué par l'évaporation.

On titre à nouveau, de la même manière, par la liqueur de cuivre, et on obtient le poids du glucose total, dont on déduit le poids trouvé de glucose existant primitivement ; on a ainsi la quantité de glucose provenant de l'action de l'acide sur le sucre cristallisable.

Le poids de ce glucose est transformé en celui du sucre cristallisable, d'après la proportion : 5 de glucose : 4,75 sucre de canne :: poids trouvé : x. Le résultat peut être faussé par la dextrine, qui, sous l'influence de l'acide se transforme en glucose; mais, comme sa proportion est inférieure à 1 °/₀, il est facile de voir si on a affaire à du sucre cristallisable.

Ce dosage ne présente pas du reste un grand intérêt.

On peut aussi doser le sucrose au moyen des saccharimètres ou sucromètres, mais cette méthode est plus compliquée et plus incertaine pour le cas spécial qui nous occupe.

Appréciation des résultats obtenus. — Le dosage du sucre dans le moût a pour but de connaître d'abord la quantité d'alcool qui sera formé par la fermentation, ensuite pour les vins de liqueur, la quantité de sucre qui restera après la fermentation.

Lorsque la fermentation a lieu en bouteilles, la quantité d'alcool est sen-

siblement la même que celle indiquée par la théorie (Voir Fermentation).
100 de sucre cristallisable ou 105,263 de glucose donneront :

51,111 d'alcool.
48.889 d'acide carbonique.
0.628 —
3.154 de glycérine.
0.674 d'acide succinique.
1.053 de cellulose, graisses, etc.

105.509 = 105.263 + 0.246 (eau de la fermentation succinique.)

Le calcul pour cent de glucose s'établira de la façon suivante :

D'abord 105,263 de glucose prennent 0,246 d'eau.

100 de glucose en prendront 0,233, le calcul se fera donc sur ce chiffre.

Comme, d'après Pasteur, dans 100 de glucose il y en a 95 qui donnent 51,111 d'alcool et 48,89 d'acide carbonique, les 5 autres donnant de 3.2 à 3,6 de glycérine de 0,6 à 0,7 d'acide succinique, de 0,6 à 0,7 d'acide carbonique et 1,2 à 1,5 de cellulose, etc.

On a (48.89 × 0,95) + 0,6 = 47 d'acide carbonique et 48,55 d'alcool 100 de glucose donneront donc :

Alcool	48.556	
Acide carbonique	46.444	47.041
id.	0.597	
Glycérine	2.996	
Acide succinique	0.640	
Cellulose	1.000	
	100.233	

Donc, pour obtenir un degré d'alcool il faudra employer en sucre de canne et en glucose, les quantités suivantes :

Un degré d'alcool par litre pèse 7 gr. 948. Or, 100 de sucre de canne donnent 51,111 d'alcool et 100 de glucose donnent 48.556. On a donc :

51.111 : 100 :: 7.948 : x = 15.554 de sucre de canne.
48.556 : 100 :: 7.948 ; x = 16.369 de glucose.

Mais lorsque la fermentation s'établit à l'air libre, la production d'alcool n'est plus la même, par suite de l'évaporation d'une partie de cet alcool.

D'après Basset, par la distillation, l'alcool produit ne dépasse jamais les 82/100° du chiffre théorique; ce qui donne 18 gr. 1 de sucre de canne pour 1° d'alcool.

D'après Dubrunfaut il faut 17 gr. pour donner un volume d'alcool, tandis que M. Aimé Girard conseille d'ajouter aux liquides à fermenter 18 gr. de sucre par litre pour obtenir ce résultat; ce dernier chiffre est d'accord avec l'expérience faite depuis de longues années que 1° des anciens aréomètres Baumé correspond à 1° d'alcool en volume; or, 1° Baumé représente environ 18 gr. de sucre cristallisable.

Lorsque l'on a dosé le sucre dans un moût à l'état de glucose et de lévulose par la méthode cuprique on sait qu'il faut 18 gr. 9 de ce sucre $\left(\frac{16.369 \times 18}{15.554}\right)$ pour obtenir un degré d'alcool.

Pour le sucrage des vins on ajoutera par chaque degré alcoométrique à obtenir en sus de celui qui serait produit naturellement, 18 gr. par litre, de sucre cristallisable et 18 gr. 9 de glucose anhydre.

Le dosage du sucre sert également aux fabricants de vins mousseux à déterminer la quantité d'acide carbonique produit et par suite la pression dans les bouteilles. On sait, d'après Robinet, qu'il faut pour obtenir un litre de gaz carbonique : 3 gr. 917 de sucre de canne et 4 gr. 123 de sucre de raisin — (voir Dosage Acide Carbonique).

Dosage des Sucres Réducteurs à l'Etranger. — En *Allemagne* on dose les sucres réducteurs par la méthode de Soxhlet, modifiée par Allihn. Soxhlet a constaté, après moi, que le pouvoir réducteur de l'incristallisable peut varier avec la proportion de liqueur cuivrique employée ; pour un même poids de glucose, et qu'il varie également avec la dilution de la liqueur de cuivre.

D'après lui les poids d'oxyde de cuivre réduit dans la liqueur cuivrique normale ou dans la liqueur étendue de quatre fois son volume d'eau sont entre eux comme 105 et 101. Il indique également que les rapports des pouvoirs réducteurs du glucose seul et du sucre inverti normal sont aussi de 105 et 101.

Sa méthode de dosage est basée sur le poids de l'oxyde de cuivre réduit ; elle n'est pas plus exacte et beaucoup plus difficile à exécuter que celle que j'ai donnée.

Le sucre de raisin doit être calculé comme glucose anhydre.

L'Autriche, l'Italie et la *Suisse* suivent la même méthode.

Dans l'*Amérique du Sud*, on suit ma méthode.

(Voyez chapitre 9. — Recherche du Sucrage.)

CHAPITRE 3

DE L'ALCOOL

Recherche de l'alcool vinique. — Dans bien des cas on peut avoir intérêt à savoir avant tout dosage si un liquide contient de l'alcool vinique ou éthylique ; on y arrive au moyen de l'un des trois procédés suivants :

Procédé Pasteur. — Lorsqu'un liquide contient une petite quantité d'alcool, l'aspect des premières portions de liquide qui passent à la distillation l'indique suffisamment ; elles se résolvent toujours sous l'aspect de gouttelettes ou mieux de larmes huileuses.

On distille le liquide dans une petite cornue à col assez long engagé dans le tube d'un réfrigérant Liebig. Au moment où l'ébullition commence, on fixe son regard sur le col de la cornue ; s'il y a un millième d'alcool, on voit les larmes ou sortes de stries se dessiner nettement pendant un temps suffisant, quoique très court. Avec de l'habitude on peut arriver à déceler un dix-millième. En distillant trois fois, le tiers du volume à chaque fois, on peut facilement déterminer un dix millième et avec de l'habitude un cent millième.

Procédé Jacquemart (1874). L'alcool agit vivement sur l'azotate de mercure et le ramène au minimum, la réaction terminée si on ajoute de l'ammoniaque il se forme un précipité noir d'oxyde de mercure Hg^2O d'autant plus abondant qu'il y a plus d'alcool vinique. C'est un caractère très sensible que ne donnent pas les autres alcools.

On opère sur 5 à 6 cc. de liquide que l'on décolore, s'il y a lieu.

Procédé Riche et Bardy (Journal de Phar., t. 23, p. 420). Ce procédé a pour but de chercher l'alcool vinique dans les méthylènes du commerce.

On fait distiller le liquide traité par le permanganate de potasse et l'acide sulfurique ; il se produit, avec l'alcool, de l'aldéhyde qui fait passer la fuchsine au rouge violet.

Cette réaction permet de découvrir moins de un millième d'alcool ordinaire dans un liquide formé d'eau et d'alcool vinique.

Pour trouver cet alcool dont la dose ne s'élèverait pas à plus de 2 à 10 milligr. par litre de liquide, on fait distiller un litre de ce liquide et on ne recueille que les cinq ou six premiers centimètres cubes. On agite le liquide obtenu avec 30 ou 40 volumes d'alcool amylique qui dissout l'alcool éthylique ; on sépare l'alcool du liquide et on le met dans un tube fermé à essais ; on chauffe le liquide à 80-85° ; l'alcool distille seul et est recueilli pour subir l'épreuve suivante : On ajoute 10 milligr. d'acide molybdique et cinq gouttes d'acide sulfurique pur; on chauffe vers 60° au plus; l'acide molybdique est réduit et donne une couleur bleue.

Recherche de l'eau dans l'alcool absolu. — Dans les laboratoires on a souvent besoin d'alcool absolu; il faut donc vérifier si l'alcool ne contient pas d'eau, d'autant plus que l'alcool absolu, très avide d'eau, en absorbe rapidement au contact de l'air.

Procédé Berthelot. — C'est le plus sensible. On prend l'alcool à essayer et on y ajoute une certaine quantité d'alcoolate de baryte, préparé en dissolvant de la baryte caustique dans l'alcool absolu. $C^4 H^6 O^2, 2 BaO$. La moindre trace d'eau dans l'alcool forme un précipité blanc d'hydrate de baryte.

Procédé H. de Brumer (American Journal of. Pharm., 1879, septembre). L'alcool absolu reste incolore au contact du permanganate de potasse et n'en dissout pas la moindre trace; la coloration est encore manifeste pour un huit centième d'eau; soit 1 cc. 1/4 d'eau par litre.

Divers. Le sulfate de cuivre desséché est très blanc; si on le met dans l'alcool absolu, il reste incolore; s'il y a de l'eau, le sulfate bleuit. La benzine pure agitée avec de l'alcool se trouble dès qu'il y a une très petite quantité d'eau.

Calculs du mouillage des alcools. — Dans le commerce des alcools purs on a très souvent besoin d'affaiblir les alcools trop forts ou de remonter les alcools faibles. Trois cas peuvent se présenter :

1° Mouiller un alcool fort avec un alcool faible? On se sert de la formule :

$$\text{Volume alcool faible} = \text{Volume alcool fort} \times \frac{\text{degré fort} - \text{degré moyen}}{\text{degré moyen} - \text{degré faible}}$$

On veut avec 806 litres d'alcool à 89° faire de l'alcool à 45° avec de l'alcool à 35° ; d'après la formule on aura :

$$\text{Volume alcool à } 35^\circ = 806 \times \frac{89 - 45}{45 - 35} = 3546 \text{ litres.}$$

Par la contraction on obtiendra une différence d'une centaine de litres; aussi lorsqu'on aura fait le volume indiqué par le calcul sera-t-on obligé d'ajouter de l'alcool à 35° jusqu'à ce que l'alcool total marque 45° ;

2° Remonter un alcool faible avec un alcool fort ?

$$\text{Volume alcool fort} = \text{Volume alcool faible} \times \frac{\text{degré moyen} - \text{degré faible}}{\text{degré fort} - \text{degré moyen}}$$

On a 3546 litres d'alcool à 35° et on veut en faire de l'alcool à 45° en y ajoutant de l'alcool à 89° ; d'après la formule on a :

$$\text{Volume de l'alcool à } 89^\circ = 3546 \times \frac{45 - 35}{89 \quad 45} = 806.$$

On versera d'abord 760 litres et on ajoutera le reste peu à peu en observant le degré obtenu ; il faudra 30 ou 40 litres de moins ;

3° Obtenir un alcool d'un degré connu avec deux alcools de degrés différents, l'un supérieur, l'autre inférieur au degré cherché ?

$$\text{Volume alcool fort} = \text{Volume alcool moyen} \times \frac{\text{degré moyen} - \text{degré faible}}{\text{degré fort} - \text{degré faible}}$$

Faire 4352 litres d'alcool à 45° avec des alcools à 35 et à 89° :

$$\text{Volume alcool fort} = 4352 \times \frac{45° - 35°}{89 - 35} = 806\,;$$

4° Diluer un alcool avec de l'eau pour obtenir un degré voulu :

$$\text{Poids de l'alcool à employer} = \frac{\text{poids alcool faible à obtenir} \times \text{deg. alc. faible}}{\text{degré alcool fort.}}$$

On a de l'alcool à 89° et on veut obtenir 2.000 kil. d'alcool à 50°, en ajoutant de l'eau on aura :

$$\text{poids de l'alcool à 89°} = \frac{2000 \times 50}{89} = 1125 \text{ kil.}$$

Poids de l'eau à ajouter 2.000 — 1125 = 875 kil.

Plusieurs tables ont été faites pour indiquer les proportions d'eau à ajouter aux alcools, dans tous les cas; je ne puis reproduire ces longues tables ayant un but tout à fait spécial. On trouvera les tables de Gay-Lussac et de Küpffer dans l'encyclopédie Roret « Alcoométrie » 1 fr. 75. La table de Pfersdorff a été publiée par le Journal de Pharmacie et de Chimie, en mars 1881. (t. 3, p. 271)

Densité des liquides alcooliques — Plusieurs physiciens se sont occupés de la détermination des densités de l'alcool absolu et de ses mélanges avec l'eau. Le premier qui ait entrepris des recherches sérieuses à ce sujet est Gilpin (1790-1794) dont les nombreuses expériences ont servi à Tralles pour établir son alcoomètre. Gay-Lussac, vers 1820, fit de nouvelles expériences au sujet de son alcoomètre et indiqua pour l'alcool absolu les densités suivantes : Alcool à 0°=0.8095 ; à 15° 1/2 =0.7939 et à 20°=0.7920. Berzelius publia le nombre de 0.7947 comme chiffre de la densité de l'alcool à la température de 15°, ayant été obtenu par Gay-Lussac. Pouillet, sur la demande de l'Académie des Sciences, établit que la densité de l'alcool était de 0.7946 à 15°5/9 ou 60 Fahrenheit ; ce qui donne à 15° 0.7948, chiffre de la table de Gay-Lussac. Ce ne sont que des densités relatives. Pour avoir les densités absolues il faut les multiplier par 0.999.125.

Récemment, Baumhauer et Küpffer, physicien russe, ont repris ces essais, qui confirment les travaux de Gay-Lussac.

Gilpin et Gay-Lussac ont rapporté la densité de l'alcool à l'eau à 15° et Baumhauer à l'eau à 4°.

Dans la table suivante les chiffres de Baumhauer ont été convertis en chiffres rapportés à l'eau à 15°, pour pouvoir les comparer.

ALCOOL pour cent en poids	Gilpin	Gay-Lussac	Baumhauer	ALCOOL pour cent en poids	Gilpin	Gay-Lussac	Baumhauer
0	1000	1000	1000	55	907.5	907.7	907.6
5	991.3	»	991.2	60	896.2	896.3	896.2
10	984.0	»	983.9	65	884.5	884.7	884.6
15	977.6	»	977.5	70	872.7	872.9	872.8
20	972.1	»	971.5	75	860.8	861.0	861.0
25	965.3	965.2	965.0	80	848.7	848.8	849.1
30	957.8	957.8	957.7	85	836.2	836.3	836.4
35	949.2	949.3	949.0	90	823.2	823.2	823.2
40	939.7	939.8	939.5	95	»	794.7	809.6
45	929.5	929.6	929.6	100	»		794.8
50	918.7	918.8	918.7				

Il suffit d'examiner la table de Gay-Lussac et celle de Baumhauer pour voir que la première est beaucoup plus régulière que la seconde.

Dans la table de Gay-Lussac, de 55 à 100 %, les différences entre les densités diminuent progressivement et régulièrement tandis que dans la table de Baumhauer les différences entre ces densités diminuent d'une façon très irrégulière ; ainsi de 60 à 70 et de 70 à 75 % les différences sont les mêmes tandis que partout dans la table elles vont en diminuant. Je donne donc la préférence aux chiffres donnés par Gay-Lussac sauf pour le chiffre de 794,7 qui ne suit pas la progression et qui est de 794,8, tel que l'a indiqué Pouillet.

Enfin, MM. Petit et Pinson, et la Commission chargée d'établir l'alcoomètre légal ont fait à ce sujet des études qui sont données aux paragraphes suivants :

ALCOOMÈTRES

Les alcoomètres sont des aréomètres à volumes variables et à poids constants ; ils sont basés sur ce fait que lorsqu'on ajoute à l'alcool des proportions d'eau de plus en plus grandes, la densité augmente progressivement.

Ils ont tous la forme des aréomètres ordinaires, tels que les aréomètres Baumé et les densimètres ; ils sont tout en verre.

Ils ne peuvent indiquer la proportion exacte de l'alcool contenu que dans les simples mélanges d'eau et d'alcool.

Alcoomètre Pouget et Borie. — Pouget et Borie, de Cette, en 1772, ont fait un pèse-liqueur et adapté dessus un thermomètre ; ils ont déterminé l'action de la température, les proportions de l'eau et de l'alcool et fait une échelle qui les indiquaient.

C'était le seul instrument dont on se servait dans le Midi au commencement du siècle.

Avec cet alcoomètre on déterminait les degrés au moyen de poids d'argent; le plus pesant donnait la preuve de Hollande et le plus léger le 3/7.

L'eau-de-vie de preuve de Hollande est le premier produit de la distillation du vin ; si on distille à nouveau et qu'on n'en retire qu'une partie on a le 3/5 dont 3 parties mêlées avec 2 parties d'eau donnent l'eau-de-vie preuve de Hollande (Chaptal).

Alcoomètre Tessa. — Dans les Charentes, on s'est servi pendant longtemps de l'alcoomètre Tessa, physicien de Bordeaux, vers la fin du siècle dernier, sous le nom d'*éprouvette*, pour la vente des Cognacs et des Armagnacs. Son échelle était arbitraire et l'on n'a pas de table officielle. Il a été gradué à la température de 12 degrés 1/2 ; son échelle se compose de 17° divisés chacun en huit parties égales ; chaque degré vaut à peu près 3° de l'alcoomètre Gay-Lussac, disent les uns et plus, disent les autres, le premier degré correspondant à peu près au 42° Gay-Lussac et le 4e au 60e degré. Deux tables données avec cet instrument présentent des divergences fâcheuses. La première donne, pour 4° Tessa, 60 centésimaux et la seconde 61°,5.

Aréomètre Baumé. — Cet aréomètre, employé autrefois sous le nom de pèse-liqueurs, n'était pas gradué comme celui qui servait aux liquides plus lourds que l'eau. Baumé prenait 10 gr. de sel marin et 90 gr. d'eau ; dans le liquide ainsi obtenu il plongeait l'aréomètre et marquait zéro au point d'affleurement et dans l'eau à 15 degrés il marquait 10 degrés, puis il divisait en 10 parties et prolongeait les degrés ainsi obtenus jusqu'au haut de la tige.

Pour obtenir les poids spécifiques correspondant aux degrés Baumé, il faut se servir de la formule $d = \frac{144.3}{134.3 + n}$; n étant le nombre de degrés.

C'est d'après cette formule que j'ai calculé la table suivante :

DEGRÉ Baumé	Densité à 15°	DEGRÉ Baumé	Densité à 15°	DEGRÉ Baumé	Densité à 15°	DEGRÉ Baumé	Densité à 15°
10	1000.0	20	935.2	30	878.3	40	827.9
11	993.1	21	929.2	31	872.9	41	823.1
12	986.3	22	923.2	32	867.7	42	818.5
13	979.6	23	917.3	33	862.5	43	813.9
14	973.0	24	911.6	34	857.4	44	809.3
15	936.5	25	905.8	35	852.3	45	804.8
16	960.0	26	900.1	36	847.3	46	800.3
17	953.7	27	894.6	37	842.4	47	795.9
18	947.4	28	889.1	38	837.5	47 1/4	794.8
19	941.3	29	883.6	39	832.7	48	791.5

L'aréomètre Baumé marque 47°25 dans l'alcool pur ou 100° de Gay-Lussac, donc 1/10 de degré de cet instrument égale 0°,21 de Gay-Lussac ; il est donc deux fois moins sensible.

Alcoomètre Cartier. — Cartier était un ouvrier orfèvre employé par Baumé pour construire ses aréomètres; il eut l'idée peu loyale de copier ces instruments avec une légère modification et de le présenter au gouvernement comme de son invention. Malgré les justes réclamations de Baumé, il réussit à le faire adopter comme pèse-liqueur officiel.

L'alcoomètre Cartier a été l'instrument légal jusqu'à l'adoption de l'alcoomètre centésimal de Gay-Lussac, qui le remplace avantageusement.

Après Cartier son instrument dégénéra entre les mains des constructeurs qui n'avaient aucune base pour le graduer.

Gay-Lussac a essayé de comparer l'alcoomètre Cartier avec son alcoomètre centésimal; il n'a pu arriver à une solution sûre, n'ayant pu trouver les bases précises de cet instrument, ni découvrir une série d'appareils donnant des résultats identiques. Il réunit un certain nombre de ces aréomètres appartenant à l'Administration des Contributions Indirectes et prit une échelle moyenne :

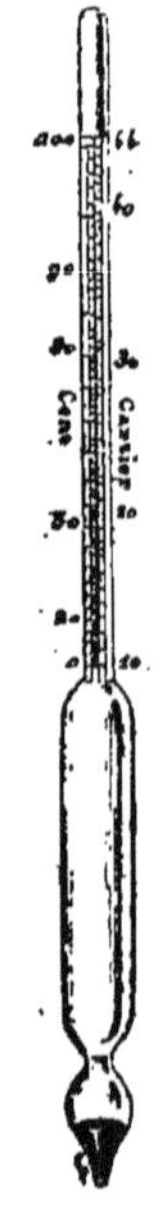

Fig. 38

(S. C. d. P. C. — 2 fr.)

Il admit que cet alcoomètre devait marquer 10° dans l'eau distillée à + 12°, puisque le 28° degré Cartier correspondait à 74° centimaux à 15°, densité absolue 0,87973. On voit que rien n'est moins sûr. Cependant il a dressé deux tables indiquant : l'une, les rapports approximatifs qui existent entre les degrés centésimaux et les degrés Cartier; l'autre les rapports des degrés Cartier aux degrés Gay-Lussac.

La table ci-après a été construite par moi d'après les deux tables de Gay-Lussac, corrigées; car dans ses deux tables les mêmes degrés Cartier ne coïncident pas avec les mêmes degrés centésimaux.

La Société Centrale de Produits Chimiques construit des alcoomètres ayant les deux graduations.

L'alcoomètre Cartier est encore employé dans quelques colonies pour doser les rhums et les tafias. Il est adopté par les Douanes de Montevideo (Uruguay).

Dans les rapports entre les alcoomètres de Gay-Lussac et de Cartier il faut tenir compte que le premier est gradué dans l'eau à 15° et le second dans l'eau à 12°.

Je ferai observer qu'il ne faut pas confondre les degrés Gay-Lussac avec ceux de l'alcoomètre actuel, dit légal.

Rapport entre les degrés Gay-Lussac et les degrés Cartier, à + 15°.

Gay-Lussac	Cartier	Gay-Lussac	Cartier	Gay-Lussac	Cartier	Gay-Lussac	Cartier
0.	9.94	35.0	15.63	62.2	23.25	84.4	33.00
0.2	10.00	35.6	15.75	62.9	23.50	84.8	33.25
1.0	10.23	36.0	15.83	63.0	23.55	85.0	33.33
1.1	10.25	36.9	16.00	63.6	23.75	85.3	33.50
2.0	10.43	37.0	16.02	64.0	23.92	85.8	33.75
2.4	10.50	38.0	16.22	64.2	24.00	86.0	33.88
3.0	10.62	38.1	16.25	64.9	24.25	86.2	34.00
3.7	10.75	39.0	16.43	65.0	24.99	86.7	34.25
4.0	10.80	39.3	16.50	65.5	24.50	87.0	34.43
5.0	10.97	40.0	16.66	66.0	24.67	87.1	34.50
5.1	11.00	40.4	16.75	66.2	24.75	87.5	34.75
6.0	11.16	41.0	16.88	66.9	25.00	88.0	35.00
6.5	11.25	41.5	17.00	67.0	25.05	88.4	35.25
7.0	11.33	42.0	17.12	67.5	25.25	88.8	35.50
8.0	11.49	42.5	17.25	68.0	25.45	89.0	35.62
8.1	11.50	43.0	17.37	68.1	25.50	89.2	35.75
9.0	11.66	43.5	17.50	68.8	25.75	89.6	36.00
9.6	11.75	44.0	17.62	69.0	25.85	90.0	36.27
10.0	11.82	44.5	17.75	69.4	26.00	90.4	36.50
11.0	11.98	45.0	17.88	70.0	26.25	90.8	36.75
11.2	12.00	45.5	18.00	70.6	26.50	91.0	36.84
12.0	12.14	46.0	18.14	71.0	26.68	91.2	37.00
12.8	12.25	46.4	18.25	71.2	26.75	91.5	37.25
13.0	12.28	47.0	18.42	71.8	27.00	91.9	37.50
14.0	12.43	47.3	18.50	72.0	27.11	92.0	37.55
14.5	12.50	48.0	18.69	72.3	27.25	92.3	37.75
15.0	12.57	48.2	18.75	72.9	27.50	92.7	38.00
16.0	12.70	49.0	18.97	73.0	27.64	93.0	38.25
16.3	12.75	49.1	19.00	73.5	27.75	93.4	38.50
17.0	12.84	50.0	19.25	74.0	28.00	93.7	38.75
18.0	12.97	50.9	19.50	74.6	28.25	94.0	38.95
18.2	13.00	51.0	19.54	75.0	28.43	94.1	39.00
19.0	13.10	51.7	19.75	75.2	28.50	94.4	39.25
20.0	13.25	52.0	19.85	75.7	28.75	94.7	39.50
21.0	13.38	52.5	20.00	76.0	28.88	95.0	39.70
21.8	13.50	53.0	20.15	76.3	29.00	95.1	39.75
22.0	13.52	53.3	20.25	76.8	29.25	95.4	40.00
23.0	14.67	54.0	20.47	77.0	29.34	95.7	40.25
23.5	13.75	54.1	20.50	77.3	29.50	96.0	40.50
24.0	13.83	54.9	20.75	77.9	29.75	96.3	40.75
25.0	13.97	55.0	20.79	78.0	29.81	96.6	41.00
25.2	14.00	55.6	21.00	78.4	30.00	96.9	41.25
26.0	14.12	56.0	21.11	78.9	30.25	97.0	41.33
26.9	14.25	56.4	21.25	79.0	30.29	97.2	41.50
27.0	14.26	57.0	21.43	79.3	30.50	87.5	41.75
28.0	14.42	57.2	21.50	80.0	30.75	97.7	42.00
28.5	14.50	58.0	21.75	80.5	31.00	98.0	42.25
29.0	14.57	58.7	22.00	81.0	31.25	98.3	42.50
30.0	14.73	59.0	22.10	81.5	31.50	98.5	42.75
30.1	14.75	59.4	22.25	82.0	31.75	98.8	43.00
31.0	14.90	60.0	22.46	82.5	32.00	99.0	43.19
31.6	15.00	60.1	22.50	82.9	32.25	99.1	43.25
32.0	15.07	60.8	22.75	83.0	32.28	99.4	43.50
33.0	15.25	61.0	22.88	83.4	32.50	99.5	43.75
34.0	14.43	61.5	23.00	83.9	32.75	99.8	44.00
34.4	15.50	62.0	23.18	84.0	32.80	100.0	44.19

Alcoomètre de Gay-Lussac. — Vers 1820, le gouvernement français voulant imposer les liqueurs spiritueuses proportionnellement à leur richesse alcoolique et régulariser les transactions commerciales, chargea Gay-Lussac de construire un nouvel alcoomètre, dont la graduation fût conforme à notre nouveau système décimal et indiquant exactement la proportion d'alcool absolu contenu dans les spiritueux. Gay-Lussac réussit prfaitement ; il prit pour base de son échelle la densité de l'eau distillée à 15° et celle de l'alcool absolu à la même température. Ses expériences furent exécutées en collaboration avec Collardeau, mais il ne les publia pas, de sorte que pendant longtemps on dut accepter ses alcoomètres comme instruments de foi.

Pouillet, sur la demande de l'Académie des Sciences, fit un travail dans lequel il établit que la densité de l'alcool absolu à + 15° est de 0,7947, l'eau distillée à 15° étant prise comme unité. Ce nombre avait été publié par Berzélius comme émanant de Gay-Lussac. Ruau (Ann. de Ph. et Ch., 3e série, t. 63) montra que connaissant les densités des liquides marquant 0 et 100° à l'alcoomètre, ainsi que la correspondance de ses divisions avec celles de l'aréomètre de Cartier, il était possible de calculer les densités correspondantes à tous les degrés de l'alcoomètre, intermédiaires entre 0 et 100 et en publia le tableau.

Plus récemment, Collardeau-Vacher a livré à la publicité une table dressée par Gay-Lussac et donnant en regard de chaque richesse alcoolique la densité correspondante. Cette table s'accorde parfaitement avec celle de Ruau; les différences n'excèdent pas une unité de l'ordre des dix millièmes.

Les densités données par la table de Gay-Lussac ne sont pas des densités absolues puisque celles-ci sont calculées sur le poids de l'eau à + 4° tandis que celles de cet auteur le furent à 15°.

Gay-Lussac n'a pas indiqué la cause qui l'a fait volontairement sortir du système métrique ; il eût été plus logique, mais moins pratique, de prendre le 0 de l'alcoomètre avec le poids de l'eau à 4° ; il n'y a plus à y revenir, le fait étant adopté absolument.

Il est du reste facile de transformer les densités relatives en densités absolues; il suffit de les multiplier par le poids d'un litre d'eau à 15°, lequel est, d'après Despretz, 0,999125.

L'indication fournie par cet appareil est une indication volumétrique, c'est-à-dire qu'il donne, en volume, la proportion des liquides mélangés ; donc il donne le tant pour cent, en volume, de l'alcool contenu dans l'eau.

Il a la forme d'un aréomètre ordinaire.

Il marque 0 dans l'eau distillée bouillie, à 15° de température ; et 100° dans l'alcool absolu a + 15° de température.

Sa tige est divisée en cent parties indiquant chacune 1 % d'alcool en volume; un liquide marquant 20° contiendra 20 volumes d'alcool et 80 volumes d'eau.

La table suivante donne les densités des liquides alcooliques suivant les degrés de l'alcoomètre de Gay-Lussac, parce que je pense qu'il pourrait se faire qu'on revînt à cet instrument appuyé par tant de travaux connus; dans tous les cas, ces chiffres permettront la comparaison avec ceux de l'alcoomètre légal. Les densités absolues et les poids dans l'air ont été donnés par MM. Petit et Pinson (Graduation de l'alcoomètre Gay-Lussac, 1874). Les densités relatives sont celles de Gay-Lussac.

Table des densités des liquides alcooliques à + 15°, d'après les degrés centésimaux

Degrés de l'alcoomètre.	Densités relatives	Densités absolues Poids du litre dans le vide	Poids du litre dans l'air pression 760	Degrés de l'alcoomètre.	Densités relatives	Densités absolues Poids du litre dans le vide	Poids du litre dans l'air pression 760
0	1.0000	999.160	998.081	51	0.9329	932.116	931.027
1	0.9985	997.661	996.580	52	0.9309	930.118	929.028
2	0.9970	996.163	996.081	53	0.9289	928.120	927.029
3	0.9956	994.764	993.683	54	0.9269	926.121	925.031
4	0.9942	993.365	992.284	55	0.9248	924.023	922.932
5	0.9929	992.066	990.985	56	0.9227	921.925	920.834
6	0.9916	990.767	989.686	57	0.9206	919.827	918.735
7	0.9903	989.468	988.387	58	0.9185	917.729	916.637
8	0.9891	988.269	987.188	59	0.9163	915.530	914.438
9	0.9878	986.970	985.888	60	0.9141	913.332	912.240
10	0.9867	985.871	984.789	61	0.9119	911.134	910.041
11	0.9855	984.672	983.590	62	0.9096	908.836	907.743
12	0.9844	983.573	982.491	63	0.9073	906.538	905.444
13	0.9833	982.474	981.391	64	0.9050	904.240	903.146
14	0.9822	981.375	980.292	65	0.9027	901.942	900.848
15	0.9812	980.376	979.293	66	0.9004	899.644	898.549
16	0.9802	979.377	978.294	67	0.8980	897.246	896.151
17	0.9792	978.378	977.294	68	0.8956	894.848	893.754
18	0.9782	977.378	976.295	69	0.8932	892.450	891.354
19	0.9773	976.479	975.396	70	0.8907	889.952	888.856
20	0.9763	975.480	974.396	71	0.8882	887.454	886.358
21	0.9752	974.481	973.397	72	0.8857	884.956	883.859
22	0.9742	973.382	972.298	73	0.8831	882.358	881.261
23	0.9732	972.383	971.299	74	0.8805	879.760	878.663
24	0.9721	971.283	970.199	75	0.8779	877.163	876.065
25	0.9711	970.284	969.200	76	0.8753	874.565	873.467
26	0.9700	969.185	968.101	77	0.8726	871.867	870.768
27	0.9690	968.186	867.101	78	0.8699	869.169	868.070
28	0.9679	967.087	966.002	79	0.8672	866.472	865.372
29	0.9668	965.988	964.903	80	0.8645	863.774	862.674
30	0.9657	964.889	963.804	81	0.8617	860.976	859.876
31	0.9645	963.690	962.605	82	0.8589	858.179	857.079
32	0.9633	962.491	961.405	83	0.8560	855.281	854.180
33	0.9621	961.292	960.206	84	0.8531	852.383	851.282
34	0.9608	959.993	958.907	85	0.8502	849.486	848.384
35	0.9594	958.594	957.508	86	0.8472	846.488	845.386
36	0.9581	957.295	956.209	87	0.8442	843.491	842.388
37	0.9567	955.896	954.810	88	0.8411	840.394	839.290
38	0.9553	954.498	953.411	89	0.8379	837.196	836.092
39	0.9538	952.999	951.912	90	0.8346	833.899	832.795
40	0.9523	951.500	950.413	91	0.8312	830.502	829.397
41	0.9507	949.901	948.814	92	0.8278	827.105	826.000
42	0 9491	948.303	947.215	93	0.8242	823.508	822.402
43	0.9474	946.604	945.516	94	0.8206	819.911	818.805
44	0.9457	944.906	943.818	95	0.8168	816.114	815.007
45	0.9440	943.207	942.119	96	0.8128	812.117	811.010
46	0.9422	941.409	940.320	97	0.8086	807.921	806.813
47	0.9404	939.610	938.521	98	0.8042	803.525	802.416
48	0.9386	937.812	936.723	99	0.7996	798.928	797.819
49	0.9367	935.913	934.824	100	0.7948	794.033	792.923
50	0.9348	934.015	932.925				

TABLE DES RICHESSES ALCOOLIQUES DEPUIS 1° JUSQU'A 30 0/0.

Indications de l'alcoomètre.

Indications du thermomètre.

	1	2	3	4	5	6	7	8	9	10	11	12	13	14	15	16	17	18	19	20	21	22	23	24	25	26	27	28	29	30	
10	1.4	2.4	3.4	4.5	5.5	6.5	7.5	8.5	9.5	10.6	11.7	12.7	13.8	14.9	16.0	17.0	18.1	19.2	20.2	21.3	22.4	23.5	24.6	25.8	26.9	28.0	29.1	30.1	31.1	32.1	**10**
11	1.3	2.4	3.4	4.4	5.4	6.4	7.4	8.4	9.4	10.5	11.6	12.6	13.6	14.7	15.8	16.8	17.9	19.0	20.0	21.0	22.1	23.2	24.3	25.4	26.5	27.7	28.7	29.7	30.7	31.7	**11**
12	1.2	2.3	3.3	4.3	5.3	6.3	7.3	8.3	9.3	10.4	11.5	12.5	13.5	14.6	15.6	16.6	17.6	18.7	19.7	20.7	21.8	22.9	24.0	25.1	26.1	27.2	28.2	29.2	30.2	31.2	**12**
13	1.2	2.2	3.2	4.2	5.2	6.2	7.2	8.2	9.2	10.3	11.4	12.4	13.4	14.4	15.4	16.4	17.4	18.5	19.5	20.5	21.5	22.6	23.7	24.7	25.7	26.8	27.8	28.8	29.8	30.8	**13**
14	1.1	2.1	3.1	4.1	5.1	6.1	7.1	8.1	9.1	10.2	11.2	12.2	13.2	14.2	15.2	16.2	17.2	18.2	19.2	20.2	21.2	22.3	23.3	24.3	25.3	26.4	27.4	28.4	29.4	30.4	**14**
15	1	2	3	4	5	6	7	8	9	10.0	11	12	13	14	15	16	17	18	19	20	21	22	23	24	25	26	27	28	29	30	**15**
16	0.9	1.9	2.9	3.9	4.9	5.9	6.9	7.9	8.9	9.9	10.9	11.9	12.9	13.9	14.9	15.9	16.9	17.8	18.7	19.7	20.7	21.7	22.7	23.7	24.7	25.7	26.6	27.6	28.6	29.6	**16**
17	0.8	1.8	2.8	3.8	4.8	5.8	6.8	7.8	8.8	9.8	10.8	11.7	12.7	13.7	14.7	15.6	16.6	17.5	18.4	19.4	20.4	27.4	22.4	23.4	24.4	25.4	26.3	27.3	28.2	29.2	**17**
18	0.7	1.7	2.7	3.7	4.7	5.7	6.7	7.7	8.7	9.7	10.7	11.6	12.5	13.5	14.5	15.4	16.3	17.3	18.2	19.1	20.1	21.1	22.0	23.0	24.0	25.0	25.9	26.9	27.8	28.8	**18**
19	0.6	1.6	2.6	3.6	4.5	5.5	6.5	7.5	8.5	9.5	10.5	11.4	12.4	13.3	14.3	15.2	16.1	17.0	17.9	18.8	19.8	20.8	21.7	22.7	23.6	24.6	25.5	26.4	27.3	28.3	**19**
20	0.5	1.5	2.4	3.4	4.4	5.4	6.4	7.3	8.3	9.3	10.3	11.2	12.2	13.1	14.0	14.9	15.8	16.7	17.6	18.5	19.5	20.5	21.4	22.4	23.3	24.3	25.2	26.1	27.0	27.9	**20**
21	0.4	1.4	2.3	3.3	4.3	5.2	6.2	7.1	8.1	9.1	10.1	11.0	11.9	12.8	13.7	14.6	15.5	16.4	17.3	18.2	19.1	20.1	21.1	22.1	22.9	23.9	24.8	25.6	26.6	27.5	**21**
22	0.3	1.3	2.2	3.2	4.1	5.1	6.1	7.0	7.9	8.9	9.9	10.8	11.7	12.6	13.5	14.4	15.3	16.2	17.0	17.9	18.8	19.8	20.7	21.6	22.5	23.5	24.3	25.2	26.2	27.1	**22**
23	0.1	1.1	2.1	3.1	4.0	4.9	5.9	6.8	7.8	8.7	9.7	10.6	11.5	12.4	13.3	14.1	15.0	15.9	16.7	17.6	18.5	19.4	20.3	21.3	22.2	23.1	24.0	24.9	25.8	26.7	**23**
24	0.0	1.0	1.9	2.9	3.8	4.8	5.8	6.7	7.6	8.5	9.5	10.4	11.3	12.2	13.1	13.9	14.8	15.7	16.5	17.4	18.2	19.1	20.0	21.0	21.8	22.7	23.6	24.5	25.4	26.3	**24**
25	0.0	0.8	1.7	2.7	3.6	4.6	5.5	6.5	7.4	8.3	9.3	10.2	11.1	12.0	12.8	13.6	14.5	15.4	16.2	17.1	17.9	18.8	19.7	20.6	21.5	22.4	23.2	24.2	25.1	26.0	**25**
26	0.0	0.7	1.6	2.6	3.5	4.4	5.4	6.3	7.2	8.1	9.0	9.9	10.8	11.7	12.6	13.4	14.2	15.1	15.9	16.7	17.6	18.5	19.4	20.3	21.2	22.1	22.9	23.8	24.7	25.6	**26**
27	0.0	0.5	1.5	2.4	3.3	4.3	5.2	6.1	7.0	7.9	8.8	9.7	10.6	11.5	12.3	13.1	13.9	14.8	15.6	16.4	17.3	18.2	19.1	20.0	20.8	21.7	22.6	23.5	24.3	25.2	**27**
28	0.0	0.3	1.3	2.2	3.1	4.1	5.0	5.9	6.8	7.7	8.6	9.5	10.3	11.2	12.0	12.8	13.6	14.4	15.2	16.0	16.9	17.9	18.8	19.6	20.5	21.4	22.2	23.1	23.9	24.8	**28**
29	0.0	0.1	1.1	2.0	2.9	3.9	4.8	5.7	6.6	7.5	8.4	9.2	10.1	11.0	11.7	12.5	13.3	14.1	14.9	15.7	16.6	17.5	18.4	19.3	20.2	21.0	21.8	22.7	23.6	24.4	**29**
30	0.0	0.0	0.9	1.9	2.8	3.1	4.6	5.5	6.4	7.3	8.1	9.0	9.8	10.7	11.5	12.3	13.0	13.8	14.6	15.4	16.3	17.2	18.1	19.0	19.8	20.7	21.5	22.4	23.2	24.0	**30**

Indications du thermomètre.

EXEMPLE : L'alcoomètre marque 8, le thermomètre 19. La richesse alcoolique du liquide est 7,5, c'est-à-dire que 100 litres de ce liquide contiennent 7 litres et 5 décilitres d'alcool pur.

TABLE DES RICHESSES ALCOOLIQUES DEPUIS 31° JUSQU'A 60 0/0

Indications de l'alcoomètre.

	31	32	33	34	35	36	37	38	39	40	41	42	43	44	45
10	33.1	34.1	35.1	36.1	37.1	38.1	39.1	40.1	41.1	42.1	43.1	44.1	45.1	46.1	47.1
11	32.7	33.7	34.7	35.7	36.7	37.7	38.7	39.7	40.7	41.7	42.7	43.7	44.7	45.7	46.7
12	32.2	33.2	34.3	35.3	36.3	37.3	38.3	39.3	40.3	41.3	42.3	43.3	44.3	45.3	46.3
13	31.8	32.8	33.8	34.8	35.8	36.8	37.8	38.8	39.8	40.9	41.9	42.9	43.9	44.9	45.9
14	31.4	32.4	33.4	34.4	35.4	36.4	37.4	38.4	39.4	40.4	41.4	42.4	43.4	44.4	45.4
15	31.0	32.0	33.0	34.0	35.0	36.0	37.0	38.0	39.0	40.0	41.0	42.0	43.0	44.0	45.9
16	30.6	31.6	32.5	33.5	34.5	35.5	36.5	37.5	38.5	39.5	40.6	41.6	42.6	43.6	44.6
17	30.2	31.2	32.1	33.1	34.1	35.1	36.1	37.1	38.1	39.1	40.1	41.1	42.1	43.1	44.1
18	29.8	30.8	31.7	32.6	33.6	34.6	35.6	36.6	37.6	38.6	39.7	49.7	41.7	42.7	43.7
19	29.3	30.3	31.2	32.2	33.2	34.2	35.2	36.2	37.2	38.2	39.3	40.3	41.3	42.4	43.4
20	28.9	29.9	30.8	31.8	32.8	33.8	34.8	35.8	36.8	37.8	38.9	39.9	40.9	42.0	43.0
21	28.5	29.5	30.4	31.4	32.4	33.4	34.4	35.4	36.4	37.4	38.4	39.4	40.4	41.5	42.5
22	28.1	29.1	30.0	31.0	32.0	33.0	34.0	35.0	36.0	36.9	38.0	39.0	40.0	41.1	42.1
23	27.7	28.7	29.6	30.6	31.6	32.6	33.5	34.5	35.5	36.5	37.6	38.6	39.6	40.6	41.6
24	27.3	28.3	29.2	30.2	31.1	32.1	33.1	34.1	35.1	36.1	37.2	38.2	39.2	40.2	41.2
25	26.9	27.9	28.8	29.7	30.7	31.7	32.7	33.7	34.7	35.7	36.7	37.7	38.7	39.8	40.8
26	26.5	27.5	28.4	29.3	30.3	31.3	32.3	33.3	34.3	35.3	36.3	37.3	38.3	39.4	40.4
27	26.1	27.1	27.9	28.9	29.9	30.9	31.9	32.9	33.9	34.8	35.9	36.9	37.9	39.0	40.0
28	25.7	26.6	27.5	28.5	29.5	30.5	31.5	32.5	33.5	34.4	35.4	36.5	37.5	38.6	39.6
29	25.2	26.2	27.1	28.1	29.1	30.1	31.1	32.1	33.1	34.0	35.0	36.0	37.1	38.1	39.1
30	24.9	25.8	26.7	27.7	28.7	29.7	30.7	31.6	32.6	33.6	34.6	35.6	36.6	37.7	38.7

46	47	48	49	50	51	52	53	54	55	56	57	58	59	60	
48.1	49.1	50.1	51.1	52.0	53.0	54.0	55.0	56.0	57.0	58.0	59.0	60.0	61.0	62.0	10
47.7	48.7	49.7	50.7	51.7	52.7	53.7	54.6	55.6	56.6	57.6	58.6	59.6	60.6	61.6	11
47.3	48.3	49.3	50.3	51.2	52.2	53.2	54.2	55.2	56.2	57.2	58.2	59.2	60.2	61.2	12
46.9	47.9	48.9	49.9	50.9	51.9	52.8	53.8	54.8	55.8	56.8	57.8	58.8	59.8	60.8	13
46.4	47.4	48.4	49.4	50.4	51.4	52.4	53.4	54.4	55.4	56.4	57.4	58.4	59.4	60.4	14
46.0	47.0	48.0	49.0	50.0	51.0	52.0	53.0	54.0	55.0	56.0	57.0	58.0	59.0	60.0	15
45.6	46.6	47.6	48.6	49.6	50.6	51.6	52.6	53.6	54.6	55.6	56.6	57.6	58.6	59.6	16
45.2	46.2	47.2	48.2	49.2	50.2	51.2	52.2	53.2	54.2	55.2	56.2	57.2	58.2	59.2	17
44.8	45.8	46.8	47.8	48.8	49.8	50.8	51.8	52.8	53.8	54.8	55.8	56.8	57.8	58.8	18
44.4	45.4	46.4	47.4	48.4	49.4	50.4	51.4	52.4	53.4	54.4	55.4	56.4	57.4	58.4	19
44.0	45.0	46.0	47.0	48.0	49.0	50.0	51.0	52.0	53.0	54.0	55.0	56.0	57.0	58.0	20
43.5	44.6	45.6	46.6	47.6	48.6	49.6	50.6	51.6	52.6	53.6	54.6	55.6	56.6	57.6	21
43.1	44.1	45.1	46.1	47.1	48.1	49.1	50.1	51.1	52.2	53.2	54.2	55.2	56.2	57.2	22
42.6	43.6	44.6	45.7	46.7	47.7	48.8	49.8	50.8	51.8	52.8	53.8	54.8	55.8	56.8	23
42.2	43.3	44.3	45.3	46.3	47.3	48.4	49.4	50.4	51.4	52.4	53.4	54.4	55.4	56.4	24
41.9	42.9	43.9	44.9	46.0	47.0	48.0	49.0	50.9	51.0	52.0	53.0	54.0	55.0	56.0	25
41.5	42.5	43.5	44.5	45.5	46.5	47.5	48.5	49.5	50.5	51.5	52.5	53.5	54.5	55.6	26
41.1	42.1	43.1	44.1	45.1	46.1	47.1	48.1	49.1	50.2	51.2	52.2	53.2	54.2	55.2	27
40.6	41.6	42.6	43.7	44.7	45.7	46.7	47.7	48.7	49.8	50.8	51.8	52.8	53.8	54.8	28
40.2	41.2	42.2	43.3	44.8	45.3	46.3	47.3	48.4	49.4	50.4	51.4	52.4	53.4	54.4	29
39.8	40.3	41.8	42.8	43.8	44.9	45.9	47.0	48.0	49.0	50.0	51.0	52.0	53.0	54.0	30

EXEMPLE : L'alcoomètre marque 43, le thermomètre 19. La richesse alcoolique réelle est 41,3 ; c'est-à-dire que 100 litres de la liqueur essayée contiennent 41 litres et 3 décilitres d'alcool pur.

Correction de la température. — L'alcoomètre n'est exact que pour les mélanges d'eau et d'alcool à la température de 15° centigrades ; donc pour doser l'alcool, par l'alcoomètre, dans les mélanges complexes, il faut les traiter de manière à obtenir un mélange d'eau et d'alcool seul.

Lorsque les liquides ont une température différente de 15°, il faut opérer une correction ; ce que l'on fait en suivant la table ci-contre établie par Gay-Lussac.

Cette table ne donne la proportion de l'alcool que dans les liquides qui en contiennent moins de 60 %, parce qu'elle est plus que suffisante pour les analyses de vins ; néanmoins, je donne ici une petite table supplémentaire qui peut servir en quelques cas.

Température	65 %	70 %	75 %	80 %	85 %	90 %	95 %	100 %
10	67.0	71.9	76.9	81.9	86.8	91.7	96.5	»
11	66.6	71.6	76.5	81.5	86.4	91.4	96.2	»
12	66.2	71.2	76.1	81.1	86.0	91.0	95.9	»
13	65.8	79.8	75.8	80.8	85.7	90.7	95.6	»
14	65.4	70.4	75.4	80.4	85.4	90.3	95.3	»
15	65.0	70.0	75.0	80.0	85.0	90.0	95.0	100
16	64.6	69.6	74.6	79.6	84.6	89.6	94.7	99.7
17	64.2	69.2	74.2	79.2	84.2	89.3	94.4	99.5
18	63.8	68.8	73.8	78.9	83.9	88.9	94.0	99.2
19	63.5	68.5	73.5	78.5	83.6	88.6	93.7	98.9
20	63.0	68.1	73.1	78.1	83.2	88.2	93.4	98.6
21	62.7	67.7	72.7	77.8	82.8	87.9	93.1	98.4
22	62.3	67.3	72.3	77.4	82.4	87.6	92.8	98.1
23	61.9	69.9	72.0	77.0	82.1	87.2	92.4	97.8
24	61.5	66.5	71.6	76.6	81.7	86.8	92.1	97.5
25	61.1	66.1	71.2	76.3	81.3	86.5	91.8	97.2

Pour se servir de la table, on cherche dans la première colonne verticale la température indiquée par le thermomètre, et l'on suit horizontalement jusqu'à ce que l'on se trouve dans la colonne verticale qui porte en tête le degré indiqué par l'alcoomètre ; on a ainsi le chiffre exact à 15°. Exemple : on a 60° d'alcool à 20°, dans la première colonne verticale, Température, on cherche 20° et on suit horizontalement jusqu'à ce que l'on soit dans la colonne portant en tête le chiffre de 60 % ; on obtient 58° 2. On opère de même pour la grande table.

On ne sait rien sur la méthode suivie par Gay-Lussac pour préparer sa table qui a été vérifiée maintes et maintes fois et toujours trouvée exacte.

Francœur a donné la formule suivante :

Richesse alcoolique = Degré alcoomètre — (0.4 × (température — 15)), ou Richesse alcoolique = Degré alcoomètre + (0.4 × (15 température)), selon que la température est au-dessus ou au-dessous de 15°.

Mais cette formule n'est exacte que lorsque la richesse alcoolique est de 50 à 60°

M. Ch. Girard donne la même formule mais avec le coefficient 0.273 au lieu de 0.4 ; et dit-il, elle n'est exacte que pour les températures comprises entre 10 et 20.

Ces formules ne sont pas exactes parce que les coefficients ne sont pas les mêmes pour un même nombre de degrés au-dessus et au-dessous de 15° et qu'ils varient suivant le titre alcoolique.

En effet, dans la table de Gay-Lussac, j'ai cherché quels étaient les coefficients aux températures de 10° et de 20°, soit 5° de différence pour les divers degrés de l'alcoomètre et j'ai trouvé :

Degré de l'alcoomètre	10° température	20° température
1	0.08	0.10
5	0.10	0.12
10	0.12	0.14
15	0.20	0.20
20	0.26	0.30
25	0.38	0.34 (faible)
30	0.42	0.42
35	0.42	0.44
40	0.42	0.44
45	0.42	0.40
50	0.40	0.40
55	0.40	0.40
60	0.40	0.40
65	0.40	0.40
70	0.38	0.38
75	0.38	0.38
80	0.38	0.38
85	0.36	0.36
90	0.34	0.36
95	0.30	0.32
100	»	0.28

Les tables de Würtz et de Maumené présentent, avec les tables de Gay-Lussac, des différences allant jusqu'à 3 dixièmes de degré.

M. Küppfer a repris les travaux de Gay-Lussac et a publié des tables plus étendues et rectifiées ; mais ses tables sont calculées en degrés Réaumur de sorte que les degrés centigrades sont indiqués en chiffres fractionnaires (Encyclopédie Roret. Alcoométrie).

Je n'ai pas poursuivi l'étude de cette table parce qu'à première vue, elle m'a paru inexacte ; en effet à 12° Réaumur qui correspondent exactement à 15° centigrades, aucun des chiffres de la table n'est le même que celui indiqué en tête. Ainsi 35° qui à 15° devrait être porté pour 35°, l'est pour 35°2, à l'autre bout de la table 99° est indiqué à 99°1, sauf un seul chiffre 76 qui est porté pour sa valeur ; à part ce chiffre unique il n'y a pas un seul chiffre entier dans toute cette table ce qui impliquerait qu'avec l'alcoomètre plongé dans un liquide à la température de 15° il serait impossible de trouver un degré exact. 20, 35, 42, etc.

Règle à coulisse Salleron. — M. Salleron a inventé une règle à coulisse qui sert à faire les corrections de la température sans se servir de la table (ce qui est fort commode).

Cette échelle est munie d'une rainure, de chaque côté de laquelle sont tracées les divisions correspondantes à celles de l'alcoomètre. Dans cette rainure glisse une petite réglette marquée de divisions représentant les degrés du thermomètre.

Pour faire la correction, il faut amener le degré du thermomètre devant l'indication alcométrique trouvée, et lire la division qui est en face du 15° degré de l'échelle mobile ; cette division donne la richesse alcoolique du liquide.

Cette échelle ne peut servir que pour les richesses alcooliques comprises entre 30° et 100°, les alcools faibles possédant des coefficients de dilatation variables avec la température, ce qui rend son emploi impossible.

Pour les dixièmes de degré, il faut interpoler. Pratiquement il suffit de prendre comme degré réel la moyenne arithmétique des deux nombres situés immédiatement auprès du degré observé : soit 10°5 à 19° Si le degré était 10°, le chiffre réel serait 9°5 ; s'il était de 19° le vrai de degré serait 10°5 ; le degré réel de 10,5 à 19° serait de $\frac{9.5 + 10.5}{2} = 10°$

Il eût mieux valu graduer l'alcoomètre en poids au lieu de le graduer en volumes, car alors la contraction ne change rien. Si on mélange 52 gr. d'alcool et 48 gr. d'eau, on a 100 gr., mais si on mélange 52 volumes d'alcool et 48 volumes d'eau on n'a que 96 volumes. Gay-Lussac a voulu se conformer à l'usage de vendre les alcools et les vins aux volumes.

Pour obtenir le poids de l'alcool d'après le poids indiqué par l'alcoomètre on se sert de la formule $x = V \frac{d}{D}$, x étant le poids de l'alcool, v le volume d'alcool, d la densité de l'alcool pur et D la densité du mélange d'alcool et d'eau.

La tige d'un alcoomètre doit être mathématiquement de même diamètre sur toute sa longueur.

Alcoomètre Légal. — La loi promulguée le 8 juillet 1881, porte qu'à l'avenir nul ne pourra, dans les transactions privées ou dans les opérations de l'Administration, faire usage d'autre alcoomètre que celui de Gay-Lussac centésimal, pour la constatation du degré des vins, eaux-de-vie et alcools.

La loi du 28 juillet 1883, qui complète la précédente, a fixé au 1er avril 1884 sa mise à exécution ; les alcoomètres et les thermomètres nécessaires à leur usage ne pourront être vendus sans être contrôlés par l'Etat, avec un signe indiquant ce contrôle. Une Commission est nommée pour étudier cette question.

Un décret du 27 décembre 1884 détermine, d'après les travaux de la Commission, le mode de construction des alcoomètres et le *Journal Officiel* du

30 décembre 1884 contient la publication de ce décret en même temps que la table des densités se rapportant à l'eau à 15° pesée dans le vide, par dixièmes de degré de l'alcoomètre, et dressée par le Bureau national des poids et mesures.

La distance entre chaque degré doit être au moins de 5 millimètres pour les alcoomètres et de 3 millimètres pour les thermomètres. Tout instrument présenté à la vérification doit poser sur la carène : le nom du constructeur, un numéro d'ordre et le poids de l'alcoomètre en milligrammes, avec une tolérance en plus ou en moins de un dix-millième.

La vérification est faite avec les instruments de l'Administration et la tolérance est de un dixième de degré en plus ou en moins.

L'alcoomètre légal devant avoir 5 millimètres de longueur par degré devrait avoir une tige de 50 centim. de long pour les 100 degrés; aussi a-t-on été obligé de diviser cette échelle en cinq fractions, soit cinq instruments différents ; les degrés sont divisés en 5es ; on peut donc lire les dixièmes facilement et même les demi-dixièmes.

Les travaux relatifs à l'alcomètre légal n'ont jamais été publiés ; le public a été stupéfait de voir que les densités inscrites dans la table insérée au *Journal Officiel* diffèrent sensiblement de celles données par Gay-Lussac et approuvées depuis par tous les savants qui ont étudié cette question : Pouillet, Ruau, Baumhauer. etc, Ainsi la densité de l'alcool pur, que l'on a considérée jusqu'à ce jour comme étant de 0.7947 ou 0.7948 n'est plus dans la table officielle que 0.79433.

Des savants qui ont fait de l'alcoométrie le sujet de leurs études constantes, étonnés de ces divergences que rien ne prouve, se sont rendus auprès des principaux membres de la Commission chargée de la vérification de l'alcoomètre et n'ont pu en avoir aucun renseignement.

C'est un fait certainement curieux, mais triste, de voir un peuple de 34.000.000 d'habitants ayant pris l'habitude de se servir d'instruments, pour ses transactions, vérifiés avec soin, reconnus exacts par tous ses savants, changés instantanément, sans explications et sans preuves, par le simple caprice gouvernemental.

Je ne puis que protester contre cette manière de faire et considérer l'alcoomètre légal, quelle que soit la haute opinion que j'ai des savants qui l'ont établi, comme erroné, jusqu'à preuve du contraire. Les travaux de Gay-Lussac, Pouillet, Ruau, Petit et Pinson ont été publiés ; ils sont tous d'accord ; donc ils sont exacts et l'alcoomètre légal qui n'est pas établi sur les mêmes bases ne doit pas l'être, jusqu'à preuve du contraire.

Si la loi de 1884 a fait disparaitre des causes de chicanes et de procès en forçant tous les constructeurs à adopter une graduation unique elle aura pour but de créer des difficultés avec les pays étrangers qui, ayant adopté l'alcoomètre Gay-Lussac, vérifié par leurs savants, n'auront pas les mêmes raisons que nous pour le changer ; ce qu'ils ne font pas du reste, puisque les constructeurs ne leur expédient que des alcoomètres Gay-Lussac.

Je pense donc qu'il y a lieu de vérifier, d'une façon absolue, qui s'est trompé, ou des savants antérieurs à l'alcoomètre légal ou de la commission qui l'a établi.

Ce doit être facile pour nos savants physiciens, étant donné que la densité absolue de l'alcool pur indiquée par Gay-Lussac est de 794gr 70 et par la Commission de 794gr 33, au litre, et que dans l'air ce poids est de 792gr 923 pour l'alcoomètre Gay-Lussac (Petit et Pinson) et de 792gr554 pour l'alcoomètre légal (Courtonne) pression 760.

Le Comité consultatif des Arts et Manufactures a fait imprimer qu'il fallait, avec les alcoomètres *lire le degré au-dessus* du ménisque ; c'est une erreur qu'il faut rectifier ; toutes les lectures à l'alcoomètre se font au-dessous du ménisque, ainsi que je l'ai dit aux Aréomètres.

Les deux alcoomètres, Gay-Lussac et légal, ont le même zéro, mais les degrés ne sont pas exactement les mêmes ; il y a des différences qui vont jusqu'à 4 dixièmes.

L'alcoomètre légal est plus favorable au commerce et plus défavorable au Gouvernement que l'alcoomètre Gay-Lussac. En effet : Les vins ont un maximum de vinage de 15°, or, quand le Gay-Lussac marquera 15° 2, c'est-à-dire vins survinés, le légal ne marquera que 15°, vins simplement vinés. Pour les alcools taxés au degré, le commerce paiera quelques dixièmes de droit en moins ; un alcool payant 90° d'après Gay-Lussac ne paie aujourd'hui que 89.96.

Table des Rapports entre les degrés de l'alcoomètre légal et les degrés de l'alcoomètre Gay-Lussac.

Légal	Gay-Lussac	Légal	Gay-Lussac	Légal	Gay-Lussac	Légal	Gay-Lussac
0.96	1.00	25.82	26.00	50.75	51.00	75.89	76.00
1.00	1.04	26.00	26.18	51.00	51.25	76.00	76.11
1.97	2.00	26.77	27.00	51.75	52.00	76.90	77.00
2.00	2.03	27.00	27.23	52.00	52.24	77.00	77.10
2.94	3.00	27.80	28.00	52.74	53.00	77.91	78.00
3.00	3.06	28.00	28.20	53.00	53.26	78.00	78.09
3.95	4.00	28.81	29.00	53.71	54.00	78.90	79.00
4.00	4.05	29 00	29.19	54.00	54.29	79.00	79.10
4.90	5.00	29.78	30.00	54.71	55.00	79.88	80.00
5.00	5.10	30.00	30.22	55.00	55.29	80.00	80.12
5.89	6.00	30.81	31.00	55.71	56.00	80.80	81.00
6.00	6.11	31.00	31.19	56 00	56.29	81.00	81.12
6.89	7.00	31.81	32.00	56.70	57.00	81.87	82.00
7.00	7.11	32 00	32.19	57.00	57.30	82.00	82.13
7.85	8.00	32.78	33.00	57.69	58.00	82.89	83.00
8.00	8.15	33.00	33.22	58.00	58.31	83.00	83.11
8.92	9.00	33.80	34.00	58.72	59.00	83.88	84.00
9.00	9.08	34.00	34.20	59.00	59.28	84.00	84.12
9 85	10.00	34.87	35.00	59.73	60.00	84.86	85.00
10.00	10.15	35.00	35.13	60.00	60.27	85.00	85.14
10.89	11.00	35.82	36.00	60 73	61.00	85.86	86.00
11.00	11.11	36.00	36.18	61.00	61.27	86.00	86.14
11.86	12.00	36.82	37.00	61.76	62.00	86 84	87.00
12.00	12.14	37.00	37.18	62.00	62.24	87 00	87.16
12.85	13.00	37.79	30.00	62.77	63.00	87.84	88.00
13.00	13.15	38 00	38.21	63.00	63.23	88.00	88.16
13.87	14.00	38.80	39.00	63.80	64.00	88.85	89.00
14.00	14.13	39.00	39.20	64.00	64.20	89.00	89.15
14.81	15.00	39.78	40.00	64.80	65.00	89.86	90.00
15.00	15.19	40.00	40.22	65.00	65.20	90.00	90.14
15.76	16.00	40.79	41.00	65.79	66.00	90.88	91.00
16.00	16.24	41.00	41.21	66.00	66.21	91.00	91.12
16.73	17.00	41.77	42.00	66.81	67.00	91.88	92.00
17.00	17.27	42.00	42.23	67.00	67.19	92.00	92.12
17.71	18.00	42.79	43.00.	67.82	68.00	92.90	93.00
18.00	18.29	43.00	43.21	68.00	68.18	93.00	93.10
18.59	19.00	43.79	44.00	68.81	69.00	93.89	94.00
19.00	19.41	44.00	44.21	69.00	69.19	94.00	94.11
19.57	20.00	44.78	45.00	69.83	70.00	94.90	95.00
20.00	20.43	45.00	45.22	70.00	70.17	95.00	95.10
20.57	21.00	45.79	46.00	70.84	71.00	95.91	96.00
21.00	21.43	46.00	46.21	71.00	71.16	96.00	96.09
21.67	22.00	46.79	47.00	71.84	72.00	96.93	97.00
22.00	22.33	47.00	47.21	72.00	72.16	97.00	97.07
22.66	23 00	47.77	48.00	72.87	73.00	97.93	98.00
23.00	23 34	48.00	48.23	73.00	73.13	98.00	98.07
23.75	24.00	48.78	49.00	73.89	74.00	98.93	99.00
24.00	24.25	49.00	49.22	74.00	74.11	99.00	99.07
24.74	25.00	49.78	50.00	74.90	75.00	99.92	100.00
25.00	25.26	50.00	50.22	75.00	75.10	100.00	100.07

Proportions d'alcool et d'eau, en volumes et en poids, indiquées par l'alcoomètre légal, dans les liquides alcooliques, à la température de 15°

DEGRÉ alcoométrique	DENSITÉS relatives	DENSITÉS absolues	POUR UN LITRE		POUR UN LITRE à 15°, pesé dans le vide		Poids de l'alcool sur 100 gr. dans le vide
			volume de l'alcool	volume de l'eau contractée	Poids de l'alcool	Poids de l'eau contractée	
0	1000.00	999.125	0	1000	0gr	1000	0.
1	998.44	997.566	10	990	7.936	989.630	0.795
2	996.95	996.078	20	980	15.873	980.205	1.593
3	995.52	994.649	30	970	23.809	970.840	2.394
4	994.13	993.260	40	960	31.745	961.515	3.196
5	992.77	991.901	50	950	39.682	952.219	4.001
6	991.45	990.582	60	940	47.618	942.964	4.807
7	990.16	989.294	70	930	55.554	933.740	5.616
8	988.91	988.045	80	920	63.491	924.554	6.426
9	987.70	986.836	90	910	71.427	915.409	7.238
10	986.52	985.657	100	900	79.364	906.293	8.050
11	985.37	984.508	110	890	87.300	897.208	8.867
12	984.24	983.379	120	880	95.236	888.143	9.685
13	983.14	982.280	130	870	103.173	879.107	10.503
14	982.06	981.201	140	860	111.109	870.092	11.324
15	981.00	980.142	150	850	119.045	861.097	12.146
16	979.95	979.092	160	840	126.982	852.110	12.969
17	978.92	978.063	170	830	134.918	843.145	13.794
18	977.90	977.044	180	820	142.854	834.190	14.621
19	976.88	976.025	190	810	150.791	825.234	15.449
20	975.87	975.016	200	800	158.727	816.289	16.279
21	974.87	974.017	210	790	166.663	807.354	17.111
22	973.87	973.018	220	780	174.600	798.418	17.944
23	972.86	972.009	230	770	182.536	789.473	18.779
24	971.85	971.000	240	760	190.472	780.528	19.616
25	970.84	969.991	250	750	198.409	771.582	20.455
26	969.81	968.961	260	740	206.345	762.616	21.298
27	968.76	967.912	270	730	214.281	753.031	22.138
28	967.69	966.843	280	720	222.218	744.625	22.984
29	966.59	965.744	290	710	230.154	735.590	23.832
30	965.45	964.605	300	700	238.091	726.514	24.683
31	964.28	963.436	310	690	246.027	719.409	25.536
32	963.07	962.227	320	680	253.963	708.264	26.393
33	961.83	960.988	330	670	261.900	699.088	27.253
34	960.55	959.709	340	660	269.836	689.873	28.116
35	959.23	958.391	350	650	277.772	680.619	28.983
36	957.86	957.022	360	640	285.709	671.313	29.854
37	956.45	955.613	370	630	293.645	661.968	30.728
38	954.99	954.154	380	620	301.581	652.573	31.607
39	953.50	952.665	390	610	309.518	643.147	32.490
40	951.96	951.127	400	600	317.454	633.673	33.377
41	950.36	949.528	410	590	325.390	624.138	34.269
42	948.72	947.889	420	580	333.327	614.562	35.165
43	947.05	946.221	430	570	341.263	604.958	36.066
44	945.35	944.522	440	560	349.199	595.323	36.971
45	943.61	942.784	450	550	357.136	585.648	37.881
46	941.83	941.006	460	540	365.072	575.934	38.796
47	940.02	939.198	470	530	373.008	566.190	39.716
48	938.17	937.349	480	520	380.945	556.404	40.641
49	936.29	935.470	490	510	388.881	546.589	41.571
50	934.37	993.552	500	500	396.818	536.734	42.506

Proportions d'alcool et d'eau, en volumes et en poids, indiquées par l'alcoomètre légal dans les liquides alcooliques, à la température de 15°

DEGRÉ alcoolique	DENSITÉS relatives	DENSITÉS absolues	POUR UN LITRE		POUR UN LITRE à 15° pesé dans le vide		POIDS de l'alcool sur 100 gr. dans le vide
			Volume de l'alcool	Volume de l'eau contractée	Poids de l'alcool	Poids de l'eau contractée	
51	932.41	931.593	510	490	404.754	526.839	43.448
52	930.41	929.595	520	480	412.690	516.905	44.394
53	928.37	927.557	530	470	420.627	506.930	45.348
54	926.30	925.489	540	460	428.563	496.926	46.307
55	924.20	923.391	550	450	436.499	486.892	47.271
56	922.09	921.283	560	440	444.436	476.847	48.241
57	919.97	919.165	570	430	452.372	466.793	49.216
58	917.84	917.036	580	420	460.308	456.729	50.195
59	915.69	914.889	590	410	468.245	446.644	51.181
60	913.51	912.711	600	400	476.181	436.530	52.172
61	911.30	910.503	610	390	484.117	426.386	53.170
62	909.07	908.275	620	380	492.054	416.221	54.175
63	906.82	906.027	630	370	499.990	406.037	55.185
64	904.54	903.749	640	360	507.926	395.823	56.202
65	902.24	901.451	650	350	515.863	385.588	57.226
66	899.91	899.123	660	340	523.799	375.324	58.257
67	897.55	896.765	670	330	531.735	365.030	59.295
68	895.16	894.377	680	320	539.672	354.705	60.341
69	892.74	891.959	690	310	547.608	344.351	61.394
70	890.29	889.511	700	300	555.545	333.966	62.445
71	887.81	887.033	710	290	563.481	323.552	63.524
72	885.31	884.535	720	280	571.417	313.118	64.601
73	882.78	882.007	730	270	579.354	302.653	65.686
74	880.22	879.449	740	260	587.290	292.159	66.779
75	877.63	876.862	750	250	595.226	281.636	67.881
76	875.00	874.234	760	240	603.163	271.071	68.993
77	872.34	871.577	770	230	611.099	260.478	70.114
78	869.65	868.889	780	220	619.035	249.854	71.244
79	866.92	866.162	790	210	626.972	239.190	72.385
80	864.16	863.404	800	200	634.908	228.496	73.535
81	861.37	860.617	810	190	642.844	217.773	74.696
82	858.54	857.789	820	180	650.781	207.008	75.867
83	855.67	854.921	830	170	658.717	196.204	77.050
84	852.75	852.003	840	160	666.653	185.350	78.245
85	849.79	849.046	850	150	674.590	174.456	79.453
86	846.78	846.039	860	140	682.526	163.513	80.673
87	843.72	842.981	870	130	690.462	152.519	81.907
88	840.60	839.864	880	120	698.399	141.465	83.156
89	837.41	836.677	890	110	706.335	130.342	84.421
90	834.15	833.420	900	100	714.272	119.148	85.704
91	830.81	830.083	910	90	722.208	107.875	87.004
92	827.38	826.656	920	80	730.144	96 512	88.325
93	823.85	823.129	930	70	738.081	85.048	89.668
94	820.20	819.482	940	60	746.017	73.465	91.035
95	816.41	815.696	950	50	753.953	61 743	92.431
96	812.45	811.739	960	40	761.890	49.849	93.859
97	808.29	807.583	970	30	769.826	37.757	95 325
98	803.90	803.197	980	20	777.762	25.435	96.833
99	799.26	798.561	990	10	785.699	12.862	98.402
100	994.39	793.635	1.000	0	793.635	0	100

Calculs de la table précédente : 1re colonne, degrés de l'alcoomètre légal ; 2e colonne, densité correspondant aux degrés, d'après la commission de l'alcoomètre ; 3e colonne, densités absolues obtenues en multipliant les densités relatives par 0.999125 ; 4e colonne, le volume d'alcool par litre est dix fois plus grand que le degré alcoométrique, qui indique le volume pour cent ; 5e colonne, différences à 1.000 du volume de l'alcool ; 6e colonne, poids de l'alcool obtenu en multipliant son volume dans un litre, par sa densité absolue ; 7e colonne, le poids de l'eau est obtenu en retranchant le poids d'alcool dans un litre, de la densité absolue au poids total du litre ; on constate que l'eau dans ce mélange pèse plus de 1.000 gr. par litre, parce qu'on admet que le volume d'alcool ne change pas et que l'eau seule se contracte, ce qui n'est pas, mais ne change rien aux chiffres, sauf pour les volumes d'alcool et d'eau.

Ainsi à 51° il y a bien 510 volumes d'alcool dans le mélange, mais ils n'occupent pas un volume de 510 cc. ; l'alcool se contractant comme l'eau et même beaucoup plus, ce qu'il est facile de démontrer d'après la table.

A 1° d'alcool, le volume de l'eau est de 990 cc. et pèse 989.630 ; il y a là dilatation et non contraction ; à 2° on a 980 cc. d'eau pesant 980 gr. 205, soit une contraction de 0 gr.205, tandis que à 99° de l'alcoomètre, c'est-à-dire le point où il y a le moins d'eau, les 10 cc. d'eau pèsent 12 gr. 862 soit une contraction de 2 gr. 862.

D'après la table, le maximum de contraction se trouve entre 51 et 56° ; 8e colonne, poids de l'alcool sur 100 gr. Il se déduit de la formule $x = v \frac{d}{D}$. v volume d'alcool, d densité de l'alcool pur, D densité du mélange.

Exemple : 60° d'alcool — $x = 60 \times \frac{0.793635}{0,912711} = 52$ gr. 172.

Poids de l'alcool pour cent, connaissant le poids d'alcool par litre x = poids de l'alcool divisé par la densité multipliée par 10

$$x = \frac{476.181}{0.912711 \times 10}\ 52 \text{ gr. } 172.$$

La formule suivante permet de trouver le volume de l'alcool lorsqu'on connaît son poids $x = p\frac{D}{d}$; p est le poids d'alcool pour cent.

Densimètres. — Les densimètres peuvent servir à doser l'alcool en se servant de la table précédente.

Le densimètre de Gay-Lussac donnera des indications de densités relatives et les densimètres rationnels gradués à + 4° donneront les densités absolues ; il suffira donc de chercher dans ces deux colonnes ; mais, comme il est difficile d'arriver juste sur une des densités indiquées, il faudra faire l'interpolation ou plus simplement de la manière suivante :

Le densimètre a donné 912 relatifs dans la colonne des densités relatives nous trouvons 61° = 911.30 et 62° = 913.51 dont la différence est de 2 gr. 21, soit par dixième de degré 0 gr. 221 nous avons 912 — 911.3 = 0.7 d'où $\frac{0.7}{0.221}$ = 3 dixièmes de degré à déduire de 61°, soit 60°7 ou encore 913.51 — 912 = 1.51 et $\frac{1.51}{0.221}$ = 0.7 à ajouter, soit 60°7.

Les différences des densités sont de 1 gr. de 20 à 21°, 1 gr. 60 de 40 à 41, 2.21 de 60 à 61 et 2.79 de 80 à 81. Il faut donc, pour qu'ils soient aussi exacts que les alcoomètres, que les densimètres soient gradués en 1/10 ou 1/5 de grammes et non en grammes.

Aréomètre Farhenheit. — MM. Petit et Pinson ont employé avec succès cet appareil pour la détermination des richesses alcooliques de liquides soumis à des expériences scientifiques.

C'est avec cet aréomètre que l'ébulliomètre Salleron a été gradué.

L'aréomètre Fahrenheit donne le poids du liquide dans lequel il est plongé pour un volume égal à celui de la partie immergée de l'appareil ; il donne donc la densité, relative si on le compare à de l'eau à 15, absolue si on le compare à de l'eau à 4 et le poids dans l'air si on connaît le volume du liquide. (Voyez Aréométrie.)

Pèse-alcool Lejeune. — Lejeune, pharmacien de la marine à Brest, a construit, en 1872, ce nouvel alcoomètre qui donne en même temps la valeur en poids et la valeur en volume des mélanges d'eau et d'alcool. Les corrections de la température se font sur le pèse-alcool lui-même.

Cet aréomètre porte deux échelles : la première indique les degrés centésimaux de Guy-Lussac, et la seconde les proportions pour cent, en poids, de l'alcool absolu ou degrés pondéraux. Les corrections relatives à la température se font à l'aide de deux échelles complémentaires formées de petits chiffres mis en travers et inscrits en nombres entiers, mais que l'on doit faire précéder d'un zéro et d'une virgule : 45 — 50 doivent s'écrire 0,45 — 0,50. Ces nombres indiquent, en centièmes, les corrections à faire pour 1° de température différant de 15°. On ajoute le chiffre de correction quand la température est inférieure à 15° et on le retranche quand elle est supérieure. Cette correction est faite d'après la formule de Francœur que Carles a proposé de modifier en mettant à la place de 0,4, coefficient indiqué par Francœur, 0,3, qui se rapproche davantage de la vérité, d'après ses expériences.

Hydromètre de Sykes. — Les Anglais *s'entêtant* à ne pas adopter le système décimal emploient l'appareil nommé hydromètre, inventé par

Sykes, et qui a été agréé par la France dans son traité de commerce avec l'Angleterre.

Le Parlement britannique, par un acte du 2 juillet 1816, a fixé la composition et la densité de l'alcool d'essai ou esprit d'épreuve (proof spirit).

Le proof spirit pèse autant que les 12/13 d'un égal volume d'eau à la température de 51° Fahrenheit (10° 56 centigrades).

L'eau étant 1000 à 10° 56 les 12/13 sont égaux à 0,92308, densité relative; ramenée à 15° on a 0,91938 pour la densité relative et 0,91857 pour la densité absolue correspondant à 57° 58 de l'alcoomètre de Gay-Lussac.

L'hydromètre marque 100° dans cet alcool, d'une densité de 0,9186 et formé en mélangeant 49 parties d'alcool absolu et 51 parties d'eau; le zéro est obtenu dans l'eau distillée à 15°.

Il y a deux échelles, l'une inférieure et l'autre supérieure au zéro. Nous n'avons à nous occuper que de l'échelle inférieure, la seule utile pour les mélanges d'eau et d'alcool.

L'alcoomètre de Sykes est de petites dimensions; sa tige porte 10 divisions égales, subdivisées chacune d'elles en dixièmes. Neuf petits poids en cuivre peuvent être fixés à la partie inférieure de l'instrument; on choisit celui qui fait arriver le niveau de la liqueur à essayer dans l'espace de 0 à 10 divisions. Ces poids sont tels que si l'on fait plonger la tige jusqu'au numéro 10 (en bas) dans un liquide, on mettra le niveau à zéro en substituant à ce poids celui qui est immédiatement plus fort.

L'instrument, sans poids, marque 0° dans l'alcool concentré, et 10° dans l'eau distillée lorsqu'il est chargé du poids le plus lourd. C'est donc une espèce d'alcoomètre centésimal.

Comme l'on peut avoir et que l'on a dans le commerce des vins et des alcools, journellement, dans les relations avec les Anglais, à transformer les degrés Sykes en degrés Gay-Lussac et vice-versa, il est nécessaire de connaître les rapports qui existent entre les deux appareils. Les différents auteurs qui ont traité cette question donnent deux tables (de même que pour l'alcoomètre Cartier), l'une contenant les degrés Gay-Lussac et l'autre les degrés Sykes. J'ai cru qu'il était préférable de faire une table unique contenant les deux tables à la fois, ce qui évite des erreurs de lecture, car l'on peut prendre l'une des tables pour l'autre. On voit en deux points qu'il y a deux degrés Sykes correspondant aux degrés Gay-Lussac; c'est parce que dans l'une des tables l'on donne l'un des chiffres et l'autre chiffre dans la deuxième table.

Rapports des degrés Gay-Lussac aux degrés Sykes.

Gay-Lussac	Sykes	Gay-Lussac	Sykes	Gay-Lussac	Sykes	Gay-Lussac	Sykes
0.58	1.00	14.97	26.00	29.37	51.00	44.00	76.42
1.00	1.74	15.00	26.05	29.94	52.00	44.34	77.00
1.15	2.00	15.55	27.00	30.00	52.10	44.91	78.00
1.73	3.00	16.00	27.79	30.51	53.00	45.00	78.15
2.00	3.47	16.12	28.00	31.00	53.84	45.49	79.00
2.30	4.00	16.70	29.00	31.09	54.00	46.00	79.89
2.88	5.00	17.00	29.52	31.67	55.00	46.06	80.00
3.00	5.21	17.27	30.00	32.00	55.57	46.64	81.00
3.45	6.00	17.85	31.00	32.24	56.00	47.00	81.63
4.00	6.95	18.00	31.26	32.82	57.09	47.22	82.00
4.63	7.00	18.43	32.00	33.00	57.31	47.79	83.00
4.61	8.00	19.00	33.00	33.40	58.00	48.00	83.36
5.00	8.68	19.58	34.00	33.97	59.00	48.37	84.00
5.18	9.00	20.00	34.73	34.00	59.05	48.94	85.00
5.76	10.00	20.15	35.00	34.55	60.00	49.00	85.10
6.09	10.42	20.73	36.00	35.00	60.78	49.52	86.00
6.33	11.00	21.00	36.47	35.12	61.00	50.00	86.84
6.91	12.00	21.30	37.00	35.70	62.00	50.09	87.00
7.00	12.16	21.88	38.00	36.00	62.52	50.67	88.00
7.49	13.00	22.00	38.21	36.28	63.00	51.00	88.57
8.00	13.84	22.46	39.00	36.85	64.00	51.25	89.00
8.06	14.00	23.00	39.94	37.00	64.26	51.82	90.00
8.64	15.09	23.03	40.00	37.43	65.00	52.00	90.31
9.00	15.63	23.61	41.00	38.00	66.00	52.40	91.00
9.21	16.00	24.03	41.68	38.58	67.00	52.97	92.00
9.79	17.00	24.18	42.00	39.00	67.73	53.00	92.05
10.09	17.37	24.76	43.09	39.15	68.00	53.55	93.09
10.36	18.00	25.00	43.42	39.73	69.00	54.00	93.78
10.94	19.00	25.34	44.00	40.00	69.47	54.13	94.00
11.00	19.10	25.91	45.00	40.31	70.09	54.70	95.00
11.52	20.09	26.00	45.15	40.88	71.00	55.09	95.52
12.00	20.84	26.49	46.00	41.00	71.21	55.28	96.00
12.09	21.09	27.00	46.89	41.46	72.00	55.85	97.00
12.67	22.00	27.06	47.00	42.00	72.94	56.00	97.26
13.00	22.58	27.64	48.00	42.03	73.00	56.43	98.00
13.24	23.00	28.00	48.63	42.61	74.00	57.00	98.99
13.82	24.09	28.21	49.00	43.00	74.68	57.58	100.00
14.00	24.31	28.79	50.00	43.19	75.00	58.00	100.73
14.40	25.00	29.00	50.36	43.76	76.00	»	»

Il y a aussi une table donnant les corrections à faire par suite de la différence des températures des liquides à essayer, comme celle de l'appareil Salleron (Gay-Lussac). On peut *parfaitement s'en passer en transformant immédiatement les degrés Sykes en degrés Gay-Lussac et faisant la correction de la température d'après la table*. Il faudra ensuite convertir les degrés Gay-Lussac en degrés légaux.

J'ai parlé de degrés Fahrenheit, à propos de la température ; ce sont les degrés des thermomètres anglais. Pour les comparer aux degrés centigrades, il faut d'abord déduire du chiffre de Fahrenheit 32° (qui correspondent au zéro centigrade), puis on prend les 5/9 du chiffre restant. D'après le chiffre 60° Fahrenheit indiqué précédemment on a $51 - 32 = 19 \times \frac{5}{9} =$ **10,56.**

Le zéro de l'échelle de Réaumur est le même que celui de l'échelle centigrade ; mais le 100° degré centigrade ne correspond qu'au 80° degré Réaumur, de sorte que 1° Réaumur égale 1°,25 centigrade et que 1° centigrade égale 0°,8 Réaumur.

Alcoomètre de Tralles et de Richter. — En Allemagne et en Russie on se sert de l'alcoomètre de Tralles et de Richter. Cet instrument porte deux échelles, marquant toutes deux 0 dans l'eau pure à 15°,5 centigrades ou 12°,4 Réaumur et 100° dans l'alcool pur.

L'échelle de Tralles est graduée en 100 parties en volumes ; elle est donc faite comme celle de Gay-Lussac ; elle en diffère en ce que Tralles a pris pour base de l'alcool la densité absolue et un peu différente de celle de Gay-Lussac ; elle a été établie d'après des expériences pratiques.

La seconde échelle, de Richter, est graduée en 100 parties en poids, à la température de 0° ; elle est fautive, car elle ne repose en partie que sur des calculs, aussi l'a-t-on remplacée par une échelle construite sur le même principe, mais calculée d'après les expériences de Tralles.

D'après Bolley, un liquide marquant 49°5 Tralles a une densité de 0,93445.

Les alcoomètres allemands portent habituellement un thermomètre soudé à la partie inférieure du flotteur et servant en même temps de lest. L'échelle de ce thermomètre indique la correction à apporter à l'échelle de Tralles pour le ramener à la température de 4°. Cette correction n'est qu'approximative, puisque le coefficient de dilatation du liquide varie assez notablement avec la température, surtout pour les liquides dont la richesse est inférieure à 30°.

Gay-Lussac	Tralles	Richter	Gay-Lussac	Tralles	Richter
0	0	0	73	72.7	59.5
5	4.8	4.3	75	74.6	62.0
10	9.5	7.6	77	76.5	64.3
17	16.5	12.0	79	78.7	67.2
23	22.2	15.9	81	80.6	69.6
29	28.0	18.6	83	82.9	72.3
34	33.0	22.3	84	83.9	73.8
39	38.0	25.8	86	86.0	76.2
43	42.6	30.0	88	87.9	78.7
47	46.5	33.3	89	88.9	80.3
50	49.5	35.6	91	91.2	83.3
53	52.5	38.5	93	93.2	86.3
56	55.6	41.2	94	94.3	88.0
59	58.9	44.3	95	95.0	89.2
62	61.5	47.1	96	96.2	91.0
64	63.2	49.0	97	97.2	93.0
67	66.6	52.7	98	98.3	95.5
69	68.6	55.0	99	99.4	98.3
71	70.6	57.2	100	100.0	100.0

Alcoomètre de Beck. — Sous ce nom on emploie dans plusieurs parties de l'Allemagne un alcoomètre divisé en parties égales. Le zéro se fait dans l'eau distillée à 10 Réaumur ou 12°,5 Celsius (centigrades) et le 30e degré dans un liquide du poids spécifique de 0,830. Cet alcoomètre exige l'emploi de tables auxiliaires :

Degrés Beck.	Degrés Tralles.
0	0
10	45.8
20	69.2
30	85.9
40	97.7
42	99.4
42.28	100.0

Vochmeter ou Alcoomètre Hollandais. — L'alcoomètre Hollandais appelé Vochmeter est un aréomètre divisé en 144 parties ; le zéro est marqué au point d'affleurement dans de l'eau distillée à 60° Fahrenheit (15,56 centigrades) ; le 10e est le point d'affleurement dans de l'eau-de-vie de preuve à 54°,5 Fah. (12°,5 centigr.) ; l'eau-de-vie de preuve, *Voch-proef*, ramenée à 15° centigrades représente à peu près 50° Gay-Lussac.

Vochmeter	Gay-Lussac	Densité relative	Vochmeter	Gay-Lussac	Densité relative
0	0	1000.0	17	73.27	882.4
1	5.64	992.0	18	75.56	876.4
2	12.18	984.2	19	77.85	870.3
3	18.78	977.5	20	80.07	864.3
4	26.30	969.7	21	81.93	859.1
5	32.75	962.4	22	83.90	853.2
6	38.13	955.1	23	85.93	847.4
7	42.76	947.8	24	87.77	841.8
8	46.79	940.7	25	89.48	836.3
9	50.16	934.5	26	91.09	830.9
10	53.62	927.6	27	92.63	825.5
11	56.70	920.8	28	94.08	820.2
12	68.04	914.0	29	95.44	815.0
13	62.91	907.4	30	96.71	809.8
14	65.75	900.9	31	97.87	804.7
15	68.08	895.2	32	98.02	799.6
16	70.72	888.9	33	100.00	794.7

Cette table ne me paraît pas très régulière, car pour des degrés égaux du vochmeter elle présente des différences diverses entre les degrés Gay-Lussac et entre les densités.

Alcoomètre de Tagliabue. — En 1868, les Etats-Unis d'Amérique ont adopté, comme type d'alcool, l'esprit de preuve contenant la moitié de son volume d'alcool pur ayant une densité de 0,7946 à 60° Fahrenheit (15,56 centigrades), la densité de l'eau à cette température étant 1000.

L'alcoomètre de Tagliabue marque 200° dans l'alcool absolu et 0° dans l'eau pure à 15°,55 ; la preuve type d'Amérique marque donc 100°.

Table de Tagliabue

DEGRÉS Tagliabue	VOLUMES d'alcool	VOLUMES d'eau	Densités relatives à 15,56	DEGRÉS Tagliabue	VOLUMES d'alcool	VOLUMES d'eau	Densités relatives à 15,56
10	5	95.32	0.99289	30	15.0	86.20	0.98114
11	5.5	94.85	0.99224	31	15.5	85.75	0.98063
12	6	94.39	0.99160	32	16.0	85.30	0.98011
13	6.5	93.93	0.99098	40	20	81.71	0.97600
14	7	93.48	0.99036	50	25	77.22	0.97087
15	7.5	93.02	0.98974	60	30	72.70	0.96541
16	8	92.56	0.98911	70	35	68.10	0.95915
17	8.5	92.10	0.98849	80	40	63.41	0.95192
18	9	91.64	0.98787	90	45	58.60	0.94359
19	9.5	91.18	0.98725	100	50	53.71	0.93437
20	10	90.72	0.98663	110	55	48.72	0.92427
21	10.5	90.26	0.98608	120	60	43.67	0.91346
22	11	89.81	0.98552	130	65	38.56	0.90211
23	11.5	89.36	0.98497	140	70	33.38	0.89003
24	12	88.91	0.98441	150	75	28.13	0.87730
25	12.5	88.45	0.98386	160	80	22.81	0.86384
26	13	88.00	0.98330	170	85	17.41	0.84950
27	13.5	87.55	0.98275	180	90	11.87	0.83385
28	14	87.10	0.98220	190	95	6.10	0.81598
29	14.5	86.65	0.98167	200	100	0.00	0.79461

On voit que Tagliabue se rapproche beaucoup de Gay-Lussac pour le poids de l'alcool pur et, si on tient compte de la différence de température, on a le même chiffre.

Dosage de l'alcool dans les mélanges d'eau et d'alcool au moyen des alcoomètres.

Les alcoomètres gradués dans des simples mélanges d'eau et d'alcool ne peuvent servir que dans ces mélanges, car si un ou plusieurs autres corps intervenaient, comme leurs densités seraient différentes, les densités indiquées par l'alcoomètre ne seraient plus en rapport avec le degré alcoolique.

A première vue ce dosage paraît très simple : il suffit de plonger l'aréomètre dans le liquide, prendre le degré et noter la température ; mais en réalité il n'en est pas ainsi, il faut prendre beaucoup de précaution pour obtenir un degré exact, et plus les alcoomètres sont petits, plus les causes d'erreurs sont fortes.

Gay-Lussac avait considéré que le dixième du degré alcoolique était la limite de la précision qu'on pouvait obtenir, ce qui est vrai.

C'est pour cela que sa table de correction des températures ne marque que les dixièmes résultant d'interpolations tantôt forcées, tantôt diminuées.

Les renseignements que je vais donner sont le résultat d'une étude très complète que j'ai faite sur le dosage de l'alcool, étude non encore terminée complètement et qui sera publiée ultérieurement.

Les éprouvettes ont une influence sérieuse sur le degré alcoométrique. Dans les distillations il se forme des éthers gras qui s'attachent sur les parois ; si dans une éprouvette ayant de ces corps sur ses parois on introduit un mélange alcoolique, le ménisque supérieur du liquide dans l'éprouvette n'affecte plus la forme exactement lenticulaire et le degré est légèrement faussé. Le diamètre des éprouvettes cause aussi des erreurs de 0,1, pour les gros alcoomètres, et de 0,1 à 0,3, pour les petits ; le diamètre minimum de l'éprouvette doit être de 12 à 14 millimètres plus grand que le diamètre du gros corps cylindrique de l'alcoomètre, c'est-à-dire qu'il doit y avoir au moins 6 millimètres de liquide autour de l'instrument.

Le niveau du liquide pénétrant dans le bec de l'éprouvette, la gorge qui sert à plonger le thermomètre et surtout la présence du thermomètre dans cette gorge sont des causes d'erreurs allant quelquefois à plusieurs dixièmes ; l'éprouvette doit donc être droite, sans col ni gorge.

On nettoie les éprouvettes en y versant de la soude caustique en solution, à 2 ou 3° Baumé, laissant 10 minutes, lavant à grande eau, puis avec un peu d'alcool à 90° et séchant avec un linge fin.

L'impureté de la surface peut produire une erreur de près de 1° pour les petits alcoomètres, aussi faut-il nettoyer cette surface avec du papier à filtrer, brossé préalablement pour enlever les fils ou faire déborder l'éprouvette avant d'y introduire l'alcoomètre.

Les alcoomètres doivent être d'une propreté extrême, la moindre malpropreté en augmentant le poids et le volume ; les corps gras empêchent le verre d'être mouillé par le liquide alcoolique, le volume est alors changé : le ménisque ne se forme pas sur la tige ; dès lors, les résultats, qui peuvent être faussés de quelques dixièmes dans les gros alcoomètres, peuvent atteindre jusqu'à 2° pour les petits.

Les alcoomètres, avant chaque nouvelle série d'essais, seront nettoyés en même temps que les éprouvettes et de la même manière.

En plus, lorsque le point approximatif de flottaison est obtenu, on retire un peu l'alcoomètre, on l'essuie à cet endroit avec un linge fin et on frotte circulairement avec un morceau de papier filtre brossé, sur lequel on a déposé une goutte de solution concentrée de soude caustique. Cette manière d'opérer a été indiquée par M. Delachanal, l'éminent Directeur du Bureau de la vérification des alcoomètres ; les résultats obtenus sont toujours d'accord, bien entendu, en suivant les prescriptions que j'ai décrites plus haut.

Il faut attendre, pour lire le degré, que le liquide et la boule de l'alcoomètre aient pris la même température ; le plus simple et le plus exact est de laisser le tout prendre la température du local où se fait l'expérience, température qui ne doit guère différer de 10 à 20 degrés, par suite des erreurs qui peuvent être causées par la dilatabilité du verre de l'alcoomètre.

Le degré de température du liquide est pris dans la masse du liquide où se trouvait le corps de l'aréomètre et immédiatement après avoir retiré celui-ci.

L'alcoomètre doit être au centre de l'éprouvette, celle-ci étant bien verticale, sans cela les parois attireraient plus le bas de l'alcoomètre que le haut et l'équilibre serait rompu.

Dosage de l'alcool par la méthode du flacon. — L'alcoomètre n'étant qu'une sorte de densimètre, il est évident que l'on peut trouver le degré d'alcool d'après la densité ; c'est ce que l'on fait en Allemagne, quoique ce soit bien plus long.

Pour obtenir des résultats exacts par cette méthode, il faut que l'eau et l'alcool soient exactement à la même température et très peu différente de 15°, ainsi que je m'en suis assuré par un certain nombre d'essais.

On remplit le flacon avec de l'eau distillée à 15°, on pèse et on déduit le poids du flacon ; on a le poids de l'eau ; on vide et sèche le flacon, puis on le remplit de l'eau alcoolisée à 15°, on pèse de nouveau et on déduit le poids du flacon ; on a le poids de l'alcool. On divise le poids de l'alcool par celui de l'eau et l'on obtient la densité relative, que l'on cherche dans la table et on trouve en face le degré d'alcool.

Si l'on veut avoir la densité absolue, il faut peser l'eau à 4° et l'alcool à 15° puis ramener les deux poids au vide avant de faire la division, pour être tout à fait exact. (Voir *Densité*.)

DOSAGE DE L'ALCOOL DANS LES VINS

Il est reconnu scientifiquement que, pour doser l'alcool dans les vins, le seul procédé absolument exact est celui de la séparation de l'alcool du vin par la distillation et l'emploi de l'alcoomètre dans le liquide ainsi séparé ; c'est donc le seul procédé à employer par les savants et par les chimistes lorsqu'ils veulent des résultats exacts.

Lorsque l'on veut obtenir un résultat à 2/10 près, on se servira des ébullioscopes, appareils très pratiques et suffisamment exacts pour les besoins du commerce. Je dirai même que, entre les mains des négociants, ces appareils sont plus exacts que les alambics, car, avec les difficultés qu'il y a à bien manier les alcoomètres, ils peuvent commettre des erreurs bien plus grandes qu'avec les ébullioscopes ou ébulliomètres.

Des appareils qui viennent concurremment avec les ébullioscopes sont : le réfractomètre Amagat employé dans beaucoup de laboratoires de Paris et le nécessaire Delaunay dont le principe vient d'être proclamé certain par M. Bouriez et par M. Perrier.

Enfin, comme appareil approximatif mais très commode et portatif, je citerai le vinomètre Delaunay et l'œnomètre Amagat.

Le *Comité des Arts et Manufactures de France*, pour les laboratoires de l'Etat, conseille les ébullioscopes pour les essais sommaires et, dans les cas litigieux, il ordonne l'emploi de l'alcoomètre légal en distillant au moins 300^{cc} de vin neutralisé préalablement.

En *Autriche*, l'alcool est dosé par distillation ; dans le liquide distillé on plonge un alcoomètre centésimal divisé en dixièmes de degré. Pour obtenir le poids de l'alcool en grammes, on multiplie le nombre de degrés par 0,7943.

En *Allemagne* on distille et on prend la densité au moyen du picnomètre ou de l'aréomètre de Westphal à 15°. (J'ai cherché en vain à savoir ce que c'était que cet aréomètre, il est inconnu à Paris ; c'est sans doute un alcoomètre Gay-Lussac démarqué, de même que les Allemands ont fait pour nos degrés centigrades du thermomètre qu'ils ont démarqués en degrés Celsius.) La conversion du volume en poids se fait au moyen des tables de Baumhauer ou de Hehner.

En *Italie* on se sert, comme en Allemagne, de l'aréomètre Westphal et de ses tables ; cet aréomètre ne donne que la 3e décimale, ce qui fait qu'on peut commettre une erreur de quelques dixièmes pour cent.

En *Suisse*, la densité du liquide distillé est prise au moyen du picnomètre Geisler, pourvu d'un thermomètre fixé à l'émeri avec fermeture capillaire.

En *Hongrie*, on emploie l'ébullioscope Malligand (Station de Klosterneuburg).

En France, de nombreux marchés fixent la richesse alcoolique des vins à 1/10 de degré près ; cette marge est insuffisante et peu en rapport avec la valeur de la marchandise. Nous avons vu que, même avec les appareils les plus précis, je n'admettais pas cette précision.

Du reste, 1/10 de degré représente environ 1 litre d'alcool sur 1000 de vin.

L'alcool absolu ne dépasse pas 2f50 le litre et on demande une approximation trois fois plus grande que pour l'or qui coûte 3333 francs le kilogramme et cinq fois plus grande que pour l'argent qui coûte 220 francs le kilogramme.

DOSAGE DE L'ALCOOL AU MOYEN DES ALCOOMÈTRES

DANS LE LIQUIDE SÉPARÉ DU VIN PAR DISTILLATION

Les alcoomètres n'indiquent la quantité d'alcool que lorsque celui-ci est simplement mélangé à l'eau.

Dans les liquides complexes, tels que les vins, liqueurs, etc., l'alcoomètre ne peut rien indiquer, les corps en dissolution faussant complètement les résultats.

On a donc pensé à séparer l'alcool des principes fixes du vin par la distillation.

L'alcool bout à + 78,41 d'après Gay-Lussac, et au-dessous d'après Groning.

Il en résulte que, dans un mélange d'eau et d'alcool bouillant au-dessous de 100°, la partie la moins dense est évaporée la première.

En évaporant les vins, il passe d'abord un mélange d'eau et d'alcool, et, si on n'évapore que la moitié du vin, on a un résultat presque mathématiquement exact. Les quelques erreurs qui proviennent de la distillation des vins sont causées, d'abord par les éthers qui sont plus volatils que l'alcool, mais dont la quantité est extrêmement faible ; et du reste, une partie s'échappe dans l'atmosphère ; cette cause d'erreur est presque nulle. Les huiles du vin constituant, avec les éthers, le bouquet des vins, sont aussi en quantités trop petites pour qu'il en soit tenu compte.

Le produit qui cause le plus d'erreur est l'acide acétique; car dans tous les produits de la distillation des vins on trouve cet acide, même lorsque le vin n'en contient pas. Robinet a démontré que c'est bien cet acide qui donne l'acidité aux produits de la distillation des vins. Pour éviter cette cause d'erreur, il suffit de distiller les vins en y ajoutant préalablement quelques cristaux de carbonate de soude ; il se forme de l'acétate de soude $C^4 H^3 O^3$, NaO. 6HO qui ne se décompose pas à 100°, et il se dégage de l'acide carbonique entraîné par la distillation au dehors du liquide condensé.

Maumené a indiqué aussi la présence des acides carbonique et hydraulique comme augmentant la densité du liquide ; pour y remédier, il conseille de saturer le vin avec de la soude caustique.

Les gaz dissous, surtout l'acide carbonique, entraînent par la distillation une faible proportion d'alcool, qui est perdue.

De tous ces faits, il résulte que le liquide distillé présente une viscosité plus ou moins grande et par suite ne donne pas la même poussée à l'aréomètre. Toutes ces considérations sont plus théoriques que pratiques; on peut donc considérer le produit distillé comme un mélange d'eau et d'alcool pur. L'aréomètre indique alors le tant °/₀ d'alcool en volume dans le liquide distillé.

Cette manière d'opérer est due à Gay-Lussac.

Des règles à suivre pour la construction et l'emploi des alambics. — Beaucoup de travaux ont été faits sur la distillation des vins, mais je n'en ai trouvé aucun qui s'occupât de la capacité des alambics comparativement au volume du liquide à distiller, et cependant cela a une certaine importance. Plus la capacité de la chaudière est grande relativement au liquide distillé, plus la perte d'alcool est forte.

De mes essais, il résulte que la meilleure proportion à observer dans la fabrication de l'alambic, c'est de donner à la chaudière un volume trois fois plus grand que celui du liquide à distiller, soit six fois plus grand que l'éprouvette destinée à donner deux mesures de vin ; la chaudière ne peut être plus petite, car alors les entraînements seraient assez considérables pour troubler le liquide de façon à fausser complètement les résultats. J'ai obtenu avec de l'alcool à 9° les chiffres suivants :

Lorsque la chaudière est :

3 fois 1/2 plus grande que le vin à distiller, la perte d'alcool est			0.05
4 »	—	—	0.06
5 »	—	—	0.11
6 »	—	—	0.11
7 »	—	—	0.13
11 »	—	—	0.22
13 »	—	—	0.25
18 »	—	—	0.37

Les petits alambics donnent les mêmes résultats que les grands, lorsque la capacité de la chaudière est en rapport avec le volume du vin à distiller; seulement, j'ai remarqué qu'il y a plus d'entraînements dans les petit alambics que dans les grands.

Le volume du serpentin doit être en rapport avec la chaudière : s'il est trop petit, il laisse passer de l'alcool ; s'il est trop grand, il augmente la capacité de la chaudière ; il y a perte d'alcool ; les dimensions actuelles sont bonnes. Le serpentin doit être bien incliné et poli, sinon le liquide est retenu par le serpentin et ne s'écoule que par saccades, ce qui rend la fin de l'opération difficile, car on peut d'un seul coup dépasser de beaucoup le trait de jauge de l'éprouvette, et l'opération est à recommencer.

Les chaudières en verre sont plus commodes que les chaudières métalliques pour la conduite du feu, mais elles se brisent assez facilement ; c'est pour cela qu'on leur a substitué presque partout les chaudières métalliques.

Pour recueillir tout l'alcool du produit soumis à la distillation, il faut un volume d'eau alcoolisé, minimum.

Quelques essais ont été faits dans ce sens par M. Maumené, qui arrive à peu près à 50 %; il dit que lorsque les vins arrivent à plus de 12° d'alcool, la moitié du volume ne suffit pas. M. Magnier de la Source a trouvé qu'en distillant 1/3 du liquide, l'erreur peut aller jusqu'à 16 % et que pour obtenir un chiffre exact, il faut distiller les 2/3 pour les liquides contenant 20 degrés d'alcool.

J'ai fait à ce sujet une série d'essais en distillant chaque fois 550 cc. d'eau alcoolisée et en recueillant le produit de la distillation par fractions de 60 cc., et vers la fin de l'opération, par fractions de 30 cc. et pesant à l'alcoomètre chaquefois ; j'ai obtenu les chiffres suivants :

Liquide distillé à :

53° alcooliques, a donné de l'alcool dans			460cc	soit 84	%
39°	—	—	— 410	— 74 1/2	—
29°	—	—	— 350	— 64	—
20°	—	—	— 320	— 58	—
15°	—	—	— 275	— 50	—
10°	—	—	— 270	— 48	—

J'ai fait une vérification en distillant 712 cc. de liquide à 20° et j'ai obtenu 410 cc., soit 57.58 % au lieu de 58 %; on peut donc considérer ces chiffres comme exacts, étant donné surtout qu'ils ont été trouvés avec le grand alambic Salleron, le plus grand de ceux qui existent, et qui n'existait pas autrefois.

Donc, on peut dans les alambics distiller des liquides à 15° à moitié, sans perte d'alcool, mais c'est l'extrême limite; au-dessus de 15°, il faudra dédoubler, c'est-à-dire ne mettre qu'une éprouvette sur deux. Pour des liquides à 20°, il faudrait recueillir 60 °/₀ du liquide de la chaudière; pour des liquides de 40°, il faudrait en recueillir 75 °/₀, c'est-à-dire les 3/4.

Le plus simple sera donc de couper d'eau de façon à se trouver en face d'un liquide contenant moins de 15 °/₀ d'alcool.

J'ai examiné les rapports des chaudières avec le volume du liquide à distiller et le degré alcoolique de ce liquide; il reste à examiner quel est le volume de ce liquide.

D'après la Loi, on doit se servir de l'alcoomètre légal, donc tout laboratoire doit posséder cet alcoomètre. Si on l'examine, on voit que le diamètre de sa boule est de 26 millimètres, sa hauteur totale de 292 millimètres et la hauteur de son échelle 147 millimètres; l'éprouvette doit donc, d'après ce que j'ai dit précédemment, avoir un diamètre intérieur de 38 millimètres minimum et une hauteur intérieure de 292; le volume du liquide sera celui de cette éprouvette, moins le volume du corps de l'alcoomètre; or, il se trouve que l'éprouvette de M. Dujardin est juste dans ces conditions; elle contient 264cc de liquide, divisés en deux parties parfaitement égales; il faudra donc distiller 528cc de liquide, au moins; la chaudière devra donc avoir 1584 cc. de capacité. Pour toute chaudière plus grande, il faudra prendre un volume de liquide plus grand; le tiers de la chaudière, en prenant le 1/4, l'erreur n'est que de 1/2 dixième en moins.

Le chimiste devra donc se procurer une chaudière de 1600 cc. au moins; mais il a souvent des échantillons insuffisants et qu'on lui demande néanmoins de doser par la distillation; comme il serait assez coûteux d'avoir autant d'appareils qu'il peut recevoir de sortes de volumes de vin, il pourra se servir de cette chaudière pour les volumes inférieurs à 528 cc. en faisant les corrections que j'ai indiquées.

J'ai constitué quatre sortes de types de chaudières, éprouvettes et alcoomètres pouvant servir dans tous les cas qui peuvent se présenter :

Type n° 1. — Chaudière de 2100cc, pouvant distiller 700cc de vin ou 528cc en ajoutant au résultat trouvé 0°05.

On emploie l'alcoomètre légal et l'éprouvette indiquée ci-dessus.

Type n° 2. — Chaudière de 900cc, pouvant distiller 300cc; on peut employer la chaudière n° 1 en ajoutant au résultat trouvé 0°10 à 0°13.

L'alcoomètre a :	Diamètre du cylindre.....	20	millimètres
	Hauteur totale...........	225	—
	Hauteur échelle..........	97	—
L'éprouvette de 150cc a :	Diamètre intérieur..	33	—
	Hauteur intérieure..	230	—

Type n° 3. — Chaudière de 600^{cc}, pouvant distiller 200^{cc} de vin ; on peut aussi employer la chaudière n° 1, en ajoutant au résultat trouvé 0°2.

L'alcoomètre a :	Diamètre du cylindre.....	14	millimètres
	Hauteur totale...........	172	—
	Hauteur de l'échelle......	83	—
L'éprouvette de 100^{cc} a :	Diamètre intérieur...	28	—
	Hauteur intérieure...	183	—

Type n° 4. — Chaudière de 360^{cc}, pouvant distiller 120^{cc} de vin ; on peut aussi employer la chaudière n° 1 en ajoutant au résultat trouvé 0°35.

L'alcoomètre a :	Diamètre du cylindre.....	14	millimètres
	Hauteur totale............	140	—
	Hauteur de l'échelle.......	60	—
L'éprouvette de 60^{cc} a :	Diamètre intérieur....	25	—
	Hauteur intérieure....	150	—

Les deux premiers alcoomètres ont une échelle contenant 20 degrés et les deux derniers 25 degrés.

C'est M. Dujardin qui m'a fabriqué cette série d'appareils et peut les faire à la demande.

Une précaution à prendre dans la fabrication du serpentin, c'est qu'il faut que la tubulure qui débouche dans l'éprouvette soit au niveau du trait de jauge afin d'éviter les projections de gouttelettes au-dessus du trait de jauge, ce qui fausserait le liquide total.

Une question qui reste à étudier c'est l'acidité des vins. M. Maumené a le premier reconnu que l'acidité des vins faussait le résultat du dosage de l'alcool par la distillation ; il a constaté que l'erreur due à l'acide acétique est de $\frac{1}{15,45}$; l'acide carbonique est aussi une cause d'erreur. Il a trouvé des différences entre les vins acides et les vins neutralisés allant de 0.09 à 0.56.

Il a proposé, pour remédier à cette cause d'erreur, de saturer le vin par la soude ou par la potasse, chaux, baryte, etc, quoique ces bases dégagent l'ammoniaque que le vin peut contenir, ce qui dans tous les cas ne peut influer d'une manière sensible.

Pasteur a conseillé de distiller 200^{cc}, d'en recueillir 100^{cc}, d'y ajouter 50^{cc} d'eau de chaux et 50^{cc} d'eau distillée, puis de distiller à nouveau ; ce procédé n'est applicable que dans quelques cas particuliers, la neutralisation étant presque toujours suffisante.

M. Tony Garcin a préconisé la magnésie parce qu'elle ne dégage ni ammoniaque ni alcaloïdes volatils ; en outre elle ne pourrait saponifier les éthers s'il s'en trouvait tout formés, lesquels régénéreraient l'alcool.

M. Gautier conseille de saturer le vin de la soude jusqu'à ce que le papier de tournesol bleuisse.

Dans les essais de neutralisation que j'ai faits avec des liquides connus, c'est la neutralisation par le carbonate de chaux qui m'a donné les résultats les plus exacts, mais son emploi est presque impossible par suite des entraînements qu'il produit. La soude m'a donné des résultats meilleurs que ceux obtenus avec la magnésie.

Lorsqu'on neutralise le vin au bleu du papier tournesol, l'excès de soude peut attaquer le sucre et autres substances et dégager des produits empyreumatiques qui faussent la lecture à l'alcoomètre ; la neutralisation au violet, au contraire, ne donne jamais de ces produits.

En neutralisant au violet on trouve les résultats à 1/2 dixième de degré près, tandis que l'acide acétique $\frac{1}{1.000}$ donne une différence de 0.2 et tous les autres corps : sucre, glycérine, acide tartrique, crème de tartre 0.1 au plus.

Entre les vins acides et les vins neutralisés j'ai trouvé des différences de 0. 15 à 0.20.

La neutralisation au violet donne un liquide distillé, légèrement acide, qui n'influe pas sur la lecture de l'aréomètre : un liquide neutre, un second ayant une acidité de 0gr 03 par litre et un troisième dont l'acidité était de 0.60 par litre ont donné le même degré.

Les liquides neutralisés sont beaucoup plus sujets aux entraînements que les liquides acides ; quand il y a entraînement du vin dans l'éprouvette, quelque faible qu'en soit la dose, il faut recommencer, ou si on manque de vin continuer la distillation jusqu'au trait de l'éprouvette et redistiller en ajoutant une éprouvette d'eau dans la chaudière. On remédie aux entraînements en mettant dans la chaudière des rondelles de liège ; l'ébullition est plus régulière.

Sans qu'il y ait entraînement direct du vin, il y a souvent entraînement d'une substance blanche très légère qui se produit surtout vers la fin de la distillation et que M. Dujardin attribue à des éthers spéciaux insolubles dans les mélanges d'eau et d'alcool ; je crois que ce sont des éthers gras.

Ce trouble n'affecte pas l'aréomètre, à moins qu'il ne soit très fort ; le liquide le plus trouble m'a donné une différence de 3/4 de dixième de degré avec la vérité. Les liquides neutralisés par la soude donnent moins de trouble que les liquides acides.

M. Dujardin a distillé, en 1890, trois fois du vin de Marsala sans pouvoir l'obtenir clair ; les vins de Champagne ne peuvent donner un produit distillé limpide.

On peut redistiller le produit obtenu en ajoutant du charbon en poudre dans la chaudière.

Marche à suivre pour doser l'alcool au moyen des Alambics. — On monte d'abord l'appareil qui doit être nettoyé après chaque série d'essais ; on remplit le réfrigérant d'eau et on installe au-dessus un récipient plein d'eau dont le robinet est au-dessus du réfrigérant. Lorsqu'on n'a pas un laboratoire monté, une fontaine à laver les mains est très commode. On introduit un thermomètre dans l'eau du réfrigérant de façon que sa cuvette de mercure plonge seule dans l'eau ; alors on procède au mesurage du liquide.

Vin ayant moins de 15°. — On place l'éprouvette sur une table bien horizontale et on introduit dedans le liquide à analyser au moyen d'un entonnoir dont le tube plonge un peu au-dessus du trait de jauge, de façon à ne pas mouiller les parois de l'éprouvette au-dessus de ce trait auquel on finit d'arriver en versant le liquide par un tube effilé ; on verse alors le contenu de l'éprouvette dans une capsule de porcelaine plus grande qu'il ne faut pour contenir deux éprouvettes : on lave l'éprouvette avec un peu d'eau, on l'essuie avec un linge fin enroulé autour d'une baguette et on mesure à nouveau une autre éprouvette que l'on verse dans la capsule ; on lave l'éprouvette deux fois avec de l'eau et on procède à la neutralisation du liquide. On plonge dans le vin un papier de tournesol bleu, il rougit instantanément ; on ajoute alors une solution saturée de soude goutte à goutte, au moyen d'un tube effilé ou d'une burette, jusqu'à ce que le papier changeant de teinte devienne vineux puis violacé ; si on avait atteint le bleu on reviendrait au violacé par le moyen d'une liqueur saturée d'acide tartrique ; alors on verse le contenu de la capsule dans la chaudière, on lave la capsule et les eaux de lavage sont également versées dans la chaudière que l'on met de suite en communication avec le serpentin.

On prend une rondelle de liège, un peu plus large que l'éprouvette, percée au centre d'un trou dans lequel peut entrer facilement le tuyau de sortie du serpentin et munie d'une échancrure latérale découvrant une partie de l'éprouvette afin d'éviter les pertes d'alcool ; on allume alors la lampe à alcool sur le bec de gaz en grand.

Lorsque le liquide entre en ébullition, ce que l'on voit dans les ballons en verre, ou entend dans les chaudières métalliques, on diminue beaucoup la flamme de façon qu'il ne puisse y avoir d'entraînement ; vers la fin de l'opération, on l'augmente progressivement : quelques essais suffisent pour juger de la marche à suivre. Il vaut mieux aller trop lentement que trop vite.

Pendant tout le temps que dure la distillation, on surveille le thermomètre placé dans le réfrigérant et on règle le courant d'eau froide de façon qu'il ne dépasse pas 20 à 25° ; la sortie du serpentin est dirigée au moyen d'un tuyau de caoutchouc.

Lorsque le liquide qui distille est arrivé un peu au-dessous du trait de jauge de l'éprouvette on retire celle-ci et alors seulement on éteint le feu.

On couvre alors l'éprouvette avec une plaque de verre et on laisse le liquide prendre le température du laboratoire et de même pour l'alcoomètre placé à côté ; ensuite, on fait affleurer le ménisque inférieur du liquide au trait de jauge au moyen d'eau distillée versée par un tube effilé, on place sur l'éprouvette une feuille très mince de caoutchouc, on y applique la paume de la main et on renverse à diverses reprises l'éprouvette, afin de bien mélanger le liquide dans lequel on plonge l'alcoomètre avec toutes les précautions indiquées.

On enlève l'alcoomètre et on plonge le thermomètre ; on cherche dans la table de correction le degré exact.

Il ne faut pas oublier qu'ici le degré trouvé est le double de celui du vin, puisqu'on a versé deux éprouvettes de vin et qu'on n'a retiré qu'une éprouvette de liquide distillé. Tout l'alcool du vin est concentré dans un volume moindre, sa proportion est donc double.

Vins et liqueurs de 15 à 30°. — Nous avons vu que la dose minima d'alcool dans le liquide à distiller devait être de 15°, tout liquide contenant plus d'alcool devra être mouillé.

Pour ces liquides, on mesure une éprouvette que l'on verse dans la capsule de porcelaine ; on remplit l'éprouvette avec de l'eau distillée et on verse dans la capsule ; on neutralise et agit exactement comme ci-dessus.

Il n'y a plus lieu de diviser le résultat par deux ; le degré trouvé est exactement celui du liquide puisqu'on a versé une éprouvette de liquide et qu'on a recueilli une éprouvette d'eau alcoolisée.

Liqueurs et alcools de 30 à 60°. — Il ne faut ici prendre que le quart du volume à distiller ; on mesure exactement 1/2 éprouvette avec la liqueur et on verse dans la capsule, on remplit avec de l'eau distillée une 1/2 éprouvette ; on remplit enfin l'éprouvette entière, on verse dans la capsule et on continue l'opération comme ci-dessus.

Le résultat trouvé doit être multiplié par deux pour avoir le résultat exact.

Au-dessus de 60°, on coupe le liquide avec de l'eau pour que le résultat du mélange marque moins de 15°.

Liqueurs sucrées. — Certaines liqueurs contenant du sucre cristallisable ont un dépôt plus ou moins considérable de cristaux de sucre. Il est évident que le liquide qui surnage a un volume moindre que primitivement de tout le volume de sucre solide ; par conséquent la dose d'alcool étant toute entière sur un petit volume paraîtra plus forte à l'analyse subséquente.

Pour remédier à cet inconvénient on a proposé de mesurer le volume de sucre et celui du liquide, de doser l'alcool sur le liquide seul et de faire le calcul. Je ne suis pas partisan de cette manière d'opérer très sujette à erreurs.

Il faut mettre le flacon dans l'eau froide d'un bain-marie et chauffer progressivement après avoir enlevé une partie du liquide, mise à part dans un vase sec et propre de un litre ; lorsque par la chaleur le sucre est dissous, on verse le contenu de la bouteille dans l'autre vase et, au moyen de deux ou trois transvasements de la bouteille dans le vase et vice-versa, on assure l'égalité de composition de toutes les parties du liquide ; on laisse refroidir le liquide et on procède au mesurage.

Echantillonnage. — Il faut bien savoir que dans un vin au repos depuis longtemps, les diverses couches de liquides n'ont pas toutes exactement le même titre alcoolique, la couche supérieure est toujours plus riche en alcool que la couche inférieure.

Il faut donc rouler les tonneaux lorsqu'on veut procéder à un échantillonnage.

Pour faire l'échantillon de plusieurs tonneaux, on prélève sur chacun d'eux un volume égal de vin, on réunit tous ces prélèvements dans un vase bien propre, on mélange le tout et on l'introduit vivement dans un flacon sec et propre et bouché aussitôt.

Il faut opérer assez vite parce qu'à l'air l'alcool s'évapore assez rapidement, pour une petite partie ; plus les liquides sont alcooliques plus la perte est sensible. Pour la même raison, les flacons d'échantillons doivent être bien pleins.

En résumé la distillation est une opération délicate qui demande beaucoup de soin et à moins d'être praticien on ne peut pas être sûr de ne pas commettre d'erreur. Entre des mains inexpérimentées elle peut donner lieu à des erreurs grossières.

Avec les petits alambics les chances d'erreurs sont beaucoup plus grandes, par suite de la capacité trop restreinte et surtout de la petitesse des alcoomètres ; la moindre erreur est multipliée.

Pour un praticien, même avec un petit alambic il ne peut guère commettre qu'une erreur de 1 ou deux dixièmes dans la lecture alcoométrique et 1/10 dans la distillation de 1/10 soit 3/10 ; avec l'alcoomètre légal je ne trouve guère que 1/10 de différence en tout.

Avec les petits alambics, il faut toujours faire deux fois l'opération.

ALAMBICS

Je ne suis pas fixé sur la priorité à accorder à l'invention de la distillation ; les uns citent Descroizilles comme ayant le premier dosé l'alcool par distillation et les autres prétendent que c'est Dunal.

Œno-alcoomètre Dunal. — Cet appareil se composait d'une chaudière placée sur un fourneau circulaire. Il possédait un condenseur circulaire, communiquant à un réfrigérant construit de telle sorte que tout l'alcool du vin se trouvait renfermé dans un tiers de son volume.

L'opération durait huit minutes. L'alcoomètre plongé dans l'alcool du vin (1/3 vol.) indiquait le nombre de parties d'esprit 3/6 de l'aréomètre Bories. Une table de correction était jointe à l'appareil.

Appareil distillatoire Rouquairol et Reboul. — Cet appareil se composait d'un fourneau cylindrique sur lequel était placé la cucurbite chauffée par une lampe à alcool ; le chapiteau était terminé par un col de cygne qui conduisait la vapeur dans un ballon placé à côté et dont le fond avait un tuyau ramenant à la chaudière le vin qui s'y conduisait ; à la suite du ballon se trouvait un serpentin dans un réfrigérant d'eau. Ils introduisaient trois mesures de vin et en recueillaient une. Le degré du liquide distillé était pesé au moyen de l'aréomètre Bories.

D'après la description de ces appareils et surtout l'emploi de l'aréomètre Bories je pense que l'alambic de Descroizilles n'est venu qu'après.

Alambic Descroizilles. — Cet alambic se compose d'une petite cucurbite de cuivre, surmonté d'un petit chapiteau portant latéralement à sa partie supérieure un tube horizontal communiquant avec un serpentin en spirale placé dans un réfrigérant cylindrique. La cucurbite est placée dans un manchon de tôle ; ouvert à la partie inférieure et percée de trous tout autour à la partie supérieure ; la lampe est placée dans ce manchon.

Cet alambic a été perfectionné par Gay-Lussac, puis Dunal et enfin Salleron.

Petit alambic Salleron. — Cet apareil se compose des objets suivants : (Fig. 15 et 16), 1° une lampe A alimentée par l'alcool ; 2° un ballon en verre B qui sert de chaudière ou cucurbite ; 3° un serpentin contenu dans un réfrigérant, C, supporté par trois pieds en cuivre ; le serpentin communique avec la chaudière par un tube de caoutchouc, D, rélié à un bouchon également en caoutchouc, E, qui s'adapte au col du ballon ; 4° une éprouvette en verre, L, portant un trait, *a*, lequel limite le volume du vin soumis à l'ébullition et celui du liquide recueilli sous le serpentin ; 5° 2 aréomètres, F, dont l'un sert pour les vins ordinaires et l'autre pour les vins alcooliques et les liqueurs ; 6° un petit thermomètre centigrade G ; 7° enfin, une petite piquette en verre, H.

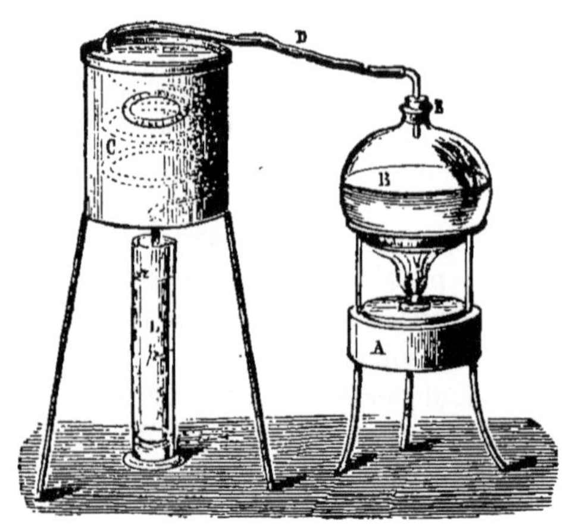

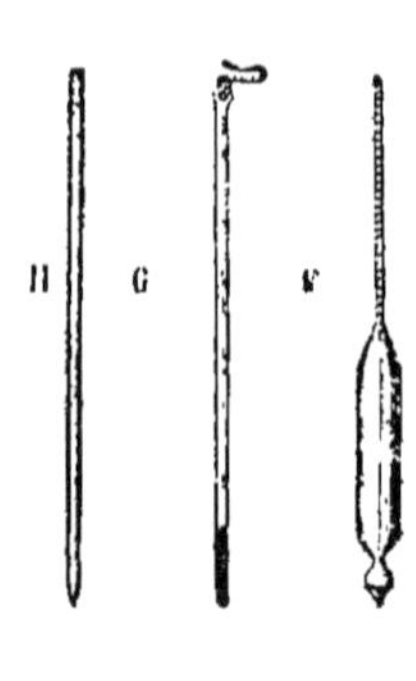

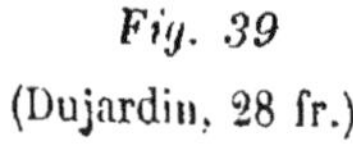
Fig. 39

(Dujardin, 28 fr.)

Fig. 40.

(Dujardin)

Sur le réfrigérant, C, il y a ordinairement un entonnoir, qui sert à verser l'eau froide dans le fond du récipient, et un petit trop plein pour l'écoulement de l'eau chaude.

On remplit de vin le ballon B (Fig. 39), on bouche hermétiquement avec le bouchon E et on place l'éprouvette L sous le serpentin, puis on allume après avoir mis de l'eau dans le réfrigérant C; on fait couler l'eau, pendant l'opération, dans l'entonnoir qui la conduit au fond du réfrigérant; elle s'extravase par un tube latéral placé à la partie supérieure de ce réfrigérant.

Cet appareil a une chaudière de 200 cc.; l'éprouvette contient 36 cc.: on distille donc 72 cc. de liquide dont le triple serait 216; la chaudière est donc bien proportionnée, même un peu petite, ce qui explique que les entraînements soient plus grands dans cet appareil que dans ceux où la chaudière est plus grande proportionnellement. Il pourrait constituer le cinquième de mes types d'alambics.

J'ai vérifié cet appareil bien des fois comparativement avec les grands alambics avec des mélanges connus et j'ai toujours trouvé les mêmes résultats, quelquefois avec des différences insignifiantes, mais je reconnais qu'entre les mains d'une personne peu exercée il peut donner des écarts de 1/2 degré. Les alcoomètres sont gradués d'après le type légal.

Moyen Alambic Salleron. — Pour remédier aux inconvénients de l'alambic précédent, petitesse et fragilité de la chaudière, alcoomètres trop

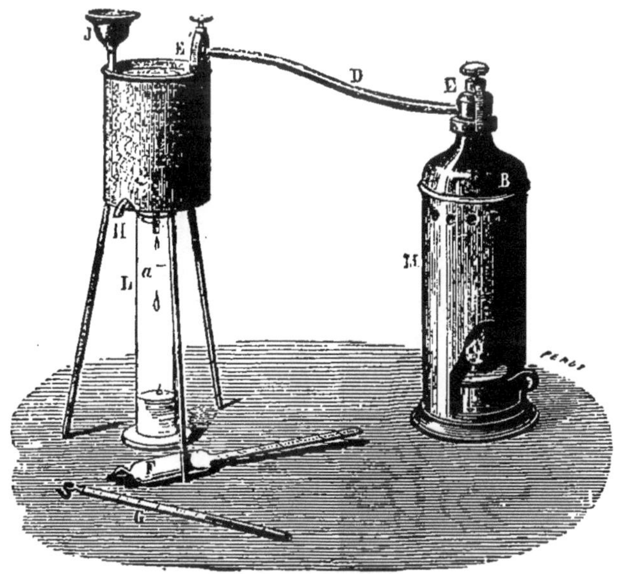

Fig. 41.
(Dujardin. — 40 fr.)

petits, Salleron a construit son alambic moyen dont la chaudière est toute en cuivre. Cet appareil (Fig. 41) ne diffère du précédent que par sa grandeur et sa construction. La lampe et la chaudière, B, ne forment qu'une seule pièce; la lampe est garantie des courants d'air par une enveloppe, M, qui entoure aussi la chaudière et permet ainsi une meilleure distribution du calorique et par conséquent économie d'alcool brûlé.

Lorsque le liquide mesuré dans l'éprouvette est versé dans la chaudière, on réunit celle-ci par le tube en étain, D, avec le serpentin, et le tout est fixé et rendu étanche par deux serrages, E, E', formés de boulons à vis. Le réfrigérant, C, et l'entonnoir, J, sont semblables à ceux du petit appareil nouveau, mais ici l'écoulement de l'eau du réfrigérant se fait en H, par la partie inférieure, au dehors.

La chaudière de cet alambic a un volume de 500 cc. On peut donc distiller 167 cc. de liquide; la capacité de l'éprouvette est de 56 cc., on distille donc 112 cc. au lieu de 167. La chaudière est ainsi quatre fois et demie plus grande que le volume du liquide distillé, au lieu de ne l'être que trois fois plus; on trouve donc, par le fait de la capacité de la chaudière, 0°1 de moins; il y a lieu de rétablir les proportions en augmentant la capacité de l'éprouvette de 56 cc. à 83 cc., ce serait plus simple et plus avantageux que de diminuer la capacité de la chaudière.

Grand Alambic Salleron. — Avec tous les petits alambics il est impossible de se servir de l'alcoomètre légal qui demande une éprouvette contenant 264 cc. de liquide, soit 528 cc. de liquide dans une chaudière de 1584 cc. de capacité.

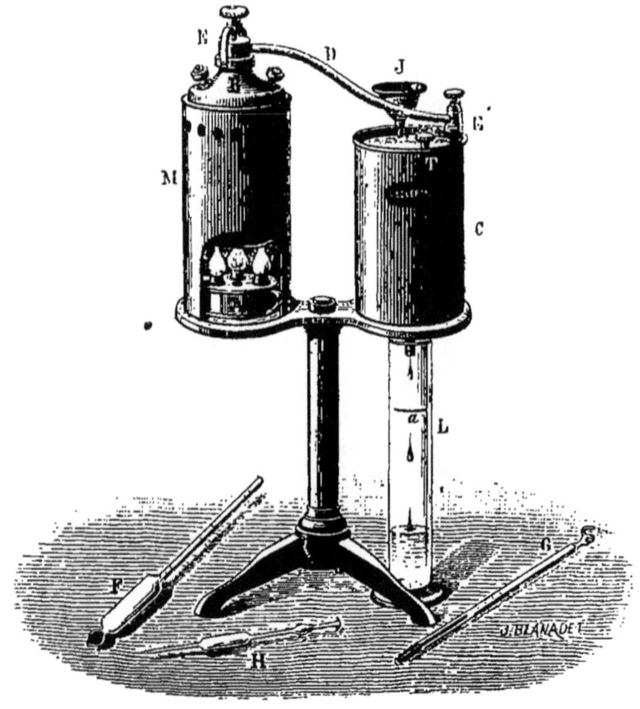

Fig. 42.
(Dujardin. — 125 fr.)

La capacité de la chaudière est de 2100 cc. au lieu de 1600 cc., soit le quart au lieu du tiers comme volume du liquide par rapport à la chaudière, soit une perte de 1/2 dixième d'alcool.

Il serait facile d'y remédier en ajoutant à l'éprouvette actuelle une éprouvette plus large contenant 350 cc. au lieu de 264, ce qui ne ferait pas une grande différence.

L'alambic Salleron grand modèle (Fig. 42) est un magnifique appareil tout en cuivre jaune ou bronze, sauf le tube D de communication de la chaudière au serpentin et ceux qui sont en étain fin. Il se compose d'un pied en bronze qui supporte tout l'appareil ; une enveloppe M garantit la flamme des courants d'air; le chauffage se fait au moyen d'une lampe à alcool A ou d'un bec de gaz circulaire. La chaudière B est cylindrique, elle a deux oreilles en bois pour éviter les brûlures; le tube D est muni de deux petits chapeaux qui s'appliquent sur des rondelles de caoutchouc et sont maintenus fortement par les vis à écrous E E; cette fermeture est très commode. Le réfrigérant T contient d'abord le serpentin puis un tube plongeant jusqu'au fond et muni à la partie supérieure d'un entonnoir J par où se verse l'eau froide. Un autre tube plongeant au fond, muni d'une ouverture circulaire, s'appuie sur une ouverture pratiquée dans le fond, à la façon d'une soupape de baignoire; au repos il vide l'eau par trop plein, mais si on le soulève il vide complètement le réfrigérant par le fond.

L'opération marche dans les grands appareils comme dans les petits, mais les causes d'erreurs sont d'autant plus atténuées que le volume du liquide distillé est plus grand.

D'après M. Gautier, il faudrait, pour être précis, distiller un litre de vin ; je trouve que 700 cc. sont plus que suffisants.

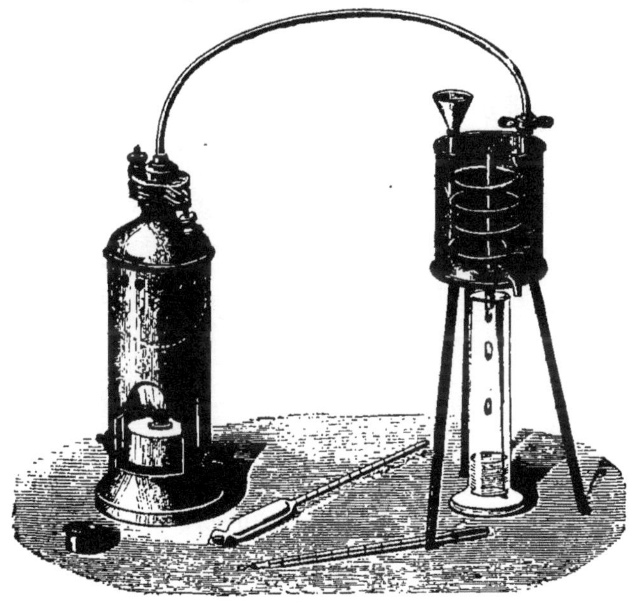

Fig. 43.
(Fontaine. — 90 fr.)

Grand Alambic Fontaine. — L'alambic Fontaine (Fig. 43) est tout en cuivre rouge, sauf le tube qui part de la chaudière pour la réunir au serpentin et le serpentin lui-même qui sont en étain fin. Cet appareil se distingue des précédents par deux points : 1° Le support de la lampe à alcool ou du bec de gaz est mobile, ce qui permet de rapprocher ou d'éloigner la flamme de la chaudière ; 2° Le mode de fermeture de la chaudière qui se fait au moyen de deux prisonniers pouvant basculer et munis d'une vis et d'un écrou ; la vis s'engage dans une encoche ouverte, et en serrant l'écrou on obtient la fermeture hermétique ; la fermeture du tube et du serpentin se fait au moyen d'un écrou à oreilles.

La capacité de la chaudière est de 1200 cc. On ne devrait donc distiller que 400 cc., pour qu'il n'y ait pas trop d'entraînement, ce qui donnerait un volume de 200 cc. de liquide distillé, ce qui n'est pas suffisant pour l'alcoomètre légal ; il faut donc augmenter la capacité de cette chaudière de 384 cc. pour le légal. Tel qu'il est, cet appareil est très commode, il a seulement l'inconvénient de donner des entraînements dans plusieurs cas.

Alambic Delaunay. — La maison Delaunay possède deux sortes d'alambics différents : 1° L'*Alambic petit modèle* ne distille que 50 cc. de vin ; il se compose d'une lampe à alcool entourée d'un trépied qui soutient un

Fig. 44.

(Delaunay. — 40 fr.)

ballon en cuivre sur lequel est soudé à la partie supérieure un cylindre servant de réfrigérant. Au col du ballon s'adapte un tube en étain qui serpente dans le réfrigérant autour du col du ballon et sort à la partie inférieure de l'eau froide pour se rendre dans l'éprouvette ; 2° L'*Alambic nouveau modèle* (Fig. 44) est un appareil tout en cuivre, avec serpentin en étain fin ; il diffère peu des alambics précédents ; la seule différence, c'est que le tube qui domine la chaudière s'élève beaucoup plus haut, ce qui donne une plus grande inclinaison au tuyau de sortie. Cet alambic se place sur la boîte même qui le renferme ordinairement. Il distille un volume de 125 cc., il doit donc correspondre à mon type N° 4.

Grand Alambic Savalle. — Ce savant constructeur, dont j'ai occasion de parler à l'article Vinage, avait remarqué que les alambics d'essais n'indi-

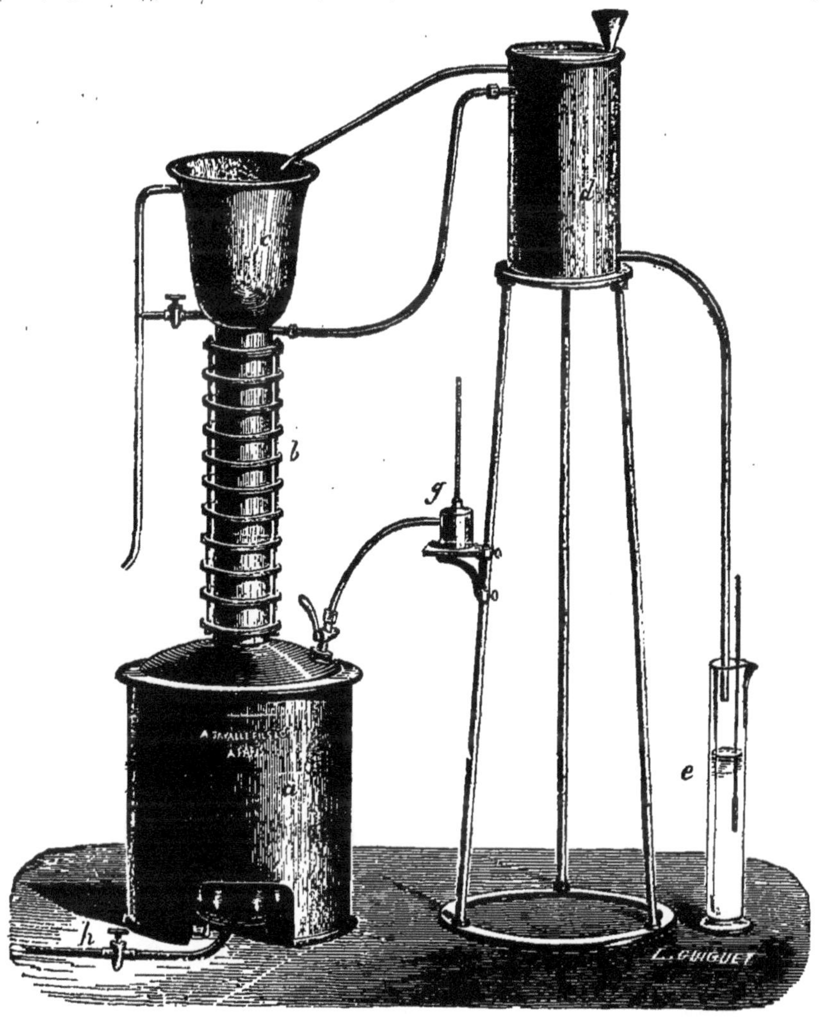

Fig. 45.

(Savalle et Cie. — 590 fr.)

quaient pas les petites quantités d'alcool que pouvaient renfermer des liquides résidus de distilleries. Il avait constaté que les petits alambics d'essais donnent un produit très faible en alcool, difficile à peser exactement, à cause de la capillarité, qui fausse l'indication du pèse-alcool dans les faibles degrés, et aussi à cause des acides entraînés par la distillation et mélangés aux produits. (Nous avons vu qu'on y remédiait par la saturation à la soude caustique).

Il est d'une importance énorme pour les distillateurs des pays vignobles de connaître exactement la richesse alcoolique des vins qu'ils achètent, et des résidus de leur fabrication. Frappé des pertes d'alcool éprouvées par l'emploi des colonnes distillatoires anciennes, Savalle chercha un appareil qui pût rechercher les moindres traces d'alcool dans les vinasses. Son appareil d'essai fut inventé dans ce but. Devant les résultats obtenus par cet appareil, l'inventeur l'a appliqué aux vins sous le nom de : Nouvel appareil d'essai des vins, indiquant la richesse alcoolique avec une grande précision (breveté s. g. d. g.). L'alambic Savalle fournit un produit à forts degrés, exempt d'acides et facile à titrer comme richesse alcoolique.

L'appareil opère, à volonté, sur 5 jusqu'à 10 litres à la fois et donne un produit qui pèse en moyenne 60° centésimaux. On arrive par lui à reconnaître l'alcool contenu dans les vins avec une précision remarquable. Pour faire la preuve de ce que l'inventeur avance, on met 10^{cmc} d'alcool dans 10 litres d'eau ; le mélange étant soumis à l'appareil, on retrouve 9^{cc} 8 d'alcool dans les 30 premiers centimètres cubes du produit distillé ; aucun appareil n'a donné ce résultat.

Cet appareil (Fig. 45) se compose : d'un fourneau *a*, dans lequel se trouve un chauffage au gaz, à l'alcool et même à la vapeur ; d'une colonne, *b*, semblable à la colonne des appareils industriels et qui sert à enrichir et analyser les vapeurs de la distillation. Au-dessus de la colonne est placé l'analyseur à eau, *c*, qui condense les vapeurs d'eau, les fait retomber dans la chaudière et ne permet qu'aux vapeurs d'alcool d'arriver dans le serpentin plongé dans le réfrigérant, *d*. Le liquide alcoolique distillé et condensé se rend dans l'éprouvette, *e*, où l'on introduit l'alcoomètre ; un manomètre, *g*, indique la pression des vapeurs dans la chaudière ; *h*, est la conduite d'arrivée du gaz destiné au chauffage.

Manière d'opérer. — On introduit de 5 à 10 litres de vin ou de tout autre liquide alcoolique, et 10 litres de vinasses de distilleries, dans la chaudière, *a*, par une ouverture ménagée à cet effet sur le couvercle de la chaudière. On met de l'eau froide dans le manomètre, *g*, dans l'analyseur, *c*, et dans le réfrigérant, *d*. Puis on allume le gaz ou l'alcool de chauffage. Le liquide contenu en, *a*, se met en ébullition ; les vapeurs traversent la colonne, *b*, et viennent se condenser en *c*, d'où elles retournent à l'état liquide charger les 10 plateaux de la colonne, *b*. A mesure que ces plateaux se garnissent, la pression monte au manomètre, *g*, et cette pression varie de 20 à 25 centimètres pendant le cours de l'opération. Après quelques instants de distillation intérieure, l'eau se trouve chaude en, *c*, et alors les vapeurs les plus riches en alcool passent à la distillation, en se condensant dans le réfrigérant, *d*, et s'écoulent dans l'éprouvette graduée, *e*.

Le volume du produit obtenu dépend de la teneur alcoolique du liquide soumis à l'épreuve. Si on opère sur des vinasses, un produit de 100cc, par exemple, sera l'alcool contenu dans les 10 litres sur lesquels on opère. On peut ainsi retrouver facilement 1cc d'alcool dans 10.000cc de vinasses; la précision de l'appareil est donc de un dix-millième.

Savalle a démontré aux distillateurs que des vinasses essayées avec les autres alambics et rejetées comme ne contenant plus d'alcool en contenaient encore de 3 à 4 p. 100.

Lorsque le liquide alcoolique, une fois arrivé dans l'éprouvette, est à peu près à la température ambiante, on y plonge l'alcoomètre de Gay-Lussac et un thermomètre. On obtient ainsi la teneur, en alcool, du liquide distillé et par proportion l'alcool contenu dans le liquide primitif.

Avec un vin riche à 8 °/° d'alcool, la moyenne du produit distillé est de 75° 1/2; avec un liquide contenant 2 p. 100, la moyenne du liquide est de 50°.

Cet appareil, qui a l'avantage de se rapprocher des appareils industriels, et de donner un produit alcoolique très concentré, qu'il est plus facile de peser exactement à l'alcoomètre, est surtout employé pour les liquides devant être soumis à la distillation, pour en retirer l'alcool. Il est surtout utile pour les liquides très pauvres en alcool, puisqu'il permet de retrouver *un centimètre cube d'alcool dans* 10 *litres*.

Dans le cas des liquides que l'on fait fermenter, pour en retirer l'alcool, si le liquide condensé présentait une réaction alcaline, ce qui indiquerait la présence de l'ammoniaque, il faudrait distiller à nouveau, avec assez de sulfate d'alumine pour fixer la totalité de l'ammoniaque (Laugier).

D. Savalle et Cie construisent également un appareil à épreuve continue des vinasses. (Voir Les Grandes Usines, Turgan, 1891, Juillet.)

Fig. 46.
(Chabaud)

Alambic Dupré et Chabaud. — Dans les laboratoires où l'on a beaucoup d'essais à faire, il n'est pas facile de surveiller plusieurs alambics. C'est pour faciliter ces essais que M. Dupré, du Laboratoire municipal de Paris, eut l'idée de faire un quadruple alambic qu'il fit exécuter par M. Chabaud.

Cet appareil (Fig. 46) se compose de quatre grands ballons en verre placés sur une toile métallique, chacun au-dessus d'un bec Bunzen.

La toile métallique est supportée par deux montants verticaux et peut s'élever ou s'abaisser au moyen de deux glissières munies d'écrous. Les quatre ballons se bouchent chacun, avec un bouchon de caoutchouc traversé par un tube d'étain qui, avec un tube de caoutchouc, se réunit au tube du serpentin. Les quatre serpentins sont plongés dans une seule caisse traversée par un fort courant d'eau, les serpentins débouchent dans des matras à longs cols jaugés.

Les grands ballons sont de 200 cc. et les ballons de réception de 100 cc.

On opère comme avec les alambics ordinaires, mais on fait quatre opérations en même temps. En cas de contestation on recommence l'analyse avec un grand alambic.

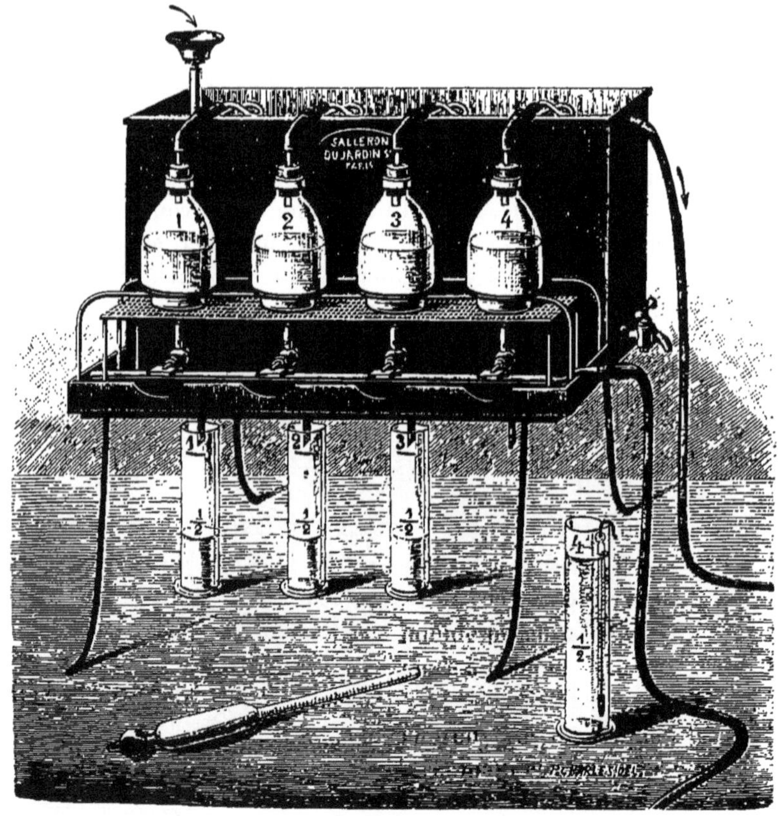

Fig. 47.
(Dujardin).

Alambic Dupré et Dujardin. — M. Dujardin a donné une autre disposition à l'alambic quadruple de Dupré. Les ballons de verre ont la même forme que ceux du petit alambic Salleron ; ils s'appuient sur deux tiges de cuivre au lieu de toucher la toile métallique et le tuyau qui, va du ballon au serpentin, passe par-dessus les bords de la caisse au lieu de traverser la paroi de cette caisse ; enfin les ballons de réception du liquide distillé sont remplacés par des éprouvettes. M. Dujardin fait aussi cet appareil avec les chaudières-ballons en cuivre rouge.

Il est évident que l'on peut faire ces deux sortes d'appareils dans toutes les grandeurs voulues.

Il y a eu aussi les alambics Rousseau, Richard et Collin qui ne sont plus employés.

Appareil de Lormé. — Dans cet appareil la distillation s'opère avec le concours du bain-marie et de la vapeur. Il se compose d'une chaudière dans laquelle on met le vin ; un tube partant du sommet latéral de la chaudière amène la vapeur dans la partie supérieure latérale d'un vase cylindroïde dont la moitié est à l'intérieur de la chaudière et l'autre moitié au-dessus ; c'est un vase rectificateur dans lequel les premières parties volatilisées se condensent ; sous l'influence de la chaleur de la chaudière, l'alcool se réduit bientôt en vapeurs qui montent par un tube situé à la partie supérieure centrale du rectificateur. Ce tube possède sur sa longueur trois parties renflées et il est placé dans une caisse fermée ayant un tube latéral supérieur et un tube latéral inférieur communiquant avec la partie supérieure d'un réservoir placé plus haut ; de ce réservoir il reçoit de l'eau déjà réchauffée un peu par la condensation des vapeurs d'alcool, l'alcool en montant dans ce tube se débarrasse donc de plus en plus des parties aqueuses ; à la partie supérieure de la caisse fermée, le tube s'incline sur le côté et entre dans le réservoir supérieur et là il possède encore trois renflements ; comme il est plongé dans l'eau froide il y a encore condensation, de sorte qu'il n'arrive à la partie supérieure que de l'alcool ne contenant que peu d'eau ; alors il redescend en suivant les spires d'un serpentin et sort à la partie inférieure du réservoir pour déboucher dans l'éprouvette. L'eau suit une marche en sens inverse de celle des vapeurs d'alcool.

On verse dans la chaudière 1/2 litre de vin et on chauffe. Il faut 7 à 8 minutes pour arriver à l'ébullition et la distillation de 18 à 30 minutes, jamais plus ; l'eau du réservoir inférieur arrive à 80-90°.

Cet appareil est bien compliqué pour un instrument de laboratoire.

Appareil Scheefer. — Présenté à la Société de Pharmacie de Paris par Scheefer, pharmacien de Mayence, en 1863, cet appareil a pour but de doser l'alcool contenu dans les vins.

Il se compose d'un ballon dans lequel on introduit 10 cc. du vin à essayer ; ce ballon est réuni à un tube condenseur qui traverse d'abord son bouchon, puis obliquement un vase plein d'eau froide, et enfin débouche dans un tube gradué. On chauffe le ballon à l'aide d'une lampe, le liquide distillé ; on arrête l'ébullition lorsqu'on obtient environ 5 cc. de liquide dans le tube gradué. On plonge alors un petit tube de verre fermé à ses deux extrémités dans le liquide distillé. Ce petit flotteur aréométrique a une pesanteur spécifique telle qu'il est en parfait état d'équilibre dans un liquide contenant 10 volumes d'alcool pour cent. On ajoute de l'eau au liquide distillé jusqu'à ce que le flotteur se rende au niveau du liquide sans cependant le dépasser ; d'après la quantité d'eau ajoutée on calcule le tant °/₀ d'alcool.

L'appareil distillatoire est une mauvaise copie de l'appareil Salleron ; le flotteur qui tend seulement à remplacer l'alcoomètre de Gay-Lussac n'a aucune supériorité sur lui, bien au contraire.

Œnomètre Rey. — Cet appareil se compose à la fois d'un alambic et d'un ébullioscope ; il est étudié dans le paragraphe des ébullioscopes.

Analyseur Perrier. — Cet analyseur sert à la fois à doser l'alcool et l'extrait sec ; il est étudié au dosage de l'extrait sec.

DOSAGE DE L'ALCOOL PAR L'ÉVAPORATION A L'AIR LIBRE

Œnomètre Tabarié. — En 1830, Tabarié, de Montpellier, proposa un nouveau système pour doser l'alcool. Ce système est basé sur l'emploi de l'aréomètre ou œnomètre plongé dans le vin privé d'alcool. Il prenait une quantité connue de vin, le pesait à l'œnomètre et notait la température, puis le soumettait à une évaporation partielle pour chasser l'alcool, refroidissait le liquide restant, le ramenait au volume primitif au moyen de l'eau et prenait à nouveau le degré en tenant compte de la température. La différence des deux degrés trouvés ramenés à la même température lui donnait le titre en alcool. Les instruments dont il se servait étaient fort simples: 1° Un bassin de cuivre posé sur une lampe et où se fait la réduction. 2° Un thermomètre spécial ayant deux échelles ; l'une est la véritable du thermomètre, l'autre sert aux calculs des tables de Tabarié. 3° Un aréomètre en argent ayant également deux échelles basées sur les tables.

Ce système a été très étudié par son auteur qui a construit des tables rendant très facile l'application de ce procédé, qui n'est basé que sur des formules empiriques. Malgré les tables, il y a une série de calculs à faire, qui sont autant de causes d'erreurs. De plus, il n'est pas facile de ramener le liquide à la première température.

L'aréomètre de Tabarié était à double échelle et à double lest ; la première échelle était divisée en 60 degrés égaux ; le zéro donnait une densité de 1,0012 à 15° et le 60 degré 0,9772 ; l'eau ayant une densité de 0,9992, chaque degré égale 0,0004. L'aréomètre sans son deuxième lest donne la densité du vin ; le double lest se plaçait au-dessous. La 2e échelle était pour les liquides plus lourds que l'eau, le zéro étant 0,9992 à 15° ; il y avait aussi 60 degrés.

Il mesurait le vin au moyen d'une éprouvette à rainure latérale contenant 150 cc. de vin.

Lorsqu'on porte le vin à l'ébullition pendant un temps assez long, une grande quantité de ses éléments constitutifs sont modifiés ; la plupart des acétates se décomposent, tous les éthers sont volatilisés, l'acide carbonique en suspension dans le liquide est chassé, les matières albuminoïdes coagulées, etc. ; ce qui change le poids primitif du vin. Les vins très riches en alcool et très chargés de matières extractives offrent plus de densité que les vins pauvres.

M. Maumené, par des expériences directes, a reconnu que les densités des liquides distillés et des résidus ne sont pas d'accord avec les densités des vins.

Malgré cela, dans ces dernières années, MM. Bouriez et Perrier ont par des travaux très minutieux établi que le principe de Tabarié était exact ; il y a donc lieu, par des essais sur beaucoup de vins, de voir si ce principe est vrai et si les changements indéniables apportés par l'ébullition n'ont qu'une influence insensible.

Modification Robinet. — Prenez un ballon d'une capacité de 600 cc environ et gradué de 100 en 100 cc, remplissez de vin jusqu'à la capacité 500 cc.

Le vin ramené à 15° a été pesé à l'alcoomètre ; il donne, par exemple, le chiffre 10° ; au moyen de la table de conversion on le ramène à sa densité, qui est de 0.987. Ce chiffre déterminé, évaporez le vin à une douce température jusqu'à réduction à 200^{cmc}, puis ramenez-le au volume primitif par de l'eau distillée à 15°. Au densimètre, il donne, par exemple, 1,008 ; on a alors $x : 1 :: 0.987 : 1,008 — x = 0.9779$, ce qui, d'après le tableau des rapports entre l'alcoomètre et le densimètre, donne 19° d'alcool,

Ce changement n'ôte au procédé aucun des inconvénients indiqués plus haut ; d'après Robinet lui-même, la méthode est longue et minutieuse et sujette à une foule d'erreurs, mais elle offre au point de vue expérimental un certain intérêt.

Modification J. Brun. — On mesure environ 120 gr. du vin à essayer dans un tube de verre assez long pour pouvoir contenir l'alcoomètre. Après avoir fait un trait indiquant exactement le niveau du liquide, on ajoute en sus, environ, 30 gr. d'alcool, et l'on indique le niveau du tout par un nouveau trait. Le degré de ce mélange est pris à l'alcoomètre de Gay-Lussac ; ce degré est noté ainsi que celui de la température ; puis on évapore la moitié de ce mélange par l'ébullition. Le résidu froid est remis dans le tube.

Au résidu on ajoute alors de l'eau distillée jusqu'au premier trait et du même alcool jusqu'au second. Lorsque la température est la même que celle précédemment notée, on prend le degré à l'alcoomètre. La différence des deux chiffres indique en centièmes et en volume le degré alcoolique du vin. On peut aussi mesurer l'alcool et le vin en prenant pour cela deux flacons bouchés à l'émeri que l'on remplit complètement.

Dans cette manière d'opérer, l'acide carbonique, l'acide acétique et les éthers du vin sont dosés comme alcool et de plus, à l'ébullition, se sépare souvent une petite quantité de substances devenues insolubles, que l'eau et l'alcool remis ensuite ne redissolvent pas. Ces substances ainsi séparées diminuent le poids spécifique et l'alcoomètre marque un degré tant soit peu trop fort. Ce procédé est néanmoins plus exact que les deux précédents, mais ne doit pas être appliqué.

Nécessaire Œnométrique Delaunay. — Cet appareil, d'abord nommé alcoomètre différentiel, est connu depuis 1875 sous son nouveau nom ; il se compose (fig. 48) d'une lampe à alcool spéciale en cuivre, surmontée d'une couronne et d'une armature en cuivre demi-circulaire ; sur la couronne de cuivre on appuie le fond d'un ballon en verre dont le col s'appuie sur l'armature ; dans le col du ballon on introduit un thermomètre spécial traversant un bouchon carré qui le tient en l'air tout en fermant légèrement le ballon ; l'appareil comprend en outre un tube en verre jaugé sur pied de bois, une éprouvette divisée et un densimètre différentiel.

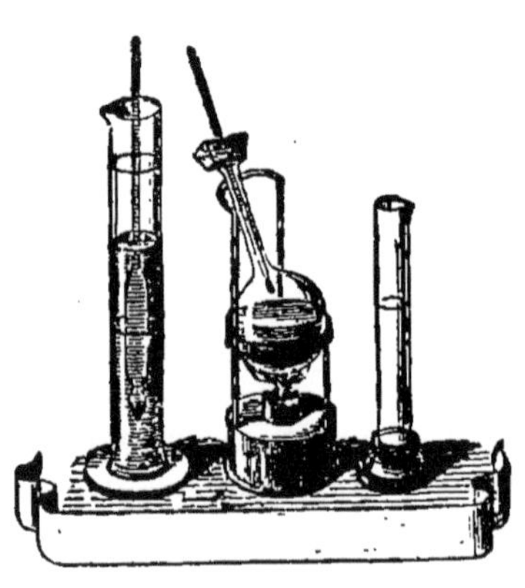

Fig. 48
(Delaunay — 20 fr.)

Pour opérer le dosage de l'alcool, on prend d'abord la densité du vin et sa température, puis on remplit le tube jaugé et on verse dans le ballon que l'on place sur la lampe à alcool, on introduit le thermomètre dans le col, de façon que le réservoir affleure à peine le liquide. On fait bouillir jusqu'à ce que le thermomètre marque 100° ; on arrête, tout l'alcool doit être vaporisé. Lorsque le liquide est refroidi, on verse le contenu du ballon dans le tube qu'on achève de remplir exactement au trait de jauge avec de l'eau froide ; on le plonge dans l'eau froide jusqu'à ce que le liquide soit à la même température que le vin avait lorsqu'on l'a mesuré ; c'est alors seulement qu'on complète le volume, on agite et on prend la densité.

On fait la correction des densités d'après les températures au moyen d'une table ; puis dans une 2e table on trouve en face de la différence des deux densités (avant et après ébullition) le chiffre de l'alcool qui est rectifié par une 3e table suivant la température primitive du vin ; ces tables sont jointes à l'appareil ; elles donnent également l'extrait sec.

L'ébullition étant ici bien moins longue que dans l'appareil Tabarié, il y a évidemment moins de causes d'erreurs. Mais néanmoins l'acide carbonique, l'acide acétique et les éthers sont dosés comme alcool et la petite quantité de matières insolubilisées n'agit pas sur le densimètre ; mais ces erreurs ne peuvent être que théoriques et n'avoir pas plus d'influence que les causes d'erreurs dans les ébullioscopes ; c'est donc un appareil à étudier sérieusement.

Vino-densimètre Bouriez. — M. Bouriez, de Lille, en 1886 (Jl de Ph. et Ch. t. 14 p. 549 Décembre), remet en vigueur le principe de Tabarié, appliqué par Delaunay ; il prend la densité au moyen du vino-densimètre. En

1890 (même journal t. 22 p. 451) il explique l'erreur de Balling concluant à l'inexactitude du procédé, en ce sens que les chiffres fournis par le calcul des différences des densités expriment l'alcool en volumes et non en poids. Il préfère prendre la densité par la méthode du flacon. Enfin, en janvier 1891 (Bull. Soc. Phar. Bordeaux), il donne la démonstration mathématique que le procédé peut indiquer la quantité d'alcool (s'il n'y a pas de changement dans l'état du vin). Le densimètre qu'il emploie est divisé en 1/2 grammes, il a deux échelles dont le zéro de l'une correspond à 10 de l'autre ; à droite du haut, au milieu de l'échelle, sont marqués des chiffres de 0 à 10 correspondant à 990, 991, 1000 ; à gauche au milieu, au bas, sont marqués des chiffres 0 à 12 correspondant à 1001... 1012 pour le vin privé d'alcool. Si un vin avait une densité de plus de 1012, il faudrait le dédoubler avec de l'eau et doubler le résultat.

Les deux tables suivantes donnent le degré d'alcool d'après les différences de densités :

TABLE DE DELAUNAY				TABLE DE BOURIEZ	
Différences des densités	Alcool °/₀ en volume	Différences des densités	Alcool °/₀ en volume	Différences des densités	Alcool °/₀ en volume
0.5	0.3	10.5	7.5	0.00075	0.5
1.0	0.6	11.0	7.9	0.00150	1.0
1.5	1.0	11.5	8.3	0.00225	1.5
2.0	1.2	12.0	8.7	0.00300	2.0
2.5	1.5	12.5	9.1	0.00370	2.5
3.0	1.9	13.0	9.5	0.00440	3.0
3.5	2.3	13.5	10.0	0.00510	3.5
4.0	2.6	14.0	10.4	0.00580	4.0
4.5	3.0	14.5	10.9	0.00645	4.5
5.0	3.3	15.0	11.3	0.00710	5.0
5.5	3.7	15.5	11.7	0.00775	5.5
6.0	4.0	16.0	12.2	0.00839	6.0
6.5	4.4	16.5	12.6	0.00904	6.5
7.0	4.8	17.0	13.1	0.00969	7.0
7.5	5.2	17.5	13.6	0.01029	7.5
8.0	5.5	18.0	14.0	0.01089	8.0
8.5	5.9	18.5	14.5	0.01154	8.5
9.0	6.3	19.0	15.0	0.01219	9.0
9.5	6.7	19.5	15.4	0.00274	9.5
10.0	7.1	20.0	15.9		

M. Bouriez a fait aussi une table contenant dans la première ligne horizontale les densités au-dessus de 1000 du vin privé d'alcool, et dans la première colonne verticale les densités au-dessus de 990 du vin naturel. Je ferai observer qu'il y a des vins naturels dont la densité est comprise entre 985 et 990 et qui, dès lors, ne seront pas dans cette table ; d'autre part, la table de M. Bouriez diffère de celle de M. Delaunay de 1, 2 ou 3 dixièmes de degré pour chaque chiffre d'alcool obtenu par la différence des densités ; il y a donc lieu de refaire ces essais.

Dans une brochure (1890) M. Périer démontre que le dosage de l'alcool par la méthode Tabarié est aussi sensible que par tout autre procédé et il le prouve par l'application à l'analyse d'un certain nombre de vins du Médoc. Il dit qu'on obtient le degré d'alcool au 1/100 près ; aucune méthode n'est aussi exacte (!) Il a recours non au densimètre, mais au flacon à densité. D'après lui, le vin neutralisé dosé et le chiffre d'alcool calculé varie une fois de 0.04, les autres fois de 0 à 0.01 et 0.02.

Par l'emploi du flacon à densité, M Périer rend cet essai aussi long que la distillation à l'alambic et même plus compliqué, de sorte que ce genre d'essai ainsi pratiqué ne vaudra jamais les ébullioscopes ; le seul avantage, c'est qu'il permet de donner en même temps, approximativement, l'extrait sec.

Procédé C. Blarez pour le dosage de l'alcool dans les spiritueux sans distillation. — L'alcoomètre ne donne la richesse en alcool que dans les simples mélanges d'eau et d'alcool, mais dès qu'il y a d'autres substances, l'alcoomètre n'indique rien.

Dans les eaux-de-vie, rhums, etc., les matières étrangères naturelles ne dépassent guère 2 à 3 gr. par litre, et par conséquent n'influent que d'une quantité négligeable sur l'alcoomètre: mais lorsqu'on y a introduit du sucrose, du glucose ou de la glycérine, il n'en est plus de même.

M. Blarez (Comptes Rendus, 1891, mars 16) a fait une étude de cette question ; il admet d'abord que la distillation est difficile à conduire pour les liquides titrant plus de 50° et que la dilution préalable est dangereuse.

Il a étudié les relations existant entre le titre apparent de l'alcool, le titre réel et les matières extractives.

Ses essais ont porté sur des liquides renfermant de 28 à 76 °/₀ d'alcool et de 0 gr. à 40 gr. de matières extractives par litre. Le résultat de ses expériences est qu'il est possible de passer du titre apparent (donné par l'alcoomètre plongé dans le liquide) et le titre réel en ajoutant au premier un nombre de degrés obtenu en multipliant le nombre de grammes de matières extractives par litre par un certain coefficient qui varie avec la force du liquide analysé.

Les résultats moyens de tous ses essais l'ont conduit à la formule suivante, donnant le coefficient à employer en fonction du titre alcoolique réel T : coefficient $A = 0.58 - 0{,}0108\ T \times 0{,}0000064\ T^2$.

Il faut : 1° Déterminer le titre alcoolique apparent à 15° ; 2° doser son extrait sec en grammes et par litre sur 20 cc. de liquide ; 3° faire un calcul en employant le coefficient A applicable au titre apparent trouvé et ajouter le produit à ce titre apparent ; on se rapproche ainsi du titre réel ; ce calcul est suffisant si l'extrait sec n'est que de 4 à 5 gr. ; mais s'il est plus fort, on cherche s'il est dû à du sucrose, du glucose ou de la glycérine.

Pour les sucres, on se sert des coefficients B, la densité du sucrose et du glucose étant à peu près la même, et pour la glycérine du coefficient C.

Dans ce cas, on doit faire deux calculs : le premier, comme ci-dessus, donne le premier titre approximatif avec lequel on fait le deuxième calcul au lieu du titre apparent, et c'est le résultat de ce second calcul qu'on ajoute au titre apparent pour avoir le titre réel.

Titre réel	Coefficients		
	A	B	C
25	0.35	0.393	0.233
30	0.30	0 36	0.215
35	0.28	0.307	0.186
40	0.25	0.269	0.164
45	0.223	»	»
50	0.20	0.218	0.137
55	0.179	»	»
60	0.16	0.194	0.126
70	0.151	0.177	0.118
80	0.125	»	»

Cette méthode est très curieuse au point de vue spéculatif, mais je doute qu'elle passe jamais dans le domaine de la pratique..

APPAREILS BASÉS SUR LES TEMPÉRATURES D'ÉBULLITION DES LIQUIDES ALCOOLIQUES

L'eau entrant en ébullition à 100° et l'alcool ne bouillant qu'à 78.41 sous la pression barométrique de 760mm, on a pensé qu'en déterminant le point d'ébullition d'un vin, on pourrait au moyen de tables en accuser la richesse alcoolique. De nombreux essais ont été faits en ce sens,

En 1823, Groning, de Copenhague, avait proposé l'emploi du thermomètre, mais n'avait pas construit d'appareil.

Œnoscope Tabarié (Brevet du 22 février 1830). — Tabarié est le premier qui construisit un appareil s'appuyant sur le principe de la température d'ébullition des liquides alcooliques.

Il expliquait qu'entre l'eau bouillant à 100° et l'alcool à 78°, il y avait une différence de 22° comprenant les températures d'ébullition de tous les mélanges alcooliques quelles qu'en soient les proportions, de sorte qu'il doit suffire de faire bouillir le vin, d'y plonger un thermomètre et de déduire de la température la richesse alcoolique. Il reconnaissait qu'à l'air libre l'alcool s'évaporait, aussi plaça-t-il au-dessus de la chaudière un condenseur; les vapeurs d'alcool se condensent et retombent dans la chaudière. Il recommandait de chauffer doucement.

Le vin est introduit dans une chaudière métallique dont le couvercle est en forme d'entonnoir renversé soudé sur la chaudière; au-dessous de la chaudière se trouve une lampe à alcool dont la flamme produit l'ébullition du liquide. Autour du couvercle est soudée une enveloppe circulaire formant un récipient avec la partie conique du couvercle.

Les vapeurs en se formant échauffent un thermomètre spécial soutenu par un crochet sur le bord de la petite cheminée qui termine le couvercle. Ce thermomètre, d'après la hauteur à laquelle parvient le mercure, indique la proportion d'alcool contenu dans le liquide en ébullition.

Ce thermomètre est gradué d'avance dans des mélanges d'eau et d'alcool dans des proportions connues.

Pour empêcher les vapeurs de se dégager trop vite, ce qui ne laisserait qu'un instant pour saisir l'effet de la température, il a entouré le couvercle d'un récipient d'eau froide ; les vapeurs ainsi condensées au fur et à mesure de leur formation, retombent dans la chaudière, et par un séjour prolongé, permettent de mieux saisir le point d'ébullition.

Ce procédé, très ingénieux, est inexact, car il n'est tenu aucun compte de la pression atmosphérique, qui joue cependant un grand rôle dans ce cas ; ensuite il y a, malgré la condensation, des pertes de vapeurs alcooliques, ce qui peut causer des erreurs très considérables. Plus tard, Tabarié indiqua l'action de la pression atmosphérique et donna les moyens d'en tenir compte. Il indiqua également l'action des sels contenus dans le vin, lesquels doivent élever la température en abaissant la richesse alcoolique (cette action s'opère en sens inverse), mais il ne donne ni la raison de ce fait, ni le procédé de rectification. C'est la seule objection que l'on puisse faire à son beau travail. A cette époque, les vins avaient peu de valeur et on ne les analysait pas.

Ebullioscope à cadran. — L'abbé Brossard-Vidal fit breveter, le 9 septembre 1842, un appareil qui n'est que la modification de l'œnoscope Tabarié, mais tout à son désavantage.

Cet appareil, construit sur le même principe que celui de Tabarié, présente de bien plus graves inconvénients ; car le condenseur est supprimé, et, par suite de sa construction délicate, il est sujet à une foule de variations dont il faut tenir compte.

Cet ébullioscope se compose d'une chaudière placée au-dessus d'une lampe à alcool et dans laquelle on met le vin jusqu'à un niveau tracé sur la chaudière, lequel peut varier de quelques millimètres ; d'un gros thermomètre plein de mercure avec un tube ouvert, que l'on plonge au milieu du vin.

Sur le mercure même du thermomètre flotte un poids formé d'un cylindre de verre plein de mercure ; ce poids est attaché à un fil à l'autre bout duquel se trouve un contre-poids en fer ; ce fil s'enroule autour d'un axe supportant une aiguille qui tourne devant un cadran fixé sur la chaudière même par une vis de pression. Par l'ébullition, le mercure monte, soulève le petit poids, et le contre-poids tirant sur le fil met l'aiguille en mouvement en indiquant l'augmentation de volume du mercure et par suite le degré du thermomètre.

D'après Brossard-Vidal, l'influence barométrique serait nulle ou tout au moins négligeable ; il indique également l'action des sels de la manière bizarre suivante : « Les sels et le sucre *se combinent* avec l'eau et non avec l'alcool, d'où il résulte que dans ces mélanges l'alcool, loin d'être appauvri, est au contraire enrichi d'une quantité égale au volume d'eau que les sels ont absorbé. Pour faire la correction de l'influence exercée par les sels, il faut retrancher 1° de l'ébullioscope quand l'alcoomètre de Gay-Lussac plongé dans le vin indique 12° de moins que l'ébullioscope. » Cet appareil étant essentiellement mauvais n'eut aucun succès.

Field's Alcoometer. — Cet appareil fut adopté en 1846 par le gouvernement anglais, sous l'influence du docteur Ure, chimiste de l'Accise ; mais son emploi ne dura que quelques années.

Le Field's Alcoometer n'est qu'une simplification de l'œnoscope Tabarié ; c'était un thermomètre plongeant dans une bouilloire dépourvue de tout appareil de condensation ; il est donc beaucoup moins exact que l'instrument sur lequel il a été copié.

Thermomètre alcoométrique de Conaty. — Conaty fit breveter en France, le 30 mars 1847, le Field's Alcoometer. C'est tout simplement l'œnoscope Tabarié privé de son condenseur : seulement le thermomètre est muni d'une règle mobile pour les corrections barométriques. Malgré la malheureuse suppression du condenseur, son emploi était si facile qu'il fut employé pendant plusieurs années par l'administration de l'Octroi de Paris.

Voici la description de cet appareil modifié par Lerebours :

Il consiste en une petite chaudière de cuivre rouge de 50 à 60^{cmc} de capacité, portée au centre du couvercle d'un petit fourneau de tôle. On remplit presque entièrement la chaudière avec le vin à essayer, puis on chauffe au moyen de la lampe à alcool que l'on allume après avoir couvert le vin avec une plaque ronde, au millieu de laquelle est fixé un thermomètre de graduation spéciale : au lieu de degrés ordinaires, on a marqué d'avance sur la plaque de cet instrument, les hauteurs auxquelles parvient le mercure, suivant la richesse du vin.

Par exemple, un vin qui ne contiendrait que 5° d'alcool en volume, ferait monter le mercure au 5° degré, etc. Il faut noter attentivement le degré marqué dès le commencement de l'ébullition, parce qu'au bout de quelques instants le vin renferme moins d'alcool et indique une force moindre, les vapeurs s'échappent par une ouverture ménagée derrière le thermomètre.

Pour remédier à l'écart que la pression barométrique produit sur les résultats, Conaty a rendu son échelle mobile, ce qui permet de régler, suivant les hauteurs barométriques, le zéro de son instrument, c'est-à-dire le point d'ébullition de l'eau pure.

L'influence de la pression barométrique est assez forte, puisque la température d'ébullition de l'eau monte ou descend de 1° pour un mouvement de 27^{mm} du baromètre, soit 1/27e de degré du thermomètre pour 1^{mm} du baromètre ; par conséquent, si la hauteur du baromètre est de 766^{mm} au moment où l'on prend le point 100, l'excès de pression au-dessus de 760mm étant de 6mm, le nombre correspondant au sommet de la colonne mercurielle dans le thermomètre n'est pas 100, mais $100+6/27$. On voit donc qu'il est nécessaire de tenir compte de ce fait, la pression atmosphérique variant constamment.

Malgré l'échelle mobile, l'ébullioscope de Conaty offre les mêmes inconvénients que celui de l'abbé Brossard-Vidal, mais il a, sur ce dernier, le grand avantage de la rapidité de l'expérience et moins de chances d'erreurs.

Voici quelques expériences faites par Bussy à l'Ecole de Pharmacie :

Vin contenant 6 volumes d'alcool %.	Degré Conaty	6.3
— 8.5 —	—	8.75
— 9 —	—	9.50
— 10.25 —	—	10.00
Mélange 80 d'eau et 20 d'alcool	Degrés Conaty	20.50
— — — et 2 d'acétate de potasse	—	21.00
— — — 2 de chlorure de calcium	—	21.00
— — — 5 de sucre	—	21.00
— 80 de solution concentrée de chlorure de calcium et 20 d'alcool		39.00

Ebullioscope à Tige. — La sœur de l'abbé Brossard-Vidal prit, le 30 septembre 1848, un brevet pour un thermomètre alcoométrique fort semblable à l'ébullioscope Conaty, sauf que la tige, au lieu d'être droite, était coudée horizontalement, de façon à indiquer la température maxima.

Ebullioscope Tabarié. — L'auteur de l'œnoscope, voulant sans doute rajeunir son invention première, fit breveter, le 7 octobre 1850, son appareil avec quelques modifications originales. Le thermomètre a une échelle qui indique seulement les pressions barométriques qui correspondent aux températures auxquelles l'eau entre en ébullition. Une échelle comparative transforme ces degrés en richesse alcoolique. Cette innovation n'a aucun avantage.

C'est à propos de ce brevet qu'il donne l'incroyable explication de l'action des sels : « Les substances de nature résineuse, colorante ou sucrée, qui sont dissoutes dans les mélanges alcooliques en *élèvent* la température, c'est-à-dire *retardent* l'ébullition : les substances salines en *abaissent* l'ébullition, c'est-à-dire l'*accélèrent*, mais les vins ne contiennent pas de résines ni de sels en proportions telles que leurs effets inverses se compensent toujours. » Il a donc fait des tables de corrections partant de ce principe qu'au-dessous de 7° d'alcool, les liquides alcooliques subissent une élévation de température, tandis qu'au-dessus la température est abaissée.

Thermomètre alcoométrique Secrétan. — Cet appareil se compose d'une bouilloire placée dans une enveloppe de métal au-dessus d'une lampe à alcool ; elle est surmontée d'un thermomètre sur règle portant les degrés et pouvant glisser sur sa monture et être arrêtée par une vis, à un point quelconque. On remplit la bouillotte d'eau de pluie ou d'eau distillée et on place le thermomètre à 1 centimètre du bord de la bouillotte, on allume la lampe avec une mèche de 5 mm. de hauteur. Le zéro de la règle est amené en face du niveau du mercure ; on remplit la bouilloire de vin et on fait bouillir à nouveau. Si le liquide est riche en alcool, il faut ajouter moitié d'eau. (*Distillation des Vins,* Roret.)

D'après la description de cet appareil, non daté, on voit qu'il y manque le condenseur de vapeurs.

Ebullioscope Vidal-Malligand. — M. Malligand, négociant en vins, de Paris, voulant venir en aide à la sœur de l'abbé Brossard-Vidal, reprit ses

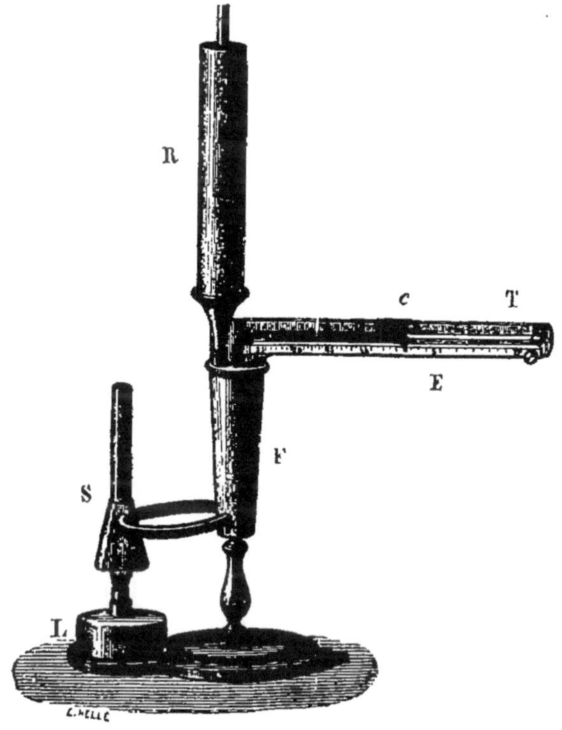

Fig. 19.

(Soc. Cent. de Prod. Chim. 150 f., petit modèle 75.)

travaux sur l'ébullioscope abandonné, et, par une suite de brevets avec Mlle Brossard, 31 juillet 1872, 18 février et 20 mars 1874, 11 mai 1875 et 25 mars 1880, constitua un nouvel appareil, aidé en cela par Jacquelain, Wiesnegg et Alvergniat frères.

C'est l'ébullioscope Tabarié reconstitué avec le condenseur et l'échelle mobile de Conaty, le système de chauffage seul est modifié.

Description de l'appareil (fig. 49) : La lampe à alcool, à mèche de combustion uniforme, dont la flamme entre dans une cheminée S, en forme d'entonnoir ; F, bouillotte conique portée sur un pied, dans laquelle on introduit le vin à essayer, et lequel n'est chauffé directement que sous un petit volume par une couronne métallique, creuse à l'intérieur et communiquant avec la bouillotte que l'on ferme au moyen d'un couvercle se vissant à la partie supérieure et qui est traversé par deux ouvertures, l'une pour le réfrigérant, l'autre pour le thermomètre coudé ; R, condenseur rempli d'eau froide dans la partie annulaire, qui condense les vapeurs d'alcool qui tendent à s'échapper dans l'air par le tube central, et les fait retomber dans la bouillotte F ; T, tige horizontale du thermomètre dont le réservoir vertical plonge dans le vin ; sur cette tige est appuyée une échelle mobile, E, pouvant se fixer au moyen d'une vis de pression placée derrière le thermomètre ; les degrés de cette échelle indiquent les centièmes d'alcool contenus dans les vins ; un curseur mobile, C, permet d'établir la coïncidence entre le niveau du mercure et les degrés de l'échelle. La règle se meut sur le thermomètre et est mise en place d'après la pression barométrique.

On fait bouillir le vin et la température indiquée par le thermomètre donne le degré d'alcool. L'ébullition peut être beaucoup plus prolongée que dans les autres appareils, de sorte qu'on a tout le temps de bien voir le degré.

Cet instrument fut présenté à l'Académie des Sciences de Paris et étudié par sa commission d'une manière sérieuse. Je ne puis mieux faire que donner les conclusions du rapport fait par Dumas, Dessains et Thénard à ce sujet.

« En résumé, l'ébullioscope Malligand a démontré : 1° que si la plupart des matières fixes et solubles retardent le point d'ébullition d'un liquide alcoolisé, il en est cependant qui l'abaissent sensiblement ; 2° que ces matières se trouvent toujours réunies dans le vin, mais en proportions diverses ; 3° qu'en s'en tenant aux vins de table dont la fermentation est achevée, ces matières sont assez bien compensées pour que le point d'ébullition corresponde à celui de l'eau alcoolisée au même degré ; 4° qu'avec les vins de liqueur et ceux dont la fermentation est inachevée, le degré d'ébullition est avancé, mais qu'en recoupant ces vins avec de l'eau en quantité convenable, on fait toujours disparaître cette anomalie ; 5° que dans les plus mauvaises conditions on ne commet pas une erreur de 1/6 de degré et que dans la majorité des cas on est sûr du 20e ; 6° que l'opération est facile et rapide ; 7° que par suite des soins donnés à la graduation, les instruments construits jusqu'ici et dont le nombre dépasse 100, sont comparables entre eux. En conséquence, votre commission déclare que l'ébullioscope Malligand fournit le meilleur procédé connu jusqu'ici pour titrer l'alcool dans les vins ; et elle conclut à ce que l'Académie vote des remerciements à leurs auteurs, et l'insertion de son mémoire dans le recueil des Savants Etrangers. »

On voit que ce rapport est tout favorable et fait pour ainsi dire d'enthousiasme, Eh bien! malgré cela, Salleron pensa qu'il y avait des causes d'erreurs dans cet appareil et bientôt, par des expériences précises, démontra que l'échelle de l'ébullioscope de Malligand et de Mlle Brossard-Vidal était fausse. En effet, le seul examen de sa graduation accuse des irrégularités telles dans l'espacement relatif des divisions, qu'il est impossible d'admettre que ces écartements correspondent à la loi naturelle de l'ébullition des liquides alcooliques.

Les expériences de Salleron ont été reprises par Pinson et Petit, qui ont formé par synthèse des mélanges alcooliques et les ont ensuite passés à l'ébullioscope. Leurs expériences vont du 1er au 25e degré de l'appareil ; tous les chiffres réels sont supérieurs à celui de l'ébullioscope ; la plus faible différence est de 0,04 °/₀ et la plus forte est de 0,36 °/₀. L'ébullioscope traité par des mains très expérimentées accuse donc des richesses trop faibles avec les mélanges d'eau et d'alcool, mais les indications sont trop fortes quand on opère sur des vins, parce que les sels et les matières extractives abaissent notablement le point d'ébullition, tandis que l'acide acétique libre l'élève.

Néanmoins c'est un instrument pratique dont on peut se servir avantageusement pour les essais approximatifs.

Manière d'opérer : On verse environ 30cc. d'eau dans la chaudière, on visse le couvercle et on allume la lampe. Quand l'eau bout, on observe la marche de la colonne de mercure jusqu'à ce qu'elle s'arrête à un point fixe pendant quelques minutes ; on dévisse le bouton de la règle alcoométrique et on amène son zéro vis-à-vis de l'extrémité de la colonne de mercure ; l'appareil est ainsi réglé, tant que la pression barométrique ne change pas. On vide le réservoir, on le rince avec le vin à essayer et on le remplit avec le vin ; on visse le couvercle, remplit d'eau froide le réfrigérant et allume la lampe. Lorsque la colonne de mercure reste fixe pendant quelques moments on amène le curseur, sans déranger la règle, en face de l'extrémité de la colonne mercurielle arrêtée et on lit sur la règle le degré alcoolique.

Vaporimètre Plücker. — C'est un instrument qui mesure la tension de la vapeur du liquide vineux à sa température d'ébullition.

Cet appareil donne des indications inexactes.

Alcoomètre Perrier. — Brevet du 24 mars 1879. C'est toujours à peu près l'appareil Tabarié ; il se différencie des appareils précédents par l'addition au fond de la chaudière d'une double enveloppe qui modère l'action de la chaleur de la lampe. Il a le même principe que le vaporimètre Plücker.

Il fonctionne comme les ébullioscopes, avec cette différence que le point d'ébullition, au lieu d'être indiqué par un simple thermomètre à mercure, est donné, indépendamment de la pression atmosphérique par un manomètre sur lequel agit la vapeur d'un liquide volatil, renfermé dans un récipient contenant du mercure.

Pour opérer on fixe la chaudière au-dessus de la lampe ; le goulot d'une petite bouteille pleine d'alcool à 90° est placé dans la tubulure oblique de la lampe à alcool pour l'alimenter constamment. A l'aide d'une éprouvette jaugée (30 cc), on mesure à peu près le vin que l'on verse dans la chaudière ; on ferme la chaudière au moyen d'un bouchon de caoutchouc portant le manomètre ; on remplit d'eau le réfrigérant et on place dans son tube central une petite tige supportant un miroir, puis on allume la lampe. Au bout de 5 minutes on voit une colonne de mercure s'élever dans le manomètre et s'arrêter. Le moment précis auquel il faut faire la lecture est celui où les vapeurs sortant du petit indicateur viennent se condenser en déposant une légère buée sur le miroir. On lit le degré marqué par le niveau supérieur de la colonne de mercure.

Quand l'opération est terminée, il ne faut jamais coucher le manomètre avant complet refroidissement. De temps en temps il faut s'assurer que le zéro n'a pas changé en opérant avec de l'eau pure.

La description seule de cet appareil indique la délicatesse de sa construction et le peu de durée de ses indications certaines, aussi a-t-il été abandonné.

Ebulliomètre Salleron. — M. Salleron, en 1880 (Etude sur l'essai des vins par l'ébulliomètre), a voulu voir quelle était l'influence des matières extractives des vins sur le point d'ébullition des liquides alcooliques et il a découvert que ces matières n'agissent pas par elles-mêmes, mais par leur volume. En effet, en ajoutant à de l'eau pure 20 à 30 gr. d'extrait de vin obtenu par dessiccation, la température de l'ébullition de l'eau ne change pas, elle reste constante à 100°. Mais en faisant des mélanges synthétiques, il a fini par découvrir que l'ébulliomètre donnait exactement la richesse alcoolique correspondant aux proportions d'eau et d'alcool, le volume des matières solides du vin déduit du volume total.

En faisant bouillir dans un ébulliomètre un mélange d'eau et d'alcool à 10°, l'instrument marque 10° ; mais, si on ajoute des matières analogues à celles des vins : sels de potasse, gommes, matières colorantes, de 20 à 100 gr. par litre, le degré accusé par l'ébulliomètre ne changera pas, il marquera 10°. Ces corps ne modifient donc pas la température d'ébullition, mais ils faussent les indications de l'instrument, car le mélange ne contient plus 10 volumes d'alcool, puisque le volume : alcool 10, eau 90, a été augmenté du volume des matières introduites.

Supposons qu'on ait pris 100 cc. d'alcool à 10° et 10 cc. de matières diverses, on aurait eu 110 cc. contenant 10 cc. d'alcool ; la richesse eût été pour cent de $\frac{10 \times 100}{110} = 9.09$, au lieu de 10.

Les ébulliomètres et ébullioscopes sont donc des instruments qui dosent l'alcool contenu dans les mélanges, sans tenir compte des matières autres que l'eau et l'alcool, car la température d'ébullition des vins secs dépend seulement des proportions d'eau et d'alcool qu'ils contiennent. Or, comme la proportion moyenne de l'extrait sec des vins secs ordinaires oscille entre 20 et 30 gr. par litre et que la densité de cet extrait est de 1.94, le volume de cet extrait est donc de 0 cc 515 pour 1 gr. °/₀ et pour 2 ou 3 gr. °/₀ de 1 cc 03 ou 1 cc 545, ce qui donne dans les deux cas :

Alcool	10	10
Eau	89	88.5
Extrait	1	1.5
	100	100.0

Dans le premier cas, on a en eau et alcool 99 pour cent d'alcool, soit pour cent d'alcool 10°1.

Dans le second cas, on a en eau et alcool 98,5 pour cent, soit pour cent d'alcool 10,15 ; ce qui ne produit pour une différence de 10 gr. d'extrait de 1/2 dixième dans le dosage de l'alcool.

Mais ce qui vient compliquer le cas, c'est que le glucose ou sucre de raisin élève la température d'ébullition du liquide dans lequel il est dissous.

L'eau sucrée bout à plus de 100° et les vins sucrés ont une température d'ébullition supérieure à celle de leur mélange d'eau et d'alcool ; d'autres corps influent également, tels que les éthers ou huiles essentielles, l'acide acétique, etc. C'est ce qui fait qu'on ne peut avoir de règles exactes pour régler les ébulliomètres ; il s'ensuit donc que l'échelle est empirique ; on diminue les erreurs des vins sucrés, mais on ne peut aller plus loin sous peine d'augmenter l'erreur au lieu de la diminuer.

Les ébulliomètres ne peuvent donc servir à l'essai d'un grand nombre de vins étrangers qui contiennent encore du sucre, ni au dosage des vins blancs de Bordeaux, toujours liquoreux, ni aux vins de liqueur, et aux vins piqués ou tournant au vinaigre.

M. Salleron, dans son « Étude sur le dosage de l'alcool par l'ébulliomètre », 1882, a donné le procédé suivi par lui pour graduer son appareil.

Par suite de circonstances que je n'ai pas à indiquer ici M. Salleron avait, en 1883, changé beaucoup la forme extérieure et peu la forme intérieure de son ébulliomètre, mais en 1891, un habile successeur, M. Dujardin, a rétabli l'appareil primitif, mais en le dégageant des enveloppes extérieures devenues inutiles ; c'est cet appareil que je vais décrire.

L'appareil Salleron-Dujardin (fig. 50) se compose d'une chaudière conique C, la pointe en bas, portée sur un pied portant une échancrure demi-circulaire pour y introduire la lampe à alcool L ; à l'avant de la pointe de la chaudière se trouve un petit tube vertical, enfermé vers le milieu de sa longueur par un manchon ; c'est cette partie du tube qui est chauffée par la lampe à alcool, de sorte qu'une très petite partie du vin est soumise à l'action directe de la flamme ; à l'extrémité de ce tube se trouve un robinet R, remettant la vidange de la chaudière.

Dans la tubulure T, fixée sur le devant de la chaudière, on introduit un thermomètre divisé sur verre par dixièmes de degré centigrade, depuis 85 jusqu'à 101°; le réservoir de mercure plonge au sein du liquide chauffé. Un condenseur D, analogue à celui de Tabarié et tel qu'il a été construit par Liebig, est fixé sur le sommet de la chaudière, à côté du thermomètre ; il se

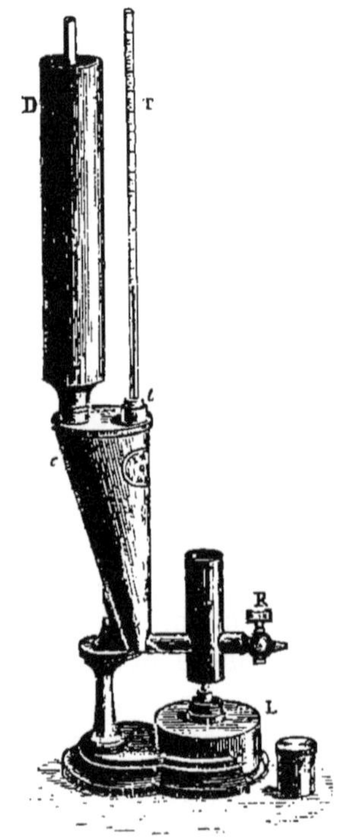

Fig. 50.

(Dujardin. — 75 fr. nickelé.)

compose d'un tube vertical ouvert à ses deux extrémités, l'une inférieure communiquant avec la chaudière, l'autre à l'air libre. Une boule fixée vers la partie supérieure augmente le volume du tube à cet endroit ; ce tube est fixé au centre du réfrigérant que l'on remplit d'eau froide ; quand le vin entre en ébullition, la vapeur s'engage dans le tube ; mais, refroidie par le réfrigérant, elle se condense et retombe dans la chaudière, en maintenant ainsi le degré alcoolique du vin bouillant. Une lampe chauffe la chaudière, mais elle n'est pas placée immédiatement au-dessous, car la production de la vapeur serait tellement vive que le réfrigérant ne suffirait pas à la condenser et alors la chaudière contiendrait une quantité variable de vapeurs alcooliques, d'où résultats différents. Le thermo-siphon placé à la base de la chaudière remédie à cet inconvénient, tout en produisant l'ébullition en sept minutes.

La lampe donne une chaleur constante en raison de la disposition de sa mèche, qui est en deux parties : la partie supérieure, mobile, n'ayant qu'un centimètre de longueur, et la partie inférieure qui est fixe.

Si on veut soulever la partie mobile pour donner plus de chaleur, ce qu'il ne faut pas, elle ne touche plus la partie inférieure et dès lors s'éteint.

A l'appareil est joint une règle, portant une échelle ébulliométrique, à coulisse, en bois, et qui a pour objet de transformer en richesses alcooliques les degrés de température accusés en degrés centigrades par le thermomètre. Un tube de verre gradué sert à mesurer le volume du liquide sur lequel on doit opérer ; il peut aussi être employé pour effectuer le coupage des différents liquides soumis à l'analyse.

La règle à coulisse (fig. 51) se compose d'une réglette médiane mobile entre deux échelles fixes. Cette réglette reproduit en dixièmes de degré, la graduation centigrade du thermomètre, depuis 85° jusqu'à 101° ; l'échelle fixe de gauche intitulée : *Degrés Malligand* donne les degrés de l'ébullioscope Vidal-Malligand, afin de pouvoir comparer les degrés de cet instrument et ceux de l'ébulliomètre Salleron ; l'échelle de droite qui porte l'inscription « *Vins ordinaires.* » est divisée de la même manière et dans les mêmes limites. On reconnaît que leurs degrés ne correspondent pas absolument, excepté vers les deux extrémités de leurs échelles.

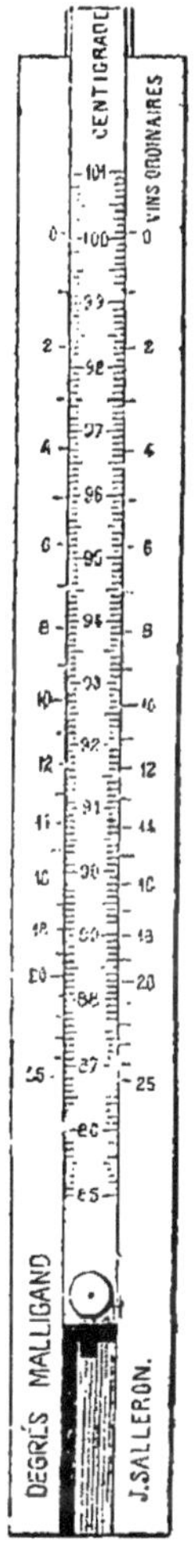

Fig. 51

Pour procéder à un essai ébulliométrique, il faut tout d'abord déterminer la température d'ébullition de l'eau, car on sait que cette température varie avec la pression atmosphérique ; on fait donc bouillir de l'eau dans l'appareil et l'on observe la température indiquée par le thermomètre plongé dans la vapeur. Pour cela, on remplit d'eau, jusqu'à son trait inférieur seulement, la mesure en verre qui accompagne l'ébulliomètre et on verse l'eau dans la chaudière par la tubulure placée dessus ; on ferme ensuite celle-ci à l'aide du thermomètre en verre, et l'on chauffe le thermo-siphon au moyen de la lampe. Le volume d'eau dans la chaudière est tel que le réservoir du thermomètre n'y plonge pas ; il sera seulement atteint par la vapeur, dont il prendra la température au point de l'ébullition, sous la pression barométrique de l'essai. Supposons que ce soit 100°,2 : on prend alors la règle en bois, on en desserre l'écrou qui relient la réglette immobile et on amène la division 100,2 en face du zéro des échelles fixes ; puis on fixe la réglette au moyen de son écrou. (Pour la température d'ébullition de l'eau, on ne met pas d'eau dans le condenseur.)

A partir de ce moment il faut suivre exactement les prescriptions suivantes, que j'ai déterminées à la suite d'une étude attentive de cet appareil, et qui ont pour but de retarder beaucoup le changement des degrés du thermomètre qui a lieu par suite des différences brusques de températures que subit cet instrument.

Le point d'eau réglé, on laisse descendre le mercure au bas de la tige ; lorsqu'on ne le voit plus on ouvre le robinet du tube antérieur et on fait écouler l'eau très chaude dans la main. Alors seulement on enlève le thermomètre que l'on essuie de suite et place sur un linge, et jamais la tête en bas (il ne faut jamais le mettre sur du marbre, faïence, pierre, verre, etc.)

On verse du vin dans le tube jaugé jusqu'au trait eau, on le bouche avec la paume de la main, agite et verse dans la chaudière ; on prend l'ébulliomètre dans les mains, met le pouce sur l'ouverture où se place le thermomètre et agite le tout ; on ouvre le robinet du tube et on déverse le liquide ; on recommence exactement la même opération encore une ou deux fois ; on verse alors le volume total du vin, mesuré dans le tube, place le thermomètre bien vertical, met de l'eau froide dans le condenseur et allume la lampe. Lorsque le mercure est stationnaire dans le thermomètre, on note le degré, on prend la règle divisée et on cherche le degré du thermomètre sur l'échelle du milieu et on voit à quel degré Malligand ou Salleron correspond le chiffre du thermomètre.

Pour le refroidissement du vin on opère comme pour le refroidissement de l'eau en vidant le vin lorsque le mercure n'sst plus visible et n'enlevant le thermomètre que lorsqu'on peut tenir la chaudière dans la main.

Lorsqu'on a plusieurs vins à faire de suite, on opère le lavage de la chaudière exactement comme je l'ai dit pour le vin précédent, et à chaque fois il faut changer l'eau du condenseur en le renversant après avoir enlevé le thermomètre.

Quand on a fini un essai ou une suite d'essais, la chaudière étant vide, on verse de l'eau par le tube central du réfrigérant et on lave bien la chaudière en vidant toujours par le robinet; l'appareil est ainsi toujours maintenu propre.

De temps en temps il faut laver la chaudière avec de l'eau contenant 1 % de potasse caustique qui dissout les dépôts de tartre et autres qui se font à la longue.

La vérification de cet appareil est excessivement facile puisque le thermomètre est un simple thermomètre ordinaire qu'il suffit de mettre en regard avec un thermomètre étalon.

Dans les essais que j'ai faits au moyen de cet appareil avec des liquides composés, contenant jusqu'à 20 grammes de sucre inverti par litre, de la glycérine, acide tartrique, crème de tartre et acide acétique 1 pour 1000 j'ai trouvé les résultats exacts, sauf deux qui ont donné des différences de 0,02 et 0,03;

avec les vins et l'alambic j'ai des différences de 0,02, 0,03, 0,05, 0,08 et avec un vin perdu 0,30.

Cet appareil est donc très exact pour les alcools et les vins ordinaires et il est d'une manipulation extrêmement facile.

Ebullioscope différentiel Amagat. — Le 14 mars 1883, le savant professeur Amagat prit un brevet pour un appareil permettant d'essayer simultanément l'eau et le vin chauffés; dans cet appareil le bouilleur horizontal de l'ébulliomètre Salleron, 1880, est placé verticalement sous la chaudière ; une deuxième bouillotte est accolée à la première ; l'une sert pour l'eau et l'autre pour le vin. Il y a deux appareils différents comme grandeur et construction mais non comme principe ; le grand appareil (fig. 52) est un peu plus soigné que le petit appareil (fig. 53).

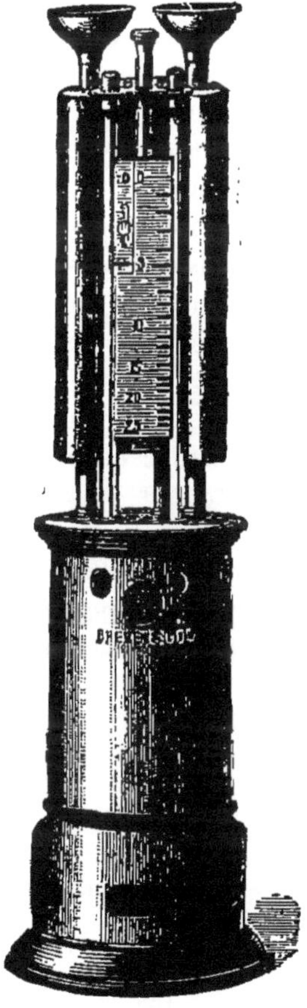

Fig. 52.
(Ligon. — 115 fr.).

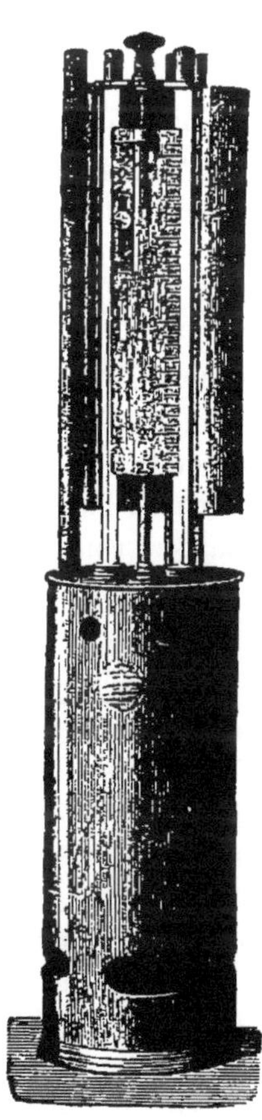

Fig. 53.
(Ligon. — 95 fr.).

A gauche de l'instrument se trouve un thermomètre qui plonge dans la chaudière à eau et qui règle l'appareil ; à droite se trouve un autre thermomètre qui plonge dans la chaudière où l'on met de l'eau. L'appareil est surmonté de deux entonnoirs, l'un à gauche, marqué *eau*, l'autre à droite, marqué *vin*. Deux éprouvettes servent à mesurer l'eau (15cc) et le vin (50cc) ; on verse l'eau à gauche et le vin à droite ; on remplit d'eau froide le réfrigérant supérieur et on allume la lampe. Au bout de quelques minutes, l'eau bout, le mercure monte, puis reste stationnaire ; on amène le zéro de la règle en face du niveau du mercure dans le thermomètre de gauche ; pendant ce temps, le mercure monte dans le thermomètre de droite et se fixe bientôt ; on lit alors en face de son niveau le degré d'alcool.

Le zéro de gauche est mobile de façon à se déplacer par rapport au zéro de droite, marqué de deux traits, l'un pour les alcools dilués, l'autre pour les vins.

De temps en temps on essaie le thermomètre de droite à l'eau pure, et si le degré s'est dérangé on rectifie en faisant varier la petite échelle mobile de gauche.

Cet appareil ne donne que les 1/4 de degré, mais c'est suffisant pour le commerce.

Il faut prendre quelques précautions dans le maniement de cet appareil : Il faut, lorsqu'on veut le vider, le renverser simplement, sans secousses, sans cela on risquerait de voir la colonne de mercure se diviser; si cet accident se produisait, on retourne l'appareil et on frappe avec la main un coup sec sur le cylindre de l'appareil du côté du thermomètre divisé, le mercure descend et rejoint la partie divisée. On met alors l'appareil sur son pied, et tout le mercure rentre dans la cuvette. La lampe à alcool doit être rigoureusement surveillée ; on doit la remplir avec de l'alcool à 87-92° et la mèche doit toucher le fond de la lampe, afin que la flamme soit toujours à hauteur voulue ; il faut bien rincer l'appareil de droite à la fin de chaque essai, mais il est inutile de laisser refroidir l'appareil entre les opérations qui ne durent au plus que huit minutes.

Quelques critiques ont été adressées à cet appareil : La plus importante, c'est que rarement les deux thermomètres subissent le même travail moléculaire du verre, mais il me semble qu'il est facile de le constater en faisant le zéro avec les deux thermomètres à la fois et même le dosage d'un liquide alcoolique connu, de la même manière.

M. Kopp (Jl de Ph. et Ch., 1888, t. 17, p. 252) a observé que l'ébullioscope Amagat ne peut plus fonctionner dans les lieux élevés, le mercure ne montant plus assez haut dans le thermomètre ; le pas de vis étant trop court et la réglette trop longue, il devient impossible de prendre le degré du vin. Il suffit de faire remarquer ce fait au constructeur.

Ebullioscope à bouilleur mobile Benevolo. — Cet appareil se présente sous trois formes : la première (fig. 54) est celle du grand appareil monté dans une boîte en cuivre nickelé qui permet de renfermer l'appareil une fois les opérations terminées ; la seconde forme (fig. 55) se compose du même appareil monté sur un pied en fonte sans boîte de cuivre ; enfin le troisième modèle, semblable au premier, mais beaucoup plus petit, est celui de l'ébullioscope de poche qui n'a que 25c de haut et 6c de diamètre ; avec celui-ci on n'opère que sur 20cc de vin ; il est donc moins exact que les deux autres, mais facile à emporter dans les celliers.

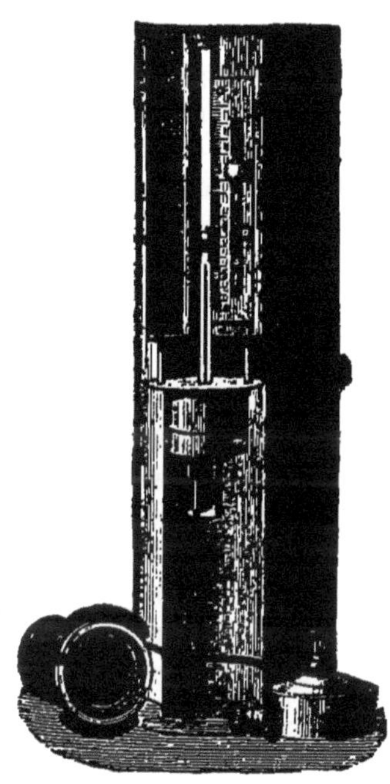

Fig. 54.
(Benevolo. — 70 fr.).

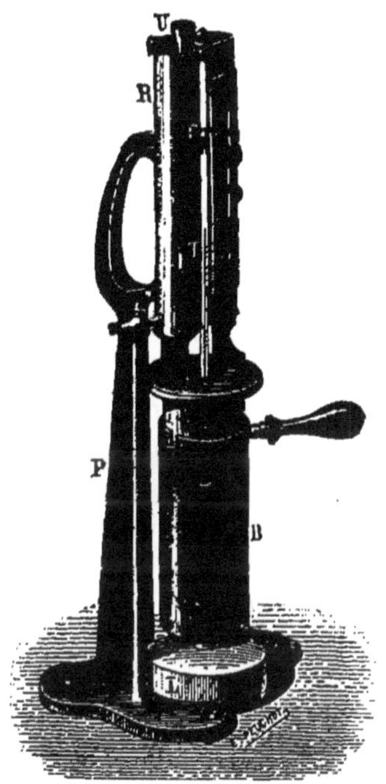

Fig. 55.
(Benevolo. — 65 fr.).

L'ébullioscope Benevolo se compose d'un cylindre creux dans lequel est fixé le bouilleur B, qui s'ajuste à l'appareil par une emmanchure à baïonnette pourvue d'un manche de bois pour éviter les brûlures ; sur le pied P, en fonte, est fixée toute la partie supérieure de l'appareil, le bouilleur et la lampe étant seuls mobiles : un réfrigérant R est fixé directement sur le pied ; devant le réfrigérant se trouve un thermomètre T, sur lequel peut se mouvoir un curseur C à deux index et une flèche ; à côté de ce thermomètre se trouve une échelle mobile divisée en cinquièmes de degré, les dixièmes étant visibles ; enfin, une tubulure U traverse tout le réfrigérant pour mettre la chaudière en communication avec l'atmosphère.

Le fond du bouilleur est percé de deux trous réunis entre eux par un petit tuyau de cuivre en arc de cercle aplati et dans lequel le liquide s'introduit pour être d'abord soumis à l'action de la flamme de la lampe ; au-dessus du fond, à une petite distance, se trouve une membrane en laiton qui marque le niveau que doit seulement atteindre l'eau dans l'essai du zéro.

Pour opérer avec cet appareil, on démonte le bouilleur en prenant le manche en bois et tournant de gauche à droite, puis on introduit de l'eau distillée jusqu'à la membrane de laiton, on replace le bouilleur solidement et on allume la lampe. Il ne faut pas qu'il y ait d'eau dans le condenseur.

Lorsque la colonne de mercure est devenue stationnaire et que la vapeur d'eau s'échappe par la tubulure U, on amène l'index intérieur de droite en face de l'extrémité de la colonne de mercure ; cet index porte la flèche en face de laquelle on amène l'échelle de façon à faire coïncider le zéro de cette échelle avec la flèche ; on opère ainsi lorsqu'on veut essayer un vin, mais si on veut analyser un mélange d'eau et d'alcool, c'est l'index intérieur de gauche qu'on ajoute en face de la colonne mercurielle, puis l'échelle est ajoutée en face de la flèche.

Pour doser l'alcool d'un vin il faut : 1° Démonter le bouilleur, vider l'eau qu'elle contient, la remplacer par une plus grande quantité de liquide à essayer, rajuster imparfaitement le bouilleur, saisir de la main gauche l'anse du pied de l'appareil et de la main droite le manche en bois du bouilleur, renverser l'appareil sur lui-même pour expulser le liquide par la tubulure U du réfrigérant ; 2° Démonter le bouilleur, vider l'eau qu'il contient, et le rajuster imparfaitement ; verser par la tubulure U une certaine quantité du liquide à essayer, puis expulser ce liquide du bouilleur. Renouveler au besoin cette opération, afin d'être certain que l'intérieur de l'appareil est bien rincé.

Ce dernier mode de rinçage permet de faire en 25 minutes au maximum 3 opérations successives sans qu'il soit utile de renouveler l'eau du réfrigérant.

3° Remplir complètement le bouilleur de ce même liquide, le rajuster, remplir d'eau le réfrigérant et placer la lampe allumée sous le bouilleur.

4° Suivre avec le curseur l'ascension du mercure du thermomètre qui devient rapidement stationnaire, attendre une minute environ et lire sur l'échelle de la réglette en regard de la flèche du curseur le degré indiqué.

5° Pour le vin, amener en regard du sommet de la colonne de mercure l'index inférieur C occupant la gauche du curseur, à cause des matières en dissolution qu'il contient : pour les mélanges d'eau et d'alcool, faire usage de l'index supérieur *b* comme pour le réglage.

6° Retirer la lampe, expulser le liquide essayé et l'eau du réfrigérant pour qu'elle soit renouvelée à la prochaine expérience.

Je n'ai eu que peu de temps cet appareil entre les mains, je n'ai donc pu faire que peu d'essais. Sur un vin blanc et un vin rouge, j'ai obtenu les mêmes résultats qu'avec l'alambic et l'alcoomètre légal. Sur des liquides composés, j'ai eu 0.05, 0.05, 0.1, 0.1, 0.1, et 0.2 de différences avec la réalité ; c'est donc un bon appareil. Il est très robuste, mais la fermeture est un peu dure et pourrait amener des pertes ; le curseur est un peu faible ; ces deux petits défauts sont faciles à rectifier.

Œnomètre L. Rey. — Cet appareil pourrait être appelé ébullioscope-alambic, car il se compose de ces deux sortes d'instruments. C'est un bel appareil (fig. 56) nickelé, porté sur un pied en bronze ; l'ébullioscope, dont la chaudière sert également pour l'alambic, est en avant ; le réfrigérant de l'alambic est en arrière.

La chaudière J et son enveloppe sont disposées comme celles de l'ébullioscope Benevelo, sauf quelques détails ; mais au lieu de se fermer à baïonnette, elle se visse ; le thermomètre A plonge dans la chaudière, il est maintenu vertical sur le support B des règles graduées et est maintenu sur la chaudière par un bouchon de caoutchouc qui assure la fermeture hermétique. De chaque côté du thermomètre sont deux règles divisées, l'une, *r*, à gauche, donne les degrés d'alcool de 1 à 40° ; l'autre, *r'*, donne les degrés

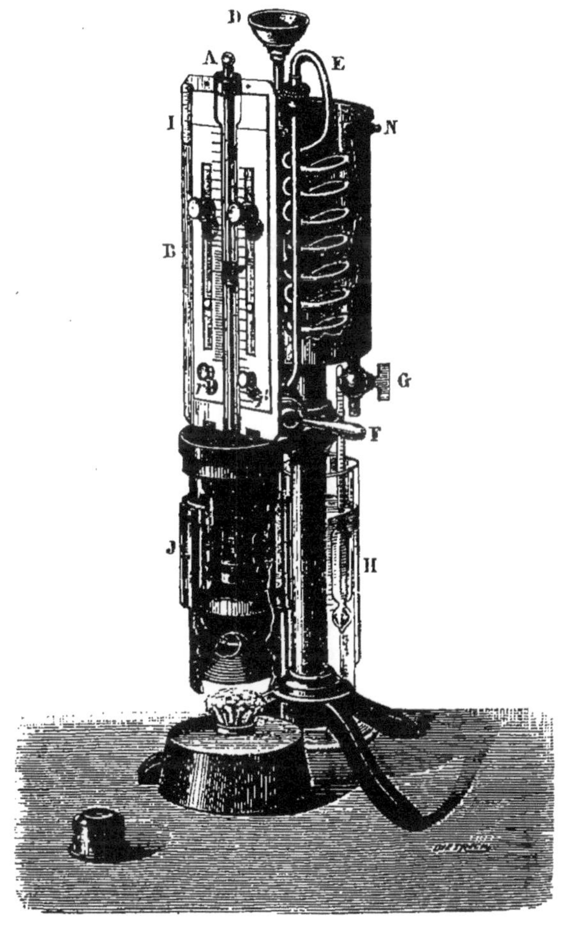

Fig. 56.

(Fontaine. — 150 fr.).

d'alcool de 40 à 100. Ces deux règles sont mobiles et peuvent se fixer au moyen de deux écrous ; en I est une planchette barométrique donnant la pression de l'air d'après la température d'ébullition obtenue avec l'eau. F est un robinet qui sert à mettre la chaudière en communication soit avec le tube et l'entonnoir D de l'ébullioscope ou avec le serpentin E de l'alambic plongé dans le réfrigérant qui se vide en N par un trop plein pendant la distillation ou par le robinet G lorsque l'opération est terminée. Il est l'éprouvette de l'alambic.

Fonctionnement de l'appareil : L'appareil étant propre et le réfrigérant vide, on dévisse la chaudière et on met à plat la manette du robinet F, on mesure dans l'éprouvette 10^{cc} d'eau et on la verse dans la chaudière que l'on visse à son support en tournant de gauche à droite, puis on allume la lampe. Le mercure monte, puis reste stationnaire ; alors on amène le zéro de l'échelle en face du sommet de la colonne de mercure, on fixe cette échelle et on éteint la lampe. Il est très utile de faire deux fois le point d'eau afin d'éviter les erreurs et obtenir une chaudière propre. On dévisse la chaudière et jette l'eau ; on rince l'éprouvette et la chaudière avec le liquide à essayer. On mesure 60^{cc} de ce liquide et on verse directement dans la chaudière, on laisse bien égoutter l'éprouvette, visse la chaudière à son support, remplit le réfrigérant d'eau froide et allume la lampe. Au bout de 7 à 8 minutes le mercure qui a monté dans le thermomètre reste stationnaire ; on amène le curseur au niveau du mercure et on lit le degré sur la règle.

Pour contrôler l'ébullioscope par l'alambic on laisse la lampe allumée, on mesure dans l'éprouvette 2^{cc} d'eau que l'on verse dans l'entonnoir D, on met l'éprouvette sous la sortie du serpentin et on met le robinet F verticalement. La distillation s'opère, on ne l'arrête que lorsqu'on a un peu dépassé le 0 de l'échelle, de 2^{mm} environ. On retire l'éprouvette et on ajoute de l'eau distillée jusqu'au trait 60^{cc} on agite le liquide dans lequel on plonge l'alcoomètre. Pour les liqueurs sucrées ou les vins contenant plus de 20 gr. de sucre par litre, il faut recueillir au moins 30^{cc} de liquide distillé.

Pour les alcools il est inutile de distiller, il suffit de faire un premier essai avec 20 ^{cc} de l'alcool, puis de recommencer immédiatement après avec 60 ^{cc}.

Dans la manière de faire indiquée ci-dessus, il y a un point légèrement défectueux, dans la distillation : lorsqu'on distille dans l'éprouvette jusqu'au moment où le thermomètre marque un peu plus de 100, on n'obtient que très peu de liquide, 15 à 20^{cc} ; lorsqu'on ajoute de l'eau, il se produit des bulles qui sont assez longues à disparaître ; j'y ai remédié assez facilement en envoyant le liquide distillé dans l'éprouvette contenant préalablement environ 25^{cc} d'eau ; il y a, du reste, dans cette manière d'opérer, moins de chances de pertes, l'alcool de l'éprouvette ayant un degré moindre.

Théoriquement, la distillation suivant l'essai ébullioscopique présente des causes d'erreurs : 1° par suite de l'alcool qui peut s'échapper à air libre et qui est une cause de perte ; 2° par suite de la distillation du liquide à moins de moitié donnant une erreur dans le même sens ; 3° par le fait d'un volume plus grand que celui mesuré dans l'éprouvette dû à la partie du liquide restant aux parois de la chaudière après le lavage de cette chaudière avec le liquide à essayer, ce qui cause une erreur en sens contraire.

Dans les nombreux essais que j'ai faits avec cet appareil, j'ai constaté que d'après le mode opératoire indiqué l'ébullioscope donnait des résultats plus exacts que l'alambic. Sur 12 essais, à l'ébullioscope, j'ai eu trois fois une différence de 0.3, trois fois 0.2, quatre fois 0.1 et 2 fois 0,05 ; avec l'alambic les différences vont de 0.05 à 0.04. Mais lorsqu'on fait la moyenne des deux opérations, on se rapproche beaucoup plus de l'exactitude, ainsi que l'indiquent mes essais : + 0.15 — 0 — 0 — + 0.15 — — 0.5 — 0.2 — — 0.25 — 0.2 — + 0.1 — — 0.15 — — 0.25 — + 0.05 + 0.10. A la suite de ces essais, j'ai constaté qu'on obtenait à l'alambic des résultats beaucoup plus exacts en ajoutant 25 cc. d'eau distillée et distillant ensuite jusqu'à ce que le thermomètre ait dépassé de 4 millimètres (au lieu de 2) les 100 degrés, mais pas plus loin ; en opérant ainsi, la moyenne des différences ne dépasserait pas 0.15, dans tous les cas, et le plus souvent, elle serait inférieure à 0.10.

On cite encore dans quelques ouvrages les ébullioscopes *Charvet*, *Rosa*, *Kappeller*, etc., sur lesquels je n'ai pu me procurer aucun renseignement, même auprès des personnes les plus compétentes sur cette question.

Critique des ébullioscopes. — Nous avons vu que si certaines substances extractives des vins n'agissent, à l'ébullition, sur le thermomètre que par leur volume, d'autres agissent en élévant ou abaissant la température d'ébullition du liquide. Par la graduation ou par des échelles empiriques on arrive à corriger, pour la plus grande partie, ces erreurs. D'autre part, l'ébullition a un premier effet, c'est de vaporiser de l'alcool qui se condense, grâce au réfrigérant, mais qui ne fait plus partie de la masse du vin soumise à l'ébullition, étant condensé sur les parois du condenseur. La dose d'alcool du vin est donc diminuée de l'alcool en vapeur dans la chaudière et de l'alcool à l'état de gouttelettes sur le condenseur ; les indications du thermomètre sont donc théoriquement inexactes.

Le thermomètre, pièce capitale, n'est pas immuable ; le travail des molécules du verre qui fait changer le volume du réservoir de mercure est d'autant plus grand que ce thermomètre est soumis à des différences brusques et considérables de températures. Le zéro peut aller jusqu'à une variation de 2° et dès lors le point d'eau est insuffisant pour établir l'exactitude ; il est donc bon de vérifier ou de faire vérifier, de temps en temps, ces thermomètres.

Autrefois l'expérience avait prouvé que les résultats donnaient des richesses supérieures à la réalité ; mais depuis les constructeurs se sont appliqués à modifier leurs appareils, et aujourd'hui ils se rapprochent beaucoup de la vérité, et les différences obtenues sont tantôt en plus tantôt en moins.

Il ne faut pas oublier de laver la chaudière, de temps en temps, avec de l'eau contenant 1 % de potasse afin de détacher le tartre qui, s'attachant aux parois, empêche la rapidité de l'ébullition, et par là cause des erreurs.

Certains auteurs recommandent de couper les vins sucrés de deux ou trois fois leur volume d'eau ; je crois qu'il ne faut pas du tout essayer de doser l'alcool des vins contenant plus de 20 gr. de sucre par litre, au moyen des ébullioscopes ; l'alambic seul peut être utilisé.

Pour les eaux-de-vie, rhums et alcools, il faut les diluer de façon qu'ils ne contiennent plus que 15 % d'alcool dans l'ébullioscope.

APPAREILS BASÉS SUR LA CAPILLARITÉ OU LE VOLUME DES GOUTTES

Le professeur Arthur publia, en 1842, une étude assez complète sur la capillarité des liquides alcooliques dans son « Traité élémentaire de Capillarité. »

Il construisit un instrument qui servit de modèle à ceux qui ont été créés depuis.

Liquomètre Musculus, Valson et Garcerie. — L'appareil de ces Messieurs, construit en 1865, n'est que l'instrument d'Arthur, à peine modifié. Il est basé sur le principe établi par ce professeur qui avait constaté que dans les tubes capillaires, l'eau pure montait plus haut que l'alcool pur et que la hauteur de la colonne des mélanges alcooliques était dans la proportion inverse de l'alcool contenu.

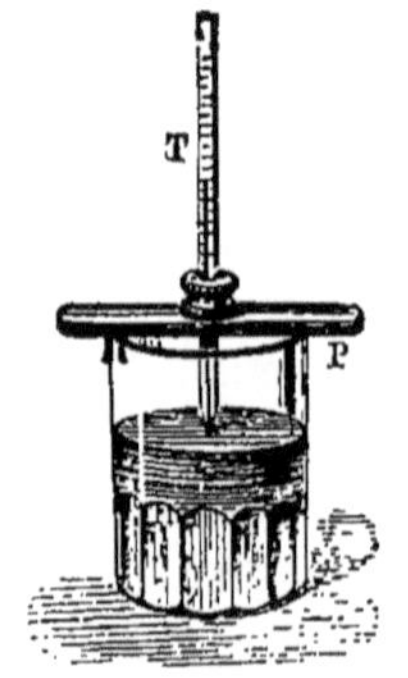

Fig. 57
(Dujardin. — 10 f.)

Le liquomètre (fig. 57) se compose d'un verre ordinaire dans lequel on met le vin à essayer ; sur ce verre se place une petite planchette, P, traversée par un tube capillaire, T, glissant à frottement ; ce tube est divisé en degrés alcooliques gradués sur la tige.

On fait affleurer la pointe du tube capillaire sur la surface du liquide ; on aspire légèrement, et la division où le liquide s'arrête dans le tube indique le degré alcoométrique.

La simplicité de cet appareil et la facilité de sa manœuvre séduisent à première vue, mais en l'étudiant on voit qu'il exige des précautions minutieuses pour éviter de graves causes d'erreurs ; Musculus, Valson et Garcerie font de nombreuses recommandations :

Il faut plonger le tube pendant deux ou trois minutes dans de l'eau à la température de 15° ; il ne faut pas souffler dans le tube, tout devant se faire par aspiration ; on doit éviter avec soin d'introduire dans ce tube de la salive, des matières grasses, des liquides visqueux, enfin tout autre liquide que les vins, l'eau et l'alcool. Si pendant l'opération il entrait des bulles dans le tube, il faudrait recommencer.

Dès 1866, Arthur avait indiqué l'action des corps gras dans les tubes capillaires et démontré qu'une très faible proportion de ces corps empêchaient l'action de la capillarité.

La matière extractive du vin fausse le résultat en exagérant la proportion d'alcool.

La température exerçant une certaine influence sur cette opération, les inventeurs ont calculé des tables de corrections dans le genre de celles de Gay-Lussac.

Les inventeurs recommandent d'opérer sur des vins non sucrés, mais même pour les vins ordinaires les résultats sont erronés.

Les lois de la capillarité sont bien exactes pour les liquides tels que l'eau, l'alcool, les éthers, mais pour les liquides complexes, contenant des sels, des matières albuminoïdes, de l'eau, de l'alcool et du sucre, on ne peut les appliquer.

Vinomètre Delaunay. — Ce n'est que le liquomètre Musculus dans lequel le tube capillaire, au lieu d'être vertical est coudé et prend une direction oblique. Cet appareil a tous les inconvénients du liquomètre, mais à un degré moindre, car, par l'inclinaison de sa tige, la longueur de la colonne du liquide est plus grande que dans le liquomètre.

Dans tous les cas, cet appareil, qui est très petit, peut rendre quelques services dans les cas où l'on n'a pas besoin de précision.

Le vinomètre, pour les vins sucrés, indique le taux de l'alcool à un demi degré près.

Cet appareil (fig. 58) se compose d'une petite éprouvette à pied, en verre, bouchée par un bouchon de caoutchouc muni de deux trous, l'un rond et central, par lequel on introduit le tube capillaire, l'autre est une échancrure sur le bord du bouchon, pour permettre le libre accès de l'air; le tube est en verre massif de 5^{mm} de diamètre et ayant au centre un petit canal de moins de 1^{mm} de diamètre. Ce tube s'enfonce verticalement dans le bouchon, puis s'infléchit tout de suite en oblique. Il est gradué de 0° à 20° expérimentalement.

Fig. 58
(Delaunay — 10 F)

Pour s'en servir, on remplit l'éprouvette avec le vin à essayer, jusqu'à 4 ou 5 millimètres du bouchon; on introduit le tube capillaire dans le trou central du bouchon de caoutchouc, en le descendant doucement et en le tournant jusqu'à ce que le liquide saute dans le tube; il ne faut pas l'enfoncer davantage, sous peine de fausser le résultat; on aspire alors une goutte de liquide avec les lèvres et on répète trois fois cette opération sans toucher au tube. On élève ensuite ce dernier au-dessus du niveau du liquide et on fait une 4e succion puis l'on regarde la colonne descendre dans l'éprouvette; on lit en descendant le degré indiqué sur le tube, à l'endroit où la colonne s'arrête. Il est bon de répéter 2 ou 3 fois l'opération en tournant à chaque fois l'éprouvette de côté, pour s'assurer si le plan de la surface où l'on pose l'appareil ne vient pas fausser le résultat par une inclinaison quelconque. Dans le cas de différences, on prend la moyenne des résultats.

A l'aide d'un petit thermomètre, on prend la température du liquide et l'on fait la correction au moyen d'une table qui est jointe à l'instrument.

Pour assurer la fixité du tube capillaire dans sa position, on ne doit jamais retirer le bouchon de l'éprouvette ; pour remplir celle-ci on se sert d'un petit entonnoir en cuivre ; on la vide et on la rince, sans toucher au bouchon. Le tube doit être bien propre ; c'est une condition indispensable : à chaque opération on le lave en aspirant de l'eau que l'on laisse jusqu'à une nouvelle opération ; s'il venait à se boucher on passerait un crin à l'intérieur.

En 1891, M. Delaunay a pris un nouveau brevet pour son vinomètre capillaire à tube incliné, perfectionné. Ce nouvel appareil ne diffère de l'ancien que parce qu'il facilite la manipulation du tube par deux petites modifications : la pointe supérieure du tube, par où doit se faire la succion avec les lèvres, a été légèrement renflée en ampoule pour éviter les mucosités salivaires, empêchant la descente du liquide aspiré ; une petite capsule métallique a été placée au centre de l'éprouvette, de façon que la pointe inférieure du tube, taillée en biseau, en touchant le fond, ne puisse plus être enfoncée à des profondeurs arbitraires dans le vin, que théoriquement elle ne devrait qu'effleurer.

Œnomètre Amagat. — Cet appareil (fig. 59), qui a été breveté par M. Amagat, le 21 septembre 1882, est fondé sur le principe de la capillarité, mais il diffère essentiellement des autres appareils dans sa construction.

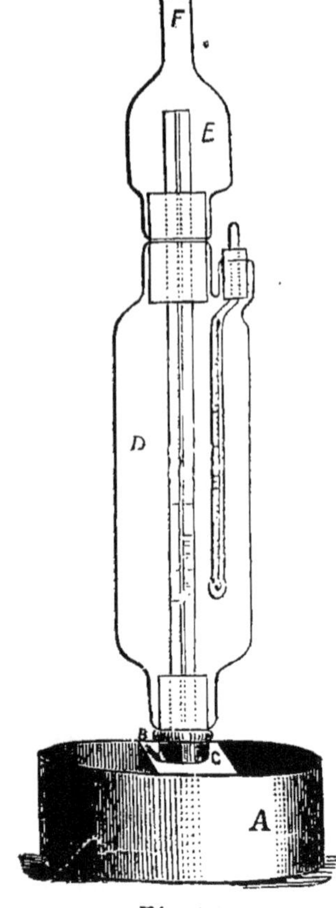

Fig. 59
(Ligon. — 14 fr.)

Il a été établi pour remédier aux causes d'erreurs qui existent dans les tubes capillaires et qui sont : la difficulté d'obtenir un affleurement régulier et convenable, les différences assez grandes apportées par les variations de température du tube et enfin les erreurs énormes qui peuvent être causées par la moindre trace de salive dans le tube.

Pour faire un essai avec cet appareil, on commence par rincer le godet A avec le vin à essayer, puis on y verse 50cc de vin mesurés au moyen d'une pipette. On prend le reste de l'appareil et on introduit le bout du tube capillaire dans le vin à essayer, mais en dehors du godet et on aspire fortement pour bien rincer le tube par l'embouchure F ; l'excès de vin se répand dans l'espace E ; il ne faut pas craindre d'aspirer trop de vin. On met l'appareil en place sur la plaque BC et on souffle en F, de manière à faire barbotter l'air du godet pendant 2 ou 3 secondes ; on aspire le vin jusqu'à ce qu'il apparaisse en E, sous forme de jet ; il ne faut pas trop aspirer pour ne pas faire varier le niveau du liquide dans le godet A. Le liquide descend dans le tube et reste stationnaire au bout d'une dizaine de secondes, c'est à ce moment qu'on lit le degré alcoolique sur l'échelle ; si la température du vin n'est pas de 15°, on fait une correction au moyen d'une table jointe à l'appareil.

Il est indispensable de faire deux épreuves ; pour cela il suffit de souffler en F et d'aspirer à nouveau en ne faisant déborder que quelques gouttes. Si l'eau du manchon de verre, D, venait à se troubler, il faudrait la changer et, s'il se faisait un dépôt, on l'enlèverait avec un peu d'acide chlorhydrique et un lavage à l'eau.

Les vins sucrés et doux devront être étendus de quatre fois leur volume d'eau et le résultat multiplié par quatre. Les vins dont le degré alcoolique dépasserait 16° seront étendus d'eau à moitié ; dans ce cas, le résultat sera multiplié par 2,1.

Alcoomètre-Capillaire Gondelle. — En février 1891, M. Gondelle a pris un brevet, suivi d'une addition, pour un appareil reposant sur le même principe de capillarité. C'est un tube incliné, courbé en S et fixé presque horizontalement sur une large planchette graduée et montée elle-même sur un pivot latéral, permettant de faire basculer la pièce à volonté. A l'extrémité inférieure du tube est adaptée une petite capsule destinée à recevoir le vin. Pour remplir la capacité capillaire du tube, ainsi monté, on bascule le système avec la capsule pleine dont l'excédent retombe dans la cuvette inférieure fixe. Il suffit de replacer le tout dans la position normale pour que la colonne liquide, qui a pénétré dans le tube, descende d'elle-même ; la succion est ainsi supprimée.

Compte-gouttes œnomètre ou **capillarimètre.** — En 1863, Musculus avait imaginé le capillarimètre, instrument fondé sur le principe de la différence de grosseur des gouttes des liquides plus ou moins alcooliques.

Alcoomètre-œnomètre. — En 1868, Berquier et Limousin ont proposé à la Société de Pharmacie de Paris cet appareil pour le dosage de l'alcool ; il indique la richesse alcoolique, d'après le nombre de gouttes que fournit le liquide à l'extrémité du tube capillaire. Salleron avait déjà proposé un appareil semblable ; mais il évaluait ces gouttes en poids et les auteurs de l'appareil les évaluaient en volume.

Si dans un tube de 1^{mm} de diamètre, ouvert à la partie supérieure, effilé à l'autre bout, pour en faire un orifice capillaire, on introduit une colonne d'égale hauteur de liquides de densités différentes, et si on laisse écouler un même nombre de gouttes, le reste du volume a une hauteur très inégale, les gouttes variant de volume. Entre l'eau et l'alcool, il y a une différence de 20 cent. de longueur.

L'appareil se compose d'un tube de verre de 30 cent. de long et d'un diamètre de 1 millimètre ; la partie supérieure est courbée à angle droit, pour faire bec et d'un diamètre de 2 millimètres, en y ménageant un orifice capillaire ; en bas, il est courbé à angle droit, en sens inverse. Une poire de caoutchouc est fixée comme sur un compte-gouttes. Sur une planchette horizontale, maintenue par une boîte rectangulaire, qui sert à loger l'instrument, on fixe le tube préparé et la boule de caoutchouc placée dans une cage adhérente à la planchette ; une vis micrométrique presse ou desserre la boule. Si on agit avec de l'eau, on voit qu'après avoir versé 10 gouttes il reste 2^{cm} de longueur dans le tube, et qu'après avoir versé 10 gouttes d'alcool pur il en reste de 19 à 20^{cm}.

Compte-gouttes pipette Duclaux. — En 1874, ce savant praticien a réussi à régulariser les tentatives précédentes. Sa méthode est basée sur la diminution que produit l'alcool dans la tension superficielle des liquides qui en renferment. Chaque fois que les proportions d'eau et d'alcool se modifient, la tension superficielle agit de même et le volume des gouttes est changé ; il y a d'autant plus de gouttes qu'il y a plus d'alcool, à température égale.

L'instrument se compose d'une pipette de 5^{cmc} de capacité, indiquant le titre alcoométrique, d'après le nombre de gouttes que fournit un volume constant, après correction à l'aide d'une table pour tenir compte de la température.

Cet instrument contient un volume gradué de 5^{cmc}, et il est muni d'un orifice tel que 5^{cc} d'eau distillée à 15° y donnent exactement 100 gouttes.

D'après Baudrimont, cet appareil a cela de remarquable que les substances dissoutes dans le vin, autres que l'alcool, n'ont aucune influence sur le nombre de gouttes qui s'écoulent, les éthers formant le bouquet étant seuls exceptés. Le vin doit être filtré.

Il me semble cependant qu'un vin sucré, et par conséquent visqueux, ne doit pas donner le même nombre de gouttes qu'un vin clair et léger.

J'ai trouvé cet appareil assez intéressant au point de vue théorique, pour donner la petite table suivante, faite par M. Duclaux.

MÉLANGES D'EAU ET D'ALCOOL					VINS					
EAU	ALCOOL	Nombre de gouttes par 5^{cc}			Richesse alcoolique du vin	Nombre de gouttes fournies par 5^{cc}				
		à +10°	à +15°	à +20°		à +10°	à +12°5	à +15°	à +17°5	à +20°
95	5	125	126.5	128.5	5	126	127	128.5	129.5	130.5
94	6	128.5	130.5	132.5	6	130.5	131.5	132.5	134	135
93	7	132	134	136.5	7	134.5	136	137	138	139.5
92	8	135.5	137.5	140	8	139	140	141	142.5	144
91	9	138.5	140.5	143	9	143	144	145.5	147	148 5
90	10	141.5	144	146.5	10	147	148	149.5	151	152.5
89	11	144.5	147	149.5	11	150.5	152	153.5	155	156.5
88	12	148	150.5	153	12	154.5	156	157.5	159	160.5
87	13	151	154	156	13	158.5	160	161.5	163	165
86	14	154.5	157	159	14	162.5	164	163.5	167	168.5
85	15	157.5	160	163	15	166	167.5	169	170.5	172

Œnorhéomètre Lainville. — C'est un appareil basé sur la vitesse variable de l'écoulement des liquides plus ou moins alcooliques, à travers les tubes étroits ; il se compose de deux burettes jaugées : l'une portant le mot *vin* est graduée en quart de degré d'alcool de 0 à 20° ; l'autre marquée *eau* est munie d'un index curseur en métal. Les extrémités des deux burettes sont fixées dans les douilles d'un robinet double, en bronze ; ce robinet, desservi par une clé unique à deux voies parallèles et coniques correspondant à chacune des burettes, se termine par deux ajutages tubulaires en argent, à section étroite et cylindrique, reliés au corps principal par des écrans, afin de faciliter le nettoyage de l'appareil. Le tout est supporté par une tige métallique verticale vissée sur un pied de bois.

Pour régler l'appareil on prend la température exacte d'une certaine quantité d'eau parfaitement limpide, on verse cette eau dans les deux burettes jusqu'à moitié environ des entonnoirs supérieurs et on l'amène, en ouvrant le robinet à l'affleurement des deux traits gravés sur le verre, dans l'étranglement. On règle exactement ce niveau au moyen d'un peu de papier buvard ; on ouvre alors rapidement le robinet et on laisse descendre le liquide jusqu'à 0° gravé sur la burette vin, si la température est de 15°. On ferme le robinet et on amène jusqu'à l'affleurement du ménisque inférieur du liquide contenu dans la burette eau, la partie supérieure de l'index curseur. Si la température est supérieure à 15°, le liquide devra être arrêté à une distance du zéro égale à autant de fois 0°25 qu'on aura de degrés au-dessus de 15°.

L'appareil est alors vidé complètement en ouvrant le robinet et soufflant dans chaque burette au moyen d'une poire de caoutchouc. On amène le vin à la même température que l'eau ; on fait passer dans la burette « vin » quelques centimètres cubes de vin pour la rincer, puis on l'emplit de vin jusqu'à moitié de l'entonnoir supérieur ; on remplit d'eau l'autre burette, toujours à la même température. On amène les liquides au même point d'affleurement, on ouvre vivement le robinet et on laisse couler. Au moment où le ménisque inférieur du côté eau atteint le sommet de l'index curseur, on ferme le robinet et on lit sur la burette « vin » le degré alcoolique, les lectures étant faites à la partie inférieure du ménisque, l'eau et le vin étant rigoureusement à la même température.

Les vins riches en extrait doivent être coupés de moitié d'eau. L'appareil étant réglé, le dosage de l'alcool dure deux minutes, avec une approximation de 0° 2. (Gautier. Sophistication des vins, 4e édition.)

Je doute que cet appareil remplace les ébullioscopes, qui sont ordinairement plus précis ; la nécessité d'obtenir la même température pour l'eau et le vin est d'une grande difficulté, pratiquement.

DILATATION

Dilatomètre Silbermann. — Silbermann a proposé, en 1848, une méthode d'essai des vins, fondée sur la propriété que possède l'alcool de se dilater trois fois plus que l'eau pour une égale augmentation de température. L'eau se dilate de 0.0278 de son volume de 0° à 78.3, point d'ébullition de l'alcool pur, et l'alcool de 0,0936 du sien, pour les mêmes températures.

Son appareil est fort ingénieux : Il se compose d'un thermomètre à mercure marquant 25 et 50 degrés, d'une pipette en verre posée sur une tablette à côté du thermomètre. La pipette est fermée à la partie inférieure par une plaque de cuivre surmontée d'un petit disque de liège qui s'appuie sur l'ouverture inférieure. Une tige à vis permet d'ouvrir ou de fermer la pipette. Un piston entre à frottement dans la partie supérieure de la pipette, qui est élargie à cet effet.

Pour se servir de cet instrument, on prend un volume donné de liquide, à la température de + 25° puis le chauffe jusqu'à 50°; et l'augmentation de volume dans cet intervalle donne la proportion d'alcool, la graduation ayant été faite avec des proportions connues d'alcool et d'eau; l'échelle donne de suite cette proportion. Quand on veut essayer du vin au dilatomètre, on introduit ce liquide dans la pipette jusqu'au trait placé au-dessous d'un petit renflement ; au moyen du piston, que l'on introduit dans la partie large de la pipette, on enlève l'air, ou tout le gaz contenu dans le liquide ; la tige du piston est creuse, ce qui permet de l'enfoncer dans la pipette ; quand on veut le relever, on ferme son ouverture avec le doigt ; une ouverture est ménagée pour permettre le libre dégagement du gaz, sans diviser la colonne. Cette première précaution prise, on plonge l'appareil dans l'eau à 25°, on fait écouler une partie du liquide de la pipette, de manière qu'à cette température, le niveau s'élève au zéro de l'échelle; il suffit alors de le plonger dans un second bain à 50°, et le point de l'échelle auquel le liquide s'arrêtera donnera la quantité d'alcool en degrés alcooliques de Gay-Lussac.

Cet appareil ne doit être confié qu'à des personnes *très au courant des essais de laboratoire ;* les résultats obtenus manquent de précision, mais pour *un usage industriel* ils sont bien suffisants. (Ladrey.)

Ce dernier paragraphe est la condamnation de l'instrument, car s'il faut bien connaître les manœuvres des laboratoires pour arriver à un résultat incertain, il vaut mieux lui préférer la plupart des appareils décrits précédemment, notamment le vinomètre.

RÉFRACTION

Réfractomètre Amagat. — Le 3 juin 1885, le savant professeur Amagat prit un brevet pour l'invention d'un appareil servant au dosage de l'alcool et de l'extrait sec. Cet instrument est fondé sur un principe absolument nouveau, et il est le seul dans son genre ; il s'appuie sur la réfraction des liquides alcooliques.

La réfraction est une déviation qu'éprouvent les rayons lumineux lorsqu'ils passent obliquement d'un milieu dans un autre; si le rayon était perpendiculaire à la surface qui sépare les deux milieux il ne serait pas dévié. On nomme rayon réfracté la direction que prend la lumière dans le second milieu.

Le réfractomètre Amagat est basé sur ce fait que l'indice de réfraction des solutions alcooliques varie avec la quantité d'alcool contenu et proportionnellement à cette quantité ; on peut donc en déterminer le degré.

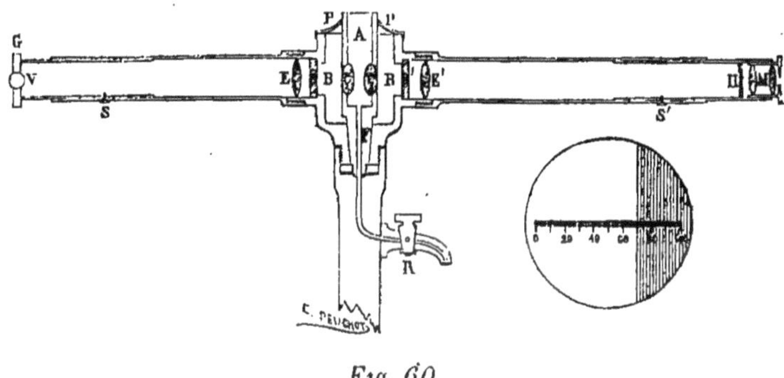

Fig. 60.

(A. Duboscq).

La figure 60 est une coupe verticale de l'appareil, elle permet de faire comprendre le principe de cet instrument. A est un petit cylindre métallique dans les parois duquel deux glaces C et C' mastiquées sous un angle convenable forment le prisme dans lequel on verse la solution à titrer. Cette pièce est placée au centre d'une petite cuve circulaire munie de deux tubulures opposées et fermées par deux glaces D et D' parallèles ; l'espace annulaire BB doit être rempli d'eau ; un collimateur GE et une lunette ME sont vissées sur les deux tubulures, dans le prolongement l'un de l'autre.

L'ensemble forme donc un réfractomètre dans lequel la déviation du rayon lumineux est la différence de celles produites par les liquides introduits en A et en B. Si ces deux liquides sont identiques, la déviation est nulle et l'instrument doit marquer zéro, quelle que soit la température pourvu qu'elle soit la même en A et en B.

Pour réaliser cette condition, on met de l'eau en A et en B ; puis, quand l'équilibre de température est établi, au moyen de deux vis de pression V qui déplacent horizontalement le réticule du collimateur porté par la pièce G, on amène l'image de ce réticule sur le zéro d'une échelle photographique transparente II, placée devant l'oculaire M de la lunette, et on le fixe dans cette position ; l'appareil est alors réglé, le zéro est exact. Si, par suite d'un accident (chute ou choc violent), le trait vertical ne tombait pas sur le zéro, on l'y ramènerait au moyen de deux vis V qui permettent de déplacer horizontalement et de fixer le volet mobile dont l'image produit la ligne verticale qui sert à faire la lecture.

En regardant dans l'instrument on voit un disque lumineux (fig. 61) dont une des parties est plus obscure que l'autre ; c'est la ligne de démarcation de ces deux parties qui indique le point où l'on doit lire sur l'échelle horizontale le zéro, ou le chiffre de l'alcool lorsqu'on essaie un liquide alcoolique. La ligne de démarcation des deux parties diversement ombrées doit tomber sur le zéro de l'échelle lorsqu'on opère avec de l'eau.

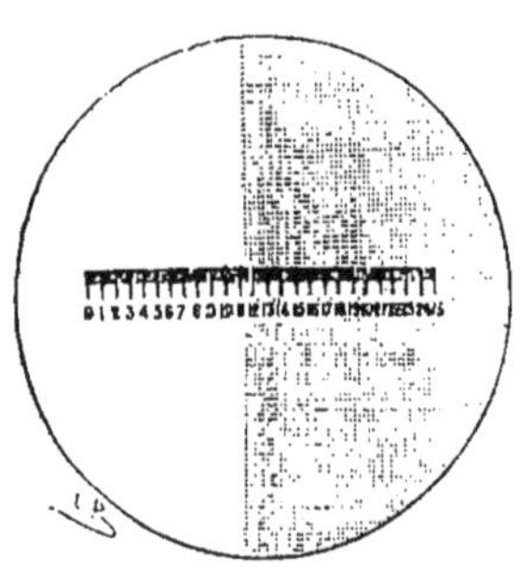

Fig. 61.
(A. Dubosq).

En PP (fig. 60) se trouve un couvercle mobile couvrant la partie annulaire BB ayant pour but d'empêcher le mélange du liquide que l'on verse en A avec l'eau de BB. En S et S' sont deux petites vis qui servent au constructeur à régler la position du collimateur et de l'échelle H pour que l'instrument donne des indications exactes.

Au lieu d'un riticule ou d'une fente, M. Amagat a préféré disposer en G un volet mobile à bord vertical, l'image de ce bord sépare le champ lumineux en deux parties l'une éclairée, l'autre demi obscure, ainsi que nous venons de le voir.

Le réfractomètre ne peut donner d'indications exactes que pour des liquides contenant seulement de l'eau et de l'alcool, comme les alcoomètres ; mais il suffit d'une très petite quantité de liquide, tandis qu'avec les alcoomètres il faut un assez grand volume pour obtenir des résultats exacts. La quantité de vin nécessaire pour le réfractomètre peut être distillée en trois ou quatre minutes environ. On peut se servir de n'importe quel alambic, mais M. Amagat a disposé un alambic spécial, construit dans le but qu'il poursuivait.

Cet alambic (fig. 62) se compose d'un petit ballon métallique dont le col porte une tubulure latérale conduisant au serpentin ordinaire débouchant dans une petite fiole jaugée *f*.

Fig. 62
(A. Duboscq).

Pour essayer un vin au moyen du réfractomètre on commence par le distiller. Pour cela, on commence à rincer la petite fiole avec le vin à essayer et on la remplit jusqu'au trait supérieur, rigoureusement au moyen d'un compte-gouttes, on verse ce vin dans la chaudière de l'alambic, on rince la fiole avec l'eau contenue dans le compte-gouttes et on verse dans la chaudière sur laquelle on place le bouchon. On met de l'eau froide dans le réfrigérant et on allume la lampe. Lorsque le liquide atteint à peu près le trait inférieur de la fiole, on refait rigoureusement le volume du vin en ajoutant de l'eau avec le compte-gouttes. On mélange bien l'eau et l'alcool et on passe au réfractomètre (fig. 63). On remplit d'eau pure la cuve annulaire C et on remet le couvercle en place ; on remplit avec le liquide obtenu de l'alambic le tube métallique *p* qui traverse le centre du couvercle du réservoir d'eau, le robinet placé sur la colonne étant fermé, on laisse écouler le liquide par ce robinet et on recommence deux fois cette opération qui a pour but de rincer ce tube et on remplit une dernière fois avec le liquide restant.

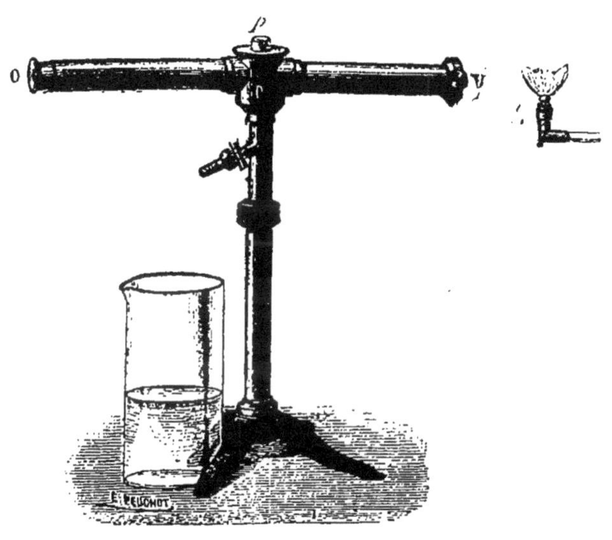

Fig. 63.

(A. Duboscq. — 175 fr.).

On éclaire alors l'extrémité V du réfractomètre avec une lumière quelconque et on regarde par l'oculaire O. Cet oculaire s'enfonce plus ou moins jusqu'à ce qu'on voie clairement, dans le champ de l'instrument, la division chiffrée, de degré en degré, depuis 0 jusqu'à 25 degrés ; alors on aperçoit distinctement la ligne qui sépare la partie obscure de la partie claire ; cette ligne verticale coupe l'échelle horizontale en un point sur lequel on lit le degré alcoolique ; chaque division vaut 2 dixièmes de degré, 1/2 division égale donc 1/10.

Avant de faire la lecture, il faut agiter le liquide avec une tige fine, en tournant, afin d'égaliser la température. Comme cet appareil n'est gradué que pour la température de 15°, à toute autre température il faut faire une correction d'après la table suivante :

Température	DEGRÉS D'ALCOOL LUS AU RÉFRACTOMÈTRE AMAGAT																			
	6	7	8	9	10	11	12	13	14	15	16	17	18	19	20	21	22	23	24	25
	Les chiffres ci-dessous sont à retrancher des centièmes des degrés trouvés																			
10	05	05	10	10	15	15	20	20	25	25	30	35	40	45	50	55	60	65	70	75
11	00	05	05	10	10	10	15	15	20	20	25	30	30	35	40	45	50	50	55	60
12	00	05	05	05	10	10	10	10	15	15	20	20	25	30	30	35	35	40	40	45
13	00	00	05	05	05	10	10	10	10	10	10	15	15	20	20	20	25	25	30	30
14	00	00	00	00	05	05	05	05	05	05	05	10	10	10	10	10	10	15	15	15
15	00	00	00	00	00	00	00	00	00	00	00	00	00	00	00	00	00	00	00	00
	Les chiffres ci-dessous sont à ajouter aux centièmes des degrés trouvés																			
16	00	00	00	00	05	05	05	05	05	05	05	10	10	10	10	10	10	15	15	15
17	00	00	05	05	05	10	10	10	10	10	10	15	15	20	20	20	25	25	30	30
18	00	05	05	05	10	10	10	10	15	15	20	20	25	30	30	35	35	40	40	45
19	00	05	05	10	10	10	15	15	20	20	25	30	30	35	40	45	50	50	55	60
20	05	05	10	10	15	15	20	20	25	25	30	35	40	45	50	55	60	65	70	75
21	05	05	10	10	15	20	20	25	30	30	35	40	50	55	60	65	70	80	85	90
22	05	05	10	15	20	20	25	30	30	35	40	50	60	65	70	80	85	90	105	105
23	05	10	10	15	20	25	30	30	35	40	50	55	65	70	80	90	95	105	115	125
24	05	10	15	20	25	25	30	35	40	45	55	65	70	80	90	100	110	120	125	135
25	05	10	15	20	30	30	35	40	45	50	60	70	80	90	100	110	120	130	140	150

Exemple de l'emploi de la table : le réfractomètre a donné 12°8 à la température de 14° ; en face de 14° du thermomètre, on trouve dans la colonne de 13° du réfractomètre 05 ; on aura à retrancher : 12.80 − 0.05 = 12.75 ; le réfractomètre a donné 21° à la température de 23°, on cherche de la même manière et on trouve 90 ; on aura à ajouter : 21.00 + 0.90 = 21.90.

Il reste quelques petits détails de manipulation à indiquer ; l'eau du réfrigérant n'a pas besoin d'être renouvelée, mais elle ne doit pas être agitée. L'intérieur du serpentin doit être très propre, aussi faut-il avoir soin en vidant la chaudière de ne pas faire aller de vin dans le serpentin. Avec le petit alambic on a constaté une perte égale au centième de l'alcool contenu, il faudra donc faire cette correction dans les essais précis. Dans les deux cas précédents on aurait : 12.75 + 0.1275 = 12.88 et 21.9 + 0.219 = 22.12.

On doit se servir de la même eau pour faire le mélange d'eau et d'alcool et pour remplir la cuve annulaire du réfractomètre ; il ne faut pas d'eau trop chargée de matières salines ; il ne faut pas toucher la cuve annulaire pendant l'opération afin de ne pas échauffer l'eau.

Il ne faut pas démonter le réfractomètre. Il faut toujours nettoyer le réfractomètre quand on a fini de s'en servir, mais on peut laisser l'eau longtemps ; si les glaces du prisme du tube central viennent à se salir, on y laisse séjourner pendant une dizaine de secondes de l'eau additionnée d'acide chlorhydrique et on lave à grande eau.

Lorsque les liquides contiennent plus de 25°, il faut les couper avec de l'eau.

Je n'ai pas eu cet appareil entre les mains, mais je l'ai vu dans les laboratoires de deux éminents chimistes de Paris qui m'en ont fait l'éloge. Nous verrons comment on se sert de cet appareil pour doser l'extrait sec au chapitre spécial à l'extrait.

PROCÉDÉS DIVERS

Procédé Fleury. — Cet auteur a publié, en 1877 (J[l] de Ph. et Ch., t. 26 p. 32), un procédé rapide, imaginé par lui, pour évaluer le volume d'alcool contenu dans les liquides alcooliques. Un mélange de 4 volumes d'alcool amylique et de 1 volume d'éther absorbe l'alcool du vin et en réduit d'autant le volume primitif. En opérant dans un tube gradué par dixièmes de centimètre cube dans lequel on verse 5^{cc} de vin, puis 10^{cc} du mélange précédent, si on agite vivement, on verra se produire, après trois minutes de repos, la séparation du liquide en deux couches; il suffira de lire le volume occupé par la couche supérieure pour savoir combien celui du vin a diminué. Cette diminution n'indique pas exactement le volume de l'alcool, mais elle lui est proportionnelle.

Le mélange d'alcool et d'éther dissolvant beaucoup d'autres substances que peuvent contenir les vins, le volume n'est pas constant.

Pour les eaux-de-vie titrant de 25 à 42°, on opère de même, mais on prend des volumes égaux; si elles titrent plus de 42° il faut les étendre d'eau. On opère à 15° et une table est nécessaire.

Procédé Morell (1878, American chemist, t. 6, p. 370). — Un sel de cobalt se colore en bleu intense, au contact d'une solution alcoolique de sulfocyanate d'ammoniaque.

Lorsqu'on y verse l'eau peu à peu, l'intensité de la teinte diminue progressivement jusqu'à décoloration finale.

Une nouvelle dose d'alcool rétablit la couleur bleue, et l'intensité de la coloration est constante pour une même proportion centésimale d'alcool.

L'auteur en déduit qu'un simple essai au colorimètre pourrait donner la richesse d'une solution alcoolique.

Vino-alcoomètre Nickloz. — Cet appareil se compose d'une éprouvette, d'un thermomètre et au besoin d'un densimètre. Le procédé Nickloz est basé sur le principe général que certains corps possèdent la faculté de se dissoudre dans l'eau d'une façon toute différente que dans l'alcool; par exemple le sel marin qui est soluble dans l'eau et insoluble dans l'alcool.

Si on jette une quantité déterminée de sel marin dans un volume mesuré d'un liquide alcoolique, plus il y aura d'alcool moins il se dissoudra de sel.

On prend un tube gradué, on y verse 40 cc. de vin puis 28 gr. de sel marin sec pesé d'avance et renfermé dans une petite boîte, on agite et la hauteur du dépôt de sel indique le degré d'alcool. Il faut faire une correction suivant la température à laquelle la dissolution s'opère ; le degré d'alcool est donné par un tableau graphique qui tient compte de la hauteur du sel et de la température du liquide (Bedel).

Ce procédé serait peut-être exact si on pesait le sel marin, mais il est difficile d'obtenir deux fois de suite la même hauteur, dans un tube, pour un poids donné d'un corps en poudre, car le volume n'est jamais constant.

Divers. — Deux chimistes allemands ont essayé de doser l'alcool d'après la solubilité du sulfure de carbone qui est soluble dans l'alcool et insoluble dans l'eau. Si on ajoute avec une burette du sulfate de carbone dans le vin, les premières gouttes se dissolvent et dès que la saturation est atteinte, la goutte suivante détermine un trouble laiteux. La température exerce une grande influence.

Mais la couleur du vin empêche de juger la teinte laiteuse et même en décolorant par le noir animal, c'est un procédé délicat et peu sûr.

On essayé de transformer l'alcool en éther iodhydrique, ce qui est très délicat ou en iodoforme, ce qui n'est pas possible.

L'action du permanganate de potasse a été essayée, mais n'a pas réussi.

CHAPITRE 4

DE L'EXTRAIT SEC

On appelle extrait sec ou matières extractives des vins : les matières solides en dissolution dans l'eau et l'alcool, et qui restent après l'évaporation des dissolvants.

L'extrait sec, étant la somme de toutes les substances fixes contenues dans les vins, indique la proportion de substances nutritives que contiennent ces boissons, et dès lors son dosage devient d'une grande utilité. Comme il donne les différences qui existent entre les produits des divers cépages et des différents pays, il y a donc lieu de le doser avec soin.

Parmi les procédés à suivre pour le dosage de l'extrait sec, j'indiquerai : 1° Pour les essais rapides et approximatifs, ce qui est bien suffisant dans la plupart des cas : l'œnobaromètre Houdart, la réfractomètre Amagat ou le nécessaire Delaunay.

2° Pour une expertise sérieuse : la dessiccation à 100° par le procédé généralement suivi au moyen des bains-marie Salleron, Wiesnegg ou Laborde.

3° Dans les recherches précises on dosera en plus l'extrait sec dans le vide.

Dosage de l'extrait sec au bain-marie. — Le dosage de l'extrait sec est celui qui donne les résultats les moins sûrs de l'analyse des vins. Par la dessiccation il s'échappe, non seulement de l'eau, de l'alcool, de l'acide acétique et des éthers, mais encore une partie de la glycérine est évaporée.

Pendant la fin de la dessiccation, la matière extractive devient en partie insoluble et de couleur brune ; les éthers succinique et malique et les acétines sont entraînés par l'évaporation de l'eau et font perdre du poids à l'extrait. La glycérine s'évapore difficilement à 100°, mais elle est entraînée par l'eau et l'alcool, et cet entraînement varie avec la rapidité du chauffage et l'agitation de l'air au-dessus de la capsule.

Pour chasser toute la glycérine, il faudrait un temps très long. Les sels, les gommes, les matières organiques qui composent l'extrait, maintenus quelque temps à 100° se modifient sous l'action de l'oxygène de l'air, et leur poids est changé.

La diminution de poids se fait indéfiniment et sans que l'on sache à quel moment s'arrêter. Les expériences faites à ce sujet par M. Gautier sont probantes.

La dessiccation de 20 cmc. de vin ne donne pas le même résultat que celle de 50^{cmc}, pendant le même temps et est moins exact (Station Impériale de Klosterneuburg, Autriche).

Si on faisait bouillir le vin directement sur le feu, il y aurait des projections et par suite perte de matières solides.

Les vases dans lesquels on met le vin sont par eux-mêmes une cause d'erreurs. Les capsules de porcelaine ne peuvent être employées pour cet usage, parce qu'elles absorbent plus ou moins d'humidité, de sorte que les résultats donnés par deux capsules semblables sur le même vin, dans les mêmes conditions, ne sont pas pareils.

Les capsules de platine absorbent, à leur surface, l'humidité de l'air ou celle du bain-marie ; il faut donc bien tenir compte de ce fait, dans le dosage de l'extrait sec, et dans tous les autres cas.

J'ai constaté encore que la forme des vases influe beaucoup sur ce dosage : une capsule creuse donne plus d'extrait qu'une capsule plate, et qu'une capsule placée au centre d'un bain-marie à l'air libre donnait plus d'extrait que les capsules qui se trouvaient à la circonférence.

Devant toutes ces causes d'erreurs il fallait donc établir un mode opératoire unique, de façon que le même vin donnât partout le même résultat ; malheureusement les auteurs sont loin de prescrire le même procédé.

Le *Comite consultatif des Arts et Manufactures* prescrit de prendre 20^{cmc} de vin et de le verser dans une capsule à fond plat de façon que le vin ait 1^{cm} de hauteur; la capsule sera plongée dans la vapeur et émergera seulement de 1^{cm} de la plaque qui la supporte ; l'eau doit bouillir avant de placer la capsule et l'ébullition doit durer six heures.

M. Ch. Girard dans ses « Documents sur le Laboratoire Municipal de Paris », prescrit des capsules de platine (fig. 64) ayant la forme de petits cylindres à fond plat, d'un diamètre de 70 millimètres et d'une hauteur de 25 millimètres.

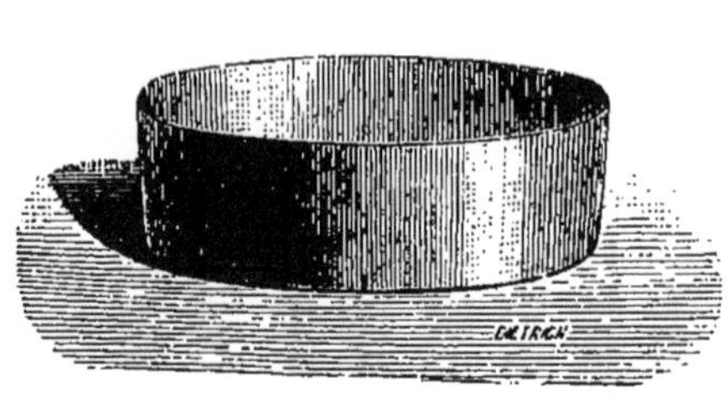

Fig. 64
(Chabaud)

On pèse la capsule vide et on y verse 20 ou 25^{cc} de vin, mesurés avec une pipette, et pour les vins très riches en extrait 10^{cc} seulement ; la capsule est placée sur la grille du bain-marie de façon à affleurer exactement le niveau de l'eau bouillante qui doit être constent ; l'ébullition ne doit pas s'arrêter. On laisse ainsi les capsules pendant 7 heures, puis on les porte à dessécher dans le dessiccateur contenant de l'acide sulfurique ou de la chaux vive ; on pèse à nouveau.

M. Gautier recommande de prendre 10^{cc} de vin et de chauffer pendant 4 heures 1/2 dans une capsule à fond plat au bain-marie ou 8 heures à l'étuve Gay-Lussac aérée.

Enfin, comme durée du temps à laisser sur le bain-marie, M. Robinet dit 4 heures et MM. Saporta et Tony Garcin 4 heures 1/2.

On voit donc que les auteurs sont loin d'avoir la même opinion sur la manière d'opérer le dosage de l'extrait sec ; dosage qui, cependant, ne peut donner de résultats comparables que si on suit partout une méthode uniforme.

Le volume de 10^{cc} de vin est tout à fait insuffisant, toute erreur sera multipliée par 100 pour arriver au litre ; le volume de 50^{cc} indiqué en Autriche est trop considérable parce qu'il est très difficile à la couche inférieure du vin, dans la capsule, de se dessécher, par suite de la difficulté qu'éprouve la vapeur à traverser la couche supérieure ; le chiffre de 20 à 25 est le meilleur. Dans ces conditions la durée de chauffage de 4 heures 1/2 est insuffisante, il faut au moins 6 heures avant d'arriver à un chiffre ne variant que peu ensuite.

Pour les vins très sucrés ou très riches en extrait, on est obligé de ne prendre que 10 cmc., mais les résultats sont moins sûrs.

Avant d'indiquer la façon dont on doit doser l'extrait sec, il est bon de faire connaître les appareils que l'on emploie pour ce dosage.

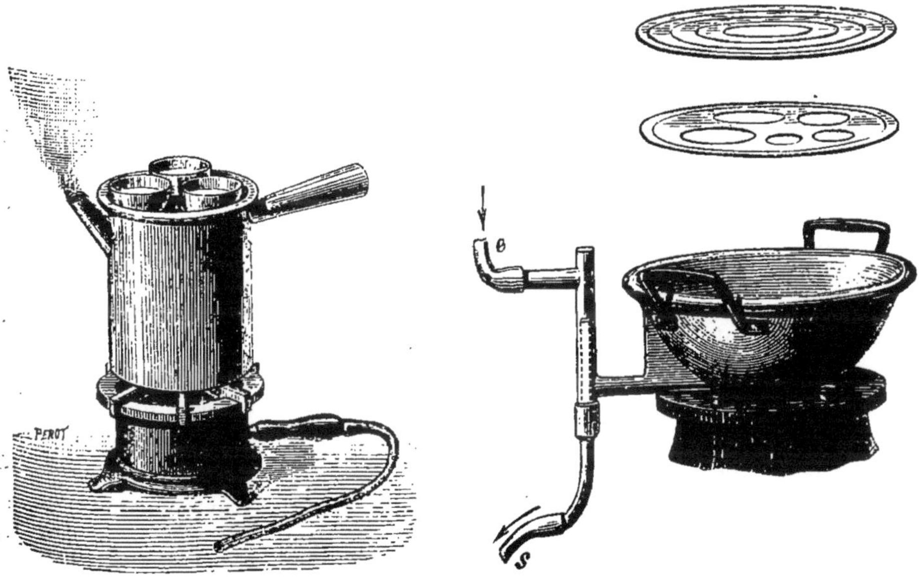

Fig. 65

(Dujardin. — 7 fr. à 30 fr.)

Fig. 66

(Wiesnegg. — 11 fr. à 35 fr.)

Bain-marie Salleron. — Cet appareil (fig. 65) se compose d'une chaudière cylindrique munie d'un bec pour l'échappement de l'excès de vapeur d'eau et d'une poignée ; cette chaudière est placée sur un fourneau à gaz, dit de cuisine. La partie supérieure de la chaudière est recouverte d'une plaque de tôle perçée de trous dans lesquels on enchâsse les capsules de façon qu'elles ne dépassent que de 1 cm. la plaque de cuivre percée ; les plaques peuvent porter autant de capsules que l'on désire, suivant la demande ; il ne doit pas y avoir de capsules au milieu de la plaque ; toutes doivent être à la circonférence.

Bain-marie Wiesnegg. — Cet appareil (fig. 66) se compose d'une bassine placée sur un fourneau à gaz et munie d'une communication latérale et inférieure avec un tube qui, permettant l'arrivée de l'eau en, *e*, et la sortie de l'excédent en, *s*, maintient toujours le même niveau dans la bassine ; cette dernière est recouverte de plaques de tôle percées de différents trous afin d'y placer des capsules de diverses dimensions ; on peut également y placer des capsules de mêmes diamètres.

Bain-marie des grands Laboratoires. — Il se compose d'une casse en cuivre ou en fer battu de peu de hauteur et plus ou moins grande ; ordinairement de 30^{cm} sur 40^{cm}. Une grille en zinc s'étend sur toute la surface de la casse, à mi-hauteur ; cette grille est formée d'une plaque de métal percée de trous d'environ 2 cm. de diamètre ; les capsules sont placées chacune sur un des trous et il en reste tout autour pour donner passage à l'eau et à la vapeur. Le niveau de l'eau, rendu constant par des ajustages extérieurs, vient baigner le fond des capsules. Le tout est placé sous une cage, avec appel d'air, pour éviter les vapeurs d'eau dans le laboratoire.

On peut ainsi faire un grand nombre d'extraits, sans aucune surveillance.

Au moyen de ces trois sortes de bains-marie, la température qui frappe la capsule étant constamment de 100°, le vin ne reçoit que la chaleur nécessaire à son évaporation, et par suite n'a pas de mouvements violents ni de soubresauts ; il n'y a pas à s'en occuper.

Cloche à dessiccation. — Lorsque l'on retire les capsules du bain-marie, si on les pesait chaudes on aurait une erreur à la la balance ; il faut donc les faire refroidir. Mais si on les laisse à l'air, l'extrait sec absorbe avec avidité l'eau de l'air ; il faut donc faire refroidir les capsules dans un air sec ; on y parvient facilement au moyen des dessiccateurs.

La cloche à dessiccation se compose d'une cloche de verre de 25^{cm} de diamètre dont les bords dépolis s'ajustent exactement sur une plaque de verre dépoli parfaitement plane et ayant 27^{cm} de côté. Sur la plaque de verre repose librement un trépied métallique supportant une plaque ronde percée de trous sur laquelle on pose les capsules ; entre les pieds du trépied on place un vase cylindrique plat dans lequel on met le produit, acide sulfurique ou chaux vive, destiné à dessécher l'air de la cloche. Sur ce trépied on peut placer six capsules.

Cage à dessiccation Dupré. — La cloche à dessiccation a un inconvénient grave lorsqu'on a un certain nombre d'essais à faire, c'est que, chaque fois qu'on veut placer ou déplacer une capsule il faut soulever toute la cloche, ce qui, indépendamment de la fatigue que cause ce mouvement, renouvelle à chaque fois l'air de la cloche, qui se sature ainsi d'humidité.

Fig. 67
(Dujardin. — 120 fr.)

Pour parer à ces inconvénients, M. Dupré imagina la cage à dessiccation que la fig. 67 explique suffisamment.

C'est une espèce d'armoire vitrée, divisée en deux compartiments contenant chacun une grande cuvette pour y placer l'acide sulfurique ; au-dessus de chaque cuvette se trouve une plaque perforée pour y placer les capsules et au-dessus une étagère latérale permettant d'y placer aussi des capsules, des filtres ou tout autre objet à dessécher.

Dans un seul des compartiments on peut mettre le double de capsules que sous une cloche.

Cette cage, dont je m'étais fait faire un modèle rudimentaire, pour mon usage personnel, dès 1876, est bien supérieure à la cloche, car il suffit d'ouvrir la porte, prendre la capsule et refermer aussitôt.

La maison Dujardin (Salleron) et la maison Chabaud (Alvergniat Frères), qui font cette cage, sur mes conseils, font à présent une cage n'ayant qu'un seul compartiment, pour les petits laboratoires; par conséquent le prix est sensiblement diminué.

Marche à suivre pour doser l'extrait sec. — Pour mesurer le vin on se sert ordinairement de pipettes de 10 ou de 20 cmc. ; mais il faut avoir des pipettes graduées avec du vin ; si on n'en a pas, voici comment on opère : On pèse dans un vase exactement jaugé en sous-multiple du *litre légal* un volume connu de vin, à l'air et on prend le poids ; soit 100 cmc., puis on mesure avec la pipette 10^{cc} dans une capsule tarée et avec la pipette 20^{cc} dans une autre capsule tarée et on pèse les deux ; on a ainsi le poids du vin, également à l'air ; on voit alors si les deux poids sont sensiblement le 1/10 et le 1/5 du poids de 100^{cc}.

Lorsqu'il y a un écart sensible, on prend une burette graduée en dixièmes de centimètres cubes et on pèse également 10 et 20^{cc} de vin ; si les deux poids ne correspondent pas au poids de 100^{cc}, on cherche par le calcul à quel volume de la burette ils correspondent, et alors on mesure le volume indiqué par le poids de 100^{cc}, dont 10^{cc} est le 10e et 20^{cc} le 5e.

On prend une capsule de platine des dimensions indiquées par M. Ch. Girard et on la pose pendant 5 minutes sur le bain-marie bouillant, on l'essuie, puis on la fait refroidir dans la cage à dessiccation et on la pèse.

On mesure 20^{cc} de vin ordinaire ou 10^{cc} de vin sucré et on place la capsule sur le bain-marie que l'on maintient en ébullition pendant 6 heures ; au bout de ce temps, on retire la capsule, on l'essuie et on la met dans le dessiccateur. Quand elle est froide, on la pèse rapidement. De ce poids, si on déduit le poids de la capsule, on a le poids de l'extrait sec pour 20cc ou 10cc; on multiplie donc ce poids par 50 ou par 100 pour revenir au litre.

On voit, par cet exposé, que le dosage de l'extrait sec est une opération très facile, il n'y a que la durée du chauffage qui soit ennuyeuse; mais lorsque l'appareil est bien installé, on n'a pas à s'en occuper.

Dessiccation à l'étuve. — Ce procédé est abandonné pour le dosage de l'extrait sec, parce qu'il demande environ le double de temps; ce qui est dû à ce que le mouvement de l'air dans l'étuve est moins vif que sur la surface du bain-marie. Les résultats donnés par l'étuve sont dans les mêmes conditions que ceux donnés par le bain-marie, car il a été prouvé, notamment par Pasteur, A. Gautier et Magnier de la Source, que le vin séché à l'étuve perdait encore du poids après 28 heures.

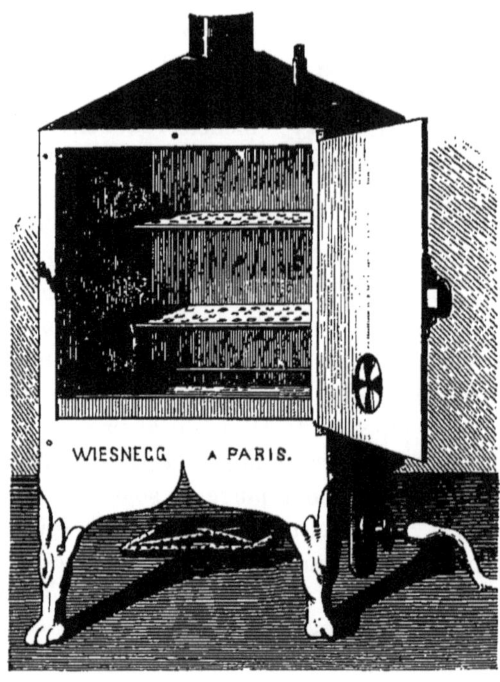

Fig. 68
(Wiesnegg. — 115 et 165 fr.).

Quoique ce procédé soit abandonné, j'ai cru devoir le décrire parce que l'on peut parfaitement s'en servir en faisant durer la dessiccation 10 à 12 heures et que les appareils employés pour cet usage sont utilisés dans beaucoup d'autres analyses ultérieures.

Les étuves sont des petites chambres closes chauffées à la partie inférieure, de façon que l'air intérieur de la chambre soit constamment à la température voulue.

La seule étuve que je recommanderai spécialement est l'*Etuve Wiesnegg*, parce que c'est la seule qui, par son prix et son installation, convienne à tous les laboratoires. L'étuve Wiesnegg (fig. 68) est une chambre à doubles parois sur trois faces et avec une porte située sur la face antérieure. Les doubles parois forment un vide entre elles, ce vide se réunit à la partie supérieure au vide formé par le dessus de l'étuve et communique avec la cheminée. A la partie inférieure de l'étuve se trouve une grille à gaz, à hauteur variable, qui chauffe le dessous; les gaz de la combustion montent dans le vide formé par les doubles parois et s'échappent par la cheminée, l'étuve est ainsi chauffée dans tous les sens, sauf du côté de la porte.

La porte en verre est percée d'un trou circulaire, muni d'un disque en laiton percé de trous avec un obturateur mû par un bouton au moyen duquel on peut régler l'entrée de l'air dans l'étuve. L'air pénètre par l'ouverture de la porte et comme l'intérieur de l'étuve communique avec la cheminée, les gaz de la combustion qui s'échappent par celle-ci déterminent, par leur température, un mouvement d'ascension d'air dans l'étuve, indépendamment de la tendance propre de cet air à s'échapper.

Deux ouvertures placées sur le sommet de l'étuve et communiquant avec l'intérieur permettent de placer deux thermomètres à des hauteurs différentes, ou un seul thermomètre et un régulateur.

A l'intérieur de l'étuve, en tôle émaillée, directement sur la sole chauffée par le gaz, se place une cuvette très basse dans laquelle on met du sable pour faire un bain de sable; dans l'étuve sont deux étagères, en tôle émaillée, percées de trous sur lesquelles on place les capsules ou tout autre objet à dessécher.

Comme il est assez difficile et, dans tous les cas, ennuyeux de régler exactement la température de l'intérieur de l'étuve, on a inventé des appareils pour régler automatiquement cette température.

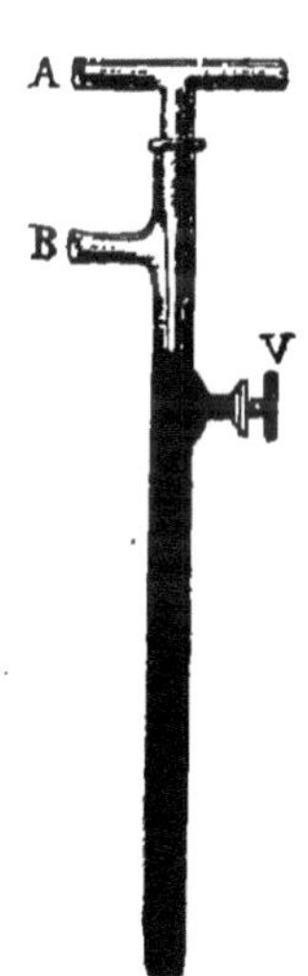

Fig. 69
(Wiesnegg,— 9 f.).

Le plus simple et le plus exact est le *régulateur à vis* (fig. 69) qui est très facile à régler, peu volumineux et d'une grande sensibilité. On le fait droit ou courbe, selon l'appareil dans lequel il doit être introduit.

Il se compose d'une cuvette en verre en tout semblable à celle d'un thermomètre, avec une tige supérieure munie d'un côté d'une tubulure terminée par une vis V et une tubulure latérale en sens contraire et supérieure, libre. La partie supérieure est formée par une capacité dans laquelle s'introduit un tube effilé par où arrive le gaz qui s'échappe par la tubulure B. Sur le tube effilé se trouve une petite ouverture qui laisse toujours échapper du gaz; lorsque la pointe effilée est fermée, le gaz passant par cette petite ouverture ne permet pas à l'étuve de s'éteindre; elle est établie en veilleuse.

Plaçons la cuvette de mercure dans l'un des trous de l'étuve servant aux thermomètres, au moyen d'un bouchon percé d'un trou, mettons l'ouverture A en communication avec le robinet d'arrivée du gaz, par un tuyau de caoutchouc et la tubulure B, par un second tuyau de caoutchouc avec le chauffage de l'étuve : ouvrons le robinet de gaz, allumons la grille à gaz et voyons ce qu'il va arriver. L'étuve s'échauffant, le mercure du régulateur augmente de volume ; lorsqu'on est à 100°, point qu'il faut conserver, au moyen de la vis V, on amène la surface supérieure de la colonne de mercure juste à effleurer la pointe du tube effilé, en tournant soit dans un sens soit dans l'autre ; si le mercure avait atteint le point effilé avant d'avoir atteint 100°, il aurait fallu le faire redescendre pour pouvoir atteindre ce degré. Si l'étuve chauffe trop, le mercure montera et viendra fermer le tube effilé ; le gaz n'aura plus d'issue que celle qui établit le chauffage en veilleuse et la température descendra aussitôt ; si l'étuve ne chauffe pas assez, le mercure descendant donnera passage à un plus grand volume de gaz et le chauffage augmentant d'intensité, la température voulue sera bientôt atteinte.

Dans ce régulateur, comme dans tous les autres, il y a des petites variations de quelques degrés en plus et en moins du chiffre fixé ; il faudra en tenir compte, par quelques essais préalables, lorsqu'on ne voudra absolument pas dépasser un point fixé.

Pour doser l'extrait sec au moyen de l'étuve, on opère exactement comme je l'ai dit pour le bain-marie, sauf que l'on place la capsule dans l'étuve dont on règle la température à 100°. Il faut de 10 à 12 heures pour obtenir la dessiccation complète.

M. Maumené admet que l'évaporation est suffisante lorsque deux pesées faites à quelques instants d'intervalle donnent des chiffres concordants à 1 ou 2 centigr. près, ce qui en prenant 10^{cc} de vin correspond à 1 gr. d'extrait par litre ; il faut donc pousser beaucoup plus loin.

M. Gautier a trouvé que l'étuvage faisait perdre à l'extrait :

Pour	5 à 8	heures	0^{gr} 56 à 2^{gr} 46	pour	7 vins.
—	8 à 10	—	1^{gr} 19 à 1^{gr} 77	—	3 —
—	10 à 15	—	1^{gr} 34 à 1^{gr} 88	—	2 —
—	8 à 28	—	1^{gr} 76 à 2^{gr} 72		

M. Magnier de la Source (Repert. Pharm. 1876) a donné pour un vin :

Etuvage de	6	heures	16^{gr} 7	d'extrait par litre.
—	10	—	14^{gr} 8	— —
—	28	—	14^{gr} 0	

On voit donc qu'au bout de 12 heures on aura un chiffre à peu près constant ; c'est donc là le temps qu'il faut choisir pour l'étuvage.

Emploi des Corps diviseurs. — On a cherché depuis longtemps à diminuer la longueur du chauffage nécessaire pour le dosage de l'extrait sec.

On y est arrivé en introduisant dans le vin des corps inertes et secs qui, en divisant l'extrait gommeux, facilitaient la sortie des vapeurs, mais on a opposé à ces tentatives l'opinion que ces corps diviseurs favorisaient l'évaporation de la glycérine, de sorte qu'on les a abandonnés.

Procédé Pasteur. — Accepté par Balard et Wurtz.

Lorsque le vin est pesé, on ajoute un poids connu de sulfate de potasse parfaitement sec, environ la moitié du poids du vin. Ce corps agit comme diviseur de la matière et en hâtant l'évaporation empêche les pertes dues au premier procédé, mais ne les élimine pas complètement.

Procédé Gautier. — A 20cc du vin, on ajoute 1gr5 de silice précipitée et séchée, ou 1 à 2 gr. de pierre-ponce granulée et séchée, ce qui est moins bon. On chauffe pendant 7 heures et on considère alors le poids de l'extrait comme exact, car il ne diminue plus que d'une manière proportionnelle au temps. Il y a bien dans ce procédé perte de l'extrait, mais elle est insignifiante.

Voici comment Gautier opère : il prend du silicate de soude ou verre soluble, le dissout et précipite la silice par un acide ; ensuite il filtre, détache la silice du filtre et la sèche à 100° jusqu'à dessiccation complète ; ce produit réduit en poudre est versé dans le vin. Au bout de 7 heures d'étuvage, on pèse la capsule et au bout d'un quart d'heure de nouvelle mise à l'étuve on pèse de nouveau ; si la différence entre les deux pesées est insignifiante, c'est que l'opération a été bien conduite et qu'il n'y a pas lieu de prolonger l'étuvage.

Procédé Robinet. — Il emploie le kaolin en poudre bien sèche et bien divisée à la dose de 10 gr. de kaolin pour 10cc de vin. D'après lui, les résultats sont infiniment plus exacts.

J'ai constaté qu'en calcinant préalablement le kaolin, on avait des résultats beaucoup plus constants qu'en l'employant simplement desséché.

Dessiccation sur l'acide sulfurique. — On a essayé de dessécher les vins à froid en ne prenant qu'un très petit volume et plaçant la capsule au-dessus d'un vase rempli d'acide sulfurique sous la cloche, dessiccateur dont j'ai parlé plus haut. L'acide sulfurique, très avide d'eau, absorbe l'eau de l'atmosphère de la cloche qui, à son tour, s'empare de l'eau du vin. Par ce moyen, qui demande un temps excessivement long, on n'arrive pas à dessiccation complète, on ne peut y arriver qu'en faisant agir le vide de la machine pneumatique, comme il est dit au procédé suivant.

Dessiccation dans le vide sec, à froid.— *Procédé Gautier et Magnier de la Source.* — Dans un vase mince en verre de Bohême, à fond plat et à bords bas et rodés, pouvant être exactement recouvert d'une petite plaque de verre dépoli, on verse 5cc du vin à essayer (le verre et son obturateur étant tarés d'avance) et on porte le verre sous une cloche pneumatique ou on le laisse pendant deux jours dans le vide en présence d'acide sulfurique monohydraté, puis pendant deux jours en été et six jours en hiver, en présence d'acide phosphorique anhydre.

L'appareil nécessaire pour cet essai se compose (fig. 70) d'une cloche élevée, en verre appuyée par ses bords rodés sur une plaque de verre dépolie ; cette cloche est surmontée d'un ajustage en cuivre muni d'un robinet.

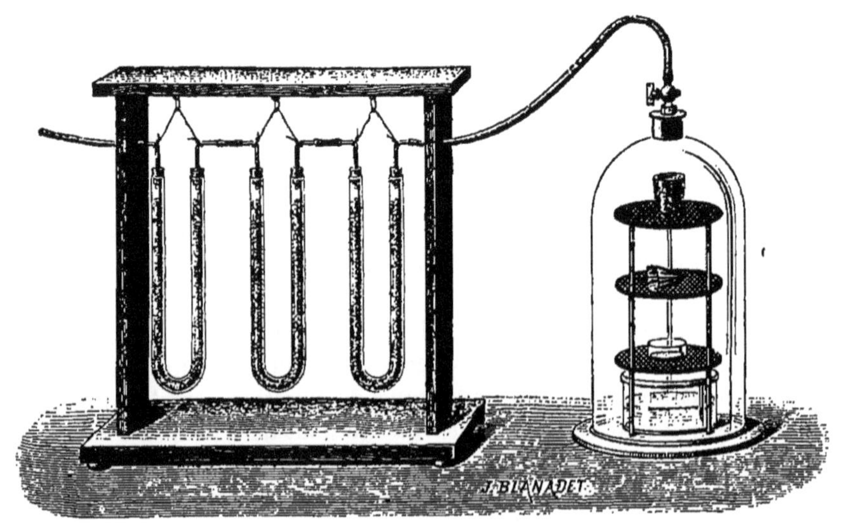

Fig. 70

(Dujardin. — 30 fr.)

A l'intérieur de la cloche se trouve un trépied garni de trois toiles métalliques superposées et pouvant soutenir les objets que l'on veut dessécher ; entre les pieds du trépied est placé un vase dans lequel on met le produit desséchant. Le tube qui surmonte le robinet de la cloche est réuni à une série de tubes en U contenant de la chaux vive ou de la potasse caustique ; ces tubes sont pour dessécher l'air que l'on fait rentrer dans la cloche pour détruire le vide.

On introduit le verre contenant le vin sur la toile métallique immédiatement au-dessus du vase contenant l'acide desséchant et on fait le vide dans la cloche.

Le vin se dessèche en conservant sa couleur primitive, et pour 25 à 30° de température, il ne perd plus de poids au bout de quatre jours ; la perte étant presque nulle après le troisième jour en été. Pour les températures de 12 à 16°, il faut six jours.

La dessiccation étant achevée, on fait rentrer l'air par la série de tubes on recouvre le petit verre de sa plaque pour éviter que l'extrait n'absorbe l'eau de l'air et, quand il est froid, on le pèse.

M. Alvergniat a modifié l'appareil Gautier de façon à lui faire occuper un espace moindre. L'appareil Alvergniat se compose d'une grande cloche (fig. 71) de 10 litres, à bords rodés et ajusté sur un plan de verre dépoli posé sur une monture en bois. A la partie supérieure de la cloche se trouve une tubulure en verre, dans laquelle on introduit un gros tube de verre spécial qui en assure la fermeture hermétique.

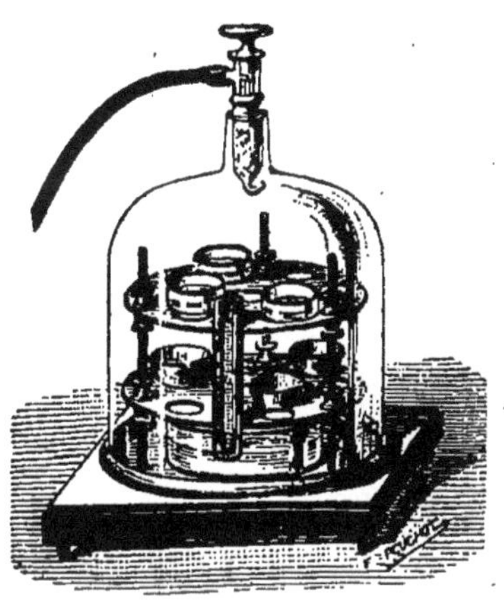

Fig. 71
(Chabaud. — 65 fr.)

Ce tube de verre se compose de deux parties : la partie inférieure est une sorte de cuvette dans laquelle on met un produit desséchant et qui est terminée par un tube recourbé ; la partie supérieure, qui ferme la première, fait communiquer par un robinet de verre l'intérieur de la cloche avec la machine à vide, par une tubulure latérale. Sous la cloche se trouve un trépied supportant deux plateaux en métal blanc percés de trous pour y placer les capsules ; un vase de verre large et plat sert à mettre l'acide sulfurique ; enfin un manomètre indique le degré du vide obtenu.

Pour obtenir le vide sous ces cloches on peut employer plusieurs moyens : Le plus simple et le moins coûteux, lorsque l'on peut disposer d'une certaine pression d'eau, consiste dans l'emploi des trompes.

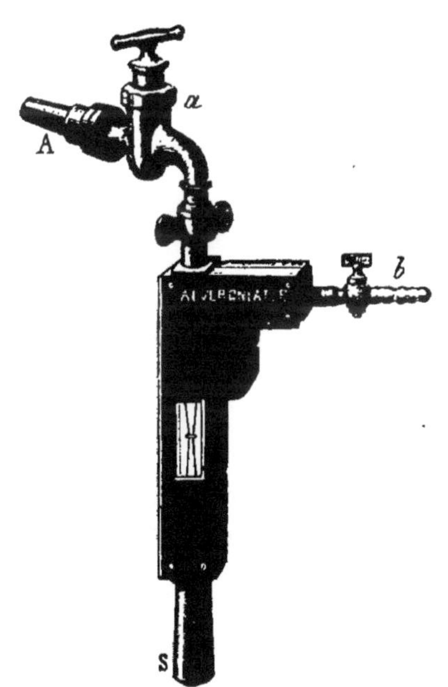

Fig. 72
(Chabaud. — 45 fr.

La trompe qui convient pour une seule cloche est la trompe d'Alvergniat (fig. 72). Le tuyau A est ajusté sur la conduite d'eau et le tuyau *b* est réuni par un tube de caoutchouc au sommet de la cloche. Un robinet *a* permet de régler l'arrivée de l'eau qui s'échappe en S. Le principe de cet instrument est bien simple : le courant vif de l'eau, dans un tube rétréci et ayant une communication libre avec la chambre qui l'entoure, détermine une aspiration vers le tube de sortie par lequel l'eau et l'air sont entraînés.

Lorsqu'on a à opérer sur plusieurs cloches à la fois et très rapidement on emploie alors la trompe double d'Alvergniat (fig. 73). Cette trompe permet de vider trois cloches de dix litres en une demi-heure. L'eau arrive en A et S, S ; les deux robinets *a, a* servent à régler le débit de l'eau; les deux robinets *b, b,* servent à faire le vide dans deux cloches; quant à la troisième, le vide peut être pris sur l'une ou l'autre des trompes ou sur les deux ensemble grâce aux robinets *c, c,* qui réunissent les conduits de vide des deux trompes à un tuyau unique muni d'un robinet *f* sur lequel on place le caoutchouc allant à la troisième trompe. Pour cette trompe il faut une pression de 10 mètres d'eau au moins.

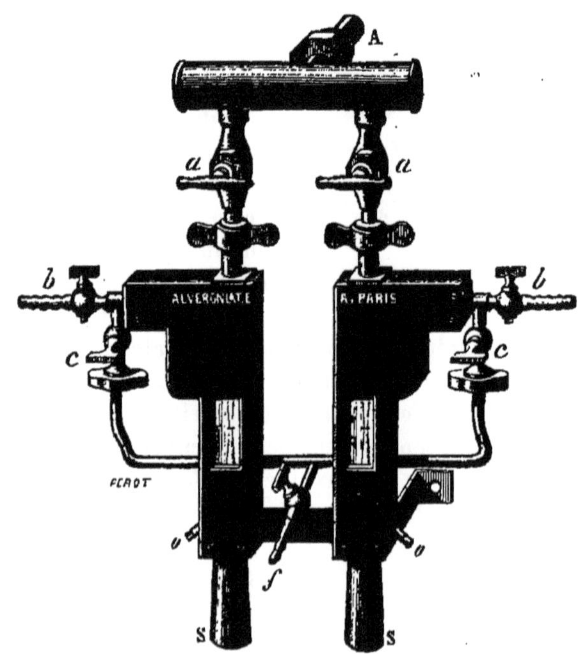

Fig. 73

(Chabaud. — 140 fr.)

Lorsqu'on n'a pas d'eau à sa disposition ou sous une trop faible pression il faut avoir recours aux machines pneumatiques que l'on trouve chez MM. Dujardin ou Chabaud à des prix variant de 220 à 685 francs.

Au Laboratoire municipal de Paris, le dosage de l'extrait sec dans le vide se fait dans des petits vases cylindriques en verre, à fond plat, ayant 25 millimètres de diamètre et 15 millimètres de hauteur.

On y verse 10cmc de vin et on laisse quatre jours en présence de l'acide sulfurique dans des cloches où l'on fait le vide; on termine en laissant, pendant le cinquième jour, ou jusqu'à poids constant, dans le vide parfaitement sec obtenu par l'acide phosphorique anhydre.

Pour les vins très riches en extrait on n'emploie que 5^{cc} de sorte que le résultat trouvé doit être multiplié par 200.

Voici ce que je disais, en 1883, à propos de ce procédé, et depuis je n'ai pas changé d'opinion à ce sujet.

Je ne suis pas tout à fait de l'avis de Gautier sur la valeur de son procédé.

Pour le démontrer, je citerai le commencement du chapitre de son livre, qui suit le détail de sa manière d'opérer pour dessécher les vins.

« On ne saurait donner de nombres exprimant le poids moyen du « résidu sec laissé par un litre de vin. Ce poids varie avec le cépage, le terrain, etc. »

Si donc on n'a pas de chiffres exacts des extraits secs de vin, et étant données les variations sensibles qui existent entre les extraits de vins de même nature, et encore plus grande pour les vins différents, il n'y a pas à s'appuyer d'une manière certaine sur le poids de l'extrait sec et, par conséquent, il est inutile de faire durer cette opération huit jours.

D'autre part, tous les tableaux indiquant les poids des extraits secs publiés par les différents chimistes, ayant été faits par la dessiccation à l'étuve, on ne saurait avec la méthode Gautier faire de comparaison, à moins d'avoir des vins identiques, ce qui est difficile. Cela est si bien vrai que Gautier lui-même, dans son tableau de la composition des vins, dans son étude du plâtrage, donne le résidu sec à 100° et non le résidu dans le vide sec à froid.

Enfin, il n'est pas prouvé que sa méthode soit mathématiquement exacte, car il y a beaucoup de corps qui ne se dessèchent qu'à une température élevée. Ce qui semblerait prouver ce fait, c'est que les différences constatées entre le procédé général et celui préconisé par Gautier sont plus forts pour les vins plâtrés que pour les vins non plâtrés, et l'on sait que le plâtre ne se dessèche complètement qu'à une température supérieure à 100° à l'air libre.

Cependant pour une analyse sérieuse, il faut tenir compte des deux méthodes ; le dosage de la glycérine étant plus exact s'il est fait sur l'extrait sec de Gautier que s'il est fait sur l'autre.

La méthode de Gautier donne un poids notablement supérieur à celui donné par la dessiccation à 100°.

Voici deux exemples de vins essayés par les deux méthodes (Gautier).

Vin de Lézignan 26 mois. — Extrait sec à 100° = 21,46.

Vide sec à froid : au bout de 4 jours = 29,30. — Au bout de 8 jours, 27,5; au bout de 13 jours, 27,2.

Vin de Lésignan nouveau, 2 mois. = Extrait sec à 100° — 21, 51.

Vide sec à froid. Au bout de 4 jours = 28,10; 8 jours, 27,24 = 13 jours 27,18. Ces deux vins sont plâtrés.

Les vins non plâtrés donnent des différences de 5 à 6 gr.

Vin de Bergerac, blanc, doux, nouveau, extrait sec à 100 = 83,6.

Vide sec à froid, après 4 jours 102,4 = 8 jours 99,8. — 13 jours = 99,2.

La différence dans ce dernier vin est considérable ; il me semble qu'il serait intéressant d'en préciser la vraie cause.

Dessiccation dans le vide sec, à chaud. — Appareil Courtonne. Plusieurs chimistes ont pensé que l'on pourrait abréger la dessiccation dans le vide, en chauffant le produit soumis à ce traitement.

M. Courtonne a imaginé un petit appareil, un peu compliqué, mais très ingénieux. Il se compose d'une série de six petits ballons de verre à fonds très plats et à larges cols dans lesquels on verse le vin à essayer après les avoir tarés ; le col est fermé par un bouchon de caoutchouc traversé par un tuyau piqué perpendiculairement sur un tuyau annulaire communiquant à la machine à faire le vide. Les six ballons sont ainsi mis en communication avec l'anneau ; on peut donc faire le vide dans les six ballons à la fois ; ces ballons sont placés sur la grille d'un bain-marie.

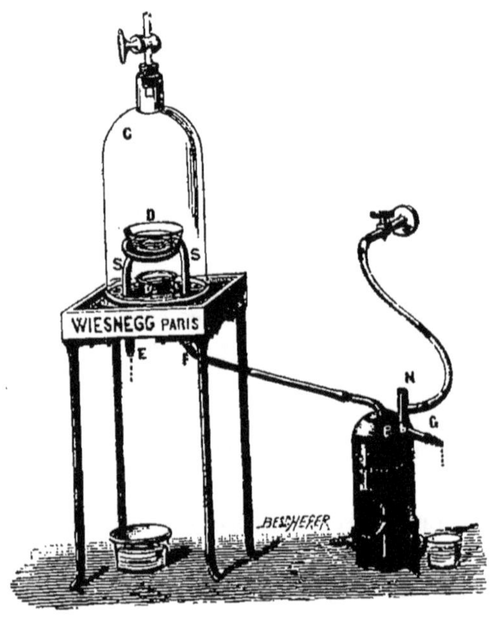

Fig. 74.

(Wiesnegg. — 75 fr.).

Appareil Yvon. — En 1885, M. Yvon publia la description (J[l] de Ph. et Ch., t. 12, p. 445, Novembre) d'un appareil destiné à abréger la durée de la dessiccation dans le vide. Cet appareil (fig. 74) permet de combiner à la fois l'action de la chaleur, du vide et de l'acide sulfurique.

Cet appareil se compose d'une cloche C à tubulure, pouvant être mise en communication avec un appareil à faire le vide ; elle est placée sur un épais plan de verre rodé enchâssé dans une monture élevée sur quatre pieds. Le plan de verre est percé de deux trous donnant passage à un tube de cuivre SS enroulé en spirale et dont les deux extrémités émergent au dehors. Ce tube sert de support à la capsule D ; au-dessous de la capsule on peut placer un vase A renfermant de l'acide sulfurique ; le tube ou serpentin SS est mis en communication par l'une de ses extrémités avec une petite chaudière à eau B maintenue à un niveau constant par le tube NG. On fait bouillir l'eau de la chaudière B dont la vapeur passe par le serpentin SS, chauffe la capsule et l'eau condensée s'échappe par la partie libre E. La partie N du tube s'ouvre librement à l'air, ce qui empêche la pression dans la chaudière. En quelques minutes l'eau bout et chauffe la capsule à 100° ; on fait le vide et le liquide de la capsule se vaporise rapidement. Pour éviter les soubresauts, et par suite les projections, on place dans la capsule D un long fil de platine contourné en spirale. L'évaporation de 2 à 3cc de vin se fait en 30 ou 40 minutes, elle est un peu plus longue pour le lait. Cet appareil permet d'évaporer les liquides altérables au contact de l'air.

Je n'ai vu nulle part d'essais faits au moyen de cet appareil, quoiqu'il mérite certainement d'être étudié, surtout au point de vue des vins, aussi le recommandai-je à l'attention des savants.

DOSAGE INDIRECT DE L'EXTRAIT SEC

Le dosage de l'extrait sec, soit à 100°, soit dans le vide, est une opération assez longue, sinon difficile ; aussi a-t-on cherché des moyens plus pratiques pour ariver approximativement à la connaissance du poids de l'extrait sec.

Œnobaromètre Houdart (1877). — Le procédé de M. Houdart est basé sur l'emploi d'un densimètre spécial qu'il a nommé œnobaromètre, de trois mots grecs οινος (vin) βάρος (pesanteur) et μὲτρου (mesure).

Si on connaît la densité moyenne des sels qui constituent, avec d'autres substances, l'extrait sec du vin, il sera facile, connaissant la densité du vin lui-même, d'en déduire le poids total de ces matières extractives, étant donné qu'on en connaît la teneur alcoolique. En effet, soit P, le poids de la matière extractive — 2.062 un coefficient calculé par Houdart et dépendant de la densité des sels du vin. — D, la densité du vin, et D' la densité d'un mélange d'eau et d'alcool pur dont la richesse alcoolique soit égale à celle du vin, on a : $P = 2.062\ (D\text{-}D')$.

Pour déterminer le coefficient de 2.062, Houdart a pris la densité de la matière extractive de tous les vins connus ; il a trouvé que le chiffre 1.94 représentait la densité moyenne de l'extrait sec de plus de 500 échantillons choisis parmi les crus de tous les pays.

La méthode employée par M. Houdart pour obtenir ces chiffres est la suivante : 25cc de vin ont été mesurés avec une pipette à deux traits et versés dans une capsule à fond plat de 6cm de diamètre, pesant 21 gr., et posée sur un bain-marie à l'eau bouillante ; lorsque le résidu était arrivé à l'état gommeux, on le chauffait encore pendant4 heures.

Les mêmes résultats seraient obtenus avec les mêmes capsules et le même vin placés pendant 9 heures 1/2 dans une étuve Gay-Lussac, à 100°, et à courant d'air.

Sa manière d'opérer consiste à déterminer : 1° la densité, D, du vin à la température de 15° au moyen de l'œnobaromètre ; 2° la richesse alcoolique à la même température. Au moyen de tables spéciales calculées en prenant pour base la densité que devrait avoir le vin, s'il ne contenait que de l'eau et de l'alcool, et celle qu'il possède réellement, on détermine le poids de l'extrait sec.

Pour trouver la richesse extractive d'un vin, telle qu'on l'obtient dans le vide, la formule se trouve ainsi modifiée, d'après les expériences de Magnier de la Source et de Gautier : $P = 2.627 \times (D\text{-}D')$.

On transforme les poids donnés par l'œnobaromètre et les tables qui accompagnent cet instrument, en les multipliant par le coefficient 1.274, pour obtenir l'extrait sec dans le vide. Le poids de l'extrait sec trouvé directement dans le vide multiplié par 0.785 donne le poids indiqué par l'œnobaromètre.

On a ainsi les deux extraits à la fois, mais pour cela il faut considérer que les deux extraits ont toujoursle même rapport, ce qui n'est pas tout à fait vrai.

L'œnobaromètre est un densimètre spécial dont la graduation en 5e de degré marque de 1 à 16 et correspond pour 1° à 0.987 de densité, et pour 16° à 1.002, nombres qui représentent les extrêmes limites des densités des vins. Chaque augmentation de 1° répond à un accroissement de densité de 1 gr. par litre.

Pour se servir de cet appareil on opère de la façon suivante : On verse dans une éprouvette un volume de vin suffisant pour que l'œnobaromètre puisse flotter sans toucher le fond, et avec les précautions que j'ai indiquées pour les aréomètres. (Voir Aréométrie). La lecture du degré se fait au-dessus du ménisque, l'instrument étant ainsi gradué ; on plonge ensuite dans le vin un thermomètre dont on note la température, et d'autre part on dose l'alcool ainsi qu'il a été dit au chapitre : Alcool. Les résultats étant notés, on cherche dans les deux tables : la première indique la diminution de densité, en grammes, causée par l'élévation de la température au-dessus de 15° ; ces quantités devant être ajoutées au chiffre donné par l'œnobaromètre ; la seconde donne le poid de l'extrait sec. A défaut de la seconde table on se sert de la formule donnée plus haut.

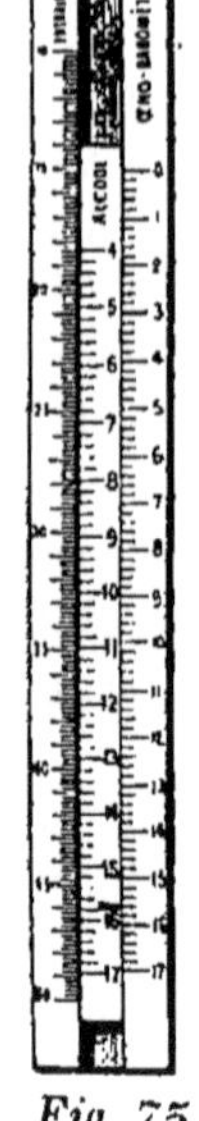

Fig. 75.
Dujardin. — 10 fr.

Ce procédé permet aux personnes les plus étrangères à toutes les pratiques des laboratoires de déterminer facilement l'extrait sec des vins.

Les tables accompagnent toujours l'appareil. Pour plus de facilité, Salleron a construit une règle à coulisse qui permet d'obtenir de suite le poids de l'extrait sec.

Cette règle (fig. 75) porte trois graduations différentes : celle de droite nommée *œnobaromètre* représente les indications de cet instrument, avec ses degrés divisés en 5es ; celle du milieu, dite *alcool*, indique les degrés alcooliques en cinquièmes de degrés, obtenus soit avec l'alambic, soit avec les ébullioscopes ou l'ébulliomètre Salleron; enfin l'échelle de gauche nommée *extrait*, fait connaître le poids de l'extrait sec en grammes et en cinquièmes de gramme.

Pour se servir de cette règle on amène la flèche tracée sur l'échelle alcool en face du chiffre de l'œnobaromètre, et on lit sur la règle de gauche extrait sec, le chiffre placé en face du degré d'alcool ; c'est bien plus simple que de chercher dans les tables.

Les résultats obtenus par ce moyen et ceux qui proviennent de la dessiccation directe ne diffèrent pas en moyenne de plus de 0gr6 par litre, ce qui est une différence peu sensible et qui peut parfaitement se produire dans la manipulation plus compliquée de la dessiccation.

Le tableau suivant donne une idée des différences entre les extraits secs indiqués par le procédé Houdart et la dessiccation à 100°.

VINS	DENSITÉ	ALCOOL	EXTRAIT A 100°	EXTRAIT HOUDART	DIFFÉRENCES	VINS	DENSITÉ	ALCOOL	EXTRAIT A 100°	EXTRAIT HOUDART	DIFFÉRENCES
Villevayrac....... 1875	999.0	7.2	20.00	20.0	0	Oupia viné...	993.0	14.8	25.92	26.1	+ 0.2
Id. 1875	999.0	7.2	19.81	20.0	+ 0.2	Rayssac, id...	994.5	12.6	23.64	23.9	+ 0.3
Loupian.......... 1875	998.0	8.5	21.62	21.5	— 0.1	Narbonne	10000	7.9	23.64	24.0	+ 0.4
Mèze 1876	996.0	9.4	19.93	19.7	— 0.2	Minervois	991.0	14.6	20.91	21.1	+ 0.2
Lecastillonne...... 1875	994.5	12.3	23.52	23.7	+ 0.2	Beaufort, viné	991.0	14.9	21.31	21.8	+ 0.5
Pomérols......... 1876	995.5	10.0	19.12	19.6	+ 0.5	Var..........	997.0	9.5	21.60	22.0	+ 0.4
Id viné..... 1876	988.5	15.0	17.08	16.6	— 0.5	Portugal, viné	995.0	13.6	27.46	27.6	— 0.2
Conilhac 1875	996.0	9.8	20.45	20.7	+ 0.3	Narbonne	994.5	10.2	17.40	17.9	+ 0.5
Id. viné..... 1876	993.0	14.5	24.00	24.2	+ 0.2						

M. Magnier de la Source a fait 600 essais de vins comparativement avec l'œnobaromètre et l'extrait dosé directement au bain-marie ; dans 480 cas, la différence ne dépasse pas 0gr 5 ; le maximum a été de 2gr07 pour un vin exceptionnel.

M. Ch. Bardy a comparé 547 échantillons, et il a trouvé en moyenne : Etuve 19.26, Houdart 18.59. Différence 0.67.

Vins sucrés. — Ce procédé ne peut s'appliquer ainsi aux vins contenant plus de 2gr 5 de sucre de raisin par litre. Avec des vins sucrés de Saumur, j'ai obtenu des différences de 1gr17 à 2gr42.

Scientifiquement le dosage de l'extrait sec des vins sucrés ne présente aucune sécurité : il faut prendre moins de vin et la dessiccation, beaucoup plus longue, est difficilement complète.

M. Salleron a cherché s'il n'était pas possible de se servir de l'œnobaromètre en modifiant les calculs.

La densité moyenne de l'extrait sec des vins est de 1,94 et celle du sucre 1,60 ; pour avoir un chiffre approximatif, il doit suffire de corriger les indications de l'œnobaromètre de la différence de densités apportée au chiffre 1,94, par le poids du sucre contenu dans le vin.

D, densité du vin ; D', densité du mélange eau et alcool, de même richesse que le vin ; S, poids en grammes du sucre par litre de vin ; P, densité du sucre = 1,6 ; C, densité de l'eau à la température de 15° = 0,999125 ; d, densité de l'extrait sec 1,94 ; x, le poids de l'extrait du vin.

On a :

$$\frac{x - 1{,}000\left(D - D' - S\,\frac{(1 - 0{,}999125)}{1.6}\right)}{1 - \frac{0{,}999125}{1{,}94}} =$$

$$= \frac{1{,}000\,(D - D') - S\,\frac{(1{,}6 - 0{,}999125)}{1{,}6} \times 1{,}94}{1{,}94 - 0{,}999125} =$$

$$= \frac{1940\,(D - D') - S \times 0{,}729}{0{,}940875} = 2{,}062\,(D - D') - S \times 0{,}7747$$

2,062 (D — D') étant la formule de l'indication de l'œnobaromètre, il en résulte qu'on obtient la richesse extractive vraie d'un vin, déduction faite du sucre qu'il contient, en retranchant du chiffre fourni par l'œnobaromètre le poids du sucre multiplié par 0,7747. Il faut donc doser l'alcool et le sucre du vin. Pour éviter le calcul indiqué pour la recherche de l'extrait sec des vins sucrés, M. Salleron a calculé une table donnant l'extrait sec vrai d'après le poids de l'extrait sec œnobarométrique et le poids du sucre (Notice sur les Instruments de précision, 1887, Dujardin, Paris).

Analyseur du Dr Perrier. — C'est un appareil qui sert à la fois au dosage de l'alcool et à celui de l'extrait sec. Il se compose d'un ballon métallique fermé par un bouchon percé de deux trous ; dans l'un se trouve un thermomètre et dans l'autre un tube communiquant à un réfrigérant de Liebig ; ce tube débouche dans un ballon de 100^{cmc}, avec des traits gradués au-dessous du trait 100 ; le réfrigérant est refroidi par un courant d'eau établi par un réservoir supérieur. Une lampe à alcool est établie comme celle de l'alcoomètre Perrier.

Vers la fin de l'opération, on interpose entre le fond de la chaudière et de la lampe une toile métallique, pour ne pas brûler l'extrait.

Le liquide distillé et condensé tombe dans le ballon de 100^{cmc}.

Pour se servir de l'analyseur, on mesure exactement 100^{cmc} de vin dans le ballon on verse dans la chaudière et on allume la lampe. Le thermomètre qui plonge dans la chaudière indique à tout instant la température du liquide en ébullition ; quand il marque 100°, il ne doit plus rester d'alcool; la distillation peut être arrêtée si on ne veut distiller que l'alcool, alors on complète les 100 cmc. avec de l'eau distillée et on prend le degré. Si on veut doser l'extrait sec, on poursuit la distillation jusqu'à ce que le thermomètre arrive vers 110° ; on éteint la lampe, car toute l'eau est distillée ; on lit alors sur le col du ballon le nombre de dixièmes de centimètre cube qui manquent dans le ballon ; ce volume représente celui de l'extrait sec.

Avant de regarder, on enlève le petit bouchon qui est au bout du tube refroidi par le courant d'eau et on souffle dedans pour chasser tout le liquide dans le ballon. Comme tout le liquide distillé doit être recueilli, on ne saurait se servir d'un serpentin, le liquide manquant étant compté comme extrait.

Du volume de l'extrait on déduit son poids au moyen de tables spéciales. Je n'ai pas lieu d'insister sur les causes d'erreurs de cet appareil qui est abandonné.

Réfractomètre Amagat. — Nous avons vu comment on dosait l'alcool au moyen de cet appareil ; il nous reste à voir comment on s'en sert pour doser l'extrait sec.

Pour obtenir le poids de l'extrait sec, en grammes par litre, on opère avec le réfractomètre sur le vin en nature, exactement comme avec le liquide retiré par distillation. On versera donc le vin dans le tube central de l'appareil, en le lavant plusieurs fois avec le vin et on regardera. Le nouveau degré est plus élevé que le degré alcoolique ; la différence des deux degrés, multipliée par un coefficient, donnera le poids de l'extrait sec.

Les coefficients sont de 3,3 pour les vins rouges et 3,45 pour les vins blancs, dans le cas où l'on cherche l'extrait sec à 100°, et de 4,2 pour les vins rouges et 4,4 pour les vins blancs si on cherche l'extrait dans le vide.

Exemple : Le degré alcoolique est de 11,3 ; le vin en nature a donné 16,5, la différence est de 5,2 ; on la multiplie par 3,30 — 3,45 — 4,2 ou 4,4, suivant le cas.

Extrait à 100° = 17,16 pour les vins rouges, 17,94 pour les vins blancs.
Extrait dans le vide = 21,84 — 22,88 —

Si les résultats sont exacts, cet appareil est parfait.

Nécessaire œnométrique Delaunay. — Puisqu'on admet que par l'ébullition la densité de l'extrait sec ne change pas, ainsi que nous l'avons vu au dosage de l'alcool, il est évident que l'on pourra doser l'extrait sec rien que par l'augmentation de densité, sur l'eau distillée, dans le vin privé d'alcool.

M. Delaunay a composé une table qui, en face de la différence des densités prises avant et après l'ébullition, donne le titre alcoolique et le poids de l'extrait sec ; on obtient donc, avec cet appareil, les deux dosages dans une seule et même opération.

M. Bouriez est d'avis que l'on peut parfaitement doser l'extrait de cette manière ; il a donné une petite table fournissant le poids de l'extrait sec d'après la densité du vin privé d'alcool ; la voici :

1006.0......	14.3	1009.5......	21.4
1006.5......	15.2	1010.0......	22.5
1007.0......	16.2	1010.5......	23.5
1007.5......	17.3	1011.0......	24.6
1008.0......	18.3	1011.5......	25.6
1008.5......	19.4	1012.0......	26.7
1009.0......	20.4	1012.5......	27.8

Dosage de l'Extrait sec à l'Etranger. — En *Espagne* et dans l'*Amérique du Sud,* on opère comme en France.

En *Italie*, on mesure 20 cmc. de vins secs et 10 cmc. de vins sucrés dans une capsule de platine et on dessèche dans l'étuve à eau bouillante.

Les chimistes de la *Suisse* mesurent de 50 à 100 cmc. de vin, les évaporent au 1/3 du volume primitif et rétablissent ce volume avec de l'eau distillée, puis déterminent la densité au moyen du picnomètre. Le calcul du résidu sec est fait d'après un tableau basé sur les tables de Hager et de Schulze qui se rapportent à des extraits de malt et de bière. On peut vérifier par la méthode allemande.

En *Allemagne*, on mesure 50 cmc. de vin à la température de 15° et on évapore au bain-marie, dans une capsule en platine de 85m/m de diamètre et de 20m/m de hauteur ; le résidu est desséché dans l'étuve à l'eau bouillante pendant 2 h. 1/2.

Pour les vins contenant plus de 5 grammes de sucre par litre, on mesure un volume moindre, de façon qu'il n'y ait pas plus de 1 gramme à 1 gr. 1/2 à la pesée.

L'*Autriche* suit la même méthode. Pour les vins sucrés on les étend d'eau, en proportion telle que la quantité d'extrait ne représente que 2 et au plus 3 °/o, et on les traite ensuite comme les vins secs ; M. Gautier trouve, avec raison, cette manière de faire très défectueuse. Pourquoi ajouter de l'eau que l'on évapore ensuite ?

On peut aussi, pour les vins secs et surtout pour les vins doux, déterminer l'extrait par le poids spécifique du résidu de la distillation, ou au moyen d'un saccharymètre contrôlé par le chimiste et dont l'échelle est divisée en dixièmes de degré ; mais, dans ce cas, on doit indiquer le mode opératoire.

En *Hongrie,* on se sert de la méthode Houdart, mais on prend le poids spécifique au moyen d'un ballon jaugé de 100cc ; on a le degré de précision à 4 décimales.

CHAPITRE 5.

Couleur. — Tannin. — Acide Œnogallique.

J'ai réuni, dans ce chapitre, la couleur et le tannin parce que ces deux sortes de substances ont des propriétés chimiques tellement semblables que presque tous les procédés de dosage du tannin dosent en même temps les matières colorantes.

COLORIMÉTRIE

La colorimétrie a pour but d'évaluer, non le poids des matières colorantes des vins, mais la puissance de coloration de ces matières colorantes ; en un mot, de doser la quantité de couleur que possède un vin rouge.

Divers procédés ont été proposés pour atteindre ce but : seuls, les colorimètres de Laurent et de Salleron peuvent être employés pour cet usage.

Procédé Fauré. — (*Analyse chimique comparée des vins de la Gironde*, 1860).

Je me bornerai à donner un extrait de ce mémoire, qu'il est très utile de consulter. « Pour apprécier la quantité relative de couleur bleue et de matière jaune contenue dans chacun des vins que j'ai analysés, j'ai, comme on le pense bien, usé pour tous du même moyen ; c'est l'emploi d'une liqueur chlorurée à un degré tel que 100 gr. de cette liqueur décolorent exactement 100 gr. de solution de sulfate d'indigo, dont voici la formule : Indigo du Bengale en poudre fine, 2 gr. ; acide sulfurique concentré à 66°, 18 gr. ; mettez dans un petit matras en verre et chauffez pendant 3 à 4 heures dans l'eau à l'ébullition ; sortez le matras de l'eau, laissez refroidir et ajoutez peu à peu, avec précaution, 100 gr. d'eau distillée, puis filtrez. Il faut se servir du papier Berzelius pour ne pas perdre de matière colorante, et exprimer le filtre afin qu'il ne reste pas de liquide.

« Pour décolorer le vin, voici comment j'opère : Je remplis un flacon de liqueur chlorurée que je pèse exactement, et j'en ajoute avec précaution, en agitant continuellement avec une tige de verre, quelques gouttes dans 100 gr. du vin que j'essaie ; je continue ainsi à ajouter du chlorure jusqu'à ce que la couleur bleue soit entièrement disparue. Je pèse alors le flacon avec précision et j'inscris la quantité de liqueur qui a été employée ; puis je continue à verser de la solution dans le même vin jusqu'à ce qu'il soit tout à fait décoloré ou qu'il n'ait plus qu'une légère teinte paille. Cette dernière opération achève de m'indiquer les proportions de la matière jaune et de la matière bleue. »

Ce procédé laisse beaucoup à désirer au point de vue scientifique exact, mais il permet de faire des expériences comparatives très intéressantes. Ainsi Fauré a trouvé des vins pour lesquels il a employé depuis 11,25 gr. jusqu'à 30 et 75 gr. de liqueur chlorurée. Mais les diverses matières colorantes agissent-elles proportionnellement à leur poids ?

Colorimètres ordinaires. — Lorsque l'on veut comparer l'*intensité* des matières colorantes relatives entre un vin livré et l'échantillon sur lequel s'est fait l'achat, le moyen le plus simple est l'emploi des colorimètres.

1° On peut faire un colorimètre très approximatif en prenant deux tubes de cristal fermés d'un bout, de même diamètre et de même hauteur et disposés côte à côte sur une feuille de papier blanc. On voit ainsi la différence de teinte qui peut exister entre l'échantillon et le vin livré.

On ne peut obtenir que des résultats comparatifs et encore très approximatifs.

2° Le colorimètre plus exact que le précédent, à la portée de tous et que l'on peut faire soi-même, se compose d'une auge rectangulaire, de 15 à 20^{cm} de hauteur et de 3 à 4^{cm} de large, formée de verre blanc et séparée par une cloison verticale intérieure, en deux compartiments égaux, bien calibrés. On colle à la paroi postérieure un papier blanc portant pour chaque auge des divisions en millimètres. On place dans l'un des compartiments une feuille de gélatine ou une lame mince de verre, colorée en rose vineux et plongeant dans une liqueur incolore ; on peut aussi mettre une liqueur colorée ou un vin type étendu d'eau à un volume déterminé, jusqu'à lui laisser la teinte rose vif. Dans l'autre compartiment on verse, jusqu'à une division que l'on note, un volume du vin à examiner, et on l'étend ensuite d'eau jusqu'à ce qu'il ait pris la teinte exacte de la lame ou du vin pris comme type et placé à côté. L'intensité de la couleur est proportionnelle à la quantité d'eau nécessaire pour arriver à la teinte voulue.

Exemple : Soit un vin type, 50^{mm}, étendu d'eau à 200^{mm} ; de l'autre côté on a mis 50^{mm} de vin à essayer et on a ajouté de l'eau jusqu'à 150^{mm}. Le rapport du second vin au premier sera de 150 à 200 ou 75 centièmes de l'intensité de la couleur type.

Différents constructeurs ont fait des colorimètres qui servent, non seulement aux vins, mais à tous autres liquides colorés ; avec ces appareils on apprécie les teintes de 2 à 5 centièmes près, suivant la précision de la construction.

Filhol s'est servi de cet instrument pour dresser un tableau représentant l'intensité de la coloration des vins de la Haute-Garonne en 1844. Ce ne sont que des comparaisons entre différents vins, mais qui n'indiquent rien pour ceux qui ne connaissent pas le vin type.

Colorimètre perfectionné de J. Duboscq. — Ce colorimètre est basé sur le même principe que les précédents ; c'est-à-dire sur la comparaison de deux liquides colorés, mais en sus de sa supériorité de construction il amène au même œil les deux teintes à comparer, ce qui rend la sensibilité de l'examen beaucoup plus grande. Ce colorimètre montre à l'œil deux espaces en contact éclairés par la même source de lumière qui a traversé les deux liquides à comparer ; cet appareil peut servir aux vins, eaux-de-vie, liqueurs, sirops sucrés, teintures, etc.

Cet appareil (fig. 76 et 77) est fixé sur une tablette verticale s'appuyant sur une tablette horizontale. La tablette verticale supporte à la partie inférieure un miroir réflecteur, M, mobile autour d'un axe et servant, comme le

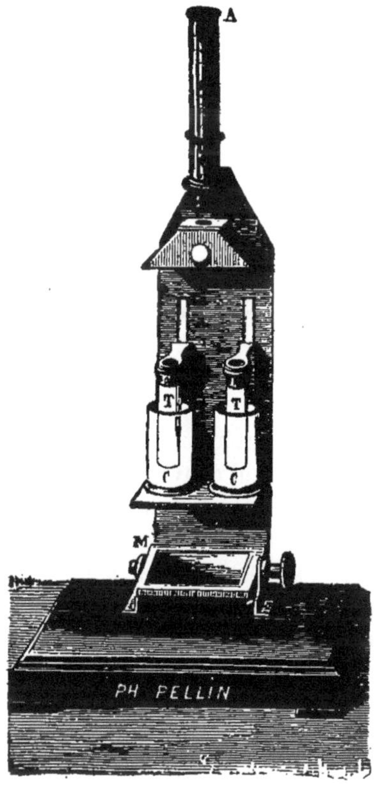

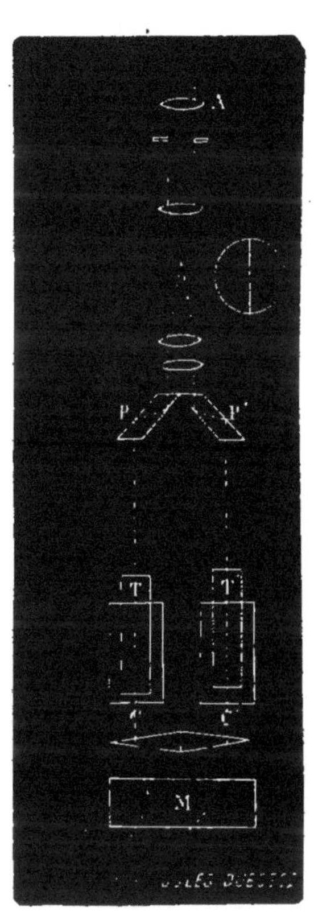

Fig. 76 *Fig. 77*

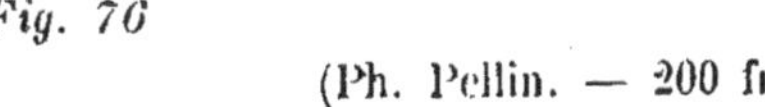
(Ph. Pellin. — 200 fr.)

miroir des microscopes, à éclairer l'intérieur de l'instrument ; au-dessus sont fixées, sur la même tablette et à côté l'une de l'autre, deux éprouvettes en verre, C C, dans l'une desquelles on verse le liquide type et dans l'autre le liquide à comparer. Chacune des deux éprouvettes, ou godets, est formée de deux parties ; le fond est obtenu avec une plaque de verre parfaitement plane appuyée sur une tablette percée de deux trous pour permettre à la lumière de passer au travers des deux plaques. Sur chaque plaque on ajuste mathématiquement un petit cylindre de verre vertical et dont les bords inférieurs rodés sont absolument horizontaux ; un enduit rend ces cylindres étanches. Afin de pouvoir faire varier à volonté l'épaisseur des liquides que la lumière doit traverser, dans les deux éprouvettes peuvent entrer deux plongeurs.

Ces plongeurs, TT, sont des cylindres massifs en verre avec les faces supérieures et inférieures planes et parallèles. Ils peuvent être amenés avec leur face inférieure en contact avec la glace du fond des godets CC, ce qui donne le zéro, et ils peuvent en être éloignés plus ou moins en faisant glisser les bras horizontaux qui les supportent dans deux fentes verticales de la platine fixée sur la tablette. Une graduation marquée en millimètres le long des fentes permet de mesurer avec précision la quantité dont on déplace les plongeurs, TT.

A la partie supérieure se trouve le système optique qui fait arriver à l'œil la vue des deux colonnes liquides à examiner. Il y a d'abord immédiatement au-dessus des éprouvettes une boîte contenant deux parallèlipipèdes, PP, en verre, destinés à recevoir les faisceaux de lumière qui sortent des plongeurs pour les ramener sur les bords de deux lentilles qui les envoient dans la direction de la lunette A, formée également de deux lentilles. C'est ce qu'on appelle les parallélipidèles de Fresnel et une lunette terrestre à 4 verres.

Cet appareil a son principe de lunette pris dans le saccharimètre Soleil ; c'est-à-dire la juxtaposition des deux images.

Duboscq employait pour cela deux parallèlipidèdes de Fresnel et un oculaire de lunette terrestre à 4 verres.

La lumière qui est amenée par le miroir, M, dans l'intérieur de l'appareil, ne doit pas être trop vive ; la lumière du jour est celle qui convient le mieux, mais on peut aussi se servir d'une lampe ou d'un brûleur monochromatique ; lorsque la lumière est trop intense, on place devant un verre dépoli.

En tournant le miroir au moyen du bouton fixé sur son axe, on amène la lumière à l'œil. La lumière, après s'être réfléchie sur le miroir, se sépare en deux faisceaux qui pénètrent séparément dans chacun des deux systèmes de tubes ; le faisceau de droite se réfléchit deux fois dans la moitié de droite du prisme, et pénètre dans l'oculaire, suivant son axe et n'affecte que la moitié de droite du champ ; le faisceau de gauche parcourt une ligne semblable et parallèle et n'affecte que la moitié gauche du champ ; de sorte que chacune des deux moitiés du diaphragme n'est éclairée que par le faisceau de lumière qui a traversé les tubes correspondants.

Les deux colonnes liquides sont, de cette façon, vues sur deux demi-disques juxtaposés, avec une couleur plus ou moins foncée, suivant la hauteur des colonnes, si les liquides ont la même coloration ; suivant la coloration des liquides, si les deux colonnes ont la même hauteur. La fig. 77 indique, à droite, le disque divisé en deux parties, tel qu'on l'aperçoit dans la lunette.

Quand on veut faire une comparaison colorimétrique on place le miroir en face d'une lumière quelconque ; si on se sert de la lumière du ciel on supprime les prismes réfringents CC ; si on opère à la lumière artificielle, même monochromatique, on met les prismes réfringents et on place l'appareil à 60^{cm} de la lumière. On règle le miroir en regardant à travers la lunette et plaçant l'appareil en face de la lumière de façon que les deux demi-disques paraissent d'égale intensité, (les godets étant parfaitement nettoyés). On verse alors la solution type dans l'un des godets et le liquide à essayer dans l'autre.

Du côté de la solution type on amène en élevant ou abaissant le plongeur à une teinte désirée, on en fait autant dans la solution à essayer jusqu'à ce que les deux demi-disques aient la même teinte. On lit alors sur les échelles les hauteurs des liquides dans les éprouvettes.

Pour une même teinte des deux demi-disques, les colorations des deux solutions sont en raison inverse des hauteurs des colonnes liquides.

Exemple : La colonne du liquide type étant de 1^{cm} et celle du liquide à examiner de 16 millimètres, on a la proportion $\frac{10}{16} = 0.62$. La coloration du liquide sera donc les 62 centièmes du type.

Dans le cas de liquides de colorations différentes, on peut arriver, en faisant varier les hauteurs, à avoir la même nuance sur les deux demi-disques. On peut dans ce cas employer le tube compensateur Stammer. *(Voir plus loin.)*

Divers auteurs vinicoles prétendent qu'il faut une grande habileté et une grande habitude pour se servir de cet appareil. Je ne suis pas de leur avis ; je trouve cet appareil très simple, car il est facile d'obtenir la même couleur des deux demi-disques placés à côté l'un de l'autre, à moins d'être affecté de daltonisme, auquel cas on est impropre à se servir de n'importe quel colorimètre.

Chromatomètre Andrieu. — Cet appareil inventé par Andrieu, grand propriétaire de vignes, près de Narbonne, est fondé sur un tout autre principe que les colorimètres et permet de juger de l'*intensité* de la couleur des vins et en même temps de l'appréciation de leur *teinte* exacte.

La couleur qui sert de terme de comparaison est obtenue au moyen de la polarisation chromatique.

La lumière réfléchie sur une plaque de porcelaine blanche, M, se polarise à travers un prisme de Nicol et tombe sur une plaque de quartz taillée perpendiculairement à l'axe ; l'épaisseur de cette lame est telle que pour une rotation d'un assez grand nombre de degrés de l'analyseur, la teinte reçue par l'œil ne varie qu'entre le jaune orangé et le rose violacé.

Le vin à analyser est placé dans une petite auge H, et la lumière réfléchie sur la porcelaine le traverse sous des épaisseurs que l'on peut faire varier en agissant sur un bouton à crémaillère, épaisseurs qui se mesurent avec une grande exactitude au moyen d'une aiguille qui se meut sur un disque gradué, D. Les deux faisceaux lumineux, celui qui a traversé le quartz et les nicols, et celui qui a traversé le vin, sont réunis dans un même œil au moyen de prismes à réflexion totale. On fait mouvoir les deux disques, celui où s'inscrivent les degrés de rotation de l'analyseur et celui qui indique l'épaisseur du vin traversé, successivement jusqu'à obtenir des deux côtés l'identité des deux teintes, et l'inégalité des deux intensités de teintes : on obtient ainsi un double et précieux résultat. La rotation du disque correspondant au Nicol analyseur donne sous forme de degrés, c'est-à-dire d'une façon absolue et que l'on peut toujours reproduire aisément, la nature de la teinte du vin

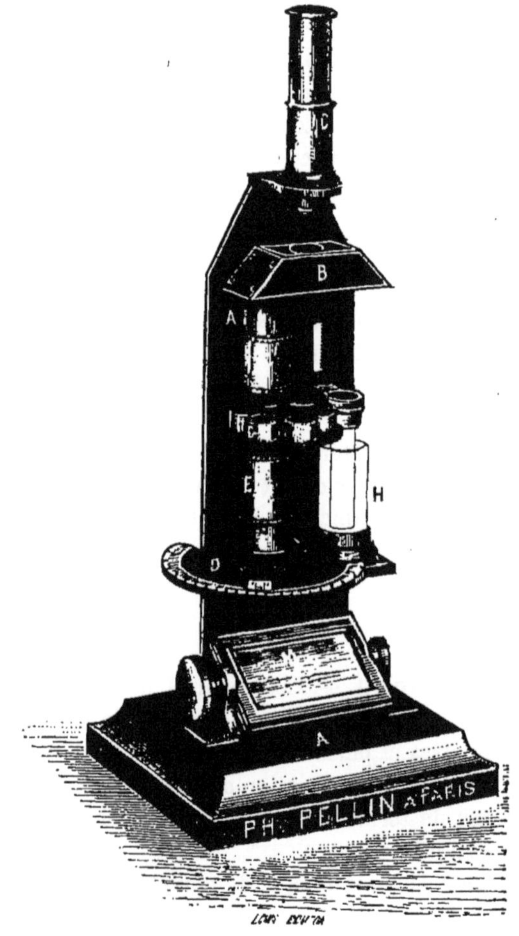

Fig. 78.

(Ph. Pellin. — 450 fr.).

qu'on examine ; la rotation du disque sur lequel est inscrite l'épaisseur du vin fait connaître l'intensité de cette teinte. On détermine donc à la fois, avec cet instrument ingénieux, qui est appelé à rendre de grands services, le ton exact de la couleur des vins et leur coefficient de coloration.

Dans l'appareil que M. Pellin vend sous le nom de *colorimètre à lumière polarisée*, la coloration type est obtenue par des lames perpendiculaires de quartz ayant 2, 4, 6, 8, 10 millimètres d'épaisseur pour obtenir 5 séries des mêmes couleurs, suivant les positions relatives du polariseur et de l'analyseur. On obtient ainsi des couleurs rouge, jaune rouge, rouge violet, pouvant ainsi fournir ce précieux type, absolu dans sa nature et ses variations, qui servira à déterminer la couleur des vins.

Chromoscope Stammer. — L'observation se fait par la comparaison de deux disques colorés produits : le premier par le liquide à essayer renfermé entre deux verres, dans un tube de longueur connue ; le second par la liqueur type contenue dans un tube fermé à une extrémité par un verre fixe et à l'autre par un piston en verre pouvant se mouvoir dans le tube à l'aide d'une crémaillère, et permettant ainsi de faire varier la longueur de la colonne de liqueur type.

Au moyen d'un vernier, on peut mesurer la longueur de cette colonne à un dixième de millimètre près. Le tube communique avec un réservoir contenant la liqueur type, qui se vide ou se remplit suivant qu'on allonge ou raccourcit la colonne de liqueur.

On peut regarder avec un seul œil à la fois dans les deux tubes, lesquels se rapprochent à volonté, par le mouvement d'un bouton, qui, commandant la crémaillère, permet d'allonger ou de raccourcir la colonne de la liqueur normale. Le liquide à observer est, suivant sa nuance, mis dans des tubes variant de 25 à 200^{mm} de longueur. S'il a été placé dans un tube de 50^{mm} et qu'il ait fallu réduire la colonne de liqueur type à 30^{mm}, la coloration du liquide sera de $\frac{30}{4} = 7{,}5$.

Tube compensateur. — Quelquefois la couleur des liquides à observer diffère beaucoup de la couleur type, et dès lors la comparaison devient très difficile ; dans ce cas, on remplit, avec le liquide. un tube de 50^{mm}, dit « *compensateur* » qu'on introduit dans la partie oculaire du tube d'observation devant la colonne de liqueur type ; et en même temps dans l'autre tube on regarde le liquide sous une épaisseur de 100^{mm} au lieu de 50^{mm}. Dans ces conditions, la couleur du liquide dans le tube compensateur modifie suffisamment la couleur de la liqueur type pour permettre une observation exacte ; et comme des deux côtés il faudrait soustraire une couche de 50^{mm}, l'observation ne demande pas même une correction.

Vino-Colorimètre Salleron. — Les colorimètres que je viens de décrire, indépendamment de leurs complications, ne donnent que l'intensité de la nuance, mais non sa nature (sauf le chromatomètre qui n'existe pas). La difficulté était de trouver un appareil qui déterminât en même temps l'intensité de la couleur et l'espèce de teinte. Le vino-colorimètre Salleron, tout en étant d'une grande simplicité, remplit admirablement le but proposé.

Les vins sont violets, rouge groseille ou pelure d'oignon, ou un mélange plus ou moins complet de ces trois teintes.

Il était donc très difficile de déterminer l'intensité et la nature de la nuance des vins si diversement colorés ; il fallait donc trouver une gamme des nuances propres aux vins ; c'est justement ce que Salleron a fait. Il a comparé les diverses variétés de vins rouges aux cercles chromatiques créés par Chevreul à la manufacture de tapis des Gobelins ; ces cercles contiennent des écheveaux de laine de toutes les nuances, classés et numérotés de façon à pouvoir les reproduire. Salleron a trouvé que les vins les plus violets atteignent le point de la gamme des couleurs franches nommé violet rouge et que les vins les plus passés, au point de vue commercial, descendent jusqu'au 3e rouge de la même gamme. Entre ces deux points extrêmes se trouvent 8 couleurs intermédiaires constituant la suite de la gamme Chevreul.

Ces dix couleurs sont : violet rouge — 1er violet rouge — 2e violet rouge — 3e violet rouge — 4e violet rouge — 5e violet rouge — rouge — 1er rouge — 2e rouge — 3e rouge.

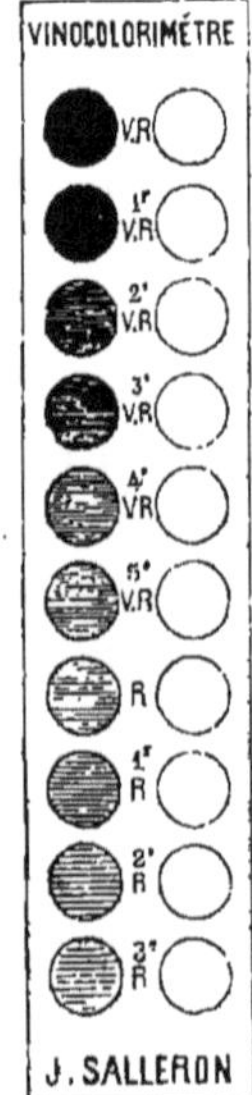

Fig. 79.
(Dujardin)

Ces dix couleurs forment la gamme vino-colorimétrique et correspondent au 7e ton des couleurs franches de Chevreul.

La gamme de Salleron (fig. 79) se compose de petits disques découpés dans des rubans de satin de soie reproduisant exactement l'un des numéros de la gamme ci-dessus. Ces rubans ayant été rigoureusement échantillonnés d'après les types des Gobelins, il est toujours facile de les reproduire. Ces petits disques collés les uns au-dessous des autres, sur une carte, constituent bien la série de la gamme des couleurs (V. R. veut dire : violet rouge, et R rouge). En face de chaque disque coloré se trouve un disque de la même étoffe non teinte.

Pour se servir de cette gamme, on pouvait employer les colorimètres ordinaires, mais leur prix étant très élevé et leur complication assez grande, Salleron a cherché à simplifier les appareils connus, tout en conservant une grande précision ; il est évident qu'il y est arrivé au-delà de ses souhaits, car il semble impossible d'obtenir un appareil plus simple et d'une plus grande facilité de manipulation.

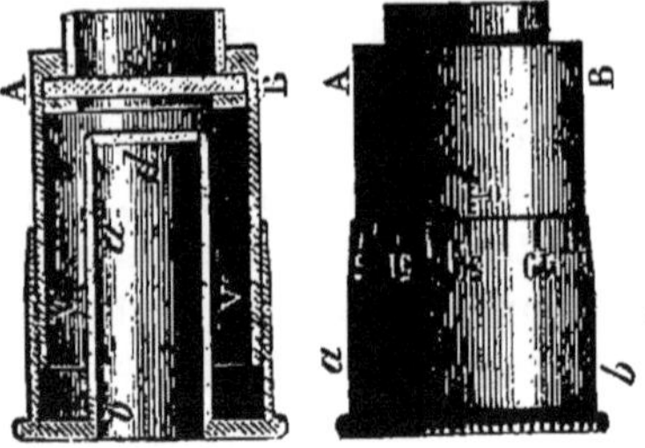

Fig. 80.
(Dujardin).

L'appareil se compose d'une petite lunette (fig. 80) formée d'un godet métallique à fond de verre, C, dans lequel entre un tube de même métal, *a b*, fermé lui-même par un disque de verre, d; l'écartement des deux verres est variable au moyen d'un pas de vis, de sorte qu'en versant du vin dans le godet extérieur, l'épaisseur de la couche vineuse interposée entre les deux verres est aussi variable. L'écartement des deux glaces s'obtient au moyen d'une vis métrique, ce qui permet de mesurer l'épaisseur de la couche liquide avec une très grande précision.

Cette vis a un pas de 1 millimètre, subdivisé en 100 parties ; l'unité de l'échelle est donc 1/100e de millimètre ; on peut ainsi, au moyen de la vis, mesurer l'épaisseur du liquide au centième de millimètre.

Cette lunette est fixée sur un petit support, S. (fig. 81) incliné à 45°.

Fig. 81.
(Dujardin).

Une seconde lunette semblable, B, dont les disques de verre sont fixes, est placée sur le même support à côté de la première et à une distance à peu près égale à celle de l'écartement des yeux.

Manipulation de l'appareil. — Dans la lunette à verres mobiles, ou *colorimètre,* on verse quelques centimètres cubes de vin ; on fixe l'appareil sur son support et l'on fait glisser sur ce dernier la gamme colorée, G. H. L'un des disques rouges se trouvera en face de la lunettes à verres fixes et l'un des disques de satin blanc en face du colorimètre, A ; de sorte qu'en regardant au travers des deux lunettes en même temps, on verra, l'un à côté de l'autre, deux disques colorés, dont l'un sera l'un des tons de la gamme, et l'autre un ton rouge formé par la couche vineuse colorant le satin blanc. Il faut se placer bien en face de la lumière du ciel, mais non au soleil; les conditions de vision sont ainsi les mêmes pour les deux disques.

Le plus souvent, le disque coloré par le vin ne ressemble pas au disque de la gamme ; il est trop violet ou trop rouge, trop clair ou trop foncé. Si la teinte du vin est trop intense, on enfonce le tube intérieur dans le vin, afin de diminuer l'épaisseur de la couche vineuse interposée entre les deux verres; l'intensité de la teinte diminue rapidement. Lorsqu'elle est à peu près égale à celle de la gamme, on juge mieux de la différence de teinte ; on fait alors glisser la gamme sous les lunettes et on trouve bien vite celui qui présente exactement la même nuance.

On amène alors les deux disques à la même intensité en relevant ou abaissant le tube *a b*, au moyen du pas de vis. Lorsque l'égalité est parfaite, le disque de la gamme donnera la nuance ou le *nom* de la couleur et les divisions du colorimètre indiqueront l'intensité.

Un écran conique, EE', (fig. 82) protège la vue de l'opérateur contre les rayons extérieurs et permet de voir avec beaucoup plus de facilité les moindres différences de teintes.

Fig. 82.
(Dujardin. — 60 fr.)

Cet appareil, dont les teintes ont pour base les rayons du spectre solaire, est absolument typique et invariable ; il est toujours possible de reproduire ces couleurs dans leur parfaite identité.

Classement des vins. — Lorsque les deux disques sont parfaitement identiques, on note le numéro du disque coloré de la gamme qui a servi de terme de comparaison ; soit le 5e violet rouge ; on lit ensuite l'indication de l'échelle : on compte d'abord sur la graduation de la capsule le nombre de traits qui se trouvent découverts ; supposons 2 ; on écrit 200, puis on cherche la division du couvercle qui se trouve en face du trait gravé sur la capsule ; soit 50 ; on ajoute et on lit 250. — On dira : ce vin a, comme couleur, 5e violet rouge 250 ; ce chiffre représentant la couche de vin, en millimètres, nécessaire pour arriver à l'intensité de la gamme des Gobelins ; or, plus la couche est épaisse, moins le vin est coloré et vice versa.

Pour obtenir le rapport qui existe entre la coloration de deux vins, on divise leurs épaisseurs l'une par l'autre.

D'après de nombreux essais faits par Salleron sur les échantillons livrés par les marchands de vins en gros, il a trouvé comme moyenne d'intensité de couleur le chiffre de 300, c'est-à-dire qu'il en fallait 300 millimètres pour égaler en intensité la gamme de l'échelle vino-colorimétrique. Il propose dès lors d'accepter comme *unité de couleur* le chiffre de 300. Il en résulterait qu'un vin ayant donné le chiffre 150 aurait 2 couleurs, 100. — 3 couleurs, etc.

On possède donc une base sérieuse et précise d'évaluer la couleur des vins et de se rendre un compte exact de sa valeur par une simple expression ; on comprendra la nature de cette couleur aussi facilement que l'on comprend les mesures métriques.

Le colorimètre donne des indications précieuses pour les coupages à faire et pour la recherche des coupages faits ; en effet, si l'on possède deux vins rouges de couleurs différentes que l'on veuille réunir de façon à obtenir une teinte donnée, il sera facile en évaluant la couleur de chacun des vins de faire la proportion indiquant la quantité de chaque vin à mélanger.

Les vins en vieillissant changent de couleur et d'intensité, parce que l'acidité diminue par la précipitation du bitartrate de potasse ; la couleur vire au jaune ; cette teinte pelure d'oignon s'accentue encore par l'oxydation de la matière colorante ; les vins vieux ont dès lors une opacité qui trompe sur leur couleur.

Il arrive que, à la tasse d'argent, des vins vieux paraissent plus colorés que les vins jeunes, tandis qu'au colorimètre ils donnent une intensité plus faible.

On détruit cette opacité en ajoutant au vin une goutte d'acide sulfurique : la teinte diminue dans la tasse, tandis qu'elle reste constante au colorimètre.

DOSAGE DU TANNIN

La colorimétrie n'a pour but que d'indiquer l'intensité de coloration des matières colorantes, mais elle ne donne pas leur poids. Les matières colorantes et le tannin ayant à peu près la même composition et les mêmes propriétés se dosent presque toujours en même temps.

Rien n'est moins sûr que le dosage du tannin dans les vins, les meilleurs procédés sont attaqués par divers chimistes, mais je ne connais pas une étude ayant pour but d'établir sûrement la valeur de tous les procédés de dosage du tannin.

Les deux procédés employés généralement aujourd'hui sont ;

1° Le procédé Carpene, modification Jean Pi, au moyen du tannate de zinc.

2° Le procédé Aimé Girard, par les cordes, ré, de violon.

Il y a quelques nouveaux procédés qu'il serait très bon de vérifier, notamment le procédé Charles Girard qui, s'il était exact, serait le plus simple.

Procédé de dosage par la gélatine. — Le procédé de dosage du tannin dans les vins est généralement abandonné aujourd'hui, on peut l'essayer avec les modifications de Fehberg, Fehling, Müller ou de Lehmann.

M. Meunier, de Sedan, a trouvé que 1 gramme de tannin pur absorbe un gramme 16 de gélatine. M. F. Jean a démontré (Note sur la Clarification des Moûts destinés à la fabrication des vins de Champagne, Paris, 1882) que les acides du vin dissolvent une certaine quantité de tannate de gélatine et que plus les vins sont acides, moins le tannate est sujet à se précipiter.

Ce procédé de dosage a été approuvé par Husson et Robinet, critiqué par Gautier et définitivement mis de côté par F. Jean.

Procédé Davy. — Davy est le premier qui ait indiqué l'emploi de la gélatine pour doser le tannin. Le vin est traité par la gélatine. Le précipité recueilli sur un filtre, lavé et pesé, contient en tannin 4/10e de son poids. Les résultats sont trop faibles, le précipité passant partiellement au travers du filtre.

Modification Fauré. — On prépare une solution de gélatine dans des proportions telles que 100 gr. de cette dissolution précipitent exactement 1 gr. de tannin dissous dans 100 ou 200 gr. d'eau distillée.

Pour opérer cette dissolution, on introduit 2 gr. de gélatine dans un ballon avec de l'eau froide, 500 gr. environ, on porte à l'ébullition, on filtre, on laisse refroidir et on dose.

On opère sur 100 ou 200 cc. de vin ; on pèse ou l'on mesure exactement la solution de gélatine, puis on la verse peu à peu dans le vin, en agitant continuellement avec une baguette de verre ; de temps en temps, on filtre une partie et l'on s'assure, à l'aide d'une légère solution de tannin, qu'il n'y a pas de gélatine en excès dans le vin. On arrête lorsqu'il se produit dans ce dernier cas le moindre trouble, en agitant fortement.

Avec un peu de pratique, on arrive à verser juste la quantité nécessaire de solution de gélatine. Une fois le tannin précipité, on pèse de nouveau le flacon de gélatine et du poids employé on déduit la somme de tannin qui a été précipité.

Calcul : Quantité de solution de gélatine précipitant 1 gr. de tannin : 1 gr. de tannin :: solution qui précipite 100 gr. de vin : x. — Si on emploie 100 ou 200 gr. de vin, le résultat est multiplié par 5 ou par 10 pour arriver au litre de vin.

M. Robinet emploie une liqueur de gélatine contenant 5 gr. de gélatine blanche par litre et il titre cette liqueur par une autre contenant 1 gr. de tannin pour un litre d'eau contenant 10 °/₀ d'alcool.

Modification Fehling. — C'est une simple modification du procédé précédent, indiquée par Fehling en 1854. Les solutions de tannin doivent être récentes. On prend un verre d'un très petit diamètre, ouvert à ses deux bouts ; on ferme l'un d'eux par un morceau de toile serrée, fixée solidement à l'aide d'un double fil, et on plonge le tube dans la liqueur trouble par l'extrémité fermée et on aspire de l'autre le liquide filtré limpide, et sur cette portion on peut voir si on a atteint ou dépassé le terme de la précipitation.

Modification Müller (1859). Elle a pour but de rendre l'opération plus rapide : 5 gr. 22 de colle forte de bonne qualité sont dissous dans 170 gr. 5 d'eau distillée à l'aide du bain-marie ; on y ajoute ensuite 1 gr. 305 d'alun en poudre et on conserve la solution dans un flacon bien bouché, à l'abri de la lumière. L'alun accélère la formation du tannate de gélatine.

Modification Fehberg. — On fait une solution normale de gélatine composée de 10 gr. de gélatine et 3 grammes d'alun par litre.

Cette liqueur est titrée au moyen d'une solution de tannin, contenant 2 gr. de tannin par litre. On juge que la réaction est terminée, lorsqu'une prise d'essai enlevée à la liqueur claire et placée dans un verre de montre ne se trouble pas sensiblement par la gélatine ou le tannin.

En suivant les prescriptions de Fauré, ce procédé donne des résultats pratiques.

Schulze a proposé l'emploi du sel ammoniac pour obtenir le même résultat.

Modification Lehmann (1881). — Il dit que le liquide à titrer doit renfermer de 0.2 à 0.6 de tannin pour 100 à 200^{cc}, additionné de son volume de sel ammoniac en solution saturée. On fait d'autre part une solution contenant 1 gr. de gélatine dans 100^{cc} d'eau saturée de sel ammoniac. Ce procédé, joint à celui de Müller, est assez bon.

Par les *peaux* on a essayé depuis longtemps de doser le tannin des vins, car celles-ci peuvent absorber le tannin, mais en même temps elles absorbent l'acide pectique, les matières colorantes, etc. ; ce moyen est donc inexact.

Procédé Pédroni fils. — Il emploie le tannomètre, fondé sur les propriétés que possèdent les sels solubles d'antimoine de former avec le tannin un précipité de tannate insoluble, sans se combiner aux autres substances.

La liqueur d'épreuve contient 1^{gr}402 d'émétique dans 1 litre d'eau distillée ; elle sature exactement 2 gr. de tannin. On verse cette solution dans le vin jusqu'à ce qu'il ne se produise plus de trouble.

Procédé Hantke (1861). — On fait une solution titrée d'acétate de fer, à 1140 ou 1145 de densité ; à 16 gr. de ce liquide, on ajoute 8 gr. d'acide acétique concentré, 16 gr. d'acétate de soude cristallisé et de l'eau distillée pour faire 1 litre. Le tannate de fer se précipite facilement, dit-il. (Hammer, 1861 ; Muntz et Ramspacher, 1874.)

Procédé Fleck. — Il emploie l'acétate de cuivre ; celui-ci précipitant les résines et les matières albuminoïdes, donne des résultats plus ou moins erronés.

Pribam (1867) et *Schmidt* (1874) emploient l'acétate de plomb et le noir animal.

Persoz a préconisé l'emploi du chlorure d'étain et du sel ammoniac.

Mittenzwei 1865 et *Terreil* 1874, s'appuient sur la quantité d'oxygène libre absorbé par le tannin en présence d'un alcali. Ce procédé, d'une manipulation délicate, est généralement condamné.

Prudhomme a proposé l'emploi de l'hypochlorite de chaux en présence d'un peu de vert de méthyle.

Camaille, 1865, dose le tannin par l'acide iodique.

Procédé Wagner (1866). — Il est basé sur la propriété que possède la cinchonine de précipiter le tannin à l'état de tannate de cinchonine. On prend 4gr253 de sulfate neutre de cinchonine pour un litre d'eau distillée, et on colore cette solution par une addition de 0gr 10 d'acétate de rosaniline. 1cc de solution précipite 0gr01 de tannin. On ajoute à la solution 0gr50 d'acide sulfurique, lequel favorise le dépôt du tannate en augmentant son insolubilité. Ce procédé est peu pratique, car il est difficile de bien saisir la fin de l'opération.

Procédé au Permanganate de Potasse. — *Procédé Monier.* — Monier est le premier qui appliqua le permanganate de potasse au dosage du tannin; le permanganate de potasse transforme le tannin et ses dérivés en eau et en acide carbonique; cette réaction se prononce dans une liqueur contenant 1 millionième de tannin. Les acides malique, citrique, tartrique, acétique, la dextrine et les gommes en solutions étendues ne sont pas oxydées; mais d'autres substances agissent sur le caméléon; par exemple les sucres, quoi qu'en dise Baudrimont, attaquent le caméléon (permanganate de potasse) et le décolorent. Des essais que j'ai faits sur cette question m'ont démontré que les divers sucres décolorent le caméléon. Le sucre cristallisable est celui qui a le moins d'action; vient ensuite le glucose, puis le lévulose, dont l'action est très sensible.

Monier n'a pas appliqué son procédé aux vins.

Modification Lowenthal. — Ce procédé repose sur la propriété que possède le permanganate de potasse de décolorer l'indigo, lorsqu'il n'y a plus d'autres substances pouvant être réduites par lui. Le tannin n'étant pas le seul corps qui agisse sur ce sel dans le vin, par exemple, l'alcool, la glycérine et tous les corps avides d'oxygène, ce procédé n'est plus exact, quoiqu'il donne d'excellentes indications pour les mélanges de tannin et d'eau.

Modification F. Jean. — Par un tour de main habile, M. F. Jean a trouvé le moyen d'éliminer, en partie, l'erreur causée par les matières organiques du vin ayant la même action que le tannin. Mais à la suite de nombreux essais dans lesquels j'ai trouvé des différences très sensibles, ce procédé, qui a eu un grand emploi, a été abandonné.

On se sert de quatre solutions : 1° une dissolution d'indigotine pure contenant 10 gr. de carmin sulfurique par litre d'eau distillée; 2° une dissolution récente de tannin pur dans l'eau distillée, 1 gr. par litre; 3° une solution de 1 gr. de colle de poisson, en lyre, par litre d'eau distillée, préparée et filtrée au moment de s'en servir; 4° une dissolution de permanganate de potasse préparée, à l'eau distillée, de manière que 5 à 10cc de cette solution soient réduits par 10cc de liqueur de tannin.

La liqueur d'indigo est titrée par le permanganate que l'on verse dans 10cc d'indigo jusqu'à couleur orangée; les 10cc d'indigo étant étendus dans 2 litres d'eau. La dissolution de tannin est titrée de la même manière; on verse dans 2 litres d'eau 10cc de liqueur de tannin et 10cc d'indigo et on traite par le permanganate jusqu'à couleur orangée; du chiffre trouvé, on déduit celui trouvé précédemment pour l'indigo. Pour doser le tannin du vin, on en mesure 10^{cc} que l'on verse dans le bocal de 2 litres avec 10^{cc} de liqueur d'indigo et on traite par le permanganate ; on obtient ainsi la somme des matières réductrices. D'autre part, on colle du vin avec la colle de poisson : 20^{cc} de vin, 10^{cc} de colle, 10^{cc} d'eau, au bout de 24 h., on filtre, et sur 20^{cc} de ce liquide égalant 10^{cc} de vin on agit au moyen du permanganate qui donne le chiffre des matières réductrices autres que le tannin. La différence entre les deux chiffres trouvés donne le tannin.

J'ai trouvé qu'en traitant ainsi des vins de Saumur naturels et en y ajoutant un poids connu de tannin pur, on ne retrouvait plus la somme, tannin ajouté plus tannin préexistant ; sans doute par suite de la dissolution du tannate de gélatine.

Modification Neubauer. — Il opère la réduction du permanganate sur le vin seul, puis sur le vin traité par le noir animal et filtré. Le noir animal retenant le tannin, la différence donnera la quantité de tannin.

Mais le noir animal absorbant d'autres substances que le tannin, ayant une action sur le permanganate, il s'ensuit que ce procédé est inexact.

Modification Pouchet (1876). — Il s'appuie sur la propriété du caméléon d'oxyder le tannin à froid en présence d'un alcali ; la couleur violette se change en beau vert émeraude.

Modification Grassi. — Les vins sont précipités par l'eau de baryte ; puis le précipité est chauffé par du chlorhydrate ou du nitrate d'ammoniaque et filtré à nouveau : le tannate de baryte seul ne se dissout pas, on le décompose par l'acide sulfurique étendu. Dans la liqueur filtrée on dose le tannin au moyen de la solution de caméléon titrée.

Modification Carpene (1876, J. de Ph. et Ch., t, 23, p. 492). — On précipite le vin par l'acétate de zinc dissous dans un excès d'ammoniaque. Le tannate de zinc est insoluble dans l'eau, l'ammoniaque, et un excès d'acétate de zinc, tandis que les autres sels de zinc s'y dissolvent. On lave le précipité à l'eau bouillante ; on le reprend par l'acide sulfurique et on dose le tannin par la solution de caméléon.

Perfectionnement Jean Pi. — M. Jean Pi, capitaine de frégate en retraite, savant chimiste vinicole de Perpignan, préfère ce procédé à tous les autres, il est vrai qu'il l'a rendu très pratique. Il le trouve très simple, pas long et donnant des résultats qui concordent d'une façon surprenante. Le tannate de zinc qui se dépose est accompagné d'autres substances, mais qui étant sans action sur le caméléon, ne gênent en rien les réactions.

Voici comment il opère : Il prépare d'abord trois solutions : 1° *Une solution d'acétate de zinc ammoniacal* : On prend un flacon de 1/2 litre, on y pèse 425 gr. d'eau de fontaine et on y met 5 gr. d'acétate de zinc, l'eau est saturée ; on filtre au bout de 1 heure ; on obtient 422^{cc} que l'on verse dans une carafe ; puis on ajoute de l'ammoniaque peu à peu : il se forme un trouble qui disparaît lorsqu'on a versé 18^{cc} d'ammoniaque, on en ajoute encore 15^{cc}, soit 3,5 % environ. On obtient ainsi 455^{cc} de solution contenant 5 gr. d'acétate de zinc.

Jean Pi a trouvé, à la suite de nombreux essais, que 1 de tannin correspondait à 0,6 d'acétate de zinc.

La solution contient 0gr011 d'acétate par centimètre cube, donc 0gr90 de tannin égale 2cc75 de solution d'acétate ; et comme, d'après Carpene, il faut un grand excès, il en verse 6cc pour 0gr 05 de tannin.

Soit 4 gr. de tannin dans un litre de vin. — 10cc de ce vin contiendront 0gr040 ; il faudra donc prendre 5cc de solution d'acétate.

M. Salleron indique une autre manière de faire :

Dans un ballon jaugé de 200cc, on fait dissoudre 4gr5 d'acétate de zinc cristallisé, dans un peu d'eau distillée et on ajoute de l'ammoniaque jusqu'à redissolution du précipité (environ 30cc), puis on complète le volume à 200cc avec de l'eau distillée. Ce liquide se conserve très bien en flacon bouché.

5cc de la solution = 0gr1125 d'acétate de zinc.

1 de tannin correspond à 0.6 d'acétate.

Les 5cc correspondent donc à 0gr1875 de tannin.

2° *Une solution de permanganate de potasse,* d'après Lowenthal. — Il a trouvé que 0gr010 de tannin pur décolorent 0gr00558 de permanganate ; donc 0gr001 de tannin type demandent 0gr000558 de ce sel. On fait donc cette solution à 0gr558 ou 0gr56 par litre — 1cc de cette solution égale 0gr001 de tannin pur. Cette solution se conserve fort bien ; dès qu'elle change de titre, on s'en aperçoit au dépôt qui se forme au fond du vase et sur ses parois. On en fait une nouvelle.

3° *Une solution de carmin d'indigo.* — Le carmin d'indigo n'est pas assez pur ; on prend 0gr70 d'indigotine pure (sublimé) on les met dans un flacon bouché à l'émeri, d'environ 30cc, on ajoute 15 gr. d'acide sulfurique monohydraté pur et on laisse le tout en digestion pendant 7 jours, en agitant de temps en temps. On verse le sulfate d'indigo formé dans une carafe jaugée de 500cc, on remplit d'eau et on filtre.

On titre cette solution avec la liqueur de permanganate. Le titre obtenu, on ajoute de l'eau à la liqueur d'indigo de manière à ce que 10cc de cette solution correspondent à 8 ou 10cc de liqueur de caméléon.

Comme le titre de cette liqueur change, il faut prendre le titre à chaque nouvelle série d'opérations ou de changements dans la nature de l'eau ajoutée.

Il est inutile de faire une solution de tannin pur pour doser le permanganate, les essais de M. Jean Pi ayant été très sérieux et le sel de potasse ayant une composition bien définie. Cependant, si on veut le faire, il faut se procurer du tannin pur de Grandval, de Reims, extrait par l'éther et desséché dans le vide ; la liqueur doit être faite pour chaque essai ou série d'essais, car elle s'altère très vite.

On pèse 1 gr. de tannin, pour un litre, on ajoute un peu d'alcool pour le dissoudre et on complète avec de l'eau : 1cc = 0gr001 de tannin.

Titrage de la solution d'indigo. — Dans un bocal de 2 litres, V, (fig. 83), on verse 10cc d'acide sulfurique monohydraté et 10cc de liqueur d'indigo, mesurés tous deux avec des pipettes ; et on remplit le bocal d'eau filtrée jusqu'au trait, 2 litres. Le bocal est posé sur la tablette de faïence blanche S du support de la burette, placé devant une fenêtre bien éclairée. On verse alors le permanganate, dont on a rempli la burette, goutte à goutte, en agitant constamment le liquide du bocal ; ce dernier, de bleu qu'il était, devient vert et enfin jaune, sans trace de vert, point où l'on s'arrête ; la réaction est terminée et à ce moment le jaune ne fait qu'augmenter de plus en plus. Il faut faire plusieurs essais pour se bien fixer dans l'œil cette teinte que l'on obtient en prenant toujours le même éclairage.

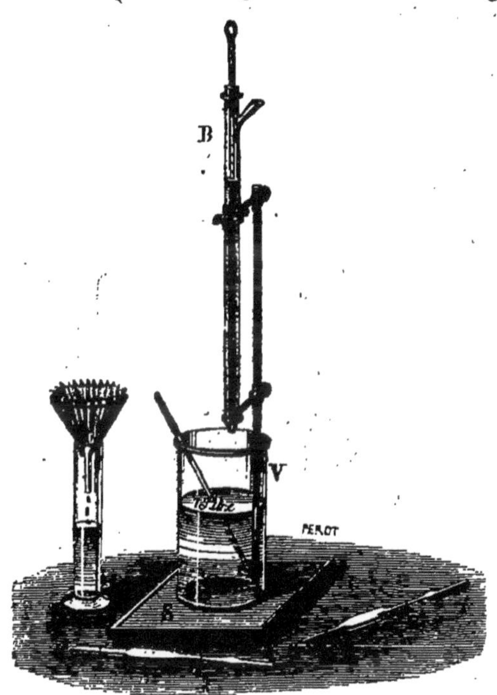

Fig. 83
(Dujardin. — 30 fr.).

La réduction du permanganate demande un certain temps ; il ne faut pas le verser trop vite dans l'indigo, mais il faut attendre que la teinte verdâtre ne change plus avant de verser d'autre permanganate.

Il faut ordinairement verser 10^{cc} à $10^{cc}5$ de liqueur de permanganate de potasse pour 10^{cc} de liqueur d'indigo ; si on versait plus de la première liqueur, c'est que la seconde serait trop concentrée ; dans ce cas, il faudrait la diluer avec de l'eau distillée pour la ramener à peu près vers $10^{cc} = 10^{cc}$ de permanganate. Pour opérer cette dilution, on opère de la façon suivante : Supposons que dans l'essai nous ayons versé $13^{cc}5$ de liqueur de permanganate pour 10^{cc} de liqueur d'indigo, nous avons : $1^{cc}35$ de permanganate $= 1^{cc}$ d'indigo ; si à 1^{cc} d'indigo on ajoute $0^{cc}35$ d'eau, on aura : $1^{cc}35$ de permanganate $= 1^{cc}$ d'indigo $+ 0.35$ d'eau $= 1^{cc}35$; on prendra donc 100^{cc} d'indigo et on ajoutera 35^{cc} d'eau et on titrera à nouveau.

Dosage du tannin du vin. — On prélève un échantillon du vin filtré et on en mesure 5 ou 10^{cc} selon qu'il est plus ou moins riche en tannin : la dose de vin doit fournir environ 10^{cc} de permanganate versé.

Le vin mesuré est versé dans une capsule de porcelaine de 84 mm. de diamètre et on y ajoute 5^{cc} de la solution d'acétate de zinc, on mélange les deux liquides et on obtient une couleur jaune brun ; si la couleur ne se modifiait pas, on ajouterait quelques gouttes d'ammoniaque. La capsule de porcelaine C (fig. 84) est portée sur le bain-marie A, afin d'évaporer la plus grande partie du liquide ; cette évaporation doit se faire lentement, en agitant seulement de temps en temps. Quand le volume du vin est réduit au moins aux 2/3, on porte la capsule au-dessus d'un petit bec de gaz, on remplace le liquide évaporé par de l'eau et on fait bouillir doucement pendant une minute ; on verse alors le tout sur un filtre de façon à ne pas perdre une seule trace du précipité qu'on lave à l'eau bouillante, au moyen de la pissette P ; il ne faut pas moins de 1/4 de litre pour ces lavages.

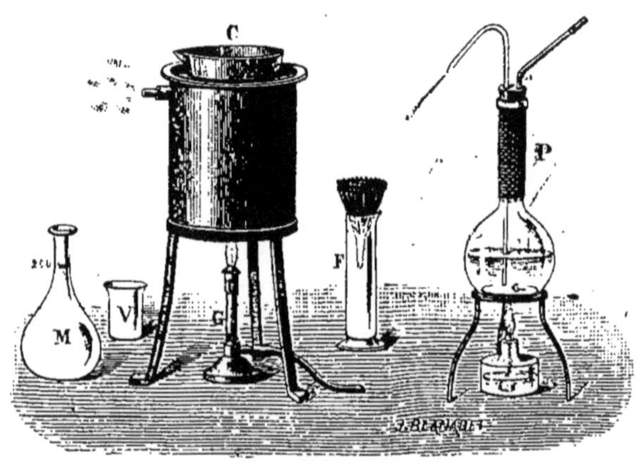

Fig. 84.

(Dujardin. — 36 fr.).

On laisse s'égoutter le filtre, et quand il est assez sec pour qu'on puisse l'enlever de l'entonnoir sans crainte qu'il se brise, on le soulève et on le plonge dans le bocal contenant de l'eau à une hauteur de quelques centimètres. On mesure 10^{cc} d'acide sulfurique dont on verse une petite partie dans la capsule qui a retenu un peu de tannate de zinc, et le reste dans le bocal ; on agite alors le liquide dans le bocal jusqu'à dissolution du tannate de zinc. On remplit le bocal jusqu'au trait 2 litres avec l'eau filtrée (toujours la même), et fait couler doucement, goutte à goutte, la liqueur de permanganate jusqu'à la disparition de toute trace de vert.

Du chiffre de liqueur de permanganate trouvé on déduit celui qui correspond aux 10^{cc} de liqueur d'indigo, on a le chiffre correspondant au vin, or, comme on sait que chaque centimètre cube de liqueur manganique égale 1 milligr. de tannin, on peut donc calculer la proportion par litre.

Il y a une correction à faire à cause des pertes qui ont lieu pendant l'analyse par suite des lavages. La moyenne d'un grand nombre d'expériences synthétiques et analytiques a donné à M. Salleron une perte de 0.07 sur 1 gr. pour l'emploi de 10^{cc} de permanganate, ce qui amène à faire le calcul suivant :

$$\text{Tannin trouvé en milligr.} \times 1.07 \times \frac{\text{nombre de centim. c. de permanganate}}{10}$$

Modification Barillot (1889, Manuel de l'analyse des vins). — Il prépare l'acétate de zinc ammoniacal d'après la formule Salleron.

Dans 50^{cc} de vin tiède on verse 20^{cc} de liqueur d'acétate et on laisse déposer ; on filtre sur un papier Berzelius taré, lave avec de l'eau à la température de 30°, légèrement additionnée d'ammoniaque, sèche le filtre dans le vide puis à 100° et pèse.

L'augmentation de poids donne le poids du tannate et autres combinaisons de zinc. Le filtre est placé dans une capsule mouillée avec de l'acide azotique, incinéré et pesé. La différence entre le poids primitif et le poids de l'oxyde de zinc obtenu en second lieu donne le poids des matières astringentes contenues dans le vin mis en expérience.

Procédé Aimé Girard. — Les essais de tannin par les peaux eussent été très pratiques s'ils eussent été exacts ; mais comme les peaux sont plus ou moins mal préparées, les résultats varient beaucoup. M. Aimé Girard a pensé que si l'on pouvait se procurer une substance analogue et parfaitement homogène, on aurait là un procédé simple et exact.

Il a trouvé les propriétés voulues dans la corde nommée *ré de violon* (préparée par Thibouville et Lamy) avant son polissage à l'huile. Cette corde est formée de cinq boyaux de mouton purifiés et blanchis. On réunit quatre ou cinq cordes, on en coupe des fragments dont on pèse 1 gr. pour en doser l'eau par dessiccation. On en pèse ensuite 3 gr. pour les vins faibles et 5 gr. pour les vins chargés ; cette quantité pesée est mise à tremper dans l'eau pendant quatre ou cinq heures ; les boyaux se gonflent et peuvent se détordre à la main ; on sépare ainsi les cinq boyaux et on les plonge dans 100^{cc} du vin à essayer. (Si le vin est trop chargé on l'étend d'eau). Au bout de 24 heures en général, 48 heures au plus, le vin se modifie et la matière colorante disparaît.

Lorsque l'addition du perchlorure de fer n'indique plus la réaction du tannin dans le vin, on lave à deux ou trois reprises les fragments de cordes, et on dessèche à 40 ou 45° dans un vase plat ; puis, quand ils ont perdu toute propriété d'adhésion, comme la matière est très hygroscopique, on les loge dans un flacon bouché à l'émeri, où la dessiccation est achevée à une température qui ne doit pas dépasser 100 à 102°.

L'augmentation de poids de la substance, calculée à l'état sec, d'après le poids de l'eau contenue, trouvée par la dessiccation du gramme de corde, donne la proportion d'œnotannin et de matière colorante contenus dans le vin.

Exemple : On a pris 4 gr. de corde à boyau contenant 5 °/° d'eau d'après l'essai d'humidité fait à part sur un gr. de la substance. Ces 4 gr. plongés dans le vin, desséchés et pesés, ont donné 4 gr. 10.

Les 4 gr. de cordes contiennent 5 °/° d'eau, soit 0 gr. 20 ; le poids des cordes sèches est donc de 3 gr. 80. Après l'opération les cordes pesant 4 gr. 10, il y a donc augmentation de 0 gr. 3 pour 100cc de vin. Ce vin contient donc 3 gr. de tannin et de matière colorante par litre.

Des expériences répétées sur un grand nombre de vins ont permis à M. Aimé Girard de reconnaître à ce procédé une remarquable simplicité d'exécution en même temps qu'une précision supérieure à celle des procédés proposés jusqu'ici pour atteindre ce but. (Comptes Rendus de l'Académie des Sciences, juillet 1882).

Je ferai une simple observation : dans la réaction du perchlorure de fer indiquée plus haut pour voir si le vin ne contient plus de tannin, il faudra voir si le vin ne contient pas d'acide salicylique qui cacherait cette réaction.

Procédé Roos, Cusson et Giraud (Journal de Ph. et Ch. 1890, Janvier 15). On prépare une solution d'acide tartrique à 10 °/° et on sature par l'ammoniaque jusqu'à faible réaction alcaline ; on y ajoute une solution d'acétate neutre de plomb tant que le précipité se redissout dans la liqueur, on filtre.

Cette solution précipite complètement le tannin des vins.

On la titre avec du tannin pur en solution de 5 gr. par litre. On verse 25cc de la solution de tannin dans un verre et on ajoute 4 ou 5 gouttes d'ammoniaque. On fait un premier essai rapide. On verse dans la solution de tannin la liqueur d'acéto-tartrate de plomb ammoniacal au moyen d'une burette graduée de 2 en 2 centimètres cubes ; à chaque ajoute on prélève avec une baguette de verre une goutte que l'on dépose sur une double feuille de papier Berzélius. Le précipité adhérant à la baguette reste sur le papier au point touché tandis que le liquide s'étend autour et gagne la feuille placée dessous. Dans le voisinage immédiat de la tache on verse une goutte de sulfure de sodium, le tannate de plomb forme une couche à couleur très nette qui se fonce au contact du sulfure de sodium, mais ne s'entoure d'une auréole brune qu'au moment où tout le tannin est précipité ; dans ce cas la tache de la feuille sous-jacente noircit au contact du sulfure de sodium.

On fait une deuxième opération en versant 0cc2 à chaque fois et en essayant l'effet du sulfure de sodium.

Pour doser le tannin du vin on en rend légèrement alcalin 25cc par l'ammoniaque et l'on opère comme ci-dessus.

Les vins traités par la peau animale fraîche ou la fibrine ne précipitent plus par le réactif plombique.

Ce procédé assez simple excita l'attention des chimistes, malheureusement M. Nicolle démontra (Journal Ph. et Ch., 1891, t. 24, p. 150) qu'en même temps que du tannate de plomb il se précipite du phosphate. Les phosphates seuls donnent un précipité dans le réactif. Tous les précipités obtenus dans les vins contiennent de l'acide phosphorique qui est accusé par le molybdate d'ammoniaque.

Un vin qui n'avait pas subi le phosphatage pour 0gr729 de précipité plombique renfermait 3.7 % de phosphate, soit 0.027 ; les résultats sont donc trop forts.

Procédé Charles Girard. — Ce procédé est très expéditif. On sature 10cc de vin par un alcali jusqu'à ce que l'acidité restante soit de 3 gr. en acide sulfurique par litre. On ajoute 1cc d'acétate de soude à 40 %, puis goutte à goutte, tant qu'il se forme un précipité, une solution de perchlorure de fer à 10 % ; dont une goutte équivaut environ à 5 centigrammes de tannin par litre.

Ce procédé mérite d'être étudié, car s'il est exact, ce serait le plus simple de tous.

Procédé Gautier. — L'œnotannin, ou tannin des vins, et la matière colorante ne sauraient être confondus, quoique ces deux substances aient la plus grande analogie.

La substance à laquelle le vin doit sa couleur se comporte comme une substance tannique, et la plupart des méthodes de dosage de l'œnotannin ne permettent pas de les séparer ; la gélatine, l'acétate de zinc ammoniacal, etc. précipitent les deux substances, au moins en partie, et les confondent dans le dosage.

A 200cmc de vin placés dans un flacon de volume double, on ajoute 3 gr. de carbonate de cuivre bien pulvérisé ; on agite vivement et on achève de remplir le flacon avec de l'alcool à 86° et on abandonne le tout au repos durant 24 heures.

Dans ces conditions l'œnotannin est précipité entièrement à l'état d'œnotannate de cuivre insoluble. La matière colorante paraît aussi s'unir à l'oxyde de cuivre, mais elle reste insoluble.

On sépare par décantation et filtration le précipité cuprique que l'on lave à l'eau alcoolisée et bouillie, tant que les liqueurs sont colorées. Le filtre et son précipité sont introduits dans un long flacon de 150cmc, jaugé et portant un trait indiquant 30cmc, rempli au préalable d'oxygène (l'air suffit) ; on verse dans ce flacon de l'eau contenant 10 % d'ammoniaque liquide jusqu'à affleurer au trait indiquant 30cmc. On bouche exactement et rapidement, et on place le flacon sous l'eau où on agite de temps en temps. L'œnotannate de cuivre se dissout et absorbe une quantité d'oxygène proportionnelle à son poids. Au bout de 24 heures, on ouvre le flacon sous l'eau et l'on constate en terminant le remplissage du flacon avec une burette jaugée, quelle quantité de gaz il reste et, par conséquent quelle est celle qui a été absorbée et qui est proportionnelle à l'œnotannin. La même expérience étant faite comparativement avec une solution titrée de tannin mis en présence d'ammoniaque, on a en équivalent de tannin de noix de galle la quantité d'œnotannin contenu dan le vin analysé.

Cette méthode, qui peut être exacte entre les mains d'un chimiste habile, est longue et sujette à bien des erreurs entre les mains d'un expérimentateur ordinaire. Et je ne vois pas bien la nécessité de se livrer à un travail si compliqué et si long pour trouver le tannin *seul* lorsqu'on ne possède pas de données exactes sur la quantité normale de tannin contenue dans tous les vins, et que, dans la pratique du collage, le tannin et les matièree colorantes agissent sur la colle comme dans les autres procédés d'analyse.

Gautier ne donne aucun chiffre pour le tannin des vins ; Robinet indique pour les vins blancs la dose de 0,60 à 70 et J. Brun 0,2 à 0,6 pour les vins blancs, et 0,8 à 1,3 pour les vins rouges ; tous ces essais ayant été faits à la gélatine.

Du reste, la matière colorante est une sorte de tannin différent de l'œnotannin, de même que celui-ci diffère du tannin ordinaire. Ce procédé n'a donc qu'un intérêt scientifique, mais rien de pratique.

Deuxième procédé Gautier. — On évapore dans le vide, au moyen de la trompe ou au bain-marie, dans un courant continu d'acide carbonique pur, 200^{cmc}. de vin. On reprend le résidu sec à plusieurs reprises par de l'éther à 56°, qui enlève l'œnotannin et touche à peine aux matières colorantes. On évapore la solution d'éther, on reprend par l'eau et on dose le tannin par les méthodes ci-dessus.

Procédés Ferdinand Jean. — *Dosage de l'œnoline et de l'œnotannin dans les Vins.* (Comptes Rendus, 1881, décembre 5.)

En 1876, M. F. Jean avait constaté que le tannin, en présence d'un alcali carbonaté, absorbe l'iode avec une grande facilité et proportionnellement à son poids. La solution d'iode se compose de 4 grammes d'iode pur dissous à l'aide de 8 grammes d'iodure de potassium dans l'eau distillée, pour faire 1 litre.

10^{cc} d'une solution de tannin, au millième (0^{gr}01), additionnés de 2^{cc} de lessive alcaline (25 °/₀ de carbonate de soude), forment la liqueur type dans laquelle on fait tomber goutte à goutte, dans la solution d'iode, jusqu'à ce qu'une goutte du mélange bleuisse l'empois d'amidon pur. C'est ce procédé que M. Ferdinand Jean a appliqué aux vins.

Ayant titré la solution d'iode, on détermine la quantité d'iode absorbée par 10^{cc} de vin, puis, d'autre part, par le tannin seul, on a donc la quantité d'iode absorbée par le vin ; il ne reste plus à savoir quelle est la quantité d'iode absorbée par l'œnoline pure pour calculer le poids de cette dernière.

Dans un tube d'essai, on verse 10^{cc} de solution alcoolique d'œnoline contenant 0^{gr}01 d'œnoline ; dans le 2e tube d'essai on verse 10^{cc} de vin, puis on ajoute dans la solution d'œnoline de l'alcool saturé de crème de tartre ; on amène les deux tubes au même degré colorimétrique ; on calcule donc la quantité d'œnoline, en couleur.

Dans un gobelet de verre, jaugé à 50^{cc}, on introduit 10^{cc} de vin que l'on additionne de 3 à 4^{cc} de bicarbonate de soude saturé, à l'aide d'une burette graduée on verse la solution iodée jusqu'à ce qu'une goutte portée sur un papier amidonné le bleuisse (tache grisâtre avec zone bleue). On ajoute de l'eau distillée jusqu'au trait de jauge et on continue à verser l'iode jusqu'à la zone bleue (on fait la correction de ce qu'il faut verser d'iode dans 50^{cc} d'eau et de bicarbonate pour arriver à cette teinte bleue) ; d'après l'iode versé, on calcule la quantité de tannin total. Pour l'œnotannin, on prend 100^{cc} de vin que l'on met dans une allonge à robinet avec quelques gouttes d'acide chlorhydrique et 100^{cc} d'éther, on agite et laisse reposer, fait écouler le vin, recueille l'éther qui tient en dissolution l'œnotannin ; il ne faut pas entraîner la couche intermédiaire entre l'éther et le vin ; on traite à nouveau par l'éther que l'on recueille également ; on fait évaporer l'éther, traite le résidu par l'eau et fait 100^{cc} dont on prend 10^{cc} pour le titrer par l'iode. On a le tannin du vin et, par différence, l'œnoline.

Supposons qu'aux 10^{cc} de liqueur d'œnoline il ait fallu ajouter 9^{cc} d'alcool pour arriver à la teinte du vin, on aura donc : 19^{cc} de vin renfermant 0,01 d'œnoline, un litre en contiendra 0,526. D'autre part, le vin a donné 1^{gr}027 de tannin total et 0,175 de tannin pur ; il reste donc pour l'œnoline 0,852 : donc 0,526 d'œnoline correspondent à 0,852 de tannin, ou 100 de tannin égalent 61,7 d'œnoline.

Dosage de la matière colorante. — Il a employé, pour séparer la matière colorante des vins, le procédé indiqué par M. Mounet, par le sulfure d'arsenic, en modifiant ce procédé.

250^{cc} de vin concentré par cette évaporation et sans ébullition, de façon à faire environ 100^{cc}, sont rendus légèrement alcalins par l'ammoniaque, puis agités énergiquement avec du sulfure d'arsenic précipité. On filtre et on lave à l'eau distillée. Le liquide filtré est alors rendu acide par l'acide acétique qui détermine la précipitation du sulfure d'arsenic dissous par l'ammoniaque ; on filtre et on lave le précipité ; le liquide fitré est jaune clair.

Le sulfure d'arsenic, resté sur les deux filtres, est mis à digérer au bain-marie dans un gobelet de verre avec de l'alcool à 36°, acidifié par l'acide acétique ; on filtre et on lave à l'alcool chaud jusqu'à ce que toute la matière colorante soit dissoute. La solution alcoolique, évaporée dans une capsule à extrait tarée, laisse la matière colorante que l'on pèse après dessiccation à 105°.

Dosage de l'œnotannin. — Concentrer 250^{cc} de vin environ à 100° Agiter avec un excès de sulfure d'arsenic récemment précipité, filtrer, laver. Concentrer jusqu'au volume de 50^{cc}, ajouter 10 gr. silice, 20 gr. sulfate de baryte, sécher à 100°. Pulvériser la masse et l'épuiser par l'éther sulfurique chaud. Evaporer l'éther et dissoudre le résidu dans un peu d'alcool.

Peser exactement 1 gr. de peau en poudre, préalablement lavée à l'alcool et séchée à 100°, en faire une pâte épaisse en l'imbibant avec quelques gouttes d'eau distillée, puis laisser macérer 1/4 d'heure avec l'extrait alcoolique. Filtrer sur un carré de batiste sec et taré, laver à l'alcool, comprimer légèrement pour chasser l'excès de liquide, sécher au bain-marie, puis à l'étuve à 100° jusqu'à poids constant. L'augmentation de poids subie par la peau $\times$ 4 donne la quantité d'œnotannin contenue dans un litre de vin.

Le liquide alcoolique séparé de la peau peut servir à doser l'acide œnogallique.

ACIDE ŒNOGALLIQUE

Lorsque le moût séjourne trop longtemps sur les rafles, le vin contient de l'acide gallique.

Les vins mélangés de cidre, de sucs de sureau et de mûres en renferment également.

Les vins des Grisons (Suisse) qui séjournent sur les marcs en ont une certaine proportion.

L'acide gallique dérivant du tannin, il n'est pas étonnant si le vin en contient un peu.

Recherche de l'Acide Œnogallique. — Sa présence se démontre en enlevant au vin son tannin et une forte partie de sa matière colorante, par l'ébullition avec de la gélatine ou de la colle de poisson, l'étendant d'eau, filtrant et ajoutant du sesquichlorure de fer. En présence de l'acide gallique, il se produit une couleur vert brunâtre qui à l'air devient violette et finit par se déposer en flocons noirs.

On peut encore déceler cet acide libre avec plus de précision, en traitant par l'alcool l'extrait du vin, évaporant cet alcool et dissolvant dans l'eau le résidu qu'il laisse. Cette liqueur est rendue acide par les acides tannique et gallique. Elle est portée à l'ébullition avec de la gélatine pour en précipiter le tannin, puis filtrée. C'est dans cette liqueur qn'on reconnaîtra l'acide gallique, soit par le perchlorure de fer, soit par l'eau de chaux qui donnera un bleu violacé de gallate de chaux passant promptement au vert (Robiquet). Ce précipité récent sera redissous par une addition de chlorhydrate d'ammoniaque.

Procédés F. Jean. — *Dosage de l'œnotannin et de l'acide œnogallique* (Comptes Rendus, 1882, Mars 13).

On prend 50 ou 100^{cmc} de vin qu'on mélange avec de la silice précipitée sèche; on évapore d'abord au bain de sable jusqu'à ce que le volume soit réduit à quelques centimètres cubes; on finit la dessiccation à l'étuve à 60-70°; le résidu sec est pulvérisé et introduit dans une petite allonge dans laquelle il est épuisé par l'éther additionné d'une petite quantité d'acide chlorhydrique. On évapore l'éther au bain-marie; on dissout dans 100^{cmc} d'eau et on prend 10^{cmc} que l'on titre avec la solution d'iode, comme il a été dit plus haut. On agite le reste de la solution aqueuse avec un léger excès de peau en poudre, pour fixer le tannin, pendant quelques heures on passe au travers d'une toile et sur 10^{cmc} on titre l'acide œnogallique qui agit sur l'iode dans la même mesure que le tannin.

Dosage de l'acide œnogallique. — Dans la solution alcoolique séparée de la peau dans le dosage de l'œnotannin par le sulfure d'arsenic on dose l'acide œnogallique. Pour cela on étend cette solution avec de l'eau distillée de façon à en faire 100^{cc} ci on titre sur 20^{cc} avec une solution d'iode titrée.

La solution d'iode s'obtient en dissolvant 0 gr. 2 d'iode dans l'iodure de potassium et en étendant d'eau distillée de façon à faire un litre de solution. Pour déterminer le titre de la solution d'iode, on pèse 0 gr. 125 d'acide gallique pur et sec que l'on dissout dans 250^{cc} d'eau distillée. On introduit dans un gobelet de verre, portant un trait de jauge à 50^{cc} 10^{cc} de la solution d'acide gallique que l'on additionne de 3^{cc} d'une solution de bicarbonate de soude saturée à froid, puis on y fait couler goutte à goutte, au moyen d'une burette, la solution d'iode jusqu'à ce qu'une goutte du mélange, portée sur un double de papier à filtre épais enduit d'amidon en poudre, laisse une tache cernée de bleu. On ajoute alors de l'eau distillée jusqu'au trait de jauge et l'on continue l'addition de solution d'iode jusqu'à ce que l'on obtienne une nouvelle tache sur le papier amidonné. Le titre trouvé doit être corrigé, c'est-à-dire diminué du volume de solution d'iode qu'il faut employer en opérant sur 50^{cc} d'eau distillée additionnée de 3^{cc} de solution de bicarbonate pour produire la tache sur le papier amidonné.

Pour titrer l'acide œnogallique contenu dans la solution alcoolique séparée du tannin par la peau en poudre, on introduit dans le gobelet de verre 20^{cc} de cette solution, que l'on neutralise par la solution de bicarbonate de soude ; on l'additionne alors de 3^{cc} de solution de bicarbonate de soude et on titre avec la solution d'iode en suivant la même marche que celle employée pour la fixation du titre de la solution d'iode. Le volume de solution d'iode employé, la correction étant faite, permet de calculer la teneur du vin en acide œnogallique.

CHAPITRE 6

DES ACIDES LIBRES

Tous les vins sont acides par suite d'une certaine quantité d'acides non combinés ou combinés à l'état de sels acides. Le plus important de ces acides est l'acide tartrique en très petite quantité à l'état libre mais en proportion sensible à l'état de sel acide de potasse (bitartrate de potasse). Ce sel a la moitié de son acide tartrique qui ne peut agir sur un alcali soluble et l'autre moitié qui peut agir ; il donne donc pour la moitié de son poids le même résultat qu'un acide complètement libre. Il y a aussi les acides acétique, tannique, gallique, succinique et peut-être malique qui donnent aux vins une partie de leur réaction acide.

L'acide carbonique agit également dans le même sens.

ACIDITÉ TOTALE

La proportion totale d'acides libres que contiennent les vins ayant une grande influence sur la vinification et sur leur conservation, il est d'une sérieuse importance de connaître cette proportion.

Comme il eût été assez difficile et surtout peu pratique de doser tous les acides libres des vins, on a eu l'idée de réunir sous un même chiffre et sous le nom d'acidité totale, la somme de tous ces acides libres.

L'acidité totale ou titre acide exprime donc la quantité d'acides libres ou combinés à l'état de sels acides, remplissant vis-à-vis des alcalis la même action qu'un autre acide libre pris pour terme de comparaison.

Les acides libres du vin ayant des équivalents très divers et leurs densités étant différentes, il était impossible de faire comprendre leurs proportions par leurs poids total. Tous les auteurs ont donc cherché un terme de comparaison.

Les uns ont pris la soude caustique ou le carbonate de soude nécessaires pour saturer l'acidité des vins. Les autres ont choisi l'acide tartrique, l'acide oxalique ou l'acide sulfurique, en proportions telles que leur action soit la même que celle des acides des vins employés.

En France on emploie comme point de comparaison l'acide sulfurique monohydraté, SO^3,HO, agissant sur les alcalis exactement comme les acides du vin essayé. Tous les chiffres d'acidité que je donne dans cet ouvrage sont calculés sur cette base.

En Allemagne, Autriche, Italie et Suisse on a choisi l'acide tartrique.

Il est évident que ces divers peuples ont plus raison que nous dans le choix de l'acide comparatif, parce que cet acide est celui qui forme la plus grande partie de l'acidité du vin. De plus, dans le travail de la vinification où l'on remplace l'acidité qui manque par de l'acide tartrique, l'emploi de l'acide sulfurique force à chaque fois à faire une conversion de cet acide en acide tartrique.

Il y aurait donc lieu de changer notre base d'estimation que nous n'imposerons pas aux autres peuples, car elle est illogique.

Dans la somme des acides libres nous avons vu qu'il y a de l'acide carbonique. La quantité de ce gaz est très variable et comme l'acide carbonique n'apporte aucune qualité aux vins, sauf pour les vins mousseux, on n'aurait aucun point de comparaison stable entre les divers vins si on faisait figurer l'acidité propre à cet acide dans l'acidité totale ; aussi a-t-on soin de chasser l'acide carbonique avant de procéder au dosage de l'acidité totale.

On enlève facilement l'acide carbonique par une ébullition de quelques minutes dans la capsule de porcelaine qui sert ensuite au dosage de l'acidité.

Avec toutes les méthodes j'ai eu des différences entre les vins non bouillis et les vins bouillis, les résultats sont toujours plus forts dans le premier cas que dans le second. Dans beaucoup de cas l'emploi de la phtaléine comme indicateur ne donne pas de différences, mais dans d'autres cas elle en donne ainsi que je l'indique plus loin. Avec les vins bouillis les résultats obtenus avec la phtaléine et le tournesol sont sensiblement les mêmes ; les différences ne varient que de 0 à 0,04 et 0,11 par litre ; mais il ne faut pas oublier que le tournesol est un indicateur plus sensible que la phtaléine ou tout au moins aussi sensible.

Je recommande comme essai scientifique et pratique le procédé Mohr avec l'emploi des trois papiers de tournesol, comme indicateurs.

Le procédé Mohr, avec l'emploi de la phtaléine, tel qu'il est appliqué au Laboratoire Municipal de Paris.

Procédé Mohr. — Ce procédé découvert par Mohr, chimiste allemand, est adopté par presque tous les chimistes. Il est basé sur la neutralisation des acides libres ou combinés à l'état de sels acides, par la soude caustique en dissolution titrée.

Mohr employait une solution de soude caustique, au titre de un millième d'équivalent, en soude anhydre, NaO pour un centimètre cube, égal à 0 gr. 031, soit 31 gr. par litre. Würtz a divisé par 10 cette solution, soit 3 gr. 1 par litre ; mais comme il faut de 3 gr. 42 à 5 gr. 85 de soude pour saturer un litre de vin normal, il faudrait donc verser plus de 100^{cc} de liqueur de soude pour saturer 100^{cc} de vin, ou alors employer moins de vin ; il n'y a donc pas lieu de modifier la formule de Mohr, à ce point de vue.

Liqueur de soude normale. — La liqueur normale de soude se fait donc en pesant 31 gr. de soude anhydre soit 40 gr. de soude caustique sèche. Lorsque la liqueur est juste au titre :

1cc de soude normale ou 0 gr. 031 de soude caustique sature exactement :

0gr049	d'acide sulfurique monohydraté ;
0 075	— tartrique cristallisable ;
0 063	— oxalique ;
0 022	— carbonique ;
0 060	— acétique monohydraté ;
0 03646	— chlorhydrique ;
0 071	— phosphorique anhydre ;
0 054	— azotique anhydre ;
0 069	— citrique ;
9 118	— succinique ;
0 188	de crème de tartre.

Ces chiffres peuvent servir pour la lecture de certains ouvrages vinicoles dans lesquels l'acidité de certains vins ou la proportion de certains acides est traduite en soude normale.

Malheureusement la soude caustique n'offre qu'une composition irrégulière, la quantité d'eau est très variable, aussi est-on obligé de la titrer.

Actuellement, en France, on fait une liqueur de soude préparée de telle façon que 10cc de la liqueur de soude sont neutralisés exactement par 10cc d'une liqueur d'acide sulfurique contenant 10 grammes d'acide par litre ; c'est-à-dire cinq fois moins que la liqueur précédente ; et comme on emploie moitié moins de vin, c'est la liqueur de Mohr diluée deux fois et demie.

La préparation de la liqueur est plus difficile, mais les essais ne demandent plus de calculs. On pèsera donc un peu plus de 8 gr. de soude par litre et on tirera, puis on diluera de façon à ramener 10 gr. d'acide sulfurique par litre.

La pesée de la soude devra se faire rapidement, car elle s'hydrate de plus en plus à l'air humide en proportions très sensibles. On la dilue avec de l'eau distillée, bouillie, pour chasser l'acide carbonique qui formerait du carbonate de soude.

Avant de nous occuper du titrage de la liqueur de soude, nous devons étudier les indicateurs, c'est-à-dire les substances qui permettent de reconnaître le moment précis où la neutralisation est opérée.

Lorsque l'on verse un acide dans une liqueur alcaline ou vice-versa, il y a un moment où le liquide alcalin ou acide devient neutre avant de devenir acide ou alcalin, c'est ce moment précis qu'il faut saisir ; or, comme les liqueurs que nous employons, acides ou alcalines, sont incolores et en se combinant ne donnent aucun phénomène visible, il a fallu chercher un troisième produit n'influençant en rien le titrage, mais indiquant les différents états du liquide ; ce sont ces produits que l'on nomme indicateurs.

La sensibilité des réactifs sur la liqueur sodique a été essayée par M. Dietrich (Pharm. Cent. Halle, 1887). Il a donné le degré de dilution de la soude pour que le réactif soit encore sensible.

Curcuma	1/18000
Tournesol	1/20000
Phtaléine	1/20000
Acide rosolique	1/20000
Orcanette rouge	1/25000
Fernambouc	1/30000
Campêche	1/35000

D'autres auteurs ont trouvé une sensibilité plus grande pour le tournesol que pour la phtaléine, fait que j'ai constaté dans bien des cas, du reste, si l'acide carbonique n'agit que très peu sur la phtaléine, il doit y avoir d'autres acides qui sont dans le même cas ; je l'ai constaté dans les acides gras. L'orcanette, le fernambouc et le campêche paraissent peu applicables aux vins ; cependant il y avait lieu de chercher à les utiliser.

Papiers de tournesol, bleu neutre et rouge.—L'emploi de ces papiers proposés successivement et séparément m'a donné des résultats très exacts et beaucoup plus pratiques qu'avec un ou deux papiers.

On prend du papier blanc écolier, non acide, que l'on divise en trois parties égales, suivant la quantité qu'on veut préparer d'avance.

Au moyen d'un pinceau, on étend à une ou plusieurs couches, suivant l'intensité de la teinte que l'on désire, sur chacune des trois parties de papier les trois liqueurs de tournesol obtenues de la manière suivante :

On fait bouillir le tournesol en poudre avec de l'eau ordinaire jusqu'à ce qu'on obtienne une solution assez concentrée ; on verse le tout dans une éprouvette munie d'un robinet inférieur, mais placé à une certaine hauteur, afin que le dépôt reste au-dessous ; on décante et on filtre s'il en est besoin. On obtient ainsi la teinture de tournesol bleue avec reflets rouges ; on peut tout simplement l'acheter, ce qui évite cette préparation ; on enduit la première feuille de papier jusqu'à ce que la teinte bleue soit suffisamment visible.

On prend de cette liqueur un peu plus du double du volume employé pour colorer le papier en bleu et on ajoute quelques gouttes d'acide sulfurique au centième jusqu'à la teinte rougeâtre vineux.

On prélève une goutte de liquide et on trace une raie sur une assiette de porcelaine ; si la trace revient au bleu, il n'y a pas assez d'acide

Il faut que la raie reste *rouge vineux*, mais non pelure d'oignon.

C'est ce que Houzeau appelle rouge vineux stable. Si on dépassait la teinte rouge vineux, on y reviendrait en ajoutant peu à peu de la teinture de tournesol bleue. On étend, avec le pinceau, cette teinture sur la deuxième feuille de papier ; si la teinte changeait sur le papier, c'est que celui-ci serait acide ou alcalin ; dans ce cas, il faudrait bien le laver avant de s'en servir. La préparation de ce papier est due à M. Pellet, savant chimiste sucrier.

Dans ce qui reste de la teinture vineuse, on ajoute de l'acide sulfurique étendu jusqu'à ce qu'on ait la couleur rouge jaune, dite *pelure d'oignon ;* on en induit la troisième feuille de papier. On laisse alors sécher les trois feuilles de papier dans un endroit exempt de vapeurs acides ou alcalines et on les découpe en bandes de 2cm de large ; on les enferme dans des bocaux bouchés à l'abri de la lumière.

Pour se servir de ces papiers soit pour le titrage de la liqueur, soit pour les vins qu'il n'est pas nécessaire de décolorer, on pose les trois bandes de papier l'une à côté de l'autre, sur une feuille de papier blanc dans l'ordre suivant ; bleu, vineux, rouge. On ajoute la soude, goutte à goutte, vers la fin de l'opération et on trace, au moyen de la baguette de verre qui sert à agiter le liquide, une raie sur le papier bleu, tant que ce papier rougit sensiblement (il ne faut pas prendre la teinte violacée que fait même l'eau distillée pour une teinte rouge).

Lorsque le doute commence, on laisse le papier bleu et on trace sur le papier rouge ; quand la raie tracée sur ce papier devient un peu plus sombre, on passe au papier neutre ; alors on trace une raie après chaque goutte de soude versée en notant le volume à chaque fois. Lorsque la teinte de la raie est sensiblement colorée en bleu, on arrête et, revenant en arrière, on examine les raies tracées sur le papier neutre ; il est très facile de reconnaître quelle est la première raie bleue ; on calcule alors sur le volume de soude qui correspond à la raie tracée. Les raies doivent être tracées avec le moins de liquide possible ; une épaisseur de 1 millimètre et demi est suffisante sur la largeur de la bande de papier soit 2cent. de longueur. Les taches desséchées indiquant parfaitement le poids exact.

Pour connaître la sensibilité du papier on opère sur de l'eau distillée d'un volume égal à celui que l'on prend pour tous les essais ; l'on juge ainsi du nombre de gouttes ou 1/10 de centimètre cube de liqueur de soude nécessaire pour teinter le papier à cette dilution. De chaque essai on déduit ce chiffre.

Phtaléine de phénol. — Cette substance, incolore ou légèrement jaune, se colore en beau carmin très vif sous l'influence des alcalis.

Pour le titrage de la liqueur de soude, rien de plus simple, le moindre excès de soude donne une belle couleur carmin.

Dans les vins blancs ou rouges, surtout, il est difficile de reconnaître la teinte rose par suite de la coloration que prennent ces vins sous l'influence de la soude ; on est arrivé à vaincre cette difficulté en ne prenant que 10cc de vin et étendant le vin de 200, 300 et même 400cc d'eau ; la teinte est alors très visible.

Mais cet essai n'est plus aussi sensible que par le tournesol avec lequel on peut opérer sur 100cc, de vin ; donc les erreurs seront 10 fois plus fortes qu'avec la phtaléine, la sensibilité des deux réactifs étant la même. Il faut, comme pour le tournesol, déterminer la proportion de soude nécessaire pour que le réactif marque sa teinte rouge dans de l'eau distillée d'un volume égal à celui du liquide essayé.

Matière colorante du vin. — Les matières colorantes du vin sont par elles-mêmes un réactif de l'acidité ou de l'alcalinité : rouges avec les acides, elles bleuissent, verdissent, brunissent et finalement jaunissent ; de plus, il se fait un précipité, qui est l'indice de la saturation.

Pasteur le premier s'est servi de cet indicateur dans son procédé de dosage de l'acidité par l'eau de chaux.

M. Maumené a conseillé de prendre, comme caractère de neutralisation, le précipité floconneux qui se forme dans le vin, mais c'est M. T. Garcin qui a le plus développé cette étude et lui a donné un plus grand caractère de certitude.

Pour le titrage de la liqueur, il propose même de verser dans le liquide acide un peu de vin rouge dont l'action est connue ; mais cela augmente les causes d'erreurs.

Après une étude de ce procédé, je ne crois pas qu'il soit supérieur à la phtaléine et, à plus forte raison, au tournesol. J'étudie ce procédé plus loin.

Titrage de la liqueur de soude. — Le titrage de la liqueur de soude se fait au moyen de l'acide oxalique ou de l'acide sulfurique.

L'acide oxalique présente des caractères de composition plus constants que l'acide sulfurique, de sorte que je pense que cet acide doit seul être employé lorsqu'on veut obtenir des résultats absolument exacts. Mais lorsque l'on veut, pour les essais courants, obtenir une liqueur de soude correspondant à un chiffre donné d'acide sulfurique, on se servira de ce dernier.

L'acide oxalique, C^2O^3, 3 HO, égale 1/1000e d'équivalent par centimètre cube pour 63 gr. de cet acide par litre.

Du titrage de la liqueur d'épreuve dépend l'exactitude de toutes les analyses subséquentes ; il faut donc y apporter le plus grand soin et ne négliger aucune précaution.

On se procure de l'acide oxalique cristallisé pur ; on l'étend sur du papier à filtre brossé préalablement, puis on le fait sécher à 50° pour lui enlever l'eau qu'il a absorbée à l'air ambiant ; on en pèse exactement 63 gr., que l'on introduit dans une carafe jaugée de un litre ; on ajoute ensuite de l'eau distillée de façon à remplir les 3/4 du matras. Lorsque le liquide est à la température de 15°, on complète avec soin le volume de un litre et on agite de manière à bien mélanger le liquide, sans en répandre une goutte avant que le mélange soit fait.

On a donc ainsi une liqueur de 1/1000e d'équivalent, soit 0^{gr}063 par centimètre cube.

Supposons que nous voulions faire tous les essais sur les vins avec 50^{cc} de vin ; on opèrera ainsi : on mesure 50^{cc} d'eau distillée neutre, on y ajoute quelques gouttes de teinture de tournesol vineuse, afin de bien voir la réaction et on y verse une ou plusieurs gouttes de liqueur sodique, l'une après l'autre ; lorsqu'il y a un changement de teinte, on touche le papier neutre. On a ainsi le nombre de dixièmes de centimètre cube nécessaires pour donner la raie bleue avec de l'eau.

On mesure exactement, avec une pipette, 10^{cc} de solution normale d'acide oxalique ; on la colore en rouge par quelques gouttes de teinture tournesol neutre bien fraîche, le tout dans une capsule de porcelaine blanche, posée sur la plaque du porte-burettes Viard ; on remplit la burette avec la solution de soude caustique jusqu'au zéro et on la verse, goutte à goutte, jusqu'au moment de l'apparition d'une teinte bleue persistante pendant quelques instants. A ce moment, on commencera à toucher les papiers tournesol comme il a été dit.

Du chiffre trouvé, on déduit le chiffre donné par l'eau distillée et on a le volume de soude nécessaire à neutraliser 10^{cc} de liqueur oxalique.

Si la soude caustique est à son vrai titre, il en faut 10^{cc} pour neutraliser les 10^{cc} de solution d'acide oxalique, soit 31 gr. de soude caustique par litre ou 0 gr. 031 par centimètre cube.

Si on verse plus ou moins de 10^{cc} de la solution, on détermine le titre par le calcul et on l'inscrit sur une étiquette placée sur le flacon même.

Soit par exemple : 1°, 9^{cc}5 versés — 10^{cc} : 31 gr. par litre : : 9,5 : $x = 29^{gr}45$. 2°, soit 10^{cc}8 versés — 10 : 31 : : 10,8 : $x = 33,48$.

Plusieurs auteurs conseillent la soude caustique, une fois titrée, au titre exact avec de l'eau. Je trouve cette opération délicate, complètement inutile dans la méthode décrite ici.

Dans le cas où l'on voudrait mettre au titre exact en étendant d'eau, il faudrait peser un peu plus de 31 gr. de soude, le titre ne pouvant être qu'inférieur, la soude n'étant jamais pure.

Dans les 2 exemples ci-dessus de liqueur normale, on aura :

1° — 1^{cc} = 0,02945 d'où proportion 0,031 : 0,049 : : 0,02945 : $x = 0,0465$.
2° — 1^{cc} = 0,03348 — 0,031 : 0,049 : : 0,03348 : $x = 0,0529$.

Sur une étiquette on inscrira donc la valeur de 1^{cc} de solution en soude caustique et en acide sulfurique d'après ce calcul ;

Soit 1^{cc} = 0^{gr}02945 soude caustique et 0^{gr}0465 acide sulfurique,
Ou 1^{cc} = 0 03348 — 0,0529 —

Pour calculer le résultat, ce sera aussi simple que si la liqueur eût été faite à 31 gr.

Lorsqu'on emploie l'acide sulfurique, dont la composition n'est jamais très régulière, il faut prendre quelques précautions, car son maniement est dangereux entre des mains peu exercées. Dans une capsule de verre à bec on en pèsera 10 gr., au moyen d'une pipette ou d'un tube effilé ; on remplira d'eau distillée, bouillie récemment, à moitié une carafe jaugée de 1 litre et on versera dedans l'acide sulfurique ; on lavera la capsule de verre et on versera les eaux de lavages dans la carafe que l'on agite vigoureusement en tournant dans le même sens ; la température s'élève ; on attend jusqu'à ce qu'elle soit descendue au même degré que la température du laboratoire ; on complète le litre avec de l'eau et on mélange bien.

On mesure avec une pipette 10^{cc} d'acide sulfurique et on agit de la même manière qu'avec l'acide oxalique ; dans cette méthode, on emploie ordinairement la phtaléine ; on étend donc, avec de l'eau au volume voulu, pour les vins, et on s'arrête à la coloration rose persistante ; précédemment, on a essayé le même réactif avec de l'eau distillée. La quantité de soude versée avec l'eau distillée est retranchée de celle qui est employée pour l'acide sulfurique ; on a ainsi la quantité de soude nécessaire pour neutraliser la liqueur sulfurique. Si on a versé 10^{cmc}, la liqueur est bonne, mais ordinairement on s'arrange de manière à verser un peu plus, car il est plus facile d'ajouter de l'eau que de la soude. Supposons que nous ayons versé 9,4 de soude :

Nous aurons donc	9,4	= 10
Si on ajoute de l'eau	0,6	
On aura	10,0	= 10

On prendra donc 94^{cc} on 940^{cc} de liqueur sodique et on ajoutera 6^{cc} ou 60^{cc} d'eau pour faire 100^{cc} ou 1 litre.

Conservation des liqueurs normales. — La solution d'acide oxalique se conserve facilement ; il suffit de la renfermer dans un flacon bouché à l'émeri.

Comme la solution de soude se carbonate facilement et que le carbonate de soude a des inconvénients que je signale plus loin, il faut prendre des soins particuliers pour sa conservation.

On peut fractionner le litre de cette liqueur par petits flacons de 100^{cc}, bouchés à l'émeri ; le bouchon étant recouvert d'un caoutchouc.

Flacon Graham. — Il a imaginé un procédé de conservation de la liqueur de Mohr, lequel l'a conseillé ensuite.

On prend un flacon à large ouverture dans lequel on met la soude normale ; on fait passer au milieu du bouchon un manchon en verre effilé par le bas et qui traverse le bouchon. On remplit ce manchon avec un mélange à parties égales de soude anhydre et de chaux caustique ; on ferme le haut du manchon avec un bouchon également traversé par un petit tube qui laisse l'accès de l'air. La soude et la chaux ont pour but d'enlever l'acide carbonique de l'air et de maintenir la soude du flacon dans un parfait état de causticité.

Cette installation peut avoir des inconvénients ; lorsque le flacon est posé dans un air humide, la soude devient déliquescente et peut, en tombant par le tube dans le flacon, augmenter le titre sodique.

De plus, chaque fois que l'on veut se servir de cette liqueur, il faut forcément l'ouvrir et, par suite, mettre la liqueur de soude en contact avec l'air.

Flacon Viard. — C'est pour parer à tous ces inconvénients que j'ai imaginé, en 1883, un flacon ne permettant en aucun cas à l'acide carbonique de l'air d'arriver dans le flacon.

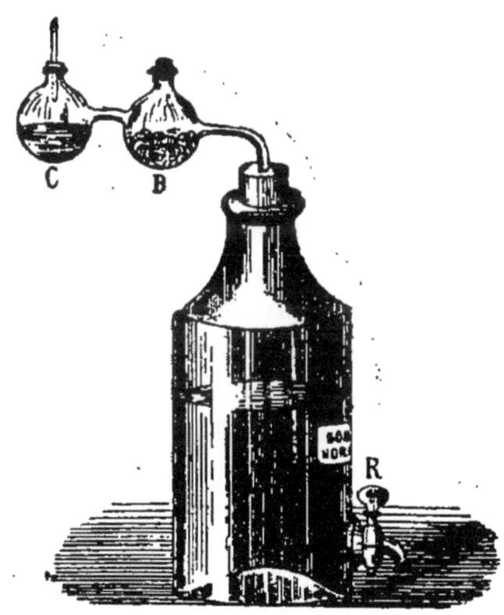

Fig. 85.

Cet appareil (fig. 85) se compose d'un flacon, A, contenant un peu plus de 1 litre et muni à sa partie inférieure d'un robinet en verre, R. On verse dedans la liqueur de soude et on le bouche ensuite par un bouchon traversé par un tube soudé à deux boules de verres, B, C, communiquant entre elles et munies chacune d'une tubulure.

Dans la première boule C, on introduit de l'acide sulfurique monohydraté, puis on bouche la tubulure avec un tube effilé très mince.

Dans la seconde boule B, on met des fragments de soude ou de potasse caustique, puis l'on bouche la tubulure hermétiquement.

Pour se servir de la solution, on place la burette sous le robinet R, et on ne verse que la quantité nécessaire pour l'essai, l'excès de liqueur ne servant plus pour cet usage. L'air aspiré par le vide formé par le liquide qui s'écoule passe à travers le tube effilé de la boule, C, pénètre dans cette boule et s'y débarrasse de son humidité, puis passe dans la boule, B, où il est privé de son acide carbonique. De cette façon, la liqueur ne peut s'altérer.

En 1886, j'ai modifié le système des deux boules, trouvant que dans le flacon ci-dessus l'air passait trop librement au-dessus des produits desséchants; les deux boules sont ovoïdes, la boule C est semblable à celle ci-dessus sauf la forme et le tube de communication avec B qui est placé plus haut et s'élève pour redescendre à travers le bouchon de la boule B pour s'arrêter près du fond de cette dernière. Le tube d'arrivée d'air en C plonge au fond de cette boule ; le tuyau de sortie d'air pour entrer dans le flacon est placé latéralement au haut de B et muni d'un renflement de sûreté avant de se courber pour entrer dans le flacon A. L'air traverse donc la couche des produits dessiccateurs. M. Dujardin s'est chargé de la construction de ce flacon.

On peut aussi se servir du flacon pipette Dupré ou autres flacons similaires ; mais il faudrait leur adjoindre mon système de boules.

Lorsque l'on opère ce dosage très rarement il ne faut faire cette liqueur qu'au moment de s'en servir, et seulement la quantité nécessaire pour cette opération.

Dosage de l'acidité dans les moûts et les vins. — *Par le tournesol.* — On a préposé de verser de la teinture de tournesol dans les moûts et les vins blancs et de juger de la teinte de la teinture de tournesol dans le liquide même ; les résultats ainsi obtenus sont loin d'être exacts car le moût et le vin, bien avant la neutralisation, prennent une teinte jaune foncé qui vire au brun et même brun violet chez certains vins blancs, et dans ce cas, rend l'appréciation absolument impossible. Pour les vins rouges on a proposé de les décolorer avec moitié volume d'une solution de gélatine concentrée, ce qui est absolument inutile et sujet à de graves erreurs.

En employant les trois papiers de tournesol on n'a aucune opération à faire subir au vin.

Voici comment on opère : On remplit de soude la burette placée sur le porte-burettes Viard, puis on mesure 100^{cc} de vin, que l'on introduit dans une capsule de porcelaine de 94^{mm} de diamètre ; on allume le bec Bunzen et on fait bouillir le vin pendant quelques minutes, en dehors de la burette en détruisant la mousse avec une baguette de verre ; on laisse un peu refroidir et on traite par le soude, comme il a été dit pour le soutirage de la liqueur ; il n'y a pas lieu de toucher les papiers de tournesol tant que la teinte du vin ne change pas d'une façon persistante.

On peut aussi simplement plonger dans le vin un papier bleu de tournesol et arrêter lorsqu'il a pris une teinte violacée, mais il faut une très grande habitude pour arriver juste.

Du volume de liqueur sodique on déduit la quantité de liqueur nécessaire pour bleuir le papier neutre avec de l'eau distillée 100^{cc}, on a ainsi le volume de soude ayant neutralisé le vin. Supposons que nous ayons versé 8^{cc},2 de liqueur de soude et qu'il en faille 0,1 avec de l'eau distillée ; il restera 8,1 pour le vin.

Supposons trois liqueurs : 1° Une liqueur normale dont 1^{cc} = 0,049 de SO^3, HO une autre plus faible 0^{gr} 0465 ; et une plus forte 0,0529. On aura à poser ainsi le calcul :

1^{cc} de liqueur de soude =	0.049	0.0465	0.0529 de SO^3, HO
8.1	0.049×8.1	0.0465×8.1	0.0529×8.1
Egale	0.3969	0.3767	0.4285 pour 100^{cc}.
Et	3^{gr}969	3^{gr}767	4^{gr}285 pour 1 litre.

Si l'on veut obtenir une grande précision pour les petites doses d'acides, ont peut étendre d'eau, au moment de s'en servir, la solution de soude normale, et tenir compte dans le calcul, de la dilution faite. On aura ainsi les avantages de l'eau de chaux, sans en avoir les inconvénients.

Voici comment j'opère dans ce cas : Je traite 100^{cc} de vin par la solution de soude normale, comme il vient d'être dit, et dès l'apparition de la première teinte bleue, je note la quantité de soude normale versée. Je prends ensuite 10^{cc} de la solution normale que j'introduis dans un matras de 100^{cc} et je remplis avec de l'eau jusqu'au trait de jauge. Je change de burette et je termine l'opération avec cette liqueur au dixième. Je divise par 10 le volume versé en second lieu et j'ajoute le quotient au chiffre de solution normale noté précédemment.

Par la Phtaléine. — La liqueur de soude employée est à peu près celle de Mohr diluée au 5e, soit 10^{cc} de liqueur sodique égale 10^{cc} de liqueur sulfurique, 10 gr. par litre.

En prenant 10^{cc} de vin, chaque centimètre cube de la liqueur correspond à 1 gr. d'acide sulfurique par litre, chaque dixième de centimètre cube correspond à 0^{gr}1 par litre, tandis que par le tournesol, en prenant 100^{cc} de vin, chaque centimètre cube de liqueur normale correspond à 0^{gr}49 d'acide sulfurique par litre et chaque dixième de centimètre cube à 0,049 ; c'est-à-dire que cette méthode est deux fois plus précise ; de plus, la liqueur de soude étant cinq fois plus concentrée et la masse du liquide étant moins volumineuse, le point de saturation est beaucoup plus visible, enfin les erreurs ne sont multipliées que par dix tandis qu'avec la phtaléine elles sont multipliées par 100.

Dans plusieurs cas, il n'est pas nécessaire de faire bouillir le vin, mais dans d'autres il y a nécessité de le faire ; il est donc plus prudent de toujours effectuer cette opération.

Voici un essai que j'ai exécuté sur un vin rouge commun :

	Vin bouilli	Vin non bouilli
	Soude versée	
Vin pur	18.7	18.7
Vin mélangé avec de l'eau de Seltz	13.1	13.8

L'acide carbonique a donc une certaine action. On a proposé de mettre le vin dans un tube d'essai et de ne faire bouillir que lorsqu'on constatera la présence de quelques bulles gazeuses ; il est plus simple de recourir toujours à l'ébullition.

La dilution des vins s'opérant à 200, 300 et même 400[cc], il faudra opérer le titrage de la liqueur de soude à ces diverses dilutions et essayer également l'action de la phtaléine sur ces divers volumes d'eau distillée.

On verse dans un vase en verre de Bohême (fig. 86), 200, 300 ou 400[cc] d'eau distillée bouillie ; on y verse quelques gouttes de phtaléine et on cherche combien de gouttes de soude il faut verser pour obtenir une coloration rose persistante suffisante pour dominer la teinte sombre que prend le vin sous l'influence de la soude. Il faudra donc avoir fait quelques essais avec des vins blancs et rouges avant de procéder, pour la première fois, à un titrage. On note les chiffres obtenus pour les trois dilutions ci-dessus.

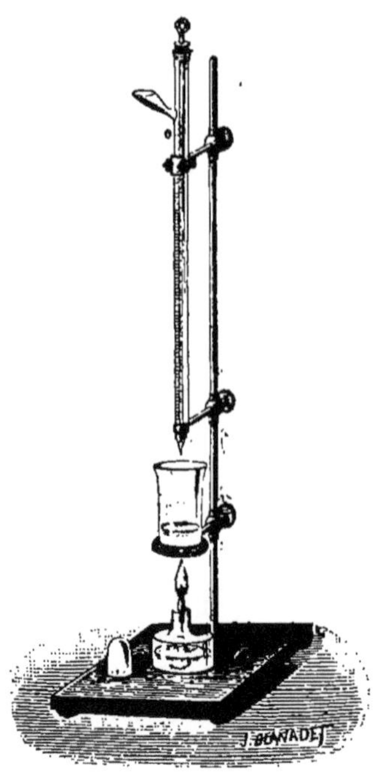

Fig. 86
(Dujardin. — 30 fr.)

Le titrage se prépare comme pour le tournesol, mais en faisant des volumes successifs de 200, 300 et 400[cc]. Si les opérations sont bien faites, après la déduction des chiffres trouvés avec l'eau distillée les trois titrages doivent être les mêmes.

Pour les vins blancs, on en prend 10[cc] que l'on dilue à 200[cc] ; les vins rouges sont dilués à 300 et 400[cc] suivant l'intensité de leur couleur.

Avec les vins blancs la dilution à 200 est suffisante ; lorsqu'on verse la soude goutte à goutte, la teinte incolore du liquide devient peu à peu grise, puis marron. Il faut bien regarder la teinte de la masse en plaçant le verre de Bohême sur une surface blanche et se fixer cette teinte dans l'œil ; une seule goutte de soude donne une teinte rose persistante qui n'existait pas auparavant ; c'est le point précis ; s'il y a doute, on ajoute une autre goutte de soude, et si la teinte rose s'accentue, il n'y a plus de doute ; on ne compte pas cette dernière goutte (une goutte vaut ordinairement 1/2 dixième de centimètre cube.)

Pour les vins rouges, il faut un peu plus d'attention ; on dilue à 200, 300 400 suivant la couleur du vin de façon à obtenir un liquide d'une teinte rose presque insensible. Au fur et à mesure qu'on verse la soude le rose diminue puis disparaît pour laisser du gris sans rose ; puis par une goutte de soude le rose reparaît ; la première teinte rose est très faible, mais très visible ; c'est le point exact. Comme pour le vin blanc, on ajoute une goutte de plus pour bien s'assurer de l'exactitude du point terminal.

Du volume de liqueur de soude versé, moins la soude nécessaire à l'eau distillée, on déduit l'acidité du vin ; or, comme la liqueur a été amenée à valoir 1 gr. d'acide sulfurique par litre de vin par centimètre cube. il n'y a pas de calculs à faire. Si nous avons versé $4^{cc},5$ de soude moins 0.3 pour l'eau distillée, le vin contient approximativement 4 gr. 2 d'acidité par litre.

Par les matières colorantes des vins. Procédé T. Garcin. (Comptes Rendus, 1887, octobre 3). Le Comité consultatif des Arts et Manufactures conseille ce procédé avec l'ébullition préalable. Ce procédé est basé sur le virage de la couleur propre du vin à examiner. Dans un verre de Bohême d'au moins 8 cm de diamètre intérieur à fond très plat et bien horizontal en verre mince et blanc, on verse 10^{cc} de vin ; le liquide y occupe une hauteur uniforme ne dépassant pas 2 millimètres. On le place sur le socle émaillé blanc du support de la burette, dans un endroit bien éclairé à la lumière du jour ; la lumière artificielle doit être rejetée. Les moindres variations de couleur et de teinte de la couche mince sont saisies avec une exactitude parfaite. A chaque goutte de liqueur alcaline on donne au verre un mouvement de rotation. La liqueur passe par les teintes suivantes : rouge, carmin, carmin foncé, carmin terne, carmin noir, violet noir, violet lie de vin noirâtre, enfin noir et précipité dans la liqueur; une seule goutte de soude donne du noir noir brun sans mélange de violet ni de vert, c'est le point exact de virage ; ensuite vert, abondant précipité floconneux foncé, puis teinte verte feuille morte par un excès. D'après l'auteur, les essais faits avec ce procédé sont concordants avec ceux faits au moyen du tournesol, mais plus faciles à reconnaître.

Ce procédé peut s'appliquer aux vins blancs et tous les liquides acides en ajoutant aux liquides une certaine quantité de vin rouge dont la valeur en soude est connue.

Les réactions de M. Garcin sont exactes pour un grand nombre de vins rouges à teinte vineuse ou violacée, mais elles ne se rencontrent plus dans les vins à teinte rouge sans violet et tournant sur le rouge brique ; dans ce cas on n'obtient plus de point précis. Ainsi avec le vin rouge avec lequel j'ai essayé la phtaléine, et l'eau de Seltz n'a jamais pu me donner la teinte verte indiquée. Ce vin passait du marron pâle au noir et noir marron plus ou moins foncé ; cependant j'ai pu avoir un point approximatif ; la goutte de soude produisait une teinte verte à l'endroit où elle tombait, même dans un milieu marron, puis tout à coup elle cessait d'être verte pour prendre une teinte jaune, c'était le point de virage.

Comme les vins blancs, pour la plupart, donnent avec la soude une teinte violet noir, avant leur saturation, si on veut les titrer en ajoutant du vin rouge, on ne peut avoir la série de nuances indiquée plus haut.

D'après mes essais je préfère l'emploi de la phtaléine et à plus forte raison le tournesol.

Emploi du carbonate de soude. — Ce sel était employé autrefois beaucoup plus que la soude, parce que sa solution se conserve bien mieux, mais l'opération du dosage est plus difficile.

On fait une solution de carbonate pur et sec dans la proportion de 53 gr. par litre, ce qui correspond à 31 gr. de soude caustique; on titre de la même manière que pour la soude caustique et on calcule le titre, soit en carbonate de soude, soit en soude caustique.

1cc de carbonate de soude représente :

0.9245	d'acide sulfurique monohydraté ;
1.415	d'acide tartrique monobasique ;
3.551	de crème de tartre ;
1.133	d'acide acétique hydraté.

Würtz indique de peser 5 gr. 3 par litre. L'observation que j'ai faite à propos de la soude caustique reste la même.

La saturation des acides des vins s'opère de la même manière que précédemment ; mais à la fin de l'opération, l'acide carbonique intervenant fausse le résultat ; on a un titre trop fort.

On peut avoir une indication exacte en opérant dans une capsule en porcelaine, et lorsque le point de saturation paraît devoir être atteint, on porte le liquide à l'ébullition ; l'acide carbonique est chassé ; on arrête lorsque le liquide reste bleu, après l'ébullition. Ce procédé doit être délaissé.

Procédé Pasteur. — Pasteur a remplacé la soude en solution par l'eau de chaux, et il titre son eau de chaux par l'acide sulfurique ; mais l'acide oxalique vaut mieux.

Ce procédé donne des résultats d'autant plus sensibles que la quantité de réactif à employer est plus grande ; mais dans ce procédé, la présence de l'acide carbonique du vin est une cause d'erreur plus forte que dans le procédé Mohr ; aussi doit-on avant toute détermination chasser ce gaz dans le vide (ce qui ne se fait jamais qu'imparfaitement). Il vaut mieux faire deux titrages, l'un total, l'autre de l'acide carbonique.

Préparation du réactif. — On prend de la chaux vive, que l'on introduit dans un flacon de 1 ou 2 litres, et on l'étend brusquement d'une grande quantité d'eau ; on agite et, après 24 heures de repos, on filtre ; on a ainsi une eau de chaux limpide, que l'on conserve dans des flacons bien bouchés.

Le titrage se fait avec une solution d'acide oxalique au dixième de celle précédente, soit 6gr3 par litre, ce qui donne 0gr0063 d'acide pour 1cmc.

On prend 10cc de cette solution rougie par le tournesol neutre et on sature par l'eau de chaux ; on a ainsi la quantité d'eau de chaux nécessaire pour saturer 0,063 d'acide oxalique, ou 0.049 d'acide sulfurique monohydraté.

Exemple : On a versé 19cc2 d'eau de chaux :

19cc2 eau de chaux saturent 0.063 ou 0.049.

1cc — — 0.003281 ou 0.002552.

L'essai du vin se fait sur 10cc et le résultat multiplié pat 100 donne le titre par litre.

Essai des moûts. — On ne saurait recourir à la teinture de tournesol pour déterminer si la neutralité du moût est atteinte, parce que la liqueur bleuit bien avant, grâce à l'alcalinité des tartrates et malates de chaux (Pasteur), et parce qu'il se produit au moment du virage, des matières brunes ou jaunes qui masquent la réaction (Boussingault). Le moût est filtré ; puis on prend 10cc, et, sans aucune autre addition, on y verse de l'eau de chaux au moyen de la burette, sans tâtonner, et jusqu'à l'apparition d'une teinte jaune verdâtre. On retranche un dixième de centimètre cube du titre trouvé.

Essai des vins. — Pour les vins, on ne se rapporte pas au changement de teinte ; l'acidité réelle serait ainsi jugée beaucoup trop faible. La véritable saturation *est accusée invariablement*, quel que soit le vin, *par un trouble floconneux qui se rassemble très vite en flocons foncés nageant dans une liqueur de teinte grise quand on filtre ;* elle serait violacée ou verte si l'on avait ajouté trop ou trop peu d'eau de chaux. S'il se faisait pendant l'essai (et ce cas est très rare), un précipité cristallin de tartrate de chaux, on filtrerait avant de continuer l'opération.

On verse donc l'eau de chaux dans le vin et on arrête l'écoulement dès que l'on voit apparaître le nuage floconneux de couleur brune indiqué plus haut ; il ne faut plus alors qu'une addition de quelques gouttes de liqueur titrée pour que le nuage, prenant plus de consistance, se divise en grains pulvérulents de couleur foncée qui nagent au milieu du liquide ; on lit alors sur la burette la quantité de réactif versé.

Ce procédé est préféré par M. Robinet, qui dit que, généralement 44cc d'eau de chaux à 15° saturent 0gr1 d'acide sulfurique SO^3, HO.

M. Ch. Girard dit qu'il est bon pour les vins purs, mais qu'il laisse à désirer pour les vins colorés artificiellement, qu'il faut décolorer par le noir animal.

Procédé Durieu. — M. Durieu, pharmacien aide-major à l'hôpital militaire de Sfax, a publié dans l'Union pharmaceutique de Février 1884, le procédé suivant pour le dosage du titre acide dans les vins colorés.

Ce dosage repose sur la décomposition du bicarbonate de soude par le vin.

Il prépare d'abord une solution d'acide tartrique au 100e, puis il remplit de mercure un tube fermé par un bout et divisé en dixièmes de centimètre cube ; il place le tube rempli sur la cuve à mercure et introduit 5^{cc} de la solution tartrique au centième. Il fait alors parvenir dans la solution un excès de bicarbonate de soude pulvérisé et enveloppé dans un peu de papier à filtre. Il agite lentement pour mélanger le contenu du tube et replace le tout sur la cuve. L'effervescence se produit aussitôt ; il arrête l'opération lorsqu'il ne se dégage plus que de très petites bulles, et très lentement. Il lit alors le volume gazeux en tenant compte des recommandations voulues.

Il recommence aussitôt la même manipulation avec 5^{cc} du vin ; il note le volume du gaz obtenu et par proportion obtient le titre acide du vin, évalué en acide tartrique.

Cette détermination est rapide et n'exige que peu de vin et les résultats obtenus sont, dit-il. suffisants pour la pratique journalière d'une analyse de vin. La quantité de vin est trop faible, les erreurs sont multipliées par 200.

L'acétimètre Delaunay, employé pour doser l'acide acétique dans le vinaigre, pourrait être gradué en acide sulfurique, pour le dosage de l'acidité sur 50^{cc} de vin.

Dosage de l'Acidité à l'Etranger. — En *Italie*, on se sert de la liqueur normale de soude au dixième et, comme indicateur, le papier violet de tournesol ; les résultats sont calculés en grammes d'acide tartrique, par litre.

Les chimistes de la *Suisse* emploient la liqueur normale de potasse au dixième ; le calcul se fait en acide tartrique.

En *Allemagne* on dose l'acidité totale avec une liqueur normale de soude titrée et étendue, au moins au 1/3, dans 10 ou 20^{cc} de vin. La liqueur au dixième demande 10^{cc} de vin et au huitième 20^{cc}. On recommande comme indicateur la touche sur un papier très sensible. Des quantités sensibles d'acide carbonique sont chassées par une agitation préalable. Les résultats sont calculés en acide tartrique.

L'*Autriche* suit la méthode allemande, sauf que la liqueur de soude est préparée de manière que chaque centimètre cube de liqueur puisse saturer $0^{gr}01$ d'acide tartrique.

SÉPARATION DES ACIDES LIBRES

Les acides libres du vin sont de deux sortes : ils sont fixes ou volatils.

Ces acides ne sont pas combinés aux bases ; l'acidité due à la crème de tartre est donc tout à fait en dehors de leur action.

Le dosage des acides libres s'effectue en prenant le titre acide total, puis le titre acide de la crème de tartre. La différence donne l'acidité des acides libres.

En 1873, Kappeller a imaginé un instrument semblable à l'acétimètre, avec lequel, d'après lui, on peut trouver rapidement l'acidité d'un vin ; mais la description de cet appareil laisse beaucoup à désirer.

Acides fixes. — Procédé Berthelot et de Fleurieu. — On évapore 100^{cc} de vin, à consistance d'extrait, puis on épuise par l'alcool et on divise la solution en deux parts.

La première étant évaporée sert à doser l'acidité totale.

La seconde est évaporée également et le résidu repris par l'eau, filtré et traité par le sous-acétate de plomb. Le précipité est lavé, puis délayé dans un petit excès d'acide sulfurique dilué (environ le quart du poids du précipité humide, en acide sulfurique, SO^3,HO). On filtre de nouveau et le liquide clair qui s'écoule est divisé en deux parts ; on sature l'une par de la potasse titrée et on y ajoute l'autre portion ; on concentre un peu ; on additionne de deux volumes d'alcool éthéré (1 volume d'alcool et 1 volume d'éther) ; on laisse déposer la crème de tartre ; on la lave à l'alcool éthéré et on prend le titre acidimétrique.

L'excès du premier titrage sur le second donne la somme des acides fixes autres que l'acide tartrique ; celui-ci forme l'autre terme.

On ne connaît pas de procédé de dosage de l'acide tartrique éthérifié.

Acides volatils. — On ne rencontre, en général, dans les vins, que de l'acide acétique ; quelquefois, si l'on opère sur de grandes quantités, on trouve un peu d'acides butyrique et valérianique, encore ces derniers peuvent-ils provenir en partie du dédoublement des éthers sous l'influence de l'eau. On peut aussi rencontrer un peu d'acide sulfureux provenant du soufrage.

On ne peut distiller directement un vin avec de l'acide sulfurique ou phosphorique pour séparer les acides volatils. Il se fait dans ce cas une éthérification qui fait juger trop faible la quantité d'acides volatils. Il faut au préalable saturer le vin par un alcali, distiller l'alcool, ajouter alors seulement de l'acide phosphorique sirupeux et rechercher la dose des acides volatils dans le produit de la distillation. On obtient les acides volatils libres ou combinés..

Procédé Kissen. — S'il s'agit de déterminer la quantité d'acides volatils libres, il faut saturer le vin par une quantité connue d'eau de baryte, distiller aux deux tiers, ajouter au tiers restant une proportion d'acide sulfurique, juste équivalente à la baryte ajoutée, distiller alors presque à siccité et dans cette dernière liqueur prendre le titre acide, ou doser chacun des acides à part.

Ce procédé est dû à Kissen, qui l'a publié en 1873. Il est approuvé par M. Ch. Girard.

On obtient également les acides libres ou combinés.

Procédé Maumené. — D'après ce chimiste, l'acide carbonique vient se joindre aux autres acides volatils et augmente beaucoup les chiffres de l'analyse. On doit recueillir le produit de la distillation sur un poids connu de carbonate de soude pur séché à 200°, qui absorbe l'acide acétique et ses homologues sans retenir l'acide carbonique. On fait dessécher la masse à 120° ; on la pèse, et l'augmentation de poids sert à calculer celui de l'acide acétique.

L'équivalent de l'acide acétique étant 60 et celui de l'acide carbonique 22, l'augmentation de poids est dans le rapport de 60 — 22 = 38, avec l'équivalent de l'acide acétique 60.

Soit P l'augmentation de poids, on aura : 38 : 60 :: P : x.

Pour doser les acides volatils libres, rien n'est plus facile ; on prend le titre acidimétrique total, puis on évapore le vin à siccité jusqu'à 120°, et on cherche à nouveau le titre acide ; la différence entre les deux chiffres trouvés donne le titre des acides volatils libres. Le résultat obtenu n'est pas très exact, mais suffisant dans la pratique.

Procédé Pasteur. — On distille un litre de vin au chlorure de calcium ; on recueille d'abord 500^{cc} de liquide, exactement, puis 400^{cc} ; on ajoute 400^{cc} d'eau et on distille de façon à les recueillir. On peut poursuivre ainsi jusqu'à ce que le liquide distillé ne soit plus acide.

Le rapport des produits volatils, à partir de la troisième distillation, est à peu près celui de 2 à 1 entre les distillations successives.

Les liquides sont traités par l'eau de chaux titrée.

Pasteur a obtenu pour un vin :

Liquide distillé 500^{cc} = 26^{cc} d'eau de chaux
— 400 = 44 —
— 400 = 20 —

puis 10, 5, 2,5, 1,25 etc.

On peut en conclure qu'en simplifiant l'opération on obtient :

$$26 + 44 + 20 + 20 = 110^{cc} \text{ d'eau de chaux.}$$

On obtient ainsi la totalité des acides volatils libres.

ACIDE CARBONIQUE

Cet acide ne doit jamais se trouver dans les vins en combinaison avec les bases, puisqu'il s'y trouve des acides libres plus puissants que lui ; il ne doit s'y trouver qu'en dissolution.

La proportion d'acide carbonique contenu dans les vins est plus ou moins considérable, mais dans les vins mousseux elle est très forte.

Dosage de l'acide carbonique dans les vins ordinaires. — *Premier Procédé.* — Le procédé de dosage de cet acide est assez simple : On prend 100^{cc} du vin à essayer ; on en cherche le titre acide et on note la proportion de soude normale. On prend à nouveau 100^{cc} de vin que l'on introduit dans un ballon à long col, et on fait bouillir pendant une demi-heure au bain-marie à l'huile, car il faut éviter l'action directe du feu.

On maintient constamment le vin au même niveau en ajoutant de l'eau distillée bouillie. On laisse refroidir et on titre de nouveau. La différence des résultats correspond à l'acide carbonique.

1^{cc} de soude normale égale 0 gr. 022 d'acide carbonique.

Dans ce cas, l'emploi de la chaux est meilleur que celui de la soude.

Ce procédé n'est pas très exact, car les différents acides volatils sont entraînés, en partie par l'ébullition du vin, en même temps que l'acide carbonique. Il vaut mieux extraire ce gaz, à basse température, par la pompe pneumatique.

Pour doser cet acide, on peut aussi surchauffer un volume connu de vin, au bain-marie, recevoir les gaz qui se dégagent dans une dissolution de chlorure de barium ammoniacal, décanter la liqueur claire, chauffer, séparer le précipité à chaud par filtration et le laver rapidement, autant que possible à l'abri de l'air, avec de l'eau ammoniacale. On dessèche ensuite le filtre et le précipité, puis on les calcine au rouge faible.

1 de carbonate de baryte égale 0,223 d'acide carbonique.

Les lavages et les filtrations à chaud se font au moyen d'entonnoirs spéciaux qui sont décrits au dosage de la crème de tartre. La dessiccation des filtres est décrite au dosage de l'alun « Falsifications ».

Un troisième procédé a été indiqué. On verse 250^{cc} à 500^{cc} de vin dans un ballon de verre que l'on bouche de suite au moyen d'un bouchon traversé par un tube coudé relié d'avance à un tube à boules ou un petit ballon contenant de l'acétate basique de plomb; cet appareil étant terminé par un tube de dégagement plongeant dans une éprouvette contenant une solution de soude caustique, pour éviter l'absorption de l'acide carbonique de l'air. On chauffe au bain d'eau salée jusqu'à l'ébullition; tout l'acide carbonique est entraîné et absorbé par le sel de plomb. On fait tomber le carbonate de plomb dans un filtre, on lave avec un peu d'eau tiède, on sèche et pèse.

1 gramme de carbonate de plomb égale 0^{gr} 1648 d'acide carbonique et 1 gr. d'acide carbonique a un volume de 503^{cc} à une pression de 760^{mm}, température de 0°.

Dosage de l'acide carbonique dans les vins mousseux. — Procédé Husson (1877). — On prend une bouteille de vin mousseux, on y adapte un siphon communiquant à un flacon à trois tubulures; l'une d'elles est reliée au siphon, la seconde porte un tube vertical à robinet qui permet à la fin de l'opération de remplir le flacon d'eau pour chasser l'air; la troisième tubulure est adaptée à un tube rempli de chlorure de calcium destiné à dessécher l'acide carbonique; ce tube est suivi d'un tube Liebig à cinq boules rempli de solution de potasse pesée.

La bouteille étant plongée dans un bain d'eau froide, on ouvre le robinet du siphon et on élève la température jusqu'à l'ébullition. Tout l'acide carbonique se dégage et se fixe sur la potasse. Quand le dégagement est terminé on remplit le flacon d'eau, tout l'acide carbonique est chassé. On pèse de nouveau le tube Liebig et la potasse; l'augmentation de poids donne celui de l'acide carbonique.

Procédé Viard (1883). — Dans mon Traité Général des Vins j'indiquais seulement la possibilité de doser l'acide carbonique des vins mousseux par un procédé que j'indiquais. A cette époque je ne connaissais pas le procédé Husson, et le mien lui ressemblait par quelques points. Depuis je l'ai légèrement modifié afin de le rendre plus exact et plus pratique.

Le bouchon de la bouteille de vin mousseux est percé par une sonde à robinet semblable à la sonde de l'aphromètre ; la bouteille est placée dans un bain-marie froid ; à côté, dans un autre bain-marie on place un ballon en verre muni d'un bouchon de caoutchouc traversé par deux tubes de verre dont l'un est relié par un tuyau de caoutchouc à la sonde et l'autre va plonger au fond d'un petit bocal allongé, en traversant un bouchon de caoutchouc percé d'un autre trou traversé par un tube de verre qui part du col du ballon pour se relier à un tube à boucles de Will.

Dans le bocal et dans le tube de Will on met une solution de soude caustique non carbonatée. Lorsque tout l'appareil est en place et bien bouché, on ouvre très lentement le robinet de la sonde, le gaz s'échappe en entraînant du vin qui passe dans le ballon ; l'acide carbonique est absorbé par la soude ; lorsque le dégagement de gaz cesse dans le bocal, on commence à chauffer le bain-marie jusqu'à l'ébullition ; lorsque les vapeurs alcooliques commencent à passer dans le ballon, on chauffe le bain-marie où il est plongé sans arrêter celui de la bouteille jusqu'à ce que les vapeurs d'alcool viennent dans le bocal ; alors tout l'acide carbonique a passé à travers la soude.

On démonte le bocal et le tube à boules et on verse le contenu dans une éprouvette graduée on y réunit les eaux de lavages et on prend la moitié du liquide que l'on titre avec une liqueur titrée d'acide azotique ; l'autre moitié est traitée, à l'abri de l'air, par du chlorure de barium qui précipite le carbonate de soude, on filtre à l'abri de l'air et on titre le liquide filtré par la liqueur azotique ; on obtient ainsi la soude totale sur la moitié du liquide, et la soude caustique sur l'autre moitié ; la différence entre les deux titres donne la moitié du poids de la soude carbonatée. Le poids de la soude multiplié par 0,71 donne le poids de l'acide carbonique. Si on a titré la soude préalablement et qu'on ait mesuré le volume mis dans le bocal et le tube de Will on a la vérification de l'opération.

Ces diverses méthodes d'analyses sont toutes spéculatives ; elles ne sont pas utilisées dans la pratique.

Il ne faut pas confondre l'acide carbonique soluble dans le vin avec celui que l'on retrouve dans les cendres et qui s'est formé pendant la calcination par suite de la décomposition des matières organiques (Voir *Analyses des Cendres*).

Si le dosage en poids de l'acide carbonique n'a que peu d'intérêt, son dosage en volume, la mesure de sa pression dans les bouteilles, sa facilité de dissolution dans les vins et la recherche de la quantité de sucre nécessaire pour en produire un volume donné, ont en Champagne et à Saumur une importance capitale ; car de ces recherches ou de ces calculs dépendent la réussite des opérations et le rendement total en bouteilles ayant résisté à la pression. Nous allons étudier ici ces différentes questions.

Pouvoir dissolvant des Vins pour l'Acide Carbonique. — Par les mots pouvoir dissolvant on entend la propriété que possède chaque vin de pouvoir dissoudre une certaine quantité d'acide carbonique, à l'air, sous une pression uniforme ; le volume du gaz dissous n'est pas le même pour tous les vins, c'est ce qui a obligé d'étudier cette question.

Dès 1858, M. Maumené signala l'action du pouvoir dissolvant des vins pour l'acide carbonique sur la formation de la mousse dans la fabrication des vins de Champagne.

Dans cette même année deux savants allemands, Bunzen et Carius, publièrent des tables faisant connaître le coefficient d'absorption pour l'acide carbonique de l'alcool et de ses mélanges avec l'eau, à toutes les températures comprises entre 0° et 24°. Ces coefficients représentent le volume d'acide carbonique dissous pour 1 litre d'alcool à tous les degrés et à toutes les températures.

M. Maumené a constaté les différents phénomèmes de la formation de la mousse. Plus le vin dissout de gaz, moins l'explosion et par conséquent la mousse, est forte ; la puissance dissolvante du vin dépend de tous les éléments qui s'y rencontrent et, comme ils sont très nombreux et très variables, cette puissance l'est également.

La quantité d'alcool exerce une influence notable sur la proportion de la mousse : les autres éléments ont aussi de l'influence et quelquefois plus que l'alcool lui-même.

Il disait déjà que pour éviter la casse et calculer la quantité de sucre à introduire dans le vin, pour produire la mousse, qu'il valait mieux doser le pouvoir dissolvant du vin par un procédé direct.

En 1883, M. Robinet émit l'opinion que le calcul du poids du sucre ajouté au tirage devait tenir compte du pouvoir dissolvant ; mais il admit, lui aussi, que la richesse alcoolique jouait un rôle prépondérant et qu'on pouvait négliger les autres éléments du vin.

Il publia des tables donnant le poids du sucre nécessaire pour obtenir dans les bouteilles une pression déterminée d'après chaque degré d'alcool et suivant le pouvoir dissolvant correspondant ; ces tables sont basées sur les travaux de Bunzen et Carius.

L'expérience n'a pas répondu aux indications de MM. Robinet et Maumené.

En 1886, M. Salleron a repris cette question et, dans ses *Etudes sur le vin mousseux*, il a déterminé mathématiquement la manière d'opérer et de calculer.

Action du pouvoir dissolvant sur la mousse. — Si le vin ne dissolvait pas d'acide carbonique, la moindre quantité de gaz s'accumulerait sour le bouchon et produirait rapidement une pression considérable ; le bouchon sauterait ou la bouteille casserait sous l'influence d'une petite quantité de gaz. Si au contraire, le vin pouvait dissoudre d'une façon indéfinie l'acide carbonique, la pression intérieure serait nulle.

Il est donc évident que la réalité est entre les deux termes et que le vin a un pouvoir dissolvant assez considérable.

L'eau ordinaire dissout l'acide carbonique dans la proportion de 1 l. 002 d'acide carbonique par litre d'eau à 15°. Un litre d'alcool pur dissout 3 l. 199 du même gaz.

MM. Maunené et Robinet ont supposé que la dissolution du gaz carbonique par les mélanges alcooliques était proportionnelle à la quantité d'alcool ; Salleron démontre que l'expérience prouve le contraire.

Le sucre et la matière extractive du sucre diminuent le coefficient d'absorption de l'eau ; chaque élément de cette matière extractive agit différemment : c'est ce qui explique pourquoi les vins acides dissolvent plus de gaz que les vins plats.

Une des causes qui agissent le plus sur le pouvoir absorbant du vin, c'est la proportion de gaz carbonique que le vin contient déjà en dissolution lorsqu'il est mis en bouteilles ; la quantité en est très variable et naturellement, plus un vin contient préalablement de gaz, moins il en dissoudra plus tard.

M. Salleron a essayé, en 1885, 31 vins de Champagne de la récolte de 1884 et il a obtenu comme coefficients d'absorption à 10° de température des chiffres variant de 0,746 à 1,081. Il est donc impossible de fixer à priori le coefficient d'absorption d'un vin d'après son origine et sa composition.

Il est scientifiquement démontré que la quantité de gaz nécessaire pour saturer un liquide n'est pas exactement proportionnelle à la pression qu'il doit supporter ; s'il faut 1 litre de gaz pour saturer 1 litre de vin sous la pression atmosphérique, il n'en faudra pas tout à fait 2 litres pour saturer le même vin sous la pression de deux atmosphères (Khanikof et Louguinine, Ann. de Ch. et Phy. t. 11, p. 412).

Enfin la température modifie considérablement le pouvoir dissolvant : plus le vin est froid plus le coefficient est élevé ; ce fait était connu et c'est pour cela qu'on met le vin dans des caves très froides pour diminuer la casse.

Coefficients d'absorption d'un vin d'Ay, raisins noirs et blancs, récolte de 1884, et pression dans la bouteille contenant quatre litres de gaz par litre.

Température	Coefficient	Pression	Température	Coefficient	Pression	Température	Coefficient	Pression
0	1.275	3^{at} 13	11	0.785		22	0.460	
1	1.215		12	0.750		23	0.440	
2	1.155		13	0.715		24	0.420	
3	1.105		14	0.680		25	0.400	10^{at}00
4	1.060		15	0.645	6^{at} 20	26	0.380	
5	1.015	3. 94	16	0.615		27	0.365	
6	0.975		17	0.585		28	0.350	
7	0.935		18	0.555		29	0.335	
8	0.895		19	0.530		30	0.320	12. 50
9	0.855		20	0.505	7. 92			
10	0.820	4. 88	21	0.480				

La pression est le quotient du volume de gaz divisé par le coefficient d'absorption du vin $\frac{4 \text{ l.}}{0,820} = 4,88$

Pour bien faire comprendre l'importance du coefficient d'absorption d'un vin, je vais donner quelques exemples :

Supposons que ce coefficient soit, pour un vin, de 1,000; c'est-à-dire qu'un litre de vin pour être saturé de gaz acide carbonique dissolve un litre de gaz et que, pour obtenir dans une bouteille de vin mousseux la pression de 1 atmosphère, le vin dissolve un volume de gaz égal au sien. Si donc le coefficient est de 1,000, le vin doit dissoudre autant de fois son volume de gaz que la bouteille doit supporter d'atmosphères. Pour obtenir 5 atmosphères, il faudra 5 litres de gaz. Cette hypothèse conduit à la règle arithmétique fort simple : 1° que la pression intérieure supportée par une bouteille de vin mousseux est égale au volume de gaz dissous dans le vin divisé par le coefficient d'absorption du vin ; 2° que, réciproquement, le volume de gaz dissous dans 1 litre de vin est égal à la pression supportée par la bouteille multipliée par le pouvoir absorbant.

1er exemple : coefficient d'absorption, 0,900 ; volume de gaz, 5 litres par litre de vin. La pression sera 5 at., 55.

2e exemple : coefficient, 0,950; pression, 5 at. ; le volume du gaz dissous par 1 litre de vin sera $5 \times 0,95 = 4$ l. 75.

Cherchons maintenant quelle sera la différence de pression produite dans la bouteille par une même dose de sucre suivant le chiffre du coefficient.

Supposons 20 gr. de sucre par litre qui produisent, à fort peu près, 5 litres de gaz carbonique. (Voyez Sucres.)

Prenons un vin à 1,050 de coefficient, la pression sera $\frac{5}{1,050} = 4$ at., 75.

» un vin à 0,750 » » $\frac{5}{0,75} = 6$ at., 60.

ce qui est une forte différence.

Mesure du pouvoir dissolvant d'un vin et quantité de sucre nécessaire pour produire une pression donnée. — Nous venons de voir quelle est l'importance du pouvoir dissolvant, il y a donc lieu de le chercher pour chaque vin destiné à devenir mousseux.

Avant François, les négociants de Champagne ne réglaient la quantité de sucre à ajouter aux vins pour avoir une bonne mousse que sur la simple dégustation ; ce qui, à différentes époques, occasionna des désastres célèbres dans l'histoire de la Champagne et produisant des casses de 75,80 et même 90 pour 100.

François admettait que pour obtenir une mousse moyenne, il fallait que le vin, au moment du tirage (mise en bouteilles) contînt 20 gr. de sucre par litre, c'est-à-dire marquât 7° au gleuco-œnomètre de Cadet de Vaux (les 5° déduits d'après sa méthode, soit 12° marqués par l'appareil dans le vin réduit au 6e). Or, l'on voit sur ma table qu'à ce degré le vin contient 28 gr. de sucre par litre, mais c'est pour les nouveaux aréomètres.

Ce procédé, qui a rendu de grands services, est sujet à de graves erreurs, dont l'année 1865 est un frappant exemple ; de plus, il n'indique pas les petites quantités.

Il y a donc lieu de l'abandonner et de doser le sucre par le procédé des liqueurs de cuivre tel que je l'ai indiqué.

D'après Robinet, la dose de 20 gr. n'est pas assez forte ; dans bien des années elle peut donner une mousse des plus irrégulières et pas assez forte pour être marchande. Il conseille de pousser à 22 gr. dans les années moyennes et 24 gr. dans les années où le vin est très alcoolique.

Dans le procédé François, les 5° qu'il déduit peuvent représenter du sucre de raisin si le vin est pauvre en tartre et riche en acides et matières étrangères; au contraire, la diminution est insuffisante si le vin est riche en tartre et pauvre en acides et matières mucilagineuses. La quantité de glycérine influe également.

Première méthode Maumené. (Traité pratique du Travail des Vins, 1890). — On commence par saturer d'acide carbonique, sous la pression ordinaire, le vin à essayer, pour cela on verse un peu plus de 1 litre de vin dans un flacon de deux à trois litres et on fait passer un courant d'acide carbonique, puis on agite pendant un quart d'heure sans ouvrir le flacon. On aura ainsi tous les vins à un état uniforme. Ensuite, on se sert d'un appareil semblable à l'absorptiomètre de Bunzen : Un fort tube en verre d'un diamètre de 36 millimètres et ayant un peu plus de 1 mètre de long, cylindrique et bien calibré, divisé en millièmes ; ayant environ 1 litre de capacité ; surmonté d'un manomètre et ayant à la base deux tuyaux : l'un communiquant à l'extérieur, l'autre à une bouteille, par un tube entrant dans le bouchon et allant jusqu'au fond. Dans le bouchon de la bouteille, un autre tube communique avec une pompe adaptée sur un réservoir de 15 litres, rempli d'acide carbonique pur. Le vin étant saturé d'acide carbonique à la pression ordinaire, on réunit d'abord la pompe au cylindre de verre, sans la bouteille, et on le remplit d'acide carbonique à 5 ou 6 atmosphères, puis on place la bouteille et on pompe ; le vin passe dans le tube. On arrête au volume voulu. On agite le tube pendant une 1/2 heure, au moins, à plusieurs reprises et on laisse en contact, pendant 24 ou 36 heures. On mesure la pression du manomètre :

1 kilogr. de sucre de raisin donne 629cc d'alcool et 0 l. 2415 d'acide carbonique à 5°.

1 kilogr. de sucre candi donne 661cc d'alcool et 0 l. 243 d'acide carbonique à 5°.

Supposons le pouvoir dissolvant 1,2, on a pour une bouteille de 800cc : $800 \times 1{,}2 \times 5{,}5 = 5280$. Si, au moment du tirage, le vin est saturé d'acide carbonique il en contient $800 \times 1{,}2 = 0{,}960$, il reste à lui fournir

$$5362{,}5 - 960 \times \frac{10}{8} = 5503{,}1$$

Sucre candi nécessaire $\dfrac{5503{,}1}{0{,}255} = 21{,}6675$ par litre.

Deuxième méthode Maumené. — On opère par la pesée de l'acide carbonique.

On pèse la bouteille vide, puis pleine de vin ; on y foule ensuite de l'acide carbonique jusqu'à marquer une pression constante pendant deux ou trois heures et on pèse.

Pour 5 atmosphères 1/2, il y a une augmentation de 10gr1/2.

1 gramme d'acide carbonique est donné par 2,09455 de sucre candi.

ABSORPTIOMÈTRE SALLERON. — Cet appareil (fig. 87) se compose essentiellement d'un réservoir cylindrique A B, en cristal très épais et très

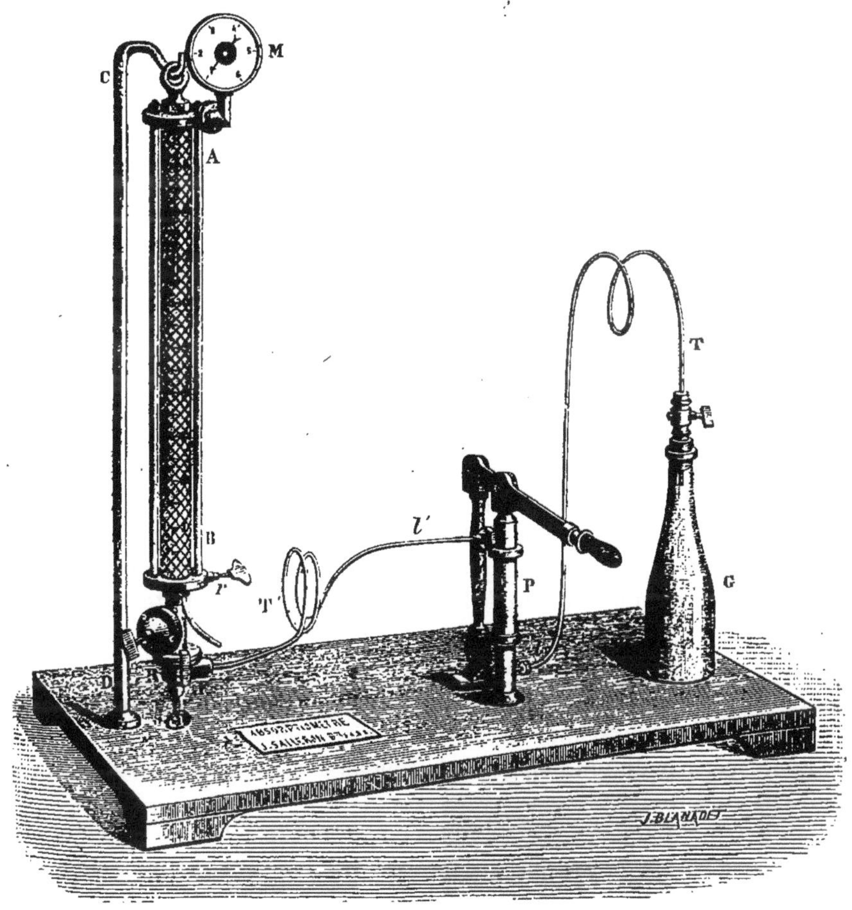

Fig. 87.
(Dujardin)

résistant, fortement serré entre deux armatures de bronze. Ce cylindre est exactement jaugé et divisé en 1,000 parties. La partie inférieure de ce récipient est mise en communication avec une pompe aspirante et foulante P, dont la tubulure aspirante *t* peut aspirer à volonté, par l'intermédiaire du tube flexible T, du vin ou du gaz, tandis que la seconde tubulure foulante

t' conduit ce vin ou ce gaz, par l'intermédiaire du tube T', dans le réservoir A B. La partie supérieure du réservoir est terminée par un anneau qui suspend l'appareil au montant C D. Un manomètre M, très précis, permettant d'apprécier des centièmes d'atmosphère, et un thermomètre mesurant des dixièmes de degré, communiquent tous les deux avec l'intérieur du réservoir. Un robinet R établit ou supprime à volonté la communication entre la pompe et le réservoir, et un raccord, F, relie ensemble ou sépare ces deux organes. Enfin, un second robinet *r* met à volonté le réservoir en communication avec l'atmosphère.

Pour effectuer une expérience, il faut d'abord remplir le réservoir A B avec du gaz acide carbonique comprimé, sous la pression qu'on désire obtenir dans les bouteilles de vin de tirage. Si on veut tirer le vin à la pression de 5 atmosphères, il faudra remplir le réservoir avec du gaz comprimé à 5 atmosphères. Pour que le gaz ne soit pas mélangé avec de l'air, on remplit d'abord le réservoir, la pompe et les tubes avec de l'eau, puis on met une bouteille de vin brut G, dont le bouchon est traversé par une tige creuse, en communication avec la tubulure aspirante *t* de la pompe ; on ouvre les deux robinets R et *r* et on actionne la pompe. Le gaz de la bouteille, aspiré par la pompe est chassé dans le tube T', il pénètre par le robinet R dans le réservoir A B, tandis que l'eau contenue dans ce dernier s'échappe par le robinet *r*. Au bout de quelques coups de pompe, l'eau est expulsée et remplacée par du gaz pur. On ferme le robinet *r* et on continue à manœuvrer la pompe jusqu'à ce que le manomètre M. accuse exactement la pression de 5 atmosphères ; la température indiquée par le thermomètre étant 10 degrés.

Connaissant la pression du gaz comprimé dans le réservoir, on peut en déduire le volume de ce gaz, sachant que les pressions sont en raison inverse des volumes, et si on admet que la capacité du réservoir soit de un litre, on saura qu'il contient 5 litres de gaz mesurés à la température de 10 degrés.

On détache la bouteille G du tube T et on la remplace par une autre bouteille contenant le vin de tirage à essayer. Après les précautions nécessaires pour expulser de la pompe et des tubes T' et T le gaz qu'ils renferment et le remplacer par du vin, on ouvre le robinet R et on comprime du vin dans le réservoir A B.

La pression obtenue variera en plus ou en moins, selon que le vin dissoudra plus ou moins de gaz que son propre volume, c'est-à-dire suivant son pouvoir absorbant. Si ce dernier était 1,0, on pourrait introduire une quantité quelconque de vin sans que la pression soit modifiée, puisque le vin dissoudrait un volume de gaz exactement égal au sien ; on pourrait remplir le réservoir avec du vin, le gaz disparaîtrait et le manomètre marquerait toujours 5 atmosphères ; seulement le réservoir, au lieu de contenir 5 litres de gaz, renfermerait un litre de vin gazeux, sous la pression de 5 atmosphères.

Généralement le coefficient d'absorption est tantôt plus fort, tantôt plus faible que 1,0. S'il est plus fort que l'unité, plus on comprimera de vin, plus la pression baissera, puisque le vin, pour être saturé de gaz, doit en dissoudre plus que son volume ; et si, au contraire, le coefficient est plus faible que l'unité, plus on enverra de vin, plus la pression s'élèvera ; cette augmentation de pression accusera le volume du gaz qui aurait dû être dissous si le pouvoir absorbant avait été de 1,0. Le changement de pression accusé par le manomètre peut donc servir à calculer le pouvoir absorbant du vin.

Lorsqu'on a comprimé un certain volume de vin dans le réservoir, on dévisse le raccord F qui sépare le récipient du tube T' ; on décroche le réservoir du montant et on l'agite vigoureusement à plusieurs reprises, jusqu'à ce que le vin soit bien saturé de gaz, c'est-à-dire jusqu'à ce que la température reste constante. On observe le thermomètre, et si la température a changé on la ramène à 10 degrés en immergeant l'appareil dans de l'eau chaude ou froide. Quand cette condition est remplie, on suspend de nouveau le réservoir au montant et on note avec précision l'indication du manomètre.

Soit 5 atmosphères, la pression à laquelle le gaz a été comprimé dans le réservoir ; le volume de ce gaz est 5 litres, puisque la capacité du réservoir est supposée 1 litre.

$0^{lit},3$ le volume du vin chassé dans le réservoir et en contact avec le gaz.

Le volume occupé par le gaz, après l'introduction du vin sera 1 litre — 0,3 = $0^{lit},7$.

Soit encore $5^{atm},12$, la pression accusée par le manomètre après l'absorption du gaz par le vin.

$0^{lit},7$, volume occupé par le gaz $\times$ par $5^{atm},12 = 3^{lit},58$ pour le volume du gaz restant dans le réservoir après l'absorption.

5 litres, volume du gaz comprimé dans l'instrument, — $3^{lit},58 = 1^{lit},42$ pour le volume de gaz absorbé par $0^{lit},3$ de vin et $1^{lit},42$ divisé par $0^{lit},3 = 4^{lit},73$ pour le volume de gaz absorbé par 1 litre de vin sous la pression de $5^{atm}.12$; enfin, $4^{lit},73$ divisé par $5^{atm},12 = 0^{lit},923$, volume du gaz absorbé par 1 litre de vin sous la pression de 1 atmosphère, c'est-à-dire que le coefficient d'absorption est 0,923.

Si nous écrivons en formule cette opération arithmétique, nous aurons :

Soit P, la pression à laquelle le gaz a été comprimé dans le réservoir ;

p, la pression marquée par le manomètre après l'absorption du gaz par le vin ;

V, le volume du vin comprimé avec le gaz ;

v, le volume occupé par le gaz après la compression du vin ;

Q, le volume du gaz dissous par 1 litre de vin sous la pression *p* ;

A, le coefficient d'absorption du vin.

$$Q = \frac{1}{V} \times (P - v \times p)$$

$$\text{et } A = \frac{Q}{p}.$$

Exemple :

On a comprimé dans le réservoir du gaz de vin de Champagne, à la pression P de 5 atmosphères ; on a introduit dans le même récipient, au sein du gaz, un volume V de vin de $0^{lit}, 3$. Après l'absorption du gaz par le vin, la pression p accusée par le manomètre est $5^{atm}, 25$ et le gaz occupe un volume v de $0^{lit}, 7$.

La quantité Q de gaz dissoute par un litre de vin est :

$$\frac{1}{0,3} \times (5 - 0,7 \times 5,25) = 4^{lit}, 41,$$

et le coefficient A du vin est $\frac{4^{l}, 41}{5^{atm}, 25} = 0,840$, ce qui veut dire que, pour obtenir dans les bouteilles la pression de 5 atmosphères, chaque litre de vin doit dissoudre 0 litre 840 de gaz $\times$ 5 = 4^{l} 20 d'acide carbonique.

Pour ne pas compliquer la démonstration, M. Salleron n'a pas mentionné, dans cette formule, la correction que doit subir le volume du gaz, par rapport à la pression et à la température atmosphériques ; mais il est évident, dit-il, que cette correction doit intervenir dans le calcul, bien qu'elle soit de peu d'importance.

Comme 1 gramme de sucre produit par la fermentation alcoolique $0^{l},247$ d'acide carbonique et $0^{cc}, 643$ d'alcool, la quantité de sucre nécessaire pour produire le volume de gaz de l'essai précédent sera de :

$0^{l}, 247$ sont produits par 1 gr. de sucre,

4, 200 seront produits par $\frac{1 \times 4,2}{0,247}$ = 17 gr. par litre.

Dans une expérience faite le 17 avril 1885, M. Salleron a trouvé $0^{l},246$ pour l'acide carbonique et 0^{cc} 646 d'alcool par gramme de sucre. Je crois qu'il y a une petite erreur ; en effet, M. Salleron a pris un vin contenant 3 gr. 19 de sucre par litre et il dit qu'il a fait dissoudre 20 gr. 31 de sucre candi par litre et que le total est de 20 gr. 31 + 3,19 = $23^{g}, 50$. Or cela n'est pas tout à fait exact. S'il a mis les 20 gr. 31 de sucre dans un vase jaugé de 1 litre et s'il a versé du vin dessus, il a bien obtenu 1 litre, mais il n'a pas versé 1 litre de vin ; le sucre occupant un volume de 12^{cc} 7, il n'aurait versé que $987^{cc}3$ de vin ne contenant que 3 gr. 15 de sucre, soit un total de 23,46, ce qui donne, pour l'acide carbonique 0,2468, bien près de la théorie, et $0^{cc}647$ d'alcool. Si, au contraire, il a mis 1 litre de vin sur le sucre, il a obtenu un volume de 1012,7, contenant 23 gr. 50 de sucre, soit 23 gr. 22 par litre et alors il aurait eu 0,249 pour l'acide carbonique et 0,655 pour l'alcool, à la température de 10 degrés. Il n'est question ici que de théorie pure ; dans la pratique il n'y a pas lieu d'en tenir compte.

Lorsqu'on aura calculé la quantité de sucre nécessaire pour produire l'acide carbonique, on dosera le sucre du vin en déduisant 1 gr. 5 par litre, qui reste ordinairement dans les vins mousseux après fermentation et on retranchera ce nombre trouvé du chiffre calculé d'après l'absorptiomètre, on aura le poids du sucre à ajouter par litre ; on multipliera par le nombre de litres à traiter. On pèsera le sucre et on complètera le volume avec le vin ; il y aura moins d'erreur que si on verse le sucre dans un volume mesuré de vin.

Mesure de la Mousse. — La mesure de la mousse ou de la pression intérieure des vins de Champagne est une des opérations qui doit se faire avec le plus grand soin, si on veut obtenir de bons résultats.

En Champagne on doit bien tenir compte de la pression développée par le vin de tirage. Il ne faut pas confondre la pression avec la force de la mousse qui est mesurée par le volume de vin s'échappant de la bouteille après l'explosion causée par la projection du bouchon.

On dit que la mousse est faible, marchande, forte ou folle. lorsque après l'explosion le vin s'élève en gerbe à une hauteur plus ou moins considérable. Cette manière de mesurer la mousse manque complètement d'exactitude, car elle varie d'après des causes diverses.

Plus le vin a un pouvoir absorbant faible, plus l'acide carbonique se dégage rapidement. La présence de corpss insoluble facilite l'échappement du gaz, c'est pour cela que la bouteille d'un vin contenant uu dépôt pulvérulent en suspension gerbera davantage qu'une autre bouteille de même vin dont le dépôt sera au fond.

La force expansive de l'acide carbonique doit être mesurée dans un certain délai, après la fin de la fermentation, car à la longue la pression décroît progressivement dans les bouteilles, même couchées et hermétiquement fermées. On suppose qu'il y a diminution de l'acide carbonique par sa combinaison avec les divers éléments du vin.

M. Salleron a adopté comme pression des vins de tirage dits *grands mousseux* la pression de 5 atmosphères, mesurés à la température de 10°.

Manomètre à air comprimé. — Cet appareil (fig. 88) se compose d'un tube de verre recourbé et terminé par un renflement dont la partie supérieure est effilée.

Au moment du sucrage et du tirage, on brise la pointe effilée du manomètre et on l'introduit dans une des bouteilles. On voit assez distinctement à travers le verre et le liquide, le niveau du mercure et les divisions gravées sur le tube et qui correspondent aux pressions indiquées en atmosphères, pour lire sur le manomètre la pression du gaz. Lorsque la tension atteint 4 1/2 atmosphères, il est temps de descendre les bouteilles en cave.

Cet appareil présente plusieurs inconvénients sur lesquels il est inutile d'insister.

Cependant il est très utile pour suivre le développement de la mousse ; dans un certain nombre de bouteilles, par tas et par cellier, on introduit de ces petits manomètres, qui permettent de suivre le travail.

Fig. 88.
Dujardin. — 5 f.

Aphromètre Maumené. — L'aphromètre, ou mesure-mousse, a pour but de mesurer la tension du gaz acide carbonique dans les bouteilles de champagne. C'est un instrument bien plus parfait que le précédent, mais d'un prix considérablement plus élevé.

Cet appareil se compose d'un manomètre métallique, dont la boîte communique par un robinet avec une poignée et avec une vis creuse. Dans l'intérieur de celle-ci est logée une tige, terminée en dehors de la vis par une tête conique. Cette tête peut être éloignée ou rapprochée de l'orifice, suivant la marche imprimée à la tige, au moyen d'une clef. La vis creuse réalise ainsi une véritable sonde qu'on peut ouvrir et fermer à volonté. Cette vis étant fermée, on l'introduit à travers le bouchon de la bouteille à essayer, dans la chambre à gaz carbonique ; on l'ouvre ensuite en faisant descendre la tige et on ouvre le robinet. Le gaz pénètre alors par la vis creuse et la poignée, jusque dans le manomètre, accusant immédiatement la pression intérieure de la bouteille.

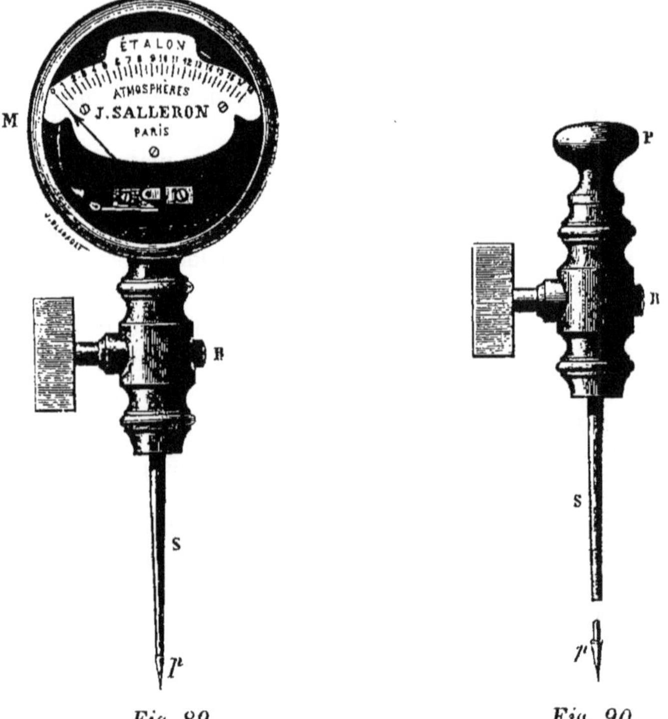

Fig. 89. *Fig. 90.*

(Dujardin. — 125 fr.).

Aphromètre Salleron. — M. Salleron a beaucoup simplifié l'aphromètre Maumené.

Cet instrument se compose de deux organes bien distincts : 1° la sonde S (fig. 89) ou tige creuse en acier qui traverse le bouchon de la bouteille ; cette tige est soudée à la tubulure inférieure du robinetR, tandis qu'à la tubulure du même robinet se visse à volonté, la poignée P (fig. 90) ou le manomètre

M. Pour mettre l'aphromètre en expérience on visse la poignée P sur le robinet dont on a préalablement fermé la clef, puis on introduit à l'extrémité de la sonde S une petite pointe en acier, *p*, qui entre librement dans le trou de la sonde. On enfonce la tige, convenablement graissée, au travers du bouchon jusqu'à ce que la petite pointe, *p*, ait pénétré tout entière dans la chambre vide, sous le bouchon. Cette petite pointe, n'étant plus soutenue, tombe dans le vin en ouvrant le trou de la sonde qui ne peut, de la sorte, être obstrué par les débris de liège. On dévisse la poignée P, on visse à sa place le manomètre M et on ouvre le robinet. Le manomètre étant mis en communication avec la chambre remplie de gaz, l'aiguille accuse immédiatement la pression intérieure exprimée en atmosphères et dixièmes d'atmosphère.

L'aphromètre n'est pas seulement un manomètre indiquant la pression supportée par la bouteille, mais encore un instrument mesurant le volume de gaz que le vin a dissous ; c'est pour cela qu'il est gradué en atmosphères et non en kilogrammes, et la première division est chiffrée 1, puisque le vin, quand il est saturé d'acide carbonique sous la pression de l'atmosphère, contient déjà une atmosphère de gaz.

Pour que cette indication ait quelque valeur, il faut la corriger de certaines causes d'erreurs dont la principale est inhérente aux phénomènes de saturation. Pour obtenir la pression représentant exactement l'état d'équilibre du gaz dissous à saturation dans le vin, il faut agiter la bouteille et la retourner sens dessus dessous à plusieurs reprises, jusqu'à ce que l'aiguille du manomètre reste stationnaire : généralement, on voit cette aiguille monter progressivement en accusant une pression de plus en plus forte, laquelle dépasse souvent de 1 atmosphère la tension mesurée avant l'agitation.

Pour que les indications de l'aphromètre soient comparables entre elles, il faut qu'elles soient mesurées toujours à la même température.

M. Salleron a choisi 10° parce que c'est la température moyenne des caves et qu'il est toujours facile de se la procurer dans les établissements de vins mousseux.

Pour être certain de la température intérieure de la bouteille, on ferme le robinet R, on dévisse le manomètre, et, inclinant son goulot au bord d'un verre à boire dans lequel on a placé un thermomètre, on ouvre le robinet. Le vin remplit le verre et donne sa température au thermomètre. Une table de correction permet de ramener la pression à la température de 10° ; mais ces corrections ne sont qu'approximatives ; si on veut des résultats absolument exacts, il faudra mesurer la pression sur le vin à 10°.

L'aphromètre peut être facilement transporté d'une bouteille sur une autre ; il permet donc de suivre avec la plus grande exactitude le développement du gaz ; il fait prévoir le moment précis où la casse va commencer ; aussi devient-il un guide précieux pour la bonne direction du travail.

M. Salleron, dans des essais extrêmement précis, a mesuré la pression intérieure d'un grand nombre de bouteilles de vins de Champagne de diverses maisons et il a obtenu des résultats extrêmement variables allant de

2.35 à 7 atmosphères, ce qui indique bien la nécessité de régler mathématiquement la pression à obtenir.

Il y a une dernière cause qui influe sur la pression du vin dans la bouteille c'est la compression d'air comprise entre le vin et le bouchon lorsqu'on enfonce ce dernier dans le col de la bouteille. Cette pression a varié, pour 5 bouteilles essayées, de 0at18 à 0at45 ; mais cette pression diminue en grande partie pour la dissolution de l'oxygène. N'ayant aucun moyen de calculer cette pression, M. Salleron propose d'adopter le chiffre moyen de 0at25, qui se trouve ajoutée à la pression obtenue par l'acide carbonique.

Il ne faut pas oublier que la pression et le pouvoir dissolvant sont calculés à la température de 10° et que plus la température monte, plus le pouvoir absorbant est faible et plus, par conséquent, la pression est élevée. Nous avons vu dans le dernier tableau qu'une bouteille de vin ayant une pression de 4at88 à 10° montait à 10 at., à 25° et 12.50 à 30°, c'est-à-dire une pression à laquelle ne résisterait guère la bouteille.

Je terminerai cette étude des travaux de M. Salleron en indiquant qu'il traite dans ses « *Etudes sur le vin mousseux* » la question de la résistance des bouteilles et des bouchons d'une façon que je puis qualifier, sans exagération, de merveilleuse. Il a inventé un appareil appelé Elasticimètre Salleron (vendu par M. Dujardin) qui sert à mesurer la force élastique de résistance des bouteilles, et une machine à essayer les bouchons de liège que je ne puis citer ici.

Toutes les personnes qui s'occupent des vins mousseux devront se procurer la brochure de M. Salleron.

On comprendra l'importance qu'il y a à étudier toutes ces questions lorsqu'on saura que le seul département de la Marne fournit 443.000 hectolitres de vins mousseux.

L'exportation de ces vins a été, de 1857 à 1867, de 8.628.123 bouteilles par an — de 1867 à 1877, elle s'est élevée à 14.702.218, et de 1877 à 1880, à 15.693.775 bouteilles par an.

Et que l'Anjou et le Saumurois préparent des quantités non moins considérables de vins mousseux.

ACIDE TARTRIQUE LIBRE

La présence de l'acide tartrique libre dans les vins naturels a été l'objet de bien des controverses de la part d'auteurs compétents ; on admet aujourd'hui que les vins peuvent en contenir de petites proportions, mais lorsqu'il y en aura en proportion sensible on pourra admettre que cet acide a été ajouté, si le vin n'est pas plâtré.

Recherche de l'Acide tartrique libre. — *Procédé Lassaigne.* — On prend 10cmc de vin suspect ; on les additionne de 20cmc d'une solution de chlorure de potassium saturée à 15°, dans un vase en verre ; on agite fortement ce mélange pendant 8 à 10 minutes avec une baguette de verre, en frottant les parois.

Si le vin contient de l'acide tartrique libre, il se produit un dépôt cristallin de bitartrate de potasse qu'on épure par décantation. Le vin naturel, traité de même, ne donne un précipité qu'au bout de plusieurs heures. On redissout ce précipité à chaud avec le moins d'eau possible, et on le précipite par la chaux. Le tartrate de chaux qui se forme peut être redissous dans une solution aqueuse de chlorhydrate d'ammoniaque. Le tartrate calcaire est le seul sel qui, dans ces circonstances, puisse être redissous par le chlorhydrate d'ammoniaque.

Ce procédé est ordinairement très bon et peut servir à déceler un six centième d'acide tartrique ajouté au vin. (Robinet.)

Ce procédé peut être faux, car la solution aqueuse de crème de tartre, traitée de même, donne souvent des cristaux avant 10 minutes. (Glénard.)

Procédé J. Brun. — On évapore 200 gr. de vin, de façon à en obtenir l'extrait, que l'on traite par l'alcool absolu, lequel dissout l'acide tartrique et ne dissout pas le tartre ; on décante et on évapore l'alcool ; le résidu est repris par l'eau et précipité par l'acétate de potasse et quelques gouttes d'acide acétique.

1000 de tartre égalent 701 d'acide tartrique bibasique anhydre.

Pour s'assurer si le précipité est bien du tartre, on le dissout à chaud dans le moins d'eau distillée possible, puis on le précipite par l'eau de chaux. Le dépôt blanc de tartrate de chaux qui se formera, sera redissous, s'il est récent par une addition de chlorhydrate d'ammoniaque. De plus, l'acide tartrique, ainsi que les tartrates secs, donnent, en les chauffant, l'odeur bien nette du sucre brûlé.

Le citrate de chaux, qui se dissout également dans la solution aqueuse du chlorhydrate d'ammoniaque, ne précipite pas dans l'eau de chaux à froid, mais seulement à 100°.

Ces deux procédés étant un peu longs, on peut les essayer simultanément.

Procédé Nessler et Barth. — (J[l] de Ph. et Ch. 1882, Août). On évapore 100^{cmc} de vin à l'état de sirop clair ; on verse, en agitant sans cesse, de l'alcool concentré, tant qu'il se produit un précipité ; on laisse reposer pendant deux heures ; le tartre se dépose et le liquide alcoolique contient l'acide tartrique.

On évapore l'alcool, reprend le résidu par l'eau, traite la liqueur un peu trouble par le noir animal pur, filtre et concentre au dixième du volume du vin, traite à froid par 1 1/2 à 2^{cc} de solution d'acétate de chaux à 20 °/₀.

Le vin exempt d'acide tartrique libre ne se trouble pas. Avec 0,05 °/₀ d'acide tartrique libre il se dépose du tartrate de chaux cristallisé ; au bout de 2 heures, la séparation est complète

Avec seulement 0,01 °/₀ le dépôt est visible au bout de 2 heures.

Dosage. — *Procédé Berthelot et de Fleurieu.* — Le vin est traité par le mélange d'alcool et d'éther de manière à doser la crème de tartre contenue. (Voir *Dosage de la crème de tartre.*)

Pour doser l'acide tartrique libre, on prend une proportion plus forte de vin, soit 100^{cmc}; on en mesure 20^{cmc} que l'on sature par de la potasse caustique ou de l'acétate de potasse; on ajoute ensuite ce liquide aux 80^{cmc} de vin restant; on agite et on dose à nouveau la crème de tartre.

La différence des deux poids donne celui de la crème de tartre produite par l'acide tartrique libre.

1 de crème de tartre égale 0.701 d'acide tartrique libre.

Si le vin est très calcaire, ou plâtré, l'acide tartrique se précipite par l'alcool éthéré à l'état de crème de tartre et de tartrate de chaux. Pour éviter cette cause d'erreur, il faut, après avoir additionné le vin d'acétate de potasse, pour transformer le bisulfate en sulfate neutre et acide acétique libre, concentrer par l'ébullition et chasser ainsi l'excès d'acide acétique, puis précipiter la chaux par l'oxalate de soude. Au bout de 48 heures, on filtre et on procède au dosage.

Pour diminuer la grande quantité d'alcool éthéré employée dans ce procédé, on peut doser l'acide tartrique total par l'un des autres procédés indiqués au dosage de cet acide, et doser seulement la crème de tartre par ce procédé.

Ce dosage a peu d'intérêt, à moins qu'on ait constaté un excès de cet acide.

Procédé Claws. — (J[l] Ph. et Ch. 1884, Janvier). On évapore le vin à sec et dessèche le résidu à 110° ; on traite par l'alcool et précipite par l'acétate de potasse.

Si on ajoute un poids d'acide tartrique connu à du vin exempt d'acide tartrique libre et qu'on fasse l'analyse, on reconnaît que les résultats varient avec la composition du vin, l'acide tartrique ajouté décomposant les sels d'autres acides qui sont mis en liberté.

Procédé Borgmann. — (Analyse des vins). — 50^{cc} de vin sont évaporés au bain-marie, dans une capsule de porcelaine, avec un peu de sable, jusqu'à consistance sirupeuse, puis refroidis et additionnés avec agitation constante de 70^{cc} d'alcool à 96°. Après un repos de 12 heures à température basse, le précipité est lavé à l'alcool sur un filtre, jusqu'à ce que la liqueur filtrée ne rougisse plus le papier bleu de tournesol, mouillé à l'eau (le précipité sert à doser la crème de tartre). Au liquide filtré, on ajoute de l'eau pour compléter un volume déterminé, dont on fait deux parts égales : l'une est neutralisée exactement avec une liqueur normale de potasse au 10e, l'autre est versée telle quelle dans la première ; on a ainsi formé du bitartrate de potasse ; on distille pour séparer l'alcool ; le résidu est évaporé au bain-marie avec du sable et on termine le dosage comme pour la crème de tartre. (Voyez). Du poids de la crème de tartre on déduit l'acide libre.

C'est à peu près le même procédé que celui de Berthelot et de Fleurieu.

M. R. Gans (Zeitschrift für anger Chemie, 1889, p. 669) a trouvé plusieurs causes d'erreurs dans l'emploi de ce procédé. Ses essais ont été faits sur des mélanges d'acide tartrique, d'acide malique et de crème de tartre.

En chauffant ces solutions avec le filtre, une partie de l'acide disparaît. La perte d'acide a été de 2,57 °/₀ du tartre, 3,16 °/₀ de l'acide tartrique libre et 2,29 °/₀ de l'acide malique. Cette erreur se reproduit deux fois dans l'analyse. Elle peut être due à une combinaison des acides avec la cellulose.

En présence du sucre, les résultats sont conctradictoires ; avec 12 °/₀ de sucre il y a perte de 31,55 °/₀ de l'acide tartrique libre et excédent du tartre et de l'acide malique. Avec 24 °/₀ de sucre la perte est de 36,49 et 40,62.

Le sucre et le tartre seuls ont donné : pour 12 °/₀ de sucre, une perte de tartre de 4,58 °/₀ ; pour 24 °/₀ de sucre, une perte de 4,99 °/₀ de tartre. Le tartre seul a donné une perte de 1,24 °/₀ et le tartre avec 1 °/₀ de glycérine, une perte de tartre de 1,24 °/₀.

L'acide malique en l'absence du sucre a donné une perte de 91,21 °/₀.

Un mélange d'acide tartrique et d'acide malique, sans sucre, a donné une perte de 80 °/₀ — 82 — 66,92 — 77,54 d'acide malique ; avec 12 °/₀ de sucre une perte de 42,8 °/₀ d'acide malique et avec 24 °/₀ de sucre une perte de 16,28 et 30,43 °/₀ d'acide malique. Ces résultats sont en effet très contradictoires et n'inspirent guère de confiance ; il y aurait lieu de refaire ces travaux.

ACIDE MALIQUE

Si le vin a déjà plus de 8 ou 10 mois, il ne contiendra plus d'acide malique, s'il est naturel ; car le ferment du vin transforme à la longue l'acide malique en acides succinique et butyrique (Dessaignes) et au bout d'un an il n'en reste plus trace.

Comme on peut avoir affaire à un vin nouveau il peut être utile de rechercher l'acide malique ; il est nécessaire de le faire lorsqu'on se croit en présence d'une fraude par le cidre et le poiré, qui en renferment beaucoup.

Recherche de l'Acide malique. — *Procédé J. Brun.* — On prend 200 gr. environ de vin, ou mieux le liquide résultant du dosage de l'acide tartrique (Voir) ; (Si on a affaire à du moût, on précipitera avant, l'albumine par l'ébullition et on filtrera) on précipitera entièrement par le sous-acétate de plomb. Le précipité contiendra tous les acides malique, phosphorique, sulfurique, tartrique et la plus grande partie du chlore, du tannin et de la matière colorante.

On recueille ce précipité à froid sur un filtre et on le lave. Toutes les bases sont ainsi éliminées. Le précipité est ensuite séché autant que possible entre deux feuilles de papier buvard, pesé (il doit être de 8 à 12 gr.) et délayé dans 40 gr. d'eau, environ. On ajoute alors un poids d'acide sulfurique du commerce, égal au quart du précipité humide, soit de 2 à 3 gr. ; on agite fortement et l'on ajoute, quelques minutes après, au mélange, un excès de craie pure ; puis on laisse réagir ce magma à froid. Lorsque l'effervescence est terminée, il faut ajouter un peu de chlorure de calcium et laisser le mélange pendant une heure ou deux, puis le jeter sur un filtre.

Le liquide filtré ne contiendra plus guère que du chlorure de calcium et du malate de chaux — $C^8 H^4 O^8$, 2 CaO, — car les autres acides sont restés unis à la chaux à l'état de sels insolubles.

La liqueur limpide est allongée de deux fois son volume, d'alcool très pur; celui-ci dissout le chlorure de calcium et ne dissout pas le malate de chaux qui forme immédiatement un précipité lourd mêlé à des traces de sulfate de chaux.

On constatera que c'est bien de l'acide malique, en lavant ce précipité à l'alcool, puis le desséchant, redissolvant dans très peu d'eau, filtrant et précipitant par l'acétate de plomb. Le dépôt lavé et chauffé par l'eau à 100° se prendra en masse jaunâtre assez semblable à de la poix demi-liquide. On traitera ensuite le précipité par l'acide sulfhydrique, et on filtrera après avoir chassé l'excès du gaz par l'ébullition. L'acide malique pur restera en solution dans la liqueur. Celle-ci évaporée avec soin à siccité et chauffée sur un bain de sable, très lentement à 200°, donnera une masse qui se tuméfiera puis dégagera des vapeurs très piquantes et caractéristiques d'acide maléique ; à une température plus élevée, il se carbonisera.

Les malates ne noircissent pas lorsqu'on les chauffe avec de l'acide sulfurique fumant, ce qui les distingue des tartrates et des citrates.

Dosage de l'acide malique. — *Procédé J. Brun.* — On peut doser l'acide malique en pesant le malate de chaux obtenu comme il vient d'être dit, mais il vaut mieux peser l'acide malique obtenu par la dessiccation de la liqueur traitée par l'acide sulfhydrique. Ce procédé qui est très expéditif, mais pas très exact, réussit très bien pour reconnaître l'acide malique introduit dans les vins par le cidre, le poiré et les baies de fruits, ainsi que dans les moûts.

Procédé Robinet. — Ce procédé indiqué par Robinet, d'après les conseils de Berthelot, est beaucoup plus exact. On évapore le vin jusqu'à sa réduction au dixième ; on ajoute au résidu un volume égal d'alcool à 90° et on laisse reposer. L'acide tartrique se sépare, ainsi que tous les tartrates et la plus grande partie des sels calcaires. On décante et on ajoute dans la liqueur de l'eau de chaux en excès.

Le malate de chaux se précipite, mêlé à un excès de chaux ; on le recueille et on le fait cristalliser dans l'acide azotique étendu de 10 parties d'eau. On obtient ainsi le bimalate de chaux, qui pesé donne le poids de l'acide malique : $C^8 H^4 O^8, CaO, HO + 8—HO$.

Le poids du bimalate de chaux multiplié par 0.6044 donne le poids de l'acide malique.

L'acide malique, en dissolution dans un liquide, ne précipite pas en présence de la chaux, si le liquide ne contient pas d'alcool ; l'addition d'alcool dans le résidu a donc un double but : de précipiter le tartre et de faciliter la production du bimalate de chaux.

On peut isoler l'acide malique, mais c'est une opération délicate, demandant quelques soins afin de ne pas perdre les produits qui sont déjà en si petite quantité (c'est d'un moût normal qu'il parle). On traite la dissolution de bimalate de chaux par l'acétate de plomb, on lave avec soin le précipité, puis on le décompose par un courant d'hydrogène sulfuré qui précipite le plomb à l'état de sulfure de plomb ; il reste dans la liqueur de l'acide malique que l'on fait cristalliser par une douce évaporation.

En général les vins contiennent de 2 à 3 gr. d'acide malique par litre ; mais le dosage en est très difficile. Il faut opérer sur 5 à 10 litres de vin pour exécuter un dosage exact (ce qui ferait obtenir de 10 à 30 gr. d'acide total, quantité énorme, au point de vue analytique). Cette conclusion est évidemment faite au point de vue théorique de la contenance des vins en acide malique, mais le chiffre de 2 à 3 gr. par litre me paraît très fort, car presque tous les chimistes n'ont constaté sa présence dans les vins que d'une façon exceptionnelle.

Procédé Berthelot. — On évapore le vin au dixième de son volume, on ajoute un volume égal d'alcool à 90° ; l'acide tartrique se sépare, ainsi que les tartrates et la majeure partie des sels calcaires. On décante et ajoute à la liqueur une petite quantité de lait de chaux très clair, en léger excès. Le malate de chaux se précipite avec l'excès de chaux ; on le recueille et on le fait cristalliser dans l'acide azotique étendu de 10 parties d'eau. On obtient ainsi un bimalate de chaux dont le poids multiplié par 0,59 donne celui de l'acide malique. (Voir Acide citrique.)

ACIDE SUCCINIQUE

L'acide succinique se trouvant dans tous les vins, puisqu'il est le résultat direct de la fermentation alcoolique, il n'y a pas lieu de procéder à sa recherche. Lorsque l'on voudra connaître la quantité contenue dans un vin, on en exécutera le dosage.

Procédé Pasteur. — On dessèche directement et très lentement le vin au bain-marie. On épuise le résidu à l'alcool éthéré (comme pour la glycérine) ; on additionne d'un peu d'eau la liqueur filtrée privée d'éther par évaporation et l'on dessèche d'abord à 100°, puis dans le vide. Au résidu on ajoute de l'eau de chaux pure ; on évapore et on reprend par l'alcool éthéré. Le succinate de calcium reste à l'état cristallin, souillé d'impuretés (composées de matières extractives ou d'un sel de chaux à acide incristallisable), dont on le prive en grande partie, en le faisant digérer pendant vingt-quatre heures avec de l'alcool à 80°. Le succinate peut être alors considéré comme suffisamment pur, recueilli sur un filtre et pesé. 156 de succinate de chaux correspondent à 118 d'acide succinique.

$$\underset{156}{C^8H^4O^6,2CaO} = \underset{118}{C^8H^6O^8} + \underset{18}{2HO}$$

Il suffit donc de multiplier le poids du succinate par 0,7564 pour avoir le poids de l'acide succinique anhydre.

Procédé Macagno. (Bull. Soc. Ch., t. 24, p. 288). — Les sels de plomb épuisés par l'alcool provenant du dosage de la glycérine, sont traités ensuite à l'ébullition par une solution aqueuse de 10° d'azotate d'ammonium qui dissout le succinate de plomb ; la liqueur filtrée est traitée par l'hydrogène sulfuré pour enlever l'excès de plomb, soumise à l'ébullition pour chasser l'hydrogène sulfuré, saturée par l'ammoniaque et traitée par le perchlorure de fer. On recueille le succinate de fer précipité ; on le lave, le calcine et du poids de l'oxyde de fer on conclut à celui du succinate.

L'auteur a par cette méthode dosé dans divers vins de 1 à 2 millièmes d'acide succinique ; mais il ne donne pas le calcul à faire que j'indique ici. Le succinate de fer égale 180; l'acide succinique égale 118 et l'oxyde de fer 80.

$$C^8H^4O^6,Fe^2O^3 = 180 \qquad C^8H^6O^6 = 118 \qquad Fe^2O^3 = 80$$

Le poids de l'oxyde de fer multiplié par 1,475 donne le poids de l'acide succinique, et par 2,250, le poids du succinate de fer.

Procédé Robinet. — Robinet trouve ce dosage très délicat.

Il réduit un litre de vin à l'état pâteux par l'évaporation, traite ce sirop par l'éther absolu, filtre et lave avec de nouvel éther. Puis il laisse évaporer le liquide à l'air libre, à l'abri de la poussière. Il se dépose alors, au fond de la capsule, des petits cristaux d'acide succinique. On lave ces cristaux et on procède à leur dosage par la soude normale.

Un centimètre cube de soude normale employé équivaut à 0,118 d'acide succinique.

Il ne peut garantir ce chiffre ; il peut y avoir une légère différence, car on n'est pas bien d'accord sur la formule de cet acide et par contre du succinate de soude.

Pour s'assurer que c'est bien du succinate de soude, on verse dans la liqueur du chlorure de barium ; il se précipite du succinate de baryte soluble dans l'acide azotique et l'acide acétique, insoluble dans l'alcool et l'ammoniaque et peu soluble dans l'eau. On peut encore additionner le liquide de quelques gouttes d'un sel de cobalt. S'il existe un succinate, dans le liquide, on obtient une coloration fleur de pêcher. Dans son article mouillage, Robinet dose l'acide succinique par le procédé Pasteur ; il fait donc ainsi abandon du sien et je suis de son avis.

Modification Ch. Girard. — On mélange 250^{cc} de vin avec du sable et on évapore dans le vide ; on épuise par l'éther absolu, à plusieurs reprises (il faut employer de 200 à 250^{cc} d'éther) tant que l'éther est acide, on filtre, évapore spontanément jusqu'à siccité et à l'abri de la poussière, l'acide cristallise. On le reprend par l'eau et on dose l'acidité au moyen de la liqueur de soude normale.

J'indique le dosage simultané de la glycérine et de l'acide succinique au chapitre 8.

ACIDE CITRIQUE

Les vins naturels ne contiennent jamais d'acide tartrique, le dosage de cet acide ne devrait donc pas se trouver classé dans ce chapitre, affecté aux composants des vins.

On ne le trouve que dans les vins falsifiés par les mûrons, les mûres noires, les cerises, le cassis, les framboises et surtout les myrtilles.

Mais comme dans les procédés indiqués par le dosage de l'acide malique, l'acide citrique doit être dosé comme de l'acide malique, le citrate de chaux étant soluble à froid comme le malate de chaux, j'ai cru devoir placer ici sa recherche et sa séparation d'avec l'acide malique.

J. Brun donne le moyen de reconnaître si le produit obtenu est réellement de l'acide malique, mais il ne dit pas ce qu'il pourrait y avoir si ce n'en était pas. Les autres auteurs n'en disent rien.

Recherche de l'acide citrique. — Pour rechercher l'acide citrique — $C^{11}H^{5}O^{11}$, 3HO. — on neutralise environ 200 gr. du vin suspect avec du carbonate de soude, puis on additionne de chlorure de calcium et on filtre après un court repos à froid. La liqueur filtrée est évaporée par une *forte ébullition* jusqu'à 50 gr. environ ; on filtre le liquide *bouillant* et on lave immédiatement, avec un peu d'eau bouillante, le précipité, s'il s'en est formé un.

Ce précipité, qui contient tout l'acide citrique uni à la chaux (ce sel étant beaucoup moins soluble à chaud qu'à froid), est mis en digestion à *froid* pendant une heure ou deux, avec du chlorhydrate d'ammoniaque, qui dissout tout le citrate de chaux avec quelque peu de tartrate calcaire. Après avoir filtré cette solution, on la fait bouillir pendant quelques minutes. Pour peu que le vin ait contenu de l'acide citrique, on verra le citrate calcaire se séparer en poudre lourde, blanche et grenue qui se dissoudra quelque temps après que le liquide sera devenu froid. Aucun des sels calcaires du vin n'offre ce caractère.

Du reste, ce précipité séparé à chaud sur un filtre et redissous dans très peu d'acide chlorhydrique, précipitera l'eau de chaux par l'ébullition, et se redissoudra au fur et à mesure du refroidissement. L'acide citrique est le seul qui possède cette propriété.

On peut facilement distinguer le tartrate de chaux du citrate de chaux en ce que le tartrate est soluble dans la potasse caustique, tandis que le citrate y est insoluble (J. Brun).

L'acide citrique additionné de perchlorure de fer et traité par la soude ou de la potasse, donne une liqueur alcaline, dans laquelle les sulfures ne précipitent pas le fer. L'acide tartrique traité de même donne un précipité ; si on emploie l'ammoniaque, les liqueurs citriques et tartriques renferment du fer, mais la liqueur malique n'en contient pas (Dusard). Il est donc facile de distinguer ces trois acides.

Voici un autre procédé de recherche de l'acide citrique, indiqué par Robinet. On évapore au bain-marie 100^{cc} de vin, jusqu'à l'état de résidu pâteux, on reprend le résidu par un excès d'alcool qui dissout l'acide tartrique libre et le peu d'acide tartrique qui peut s'y trouver. On évapore l'alcool au bain-marie et on reprend par l'eau. Dans ce liquide on procède à la recherche de l'acide citrique ; une partie du liquide est traitée par du carbonate de cobalt ;

on chauffe à une douce température ; la liqueur se prend en masse gélatineuse légèrement rose. Par l'évaporation spontanée, on obtient des cristaux de citrate de cobalt en masse brillante de couleur violette ; l'autre partie est traitée par la soude, afin de former un citrate acide de soude, puis additionnée d'oxyde de cobalt ; il se forme alors un citrate de cobalt et de soude, gommeux, d'une belle couleur rouge. On peut encore distinguer l'acide citrique par ses sels de potasse, qui sont solubles dans l'alcool bouillant, tandis que les sels de l'acide tartrique ne le sont pas.

Dosage de l'Acide citrique. — *Procédé Nessler et Barth* (J[l] de Ph. et Ch., 1882, août). — On évapore 100^{cc} de vin à 7^{cc}; le résidu refroidi est traité à l'alcool à 80° et laissé en repos pendant 1 heure ; au bout de ce temps on filtre, évapore l'alcool, ajoute 20^{cc} d'eau, neutralise une partie de l'acidité par un lait de chaux et filtre. (Le vin rouge doit être soumis préalablement à l'action du noir).

Le liquide filtré doit être franchement acide, on le dilue à 100^{cc}, additionne de 0,5 à 1^{cc} d'une solution d'acétate neutre de plomb et agite vivement. Le précipité plombique contient une partie de l'acide malique, l'acide phosphorique, une trace d'acide sulfurique, l'acide tartrique et l'acide citrique. On filtre, lave à l'eau froide et on introduit le précipité avec le filtre dans une cornue contenant de l'eau saturée d'acide sulfhydrique, on évapore à 15^{cc}, ajoute un lait de chaux pour enlever l'acide phosphorique et filtre ; on acidule par une très petite quantité d'acide acétique, et on laisse reposer pendant 1 heure, l'acide tartrique est séparé à l'état de tartrate de chaux. On évapore à sec pour chasser l'acide acétique, on traite le résidu par l'eau chaude et concentrée pour avoir le citrate de chaux cristallisé, peu soluble dans l'eau chaude ; on recueille sur un filtre, dessèche et pèse.

Pour 20 milligrammes d'acide citrique qu'ils ont ajoutés à un vin, ils ont trouvé par ce procédé 13 milligrammes, c'est-à-dire les 2/3.

Séparation de l'acide malique et de l'acide citrique. — La séparation de ces deux acides est basée sur ce fait qu'il ne se précipite pas de malate de plomb tant qu'il reste de l'acide citrique dans le liquide.

Le précipité de malate et de citrate de chaux obtenu par l'un des procédés de dosage de l'acide malique est dissous dans l'eau froide, puis traité par le carbonate d'ammoniaque en excès; il se précipite du carbonate de chaux que l'on sépare par filtration. Les acides malique et citrique passent à l'état de sels ammoniacaux ; on traite le liquide filtré par l'acétate de plomb ; l'acide citrique se précipite le premier. Pour déterminer la fin de la précipitation de cet acide, on fractionne l'addition d'acétate, et après chaque addition, on prélève 1^{cc} de la liqueur claire surnageante, à laquelle on ajoute encore deux ou trois gouttes d'acétate. Au précipité, formé seulement de malate de plomb, ou d'un mélange de citrate et de malate, on ajoute de l'acide acétique en léger excès qui ne dissout que le malate de plomb. Si tout se dissout, c'est qu'il n'y a pas d'acide citrique dans la liqueur; s'il reste un précipité, c'est du citrate de plomb. Dans le premier cas, la précipitation de l'acide citrique est complète; dans le deuxième, on reverse la prise d'essai dans le liquide primitif et on ajoute de l'acétate jusquà ce que tout l'acide citrique soit précipité.

Le précipité de citrate est filtré, lavé, pesé, puis transformé en oxyde de plomb par calcination. Par différence on obtient la proportion d'acide citrique. Le lavage doit se faire avec de l'eau distillée additionnée de quelques gouttes d'acétate et d'acide acétique, puis avec de l'alcool à 30°. Dans la liqueur filtrée on verse un excès d'acétate de plomb et on ajoute un volume égal d'alcool absolu. Le malate se précipite en totalité; au bout d'une heure on filtre et on lave avec de l'alcool à 50°, on dessèche à 110° à l'étuve et on pèse; on calcine, et du poids de l'oxyde de plomb on déduit la quantité d'acide malique.

Malgré les plus grandes précautions, la séparation des acides malique et citrique n'est jamais tout à fait complète; le précipité de citrate retient toujours en effet un peu de malate et réciproquement. Mais le résultat obtenu est plus que suffisant dans la question qui nous occupe.

Si l'on veut obtenir un résultat très exact, il faut arrêter l'addition d'acétate de plomb un peu avant la fin de la précipitation de l'acide citrique et filtrer. Dans le liquide filtré, on reprend l'addition d'acétate en dépassant un peu le terme de la précipitation de l'acide citrique et on filtre de nouveau. Le précipité obtenu peut être alors considéré comme formé d'un mélange à parties égales de citrate et de malate de plomb; enfin, on verse un excès d'acétate de plomb et on sépare par l'addition d'un égal volume d'alcool, le malate de plomb qui sera exempt de citrate.

Les trois précipités sont pesés et incinérés séparément et servent à calciner : 1° l'acide citrique; 2° un mélange à parties égales d'acide citrique et d'acide malique; 3° l'acide malique. Les résultats ainsi obtenus sont plus rigoureux, mais non mathématiques.

Séparation des acides citrique, tartrique et malique. — *Procédé Ch. Girard.* — On précipite 100^{cc} de vin par un excès de sous-acétate de plomb, on filtre, lave le précipité à l'alcool dilué, puis on l'arrose avec de l'ammoniaque diluée en recueillant le liquide qui passe. Ce dernier est filtré, additionné d'acide acétique et d'un léger excès de sulfhydrate d'ammoniaque, on filtre et concentre au bain-marie à 15^{cc}. On ajoute 3^{cc} d'une solution, à 20 °/₀, d'acétate de potasse et quelques gouttes d'acide acétique, avec 100^{cc} d'alcool concentré; l'acide tartrique est précipité à l'état de bitartrate de potasse; au bout de 24 heures de repos, on peut le peser. Au liquide filtré on ajoute du chlorure de calcium et de l'ammoniaque et on chauffe. Le précipité renferme tout le citrate et le malate de chaux; il est recueilli sur un filtre taré, lavé à l'eau de chaux étendue et bouillante pour enlever le malate séché et pesé.

57 de citrate égale 42 d'acide citrique. L'acide malique se dose dans le liquide filtré.

Séparation des Acides Tartrique, Malique et Succinique. — *Procédé Schmidt et Niepe* (J[l] Ph. et Ch., Août 1883). — 1° On sépare tout l'acide tartrique du vin neutralisé et concentré sous forme de sel de chaux et on calcule la quantité d'acide d'après la proportion d'acide chlorhydrique nécessaire pour neutraliser la chaux produite par l'incinération du tartrate de chaux ; il faut faire une correction pour le tartrate resté en dissolution ; 2° on précipite le malate et le succinate de chaux en employant l'alcool ; 3° on convertit ces sels de chaux, pesés, en sels alcalins neutres et on précipite l'acide succinique.

Par le calcul on convertit l'acide succinique en succinate de chaux que l'on déduit de la somme des deux sels de chaux, pesés ; on a ainsi le poids du malate de chaux dont on calcule l'acide malique.

Pour précipiter l'acide succinique, les auteurs du procédé utilisent une propriété qui n'était pas connue. Les succinates alcalins neutres sont complètement décomposés à l'ébullition par le chlorure de barium.

Le succinate de baryte recueilli est dissous dans l'acide chlorhydrique ; on dose la baryte par l'acide sulfurique.

1 molécule de sulfate de baryte égale une molécule d'acide succinique

$$116,5 = 118.$$

ACIDE ACÉTIQUE LIBRE

Cet acide composant la plus grande partie des acides libres volatils, dans la plupart des cas le dosage total sera très suffisant. On dosera donc les acides volatils par les procédés Kissel ou Maumené et on les considérera comme formés d'acide acétique libre. Si le poids de ces derniers est assez sensible, on recherchera alors la quantité d'acide acétique libre, par le procédé Robinet.

Procédé Lefebvre. — On dose l'acidité totale sur le vin, puis on fait le même dosage sur l'extrait sec à 100° ; la différence d'acidité donne la *dose exacte d'acide acétique libre*, l'évaporation ayant volatilisé l'acide acétique non combiné, tandis qu'il laisse intacts tous les autres acides organiques.

Ce procédé est complètement erroné, car il donne comme acide acétique libre, tous les acides libres volatils contenus dans les vins. De plus, par la dessiccation, certains principes du vin deviennent acides.

Procédé Robinet. — L'appareil dont il se sert est le réfrigérant de Liebig représenté fig. 91 avec quelques changements et additions que je vais faire connaître.

Il place le ballon A dans un bain d'huile afin d'éviter le contact direct de la flamme. Le système de boules B est supprimé pour être remplacé par un simple tube de verre coudé. Les vapeurs du ballon se condensent dans le tube du réfrigérant C. Ce réfrigérant est formé d'un manchon en verre, entourant le tube contenant les vapeurs ; l'eau est amenée par un robinet *r* à la partie inférieure de ce manchon et sort par la partie supérieure, on obtient ainsi un courant continu d'eau froide. Le ballon D recevant le liquide condensé est remplacé dans l'appareil Robinet par un flacon à deux tubulures, dans lequel les produits de la condensation viennent se rendre. Ce flacon est plongé dans un bain d'eau froide, afin de le refroidir. Les produits non condensés remontent par un tube horizontal sur le milieu duquel se touve un appareil de sûreté, et enfin vont barboter dans une dissolution concentrée d'eau de chaux, placée dans un verre, pour aller se perdre ensuite dans l'atmosphère.

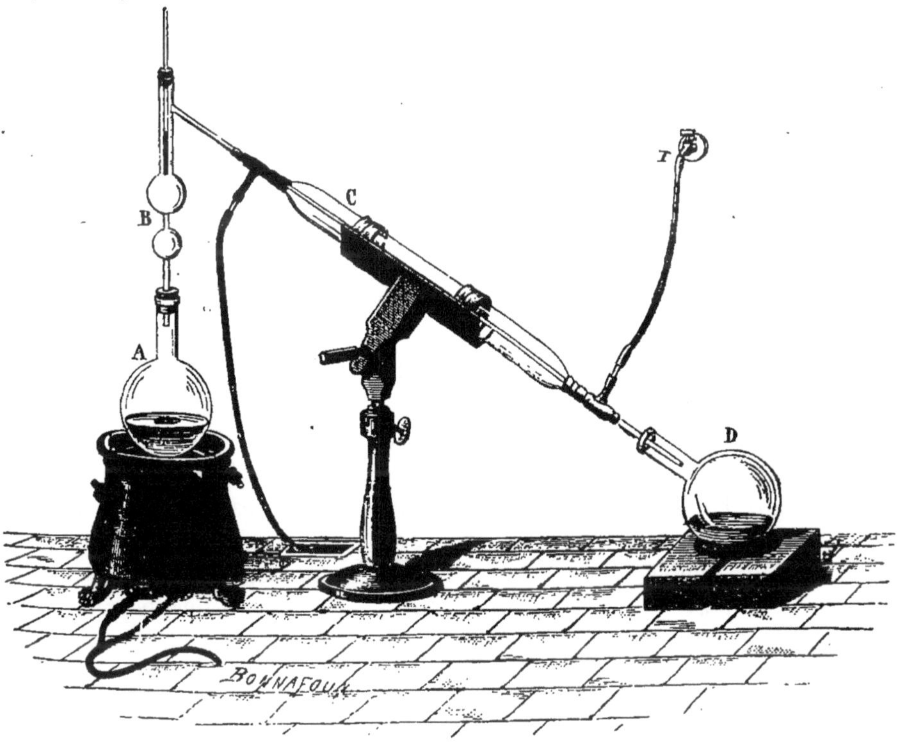

Fig. 91.

(Société centrale de Produits chimiques. — Verrerie 4 à 6 fr. 50).

Pour opérer le dosage de l'acide acétique, on mesure 100^{cc} de vin que l'on introduit dans le ballon plongé dans le bain d'huile ; on allume la lampe à alcool, puis on remplit d'eau le condenseur et le vase qui contient le flacon à deux tubulures. On charge le tube de sûreté et on met de l'eau de chaux dans le verre. La distillation commence aussitôt.

Il faut éviter les projections du liquide dans le condenseur, ce qui fausserait le résultat.

Comme l'acide acétique ne distille guère qu'à 120° et que, sur un feu nu, on pourrait décomposer les acides du vin et donner lieu à la formation d'acide paratartrique ou formique, on emploie le bain d'huile dont on règle la température jusqu'à 125°. Quand il ne passe plus rien à la distillation et que le résidu du ballon est compacte, on arrête l'évaporation.

Les produits de la distillation, après avoir passé dans le premier condenseur, viennent dans le flacon à deux tubulures où ils achèvent en partie de se déposer ; mais quelques gaz échappent et c'est pour cela que le flacon est muni d'un tube qui entraîne les gaz et les fait barboter dans l'eau de chaux contenue dans le verre.

Là, l'acide carbonique du vin, qui a échappé, forme du carbonate de chaux presque insoluble qui se précipite, et l'acide acétique qui a pu passer, de l'acétate de chaux — $C^4 H^3 O^3$, CaO — soluble dans l'eau et l'alcool. On procède alors au titrage des acides acétique et carbonique contenus dans le flacon, et on titre aussi l'eau de chaux. On obtient donc le poids de soude nécessaire pour neutraliser la quantité d'acides acétique et carbonique, et, comme d'autre part on a dosé l'acide carbonique, on a, par différence, la soude correspondant à l'acide acétique.

1 de soude égale 0,06 d'acide acétique hydraté.

Pour essayer ce qui est dans le verre, on fait passer un courant d'acide carbonique ; quand toute la chaux est précipitée, on filtre et on évapore à siccité l'acétate de chaux que l'on pèse. On déduit le poids du carbonate de chaux dissous dans l'eau (il est du trois millième du volume de l'eau employée).

Simplification. — On supprime le verre et on met du lait de chaux dans le flacon à deux tubulures. Quand la distillation est terminée, on verse ce lait de chaux dans une capsule, on l'évapore à sec dans une étuve à 70 ou 80° ; on reprend le résidu sec par un excès d'alcool à 90° ; l'acétate de chaux étant soluble dans l'alcool est enlevé par ce liquide qu'il suffit ensuite d'évaporer. On pèse le résidu et on obtient ainsi le poids de l'acétate de chaux. Ce poids multiplié par 0,7625 donne celui de l'acide acétique.

Ce procédé, plus exact que les précédents, ne l'est cependant pas parfaitement, car j'ai démontré à l'article alcool que les vins passaient toujours acides à la distillation, même lorsqu'ils ne l'étaient pas à l'état normal; Robinet lui-même en a fait la démonstration, à ce même chapitre. Mais c'est le meilleur des procédés permettant de doser l'acide acétique libre.

Procédé Weigert. — L'appareil de Weigert ressemble à celui de Robinet ; il se compose d'un ballon plongé jusqu'à la moitié du col dans un bain d'eau salée. Au moyen d'un bouchon de caoutchouc, le ballon communique avec le tube de verre intérieur du réfrigérant de Liebig ; l'autre extrémité s'engage dans un bouchon de caoutchouc percé de deux trous ; l'autre trou porte un tube de verre réuni par un tube de caouchouc à un tube en U au bout duquel on place un aspirateur énergique. Le bouchon de caoutchouc se fixe sur un gros tube à essais.

On met dans le ballon 50^{cmc} de vin et on chauffe le bain salé, pendant que l'on aspire à l'autre bout. Sous l'influence du vide, la première opération distillatoire est terminée. La liqueur distillée est versée dans un autre vase, et après avoir introduit 50^{cmc} d'eau à l'extrait resté dans la cornue on distille à nouveau. On arrête à la quatrième distillation ; on titre l'acide distillé avec une liqueur de potasse.

Ce procédé n'est que l'application du procédé Pasteur, sans modification. Tous les acides volatils sont dosés comme acide acétique.

Procédé Maumené. — Le procédé décrit pour le dosage des acides volatils libres peut servir au dosage de l'acide acétique qui en constitue la plus grande partie.

On peut aussi recueillir le produit distillé sur un poids connu de carbonate de plomb séché à 110° ; l'acide acétique seul est absorbé.

Vérification du produit obtenu. — Pour vérifier si c'est bien de l'acide acétique que l'on a obtenu par la distillation, M. Robinet indique la manière de procéder. Après la saturation par la soude ou la potasse, on réduit, par évaporation, le liquide distillé à un très petit volume, en chauffant lentement pour ne pas décomposer l'acétate de soude, puis on essaie les réactifs suivants :

L'azotate d'argent donne un précipité blanc d'acétate d'argent, peu soluble dans l'eau froide, assez soluble dans l'eau chaude.

L'alun de fer donne un précipité d'oxyde de fer et une belle coloration rouge.

L'acide formique agit de même, mais il ne se forme que dans les vins additionnés d'acides minéraux.

L'azotate de protoxyde de mercure produit un précipité blanc cristallin qui, dans l'eau chaude, se décompose et forme du mercure métallique.

S'il y a de l'acide acétique, et il y en a toujours, on obtiendra ces réactions, mais elles ne diront pas s'il y a d'autres acides, en petite quantité.

Procédé Witz. — Lorsque les vins ont été falsifiés avec des acides minéraux volatils, tels que l'acide chlorhydrique ou azotique, ces acides, dans le dosage de l'acide acétique, seront comptés comme acide acétique.

Pour éviter cette cause d'erreur, Witz a signalé l'emploi du violet de méthylaniline, qui devient bleu verdâtre avec des traces d'acides minéraux et ne change pas au contact des acides organiques.

On fait un dosage de l'acidité totale du produit distillé au moyen de la soude titrée, avec le tournesol, sur la moitié du volume du liquide distillé. Sur l'autre moitié, on fait le dosage de l'acide minéral avec le violet de méthyl'aniline avec la même liqueur de soude. La différence entre les deux titrages donne l'acide acétique. Malheureusement, à la limite, le changement de couleur est incertain.

Pour l'acide acétique combiné, voyez au chapitre suivant.

ESSAI DES VINAIGRES

Le vinaigre de vin possède les mêmes acides libres que le vin et, en plus, l'acide acétique formé par l'oxydation de l'alcool.

Je n'ai pas l'intention de faire l'étude complète du vinaigre qui n'est qu'un dérivé des vins, mais seulement de donner les procédés pratiques pour en déterminer la valeur.

Acétimètre O. Réveil et Salleron (1855). — Cet appareil est bien simple ; il se compose d'une pipette de 4^{cmc}, d'un flacon de liqueur titrée et d'un tube acétimétrique. Le tube a la forme des tubes à essais fermés d'un bout ; il est gradué ; à sa partie inférieure, il porte un premier trait marqué 0, sous lequel est gravé le mot vinaigre afin d'indiquer la quantité de vinaigre à employer. Au-dessus, sont marquées des divisions numérotées. Une petite éponge fixée au bout d'une baleine sert à nettoyer le tube après chaque essai.

Pour trouver la richesse d'un vinaigre on prend, avec la pipette, 4^{cmc} de vinaigre que l'on introduit dans le tube gradué. On verse par dessus la liqueur titrée jusqu'à ce qu'on obtienne la teinte rouge vineux du tournesol. Un tableau, imprimé sur satin, donne les teintes prises par le vinaigre aux environs du point exact de neutralisation. On lit sur le tube le nombre de divisions, qui indiquent le tant °/₀ d'acide acétique cristallisable.

La liqueur titrée est composée de borate de soude et d'une petite quantité de soude caustique, dans l'eau distillée, colorée en bleu par le tournesol. 200^{cmc} de cette liqueur neutralisent exactement 4^{cmc} de la liqueur sulfurique à 100 gr. par litre. Cette liqueur se conserve indéfiniment sans s'altérer.

Cet appareil est adopté par l'Administration française pour la perception des impôts sur les vinaigres (Dujardin 10 fr.).

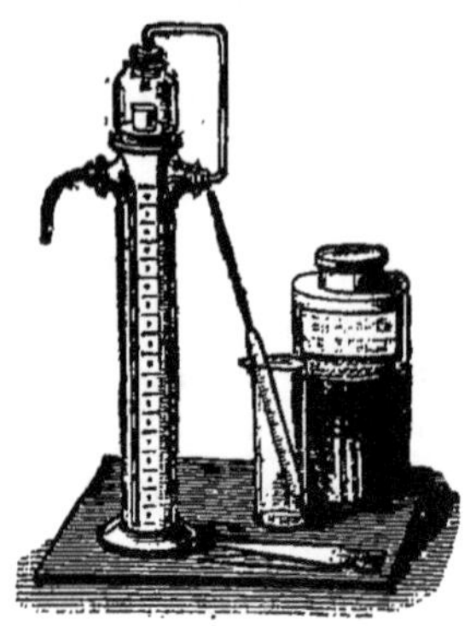

Fig. 92.
(Delaunay. — 20 fr.).

Acétimètre Delaunay. — Le procédé appliqué par M. Delaunay est basé sur la mesure de l'acide carbonique du carbonate de chaux par l'acide du vinaigre.

La manipulation de cet appareil est excessivement simple. Il se compose d'une éprouvette en verre (fig. 92), à large pied, ayant près de l'ouverture supérieure deux tubulures latérales symétriques ; elle est graduée en 17 divisions et par demi-divisions. Cette éprouvette est bouchée par un vase en verre nommé *générateur*. Ce vase est fermé par un bouchon de caoutchouc durci, percé d'un trou par lequel passe un tube recourbé qui réunit le flacon à l'une des tubulures latérales, bouchée également d'un bouchon semblable. L'autre tubulure reçoit un bouchon de caoutchouc traversé par un tube de verre qui plonge au fond de l'éprouvette, et à l'extérieur se prolonge par un tube de caoutchouc ; à cet appareil sont joints une pipette jaugée à 5 et 10^{cc}, un verre gradué et un flacon de 500 gr. de carbonate de chaux pulvérisé.

Pour doser l'acidité d'un vinaigre, on remplit l'éprouvette jusqu'au niveau des tubulures, au zéro, avec de l'eau ordinaire ; on verse à la surface une dizaine de gouttes de pétrole pour empêcher la dissolution de l'acide carbonique dans l'eau et on bouche avec le générateur. On prend avec la pipette 10^{cc} du vinaigre et on les laisse écouler dans le générateur.

On remplit alors le petit gobelet avec du carbonate de chaux pur, sans mesurer, et on place ce gobelet dans le générateur de façon qu'il ne se renverse pas et qu'il ne tombe pas une parcelle de carbonate dans le vinaigre ; on bouche le générateur en raccordant les deux tubes coudés ; enfin on place un vase quelconque sous l'orifice en caoutchouc du tube plongeur. On penche l'appareil de façon à renverser le petit gobelet, dont le carbonate de chaux se renverse dans le vinaigre ; le carbonate est attaqué, il se produit un vif dégagement de gaz qui passe dans le générateur et de là par le tube coudé au-dessus de l'eau sur laquelle il presse ; la pression fait écouler l'eau par le tube plongeur. On balance légèrement l'appareil pour amener le contact du vinaigre avec le carbonate.

Cet appareil a été gradué pour le dosage de l'acide acétique cristallisable ; les divisions correspondent donc à cet acide ; si on a 8 divisions, c'est qu'il y a 8 °/° ou 80 gr. par litre d'acide acétique cristallisable ou monohydraté.

Pour obtenir des résultats très exacts, il faudrait tenir compte de la température ou de la pression atmosphérique.

Dans ces deux procédés les acides autres que l'acide acétique sont mesurés comme acide acétique.

Parmi ces acides, le seul intéressant qui provienne du vin, est l'acide tartrique de la crème de tartre du vin. On reconnaît sa présence en faisant bouillir le vinaigre avec un volume égal d'une solution saturée de bichromate de potasse ; il se produit une coloration rouge.

Pour connaître la quantité d'acide acétique et d'acide tartrique, on fait d'abord le dosage de l'acide acétique total comme je viens de le dire, puis on évapore le vinaigre pour en obtenir l'extrait sec que l'on pèse et on le reprend par l'eau. On dose à nouveau l'acidité. La dernier chiffre représente en acidité acétique, l'acidité de la crème de tartre ; la différence entre les deux résultats de l'analyse donne l'acide acétique.

S'il y a des acides minéraux on opère d'après la méthode de Witz que nous avons vue plus haut.

L'alcool du vinaigre se dose au moyen de l'alambic, le liquide étant neutralisé exactement ou par l'ébulliomètre Salleron avec une échelle spéciale à cet essai.

Un bon vinaigre de vin doit avoir autant d'extrait que le vin lui-même, c'est-à-dire 20 grammes par litre environ. Il doit contenir de la crème de tartre.

Ne voulant pas faire un article spécial pour les falsifications du vinaigre, je les décrirai ici sommairement.

La principale des falsifications actuelles consiste à faire du vinaigre de vin, sans vin, ou du moins presque pas. La plus grande partie du vinaigre est faite au moyen des alcools d'industrie, qu'on étend simplement d'eau ou qu'on mélange aux vins.

On reconnaît l'absence de vin ou sa faible quantité par la dose et l'analyse de l'extrait sec, la pauvreté en crème de tartre, etc.

L'addition d'*eau* rend l'acide plus faible ; un bon vinaigre doit marquer de 6 à 7 degrés à l'acétimètre et avoir de 17 à 19.5 d'extrait.

L'acide sulfurique a été ajouté aux vinaigres étendus d'eau pour empêcher l'acide enlevé par la dilution. En ajoutant au vinaigre du chlorure de barium et de l'acide chlorhydrique, il se forme un précipité blanc de sulfate de baryte, mais les vins plâtrés donnent le même résultat. Lorsqu'on obtient ce précipité il faut donc continuer la recherche de l'acide sulfurique libre. L'extrait sec du vinaigre est coloré en brun et fournit des vapeurs qui n'ont rien de désagréable ; s'il y a de l'acide sulfurique libre, il se forme vers la fin de la dessiccation des vapeurs blanches très denses et excitant la toux ; l'extrait brûle sur les bords et présente une teinte noire.

L'extrait sirupeux de 50^{cc} de vinaigre traité par 5 ou 6 fois son volume d'alcool à 98° et filtré donne dans le liquide étendu d'eau un précipité blanc avec le chlorure de barium s'il y a de l'acide sulfurique libre.

Si on fait bouillir le vinaigre pendant un quart d'heure après y avoir ajouté une petite pincée d'amidon et qu'on ajoute une goutte de teinture d'iode, on doit obtenir une teinte bleue s'il n'y a pas d'acide sulfurique.

L'*acide chlorhydrique* se reconnaît par le précipité blanc caillebotté, insoluble dans l'acide nitrique et soluble dans l'ammoniaque qu'il donne avec l'azotate d'argent. Un bon vinaigre ne doit donner qu'un léger trouble. Mais si le vinaigre a été fait avec des vins salés, on peut obtenir cette réaction.

On prend alors 500^{cc} de vinaigre que l'on distille dans une cornue munie de son récipient ; c'est dans le liquide distillé que l'on essaie la réaction qui ne s'opère qu'en présence de l'acide chlorhydrique libre.

La fraude par l'acide azotique est très rare ; on la reconnaît en ajoutant au résidu sec du vinaigre de la limaille de cuivre et de l'acide sulfurique ; l'acide azotique donne lieu à des vapeurs orangées d'acide hypoazotique.

Les *acides minéraux*, quels qu'ils soient, se reconnaissent par le procédé Jorissen (1881). A 30 gouttes de vinaigre on ajoute une goutte d'essence de diptérocarpe, puis 5 ou 6 gouttes d'acide acétique cristallisable, jusqu'à rendre le liquide bien clair ; avec le vinaigre exempt d'acides minéraux, la liqueur reste incolore ; dans le cas contraire, elle se colore en rose puis en violet.

L'*acide tartrique* ajouté se reconnaît en versant du chlorure de barium qui fournit un précipité blanc soluble dans l'acide chlorhydrique. On le retrouve et on le dose par les procédés indiqués pour l'acide tartrique libre dans les vins.

Pour trouver *l'acide oxalique* on sature le vinaigre par l'ammoniaque, en y laissant une légère réaction acide et on ajoute du chlorure de calcium qui donnera un précipité blanc abondant d'oxalate de chaux.

Les autres falsifications, plus rares et plus complexes, demandent une étude particulière.

CHAPITRE 7.

SELS DES VINS

Les vins contiennent naturellement une certaine proportion d'acides et de bases combinées à l'état de sels, mais, à part la crème de tartre et quelques autres sels, il reste du doute sur l'état exact des combinaisons des acides et des bases. Ces divers sels n'étant admis que par déduction et par comparaison, leur existence n'étant pas définitivement prouvée.

SELS ORGANIQUES

Les sels organiques sont peu nombreux, mais forment la plus grande partie des sels des vins surtout par la présence de la crème de tartre ; on trouve aussi du tartrate de chaux et peut-être d'alumine et de fer, des malates, pectates, acétates. J'ai classé dans ce paragraphe l'azote et l'ammoniaque qui proviennent des matières organiques.

Crème de Tartre. — On ne peut déterminer le poids de la crème de tartre par un simple dosage acidimétrique, par suite de la présence d'autres acides.

On ne peut pas non plus l'obtenir en dosant le carbonate de potasse par une liqueur titrée, en admettant que pour un équivalent de potasse on a deux équivalents d'acide tartrique, car cette proportion ne se vérifie pas dans la plupart des cas ; on doserait en même temps les malates, pectates, etc.

Dans les vins plâtrés, le carbonate de potasse provenant de la calcination du tartre agit sur le bisulfate de potasse existant dans le résidu et forme du sulfate neutre de potasse ; l'essai alcalimétrique indiquerait donc à tort l'absence de tartre.

Pour doser la crème de tartre on emploiera pour les essais rapides : le deuxième procédé Pasteur et pour les essais plus exacts : les procédés Maumené, Robinet ou le 1er de J. Brun avec ou sans la modification de Glénard.

Quant aux procédés Gans, Reboul et Courtonne, il faut qu'ils aient reçu la sanction de la pratique avant que nous puissions les recommander, quels que soient les avantages que nous leur reconnaissions.

1er Procédé J. Brun. — Ce procédé, quoique un peu long, est assez bon, et a l'avantage, tout en s'appliquant aux vins plâtrés, de permettre de doser la crème de tartre et de séparer l'acide tartrique libre et combiné.

On pèse 100 grammes de vin à essayer ; on les évapore au bain-marie jusqu'à réduction de 8 à 10 grammes; on remue cet extrait, à chaud, avec 15 ou 20 gouttes d'acide acétique concentré, et peu après on le lave avec soin et à plusieurs reprises avec de l'alcool à 90°, jusqu'à ce qu'il ne rougisse plus le papier de tournesol. L'alcool dissout tous les acétates et les citrates, les acides tannique, gallique et tartrique libres qui peuvent se rencontrer.

La majeure partie de la matière colorante et du tannin est aussi enlevée par l'alcool. L'acide acétique ajouté à l'extrait déplace les acides tannique et gallique combinés, et rend leur élimination par l'alcool plus complète. Ceci est important pour l'exactitude du résultat, ces deux acides étant précipités comme l'acide tartrique, par l'eau de chaux en excès. Le résidu, A, du lavage est jeté sur un filtre où on le laisse égoutter et sécher ; puis il est dissous (sur le filtre même) avec 10 ou 12 gr. d'eau contenant assez de soude ou de potasse caustique pour rendre la solution alcaline. Le liquide est repassé une ou deux fois sur le filtre. On a ainsi précipité et séparé tous les phosphates de chaux et de magnésie et quelques matières mal connues, et transformé le bitartrate de potasse en sel neutre et très soluble, B.

Si le vin est plâtré, le liquide filtré contiendra également le sulfate de potasse. Ce liquide contient ordinairement du sulfate et du tartrate de potasse, des chlorures et de la matière extractive, et quelquefois des malates et des succinates alcalins. On neutralise ce liquide filtré alcalin par quelques gouttes d'acide acétique, pour l'allonger ensuite d'eau de chaux limpide, jusqu'à ce qu'il n'y ait plus de précipité.

L'eau de chaux ne précipite pas les sulfates, chlorures, acétates, malates ou succinates qui peuvent s'y trouver. Le lavage ayant enlevé les autres acides, le précipité formé est donc du tartrate de chaux pur et blanc. On laisse le précipité se former pendant 24 heures et on le recueille sur un petit filtre sur lequel on le lave, et avec lequel, une fois sec, on le calcine au rouge blanc de manière à obtenir de la chaux vive. Le poids de cette chaux (déduction faite des cendres du filtre) donne la dose de tartre dans le vin essayé.

1 de chaux égale 0,3358 de tartre.

On peut aussi le doser à l'état de carbonate, en imbibant la chaux vive formée par du carbonate d'ammoniaque, séchant et calcinant au rouge sombre.

Cette manière d'opérer est, suivant moi, beaucoup plus sûre.

1 de carbonate de chaux égale 0,1881 de tartre.

On ne peut doser à l'état de carbonate de chaux sans faire intervenir le carbonate d'ammoniaque, car au rouge sombre, l'incinération du filtre est rarement complète et le carbonate peut se transformer partiellement en chaux vive.

D'après Würtz, il vaudrait peut-être mieux doser, dans le résidu, l'acide carbonique par perte pour en conclure le poids du carbonate de chaux ; on n'aurait pas à craindre la présence d'un peu de sulfate calcique.

Je crois qu'il serait plus simple et plus exact de redissoudre une partie du résidu dans l'eau distillée et vérifier par le chlorure de barium et l'acide chlorhydrique s'il se forme du sulfate de baryte, que l'on peut recueillir sur un filtre et, ramené à l'état de sulfate de chaux par le calcul, le déduire du poids du résidu.

Suivant moi, on peut doser l'acide tartrique libre dans la liqueur alcoolique résultant de cette opération.

Modification Glénard. — Il reprend le résidu, A, obtenu dans le procédé ci-dessus par l'eau bouillante (sur le filtre même) qui dissout la crème de tartre et il la dose ensuite par une liqueur filtrée de potasse.

2° *Procédé J. Brun.* — On opère exactement comme dans le premier procédé jusqu'à ce que l'on ait obtenu le liquide, B ; ce liquide filtré est alors rendu acide par l'acide acétique, et fortement agité pour en précipiter tout le bitartrate de potasse. Pour hâter cette précipitation, on peut y ajouter de l'alcool, mais très peu, parce que les malates et les gallates *acides alcalins* (!) sont aussi insolubles dans l'alcool. Quant aux citrates *acides alcalins* (!), dont la présence est possible dans un vin rouge coloré artificiellement, ils se dissolvent dans l'alcool.

Du reste, les autres sels organiques à base de potasse et précipitables dans cette circonstance n'ont point l'aspect grenu et cristallin du tartre ; ils sont amorphes, sans éclat et d'aspect mucilagineux. Les cristaux que donne quelquefois le sulfate de potasse des vins plâtrés ressemblent au tartre. Le précipité cristallin de tartre se pèse, soit sur un filtre double sur lequel on le lave à l'alcool et dont une des feuilles sert de tare à l'autre ; soit dans une petite capsule préalablement pesée et où on le lave à l'alcool par décantation. Il faut le dessécher à 100°.

1 de crème de tartre égale 0,25 de potasse.
1 — — 0,7014 d'acide tartrique.

(Pourquoi ?) 0,9514

Une fois pesé on constatera si le précipité est bien du tartre. Le précipité récent de gallate de chaux se dissout comme celui du tartrate de chaux par le chlorhydrate d'ammoniaque ajouté en solution concentrée ; mais le gallate de chaux est violet et brunâtre et non blanc comme le tartre.

Si la quantité de tartre est minime, on a plus vite fait de le doser à l'état de carbonate de potasse, en le calcinant au rouge avec le filtre, dont le poids des cendres doit être connu.

863 de carbonate de potasse égale 2351 de tartre pur.

Ce procédé est loin d'être aussi exact que le précédent.

3° *Procédé J. Brun.* — Il est fondé sur la propriété que possède le bitartrate de potasse de dissoudre le peroxyde de fer *fraîchement précipité*, dans une proportion fixe. Pour opérer, on divise un poids connu d'une solution de perchlorure de fer (4 gr. de ce sel) en deux parties égales. L'une est précipitée par un excès d'ammoniaque; on lave ensuite, on calcine et pèse le peroxyde précipité, A. L'autre moitié est précipitée par l'ammoniaque, et le précipité lavé à l'eau bouillante jusqu'à ce que celle-ci ne bleuisse plus le papier de tournesol rougi, est mis ensuite en digestion avec 100 gr. de vin, pesés, puis évaporés à moitié pour chasser l'acide acétique libre. Le peroyyde de fer laissé indissous est recueilli, lavé, calciné et pesé, B. La différence entre les poids, A et B, donne exactement la quantité de peroxyde dissous. On peut éviter cette double pesée, si on a à sa disposition du perchlorure de fer sec et pur obtenu par sublimation.

100 de ce sel contiennent 34,57 de peroxyde.

1 de tartre cristallisé dissolvent 0,34 × 57 de peroxyde.

Ce procédé est très exact si le vin ne contient pas d'autres sels à acides organiques dissolvant également le peroxyde de fer fraîchement précipité, comme les malates et les citrates acides. Ce mode convient surtout pour les vins plâtrés qui ne contiennent que peu ou plus de tartre, ce que l'eau de chaux indique immédiatement (J. Brun).

L'opinion de Gautier est toute différente : « Je passe sous silence le prétendu dosage de la crème de tartre, fondé sur la dissolution de l'oxyde ferrique dans les vins. »

En effet ce procédé ne peut être préconisé.

Procédé industriel. — On y a recours lorsqu'il s'agit, dans un vin plâtré, d'évaluer la crème de tartre qu'il pourra donner par évaporation.

On prend 500cc de vin ; on les évapore au 10e au bain-marie, et on les abandonne pendant 48 heures dans un lieu frais, après addition de 50cc d'alcool.

La crème de tartre se précipite en même temps qu'un peu de tartrate, de sulfate de chaux, et de sulfate neutre de potasse, si le vin a été plâtré. On jette sur un filtre, on lave à l'eau alcoolisée, on sèche et calcine au four à moufle, et, dans les cendres, on dose alcalimétriquement le carbonate de potasse qui correspond au bitartrate précipité. La liqueur alcalimétrique est composée de 900 parties d'eau et de 100 parties d'acide sulfurique à 1.842 de densité ; il faut 2cc75 de cette liqueur acide pour saturer toute la potasse qui existe dans 1 gramme de bitartrate de potasse pur, décomposé par la chaleur.

Dans ces conditions, ce procédé ne peut être sensible ; il faut au moins faire cette solution au dixième, afin de verser 27cc5 de liqueur acide pour saturer 1 gr. de tartre. Il vaut mieux employer l'acide oxalique, ainsi que je l'ai dit au *Titre Acide*.

Procédé Cottereau (1851). — Il évaluait la quantité de tartre contenu dans les vins en faisant bouillir un volume de vin rouge ou blanc avec un excès d'alumine, ou de peroxyde de fer, ou d'oxyde d'antimoine, ou de sesquioxyde de chrôme, filtrant et déterminant dans la liqueur la quantité de ces oxydes qui avaient passé à la dissolution. J. Brun en a fait son procédé avec le peroxyde de fer.

Procédé Maumené. — On neutralise exactement par de la soude caustique un ou deux décilitres de vin ; on fait ensuite évaporer la liqueur presqu'à siccité, au bain-marie ; puis on traite à plusieurs reprises, par un mélange de 2/3 de l'alcool à 90° avec 1/3 d'éther rectifié, en ayant soin de broyer la masse saline au moment du dernier lavage ; on reprend alors celle-ci, ainsi lavée, par 20 fois son poids d'eau chaude, afin de la dissoudre ; on y ajoute un léger excès d'acétate de plomb bien *neutre* ; on porte le tout à l'ébullition, puis on jette sur un filtre, lequel retient le tartre de plomb presque pur, qu'on doit laver, sécher et peser.

1 de tartrate de plomb correspond à 0,7446 de crème de tartre.

Procédé Masson-Four. — Il sature directement le vin avec une dissolution de carbonate de soude au dixième, et de la quantité de carbonate de soude employée, déduit la quantité de tartre.

Ce procédé est complètement faux, car, par la saturation directe d'un vin par le carbonate de soude, on peut seulement doser le titre acide et non la crème de tartre, et même, dans ce cas, l'emploi de la soude caustique serait préférable.

Le titre acide d'un vin ne correspond pas avec la richesse en tartre ; au contraire, les vins les plus riches en acides sont les plus pauvres en tartre.

Par son procédé, avec des vins riches à 11° d'alcool, on obtient des résultats accusant de 10 à 12 gr. de tartre par litre, ce qui est impossible, par suite de l'insolubilité de cette quantité dans un liquide ayant ce degré d'alcool, même étant acide.

Procédé Berthelot et de Fleurieu (1864). — Ce procédé est basé sur l'insolubilité du tartre dans un mélange déterminé d'alcool et d'éther. On place 10^{cc} de vin dans un petit matras ; on les additionne de 20^{cc} (Gautier), ou de 50^{cc} (Robinet, Baudrimont) d'un mélange d'alcool et d'éther à volumes égaux (les deux liquides aussi absolus que possible) ; on agite, on bouche le matras et on l'abandonne pendant 48 heures (Gautier) ou 24 heures (Robinet, Baudrimont). Le tartre, insoluble dans ce mélange, se dépose. On décante alors la liqueur sur un petit filtre sans plis ; on lave le précipité dans le matras même avec de l'alcool éthéré qu'on rejette sur le filtre et on continue les lavages tant que la liqueur reste acide. On jette ensuite le filtre dans le matras ; on y dissout la crème de tartre avec de l'eau tiède et l'on détermine dans le matras même, au moyen d'eau de baryte titrée, l'acidité de la crème de tartre et par conséquent son poids, qui lui est proportionnel.

L'eau de baryte doit être assez étendue pour saturer le cinquième de son volume d'une solution aqueuse de crème de tartre faite à froid.

1 de baryte égale 2,4588 de crème de tartre.

On ajoute au résultat trouvé, 0 gr. 2 de crème de tartre par litre, pour la quantité qui a pu se dissoudre dans les lavages.

A l'aide de ce procédé, les auteurs ont reconnu que les vins renfermaient presque toujours une proportion de bitartrate de potasse moindre que celle qu'ils exigeraient pour en être saturés.

Observations de M. Robinet. — Ce procédé, simple en apparence, demande une grande habileté d'opération. On opère sur une quantité de vin très minime (la centième partie d'un litre); une erreur alcalimétrique (et cette erreur est facile à faire) se multipliera par 100; de plus, il est difficile de se procurer de l'éther et de l'alcool purs.

Si le vin est *très calcaire*, s'il a été plâtré, s'il contient du tartrate acide de chaux, sel très commun dans certains vins qui proviennent de vignes poussant dans les terrains calcaires, l'acide tartrique se précipiterait par l'alcool éthéré, en partie à l'état de crème de tartre, en partie à l'état de tartrate de chaux.

Pour éviter cette cause d'erreur, il faut additionner le vin d'acétate de potasse pour transformer le bisulfate de potasse en sulfate neutre de potasse et acide acétique libre; concentrer, chasser en partie l'excès d'acide acétique, précipiter la chaux par l'oxalate de soude, et, au bout de 48 heures, filtrer et procéder au dosage comme ci-dessus.

Modification Barillot (Manuel de l'analyse des Vins, 1889). — M. Barillot prend 10^{cc} de vin et 40^{cc} d'alcool-éther et opère comme Berthelot et de Fleurieu. Il titre l'acidité au moyen d'une liqueur de potasse dont 10^{cc} égalent 10^{cc} d'une liqueur sulfurique à 10 gr. par litre, mais prise au dixième. Il multiplie le nombre de centimètres cubes versés par 0,382 pour avoir le poids du tartre par litre et ajoute 0^{gr} 2 pour le tartre soluble dans l'alcool-éther.

1er *Procédé Pasteur.* — Ce procédé étant exclusivement scientifique et ne pouvant s'appliquer pratiquement, je le décrirai succinctement.

A 20^{cc} de vin on ajoute une quantité d'*acide tartrique gauche* correspondant à environ 3 gr. de bitartrate de potasse droit ordinaire.

On ajoute alors la quantité d'eau de chaux nécessaire pour saturer le vin (quantité déterminée par un essai préalable).

Il se précipite du *racémate de chaux*; si la quantité de chaux ne suffit pas pour précipiter tout le racémate, on ajoute quelques gouttes de chlorure de calcium. On filtre et on prélève deux portions à peu près égales de la liqueur filtrée. Dans l'une des portions on ajoute deux gouttes d'une solution de tartrate droit d'ammoniaque, au centième, et dans l'autre portion deux gouttes d'une solution au centième de tartrate gauche. Au bout d'un temps plus ou moins long, il se fait un précipité dans l'une ou l'autre des portions, ou bien ni dans l'une ni dans l'autre. Le précipité ne doit pas se faire dans les deux en même temps.

Si le précipité se fait dans la première portion, c'est que la liqueur filtrée renferme du tartrate gauche; il n'y a donc pas dans le vin, en acide tartrique, l'équivalent des 3 grammes de bitartrate de potasse. Si le précipité s'est formé dans la deuxième portion, il y a du tartrate droit, et l'on en conclut que le vin renferme, en acide tartrique, plus de 3 gr. de crème de tartre. S'il n'y a pas de précipité, c'est que le vin renferme, à très peu de chose près, l'équivalent de 3 gr. de crème de tartre.

Par tâtonnements on arrive, en changeant le poids de 3 gr., à trouver celui qui correspond au poids de l'acide tartrique contenu dans le vin.

Ce procédé, très joli au point de vue scientifique, ne peut recevoir d'application au point de vue analytique; il est très long et sujet à bien des chances d'erreurs.

Procédé Robinet. — On prend 100^{cc} de vin; on les réduit par l'évaporation à l'état sirupeux; on laisse refroidir la masse et on la reprend par 50^{cc} d'alcool absolu; tout le tartre se trouve précipité. On décante avec soin le liquide et on calcine le dépôt; la calcination terminée, on reprend le tout par de l'eau distillée bouillie; on a alors un liquide trouble contenant du carbonate de potasse, du carbonate de chaux, du carbonate de magnésie et quelques autres sels décomposés par la calcination. On filtre avec soin, on lave bien le filtre, et le liquide obtenu ne contient plus guère que du carbonate de potasse provenant de la décomposition, par la chaleur, du bitartrate de potasse.

Pour obtenir le titre alcalimétrique de ce liquide, on procèdede la manière suivante : On met tout le liquide dans une capsule de porcelaine, on porte à une température voisine de l'ébullition; on ajoute de la teinture de tournesol; puis on verse, au moyen de la burette, de l'acide oxalique normal (*Voir Titre Acide*) jusqu'à ce qu'on obtienne une teinte pelure d'oignon ; on fait bouillir ; la teinte redevient violette ; on ajoute peu à peu de l'acide jusqu'à ce que la teinte reste rouge après l'ébullition. On lit alors sur la burette le nombre de centim. c. de liqueur oxalique nécessaire pour obtenir la teinte voulue et on pose le calcul.

Exemple : soit 1^{cc}5 de liqueur oxalique $1,5 \times 0,18811 = 6,282165$ de tartrate acide de potasse pour 100^{cc} et 2^{gr}82165 par litre.

Le chiffre 0,18811 est le millième d'équivalent de la crème de tartre, correspondant à un millième d'équivalent d'acide oxalique; car 1^{cc} d'acide oxalique sature exactement un millième d'équivalent des sels suivants : Carbonate de potasse 0,06911. — Potasse caustique 0,04711. — Soude caustique 0,031. — Carbonate de chaux 0,050. — Sulfate de chaux 0,068.

Or, 0,06911 de carbonate de potasse correspondent à 0,18811 de crème de tartre.

Ce procédé, d'une extrême simplicité, offre l'avantage de présenter peu de causes d'erreurs ; on opère sur une quantité de vin assez forte, généralement 200^{cc}; la perte des produits est insignifiante ; mais il donne toujours un résultat un peu fort, parce qu'il est très difficile d'éliminer les sels de chaux. En effet, en même temps que le tartre, il se précipite des tartrate, sulfate, phosphate et malate de chaux, des sels d'alumine et quelquefois des sels de chaux ; le produit de la calcination contient ces sels et leurs bases. Pour une analyse industrielle, cette faible erreur n'est pas sérieuse. En diminuant de 0 gr. 1 par litre, le titre trouvé, on est presque toujours d'accord.

C'est à la suite d'analyses comparatives nombreuses avec le procédé Berthelot et de Fleurieu, et celui de Robinet, que celui-ci a fixé le chiffre de 0 gr. 1; les différences qu'il a rencontrées avec cette correction n'ont jamais porté que sur des centigrammes.

Du reste, Robinet propose le procédé suivant pour opérer la précipitation des sels de chaux contenus dans les produits de la calcination ; c'est de traiter leur dissolution par quelques gouttes d'oxalate d'ammoniaque, filtrer, puis évaporer de nouveau et calciner ; il ne reste plus que du carbonate de potasse et un peu de carbonate de magnésie. On ne fait pas alors la correction ; mais il faut éviter les pertes qui peuvent se produire par des filtrations répétées.

Dans ce procédé, je trouve un point faible ; c'est la concentration de la liqueur normale d'acide oxalique : en effet, 1^{cc} de cette solution correspond à 1^{gr}8811 de crème de tartre par litre et, par conséquent, un dixième de centimètre cube correspond à 0,18811, ce qui est beaucoup pour un si faible volume de cette solution. Il vaut donc mieux étendre cette solution au dixième ; dans ce cas un centimètre cube correspondra à ce dernier chiffre.

2^{d} *Procédé Pasteur.* — Ce procédé n'est qu'approximatif, mais il est simple. On évapore un litre de vin à 50^{cc} environ, ou, mieux, jusqu'à formation d'une pellicule cristalline sur le liquide chaud. Après vingt-quatre ou quarante-huit heures de repos, on décante l'eau mère et on lave les cristaux à deux ou trois reprises avec une eau saturée de crème de tartre. Il suffit ensuite de dessécher les cristaux à 100° dans leur capsule et de peser.

Le poids de la crème de tartre, ainsi trouvé, est suffisant dans la plupart des cas.

Ce procédé donne des résultats éminemment variables, suivant la plus ou moins grande concentration du liquide.

Procédé Courtonne (Communication personnelle). — Dans un petit ballon à fond plat il faut verser 20^{cc} de vin, ajouter 80^{cc} d'un mélange à volumes égaux d'éther et d'alcool, boucher, agiter et laisser reposer pendant vingt-quatre ou quarante-huit heures ; filtrer dans un ballon jaugé de 50^{cc} jusqu'à affleurement, vider les 50^{cc} dans une capsule de porcelaine d'un demi-litre, rincer deux fois le ballon en le remplissant d'eau distillée ; remplir aux trois quarts la capsule d'eau distillée et titrer par une liqueur alcaline normale au dixième ; multiplier le résultat par 100 pour ramener à un litre de vin. La différence entre l'acidité totale du vin et l'acidité après séparation du tartre donne l'acidité du tartre.

Ce procédé est très simple et sera très exact lorsqu'on lui aura appliqué les observations de M. Robinet sur le procédé Berthelot, la correction indiquée par M. Barillot pour le tartre soluble et la correction résultant de la mesure du demi-volume. En effet, on a bien mesuré 20^{cc} de vin plus 80^{cc} d'alcool éther, ce qui fait 100^{cc} ; mais, au bout de 24-48 heures, il n'y a plus 100^{cc} de liquide puisqu'il y a un dépôt solide ; la moitié n'est plus de 50^{cc}.

M. Courtonne rendra un grand service à la science en étudiant à fond son procédé.

Procédé Reboul (1880, J^l de Ph. et Ch., août.) — On évapore au bain de sable à 100°, 100^{cc} de vin jusqu'à ce qu'il ne pèse que 8 gr. environ.

Pour faire les évaporations au bain de sable, on peut se servir du bain de sable de l'étuve Wiesnegg, mais on peut également se servir de l'étuve Schloesing (fig. 93) surtout quand l'étuve ordinaire est occupée pour la des-

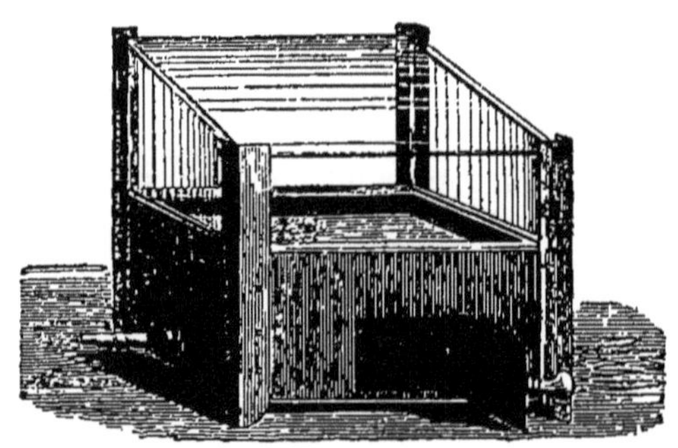

Fig. 93.

(Wiesnegg. — 22 francs)

siccation de divers produits. Cette étuve se compose d'une cuvette en tôle que l'on remplit de sable ; elle est chauffée par un tube en croix, percé de petits trous, pour le gaz. Elle est entourée de tous côtés par des plaques de verre mobiles ; l'évaporation se fait rapidement ; elle sert surtout pour les évaporations de liquides acides.

Lorsque le vin est évaporé à 8 grammes on le laisse en repos pendant vingt-quatre heures ; presque toute la crème de tartre cristallise ; on jette sur un petit filtre et lave quatre fois avec 5^{cc} d'alcool à 40-42°, chaque fois ; on dissout le précipité par l'eau bouillante sur le filtre même, lave et titre par une solution de baryte titrée avec une solution de crème de tartre pure (1 gr. 5 par litre). La crème de tartre restée en solution dans les 7 ou 8 gr. de vin et entraînée par l'alcool de lavage, n'atteint pas 0 gr. 013.

Pasteur avait déjà dit que le procédé alcool-éther donnait des résultats trop faibles ; au moyen de sa méthode d'analyse, M. Reboul confirme les idées de Pasteur.

	Procédé Reboul	Procédé Berthelot.
Vins de raisins secs de Corinthe	3,75	3,10
— — Thyrra	3,82	2,30
— — Vourla	1,78	0,96
Vin de Corse, plâtré	3,40	2,10
— de Bon-Secours	1,47	0,99

Cependant je trouve ces différences tellement énormes qu'elles demandent confirmation.

Procédé R. Gans (1889, Zeitschrift für anger Chemie, p. 669). — On évapore 50^{cc} de vin dans une capsule de porcelaine avec un peu de sable, au bain-marie, à l'état sirupeux. On laisse refroidir et on ajoute en remuant constamment 70^{cc} d'alcool à 96°. On laisse en repos pendant douze heures à une température aussi basse que possible ; la masse précipitée est lavée sur le filtre à l'alcool jusqu'à ce que le papier de tournesol bleu, mouillé, ne rougisse plus (la liqueur alcoolique peut servir à doser l'acide tartrique libre). On remet le filtre dans la capsule, on traite par l'eau chaude, on filtre et lave jusqu'à ce que le liquide filtré ne soit plus acide ; on titre ce liquide par une solution alcaline normale au dixième.

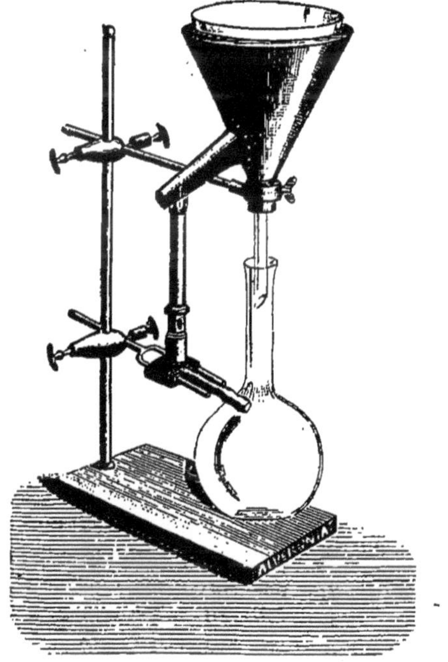

Fig. 94.

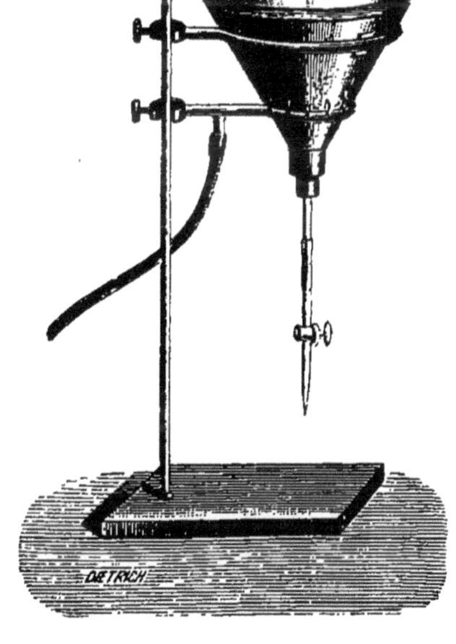

Fig. 95.

(Chabaud)

La filtration chaude indiquée dans ce procédé est employé dans de nombreux cas dans l'analyse chimique se fait au moyen d'entonnoirs spéciaux affectant deux formes différentes. La première forme (fig. 94) se compose d'un double entonnoir en cuivre, absolument étanche et muni d'une tubulure latérale creuse et fermée. On remplit d'eau l'espace vide qui se trouve entre les deux entonnoirs, ainsi que la tubulure. Un bec Bunzen chauffant l'eau de la tubulure réchauffe bientôt tout l'entonnoir métallique qui communique sa chaleur à l'entonnoir de verre placé au milieu. La deuxième forme (fig. 95) est simplifiée par la suppression de la tubulure; il ne reste qu'un double entonnoir entre les parois duquel on met de l'eau ; le chauffage se fait circulairement au moyen d'une couronne de gaz sur laquelle on place l'entonnoir ; le résultat est le même.

Tartrate de chaux. — $C^8 H^4 O^{10}$, 2 CaO, 8 HO. C'est un tartrate neutre, cristallisant en prismes rhomboïdaux, dont les angles de la base sont modifiés par les faces de l'octaëdre.

Il est presque insoluble dans l'eau froide, peu dans l'eau chaude et assez soluble dans les acides minéraux, l'acide acétique et la crème de tartre.

Les raisins, ainsi que plusieurs végétaux, en contiennent une petite quantité.

On peut en démontrer la présence dans les vins, mais non le doser d'une façon absolue.

Pour le rechercher, on réduit le vin au dixième de son volume et on ajoute un grand excès d'alcool; le précipité formé se compose de bitartrate de potasse dans lequel on distingue de beaux cristaux de tartrate de chaux.

Jusqu'à présent, il a été impossible de l'isoler entièrement du vin ; on ne peut donc le doser que par déduction, en faisant la somme des acides et celle des bases du vin, et établissant la répartition proportionnelle entre les différents éléments.

Les autres tartrates dont la présence est possible dans les vins, mais qui n'a pas été démontrée, sont : le bitartrate de soude, le bitartrate de chaux, le tartrate de chaux et de potasse, le tartrate de chaux et de soude, le tartrate de magnésie, le tartrate d'alumine, le tartrate de fer et le tartrate de manganèse.

Analyse des tartres bruts. — Pour connaître la valeur réelle des tartres retirés des tonneaux ou celle du tartrate de chaux produit avec les résidus de la vigne et des vins, il faut doser l'acide tartrique, qui seul a de la valeur.

Essai à la casserole. — C'est un ancien procédé, sans valeur, mais qui est encore employé dans quelques localités.

On dissout un poids connu de tartre brut dans un litre d'eau bouillante ; on laisse déposer pendant deux minutes, puis on décante tout le liquide clair dans un vase où on le laisse refroidir pendant 6 heures ; au bout de ce temps on enlève l'eau qui surnage au-dessus de cristaux de crème de tartre, on lave ces cristaux avec 1 litre d'eau, on les dessèche et on les pèse. On ajoute au poids trouvé la quantité de crème de tartre soluble dans deux litres d'eau.

Procédé Bolley (Analyse chimique, de Post, traduit par Gautier). — On fait bouillir le tartre brut avec de l'eau additionnée d'acide chlorhydrique, on filtre et lave à l'eau bouillante chlorhydrique, jusqu'à ce qu'il ne se dissolve plus rien. Le résidu peut être formé par du sable, de l'argile, du bois, du soufre, des particules de lie, etc.; on peut l'examiner à la loupe ; en brûlant le résidu, le soufre se reconnaît à l'odeur, et le sable et l'argile restent comme résidu de la calcination.

D'autre part, on chauffe au rouge un poids donné de tartre, on épuise le résidu avec de l'eau, on arrose la partie insoluble avec de l'acide azotique normal et enfin on titre avec une lessive de soude normale ; on connaît ainsi la quantité totale du carbonate de chaux, et dans cette quantité se trouve comprise la proportion de sel calcaire existant sous forme de tartrate, de même que celle qui était à l'état de carbonate de chaux.

Pour déterminer ce dernier, la méthode la plus simple consiste à doser l'acide carbonique ; on calcule le carbonate de chaux qui correspond à cet acide et on le retranche de la quantité totale trouvée précédemment, on détermine le tartrate de chaux en multipliant le carbonate de chaux restant par $\frac{130}{50}$

Dans le liquide résultant du traitement du tartre par l'eau chlorhydrique on ajoute de l'oxalate d'ammoniaque et de l'ammoniaque ; toute la chaux est précipitée sous forme d'oxalate. En retranchant le carbonate calcaire total dosé précédemment on obtient la chaux qui était à l'état de sulfate.

Dans la solution obtenue en traitant par l'eau le résidu de la calcination du tartre on titre la potasse de la crème de tartre au moyen d'une liqueur acide titrée ou on traite la potasse par un volume connu d'acide azotique normal en excès, et on détermine le volume d'acide non saturé par une liqueur alcaline normale. On a ainsi le carbonate de potasse résultant de la calcination du bitartrate de potasse, 69 de carbonate égalent 180 de bitartrate. 100 de bitartrate de potasse égalent 74.9 d'acide tartrique cristallisé et 100 de tartrate de chaux égalent 57,67 du même acide.

Procédé Scheurer-Kestner. (1878, Journal de Ph. et Ch. t. 28 p. 548). — — M. Scheurer-Kestner dit que le procédé qui consiste à précipiter le tartre dissous dans l'acide chlorhydrique étendu d'eau, par la soude et la potasse, est satisfaisant lorsqu'il n'y a pas de sulfate de chaux, mais que dans ce cas, le seul procédé exact consiste à transformer tout l'acide tartrique en tartrate de chaux.

On dissout le tartre dans l'eau et l'acide chlorhydrique, et on filtre, on sature par la soude, puis on précipite par le chlorure de calcium ; le précipité est lavé et calciné, et le carbonate de chaux est titré par les procédés ordinaires.

D'un autre côté on calcine le tartre, on traite par l'eau qui dissout le carbonate de potasse et pas le carbonate de chaux et on dose la potasse par une liqueur titrée. Il est facile de déterminer par le calcul le bitartrate de potasse et le tartrate de chaux.

Procédé P. Carles. — (1882, Jl Ph. et Ch. t. 5 p. 604). — Le tartrate de chaux offre plus de difficultés d'analyse que le tartrate acide. Pour les séparer on traite le tartre brut par l'eau et l'acide chlorhydrique, à volumes égaux, on filtre et neutralise exactement par l'ammoniaque. Tout ce qui se précipite est regardé comme des tartrates terreux mélangés à divers corps insolubles. Si on met un excès d'acide chlorhydrique, il faudra un excès d'ammoniaque, or le tartrate de chaux est soluble dans le chlorhydrate d'ammoniaque; cette réaction est réelle, mais faible.

Elle devient nulle si on opère dans des liqueurs concentrées qu'on mélange après leur exacte saturation avec le double de leur volume d'alcool à 90°. Les pertes n'ont plus été que 0,7 à 2 °/₀ du tartrate de chaux.

Procédé Goldenberg. — (Arch. der. Pharm). — On dose l'acide tartrique total du tartre brut de la manière suivante: on pèse 3 gr. de matière dans un verre de Bohême, on y ajoute 30 ou 40 ^{cmc} d'eau et 2 gr. à 2 gr. 1/2 de carbonate de potasse; on fait bouillir pandant 20 minutes et on agite fréquemment (le bitartrate de potasse et le tartrate de chaux se changent en tartrate neutre de potasse); on verse le mélange dans un matras de 100^{cc}, laisse refroidir, dilue à 100°, agite, laisse reposer et filtre sur du papier sec. On prend 50^{cc} du liquide filtré, on évapore à 10^{cc} et ajoute 2^{cc} d'acide acétique et $100\text{-}120^{cc}$ d'alcool à 95° au moins, on agite vivement et longtemps puis on filtre après un court repos; on lave le résidu avec de l'alcool à 95°, jusqu'à ce que le liquide ne soit plus acide (on a produit du bitartrate de potasse); le précipité, encore humide, est mis avec le filtre dans une capsule avec de l'eau, on agite et chauffe jusqu'à l'ébullition puis on titre avec la soude normale.

Malates. — On n'est pas fixé sur le point de savoir si l'acide malique est libre ou combiné dans les vins. Les malates possibles sont: le malate de potasse, incristallisable, déliquescent et insoluble dans l'alcool pur; le bimalate de potasse, cristallin. inaltérable à l'air, très soluble dans l'eau et insoluble dans l'alcool; le malate de soude, amorphe et déliquescent: le bimalate de soude, cristallin, soluble dans l'eau et insoluble dans l'alcool; le malate de chaux qui se présente sous plusieurs formes avec diverses quantités d'eau de cristallisation, très soluble dans l'eau, insoluble dans l'alcool; au contact de l'eau dans certaines conditions il se transforme en succinate de chaux: le bimalate de chaux, qui se trouve dans certains fruits, cristallise en beaux prismes incolores, limpides, peu solubles dans l'eau et l'alcool; enfin les malates doubles de ces bases, puis de la magnésie, de l'alumine, du fer et du manganèse.

Nous avons vu le dosage total de cet acide aux « Acides Libres ».

Acétates. — L'acide acétique doit toujoure être à l'état libre, car un acide volatil ne peut guère former de sels dans un milieu rendu acide par des acides fixes.

On peut rencontrer des acétates par suite de la saturation de vins ayant aigri par les carbonates terreux ou alcalins.

On peut doser l'acide total par le procédé Kissen (voir acides volatils) et l'acide libre par le procédé Robinet; la différence donne l'acide des acétates.

Pour doser l'acidité totale, M. Maumené donne un autre procédé sans nom d'auteur; il l'indique comme le meilleur.

On neutralise le vin par la potasse et on évapore sans aller tout à fait au résidu sec ; on traite d'abord par l'alcool à 95° qui dissout l'acétate de potasse on distille avec de l'acide sulfurique étendu de trois ou quatre fois son volume d'eau, dans un bain d'eau salée : l'acide acétique se dégage sans proportions notables d'autres acides volat...; on titre le liquide distillé par une liqueur alcaline.

Pectates. — L'acide pectique ne se rencontre guère dans les vins qu'à l'état de pectate de chaux et seulement dans les vins jeunes.

Le pectate de chaux : $C^{32} H^{20} O^{28}$, 2 CaO, est incristallisable.

On peut en constater la présence, mais on n'a pu arriver à le doser. Pour le rechercher, on évapore à sec 1 l. de vin ne contenant pas ou peu de sucre et on sèche à l'étuve à 100° pendant plusieurs heures. Le résidu sec est traité par l'acide chlorhydrique étendu de moitié d'eau ; on agite fortement et on laisse reposer. Le pectate de chaux est décomposé et l'acide pectique mis en liberté. Cet acide rend la dissolution visqueuse ; elle se prend en gelée, même pour une dose d'acide très faible ; cette réaction est très sensible.

Azote. — La présence de l'azote dans les vins ne laisse aucun doute, mais on ne sait s'il y en a à l'état libre. L'azote est, soit libre, soit combiné, dans les matières organiques ou dans les azotates.

Nous verrons au Mouillage que les savants autrichiens ont cherché à établir la qualité des vins d'après leur teneur en azote, ils ont trouvé que les vins contenaient de 0 gr. 007 à 0 gr. 080 d'azote par litre.

Pour le dosage de l'azote, voyez au dosage des matières azotées.

Ammoniaque. — La présence de l'ammoniaque dans les vins est très douteuse ; dans tous les cas, elle ne peut y exister que très accidentellement et en très faibles proportions.

Son dosage n'a donc aucun intérêt ; cependant je signale le procédé Rivot qui peut servir à doser l'ammoniaque dans un vin très altéré.

On reprend l'extrait sec du vin par l'eau distillée, on traite par une dissolution un peu concentrée de potasse et on distille à travers un tube à boules contenant de l'acide chlorhydrique. Le dégagement du gaz doit être fait avec une grande lenteur ; la réaction est terminée lorsqu'on ne voit plus de vapeurs blanches. Dans l'acide du tube à boules on ajoute de l'eau distillée et on précipite par le bichlorure de platine en dissolution concentrée et on continue comme au dosage de la potasse.

Le précipité contient 11,67 °/₀ d'ammoniaque.

Ce procédé n'est pas exempt d'erreurs, mais il est très suffisant.

SELS MINÉRAUX

Les sels minéraux sont en proportions très petites dans les vins, et cependant ils jouent un rôle dans les qualités de cette boisson, et même un rôle très important, dans certains cas.

Azotate de Potasse. — L'azotate de potasse, ou salpêtre, ou nitre, est le seul des azotates dont on ait pu prouver l'existence dans les vins ; on l'a trouvé surtout dans les vins provenant de vignes fumées avec excès.

La recherche de ce sel est assez facile mais son dosage est absolument incertain.

Il peut y avoir de l'azotate de soude, soit par suite des engrais, soit par suite de la proximité de la mer ; il pourrait y avoir de l'azotate de chaux.

Le seul procédé pour rechercher l'azotate de potasse consiste à calciner légèrement le vin, de façon à déduire seulement la matière organique ; à reprendre le résidu par un mélange à parties égales d'alcool et d'éther ; tous les sels déliquescents sont dissous ; traiter ensuite par l'alcool à 50° que l'on évapore et fait cristalliser. Parmi les cristaux que l'on examine à la loupe, on retire ceux que l'on croit être de l'azotate de potasse et on les essaie par la brucine et l'acide sulfurique pour déterminer l'acide azotique et par le bichlorure de platine pour la potasse (Voir ces deux corps).

Ordinairement on estime tout l'acide azotique dosé dans le vin en azotate de potasse, dans le cas où on en constate la présence.

Phosphate de chaux. — Ce sel, bien connu, est insoluble dans l'eau, soluble dans les acides.

Pour démontrer qu'il existe tout formé dans le vin on évapore celui-ci à sec et on traite par l'alcool à 90° pour enlever le sucre, en excès.

On dessèche pendant plusieurs heures pour enlever tout l'acide acétique, et on calcine soigneusement ; le résidu est délayé dans l'eau, saturé par un vif courant d'acide carbonique et filtré rapidement. Le phosphate de chaux est soluble dans l'acide carbonique, tandis que la plupart des autres corps y sont insolubles. Dans la dissolution on ajoute de l'ammoniaque qui précipite le phosphate de chaux à l'état gélatineux et blanc. On peut doser la chaux et l'acide phosphorique.

On peut aussi évaporer cette solution et traiter le résidu sec par l'alcool absolu, puis l'alcool à 50° ; il ne reste plus que les sels de chaux parmi lesquels on peut reconnaître le phosphate.

Phosphate d'alumine et de fer. — C'est le composé d'alumine qui se rencontre le plus souvent dans les vins. Il est soluble dans les acides et dans les alcalis, mais il devient insoluble quand il a été précipité de ses dissolutions et calciné.

Pour rechercher ce sel, on évapore le vin, on le calcine légèrement et traite le résidu par l'acide azotique ; il se forme un précipité de pyrophosphate d'alumine et de fer mélangé à des sels de chaux et de magnésie, et à de l'alumine pure ; il faut doser l'acide phosphorique, l'alumine et l'oxyde de fer. Ces trois dosages, assez difficiles, sont indiqués dans l'analyse des cendres.

On ne caractérise donc pas suffisamment la présence absolue de ce phosphate.

Le phosphate de magnésie et le phosphate de manganèse n'ont pu être caractérisés dans les vins.

Sulfate de chaux. — On l'isole suffisamment pour le reconnaître, mais non pour le doser.

Dans un litre de vin, on met 20 à 25 grammes de levûre de bière pour faire disparaître le sucre par fermentation. On évapore à l'état pâteux, on lave à l'alcool à 90° et on traite le résidu par une grande quantité d'eau; tout est dissous, sauf quelquefois un peu de silice. On évapore l'eau au 5e et on ajoute un volume égal d'alcool 95°; le sulfate de chaux le précipite en même temps que le tartrate; on peut le distinguer au microscope et trouver l'acide sulfurique et la chaux.

Sulfate de potasse. — Le sulfate de potasse a été isolé des vins, d'une manière positive, par M. Robinet, qui l'a obtenu par le procédé suivant : 100cc de vin sont calcinés au rouge blanc, le plus haut possible, dans un creuset de platine; le résidu est épuré longtemps par de l'alcool absolu, puis de l'alcool à 50°, dissous dans l'eau bouillante, puis l'acide chlorhydrique; la silice se sépare; on filtre, évapore et calcine au plus haut point et reprend par l'eau. Tout doit se dissoudre si la première opération a été bien faite (si la liqueur est trouble, c'est qu'il y a du chlorure de calcium). On traite par l'oxalate d'ammoniaque qui élimine la chaux, on filtre, réduit à sec, calcine, redissout dans l'eau et précipite par un grand excès d'alcool absolu. Les cristaux de sulfate de potasse sont facilement distingués parmi les autres sels, car, malgré tous les traitements, il reste toujours d'autres sels. Il faut donc isoler quelques-uns des cristaux, les laver à l'alcool éthéré et les traiter par le bichlorure de platine, pour les distinguer du sulfate de soude.

Sulfate de Magnésie. — La présence de ce sel n'a pu être reconnue d'une manière absolue. Comme ce sel ne peut exister dans une dissolution en présence du chlorure de sodium, si ce dernier sel existe dans le vin, il est inutile d'y chercher le sulfate de magnésie.

On dessèche le vin à 100°, au bain de sable; le résidu pâteux est repris par l'alcool à 45° qui dissout le sulfate et le tartrate de magnésie; l'alcool est laissé évaporer spontanément et, dans le résidu, on pourrait trouver quelques cristaux de sulfate de magnésie. En analysant complètement ce résidu, certains auteurs ont reconstitué les sels et démontré la présence du sulfate de magnésie.

Chlorure de Sodium. — Sa présence se constate au moyen du procédé suivant : on évapore et calcine au rouge sombre 200cc de vin; le résidu est réduit en poudre aussi fine que possible et traité par l'alcool absolu; après un repos de 24 heures et décantation, l'alcool est évaporé dans une capsule de verre à une douce température pour avoir une belle cristallisation. A la loupe on peut distinguer les cristaux de chlorure de sodium. Le résidu est de nouveau calciné, repris par l'eau et traité par un grand excès de carbonate d'ammoniaque, filtré au clair et additionné d'un grand excès d'oxalate d'ammoniaque ; la liqueur bouillie est encore additionnée du même réactif. Il ne reste plus dans liquide que la potasse et la soude ; on élimine la potasse par le bichlorure de platine ; on filtre, évapore à sec, calcine au rouge blanc, reprend par une petite quantité d'eau et verse une dissolution d'antimoniate de potasse fraîchement dissous à chaud ; s'il y a de la soude, on obtient un précipité soluble dans 300 parties d'eau et qui adhère fortement au verre. Il faut le redissoudre et chercher si ce précipité ne serait pas dû à de la chaux ou à de la magnésie.

Cette expérience n'est que théorique ; on ne la fait jamais.

Chlorure de Potassium. — Ce sel n'a pu être isolé ; ce n'est que par la comparaison des éléments des sels, trouvés par l'analyse, qu'on a pu conclure à sa présence dans certains cas.

Chlorure de Magnésium. — M. Robinet est parvenu à l'isoler à plusieurs reprises au moyen de la méthode suivante :

On évapore 100^{cc} de vin à sec, on calcine au rouge sombre avec les plus grandes précautions pour ne pas atteindre le rouge blanc qui décompose ce chlorure. Le résidu est traité par un mélange à parties égales d'éther à 66° et d'alcool à 98° et décanté ; le liquide clair est évaporé doucement dans une capsule de verre; il ne peut y avoir, dans le résidu que du chlorure de calcium, du chlorure de magnésium, de l'azotate de chaux et de l'azotate de magnésie, dont l'analyse indique les quantités exactes.

Bromures, Iodures, Fluorures. — Quelques auteurs disent avoir constaté la présence de ces sels, mais leurs explications ne sont pas suffisamment précises pour qu'il y ait lieu de croire positivement leurs assertions.

Sulfites et Sulfures. — Ces sels peuvent exister et existent dans certains vins, par suite du mélange trop fort ou par suite des cendres de la mèche dans le vin. Ils peuvent aussi provenir des engrais dont le sol a été fumé.

On a pu parfaitement déterminer la présence de l'acide sulfureux et de l'acide sulfhydrique à l'état de sulfures, mais sans pouvoir indiquer à quelles bases ils étaient combinés.

Silicates. — Les silicates et l'acide silicique libre que l'on rencontre quelquefois dans les vins jeunes n'existent pas dans les raisins. Ils doivent provenir de la terre qui souille les raisins ou de la dissolution des silicates des bouteilles. Nous verrons plus loin leur recherche et leur dosage.

CENDRES

Les cendres des vins sont le résultat de la calcination à l'air de l'extrait sec ; elles se composent de tous les sels minéraux et des bases minérales des sels à acides organiques qui, par la calcination, ont été transformés en acide carbonique pour former des carbonates ; le bitartrate de potasse est changé en carbonate de potasse ; le matate et le tartrate de chaux sont changés en carbonate de chaux, etc.

La calcination se fait dans des fours nommés fours à reverbère, dans l'intérieur desquels on place un vase en terre réfractaire, à fond plat, avec ouverture antérieure et que l'on appelle moufle ; c'est pour cela que, le plus souvent, on appelle ces fours « fourneaux à moufles ».

Fourneau à moufle ordinaire. — Ce fourneau (fig. 96) est le plus généralement employé dans les moyens et petits laboratoires. Il se compose d'un gros cylindre en terre réfractaire, monté sur quatre pieds en fer. Ce cylindre

Fig. 96.

(Wiesnegg. — 42 fr.)

possède, à la partie inférieure, une fente, dans le sens de la longueur, pour y faire pénétrer une série de tubes à gaz Bunzen ; à la partie supérieure est une tubulure cylindrique sur laquelle on place une cheminée en tôle. L'intérieur est creusé en demi-cercle ; la partie inférieure est plate et supporte la moufle ; la partie supérieure, ou dôme, est cannelée à angles vifs, afin de projeter la chaleur sur la moufle. Avec cet appareil, on arrive facilement au rouge blanc et il se règle à volonté. Dimensions de la moufle : largeur 105^{mm}, hauteur 65 et profondeur 150.

Four à moufle Viard. — Dans le four précédent, on peut mettre quatre petites capsules de platine, deux à l'avant, deux à l'arrière.

Dans les petits laboratoires, on n'a souvent à exécuter qu'un seul essai à la fois et, dans ce cas, avec le fourneau précédent, il faut brûler autant de gaz que pour quatre essais. C'est pour éviter cette dépense que j'ai combiné, en 1876, un fourneau permettant de ne chauffer qu'une seule capsule à la fois.

Ce four se compose d'une série de corps cylindriques semblables à celui du four ci-dessus mais plus petits ; la hauteur des pieds est la même.

Le four dont j'ai donné les dessins à M. Wiesnegg, qui s'est chargé de l'exécuter à la demande, se compose de trois cylindres, mais on peut n'en mettre que deux ou davantage. Ces trois corps cylindriques sont réunis de façon à ne faire qu'un seul massif pourvu de trois cheminées. Les cavités inférieures des cylindres sont séparées les unes des autres par une brique réfractaire mobile qui ferme ou ouvre la communication entre les cavités.

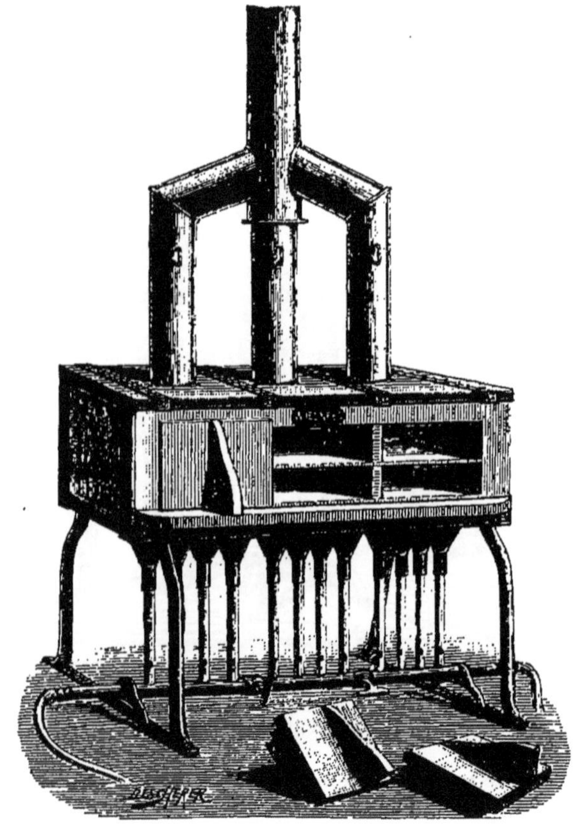

Fig. 97.

(Wiesnegg. — 95 fr.).

La rampe à gaz est dans le sens inverse de celle du fourneau précédent et est disposée pour chauffer chaque moufle séparément ; les becs Bunzen étant munis chacun d'un robinet.

La moufle a une longueur intérieure de 80^{mm}, une hauteur de 55^{mm} et une largeur de 75^{mm} ; elle ne reçoit qu'une seule capsule.

Lorsqu'on veut ne faire qu'un essai, on ferme, au moyen de la brique, la communication d'un des compartiments avec les autres et on allume les becs de gaz placés au-dessus de la moufle. Lorsqu'on a plusieurs essais à faire, on réunit au contraire les compartiments afin de faire profiter l'ensemble de toute la chaleur produite ; car dans un seul essai fait séparément on brûlera plus de gaz que dans deux essais réunis divisés par deux.

Four Courtonne. — M. Courtonne a inventé un four à gaz (fig. 97) dans lequel l'économie est poussée jusqu'à sa dernière limite. Les dimensions intérieures de la moufle sont de : largeur 450mm, hauteur 80mm, profondeur 130mm.

Fig. 98.
(Chabaud).

Cette unique moufle est divisée, en hauteur, en deux parties inégales par une tablette mobile ; l'étage supérieur est destiné à recevoir les matières susceptibles de se boursoufler au début de la calcination. Il y a, en outre, dans la largeur une cloison verticale, dans les deux étages que l'on peut avancer ou reculer suivant le nombre de capsules à chauffer. La dépense de gaz est donc proportionnelle au nombre des capsules, cependant d'après la forme de la rampe on ne peut diviser la dépense qu'en trois parties égales. On peut mettre six capsules à extrait sec de 70mm de diamètre ou 14 capsules de platine rectangulaires de 30 à 32mm de large sur 65 de longueur et 21mm de haut dans les plus grandes dimensions (fig. 98). Ces capsules sont très commodes. On peut mettre les capsules sur deux rangs, c'est-à-dire le double ; puis autant au second étage. Un modèle plus petit a été établi au prix de 50 fr. pour toutes les incinérations. On s'en servira chaque fois que le dosage des cendres ne sera pas précédé du dosage de l'extrait sec.

Four Dupré. — Ce four se compose d'une vaste et unique moufle ayant intérieurement 30cm de largeur, 30cm de profondeur et 10cm de hauteur. Le dessus du four contient un vaste bain de sable dont l'utilité est évidente. Ce four est employé au Laboratoire Municipal de Paris.

Four Ch. Bardy. — Ce four est le vrai type du four économique pour un grand laboratoire. Il se compose d'un certain nombre de moufles à soles rectangulaires encastrées dans la maçonnerie du devant d'un four. Ces moufles n'ont pas de fermetures antérieures ; elles reçoivent constamment l'accès de l'air qui facilite la combustion. L'arrière du four est construit de telle sorte que le coke, qui sert de combustible, est brûlé ou plutôt distillé dans un foyer et que les gaz seuls, enflammés au contact des moufles, produisent la chaleur nécessaire. Il est inutile d'insister sur la différence de prix produite par la combustion du coke au lieu du gaz. Il est malheureux que cette installation ne soit applicable qu'aux grands laboratoires, car cette innovation, due au savant Directeur du Laboratoire des Contributions Indirectes, est une des plus ingénieuses que j'aie vues.

Evaporateur Guning. — Lorsqu'on ne tient pas à avoir le poids de l'extrait sec et qu'on ne veut que le poids des cendres, ou lorsque l'on est pressé d'avoir le résultat, on a intérêt à évaporer très vite le vin afin d'en avoir le poids des cendres, dans le plus court temps possible. Dans ce cas, il est très avantageux de se servir de l'évaporateur Guning, construit par Wiesnegg. Le principe en est très simple, c'est de chauffer le liquide par dessus au lieu de le chauffer par dessous ; de cette façon on peut porter la température aussi haut que l'on veut sans craindre les soubresauts. Les capsules sont placées entre des tubes Bunzen qui chauffent une plaque de tôle supérieure et c'est par la réverbération de cette plaque de tôle que le liquide est évaporé. On peut avec cet appareil dessécher 50^{cc} de vin en 1/4 d'heure.

Dosage des Cendres. — *Procédé général.* — Avec le four ordinaire, on commence ainsi l'opération :

On prend la capsule de platine dans laquelle on a obtenu l'extrait sec et on la chauffe lentement sur un bec de gaz Bunzen, ou une lampe à alcool, ou mieux encore, suivant moi, sur un fourneau à couronne de gaz, dit de cuisine, tant qu'il se développe des fumées odorantes.

La capsule est ensuite placée dans la moufle d'un fourneau à réverbère, à gaz, que l'on allume à ce moment et que l'on amène progressivement au rouge sombre.

Avec le four Courtonne, on place la capsule contenant l'extrait sec directement à l'étage supérieur de la moufle ; lorsque la masse ne se boursoufle plus, on descend à l'étage inférieur maintenu au rouge sombre.

Tant qu'il reste du charbon, on ne doit pas dépasser cette température. Lorsqu'il n'y a plus de charbon, on pousse au rouge cerise pendant quelques instants. Lorsque les cendres sont bien blanches, on les retire de la moufle et on les imbibe d'une dissolution de carbonate d'ammoniaque pour remplacer l'acide carbonique des carbonates, qui a pu disparaître ; on dessèche et on chauffe à nouveau, sans dépasser le rouge sombre. On retire la capsule et on la met dans la cage de la balance, qui doit toujours contenir du chlorure de calcium solide afin d'enlever l'humidité, et on pèse rapidement, les cendres étant hygrométriques. Du poids total on déduit le poids de la capsule ; on a ainsi celui des cendres fixes du vin. (Il ne faut pas oublier qu'il faut toujours faire la double pesée de Borda, c'est-à-dire tarer la capsule avec des corps quelconques, la retirer et la remplacer par des poids.)

Ce procédé ne donne pas exactement le vrai poids des cendres du vin, parce qu'il y a volatilisation des chlorures, réduction des phosphates alcalins au rouge en contact avec le charbon et décomposition des sulfates dans le même cas.

Si l'on veut procéder à l'analyse des cendres ou à l'un des principes qui y sont contenus, on opérera le dosage total de la manière suivante.

Procédé exact. — On carbonise le résidu sec dans la capsule où il a été obtenu ; on chauffe lentement à une température relativement basse, tant qu'il se dégage des fumées odorantes. On porte ensuite le fond de la capsule, à peine au rouge sombre. Le charbon poreux ainsi obtenu est lavé et épuisé à l'eau distillée bouillante, à plusieurs reprises ; à chaque fois l'eau de lavage est jetée sur un filtre sans plis et taré. La liqueur qui filtre, en général alcaline, contient les sels solubles : chlorures, sulfates, silicates et phosphates alcalins. On sèche et on pèse à part ce résidu. Le charbon lavé est inciné au four à moufle ; après la calcination complète, il reste les sels de chaux et de magnésie, en partie à l'état de carbonates et en partie à l'état de phosphates et de silicates. — On pèse le résidu et on l'ajoute au précédent pour avoir le poids total des cendres, avec les précautions indiquées ci-dessus.

Par la calcination tous les acides organiques se sont décomposés et volatilisés et les alcalis qui y étaient combinés sont restés à l'état de carbonates.

Procédé Ch. Girard. — Après avoir pesé l'extrait à 100°, on dessèche à 120° pour chasser la glycérine ; on incinère sur un bec Bunzen, puis au four chauffé au gaz, dont la moufle est carrée et mesure 35cm de côté. Un robinet spécial est réglé une fois pour toutes pour chauffer au petit rouge et un autre robinet pris sur la canalisation, dont la pression est maintenue constante par un régulateur Giroud, sert à donner ou supprimer le gaz. On laisse refroidir dans le dessiccateur et on pèse.

L'examen des cendres se fait par la méthode ordinaire, en analysant séparément la partie soluble et la partie insoluble..

L'examen détaillé n'est nécessaire que dans quelques cas spéciaux ; en général, il suffit de verser sur les cendres quelques gouttes d'acide azotique et d'observer si elles contiennent de l'acide carbonique, qui fait effervescence. Les vins naturels ou légèrement plâtrés en contiennent toujours. Le poids des cendres varie du 8e ou 10e du poids de l'extrait.

Dosage des cendres à l'étranger. — En *Italie*, on pèse le résidu de l'incinération de l'extrait sec, conduite avec soin dans le fourneau à moufle. La cendre est énoncée en grammes par litre.

Les chimistes d'*Allemagne* opèrent sur 50cc de vin. Si l'incinération n'est pas complète, ils lessivent le charbon avec un peu d'eau et le réduisent ensuite en cendres. La solution est évaporée dans la même capsule portée ensuite au rouge sombre.

En *Autriche*, on dose les cendres par l'incinération conduite avec précaution de 50cc de vin. La cendre est toujours énoncée comme « cendre brute ».

La Suisse, la Hongrie et les autres pays n'ont pas de prescriptions à ce sujet.

Analyse des cendres. — On évapore 100 à 200 gr. de vin à l'état de résidu sec et on les calcine comme il vient d'être dit.

On obtient ainsi les cendres en deux parties : la partie soluble, A, dans l'eau bouillante et contenant les carbonates, phosphates et silicates alcalins, et la partie insoluble contenant les phosphates, silicates et sulfates terreux.

On traite le résidu par l'acide azotique étendu qui donne la liqueur, B, contenant l'acide phosphorique, la silice, les carbonates, sulfates et phosphates de chaux et de magnésie, ainsi que les métaux s'il y en a. — Le *résidu insoluble dans l'acide azotique* est formé de silicates, phosphates et peut-être de sulfates ; il est pesé et attaqué par trois fois son poids de carbonate double de potasse et de soude pour en opérer la dissolution afin de doser les acides et les bases par les procédés connus : silicates, phosphates et sulfates.

Cette méthode de fractionnement en sels solubles et insolubles dans l'eau est bien compliquée ; en ce sens que certains sels étant peu solubles dans ce liquide se trouvent à la fois dans la partie soluble et dans la partie insoluble. Il est donc plus simple de diviser les sels en deux classes : 1° les sels solubles dans l'acide azotique, 2° les sels insolubles dans cet acide.

Dosage de l'acide carbonique. — 1° On délaie les cendres, dont on a le poids, avec de l'eau distillée et on verse le tout dans un petit ballon avec quelques gouttes de teinture de tournesol ; on ajoute à chaud goutte à goutte de l'acide azotique pur et titré en opérant comme il est dit au dosage du titre acide.

Le poids de la solution azotique donne le poids de l'acide carbonique, lequel représente tous les acides organiques détruits.

L'acide azotique est titré en ajoutant à chaud, sur un poids connu de carbonate de chaux obtenu par précipitation et séché, une solution aqueuse et préalablement pesée d'acide azotique jusqu'à dissolution complète ; on peut opérer en volumes au moyen de burettes graduées.

100 de craie représentent 44 d'acide carbonique.

2° On peut aussi doser l'acide carbonique par la perte de poids que l'on obtient en chassant cet acide de ses combinaisons au moyen d'un acide moins volatil.

Pour appliquer cette méthode on a inventé un assez grand nombre d'appareils ; celui qui, pour moi, remplit le mieux et le plus simplement le but est l'appareil de Geissler, à robinet (fig. 99). Les cendres délayées avec un peu d'eau distillée sont introduites dans le ballon inférieur par la tubulure latérale dont on relève le bouchon et le tube qui le traverse et que l'on replace ensuite lorsque toutes les cendres sont dans le ballon. On ferme le robinet intermédiaire entre le ballon et l'ampoule de droite ; dans cette ampoule on introduit de l'acide azotique dilué avec 2/3 d'eau, en quantité suffisante pour neutraliser, et bien au-delà, les cendres, on place alors le bouchon qui ferme cette ampoule. Dans le renflement de gauche on introduit, après

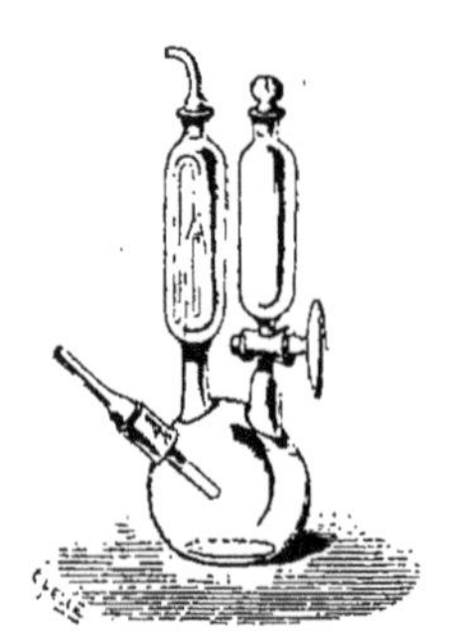

Fig. 99.

(Soc. C. de P. Ch. — 6 fr.)

avoir enlevé le bouchon de caoutchouc, de l'acide sulfurique monohydraté jusqu'à la moitié de la hauteur de ce récipient; cet acide ne peut en aucune façon descendre dans le ballon inférieur, à moins d'y faire le vide; on replace le bouchon traversé par le tube et on porte le tout sur la balance; on note exactement le poids. Il faut très peu d'eau pour diluer les cendres, sans cela celle-ci dissoudrait de l'acide carbonique ; s'il n'y avait pas assez d'eau la réaction pourrait s'arrêter par suite de l'insolubilité du produit formé. Lorsque l'appareil est pesé on le pose sur une table et on adapte au tube latéral une boule de caoutchouc servant de compresseur d'air ou un appareil similaire. On ouvre alors lentement le robinet, l'acide azotique descend dans le flacon inférieur et attaque de suite les carbonates; si la descente de l'acide s'arrêtait, il faudrait soulever un peu le bouchon pour permettre à l'air de prendre la place de l'acide. L'acide carbonique qui se dégage ne trouve d'autre issue que le tube recourbé qui plonge dans l'acide sulfurique ; il traverse donc celui-ci en y laissant l'eau qu'il peut entraîner. Lorsqu'il ne se produit plus de dégagement de gaz, on chauffe légèrement le ballon et avec beaucoup de précautions pour ne pas le briser ; l'acide carbonique dissous par l'eau se dégage ; alors on comprime lentement la poire de caoutchouc pour chasser l'acide carbonique de tout l'appareil. On laisse refroidir et l'on pèse à nouveau. La différence entre les deux poids donne le poids de l'acide carbonique chassé. Il faut bien faire attention que l'appareil, dans le deuxième cas, est desséché extérieurement ; il faut donc qu'il en soit de même dans le premier cas. Lorsqu'on n'a pas l'habitude de ces sortes d'essais il est bon de mettre avec l'eau de dilution des cendres, un peu de teinture de tournesol qui rougira dès qu'il y aura un excès d'acide azotique ; on sera ainsi sûr d'en avoir mis suffisamment.

Ce dosage une fois fait, si on a opéré par la première méthode, on ajoutera un petit excès d'acide azotique et on fera bouillir pour dissoudre tous les sels.

Dans le second cas on se contente de faire bouillir le liquide. On obtient ainsi une liqueur contenant ou non un précipité. Le vin normal n'en contient presque pas. Supposons qu'il y en ait un, on filtre la liqueur, on lave le filtre et on met à part la liqueur obtenue.

Matières insolubles dans l'acide azotique. — Le filtre qui contient le résidu est séché, calciné et pesé; il faut en déduire les cendres du filtre. (On emploie ordinairement pour ces analyses le papier Berzelius, dont la composition est constante; il contient 3 milligr. de cendres par 4 décigr. de papier; il est bon de vérifier ce fait sur des rognures faites à chaque main de papier que l'on achète).

La quantité obtenue est ordinairement trop faible pour être analysée. Elle contient de la silice, de l'acide sulfurique, de l'acide phosphorique non assimilable et de la chaux; on traite par le carbonate de soude comme il est dit plus haut, ou bien de la manière suivante : avec de la soude sèche, 3 parties et du cyanure de potassium, 3 parties, on chauffe au rouge, puis on traite le tout par l'eau. *La chaux* se sépare à l'état de carbonate ; elle est recueillie sur un filtre, calcinée et pesée en suivant les précautions ordinaires pour le dosage des carbonates.

La liqueur filtrée est sursaturée par l'acide chlorhydrique; une partie de la silice se dépose; elle est filtrée, et dans la liqueur limpide on dose l'*acide sulfurique* par le chlorure de barium ; la *silice* se dose par différence. S'il y a de l'acide phosphorique, ce qui est rare, il se précipite en même temps que le carbonate de chaux ; on le dose par la liqueur d'urane.

La liqueur mise de côté après le dosage de l'acide carbonique, sert aux essais suivants :

Dosage du chlore. — Cette liqueur est additionnée d'une solution d'azotate d'argent, goutte à goutte, jusqu'à ce que le liquide, fortement agité, ne précipite plus; on agite vivement avec un agitateur; après quelque temps de repos à la chaleur et dans l'obscurité, le liquide devient parfaitement limpide; on décante sur un petit filtre et on lave le précipité à plusieurs reprises avec de l'eau bouillante additionnée d'un peu d'acide azotique, jusqu'à ce que les dernières eaux de lavage ne précipitent plus l'acide chlorhydrique.

Le filtre étant desséché à l'étuve, le précipité est séparé autant que possible du papier, que l'on brûle à part; le filtre calciné est réuni au précipité, puis le tout est calciné avec addition de quelques gouttes d'acide azotique; après dessiccation et calcination, on pèse le tout. On obtient ainsi le poids du chlorure d'argent, qui multiplié par 0,24724, donne le poids du chlore, et par 0.254 celui de l'acide chlorhydrique.

Les eaux des lavages sont réunies à la liqueur filtrée en premier lieu; le tout est additionné de chlorhydrate d'ammoniaque, qui précipite l'argent, puis filtré.

On obtient ainsi la liqueur n° 2, qui servira aux dosages suivants :

Dosage des Phosphates de fer et d'alumine. — On ajoute à la liqueur un faible excès d'ammoniaque, afin de précipiter tous les phosphates, puis quelques gouttes d'acide acétique pour redissoudre les phosphates de chaux et de magnésie. Il reste un faible précipité floconneux contenant toute l'alumine et tout le fer à l'état de phosphates (Marignac). La liqueur obtenue par filtration (n° 3) est mise à part avec les eaux de lavages.

Ce précipité reçu sur un filtre en papier Berzélius est lavé, séché, calciné et pesé à l'état sec de pyrophosphate. On hâte la calcination du filtre avec quelques gouttes d'acide azotique concentré.

100 de pyrophosphate égale 58,50 d'acide phosphorique, et 41,50 d'alumine. La teinte plus ou moins rouge de la cendre indique la plus ou moins grande proportion de fer.

La dose de ces deux phosphates est très minime dans les vins; il n'y a pas lieu de chercher à les séparer. J. Brun déclare que cette séparation est impraticable et inutile.

Robinet donne la méthode suivante, dont il ne garantit pas la rigoureuse exactitude :

Le précipité obtenu par l'ammoniaque est dissous dans de l'eau aiguisée d'acide acétique ; on y ajoute de l'oxalate d'ammoniaque en excès, qui précipite la chaux. Le liquide filtré est évaporé et calciné : la magnésie est abandonnée. On traite par l'acide azotique et l'on s'assure qu'il n'y a que du phosphate de fer et d'alumine. On ajoute une quantité d'acide sulfurique nécessaire pour transformer toute l'alumine en sulfate neutre d'alumine.

C'est le point capital, un excès entravant complètement l'opération.

On évapore lentement jusqu'à ce que tout l'acide azotique soit chassé et on pousse jusqu'à l'apparition des premières vapeurs d'acide sulfurique; on laisse refroidir; puis au liquide acide on ajoute une dissolution concentrée de sulfate d'ammoniaque en très léger excès. Il se forme un alun ammoniacal ; on laisse reposer plusieurs heures et on introduit le tout dans une fiole contenant un volume d'alcool à 90°, double du volume à analyser, on agite, on bouche la fiole et laisse reposer.

L'alumine est entièrement précipitée à l'état d'alun ammoniacal, et l'acide phosphorique est contenu en entier dans le liquide ammoniacal.

Le précipité est recueilli, lavé à l'alcool, séché à 100° et pesé.

Le poids de l'alun multiplié par 0,1132 donne celui de l'alumine.

L'acide phosphorique est dosé par la liqueur d'urane.

Lorsque le poids de pyrophosphate dépasse 0 gr. 06 par litre, on dose alors séparément l'alumine.

Je pense que l'on peut doser séparément le fer au moyen de la liqueur de permanganate de potasse et par le calcul déterminer la composition du phosphate d'alumine et du phosphate de fer.

Dosage de l'alumine. — On prend le précipité de pyrophosphate obtenu précédemment et pesé ; on le chauffe avec deux ou trois fois son poids de potasse caustique très pure, à l'alcool, et un peu d'eau. La potasse dissout toute l'alumine et laisse tout l'oxyde de fer uni à une proportion variable d'acide phosphorique. Le précipité ferrugineux est séparé sur un filtre et lavé avec soin. Le liquide est saturé d'acide chlorhydrique, puis additionné d'ammoniaque qui précipite tout le phosphate d'alumine que l'on dose comme ci-dessus à l'état de pyrophosphate.

Le précipité, multiplié par 0,415, donne le poids de l'alumine.

108 d'alumine égalent 1000 d'alun cristallisé.

Ce poids déduit de la somme des pyrophosphates de fer et de magnésie donnera le poids du pyrophosphate de fer.

Dosage du fer. — On peut le doser directement dans le précipité de fer et d'acide phosphorique indiqué plus haut, traitant par l'acide chlorhydrique et dosant par le permanganate de potasse, suivant les prescriptions de chimie générale.

Dosage de la chaux. — On prend la liqueur n° 3 ; on l'additionne d'oxalate d'ammoniaque, qui précipite toute la chaux. Ce précipité est reçu sur un filtre, lavé et calciné, puis pesé à l'état de carbonate de chaux, par l'emploi du carbonate d'ammoniaque, comme je l'ai dit au dosage des cendres.

On peut aussi le doser à l'état de chaux vive en chauffant longtemps au rouge blanc ; mais le premier procédé vaut mieux.

1000 de carbonate de chaux égalent 560 de chaux.

La liqueur qui reste de l'opération précédente étant très étendue, on la concentre par évaporation et on en fait deux parts égales en poids, sous les numéros 4 et 5.

Les résultats obtenus ensuite ne correspondent plus qu'à 100 gr. de vin.

Dosage de l'acide phosphorique. — La liqueur n° 3 est rendue alcaline par l'ammoniaque ; on y ajoute du chlorhydrate d'ammoniaque, puis une solution de chlorhydrate ou d'acétate de magnésie ; on agite fortement. Le précipité ammoniaco-magnésien se forme et est recueilli sur un filtre, lavé à l'eau ammoniacale et séché, puis calciné fortement et pesé.

1 de pyrophosphate de magnésie égale 0, 6336 d'acide phosphorique.

Le liquide filtré est réuni aux eaux de lavage sous le n° 6.

Dosage de la magnésie. — Dans la liqueur n° 5, on ajoute du phosphate de soude, de l'ammoniaque et du chlorhydrate d'ammoniaque. Le précipité, semblable au précédent, est traité de même.

1 de phosphate de magnésie égale 0,3663 de magnésie.

Dosage de l'acide sulfurique. — La liqueur qui résulte du dosage de la magnésie est réunie à la liqueur n° 6, puis acidifiée avec un excès d'acide chlorhydrique, et additionnée ensuite de chlorure de barium qui précipite du sulfate de baryte, lequel, calciné et pesé, donne le poids de l'acide sulfurique.

1 de sulfate de baryte égale 0,3433 d'acide sulfurique SO^3
1 — — — 0,4206 — SO^3,HO

Ce précipité, calciné, doit toujours être lavé à chaud avec de l'acide chlorhydrique étendu.

Dosage de la potasse et de la soude. — Tous les poids des corps obtenus précédemment étant additionnés et déduits du poids des cendres, donneront celui de la potasse et de la soude (J. Brun). Ceci ne peut être vrai qu'à la condition, *sine qua non,* qu'il n'y ait aucune erreur de commise dans les nombreux dosages que je viens de décrire, ce qui est presque impossible. La moindre erreur commise sur l'un ou plusieurs des termes de l'analyse portera nécessairement sur la potasse et la soude. Il vaut mieux doser ces corps dans les vins comme je l'indique au paragraphe suivant.

ACIDES COMBINÉS

Dans un grand nombre de cas, on a seulement besoin de reconnaître et de doser un acide ou une base, dans un vin. D'autre part certains acides existant dans les vins n'existent plus dans les cendres. Dans un cas comme dans l'autre, on ne procède pas à l'analyse des cendres. On suit alors les méthodes suivantes :

Acide azotique. — Cet acide ne se trouve dans les vins qu'à l'état d'azotates ; quand on le trouve à l'état libre, c'est qu'il y a falsification (Voyez Avivage de la couleur.)

Pour en constater la présence, on traite les cendres du vin par de l'acide sulfurique pur et l'on ajoute un peu de brucine ; il se produit, avec les azotates, une coloration d'un rouge vif.

Dosage. — *Procédé Deschamps* (Traité d'analyse chimique quantitative). — On évapore un litre de vin dont on brûle légèrement le résidu introduit ensuite dans une cornue avec de l'eau. On ajoute un excès d'acide sulfurique et on chauffe ; l'acide azotique distille et est recueilli dans un ballon contenant de l'eau de baryte, refroidi par un courant d'eau.

Le liquide barytique est ensuite évaporé à siccité et le résidu laissé au contact de l'air jusqu'à ce que l'excès de baryte soit carbonaté. Alors on traite ce résidu par l'eau, on filtre la solution, chauffe le liquide et précipite la baryte par l'acide sulfurique. Du poids du sulfate de baryte on déduit le poids de l'azotate de baryte et, par suite, celui de l'acide azotique.

Le dosage est assez difficile et n'a guère qu'un intérêt scientifique, la quantité de ces sels étant fort minime.

Acide phosphorique. — Cet acide est toujours à l'état de phosphates. Comme tous les vins en renferment, il est inutile de le rechercher ; le dosage seul est utile dans certains cas.

Pour doser l'acide phosphorique seul, on peut suivre le procédé d'analyse des cendres, donné plus haut, mot à mot, mais sans peser les différents précipités obtenus et séparés des liquides.

Procédé Rivot. — Les cendres du vin sont dissoutes, dans une capsule de porcelaine, par un léger excès d'acide azotique. On ajoute de l'acide sulfurique, qui décompose les phosphates, et on évapore pour chasser entièrement l'acide azotique. Le résidu est délayé dans une petite quantité d'eau et additionné de sulfate d'ammoniaque qui forme des sels doubles avec les sulfates de magnésie et d'alumine. On agite violemment pendant quelques instants et laisse en repos pendant quelques heures ; on verse le tout dans une fiole un peu grande dans laquelle on met un grand excès d'alcool qui précipite le sulfate de chaux et les sulfates doubles d'alumine, de magnésie et d'ammoniaque ; on agite et laisse reposer pendant douze heures au moins. La précipitation des sels est complète quand l'acide sulfurique est seulement en très faible excès ; il ne faut donc employer que juste assez d'acide sulfurique pour mettre l'acide phosphorique en liberté ; il faut donc connaître à peu près la quantité de cet acide ; c'est le point faible de la méthode.

Dans la liqueur alcoolique filtrée, contenant l'acide sulfurique, l'acide phosphorique et le sulfate d'ammoniaque, on ajoute une très grande quantité d'eau et on chauffe doucement, jusqu'à disparition de tout l'alcool ; il faut renouveler l'eau au fur et à mesure qu'elle s'évapore ; cette opération demande un temps très long et il ne faut pas s'y soustraire sous peine de former des combinaisons d'alcool et d'acide sulfurique qui fausseraient le résultat. Quand l'odeur de l'alcool n'est plus perceptible, on précipite l'acide phosphorique par le sulfate de magnésie ammoniacal et de l'ammoniaque et on pèse le phosphate ammoniaco-magnésien, comme il est dit à l'analyse des cendres.

Acides sulfurique et chlorhydrique. — Ces deux acides ne sont pas à l'état libre dans les vins naturels, mais on les y trouve à l'état de sulfates et de chlorures; il n'y a donc pas lieu de les rechercher.

Nous avons vu comment on les dose dans les cendres; il y a d'autres procédés de dosage, soit directement dans le vin, soit dans les cendres; ces divers procédés de dosage sont indiqués pour l'acide sulfurique à l'Avivage de la couleur et au Plâtrage, et pour l'acide chlorhydrique, au Salage, Falsifications.

Acides sulfureux et sulfhydrique. — Ces deux acides existent, l'un et l'autre, dans presque tous les vins, libres ou combinés, par suite du mutage au soufre ou par l'emploi d'engrais sulfurés. J'ai même rencontré de l'acide sulfureux dans un vin de Jacquez, dans lequel rien n'avait pu faire prévoir sa présence.

Recherche. — On reconnaît la surabondance de l'acide sulfureux, d'abord par le goût et l'odeur spéciale d'allumettes brûlées, ou en suspendant quelques fleurs de violettes humides à quelques millimètres au-dessus de la surface du vin enfermé dans un vase clos; les fleurs se décolorent complètement; la couleur reparaît en vert sous l'influence des vapeurs ammoniacales. On recherchera l'acide sulfureux par le procédé Liebermann et l'acide sulfhydrique par le procédé Robinet. On dosera ces deux gaz par le procédé Viard, ou par le procédé Haas.

Procédé Robinet. — Un litre de vin suspect est introduit dans une grande cornue en verre, dont l'extrémité est munie d'un tube de verre très long et incliné de manière à permettre au liquide provenant de la condensation des vapeurs, de s'écouler; l'extrémité de ce tube est recourbée et plonge dans un grand ballon contenant une solution faible de nitrate de plomb.

Le ballon est muni d'un tube de sûreté et est plongé en entier dans un mélange réfrigérant.

Quand l'appareil est monté, on chauffe le vin; les vapeurs arrivent dans le ballon par le tube conducteur et sont obligées de traverser la solution de citrate de plomb. On pousse le chauffage jusqu'à l'évaporation d'un tiers du vin. S'il y a des traces d'acide sulfureux ou d'acide sulfhydrique dans le vin, on voit immédiatement le liquide se colorer en noir et un précipité se former. On démontre ainsi que le vin a été muté à l'acide sulfureux et explique certain goût désagréable que peut avoir cette boisson.

Procédés Liebermann : 1° On distille 15 à 20^{cmc} du liquide à essayer; on ajoute au produit de la distillation un égal volume d'eau, puis quelques gouttes d'iodure de potassium. Si l'acide sulfureux est en quantité assez grande, le liquide se colore en jaune brun; s'il n'y a que des traces d'acide sulfureux, le liquide ne change pas de couleur; on le traite alors par le chloroforme, que l'on mélange par agitation; le chloroforme devient rouge. Cette réaction permet de reconnaître nettement l'acide sufureux dans 2^{cme} de liquide n'en renfermant que un 5 centmillième.

2° Le vin est distillé dans un petit matras; le produit est additionné d'acide chlorhydrique et de chlorure de barium; il ne se forme aucun précipité, on ajoute un peu d'acide azotique et fait bouillir; s'il y a de l'acide sulfureux, il se dépose du sulfate de baryte (Journal de Ph. et Ch., 1882, août).

Procédé Gélis et Fordos. — On transforme l'acide sulfureux en acide sulfhydrique par l'emploi d'une lame de zinc et d'acide chlorhydrique, ou ce qui vaut mieux, par l'amalgame de sodium, préférable au zinc qui renferme fréquemment du soufre.

L'acide sulfhydrique se reconnaît au papier de plomb et à la coloration violette que l'on obtient lorsqu'on le condense dans une solution alcaline d'azoto-prussiate de sodium.

Procédé américain (Chemical News, 1881). — On verse 50^{cc} de vin dans une petite cornue dont le tube de dégagement aboutit à une éprouvette refroidie au moyen de papier filtré, mouillé; on fait bouillir doucement jusqu'à ce qu'on ait distillé 2^{cc}. On enlève l'éprouvette et on ajoute, au liquide recueilli, 2 gouttes de solution neutre d'azotate d'argent. S'il y a de l'acide sulfureux, le liquide devient opaque, par suite d'un précipité blanc de sulfite d'argent, soluble dans l'acide azotique. L'azotate de mercure est réduit par ce liquide. Il décolore l'iodure d'amidon et la solution faible de permanganate de potasse; il faut pour cela qu'il soit à l'état libre.

Procédés divers. — On prend une feuille de papier collé à l'amidon, on la trempe dans une solution d'iodate de potassium, et on fait sécher; d'autre part, on verse dans un petit ballon 5^{cme} de vin, et on fait bouillir; on place la feuille de papier à l'ouverture du col du ballon; s'il y a de l'acide sulfureux, l'iode mis à nu colore le papier en bleu.

On peut aussi prendre une feuille de papier non collé et l'humecter de sulfate ferrique et de ferricyanure de potassium; sous l'action de l'acide sulfureux, la réduction du sel de fer la fera bleuir également.

On peut également se servir des procédés de dosage, qui suivent, comme moyens de recherches.

Dosage total des deux acides. — Pour doser ces acides dans le moût, il faut l'acidifier avec l'acide chlorhydrique et l'additionner de chlorure de barium. Le précipité barytique qui se forme est traité comme il est dit au Plâtrage, dosage de l'acide sulfurique total; on en déduit le poids de l'acide sulfurique contenu dans le moût. La liqueur filtrée est alors neutralisée par l'ammoniaque et concentrée par évaporation à consistance sirupeuse, puis portée longtemps à l'ébullition, dans une grande capsule, avec de l'eau régale, qui vis-à-vis du chlorure de barium, transforme l'acide sulfureux en sulfate de baryte. Le poids du nouveau précipité, moins le poids du premier, donne le sulfate de baryte correspondant à l'acide sulfureux.

1 de sulfate de baryte égale 0.272 d'acide sulfureux gazeux.

Il ne faut pas faire réagir l'eau régale à chaud sur une liqueur étendue ; il se perdrait de l'acide sulfureux très volatil.

2° Le vin est distillé dans un petit ballon, muni d'un tube conduisant le liquide distillé dans un réfrigérant. Dans le produit de la distillation on verse du chlorure de barium et de l'acide nitrique, et on fait bouillir pendant une heure ; il se produit du sulfate de baryte que l'on dose comme ci-dessus.

Les deux procédés de dosage de l'acide sulfureux que je viens d'indiquer, dosent en même temps l'acide sulfhydrique : de plus, il y a souvent perte de ces gaz lorsque l'on n'a pas soin d'agir sur des liquides concentrés ; dans le 2e procédé il y a aussi perte d'acide sulfureux par la distillation.

Dosages séparés de l'acide sulfureux et de l'acide sulfhydrique. Procédé Viard. — On prend 100 ou 200cmc de vin selon que la proportion de ces acides est plus ou moins forte, ce que l'on a constaté par le procédé Liebermann, et on les introduit dans un ballon muni d'un tube de verre qui pénètre jusqu'au fond d'un flacon à deux tubulures. Le tube pénètre par l'une des tubulures, l'autre étant bouchée par un bouchon traveré par un tube très effilé.

Les bouchons doivent être bien étanches et bien fixés. On place dans le flacon à deux tubulures 100cmc d'une dissolution de soude caustique contenant 10 gr. pour 100cmc, puis on fait bouillir le vin jusqu'à ce qu'il soit presqu'à l'état d'extrait. On prend le liquide distillé mélangé à la solution de soude caustique et on le verse dans un flacon, jaugé à 200 ou 300cmc, selon la quantité de vin employé ; on lave le flacon à deux tubulures ; on verse les eaux de lavage dans le flacon jaugé, et on parfait le volume avec de l'eau. On fait deux parts égales de ce liquide : dans l'une on dose l'acide sulfhydrique et dans l'autre l'acide sulfureux, qui sont à l'état de sulfure et de sulfite de sodium.

1° Pour doser l'acide sulfhydrique, on prépare d'abord une liqueur de cuivre contenant 127gr24 de sulfate de cuivre cristallisé bien pur et séché entre des feuilles de papier filtre, pour 1 litre ; on prépare ensuite un papier de plomb, en trempant une feuille de papier filtre dans de l'acétate de plomb au dixième et séchant ensuite. On fait bouillir la moitié du produit obtenu par la distillation du vin, puis on y ajoute goutte à goutte la solution de sulfate de cuivre introduite dans une burette divisée en dixièmes de centimètre cube. A chaque division de la burette versée on prélève dans le liquide, au moyen d'une baguette de verre, une goutte que l'on dépose sur le papier de plomb. Ce papier noircit tant qu'il y a du sulfure ; on arrête lorsque le papier n'est plus coloré.

1cc de liqueur de cuivre égale 0gr0796 de sulfure de sodium ou 0.03469 d'acide sulfhydrique.

Une goutte (ou un demi dixième de centimètre cube) de la liqueur de cuivre correspond donc à 0.001734 d'acide sulfhydrique. Si l'on veut une approximation plus grande, on étendra d'eau la liqueur de cuivre, ou l'on prendra un volume de vin plus grand.

2° Pour doser l'acide sulfureux dans l'autre moitié du liquide mis à part, on opère de la manière suivante : On évapore ce liquide à siccité dans une capsule de platine, et lorsqu'il est sec, on remplit à moitié la capsule d'azotate de potasse cristallisé, et on la place dans la moufle du fourneau à réverbère, dont on élève graduellement la température jusqu'au rouge sombre ; alors la matière étant en fusion, on prend la capsule avec une pince et en l'inclinant sur tous ses côtés on lave ainsi ses bords avec le liquide en fusion, puis on élève la température au rouge vif ; on arrête lorsqu'il ne se produit plus de bulles dans la masse en fusion. On fait refroidir le tout et on traite le résidu par l'eau bouillante ; on y ajoute de l'acide chlorhydrique et du chlorure de barium. Le précipité qui se forme est recueilli et pesé avec les précautions ordinaires.

1 de sulfate de baryte égale 0.272 d'acide sulfureux.

On peut aussi traiter le produit distillé desséché par l'acide azotique à l'ébullition, comme il est dit plus haut, mais ce procédé m'a donné des résultats moins sensibles.

Procédé Haas. — Pour doser l'acide sulfureux on prend un ballon d'environ 400 cc, bouché par un bouchon de caoutchouc à deux trous ; dans l'un s'enfonce un tube de verre recourbé à angle droit, dont une branche plonge au fond du ballon, l'autre est reliée à un appareil à acide carbonique. Dans l'autre trou se trouve un tube à dégagement recourbé deux fois à angle droit ; à son extrémité libre est adapté un tube de Peligot (fig. 100), dont chaque boule doit avoir une capacité d'environ 80cc. On chasse l'air par un courant d'acide carbonique ; on verse dans le tube de Péligot 50cc d'une solution d'iode (5gr iode et 7gr5 d'iodure de potassium par litre), puis on introduit rapidement dans le ballon 100cc de vin additionné préalablement de quelques gouttes d'acide sulfurique. On referme le ballon et on chauffe lentement le vin en laissant le courant d'acide carbonique balayer régulièrement l'appareil jusqu'à distillation de la moitié du liquide ; le tube de Péligot étant refroidi par de l'eau froide.

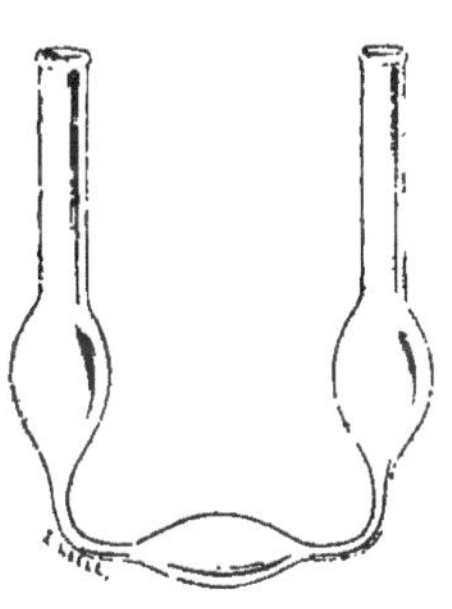

Fig. 100

(Soc. C. d. P. ch. - 1f25

L'acide sulfureux qui se dégage se transforme, au contact de l'iode, en acide sulfurique, que l'on dose par le chlorure de barium.

Pour doser l'acide sulfhydrique, on opère comme ci-dessus, mais le liquide est reçu dans de l'acide chlorhydrique brômé et étendu (au lieu de l'iode); l'acide sulfhydrique se transforme en acide sulfurique que l'on dose par le chlorure de barium.

Acide silicique. — L'acide silicique ou silice peut exister, libre ou combiné, dans les vins par suite de la présence de la boue sur les raisins ou par la mauvaise fabrication des bouteilles.

Pour le doser on calcine l'extrait de un litre de vin et on traite les cendres par l'acide azotique bouillant ; presque tout ce qui est insoluble peut être considéré comme de la silice ; on filtre sur du papier Berzélius, on lave à l'eau bouillante, sèche, calcine et pèse ; on déduit les cendres du filtre.

Si on a des doutes sur la nature du résidu, une fois calciné on le traite par l'acide azotique pour dissoudre les cendres du filtre, on décante, lave, sèche et mélange avec du fluorure de calcium en poudre fine, dans un tube ; on ajoute de l'acide sulfurique et on fait chauffer. Bientôt les vapeurs blanches et épaisses d'acide silicique, en dissolution fluorhydrique, s'échappent et vont se condenser sur les parois supérieures du tube. Ces vapeurs blanches sont insolubles dans tous les acides, sauf l'acide fluorhydrique.

OXYDES COMBINÉS

Comme pour les acides, il y a beaucoup de cas où l'on a à chercher simplement la proportion d'un oxyde dans le vin, c'est même le cas le plus général.

Potasse. — Comme c'est l'oxyde ou base qui constitue la plus grande partie des cendres d'un vin, il est inutile d'opérer sa recherche, il n'y a qu'à procéder de suite à son dosage.

On peut doser la potasse, soit directement dans le vin, soit dans les cendres. Dans les vins naturels, les quantités de sulfate, acétate et azotate de potasse sont tellement faibles qu'on peut les négliger. Le dosage total de la potasse et celui de la potasse de la crème de tartre donneront par différence la potasse des autres sels.

La potasse sera dosée par le procédé J. Brun ou mieux par le procédé Robinet sur les cendres ; ce procédé étant plus simple.

Procédé J. Brun. — On précipite entièrement 100 gr. de vin par l'acétate neutre de plomb, et on filtre, puis on lave le filtre.

Tous les acides du vin, sauf l'acide acétique, restent sur le filtre à l'état de sels de plomb. On évapore le liquide à siccité ; puis on calcine afin de transformer les acétates d'alumine, de chaux, de magnésie et de plomb en carbonates insolubles ; ces carbonates sont mélangés d'oxyde si on opère à une haute température.

On reprend le résidu par un peu d'eau ; on filtre et on évapore à sec cette solution limpide, après l'avoir additionnée d'acide chlorhydrique. L'évaporation de ce liquide laisse toute la potasse à l'état de chlorure sec, que l'on chauffe *légèrement*, le chlorure se volatilisant en partie à la chaleur rouge. S'il y a de la soude dans le vin, les deux chlorures sont mélangés.

On reprend par l'eau le chlorure obtenu, et on précipite la potasse par le bichlorure de platine, après addition d'alcool, on recueille le précipité sur un filtre en papier Berzélius desséché et taré, puis on dessèche le précipité et on pèse de nouveau; ce dernier poids obtenu, moins le poids du filtre, donne le poids du chloroplatinate de potasse.

1 de chloroplatinate de potasse égale 0.1920 de potasse. (0,1926, E. V.)

S'il n'y a pas de soude, la pesée du premier résidu obtenu après l'emploi de l'acide chlorhydrique donne approximativement le poids du chlorure de potassium.

1 de chlorure de potassium égale 0.6318 de potasse.

S'il y a de la soude, le poids des chlorures ne correspond plus, on calcule alors la soude.

Ce procédé est bon, quoique l'addition de sel de plomb soit inutile, puisque tous les acides carboniques se décomposent au rouge. L'acide sulfurique et l'acide chlorhydrique seront seuls éliminés par le sel de plomb, mais ce dernier acide étant introduit ensuite dans la liqueur, il n'y a que l'acide sulfurique qui serait éliminé par le sel de plomb. Cette addition de sel de plomb n'a donc sa raison d'être que lorsque le vin contient une proportion sensible de sulfates.

Procédé Berthelot et de Fleurieu. — On peut aussi doser la potasse par le procédé déjà décrit au dosage de la crème de tartre.

A 10^{cc} du vin à analyser on ajoute 5^{cc} de solution contenant deux à trois fois plus d'acide tartrique qu'il n'en existe dans la crème de tartre dosée par ce procédé; puis l'on dose à nouveau la crème de tartre formée. L'excès de crème de tartre du second dosage sur le premier donne la crème de tartre correspondant à la potasse étant à l'état d'autres combinaisons.

Procédé Robinet. — On prend 100^{cc} de vin ; on les évapore à siccité ; puis on calcine au rouge vif ; on reprend par quelques gouttes d'eau distillée ; on laisse éclaircir le liquide ; on filtre et on additionne la liqueur d'une dissolution concentrée de bichlorure de platine.

Il se forme immédiatement un précipité jaune abondant, insoluble, qui adhère au verre. On recueille ce précipité sur un filtre taré ; on le dessèche, puis on le pèse. Il faut ajouter un peu d'alcool au liquide dans lequel se fait la précipitation et laver ce précipité avec un mélange d'eau et d'alcool.

D'après les formules, les relations entre le bichlorure de platine et la potasse par la formation du chloroplatinate $PtCl^2$, KCl, sont :

$$\left.\begin{array}{l} Pt\,Cl^2 = 98.9 + 71 \quad = 169.9 \\ KCl \quad = 39.1 + 35.5 = \;\; 74.6 \end{array}\right\} \text{244.5 égale 47.1 KO.}$$

d'où 1 de $Pt\,Cl^2$. KCl = 0.19263-KO et 0.1599 K.

Voici les chiffres donnés par divers auteurs : J. Brun, 0.1920 ; Robinet, 0.1916 ; Gautier, Würtz, 0.1946 ; Gehrardt et Chancel, 0.1923. Le chiffre vrai est 0.1926.

Soude. — La soude ne peut se chercher et se doser que dans les cendres et encore est-ce très difficile, ainsi que nous l'avons vu à la recherche des sels de soude. On peut avoir recours au spectroscope, qui indiquera la présence des sels de soude.

Le dosage se fera par le procédé Robinet ou comme il a été dit à l'analyse des cendres, ou encore en suivant les procédés de la chimie minérale.

Procédé Robinet. — On prend un litre de vin, que l'on évapore avec soin ; le résidu est calciné au rouge blanc pendant une 1/2 heure au moins, afin que tous les sels organiques soient décomposés et leurs bases ramenées à l'état de sels carbonatés.

On reprend par l'eau distillée ; on filtre et on ajoute un très grand excès d'oxalate d'ammoniaque pour précipiter toute la chaux, s'il y en a ; on filtre et on additionne de quelques gouttes d'acide sulfurique afin de précipiter la baryte et la strontiane (qui ne se rencontrent presque jamais dans les vins). On évapore de nouveau et on calcine au rouge blanc pendant une heure. Il ne reste plus guère dans la capsule que les carbonates de potasse, de soude et de magnésie.

On reprend ce résidu par de l'eau contenant 10 °/₀ d'alcool, le carbonate de magnésie est presque insoluble ; on filtre et le liquide filtré est additionné de bichlorure de platine qui précipite la potasse ; on filtre, on évapore, calcine et reprend le résidu par l'eau aloolisée qui dissout le carbonate de soude. Ce liquide évaporé et calciné modérément donne le poids du carbonate de soute.

1 de carbonate de soude égale 0.5849 de soude caustique.

Observations. — Il est complètement inutile d'ajouter de l'acide sulfurique pour précipiter la baryte et la strontiane, qui n'existent pas dans les vins, et de plus cette addition fausse les résultats, car ayant introduit cet acide dans la liqueur, il transformera une partie des sels en sulfates, et dès lors il ne restera pas dans la capsule que des carbonates de potasse, de soude et de magnésie, mais une partie sulfatée et l'autre carbonatée de ces mêmes bases.

— Souvent il arrive qu'à la fin de ces opérations successives, que je viens de décrire, le dernier liquide évaporé ne laisse plus qu'un résidu insaisissable après calcination ; il faut, dans ce cas, bien s'assurer que l'on est en présence de la soude, et si le cas est douteux, il est préférable de s'abstenir, car il est bien loin d'être prouvé que tous les vins contiennent de la soude ; et ce que l'on pourrait prendre pour des minimes quantités de cet alcali n'est le plus souvent qu'une petite portion de sels calcaires qui ont échappé aux diverses manipulations qui précèdent. Ce dosage est le plus délicat de toute l'analyse des vins (Robinet).

— Ces observations ne s'appliquent qu'aux recherches infinitésimales de soude dans les vins : ceci est de la pure science ; mais, en pratique, on n'a pas à tenir compte de ces petites quantités. On ne se préoccupe de la soude que si elle est en proportions sensibles, auquel cas elle a été ajoutée. *(Voir Salage et Carbonatage, aux Falsifcations)*.

Chaux. — La chaux ne peut se doser directement dans le vin, l'oxalate de chaux, que l'on produit pour ce dosage, étant légèrement soluble dans les acides. Si on rendait le vin alcalin on précipiterait certains sels, parmi lesquels le phosphate de chaux ; la chaux ne se dosera donc que dans les cendres, d'après le procédé que j'indique plus loin.

Dosage. — On prend 500^{cc} de vin, qu'on évapore avec précaution : le résidu est calciné au rouge blanc dans une capsule de platine, traité par l'acide azotique dilué, qui isole la silice et les silicates insolubles ; on décante avec soin et on lave le résidu à grande eau. On évapore de nouveau et on calcine au rouge pour chasser l'excès d'acide azotique, et on reprend par l'eau. Le liquide est alors bien neutre. On ajoute un léger excès de chlorhydrate d'ammoniaque et on précipite la chaux, à l'état d'oxalate de chaux, par un grand excès d'oxalate d'ammoniaque ; on filtre et on repasse sur le filtre jusqu'à ce que le liquide passe clair.

Il y a quelques causes d'erreurs, que l'on peut éviter. L'addition de chlorhydrate d'ammoniaque a pour premier résultat d'empêcher la précipitation de la magnésie, qui serait précipitée en partie par l'oxalate d'ammoniaque ; mais l'introduction de cet agent a quelques inconvénients, car l'oxalate de chaux en se précipitant en entraîne une certaine proportion qui donne un résultat trop fort par le pesée sur le filtre, mais qui disparaît par la calcination au rouge vif. On reprend le résidu par l'acide sulfurique dilué, qui forme du sulfate de chaux peu soluble, tandis que la magnésie reste dans la liqueur ; on lave alors le résidu et on sèche.

1 de sulfate de chaux égale 0.4117 de chaux.

Ce procédé, assez long, n'est pas encore tout à fait exact, le sulfate de chaux étant soluble dans l'eau à la dose de 1 gr. par litre : il faudrait dans tous les cas laver à l'eau alcoolisée, qui ne dissout pas le sulfate de chaux.

Je ne suis pas d'avis de peser directement les précipités sur des filtres tarés. Il vaut mieux calciner, lorsqu'on le peut, et déduire le poids des cendres du filtre du poids total.

Procédé Viard. — On évapore 100 à 200^{cmc} de vin et on calcine le résidu ; après calcination, on traite par l'acide azotique étendu et on fait bouillir une ou deux minutes ; on jette sur un filtre, sur lequel restent la silice et les silicates insolubles. (L'emploi de l'acide azotique vaut mieux que celui de l'acide chlorhydrique, parce qu'il dissout moins de fer et d'alumine). On lave le filtre à l'eau distillée bouillante jusqu'à ce que le liquide ne donne plus de résidu par évaporation sur une feuille de platine.

Les eaux de lavages sont évaporées et calcinées, puis reprises par de l'eau distillée contenant quelques gouttes d'acide acétique, afin de dissoudre les sels de chaux, parmi lesquels le phosphate ; on ajoute alors du chlorhydrate d'ammoniaque et un léger excès d'ammoniaque. Il se forme un précipité d'alumine, d'oxyde de fer et d'un peu de phosphate de chaux ; on ajoute alors du chlorhydrate d'ammoniaque pour dissoudre le phosphate, jusqu'à ce que le précipité ne diminue plus de volume ; dans la plupart des cas, le précipité restant est presque nul, l'alumine et le fer étant en très petites doses. On verse alors de l'oxalate d'ammoniaque jusqu'à ce qu'il ne détermine plus de précipité. On laisse déposer pendant 12 heures dans un endroit chaud; on recueille le précipité sur un filtre et on le lave à l'eau ammoniacale. (Ce précipité doit être traité comme celui du sulfate de baryte). Lorsque le précipité adhère au verre et qu'on ne peut l'en détacher, on redissout la partie adhérente par quelques gouttes d'acide chlorhydrique; on met dans un petit verre; on précipite par l'ammoniaque et on jette sur le filtre; on lave à nouveau, on sèche et on calcine fortement; puis on ajoute du carbonate d'ammoniaque; on dessèche et on calcine ensuite quelque temps au rouge sombre; on obtient ainsi du carbonate de chaux, que l'on pèse et dont on déduit le poids des cendres du filtre.

1 de carbonate de chaux égale 0.56 de chaux.

On peut aussi traiter le précipité après la première calcination par l'acide sulfurique, et calciner ensuite fortement : on obtient du sulfate de chaux, dont 1 partie égale 0.4118 de chaux.

Chaux et Magnésie. — On sépare assez facilement la chaux de la magnésie, par le *procédé Hochstetter :* On les précipite ensemble par le carbonate de soude, on les reçoit sur un filtre, lave et fait chauffer, avec le filtre, dans l'acide chlorhydrique, pour les transformer en chlorures. On fait évaporer à sec; dans le mélange on ajoute cinq ou six fois autant d'oxyde de mercure et on porte au rouge; le chlorure de calcium n'est pas modifié, mais le chlorure de magnésium se transforme en magnésie :

$$\text{Cl Mg} + \text{HgO} = \text{MgO} + \text{Cl Hg}.$$

L'oxyde de mercure en excès se volatilise ainsi que le chlorure et il ne reste que le chlorure de calcium et la magnésie, faciles à séparer par l'eau. (Berzelius, Traité de Chimie).

Magnésie. — La magnésie ne peut se rechercher et doser que dans les cendres. Son dosage fait partie de l'analyse des cendres, mais on peut la doser seule par le procédé suivant :

Procédé Robinet. — Un litre de vin est amené à l'état pâteux et traité ensuite par l'alcool absolu pour dissoudre tout le sucre. Le résidu est alors séché à 110°, puis calciné au rouge vif dans une capsule de platine. Le résidu refroidi est traité par l'acide sulfurique dilué et filtré à clair; le liquide contient les sulfates de magnésie, potasse, soude, chaux et alumine. Dans ce liquide on verse un excès de chlorhydrate d'ammoniaque, puis de l'ammoniaque, de façon à obtenir une neutralité exacte; l'alumine et un peu de chaux sont précipitées, on filtre et on ajoute de l'oxalate d'ammoniaque qui précipite la chaux; on chauffe à 70-80° pendant 1/4 d'heure, on refroidit et on filtre. Dans ce liquide on met du phosphate de soude et d'ammoniaque, sans excès (un excès se précipiterait) qui donne avec la magnésie un précipité que l'on recueille sur un filtre Berzélius séché à 110° et pesé ; il contient 16.33 % de magnésie.

Pour voir s'il n'y a pas de phosphate de soude et de magnésie précipité, on redissout le précipité dans l'acide azotique étendu, on évapore, calcine au rouge vif, lave à l'eau ; s'il y avait des sels de soude, ils se dissolveraient ; après lavage on sèche fortement et on pèse. Ce dernier précipité contient 36,64 % de magnésie. Enfin on peut faire un dernier essai au chalumeau, sur un charbon avec de l'azotate de cobalt qui est coloré en rose chair avec la magnésie.

Pour les précautions à prendre pour peser les précipités séchés sur filtres tarés, voyez au dosage de l'alun.

Alumine. — Nous avons vu le dosage de l'alumine dans l'analyse complète des cendres. L'étude complète de la recherche et du dosage de cette base est donnée à la recherche de l'alun dans les vins (Falsifications).

Fer. — Le fer existe dans un assez grand nombre de vin ; il paraît être à l'état de phosphate d'alumine et de fer et même de tartrate de fer.

Recherche. — 1° On démontre la présence du fer en traitant les cendres du vin par l'acide azotique étendu d'eau filtrant et traitant le liquide clair par le sulfocyanure de potassium qui donne une coloration rouge, ou par le ferrocyanure de potassium, qui donne une teinte bleu (bleu de Prusse).

Cette réaction est d'une extrême sensibilité puisque d'après M. Dietrich (J[l] de Ph. et de Ch., 1888, t. 18, p. 410) le ferrocyanure est encore sensible pour le fer dilué au cinq cent millième et pour le sulfocyanure dans une dilution à un million six cent millième.

2° On prend un 1/2 litre de vin ; on le neutralise par l'ammoniaque, et on fait passer un courant d'hydrogène sulfuré, qui précipite les métaux à l'état de sulfures ; l'alumine se précipite également.

On décante la plus grande partie de la liqueur ; le reste est recueilli sur un filtre, où le dépôt de ces sulfures est lavé puis redissous sur le filtre même par quelques gouttes d'acide chlorhydrique. On évapore cette liqueur à siccité.

S'il y a du fer, le résidu a une *couleur de rouille*, et si on l'additionne de quelques gouttes d'acide azotique, puis de cyanoferrure de potassium ou prussiate jaune de potasse, il prend une belle couleur bleue.

Dosage. — 1er *Procédé.* — On évapore à siccité un litre de vin ; on calcine le résidu au rouge blanc ; on reprend les cendres obtenues par l'acide azotique, qui laisse la silice insoluble. On filtre la liqueur ; on lave le filtre et on réunit les eaux de lavages ; on chauffe le tout, puis on ajoute du carbonate de potasse. il se précipite de l'oxyde de fer, du carbonate de manganèse (s'il y en a), du carbonate de chaux et du carbonate de magnésie. Ce précipité jeté sur un filtre est lavé (les eaux jetées ou mises à part), puis dissous par quelques gouttes d'acide chlorhydrique, sur le filtre même.

Dans la liqueur acide de la dissolution, on verse de l'ammoniaque jusqu'à ce que la réaction ne soit que légèrement acide; on additionne alors de succinate d'ammoniaque en solution saturée, qui précipite tout le fer à l'état de succinate ferrique. Ce précipité est lavé avec de l'eau ammoniacale et chauffé avec quelques gouttes d'acide azotique pour décomposer la totalité de l'acide succinique; on obtient ainsi du peroxyde de fer.

1 de peroxyde de fer égale 0,7 de fer.

Ce procédé, quoique très compliqué, est d'une grande exactitude.

2e *Procédé*. — Les cendres du vin sont dissoutes dans l'acide chlorhydrique et la liqueur filtrée traitée par un grand excès d'ammoniaque qui précipite tout le fer à l'état d'oxyde de fer, mélangé à divers substances. Ce précipité jeté sur un filtre, lavé à l'eau ammoniacale, puis séché est dissous dans un peu d'acide azotique; on évapore à sec et on calcine vers 150° jusqu'à cessation de vapeurs rutilantes; on ajoute un peu d'eau pour redissoudre la substance, et on précipite la chaux et la magnésie par l'oxalate d'ammoniaque; on fait bouillir, filtrer, puis fait passer dans le liquide un courant prolongé d'acide sulfhydrique qui précipite le fer à l'état de sulfure de fer. On peut alors le doser à cet état avec les précautions ordinaires.

Ce procédé est sujet à de graves erreurs entre des mains peu expérimentées.

Procédé Robinet. — On prépare des solutions contenant des proportions connues de fer et on les additionne de quantités également connues de sulfocyanure de potassium; on obtient ainsi une gamme de nuances qui servira de point de comparaison.

On prend les cendres de vins obtenues comme ci-dessus; on les traite par l'acide azotique et on filtre; puis le liquide clair est introduit dans un tube semblable à ceux qui contiennent les liqueurs types. On fait en sorte que le volume du liquide soit le même que celui contenu dans les types; puis on ajoute une même quantité de sulfocyanure de potassium; on agite et on cherche à quel type correspond le tube provenant du vin.

Par proportion on calcule la quantité de fer contenu.

Le manganèse seul peut gêner ce dosage; il est assez rare dans les vins, cependant il faudra le rechercher.

Observations. — Ce procédé est assez exact dans la pratique et suffisant dans la plupart des cas.

On pourra préparer des tubes contenant de 1 centigr. jusqu'à 10 centigr. de fer; on aura ainsi, en prenant un litre de vin, la proportion en centigrammes.

Lorsque l'opération du vin sera terminée et que l'on aura, par exemple, une couleur se trouvant entre 1 et 2 centigr., on fera d'autres tubes types allant de 1 à 2 centigr. par milligr. On arrivera donc à connaître la proportion de fer en milligr. par litre, ce qui est une très grande approximation.

Procédé Viard. — Un procédé d'une grande simplicité pour un laboratoire bien monté, est celui du dosage du fer par le permanganate de potasse.

Pour faire la liqueur d'essai, on dissout du permanganate de potasse dans trois fois son poids d'eau distillée ; on additionne de quelques gouttes d'acide azotique et on filtre sur un entonnoir dans le fond duquel on a placé un petit tampon d'amiante. (On ne peut filtrer sur le papier qui décomposerait le permanganate de potasse.)

On fractionne la liqueur et on la conserve dans des petits flacons bien bouchés à l'émeri.

Au moment de faire l'essai, on procède au titrage de la liqueur de permanganate : Pour cela on pèse exactement 1 gr. de fil de fer de clavecin ; on l'introduit dans un ballon de 1 litre et on y ajoute 25^{cc} d'acide chlorhydrique pur et un peu d'eau ; on bouche avec un bouchon traversé par un tube de petit diamètre et on chauffe jusqu'à dissolution complète du fer ; on étend ensuite d'environ 1/4 de litre d'eau froide, et on verse goutte à goutte la liqueur rouge, au moyen d'une burette, dans la solution de fer, en agitant constamment.

La solution se décolore d'abord, puis reste rouge, mais redevient incolore par l'agitation; lorsque le liquide prend une teinte rouge pâle persistante, malgré l'agitation, la réaction est terminée; on lit alors sur la burette le nombre de centimètres cubes versés et l'on a le volume du permanganate nécessaire pour oxyder 1 gr. de fer.

On étend alors cette liqueur de manière que : un dixième de cmc de cette solution correspondent à un milligramme de fer.

Pour opérer le dosage sur le vin on suit la marche suivante :

Un litre de vin est évaporé et calciné ; les cendres sont dissoutes dans l'acide chlorhydrique étendu d'eau à l'ébullition ; on sature la presque totalité de l'acide libre par du carbonate de soude, et on ajoute une quantité d'eau suffisante pour que la liqueur ne contienne pas plus de 1 décigramme de fer et d'alumine par 50^{cc}. On laisse refroidir la liqueur et on ajoute un peu d'hyposulfite de soude ; la liqueur devient plus ou moins violette ; lorsqu'elle est décolorée on la chauffe jusqu'à ce qu'il n'y ait plus trace d'odeur d'acide sulfureux.

L'alumine est précipitée avec le soufre devenu libre ; on filtre et on lave. — L'alumine peut être dosée à part.

Le liquide obtenu est introduit dans le ballon qui a servi au dosage — ou un semblable ; — on y ajoute un excès d'acide chlorhydrique, puis de l'eau froide, de manière à faire un demi-litre, et on opère avec la liqueur d'essai comme pour son dosage.

Le nombre de dixièmes de centimètres cubes de liqueur de permanganate de potasse versés donnera le nombre de milligr. de fer par litre.

Ce procédé n'est que l'application d'une des méthodes générales d'analyse du fer à son dosage dans les vins. Ces diverses expériences ne présentent aucune difficulté.

Manganèse. — Depuis les travaux de M. Maumené on sait qu'il y a un nombre assez grand de vins renfermant du manganèse, probablement à l'état de phosphate ou de tartrate.

Recherche sur le vin. — On fait passer un courant d'acide sulfhydriqus dans un 1/2 litre de vin préalablement neutralisé par l'ammoniaque, sans excès. Les métaux et l'alumine qui peuvent se trouver dans le vin sont précipités ; le manganèse reste dissous.

On décante la liqueur et on filtre ; à cette liqueur filtrée on ajoute du sulfhydrate d'ammoniaque, qui forme un précipité couleur de chair peu visible, vu la couleur du vin. On filtre, lave, dissout dans l'acide chlorhydrique, neutralise par l'ammoniaque, puis précipite à nouveau par le sulfhydrate d'ammoniaque, qui fait alors apparaître le précipité rose chair.

Recherche dans les cendres. — 1° On calcine 200^{cc} de vin, on dissout les cendres dans l'acide chlorhydrique et on fait passer jusqu'à refus un courant d'acide sulfhydrique ; on filtre et dans le liquide filtré on ajoute de la potasse, puis de l'acide acétique en excès, et enfin de l'acide sulfhydrique. S'il y a du zinc, il se précipitera en flocons blancs, que l'on séparera par filtration. — Dans le liquide on versera du sulfhydrate d'ammoniaque qui précipitera le fer et le manganèse. Pour distinguer ce dernier, on chauffe du bioxyde puce de plomb avec de l'acide azotique dilué exempt d'acide chlorhydrique et évaporée à siccité pour chasser cet acide et reprise par l'eau ; il se forme une belle couleur cramoisie d'un sel de sesquioxyde de manganèse.

2° Il est plus simple de traiter les cendres du vin par l'acide azotique, puis évaporer à siccité, et redissoudre dans l'eau. C'est alors qu'on introduit l'oxyde puce. — C'est le meilleur procédé. Cette réaction permet de découvrir les plus faibles traces de ce métal.

3° Les cendres placées sur la lame de la platine avec un puu de carbonate de soude et de salpètre, dans la flamme extérieure, donne au chalumeau une masse fondue d'un vert bleuâtre.

4° On évapore un litre de vin, on calcine au rouge blanc, puis on reprend par l'acide chlorhydrique concentré contenant une petite quantité d'acide nitrique. On sépare la silice, la chaux, la potasse et les métaux terreux puis on sature par l'ammoniaque qui précipite un mélange de sesquioxyde de fer et de protoxyde de manganèse. On dissout ces oxydes dans un peu d'acide azotique et on les suroxyde au moyen d'un grand excès de chlorure d'oxyde de sodium et d'un peu de soude. Portant le tout à l'ébullition pendant quelque temps, on a un mélange de sesquioxyde de fer, de bioxyde de manganèse et de permanganate de soude qui colore en rose le liquide surnageant le dépôt. Ce dépôt lavé suffisamment est introduit dans un flacon contenant de l'acide acétique au 50° et après plusieurs heures de contact tout le sesquioxyde de fer s'est dissous et le bioxyde de manganèse reste à l'état de poudre brune ou noirâtre. On peut aussi, d'après Lefort, chauffer jusqu'à fusion le mélange d'oxyde de fer et de manganèse avec du nitrate de potasse dans un creuset d'argent. L'oxyde de manganèse forme du manganate de potasse qui colore en vert la masse saline et communique à l'eau la même couleur.

Ce procédé est beaucoup plus long que le procédé nº 2 et n'est pas plus exact.

Procédé Maumené. — Le manganèse est facile à déterminer ; il suffit souvent de réduire en cendres 50cc de vin ; pour peu qu'il y en ait des traces, la cendre est ordinairement colorée en vert. Tous les vins présentent ce caractère parce que la potasse empêche la présence d'un sel incolore. Si la proportion est de quelques milligrammes, la cendre traitée par l'eau donne une liqueur verte, puis bleuâtre, puis d'un beau violet caractéristique du permanganate de potasse ; l'addition d'une goutte d'acide azotique produit de suite cette coloration violette.

Procédé Denigès. — On fait bouillir les cendres avec un ou deux centimètres cubes d'hypobromite de soude ; il se forme du permanganate de soude d'un beau rouge carmin, et si l'on filtre au papier, on recueille un filtrat d'une riche couleur vert émeraude, encore plus caractéristique. On peut ainsi découvrir de très faibles quantités de sels de manganèse.

Dosage. — On évapore plusieurs litres de vin ; le résidu est calciné, puis traité par l'acide azotique, puis par le carbonate d'ammoniaque pour isoler les bases terreuses et précipiter l'oxyde de fer et le carbonate de manganèse mélangés aux carbonates de chaux et de magnésie. Le précipité est dissous par l'acide chlorhydrique, filtré et additionné d'ammoniaque jusqu'à ce que la réaction ne soit plus que légèrement acide. On additionne alors de succinate d'ammoniaque en solution saturée, qui précipite tout le fer à l'état de succinate ferrique. (On peut le doser à cet état.) La liqueur filtrée, évaporée, puis calcinée donne un résidu exempt de sels ammoniacaux et d'acide succinique. Le résidu est dissous dans l'acide chlorhydrique, traité par un courant de chlore et additionné d'ammoniaque qui précipite tout l'oxyde de manganèse. Le précipité est recueilli, lavé et chauffé dans un creuset de platine, où on l'arrose de quelques gouttes d'acide azotique ; il ne reste plus que de l'oxyde rouge de manganèse Mn^3O^4, que l'on pèse.

Cette méthode est délicate ; elle peut se pratiquer facilement, mais en y apportant beaucoup de soins (Voyez Falsifications accidentelles).

CHAPITRE 8

CORPS NEUTRES

Sous ce nom on désigne les corps qui ne sont ni acides ni basiques, mais souvent on range dans cette catégorie des corps qui sont ou acides ou basiques mais assez faiblement, ainsi le sucre est un acide puisqu'il forme des sucrates et la glycérine est une base puisqu'elle forme des sels avec les acides gras.

Sucre et alcool. — Ces deux corps, les plus importants dans les moûts et dans les vins, ont été étudiés chacun à un chapitre spécial, en tête de cette partie du volume.

GLYCÉRINE

La glycérine étant le résultat de la fermentation alcoolique se trouve dans tous les vins, il n'y a donc pas lieu de la rechercher ; son dosage seul est intéressant, malheureusement aucun des procédés de dosage connus n'offre une sécurité absolue, les meilleurs procédés trouvés sont contestés ; mais, vu les travaux entrepris dans ces derniers temps, il faut espérer que l'on arrivera bientôt à un procédé absolument certain. Je ne puis donc que donner les procédés indiqués sans recommander l'un plutôt que l'autre.

Procédé Chancel. — On prend 100^{cc} de vin, on y ajoute de la chaux délitée, de manière à dépasser la saturation des acides ; on évapore au bain-marie, presque à sec, puis on reprend le résidu par dix lavages successifs de 5^{cc} chacun, d'un mélange de 1 partie d'alcool à 85° et 2 parties d'éther. On évapore le tout dans la fiole même ; puis on verse le contenu en lavant avec de l'eau, dans une capsule de platine tarée, et on évapore au-dessous de 100° jusqu'à ce qu'il n'y ait plus de perte de poids. En multipliant l'augmentation du poids de la capsule par 1,07 on a celui de la glycérine.

Procédé Macagno. — On fait digérer de 250^{cc} à un litre de vin avec de l'hydrate d'oxyde de plomb récemment précipité ; on évapore au bain-marie, puis on reprend le résidu par l'alcool et on fait passer dans la solution un courant d'acide carbonique. Après filtration et évaporation, il reste de la glycérine presque pure, que l'on pèse.

D'après ce procédé, Macagno a trouvé dans les vins italiens une proportion de glycérine dix fois moins forte que celle de l'alcool. Cela est dû à ce que l'évaporation de la solution de glycérine en fait perdre un poids relativement considérable.

Procédé Pasteur. (Le meilleur suivant Post). — On prend 250^{cc} de vin ; on les décolore par 20^{g} de noir animal ; on filtre et lave le noir. On évapore doucement la liqueur à 60 ou 70° pour la réduire à 100^{cc} et on la sature alors par quelques grammes de chaux éteinte ; l'évaporation étant achevée dans le vide sec, la masse qui reste est traitée par un mélange d'alcool à 92°, 1 partie, et de l'éther à 62°, 1 $^{1}/_{2}$ partie. Le liquide éthéré est filtré, évaporé lentement, desséché dans une capsule tarée, et pesé. C'est de la glycérine presque pure, ne renfermant pas plus de 1 à 1 $^{1}/_{2}$ % de matières étrangères.

L'évaporation des liquides de glycérine doit être très lente, car la glycérine disparaît par une évaporation rapide, surtout à une température élevée.

Une question à examiner est de savoir si le noir animal ne retient pas de glycérine.

Procédé Viard. — J'ai pris dans les procédés ci-dessus ce qu'il y avait de bon, afin d'indiquer une marche à suivre pour éviter les pertes de glycérine.

On prend 500^{cc} de vin ; on ajoute de l'eau de chaux limpide jusqu'à ce que le vin devienne noir ; on filtre et on lave le filtre à l'eau chaude ; puis on évapore le tout au bain-marie, très lentement, en réglant l'évaporation, de telle sorte qu'il faille de 12 à 20 heures pour évaporer un litre d'eau. Lorsqu'on a obtenu un extrait pâteux, on termine l'évaporation dans le vide sec à froid, mais pas pendant plus de deux jours, car la glycérine perd du poids lorsqu'elle est privée d'eau.

On traite alors le résidu pâteux par un mélange d'alcool et d'éther, composé de : 100^{cc} d'alcool à 92° et de 150^{cc} d'éther pur à 62°. On met en contact avec le résidu 10^{cc} de ce mélange et on verse le liquide par décantation dans un ballon, et on opère ainsi successivement 4 ou 5 lavages semblables et on termine par un lavage avec 20^{cc} d'alcool éthéré. La solution alcoolique ayant servi aux lavages est évaporée dans le ballon. (On peut recueillir le produit de la distillation en envoyant les vapeurs dans un récipient entouré de glace.) Lorsqu'il ne reste que peu de liquide, on le verse dans une capsule de platine tarée, ainsi que le lavage du ballon qui est fait avec de l'eau.

On évapore ensuite à 50° le reste du liquide, et, lorsqu'on obtient un liquide visqueux, on termine l'opération dans le vide, à froid. L'augmentation du poids de la capsule donne celui de la glycérine.

On calcine alors la glycérine pour voir s'il n'y a pas de sels alcalins dissous par elle. Lorsqu'il y en a, on les pèse et on en déduit le poids.

Procédé Boussingault. — C'est une modification du procédé Pasteur, pour les vins sucrés. Il fait fermenter le vin pour détruire le sucre et dessèche la glycérine à une température ne dépassant pas 30 degrés.

Par ce procédé on n'obtient pas la teneur en glycérine du vin au moment de l'essai, mais bien la somme de la glycérine existant dans le vin plus celle produite par la fermentation ultérieure du sucre.

Procédé Ch. Blarez. — (Encyclopédie des Sciences médicales, Masson.) C'est la méthode Chancel modifiée.

On prend 100 centimètres cubes de vin qu'on réduit par évaporation au bain-marie au cinquième de son volume. Après refroidissement, on délaye dans 60 ou 70 centimètres cubes d'alcool fort, on ajoute une pincée de chaux en poudre ou de l'hydrate de baryte en cristaux, de façon à faire virer la couleur. On jette sur un filtre et on lave à plusieurs reprises le résidu par de l'alcool fort. La solution alcoolique est évaporée au bain-marie à siccité après mélange d'un peu de sable pur; le résidu refroidi est ensuite épuisé par un mélange éthéro-alcoolique formé de 1 partie d'alcool et 2 parties d'éther. On laisse déposer, on filtre et on évapore au bain-marie jusqu'à ce que le résidu soit devenu pâteux ; on entretient l'action de la chaleur pendant encore une demi-heure, et l'on pèse après refroidissement.

La glycérine étant pesée, on l'incinère, on pèse les cendres, s'il en existe, et on en déduit le poids.

Procédé Raynaud. (Comptes-Rendus 1880, mai 3.) — Le dosage de la glycérine se fait exactement lorsqu'on opère sur des vins purs, mais il donne des résultats erronés avec les vins plâtrés. C'est parce que la glycérine, même en présence du liquide éthéro-alcoolique, dissout facilement les sels alcalins et un grand nombre d'autres substances.

Pour éviter cette cause d'erreur, il évapore le vin au cinquième de son volume, l'additionne ensuite d'un léger excès d'acide hydrofluosilicique, puis d'alcool; il en résulte la précipitation de tous les sels alcalins à l'état de fluosilicates.

Après filtration, on ajoute aux liqueurs de l'hydrate de baryte en excès et assez de sable pur pour bien diviser la masse. On reprend le résidu sec par un mélange d'alcool et d'éther purs; puis on évapore lentement (dans le vide sec, pendant 24 heures) la solution qui en résulte et qui laisse comme résidu de la glycérine presque pure; il y a quelques milligrammes de cendres.

Fig. 101.

(Chabaud)

Pour vérifier la pureté de la glycérine on dispose horizontalement un tube de verre dans un bain de paraffine; dans ce tube on introduit une nacelle en platine (fig. 101) tarée, contenant la glycérine impure, au milieu du tube; on ferme une des extrémités et par l'autre on fait le vide. Toute la glycérine se volatilise; on rend l'air et on pèse la nacelle. Jamais il n'a obtenu plus de 1/10 de matières fixes.

Cet auteur opère encore plus rapidement en neutralisant d'abord le vin par une liqueur alcaline, puis en évaporant le tout dans le vide sec, à la température ordinaire.

L'extrait neutre est ensuite pesé puis soumis à + 180° dans le vide sec et pesé de nouveau ; la perte de poids représente celui de la glycérine.

Ce dernier procédé ne me paraît pas exact ; à 180°, bien d'autres substances que la glycérine doivent s'évaporer, indépendamment de la décomposition de l'extrait.

Procédé Ch. Girard. — *Modification du procédé Raynaud.* — On sature 250cc de vin par l'eau de baryte, on ajoute du sable et on évapore dans le vide.

L'extrait est épuisé par un mélange à volumes égaux d'alcool absolu et d'éther pur. Cette solution mise dans une capsule est évaporée dans le vide ; il reste de la glycérine, des matières extractives et quelques matières minérales. On introduit ce résidu dans une grande nacelle de platine et lave avec un peu d'alcool. On place dans le vide sur l'acide sulfurique, puis l'acide phosphorique jusqu'à ce qu'il n'y ait plus de changement de poids. On note le dernier poids obtenu et on introduit la nacelle dans un tube que l'on chauffe à 120° au moyen d'un bain d'huile pendant que l'on fait le vide ; toute la glycérine distille. On retire la nacelle que l'on place dans le dessiccateur, puis on pèse.

Quand le vin est plâtré : on concentre le vin dans le vide et on reprend par l'alcool absolu ; la solution alcoolique est traitée par l'acide hydrofluosilicique qui précipite la potasse. Au bout de 24 heures, on sature par la baryte et on opère comme ci-dessus.

Procédé F. Jean. — Evaporer 250cc de vin jusqu'au volume d'environ 100cc. Agiter le vin ainsi réduit avec de l'oxyde de plomb récemment précipité, puis rendu légèrement alcalin par l'eau de baryte. Filtrer, laver, neutraliser le liquide filtré par l'acide sulfurique dilué. Concentrer dans une capsule plate en porcelaine ; lorsque le volume du liquide est réduit à environ 50cc on y incorpore 5 gr. d'oxyde de plomb, 10 gr. de sable et 20 gr. de sulfate de baryte. Evaporer et sécher à 100 degrés. Pendant la dessiccation, remuer avec une baguette de verre pour éviter les projections. Pulvériser la masse desséchée et l'épuiser par un mélange de 1 partie alcool à 36° et une partie éther sulfurique à 62° ; décanter le liquide éthéro-alcoolique et en faire 60cc.

Concentrer à basse température 30cc du mélange éther-alcool dans une capsule plate en verre de Bohême, puis ajouter 20 gr. de litharge, sèche et pulvérisée, évaporer au bain-marie, maintenir à l'étuve à 105-110 degrés jusqu'à poids constant et noter l'augmentation de poids subie par la litharge.

D'autre part, évaporer dans une capsule plate en verre de Bohême de 6c de diamètre, le reste du liquide éthéro-alcoolique et maintenir à l'étuve à 160-170 degrés jusqu'à poids constant et peser.

L'augmentation de poids de la litharge, diminuée du poids des matières non volatiles à 160-170° multiplié par 1.243 puis par 8 donne le poids de la glycérine contenue dans un litre de vin.

Procédé Rouquès. — (1885. Union Pharmaceutique). D'après l'auteur, ce procédé est plus rapide que ceux de Pasteur et Raynaud.

A 250cc de vin, on ajoute un volume égal d'une solution saturée à froid de tartrate de strontiane, puis on évapore le tout. Tout d'abord il n'y a aucune réaction dans le liquide, puis il se trouble peu à peu ; le tartrate de strontiane se change en sulfate de strontiane insoluble et en bitartrate de potasse qui se précipite ensuite. On arrête l'évaporation quand il reste 1/4 du volume ; on sature par la chaux et on termine l'évaporation dans le vide sec. Le résidu est repris par l'alcool éthéré, qui par évaporation laisse la glycérine presque pure. Un excès de tartrate de strontiane n'a aucune influence fâcheuse, ce sel étant insoluble dans l'alcool éthéré.

Procédé Medicus. — (1886, Year Book). 500cc de vin sont réduits par une douce chaleur à 100cc ; on ajoute alors 13 centigrammes de sable et 3cc de lait de chaux (2 de chaux et 5 d'eau) et on dessèche à sec. On fait quatre traitements successifs à l'alcool 96° bouillant ; on retire par la distillation 150cc d'alcool, puis évapore à l'état sirupeux ; on traite par 10cc d'alcool absolu, on met dans un flacon avec 15cc d'éther, on ferme le flacon et on laisse reposer suffisamment pour que le liquide devienne clair ; on le verse dans un flacon léger et taré ; on laisse le flacon pendant 1 heure dans une étuve à eau ; on ferme le flacon qui est pesé quand il est refroidi. La glycérine n'est pas d'une pureté parfaite mais ses résultats sont constants.

Ce procédé a la plus grande ressemblance avec celui du Comité des chimistes de Berlin.

Procédé Friedberg. — On évapore 100cc de vin au bain-marie, ou mieux dans le vide ; on réduit le volume à 30cc. On procède alors à l'élimination des matières azotées par l'action de l'acide phospho-tungstique. Au 30cc on ajoute quelques gouttes d'acide sulfurique et 6cc d'une solution phospho-tungstique à 5 °/₀. Le liquide filtré est évaporé au bain-marie : on mélange un peu de lait de chaux pour obtenir une réaction alcaline et environ 15 gr. de sable ; enfin on dessèche complètement la masse qui est ensuite introduite, sans perte, dans un appareil de déplacement à distillation continue, où elle est épuisée par 50cc d'alcool à 96°. La solution alcool est concentrée à consistance sipureuse et l'on obtient ainsi une glycérine relativement pure qu'on peut débarrasser des dernières traces de matières étrangères par la dissolution dans l'alcool-éther. On introduit dans le résidu 25cc d'un mélange contenant 2 d'alcool absolu pour 3 d'éther, on agite et on décante la solution claire ; on traite de nouveau le résidu de la même manière et on réunit les liqueurs qui, évaporées à l'étuve, fournissent une glycérine presque pure.

Dosage de la glycérine et de l'acide succinique. — Pour ces deux dosages réunis, voici comment j'opère, d'après Pasteur :

On prend 500^{cc} de vin dans un vase quelconque à bec ; on y verse 50 gr. de noir animal purifié (comme il est dit au dosage du sucre). On jette sur un filtre à plis en papier filtre blanc, et on lave le noir jusqu'à ce que l'eau qui passe ne laisse aucun résidu, sur une feuille de platine. Le liquide filtré et décoloré est versé dans une capsule de porcelaine de 300^{cc} de capacité. On verse environ 200^{cc} et on évapore lentement entre 60 et 70 ; on remplace le liquide qui s'évapore par le liquide filtré ; on lave le vase qui l'a contenu et on verse les lavages dans la capsule. Lorsque tout le liquide est réduit à 200^{cc}, on ajoute de l'eau de chaux pure, jusqu'à ce que les acides du vin soient saturés (le papier de tournesol rougi devient bleu). Le liquide est versé par portions dans une capsule de platine tarée et l'on évapore de 60 à 70°. On remplace l'eau évaporée par le liquide de la capsule de porcelaine, et, lorsque celle-ci est vide, on la lave et on verse les lavages dans la capsule de platine. Lorsque la masse est pâteuse, on finit l'évaporation dans le vide sec.

Sur l'extrait sec, on verse le mélange de 1 p. d'alcool à 85 ou 90°, et 1 $^1/_2$ à 2 p. d'éther à 62°. On remue avec une baguette de verre ; on laisse reposer et on verse sur un petit filtre ; on fait environ de 8 à 10 lavages (le dernier liquide évaporé sur une lame de platine ne doit plus donner de résidu), le filtre est lavé avec le même mélange.

La liqueur d'alcool éthéré est évaporée dans une capsule de platine tarée ; l'évaporation est terminée dans le vide sec. Le poids de la capsule, moins la tare, donne le poids de la glycérine.

On peut aussi, en dernier lieu, évaporer au-dessous de 100°, jusqu'à ce qu'il n'y ait plus de perte de poids ; dans ce cas, on multiplie le poids trouvé par 1.07 pour avoir celui de la glycérine.

Robinet dose la glycérine de l'acide succinique dans le résidu sec à 100 ; il y a perte de glycérine et d'acide succinique, car Pasteur a démontré que les deux s'évaporent.

La glycérine obtenue contient de 1 à 1 $^1/_2$ de matières étrangères, ce qui est insignifiant ; car si on a trouvé 12 grammes par litre, ce qui est un maximum, il y aura de 0.12 à 0.18 d'impuretés, d'où chiffre réel 11.88 ou 11.82 au lieu de 12.

Dans l'extrait privé de glycérine par les lavages d'alcool et d'éther, l'acide succinique est à l'état de succinate de chaux. On fait digérer cet extrait pendant 24 heures, avec de l'alcool à 80°. Le succinate de chaux est jeté sur un filtre taré, lavé et desséché à 100°, puis pesé. Le poids trouvé multiplié par 0.7564 donne le poids de l'acide succinique.

On peut également doser la glycérine par le procédé que j'indique à l'article glycérine, mais comme il n'a pas reçu la sanction de la pratique, j'ai indiqué ici le procédé de Pasteur.

Voir Mouillage et Vinage pour l'appréciation du poids de la glycérine trouvée, ainsi que la Glycérine dans la Composition des Vins.

Dosage de la Glycérine à l'Etranger — En Italie on traite le vin par la chaux, évapore à basse température, traite par l'alcool à 96°, filtre, évapore et reprend le résidu par un mélange d'alcool et d'éther, évapore et pèse.

En *Allemagne*, on opére de deux manières, suivant que les vins contiennent plus ou moins de 5 grammes de sucre pour 100^{cc} ou 50 gr. par litre.

Pour les vins secs, on verse 100^{cc} de vin dans une grande capsule de porcelaine et on réduit à 10^{cc} au bain-marie ; on ajoute alors un peu de sable quartzeux et un lait de chaux jusqu'à forte réaction alcaline, et on évapore presque à sec. Le résidu est trituré avec 50^{cc} d'alcool à 96°, élevé à l'ébullition, au bain-marie, avec agitation et filtré ; le résidu est épuisé par fraction d'alcool à 96° chauffé ; il suffit ordinairement de 50 à 150^{cc} ; la totalité de l'alcool filtré représente 100 à 200^{cc}. On laisse évaporer au bain-marie jusqu'à consistance sirupeuse ; le résidu est repris par 10^{cc} d'alcool absolu, dans un flacon que l'on peut boucher ; on y mèle 15^{cc} d'éther et on laisse reposer jusqu'à clarification ; le liquide décanté ou filtré est mis dans un petit vase de verre que l'on peut couvrir, on évapore doucement jusqu'à consistance visqueuse, laisse sécher pendant 1 heure, à l'étuve d'eau chaude et pèse.

Pour les vins sucrés, on prend 50^{cc} de vin que l'on met dans un ballon assez grand, avec un peu de sable et de chaux vive délitée en poudre ; on chauffe au bain-marie en agitant. Une fois refroidi, on ajoute 100^{cc} d'alcool à 96°, laisse déposer, filtre, lave avec l'alcool, évapore et traite le résidu comme ci-dessus.

Dans ces méthodes, il peut y avoir de grandes différences, par suite du manque d'indication sur la dessiccation de la glycérine ; et pour les vins sucrés, comme on ne peut mettre autant de chaux qu'il en faudrait pour transformer tout le sucre en sucrate de chaux, il y aura du sucre dissous dans l'alcool.

En *Autriche*, on suit à peu près le procédé Chancel. Pour les vins secs, on prend 100^{cc} de vin que l'on traite par la chaux hydratée en poudre ; on évapore presque à sec et on traite par l'alcool 90-96°. La solution évaporée au bain-marie donne un résidu que l'on dissout dans 25 à 50^{cc} d'un mélange (2 d'alcool et 3 d'éther) d'alcool éther ; on distille et sèche le résidu jusqu'à ce que les balances n'accusent qu'une perte de quelques milligrammes entre deux pesées consécutives, faite à 1/2 heure d'intervalle.

Pour les vins sucrés, on évapore 50 à 60^{cc} de vin à consistance sirupeuse ; on dissout dans 100^{cc} d'alcool à 96° et on ajoute 150^{cc} d'éther, laisse déposer au froid, puis décante ; on termine l'extraction par des quantités plus petites d'alcool et d'éther; les solutions réunies sont évaporées et traitées par de la chaux, comme ci-dessus. Il faut doser le sucre et le déduire du chiffre de la glycérine, à l'état de dextrose (Station de Klosterneuburg).

Les autres nations manquent de méthodes précises ou suivent les procédés précédents.

Gommes et Dextrines. — Les vins contiennent tous plus ou moins de matières gommeuses et mucilagineuses, mal étudiées. Le dosage de la somme de ces substances est indiqué aux *Falsifications, Raisins secs.*

Matières Grasses. — On n'a pu conclure, jusqu'à présent, d'une manière positive, à leur présence dans les vins.

Matières Azotées. — Pour opérer leur recherche, on se base sur la présence de l'azote ou de l'ammoniaque dans les vins.

On évapore une certaine quantité de vin ; on brûle le résidu en vase clos et on recueille l'azote et l'ammoniaque qui se dégagent ; ces deux corps étant étudiés suivant les lois de la chimie générale.

On peut aussi doser l'azote en mélangeant l'extrait sec du vin avec du plâtre calciné froid mélangé ensuite avec de la chaux sodée dans le tube de dosage de l'azote par la méthode Will.

Le *procédé Kjedahl* est le meilleur pour cette sorte de dosage. On prépare un réactif en dissolvant 200 gr. d'acide phosphorique anhydre dans 100 gr. d'acide sulfurique ordinaire. Dans un ballon on évapore, au 6e, 30cc de vin et on ajoute 20cc du réactif ci-dessus. On maintient le tout à l'ébullition, sur un bain de sable, tant que la liqueur n'est pas claire et transparente. On refroidit et étend le liquide à 100cc, puis on ajoute de la soude pour obtenir l'alcalinité ; le ballon est relié rapidement au réfrigérant ascendant de Schloesing. On distille 100cc du liquide que l'on reçoit dans une solution, exactement mesurée, d'acide sulfurique titré. Lorsque l'opération est terminée, on fait bouillir pendant quelques instants la liqueur sulfurique et l'on dose l'acide qui reste par une liqueur titrée de soude.

Le poids de l'azote, multiplié par 6,25, donne le poids de la matière organique.

Ethers. — Nous avons vu, à l'étude du bouquet des vins, tout ce que la science peut dire de ces substances ; il n'y a pas de méthode précise de dosage.

Aldéhyde. — Le procédé *Robinet* est un peu empirique, mais il donne des résultats assez sérieux.

Il faut opérer sur de grandes masses de liquides, 15 à 20 litres de vin. On distille en recueillant les produits de la distillation dans un ballon maintenu à 4 ou 5° au-dessus de zéro, par un mélange réfrigérant.

Les premières parties de l'alcool qui distillent avant l'ébullition du liquide renferment toute l'aldéhyde du vin ; on reconnaît et dose l'aldéhyde au moyen de l'azotate d'argent qu'elle réduit.

Nous verrons, à l'étude de la Pureté des alcools pour le vinage, les différents procédés pour en constater la présence, en quantités plus fortes.

CHAPITRE 9.

OPÉRATIONS LICITES

J'ai réuni dans ce chapitre les méthodes d'analyses nécessaires pour pratiquer sur les vins les opérations licites, en toute connaissance de cause et, en même temps, les procédés connus pour découvrir dans les vins si ces opérations ont été faites.

Recherche des vins vieux ou nouveaux. — Depuis bien longtemps, les chimistes s'étaient demandé si l'on pouvait distinguer les vins nouveaux des vins vieux. Cotton croit avoir résolu chimiquement ce problème ; voici comment il opère : à 5 centilitres du vin à essayer, placés dans une assiette, on ajoute 5 à 6 gouttes de bichlorure d'étain fumant et 5 à 10 centilitres d'ammoniaque liquide : on agite vivement. On jette le magma sur un filtre ; la liqueur passe incolore, pour un vin vieux, et colorée en violet, si le vin est nouveau ; mais cette teinte est très fugace, aussi faut-il filtrer rapidement.

La question me semble loin d'être résolue. Cotton a-t-il essayé sur toutes les espèces de vin, et n'y a-t-il pas certains vins dans lesquels la réaction indiquée ci-dessus pourrait induire en erreur ?

C'est, du reste, un défaut que j'ai constaté dans bien des méthodes et des procédés d'analyses ; les auteurs n'essaient leurs indications que sur un petit nombre de vins, de sorte que souvent l'expert voit des contradictions se produire lorsqu'il a affaire à d'autres vins.

Du reste, cette recherche est à peu près inutile ; un dégustateur ne s'y trompera jamais et l'analyse complète aura bientôt renseigné le chimiste.

Un vin nouveau sera plus coloré, sa couleur sera plus violette ; il sera plus chargé de principes divers. Il restera plus de sucre et d'acide carbonique dans un vin nouveau que dans un vin vieux.

SUCRAGE

Le sucrage emploie une quantité énorme de sucres, au moment des vendanges ; les sucres employés étant très divers ; il est utile de les analyser ou de les faire analyser pour en connaître la valeur exacte.

Tous les sucres contiennent les principes suivants :

Sucrose ou sucre cristallisable
Sucres réducteurs
Sels solubles
Sels insolubles
Eau (d'humidité)
Matières organiques diverses

Pour le viticulteur les deux premiers termes sont seuls intéressants, c'est-à-dire le sucrose et les sucres réducteurs. Néanmoins, s'il achète des sucres bruts ou analogues et qu'il veuille se rendre compte de la valeur du produit qui lui est offert, comparativement avec la cote de la Bourse, il lui faut l'analyse complète et la manière de calculer le degré sur lequel est basé le prix du sucre.

Dans le commerce, les sels solubles et les sels insolubles sont réunis sous une même dénomination « cendres » ; la Douane et les Contributions Indirectes ne tiennent compte que des sels solubles, pour le paiement des droits.

Analyse des Sucres. — L'analyse complète des sucres demande une étude particulière pour laquelle il faut se procurer les livres spéciaux. Je recommanderai spécialement le *Guide pour l'analyse des Matières sucrées,* de Commerson et Laugier, 1884. (Voyez Bibliographie). Cet ouvrage est ce qu'il y a de plus pratique sur cette question.

Je n'ai pas l'intention de donner ici la manière détaillée de faire les analyses de sucre, je veux seulement faire comprendre comment elles se font. Si je m'étends beaucoup plus sur l'étude des saccharimètres ou sucromètres, c'est parce que ces appareils sont aujourd'hui très utilisés dans la recherche des falsifications, surtout l'addition des vins de raisins secs, pour trouver la vaporisation des vins.

Il n'y a guère lieu d'analyser les sucres candis, les sucres cristallisés de raffineries et les sucres en pains, dont j'ai donné au sucrage (Vérification) diverses analyses. On peut, sans chance d'erreurs, les considérer comme du sucre pur ; mais les sucres pilés des raffineriess de sucre de canne et les sucres bruts doivent être essayés.

Dans les sucres, on dose : Le sucrose par les saccharimètres, sans inversion ; les sucres réducteurs, par la liqueur cuivrique ; les cendres, par incinération ; l'humidité par la dessiccation à l'étuve et les matières organiques, par différence, du total des éléments précédents à 100.

Sucrose. — On pèse un poids de sucre correspondant à l'appareil que l'on possède et qui est pour les appareils français de 16gr20 ou de 16gr35 ; on dissout dans de l'eau, à la température du laboratoire, dans un ballon jaugé de 100cc, rempli aux 2/3 de l'eau et du sucre ; quand le sucre est dissous, on ajoute une quantité suffisante de sous-acétate de plomb, sans excès, pour précipiter les matières organiques, puis du sulfate de soude, pour enlever l'excédent du sel de plomb, on complète à 100^{cc}, on agite et verse sur un filtre.

Le liquide clair est introduit dans le tube du saccharimètre ; le tube étant placé sur l'appareil, dont on a vérifié le zéro avec un tube plein d'eau distillée, on regarde à travers le tube et on amène l'image au point voulu ; on lit alors directement sur l'échelle la quantité de sucre pur contenu dans le sucre essayé.

Sucres réducteurs. — Le liquide préparé pour le saccharimètre servira à cet essai. On l'introduit dans une burette graduée en dixièmes de centimètre cube et on fixe cette burette sur le porte-burettes Viard ; d'autre part on verse dans une capsule de porcelaine 40 ou 50^{cc} d'eau ordinaire filtrée, on fait bouillir et on verse au moyen d'une pipette 2^{cc}, 5^{cc} ou 10^{cc} de liqueur de cuivre.

Pour les cassonades ou sucres bruts communs on en prendra 10^{cc} ; pour les sucres candis, 5^{cc}, et pour les sucres cristallisés, bruts ou raffinés, on n'en prendra que 2^{cc}.

On opère exactement comme je l'ai dit au dosage du sucre dans les vins.

Il ne faut pas oublier les différents titres de la liqueur, qui s'accentuent beaucoup avec 2^{cc}. de liqueur de cuivre.

Cendres totales. — On pèse 5 gr. de sucre dans une capsule de platine ; on imbibe le sucre avec de l'acide sulfurique dilué de son volume d'eau et on place la capsule sur un fourneau à gaz, à couronne, ou au second étage du four Courtonne et on laisse la masse se boursoufler lentement ; lorsqu'il n'y a plus de mouvement dans la capsule, on place celle-ci dans la moufle, que l'on porte graduellement au rouge sombre, et lorsqu'il ne reste presque plus de charbon, au rouge cerise. Les cendres ne doivent pas être grises. Du poids des cendres, on retranche 1/10e pour l'augmentation de poids due à l'acide sulfurique.

Cendres solubles. — Le Gouvernement ne reconnaît, comme ayant une action sur le sucre, dans le raffinage, que les cendres solubles. Pour répondre à cette exigence, MM. Ch. Bardy et A. Riche, ont institué une méthode spéciale d'analyse, adoptée par l'Etat.

On pèse 80^{gr}95 (16^{gr}19 × 5) de sucre, on dissout à froid dans 180^{gr} d'eau distillée et on laisse reposer ; on décante dans un ballon jaugé à 250^{cc} ; on lave 4 ou 5 fois le premier vase et à chaque fois on verse l'eau de lavage dans le ballon dont on complète le volume à 250^{cc} avec de l'eau ; on mélange le tout et on laisse reposer pendant 1/4 d'heure. On mesure 50^{cc} du liquide, correspondant à 16^{gr}19 et on verse dans un ballon de 100^{cc} que l'on achève de remplir par le sous-acétate de plomb, le sulfate de soude et l'eau ; on filtre et passe au saccharimètre.

Sur le premier liquide on fait un second prélèvement pour le dosage des sucres réducteurs ou on se sert du liquide saccharimétrique.

Pour les cendres, on filtre le reste du liquide primitif, on rejette les premières gouttes et dans le liquide clair, au moyen d'une pipette spéciale, on mesure un volume correspondant exactement à 4 gr. de sucre ; ce liquide est versé dans une capsule de platine, additionné de 1^cc d'acide sulfurique pur puis placé dans l'évaporateur Güning (Voir *Cendres des vins*). L'évaporation est très rapide, la masse se boursoufle, et lorsqu'il ne se produit plus de vapeurs, on met dans la moufle.

Humidité. — On pèse 5 ou 10 gr. de sucre dans une capsule de platine et on met dans l'étuve Wiesnegg ; on amène la température à 100° pendant la première heure et jusqu'à 120° à la fin de la seconde. La perte de poids donne l'eau,

Rendement au Raffinage. — Pour obtenir le degré sur lequel est basé le cours de la Bourse et l'impôt on retranche du chiffre du sucrose deux fois le poids des sucres réducteurs et quatre fois le poids des cendres ; dans le commerce c'est le poids des cendres totales, et pour l'impôt le poids des cendres solubles.

Exemple :	Sucrose	97.80	
	Sucres réducteurs	0.50	
	Cendres solubles	0.25	} 0.30
	Cendres insolubles	0.05	
	Eau	0.92	
	Matières organiques	0.48	
		100.00	

Le degré commercial sera de : 97,80 — (0,50 × 2 = 1,0) — (0,30 × 4 = 1,20) = 97,80 — 2,20 = 95,60.

Le degré de la Douane et des Contributions Indirectes sera de : 97,80 — (0,50 × 2 = 1,0) — (0,25 × 4 = 1,0) = 97,80 — 2,0 = 95,80.

Montant de l'impôt. — Du degré trouvé 95,80 on déduit 1 ½ % pour le déchet au raffinage soit : $\frac{95,8 \times 1,5}{100} = 1,44$ d'où 95,80 — 1,44 = 94,36.

C'est ce chiffre qui, multiplié par 60 francs les 100 kilogr., donne le montant de l'impôt à percevoir : 94,36 × 0,6 = 56,62.

Prix commercial. — Les sucres blancs des Colonies, cristallisés, se vendent sans analyse sur le type n° 3 de la Bourse de Paris ; le type a une blancheur donnée ; la richesse doit être de 97 à 98° au rendement commercial ci-dessus. Le cours de la Bourse donne le prix de ce type, aux 100 kilogr. ; les nuances au-dessus ne se paient pas, mais les nuances au-dessous font diminuer le prix de 0 fr. 50 par numéro de la série de la Bourse de Paris, que l'on peut se procurer.

Les sucres bruts colorés se vendent sur la base de 88°, degré commercial ci-dessus ; le cours de la Bourse est basé sur ce chiffre. Une fois ce cours fixé, on retranche 0 fr. 50 par chaque degré au-dessous de 88° et on ajoute 0 fr. 30 par chaque degré au-dessus ; puis on déduit 1 ½ % du chiffre trouvé, pour le déchet au raffinage. Enfin une dernière déduction a lieu pour les matières organiques ; mais cette déduction est variable ; à Nantes on déduit environ 0 fr. 90 par degré, mais à Paris cette déduction monte à 1 fr. 20 et même au-dessus.

Si nous calculons le prix du sucre analysé ci-dessus, nous cherchons d'abord le prix des 88° que je trouve être de 39 francs ; de 88° à 95°,60 il y a 7°,6 à 0,30 = 2 fr. 28 soit 41 fr. 28 moins 1 $^1/_2$ °/₀ = 0,62 = 40,66.

Les matières organiques donneront 0,48 × 0,9 = 0,43. Le prix sera donc de 40,23 et comme l'impôt est de 56 fr. 62, le prix total du sucre en raffinerie sera de : 96 fr. 85.

Les sucres destinés au sucrage des vendanges profitent d'une forte diminution de l'impôt. Ils ne paient que 24 fr. les 100 kilogr. de sucre pur calculé de la manière indiquée ci-dessus. Les sucres raffinés sont dégrevés dans la même proportion, mais on ne déduit pas 1 $^1/_2$ °/₀, qu'ils ont déjà touché à l'état de sucres bruts.

SACCHARIMÈTRES

Les saccharimètres (que j'appelle plus simplement les sucromètres) sont des appareils de physique que l'on nomme polarimètres.

Le principe de ces appareils est basé sur la propriété que possèdent les sucres de dévier la lumière polarisée ; le sucrose et le glucose la dévient à droite et le lévulose à gauche ; le sucre inverti dévie à gauche.

La polarisation de la lumière est une des études les plus difficiles de la physique, aussi n'ai-je pas l'intention d'entrer dans des explications à ce sujet. Je dirai simplement, pour faire comprendre le mécanisme des saccharimètres, que la lumière polarisée est une lumière qui acquiert des propriétés particulières, soit par suite de son renvoi successif, dans des conditions données de miroirs à miroirs, soit par son passage à travers des cristaux de quartz taillés dans ce but.

Cette lumière traversant un auget rectangulaire contenant de l'eau sucrée sera déviée à droite de sa ligne, tandis que la lumière ordinaire traversera en ligne droite.

Après les travaux de Biot sur la polarisation, Soleil construisit le premier saccharimètre ; cet instrument, très imparfait, a servi néanmoins pendant assez longtemps dans les raffineries et sucreries pour l'essai des sucres. J. Duboscq modifia le saccharimètre Soleil d'une façon si heureuse que vers 1867 il était dans presque toutes les mains de ceux qui s'occupaient de sucre. Dans cet appareil, qui donnait la teneur du sucre à $^1/_4$ °/₀ près, on voyait un disque lumineux dont les deux moitiés étaient colorées différemment, le point exact était égalité de teinte ; on pouvait choisir la couleur préférable à la vue : il était éclairé par la lumière du jour ou d'une lampe à huile ou à gaz. Mais la teinte vive du disque fatiguait rapidement la vue ; aussi a-t-on cherché à modifier cet instrument ; Duboscq y est arrivé le premier.

Saccharimètre à pénombres de Duboscq. — Le principe de cet appareil a été imaginé par Jellet et l'emploi de la lumière monochromatique indiqué par Cornu. C'est sur ces bases que Duboscq a construit son saccharimètre à pénombres et à lumière monochromatique (fig. 102).

Ce saccharimètre se compose : 1° d'un polariseur A, assemblage de pièces de quartz taillés, dont le but est de polariser la lumière qui doit traverser le liquide à analyser, et une petite cuve contenant du bichromate de potasse destiné à retenir les rayons lumineux autres que le jaune ;

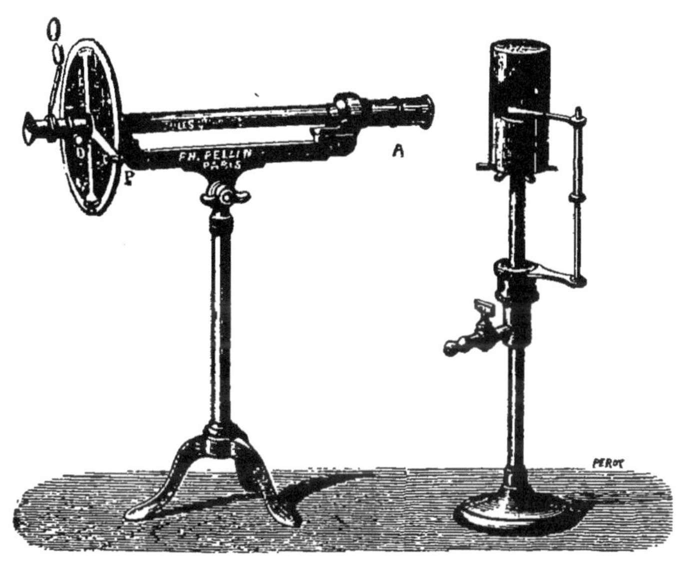

Fig. 102

(Ph. Pellin. — Avec 3 tubes 275 fr.)

2° L'analyseur O, ou prisme de Nicol, qui sert à compenser la déviation de la lumière polarisée après son passage à travers le liquide ; derrière le nicol est fixé un cadran denté P, portant deux divisions, l'une en centièmes à la partie supérieure, l'autre en demi-degré d'arcs à la partie inférieure. Sur ce cadran se meut, au moyen d'un pignon, une double alidade avec verniers, sur laquelle est fixé le nicol, qui tourne en même temps que l'alidade ; en avant du nicol se trouve une lunette de Galilée permettant d'amener à l'œil l'image nette du disque, suivant la vue de l'opérateur ; sur cette lunette est fixée une loupe qui facilite la lecture des divisions sur le cadran.

3° Un tube métallique terminé par deux glaces maintenues par un serrage et dans lequel on introduit la solution à essayer ;

4° L'appareil d'éclairage à lumière monochromatique (à une seule couleur) ; il se compose d'un tube Bunzen brûlant à bleu (le bleu et le violet sont arrêtés par le bichromate) dans la flamme duquel on introduit une cuiller en platine contenant du chlorure de sodium fondu, la flamme est jaune. Lorsqu'on n'a pas le gaz à sa disposition, on se procure l'éolipyle à lumière monochromatique qui peut être joint à l'appareil.

Pour faire un essai avec cet appareil, on prépare l'eau sucrée comme je l'ai dit précédemment pour les sucres, ou comme il sera dit pour les vins, à l'article *Falsifications par les Vins de Raisins secs*, et on l'introduit dans le tube ; pour cela, on dévisse les deux extrémités, on nettoie les glaces, puis on en remet une en place et on met le tube vertical ; on le remplit de liquide de façon à dépasser un peu et on fait glisser la seconde glace sur le bord du tube, de manière à rejeter l'excès de liquide ; il ne doit pas y avoir de bulles d'air dans le tube ; on visse alors la seconde armature et on place le tube horizontalement entre l'analyseur et le polariseur, puis on allume le gaz et on place la cuiller de platine afin d'obtenir le maximum de lumière. On place l'œil devant la lunette de Galilée et on l'avance ou le recule jusqu'à ce qu'on voie très nettement la ligne de séparation des deux demi-disques. Alors on voit un des disques noir ou sombre, tandis que l'autre est éclairé et jaune ; on tourne alors le bouton P jusqu'à ce que les deux disques aient la même teinte d'ombre, ou plutôt de pénombre, car, tandis que la partie très sombre s'éclaircit, l'autre partie s'assombrit un peu ; le point exact est donc l'égalité de pénombre des deux demi-disques. Le zéro de l'appareil se fait avec de l'eau distillée, de la même manière. il doit être fait à chaque série d'essais, avant et après.

Lorsqu'on a obtenu l'égalité de pénombre, on lit sur le cadran, au moyen de la loupe, et l'on a de suite la quantité de sucre pur pour cent du sucre brut. Cet appareil est ordinairement gradué pour 16 gr. 35 de sucre. On le vérifiera en pesant du sucre pur 16,35 et 16,20 et cherchant avec lequel des deux poids on obtient 100°.

Cet appareil est suffisant pour les négociants ; il donne les résultats à 2 ou 3 dixièmes de degré pour cent près, soit 2 ou 3 pour 1000.

Saccharimètre Laurent. — Le saccharimètre Laurent est à peu près le même que celui qui vient d'être décrit ; il possède certaines modifications qui le rendent plus pratique, et, par sa construction, on obtient des résultats plus précis ; on trouve le résultat à 1/10 °/₀ près, soit 1 pour 1000.

Cet appareil (fig. 103) comprend un polariseur rendu plus puissant et plus pratique ; en B se trouve une lentille qui concentre la lumière sur le polariseur ; derrière se trouve la cuve de bichromate de potasse ; deux leviers, J et K, permettent de modifier la position des verres du polariseur, de façon que l'on puisse obtenir le maximum de lumière dans les liquides trop colorés ; avec cette disposition, on peut voir au travers des liquides qu'on ne peut examiner dans l'autre saccharimètre. Le tube est le même, sauf que la fermeture est à baïonnette et que les glaces sont maintenues par un ressort. L'analyseur a la même disposition extérieure : un cadran gravé à engrenage, sur lequel se meut l'alidade, au moyen d'un bouton denté G ; une loupe L permet de voir le cadran éclairé par un petit miroir, M qui reçoit la lumière de l'appareil, ce qui permet d'opérer dans l'obscurité. O est l'oculaire et K la lunette de Galilée ; en F est un bouton qui permet de mettre l'appareil au zéro exact.

Le brûleur a une disposition spéciale que la figure explique suffisamment : en V l'ouverture pour l'entrée de l'air du tube Bunzen et en A la cuiller de platine ; on fait aujourd'hui des brûleurs doubles, c'est-à-dire deux brûleurs semblables à celui du dessin accolés l'un derrière l'autre ; ce brûleur est compris dans le prix ci-dessus.

Fig. 103.
(Dujardin. — Avec 3 tubes, 385 fr.)

La vérification du zéro et l'essai des liquides se fait de la même manière que pour l'appareil précédent.

Saccharimètre à pénombres et à lumière blanche Pellin. — Cet appareil (fig. 104) a pour but de remédier à toutes les causes d'erreurs ou de difficultés que l'on rencontre dans les essais des liquides sucrés. Suivant que les liquides sont plus ou moins concentrés, il est quelquefois nécessaire de les étudier sous des épaisseurs diverses ; elles peuvent varier de 10 à 15 centimètres dans ce saccharimètre, par suite de la facilité qu'on a d'éloigner ou de rapprocher le polariseur de l'analyseur, au moyen des glissières BB sur la règle A ; on peut ainsi, soit placer des tubes de longueurs voulues, soit placer un ou deux tubes ordinaires HH, l'un derrière l'autre. L'analyseur D, avec sa loupe F, son miroir G et son alidade E, est le même que celui du saccharimètre Duboscq ; il en est de même du polariseur C ; le brûleur L est changé de forme.

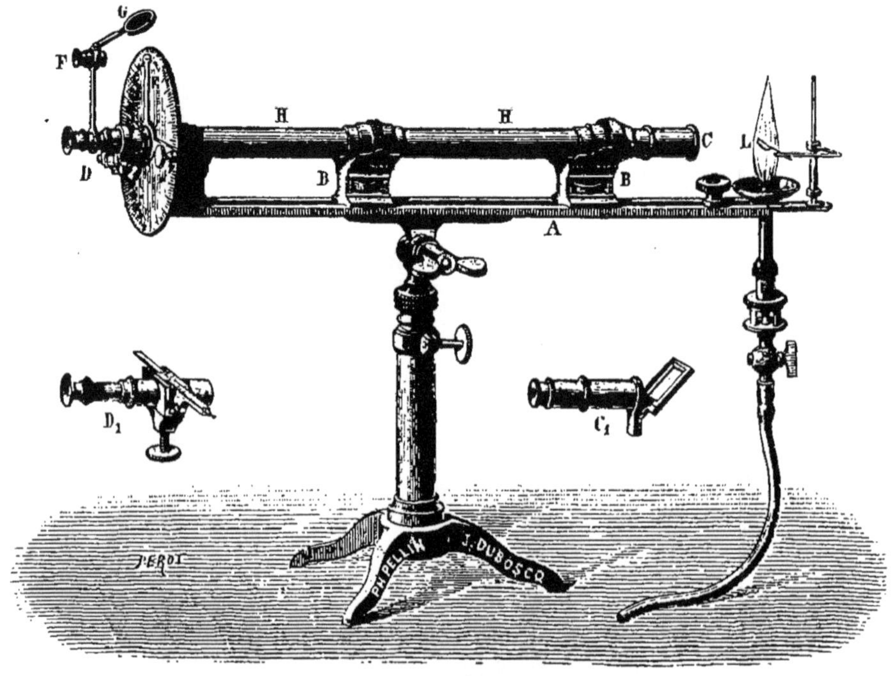

Fig. 104.

(Ph. Pellin. — Avec tous ses accessoires, 650 fr.).

Cet appareil peut se transformer en saccharimètre Soleil-Duboscq, au moyen de l'analyseur D^1 et du polariseur C^1 ; on peut donc se servir soit de la lumière monochromatique, soit de la lumière ordinaire.

Saccharimètre à franges et à lumière blanche T. et A. Duboscq. — Cet appareil se distingue essentiellement des précédents en ce sens qu'on ne cherche plus l'égalité de teinte de deux demi-disques, mais la coïncidence exacte de deux lignes verticales se mouvant sur un plan horizontal. Dans cet appareil, il a été fait usage du polariscope de Sénarmont, dont on a modifié les angles pour obtenir plus de sensibilité ; il est formé de deux systèmes égaux et inverses, composés chacun de deux prismes en quartz, taillés perpendiculairement à l'axe et de rotation contraire ; il est placé entre deux Nicols ; à l'extinction, on observe deux franges noires et droites (fig. 105) situées exactement dans le prolongement l'une de l'autre ; à ce moment, la rotation du plan de polarisation est nulle.

Si on introduit une substance douée d'un pouvoir rotatoire, les franges sont déplacées en sens inverse l'une de l'autre (fig. 106) et pour les ramener en ligne droite il faudra ajouter une quantité du quartz déviant en sens contraire jusqu'à équilibre du pouvoir rotatoire de la substance interposée; ce résultat est obtenu par le jeu des lames prismatiques d'un compensateur en quartz; le nombre de divisions parcourues par le compensateur donnera le tant pour cent de sucre.

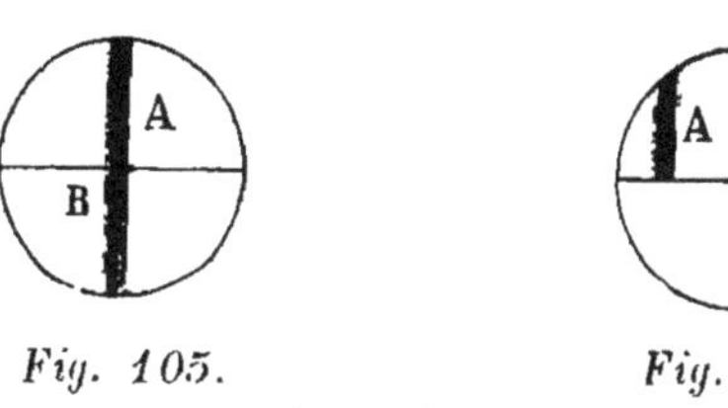

Fig. 105. *Fig. 106.*

(A. Dubosq.)

L'appareil (fig. 107) se compose d'une lentille, *l*, servant à éclairer uniformément tout le champ du polariscope, d'un polariseur Foucault F, un polariscope Sénarmont S, placé actuellement à la suite de la lame d'équilibre *p*, les franges ne traversant plus la colonne liquide conservent alors toute

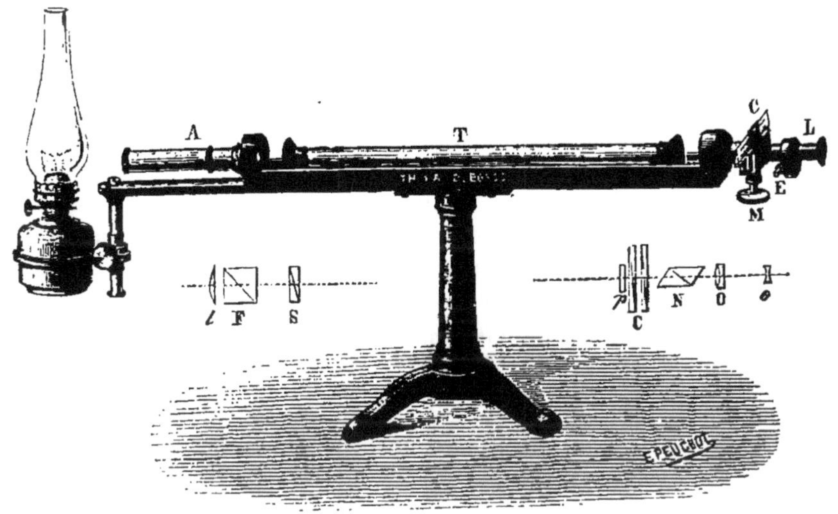

Fig. 107.

(A. Duboscq. — Appareil avec la lampe et 3 tubes, 465 fr.)

leur netteté; ces diverses pièces sont contenues dans la monture A. L'analyseur se compose d'un compensateur C à lames prismatiques en quartz gauche; de lames *p* à faces parallèles en quartz droit équilibrant au point zéro la somme des épaisseurs des lames prismatiques en quartz gauche ; d'un Nicol analyseur N et d'une lunette de Galilée O *o*. Le compensateur est mis en mouvement par le bouton M, ce qui fait marcher l'échelle divisée; enfin une vis de réglage E permet de ramener l'appareil au zéro.

Les liquides se préparent exactement comme pour les autres saccharimètres. Le zéro est exact lorsque les deux lignes de franges sont exactement dans le prolongement l'une de l'autre. Lorsqu'on place le liquide sucré les franges se déplacent, on les ramène à leur position en tournant le bouton M, on lit alors sur l'échelle le nombre de degrés parcourus. Cette échelle porte deux divisions; celle de dessous correspond au centième de millimètre d'épaisseur de quartz; celle de dessus correspond à 16gr20 de sucre pur dans 100cc d'eau.

Le chiffre de 16gr20 a été trouvé par MM. A. Girard et V. de Luynes.

Ce saccharimètre, tout nouveau, mérite une attention particulière en ce sens qu'il évite beaucoup de causes d'erreurs et de difficultés. Il évite l'emploi de la lumière monochromatique, assez difficile à obtenir suffisamment éclairante ; l'observation est rendue très facile, même aux personnes atteintes de daltonisme. Il est indifférent à la compression ou à la trempe des glaces formant les tubes de Saccharimètres.

Tubes de Saccharimètres. — Les tubes de saccharimètres sont de trois sortes :

1° Le tube *Soleil-Duboscq* est un cylindre métallique de 20 cm. de long, très exactement (1 millim. de longueur égale 0,5 °/₀), d'un diamètre intérieur de 1 centimètre environ, aux deux extrémités bien perpendiculaires à l'axe on applique deux galets ou glaces en verre cristal taillés, sous une épaisseur mathématiquement égale dans toutes ses parties ; on les maintient appliquées au moyen d'une rondelle de cuir ou de caoutchouc, serrée par une bonnette à vis. Indépendamment de la construction des verres, il y a une cause d'erreur due au serrement des glaces. Si on ne serre pas assez, le liquide a une longueur plus grande que 20cm ; si on serre trop on déforme les glaces, qui forment lentilles; les résultats sont faussés.

2° *Le tube Ch. Bardy* a pour effet de remédier à ces inconvénients, au lieu de la rondelle de caoutchouc se trouve un ressort de laiton et au lieu de la vis, une fermeture à baïonnette; cette disposition remédie, en effet, à la plus grande partie des erreurs.

3° *Le tube Viard*, annoncé par le *Journal des Fabricants de sucre* le 3 janvier 1877, et décrit pour la première fois dans l'ouvrage de MM. H. Pellet et G. Sencier, « La Fabrication du sucre », 1883, se compose d'un demi-cylindre, en verre ou en métal, ouvert sur toute sa longueur, la partie cylindrique formant auget. Les deux extrémités sont formées par deux glaces en demi-cercle, bien calibrées et fixées à demeure par un vernis et une armature métallique qui sert également de support au tube. Les verres étant fixés, une fois pour toutes, il n'y a pas à craindre les déformations par suite de serrage.

Pour se servir de ce tube, on le pose simplement sur le saccharimètre et avec un verre à bec on verse le liquide dedans jusqu'à la partie supérieure de l'auget; on fait alors la lecture saccharimétrique. L'essai terminé, on prend le tube par le milieu, on l'enlève horizontalement et on renverse le liquide dans le verre. Le tube est ensuite porté sous un courant d'eau où il se lave seul; il ne reste plus qu'à l'essuyer avec un linge fin pour recommencer une autre opération. M. Ph. Pellin s'est chargé de la construction et de la vente de ce tube.

Recherche du Sucrage.

Lorsque le sucrage a été fait dans les conditions pour lesquelles il a été créé, c'est-à-dire pour suppléer simplement au manque de sucre dans le moût, par suite des saisons défectueuses ou d'un climat trop froid, il est impossible de reconnaître le sucrage.

Si on a sucré le moût pour rendre le vin plus alcoolique que la bonne moyenne des vins d'une contrée, on peut arriver à déterminer le sucrage par l'analyse complète de ce vin comparé à un vin du même cépage, du même pays et de la même année. L'alcool, la glycérine et l'acide succinique seront en proportions plus fortes, comparativement aux autres éléments, que pour un vin naturel. Les sels insolubles dans l'alcool auront diminué, comme pour le vinage.

Enfin, si on a ajouté de l'eau sucrée, il y a mouillage et dès lors cette recherche se classe aux falsifications.

Lorsque le sucrage a été mal proportionné ou mal dirigé, il reste une certaine dose de sucrose et de glucose dans le vin.

Pour rechercher ces sucres dans le vin, on peut décolorer 125^{cc} de vin en le mélangeant à 20^{cc} de noir animal purifié ou même en traitant 100^{cc} de vin, ajoutant du sous-acétate de plomb, du sulfate de soude et filtrant. On passe au polarimètre; dans le second cas il faut tenir compte de la dilution apportée par les agents clarifiants. Comme on arrive ordinairement à 110^{cc} on ajoute 1/10 du résultat trouvé.

Si on opère la décoloration avec le noir on n'obtient pas le même résultat que si on opère avec le sous-acétate de plomb ainsi que l'a démontré M. Portes sur des vins d'Algérie; par le sel de plomb il a obtenu — 2,5 à 0° et par le noir animal de 0,6 à + 1,5; les différences entre les deux méthodes varient de 0,1 à 2,3.

Lorsque l'on a constaté la présence d'une certaine déviation droite, on dose le sucre par la liqueur de cuivre; on invertit le sucre de canne et on dose à nouveau le sucre, comme je l'ai dit au Dosage du sucrose. On peut également suivre le procédé Bishop. (Falsifications, Sucres glucosés.)

J'ai fait quelques essais, sur lesquels j'appelle l'attention des chimistes, pour l'examen de la couleur des vins sucrés et j'ai constaté dans beaucoup de cas que le sucrage modifiait les réactions de la couleur des vins, surtout lorsque le sucre avait été dilué dans l'eau.

Le tableau suivant donne les essais sur des raisins de Saumur, cépage Carbenet :

RÉACTIFS	VIN NATUREL	100 K. RAISINS et Eau sucrée pour 225 litres	70 K. RAISINS et Eau sucrée pour 225 litres
Couleur.	Jaune pâle.	Rosé.	Jaune roux.
Ammoniaque au 100^c	Un peu jaune.	Forte couleur rouge brique.	Gris rose prononcé.
— pure.	Jaune roux.	Terre sienne claire.	Terre sienne claire.
Laine Viard sèche.	Gris jaune sensible.	Gris jaune rose sensible.	Gris rosâtre peu visible.
Soie — —	Gris rosâtre peu sensible.	Gris rose.	Un peu rose.
Laine Bastide.	Jaunit fortement.	Jaune roux fort.	Jaune roux.
Soude normale.	Gomme-gutte.	Orangé marron.	Gris roux marron.
Bicarbonate de soude	Pointe jaune rosé.	Rose prononcé.	Gris rose.
Carbonate de soude 200^c.	rien	Rose violacé faible.	Pointe rose violet.
Carbonate à l'ébullition.	id.	Plus rose sans violet	Couleur brique.
Potasse à 3°.	Gomme-gutte.	Orange.	Orangé.
Eau de chaux.	Jaunit un peu.	Faible pointe lilas.	Rose prononcé.
Protosulfate de fer.	Jaunit.	Change pas.	Change pas.
Eau bromée.	Verdit un peu.	Verdâtre.	Beau vert.
Alun de fer.	Jaune d'or.	Vert jaune.	Jaune vert.
Perchlorure de fer.	Jaune.	Gris vert jaune.	Jaune d'or pointe verte.
Carbonate de magnésie.	Très faible teinte rougeâtre.	Rose très sensible.	Rose pâle.

Les autres réactifs ne donnent aucune différence.

Les essais suivants ont été faits sur des raisins rouges de Saumur, cépage Carbenet, cuvés avec 1/4 des rafles.

RÉACTIFS	VIN NATUREL	SUCRÉ	MOUILLÉ et SUCRÉ
Ammoniaque au 100^c	Bleu vert.	Gris bleu vert.	Vert.
— pure.	Beau vert.	Vert jaune fond brun.	Vert jaune fond brun
Laine Viard, sèche.	Gris rougeâtre.	Gris jaunâtre.	Gris jaune rouge.
Soie — —	Couleur brique.	Incolore.	Rosâtre.
Laine Bastide.	Lie vin foncée.	Lie vin rosée.	Rose.
Soude normale.	Vert jaune.	Vert jaune.	Gris brun clair.
Carbonate soude 200^c	Gris bleu pâle.	Gris bleu pointe verte	Violet pâle.
à Ebullition.	Gris roux.	Gris roux.	Gris roux pâle brique
Potasse à 3°.	Gris vert jaune.	Vert jaune.	Gris vert.
Eau de chaux.	Vert jaune.	Gris jaune roux.	Gris rouge brique.
Bicarbonate de soude	Gris bleu violet.	Gris bleu violet.	Gris violet.
Acétate de cuivre.	Bleu noir.	Bleu azur sombre.	Gris bleu azur clair.
Perchlorure de fer.	Terre de sienne.	Terre de sienne.	Gris orange.
Carbonate de magnésie.	Violet très pâle.	Violet très pâle.	Violacé pâle.

Enfin, je donnerai seulement les essais faits sur des raisins Alcantino, cuvés avec la rafle et sucrés.

RÉACTIFS	VIN NATUREL un peu sucré.	RAISINS ET 2/3 eau sucrée.	VIN DE 2e CUVÉE
Ammoniaque au 100e	Vert chêne.	Gris bleu.	Gris vert fond marron.
— pure.	Vert bleu.	Bleu.	Vert pointe de roux.
Laine Viard, sèche.	Un peu gris jaune.	Gris teinte brique.	Gris jaune.
Soie — —	— rose.	Gris pointe rose.	Gris sombre rosé.
Soude normale.	Vert bleu.	Bleu.	Gris vert fond marron.
Potasse à 3°.	Gris bleu vert.	Gris bleu vert.	Roux foncé gris verdâtre.
Teinture de savon.	Groseille pointe violette.	Pointe violette.	Rose léger.
Laine Bastide.	Lie de vin.	Rose foncé.	Lie de vin pâle.
Bicarbonate de soude.	Gris vert.	Bleu violet.	Gris rose brique.
Carbonate de soude au 200e.	Gris bleu vert.	Gris bleu.	Pointe rouge brique.
Carbonate à l'ébullition.	Gris un peu roux.	Gris vert bleu devient lilas.	Brique tirant sur marron.
Eau de chaux.	Gris vert bleu.	Gris vert pointe roux.	Roux foncé
Acétate de cuivre.	Bleu azur sombre.	Bleu azur sombre.	Vert tendre.
Perchlorure de fer.	Terre de sienne.	Orange vif.	Orangé.
Carbonate de magnésie.	Violet très pâle.	Gris violet pâle.	Rose lilas.

Si je me suis étendu sur ce sujet, c'est qu'il me paraît très important de démontrer que le sucrage a pour résultat de modifier la couleur du vin ; le vin sucré, sans addition d'eau, présente peu de différence, quoique sensible, mais si on ajoute de l'eau et du sucre les différences sont alors très accentuées ; ce qui peut permettre de reconnaître ces vins.

Entre les vins rouges cuvés sans râfles ou avec les râfles on obtient, avec quelques réactifs, des différences assez sensibles.

Cépage Carbenet	sans râfles	avec 1/4 râfles
Ammoniaque au 100°	vert bleu	bleu vert.
— pure	gris vert bleu	beau vert
Laine Viard, sèche	gris très faible	gris rougeâtre
Soie —	id.	rouge brique sensible.
Laine Bastide	lie de vin	lie vin foncé
Soude normale	bleu	bleu vert
Potasse à 3°	vert pointe marron	gris vert jaune.
Teinture de savon	rose pâle	groseille violacé
Bicarbonate de soude	gris bleu	gris bleu violet
Carbonate de soude au 200°	gris bleu vert	gris bleu pâle
— à l'ébullition	jaune roux	gris roux
Eau de chaux	id.	vert jaune
Perchlorure de fer très étendu	marron orangé très vif	terre de Sienne

VINAGE

Le vinage est l'addition d'alcool aux vins ainsi que nous l'avons vu à la Vinification.

La première question qui s'impose est de savoir si on doit ajouter aux vins des alcools de vin ou des alcools d'industrie. Cette question n'a pas encore reçu de réponse, car c'est une des plus compliquées de la chimie vinicole.

La complexité de cette étude a encore augmenté depuis la découverte de quantités notables de produits dangereux dans les eaux-de-vie naturelles.

On se demande donc, actuellement, s'il ne vaut pas mieux viner avec des alcools d'industrie absolument neutres qu'avec les alcools de vin non purifiés.

Grâce aux procédés que l'on a découverts dernièrement, on arrive à obtenir des alcools d'industrie ne contenant aucun principe nuisible ; ce résultat est dû en partie aux appareils de distillation qui sont arrivés à un grand degré de perfection.

A ce point de vue, on peut dire que Savalle père a été le rénovateur de la distillerie ; les appareils primitifs de distillation ont été modifiés constamment, à leur avantage, par la maison Savalle et Cie, de Paris, et s'il y a d'autres appareils perfectionnés, on constate que leurs inventeurs se sont inspirés des découvertes de Savalle père. Les distillateurs auront intérêt à lire le livre de D. Savalle (Masson, éditeur), « Les Distilleries ». Ils y trouveront des appareils transportables, économiques et produisant le maximum d'alcools parfaits, au point de vue de la pureté et du goût,

Il y a un fait, malheureusement bien établi, c'est que, aujourd'hui, on tend de plus en plus à l'alcoolisme. Depuis la diminution de la production du vin en France, le peuple s'est mis à boire de l'eau-de-vie, ce qui, d'après tous les rapports médicaux est beaucoup plus dangereux.

Si on ne peut enlever les produits toxiques contenus dans les eaux-de-vie naturelles, il faut tout au moins empêcher qu'on en introduise d'autres par les alcools industriels impurs.

RECHERCHE DE LA PURETÉ DES ALCOOLS EMPLOYÉS POUR LE VINAGE

La recherche des impuretés des alcools a été l'objet de nombreuses études dans ces dernières années ; un grand nombre de procédés ont été indiqués ; des travaux très sérieux ont établi la présence de produits impurs dans les alcools de vins, et enfin, la valeur toxique des impuretés a été établie.

Il est assez facile de déceler les impuretés dans les alcools nature ; mais lorsque ces alcools ont été introduits dansles vins, cela devient presque impossible puisqu'on ne sait plus si ces produits dangereux sont naturels ou ajoutés ; sauf quelques-uns qu'on ne rencontre pas dans les eaux-de-vie, rhums ou tafias.

Dans ce cas, il n'y aurait que le dosage des impuretés toxiques qui pourrait donner une indication.

Les travaux qui ont été entrepris pour déterminer la présence et le dosage des produits toxiques dans les alcools naturels sont assez nombreux ; je vais en donner le résumé.

M. Isidore Pierre (1879, J[l] de Ph et Ch., t. 29, p. 22) indique qu'il trouve dans les produits de tête : de l'aldéhyde, de l'éther acétique et de l'alcool propylique ; et dans les produits de queue : les alcools propylique, butylique et amylique, les huiles essentielles et des produits poivrés.

En 1886 (Comptes-Rendus, 25 janvier), M. Ordonneau a trouvé dans les produits de queue des alcools d'industrie, de l'alcool propylique, les alcools amyliques, actif et inactif, de la pyridine (alcaloïde bouillant à 180-200°), de l'alcool isobutylique, sans trace d'alcool butylique normal, au contraire des alcools de vins qui en renferment.

Lorsqu'une mélasse est traitée par la levûre de bière, il se produit de l'alcool isobutylique ayant une odeur désagréable et lorsqu'elle fermente sous l'action du ferment elliptique, il se forme de l'alcool butylique.

D'après lui, le bouquet véritablement vineux des eaux-de-vie de vin est dû à un corps en trop petite quantité pour être dosé ; ce paraît être un terpène bouillant à 178° et dont les produits d'oxydation caractérisent les vieilles eaux-de-vie ; il est plus abondant dans les vins blancs.

L'analyse complète d'une eau-de-vie de Cognac authentique, ayant 25 ans de bouteille, lui a donné, par hectolitre :

Aldéhyde acétique	3 gr.
Ether	35
Acétal	»
Alcool propylique normal	40
— butylique —	218,6
— amylique	83,8
— hexylique	0,6
— heptylique	1,5
Ethers propionique, butyrique, caproïque, etc	3,0
— œnanthique, environ	4,0
— Bases, amides	»

L'alcool butylique bouillant à 116-118° est le produit le plus important ; l'alcool amylique, à la dose ci-dessus, ne paraît pas pouvoir donner mauvais goût.

M. Morin (1887, Comptes-Rendus, t. 105, p. 1019) a donné l'analyse d'une eau-de-vie faite avec des vins sains de la Charente et comparativement les résultats obtenus de la fermentation du sucre par la levûre elliptique.

	100 litres eau-de-vie	100 kgr. de sucre
Aldéhydes	traces	traces
Alcool éthylique	50.837gr	50.615gr
— propylique normal	27,17	2
— isobutylique	6,52	1,5
— amylique	190,21	31,0
Furfurol, bases,	2,19	néant
Huile odorante du vin	7,61	2,0
Acides acétique et butyrique	traces	»
Glycol isobutylique	2,19	»
Glycérine	4,38	»

M. Ivison O'Neale (Comptes-Rendus, 1887, Décembre 19) démontre que la présence du furfurol dans les vins et eaux-de-vie est due à la carbonisation des fûts neufs destinés aux vins et aux alcools.

En 1889, *M. Sell* (Zeitschrift p. spiritus industrie, p. 19) a dosé l'alcool amylique dans les eaux-de-vie du commerce allemand, en centimètres cubes par litre : Alsace, 0,256, Westphalie, 0,159. Posnanie, 0,146, Rhin, 0,133, Poméranie, 0,106, Saxe, 0,087, Bavière, 0,086, Province de Saxe, 0,006. Ces alcools sont évidemment fraudés et plus ou moins dangereux.

En 1888, *M. Lindet* (Comptes-Rendus, t. 106, p. 280), signalant la méthode de dosage des bases, dans les alcools, de M. Ordonneau, indique qu'il les dose par la méthode Kjeldahl et donne les chiffres suivants :

	En milligrammes, par litre	
	Ammoniaque	Bases
Eau-de-vie de vin	1,29	5,48
— cidre	1,35	5,74
— marc de raisin	1,40	5,95
Rhums	2,54 à 5,30	10,79 à 22,52
Flegmes de grains traités par les acides	0,58	2,50
— — le malt	0,40	1,70
— betteraves	0,84 à 2,86	3,57 à 12,15
— topinambours	0,93	3,95
— mélasses	16,23 à 23,05	68,98 à 97,96

En 1890 (Comptes-Rendus, t. 111, p. 236), il signale la présence du furfurol dans les alcools commerciaux ; ce corps n'est pas produit par la fermentation normale ; il est dû à la distillation à feu nu ou à l'action des sels minéraux.

Les flegmes industriels obtenus par saccharification avec les acides minéraux contiennent de 0cc,1 à 0cc,06 de furfurol par litre ; les flegmes saccharifiés par la diastase 0,01 (ce qui est causé par la fermentation lactique). Les flegmes de betteraves, topinambours, pommes de terre, travaillés de façon à éviter le furfurol n'en contenaient pas.

Toutes les liqueurs alcooliques que l'on produit par la distillation à feu nu contiennent du furfurol ; l'eau-de-vie de Cognac 0cc,2 par litre ; l'eau-de-vie de cidre 0cc03 ; l'eau-de-vie de marcs de 0,1 à 0,4 ; la bière distillée n'en contient pas.

Quelques temps après (t. 112, p. 102 et 664) il revient sur cette question et démontre que les alcools supérieurs ne sont pas les produits de la fermentation alcoolique normale. Dans un moût de grains, la production de ces alcools, lente au début, devient des plus actives après la fermentation alcoolique terminée. Cette production doit être due au développement d'un organisme microscopique, étouffé d'abord par la levûre et qui reprend son action lorsque la levûre n'a plus d'aliment. Il faut donc éviter la fermentation complémentaire. Il se produit d'autant plus d'alcools supérieurs que la température est plus élevée et qu'on ajoute moins de levûre.

Enfin, *M. Mohler*, en 1891 (Comptes-Rendus, t. 113, p. 53), déclare que les eaux-de-vie artificielles contiennent de 3 à 10 fois moins de produits étrangers que les eaux-de-vie naturelles.

M. A. Riche a déterminé (1889, Jl. de Ph. et Ch., t. 19, p. 43) les doses toxiques moyennes des différents corps contenus dans les vins et eaux-de-vie, par kilogr. du poids du corps de l'animal ; ces alcools étant, soit à l'état de dilution, soit à l'état pur ; le poids donné est le maximum nécessaire pour produire l'empoisonnement.

	Dilution	Etat pur
Alcool éthylique ou vinique	7,75	8,00
— butylique	1.25	2,00
— amylique	1,10 à 1,50	1,70
— méthylique pur	7,00	»
— œnanthylique	»	8,00
— caprylique	»	7,75
— propylique	3,75	3,90
— isopropylique	3,70 à 3,80	
Aldéhyde acétique	1,00 à 0,25	
Ether acétique	4,00	
Esprit de bois ordinaire	5,75 à 6,15	
Acétone	5,00	
Glycérine	8,50 à 9,00	

Au premier rang des poisons on doit mettre les huiles ou bouquets ; au deuxième le furfurol et toutes les essences pour imiter les liqueurs.

Je viens de démontrer par ces nombreux extraits que les eaux-de-vie de vins naturels contenaient des produits toxiques ; il est donc impossible, par la simple recherche, de caractériser une eau-de-vie, c'est-à-dire de savoir si elle a été mélangée d'alcool impur.

Le dosage de ces corps serait le seul mode de recherche et encore faudrait-il que ces alcools fussent absolument impurs.

Le seul moyen efficace d'empêcher la consommation des alcools d'industrie impurs est de ne pas en tolérer la vente.

Dans la préparation des alcools d'industrie, ce qui passe en premier lieu à la distillation a une odeur et un goût infects ; ce sont les corps les plus volatils, éthers et aldéhydes ; ces produits ont été nommés : *mauvais goût de tête* ; vient ensuite le *moyen goût de tête* puis *l'alcool neutre* ou *alcool fin* : à la fin on obtient le *moyen goût de queue* et le *mauvais goût de queue,* contenant les alcools supérieurs ; enfin un liquide huileux, dit *huiles essentielles,* très chargé en alcools supérieurs. On ne doit livrer au commerce que les alcools neutres.

En 1888, une commission, nommée par le Sénat, rapporteur Léon Say, a conclu à la défense absolue de livrer à la consommation des alcools impurs. La méthode d'analyse de Röse a été choisie de préférence à toutes les autres. Il est dit que tout alcool donnant plus de 2 millièmes d'impuretés à l'essai Röse sera exclu de la consommation.

Donc le procédé Röse est le premier à employer, mais il ne faut pas négliger les autres procédés qui, s'ils ne donnent pas toutes les indications voulues, offrent néanmoins des renseignements très précieux, tel est le procédé Savalle.

Procédés basés sur les propriétés physiques des impuretés.

Dégustation. — Les palais bien exercés peuvent, dans beaucoup de cas, reconnaître si l'alcool provient des grains, de la betterave, de la mélasse, du marc ou autres produits, mais ce n'est qu'une probabilité, ce n'est pas une preuve.

Pour déguster un alcool il faut le diluer de manière à l'amener à 45° au plus ; on perçoit mieux le mauvais goût si on l'amène à 20-25°.

On coupe avec de l'eau, on agite et laisse reposer pendant 1 ou 2 heures, au moins.

Il y a trois phases dans la dégustation : 1° le liquide envahit la bouche, touche aux papilles de la langue et du palais ; 2° il pénètre dans l'arrière-gorge et l'œsophage ; 3° quelques instants après qu'il est avalé. Mais pour la dégustation d'essai, on se contente de la première phase ; on emplit la bouche avec le liquide, on l'y maintient quelques instants pour bien imprégner, puis on l'expulse.

Voici quels sont les effets des différents alcools dans les trois phases de la dégustation, d'après Lebeuf (Travail des Boissons), sur les alcools à 40°.

Alcool de betteraves : 1° saveur nulle ; 2° goût fade ; 3° caractéristique désagréable, rappelant la betterave cuite ; dure quelques minutes, envahit la bouche, la gorge, et notamment la partie antérieure de la langue ; quelques alcools ont une légère saveur d'éther nitrique ou d'amandes amères.

Alcool de grains : 1° sentiment de sécheresse, saveur nulle ; 2° saveur légèrement éthérée et sèche ; 3° odeur et saveur caractéristique rappelant parfois celle du gluten, peu persistante.

Alcool de riz : 1° saveur douceâtre assez agréable ; 2° goût léger, éthéré, parfois nul ; 3° goût un peu fade et caractéristique du riz, peu persistant.

Alcool de pommes de terre : 1° saveur instantanée de sécheresse, rèche ; 2° goût particulier, éthéré, léger et amer ; 3° goût dit de fusel ou de cuivre, plus ou moins empyreumatique, très persistant, désagréable ; sentiment de sécheresse, presque de causticité.

Alcool de cannes à sucre : 1° un peu douceâtre ou sucré ; 2° assez agréable, quoique un peu fade ; 3° goût rappelant la mélasse de canne à sucre, un peu le cuir de Russie et le goudron, très persistant, léger, stypique, aromatique et empyreumatique.

Alcool de cidre : 1° douceâtre ; 2° goût d'éthers nitrique et butyrique, assez caractérisé ; 3° goût plus prononcé, persistant, rappelant la pomme avancée ou pourrie et laissant un sentiment de sécheresse à la gorge.

Alcool de bière : 1° douceâtre ; 2° goût léger, acidule, amer et éthéré ; 3° saveur empyreumatique et amère du houblon, sentiment particulier de sécheresse persistante.

Alcool de sorgho : 1° saveur légère, vineuse et sucrée ; 2° goût rappelant un peu celui de la plante ; 3° déboire caractéristique, saveur sèche légèrement aromatique.

Alcool de garance : 1° goût particulier, un peu éthéré ; 2° goût fade, rappelant la garance ; 3° saveur plus prononcée, très désagréable et persistante, sentiment de sécheresse.

Alcool d'asphodèle : 1° saveur sèche particulière ; 2° goût un peu douceâtre, rappelant la plante, légèrement éthéré ; 3° déboire caractéristique, particulier, désagréable, parfois empyreumatique.

Les alcools doivent être distillés pour les amener de 75 *à* 80° *et c'est sur le produit de la distillation qu'on opère les différentes réactions chimiques suivantes :*

Combustion. — On brûle l'alcool ; l'alcool de vin possède une odeur de vin cuit ; s'il y a une odeur empyreumatique, il est probable que l'on se trouve en présence d'un mélange d'alcool de grains, de parmentière ou de betterave.

Evaporation. — On verse une certaine quantité d'alcool dans le creux de la main et on frotte les deux mains l'une contre l'autre ; l'alcool bon goût laisse sur la peau une odeur agréable ; les odeurs étrangères sont facilement reconnues par les personnes qui ont l'habitude de faire cet essai.

Il est bien préférable d'imbiber un morceau de papier buvard d'un peu d'alcool à essayer, et d'agiter ce papier dans l'air pour évaporer l'alcool de vin ; les autres alcools, étant moins volatils et fortement odorants, restent sur le papier. (Baudrimont).

Procédé Hager. (Pharm. Centralblatt, 1881). Il amène l'alcool à 60° et l'additionne d'un volume de glycérine égal au 1/10 du volume de l'alcool réel contenu dans la solution ; il fait absorber le mélange par du papier à filtre, puis laisse évaporer à l'air libre. L'odeur de l'huile essentielle retenue par la glycérine reste imprégnée dans le papier.

Procédé Husson. — On agite l'alcool avec de l'éther et on fait absorber ce mélange par du coton cardé. En abandonnant ce coton imbibé, à l'évaporation spontanée, l'odeur caractéristique de l'alcool succède à l'odeur de l'éther.

Capillaromètre Traube. (1886, Chemical News, juin 25). Antérieurement, M. Traube avait démontré que la hauteur à laquelle les solutions de corps organiques d'une même série montent dans les tubes capillaires, diminue souvent beaucoup avec un accroissement du poids moléculaire du corps dissous.

Donc, il paraissait probable qu'une très petite proportion d'alcools supérieurs devait amener une réduction de la hauteur capillaire. Des expériences ont démontré que les alcools propylique et butyrique, les aldéhydes et le furfurol réduisent l'élévation capillaire plus que l'alcool éthylique, mais moins que l'alcool amylique.

L'expérience a confirmé l'idée que des différences dans la composition des mauvais goûts n'avaient qu'une influence insensible.

Son appareil, ressemblant au liquomètre Musculus, est un tube capillaire aussi étroit que possible fixé sur une échelle divisée en demi-millimètres.

Deux pointes indiquent la surface du liquide et l'affleurement se fait au moyen d'un support mobile sur crémaillère. On aspire le liquide dans le tube capillaire deux ou trois fois ; il ne reste qu'à lire la hauteur du liquide ; ce qu'on arrive à faire, avec l'habitude, à 1/10 de millimètre près, sans loupe. Pour chaque degré centigrade au-dessus de 15°,5 il faut déduire $0^{mm},21$ de la hauteur et pour chaque degré en moins il faut ajouter cette quantité. L'échelle indique la proportion pour cent de mauvais goût.

Les alcools pour être essayés au moyen de cet appareil doivent être ramenés à 20° alcoométriques. (Pour rendre ce mouillage pratique Traube a calculé une table spéciale basée sur la densité). Une erreur de $^1/_2$ °/₀ d'alcool dans la détermination de la densité ne correspond qu'à 1/20 °/₀ de mauvais goût.

Pour examiner les eaux-de-vie il faut les distiller préalablement.

Cet appareil est fabriqué par la maison G. Gerhardt, fabricant de verrerie à Bonn.

Comme tout ce qui touche à la capillarité, cet appareil est sujet à des causes d'erreurs qui deviennent très graves dans le cas présent, c'est ce qui fait que l'auteur lui-même a, dit-on, abandonné cet appareil.

(Les lecteurs qui voudraient étudier à fond la question des impuretés des alcools trouveront dans le journal de Pharmacie et de Chimie, 1888, une suite d'articles de M. Bardy, traitant admirablement cette question et d'une façon on ne peut plus complète).

Stalagmomètre Traube. — (Berichte der deutsche Chemis Gesellschaft, 1887, t. 20). — Cet appareil n'est autre chose qu'un compte-gouttes avec une échelle établie d'une manière empirique.

Cet instrument se compose d'un tube possédant au tiers inférieur un renflement ovoïde interceptant, entre deux traits de jauge, un volume déterminé de liquide; au-dessous de ce renflement ce tube se recourbe à angle droit deux fois, ce qui forme une petite section horizontale qui présente un étranglement capillaire. L'orifice inférieur est élargi et rodé de façon à former un disque dont les dimensions ont été bien calculées pour donner un nombre de gouttes déterminées pour un liquide d'une composition donnée.

L'alcool ramené à 20 °/₀ doit avoir la même température que celle de la pièce où l'on opère.

On remplit l'appareil par aspiration de façon à atteindre le trait de jauge supérieur entre deux gouttes entières, ce qui n'est pas toujours facile ; on compte alors les gouttes du liquide qui s'écoule, entre les deux traits de jauge ; on arrive assez facilement à estimer 0,2 de gouttes. On répète l'essai avec de l'alcool pur, ramené à 20 °/₀ et on calcule par la différence du nombre de gouttes la teneur en impuretés ou huile de fusel, d'après le tableau suivant :

L'alcool contenant	% d'impureté donne	gouttes.
	0.0	100
	0.1	101.8
	0.2	103.6
	0.3	105.0
	0.4	106.3
	0.5	107.5
	0.6	108.5
	0.7	109.9
	0.8	111.5
	0.9	113.1
	1.0	114.7

La température de graduation de l'appareil est gravée sur la tige. Si la température est supérieure ou inférieure, on augmente ou on diminue le chiffre obtenu de 0,1 de goutte par 30 gouttes et par degré.

Cette méthode est peu pratique ; il est difficile d'obtenir des résultats concordants, car une poussière, un courant d'air suffisent pour produire des variations.

Procédé Uffelmann. — (1884, Chemiker Zeitung, n° 29). — Dans l'alcool à essayer on dissout de l'éther et on ajoute assez d'eau pour faire surnager l'éther qui est décanté et évaporé lentement. Le résidu, arrosé d'acide sulfurique concentré, est chauffé lentement jusqu'à coloration jaune sale que l'on examine au spectroscope. Si on continuait à chauffer, le liquide deviendrait rouge jaunâtre, rouge vineux, puis brun noirâtre.

Le liquide examiné au spectroscope présente la bande d'absorption de l'alcool amylique entre F et G et une seconde bande entre F et C.

Si on ajoute au liquide jaune foncé de l'eau pour le rendre jaune clair, le spectre présente les deux bandes d'absorption et si on fait bouillir, la bande F G se fonce et l'autre bande n'est plus visible qu'en C.

Ce qui ôte de la valeur à ce procédé c'est que si en dehors du füsel il y a d'autres huiles éthérées l'expérience devient trop compliquée.

Procédé Dupré. — M. Dupré a eu l'idée d'appliquer le réfractomètre Amagat à la recherche des impuretés des alcools, les indices de réfractions de l'alcool vinique et ceux des alcools supérieurs étant différents. Il ne paraît pas avoir réussi puisqu'il n'a rien publié à ce sujet.

Procédé Rose. — (1886, Viert. der Chem. der Nahr. und genus.) — Rose a observé que si on agite du chloroforme avec un mélange d'alcool vinique et d'eau, l'augmentation de la couche de chloroforme dépend de la température et de la proportion des liquides mélangés ; il en ressort que si la température reste la même, le volume du chloroforme sera en rapport avec la richesse en alcool.

Ce fait joint à la propriété, déjà utilisée, du chloroforme d'absorber de préférence les alcools supérieurs a permis à Rose d'établir sa méthode de recherche.

En effet, si on a fixé le pouvoir absorbant du chloroforme sur un mélange d'alcool et d'eau d'une densité donnée et si l'on remplace dans ce mélange une portion de l'alcool éthylique par une quantité d'un alcool supérieur, telle que la densité n'ait pas changé, le pouvoir absorbant du chloroforme est beaucoup plus grand.

Ce qui vient augmenter la sensibilité de l'expérience, c'est que l'alcool supérieur dissous exerce lui-même un effet absorbant sur l'alcool vinique et d'une manière telle que la proportion qui existe entre l'alcool amylique et l'alcool éthylique absorbé reste constante.

On peut donc doser les impuretés d'un alcool d'industrie.

Pour faire cette opération M. Rose a imaginé un appareil d'une forme spéciale (fig. 108). C'est une espèce de tube ayant deux renflements, l'un cylindrique A, l'autre pyriforme et beaucoup plus grand C, réunis par un tube B, de 1 centimètre de diamètre.

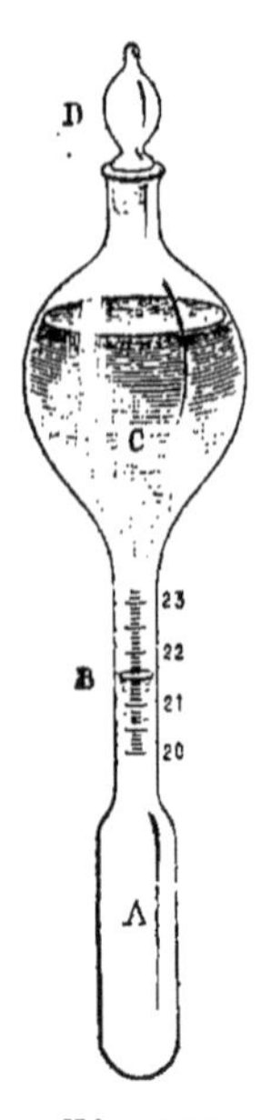

Fig. 108
(Dujardin)

Le renflement A est exactement jaugé à 20cc ; le trait de jauge se trouve sur le tube B, divisé, au-dessus de ce trait, en dixièmes de centimètre cube ; la capacité C, est d'environ 175 à 180cc ; le tube est bouché par un bouchon D, en verre rodé.

Le mode opératoire est très simple : On verse du chloroforme dans le tube jusqu'au trait 20cc et on verse ensuite 100cc d'alcool ramené à 50° Gay-Lussac.

On bouche l'appareil et on l'introduit dans un vase contenant de l'eau à 15° ; on le laisse ainsi prendre la température de l'eau ; on le retire, agite vivement et le replace dans le bain d'eau.

Lorsque la couche de chloroforme s'est bien réunie on mesure exactement son volume, d'après les indications du tube B.

Dans ses nombreuses expériences M. Rose a constaté que les nombres trouvés ne se sont jamais écartés de plus de 0,05 de la moyenne ; il a également reconnu que la couche de chloroforme augmente de deux centimètres cubes pour un centième d'alcool amylique, de 1cc pour 1 centième d'alcool propylique et de 1cc7 pour 1 centième d'alcool butylique.

Comme, dans le cas le plus ordinaire, les trois alcools ci-dessus se rencontrent dans les impuretés, l'augmentation de la couche de chloroforme sera plus faible que s'il n'y avait que l'alcool amylique.

Le coefficient du fusel de l'alcool de blé est de 1,11, d'après Rose, mais on pourrait, si c'était nécessaire, déterminer pour chaque nature d'alcool le coefficient de ses impuretés, mais pratiquement ce n'est guère nécessaire ; donc 1cc11 d'augmentation de la couche de chloroforme correspond à 1 °/₀ d'impuretés ; donc pour 2 millièmes l'augmentation doit être de 0cc,2.

Ce procédé est donc éminemment pratique ; le tube seul coûte 12 francs et le nécessaire complet avec deux tubes coûte 60 francs.

Modification Stutzer et Reitmayr. — Ils ont observé que les aldéhydes, les éthers, les acides et les extraits volatils amènent aussi une augmentation du volume du chloroforme et peuvent ainsi fausser les essais.

Pour supprimer cette cause d'erreurs, ils distillent préalablement l'alcool sur une petite quantité de lessive de soude ou de potasse caustique.

A la dilution de 50°, ils préfèrent la dilution à 30°, et pour faciliter la séparation du chloroforme et faire disparaître la pellicule qui se forme à sa surface, ils ajoutent au mélange 1cc d'acide sulfurique (d = 1,286).

Dans ces conditions, ils obtiennent, comme augmentation du chloroforme :

Alcool amylique pour cent en volume.	Augmentation du chloroforme en centimètres cubes.	0,01 d'augmentation du chloroforme correspond à °/₀ d'alcool amylique.
0.1	0.20	0.0050
0.2	0.35	0.0057
0.3	0.50	0.0060
0.4	0.65	0.0062
0.5	0.80	0.0063
0.6	0.95	0.0063
0.7	1.10	0.0064
0.8	1.25	0.0064
0.9	1.40	0.0064
1.0	1.55	0.0065

L'expérience doit être faite à la température de 15°, sinon on fait une correction, sachant que 1° de température fait varier le volume de 0cc 1 ; si la température est de plus de 15°, on déduira du volume trouvé 0cc 1 par degré, et au-dessous de 15° on ajoutera ; mais il vaut mieux opérer à la température exacte. Une table de mouillage, pour ramener rapidement les alcools à 30°, est jointe à l'appareil.

La conclusion du beau travail de M. Bardy est que la méthode Rose, avec la modification de Stutzer et Reitmayr, est le seul procédé pratique et suffisamment exact. « Les indications données par le procédé Rose sont absolument comparables à celles fournies par les méthodes chimiques ; ce procédé peut donc les remplacer toutes. »

Pour tout dire sur cette question, je citerai la critique du procédé Rose par Traube.

La méthode Rose permet à peine la détermination précise de moins de 0,1 °/₀ de mauvais goût, et, d'après les observations de Traube, sur des eaux-de-vie très impures, la proportion de 0,1 est rarement dépassée. De 12 eaux-de-vie très impures, 2 ou 3 seulement contenaient plus de 0,1 °/₀, et alors le furfurol et l'acide sulfurique pouvaient donner naissance à des erreurs.

Ces critiques n'ont pas paru sérieuses et le procédé Rose a été adopté avec la limite supérieure de 0,2 °/₀.

Procédés basés sur les propriétés chimiques des impuretés.

Nous donnerons d'abord les procédés chimiques dont le but est de produire des *odeurs* reconnaissables.

Procédé Molner (1858). — On traite 60cc d'alcool par 0gr 25 à 0gr 30 de potasse dissoute dans un peu d'eau ; on agite le tout dans un flacon bien bouché ; on évapore ensuite jusqu'à réduction de 5 ou 6 gr. et on traite le résidu par l'acide sulfurique. L'odeur caractéristique des alcools de betteraves ou de grains se développe assez franchement.

Procédé Stein. — On met du chlorure de calcium bien sec, en poudre, dans un vase à précipité ; on l'humecte avec de l'alcool à essayer ; puis on recouvre le tout d'une plaque de verre. Bientôt après, les odeurs étrangères se développent si l'alcool n'est par pur.

Procédé Kletzinsky.— L'alcool distillé sur $^1/_{25}$ de son poids de savon de soude, lui abandonne complètement l'odeur et le goût qu'il peut posséder ; on ajoute de l'eau au savon et on distille à nouveau, on sépare ainsi les huiles empyreumatiques dont on peut reconnaître la nature.

Procédé Casali. — On évapore l'alcool sur de l'acétate de soude desséché : en traitant le résidu par l'acide sulfurique, il se développe une odeur de poire ou de fraise due à la production d'éther amylacétique. On démontre ainsi la présence de l'alcool amylique.

Procédé Bertelli. — On agite 5 gr. d'alcool avec 6 ou 7 fois son poids d'eau et 15 à 20 gouttes de chloroforme ; ce dernier s'empare de l'alcool amylique ; on décante et on évapore doucement le chloroforme On reconnaît l'alcool amylique à son odeur ou en le transformant en acétate d'amyle à l'aide d'une petite quantité d'acide sulfurique et d'un acétate alcalin ; il se forme de l'éther amylacétique ayant une odeur de poire suave et caractéristique. L'auteur prétend trouver 1/2 millième d'impureté dans l'alcool; M. Bardy, au contraire, dit que cette méthode manque complètement de sensibilité.

Les procédés suivants ont pour but de produire des *colorations* avec les impuretés traitées par les réactifs.

Procédé Calam ou **Cabasse** (1861). — Ce procédé ne sert qu'à reconnaître les alcools de grains, de marcs, de betteraves ou de mélasses de betteraves, lorsqu'ils sont chargés de produits empyreumatiques.

On verse, sur de l'*acide sulfurique* étendu, trois fois son poids de l'alcool à essayer; avec les alcools ci-dessus l'acide se colore en rose ou brun, tandis qu'avec l'alcool de vin pur la teinte est à peine ambrée. La coloration se maintient sans changement pendant plusieurs mois.

Ce procédé n'a plus aucune valeur.

Procédé Savalle. — Avant 1878, M. D. Savalle, de la grande maison D. Savalle fils et Cie, inventa un appareil qu'il désigna sous le nom de *Diaphanomètre*, destiné à rechercher les impuretés des alcools d'industrie.

Fig. 109.

(D. Savalle et Cie. — 150 fr).

Sous le nom de diaphanomètre on désigne une caisse (fig. 109) renfermant tous les objets nécessaires à l'application de son procédé au moyen d'un réactif corrosif qu'il ne fait pas connaître.

Le réactif indique et dose mathématiquement le degré de pureté de l'alcool par une méthode rationnelle, en en décelant les impuretés. Ainsi que le nom de l'appareil l'indique, c'est par le degré de transparence, la *diaphanéité* conservée par l'alcool soumis à l'action du réactif qui dénonce, en les colorant, les plus petites parcelles de résidus non éliminés par la fabrication, que l'on peut indiquer sans hésiter la qualité du produit.

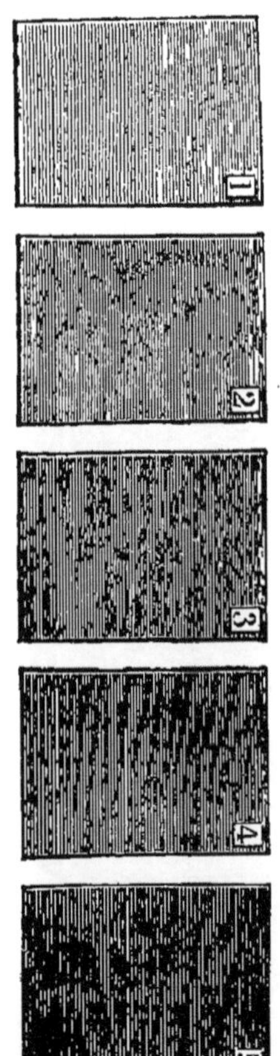

Fig. 110.

A l'aide du procédé Savalle, il n'y a plus de surprises ni de discussions possibles sur le degré de pureté de l'alcool. Le producteur titre son produit et le vend en conséquence. L'acheteur, de son côté, vérifie la valeur de ce qu'on lui fournit et refuse les alcools impurs qui ne lui conviennent pas.

Enfin, la consommation n'a plus à redouter les graves inconvénients résultant de l'assimilation dangereuse de produits impurs, les éthers et les huiles essentielles étant des poisons pour l'organisme.

Le diaphanomètre se compose d'une série de types, au nombre de 10, qui sont établis avec la plus grande précision. Ces types servent d'étalons pour la comparaison à faire avec le produit soumis à l'essai.

Les numéros 1 à 10 forment une gamme de teintes progressivement colorées, qui décèlent, par des nuances de plus en plus foncées, la quantité des impuretés.

Primitivement, pour atteindre ce but, ces types étaient chargés eux-mêmes de 1 à 10 dix millièmes d'impuretés ; de plus, ils étaient mélangés au réactif chimique qui a la propriété de teindre l'alcool selon la quantité de souillure qu'il contient. Ces dix flacons étaient cachetés et ne devaient jamais être débouchés.

Depuis, D. Savalle a modifié très avantageusement son diaphanomètre, en remplaçant les flacons qui peuvent être sujets à des variations, par des lames de verre (figure 110) établies avec une très grande précision.

La diaphanéité de chacune de ces lames correspond à celle des types remplacés et sert à établir le point de comparaison.

Les lames de verre sont évidemment inaltérables, et c'est ce qui fait leur supériorité sur les flacons.

Pour essayer l'alcool dont on veut connaître la pureté, on opère de la manière suivante : Au moyen du tube gradué, on mesure dix centimètres cubes de l'alcool et on les verse dans un ballon. On y ajoute une égale quantité de réactif qui se trouve dans un flacon spécial, puis on chauffe le mélange sur la flamme d'une lampe à alcool, en ayant soin de l'agiter constamment. Une minute suffit pour porter le liquide à l'ébullition ; aussitôt le premier bouillon jeté, on arrête le chauffage, puis on verse le tout dans une des bouteilles vides qui se trouvent dans le nécessaire, afin de pouvoir faire la comparaison de la nuance produite avec celle de l'un des types ; celui qui donne la couleur du mélange obtenu indiquera le degré de l'impureté.

Comme on le voit par ces explications, le procédé est d'une grande simplicité et d'une manipulation extrêmement rapide et facile.

Lorsqu'on opère sur des alcools de vins contenant environ 40 dix millièmes d'essences, il faut mélanger ces alcools par quart dans de l'alcool d'industrie, donnant le blanc ou, 0, à l'essai diaphanométrique, et opérer sur ce mélange. On multipliera alors par quatre le nombre de degrés d'essence indiqués par l'opération.

Pour agir sur des eaux-de-vie, il faudra d'abord en distiller une partie, et opérer cette distillation d'une façon complète, c'est-à-dire à ne rien laisser

Fig. 111.

(D. Savalle et Cie)

dans la chaudière de l'alambic ; après la distillation et pour de l'eau-de-vie à 50 degrés, le coefficient d'essences obtenu sera à multiplier par deux.

La boîte contient les types, le réactif, les flacons, les appareils et les instructions indispensables pour les essais.

Le réactif étant corrosif, il y aurait du danger à le porter à la bouche.

Pour indiquer la valeur des alcools et l'utilité de son appareil, Savalle a dressé le tableau suivant :

Le type n° 0,	alcool parfaitement incolore à l'épreuve		20	fr. en sus.
— 1	—	légèrement teinté.............	15	—
— 2	—	plus.........................	10	—
— 3	—	encore plus..................	5	—
— 4	type déposé à la Bourse, qualité indiquée par le cours.			
— 5	alcool moins coloré..................		3	fr. au-dessous.
— 6	—	—	6	—
— 7	—	—	9	—
— 8	—	—	12	—

Le diaphanomètre s'applique aux alcools du Midi comme à ceux du Nord. Il sert encore à reconnaître la pureté des eaux-de-vie.

En effet, si l'alcool de vin du Midi contient 40 dix millièmes d'éther et d'huile œnanthique, c'est-à-dire d'essence de vin, il est exempt de mélange d'alcool d'industrie.

Mais s'il se trouve additionné de moitié d'alcool d'industrie, qui titre deux dix millièmes d'impureté, le mélange n'indiquera plus que 21 dix millièmes au lieu 40. Si le même produit est additionné des deux tiers d'alcool d'industrie, il n'indiquera plus que 15 dix millièmes d'essence de vin. Dans ce cas, il y a, outre la densité de couleur obtenue par le réactif, une autre indication précieuse: les essences de vin, mélangées au réactif, produisent une teinte bien définie, toute différente de celle obtenue par l'alcool d'industrie.

Il en est de même pour les eaux-de-vie, dont chaque espèce contient assez régulièrement la même quantité d'essence œnanthique. Ce titre varie avec le mode de distillation employé; mais comme les méthodes distillatoires et le degré du produit sont les mêmes pour chaque espèce d'eau-de-vie, il en résulte que les espèces varient peu comme dosage aromatique.

Suivant la loi du progrès, ce procédé, qui est le premier ayant permis d'évaluer les impuretés des alcools, a été soumis à la critique et remplacé par le procédé Rose.

On a appris que le réactif employé était l'*acide sulfurique* pur et incolore à volume égal à celui de l'alcool.

Cette réaction n'a pas paru assez certaine au Jury de l'Exposition de 1878 pour le contrôle des produits exposés.

M. Bardy constate qu'il suffit de purifier les alcools supérieurs amylique, butylique et propylique pour qu'ils ne donnent aucune réaction colorée avec l'acide sulfurique. Cette critique ne pourrait s'appliquer qu'au cas où l'on aurait mélangé à de l'alcool vinique, les alcools supérieurs purifiés; mais dans l'industrie, les alcools mauvais goût sont toujours accompagnés d'autres substances.

D'après Traube (1887) la réaction de l'acide sulfurique est supposée se faire sur l'alcool iso-amylique. Dans ses expériences, il a démontré que l'action de l'acide sulfurique était plus forte sur les solutions alcooliques d'huile de mauvais goût que sur les solutions d'alcool amylique pur, et que les eaux-de-vie qui renfermaient moins d'huile de mauvais goût que les solutions précédentes étaient beaucoup plus colorées, et enfin qu'une partie de furfurol dissoute dans 25.000 parties d'alcool donnait une coloration plus foncée que 1 °/₀ d'alcool amylique.

Lunge, Meyer et Schulze, en Suisse ; de Reinke, Bollaender et Traube, en Allemagne, concluent à la non-valeur de ce procédé.

M. Mohler (Comptes Rendus, 1890. Juillet 21, t. 111) admet que la proportion maximum d'acide sulfurique et d'alcool doit être de 10cc chacun ; si on met plus d'acide, l'alcool pur se colore ; si on en met moins, la sensibilité est très diminuée ; les couleurs obtenues sont noir intense, noir, noir gris.

Il a dressé le tableau des quantités de divers produits donnant encore une coloration appréciable par litre d'alcool.

Furfurol, 0gr 01 ; aldéhyde isobutylique, 0,125 ; paraldéhyde, 0,125.

Aldéhydes : propionique, 0,25 ; œnanthylique et valérianique, 0,25 ; éthylique, 0,125 ; méthylol, 0,5 ; acétal, 0,5.

Alcools : Caprylique, 0,05 ; isobutylique, 0,125 ; heptylique, 0,5 ; amylique, 0,5. — Acétate d'amyle, 0,25.

Les solutions, au millième, d'aldéhyde butyrique, acétone, alcools propylique, isopropylique, butylique normal, méthylique ; les acétate, propionate, butyrate, isobutyrate, valérianate, caproate, œnanthylate, sébate, benzoate et salicylate d'éthyle ne donnent aucune coloration.

Il ne s'est donc occupé que de la réaction au 1/1000, tandis qu'avec l'appareil Rose on admet un alcool jusqu'à la dose de 2/1000.

Toutes ces questions scientifiques sont très utiles, mais la vraie question pratique serait de dire si tous les alcools déclarés impurs par la méthode Rose le sont également par le procédé Savalle, ou si ce dernier procédé en laisse échapper quelques-uns.

Dans tous les cas, il sera très utile aux experts.

Premier procédé Bang. — *Modification du procédé Savalle.* — Dans 50cc d'alcool on verse de l'*essence de pétrole*, d = 0,650 (ne se colorant pas au contact de l'acide sulfurique, ce qui est difficile à obtenir) jusqu'à ce qu'elle cesse de s'y dissoudre instantanément ; on ajoute alors un volume d'eau égal à 5 ou 6 fois le volume du mélange obtenu ; l'essence de pétrole vient flotter à la surface ; on la sépare au moyen d'un tube à robinet et on la verse dans un flacon bouché à l'émeri avec quelques centimètres cubes d'*acide sulfurique* concentré, on agite et on laisse reposer. Les moindres traces d'alcools supérieurs colorent en jaune si l'alcool isobutylique domine, et en brun si c'est l'alcool amylique.

L'élévation de la température accélère la réaction.

Ce procédé est un peu plus sensible que le procédé Savalle, mais il est plus difficile d'exécution par suite de l'emploi de l'essence. Les mêmes critiques lui sont applicables.

Procédé Godefroy. — *Modification du procédé Savalle.* (Comptes Rendus, 1887, Novembre 28). Ce procédé consiste, à l'aide de la *benzine* et de l'*acide sulfurique*, à transformer les impuretés en dérivés sulfoconjugués dont la présence est manifestée par une coloration plus ou moins foncée.

Dans un tube à essais ordinaire, on verse 6 à 7^cc^ de l'alcool à analyser, on ajoute une seule goutte de benzine cristallisable parfaitement pure, on agite et on verse dans le mélange 6 à 7^cc^ d'acide sulfurique pur à 66° ; on agite de nouveau. S'il y a des produits réducteurs, mauvais goûts de tête, la coloration se produit aussitôt et peut varier du jaune brun clair au noir. Avec l'alcool pur au bout de 8 ou 10 minutes, il se produit une teinte légèrement rosée. Cette réaction peut déceler un millionième de produits réducteurs.

Si la solution est incolore, il n'y a pas de produits de tête ; on fait alors bouillir quelques instants et on abandonne 2 ou 3 minutes ; avec l'alcool pur on obtient une coloration jaune ocre faible ; avec les produits de queue, on a une coloration franchement brune à fluorescence verte, d'autant plus foncée qu'il y a plus d'impuretés. La réaction est sensible au cent millième.

M. Rocques (Comptes Rendus, t. 106, p. 1296), a essayé ce procédé et a constaté que la benzine absolument pure ne change en rien l'essai Savalle, et que avec la benzine il exalte la réaction donnée par les aldéhydes, mais n'agit pas sur les alcools supérieurs ; ce procédé n'est donc pas plus sensible que celui de Savalle.

Procédé Ladislaus et Udransky. (Zeitschrift f. ph. Chem. 1888, t. 12, 1889, t. 13). Ce procédé est basé sur l'emploi de l'*acide sulfurique* et du *furfurol*.

La réaction colorée de l'acide est due à la présence du furfurol dans l'alcool amylique ; les résultats obtenus sont douteux par suite de la faible proportion de furfurol, donc si on ajoutait ce dernier corps, on aurait une réaction plus vive permettant de déceler la présence de l'alcool amylique.

Dans un tube à essais on mélange 5^cc^ de l'alcool, 2 gouttes d'eau de furfurol, à 0,5 %. On laisse couler le long de la paroi 5^cc^ d'acide sulfurique concentré en ayant soin d'empêcher la température de dépasser 60°, par un courant d'eau extérieur. S'il y a de l'alcool amylique, à la séparation des deux liquides il se forme une zone rouge passant peu à peu au violet, limitée au-dessus et au-dessous par des irisations brunâtres.

Lorsque l'alcool amylique est en grande quantité, la couleur rouge est si intense qu'elle peut servir à un examen spectroscopique et alors elle donne une bande d'absorption, qu'on observe au moment de la coloration rouge, entre E et C jusqu'à F. Quand l'alcool donne une réaction faible, il y a avantage à concentrer son volume au 10e, au-dessous de 60° de température.

Procédé Ure. — Il employait la *potasse caustique* qui, avec les aldéhydes à l'ébullition, donne une teinte jaune, puis brune ; avec l'alcool pur elle ne donne rien.

On prend 15^{cc} d'alcool dans un tube d'essai, on y ajoute 15^{cc} de solution de potasse à 200 gr. par litre et on porte lentement à l'ébullition.

2° Procédé Husson. — Ce savant praticien a proposé d'additionner l'alcool d'*azotate d'argent* en solution. Les alcools autres que celui du vin réduisent cette solution à la lumière en la rendant noire par suite de la présence dans ces alcools (surtout l'alcool de grains), d'huiles empyreumatiques et peut-être d'aldéhyde.

Procédé à l'azotate d'argent ammoniacal. — Avec les alcools de tête, ce sel d'argent donne un dépôt d'argent miroitant ; l'exécution de ce procédé est délicate, mais la constatation des aldéhydes est très sensible.

Procédé Riche et Bardy (1875). — Ce procédé est un peu long, mais très bon. On introduit dans un petit ballon 10^{cmc} d'alcool à essayer avec 15 gr. d'*iode* et 2 gr. de *phosphore* rouge, et l'on distille immédiatement en recueillant le produit dans 30 ou 40 gr. d'eau. L'iodure alcoolique précipité dans le fond du liquide est séparé au moyen d'un entonnoir qu'on bouche avec le doigt, et recueilli dans un ballon contenant 6^{cmc} d'aniline. Le mélange s'échauffe ; on aide la réaction en maintenant le vase pendant quelques minutes dans l'eau tiède et on la maintient au besoin par l'eau froide, s'il se déclarait une vive ébullition. Au bout d'une heure on verse de l'eau très chaude dans le ballon pour dissoudre les cristaux formés et l'on porte le liquide à l'ébullition pendant quelques minutes, jusqu'à ce que le vase ne contienne plus qu'un liquide clair ; on ajoute à cette solution une liqueur alcaline qui met en liberté les alcaloïdes sous forme d'huile que l'on force à remonter dans le col du ballon par une quantité d'eau suffisante. On oxyde l'alcaloïde par le bichlorure d'étain, l'iode, le chlorate de potasse, ou, mieux encore, par le mélange d'Hoffmann (100 gr. de sable quartzeux, 2 gr. de chlorure de sodium et 3 gr. d'azotate de cuivre). On en prend 10 gr. sur lesquels on fait couler 1^{cmc} du liquide huileux que l'on y incorpore avec soin au moyen d'un agitateur en verre, et l'on introduit le mélange dans un tube de verre de 2^{cm} de diamètre que l'on maintient à 70° au bain-marie pendant 8 à 10 heures.

Cette opération se fait très simplement en mettant les tubes le soir dans un bain d'eau recouvert de paraffine, dont la température reste rigoureusement constante par l'emploi du régulateur Schlœsing. Le lendemain matin, on épuise cette matière dans le tube même par trois traitements à l'alcool tiède que l'on jette sur un filtre et que l'on amène au volume de 100^{cc} L'alcool pur donne une coloration présentant une teinte de bois rougeâtre. L'alcool renfermant 1 % de méthylène donne une solution manifestement violette ; à 2 % la nuance est d'un violet très accentué, et au-dessus la teinte violette se fonce de plus en plus.

1er Procédé Bœttger. — On ajoute quelques fragments *d'iodure de potassium* à l'alcool à essayer. Si celui-ci renferme de 0.5 à 1 p. 100 d'huile empyreumatique, il se colore en jaune clair au bout de quelques minutes. Ce procédé n'est bon que pour reconnaître les alcools mal épurés.

Procédés divers. — M. A. Guyard (1879) a employé le bi-iodure de potassium dans le même but. M. Fuchs a choisi *l'iodure double de mercure et de potassium* dissous dans l'alcool additionné de quelques gouttes d'ammoniaque. MM. Portes et Ruyssen (1875) ont aussi employé ce réactif, mais en y joignant la potasse caustique ; ils ont également essayé *l'azotate de mercure* et le *molybdate d'ammoniaque*. Reynoldi employait *l'oxyde de mercure*. Tous ces procédés avaient pour but de rechercher l'alcool méthylique.

Procédé Chateau (1862). — Chateau, l'ingénieux auteur des procédés de recherches des corps gras, a appliqué le même principe aux alcools, c'est-à-dire l'emploi de divers réactifs qui au moins dans une réaction indiquent la présence d'un alcool étranger.

Le travail original a été publié dans le *Moniteur scientifique* de 1862 ; comme il est très long, j'ai résumé ses diverses réactions, d'après Baudrimont, dans le tableau suivant :

ALCOOLS

RÉACTIFS		DE VIN	DE MARC	DE BETTERAVE	de POMME DE TERRE	DE GRAINS	DE MAIS	DE RIZ	DE MÉLASSE
Potasse................	à froid..	Jaune	Rien	Rien	Rien	Rien	Rien	Jaune	Jaune
—	à chaud.	Id.	id.	Id.	Id.	Id.	Id.	Id.	id.
Ammoniaque	à froid..	Jaune vite	Jaune lent	Id.	Id.	Id.	Id.	Rien	Id.
Sulfate ferrique sec.....	—	Jaune	Jaune vite	Rien ou jaune	Jaune lent	Id.	Jaune clair	Jaune lent.	Jaune trouble
Baryte................	—	Id.	Jaune	Rien	Rien	Id.	Rien	Rien	Jaune
—	à chaud.	Rien	Rien	Id.	Id.	Louche	Id.	Jaune	Rien
Strontiane.............	à froid..	Jaune	Jaune	Id.	Id.	Rien	Id.	Rien	Jaune trouble
—	à chaud.	Id.	Rien	Id.	Id.	Trouble	Id.	Id.	Jaune
Azotate mercureux.....	à froid..	Jaune lent.	Blanc	Blanc jaune	Blanc	Blanc	Blanc jaune	Disparait	Jaune lent.
—	à chaud.	Jaune			Disparait	Jaune	Jaune	Rien	Jaune
Sulfure d'ammonium ...	à froid .	Id.	Laiteux	Rien	Jaune pâle	Rien	Rien	Id.	Rien
Eau	—	Mousse	Trouble	Id.	Rien	Id.	Id.	Id.	Id.
Acide chromique.......	—	Jaune	Pr. jaune	Pr. blanc	Pr. blanc jaune	Pr. jaune.	Pr. blanc jaune	Pr. Jaune	Pr. jaune
Sulfate de cuivre anhydre	—	Bleu foncé	Bleu foncé	Bleu pâle	Bleu pâle	Bleu très prononcé	Bleu pâle	Bleu pâle	Bleu pâle
Carbonate de potasse ...	—	Rien	Rien	Rien	Rien	Rien.	Rien	Rien	Jaune
— — .	à chaud.	Jaune	Id.	Id.	Id.	Id.	Id.	Id.	Id.
Carbonate de soude....	à froid..	Id.	Id.	Id.	Id.	Id.	Id.	Id.	Rien
Azotate mercurique.....	—	Trouble	Id.	Id.	Id.	Id.	Blanchâtre	Id.	Id.

Procédé Jorissen (1880). — A 10^{cc} d'alcool commercial à essayer, contenu dans un tube d'essai, on ajoute 10 *gouttes d'aniline,* puis 4 à 5 gouttes d'*acide sulfurique* étendu de son volume d'eau ; on agite le mélange ; il se produit une belle coloration rouge, un peu fugace, s'il y a de l'alcool amylique : cette couleur est due aux huiles essentielles.

D'après Klunge, cette réaction si sensible n'a plus lieu en présence de traces de cuivre.

Forster a établi que cette coloration était due au furfurol et non aux huiles, comme le pensait Jorissen.

Procédé Forster (1882, Berichte deuts, Chem. Gesel). — Ce procédé a pour but spécial de constater la présence du furfurol. Dans un verre à pied on met 1^{cc} environ d'*aniline pure,* incolore, on ajoute une quantité égale d'acide acétique cristallisable pur ; on agite pour mélanger, puis on fait arriver à la partie supérieure 10 à 15^{cc} de l'alcool à essayer en ayant soin que l'alcool ne se mélange pas avec le réactif. S'il y a du furfurol, au bout de peu d'instants il se développe une magnifique coloration rouge groseille à la zone de séparation des deux liquides ; la coloration s'étend ensuite à toute la masse.

D'après M. E. Mohler (C. R., 1890), les meilleures proportions sont : 10 gouttes d'aniline, 2^{cc} d'acide acétique et 10^{cc} d'alcool ; la coloration maximum a lieu au bout d'une demi-heure. 1 milligr. de furfurol par litre d'alcool donne une coloration très nette ; il y a une trace de coloration avec 1/10 de milligr.

Procédé Uffelmann (1888, Chemiker Zeitung). — On traite l'alcool par le chloroforme ou l'éther, on décante et évapore le dissolvant ; le résidu est additionné d'une petite quantité de *diamidobenzol* en poudre et laissé dans une chambre obscure ; s'il y a du furfurol, le mélange devient rapidement jaune.

Procédé au diazosulfanilate de potasse. — Le réactif se prépare de la manière suivante : On dissout 5 gr. de sulfanilate de soude, très pur, dans 14^{cc} d'eau froide, d'autre part on dissout 2 gr. d'azotite de soude dans 2^{cc} d'eau ; on mélange les deux solutions et on verse le tout, très lentement, dans 35^{cc} d'un mélange préparé à l'avance de 25^{cc} d'acide chlorhydrique concentré et 75^{cc} d'eau ; il se forme un précipité blanc d'acide diazosulfanilique (il ne faut pas verser l'acide dans le mélange). L'acide blanc obtenu ne se conserve pas, il faut le préparer pour l'essai. On redissout les cristaux, séparés de leur eau mère, dans une solution faible de potasse, jusqu'à réaction légèrement alcaline, et on étend d'une petite quantité d'eau. Pour essayer un alcool, on en prend 15^{cc} environ que l'on verse dans un verre à pied ; on ajoute 1 à 2^{cc} de la solution ci-dessus et on agite. S'il y a beaucoup d'aldéhydes, on aperçoit de suite une coloration rouge intense ; s'il n'y a que des traces, la coloration ne se produit qu'après un temps assez long. C'est un réactif très sensible.

Procédé Gayon et Dupetit (Comptes Rendus, t. 105, p. 1182, 1887). — Ils ont utilisé la réaction que donnent les aldéhydes et les acétones dans la solution de *fuchsine,* décolorée par l'*acide sulfureux ;* réaction étudiée par MM. Ch. Bardy, Schmidt et Chautard ; ils n'ont fait que déterminer les conditions dans lesquelles cette réaction acquiert une grande sensibilité.

Pour préparer le réactif, on dissout 1 gr. de fuchsine dans l'eau bouillante, après refroidissement on fait un litre ; on ajoute après 20^{cc} d'une dissolution de bisulfite de soude à 30° Baumé. Au bout de plusieurs heures, lorsque la couleur de la liqueur est faiblement jaunâtre, on ajoute 10^{cc} d'acide chlorhydrique concentré. On conserve en flacons bien bouchés.

Pour essayer un alcool, on l'amène d'abord à 50° alcoométrique environ. Dans un tube d'essai on mélange : 2^{cc} d'alcool et 1^{cc} de réactif, on agite et laisse reposer pendant 10 minutes.

Si l'alcool ne contient pas d'aldéhydes, il reste incolore ; si au contraire il en contient, on obtient une coloration rose violacée proportionnelle à la quantité contenue ; on peut donc doser l'aldéhyde au moyen de tubes préparés avec des quantités connues d'aldéhydes. Ce procédé peut déceler 1/500000 d'aldéhyde, soit 1^{cc} dans 500 litres d'alcool, aussi est-il difficile de trouver des alcools exempts de la teinte rosée, mais avec un peu d'habitude on sait bientôt quelle est la teinte négligeable.

Dans les alcools d'industrie, les auteurs ont trouvé pour 10 litres d'alcools ramenés à 50°, en aldéhydes, Flegmes, 0^{cc}18 ; mauvais goût de tête 3^{cc}50 ; moyen goût de tête 2^{cc}40 ; bon goût, 1re partie, 0^{cc}50 et bon goût, 2e partie, traces. Dans le bon goût de milieu et tout le reste de la distillation, ils n'ont pas trouvé de traces d'aldéhydes.

M. Mohler (C. R., 1890) donne la préparation suivante : 30^{cc} solution fuchsine au millième ; 20^{cc} de solution de bisulfite de soude à 34° B ; 3^{cc} d'acide sulfurique et 200^{cc} d'eau : cette solution, qui doit être employée de suite, permet de déceler 1/100000 d'aldéhyde. On emploie 4^{cc} de réactif pour 10^{cc} d'alcool. Ces doses donnent donc un réactif moins sensible que celui de Gayon et Dupetit.

D'après Penzoldt et Fischer, le glucose dans les urines des diabétiques donne cette couleur. L'acétone et l'éther acétique donnent du rose, mais pas de violet.

Procédé Windish (1887. Chemiker Zeitung, p. 24). Ce procédé a pour but de rechercher les traces d'aldéhydes. On réduit les alcools par distillation de façon à concentrer l'aldéhyde dans le 5e du volume primitif ; le résultat de la distillation est versé dans une capsule de porcelaine et l'on fait couler doucement au-dessous de l'alcool, au moyen d'un entonnoir à douille reposant sur le fond de la capsule, une dissolution de *chlorhydrate de diphénylène diamine.* S'il y a de l'aldéhyde, il se produit une couleur jaune, au contact des deux liquides ; cette couleur disparaît par les alcalis et reparaît par les acides ; la sensibilité de cette méthode est de 1/200000.

2e Procédé Bœttger. — On verse dans l'alcool une solution très étendue de *permanganate de potasse* qui est plus rapidement décolorée par l'alcool amylique que par l'alcool vinique. Même observation que pour son premier procédé.

M. Cotton, en 1880, a proposé l'emploi de cette solution au 1000e pour rechercher l'esprit de bois, qui la décolore instantanément.

M. Cazeneuve, en 1882, donne une manière d'opérer pour décolorer les impuretés des alcools d'après le temps nécessaire à la décoloration de ce réactif.

10cc d'alcool pur à 93°, à la température de 15-20°, demande 5 minutes pour donner avec une liqueur de permanganate de potasse au millième une teinte rose un peu jaunâtre ; une réduction plus rapide indique les impuretés, les alcools dilués sont ramenés au degré voulu, par la distillation ; d'après l'auteur, ce procédé est plus sensible que ceux de Savalle et de Bang.

M. Barbet (1889. Jl Ph. et Ch., t. 19, p. 413) emploie aussi le permanganate de potasse à la dose de 0gr1 pour 500cc. On prend 50cc d'alcool à 18° température, verse rapidement 2cc de réactif et note l'heure avec une montre à secondes ; on note à nouveau l'heure lorsque le liquide arrive à la teinte saumon ; les alcools les plus purs mettent jusqu'à 45 minutes pour se décolorer, les alcools extrafins de 2 à 10 minutes et les alcools commerciaux supérieurs de 18 à 30.

Le type officiel des alcools de mélasse de la Bourse de Paris a mis 15 secondes ; les trois-six du Nord mettent moins de 1 minute.

L'auteur a essayé d'en faire une méthode de dosage, mais comme il ne la donne pas comme définitive il n'y a pas lieu de la développer.

PROCÉDÉS BASÉS SUR LE DOSAGE DE CERTAINS PRODUITS

Procédé Berthelot. — On chauffe le mélange d'alcool suspect avec 2 ou 3 fois son volume d'acide sulfurique concentré. Dans ces conditions, l'alcool méthylique fournit de l'éther méthylique gazeux, entièrement absorbable par l'eau et l'acide sulfurique concentré, tandis que l'alcool ordinaire produit de l'éthylène, gaz presque insoluble dans ces réactifs. *L'éthylène* peut être dosé en le faisant absorber par le brôme. Ce procédé est d'une certaine difficulté d'exécution, ce qui le rend peu pratique.

Procédé Van de Vyvère (1883, Journal de pharmacie d'Anvers). — Ce procédé, qui a pour but de doser l'*alcool méthylique* dans l'alcool ordinaire, est basé sur la propriété que possède l'alcool méthylique de former avec le chlorure de calcium sec une combinaison qui résiste à 100° et qui se dédouble par l'addition de l'eau, en mettant l'esprit de bois en liberté.

On distille au bain-marie la substance supposée contenir des alcools, tant qu'il passe des produits volatils ; ces derniers sont ensuite distillés sur du carbonate de soude pur, calciné de façon à le rendre anhydre. Lorsqu'on a constaté la présence de l'alcool méthylique, on pèse une certaine quantité de l'alcool et on mélange avec un poids égal de chlorure de calcium sec ; on laisse en contact pendant 24 heures et on distille au bain-marie ; l'alcool méthylique reste combiné, les autres produits se dégagent. Quand le résidu reste fixe, on ajoute une quantité d'eau égale au poids du chlorure de calcium et on redistille ; on obtient alors l'alcool méthylique pur, plus ou moins dilué d'eau.

Procédé Caillot de Poncy. — Cet auteur a remarqué qu'en transformant l'alcool en éther oxalique il se forme aussi de l'éther *méthyloxalique*, qui, saturé d'ammoniaque, donne un précipité d'oxamide qu'on peut peser. Ce procédé est sans intérêt.

Procédé Marquardt. (1883, J[l] de Ph. et Ch., mars, t. 7 p. 263). *Dosage de l'alcool amylique.* — L'alcool est étendu à 30° au plus ; on en prend 150 gr. et on agite pendant 1/4 d'heure avec 150^{cc} d'eau et 50^{cc} de chloroforme ; ce traitement est répété deux fois ; les 150^{cc} de chloroforme sont lavés trois fois par agitation pendant 1/4 d'heure avec 150^{cc} d'eau, puis mis dans un vase bien bouché avec 30 gr. d'eau, 5 gr. de bichromate de potasse et 2 gr. d'acide sulfurique, après quoi on chauffe le tout à 80 degrés pendant 6 heures ; on distille de façon à réduire le volume à 20^{cc}, on additionne de 80^{cc} d'eau et on réduit le tout à 5^{cc}. Le produit distillé est soumis à l'ébullition pendant 1/2 heure avec du carbonate de baryte au réfrigérant ascendant puis évaporé au bain-marie jusqu'à 5^{cc}, on filtre et évapore à sec. Le résidu pesé est dissous dans 150^{cc} d'eau acidulée de quelques gouttes d'acide azotique et dans la solution on dose la baryte totale, puis le chlorure de barium produit par l'oxydation du chloroforme. Le dosage de la baryte, déduction faite de celle du chlorure, concorde sensiblement avec la formule du valérianate de baryte ; on peut déduire de là, par un calcul simple, la quantité d'alcool amylique.

Dans un 1 k. d'eau-de-vie à 30° on peut doser 0^{gr},1 d'alcool amylique ; l'éther donne de mauvais résultats.

Cette méthode est longue et difficile et son exactitude n'est pas suffisante pour racheter ce défaut.

Procédé Morin. — La présence de produits azotés basiques avait été signalée par Krœmer, Pinner et Ordonneau, mais M. Morin les a définis en les séparant en produits bouillant à 155-160°, ou 171-172°, ou 185-190°. La base bouillant à 171-172° a été seule étudiée, sa formule est $C^7H^{10}Az^2$; liquide fluide, incolore, très réfringent et très nauséabond.

Pour caractériser ces produits, M. Morin a indiqué quelques réactions. Avec le iodomercurate de potassium on n'obtient pas de précipité dans la solution aqueuse, mais si on ajoute une goutte d'acide chlorhydrique, il se forme un précipité jaune d'abord, floconneux, puis en aiguilles jaunes et brillantes ; avec une solution à 1/10.000, elles ne se reproduisent qu'au bout de quelques heures.

Avec le chlorure mercurique, on obtient un précipité blanc floconneux, immédiat dans les solutions au 1/1000 et plus longuement au 1/10000.

L'acide phosphotungstique donne un précipité immédiat avec les solutions au 1/10000.

L'acide phosphomolybdique donne un précipité immédiat dans les solutions au 1/10000.

Procédé Lindet. (Comptes Rendus 1888, t. 106, p. 280). — On transforme les bases en *ammoniaque* et on les dose par la méthode Kjedahl.

On ramène à 50° Gay-Lussac 1/2 litre ou 1 litre d'alcool, on ajoute 20 gr. d'acide sulfurique, on agite pendant quelque temps et on distille jusqu'à ce qu'il n'y ait plus d'alcool et d'eau ; l'acide sulfurique charbonne et brûle le résidu qui s'éclaircit ensuite ; on ajoute alors 0gr,5 de mercure et on chauffe 1 heure ou 2, au-dessous du point d'ébullition. On traite par l'eau et on verse le tout dans le ballon de l'appareil Schloesing ; on ajoute du sulfate de potassium et de la potasse qui chassent l'ammoniaque que l'on recueille sur de l'acide titré.

Cette méthode est d'une telle sensibilité qu'elle permet de doser un millionième de base.

Procédé Mohler, d'analyse générale des eaux-de-vie. — On ramène les eaux-de-vie et alcools à 50° et on opère sur 500cc.

Ethers. — On fait bouillir 100cc d'alcool additionné de 20cc de liqueur de potasse décime pendant 1 heure, en surmontant le ballon d'un réfrigérant ascendant ; on titre la quantité de potasse absorbée en tenant compte de l'acidité de l'alcool et on calcule les résultats en acétate d'éthyle.

Aldéhydes. — A 10cc d'une solution d'aldéhyde éthylique au 1/10000 et à 10cc de l'alcool à analyser (tous deux à 50° alcoométriques) on ajoute en même temps 4cc de rosaniline bisulfitée ; on laisse 20 minutes, puis on compare l'intensité au calorimètre Duboscq. On recommence en diluant l'alcool à analyser jusqu'à ce que les deux liquides présentent la même teinte.

Alcools supérieurs. — A 100cc de l'échantillon distillé on ajoute 1cc d'aniline et 1cc d'acide phosphorique à 45° Baumé ; on chauffe à l'ébullition, au réfrigérant ascendant pendant 1 heure, puis on distille à sec au bain de sel. Le produit distillé est traité par l'acide sulfurique à 66° suivant la méthode connue ; la teinte observée au colorimètre est comparée à celle donnée par une solution alcoolique contenant 0,25 d'alcool isobutylique par litre ; on dilue jusqu'à intensité égale.

Bases. — A 100cc de l'échantillon non distillé on ajoute 2cc d'acide phosphorique à 45° Baumé ; on chasse tout l'alcool par l'ébullition, on étend environ de 1 litre d'eau de rivière, ajoute 10 gr. de carbonate de soude pur et distille jusqu'à ce qu'il ne passe plus d'ammoniaque ; on introduit du permanganate de potasse et de la potasse et on continue la distillation en recueillant l'ammoniaque dans un autre récipient. L'ammoniaque de chaque opération est dosée au Nessler, comparativement avec une solution contenant par centimètre cube 0gr,00001 de chlorhydrate d'ammoniaque, dans le premier cas on obtient l'ammoniaque correspondant aux amides et à l'ammoniaque, dans le second cas aux bases pyridiques et aux alcaloïdes.

Recherche de la pureté des alcools dans les vins. — On distillera le vin à la moitié en ayant soin de plonger la cucurbite de l'alambic dans un bain-marie, afin de ne pas distiller à feu nu. L'alcool ainsi recueilli sera traité d'après l'étude ci-dessus.

A moins d'une impureté très grande il sera presque impossible de déclarer si les alcools introduits dans ce vin pour le vinage étaient purs ou non,

RECHERCHE DU VINAGE

Pour démontrer qu'un vin a été viné, on doit doser l'extrait sec, les cendres et l'alcool et, si ces dosages ne suffisent pas, la glycérine et même l'acide succinique.

Une fois ces dosages faits, on s'appuie sur les rapports constants qui existent entre les chiffres de ces éléments dans les vins naturels. Le poids de l'alcool aura augmenté comparativement à tous les autres termes et les poids de l'extrait sec et des cendres auront diminué.

Rapport de l'alcool à l'extrait. — D'après le Comité consultatif des Arts et Manufactures, le poids de l'alcool est au maximum 4 fois 1/2 celui de l'extrait, lorsque ce rapport dépasse 4,6 on peut conclure au vinage. Pour avoir ce rapport on pose l'équation :

$$R = \frac{\text{degré alcool} + 0{,}8 \times 10}{\text{Poids de l'extrait réduit}} = 4{,}6 \text{ maximum}$$

Le degré alcoolique $\times$ 10 donne le volume par litre et par 0,7948 ou 0,8 le poids par litre.

Pour les vins blancs ce rapport maximum est de 6,5.

Par extrait réduit, on entend l'extrait sec trouvé moins le poids du sucre et du sulfate de potasse, dépassant 1 gr. dans les deux cas.

Table pour les vins rouges secs, non plâtrés, rapport 4,6.

Extrait par litre.	Poids d'alcool maximum.	Volume d'alcool maximum.
15	6.9	8.6
16	7.4	9.2
17	7.8	9.7
18	8.3	10.3
19	8.7	10.8
20	9.2	11.4
21	9.7	12.0
22	10.1	12.5
23	10.6	13.1
24	11.0	13.6
25	11.5	14.2
26	12.0	14.8
27	12.4	15.3
28	12.9	15.9
29	13.3	16.4
30	13.8	17.0

Table pour les vins blancs secs, rapport 6,6.

14	9.2	11.4
15	9.9	12.3
16	10.6	13.1
17	11.2	13.8
18	11.9	14.7
19	12.5	15.4
20	13.2	16.3
21	13.9	17.1
22	14.5	17.8
23	15.2	18.7
24	15.8	19.4
25	16.5	20.2

Sur 378 vins de la Gironde analysés par M. Gautier, 111 présentent un rapport dépassant 4,5 ; le maximum est de 5,3.

On ne peut donc se contenter de ce rapport pour prouver le vinage.

Densité. — La densité des vins naturels n'est jamais inférieure à 0,985, donc tout vin qui aura une densité inférieure sera viné.

Rapport de l'alcool et de la glycérine. — D'après Pasteur, le rapport de l'alcool à la glycérine est de : 10 à 14.

Les chimistes autrichiens qui contestent la valeur du procédé Pasteur pour le dosage de la glycérine, disent que ces chiffres n'ont de valeur que pour l'emploi de cette méthode.

Ils emploient la méthode Pasteur modifiée par Neubauer et Bergmann.

Les dosages de Fresenius et Bergmann (Bull. Soc. Chim. t. 40 p. 347), confirmés par beaucoup de chimistes, démontrent que le poids de la glycérine correspond à très peu près à 1/7 jusqu'à 1/14 du poids de l'alcool obtenu par fermentation.

Tout vin qui aura, dans les deux cas, un rapport plus élevé que 14, sera sûrement viné.

Somme alcool-acide. — Si on additionne le degré alcoolique d'un vin avec le poids de l'acidité, traduite en acide sulfurique, on obtient une somme variant de 13 à 17 d'après Gautier ; mais allant, d'après Blarez, Gayon et Dubourg à 18,4 pour des vins de la Gironde.

On peut donc conclure que tout vin, dans lequel la somme alcool-acide dépassera 19, sera viné.

Rapports des diverses acidités. — M. Barillot, dans son Manuel de l'Analyse des Vins, 1889, a publié un travail absolument nouveau sur les modifications que subissent les rapports des acides volatils aux autres acides, lorsque les vins ont été vinés.

Il a constaté un fait, qui a une grande importance dans la question du vinage, c'est que cette opération modifie notablement la proportion des acides volatils qui passent à la distillation directe du vin à l'alambic.

Il dose : 1° *l'acidité distillée* ou l'acidité de l'alcool distillé du vin non neutralisé ; 2° *l'acidité totale* sur le vin lui-même et 3° *l'acidité bitartrique*, sur la crème de tartre. Tous ces résultats calculés en acide sulfurique monohydraté.

Il a donné le nom *d'acidité réduite* à l'acidité totale diminuée de l'acidité bitartrique.

Au moyen de ces données il cherche le coefficient ou rapport N.

$$N = \frac{\text{Acidité distillée} \times 100}{\text{Acidité réduite.}}$$

Ce nombre décroît d'une façon très sensible dans les vins vinés ainsi que le démontre le tableau suivant :

	Centre.	Midi.	Bordeaux.	Bourgogne.
Alcool du vin naturel	9.5	15.0	10.0	9.0
— — viné	14.0	18.0	14.0	13.0
Valeur N du vin naturel	4.7	4.6	9.0	6.0
— — viné	3.1	2.8	6.5	3.5

Lorsque le vin a déjà été viné, un nouveau vinage n'abaisse plus le coefficient.

Cette méthode ayant donné de bons résultats dans l'analyse d'un grand nombre de vins, M. Barillot en a fait la base d'un procédé de recherche du vinage.

Il prend le vin et cherche le coefficient N. Puis il ajoute au même vin 1 °/₀ d'alcool, avant la distillation, il obtient un coefficient N'.

Si ce deuxième coefficient est inférieur au premier ; le vin n'est pas viné, s'il lui est égal, le vin est viné. Dans ce dernier cas, il ajoute 2, 3, 4, 5 °/₀ d'alcool jusqu'à ce que la valeur de N' soit inférieure à N de 1. Au nombre de centièmes d'alcool versé, moins 1, correspond le vinage pour cent.

Versé 4 °/₀ d'alcool : coefficient N = 5,2; coeff. N' = 4,2; le vin est viné à 3 °/₀ d'alcool.

Quand le degré alcoolique du vin est supérieur à 12°, il faut le couper à moitié d'eau.

Caractères physiques. — A la dégustation un vin viné a une saveur spéciale, stypique et qui s'accentue quand on le coupe d'eau, au bout d'un an cette saveur disparaît complètement ; on ne peut guère reconnaître ainsi un vin viné à moins de 3 °/₀.

D'après M. Max Singer, si on chauffe au bain-marie une bouteille de vin bien bouchée et si on verse dans une tasse, on ne doit pas avoir de vapeurs d'alcool avec un vin pur.

Preuve du vinage. — La comparaison de l'extrait sec, des cendres et de l'alcool avec ceux des vins de même provenance et des mêmes cépages, pourra donner des indications plus ou moins précises.

Il est extrêmement difficile de prouver que tel vin ne contient que tant d'alcool, tandis que les vins de même provenance en contiennent telle et telle quantité ; car la richesse alcoolique dépend beaucoup des années, des lieux de provenance et des traitements que le vin a subis ; par exemple : le sucrage augmente la proportion d'alcool, mais c'est une sorte de vinage et la meilleure.

Puis, difficulté plus grande, c'est que ce n'est pas dans les vins sortant directement de chez le propriétaire qu'on a intérêt à rechercher le vinage, mais bien dans ceux qui sont livrés à la consommation, et qui par conséquent proviennent de coupages.

Les rapports de la glycérine et celui de l'acide succinique à l'alcool donnent des indications plus précises, mais là encore il y a un aléa, car on donne comme rapports, méthode Pasteur, 10 à 14, entre ces deux termes il y a une certaine marge. Si nous supposons un vin à 8° d'alcool, il y aura 64 gr. d'alcool par litre et s'il a 6g4 de glycérine le rapport sera de 10 ; si on le vine à 89gr6 d'alcool par litre, soit 11°,2, le rapport sera de 14 ; c'est-à-dire entre les limites données, et si on suit les méthodes allemandes qui vont de 7 à 14 la marge est plus grande encore. Il y a de plus l'addition de glycérine qui peut modifier ce rapport, mais dans ce cas le rapport glycérine-extrait n'est plus le même.

La somme alcool-acide varie également, et bien des vins vinés peuvent se trouver au-dessous de 19.

Le rapport des acides entre eux paraît être le terme de l'analyse le plus précis, pour démontrer le vinage ; et c'est probablement sur cette étude que s'est appuyé le Gouvernement lorsqu'il a déclaré que ses chimistes pouvaient démontrer le vinage à 1 °/₀.

Dans tous les cas tous ces rapports réunis permettront de reconnaître un vin alcoolisé à 2 °/₀.

CORRECTION DE L'ACIDITÉ

L'acidité des moûts se corrige par la chaptalisation, sucrage et addition de carbonate de chaux ; il se forme du tartrate de chaux insoluble et du tartrate neutre de potasse qui se dépose ; il ne reste donc rien dans le vin qui puisse indiquer ce procédé à moins que le moût ne contienne quelques acides formant des sels de chaux solubles.

La gallisation est un mouillage et, comme tel, une falsification.

La correction de l'acidité acétique formant des acétates solubles dans le vin est une falsification (Voyez Carbonatage).

MUTAGE

Quel que soit l'agent employé, le mutage a pour but d'arrêter la fermentation du sucre, par conséquent tout vin muté contiendra du sucre non fermenté.

Comme les vins très sucrés se mutent d'eux-mêmes lorsqu'ils ont atteint la dose de 16° d'alcool, tout vin qui contiendra du sucre non fermenté et une dose d'alcool inférieure à 16° sera muté.

Un vin contenant du sucre et 16° d'alcool pourra être muté à l'alcool.

Mutage à la moutarde. — Indépendamment du goût que laisse toujours cet agent, il est facile de reconnaître si ce vin est muté.

On dose le glucose et on déduit de ce poids 1gr5 pour les corps réducteurs qui restent toujours dans les vins jeunes.

On dose également l'alcool.

Si le vin contient du sucre non fermenté et moins de 16° d'alcool, il a été muté ; le goût spécial que l'on reconnaît mieux lorsqu'il est coupé d'eau indiquera la moutarde.

Mutage à l'acide salicylique. — Le mutage se démontrera comme ci-dessus ; la recherche de l'acide salicylique fait partie des Falsifications.

Mutage au soufre. — Le mutage se démontre toujours de même ; la recherche du soufre se fera par la recherche et le dosage des acides sulfureux et sulfhydriques (Voyez chapitre 7. Acides combinés).

Mutage à l'alcool. — Le mutage à l'alcool était le plus difficile à découvrir parce que le vin peut avoir du sucre et 16° et plus d'alcool ; il faut donc prouver le vinage avant le mutage.

Or, comme les vins mutés à l'alcool sont passibles de droits de Douane sur l'alcool ajouté, d'après la décision ministérielle du 29 mai 1888, il devenait nécessaire de prouver ce vinage.

Toutes les analyses faites sur les moûts et vins de raisins ont donné moins de 325 gr. de sucre par litre, donc dans un vin naturel on devra toujours en trouver moins de 325 gr., soit en sucre, soit en sucre d'alcool converti en sucre.

Si ce chiffre était plus grand que 325 gr., on concluerait au mutage à l'alcool.

D'après le Comité consultatif des Arts et Manufactures, le calcul de l'alcool en sucre se fait en multipliant le poids de l'alcool par deux ; ce qui veut dire que 2 kilogr. de sucre se transformeront en 1 kilogr. d'alcool ou 1 litre 26 ou bien que 1 kilogr. 58 de sucre formera 1 litre d'alcool; or, nous avons vu que les viticulteurs et les vignerons les plus savants admettent comme grand minimum 1 kilogr. 7 de sucre par degré d'alcool, et que M. Aimé Girard admet 1 kilogr. 8 ; la théorie 1.55 n'étant jamais atteinte. Il faudrait donc multiplier le kilogr. d'alcool par 2.14 ou 2.27. L'Etat se tient donc au-dessous de la vérité, de sorte que quelques vins mutés à l'alcool peuvent lui échapper. Mais c'est d'une bonne règle d'administration de se tenir un peu en deçà de la vérité pour ne pas risquer de léser les particuliers dans certains cas ; nous calculerons donc comme le Comité.

Dans 1 litre de vin, j'ai trouvé :

91 gr. de sucre et 175cc d'alcool — $175 \times 0.8 = 140$ gr. d'alcool. En sucre $140 \times 2 = 280$ gr. plus $91 = 371$ gr. de sucre ; ce vin contenant plus de 335 gr. de sucre est muté à l'alcool.

Il ne faut pas appliquer ce calcul aux vins doux et sucrés, car on pourrait trouver des résultats erronés ; ainsi les vins de Tokay contiennent de 452 à 540 gr. de sucre, partie en nature (238 à 317), le reste en alcool.

Phosphatage. — Cette opération est trop peu pratiquée pour qu'il y ait lieu de la rechercher, l'étude que j'ai donnée à la Vérification est tout ce que l'on peut en dire actuellement.

Tartrage. — L'addition de tartrate neutre de potasse ou de crème de tartre ne laisse rien dans le vin qui puisse en faire constater l'addition.

L'acide tartrique libre, au contraire, peut se constater, car il n'existe presque pas dans les vins naturels. Nous avons vu les méthodes de dosage de cet acide au chapitre 6, Acides libres. Lorsqu'un vin n'est pas plâtré et qu'il contient une dose appréciable d'acide tartrique libre, c'est que ce dernier a été ajouté.

Le traitement du moût par le tartrate de chaux a été étudié à la Vinification ; il n'y aurait lieu de s'occuper de la recherche de ce procédé de travail que s'il prenait une certaine extension.

Tannisage. — Lorsque l'addition de tannin au vin a pour but de faciliter le collage, comme il est précipité dans cette opération, on ne peut plus le retrouver. Mais si on a ajouté le tannin pour assurer la conservation du vin ou pour lui donner une saveur astringente (dans ce dernier cas c'est une falsification), on pourra le retrouver.

Le dosage du tannin d'un vin comparativement à celui d'un vin de même cépage, du même pays et de la même année, donnera l'augmentation du tannin.

L'addition du tannin de noix de galle se constatera par les différences qu'il y a entre ses propriétés et celles de l'œnotannin (Voyez Falsifications, chapitre 2).

Collages. — La question de savoir si un vin a été collé ou non, ne se pose pas souvent. Je crois même qu'il serait difficile d'y répondre.

Pour démontrer le collage, il faudrait avoir un vin authentique, des mêmes cépage, pays et année, doser le tannin, l'extrait et les matières albuminoïdes ou azotées.

Le collage diminue le poids de l'extrait sec dans la proportion de 0gr 2 à 0gr5 par collage ; le degré alcoolique de 0.1 au plus, et la couleur de 1/5 environ par collage.

Le dosage des matières albuminoïdes et azotées serait sans doute préférable, mais il n'y a pas d'études à ce sujet.

Coupages. — Il n'y a pas grand intérêt à chercher si un vin a été coupé en tant que l'on s'occupe d'opération licite ; mais si le vin a été coupé et vendu comme pur ou coupé avec du vin blanc, il y a falsification et dès lors son étude se trouve dans cette partie de l'ouvrage (Voyez Falsifications).

Platrage et salage. — Ces deux opérations sont permises dans de certaines limites et défendues au-delà ; il était donc inutile de scinder ces études en deux parties. Je les traite complètement dans l'étude des Falsifications.

QUATRIÈME PARTIE

FALSIFICATIONS

Les vins sont de véritables aliments, par suite des corps solubles qu'ils renferment : l'alcool et les sucres, qui sont des aliments respiratoires; la glycérine, les matières grasses et azotées, etc., qui sont des aliments constitutifs.

Il faut bien se pénétrer de cette idée, afin de comprendre que toute addition faite aux vins, lors même qu'elle est inoffensive ou considérée comme telle, dans le but d'augmenter leur volume, change leur constitution et par conséquent enlève en partie leurs propriétés nutritives.

Les vins rouges sont plus chargés en principes nutritifs que les vins blancs, et comme ils coûtent plus cher, ce sont eux qui sont les plus fraudés.

Les matières ajoutées frauduleusement aux vins ont presque toutes pour point de départ l'addition d'eau. On prend une petite quantité de vin, on y ajoute beaucoup d'eau, puis, pour tromper l'acheteur et les chimistes, on ajoute d'autres substances, de façon à faire un tout imitant le vin. Bien heureux encore quand le falsificateur ne fabrique pas un liquide n'ayant de vin que le nom, et où il n'entre pas une goutte de vin naturel ; ce qui est néanmoins le cas le plus rare.

Si on étend d'eau le vin, on diminue d'autant la quantité de matières nutritives réellement contenues.

Donc, quelle que soit la substance introduite dans un vin afin de faire un bénéfice illicite, cette addition constitue un *vol*, et un vol accompagné de la circonstance aggravante qu'il nuit à la santé publique. En effet, le vin pris à dose modérée est un aliment réparateur qui donne une certaine excitation aux nerfs et réveille l'appareil digestif; si donc au lieu de ce liquide bienfaisant, on vous vend un liquide étendu d'eau et de matières étrangères aux vins, mêmes inoffensives, on fait tort à votre santé, et le plus souvent on la compromet.

Par les nombreuses recherches que j'ai eu l'occasion de faire sur les falsifications de tous les produits alimentaires, je suis arrivé à la conviction absolue : que la santé publique est fortement compromise par toutes ces fraudes, et que les nombreuses maladies d'estomac, si générales aujourd'hui, proviennent pour la plus grande partie de ce fait.

Je n'applique pas cette opinion spécialement aux vins, car je crois qu'on a beaucoup exagéré la présence des falsifications dans ces boissons en laissant de côté d'autres produits aussi intéressants pour la consommation, et bien plus falsifiés.

Dans tous les vins que j'ai eu à essayer j'ai constaté ce fait que les vins fraudés provenaient presque tous de l'étranger ou des détaillants; les vins qui provenaient des propriétaires ou des marchands en gros étaient presque tous indemnes.

Je crois que ce serait rendre un grand service aux consommateurs et aux nombreux honnêtes négociants en vins, de poursuivre, avec plus de sévérité qu'on ne le fait, les falsificateurs. Il faudrait que les peines fussent telles que le nombre des fraudeurs fût le plus réduit possible ; car la tendance générale est d'appliquer immédiatement à tous les vins les fraudes qui n'existent que dans quelques-uns ; ce qui jette un discrédit sur ces boissons aussi bien en France qu'à l'étranger.

J'ai dit plus haut que l'introduction des substances dites inoffensives ne doit pas être tolérée ; en effet, rien ne dit que ces substances, si elles n'agissent pas immédiatement sur l'estomac, ne finissent pas par le détériorer, après un long usage.

Ainsi le vinage, considéré généralement comme inoffensif, est cependant loin de l'être, dans la plupart des cas, car l'alcool introduit après coup dans le vin, n'a pas les mêmes propriétés que celui qui se forme dans le vin lui-même. Il a alors les propriétés des mélanges d'alcool et d'eau, lesquels produisent une ivresse beaucoup plus terrible que celle produite par un vin naturel, à dose égale d'alcool absorbé. Il est vrai que l'on peut remédier à cet inconvénient en laissant reposer le vin viné pendant un an ou en le chauffant; l'assimilation de l'alcool se fait alors très bien, et il n'y a plus aucun danger.

Les falsifications devraient être divisées en deux classes très distinctes :

1° L'introduction des substances dites inoffensives et punies comme *vol et introduction de substances nuisibles à l'alimentation ;*

2° L'introduction de substances considérées comme vénéneuses, ou discutées par les experts, punie comme *crime de tentative d'empoisonnement ;* la découverte de la substance servant de preuve.

Toutes les substances dont les propriétés vénéneuses seront l'objet de discussion, seront considérées comme vénéneuses ; car on a bien vu des experts prétendre que le sulfate de cuivre n'était pas un poison.

Ce qui me laisse complètement froid, ce sont les critiques que l'on adresse aux lois répressives des fraudes, dans l'intérêt, dit-on, du commerce. Il y a une chose qui prime tout, même le commerce, c'est la santé des consommateurs. Il suffit d'étudier la nation française au point de vue anthropologique, pour voir que sa force diminue ; la taille des hommes s'abaisse, la natalité décroît, etc. Est-ce que l'alcoolisme n'est pas pour beaucoup dans cette décadence corporelle? Beaucoup de savants hygiénistes sont de cet avis, et l'alcoolisme dérive surtout des falsifications des boissons. Je ne dis pas seulement vins, mais boissons, car si on s'attaque toujours aux vins on laisse de côté les autres boissons qui sont autant, sinon plus, falsifiées que les vins, notamment la bière et les eaux-de-vie.

Ce qu'il faudrait, ce serait une loi énergique, brutale même, qui punisse sérieusement le fraudeur et l'empêche à tout jamais de recommencer, surtout lorsque la fraude peut être nuisible, et lorsqu'il aura été parfaitement *convaincu* de falsification. Mais il ne faut pas de loi tracassière qui entrave le commerce, fasse condamner des négociants sur un simple avis de laboratoire et les prive de leurs droits civils et politiques pour une simple addition d'eau, souvent peu prouvée.

C'est surtout dans le commerce de détail que se rencontrent ces fraudes que l'on pourrait appeler vénielles, par suite d'addition d'eau ou de vins de raisins secs. Les débitants devraient être autorisés à vendre du vin mouillé sur le comptoir, mais non en bouteilles, en exigeant d'eux qu'une affiche très apparente indiquât la proportion d'eau ajoutée ; toute infraction à la dose indiquée constituerait un vol et serait punie comme tel ; mais on ne doit pas les rendre responsables des fraudes qui sont faites en dehors d'eux et qui leur échappent.

Si les débitants de Paris se croient à l'abri de la loi en affichant que tous les produits qu'ils vendent sont falsifiés, ils se trompent fortement ; la falsification étant défendue par la loi, sans réticences, ils ne peuvent vendre des produits fraudés, même en en prévenant le consommateur qui ne lira pas ou ne croira pas l'affiche. Ils ne sont donc pas à l'abri et les tribunaux le leur ont bien prouvé.

La fraude deviendrait impossible si, lorsqu'elle serait constatée, le fraudeur subissait une amende énorme et immédiatement, pour les produits dangereux ou en cas de récidive pour les autres produits, il lui était défendu d'exercer le commerce des produits alimentaires.

Mon énergie à prohiber la fraude et ma complète indépendance me permettent de relever ce qu'il y a d'injuste dans les attaques dont sont victimes depuis quelques années les négociants en vins. Des analyses publiées depuis quelques années par différents laboratoires, il semble résulter que tous les vins français seraient fraudés, et l'étranger a exploité singulièrement cette situation, au grand détriment de notre commerce.

La question a été mal posée, et la publication de ces analyses n'a pas été accompagnée de commentaires précisant les faits. Sur cent échantillons envoyés dans un laboratoire, il y en a bien 90 qui présentent à la dégustation une saveur douteuse ; car il est rare qu'un consommateur qui reçoit un vin de bonne qualité se donne la peine de le faire analyser. Donc on peut avancer sans crainte d'être contredit que sur 1.000 consommateurs il n'y en a pas plus de 100 qui fassent analyser leurs vins ; sur ces vins si l'on en trouve 75 de plus ou moins fraudés, il ne faudra pas en conclure qu'il y a

75 % des vins français fraudés, mais 75 ‰, ce qui n'est pas la même chose, et j'exagère encore énormément la proportion.

Je sais de source certaine que les négociants en vins sont les premiers à craindre la fraude et qu'ils font analyser ou analysent eux-mêmes les vins qu'ils reçoivent. N'a-t-on pas vu à l'époque des procès sur la fuchsine, que presque tous les vins qui en contenaient nous venaient d'Espagne?

Je ne nie pas la fraude, mais je soutiens qu'elle est bien loin d'être aussi générale et aussi étendue qu'on veut le faire croire.

Un fait sur lequel il serait nécessaire d'attirer l'attention du Gouvernement, c'est la présence constante dans les journaux d'un nombre assez grand d'annonces invitant les négociants à la fraude, en leur vantant la qualité et l'innocuité des produits annoncés.

Certaines de ces circulaires proposent des vins de raisins secs pour coupages et des baies de sureau pour les colorer; d'autres proposent des baies d'airelles; enfin, l'acide salicylique est préconisé avec mentions de médailles d'or et d'argent.

Or, tout vin dans lequel on trouvera l'un de ces corps sera considéré comme fraudé et saisi.

Ces annonces ne devraient pas être tolérées, car cette publicité, pour beaucoup de négociants, est l'indice de la liberté de l'emploi de ces substances.

Il me semble qu'avant de poursuivre les négociants, on devrait poursuivre ceux qui provoquent sciemment à la fraude.

L'hygiène publique ne sera assurée complètement que le jour où, dans chacune des grandes villes de France, on aura installé un laboratoire d'analyses semblable à celui de Paris, dans lesquels on analysera toutes les matières alimentaires adressées par le public ou saisies d'office, mais avec quelques modifications dans les rgèlements, pour permettre aux accusés de se défendre, par une contre-expertise. Ces analyses seront gratuites, ces laboratoires ne devant faire aucune analyse payante, afin de ne pas léser les chimistes libres payant patente.

Voici la liste des substances introduites frauduleusement dans les vins, d'après le cadre suivi pour leur étude.

Chaque substance est suivie d'une lettre qui indique son action physiologique : B, bon ; I, inoffensif ; N, nuisible ; TN, très nuisible ; P, poison ; D, douteux.

1° Augmentation de volume.

Fraude sur la mesure.	
Mouillage	B
Mouillage et vinage..........	D
Mouillage et sucrage.........	B
Vins glucosés...............	N
Extrait factice.............	D
Glycérinage	D

2° Mélanges et Vins factices.

Coupages	B
Vins blancs et rouges........	I
Vins malades	N
Vins de lies	N
Vins de 2e et 3e cuvées.......	B
Piquettes..................	B
Vins de raisins secs.........	B

Cidre	B
Poiré	B
Vin de groseilles	B
— fraises	B
— framboises	B
— cerises	B
— mûres	B
— prunes	B
— figues	B
— betteraves	N
— orge	B
— bassia-latifolia	I
— factices	I et P

3° *Conservation des Vins.*

Tannin	B
Acide salicylique	N
Salycilate de soude	N
Acide borique	N
Borax	N
Acide sulfureux	I et N
Acide tartrique	B
Plâtrage. — Plâtre	N

4° *Avivage de la Couleur.*

Plâtrage. — Plâtre	N
Déplâtrage. — Baryte	P
Alun	TN
Sulfate de fer	TN
Sulfate de zinc	P
Acide sulfurique	TN
— chlorhydrique	TN
— azotique	TN
— hydrofluosilicique	TN
— oxalique	P
— tartrique	I
— citrique	I
Crème de tartre	I
Salage. — Chlorure de sodium	N

5° *Modification du goût et de l'odeur*

Sucres	B
Saccharine	N
Acide acétique	I
— tartrique	I
Tannin	N
Crème de tartre	I
Alun	TN
Sels de plomb	P
Carbonate de chaux	I
— soude	D
— potasse	D
Iris de Florence	N
Laurier-cerise	P
Extraits et essences de plantes	B
Essences et bouquets artificiels	TN

6° *Coloration artificielle.*

Bois de teinture (Brésil, Fernambouc, Sappan, Sainte-Marthe, Nicaragua, Lima et Campêche)	I
Baies de sureau	I
— hièble	I
— troëne	I
— airelle myrtille	B
— phytolacca	P
— mûres noires	B
— mûrons des haies	B
— cassis	B
— framboises	B
— cerises	B
— maqui	
Fleurs de coquelicot	N
— mauve noire	I
(Plantes) orcanette	I
— orseille	I
— tournesol	I
(Racine) betteraves	N
(Feuilles) indigo	I
(Animaux) cochenille	I
Dérivés du goudron de houille	P

7° *Falsifications accidentelles.*

Sels de cuivre	P
— antimoine	P
— étain	P
— zinc	P
— plomb	P
— arsenic	P
Matières empyreumatiques	N

(Je n'ai pas donné ici la liste des innombrables produits retirés du goudron de houille ; cette liste, aussi complète que possible, se trouve à l'étude de ces substances colorantes.)

RECHERCHE DES FALSIFICATIONS. — OPÉRATIONS PRÉLIMINAIRES

Lorsque l'expert veut rechercher les falsifications dans un vin, il doit d'abord se procurer, auprès de la partie intéressée, tous les renseignements possibles sur la nature du vin : sa provenance, le cépage, les traitements qu'il a subis, s'il a été viné, muté, plâtré, plusieurs fois soutiré, gardé longtemps en barriques ; enfin toutes les circonstances qui ont pu influer sur sa constitution.

Ces indications facilitent singulièrement, dans la plupart des cas, le travail du chimiste ; mais comme, le plus souvent, le consommateur ignore toutes ces circonstances, il faut pouvoir s'en passer.

On examine alors le vin au point de vue physique ; on regarde sa couleur ; on constate sa limpidité et, par le goût, l'on juge des principes dominants. Enfin, on cherche la densité qui varie de 985 à 1040, mais qui, le plus souvent, se maintient entre 994 et 1000. Souvent l'un de ces points donne une indication sur la nature de la falsification appliquée.

Lorsque les vins sont troubles, il convient de les filtrer avant de les soumettre aux opérations subséquentes, et dans ce cas, on peut étudier le précipité laissé sur le filtre, ce qui est utile dans plusieurs circonstances.

CHAPITRE 1

AUGMENTATION DE VOLUME

Fraude sur la mesure. — Mouillage. — Mouillage et Vinage. — Mouillage et Sucrage. —Vins glucosés. — Extrait factice. — Glycérinage.

FRAUDE SUR LA MESURE

Cette fraude consiste à tromper sur la quantité de vin vendu, par suite de la différence de contenance des fûts et des bouteilles.

Cette fraude est facilitée par l'inégalité des formes et des proportions des tonneaux des différents vignobles, ce qui fait qu'il est tout aussi impossible au producteur de se rendre exactement compte du volume du liquide qu'il expédie, qu'au consommateur de le vérifier.

Les veltes et autres instruments de mesure ne reposent que sur des données théoriques qui ne sont jamais exactement réalisées dans la pratique ; les dépotoirs, dont l'exactitude est rigoureuse, exigent une manipulation lente et pénible et ne se trouvent pas toujours à la disposition des intéressés.

La feuillette de Bourgogne, déclarée de la contenance de 136 litres, n'en contient le plus souvent que 128 ou 130 ; celles de Pouilly et de Sancerre, de 225 litres, en renferment rarement plus de 205 et souvent même seulement 195 ; celles de Cahors, Gaillac et Bordeaux, de 228 litres, en rendent rarement au-dessus de 220 litres ; celles de Beaune et de la Côte-d'Or, estimées à 228 litres, ne donnent que de 222 à 223 litres ; enfin, les pièces de la Vienne, indiquées comme contenant 230 litres, finissent par en perdre 10 à 15 après plusieurs rabattages.

Baudrimont pense que l'on parviendrait peut-être à éviter ces abus en rendant obligatoires les mesures suivantes :

1° Une jauge effective et officiellement contrôlée pour les fûts ;

2° Une estampille inviolable de l'expéditeur ou de l'intermédiaire, avec indication des années, origine et prix des liquides.

Je crois que la première clause est peu applicable, à moins de forcer tous les négociants à employer des fûts semblables.

Quant à la seconde, qui ne se rapporte aucunement au volume du liquide, elle me paraît tout à fait inquisitoriale.

On pourrait, jusqu'à un certain point, indiquer l'origine et l'année du vin, mais il est complètement inadmissible que le négociant soit tenu d'inscrire le prix du vin sur les fûts. L'auteur de cette proposition ne s'est évidemment pas rendu compte des désagréments commerciaux qui résulteraient de cette mesure.

Le moyen de supprimer toutes les difficultés que je viens d'indiquer serait de *remplacer la vente au volume par la vente au poids, pour les fûts.*

Beaucoup d'autres produits alimentaires liquides, les huiles par exemple, se vendent au poids, ce qui facilite singulièrement les transactions ; il n'y a donc pas de raisons pour qu'on n'applique pas cette méthode aux vins.

Dans ce cas, plus de ces contestations que l'on voit continuellement surgir entre les acheteurs et les vendeurs, au sujet du volume du vin livré ; les données actuelles de poids et de volume possédées par les négociants étant fort peu claires et fort peu exactes.

Une mesure générale pourrait prescrire d'indiquer, sur une étiquette placée sur le tonneau, la tare du fût et le poids brut.

L'Etat devrait donner l'exemple en imposant les vins, non plus sur le volume, mais sur le poids ; cet exemple serait bientôt suivi par le commerce.

Quant aux vins en bouteilles, il est évident qu'on ne peut exiger qu'ils soient vendus au poids ; mais, devant les différences de contenance plus ou moins considérables que l'on constate entre les diverses bouteilles, il y a peut-être lieu de proposer une mesure générale : ce serait d'obliger les fabricants de bouteilles à inscrire sur la bouteille le nombre de centilitres qu'elle doit renfermer. Ainsi, 75 voudrait dire que la bouteille renferme 75 centilitres, avec un écart en plus ou en moins d'un certain nombre de centilitres, les bouteilles n'étant pas toutes régulières. Cette obligation aurait une très grande importance, surtout dans la consommation au détail.

Lorsqu'il y a contestation ou expertise, on mesure le vin d'après les données complètes indiquées à la « Mesure des Vins ».

MOUILLAGE

L'addition d'eau au vin est évidemment la première des falsifications qui aient été opérées sur cette boisson, car l'eau ne coûte rien et le mélange est d'une grande simplicité, tout en procurant un bénéfice considérable.

Certains vins, comme ceux du Midi de la France, ne sont pas directement consommables, mais mélangés d'eau, ils le deviennent, si le mélange est fait au moment de la consommation.

Lorsque le mélange d'eau et de vin a été fait depuis quelque temps, ce dernier peut perdre une partie de ses qualités par suite des diverses réactions qui se produisent dans le sein de ce mélange.

D'après le Comité consultatif d'hygiène publique de France, voici quelle est l'action du mouillage : « En saturant les vins par ses carbonates terreux, oxydant les matières astringentes par son oxygène, l'eau altère le goût du vin, qui devient plat, en diminue l'acidité et en rend la conservation difficile. Non seulement le vin ainsi obtenu est moins savoureux, moins excitant, moins nutritif ; mais grâce à la dilution de son alcool, de son tannin et de son extrait ; grâce aussi à l'introduction des germes d'altération ou ferments, qu'apportent avec elles la plupart des eaux, il se transforme en un liquide qui s'altère assez rapidement s'il n'est pas immédiatement consommé. »

Lorsque le mouillage est joint au vinage, et c'est le cas le plus fréquent, cette fraude est encore plus coupable.

Il ne faut pas oublier que le mouillage est absolument défendu et que tout vin circulant mouillé peut être saisi.

Les négociants de vins en gros sont du reste absolument opposés au mouillage ainsi qu'il ressort de la délibération du Syndicat général des Chambres syndicales du commerce en gros des vins et spiritueux de France, qui dans sa séance du 16 Juin 1881, a demandé énergiquement la répression du mouillage. (Documents. Ch. Girard).

Le mouillage a été le point de départ de toutes les autres falsifications. Après avoir additionné d'eau les vins riches du Midi pour les rendre buvables, on y a ajouté davantage d'eau, ou on a mouillé des vins plus faibles ; comme le résultat de cette opération était un vin faible en alcool et en matières colorantes, on a ajouté de l'alcool pour lui donner de la force, et des matières colorantes pour lui donner la couleur normale. Puis, comme les chimistes découvraient la fraude par l'absence de crème de tartre, on en a ajouté. Enfin, pour augmenter le poids de l'extrait sec, on a ajouté du sucre, du cidre, du poiré, du tannin, de la glycérine, etc.

Recherche du mouillage. — Vauquelin fut le premier qui donna quelques indications pour reconnaître le mouillage ; il avait constaté que rarement les vins rouges contenaient du sulfate de chaux, et qu'à Paris, l'eau ajoutée étant séléniteuse, introduisait du plâtre dans les vins. Il évaporait les vins et dosait le sulfate de chaux contenu.

Avec cette méthode, on ferait condamner les vins plâtrés comme mouillés.

D'après Pollack (Voir Addition d'acide azotique) les vins contenant de l'eau ajoutée se colorent d'une façon plus intense et plus rapide que n'importe quel vin naturel, c'est-à-dire en moins de 5 minutes, par la diphénylamine.

Cet essai ne peut donner qu'une présomption.

Le mouillage simple est très facile à démontrer par suite de la diminution proportionnelle, à l'eau ajoutée, de tous les agents contenus dans le vin normal.

On dosera : l'extrait sec, les cendres et l'alcool, on prendra la densité, puis le titre acide, mais ce dernier point n'est pas nécessaire.

Les résultats une fois obtenus, on les comparera d'abord avec les chiffres donnés pour les vins de même nature, puis ensuite entre eux.

Une diminution sensible du poids de l'extrait sec, de l'alcool et des cendres fait de suite conclure au mouillage. On compare les cendres à l'extrait sec ; s'il y a excès de cendres par rapport au poids de l'extrait sec, c'est qu'il y a un corps minéral ajouté ; s'il y a diminution du poids des cendres par rapport à celui de l'extrait, c'est que ce dernier contient en excès une matière organique ajoutée et par conséquent nécessité de rechercher cette substance ajoutée.

Lorsque le poids dépasse la moyenne ou le chiffre qui lui est attribué dans le tableau général, par rapport au poids de l'extrait sec, il faut recourir à l'analyse des cendres.

Il faut tenir compte que le plâtrage augmente le poids des cendres et de l'extrait ; et que le vinage seul les diminue.

Le mouillage seul se prouve avec une grande facilité ; la dose d'alcool de cendres et d'extrait ayant diminué sensiblement, la densité est plus forte et le goût bien affaibli.

Tout ce qui se rapporte au mouillage et vinage peut s'appliquer avec plus de facilité au mouillage seul puisque l'addition d'alcool est une difficulté de plus pour l'analyse.

MOUILLAGE ET VINAGE

L'addition d'alcool est le complément indispensable de l'addition d'eau au vin ; les débitants seuls opèrent le mouillage simple au moment de la consommation ; mais les marchands en gros qui veulent frauder ne pourraient pas introduire que de l'eau, car les vins ainsi mouillés ne se conservent pas, et la fraude est trop facile à reconnaître ; ils y ajoutent donc de l'alcool pour les faire revenir au degré voulu.

Cette falsification est la plus générale et la plupart du temps les autres n'en sont que la suite. En effet, mettre de l'eau et de l'alcool dans le vin, rien de plus simple ; mais le vin devient plat, alors on y ajoute un peu d'acide tartrique ou de crême de tartre, souvent des matières colorantes, de la glycérine, etc. et l'on obtient un liquide qui ressemble aux vins sans en avoir les propriétés, et l'on fait un bénéfice énorme.

Le mouillage et le vinage se pratiquent généralement sur les vins rouges très riches en couleur ; on les additionne du quart et même de moitié d'eau ; on en remonte le degré au moyen d'alcool ; on y ajoute un peu d'acide tartrique, s'il sont trop mous, et on les livre ainsi à la consommation.

Recherche du mouillage et vinage. — On prend d'abord la densité au moyen du densimètre de Gay-Lussac ; elle ne donne rien de bien précis ; cependant si le vin possède le même degré alcoolique, elle est plus faible par suite de la diminution des corps solubles.

On dose ensuite l'*alcool*, puis l'*extrait* sec ; ce dernier est ensuite calciné dans le fourneau à moufle pour obtenir les *cendres*, le *titre acide*, etc. Si le poids des cendres ne correspond pas au poids de l'extrait, on procède au dosage du *glucose*, du *tartre*, du *tannin* et du *plâtre*, de manière à obtenir le poids réel de l'extrait sec, en déduisant ces corps en excès sur la moyenne contenue dans ces vins.

Pour les vins fortements vinés on peut rechercher la *nature de l'alcool ajouté*, par les procédés indiqués à l'article Vinage.

Lorsque les résultats trouvés n'indiquent rien ou donnent une présomption de mouillage et de vinage, il faut procéder au dosage de la *glycérine* seule ou mieux au dosage de la glycérine et de l'*acide succinique*.

On peut se passer du dosage de l'acide succinique, quoique ce soit un bon renseignement. Gautier, dans sa belle étude du mouillage et du vinage, n'en parle pas du tout.

Enfin, les chimistes autrichiens ont fait intervenir le dosage de l'azote.

Dans la plupart des cas, cette falsification est facile à démontrer bien que les opérations à faire soient longues ; mais les résultats sont positifs. Lorsque l'on a affaire à des fraudeurs habiles on pourra donner comme purs des vins mouillés et vinés, mais on n'indiquera jamais un vin pur comme étant mouillé, si l'on se livre sérieusement à l'étude du vin analysé, comparativement avec les vins de même provenance, ou en tenant un compte exact des rapports observés entre les divers éléments des vins naturels.

Lorsqu'on a affaire à des vins de coupages mouillés et vinés, la question se complique. Dans ce cas il faut autant que possible connaître la nature des vins qui ont été mélangés, et, si faire se peut, la quantité proportionnelle de chacun d'eux. Alors, il est facile de conclure, car la quantité d'extrait sec, d'alcool, de cendres et des autres composants des vins constituant le mélange doit se retrouver dans le vin résultant du coupage, proportionnellement au poids de chaque vin introduit. (Voyez *Coupages*).

Quel que soit le mélange des vins entre eux, les divers rapports entre les éléments constitutifs des vins doivent être semblables à ceux des vins naturels.

Appréciation des résultats obtenus. — Par suite du mouillage, le poids de toutes les matières, autres que l'eau, contenues dans les vins a diminué ; lorsqu'on ajoute de l'alcool, on peut revenir au titre alcoolique antérieur ou le dépasser. Dans tous les cas, la proportion d'alcool, comparativement à l'extrait sec, c'est-à-dire à toutes les substances solides du vin, a augmenté d'une manière sensible.

Rapport alcool-extrait. — Il est évident que si on ajoute de l'eau et de l'alcool, la dose d'extrait d'un vin diminue d'une façon très sensible par rapport à l'alcool et par rapport au litre de vin. Le poids de l'extrait est toujours représenté par un chiffre au moins double de celui qui indique le degré alcoolique du vin.

On a reproché violemment au Laboratoire Municipal de Paris d'évaluer le mouillage d'après des moyennes d'alcool et d'extrait, sur tous les vins sans distinction. Dans ses *Documents sur les falsifications*, 1884, M. Ch. Girard s'en défend, disant que : « Contrairement à ce qu'on a dit, le Laboratoire n'a pas de moyennes fixes d'alcool et d'extrait ; les analyses sont comparées avec les mêmes crus de la même arrivée. »

« L'évaluation approximative du mouillage d'un vin de coupage n'est calculée sur 12° d'alcool et 24 gr. d'extrait que lorsqu'il est impossible d'avoir d'autres points de comparaison. Ces chiffres étant basés sur les usages commerciaux et dans le seul but d'éviter l'arbitraire. »

« Les mercuriales et journaux vinicoles indiquaient la généralité des vins mis en vente avant 1882, comme titrant (à Paris) 12 °/₀ d'alcool et 24 gr. d'extrait. Ces chiffres ont disparu dès que le Laboratoire s'est permis de s'en servir. »

« Extrait du *Bulletin commercial des vins* (16 octobre 1881). Chambre syndicale des débitants de vins de détail. Laboratoire de M. Rey. 422 analyses : 124 vins, moyenne alcoolique 12° 1/2, 24 à 25 gr. d'extrait. 267 vins mouillés, 8 à 9° d'alcool, 15 à 17 gr. d'extrait. 31 vins déplorables. »

A Bercy, les vins sont mélangés de manière à former des vins contenant 12° d'alcool et 24 gr. d'extrait, et c'est sur cette base que M. Girard a calculé son minimum alcool extrait pour tous les vins dont il ignore la provenance ; son minimum est de 10° d'alcool et 20 gr. d'extrait.

C'est ce qui explique pourquoi si on présente au Laboratoire Municipal un échantillon, sans indications, qu'il réponde : vin mouillé, et si on lui dit : c'est un vin de l'Hérault, la réponse soit : vin naturel.

En résumé, on ne doit considérer les moyennes que comme une simple indication et dans le cas particulier de Paris ; car un coupage de :

1/2 vin de Sologne à 16 gr. d'extrait
1/4 — du Cher à 20 gr. —
1/4 — de Narbonne à 26 gr. —

donne un vin contenant 19gr5 d'extrait et en calculant le mouillage

$$24 - 19.5 = 4.45 \times 100 : \frac{445}{24} = 13.3 \text{ °/₀ d'eau}$$

Composition moyenne des vins avoués mouillés analysés au Laboratoire Municipal de Paris.

	Nombre d'analyses	Alcool	Extrait 100	Extrait vide	Cendres	Tartre	Sucres	Sulfate de potasse
Vin de coupage rouge plâtré............	4590	10.19	21.58	25.13	3.08	1.64	1.78	2.01
Vin de coupage rouge non plâtré........	1140	9 05	20.35	25.06	2.29	2.25	1.36	0.53
Vins blancs.........	135	9.64	19.42	»	2.04	2.04	2 44	0.51

Dans les vins naturels, le rapport de l'alcool et de l'extrait subit des variations considérables ; il varie suivant le pays, le cépage, etc. Les vins rouges de table français de 3 mois à un an et non plâtrés ont, par litre, de 6°5 à 14°5 d'alcool et de 13gr5 à 26gr d'extrait. Les vins rouges du Midi ont ordinairement de 17gr5 à 23gr d'extrait.

Les vins plâtrés vont de 22 à 23gr par litre, en moyenne.

Pour les vins sucrés, il faut être très circonspect dans l'appréciation du mouillage au moyen de l'extrait.

Rapport alcool acide. — M. Gautier a découvert que pour les vins rouges les plus variés d'origine et de cépage, la somme de l'alcool, degré alcoolique, et de l'acidité, varie peu et va de 13 à 17 pour les vins plâtrés.

Pour les vins plâtrés, on cherche l'acidité, le sulfate de potasse et l'alcool. De l'acidité on déduit celle qui est due au plâtrage et qui est calculée en retranchant du sulfate de potasse 0.34 (contenu dans les vins naturels) et diminuant l'acidité trouvée du chiffre restant multiplié par 0,2 pour l'acidité du sulfate de potasse, La somme alcool-acide obtenue ensuite doit être supérieure à 13.

Pour les vins étrangers, la somme alcool acide varie de 11.8 à 16.5, pour les vins d'Aramon de 11,5 à 13,0 et pour les vins plâtrés de 14.6 à 18,8 et somme réduite 14.1 à 16,1.

Ces chiffres ne doivent être considérés que comme probables ; on établira donc sur ce rapport une simple présomption.

On peut ajouter de l'acide tartrique que l'analyse retrouverait, ou couper avec un vin plus acide.

Glycérine et acide succinique. — Le poids de la glycérine a diminué ; tout vin dans lequel le poids de ce corps est inférieur au 1/16e de son poids d'alcool est vraisemblablement viné ; et dans les vins de consommation française, ce chiffre est de 1/14e. La glycérine *forme moins de la moitié et plus du tiers du résidu sec,* ce qu'il est bon de savoir, dans le cas où les fraudeurs auraient ajouté de cette substance.

L'*acide succinique contenu dans les vins pèse environ 5 fois moins que la quantité de glycérine contenue.* Pasteur indique que pour 51 gr. d'alcool il se forme 0.6 à 0.7 d'acide succinique, mais en réalité il en reste davantage par suite de l'évaporation de l'alcool.

Même dans le cas d'addition de glycérine on peut prouver le mouillage et le vinage, car si sa relation avec l'alcool peut être exacte, sa relation avec l'extrait sec et l'acide succinique ne l'est plus.

Soit par exemple : Un vin de Bourgogne acheté et dosant :

Extrait 16.9 ; alcool 10°9. ou 87 gr. ; glycérine 5gr4 ; acide succinique 1.08. La glycérine étant le quatorzième de l'alcool, il devrait y en avoir 6gr2. Elle devrait être le 1/3 de l'extrait, soit plus de 5gr4. Ce vin a donc été viné et mouillé dans une proportion assez forte.

Le vin primitif devait contenir 6gr2 de glycérine, on n'en trouve que 5gr4, soit une diminution de 0.8 ou environ le 8e. On a donc pris, à peu près, les $\frac{7}{8}$ du vin et on ajoute $\frac{1}{8}$ d'eau, d'alcool et d'une substance qui maintient le chiffre de l'extrait au chiffre normal. Il y a lieu de la rechercher ; et comme le poids des cendres est moyen, ce n'est pas une matière minérale.

Dans le cas où l'extrait sec aurait un poids plus faible, l'exemple serait encore plus probant.

Supposons qu'on ait ajouté la glycérine qui manque, soit 0gr8 par litre. On aurait alors 17gr7 d'extrait, supérieur au poids moyen, mais sans indication sérieuse, sinon que ce poids est bien fort pour le degré alcoolique.

Mais alors le poids de l'acide succinique est inférieur à celui donné par le rapport de glycérine ; le 5e, soit $\frac{6.2}{5} = 1^{gr}24$, au lieu de 1.08. Pour les vins de Bourgogne la moyenne de cet acide est de 1gr 17. Et ce cas est le mieux imaginé par les fraudeurs.

Malheureusement, le dosage de la glycérine présente peu de sûreté ; le procédé Pasteur est très attaqué et aucun chimiste n'est affirmatif sur la valeur des nouveaux procédés. Néanmoins, si on suit le procédé Pasteur, on obtiendra des résultats suffisants, puisque tous les rapports précédents ont été basés sur ce procédé.

On ajoute de la glycérine (Voyez Glycérinage) pour tromper l'expert ou pour augmenter le poids de l'extrait, mais alors le rapport glycérine-extrait n'est plus le même.

Je ne crois pas que l'on ait encore ajouté de l'acide succinique.

Rapport acidité-acides volatils. — Cette question a été étudiée au vinage, elle s'applique ici de même.

Rapport extrait-cendres. — Le poids des cendres est toujours environ le dixième du poids de l'extrait.

Un vin naturel renferme toujours au moins 1 gr. de crème de tartre par litre.

Azote. — A la réunion des chimistes autrichiens, en 1889, on a exprimé l'opinion que le dosage de l'azote et de l'acide azotique pourrait être utile, dans certains cas, pour l'appréciation et l'authenticité des vins.

Voici quels sont les résultats obtenus à la station d'essais de Klosterneuburg :

Vins analysés.		Azote par litre de vin.
Blancs.	Rouges	—
1	1	0.07 à 0.08
3	0	0.08 à 0.09
3	1	0.09 à 0.10
57	31	0.10 à 0.20
53	43	0.20 à 0.30
19	27	0.30 à 0.40
5	14	0.40 à 0.50
6	2	0.50 à 0.60
0	1	0.60 à 0.70
0	0	0.70 à 0.80
0	1	au-dessus de 0.8
147	121	

Tous ces vins sont des vins secs.

Les vins autrichiens qui contiendront moins de 0,07 d'azote par litre devront donc être considérés comme mouillés.

Un vin contenant plus de 0,6 d'azote doit être de bonne qualité sous le rapport du goût et doit avoir un dosage élevé en matières extractives et glycérine, sinon on se trouvera en présence d'un vin de lie ou de dépôt.

En 1888, la station a analysé un vin d'Herzégovine, naturel, dosant 1gr35 d'azote par litre, 36gr6 d'extrait exempt de sucre et 15gr5 de glycérine.

La voie ouverte par les chimistes autrichiens doit être suivie par les chimistes français.

Procédé Audoynaud (Comptes Rendus, 1883, juillet, 9). — Pour juger de la valeur des vins, M. Audoynaud propose l'emploi du permanganate de potasse.

5cc de vin sont mélangés avec 10cc d'eau de baryte, saturée à froid ; on lave de suite le précipité à l'eau bouillante ; dans le liquide jaune, très oxydable, on fait passer un courant d'acide carbonique, on filtre, fait 100cc et traite par le permanganate au millième.

Titre alcoolique.	Permanganate.	Observations.
—	cc	—
10.6	4.6	Vin très coloré, Jacquez.
9.1	2.5	Bon vin des Sables.
8.1	1.6	Bon vin peu coloré Aramon.
8.8	3.3	Très bon vin Cruzzy (Aude).
6.2	0.6	Vin de raisins secs.
0.0	1.0	Solution aqueuse de mauve.
7.1	0.8	Raisins secs additionnés de matière
9.1	1.2	colorante.

On peut considérer comme suspect tout vin titrant moins de 1,5.

MOUILLAGE ET SUCRAGE

Lorsque les vins sont sucrés avec addition d'eau, ils tombent sous le coup de la loi au même titre que les vins mouillés et vinés.

Leur recherche est plus difficile à faire que pour les vins vinés, dans lesquels on n'introduit que de l'eau et de l'alcool, tandis que par le sucrage on introduit de l'eau, de l'alcool, de l'acide succinique et autres dérivés de la fermentation alcoolique.

Il faut donc que la quantité d'alcool produite par le sucrage soit plus grande que dans le vinage pour que la preuve soit faite ; de même pour l'addition d'eau.

Si le sucrage a été mal opéré, il restera du sucre de canne plus ou moins inverti pour la recherche duquel on opérera comme je l'ai dit à la Recherche du Sucrage. Si le sucrage a été fait au moyen du glucose, on passera au paragraphe suivant.

M. P. Carles a fait l'analyse d'un grand nombre de vins de la Gironde et du Lot-et-Garonne sucrés et mouillés (1883, J[l] de Ph. et Ch., t. 7, p. 14, janvier).

	Vins naturels.			Vins sucrés et mouillés.		
Alcool	10.0	à	11.3	7.6	à	9.5
Extrait à 100	20.9	à	26.2	10.6	à	20.1
Gomme	2.10	à	5.65	0.93	à	2.15
Crème de tartre	2.60	à	4.75	1.85	à	3.57
Glycérine	7.10	à	8.30	4 60	à	6.85
Sucres réducteurs	1.02	à	4.05	0.00	à	2.15
Cendres	1.75	à	2.60	1.25	à	2.50
Acide phosphorique	0.35	à	0.55	0.12	à	0.40
Potasse	0.90	à	1.12	0.52	à	0.80

Ces vins n'ont pas été suffisamment traités puisque leur chiffre d'alcool est inférieur au degré des vins naturels. Ces vins sont franchement mouillés.

Enfin un renseignement intéressant est celui que j'ai donné au sucrage; les réactions chimiques de la matière colorante des vins sucrés et mouillés diffèrent sensiblement de celle des vins naturels.

VINS GLUCOSÉS

Le glucose est employé aux mêmes usages que le sucre de canne. Pour le sucrage des vendanges, il doit être prohibé, les résultats étant mauvais; mais pour les fraudeurs, ce produit est plus avantageux puisqu'il coûte moins cher.

Le glucose commercial renferme toujours, en moyenne, 52 °/₀ de produits non fermentescibles et dextrogyres (dextrine et substances analogues), c'est grâce à l'existence de ces produits que Neubauer est parvenu à reconnaître si un vin est glucosé ou non.

Il a étudié ces impuretés et reconnu qu'elles sont douées d'un pouvoir rotatoire droit plus fort que celui du glucose; elles n'ont pas le goût sucré, ne fermentent pas sous l'action de la levûre de bière et réduisent faiblement la liqueur de cuivre; l'acide sulfurique les transforme à la longue en produits fermentescibles; l'acétate de plomb ne les précipite pas, elles sont en majeure partie solubles dans l'alcool et se précipitant par l'addition d'éther, tandis que la matière dextrogyre la plus abondante dans le vin naturel est précipitable par l'alcool; leur pouvoir rotatoire est de 78°.

Neubauer a fait plus de 700 analyses de vins allemands sucrés ou non avec le glucose, au moyen de la méthode suivante :

Procédé Neubauer. — On décolore le vin, soit avec le noir animal, soit avec le sous-acétate de plomb et le noir animal; on filtre puis on concentre les liqueurs pour rendre leur action plus sensible sur le polarimètre.

Un vin pur, essayé sans évaporation, dévie faiblement à droite, de 0°,1 à 0°,2, le plan de polarisation, tandis que les vins glucosés dévient souvent à droite jusqu'à 9°. Tout vin qui dévie de 1° est glucosé. Ces degrés indiqués par Neubauer sont ceux du polaristrobomètre de Wild. Chacun de ces degrés vaut 4°604 du saccharimètre Soleil, ou 4°646 du saccharimètre Laurent.

Pour retrouver les petites quantités de glucose, l'expérience est plus longue : on évapore 250cc de vin, jusqu'a cristallisation, puis le résidu qui est de 50cc est étendu d'eau et de 5 à 10 gr. de noir, et filtré.

On lave le dépôt, on évapore à consistance de sirop et on ajoute enfin de l'alcool à 95°, tant qu'il se forme un précipité d'une matière floconneuse et visqueuse. On décante la liqueur que l'on met de côté, puis on dissout le précipité dans un peu d'eau, et après décoloration, s'il est nécessaire, et filtration, on examine la solution au saccharimètre ; elle dévie de 0°5 à 1°8, si le vin est pur.

La liqueur alcoolique mise à part est à son tour réduite au quart par évaporation, puis agitée avec quatre ou six fois son volume d'éther : si le vin est glucosé, la majeure partie du produit dextrogyre infermentescible est restée dans l'alcool et a été précipitée par l'éther dans la couche hydro-alcoolique du fond. On sépare celle-ci, on en chasse l'éther par la chaleur et on essaie la liqueur filtrée au saccharimètre, la déviation est prononcée, dans le cas d'un vin glucosé. Elle est de 2.6 à 7° pour des vins dont la déviation directe à droite était à peine sensible. Pour les vins naturels, elle est peu marquée et varie de 1/2 à 1°1.

Sur un seul vin naturel de Graefenberg, visqueux et filant, il a trouvé une déviation de 1°1.

Les vins du Rhin, grands crus, très sucrés, ont donné de — 2°4 à — 7°, les vins d'Espagne de même ; à ce propos Wartha fait remarquer qu'un vin fort sucrosé peut dévier à gauche.

Il faut observer que Neubauer a fait ses travaux sur des vins traités par le glucose de pommes de terre ; si on a affaire à un vin traité par le glucose de maïs, très employé aujourd'hui ; on n'obtient pas les chiffres qu'il indique ; M. Audibert a démontré que la recherche de ce genre de vin est d'une extrême difficulté.

Modification H. Jay (1880). — Il évapore le vin à sec, en présence de la craie ou du sable en excès, reprend par l'alcool absolu, réduit le volume à quelques centimètres cubes, précipite par 4 à 6 volumes d'éther et reprend par l'eau.

Procédé Bishop. — Dans ce procédé on recherche le sucrose, le glucose et la dextrine.

On décolore le vin par le sous-acétate de plomb et on examine au saccharimètre.

1° La déviation est droite ; il peut y avoir du sucrose, du glucose, de la dextrine ou un mélange. Dans ce cas on prend 50cc de vin que l'on verse dans un ballon jaugé de 100cc avec 1cc d'acide chlorydrique (d — 1.090) on porte dans un bain-marie chauffé à 60°, on porte rapidement la température à 95° et on l'y maintient pendant 10 minutes ; on retire du bain, neutralise l'acide par une solution de soude, refroidit et complète les 100cc, puis polarise.

Si la déviation tourne à gauche, il y a du sucrose ; on détermine alors la nouvelle quantité de sucre réducteur de la liqueur de cuivre et on calcule sachant que 100 de glucose égalent 95 de sucrose.

Si la déviation reste droite mais inférieure à la moitié de la déviation primitive, il y a du sucrose mêlé à du glucose ou à de la dextrine ou aux deux. On dose alors l'augmentation de sucre réducteur causée par l'inversion du sucrose et on recherche les dextrines comme ci-dessous.

Lorsque la déviation reste droite et sensiblement la moitié de la déviation primitive, l'acide n'a exercé aucune action : il n'y a pas de sucrose, il peut y avoir du glucose et de la dextrine.

On prend 50cc du liquide primitif (vin décoloré), on les introduit dans le ballon de 100cc avec 4cc d'acide chlorhydrique ; on relie le ballon à un réfrigérant ascendant et on maintient le tout au bain-marie à 95-100 pendant 3 heures ; on neutralise par la soude, on refroidit, complète à 100cc avec de l'eau, agite, filtre s'il y a lieu et polarise.

Si la déviation est semblable à la précédente, c'est-à-dire moitié de la déviation primitive, il n'y a pas de dextrine. S'il y avait de la dextrine, la déviation serait inférieure et dans ce cas le dosage à la liqueur de cuivre révèlera une augmentation de sucres réducteurs ; cette augmentation de sucres réducteurs donnera la quantité de dextrine sachant que 100 de glucose égalent 90 de dextrine.

S'il n'y a ni dextrine, ni sucrose, si le liquide primitif dévie de plus de 2° à droite et s'il réduit la liqueur Fehling de plus de 3 gr. par litre, le vin est glucosé.

2° La déviation est gauche ; il peut y avoir du sucrose, du sucre inverti, du glucose et de la dextrine.

On prend 50cc, on fait l'inversion avec 1cc d'acide chlorhydrique et on polarise ; si la déviation est gauche et sensiblement moitié de la rotation primitive, il n'y a pas de sucrose ; si la déviation gauche est supérieure à cette moitié il y en a ; on le dose par réduction de la liqueur cuivrique avant et après inversion.

On recherche la dextrine par l'inversion avec 4cc d'acide chlorhydrique ; la déviation gauche augmente et la quantité de sucre réducteur également.

3° La déviation est nulle. Dans ce cas si le vin renferme moins de 3 gr. par litre de sucres réducteurs, on conclut à l'absence de sucres ajoutés ; s'il contient plus de 3 grammes, on conclut à la présence probable de lévulose, sucrose, glucose et dextrine et on recherche comme précédemment.

Bishop a montré clairement l'action des sucres dans le tableau suivant :

	Sucre inverti	Glucose	Lévulose	Sucrose	Dextrine
Déviation saccharimétrique directe........	gauche	droite	gauche	droite	droite
Déviation saccharimétrique après inversion 1cc Cl H...	varie pas sensiblement	varie pas	varie pas	gauche	varie pas
Déviation saccharimétrique après inversion 4cc Cl H...	diminue tend à droite	Id.	diminue tend à droite	Gauche, moins que pour 2cc Cl H	diminue
Action sur la liqueur cuivrique directe........	réduit	réduit	réduit	varie pas	rien
Action sur la liqueur cuivrique après inversion 1cc Cl H.	varie pas sensiblement	varie pas	varie pas	réduit	rien
Action sur la liqueur cuivrique après inversion 4c....	diminue	Id.	Id.	réduit un peu moins	réduit

Ce procédé s'applique plutôt à l'emploi des sucres pour faire des vins sucrés, imitation de vins de liqueur, mais il peut aussi s'appliquer aux vins sucrés pour obtenir de l'alcool, lorsque le sucrage a été mal conduit.

Procédé Tony Garcin. (Comptes Rendus, 1887, Avril 4). — Ce procédé a pour but de rechercher le sucrose, le glucose et la dextrine ajoutés frauduleusement ; il s'appuie sur plus de 500 observations faites sur les vins les plus divers de France, d'Algérie, Italie, Espagne, Hongrie, Turquie, etc.

Le vin est décoloré à froid par le noir animal pur (30 gr. pour 100cc vin), et passé au saccharimètre dans un tube de 20 cm. et les sucres réducteurs dosés par la liqueur de cuivre.

Si la teneur en matières réductrices est de 2 gr. ou au-dessous, le vin est caractérisé, devant contenir une matière dextrogyre étrangère lorsque la déviation polarimétrique est supérieure à + 13'.

Lorsque le vin contient plus de 2 gr. de matière réductrice, en grammes par litre, on déduit 1,5 et on multiplie le reste par 6 ; on affecte ce produit du signe + et on fait la somme algébrique avec la déviation polarimétrique, exprimée en minutes. Si cette somme est supérieure à 13, on conclut que le vin est additionné de matières dextrogyres étrangères ; si l'excès sur 13' dépasse 10', la conclusion est certaine.

Le sucrose est caractérisé et dosé par inversion ; la dextrine par saccharification ; le glucose seul, par le rapprochement du sucre réducteur avec la déviation. Pour les saccharimètres à lumière blanche, on peut compter à très peu près le degré saccharimétrique pour 13'.

Travaux de M. Carles (Journal de Ph. et Ch., 1883, janvier, p. 14). — Le glucose de maïs donne naissance, par la fermentation à une substance résineuse (?) infermentescible, qui choque désagréablement dans le vin, échappe dans la bière, et forme de l'alcool amylique.

Le tannin n'est plus que le 1/3 des vins naturels ; le fer, les phosphates et la potasse diminuent.

Vins de marcs obtenus avec le sucre de maïs dans la Gironde, la Dordogne et le Lot.

Alcool..............	7.7	à	8.5
Extrait.............	9.20	à	44.0
Gomme..............	1.01	à	2.10
Crème de tartre.......	0.96	à	4.60
Glycérine............	2.50	à	5.55
Glucose..............	1.68	à	28.25
Cendres..............	1.40	à	2.40

Le glucose employé pour le sucrage des moûts augmente l'extrait sec des vins, par suite de la présence dans ce produit de matières infermentescibles ; ce que ne donne pas le sucrose.

Le glucose est défendu pour le sucrage des vins, pourquoi n'en défend-on pas l'emploi dans la préparation de la bière, où il est encore plus dangereux pour l'hygiène publique ?

Les glucoses commerciaux sont souvent préparés avec de l'acide sulfurique provenant de pyrites arsénicales, dès lors il n'est pas rare d'y trouver de l'arsenic ; Clouet a trouvé que les glucoses préparés avec les acides sulfurique et chlorhydrique du commerce pouvaient retenir de 3 à 7 milligr. d'arsenic par kilogr.

EXTRAIT FACTICE

Depuis quelques années, pour se soustraire à la règle alcool-extrait admise pour déterminer le mouillage, on a essayé de confectionner des extraits secs factices qui, naturellement, ne ressemblent guère aux extraits secs naturels. A Paris, on a ajouté divers produits pour augmenter le poids de l'extrait.

D'abord, du *sel marin*, dont l'étude est au salage et qui est défendu au-dessus de 1 gr. par litre.

Ensuite, on a employé le *sirop de dextrine.* Nous avons vu dans le paragraphe précédent comment on recherchait et dosait la dextrine, nous donnerons quelques explications complémentaires.

L'acétate de plomb ammoniacal précipite la dextrine et le glucose, et pas le sucrose.

Les sucres sont décomposés par l'hypochlorite de soude en présence de l'ammoniaque, tandis que la dextrine ne l'est pas (Effront).

L'acétate neutre de plomb précipite la dextrine, mais ne précipite ni le sucrose ni le glucose.

La dextrine a un pouvoir rotatoire à droite sur le polarimètre.

Pour déceler la dextrine, il suffit donc de la précipiter par l'acétate neutre de plomb, recueillir sur un filtre, laver, délayer le précipité dans l'eau et traiter par l'acide sulfhydrique ou chlorhydrique pour précipiter le plomb et passer au saccharimètre ; une déviation à droite indique la dextrine.

Le procédé le plus employé consiste à transformer la dextrine en glucose.

On décolore 50cc par le noir, on filtre, ajoute 2cc d'acide sulfurique et chauffe pendant 4 h. dans un tube scellé, au bain d'huile à 120-150°. On dose, sur le vin, avant et après cet essai, le glucose au moyen de la liqueur de cuivre ; la différence indique le glucose formé. Cette différence, multipliée par 0.9, donne le poids de dextrine.

On peut aussi chauffer pendant 8 heures, dans un ballon muni d'un réfrigérant ascendant ; le résultat est le même.

Dans ces procédés, il y a une cause d'erreur par suite de la transformation d'une petite partie de la dextrine en produits colorés ; il faut décolorer le liquide par le noir qui enlève ces produits ; le chiffre de dextrine est toujours faible,

On a signalé (Jl de Ph. et de Ch., 1885, Mars, t. 11, p. 343) un produit livré au commerce comme extrait et qui a donné à l'analyse :

Glucose commercial réducteur	28.72
Glycérine	38.40
Tannin de bois	4.10
Dextrine (du glucose)	3.14
Acide borique,	4.27
Humidité, sels minéraux et un peu de tartre	21.37

On en met 100 ou 200 gr. par hectolitre.

On peut le reconnaître facilement : 1° lorsqu'on incinère l'extrait, la flamme charbonneuse est teintée de vert par l'acide borique ; 2° par la méthode Neubauer, la forte déviation à droite indique le glucose et la dextrine.

En Italie, on emploie un extrait tout préparé, sur lequel je n'ai aucune donnée.

GLYCÉRINAGE

L'addition de glycérine aux vins, ou Scheelisage, du nom de Scheele, qui l'a préconisé, a pour but d'adoucir le vin, de lui donner du corps et d'assurer sa conservation sans addition d'alcool ; elle sert également à masquer le manque d'extrait.

La glycérine est d'un usage médicinal ; on la prescrit aux malades ; mais dès qu'ils sont de retour à la santé, l'usage en est proscrit, car elle cause des irritations des reins et de la vessie ; elle peut même faire uriner du sang lorsqu'elle est prise à la dose de 40 à 60 gr. par jour.

Catillon a constaté, par l'emploi de 15 à 20 gr. par jour, une diminution de 6 à 7 gr. d'urée et une augmentation d'acide carbonique.

Dujardin-Beaumetz et Andigé ont déterminé de véritables empoisonnements par la glycérine.

Comme, en général, elle contient des sels, de l'acide formique, etc., et qu'il en faut une grande dose pour sucrer, elle doit être absolument prohibée.

M. Carles en a trouvé jusqu'à 10 gr. dans un litre de vin blanc, fraude qu'il a signalée en 1880 (Comptes Rendus).

La teneur moyenne des vins naturels en glycérine est en moyenne de 6 gr. (Ch. Girard) ; dans les vins glycérinés, cette dose est notablement dépassée.

Dans un vin additionné de glycérine, le rapport alcool-glycérine qui est de 1/10e au 1/14e n'existe plus, lorsqu'il n'y a que de l'eau ajoutée.

Dans un vin viné, mouillé et glycériné, ce rapport peut être normal, mais le rapport alcool-extrait et le rapport glycérine-extrait permettent de reconnaître cette fraude. Il y a aussi le rapport glycérine-acide succinique qui peut venir confirmer les présomptions (Voyez Vinage et Mouillage et Vinage).

CHAPITRE 2

MÉLANGES ET VINS FACTICES

Les mélanges pourraient être classés dans l'augmentation de volume, car ils ont tous pour but de livrer le moins possible de vin naturel pour un volume donné, en remplaçant le vin par une substance liquide moins chère.

La recherche de ces mélanges demande une grande connaissance de l'analyse vinicole.

COUPAGES

Les coupages entre vins rouges ou entre vins blancs sains sont permis, mais les coupages de vins rouges et de vins blancs sont défendus ainsi qu'il ressort de divers jugements.

L'explication donnée sur la défense de pratiquer ce coupage, c'est que les vins blancs n'ont pas la même action physiologique que les vins rouges. Les vins blancs sont légers, purgatifs et portent sur le système nerveux ; les personnes nerveuses les supportent mal ; les vins rouges sont toniques, constipants et calmants. Même dans le cas de coupages permis, l'acheteur doit être prévenu ; on ne peut vendre un vin coupé comme étant pur.

Le coupage des vins malades avec les vins sains est défendu ; les vins gras et amers font exception ; les tribunaux ont toujours considéré ce coupage comme permis pourvu que la proportion des vins malades ne fût telle qu'il y eût à craindre le retour de ces maladies, qui ne sont que passagères ; car tout vin gras et amer redevient sain au bout d'un temps variable. (Lebœuf, 1865, Travail des boissons).

Lorsqu'il s'agit de la recherche d'un coupage de vins rouges, la question est assez délicate.

Pour démontrer qu'un vin a été coupé, il est nécessaire de recourir à l'analyse complète de ce vin, et en comparant cette analyse avec celle des vins de même nature des pays d'où il est censé provenir, on constate les différences qu'il peut y avoir ; on sait déjà que les vins de Bordeaux sont riches en fer, et que d'autres possèdent du manganèse. On a trouvé dans les vins de Bordeaux et de la Haute-Garonne du tartrate de fer qui n'a été indiqué dans aucun autre vin de Franco. Pour les essais de cette nature, les tableaux dressés à la fin de la deuxième partie de cet ouvrage sont de toute nécessité.

Le dosage de la matière colorante, s'il n'y a pas fraude, sera une très bonne indication.

L'expert fera bien, s'il le peut, de faire lui-même le mélange avec des vins authentiques de même provenance que ceux qui ont été employés ; alors la comparaison sera facile.

Si on a à examiner un mélange contenant des vins plâtrés, il n'y a pas de difficultés. Un vin plâtré donne à l'incinération un poids de cendres plus fort.

Un vin plâtré pur donne un précipité immédiat avec le chlorure de barium acidifié par l'acide chlorhydrique, et ce précipité calciné est neutre.

Un vin plâtré coupé de vin non plâtré donne un précipité plus faible, mais ses cendres seront plus ou moins alcalines, et elles dégagent, par l'action des acides fixes, une quantité d'acide carbonique proportionnelle à la dose de vins non plâtrés qui est entrée dans le coupage. Ce point est très important (Gautier).

Si l'expert n'a aucune donnée, il cherchera si le vin a été collé, muté, plâtré, sucré, etc. Il supputera la proportion de coupages d'après le poids des corps trouvés à l'analyse et ceux contenus dans le tableau, ou avec des vins authentiques de l'année, produits dans les pays de production ou voisins de ceux dont on se sert ordinairement pour les coupages.

Lorsqu'on se trouve en présence d'un coupage de vins blancs et de vins rouges, la question est plus facile à résoudre ; on sait déjà que le rapport alcool extrait est de 4,5 pour les vins rouges et de 6,5 pour les vins blancs. Les vins blancs ont moins d'extrait que les vins rouges et plus d'acidité ; la couleur est plus faible, le tannin presque nul, etc.

Les coupages avec des vins malades se reconnaissent d'après l'état de l'altération du mélange et la constatation de la maladie.

L'étude de la matière colorante facilite la démonstration des coupages ; les matières colorantes des vins rouges ou blancs diffèrent sensiblement, au point de vue de leurs réactions, de sorte qu'il est possible dans certains cas de distinguer les vins de certains pays. Je serais peut-être plus affirmatif, si la question avait été étudiée plus spécialement à ce point de vue ; mais c'est à peine si, dans l'étude de la coloration artificielle, on rencontre quelques notes indiquant, pour certains réactifs, les différences qui existent entre les vins rouges ; quant aux blancs, on n'en parle pas.

La couleur des vins blancs est profondément modifiée par les alcalis, l'ammoniaque m'a donné les teintes suivantes : jaune d'or foncé, jaune roux foncé, rouge brique, marron, marron orangé et marron violacé. La soude caustique donne des teintes plus foncées et plus rose violacé que l'ammoniaque. Dans un coupage de vin rouge avec un vin blanc, l'ammoniaque donnera une teinte verte avec un fond marron, symptôme de falsification, ainsi qu'il est dit au procédé Viard, *Recherche des couleurs artificielles*.

VINS DE LIES

Certains vinaigriers de Paris achètent des lies pour faire leurs vinaigres, et ils se livrent, à l'abri de leur patente, à la fabrication des vins de lies pressées, sorte de boisson dont la lie est la base, largement additionnée d'eau et quelquefois coupée avec des vins du Midi.

Ils y mélangent toutes sortes de résidus, principalement des *baquetures* ou égouttures de comptoirs des débitants, et jusqu'à la couche de tartre adhérente aux futailles, que l'on détache au moyen de la potasse. L'étain des comptoirs contenant souvent du plomb, malgré les règlements, il y en a souvent dans ces baquetures.

Les lies, d'autre part, contenant les matières qui ont servi aux collages (blanc d'œufs, colle de poisson, etc.), il en résulte que la consommation des vins de lies n'est pas sans danger. Ils peuvent subir un retour de fermentation et acquérir un goût et une odeur putrides très sensibles, et que l'on retrouve souvent dans l'alcool que l'on en retire par distillation (Baudrimont).

Sans aller aussi loin dans la voie de la fraude, on obtient des vins faibles en filtrant les lies de vins rouges ou blancs sur des chausses de feutre.

En janvier 1888, le laboratoire municipal de Paris a analysé un vin de lies pour lequel il concluait au mouillage à 8 %; le parquet fit faire une expertise; l'expert trouva des chiffres inférieurs à ceux du laboratoire et cependant le marchand a été acquitté.

	Analyse du Laboratoire	Analyse de l'Expert
Alcool	8,7	8,6
Extrait à 100	21,8	19,9
— dans le vide	28,9	27,2
Sucres réducteurs	4,09	4,8
Sulfate de potasse	1,54	1,7
Tartre	2,36	2,31
Cendres	2,92	2,92
Acidité	4,65	4,46

Il donnait les réactions des vins de raisins secs, et à la dégustation, le goût de vin de raisins secs, piqué et mouillé.

Pour démontrer la présence des vins de lies, il faudrait surtout s'attacher à démontrer la présence des matières albuminoïdes qui y sont en proportions sensibles ; le dosage de l'azote aurait ici une grande importance, de plus, dans les réactions de la couleur de ces sortes de vins on trouverait peut-être des indices certains.

VINS DE 2e ET 3e CUVÉES

La préparation des vins de 2e et 3e cuvées est parfaitement licite et la vente ne subit aucune entrave lorsque ces vins sont vendus pour ce qu'ils sont réellement ; mais ils ne doivent en aucun cas être vendus pour vins purs. Il ne faut pas les couper avec des vins purs sans que l'acheteur soit prévenu ; la vente au détail des vins ainsi coupés n'est pas tolérée.

La distinction entre les vins naturels et les vins de 2e et 3e cuvées est facile à faire, les éléments de vins de marcs étant tous en proportions plus faibles que dans les vins naturels. L'extrait, le tartre, les cendres, le tannin et la couleur ont diminué.

Lorsqu'on se trouve en présence d'un coupage d'un vin naturel et d'un vin de deuxième cuvée, la question est beaucoup plus difficile à résoudre. Il faut se servir de toutes les données concernant le mouillage, mouillage et vinage et vins glucosés.

Le coupage d'un vin naturel avec un vin de 3e cuvée présente moins de difficulté, parce que ce vin est encore plus faible que celui de 2e cuvée.

Bien entendu, ces difficultés n'existent que si le sucrage a été fait avec du sucrose ; car s'il a été fait avec du glucose on se trouve en présence d'un vin glucosé dont la démonstration est facile à faire.

Dans bien des cas, même avec le sucrose, tout le sucre n'a pas fermenté, par suite de la pauvreté en ferments ou par suite du manque de soins ; dans ce cas, la liqueur de cuivre accuse une proportion de sucres réducteurs telle qu'on ne pourrait confondre ces vins qu'avec certains vins de Corse ou d'Italie.

Les tribunaux sont très sévères pour ce genre de fraudes.

PIQUETTES

Ces boissons ne peuvent être vendues comme vins naturels, il n'y a pas d'erreur possible, elles en diffèrent trop ; mais on peut les mélanger aux vins naturels. Le mouillage peut se prouver facilement.

Dans les piquettes, le rapport alcool-extrait est de 2,60 à 2,64, et pour les vins plâtrés de 3,60 à 3,75 ; les piquettes sont donc plus riches en extrait, relativement à l'alcool, que les vins.

Elles n'ont pas de sucres réducteurs et sont riches en tartre, acide tartrique libre et cendres.

Par le mélange des piquettes avec les vins naturels, le titre alcoolique peut être un peu faible ; les rapports, en poids, de l'alcool-extrait et de la glycérine-alcool peuvent être normaux, mais la somme alcool-acide sera trop faible. Les rapports extrait-cendres, extrait-glycérine, n'étant plus normaux, et l'excès d'acide tartrique libre, permettront de conclure au mélange. On pourra joindre à ces recherches l'examen des matières difficilement fermentescibles.

VINS DE RAISINS SECS

Les vins de raisins secs ont une composition qui diffère peu des vins naturels ; ils sont bons, mais ne doivent être vendus que sous la désignation de vins de raisins secs ; s'ils sont vendus purs ou coupés, sans que l'acheteur soit prévenu, il y a fraude.

Le Conseil supérieur d'hygiène de France, consulté par le Ministre de la Justice, répondit par ses deux rapporteurs, MM. Chatin et Würtz, que l'hygiène était désintéressée dans la question des vins de raisins secs et des vins de vendange, et conclut à laisser libre la fabrication et la vente de ces mélanges.

Les coupages de vins de raisins secs et de vins de vendange doivent porter la désignation indiquant leur origine.

Dans l'état actuel de la science on ne croit pas pouvoir fournir scientifiquement la preuve d'un mélange de cette nature. Le Congrès des chimistes vinicoles a déclaré, en 1889, que la preuve légale ne pouvait être faite d'une manière affirmative.

Mais il ne faut pas oublier que ce qui ne pouvait se faire en 1889 se fait ou se fera demain ; du reste, en 1891, les tribunaux ont condamné des négociants pour ce fait.

Je ne suis pas de l'avis du Conseil d'hygiène au sujet de ces mélanges ; l'hygiène n'est pas si désintéressée qu'il le croit ; je vais donner un exemple :

Vins de raisins secs à 9°...............	33	parties
Vins d'Espagne, 15°....................	27	—
Vins du Midi (Minervois ou Corbières)...	40	—

Ce mélange est vendu comme Bordeaux et ne revient pas à plus de 90 fr.

Croit-on que près d'une personne faible, anémique ou convalescente, ce Bordeaux jouera le même rôle qu'un vin naturel du pays ? Certainement non. Je n'ai pas à insister sur les conséquences, elles sont trop visibles.

La marche de la recherche des vins de raisins secs est plus compliquée que celle des vins mouillés et vinés. C'est une espèce de mouillage ; si l'analyse dit mouillage avec goût de raisins secs, présence d'acide tartrique libre, gommes et pouvoir polarisant, on peut conclure.

On dosera donc l'extrait sec, les cendres, l'alcool, les sucres réducteurs, la crème de tartre, l'acide tartrique libre, la gomme et le pouvoir polarisant.

J'insiste également sur les réactions qui pourraient se produire sur la matière colorante, réactions qui différencieraient peut-être les vins de raisins secs des vins naturels.

Dégustation. — Les vins de raisins secs ont un goût spécial rappelant les raisins desséchés ; ce goût est considéré comme la meilleure preuve de la présence de ces sortes de vins ; mais ce ne peut être une preuve juridique, car le meilleur dégustateur peut se tromper, ou être trompé par une similitude de goût.

Gomme. — C'est à Reboul que l'on doit les meilleurs travaux sur les vins de raisins secs ; il a cru trouver dans la présence de la gomme une preuve de la falsification par ces vins, mais depuis on a démontré que certains vins naturels en contenaient autant et même plus.

Procédé Reboul. — On évapore 100^{cc} de vin, de façon à les réduire à 6 ou 7^{cc} ; au bout de 24 heures de repos on jette le tout sur un filtre et on lave quatre fois avec 5^{cc} d'alcool à 40-42°, chaque fois. (On dose la crème de tartre restée sur le filtre, en tenant compte que la quantité entraînée par les lavages est tout au plus de 0^{gr}013). Dans la liqueur filtrée, on ajoute peu à peu et en remuant 100-110^{cc} d'alcool à 92°, ce qui porte le titre alcoolique à 83-84°. (Il faut ajouter la première portion d'alcool peu à peu en remuant constamment afin d'éviter la formation d'une masse visqueuse, impossible à laver ultérieurement). Après 24 heures, la gomme déposée s'est collée aux parois du vase ; on lave avec 25^{cc} d'alcool à 85°, puis on recueille sur un filtre celle qui n'adhère pas au vase. Cette dernière est dissoute dans l'eau chaude qu'on jette ensuite sur le même filtre pour tout entraîner, et on évapore cette solution jusqu'à ce qu'on obtienne un poids constant ; ce qui demande 4 h. 1/2 environ.

On pèse et on incinère, afin de déduire le poids des cendres, pour avoir le poids de la gomme pure.

Le pouvoir rotatoire de cette gomme est dextrogyre ; il est de 22°0 à 23°4 aux saccharimètres, ce qui est bien inférieur à celui trouvé par Béchamp pour le pouvoir rotatoire de la gomme des vins du Midi. Son pouvoir réducteur de la liqueur de cuivre est égal à 1/6 ou 1/7 de celui du glucose. Pour les vins de raisins frais on a trouvé 23,2 comme pouvoir rotatoire de la gomme.

Béchamp a trouvé (Comptes Rendus, t. 30, p. 968) dans les vins naturels, de la gomme, en grammes par litre : Vin d'Alicante, 1 gr. ; vin de Carignane, 1^{gr}04 ; vin d'Aramon, 0,94.

Dans les vins de la Corse on a trouvé 2 gr. 15 de gomme à Sallacoro et 4 gr. 36 dans un vin d'Olmeto 1877. Un vin du Var a donné 2 gr. 03.

Les vins de raisins secs ont donné à Reboul 1 gr. 9 pour le Vourla, et 2 gr. 4 pour le Corinthe.

Ces gommes et substances infermentescibles peuvent être précipitées par l'alcool fort avec addition d'éther.

La présence de la gomme n'est donc qu'une présomption.

Sucres réducteurs. — Les vins de raisins secs contiennent une proportion sensible de sucres réducteurs. Reboul avait trouvé : Corinthe, 10 gr. 4 ; Thyra, 9,05 ; Vourla, 8,2. Les vins de raisins frais ont au maximum 2 à 3 gr. par litre.

Malheureusement les vins de paille fournissent des quantités de sucres réducteurs encore plus considérables, par suite de la richesse en sucre des raisins. La fermentation en présence de l'alcool formé ne se termine pas ; le lévulose fermente plus lentement que le glucose, de sorte que dans les vins de paille, provenant de raisins ne donnant quelquefois que 50 % de jus, tels que les vins du Rhin, on trouve jusqu'à 100 gr. de sucres réducteurs par litre. Il est vrai que ce sont presque des vins de raisins secs.

La grande quantité de sucres réducteurs n'est donc encore qu'une présomption.

Pouvoir rotatoire. — C'est le caractère qui a été le plus étudié et le plus combattu.

Plusieurs grands auteurs disent que la rotation lévogyre de la lévulose et des gommes (Reboul avait trouvé à la gomme un pouvoir dextrogyre) permet de caractériser les vins de raisins secs dans le cas où la fermentation des sucres est complète, surtout si le pouvoir rotatoire augmente après inversion de l'extrait sec.

Le pouvoir rotatoire des vins de raisins secs est bien inférieur à celui indiqué par le pouvoir réducteur.

Procédé Ch. Girard. — Pour trouver le pouvoir rotatoire d'un vin, on opère de la façon suivante :

On fait fermenter complètement 300^{cc} de vin avec un peu de levûre de bière à 30° environ. Quand la fermentation est terminée, on filtre et on met dans un dialyseur dont l'eau est constamment renouvelée. Au bout de quelques jours, l'eau du vase extérieur ne se charge plus d'aucun principe agissant sur la lumière polarisée ; à ce moment on cesse la dialyse, dont le résidu est placé dans une capsule avec l'eau qui sert à rincer le dialyseur ; on ajoute de la craie et on fait bouillir pour hâter la saturation ; on juge qu'elle est terminée quand le liquide bleuit le tournesol.

Alors on évapore à sec au bain-marie, en remuant fréquemment dès que la masse commence à devenir pâteuse pour éviter la fermentation d'une croûte adhérente au fond de la capsule. Quand la dessiccation est terminée on écrase la masse sèche et on l'arrose avec 50^{cc} d'alcool absolu, agite et filtre dans une autre capsule, le résidu est encore épuisé deux fois par 25^{cc} d'alcool. Les solutions alcooliques décolorées par un peu de noir sont filtrées et évaporées à nouveau au bain-marie ; le nouveau résidu est repris par 30^{cc} d'eau et le liquide est examiné au saccharimètre.

Les vins de raisins secs dévient fortement à gauche ; les vins sucrés au glucose dévient fortement à droite.

Toutefois si le vin était sucré au goût, sciemment mélangé de vins sucrés ou indiquant à la liqueur de cuivre une matière réductrice d'un poids considérable, il ne faudrait pas se hâter de conclure, les vins du Rhin et les vins de paille donnent une légère déviation à gauche.

D'autre part certains vins naturels dévient aussi à gauche : Le Jacquez de raisins frais a donné, concentré au 6e — 2° et — 5° à la lumière jaune (Maumené).

Dans les vins des Pyrénées-Orientales, sur 16 vins, MM. Bishop et Ferrer (J^{l} Ph. et Ch. 1888 t. 17 p. 503) ont trouvé au polarimètre de 0° à + 1°,5 et un seul vin, d'Espira, a donné — 2°,6.

Au lieu de suivre le procédé compliqué ci-dessus, qui vaut cependant mieux, on peut simplement ramener le vin décoloré au 10e de son volume et l'examiner au saccharimètre. Les vins de raisins secs donnent ordinairement dans ces conditions de — 1°,4 à — 1°,7 pour un tube de 20^{cm} de longueur.

Procédé Cotton. — M. S. Cotton (Jl Ph. et Ch., 1883 Août) a donné un procédé plus simple : 1° expulsion de l'alcool par l'ébullition ; 2° précipitation par le sous acétate de plomb ; 3° concentration ; 4° traitement par le noir pur ; 5° filtration ; 6° concentration au 6° du volume primitif ; dans ce cas le vin de Jacquez dévie de — 2° pour un tube de 200^{mm}.

M. Ch. Girard (Bull. Soc. Chim. t. 33 p. 547) a annoncé avoir découvert dans les vins de raisins secs un corps neutre optiquement, c'est-à-dire sans action sur la lumière polarisée, mais réduisant la liqueur de cuivre ; M. H. Jay (Jl Ph. et Ch., 1880, Octobre) combat cette découverte, il n'a jamais rencontré ce corps ; toutes les fois qu'il y a eu réduction, il y a eu déviation et disparition par la fermentation.

Il n'a pas, non plus, rencontré le produit spécial lévogyre indiqué pour les vins de raisins secs ; quand ces vins ont donné une déviation lévogyre, elle était due à du sucre inverti. Un vin de Joigny déviait naturellement au saccharimètre Laurent + 0.5 et après le traitement Neubauer — 5°,8 ; c'est dû aux sucres réducteurs.

Dans les vins de paille la déviation gauche peut atteindre 14°,5 pour un tube de 20^{cm}.

D'autre part certains vins de raisins secs ne contiennent pas de substances agissant sur la lumière polarisée, surtout celles qui ont subi la fermentation dans des circonstances très favorables.

Enfin, M. Gautier dit que les vins de raisins secs peuvent contenir une matière très réductrice faisant virer au bleu le molybdate acide d'ammoniaque.

Certains vins essayés au saccharimètre Laurent, dans un tube de 20^{cm} à la température de 13-14°, ont donné à la raie D et en minutes :

Vins de raisins secs, Corinthe, collé, Audibert	—		31'
Thyra — —	—		30'
Vourla — —	+		1'
Mélange de vin doux et de raisins secs, Gindran	—	1°	20'
Vins blancs doux et muscats naturels, Samos	—	9°	20'
— Muscat Maraussan 1879	—	5°	6'
— — alcoolisé	—	9°	12'
Maraussan naturel 1878	—	8°	31'
— alcoolisé	—	13°	38'
Samos-Gindran	—	0°	8'
Vins naturels authentiques, Var rouge	+		14'
Fréjus, rouge 1878	+		12'
Tollano 1877, Corse, rouge	+		13'
Tollano 1875 — —	+		9'
1866 — —	—	2°	42'
Sallacoro 1877 — —	—		4'
Ste-Lucie 1878 — —	+		12'
— 1873 — —	—		4'
Bonsecours 1829, Marseille	—		8'
Olmetto 1877, blanc, Fraisinet	—		26'
Corse 1870 —		0°	
Chablis		0°	

En résumé le pouvoir rotatoire n'offre rien de précis, on n'obtient qu'une indication.

Autres éléments. — L'extrait sec des vins de raisins secs est ordinairement assez élevé, il est de 30 à 35 gr. par litre, mais si on enlève les 10 gr. de sucres réducteurs on obtient 20 à 25 gr., ce qui est l'extrait des vins ordinaires.

La présence d'une notable proportion d'acide tartrique libre peut servir à compléter les présomptions basées sur les essais précédents.

M. Maumené a fait remarquer que dans les raisins secs et dans les vins qui en dérivent il n'y a plus d'acide malique, celui-ci s'étant changé en acide tartrique.

MM. Cazeneuve et Ducher (Jl Ph. et Ch. 1890 t. 21 p. 469) ont recherché quelle était la proportion d'azote dans les vins de raisins frais et dans ceux de raisins secs.

Vins blancs secs,	raisins	d'Espagne,	frais 0gr275	d'azote	par litre.
	—	—	secs 0, 248	—	—
Vins blancs sucrés	—	—	frais 1, 095		
—	—	—	secs 1, 485		

Il n'y a donc là aucune indication précise.

En Suisse, les vins de raisins secs sont considérés comme vins artificiels. Ces vins se distinguent par des proportions extraordinaires dans leur composition; surtout par un titre élevé en sucre et en acides volatils. Ils contiennent aussi plus de chlorures, de calcium et de fer que le vin naturel (?).

Enfin dans beaucoup de vins de raisins secs j'ai constaté la présence d'une proportion sensible d'acide sulfureux, nécessaire, paraît-il, à leur conservation.

Lorsque le vin de raisin sec est pur, il est facile de le déceler, mais lorsqu'il est mélangé, en petite quantité, dans l'état actuel des connaissances chimiques, ce me paraît être impossible.

CIDRE ET POIRÉ

Cette falsification a pour but de livrer ces deux boissons, dont le prix est peu élevé, à la place du vin qui est cher. Dans certains cas, on les ajoute aux vins acides ou âpres pour en adoucir le goût.

Le poiré est souvent mélangé aux vins de liqueurs que l'on vine ensuite.

En 1857, Rousseau a fait une vingtaine d'analyses de bons cidres de Bretagne, dont voici la moyenne pour cent : Alcool en volume 2.05. — Extrait sec 1.93. — Sucre 0.25. — Carbonates alcalins 0.10. — Sulfates 0.009. — Chlorures alcalins 0.007. — Silice 0.003. — Alumine et oxyde de fer 0.005. — Phosphate de chaux 0.011. — Carbonate de chaux 0.01. — Carbonate de magnésie 0.006.

En 1863, Boussingault a donné l'analyse d'un bon cidre d'Alsace ; Alcool

7.1 en volume. — Par litre : Alcool 69gr95, sucre inverti 15.40. — Glycérine et acide succinique 2.58. — Acide carbonique 0.27. — Acide malique 7.74. — Matières gommeuses 1.41. — Potasse 1.55. — Chaux, chlore, etc., 0,20. — Matières azotées 0.12. — Eau 920.78.

Recherche du Cidre et du Poiré dans les Vins. — La présence de ces deux boissons se démontre facilement dans les vins comme suit :

1° Par la dégustation, le poiré surtout, donnant un goût âpre particulier; mais ce n'est qu'une présomption ; l'arome du cidre est dans le même cas.

2° Comme le cidre et le poiré sont plus colorés que le vin blanc, on mute alors fortement dans les tonneaux pour diminuer la couleur ; on recherche donc ce mutage.

3° Mélangés aux vins rouges, ils les empêchent de devenir limpides et les entretiennent longtemps troubles.

4° La distillation du cidre ou de son mélange avec les vins donne un alcool doué d'une odeur d'éther acétique.

5° L'extrait obtenu offre des particularités diverses : *a*, la quantité en est plus forte que dans les vins ; *b*, il est *toujours hygrométrique* à cause du maltate de potasse qu'il renferme ; mais d'excellents vins donnent aussi des extraits hygrométriques ; *c*, l'extrait à 100° n'offre *jamais* de cristaux ; *d*, entretenu quelques temps à 200°, sur un bain de sable ou d'huile, le cidre récent donne une odeur de poires ou de pommes torréfiées.

6° Cet extrait est beaucoup moins riche en tartre que celui des vins. On peut isoler ce sel en évaporant le vin à consistance de sirop clair ; on laisse cristalliser une partie du tartre, on décante et on évapore de nouveau pour obtenir une nouvelle cristallisation de ce produit que l'on réunit à la première ; on décante les nouvelles eaux-mères que l'on évapore enfin à consistance d'extrait ; celui-ci, jeté sur un charbon rouge, dégage l'odeur de pommes ou de poires brûlées (Deyeux).

D'après J. Brun, le cidre ne contenant pas d'acide tartrique, la dose de cet acide, soit libre, soit combiné (crème de tartre), sera d'autant plus diminuée dans le vin fraudé que l'addition de cidre aura été plus considérable.

7° Les extraits des vins mélangés au cidre ou au poiré ne se comportent pas avec l'alcool comme les extraits de vins naturels, car ils se laissent très difficilement diviser dans ce liquide.

8° Le cidre contient toujours de l'acide gallique, tandis que le vin n'en contient qu'exceptionnellement et très peu.

9° Le poids des cendres du cidre et de poiré est plus élevé que celui des vins, et ces cendres sont plus riches en sels de potasse.

10° L'ammoniaque, ajoutée en excès à du cidre, produit après quelques heures, sur la paroi du vase, un dépôt de cristaux bien distincts, tandis qu'avec le vin, on obtient un précipité cristallin non adhérent de phosphate ammoniaco-magnésien (dans le premier cas c'est du phosphate de chaux). Les cristaux fournis par le cidre sont des tables à faces parallèles; ceux du vin sont groupés en étoiles. Les premiers, redissous dans l'acide acétique étendu, donnent avec l'oxalate d'ammoniaque un précipité abondant d'oxalate de chaux; les seconds ne donnent qu'un faible précipité, et la liqueur filtrée est abondamment précipitée par l'ammoniaque.

Robinet repousse absolument ce procédé, parce qu'il est basé sur l'erreur commise de croire que le cidre contient du phosphate de chaux et le vin du phosphate ammoniaco-magnésien. Erreur, dit-il, commune à toutes les personnes qui n'ont pas eu occasion d'analyser des vins de Champagne.

Ce procédé peut néanmoins donner une bonne indication, en ce sens que, si on n'obtient pas dans le vin la précipitation de phosphate de chaux, c'est qu'il n'y a pas de cidre, et si on obtient au contraire ce précipité, il y a doute.

Procédé Moraweck. — L'extrait obtenu par l'évaporation de 200 à 300cc de vin suspect (non plâtré) est lavé à plusieurs reprises avec de l'alcool à 36° (Cartier) jusqu'à ce que celui-ci ne se colore plus.

On met alors de 3 à 12 gr. d'eau distillée sur cet extrait ; on dissout par l'agitation et on jette le tout sur un petit filtre déjà mouillé. La liqueur filtrée, qui doit être limpide, est additionnée de quelques gouttes de bichlorure de platine. S'il y a du cidre ou du poiré, il se forme un précipité jaune abondant de chlorure double de platine et de potassium.

L'extrait de vin normal cède à l'alcool ses sels de potasse, excepté le sulfate et le bitartrate. Comme le tartre ne précipite pas le bichlorure de platine et que le sulfate n'est qu'en fort minime quantité, le vin normal ne trouble que légèrement le bichlorure de platine. L'extrait de cidre, au contraire, ou son mélange, contient beaucoup de sels de potasse, gallates et malates insolubles dans l'alcool, qui donnent, avec le réactif un précipité plus ou moins abondant, mais immédiat.

Pour les vins plâtrés qui contiennent du sulfate de potasse, ce procédé ne vaut rien. Ce seul fait restreint beaucoup son emploi. Si l'on reconnaît que le vin n'est pas plâtré, on est sûr qu'il y a mélange de cidre ou de poiré ; c'est donc une très bonne indication.

Procédé Mahier. — Une lame de fer ne se colore en noir qu'après plusieurs heures de contact avec le vin, tandis qu'avec le cidre la coloration noire est instantanée, à cause de l'acide malique qu'il contient. Le poiré agit moins promptement que le cidre, mais plus vite que le vin blanc.

Il faut tenir compte que certains fruits rouges employés pour colorer les vins contiennent aussi de l'acide malique.

Il faut faire des essais comparatifs pour bien juger des différences. Mahier a essayé différents réactifs sur le vin blanc, le cidre et le poiré. Ses résultats sont consignés dans le tableau ci-contre.

Réactions diverses, d'après Mahier.

NOMS DES RÉACTIFS	VIN BLANC	POIRÉ	CIDRE	VIN BLANC 50 °/₀ POIRÉ 25 à 50 °/₀	VIN BLANC 50 °/₀ CIDRE 25 à 50 °/₀
Sulfate de Fer................	Trouble blanchâtre.	Vert, sans précipité.	Vert foncé sans précipité.	Trouble et précipité blanchâtre sale.	Trouble et précipité blanc sale.
Perchlorure de Fer............	Précipité blanc abondant, liquide incolore	Liquide vert jaunâtre sans précipité.	Liquide vert noir foncé sans précipité.	Liquide et précipité blanc verdâtre sale	id.
Ferro-cyanure de potassium ...	Précipité blanchâtre après trouble verdâtre	Coloration verte sans précipité.	id.	Précipité blanc clair après léger trouble verdâtre.	id.
Cyanure de Potassium fondu ...	Pas d'action.	Coloration lente en rouge.	Coloration jaune clair puis rouge foncé.	Pas d'action.	id.
Bichlorure de Mercure.........	Léger trouble.	Rien.	Rien.	Léger trouble.	id.
Iodure de Potassium...........	Rien.	id.	id.		id.
Acétate neutre de Plomb.......	Précipité blanc immédiat.	Trouble laiteux. précipité abondant.	Précipité lentement en blanc sale devenant gris noirâtre	Abondant précipité blanc sale.	id.

Procédé Brünner. — L'azotate d'argent donne avec le vin un précipité noir qui se dépose assez vite. Dans le cidre ou le vin mêlé de cidre, ce précipité reste longtemps en suspension et est très lent à se déposer.

Ce précipité doit être formé par l'acide gallique. Avec le perchlorure de fer il donne une réaction analogue.

Dosage de l'acide malique et de l'acide gallique. — Le cidre et le poiré ne contiennent pas d'acide tartrique, mais ils renferment une proportion très forte d'acide malique et une quantité sensible d'acide gallique, tandis que les vins renferment très peu de ces acides.

Le dosage de l'acide malique sera donc la meilleure preuve de la présence du cidre ou du poiré dans le vin, surtout s'il est appuyé par une quantité sensible d'acide gallique.

Mais il faut bien tenir compte que les sucs des fruits rouges (myrtille, sureau, mûrier noir, mûrons, etc.) en contiennent également, de sorte qu'on pourrait prendre des vins colorés artificiellement pour des vins contenant du cidre ou du poiré.

Tout vin qui contiendra une proportion sensible d'acide malique et ne sera pas coloré avec des fruits rouges sera fraudé par le cidre ou le poiré. Mais si les deux falsifications sont réunies, il faudra prouver la présence du cidre par les autres caractères.

Si la quantité d'acide malique est assez forte et qu'il n'y ait pas d'acide citrique, on conclut à l'addition de cidre ou de poiré. S'il y a de l'acide citrique, on affirme la présence des baies de fruits colorants ; et si les deux acides y sont en même temps et en quantité assez forte, on en déduit la fraude par le cidre ou le poiré avec coloration artificielle.

On recherchera donc s'il y a de l'acide citrique, de l'acide malique et de l'acide gallique et si la recherche prouve la présence de l'un ou de plusieurs de ces acides, on procèdera au dosage comme il a été dit dans la 3e partie, *Analyse. — Dosage des Acides.*

Résumé. — De toute cette étude il résulte que, pour démontrer la présence du cidre ou du poiré dans le vin, on doit d'abord procéder au dosage de l'extrait sec à 100° ; puis au dosage des cendres de cet extrait. L'extrait sec sera plus considérable avec l'addition de cidre ou de poiré ; le poids des cendres sera lui-même assez fortement augmenté. De plus, l'extrait sec du cidre étant plus hygrométrique que celui des vins, on notera ce caractère.

Le dosage de l'alcool donnera une bonne indication, car il doit diminuer, comme dans le mouillage, à moins d'un vinage subséquent, mais dans ce dernier cas, le dosage de la glycérine viendra le démontrer. On pourra aussi essayer le réactif indiqué plus haut, mais surtout on recherchera la présence de l'acide malique, et, sa présence constatée, on procèdera à la recherche de l'acide gallique et de l'acide citrique.

Le dosage de l'acide tartrique et de la crème de tartre indiquera une diminution notable de ces produits dans les vins fraudés, le cidre ne contenant ni acide tartrique ni crème de tartre; mais il faut tenir compte que, dans les vins plâtrés, il n'y a pas de crème de tartre lorsqu'ils l'ont été fortement. Si le vin n'est pas plâtré et qu'il y ait peu de crème de tartre, il y a augmentation de volume.

Un vin contenant beaucoup de potasse, s'il n'est pas plâtré, ou un excès en sus de celle combinée à l'acide sulfurique du plâtre, contiendra du cidre ou du poiré.

La substitution totale du cidre ou du poiré au vin se reconnaît par l'absence d'acide tartrique, sans que le poids de l'acide sulfurique soit exagéré.

VINS DIVERS

A la fin de la deuxième partie, nous avons vu quels sont les modes de préparations de diverses boissons auxquelles on a donné, à tort, le nom de vins. Ces boissons sont bonnes et hygiéniques, la vente en est permise, sous la dénomination vraie ; elles ne peuvent guère se vendre pures comme vins purs, car elles en diffèrent essentiellement ; mais ce que l'on peut faire, c'est de les couper avec des vins. Cette fraude, si elle a lieu, n'a guère pris d'extension, vu qu'il n'y a aucun travail spécial sur cette question.

Vins de fruits. — Les vins obtenus avec les groseilles, les fraises, les framboises, les cerises, les mûres et les prunes sont faciles à reconnaître, car tous ces fruits contiennent de l'acide citrique et de l'acide malique et, comme il est facile de les différencier du cidre et du poiré, la preuve de leur présence est facile. Ordinairement leur extrait est faible, leur acidité très grande, si on les a sucrés leur acidité a diminué mais leur extrait également.

La dégustation est une excellente indication, surtout pour les framboises et les fraises.

L'examen de la couleur rend également de grands services ; les mûres sont constatées d'une façon absolue.

Vin de figues. — M. Carles a attiré l'attention (Comptes Rendus, 1891, t. 112, p. 811) sur la fraude commise en Algérie par le coupage du vin de figues avec les vins français pour écouler l'alcool en franchise de droits. La dégustation est impuissante à reconnaître le vin de figues mélangé aux vins naturels ; l'analyse élémentaire ne peut rien indiquer non plus.

Heureusement, M. Carles a constaté que les vins de figues contenaient de 6 à 8 gr. de mannite par litre, tandis que dans les vins naturels on en trouve à peine quelques décigrammes et de même dans les vins de raisins secs, et encore exceptionnellement.

Le dosage de la mannite permet donc de déceler un coupage de vin naturel avec moitié et même 1/4 de vin de figues.

M. Carles a suivi, pour la recherche et le dosage de la mannite le procédé suivant : On évapore 100^{cc} de vin à l'état sirupeux et on abandonne le résidu dans un lieu sec et frais pendant 24 heures. Le résidu se prend en masse et se divise en îlots cristallins indépendants. On lave ces cristaux à l'alcool 85° froid et on épuise le résidu mélangé à du noir animal par le même alcool bouillant, duquel on sépare par évaporation une substance cristallisable ; c'est de la mannite pure.

Vin de betteraves. — Lè goût de cette sorte de vin étant fort désagréable on ne pratique pas cette fraude ; la betterave a plutôt servi à colorer artificiellement les vins.

Elle se découvre assez facilement par suite de la présence des oxalates que renferme son jus et par suite de la couleur qu'elle introduit (Voyez *Coloration artificielle*).

Vin d'orge. — Le vin d'orge se distingue facilement du vin naturel et même dans un mélange on le reconnaîtra facilement. Il ne faudrait pas toutefois le confondre avec un vin glucosé.

L'extrait sec est très élevé, mais, déduction faite du glucose et de la dextrine qu'il contient en fortes proportions, il devient variable et dans les limites des vins. La glycérine est très faible et n'est en rapport ni avec l'alcool ni avec l'extrait.

Ce qui le distinguerait d'un vin glucosé et mouillé c'est la présence en assez grande quantité de matières albuminoïdes précipitables par le tannin et sans doute la proportion plus forte d'azote, ce qui ne correspondrait pas avec un mouillage présumé.

Ce vin ne pourrait guère servir qu'à falsifier les vins blancs desquels il se rapproche ; mais dans tous les cas il ne pourrait échapper à l'analyse.

Vin de Bassia latifolia. — D'après M. Robinet, le seul moyen de déceler cette falsification, c'est la recherche de l'acide oxalique (voyez *Avivage de la couleur*) qui est assez abondant dans ces fleurs. Cet acide se trouve dans le précipité plombique, insoluble dans l'ammoniaque.

Ce moyen est insuffisant puisque la betterave et le phytollacca en introduisent également dans les vins. Mais, comme la présence de cet acide indique une fraude, cette constatation suffit pour faire condamner le coupable.

Il y aurait lieu d'étudier plus complètement ce vin afin de le bien distinguer ; l'étude de sa couleur donnerait sans doute de bonnes indications.

Vins factices. — Les fraudeurs ne se sont pas contentés de mélanger les vins avec différentes substances pour en augmenter le volume, mais ils ont essayé encore d'imiter les vins avec des substances prises absolument en dehors de la vinification.

Fabroni avait essayé d'imiter le vin en faisant fermenter le mélange suivant : Sucre 432 k., gomme arabique 12 k., tartre 12 k., acide tartrique 2 k., gluten de froment 18 k. et eau 1.609 k.

Parmentier affirme avoir obtenu de très bon muscat en faisant fermenter : Sucre 108 k., tartre 5 k., fleurs de sureau 40 k, et eau 154 litres.

On a essayé de faire des liquides imitant le vin avec de l'eau alcoolisée par la fermentation des sirops de fécule, fruits secs, sucre brut, etc., à laquelle on ajoutait des baies de genièvre, des semences de coriandre, du *pain de seigle* sortant du four et coupé par morceaux. Après la fermentation, on tire au clair et si la liqueur n'est pas colorée on y ajoute une teinture quelconque.

On a trouvé des vins formés d'eau, de vinaigre, de bois de campèche et de gros vins du Midi dans la proportion de 1/9e à 1/10e.

En Russie, on a fait pendant longtemps du *vin de Porto* avec du *cidre*, 3 kilogr., de l'*eau-de-vie*, 1 kilogr, ; et de la *gomme Kino*. 8 gr.

On a imité les vieux vins du Rhin avec : 3 kilogr. de cidre, 1 kilogr. d'eau-de-vie et 8 gr. *d'éther azotique alcoolisé*.

Maumené a analysé un vin blanc qui n'était qu'une solution de glucose dans l'alcool,

On imite le vin d'Espagne avec du *raisin sec* macéré dans du petit vin, auquel on ajoute du *sucre de froment*, du *bicarbonate de potasse* et de l'*acide tartrique*.

On a signalé jusqu'à l'emploi de la *pomme de terre*, et je ne me rends pas bien compte de l'action qu'elle peut avoir sur les vins.

Recherche des vins factices. — Comme tout vin naturel contient de l'inosite et que les vins artificiels n'en contiennent pas, il est facile de les distinguer les uns des autres. Car l'inosite étant fort chère, il n'y aurait aucun avantage à l'introduire dans les vins factices. Pour reconnaître l'inosite, on suivra l'un des deux procédés suivants :

Procédé Robinet. — 1/2 litre, au moins, de vin est additionné d'acétate neutre de plomb jusqu'à cessation de précipité ; on filtre ensuite et on lave le précipité, que l'on délaie dans l'eau et que l'on décompose par un courant d'acide sulfhydrique. On filtre pour séparer le liquide du sulfure de plomb formé, et, par évaporation, on le concentre à consistance sirupeuse. On ajoute alors au résidu quatre fois son volume d'alcool absolu, et, après un repos de 24 heures, on jette sur un filtre les cristaux brunâtres qui se sont séparés. On les lave à l'alcool et on les fait dissoudre dans l'eau. On décolore la solution par du noir animal très pur ; on filtre, puis on évapore au bain-marie. Le résidu est humecté d'une goutte de solution de nitrate d'argent, et on continue à chauffer avec précaution. L'inosite fait apparaître une coloration rose, qui disparaît par le refroidissement, et reparaît par une nouvelle élévation de température.

Procédé Maumené. — On neutralise le jus par la baryte, on ajoute de l'acétate de plomb et on filtre ; dans le liquide filtré on envoie un courant d'acide sulfhydrique et on évapore au bain-marie. Le résidu est épuisé par l'alcool bouillant, dissous dans l'eau et précipité par l'acétate tribasique de plomb ; une autre addition d'acide sulfhydrique est faite et après évaporation, le résidu est traité par un mélange de 10 d'alcool et 1 d'éther.

Lorsqu'il y a coupages de vins naturels et de vins factices, ce procédé ne peut rien indiquer.

Les vins factices se reconnaissent d'ailleurs facilement par l'analyse élémentaire ; leur composition ne ressemblant absolument en rien à celle des vins naturels. Le dosage de l'extrait, des cendres, de l'acidité, de la crème de tartre, etc., indique la falsification.

CHAPITRE 3

CONSERVATION DES VINS

Acide salicylique et salicylate de soude. — Acide borique et borax. — Acide sulfureux.

Les vins plus ou moins faibles en alcool et en acides se conservent mal, on a cherché les moyens de conserver ces vins ; ce sont surtout les vins mouillés et vinés qui ont poussé à ces recherches. Mais, comme les moyens naturels ne répondaient pas à l'attente ou coûtaient trop chers, on s'est servi de conservateurs plus ou moins dangereux.

ACIDE SALICYLIQUE ET SALICYLATE DE SOUDE

L'emploi de l'acide salicylique dans les vins afin d'assurer leur conservation, a été l'objet de vifs débats entre les savants.

Les uns prétendent qu'il est sans danger, les autres qu'il est nuisible. Le Conseil d'hygiène de France a clos le débat, en février 1884, en proscrivant complètement l'emploi de cet agent. Il est utile, néanmoins, de connaître l'opinion des différents savants sur cette question.

L'acide salicylique — $C^{14}H^5O^5,HO$ — est un acide qui cristallise en aiguilles blanches satinées, soluble dans l'eau bouillante, l'alcool et l'éther. Sa dissolution n'agit pas sur la lumière polarisée (Bouchardat). Elle est colorée en noir par les sels de sesquioxyde de fer. Cet acide est préparé au moyen de la *salicine* qui est extraite de l'écorce de saule et de quelques espèces de peupliers. On projette peu à peu de la salicine pulvérisée dans de la potasse en fusion ; une vive effervescence se manifeste dans la masse, de l'hydrogène se dégage, et du salicylate de potasse se produit. Ce sel, décomposé par l'acide chlorhydrique, donne de l'acide salicylique.

D'après Robinet, « l'acide salicylique employé à la dose de 0gr25 à 0gr30 par litre de moût est tout à fait inoffensif, à ce point de vue qu'une seule personne ne peut absorber en une seule journée plus de 1 litre de moût sans être exposée aux accidents purgatifs produits par l'énorme proportion de tartre contenue, et que l'action de l'acide salicylique se trouve entièrement paralysée. Pour les vins, comme la dose n'excède jamais 0gr125 par litre, il est impossible qu'une personne seule absorbe assez de vin salicylé, en 24 heures, pour arriver à des effets toxiques. Du reste, voici l'opinion des savants : c'est qu'une personne ordinaire peut absorber 0gr50 d'acide salicylique par jour sans qu'il se produise aucun effet. » — Pendant combien de temps ?

Husson dans son travail sur les vins déclare qu'il le préfère au vinage des vins pour en favoriser le transport et la conservation. Germain Sée, dans un remarquable mémoire à l'Académie de Médecine, en 1877, conclut qu'à de faibles doses, cet agent est inoffensif. « Depuis, dit-il, de longues et minutieuses observations m'ont confirmé ce fait, c'est que dans les conditions normales, l'emploi de l'acide salicylique à la dose de 0gr10 à 0gr125 par litre de vin, est tout à fait inoffensif et en assure la conservation. »

M. Barral (Journal de l'Agriculture, janvier, 1884) a écrit un article dans lequel il conclut à la liberté de l'emploi de l'acide salicylique, aux applaudissements des fabricants de ce produit.

D'après cet éminent chimiste, un grand nombre de membres des plus distingués du Corps médical auraient émis un avis affirmant la parfaite innocuité de ce nouvel agent antiseptique ; c'est une minorité qui s'est prononcée contre la tolérance de son emploi même à très petite dose.

Il propose de le tolérer jusqu'à une dose fixée.

Enfin il accuse la prohibition de l'emploi de cet agent d'être la cause de l'arrêt de nos exportations, tandis que son emploi facilite le commerce de l'Espagne, de l'Italie et de l'Allemagne. D'où Thomas Grimm, dans le *Petit Journal* du 1er février 1884, conclut que l'on doit cesser de le proscrire en en réglementant l'usage.

Il est utile de combattre ces idées et ces conclusions, étant donné la grande publicité du *Petit Journal*, qui s'est mis là au service d'une idée fausse. En effet, le rapport de Barral tend à faire croire que tous les vins d'Espagne et d'Italie sont salicylés, ce qui n'est pas. La France consomme ou reçoit actuellement une grande quantité de ces vins, par suite de la pénurie des récoltes ; or, tous ces vins sont analysés dans les laboratoires de la Douane ; s'ils contenaient de cet agent, ils seraient refusés. J'ai entre les mains plusieurs échantillons de vins de ces deux pays représentant des chargements considérables, et aucun ne contient d'acide salicylique. Quant à réglementer l'emploi de cet acide, c'est une chose plus facile à dire qu'à faire ; analysera-t-on tous les vins soumis à la consommation, et si la dose dépassée cause des accidents graves, qui rendra-t-on responsable ? De celui qui en aura préconisé l'emploi ou de celui qui aura commis une maladresse ?

Gautier dit qu'on pourrait considérer l'emploi de l'acide salicylique comme une véritable fraude ; la fraude étant définie, l'addition au vin, d'eau ou de toute substance qui n'y existe pas naturellement.

Voici d'autre part un article du Dr Barré, dans la Science pour Tous. « Plusieurs médecins consultés par des personnes en proie à de violents maux de tête, à une excitation nerveuse que rien ne peut faire disparaître, avaient beau prescrire tous les remèdes usités en pareil cas, le mal ne faisait que s'accroître ; la céphalalgie opiniâtre et les troubles cérébraux prenaient souvent une intensité telle que les malades étaient obligés de cesser tout travail. Ces accidents sont maintenant expliqués par la présence dans le vin du salicylate de soude.

« En effet, s'il est des personnes affectées de rhumatismes sur lesquelles le salicylate de soude pris à la dose de 4 ou 5 gr. n'exerce aucune fâcheuse influence, il en est d'autres qui ne pourraient supporter la dose de 1 *gr.* sans éprouver des bourdonnements d'oreilles, des douleurs de tête fort aiguës et une excitation poussée jusqu'au délire. Or, on a trouvé dans chaque litre jusqu'à 6 gr. de salicylate de soude. Comment s'étonner que des malheureux, qui chaque jour font usage de pareilles boissons, ne soient pas excités au suprême degré ? S'il est une chose dont on doit être surpris, c'est qu'il ne se commette pas plus de crimes. L'individu qui absorbe plusieurs litres d'un tel vin peut devenir furieux à l'excès, etc. » (1880).

Il n'est question dans cet article que de doses élevées; mais si 1 gr. de salicylate, peut produire les symptômes indiqués plus haut (et sur moi-même je les ai ressentis à la dose de 2 gr.), quel résultat aura-t-il sur une personne qui boira pendant toute une année du vin contenant 0gr125 d'acide salicylique, soit 0gr136 de salicylate de soude, par litre ?

Beaucoup d'autres rapports médicaux ont admis que nombre de crimes étaient dus à l'ivresse surexcitée par cet agent.

Un fait certain, c'est que l'acide salicylique qui a eu une grande vogue pour combattre la goutte et les rhumatismes, est employé aujourd'hui par les médecins avec la plus grande circonspection, ainsi que je m'en suis assuré auprès de plusieurs docteurs.

Les mêmes savants qui préconisent l'emploi de l'acide salicylique rejettent vivement l'emploi d'autres substances, à des doses semblables, et dont l'action toxique est beaucoup moins violente.

Je me prononce donc formellement contre l'emploi de ce toxique, qui doit inévitablement amener, au bout d'un temps plus ou moins long, selon la constitution du consommateur, des troubles nerveux qui produiront ensuite des maladies difficiles à comprendre.

N'a-t-on pas d'autres agents de conservation ? Les propriétés antiseptiques de cet acide ne sont connues que depuis quelques années. Est-ce qu'avant son emploi on ne conservait pas les vins ? On peut employer l'acide tartrique, ainsi que je l'ai dit ; le tannin, cet agent énergique de conservation et que les collages peuvent enlever complètement, etc.

Le Comité consultatif d'hygiène de France a émis des avis réitérés pour que l'emploi de l'acide salicylique soit défendu dans les substances alimentaires (séances du 29 octobre 1877, du 15 octobre 1880, du 14 août 1882 et du 3 juin 1883. Une circulaire du Ministre de la Justice du 7 février 1881, a ordonné aux préfets de poursuivre les contrevenants devant les tribunaux et une seconde circulaire, du 30 janvier 1884, a renouvelé cette interdiction avec plus de sévérité. L'emploi de cet acide et des sels est donc absolument défendu.

Recherche de l'acide salicylique. — La recherche de cet acide est assez facile, seulement il faut tenir compte de l'influence de l'œnotannin, du tannin ajouté et de l'acide œnogallique. On se servira du procédé Yvon, modifications Salleron et Portelle, ou du procédé Malenfant ou des procédés Taffe et Blarez. Pour le dosage de cet acide on emploiera le procédé Rémont, modification Pellet et de Grobert.

Procédé Yvon. (Journal de Ph. et Ch., juin 1877). — Dans un tube à essais on met 20^{cc} de vin ; on l'additionne d'environ 1/2 centimètre cube d'acide chlorhydrique et on agite. Cette addition a pour but de mettre en liberté l'acide salicylique, dans le cas où il serait à l'état de salicylate de soude ; on ajoute environ 3^{cc} d'éther sulfurique ; on renverse plusieurs fois le tube, sans agiter violemment, de façon à ne pas émulsionner l'éther. Cela fait, on maintient le tube verticalement ; l'éther ayant dissous l'acide salicylique se rassemble à la surface ; on décante avec une pipette ; il ne reste plus qu'à caractériser l'acide. La méthode la plus simple est la suivante : dans un verre à pied on place une solution étendue de perchlorure de fer et l'on fait arriver à la surface la solution éthérée d'acide salicylique : il se forme presqu'instantanément une bande violette au point de séparation des deux surfaces, et la coloration va en augmentant au fur et à mesure que l'éther, en s'évaporant, abandonne l'acide salicylique. On peut ainsi accuser la présence de un millionnième d'acide.

Il peut arriver que par suite de substances tanniques entraînées par l'éther on confonde la coloration noire donnée par ces substances sur le perchlorure de fer avec la teinte violette de l'acide salicylique.

Modification Salleron. — Salleron a rendu cette méthode plus pratique et plus exacte par l'emploi de son *Salicymètre.* (Fig. 112).

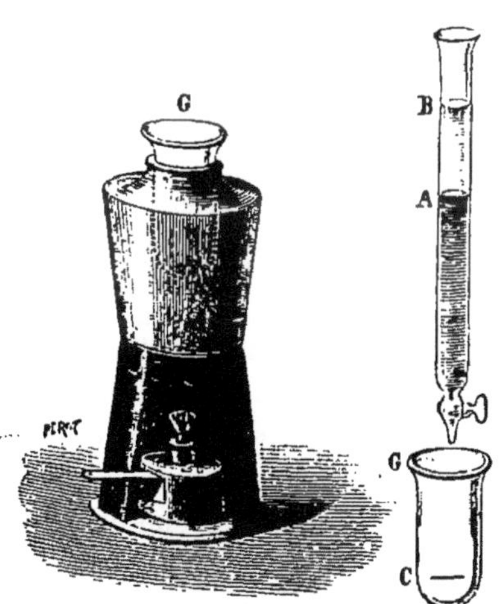

Fig. 112.

Pour cette expérience on se sert d'un tube à robinet de verre marqué de deux traits, A et B. On verse dans ce tube le vin à essayer jusqu'au trait, A, puis on ajoute 2 gouttes d'acide chlorhydrique, et on agite en retournant à plusieurs fois le tube préalablement bouché avec le doigt. On verse alors de l'éther sulfurique jusqu'au trait, B ; on bouche à nouveau le tube avec le doigt et on le renverse à plusieurs reprises ; on le place ensuite verticalement et on le laisse immobile jusqu'à ce que l'éther séparé du vin soit remonté à la surface. On ouvre alors le robinet et on laisse écouler le vin ainsi qu'une petite quantité de l'éther surnageant ;

on ferme le robinet et on lave l'éther avec de l'eau distillée que l'on fait écouler comme le vin.

L'éther est envoyé dans le tube, G, où l'évaporation peut être faite à l'air, mais alors elle est très lente. On place le tube, G, dans un bain-marie chauffé préalablement et dont la lampe a été éteinte avant de placer le tube, afin d'éviter l'inflammation de l'éther. L'éther s'évapore et l'acide cristallise au fond du tube; on le redissout en versant de l'eau distillée jusqu'au trait marqué sur le tube, G; on verse alors dans ce liquide 2 ou 3 gouttes d'une solution de perchlorure de fer préparée en mettant dans un litre 20cc de solution officinale de perchlorure de fer à 30° Baumé et de l'eau distillée. Il se produit une belle coloration violette dont l'intensité est proportionnelle à la quantité d'acide salicylique contenu. Avec le vin pur on obtient une coloration jaune.

La coloration est sensible même lorsque le vin ne renferme que 0gr01 d'acide salicylique par litre.

L'éther dissout, en même temps que l'acide salicylique, l'œnotannin donnant un précipité gris verdâtre avec le perchlorure de fer, le tannin ajouté qui donne un précipité noir et l'acide œnogallique dont le précipité est vert, plus ou moins foncé. Il ne faut donc pas se tromper; c'est une teinte violette que l'on doit avoir.

Modification Husson. — Cette modification a pour but de laisser un témoin de la réaction. On prépare un morceau de gros fil de coton mordancé au perchlorure de fer. On en place un morceau dans une petite capsule de porcelaine, dans laquelle on verse l'éther tenant en dissolution l'acide salicylique. Le coton se teint bientôt en violet plus ou moins foncé suivant la plus ou moins grande quantité d'acide salicylique contenu.

En laissant le fil, ainsi teint, sécher à l'air libre, il se décolore bientôt et passe au jaune sale pour redevenir violet sous l'influence de la moindre humidité. Ce fait est tout à fait caractéristique.

Modification Robinet (1877). — Pour les vins blancs, il suffit de les traiter par quelques gouttes d'acide chlorhydrique, puis d'y ajouter un peu de perchlorure de fer. Si le vin est pur, il se colore légèrement en jaune, et quelquefois en nuance un peu verdâtre, s'il contient un excès de tannin.

Si, au contraire, il contient de l'acide salicylique, il se colore en violet noir ou couleur vineuse très prononcée. Cette réaction est d'une extrême sensibilité.

Pour les vins rouges, précipitez-les par un excès d'acétate de plomb pour les décolorer, filtrez avec soin, puis additionnez le liquide clair d'un excès d'acide sulfurique pour précipiter l'excès de plomb qui masquerait la réaction; aiguisez par un peu d'acide chlorhydrique, puis essayez avec le perchlorure de fer. S'il y a de l'acide salicylique, la liqueur prend une belle nuance violette plus ou moins foncée.

Ce procédé permet de reconnaître 2 à 3 milligr. d'acide salicylique par litre. Mais il laisse subsister la cause d'erreur due aux tannins.

Modification Portelle (1881). — Il précipite tout le tannin de 100 ou

200^{cc} de vin au moyen de la gélatine et évapore le tout ensemble à consistance de sirop ; il agite ensuite le résidu avec de l'éther ; puis il décante celui-ci et l'évapore presqu'à siccité et reprend l'extrait par un peu d'eau ; le perchlorure de fer très dilué colore cette solution en violet. Par ce procédé on évite l'erreur qui pourrait être produite par la présence du tannin ajouté.

Ce procédé approuvé par M. Ch. Girard évite l'erreur due au tannin, mais il laisse subsister l'acide œnogallique donnant une couleur verte plus ou moins foncée.

Procédé Weigert. (1880). — On agite vivement 10 à 20^{cc} de vin avec 5^{cc} d'alcool amylique. Une fois celui-ci séparé par le repos, on le décante et on le mélange avec un volume égal d'esprit de vin rectifié, puis on ajoute quelques gouttes d'une solution de perchlorure de fer au 200e ; il y a instantanément production d'une coloration d'un beau violet en présence de l'acide salicylique.

Ce procédé n'est pas applicable à tous les vins rouges dont plusieurs colorent l'acide amylique.

Procédé Malenfant. (Journal de Ph. et Ch., 1883, août). — Dans un flacon bouché à l'émeri, on mesure 50^{cc} du vin et 20^{cc} de chloroforme pur, on mélange modérément de façon à ne pas émulsionner complètement le chloroforme et on se sert du tube Salleron à robinet pour séparer le chloroforme du vin ; le chloroforme reste au fond du tube, on en soutire environ 10^{cc} dans un tube à essais et on ajoute une goutte de perchlorure de fer officinal et quelques centimètres cubes d'eau puis on agite. Si le liquide analysé contient de l'acide salicylique, l'eau qui surnage se colore en violet.

M. Malenfant a pu caractériser un vin contenant 0^{gr}02 d'acide salicylique par litre ; avec 0^{gr}01 il n'a pu obtenir une coloration appréciable ; mais, comme la quantité d'acide nécessaire pour arrêter la fermentation est de 10 à 15 fois plus forte, ce procédé est suffisant.

L'éther n'a, dit-il, aucun avantage sur le chloroforme, car avec 0^{gr}01 l'éther ne donne pas de coloration appréciable et son emploi donne lieu à plusieurs causes d'erreurs.

Ce procédé supprime les teintes dues aux tannins et à l'acide gallique ; il reste à vérifier les assertions de l'auteur au point de vue de la sensibilité.

En évaporant le vin à moitié, il y a une telle émulsion avec le chloroforme, qu'il est impossible de continuer.

Le chloroforme et l'éther dissolvent de l'acide tartrique ; on ne peut donc doser l'acide salicyque en se servant de ces liquides.

Procédé O. Curtman. (1886, J^{l} de Ph. et Ch., t. 13, p. 522). — Dans un tube à essais, sur 4^{cc} de vin on verse 2^{cc} d'alcool méthylique pur, ou faute de ce dernier, 2^{cc} d'alcool éthylique pur, puis avec précaution 2^{cc}

d'acide sulfurique pur. On mélange le tout et on chauffe sur la lampe pendant 2 minutes environ ; on laisse reposer 8 à 10 minutes et on chauffe à nouveau jusqu'à ébullition. Si le mélange contient de l'acide salicylique, on perçoit alors distinctement l'odeur de l'essence de Gaultheria ou de Wintergreen ; s'il n'y avait que des traces d'acide, on laisserait reposer et on chaufferait une troisième fois. Cette odeur est facile à reconnaître des autres qui se forment dans cette action sur le vin.

Procédé H. Rose (1887. J[l] de Ph. et Ch., t. 15, p. 39). — On acidule le vin par l'acide sulfurique et on agite avec son volume d'un mélange à parties égales d'éther et d'essence de pétrole, on filtre et par distillation on réduit à quelques centimètres cubes. Au résidu on ajoute un peu d'eau bouillante et quelques gouttes d'une solution faible de perchlorure de fer, puis on filtre sur un filtre mouillé.

Si le liquide contenait de l'acide salicylique, il filtre coloré en violet.

Ce procédé décèle 1/10 de milligr. par litre.

Quand la présence du tannin donne avec le fer une coloration verte ou noire, on réacidifie le liquide, on le traite à nouveau par l'éther-pétrole et on procède comme ci-dessus ; avec un vin très chargé de tannin on peut reconnaître 2/10 de milligr. d'acide salicylique.

Modification H. Taffe (1887, Bull. Soc. Chim., Paris). — Il emploie un mélange d'éther éthylique et d'éther de pétrole (mélange de carbures saturés, légers, d = 0.650, très volatils, extraits des pétroles américains et traités par l'acide sulfurique concentré). Il donne la réaction du premier coup, sans qu'il soit nécessaire de reprendre le résidu par le mélange des éthers, comme dans le procédé Rose.

Procédé Millon (H. Ince, 1888, Septembre, Revue Intern. des Falsific. Amsterdam). — Au liquide chauffé on ajoute une solution de 10 °/₀ d'azotate de mercure dilué dans l'acide azotique. Par la couleur rouge intense que le réactif communique au liquide, la présence de l'acide salicylique peut être démontrée avec certitude même dans la proportion de 1/800,000 à 1 millionnième. Le perchlorure de fer a la même sensibilité, mais sa solution étant colorée et peu constante, le procédé Millon est préférable, c'est le meilleur et le plus sensible (Ince).

M. Dietrich (*Moniteur Scientifique*, 1888, p. 498) n'est pas du même avis que M. Ince sur la sensibilité du perchlorure de fer. D'après lui, le perchlorure de fer donne une réaction sensible dans un liquide contenant 1/100.000 d'acide salicylique.

Procédé C. Blarez et Lys (1884, *Bull. Soc. Ph.*, Bordeaux, t. 155, p. 140). — On prend le vin à essayer, on y ajoute une ou deux gouttes d'acide chlorhydrique et on l'agite avec de la benzine ; on décante et agite la benzine avec de l'eau renfermant du perchlorure de fer ; la coloration violette de cette eau révèle la présence de l'acide salicylique.

Modification C. Blarez (Encyclopédie médicale). — On prend 20^{cc} de vin, on y ajoute 2 gouttes d'acide chlorhydrique et 25^{cc} de benzine cristallisable. On agite avec précaution, de façon à ne pas produire d'émulsion, pendant quelques minutes et on laisse reposer. On décante la benzine dans un tube à essais, on y verse 1^{cc} d'eau distillée, puis 2 gouttes d'une solution d'alun de fer à 1 %; on agite et laisse reposer. L'eau qui gagne le fond est colorée en violet si le vin essayé contient de l'acide salicylique; elle est incolore ou jaunâtre si le vin n'en contient pas. Cette méthode peut être quantitative.

Dosage de l'acide salicylique. — Les méthodes précédentes n'indiquent que la présence de l'acide salicylique; une fois cette présence reconnue, il peut y avoir un intérêt sérieux à connaître la quantité contenue. Le seul procédé qui ait fait ses preuves est le procédé Rémont, modifié par Pellet et de Grobert, puis Baudrimont et enfin Rémont lui-même.

Procédé Rémont (1880, juillet). — On concentre le vin au 1/3 vers 70-80 pour éviter les entraînements. Lorsqu'il est refroidi, le résidu est traité trois fois par son volume d'éther, et chaque fois, au moyen d'une faible agitation, chaque traitement est suivi d'une décantation.

L'éther est versé dans une fiole à fond plat où on le distille au bain-marie jusqu'à ce qu'il n'y ait presque plus d'éther; le résidu est placé dans un vase à large ouverture, taré. On l'abandonne à l'air avec l'éther qui a servi au lavage de la fiole. On pèse le résidu pâteux et on le traite trois fois par un volume de chloroforme lavé à l'eau, suffisant pour dissoudre tout l'extrait si ce n'était que de l'acide salicylique (1 de chloroforme dissout 0^{gr}022 de cet acide). Le chloroforme évaporé à l'air, pour 0^{gr}025 d'acide salicylique par litre donne des cristaux effilés qui tapissent la paroi du vase, ce qu'on ne rencontre jamais dans les liquides non salicylés. L'extrait est traité par l'eau jusqu'à ce qu'elle ne soit plus acide et complété à 100^{cc}.

D'autre part, on fait une solution aqueuse d'acide salicylique pur contenant 0^{gr}2 par litre (préparée au moment de l'essai).

5^{cc} des deux liquides traités par le perchlorure de fer dilué en même nombre de gouttes; on ajoute de l'eau dans un tube ou dans l'autre jusqu'à ce que les deux teintes soient égales; on juge de la quantité d'acide d'après la dilution. D'après Pellet et de Grobert, ce procédé est très exact.

Modification Pellet et de Grobert. — Dans l'éther, il y a plusieurs acides solubles, les essais acidimétriques sur l'éther sont donc inexacts. En substituant directement la benzine à l'éther, il y a des pertes d'acide par l'évaporation de l'eau-benzine allant à 89 % de l'acide ajouté (1881, J^{l} de Ph. et de Ch., t. 4, p. 34.

1° On prépare une solution d'acide salicylique à 1 gr. par litre; on la colore par la quantité de perchlorure de fer nécessaire pour produire le maximum de coloration violette. Cela fait, on prend dix tubes à essais, égaux en longueur (0^{m}20) et en diamètre (0^{m}015), dans lesquels on verse successivement, en allant du premier au dernier, 0cc,1 — 0cc,2 — 0cc,3, etc., jusqu'à 1cc de la liqueur salicylée violette ; ce qui représente en poids depuis 0 gr. 0001 jusqu'à 0 gr. 001 d'acide. On complète dans chaque tube ainsi préparé le volume de 10cc avec de l'eau distillée. On a ainsi une gamme de liquides colorés présentant dix échelons ou dix tons différents.

2° On agite ensuite 200cc de la boisson qu'on veut examiner avec 2cc d'éther et 10 gouttes d'acide sulfurique à 30° Baumé. Après agitation et repos, on décante la moitié de l'éther, soit 100cc, avec une pipette ou un appareil avec poire de caoutchouc qui évite l'absorption des vapeurs d'éther, et on l'évapore jusqu'à siccité, entre 35° et 50°. On sature assez exactement le résidu au moyen d'une solution très légère de soude caustique ; on ajoute au maximum 1cc5 de solution de soude dont 10cc = 0 gr. 4 NaO, saturant 2 gr. acide salicylique par litre de vin ; si l'acidité est faible, on ne met que 2, 3, 4 gouttes de soude ; on évapore à nouveau à siccité, et le nouveau résidu qui en résulte est agité avec 5 gouttes d'acide sulfurique à 30° Baumé et 20cc de benzine. On filtre la benzine de manière à en recueillir 10cc dans un tube à essais de même calibre que ceux de la gamme colorée ; elle renferme en dissolution l'acide salicylique de 50cc de boisson. On lui ajoute encore 10cc d'eau distillée avec une ou deux gouttes de perchlorure de fer très étendu (densité = 1.010). On agite à plusieurs reprises : alors le salicylate de fer formé colore l'eau en violet. On compare la teinte obtenue à celle d'intensité égale de l'un des tubes témoins ; lorsqu'on a trouvé celle-ci, on sait de suite combien 50cc de boisson contiennent d'acide salicylique. Si c'est au 6e tube, c'est qu'il y a 0 gr.0006 de cet acide dans 50cc, soit 0 gr. 012 par litre.

Modification Rémont (Comptes-Rendus, 1882. Octobre, 30). — Il a constaté qu'en faisant le type avec de l'eau on n'obtenait pas le même résultat que si ce type était fait avec une boisson analogue à celle essayée, mais ne contenant pas d'acide salicylique.

Avec une boisson analogue à celle que l'on veut essayer, on fait un type contenant 0 gr. 15 d'acide salicylique par litre.

On prend 50cc de ce type pour 50cc d'éther, agite plusieurs fois, laisse reposer, prélève 25cc d'éther, évapore au-dessous de l'ébullition, avec 10cc d'eau dans une capsule à fond plat ; l'éther parti, on verse la solution dans une éprouvette et on complète à 25cc, c'est l'étalon.

On mesure 10cc de vin et 10cc d'éther, on agite, prélève 5cc d'éther que l'on évapore sur 1cc d'eau, on verse dans un tube gradué de 30cc, ayant 15mm de diamètre ; dans un tube semblable on verse 5cc de la liqueur étalon. On verse goutte à goutte une solution de perchlorure de fer (10 gr. par litre) tant que la coloration augmente, l'excès est nuisible, 3 ou 4 gouttes suffisent. On ajoute de l'eau du côté le plus coloré et on calcule.

Procédé Ch. Girard. — 100cc de vin traité par quelques gouttes d'acide chlorhydrique sont épuisés à plusieurs reprises, en agitant chaque fois avec 50cc d'éther pur ; s'il y a émulsion, on ajoute quelques gouttes d'alcool ; on décante avec soin et laisse évaporer spontanément. Le résidu contient de l'acide salicylique et quelques substances étrangères. On chauffe au bain-marie pendant une heure pour chasser les acides volatils, on reprend par 150^{cc} de benzine parfaitement neutre, et au bout de 24 heures on décante avec soin, lave le résidu avec 50^{cc} de benzine et ajoute de l'alcool pour faire 500^{cc}, puis on titre avec une solution de soude titrée. Lorsque la soude précipite la benzine on ajoute de l'alcool par petites portions.

M. Robinet déclare ce procédé complètement erroné.

Procédé Blarez et Lys (1884). On prend 20^{cc} de vin, on ajoute quelques goutes d'acide chlorhydrique et 20^{cc} de benzine cristallisable, on agite et décante.

La benzine est traitée par une solution de sulfate double de sexquioyde de fer et de potasse. On examine la teinte violette au colorimètre Duboscq, au moyen d'une lame de verre violet dont on a déterminé la valeur directement par des dosages faits avec des solutions titrées d'acide salicylique en salicylate ferrique.

SALICYLATE DE SOUDE

Le salicylate de soude — $C^{14}H^{5}O^{5}$, NaO — est un sel blanc, cristallin ou amorphe, peu sapide ; la lumière ne l'altère pas s'il est pur, mais le brunit légèrement sous l'influence des vapeurs ammoniacales. Il devient légèrement rosé au contact d'une trace d'un sel de fer. Il est soluble dans l'eau et l'alcool, et insoluble dans l'éther pur. La chaleur le transforme en acide phénique et en carbonate neutre de soude. Traité par un acide, il développe une belle teinte violette au contact du perchlorure de fer.

Ce sel jouit des mêmes propriétés de conservation que l'acide salicylique ; mais son emploi ne présente aucun avantage, au contraire, car il donne souvent un mauvais goût.

Sa recherche se fait par les procédés indiqués pour l'acide salicylique.

ACIDE BORIQUE ET BORAX

L'emploi de ces corps dans les vins est beaucoup plus ancien qu'on ne le pense, et cependant peu de chimistes s'en sont occupés parce qu'ils ne se rendaient pas compte de son utilité ; mais les fraudeurs ayant constaté la propriété que possèdent le borax et l'acide borique de s'opposer à la fermentation du vin et de toutes les matières organiques, en général, composèrent des poudres conservatrices, vendues à grand renfort d'annonce, mais en gardant le secret de leur composition.

Le borax et l'acide borique étant deux toxiques, il faut en proscrire l'emploi dans les vins. Robinet, le premier qui s'est occupé de cette question, dit que ce ne sont pas des toxiques énergiques, mais que comme il faut les employer en assez fortes doses, il est à craindre que leur ingestion continue ne vienne à produire des désordres dans les organes digestifs.

Le Bon (J[1] Ph. et Ch., 1879, t. 29, p. 417) dit que le borax produit des troubles intestinaux, qu'il doit être prohibé. Des compagnies qui en avaient commencé l'usage y ont renoncé.

Polli dit que le borax n'est pas purgatif, mais simplement diurétique ; de Cyon, Hertzen, Schiff, Bizarelli et Capelli le trouvent sans inconvénient.

Le Dictionnaire encyclopédique des Sciences médicales (Masson) signale l'emploi du tartrate borico-sodique pour la conservation des vins.

L'emploi de l'acide borique et du borax est défendu.

Recherche. — La recherche de l'acide borique ne présente aucune difficulté, mais comme on a trouvé des borates dans divers vins naturels, cette recherche n'a d'intérêt que pour savoir si on doit opérer le dosage ou non. Car dès qu'il y aura de l'acide borique, il faudra procéder au dosage pour savoir s'il a été ajouté.

1° On évapore une certaine quantité de vin ; on calcine légèrement les cendres ; puis on traite le résidu par l'acide chlorhydrique ; on évapore à nouveau et on reprend par l'alcool à 85°. En brûlant cet alcool, la flamme se colore fortement en vert, s'il y a de l'acide borique ou du borax. Il faut éviter le contact des objets en cuivre qui donneraient la même coloration.

2° On évapore un ou deux litres de vin suspect ; le résidu de l'évaporation est mis en ébullition avec du carbonate ou de la potasse hydratée ; on filtre, et dans la liqueur claire on recherche l'acide borique par les procédés connus.

Procédé Gautier. (Sophistication des vins, 1891). — M. Gautier ayant reconnu que les diverses méthodes données manquaient de sensibilité et d'exactitude a indiqué le procédé suivant qui lui est, en partie, personnel. Ce procédé est une modification du procédé Goock.

500^{cc} de vin sont additionnés d'un léger excès de potasse caustique et évaporés dans le vide à 45° de température ; lorsque tout l'alcool est chassé, on dessèche à l'étuve à 100° ; l'extrait sec calciné dans une capsule de platine à basse température donne un charbon qui est finement pulvérisé, puis humecté avec ménagement avec de l'acide sulfurique faible et enfin repris par l'alcool 90°. Un lavage méthodique enlève la totalité de l'acide borique ; la liqueur alcoolique est alcalinisée par la potasse caustique, puis évaporée dans le vide à 45°. Une calcination nouvelle dans une capsule de platine, à basse température, détruit, s'il le faut, le reste des matières organiques. Le résidu additionné d'acide sulfurique concentré, puis traité par 30^{cc} d'alcool méthylique donne une liqueur que l'on introduit dans un petit ballon de verre où elle est portée à l'ébullition. Dès que les vapeurs d'alcool sortent de la fiole, on approche un bec Bunzen de façon que sa flamme non éclairante lèche les bords du ballon ; la moindre trace d'acide borique donne une belle teinte verte assez durable.

Dosage. — Le dosage de l'acide borique se fera par le procédé Goock-Cassall ou par le procédé Gautier.

1° Ce procédé, qui n'est qu'approximatif mais qui est le plus simple, consiste à peser l'acide borique à l'état de biborate de soude. On dessèche l'extrait pâteux à 40 ou 45° ou dans le vide ; on le traite par l'acide sulfurique, puis par l'alcool à 85° qui dissout l'acide borique et l'on sature ensuite par de la soude caustique, de manière à former du biborate de soude — $2BoO^3,NaO$. Le borate lavé à l'alcool et pesé indique l'acide borique.

Le poids du borate multiplié par 0,6937 donne le poids de l'acide.

Mais il ne faut pas, pour appliquer ce procédé, qu'il y ait d'autres corps solubles dans l'alcool ; il vaut mieux doser par le plomb, l'acide borique mis en liberté.

Procédé Frénésius. — On évapore doucement un ou deux litres de vin jusqu'à consistance pâteuse, dans une capsule de platine tarée ; puis on termine l'évaporation dans le vide sec à froid. On calcine légèrement, on fait bouillir avec du carbonate ou de l'hydrate de potasse, on filtre et dessèche à consistance pâteuse à 40 ou 45°. On ajoute alors un poids connu d'oxyde de plomb pur et récemment calciné ; on évapore doucement à sec, puis on chauffe au rouge faible le résidu, que l'on tient pendant quelque temps à cette température. Le résidu est un mélange de borate de plomb et d'oxyde de plomb libre. En soustrayant du poids total du résidu celui de l'oxyde de plomb qu'on y a introduit, la différence en plus donne le poids de l'acide borique. Cette méthode fournit des résultats parfaitement exacts lorsqu'on ne calcine pas le sel à une température plus élevée que celle qui est indiquée.

3° Un procédé qui est assez simple tout en étant le plus exact, est celui du dosage de l'acide borique par l'acide fluorhydrique, tel que je l'ai approprié à ce dosage dans les vins.

Deux litres du vin à analyser sont évaporés d'abord à l'ébullition jusqu'au quart du volume, ensuite à 40 ou 45° jusqu'à consistance pâteuse, puis dans le vide à froid ou sur l'acide sulfurique (Voir *Extrait sec*). L'extrait est carbonisé jusqu'à ce qu'il ne se dégage plus de fumées. On humecte le charbon obtenu avec de l'acide chlorhydrique et on évapore lentement, puis on le lave avec de l'alcool à 85°, qui dissout l'acide borique. On ajoute alors du carbonate de potasse en excès ; on fait bouillir ; on évapore à siccité et on calcine. La substance est ensuite réduite en poudre fine et placée dans une capsule de platine, où l'on met un excès d'acide fluorhydrique pur, et on évapore à siccité. Il faut ajouter assez d'acide pour que pendant l'évaporation les vapeurs qui se dégagent rougissent le tournesol. Le précipité gélatineux de fluoborate de potasse qui se forme d'abord se dissout à chaud et se dépose pendant l'évaporation en petits cristaux durs. La masse saline sèche est abandonnée à la température ordinaire avec une dissolution d'acétate de potasse à 20 %. Cette dissolution dissout les fluorures, fluorhydrates de fluorures, chlorures, azotates, phosphates et même un peu de sulfate de potasse ; les sels de soude s'y dissolvent, quoique moins facilement ; quant aux bases, elles ont été séparées préalablement par la calcination avec le carbonate de potasse.

Après quelques heures de contact, on rassemble le dépôt sur un filtre pesé, on lave avec une dissolution d'acétate de potasse et finalement avec de l'alcool à 85°. Le fluoborate est desséché à 100°; c'est un sel qui occupe un petit volume.

Le poids du fluoborate multiplié par 0,27755 donne le poids de l'acide borique.

Si on a affaire à un vin plâtré, il reste toujours un peu de sulfate de potasse mélangé au fluoborate; on traite, dans ce cas, le précipité par l'eau bouillante, et dans le liquide clair aiguisé d'acide chlorhydrique, on dose l'acide sulfurique par le chlorure de barium (Voir *plâtrage*) et on déduit le poids du sulfate de potasse du poids total du premier précipité.

Procédé H. Rose. — L'acide borique en dissolution aqueuse ou alcoolique ne peut être dosé par l'évaporation à siccité du liquide, même en présence de l'oxyde de plomb, car la vapeur d'eau ou d'alcool l'entraîne en quantité sensible.

On ajoute au vin une quantité exactement pesée de carbonate de soude sec et pur; on évapore le liquide, on fait fondre le résidu, puis on le pèse. Le poids du carbonate de soude ajouté fait connaître celui de la soude; la différence est égale au poids de l'acide borique.

Ce procédé n'est pas exact; car il peut y avoir d'autres acides dosés comme acide borique.

Procédé Goock. — *Modification Cassall.* — Ce procédé est recommandé par M. F. Jean, comme étant le meilleur.

Après avoir neutralisé par la soude 100cc du vin suspect, on l'évapore à siccité et l'on calcine légèrement le résidu sans chercher à obtenir des cendres blanches. On broie le charbon ainsi obtenu, et on l'épuise avec de l'alcool méthylique additionné de quelques gouttes d'acide acétique et d'eau. Le liquide ainsi obtenu est introduit dans un vase conique de 200 à 300cc muni d'un tube adducteur passant dans un condensateur et venant déboucher au-dessus d'une capsule de platine d'environ 60cc contenant de la chaux (1 à 2 gr.) récemment calcinée au rouge, le tout exactement taré. Le vase conique porte également un tube à entonnoir à robinet. En chauffant le vase conique on détermine la distillation de l'alcool méthylique qui entraîne l'acide borique qui vient se fixer sur la chaux contenue dans la capsule de platine. Lorsque l'alcool méthylique a passé à la distillation, on introduit dans le vase conique 5cc d'alcool méthylique neuf et l'on recommence la distillation dans les mêmes conditions. Dix distillations successives à raison de 5cc d'alcool méthylique chaque fois, suffisent pour entraîner de 0 gr. 1 à 0 gr. 3 d'acide borique. Après s'être assuré à l'aide du papier de curcuma que le résidu ne renferme plus d'acide borique, on évapore l'alcool condensé dans la capsule de platine, on sèche le résidu, puis on le calcine fortement de façon à détruire l'acétate de chaux qui a pu se former et à caustifier la chaux et on pèse la capsule.

L'augmentation de poids correspond à l'acide borique anhydre qui s'est combiné à la chaux.

Modification Gautier. — La solution alcoolique du charbon acide (voir le procédé Gautier, plus haut) est additionnée d'un petit excès de potasse et évaporée à sec. Le résidu est fortement acidifié par l'acide sulfurique et additionné de 20cc d'alcool méthylique pur. Le liquide est distillé et les vapeurs reçues dans un petit ballon contenant un peu de potasse alcoolique tout à fait exempte de silice ; on recommence la distillation deux fois en ajoutant à chaque fois 20cc d'alcool. La totalité de l'acide borique est entraînée dans le récipient refroidi. Le liquide est évaporé à sec dans une capsule de platine ; la masse blanche est traitée par l'acide fluorhydrique bien exempt d'acide hydrofluosilicique; le résidu est chauffé au rouge naissant mis pendant 12 heures en digestion à 30° t. avec une bonne quantité d'acétate de potasse à 20 °/₀, capable de dissoudre le fluorure de potassium sans toucher au fluoborate ; le liquide est filtré sur un litre taré sec, le résidu est lavé avec une solution alcoolique de potasse jusqu'à ce que le liquide filtré et concentré ne précipite plus par le chlorure de calcium ; on termine le lavage par de l'alcool à 84° tant qu'il reste de l'acétate de potasse. On sèche le filtre et on pèse.

Les résultats sont un peu forts, s'il est resté sur le filtre de petites quantités de fluorure et même de fluosilicate provenant de la silice de la potasse ; le poids trouvé est du fluoborate de potasse.

Il est inutile d'insister sur la difficulté qu'il y a d'appliquer cette méthode d'analyse, sans chances d'erreurs. (E. V.)

ACIDE SULFUREUX

La faculté de médecine de Vienne admettait une tolérance de 8 parties en poids d'anhydride sulfureux pour un million de parties de vin.

D'après des analyses nombreuses, il en résulterait que la plupart des vins, principalement les meilleurs, seraient exclus de la consommation.

A la septième réunion annuelle des délégués bavarois, de chimie appliquée, on a adopté comme tolérance la limite extrême de 20 milligr. par litre au lieu de 8 milligr. (Station de Klosterneuburg).

Je n'ai pu trouver aucune trace pouvant m'indiquer qu'on se soit occupé de cette question en France.

ACIDE TARTRIQUE — PLATRE — TANNIN

Ces trois corps sont employés pour la conservation des vins, mais plus particulièrement, au point de vue de la fraude, les deux premiers pour l'avivage de la couleur et le troisième pour la modification du goût. Ils sont donc étudiés à ces chapitres.

CHAPITRE 4

AVIVAGE DE LA COULEUR

Plâtrage — Déplâtrage — Alun — Sulfate de fer — Sulfate de zinc — Acides sulfurique, chlorhydrique, azotique, hydrofluosilicique, oxalique, tartrique, citrique et tannique — Crème de tartre — Salage.

Tous ces corps ont été ou sont introduits dans les vins afin de leur donner une couleur plus forte, plus belle et plus brillante ; la plupart d'entre eux sont nuisibles à la santé publique.

PLATRAGE

L'usage du plâtre date de très loin : Pline en parle, et depuis 50 ans, il s'est tellement généralisé dans le Midi de la France, en Espagne, en Italie et en Portugal, qu'il est rare de trouver un de ces vins qui ne soit plâtré. On estime que la moitié des vins de ces pays ont subi ce traitement. C'est surtout depuis l'apparition de l'oïdium que cette pratique s'est étendue.

Serane prit un brevet en 1839 pour une nouvelle méthode de vinification par le plâtrage ; il prescrivait de saupoudrer la vendange dans la proportion de 2 à 3 kilogr. par hectolitre, mais seulement pour les vins médiocres, étant inutile aux vins de bonne qualité et aux crus estimés.

Le plâtrage devait s'appliquer particulièrement aux vins de mauvais goût et dépourvus de force, provenant de raisins moisis non parvenus à maturité, ou bien aux vins trop colorés ou trop riches en tartre.

C'est à partir de ce moment que le plâtrage prit une telle extension que les plaintes devinrent si vives qu'il fallut s'occuper de le réglementer.

Pratique du Plâtrage. — Le plâtre employé doit être bien blanc et en poudre très fine. Il ne doit pas contenir de sels de magnésie, de sels d'alumine, de sels de fer et de sulfure de calcium. S'il n'avait que des traces d'alumine il n'y aurait aucun danger, car elle disparaîtrait après le premier collage.

Lorsque le plâtre est jeté sur le raisin au moment du foulage de la vendange, la fermentation favorise la solubilité du sulfate de chaux, qui se dissout en bien plus grande proportion que dans l'eau ou le vin fait.

On employait autrefois, généralement, le plâtre à la dose de 250 gr. par hectolitre de vendange, soit 50 litres de moût ; soit 1/2 % en poids du vin à produire. Cette dose était souvent dépassée, on allait jusqu'à 500 gr., mais alors le plâtre réagissait sur le tartre du marc et arrivait à produire jusqu'à 6 gr. de sulfate de potasse par litre de vin.

Aujourd'hui le plâtrage est limité, il doit être employé de façon que le vin ne contienne pas plus de 2 gr. de sulfate de potasse par litre ; il faut donc doser d'abord le sulfate de potasse contenu dans le moût afin de pouvoir calculer la quantité de plâtre à y ajouter.

Dans ces conditions on ne peut guère mettre plus de 100 gr. de plâtre par hectolitre de vin fait, soit environ 50 gr. par hectolitre de vendange foulée, car 100 gr. de plâtre forment 128 gr. de sulfate de potasse.

Donc avec 100 gr. de plâtre par hectolitre de vin on produira 128 gr. de sulfate de potasse, ce qui donne 1gr28 par litre et avec la moyenne 0,6 des vins naturels on arrive à 1gr88, près de 2 gr. Si le moût ne contient que 0gr2 on peut augmenter la dose de 0gr4 par litre soit 40 gr. par hectolitre de vin fait, soit en tout 70 gr. par hectolitre de vendange non foulée.

C'est évidemment la suppression du plâtrage, car ainsi que le dit M. A. Bouffard, l'expérience a démontré que pour les deux grammes de sulfate produit, il n'y a point d'augmentation sensible de l'acidité.

Le sulfate naturel des vins étant d'environ 1/2 gr. et par suite des mutages au soufre montant à 1 gr., dans certains cas il ne restera à produire que 1 gr. à 1 gr. 1/2 par le plâtrage, correspondant à la décomposition de 2 gr. 1 à 3 gr. 1 de crème de tartre par 0gr78 à 1gr17 de plâtre pur ; il n'y aura donc plutôt que des inconvénients à plâtrer. M. Bouffard indique sans le garantir le chiffre de 800 gr. de plâtre par 1000 kilogr. de vendange.

Quoi qu'il en soit, lorsqu'on veut plâtrer, on calcule la quantité de plâtre à ajouter et on distribue le plâtre dans les différentes parties de la cuve de manière qu'il soit bien disséminé dans la masse.

Action du plâtre dans la vinification. — L'emploi du plâtre dans la vinification du Midi a beaucoup de défenseurs parmi les viticulteurs.

M. Martin, président du Comice agricole de Narbonne, a déclaré, en 1888, que le plâtrage était absolument nécessaire à la vinification de tous les moûts de la zone méditerranéenne, afin de les rafraîchir, vu leur teneur naturelle trop faible en principes acides.

M. Robinet est d'avis que l'emploi du plâtre est d'une grande utilité dans les vins du Midi, quoi qu'en disent les savants; il y aurait peut-être préjudice à en prohiber l'emploi d'une manière absolue ; il faut réglementer mais non supprimer.

M. Audoynaud, de Montpellier, a démontré que le plâtre a pour effet d'activer la fermentation et de faire disparaître tout le sucre.

M. Marty est d'avis que le plâtrage est nuisible aux vins fins, inutile aux vins ordinaires et utile, mais non indispensable, pour les vins récoltés dans les bas fonds et dans les années froides et humides.

Enfin beaucoup d'œnologues pensent que l'on peut parfaitement remplacer le plâtrage par l'acide tartrique.

Action du plâtre sur les vins. — Le plâtrage est un mode particulier de collage ; il a pour but de *dépouiller* le vin, de le rendre rapidement limpide et lui donner, selon la formule consacrée, *une robe éclatante et pure.*

On ne plâtre que les vins rouges, parce qu'ils sont très chargés en matières colorantes, qu'ils s'éclaircissent lentement et déposent pendant longtemps.

L'addition de plâtre hâte le dépouillement du vin par l'entraînement des matières protéiques par le précipité de tartrate de chaux. Il agit sur la couleur ; de violacée ou vineuse qu'elle était, elle devient d'un beau rouge vif, mais un peu moins intense.

Un autre effet du plâtrage est la conservation plus assurée des vins qui sont alors privés en partie des matières albuminoïdes et des phosphates solubles.

Le précipité de tartrate de chaux accélère la précipitation de la lie et des matières fermentescibles; la clarification marche donc plus vite. Mais le plâtrage nuit au travail lent et continu qui suit la fermentation tumultueuse, période pendant laquelle les éthers continuent à se développer, et nommée fermentation lente ou insensible; de sorte que le vin plâtré mis en bouteilles prend moins de bouquet (J. Brun).

En résumé, par le plâtrage les vins se font plus vite, deviennent plus tôt marchands, ont une couleur plus belle et se conservent mieux, mais ils ont moins de bouquet et un goût souvent désagréable.

Action du plâtre sur les sels du vin. — A côté des avantages décrits plus haut pour le plâtrage, il y a un inconvénient majeur qui doit le faire rejeter ; c'est la décomposition des sels contenus dans les vins. La crème de tartre, qui est le sel que le vin contient en plus grande quantité et qui par conséquent est la base naturelle de cette boisson, disparaît presque entièrement pour faire place à du bisulfate de potasse ou à du sulfate neutre et à de l'acide tartrique libre.

On n'est pas encore fixé sur la nature de la décomposition opérée dans les vins par le plâtre. Deux opinions différentes sont en présence : 1° La crème de tartre en présence du sulfate de chaux se transformerait en tartrate de chaux, en sulfate neutre de potasse et en acide tartrique libre, sans bisulfate de potasse ; 2° la transformation de la crème de tartre donnerait du tartrate de chaux, du bisulfate de potasse et du bitartrate de potasse.

Les deux opinions ont été et sont encore défendues par de plus ou moins nombreux chimistes.

D'après Bérard, Cauvy et Chancel, le plâtre enlève à la crème de tartre la moitié de son acide tartrique pour former du tartrate neutre de calcium, qui se précipite, et dans la liqueur il reste la moitié de l'acide tartrique de la crème de tartre à l'état libre, tandis que toute la potasse passe à l'état de sulfate neutre.

$$2(C^8H^4O^{10},KO,HO)+2(SO^3,CaO)=C^8H^4O^{10},2CaO+2(SO^3,KO)+C^8H^4O^{10},2HO$$

Crème de tartre. Sulfate de chaux. Tartrate de chaux. Sulfate de potasse. Acide tartrique.

Une proportion plus forte de plâtre étant ajoutée au vin, l'excès ne paraît prendre aucune part à la réaction. On le retrouve inaltéré, en partie à l'état insoluble, dans le dépôt et en partie à l'état de solution dans la liqueur.

Cette dernière observation faite par Chancel, puis par Bussy et Buignet, ne paraît pas favorable à l'opinion de ces deux derniers chimistes, qui pensent que la réaction se passe d'après l'équation suivante :

$$C^8H^4O^{10},KO,HO+2(SO^3,CaO)=C^8H^4O^{10},2CaO+2SO^3,KO,HO$$

Crème de tartre. Sulfate de chaux. Tartrate de chaux. Bisulfate de potasse

Mais lorsqu'on agite du vin plâtré avec de l'éther, ce liquide se charge d'une trace d'acide sulfurique qui reste après l'évaporation de l'éther. Ce fait semblerait donner raison à cette dernière équation.

Dans tous les cas, la substitution dans le vin au bitartrate de potasse d'une quantité équivalente de bisulfate de potassium ou d'acide tartrique ne change rien à l'acidité totale.

On ne peut pas, par l'analyse des cendres, résoudre la question de savoir si les vins plâtrés contiennent du bitartrate de potasse et du sulfate acide de potassium, ou bien de l'acide tartrique libre et du sulfate neutre, ou même un mélange de ces divers sels.

Les cendres seront neutres lorsque le plâtrage aura été suffisant.

Buignet et Bussy ont remarqué que si l'on calcine un mélange à équivalents égaux de bitartrate de potasse et de bisulfate, on obtient du sulfate neutre de potasse, tandis que les éléments de l'acide tartrique brûlent. Aussi les cendres analysés par Chancel d'un côté, et la Commission du Conseil des Armées, sous la direction de Poggiale, de l'autre, étaient presque toujours exemptes de carbonate de potasse pour les vins entièrement plâtrés.

L'opinion de M. Gautier est que : Le plâtrage substitue dans le vin à 2 molécules de crème de tartre un équivalent de sulfate de potassium et un équivalent d'acide tartrique (Bérard, Chancel, Cauvy). Employé avant la fermentation, il enlève presque toujours à la pulpe 2 fois autant de crème de tartre que celle que contenait le vin primitif. Le plâtrage introduit dans le vin, par litre, 6gr2 de sulfate de potassium et d'acide tartrique, et 0gr25 de plâtre à la place de 2gr5 de crème de tartre primitive, soit 3gr95 de résidu fixe.

M. Robinet est d'avis qu'il se forme du sulfate acide de potasse : « Le plâtre introduit à la cuve ou dans le vin se trouve en présence d'un excès de bitartrate de potasse qui est immédiatement décomposé ; il se forme du sulfate neutre de potasse, du bisulfate de potasse et du tartrate de chaux, qui étant peu soluble se dépose. Le vin n'a plus sa composition habituelle, le tartre est remplacé par un bitartrate de chaux et un grand excès de sulfate neutre et de bisulfate de potasse. (Ce dernier sel éminemment purgatif). »

Ce qui semble confirmer cette théorie, c'est que dans un certain nombre de vins plâtrés on ne retrouve plus d'acide tartrique.

M. Maumené est également de cette opinion.

M. Magnier de la Source a publié en 1884 (Comptes Rendus, janvier, 14) des travaux très intéressants sur le plâtrage.

Ses essais ont été faits sur des raisins noirs de Sarragosse.

Il a constaté que la matière colorante du vin subissait un changement considérable. Les réactions indiquées pour chercher la couleur des vins sont complètement changées. Le vin non plâtré était d'une couleur jaunâtre rappelant celle des vins vieux, tandis que la couleur du vin plâtré était d'un rouge intense, sans aucune pointe de jaune.

D'après l'analyse comparative des deux vins, plâtré et non plâtré, obtenus avec ces raisins, on constate que le degré alcoolique est à peu près le même ; que l'extrait sec qui était de 23gr30 dans le vin naturel est passé à 27gr30 dans le vin plâtré ; que la crème de tartre passe de 1.94 à 0 ; que l'acidité totale augmente par le plâtrage de 2.58 à 3.10 ; que les cendres augmentent de 2.722 à 5.992 ; que l'acide carbonique diminue de 0.7804 à 0,2215 et que l'acide sulfurique augmente de 0.2275 à 2.8348. La potasse a passé de 1.1209 à 2.4608 et l'acide phosphorique de 0.2060 à 0.1945.

On voit donc combien sont profondes les modifications que subissent les sels du vin sous l'action du plâtrage.

En ajoutant de l'acide tartrique au vin plâtré, il a obtenu un poids de crème de tartre assez fort, 4gr46 ; ce qui démontre qu'il n'y a pas de tartre neutre de potassium. Le plâtrage a donc pour effet de décomposer non seulement la crème de tartre, mais des combinaisons organiques neutres de potassium qui existent en proportions très notables dans le raisin parvenu à maturité complète. Le plâtrage n'augmente pas sensiblement le poids des sels de chaux.

Déjà, en 1881, cet auteur avait démontré qu'un mélange de sulfate neutre de potasse et d'acide tartrique en solution hydro-alcoolique donnait naissance à des cristaux de crème de tartre ; que, par conséquent, de l'acide sulfurique avait été mis en liberté.

M. A. Riche (1882, Jl de Ph. et Ch., t. 6 p. 389, novembre) dit que le plâtrage donne du sulfate neutre suivant Rousse, Jannicot, Thirault et du sulfate acide suivant Béchamp, Bussy et Buignet, Pollacci, etc. Cette dernière opinion paraît être la vraie, parce que le sulfate neutre n'existe pas en présence de l'acide tartrique libre et probablement les acides succinique, malique et acétique.

M. Nencki, chargé par le Gouvernement Suisse de faire des essais à ce sujet, n'a pas réussi.

Avec le violet de Paris et le sulfocyanure ferrique, le bisulfate se comporte comme un acide minéral ; il l'a essayé sur du vin traité par le noir et il n'a rien obtenu ; mais une solution de 2/1000 de bisulfate se comporte de même après l'action du noir.

M. Pichard (Comptes Rendus 1883, mars, 19) a fait des études sur la solubilité des différents sels des vins plâtrés, en présence les uns des autres. Il a constaté que le sulfate de potasse et le chlorure de potassium déplacent et précipitent le bitartrate de potasse. D'après lui, la véritable cause de l'appauvrissement du vin plâtré en crème de tartre n'est pas dans la transformation de ce sel, mais dans l'impossibilité qu'il est de saturer une liqueur contenant une certaine dose de sulfate de potasse.

MM. Roos et Thomas (Comptes Rendus, 1890, t. 111, p. 575) ont émis les conclusions suivantes : L'addition d'acide tartrique à un vin augmente du double et au-delà la quantité de crème de tartre qu'on peut en tirer, pourquoi l'acide tartrique mis en liberté par le plâtrage ne ferait-il pas de même ?

Dans un mélange d'eau distillée, de sulfate de chaux, de crème de tartre et de sels organiques de potasse (acétates, citrates, malates et succinates), on constate que la crème de tartre augmente ; que l'alcool-éther ne dissout ni acide sulfurique, ni acide tartrique ; il n'y a donc pas traces de sulfate acide de potasse. L'acidité n'augmente jamais autant que la théorie le ferait croire. Le sulfate neutre est inattaqué.

L'augmentation de l'acidité des vins plâtrés calculée par Chancel à $0^{gr}4$ (SO^3,HO) pour 1 gr. de sulfate de potasse par litre est seulement égale à $0^{gr}25$; il faut donc admettre que le sulfate de chaux décompose des combinaisons neutres de potasse.

M. Carles est d'avis que le bisulfate se forme pendant l'évaporation du vin, pour l'essai : Le vin plâtré renferme à la fois du sulfate neutre et de l'acide tartrique libre ; si on évapore, l'acide végétal forme du bitartrate de potasse et l'acide sulfurique est mis en liberté, de sorte qu'un vin évaporé contient effectivement du bisulfate et du bitartrate.

Le vin s'enrichit d'autant plus en bisulfate qu'il cristallise plus de crème de tartre. Cette réaction explique comment un extrait riche en bitartrate neutre et bisulfate donne des cendres neutres, comment cet extrait traité par l'éther cède de l'acide sulfurique libre, et comment quand on agite dans un vase d'argent, ce métal est attaqué.

M. Blarez (Bull. Soc. Ph. Bordeaux, 1891, mars) pense que dans les vins plâtrés au-dessous de 2 gr., il n'y a que des traces de bisulfate, mais que dans les vins plâtrés à plus forte dose, la présence de l'acide sulfurique ou à moitié combiné est obligatoire.

Il a fait des essais (Comptes Rendus, 1891, t. 112, p. 434 et 810) sur la solubilité de la crème de tartre et a constaté que les sels neutres de potasse rendent insoluble la crème de tartre, proportionnellement à leur poids moléculaire.

La crème de tartre est complètement insoluble, à la température ordinaire, dans un mélange composé de : Eau 900, alcool à 90°100, sulfate neutre de potasse 4, acide tartique 2. S'il y a du sulfate acide, la crème de tartre se dissout.

Enfin, M. Magnier de la Source a repris ses travaux sur cette question et donne de nouvelles conclusions (Comptes Rendus, t. 112, p. 341).

Contrairement à MM. Roos et Thomas, il pense que le vin plâtré à fond contient du bisulfate de potasse. En effet, ce vin ne renferme aucune réserve de potasse, en dehors de celle qu'il faut pour faire du sulfate neutre, mais il contient une même quantité d'acide tartrique que le vin non plâtré de même origine ; si donc il se forme un dépôt de tartre, c'est qu'il se sera formé du bisulfate.

Le raisonnement de MM. Roos et Thomas s'applique aux vins partiellement plâtrés et presque tous les vins sont dans ce cas ; mais les vins analysés par MM. Ch. Girard, Henninger et moi contenaient de l'acide sulfurique soluble dans l'alcool et l'éther.

En résumé, la question n'est pas encore éclaircie ; les partisans du bisulfate ont autant de bonnes raisons que les partisans de l'acide tartrique libre. On n'arrivera clairement à la solution que lorsqu'on aura trouvé un réactif du bisulfate de potasse pouvant s'appliquer aux vins sans qu'ils aient à subir aucune modification préalable.

Par suite de la substitution du sulfate de potasse à la crème de tartre, l'extrait sec augmente en moyenne de 3 gr. 23, soit de 2 gr. 50 à 4,50. Dans les vins plâtrés, on rencontre environ 0 gr. 3 de sulfate de chaux par litre. Le phosphate de potasse est changé en phosphate de chaux. On trouve aussi dans les vins plâtrés du sulfate de magnésie et un peu d'alumine.

Propriétés organo-leptiques des vins plâtrés. — Les vins plâtrés sont plus rudes au palais et dessèchent la gorge. Le même vin non plâtré lui devient supérieur dès la première année.

Il est malaisé néanmoins, même pour les dégustateurs, de reconnaître un vin qui a été plâtré sans excès, surtout s'il a passé l'année. Plâtré avec excès, il donne une amertume dans l'arrière-gorge, il est moins liquoreux et moins parfumé.

Le carbonate de chaux que peut contenir le plâtre, en saturant une partie de son acidité peut le rendre un peu plus plat (Gautier).

Le plâtrage donne des vins durs, âpres et désagréables au goût, aussi ne servent-ils qu'aux coupages (Bastide).

Le vin plâtré mis en bouteilles prend moins de bouquet.

Action du plâtrage sur la santé. — Les avis ont été très partagés sur cette question, comme toujours ; de grands savants ont soutenu son innocuité, mais de nombreux autres savants l'ont condamné.

Aujourd'hui, il est considéré presque unanimement comme une opération nuisible.

Les protestations contre le plâtrage remontent à l'antiquité, c'est-à-dire aussi loin que son usage. Pline écrivait déjà que les vins contenant des chapelures de marbre ou de plâtre étaient à craindre, même pour les plus robustes qu'on puisse trouver.

En France, les plaintes sérieuses furent portées pour la première fois en 1856, au Conseil d'hygiène qui jugea le plâtrage inoffensif.

Dans la même année, Casterat, expert de Paris, fit un rapport à la Commission des Subsistances (J[l] Chim. Médic., 1856), dans lequel il déclare que le plâtrage n'étant applicable qu'aux vins de chaudière et à certains vins de montagne inférieurs et d'un arrière-goût de terroir, que les vins de bouche n'étant pas plâtrés, il n'y a pas à s'en occuper.

En 1852, le Conseil d'hygiène maintint ses déclarations ; en 1862, ce même Conseil reçut un rapport de Bussy qui, tout en constatant de nombreux et sérieux accidents dus au plâtrage, parmi les soldats en Algérie, conclut à la libre circulation des vins plâtrés. M. Lévy protesta contre cette conclusion.

Les travaux de Poggiale, en 1859, et ceux de Bussy et Buignet, en 1865, tendent à faire condamner le plâtrage ; leurs conclusions sont les mêmes que ci-dessus et ils indiquent en plus que cette opération modifie profondément la nature du vin, en substituant au bitartrate de potasse un sel purgatif.

Au contraire, d'après Glénard, le sulfate de potasse qui remplace le tartre, a moins d'action sur l'économie et ne cause pas, dans le vin nouveau, un sentiment d'ardeur à l'estomac. C'est peut-être vrai, mais le bisulfate est beaucoup plus violent. Bastide y répond : « Si on interrogeait les ouvriers des usines métallurgiques qui en boivent plusieurs litres par jour, on constaterait que le bisulfate n'est pas inoffensif. »

D'après l'opinion de Chancel, Bérard et Cauvy, Bussy et Buignet, le plâtrage n'a pas d'inconvénient sur la santé, lorsqu'il n'introduit dans les vins que 0gr2 à 0gr3 de sels calcaires et de 1 à 2 gr. de sulfate de potasse et d'acide tartrique libre, en remplacement du bitartrate de potasse ; sel aussi purgatif que le sulfate, ce qui est indifférent pour l'économie.

D'autres au contraire : Michel Lévy, Poggiale, la Commission de la Subsistance des Armées, Payen, Chevalier, Barral, etc., sont d'avis que les vins doivent être rejetés comme insalubres, s'ils contiennent *surtout* plus de 4 gr. de sulfate de potasse par litre.

La Commission du Conseil de l'Armée Française a fixé les points suivants : 1° que la dégustation ne permet pas de distinguer les vins plâtrés ; 2° que le plâtre diminue l'intensité de la couleur des vins rouges ; 3° que le tartre et le phosphate de potasse, sels naturels du vin, sont transformés de telle sorte qu'il en résulte des tartrates et des phosphates de chaux qui se déposent et du sulfate de potasse qui reste dissous, l'acide phosphorique n'étant pas entièrement précipité.

A la suite des rapports des savants, les Ministres décidèrent que tout vin contenant plus de 4 gr. de sulfate de potasse par litre serait considéré comme plâtré et refusé par les Administrations.

En 1875, la Commission des Hôpitaux militaires ayant mis en adjudication des vins non plâtrés à 11°, n'a pu trouver aucun soumissionnaire ; c'est pour cela que la tolérance fut fixée à 2 gr.

Une circulaire ministérielle du 16 août 1876 et une seconde du 16 mars 1877 indiquent qu'il ne sera pas toléré, pour les vins plâtrés, plus de 2 gr. de sulfate de potasse par litre, et que, au-dessus, les vins seront refusés comme impropres à la subsistance des Armées et des Hôpitaux. Cette décision a été prise d'après la proposition du Conseil de salubrité.

A cette époque, Lugan a publié l'observation d'un cas d'intoxication déterminée par l'usage d'un vin plâtré contenant 6gr226 de sulfate de potasse par litre.

Mais ces circulaires laissaient libre la circulation des vins plâtrés dans la consommation publique.

En 1879, les plaintes contre le plâtrage devinrent tellement précises et nombreuses que le Comité d'hygiène finit par déclarer que l'immunité des vins plâtrés ne peut plus être admise ; il explique scientifiquement pourquoi ces vins pouvaient être malsains et il demanda la limite du plâtrage à 2 gr. de sulfate de potasse par litre. Il revint sur ce sujet en 1880, à la suite de la prohibition, par la Suisse, des vins plâtrés.

Une circulaire ministérielle du 27 juillet 1880 défendit la vente des vins plâtrés au-dessus de 2 gr., mais elle ne fut pas appliquée, à la suite de la protestation de M. Jarlauld, président du Syndicat général des négociants en vins, qui démontra qu'il faudrait jeter tous les vins du Midi ; un sursis fut accordé.

Le Conseil d'hygiène, conseillé à nouveau, le 22 juin 1885, envoie encore un rapport défavorable au plâtrage, mais sans parvenir à faire appliquer la circulaire de 1880.

L'Ecole d'Agriculture de Montpellier, chargée par le Gouvernement d'étudier cette question, répond par un rapport du mois d'octobre 1887, signé Foëx, directeur de l'Ecole, que le plâtrage est une opération utile et quelquefois indispensable dans la région méridionale et que le plâtrage à 4 gr. par litre n'est pas nuisible. M. Foëx et une partie du personnel se sont mis au vin plâtré à 4 gr. par litre ; trois d'entre eux éprouvèrent un malaise passager attribué à la richesse alcoolique (13°). Le vin ayant été remplacé par un similaire à 8°, ces troubles ne se sont plus montrés. M. Rabuteau, invoqué par M. Foëx pour ses analyses d'urine, répond au contraire contre lui, quand il dit que si le sulfate de potasse s'est montré à la proportion de 15 ou 20 gr., il ne peut être sans action à de plus faibles doses, longtemps continuées, et il redoute que la filtration quotidienne, par les reins, d'un sel aussi actif n'engendre des affections rénales.

Le Dr Bourdel, de l'Ecole de Montpellier, cite deux cas, à la dose de 7gr50 ayant provoqué des crampes d'estomac, des coliques intestinales et la diarrhée.

Quoi qu'en dise M. Bouffard, le sulfate de potasse n'est pas un léger purgatif, mais au contraire il est très énergique et tous les médecins en déconseillent l'usage.

M. Marty fit un rapport à l'Académie de Médecine, le 27 janvier 1888, sur les travaux de M. Foëx. Il s'est soumis au vin plâtré et s'est rendu régulièrement malade en buvant plâtré à 3gr86 ; il ne saurait admettre qu'il soit sans danger pour les reins. Au point de vue de l'hygiène le plâtrage devrait être proscrit. En Allemagne, Suisse et Italie, le plâtrage est limité à 2 gr. ou proscrit. Il conclut à la limitation à 2 gr., constatant que le sulfate de potasse n'existe pas dans les vins naturels à la dose de plus de 0gr6 par litre ; mais il n'admet 2 gr. que par la nécessité de la production et du commerce, et qu'il n'est pas absolument prouvé qu'au dessous de 2 gr., le vin soit nuisible.

La tolérance à 4 gr. pour les vins devait prendre fin en août 1888, mais les clameurs des vignerons ont réussi à faire proroger l'application des circulaires jusqu'à la date du 1er avril 1891. Depuis cette époque tous les laboratoires considèrent comme fraudés les vins contenant plus de 2 gr. de sulfate de potasse par litre.

Je citerai encore l'opinion de M. Blarez (Bull. Soc. Ph. Bordeaux, 1891.) Il est probable que dans l'estomac, la nature des acides libres d'un vin plâtré se modifie, et que tous les vins plâtrés au même degré ne doivent pas, forcément, se comporter d'une façon uniforme, au point de vue de leur action, sur les muqueuses stomacales et intestinales.

Enfin je terminerai cette étude par mon opinion personnelle. En 1880, j'avais reçu du vin rouge d'une maison dont je me croyais tellement sûr que je ne l'avais pas analysé ; j'en bus pendant un mois et demi sans m'apercevoir de rien. Au bout de ce temps je commençai à ressentir des brûlures à l'estomac après l'ingestion de ce vin ; dans le troisième mois je ne pouvais absolument plus le supporter, je le rendais immédiatement. Je l'analysai et trouvai 4gr1 de sulfate de potasse par litre. L'ingestion prolongée de ce vin fut suivie de maux de reins accompagnés d'une grande production d'acide urique et de tous les troubles causés dans l'organisme par cet acide, dont je ne pus me débarrasser que plusieurs années après. Donc les essais faits sur un certain nombre de personnes et pendant un mois ne signifient absolument rien ; il eût fallu les continuer pendant plusieurs mois.

Du reste les toxiques faibles ou forts n'agissent pas de la même façon sur toutes les organisations. Je connais un médecin qui a eu une gastrite à la suite de l'ingestion d'un vin contenant 2gr3 de sulfate de potasse ; après cessation de l'usage du vin la gastrite cessa définitivement avec un vin non plâtré ; et ce médecin est un homme très solide. Les docteurs de ma connaissance citent des faits analogues.

Il ne faut pas oublier que les eaux potables deviennent dures, indigestes, fatiguent les reins et engorgent les glandes, dès qu'elles renferment plus de un millième de plâtre ; il doit en être de même pour les vins plâtrés au bout d'un certain temps, plus ou moins long, suivant les tempéraments. Je pense que le plâtrage doit cesser d'être pratiqué ; c'est une opération qui, si elle rend la couleur des vins plus limpide, leur enlève leurs qualités essentielles. Si le vin contient de la crème de tartre, c'est que cette substance convient mieux à l'alimentation que les autres sels. Il sera toujours préférable d'ajouter de l'acide tartrique qui donnera les mêmes résultats sans produire les mêmes inconvénients.

Sulfate de potasse dans les vins naturels. — M. Marty a analysé 38 vins authentiques et il a trouvé comme minimum 0gr109 par litre, d'acide sulfurique monohydraté et comme maximum 0.328, correspondant à 0.194 et 0.583 de sulfate de potasse.

M. Th. Gayon (Journal de Ph. et Ch., 1889, t. 19, p. 448) a analysé 378 vins de la Gironde peu de temps après le décuvage et il a trouvé en sulfate de potasse, par litre : minimum 0.120, moyenne 0,243, maximum 0,470. Ces mêmes vins furent analysés deux ans après, ayant subi 5 soutirages et ayant été méchés par 13 à 14 gr. de mèches par barrique ; le sulfate de potasse, ou du moins le résultat de l'analyse a donné : avant le 1er soutirage 0.37 avant le 2e 0,43, avant le 4e, 0.45, après le 5e, 0.52.

Il faut donc savoir que l'acide sulfureux se transformant en acide sulfurique peut être compté comme sulfate de potasse, mais il est vrai qu'à cet état il est plus nuisible que le sulfate.

M. Bedel cite des vins naturels du Var contenant 2gr395 de sulfate de potasse par litre. Est-ce bien un vin naturel ? Pas un des chimistes qui ont donné les plus forts chiffres ne s'approche de celui-là.

M. Foëx dit que les vins plâtrés contiennent de 3gr à 4gr86 de sulfate de potasse et que certains vins non plâtrés en contiennent jusqu'à 1gr6.

M. Bouffard maintient les chiffres de 1gr2 et 1gr6 trouvés dans les vins naturels. Un vin d'Herbemont 1886 contenait 1gr2 et ses cendres étaient aussi alcalines que celles des vins ayant moins de 0.6.

M. Croumydis a trouvé dans des vins faits par lui 0.882.

Le Journal d'analyses chimiques de Frésénius renferme des chiffres de 1, 2 à 1.6.

Borgmann donne comme minimum 0.40 et comme maximum 1.72.

Babo et Mach (Weinbauemd Kellerwirthschaft, t. 11), sur 129 analyses de vins autrichiens, ont trouvé que 9 vins avaient de 1gr à 1gr2 et que sur 86 vins Hongrois, 15 avaient plus de 1 gr. et 4 avaient 1gr4.

En résumé les vins naturels ont ordinairement moins de 0.6 de sulfate de potasse, mais il y a des exceptions pouvant aller à 1gr7.

Plâtrage à l'étranger. — En Italie la tolérance admise est de 2 gr. Pour l'essai on emploie une liqueur titrée de chlorure de barium dont le volume correspond à un volume de liquide contenant 2 gr. de sulfate de potasse neutre par litre.

En *Suisse* un vin contenant de l'acide sulfurique correspondant à 1 gr. de sulfate de potasse par litre doit être désigné comme vin plâtré et s'il contient plus de 2 gr., comme vin surplâtré.

L'*Allemagne* interdit le plâtrage ; il est calculé en acide sulfurique. Les vins contenant plus de 0.092 d'acide sulfurique correspondant à 0gr2 de sulfate de potasse dans 100cc (2 gr. par litre) doivent être désignés comme devenus trop riches en acide sulfurique, soit par le plâtrage, soit par tout autre traitement. Le dosage se fait directement dans le vin avec le chlorure de barium.

Les autorités médicales d'*Autriche* ont adopté le poids de 2 gr. de sulfate de potasse neutre, comme limite de tolérance.

Si dans l'analyse on trouve une valeur relativement élevée en acide sulfurique, on doit calculer celui-ci en sulfate neutre, en grammes par litre. On doit indiquer de combien cette quantité est inférieure ou supérieure à 2 gr. par litre. L'acide sulfurique peut être dosé directement dans le vin au lieu d'être dosé dans les cendres.

Recherche du Plâtrage. — Plusieurs cas se présentent dans ce genre de recherche : 1° la simple recherche, suivant la formule légale, de la proportion d'acide sulfurique dans le vin, nécessaire pour former 2 gr. de sulfate de potasse. Tout vin contenant une proportion dépassant 2 gr. par litre est exclu de la consommation.

2° La recherche absolue du plâtrage, c'est-à-dire la constatation de l'introduction de plâtre à la vendange ; pour cela il faut doser l'acide sulfurique et, si la quantité de sulfate de potasse dépasse 0gr6 par litre, il y aura présomption de plâtrage. Il faudra donc s'assurer de la quantité de sulfate contenu dans un vin naturel identique.

3° Dans tous les cas, lorsque la quantité de sulfate dépasse 0,6, il faudra chercher si l'excès d'acide sulfurique ne serait pas dû à de l'alun, du sulfate de fer, du sulfate de zinc ou à de l'acide sulfurique libre.

Formule Poggiale. — On pèse exactement 122 gr. de chlorure de barium cristallisé (Cl BaO, 2 HO = 122) préalablement réduit en poudre et pressé entre des feuilles de papier à filtrer brossées, on les introduit dans une carafe jaugée de 1 litre avec 50cc d'acide chlorhydrique fumant et on complète avec de l'eau.

Un litre de cette liqueur sature exactement un litre d'une liqueur contenant 49 grammes d'acide sulfurique monohydraté par litre. 1cmc de cette solution barytique correspond à 0gr049 d'acide sulfurique et 0gr0871 de sulfate de potasse. Il en faut donc 2cc3 pour neutraliser 2 grammes de sulfate de potasse par litre, en prenant 100cc de vin. Cette liqueur est beaucoup trop concentrée.

Formule Marty. — Cette formule fut adoptée dès 1877 dans toutes les grandes administrations gouvernementales.

On pèse exactement 14gr0069 de chlorure de barium cristallisé traité comme ci-dessus, on en fait un litre avec 50cc d'acide chlorhydrique, à la température de 15°. — 10cc de cette solution précipitent exactement 0gr1 de sulfate de potasse (SO^3, KO = 87.1). On opère sur 50cc de vin.

M. Rouvière, de Nîmes, a proposé une solution de 15 gr. d'azotate de baryte par litre. Cette modification n'a aucune raison d'être.

Formule du Laboratoire municipal de Paris. — On fait une solution de 5gr603 de chlorure de barium (5,603 × 2,5 = 14,0075) avec 100cc d'acide chlorhydrique par litre. 10cc de cette solution précipitent exactement 0gr04 de sulfate de potasse. On opère sur 20cc de vin.

On prend d'abord 20cc de vin que l'on traite par 5cc de réactif : on agite et laisse reposer 24 heures, puis on filtre et on traite à nouveau par quelques gouttes de chlorure de barium ; s'il n'y a pas de précipité, le vin contient moins de 1 gr. de sulfate par litre ; s'il y a un précipité, on traite 20cc de vin par 10cc de réactif correspondant à 2 gr. par litre.

Procédé Marty. — On prélève, à l'aide d'une pipette jaugée, 50cc du vin à essayer et on le verse dans une capsule de porcelaine ou dans un ballon ; on y ajoute, au moyen d'une autre pipette, 10cc de solution barytique titrée, et, après avoir chauffé le mélange à l'ébullition, on jette sur un filtre. Le liquide filtré *limpide* est essayé avec une nouvelle quantité de solution barytique dans les mêmes conditions : si le vin se trouble de nouveau, c'est qu'il y a plus de 2 gr. de sulfate de potasse par litre, et il doit être rejeté. Dans le cas contraire, il se trouve dans la limite de tolérance et doit être admis.

Pour savoir si un vin contient plus de 0gr6 de sulfate de potasse par litre, on ne prendra que 3cc de réactif pour 50cc de vin. En prenant 5cc de réactif, on obtient le plâtre à 1 gr.

Gypsomètre de Poggiale. — Sous ce nom, Poggiale avait combiné un petit nécessaire permettant de voir si un vin contenait plus de 4 grammes de sulfate de potasse par litre. Ce nécessaire se composait d'un ballon dans lequel on faisait bouillir le vin, traité par la liqueur de chlorure de barium, au moyen d'une lampe à alcool, de deux pipettes, l'une pour le vin, l'autre pour la liqueur titrée, d'une éprouvette et d'un entonnoir pour la filtration du vin ; enfin d'un flacon de liqueur titrée.

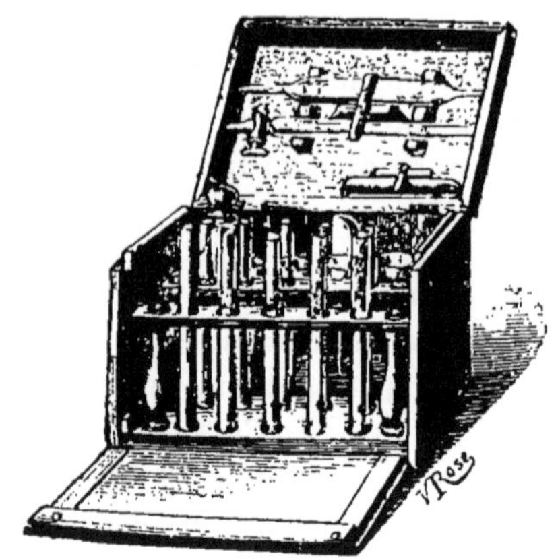

Fig. 113.
(Houdart. — 30 fr.).

Plâtrimètre Houdart (1881). — M. Houdart a combiné un nécessaire (figure 113), permettant de doser approximativement la quantité de plâtre contenue dans un vin. On peut aller jusqu'au 1/4 de gramme par litre.

Cette méthode exige : 1° dix tubes à essais placés sur deux rangs parallèles de chacun 5 tubes ; 2° une pipette de 25cc divisée en 5 parties égales ; 3° une burette gypsométrique à robinet de verre graduée en 5 ou 6 divisions croissantes et correspondant : de 0cc à 0,5 ou 0gr5 de sulfate de potasse par litre, la seconde de 0cc5 à 1cc ou 1 gr. de sel, la troisième de 1cc à 1,5 ou 1gr5, la quatrième de 1cc5 à 2 ou 2 gr., la cinquième de 2cc à 2,5 ou 2gr5 de sulfate de potasse par litre ; 4° un flacon de solution barytique titrée selon la formule de Marty.

On commence par remplir la pipette de 25cc du vin à essayer qu'on partage ensuite entre les cinq premiers tubes à essais, en distribuant dans chacun d'eux 5cc de ce liquide. On ajoute après cela dans chacun de ces mêmes tubes, au moyen de la burette gypsométrique, la première division dans le premier tube, la seconde dans le second, etc. On chauffe ensuite les tubes à l'ébullition, puis on filtre les cinq tubes de la première rangée dans les cinq tubes correspondants de la seconde. Il ne reste plus alors qu'à ajouter une ou deux gouttes de liqueur titrée dans chacun de ces derniers et à noter celui dans lequel cette nouvelle addition produit un léger trouble. Si, par exemple, ce trouble a lieu dans le 2e et non dans le 3e, cela indique que le vin contient plus de 1 gramme de sulfate de potasse par litre et moins de 1gr 1/2.

Gypsomètre Salleron (1882). — Cet appareil (fig. 114), qui est excessivement commode, se compose d'un récipient. R, fermé à sa partie inférieure par un filtre mobile. Ce filtre se détache du récipient au moyen de trois écrous, *e*, ce qui facilite le remplacement des feuilles de papier qui le constituent. On place sous l'entonnoir, E, qui enveloppe le filtre, un petit verre conique, V. La burette à robinet, B, qui surmonte le récipient, est remplie jusqu'à la division, 0, de liqueur de chlorure de barium titrée ; on verse dans le récipient, R, 20cc de vin à essayer, mesurés au moyen d'une pipette jaugée ; on y ajoute environ 20cc d'eau distillée mesurés au moyen de la même pipette, et on laisse filtrer. On tourne le robinet de la burette et on fait couler dans le récipient, avec le vin, un peu de liqueur titrée. Commençons, je suppose, par 0gr5 (les grandes divisions de la burette chiffrées 1, 2, 3, etc., correspondent à des grammes de sulfate de potasse par litre de vin, et chaque petite division ou dixième correspond à 0gr1). On agite le mélange avec une baguette de verre ; on verse dans le récipient, R, l'eau rougie qui avait déjà été recueillie sous le filtre, en mettant à la place du verre, V, qui la contenait, un autre verre vide semblable, afin que la totalité de la nouvelle eau rougie que nous allons recueillir ait été soumise à l'action du chlorure de barium. Au moyen de deux petits verres semblables, servant à tour de rôle, pendant qu'on traite leur contenu, on n'interrompt pas la filtration et on ne perd aucune goutte de liquide.

Quand on a recueilli dans le second verre, V, une quantité suffisante de liquide filtré (soit environ 15 ou 20 millimètres de hauteur), on substitue au verre, V, l'autre verre vide, afin de ne pas laisser perdre de vin, et dans le liquide filtré on laisse tomber, au moyen de la burette à robinet, une ou deux gouttes de chlorure de barium, suivant la position V'. Si le vin se trouble, c'est signe qu'il contient encore du sulfate de potasse ; on continue alors l'opération en laissant couler dans le récipient R, une nouvelle dose de liqueur titrée ; on reverse dans le récipient le liquide du premier essai ; on lave le verre avec un peu d'eau distillée qu'on ajoute encore dans le récipient R, et l'on agite.

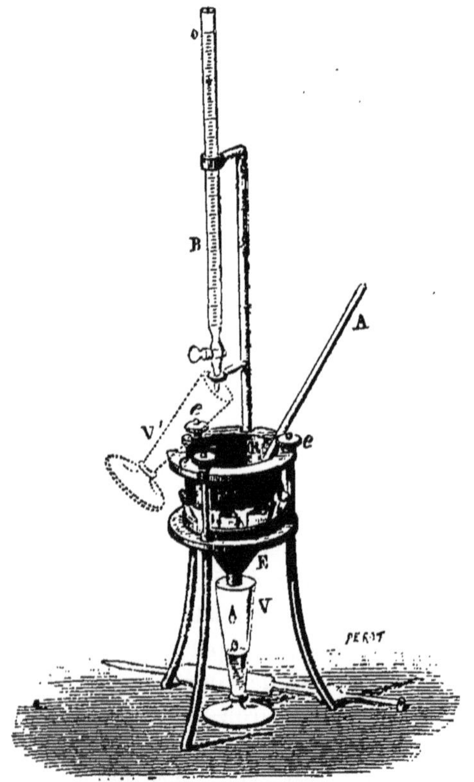

Fig. 114.
(Dujardin. — 50 fr.)

Sur le produit d'une nouvelle filtration, recueillie dans un nouveau verre, dont les parois sont bien nettoyées au moyen d'une petite éponge, on vérifie de nouveau l'action d'une goutte de liqueur titrée, et si le contenu du petit verre, V, se trouble encore, on continue l'opération jusqu'à ce que le produit de la filtration ne se trouble plus par l'addition d'une nouvelle dose de liqueur titrée. On lit alors la division de la burette accusée par le niveau de la liqueur, et cette division représente, en grammes ou en décigrammes, le poids du sulfate contenu dans le vin. Pour que le vin recueilli sous l'entonnoir, E, soit bien limpide, tout en filtrant rapidement, il faut serrer sous le récipient, R, deux feuilles de papier à filtre blanc, exempt de sels calcaires, surtout de sulfate de chaux, (Papier Berzélius)

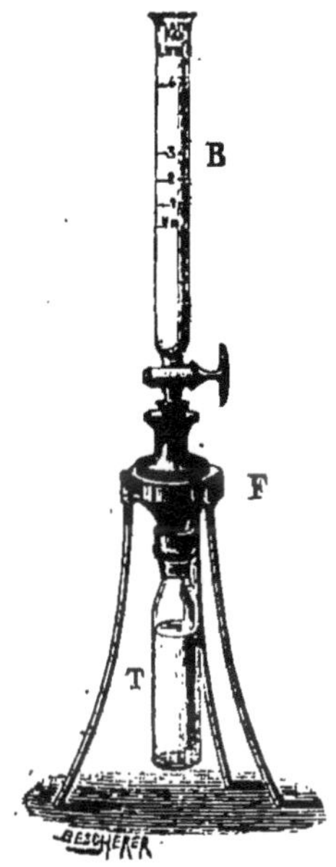

Fig. 115.
(Dujardin. — 25 fr.)

Gypsomètre de poche de Dujardin. — Cet appareil a pour but de doser le sulfate de potasse dans les vins que l'on va acheter aux vignobles ; il est donc facilement transportable.

Cet appareil (fig. 115) se compose d'un tube à robinet de verre portant des graduations indiquant les volumes à mesurer. On remplit le tube jusqu'au trait vin, avec le vin à essayer et on ajoute du réactif jusqu'aux traits 1, 2, 3, 4, selon que l'on veut chercher si le vin contient plus ou moins de 1, 2, 3, 4 gr. de sulfate par litre.

La seconde partie de l'appareil est un filtre F ressemblant à celui du grand gypsomètre mais fermé par le tube supérieur et le tube inférieur ; sur la toile métallique de ce filtre on place deux disques en papier Berzélius et au-dessus la rondelle de cuir sur laquelle on serre le couvercle du filtre. Le tube T s'adapte à la partie inférieure du filtre.

Lorsque le mélange du vin et du réactif a été fait on place le tube à robinet sur le filtre ; on fixe le tube T, et on ouvre à moitié le robinet. Le liquide filtre et passe dans le tube T. Il ne reste plus à voir que si le chlorure de barium trouble encore le vin.

Platroscope Delaunay. — Cet appareil (fig. 116), qui est renfermé dans une boîte destinée à lui servir de support pendant le titrage se compose de :

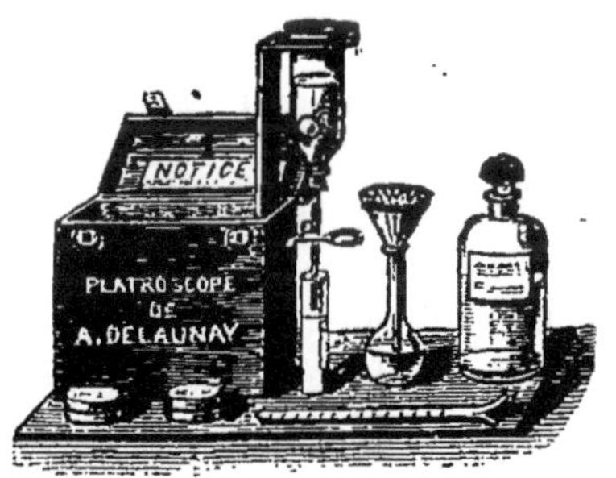

Fig. 116.
(Delaunay. — 20 fr.).

1° Une éprouvette de Wildenstein, contenant un petit filtre siphon dont la boule est fermée par un diaphragme fait de deux feuilles de papier Berzélius interposées entre deux rondelles de mousseline. Le tube inférieur du filtre est divisé par un raccord en caoutchouc serré par une pince Mohr faisant office de robinet.

2° Une burette graduée dont chaque division répond à 25 centigrammes de plâtre.

3° Un tube éprouvette en verre jaugé à 30 centimètres cubes.

4° Un petit ballon et un entonnoir en verre, destiné à la décoloration du vin quand elle est utile.

5° Une série d'accessoires, papier à filtrer, diaphragmes préparés pour le siphon, un petit cylindre en bois pour mettre les diaphragmes en forme, une bobine de fil ciré pour les attacher; une boîte de noir animal en poudre.

6° Un flacon de solution barytique titrée.

Lorsque l'on veut faire un essai on examine d'abord si le vin est clair et limpide ; s'il est trop coloré ou opalescent de façon à empêcher de voir le trouble, il faut le décolorer; dans ce cas on en verse environ 40^{cc} dans le petit ballon, on ajoute une bonne pincée de noir animal et agite vivement, puis on laisse reposer et verse lentement le liquide sur le filtre.

On mesure 30^{cc} de vin dans le tube éprouvette jaugé et on y verse d'un seul coup 8 divisions de la burette correspondant à 2 gr. par litre, on agite le tout et au bout de quelques instants on verse le tout dans l'éprouvette à siphon, on lave le tube qui a servi à mesurer le vin et on le place sous le filtre dont on desserre peu à peu la pince lorsque le vin s'est un peu éclairci. Dans le liquide filtré on verse quelques gouttes de liqueur titrée; s'il y a trouble c'est qu'il y a plus de 2 gr. par litre, sinon il y en a moins. Dans ce dernier cas on recommence après avoir bien lavé le tout et changé le papier du filtre ; on arrive ainsi rapidement au 1/4 de gramme près.

Tous ces appareils, sauf celui de Houdart, font l'opération à froid, les constructeurs ayant constaté que, pratiquement, l'ébullition n'était pas nécessaire.

Sulfatomètre Rey. — Cet appareil, que M. Rey appelle sulfatomètre-étagère, rappelle le platrimètre Houdart, mais simplifié. Il forme une étagère en bois noir, garnie de poignées de cuivre, contenant 5 tubes à essais, une lampe, un entonnoir, une pipette, un goupillon et du papier à filtrer. On opère avec ou sans ébullition et on peut doser depuis 1 gr. jusqu'à 3 gr. par 1/4 de gramme (le prix de l'appareil dans une boîte, 12 fr.).

Essais Viard. — Je pensais que l'on pouvait doser le plâtre contenu dans les vins d'après le volume du sulfate de baryte produit. Dans ce but j'avais fait faire par M. Salleron un tube cylindro-conique de 4 cm. de diamètre, pouvant contenir 100^{cmc} et terminé par un tube fermé exactement semblable aux tiges plates de l'aréomètre Salleron, contenant un 1^{cmc} sur une longueur de 6 à 7 centimètres. Les essais faits sur une liqueur titrée ont été absolument contradictoires. Je prenais 50^{cc} de liquide traité par le chlorure de barium, soumis à l'ébullition, refroidi légèrement et versé dans la capacité cylindro-conique; le précipité descendait au fond du tube plat. Opéré sur 0^{gr}1, 0^{gr}2, 0^{gr}3, 0^{gr}4 et 0^{gr}5 de sulfate par litre. Le volume du précipité varie à chaque expérience et n'est pas du tout proportionnel au sulfate contenu. Avec 0,2 obtenu un volume plus grand qu'avec 0,4 et 0,5 et une autre fois plus petit qu'avec 0,1. M. Salleron, à qui j'ai communiqué mes résultats négatifs, m'a dit qu'il avait eu cette idée, mais qu'il n'avait pu réussir.

Procédé Bretet. — On évapore doucement, au bain de sable, de 100 à 150 gr. de vin jusqu'à consistance sirupeuse; on termine ensuite doucement la dessiccation dans un creuset de platine que l'on chauffe lentement pour éviter les projections; puis on termine l'incinération; on traite alors directement les cendres encore chaudes par l'acide chlorhydrique étendu, lequel détermine dans les vins naturels un vif dégagement d'acide carbonique, tandis que dans les cendres de vins plâtrés, il ne se dégage qu'un peu d'hydrogène sulfuré, que son odeur signale. Il est facile, du reste, en opérant dans de petits ballons munis de tubes de dégagement, de caractériser les gaz qui s'échappent.

Ce procédé n'est pas très positif, car un vin légèrement plâtré ne se distinguerait guère d'un vin naturel. Une forte dose d'alun produirait le même résultat qu'un vin plâtré, mais alors le vin aurait une saveur intolérable.

Procédé Blarez. — *Recherche.* — On introduit 10^{cc} du vin à essayer dans un tube à essais, puis 2 gouttes d'acide chlorhydrique pur et on agite; on verse 10 gouttes de solution saturée de chlorure de calcium et agite à nouveau puis on verse dans le tube 10^{cc} d'alcool pur à 92-93°; on retourne plusieurs fois le tube sur lui-même et laisse en repos pendant une minute, pour laisser échapper les bulles gazeuses; si le mélange est parfaitement limpide, le vin n'est pas plâtré; si le mélange est trouble ou s'il se forme un précipité, c'est que le vin est plâtré ou additionné de vin plâtré. Expérience rapide et sûre, donnant plus de 0,70 à 0,75 de plâtre.

Dosage approximatif. — 1° On ajoute au vin un volume égal d'alcool 92° et on laisse en repos 2 minutes; s'il y a plus de 3 gr. par litre de sulfate de potasse, il y a un trouble manifeste; si le mélange est limpide, c'est qu'il y a moins de 3 gr.; 2° s'il y a moins de 3 gr. on opère comme pour la recherche et on attend 2 minutes; on agite le tube, prend 10^{cc} du mélange et ajoute de l'eau distillée centimètre cube par centimètre cube en agitant à chaque fois jusqu'à ce que le précipité de sulfate de chaux soit complètement dissous. De la quantité d'eau ajoutée, on en déduit le poids du sulfate si on a eu soin de dresser des tables par expérience directe. Quand il y a plus de 3 gr., on étend le vin à moitié avec de l'eau alcoolisée à 10 °/₀ et on agit de même en doublant les résultats. Ce procédé n'est intéressant qu'au point de vue spéculatif.

VINS SULFITÉS. — Nous avons vu précédemment que le soufrage introduisait de l'acide sulfureux qui se transformait, en partie, en acide sulfurique. En 1883, M. Cotton a constaté d'une manière générale la présence de l'acide sulfureux dans les vins plâtrés. Pour le reconnaître il ajoute au vin de l'acide chlorhydrique et distille, les vapeurs étant recueillies dans de l'eau de brome ou de l'eau régale qui le transforment en acide sulfurique.

Le soufrage cause donc une augmentation du plâtrage mais de plus l'acide sulfureux trouble le dosage de l'acide sulfurique au moyen du chlorure de barium.

M. Carles (1884, Bull. Soc. Pharm. Bordeaux) n'est pas partisan du dosage de l'acide sulfurique dans les cendres, pour déterminer le plâtrage. Le procédé est plus long, il expose à des pertes par projection, il se forme des réactions chimiques, réduction des sulfates en sulfures, etc. ; il donne des résultats plus forts lorsque les vins contiennent des produits sulfoconjugués et des sulfites, ajoutés directement ou engendrés par le plâtrage comme l'a démontré Cotton.

Le dosage de l'acide sulfurique en pesée ou en volume a donné des différences de 0,35 à 0,14 par litre et en moyenne + 0,08, — 0,14.

Le même chimiste (J[l] de Ph. et Ch, 1888, janvier) a étudié l'action des sulfites sur le dosage par le chlorure de barium. Les sulfites donnent avec le chlorure de barium un précipité lent à se produire par suite de la conversion continue de l'acide sulfureux en acide sulfurique; cette conversion est d'autant plus rapide et profonde que le vin mélangé au sel de baryte est plus acide, plus chaud, présente une surface plus large et est plus longtemps exposé au contact de l'air. M. Carles en conclut que le dosage en volume étant plus rapide que le dosage en poids donnera des résultats plus exacts.

Dans le dosage en poids, l'atmosphère au-dessus du liquide étant chargé de vapeurs, il n'y a pas contact de l'air, mais pendant la filtration, assez lente, une partie de l'acide sulfureux s'oxyde sur le filtre, c'est pour cela que le liquide filtré se trouble au bout d'un certain temps; c'est l'acide sulfureux combiné aux matières organiques, car l'acide sulfureux libre s'est dégagé avec la vapeur d'eau.

A froid, le dosage porte sur l'acide sulfurique et celui résultant de l'acide sulfureux libre oxydé mais non sur l'acide sulfureux combiné aux matières organiques.

En volume, à chaud, la liqueur barytique acide décompose les sulfites minéraux; les matières organiques sulfitées commencent à se décomposer et pendant la filtration il y a formation d'acide sulfurique, il y a donc plus de causes d'erreurs.

Le moment précis pour le dosage en volume serait celui où le liquide se troublerait à la fois par le chlorure de barium et le sulfate de chaux.

M. Pietri (Soc. Nation d'Agr. 1889, mai) fait remarquer que des vins non plâtrés peuvent être considérés comme plâtrés, car des foudres soufrés à saturation peuvent produire de l'acide sulfurique capable de former 1 gr. de sulfate de potasse par litre; il conclut que la limite de 2 gr. est insuffisante. Je ne suis pas de son avis, l'acide sulfurique à l'état de sulfate de potasse est nuisible à la santé, quelle qu'en soit la provenance, et si cet acide est à l'état libre il est encore bien plus dangereux. Il n'est pas nécessaire de soufrer les foudres de façon à introduire tant d'acide sulfurique.

Dosage de l'acide sulfurique total, en poids. — Si l'essai Marty a donné moins de 2 gr. de sulfate de potasse, on prend 100cc de vin ; si la dose est plus forte, on ne prend que 50cc.

Le vin est versé dans une capsule de porcelaine et additionné de 4 à 5cc d'acide chlorhydrique et soumis à l'ébullition ; l'acide sulfureux est chassé en grande partie, on verse alors un excès de solution concentrée de chlorure de barium et on fait bouillir ; la capsule est alors couverte avec une plaque de verre jusqu'à ce que le liquide refroidi légèrement se soit éclairci, on filtre sur un papier Berzelius sans plis, l'entonnoir étant posé dans le col d'un flacon ; on décante le liquide sur le filtre et l'on recouvre à chaque fois la capsule et le filtre avec une plaque de verre. On laisse le précipité au fond de la capsule, on ajoute de l'eau distillée bouillie et 1cc d'acide chlorhydrique et on fait bouillir à nouveau, refroidit et filtre par décantation ; après deux ou trois lavages subséquents dans la capsule, on jette le précipité sur le filtre au moyen d'un pinceau de blaireau et on lave la capsule et ensuite le filtre jusqu'à ce que le liquide qui filtre ne précipite plus par l'azotate d'argent et le sulfate de soude. Le filtre bien égoutté est placé dans une capsule de platine, séché à l'étuve et incinéré au four à moufle au rouge sombre. Les cendres peuvent contenir du sulfure de barium, on ajoute quelques gouttes d'acide azotique pur, on fait sécher et on calcine à nouveau ; refroidit au dessiccateur et pèse.

Pour plus d'exactitude, on peut traiter le résidu calciné par de l'eau et de l'acide chlorydrique par agitation, repos et décantation, afin d'enlever le peu de chlorure de barium qui pourrait avoir été retenu par le filtre, on sèche, calcine et pèse.

Lorsqu'on a fait 4 lavages dans la capsule et que les réactifs ne donnent rien dans le liquide filtré, et surtout si après dessiccation on a soin de séparer le précipité du filtre avant calcination, il est absolument inutile de traiter le résidu de la calcination par l'acide azotique et l'eau chlorhydrique. Dans de nombreux essais comparatifs, la différence n'a jamais dépassé 2 milligrammes de sulfate de baryte, ce qui est insignifiant. Du poids du sulfate de baryte (les cendres du filtre retranchées), on en déduira le poids de l'acide sulfurique total, sachant que 1 gr. de baryte correspond à 0 gr. 3433 d'acide sulfurique anhydrique et 0 gr. 42034 d'acide sulfurique monohydraté correspondant à 0 gr. 74764 de sulfate de potasse.

Dosages séparés du sulfate et du Bisulfate de potasse. — Le bisulfate de potasse ne pouvant exister que dans les vins plâtrés, sulfuriqués, alunés ou additionnés de sulfate de fer ou de zinc, on peut avoir intérêt à le rechercher.

Procédé J. Brun. — On évapore 500cc ou 1 litre du vin suspect et on lave le résidu pâteux à plusieurs reprises avec de l'alcool à 85°, de manière à enlever le sucre, les sels déliquescents et les acides libres, jusqu'à ce qu'il ne reste aucun résidu sur la lame de platine. (On peut doser dans le liquide l'acide sulfurique libre). Il reste au fond de la capsule un résidu gris et cristallisé de tartre, de sels calcaires et de sulfate, ou de bisulfate de potasse, s'il y en a.

Ce précipité est redissous à froid dans l'eau distillée, puis saturé d'oxalate d'ammoniaque, qui enlève la chaux ; on filtre, et le liquide est évaporé à sec, au bain-marie ; on le lave à l'alcool à 85° pour enlever l'excès d'oxalate et les sels solubles ; puis on le redissout à chaud dans une très petite quantité d'eau, et on l'abandonne à la cristallisation.

Le bitartrate de potasse cristallise le premier ; on le sépare par décantation ; puis le produit de la seconde critallisation est examiné. C'est du sulfate ou du bisulfate de potasse presque pur, ou un mélange des deux. L'examen microscopique du dépôt avec la lumière polarisée, ne laisse aucun doute à ce sujet.

Dans le résidu total de la cristallisation, on se trouve en présence seulement de trois sels de potasse ; la crème de tartre, le sulfate et le bisulfate de potasse; en dosant l'acide tartrique, l'acide sulfurique et la potasse, on obtiendra les relations dans lesquelles ces sels existent dans le mélange.

Le seul produit qui peut induire en erreur est l'alun, mais on verra plus loin le moyen de le distinguer.

Ce procédé est très bon pour une expertise très sérieuse ; mais, dans ce cas, il faut analyser l'eau qui dissout les sels avant la cristallisation, au lieu d'examiner les produits cristallisés.

Les auteurs qui indiquent ce procédé donnent simplement le résumé que je viens de transcrire. Mais il n'est pas facile de calculer les proportions de chacun des sels par l'analyse des trois éléments désignés ; aussi donnerai-je un exemple de ce calcul.

D'après les équivalents : dans 188,1 de crème de tartre, il y a 141 d'acide tartrique et 47,1 de potasse, mais l'acide tartrique libre prend 1 équivalent d'eau de plus et devient 150. — Dans 87,1 sulfate de potasse, il y a 40 d'acide sulfurique anhydre et 47,1 de potasse. Enfin dans 136.1 de bisulfate de potasse, il y a 80 d'acide sulfurique anhydre, 47.1 de potasse et 9 d'eau.

Par le dosage de l'acide tartrique, on déduit le poids de la crème de tartre contenue, soit 2 grammes.

Le dosage de l'acide sulfurique a donné 0gr07739 et celui de la potasse 1gr2262. Dans la crème de tartre, la proportion de la potasse se calcule ainsi :

$$188.1 : 47,1 :: 2 : x \qquad x = \frac{47.1 \times 2}{188.1} = 0^{gr}05001$$

Il reste donc $0^{gr}7261$ de potasse combinée à 0.7739 d'acide sulfurique. — Le total étant de $1^{gr}5$.

Ces deux chiffres n'étant pas dans les proportions voulues pour former le sulfate ou le bisulfate de potasse, il y a donc un mélange des deux.

Pour calculer la proportion de chaque sel, on n'a besoin que de l'un des termes de l'analyse et de leur somme.

Soit $1^{gr}5$ de sels qui contiennent $0^{gr}7739$ d'acide sulfurique.

1^{gr} — contiendra $0^{gr}5159$.

D'après les formules 1 gr. de sulfate égale 1.4592 d'acide sulfurique.

— 1 gr. de bisulfate anhydre égale 0.6294 d'acide sulfurique.

On a donc $0.4592 \times x$ (x étant la proportion de sulfate) égale la proportion d'acide sulfurique dans le sulfate et $\frac{0.6294 \times (1 - x)}{0.5159}$ la proportion de cet acide dans le bisulfate. Le total de cet acide étant de $0^{gr}5159$.

En simplifiant la formule $(0.4592 \times x) + (0.6294 \times (1 - x) = 0.5159$

on a $x = \frac{0.6294 - 0.5159}{0.6294 - 0.4592} = \frac{0.1135}{0.1702} = 0.6669$ de sulfate.

$1 - x = 0.3331$ de bisulfate anhydre.

On a donc un mélange de 1/3 de bisulfate et de 2/3 de sulfate.

Or, 127.1 de sulfate anhydre égalent 136.1 de bisulfate hydraté, donc 0.3331 correspondront à 0.3567.

Donc 1 gr. de ce sel équivaut à 0.6669 de sulfate et 0.3567 de bisulfate,
et $1^{gr}5$ — équivaudront à 1.00035 — et 0.53505 —

Pour résumer le calcul, on ramène la quantité d'acide sulfurique à 1 gr. du mélange et on pose le calcul comme suit :

Proportion du sulfate égale :

$$\frac{\text{Acide sulfurique dans 1 gr. de bisulfate — acide sulfurique dans 1 gr. mélange.}}{\text{Acide sulfurique dans 1 gr. de bisufalte — acide sulfurique dans 1 gr. sulfate.}}$$

On peut opérer sur les chiffres trouvés pour la potasse, de la même manière.

Procédé Robinet. — Le procédé suivant est conseillé par Robinet pour la recherche et le dosage séparé du sulfate et du bisulfate de potasse.

On évapore 100^{cc} de vin, et le résidu est calciné au rouge blanc dans un creuset de platine. On pousse la température aussi haut que possible. Le résidu refroidi est épuré pendant longtemps par l'alcool absolu, de manière à enlever tous les sels déliquescents, puis par l'alcool à 50°. Le résidu de ces traitements est dissous dans l'eau bouillante et additionné d'acide chlorhydrique, afin de convertir le carbonate de potasse en chlorure de potassium ; la silice se sépare.

Le liquide filtré est évaporé à siccité et le résidu est calciné de nouveau à la plus haute température possible, puis repris par l'eau. Tout doit se dissoudre si la première opération a été bien faite. Si le liquide est trouble, c'est dû à une petite quantité de chlorure de calcium ; on élimine la chaux par l'oxalate d'ammoniaque ; on filtre ; on réduit à siccité ; on calcine de nouveau ; on redissout dans l'eau et on précipite le sulfate de potasse de cette dissolution par un grand excès d'alcool absolu. Les cristaux de sulfate de potasse qui se forment sont facilement distingués.

Malgré tous ces traitements, il reste dans le liquide d'autres corps que le sulfate de potasse. On dose alors la potasse par le bichlorure de platine, et l'acide sulfurique par le chlorure de barium. On peut alors voir, d'après la proportion de ces deux corps, la quantité de sulfate de potasse, et celle du bisulfate de potasse, comme il est dit plus haut.

Ces procédés, trés compliqués, sont très jolis au point de vue théorique, mais ne peuvent entrer dans le domaine de la pratique.

RECHERCHE ABSOLUE DU PLATRAGE. — Dans une expertise de plâtrage, il faut en premier lieu doser l'acide sulfurique total contenu et voir si cette proportion est supérieure à celle qui est contenue dans les vins naturels. Dans le cas d'excès de cet acide, il faudra rechercher s'il est à l'état libre, de sulfate de potasse, de sulfate de fer, ou d'alun.

Cette recherche une fois faite, il n'y a guère que l'alun qui puisse causer du doute ; dans ce cas, le dosage de la crème de tartre indiquera la véritable fraude, le plâtrage faisant disparaître la crème de tartre, tandis que l'alun ne la détruit pas.

Un vin plâtré contenant plus de 2 gr. de sulfate de potasse étant rejeté, on le coupe avec des vins non plâtrés de manière à obtenir un vin qui soit au-dessous de cette dose. Il y a donc lieu de rechercher le plâtrage pour les quantités inférieures à 2 gr.

On fera les opérations analytiques suivantes : 1° On dosera l'acide sulfurique total, dont le poids doit être supérieur à celui contenu normalement dans les vins ; 2° on recherchera s'il y a de l'acide sulfurique libre ; 3° s'il y a de l'alun ou si le plâtre renferme de l'alumine ; 4° enfin, s'il se trouve du sulfate de fer.

Pour une expertise sérieuse, on cherchera ensuite : le titre acide, l'extrait sec, les cendres, la crème de tartre et même on procédera à l'analyse des cendres, s'il reste quelques doutes, ce qui est rare.

Le plâtrage fait avant la fermentation, opération qui est générale dans le Midi de la France, augmente le poids de l'extrait de 3^{gr}5 en moyenne par litre. Ces vins donnent de 21.9 à 23.9 d'extrait à 100° et 23 gr. en moyenne (Gautier).

De nombreuses expériences faites sur les vins du Midi ont donné pour la moyenne de 12 analyses de vins plâtrés 22^{gr}6 d'extrait sec au lieu de 18^{gr}9 pour les vins non plâtrés, soit 3^{gr}7 en excès au lieu de 3^{gr}9 indiqués par la théorie (Gautier).

L'extrait sec se dose comme pour les vins ordinaires.

On dose ensuite les cendres ; leur poids varie de 0^{gr}8 à 4 gr. pour les vins non plâtrés. Les cendres sont faites avec les précautions indiquées à leur dosage. (*Analyse des Vins*, 3e partie). Il est très important de reconstituer les carbonates par le carbonate d'ammoniaque, car après la calcination, l'absence de carbonates fait conclure au plâtrage.

On dose la crème de tartre qui a diminué ou disparu ; le titre acide qui a augmenté ; et l'acide tartrique libre qui doit exister.

On peut enfin doser le sulfate et le bisulfate de potasse.

Avec tous ces éléments on établira sûrement le plâtrage.

Il faut tenir compte que l'addition de cidre ou de poiré diminue la proportion de crème de tartre.

On pourrait ajouter de la crème de tartre au vin plâtré, mais ce serait augmenter encore son acidité.

DÉPLATRAGE

Dès le jour où la libre circulation des vins plâtrés à plus de 2 gr. fut défendue, on chercha à utiliser ces vins en enlevant l'acide sulfurique qu'ils contenaient, et naturellement on s'est adressé au réactif qui servait à le déceler, au chlorure de barium, puis aux autres sels de baryte.

M. Carles, le premier je crois, annonça (1882, Jl de Ph. et Ch. t. 6 p. 118) qu'il avait trouvé de la baryte dans les vins. L'addition d'un sel de baryte forme du sulfate et du tartrate de baryte ; ce dernier étant beaucoup moins insoluble, surtout en présence de l'acide tartrique libre, reste dans les vins.

M. Blarez, peu de temps après (même journal, t. 6 p. 267) fit remarquer que les sels de baryte solubles sont très vénéneux et agissent à de très faibles doses et en outre que par leur emploi il se forme du chlorure de potassium plus dangereux que la crème de tartre.

Si par une erreur de dosage on laisse un excès de sel de baryte, il y a un danger très sérieux, ces sels étant toxiques.

On a proposé ensuite les sels de strontiane qui ne sont pas toxiques, il est vrai, mais qui ne sont pas faits pour rentrer dans l'organisme.

Le déplâtrage doit être et est absolument défendu.

Chlorure de Barium. — Le chlorure de barium forme du sulfate de baryte et du chlorure de potassium.

$$\underset{\text{Sulfate de potasse.}}{SO^3,KO} + \underset{\text{Chlorure de barium.}}{Cl\,Ba,\,2\,HO} = \underset{\text{Sulfate de baryte.}}{SO^3,BaO} + \underset{\text{Chlorure de potassium.}}{Cl\,K} + \underset{\text{Eau.}}{2\,HO.}$$

Pour 1 gramme de sulfate de potasse il faut 1gr4005 de chlorure de barium cristallisé produisant 0gr856 de chlorure de potassium correspondant à 0,671 de chlorure de sodium.

Si donc un vin est plâtré à 4 gr., il faudrait enlever au moins 2 gr. ; on produirait donc 1gr342 en chlorure de sodium, or les vins contenant plus de 1 gr. sont salés et exclus de la consommation.

Pour 3 gr. il faudrait enlever 1 gr. au moins soit plus de 0,671 de chlorure de sodium, qui avec celui du vin pourrait dépasser 1 gr.

Azotate de baryte. — L'azotate de baryte forme du sulfate de baryte et de l'azotate de potasse qui est diurétique.

$$\underset{\text{Sulfate de potasse.}}{SO^3,KO} + \underset{\text{Azotate de baryte.}}{AzO^5\,BaO} = \underset{\text{Sulfate de baryte.}}{SO^3,\,BaO} + \underset{\text{Azotate de potasse.}}{AzO^5,KO.}$$

Pour 1 gr. de sulfate de potasse, il faut 1gr499 d'azotate de baryte, produisant 1gr1608 d'azotate de potasse contenant 0,725 d'acide azotique.

Il est facile de démontrer cette addition, car les azotates n'existent dans certains vins qu'en quantités infinitésimales.

Carbonate de baryte. — C'est le sel de baryte dont l'emploi est le plus dangereux, car les acides libres du vin l'attaquent et s'il y a de l'acide acétique il forme de l'acétate soluble.

La première action du carbonate de baryte est de former du sulfate de baryte et du carbonate de potasse.

$$\underset{\text{Sulfate de potasse.}}{SO^3,KO} + \underset{\text{Carbonate de baryte.}}{CO^2,BaO} = \underset{\text{Sulfate de baryte.}}{SO^3,BaO} + \underset{\text{Carbonate de potasse.}}{CO^2,KO.}$$

Mais le carbonate de potasse ne peut exister dans un milieu acide, donc les acides libres à moitié combinés se réuniront à la potasse et dégageront l'acide carbonique.

$$\underset{\text{Carbonate de potasse.}}{CO^2KO} + \underset{\text{Acide tartrique.}}{C^8H^4O^{10}, 2\,HO} = \underset{\text{Crème de tartre.}}{C^8H^4O^{10},KO,HO} + \underset{\text{Acide carbonique.}}{CO^2} + \underset{\text{Eau.}}{HO.}$$

La crème de tartre se précipite et l'acidité diminue.

Pour 1 gr. de sulfate de potasse il faut 1gr1313 de carbonate de baryte faisant disparaître 0gr563 d'acidité ; il reste presque toujours des sels de baryte solubles.

Tartrate de baryte. — Ce sel forme du sulfate de baryte et du tartrate de potasse.

$$\underset{\text{Tartrate de baryte.}}{C^8H^4O^{10}, 2\,BaO} + \underset{\text{Sulfate de potasse.}}{2\left(SO^3,KO\right)} = \underset{\text{Sulfate de baryte.}}{2\left(SO^3\,BaO\right)} + \underset{\text{Tartrate neutre de potasse.}}{C^8H^4O^{10}, 2\,KO.}$$

Pour 1 gr. de sulfate de potasse, il faut 1gr6360 de tartrate de baryte produit par 1gr1313 de carbonate de baryte et 0gr8611 d'acide tartrique et formant 1gr2985 de tartrate neutre de potasse, qui se précipite après s'être combiné à l'acide tartrique libre du vin plâtré.

Cette méthode a été préconisée par M. Tony Garcin, qui conseille de doubler la dose d'acide tartrique parce que sans cela l'acidité du vin diminuerait ; si, dit-il, on ne fait disparaître qu'une partie du plâtre et qu'il reste 1 gr. de sulfate, tout le sel de baryte sera précipité. Ce n'est pas prouvé du tout.

Ce procédé a été vivement attaqué, et avec juste raison, par M. Comboni (Nuova Rassegna di viticoltura, 1888 Juin 15).

M. Tony Garcin, parlant de l'emploi de la baryte dans la raffinerie de sucre, demande s'il y a jamais eu d'accidents?

Je lui répondrai que dans la raffinerie de sucre la baryte est mise en tête du travail et peut être éliminée par les traitements ultérieurs et que cependant j'ai lu dans le Sugar Cane que plusieurs cas de la présence de la baryte dans les sucres ont été signalés. Et cependant les sucres de betteraves ainsi traités (sucres alcalins) sont loin d'être dans des conditions aussi favorables que les vins à la dissolution de la baryte.

Tartrate de Strontiane. — MM. U. Gayon et Blarez (1891, janvier,

Bull. Soc. Ph. Bordeaux) ont essayé l'effet du déplâtrage par le tartrate de strontiane, à la dose de 1gr662 et de 0gr655 acide tartrique.

En moins de 2 jours le liquide était limpide et le dépôt tassé au fond de la bouteille ; les jours suivants, il s'est précipité de la crème de tartre cristallisée. L'examen de ces vins leur a montré que : 1° cette méthode de déplâtrage ne modifie pas la richesse alcoolique ; 2° la richesse en extrait et la densité ont diminué ; 3° le poids des cendres est devenu le même que dans les vins naturels ; 4° la crème de tartre et l'alcalinité des cendres ont été fortement accrues ; 5° la dose de sulfate de potasse a été ramenée à des proportions normales ; 6° l'acidité a légèrement augmenté grâce à l'addition trop forte d'acide tartrique ; 7° le déplâtrage a restitué au vin les éléments que le plâtrage avait enlevés. Il s'est précipité du sulfate neutre de strontiane et de la crème de tartre.

M. Croumydis est d'un avis contraire ; il dit que le déplâtrage par le tartrate de strontiane peut laisser jusqu'à 1gr5 de sulfate de potasse dans les vins et que néanmoins le tartrate de strontiane est dissous dans la liqueur et qu'on le trouve en abondance dans les cendres.

Le carbonate de strontiane et l'acide tartrique ont donné les mêmes résultats à MM. Gayon et Blarez, mais la manipulation est plus difficile ; il se forme de la mousse et la clarification est plus longue.

Avec le phosphate de strontiane, le déplâtrage réussit, mais le vin n'a pas la composition des vins naturels ; le poids des cendres est resté excessif et l'acidité complètement modifiée est impossible à doser avec l'eau de chaux.

M. Carles combat le déplâtrage par les sels de strontiane (*Bull. Soc. Ph.*, Bordeaux, 1891, février). Il reste toujours des sels de strontiane dans le vin et quoique certains physiologistes prétendent que ces sels sont facilement supportés par l'organisme, il n'en est pas moins vrai que la nature a éloigné la strontiane de toutes les matières végétales ou animales, tandis que la potasse y est partout. Il conclut donc, avec raison, au rejet de l'emploi de ces substances.

Recherche du Déplâtrage. — Pour constater si un vin a été déplâtré, on commence par doser les cendres dont on constate l'alcalinité qui a beaucoup diminué et même a disparu. On y recherche la baryte et la strontiane, soit au chalumeau, soit par la voie humide, en suivant les données de la chimie générale.

Il y a souvent absence de crème de tartre et même d'acide tartrique si le vin a été déplâtré par un carbonate.

Le poids élevé des chlorures peut permettre de soupçonner ou de caractériser le déplâtrage par le chlorure de barium.

ALUNS

Il y a deux sortes d'aluns employés pour frauder les vins : 1° l'alun de potasse ou sulfate double d'alumine et de potasse SO^3,KO ; $3SO^3,Al^2O^3$;

24HO qui renferme 10,82 °/₀ d'alumine et 2° l'alun ammoniacal SO^3,AzH^4O ; $3SO^3,Al^2O^3$; 24HO renfermant 11,32 °/₀ d'alumine.

L'introduction de l'alun dans les vins est une des falsifications les plus communes et en même temps c'est une des plus graves.

Cette sophistication est opérée principalement en Bourgogne, surtout sur les vins rouges, soit avec l'alun seul, soit mélangé à de l'acide tartrique ou à différentes matières colorantes qui ne prennent de la fixité qu'au moyen de cet agent.

Employé seul, il a pour but d'aviver la couleur des vins en les acidifiant et en les collant légèrement, et de donner à certains vins (Bourgogne) une saveur âpre et astringente particulière que l'on recherche dans ces vins. Cette saveur, sans danger lorsqu'elle est naturelle, devient nuisible lorsqu'elle est due à l'alun.

On l'emploie également dans le Midi lorsque l'acidité tartrique est très faible, le vin doux et penchant à la tourne.

On l'emploie aussi pour masquer l'eau ajoutée.

Mais surtout la plus grande cause de sa présence dans les vins est son introduction avec des teintures colorantes, afin de fixer la couleur dans les vins.

Les vins de Bourgogne très faiblement alunés se boivent impunément.

Une très petite quantité d'alun dans le vin passe inaperçue, le vin normal contenant les éléments de l'alun : l'acide sulfurique, l'alumine et la potasse. Dès que la dose devient sensible aux réactifs, les vins acquièrent une action délétère qui augmente très rapidement avec la proportion d'alun.

Toutes les autorités médicales l'admettent comme délétère, et les tribunaux ont toujours professé cette doctrine.

Tout vin contenant plus de 1/2 millième d'alun doit être absolument proscrit.

L'ingestion dans les organes d'un vin aluné produit rapidement des désordres et des accidents dont de nombreux cas ont été observés.

La recherche de l'alun est une des premières à faire, lorsqu'on veut découvrir les colorants artificiels, car peu de colorants organiques sont employés sans alun.

On peut retrouver les éléments de l'alun dans les vins, par suite de l'emploi pour le collage de terres alumineuses.

En France, on emploie le kaolin débourbé dans l'eau ; il ne reste presque plus de sels solubles dans les vins, mais il ne faut pas trop s'y fier.

En Angleterre et en Espagne on emploie une terre nommée yeso gris ; il y a beaucoup plus de sels solubles.

L'alumine précipitée a été employée pour coller les vins, mais comme elle enlève une partie de la couleur, elle a été abandonnée.

Lorsqu'on recherche de l'alun dans un vin, on soumet ce liquide aux procédés préliminaires suivants :

Procédé Lassaigne. — Tout vin rouge ou blanc contenant de 1/2 à 5 millièmes d'alun se trouble par une ébullition de quelques minutes. Ce précipité est formé par un tartrate double d'alumine et de potasse peu stable qui à l'ébullition précipite une partie de son alumine.

Ce dépôt, dans les vins rouges, est coloré en *rose violacé pâle* par suite de l'entraînement d'une partie de l'œnoline du vin, si celui-ci n'est pas coloré artificiellement. Ce précipité verdit par la potasse caustique et devient bleu ardoisé par le sous-acétate de plomb.

Pour les vins colorés artificiellement, le précipité a toujours lieu, mais il est coloré plus ou moins différemment.

Une forte dose d'alun ne trouble plus par l'ébullition ; dans ce cas, il suffit d'étendre le vin suspect avec du vin reconnu pur et de faire bouillir à nouveau pour être fixé. S'il n'y a pas de précipité, le vin est indemne.

Le peroxyde de fer agit comme l'alumine, mais la laque qu'il donne dans le vin rouge est alors brune ou noire et réagit différemment avec la potasse ou le plomb.

Les vins plâtrés ne contenant que peu ou pas de tartre, donnent difficilement cette réaction.

Les phosphates terreux précipitent comme l'alumine ; ce procédé n'est donc pas exact ; de plus, la précipitation de l'alumine est incomplète en présence des matières organiques.

Procédé Béraud. — Un vin normal mêlé avec la moitié de son volume d'eau de chaux donne, en vase clos, au bout de 48 heures de repos, des cristaux de tartrate de chaux.

Le vin aluné traité de même n'en donne pas, la présence de l'alun s'opposant à cette cristallisation.

Ce procédé a le défaut de demander un temps assez long ; les autres termes, plus précis, de l'analyse, pouvant être déterminés pendant ce temps. Le vin plâtré alumineux donne cette réaction.

Procédé Maumené. — Il isole directement l'alun en réduisant par évaporation plusieurs litres de vin, au 10e de leur volume primitif, et continuant la concentration sous une cloche, auprès d'un bain d'acide sulfurique concentré. (Voir Extrait sec).

L'alun se dépose en cristaux octaédriques faciles à caractériser.

RECHERCHE ET DOSAGE DE L'ALUMINE. — Presque tous les procédés qui ont été indiqués pour la recherche de l'alun dans les vins sont des moyens différents de rechercher si le vin contient de l'alumine. C'est du reste le meilleur caractère, les vins naturels n'en contenant que des doses très petites. Mais il faut tenir compte dans le rapport qui serait fait qu'on a pu introduire du plâtre alumineux au lieu d'alun. Le résultat sur la santé serait le même.

Parmi les procédés à suivre pour le dosage de l'alumine, je citerai : le procédé Carles pour les essais rapides ; les procédés J. Brun, modifiés par Ch. Girard, le procédé Louvet et le procédé à l'étain pour les dosages exacts. Il y a lieu d'étudier les procédés Malenfant et L'Hôte.

Procédé Bastide. — On lave du noir animal avec de l'eau acidulée par un dixième d'acide chlorhydrique, jusqu'à ce que l'ammoniaque ne donne plus aucun précipité dans le liquide, afin d'enlever tous les sels solubles dans les acides.

On décolore le vin par ce noir et on ajoute au vin décoloré un petit filet d'une solution de carbonate d'ammoniaque. Si le vin est naturel, le liquide reste limpide ; il ne se forme aucun précipité. Si le vin renferme de l'alun, le liquide se trouble plus ou moins et il se forme un précipité blanc floconneux qui se dépose peu à peu et dans lequel on peut constater, à l'aide du chalumeau et du nitrate de cobalt, les caractères de l'alumine, laquelle donne une masse bleue infusible.

Ce procédé est inexact, le noir retient de l'alumine, de sorte qu'il faudrait un excès d'alun pour en constater la présence.

Procédé Hugounencq (1856). — On additionne 500 gr. de vin, de chlorure de barium jusqu'à cessation du précipité ; on filtre et on dose l'acide sulfurique. Dans le liquide clair, on ajoute un léger excès d'oxalate d'ammoniaque ; on filtre de nouveau et on additionne le liquide clair d'une quantité suffisante de noir animal bien lavé, qui décolore entièrement le vin ; puis on précipite l'alumine par un léger excès d'ammoniaque ; on la recueille sur un filtre et on la pèse.

Ce procédé, très simple, n'est pas exact ; car le noir animal le mieux lavé peut contenir et céder du phosphate de chaux que l'on peut prendre pour de l'alumine ; et si le noir a été mal lavé, ce qui est le cas général, il se forme de l'alumine phosphatée, avec le vin contenant des sels de potasse à acides organiques.

Il est préférable pour décolorer le vin de l'évaporer à consistance sirupeuse, d'étendre le résidu de son volume d'acide chlorhydrique, de faire bouillir et d'ajouter un peu de chlorate de potasse en excès (Barreswill).

Et encore ce procédé ne serait exact qu'autant que l'ammoniaque employée ne contiendrait pas de carbonate d'ammoniaque (Louvet).

Procédé Lassaigne. — On précipite par l'azotate de baryte ou le chlorure de barium une certaine quantité de vin ; on dose l'acide sulfurique ; on traite le liquide clair par l'acétate de plomb, qui précipite tous les acides et laisse dans le liquide les bases à l'état d'acétate (on peut mettre de suite le sel de plomb dans le vin, si on ne veut pas doser l'acide sulfurique) ; on filtre ; on enlève l'excès de plomb en faisant passer dans le liquide un courant d'acide sulfhydrique ; puis on sature le liquide clair par l'ammoniaque, qui précipite toute l'alumine, que l'on recueille sur un filtre et que l'on dose.

Le sulfure de plomb formé par l'acide sulfhydrique entraîne tout ou partie de l'alumine : ce procédé est donc erroné.

Procédé J. Brun. — On précipite entièrement à chaud 200 gr. de vin par l'acétate neutre de plomb. La liqueur filtrée contient de la chaux, de la potasse, de l'oxyde de fer et de l'alumine à l'état d'acétates et en plus un excès de plomb ; on l'additionne d'acide sulfurique, qui précipite la chaux et l'excès de plomb. On filtre de nouveau et on sursature par l'ammoniaque. L'alumine se précipite en flocons gélatineux mêlés à des traces de sesquioxyde de fer, que le vin contient toujours. La magnésie reste dissoute à la faveur du sulfate d'ammoniaque qui résulte de l'addition successive de l'acide sulfurique et de l'ammoniaque. Cette dernière base ne précipite pas la chaux. L'alumine précipitée est recueillie, lavée sur un filtre, avec lequel on la calcine, puis pesée, déduction faite des cendres du filtre. On dose ainsi, en même temps, l'alumine et l'oxyde de fer. Pour séparer le fer, on chauffe le précipité avec deux ou trois fois son poids de potasse caustique à l'alcool (très pure) et un peu d'eau ; la potasse dissout toute l'alumine et laisse le sesquioxyde de fer ; on filtre, on sature le liquide par l'acide chlorhydrique et on précipite l'alumine par l'ammoniaque.

Ce procédé est beaucoup plus exact que les précédents.

Modification Ch. Girard. — Le vin est acidulé par l'acide acétique, puis addtionné d'un petit excès d'acétate neutre de plomb. le précipité se dépose ; le liquide est filtré puis additionné d'acide sulfurique et filtré à nouveau. Si le vin contient de l'alun, cette liqueur donne un précipité d'alumine souillée d'un peu de fer, avec la potasse caustique étendue. Le précipité est dissous dans la potasse chaude ; on filtre et ajoute de l'acide chlorhydrique pour précipiter et redissoudre l'alumine et enfin on ajoute du carbonate d'ammoniaque en léger excès ; l'alumine se précipite, on filtre, lave. sèche, calcine et pèse.

Procédé Robinet. — On évapore un litre de vin ; on incinère le résidu et on calcine légèrement les cendres, pour éviter qu'il ne se forme un silicate d'alumine. Les cendres sont porphyrisées avec soin, puis traitées par l'acide azotique étendu d'eau. Le liquide est filtré au clair, puis traité par un léger excès d'azotate d'argent, de manière à séparer le chlore. Le liquide filtré est additionné d'acide sulfurique pour précipiter l'excès d'argent. Le liquide filtré de nouveau est traité par un grand excès d'ammoniaque qui donne un précipité que l'on lave à l'eau bouillante et que l'on sèche. Ce procédé peut contenir de la chaux, de la magnésie, de l'alumine hydratée, du phosphate d'alumine ferrugineux, etc, Après l'avoir pesé on le porphyrise ; on le dissout dans l'acide azotique étendu d'eau, puis on ajoute à la dissolution de l'acide sulfurique en quantité suffisante pour convertir toutes les bases en sulfates ; on évapore jusqu'à ce que tout l'acide azotique soit chassé, puis on ajoute du sulfate d'ammoniaque et de l'alcool. L'acide phosphorique est entraîné par l'alcool, et les sulfates insolubles restent au fond de la capsule. On a donc un nouveau précipité composé de sulfates insolubles dans l'alcool ; il faut alors les convertir en carbonates, ce qui se fait en les calcinant énergiquement en présence du carbonate de soude. Ces carbonates sont dissous dans un petit excès d'acide acétique. On précipite la chaux par l'oxalate d'ammoniaque ; on filtre ; puis dans le liquide clair on ajoute un excès d'ammoniaque ; l'alumine se trouve alors précipitée ; on recueille le tout sur un filtre et on lave le précipité à l'eau ammoniacale chaude ; on est presque sûr alors de n'avoir sur le filtre que de l'alumine hydratée. On met le filtre dans un creuset de platine ; on calcine au rouge blanc, et on pèse après refroidissement, en tenant compte des cendres du filtre. Cette méthode, qui est très exacte, présente de grandes difficultés.

Procédé Rivot. — On prend le précipité converti en carbonates comme il vient d'être dit et on le dissout dans une petite quantité d'acide azotique dilué qui transforme toutes les bases en azotates. La liqueur est filtrée, puis évaporée à sec et chauffée progressivement jusqu'à 180°, et maintenue à cette température tant qu'il s'échappe des vapeurs rutilantes ; on obtient ainsi la décomposition des azotates d'alumine, de chaux et de magnésie. La matière refroidie est pulvérisée, puis détachée du creuset au moyen d'une solution d'azotate d'ammoniaque. On met le tout dans une fiole, avec un excès de la même solution et porte à 100° pendant plusieurs heures.

La chaux et la magnésie se dissolvent entièrement à l'état d'azotates, et l'alumine se dépose à l'état insoluble. L'alumine est reçue sur le filtre, séchée, calcinée et pesée à l'état anhydre.

Cette méthode est aussi sûre que rationnelle, mais elle est bien longue.

Procédé Dragendorff. — Ce procédé, décrit par le professeur de toxicologie Dragendorff, fut publié en France, en 1875, par M. Bretet, puis par M. Carles, en 1883.

On évapore 200^{cc} à l'état d'extrait calciné ensuite pour en obtenir les cendres traitées ensuite par l'acide chlorhydrique étendu qui les dissout en totalité.

On filtre s'il est besoin et on précipite par un léger excès d'ammoniaque qui met en liberté l'alumine avec des traces d'oxyde de fer.

Le précipité est lavé, desséché, fondu avec de la potasse, traité par l'eau, filtré, dissous par l'acide chlorhydrique en excès et précipité par l'ammoniaque ; l'alumine est lavée, calcinée et pesée. On retranche 2 ou trois centigrammes pour l'alumine normale du vin.

Dans ce procédé, les phosphates étant dosés en même temps que l'alumine, on obtient un poids d'alumine plus fort que par les autres méthodes.

Procédé Louvet (1881). — On incinère le résidu de 200^{cc} de vin ; pour 0^{gr}8 de cendres on ajoute 3 gr. de carbonate de soude pur et l'on porte à la fusion dans un creuset de platine ; les cendres fondues sont épuisées par l'eau bouillante et on soumet encore la partie insoluble, formée d'alumine et de carbonates terreux, à l'action de 3 à 4 gr. de soude caustique, au rouge.

On lave le résidu alcalin à l'eau bouillante, qui entraîne l'alumine à l'état d'aluminate alcalin soluble, sans toucher aux carbonates terreux.

Après filtration on sursature les liqueurs par l'acide chlorhydrique, puis on les alcalinise par un excès de carbonate de soude qui précipite l'alumine en gelée. Après un lavage suffisant on la recueille sur un filtre qu'on sèche et incinère pour avoir l'alumine anhydre. Son poids multiplié par 9.237 donne celui de l'alun potassique et par 8.826 celui de l'alun ammoniacal.

Procédé à l'Etain. — Il est indiqué par Robinet comme devant être préféré.

On évapore un litre ou 1/2 litre de vin ; on brûle le résidu, puis on le traite par l'acide azotique à chaud, en ayant soin toutefois de ne pas ajouter brusquement les premières parties, car il pourrait se produire des projections qui fausseraient les résultats de l'analyse.

Quand la réaction est terminée, on étend d'eau la liqueur et on filtre.

Le liquide est évaporé presque à siccité, puis repris par l'acide azotique, dans lequel on projette un fragment d'étain. Il se produit une nouvelle réaction ; tout l'acide phosphorique du résidu vient se fixer sur l'oxyde d'étain, et les autres composés restent dans le liquide ; on filtre après avoir ajouté un excès d'eau.

Le liquide clair est alors additionné d'un excès de chlorhydrate d'ammoniaque, puis saturé d'ammoniaque et filtré.

Le précipité est lavé à l'eau acidulée d'acide chlorhydrique, puis le liquide est de nouveau additionné de potasse caustique pour précipiter l'oxyde de fer. On filtre et, dans le liquide clair, on précipite enfin l'alumine pure par l'ammoniaque, on filtre, lave, calcine et pèse.

Procédé Carles. — On évapore 500^{cc} de vin ; on calcine l'extrait sec de manière à l'obtenir à l'état de charbon. Ce résidu est pulvérisé et épuisé par l'eau bouillante, puis par l'ébullition dans l'eau aiguisée d'acide chlorhydrique. Le liquide est filtré sur du papier Berzélius, puis traité à 100° par de la soude caustique, en excès, laquelle précipite les phosphates et redissout l'alumine. Le liquide est de nouveau filtré, puis additionné de chlorhydrate d'ammoniaque. Par une ébullition de quelques minutes, l'alumine se sépare, mais comme elle contient quelques traces de potasse, on la redissout par l'acide chlorhydrique et on précipite par l'ammoniaque. Enfin on la dessèche, la calcine et la pèse.

Comme il reste toujours un peu d'acide phosphorique, les résultats sont toujours un peu forts, mais bien suffisants dans la pratique. En déduisant 5 % du poids trouvé, on se trouve dans la juste moyenne du dosage (1883, J[l] de Ph. et Ch. t. 7, p. 373).

Procédé Malenfant (1883, août, J[l] Ph. et Ch., t. 8, p. 112). — M. Malenfant dit qu'en traitant les cendres par un acide on court grand risque de laisser de l'alumine indissoute et que s'il y a beaucoup de fer il faut le séparer.

C'était évidemment l'avis de Louvet lorsqu'il a publié son procédé.

On incinère 200^{cc} de vin dans une capsule de plâtre ; si les cendres ont une couleur ocracée, elles contiennent du fer ; on les arrose avec un peu d'acide azotique et on chauffe pour péroxyder le fer. On fait bouillir les cendres à plusieurs reprises avec une lessive de soude à 36°, filtre sur du papier Berzélius et lave soigneusement le filtre et la capsule. Au liquide filtré on ajoute un peu de solution de sel ammoniac, chauffe quelques minutes, recueille l'alumine sur un filtre sans plis, lave, calcine et pèse ; on obtient du premier jet l'alumine parfaitement blanche.

Il faut essayer la soude que l'on emploie, en la chauffant avec un peu de sel ammoniac, qui précipiterait l'alumine, et dont on pourrait tenir compte, s'il y en avait.

Procédé L'Hôte (Comptes Rendus, 1887, mars 21). — On évapore 250cc de vin à consistance sirupeuse, on additionne d'acide sulfurique pur et on incinère au four à moufle à basse température.

Les cendres blanches sont attaquées, dans une fiole, par 15cc d'acide azotique ; on ajoute 100cc de solution de nitro-molybdate d'ammoniaque (préparé avec 50 gr. d'acide molybdique par litre) et on porte à l'ébullition. Le phospho-molybdate, précipité dans un excès de liqueur molybdique, est séparé par filtration et lavé dans l'eau acidulée par l'acide azotique au 1/100 ; dans le filtrat on ajoute de l'ammoniaque et du sulfhydrate d'ammoniaque en excès, qui maintient en dissolution le molybdène et précipite l'alumine et le fer. Le précipité mixte recueilli sur un filtre est chauffé à l'air libre, dans une nacelle de platine (méthodes Sainte-Claire-Deville et Rivot combinées) ; la nacelle est ensuite chauffée dans un courant d'hydrogène sec pour réduire le peroxyde de fer, refroidie et portée dans un appareil où elle est soumise à l'action de l'acide chlorhydrique sec ; au rouge, le chlorure de fer se volatilise. Le résidu blanc de la nacelle, pouvant contenir de la silice, est mouillé avec de l'acide fluorhydrique et une goutte d'acide sulfurique, puis chauffé au rouge vif. L'alumine est pesée. On constate que c'est bien de l'alumine en calcinant sur le charbon avec une goutte de solution d'azotate de cobalt.

Des essais synthétiques, faits avec un vin de Touraine, ont donné des résultats concluants, sauf 1 milligramme d'alumine qu'on a retranché de tous les dosages.

EXPERTISE D'UN VIN ALUNÉ. — La présence d'un excès d'acide sulfurique et d'alumine dénote la présence d'une certaine proportion d'alun. Mais comme l'emploi d'un plâtre alumineux peut produire le même résultat, il est nécessaire de pouvoir distinguer l'addition faite, afin de juger de l'intention, le plâtrage étant permis et l'alunage défendu. Tout vin plâtré et alumineux sera refusé, mais il n'y aura pas fraude intentionnelle.

Pour bien distinguer un vin aluné d'un vin traité par du plâtre alumineux on fait les opérations suivantes :

1° Dosage de l'acide sulfurique total (plâtrage) ;

2° Dosage de l'alumine ;

3° Dosage de la crème de tartre (Analyse des vins).

Les vins plâtrés contiennent, comme les vins alunés, un excès d'acide sulfurique, ils peuvent contenir de l'alumine ; mais les vins alunés conservent tout leur tartre, tandis que les vins plâtrés perdent tout ou partie de cette substance.

L'extrait sec et les cendres augmentent par suite de l'addition d'alun ; le titre acide varie peu de ce chef.

Ayant les résultats des opérations précédentes, il est facile de démontrer la fraude en les comparant avec les résultats obtenus avec des vins naturels.

Un vin naturel renferme ordinairement, au maximum, 0,275 d'acide sulfurique anhydre, correspondant à 0 gr. 6 de sulfate de potasse et à 0,802 de sulfate de baryte.

Les vins naturels renferment peu d'alumine ; M. Ch. Girard donne comme maximum 0 gr. 02. Louvet déclare avoir trouvé une fois 0gr08, mais tous les autres vins contenaient moins de 0gr05. De ce qu'un vin contiendrait plus de 0,05 d'alumine, il ne faudrait pas conclure à l'addition d'alun ; il faudrait rechercher à quel état elle se trouverait dans les cendres.

L'alumine pure est par elle-même inoffensive ; si elle se trouve à l'état de phosphate d'alumine, elle est bonne pour la santé ; ses autres sels sont nuisibles.

Un vin plâtré et alumineux contiendra un excès d'acide sulfurique et d'alumine et une faible proportion de crème de tartre.

Tout vin contenant un excès d'acide sulfurique et d'alumine, tout en conservant la proportion normale de crème de tartre, contient de l'alun.

Quand il y a excès d'acide sulfurique, il faut chercher la potasse, l'alumine, la chaux et le fer. Avec au moins 3 gr. d'acide sulfurique, 2 gr. de potasse, plus de 0 gr. 2 de chaux et peu ou pas d'alumine, on est en présence d'un plâtrage immodéré.

Avec 0gr10 à 0gr40 d'alumine anhydre coïncidant avec un excès de potasse et d'acide sulfurique, il y a certitude d'addition frauduleuse d'alun ordinaire.

Avec 0gr10 à 0gr40 d'alumine, sans excès de potasse ou même d'acide sulfurique, il y a certitude de sophistication avec de l'alun ammoniacal.

SULFATE DE FER

La couperose verte, ou sulfate de fer, a été employée dans le même but que l'alun ou l'acide sulfurique libre, afin de donner du brillant à la couleur et un goût particulier astringent.

L'emploi de ce sel doit être absolument proscrit, car il décompose les sels du vin pour former du tartrate de fer et de l'acide sulfurique qui reste à l'état libre ou à l'état de bisulfate de potasse.

Bretet, pharmacien à Cusset, a mis en lumière une falsification de ce genre, en 1876 (Jl de Ph. et Ch., t. 24, p. 465). Voici les conclusions de son rapport :

1° L'addition de sulfate de fer dans le vin a pour résultat de priver celui-ci d'une partie de son tannin, entraîné dans le dépôt avec les matières colorantes et la plus grande partie du fer, tandis que l'acide sulfurique reste dans le liquide, soit libre, soit à l'état de sulfate acide ;

2° La nature du vin est par suite complètement changée ;

3° Pour constater cette fraude, il ne faut pas se borner à l'action du ferrocyanure sur le vin suspect, mais traiter celui-ci comparativement à des vins d'origine certaine et surtout tâcher de se procurer autant que possible le dépôt du fond du tonneau dans lequel on trouvera par incinération une forte proportion d'oxyde de fer.

Le sulfate de fer rend les vins noirs, par suite du tannate de fer qui se forme.

Expertise d'un vin au sulfate de fer. — Si la quantité de ce sel est assez forte, rien n'est plus facile ; mais si la proportion en est faible, l'expertise devient délicate.

On commence par rechercher le fer (Analyse des Vins, Fer), et si on en constate la présence, on procède au dosage.

Les vins de France, de Suisse et d'Allemagne contiennent de 0.01 à 0.02 de peroxyde de fer, soit de 0.007 à 0.014 de fer par litre. On peut doser la silice et le fer en même temps, sachant que ces deux corps sont contenus dans les vins naturels à la dose de 0.035 à 0.065 pour les vins non plâtrés, et de 0.055 à 0.085 pour les vins plâtrés.

Les vins d'Espagne contiennent de 0.03 à 0.091 de peroxyde de fer, soit 0.027 à 0.063 de fer, et les vins de Bordeaux de 0.0532 à 0.0912 (Voir Composition des Vins, Fer).

On cherchera ensuite l'acide sulfurique libre ; puis on dosera le bisulfate de potasse, lequel n'existe que dans les vins plâtrés ou contenant du sulfate de fer.

On dosera l'extrait sec, les cendres, le titre acide, l'acide sulfurique total et la crème de tartre.

Il faudra éviter avec soin de confondre un vin plâtré contenant du fer d'un vin contenant du sulfate de fer, au point de vue de l'intention. Dans les deux cas, le vin doit être rejeté, mais dans le premier cas, le fer peut avoir été introduit par le plâtre ferrugineux, ou accidentellement, et dans le second il y a falsification.

Un vin plâtré contenant du fer n'a plus de crème de tartre, pour un petit excès de fer.

Un vin contenant du sulfate de fer possède un grand excès de fer pour l'absence de crème de tartre.

Il y a donc lieu d'étudier attentivement le rapport de ces deux corps entre eux.

En résumé : un vin traité par le sulfate de fer contient un excès d'acide sulfurique total, de l'acide sulfurique libre, du bisulfate de potasse et un excès de fer.

La crème de tartre a subi une diminution sensible, et plus cette diminution est forte, plus la proportion de fer est grande.

Comme il n'y a pas de procédé direct de la recherche du sulfate de fer, il faudra que l'expert agisse avec la plus grande circonspection en se servant de toutes les indications données plus haut, afin de ne pas confondre un vin plâtré ferrugineux d'un vin au sulfate de fer. A part cette distinction à faire, l'expertise est sûrement affirmative sur la mauvaise qualité du vin.

Le mieux serait de se procurer le dépôt du vin et d'y rechercher le tannate et le tartrate de fer. Il est également bon de faire l'analyse comparative avec un vin de même provenance.

SULFATE DE ZINC

La présence de ce corps fut constatée par Odeph, en 1860, dans des vins altérés. Cette introduction avait été faite par des paysans pour améliorer ces vins. Il est probable qu'un tel fait ne se reproduira pas.

On le constate facilement par la présence du zinc et d'un excès d'acide sulfurique, la crème de tartre restant dans la proportion normale. Pour la recherche du zinc, voir Falsifications accidentelles.

ACIDE SULFURIQUE LIBRE

L'acide sulfurique n'existe pas à l'état libre dans les vins ; lorsqu'on le rencontre à cet état, c'est qu'il a été ajouté ou qu'un excès de plâtrage l'a produit.

Dans le dictionnaire de Wurtz, M. Gautier a écrit qu'on pouvait, si les raisins n'étaient pas absolument mûrs, ajouter *1/4 de millième d'acide sulfurique* exempt d'arsenic, qui en augmente légèrement l'acidité, les soutirer et les coller au commencement de l'hiver.

Ce conseil est mauvais ; la seule restriction — exempt d'arsenic — suffit pour le faire proscrire. Il faudrait que le producteur fît analyser chaque bombonne d'acide qu'il recevrait, ce qui en élèverait beaucoup le prix. C'est un acide dangereux à manier, désastreux pour l'économie, lorsque la dose est appréciable et pouvant causer la mort de plusieurs personnes par suite d'une erreur dans son dosage.

L'économie de cet acide sur l'acide tartrique est pour ainsi dire nulle si on considère la valeur de la marchandise à améliorer et la faible proportion qu'il faut pour obtenir un bon résultat.

L'action de l'acide sulfurique pur, exempt d'arsenic, est beaucoup plus violente que celle des acides tartrique et acétique, aussi son introduction dans le vinaigre est-elle une falsification absolument proscrite.

Il en est de même dans les vins.

Une circulaire du Ministre de la Justice, de Décembre 1890, défend l'addition d'acide sulfurique.

Bastide a trouvé jusqu'à 2 gr. d'acide sulfurique libre par litre de vin.

Recherches des acides minéraux libres. — Procédé F. Jean. — Ce procédé s'applique à l'acide sulfurique et aux autres acides minéraux.

100^{cc} de vin sont décolorés par le noir animal purifié. Le liquide coloré est concentré à moitié au bain-marie. On prend 10^{cc} du liquide concentré dans un tube à essais et on y ajoute deux gouttes d'une solution de violet de méthylaniline. En comparant la coloration produite avec un type fait avec de l'eau distillée et la même quantité de colorant, il est facile de reconnaître, par la teinte bleue qui se manifeste, la présence de 2 millièmes d'acides minéraux libres : sulfurique, chlorhydrique ou azotique.

M. Rey fait remarquer que l'acide tartrique fait un peu virer au bleu la solution de méthylaniline et peut rendre l'expert perplexe.

Comme contrôle M. F. Jean fait évaporer le vin décoloré au 20ᵉ, le traite par l'alcool et avec cet alcool fait, au moyen d'un pinceau, des traces sur un papier maintenu ensuite à l'étuve à 120°. Si le vin renferme un acide minéral libre, on constatera des traces marron noir et le papier se trouvera plus ou moins attaqué.

C'est une modification du procédé Lassaigne, ci-après :

(Revue internationale des falsifications, 4ᵉ année, 7ᵉ liv., Amsterdam).

Procédé Lassaigne. — On dessèche à une douce chaleur deux morceaux de papier lisse ordinaire, tachés l'un avec du vin pur, l'autre avec le vin suspect. Le premier papier n'est pas altéré et se colore peu ; le second roussit ; il devient cassant et friable sous les doigts. Le premier vin laisse par évaporation spontanée une tache d'un bleu violet, tandis que le second donne une tache d'un rose hortensia, alors même qu'il n'y aurait que 2 à 3 millièmes d'acide sulfurique libre.

D'après M. F. Jean, cette réaction n'est pas spéciale à l'acide sulfurique, elle est obtenue avec de l'acide chlorhydrique en quantité correspondant à 2 millièmes d'acide sulfurique.

Ces réactions ne sont pas sensibles car deux millièmes font 2 gr. d'acide sulfurique par litre de vin.

Procédé Bastide. — On fait évaporer le vin jusqu'à consistance de miel et on traite le résidu par l'alcool qui dissout l'acide sulfurique libre et laisse les sels. On filtre ; on ajoute de l'eau et de l'acide chlorhydrique, puis on précipite par le chlorure de barium ; on dose le sulfate de baryte comme pour le dosage de l'acide sulfurique total.

L'Institut national agronomique accepte ce procédé en le modifiant légèrement : Evaporer le vin au 20ᵉ, traiter par un volume égal au vin primitif d'alcool 95° ; s'il y a du bisulfate de potasse ou de l'acide sulfurique libre, l'alcool contiendra de l'acide sulfurique ; il n'y en aura pas s'il n'y a que du sulfate neutre. On chasse l'alcool, reprend par un peu d'eau, quelques gouttes d'acide azotique et du chlorure de barium.

Lorsque l'acide sulfurique est ajouté au vin en proportion notable, telle que le dosage accuse 5 à 6 gr. de sulfate de potasse, il n'y a pas en réalité assez de potasse dans le vin, pour saturer l'acide sulfurique ajouté ; il y a alors du bisulfate et de l'acide sulfurique libre.

Il est facile de distinguer l'addition d'acide du plâtrage, qui ne donne que des traces de bisulfate. Dans le cas du plâtrage, l'acidité n'a pas été modifiée tandis que l'acide libre l'augmente beaucoup.

M. F. Jean conteste la valeur de ce procédé ; car d'après cette note il faudrait ajouter 3 gr. à 3 gr. 1/2 d'acide sulfurique, par litre pour être reconnu, ce qui n'est presque jamais le cas. L'acide sulfurique libre tend à disparaître ; une partie forme du sulfate de potasse, l'autre partie s'éthérifie et produit sans doute des sulfo-vinates.

Lorsqu'on évapore le vin au 20e, l'acide libre décompose les chlorures et il se forme du sulfate de potasse ; il y aura donc d'autant plus de pertes d'acide sulfurique que les vins seront plus riches en chlorures ; ce n'est donc qu'un procédé qualitatif à dose massive.

Modification Ch. Blarez. — (Bull. Soc. Ph. Bordeaux, 1891, Mars). — Il combat aussi ce procédé.

Quand on chauffe le vin avec de l'acide sulfurique, il arrive toujours qu'une partie de l'acide sulfurique se combine à l'alcool pour donner de l'acide éthylsulfurique se dissolvant dans l'alcool mais ne précipitant pas la baryte.

On peut le déceler en neutralisant l'alcool avec de la soude, évaporant à sec, incinérant, reprenant par l'eau et le chlorure de barium.

Cette méthode essayée sur du vin normal ne donne rien si on ajoute du sulfate neutre, mais permet de déceler 0gr20 par litre d'acide sulfurique ajouté, si on opère sur 20cc de vin.

Si à du sulfate neutre on ajoute de l'acide tartrique ou si on opère sur des vins plâtrés à 2 gr. par litre environ, on obtient toujours la réaction de l'acide sulfurique libre.

Il reste toujours la cause d'erreur du déplacement des chlorures.

Il faut bien se garder d'abandonner le résidu de l'évaporation au froid pendant un certain temps ; il se précipiterait du tartre et par conséquent, on ne retrouverait plus les chlorures.

M. Villiers (1891, Jl de Ph. et Ch. t. 23 p. 182) dit que le plâtrage produit du sulfate neutre et du bisulfate de potasse, tandis que l'acide sulfurique ajouté donne du bisulfate et de l'acide sulfurique libre.

Lorsque le vin est plâtré en petite quantité, il contient autant de crème de tartre qu'un vin naturel et en outre de l'acide tartrique libre. Si on ajoute de l'alcool au vin, il se fera de la crème de tartre et du bisulfate de potasse ; car si on verse une solution d'acide tartrique dans une solution de sulfate neutre, il se forme de la crème de tartre par le déplacement partiel de l'acide sulfurique.

Procédé Robinet. — On évapore le vin à l'état pâteux et on reprend le résidu par un mélange à volumes égaux d'alcool et d'éther ; on décante, on filtre et on évapore à une douce chaleur. Le résidu repris par l'eau distillée et l'acide chlorhydrique, puis traité par le chlorure de barium, donne un précipité, s'il y a de l'acide sulfurique libre. Le poids du précipité donnera celui de l'acide sulfurique, en multipliant ce poids par 0,4057.

Modification Ferrari (1883, septembre, Agricultura italiana). — 20^{cc} de vin sont traités par 40^{cc} d'un mélange à volumes égaux d'alcool et d'éther, dans un flacon de 80^{cc} environ ; on agite fortement et laisse reposer pendant 24 heures, filtre et lave à l'alcool-éther jusqu'à ce qu'il ne soit plus acide ; le précipité est formé exclusivement de sulfates neutres ; on dissout le précipité du flacon et du filtre par l'eau chaude et on dose l'acide sulfurique par le chlorure de barium. On distille le liquide pour séparer l'alcool-éther et on dose l'acide sulfurique qui appartient pour une part à l'acide des bisulfates amené par l'alcool-éther à l'état de sulfate neutre. L'acide des bisulfates est égal à l'acide des sulfates neutres; on ne devra donc considérer comme acide sulfurique libre que la différence entre l'acide sulfurique des sulfates neutres et celui dissous dans l'alcool-éther.

Procédé Sinibaldi. — On prend 50^{cc} du vin, on y ajoute 100^{cc} d'un mélange à parties égales d'éther et d'alcool; on abandonne au repos pendant 48 heures; on décante le liquide et lave le précipité par l'alcool absolu, on filtre et réunit les liqueurs de lavage au liquide éther-alcool, puis on neutralise l'acidité de ces liquides par un lait de chaux provenant de la calcination de l'oxalate de chaux pur; la matière colorante se précipite en grande partie et peut servir par son virage de teinte à constater la saturation de l'acidité du liquide. Le précipité contient du tartrate de chaux et du sulfate de chaux provenant de l'acide sulfurique libre.

On recueille le précipité, lave à l'alcool à 60-70°; on le place dans une capsule de platine et on délaie avec une solution de carbonate d'ammoniaque contenant un peu d'azotate d'ammoniaque ; on évapore lentement ce mélange à sec, puis on le calcine avec précaution en ajoutant de temps en temps du carbonate d'ammoniaque. Les cendres bien débarrassées des parties charbonneuses sont reprises par l'eau; dans le liquide aqueux on constate la présence du sulfate de chaux, preuve de la présence de l'acide sulfurique. Pour le dosage on peut remplacer le lait de chaux par l'eau de baryte.

Les procédés à l'éther-alcool sont sujets aux mêmes critiques que le procédé à l'alcool seul.

Procédé Maumené. — On décolore le vin par le minimum d'acétate de plomb, on suspend 5 à 6 bandes de papier à filtre accrochées à un fil de platine et plongées seulement de 5 à 6 millimètres; la capillarité fait monter le vin à une certaine hauteur et son évaporation laissé cristalliser les sels imprégnés d'acide; au bout de 12 heures sous la cloche sulfurique on lave à l'éther qui enlève l'acide sulfurique ; si on extrait 1 gr. d'acide par litre, il y a de l'acide extra naturel.

Ce procédé ne me paraît pas avoir été vérifié.

Procédé Roos et Thomas. (Comptes Rendus, 1890, t. 111, p. 575). — On dose d'abord dans le vin le chlore et l'acide sulfurique. Dans 50^{cc} de vin additionné de quelques gouttes d'acétate d'ammoniaque, on précipite tout l'acide sulfurique par une quantité rigoureusement exacte de chlorure de barium titré (l'acétate a pour but de soustraire le chlorure de potassium à l'action éventuelle des acides libres), on calcine légèrement ; si on a affaire au sulfate acide, il y aura de l'acide chlorhydrique ou du chlorhydrate d'ammoniaque qui disparaîtra ; on dissout, filtre et dose à nouveau le chlore.

Si on est en présence de sulfate neutre, tout le chlore du chlorure de barium se retrouvera sous forme de chlorure de potassium ; on aura donc le chlore du vin plus celui du chlorure de barium.

S'il y a du sulfate acide, le chiffre de chlore sera inférieur à la somme du chlore de vin plus le chlore du chlorure de barium.

Dans de nombreux essais sur des vins plâtrés ils ont toujours trouvé le chiffre théorique à 1/10 ou 2/10^{cc} de liqueur d'argent près. Après addition d'acide sulfurique, ils ont toujours obtenu très nettement une perte de chlore, même pour des vins contenant 0^{gr}25 d'acide sulfurique ajouté.

Ce procédé a été l'objet de fortes critiques : MM. Gayon et Dubourg ont constaté que lorsqu'à un vin ordinaire plâtré, renfermant du sulfate neutre, on ajoute du sel marin et de l'acide tartrique, ce dernier agit comme l'acide sulfurique et met du chlore en liberté ; le vin sera réputé contenir de l'acide sulfurique ; il faut que le vin renferme au moins 2 gr. de sulfate de potasse pour que le résultat soit vrai.

M. Blarez s'est assuré que l'acétate d'ammoniaque n'agit qu'incomplètement dans un vin fortement plâtré et qu'il se forme par échange une notable quantité de chlorure de potassium. Les pertes en chlore sont beaucoup plus importantes pour une même dose d'acide sulfurique par cette méthode que lorsqu'on incinère l'extrait du vin, salé d'avance.

Il n'est pas possible, même avec la méthode Roos et Thomas d'affirmer qu'un vin ait été additionné d'acide sulfurique à moins de 1 gr. par litre et que même à cette dose il peut y avoir doute si le poids des cendres est supérieur à celui du sulfate de potasse dosé dans le vin. Les vins plâtrés à 2 gr. ne contiennent que des traces de bisulfate, mais au-dessus la présence de l'acide sulfurique libre ou demi combiné est obligatoire dans les vins fortement plâtrés. (Bull. Soc. Ph. Bordeaux, 1891, mars.)

M. Magnier de la Source déclare que le procédé Roos et Thomas ne lui paraît pas avoir de grands avantages et que la recherche directe doit être préférée. Le Comité consultatif de l'hygiène de France est de son avis.

M. F. Jean n'admet pas cette méthode comme quantitative, elle ne peut être que qualitative.

L'acide tartrique déplace les chlorures.

Avec un vin salé et additionné de 0^{gr}1 d'acide sulfurique il n'a retrouvé que 0,078 d'acide sulfurique. Dans un vin additionné d'acide tartrique il a perdu 44,7 °/₀ du chlorure.

Dosage dans les cendres. — Un vin additionné de sulfate de potasse, incinéré, donne dans les cendres autant d'acide sulfurique que dans le vin.

Si on a ajouté de l'acide sulfurique ou du bisulfate, on observe des traces de sulfate lorsque la dose d'acide sulfurique atteint ou dépasse 1 gr. par litre; pour les vins riches en tartre il faut 1gr25 à 1gr50; de même quand il y a une forte dose d'acide tartrique. Les vins fortement plâtrés donnent moins d'acide sulfurique dans les cendres (Blarez).

Le procédé de dosage de l'acide sulfurique par la calcination n'est exact que jusqu'à la dose de 1 gr. par litre, car à cette dose il forme du sulfate neutre; il n'est plus à l'état libre et dès lors aucun procédé ne peut permettre de le reconnaître, à moins qu'on ne lui restitue son action par une réaction secondaire qui pourrait aussi bien s'appliquer au sulfate de potasse naturel qu'au plâtrage. En ajoutant du carbonate de potasse, les résultats se rapprochent beaucoup plus de la vérité; ils sont exacts jusqu'à 1 gr. et un peu inférieurs de 2 à 4 gr.

Procédé F. Jean. — On additionne le vin d'un léger excès de chlorure de barium, on distille et on recueille le produit de la distillation dans une solution acide d'azotate d'argent. Si le vin renferme de l'acide sulfurique libre ou à moitié combiné, il y aura une quantité équivalente d'acide chlorhydrique mis en liberté; ce que l'on constate par la formation du chlorure d'argent.

Résumé. — Les procédés employant l'alcool et l'éther ne sont pas exacts, l'acide tartrique décomposant le sulfate neutre de potasse pour former de la crème de tartre.

La calcination simple est inexacte.

Le procédé Roos et Thomas ne peut être que qualitatif et à une dose donnée.

Il ne reste que le procédé F. Jean par la distillation qui, théoriquement, paraît exempt de critique, et, pratiquement, est le plus simple de tous. Ce procédé n'a pas encore été attaqué.

DÉSULFURIQUAGE

M. Carles (Bull. Soc. Ph. Bordeaux, 1891, mars) a proposé, pour enlever d'un vin l'acide sulfurique libre ou à moitié combiné, de le traiter par du tartrate neutre de potasse. Il se forme du bitartrate de potasse et du sulfate de potasse neutre; le vin ne dissout que de 3 à 5 gr. de bitartrate, le surplus se dépose et l'analyse ne retrouve plus d'acide sulfurique libre. Ce traitement modifie peu le vin, son degré d'acidité naturelle faiblit de 0,25 à 0,30 par litre; la couleur perd un peu de sa vivacité, son goût est moins âpre, moins rude, mais la dose de sulfate neutre trouvée par l'essai légal n'a pas varié.

En pratique, on ajoute par litre de vin et pour 1 gr. d'acide sulfurique commercial 4gr4 de tartrate neutre de potasse dissous préalablement dans un peu d'eau chaude ou même dans une faible quantité de vin. On agite et on laisse reposer pendant 3 ou 4 jours au moins, dans un lieu frais; le vin ne tarde pas à se clarifier, on soutire aussi clair que possible, l'acide sulfurique a disparu et le vin est devenu marchand.

Ce procédé n'a guère d'emploi pratique, car il ne peut s'appliquer qu'à des vins contenant moins de 2 gr. de sulfate de potasse par litre, une dose plus forte étant défendue et qu'il ne diminue pas la quantité d'acide sulfurique du vin. Or, les vins plâtrés au-dessous de 2 gr. ne contiennent pas une proportion sensible de bisulfate. Il ne s'appliquerait donc guère qu'aux vins traités par l'acide sulfurique et dès lors le plus simple est de supprimer cette opération devenant inutile si on est obligé de la détruire ensuite.

ACIDE CHLORHYDRIQUE LIBRE

Les fraudeurs qui essaient tous les produits chimiques sans s'occuper de leurs effets désastreux sur la santé des consommateurs, ont employé l'acide chlorhydrique après l'acide sulfurique, mais cet emploi est devenu, pour ainsi dire, impossible par suite dù rejet de la consommation des vins salés à plus de 1 gr. par litre, dans lesquels on calcule l'acide chlorhydrique libre ou combiné dans les chlorures en chlorure de sodium.

Recherche. Procédé F. Jean. — Lorsqu'on a reconnu la présence d'un acide minéral libre par le procédé général F. Jean, à la méthylaniline, et que l'on a constaté l'absence de l'acide sulfurique libre, on recherche l'acide chlorhydrique libre par le procédé suivant : 100^{cc} de vin sont agités avec du sulfate de potasse en poudre, additionnés d'un 1/3 d'alcool à 95° et filtrés au bout de 12 heures de repos dans un endroit frais. Les tartrates et l'acide tartrique se précipitent. Dans une partie du liquide filtré et amené à un volume déterminé, on précipite le chlore total par l'azotate d'argent en solution acide ; on sépare le précipité, lave à l'eau chaude, puis dissout dans l'ammoniaque pour le précipiter une seconde fois, à l'état pur, en acidulant par l'acide azotique. Une autre partie du liquide filtré est évaporée à sec et calcinée à basse température. Le charbon est épuisé à l'eau bouillante acidulée par l'acide azotique ; dans cette eau on dose le chlore.

Une différence entre la teneur, en chlore, du vin et celle des cendres indiquera la présence de l'acide chlorhydrique libre.

ACIDE AZOTIQUE LIBRE

Procédé Berland et Roos. — Ce procédé permet de reconnaître les plus petites traces d'acide azotique dans les vins ; malheureusement, il donne en même temps l'acide libre et l'acide combiné.

On verse dans l'éprouvette divisée 20^{cc} du vin à essayer, et on y ajoute 10^{cc} de sous-acétate de plomb, qui précipite la matière colorante. On agite le mélange à l'aide d'une baguette de verre, et on le verse sur un filtre posé sur un entonnoir et placé lui-même sur un verre conique mince à parois très transparentes. Après avoir recueilli quelques centimètres cubes de liquide filtré, on y ajoute quelques gouttes d'une dissolution de diphénylamine au 5/100e. On prélève alors, avec une pipette à décantation, environ 20^{cc} d'acide sulfurique pur, qu'on laisse écouler très lentement et avec précaution, dans le vase conique, en appuyant le bec de la pipette contre la paroi du verre, de manière à ne pas mélanger l'acide et le liquide filtré.

Il se forme, au contact de l'acide sulfurique, un précipité blanc de sulfate de plomb dont il n'y a pas à se préoccuper ; mais, si le vin contient de l'acide azotique, on voit se développer, dans la zone de séparation des deux liquides, une belle coloration bleue très intense.

Le procédé présente une telle sensibilité, qu'on peut reconnaître la présence, dans les vins, de 1/20.000 d'acide azotique. M. Dujardin a construit, pour cet essai, un nécessaire coûtant 25 francs.

Modification Pollack (1887, Chemiker Zeitung, p. 1465). On prépare une solution sulfurique de diphénylamine : on prend 0gr01 de diphénylamine dissous dans 10cc d'acide sulfurique étendu avec 3 parties d'eau. On étend à 50cc avec de l'acide sulfurique concentré ; cette liqueur est incolore et limpide.

Pour chaque essai on en verse 2cc dans une petite capsule de porcelaine et par dessus de 3 à 6 gouttes de vin décoloré. Pour décolorer le vin, on le concentre au 5e sur du noir animal pur ; on filtre sur un petit tampon d'amiante (le papier ayant toujours des traces d'acide azotique).

M. Pollack a essayé cette méthode sur 25 vins préparés par lui avec des raisins des provinces rhénanes.

22 vins ont été trouvés exempts d'acide azotique ; deux au bout de 10 minutes ont donné une faible couleur bleue ; un seul a bleui dans les 5 minutes, teinte qui a augmenté ensuite. Tous les vins additionnés d'eau ont donné une coloration plus intense et plus rapide.

Modification Portele (1888, Moniteur Scientifique, p. 577). On concentre le vin au bain-marie, on ajoute un peu d'acide sulfurique étendu et on distille dans une petite cornue ; on recueille le distillat par fractions dans des tubes à essais renfermant chacun 10cc d'une solution sulfurique de diphénylamine, de manière que vers la fin de la distillation, les fractions distillées qui contiennent l'acide azotique ne se mélangent pas à raison de plus de 1 à 2cc pour 10cc de liqueur de diphénylamine. On pousse le feu jusqu'à ce que le résidu commence à mousser fortement.

Un grand nombre de vins naturels essayés ainsi n'ont pas donné la réaction bleue caractéristique, tandis que tous les vins additionnés d'eau ordinaire la donnent d'une manière sensible.

La coloration bleue est extrêmement nette lorsque le vin a été additionné d'acide azotique.

Observations de F. Jean. — Lorsqu'on a constaté la présence d'acides minéraux libres et l'absence des acides sulfurique et chlorhydrique, on recherche l'acide azotique par la modification Pollack.

Comme cette réaction est extrêmement sensible et décèle les azotates, lorsque l'on a constaté la présence de l'acide azotique, il faut le doser.

L'alcool et les matières organiques du vin s'opposent au titrage de l'acide azotique par la diphénylamine et par le protochlorure d'étain ; il faut avoir recours au procédé Schlœsing, qui donne de très bons résultats.

En résumé, la réaction bleue indiquée précédemment permet de constater la présence de l'acide azotique, soit libre, soit combiné ; dans le premier cas, il a été introduit directement ; dans le second cas, il est dû au mouillage ; c'est donc un excellent réactif pour prouver le mouillage. Comme la dose introduite dans ce dernier cas est extrêmement faible, le dosage de cet acide viendra prouver définitivement si on est en présence d'acide azotique libre.

ACIDE HYDROFLUOSILICIQUE

Cet acide a été préconisé pour remplacer le plâtrage, mais je doute fort qu'on l'ait jamais employé ; c'est loin d'être un produit marchand. Pour en révéler la présence on alcalinise le vin et on le réduit en cendres ; on recherche la présence du fluor.

Mais il faut tenir compte que M. Blarez a trouvé du fluor dans plusieurs vins naturels (Bull. Soc. Ph. Bordeaux, 1886, p. 41).

Il faut donc recourir au dosage de cet acide, lorsqu'on en a constaté la présence.

ACIDE OXALIQUE

Cet acide n'existe pas dans les vins et son emploi doit être absolument proscrit, car c'est un acide qui agit énergiquement sur l'estomac et d'une façon très nuisible.

Sa présence dans les vins peut être causée par l'introduction du phytolacca, de la betterave et de la cochenille ; seulement dans la betterave il est à l'état d'oxalate et en très petite proportion ; dans tous les cas c'est une falsification.

Son dosage se fait d'une manière simple : voici le procédé que je propose : 1° Ajouter aux vins à essayer une solution de chlorure de barium dans l'eau distillée (sans acides), recueillir le précipité sur un filtre, le laver et jeter les eaux de lavage. Il se précipite en même temps du sulfate et de l'oxalate de baryte. On traitera alors le précipité sur le filtre même par de l'eau aiguisée d'acide azotique, qui dissoudra l'oxalate de baryte, jusqu'à ce qu'il n'y ait plus de résidu sur une lame de platine. Le sulfate de baryte restera sur le filtre ; on pourra le calciner et le peser. L'oxalate de baryte restera dans les eaux de lavages. Ces eaux seront évaporées à 100°, et le résidu repris par l'eau, laissera un trouble blanc d'oxalate de baryte, s'il y en a. Dans ce cas, on filtrera sur un filtre taré, on lavera et sèchera le précipité. Le poids obtenu d'oxalate de baryte multiplié par 0.37037 donnera celui de l'acide oxalique. On peut calciner le précipité et le doser à l'état de carbonate de baryte ; le poids de ce dernier corps multiplié par 0.45685 donne celui de l'acide oxalique. 2° En suivant le même principe on peut agir un peu différemment : On traitera le vin par la liqueur de Marty (voir *Plâtrage*) ; il se formera du sulfate de baryte, l'oxalate restant en solution ; on filtrera et on évaporera le liquide filtré, ainsi que les eaux de lavages, jusqu'à ce que tout l'acide chlorhydrique libre soit chassé ; on reprendra le résidu par l'eau distillée chaude ; on filtrera s'il y a lieu, et l'on ajoutera du chlorure de barium qui donnera un précipité blanc s'il y a de l'acide oxalique. Ce précipité peut être recueilli et dosé comme il vient d'être dit.

ACIDE CITRIQUE

L'addition frauduleuse de cet acide a été signalée par MM. Nessler et Barth (J[l] de Ph. et Ch., 1882, Août) ; elle se pratique par l'introduction dans le vin du jus de tamarin ; son but est de donner au vin l'apparence de vieux. Un tamarin du commerce contenait 13 $^1/_2$ $^0/_0$ d'acide citrique.

On peut aussi l'ajouter directement aux vins pour en aviver les couleurs.

La plupart des vins naturels ne contiennent pas d'acide citrique, mais cependant on en a trouvé 0^{gr}02 et 0^{gr}03 par litre dans des vins blancs d'Alsace et d'Italie.

Tout vin contenant plus de 0.04 d'acide citrique pourra donc être considéré comme fraudé, et dans ce cas, on en ajoute des quantités beaucoup plus considérables (Voir *Analyse : Dosage des acides*).

ACIDE TARTRIQUE

L'acide tartrique a été préconisé pour remplacer le plâtrage, dont l'effet définitif est de mettre cet acide en liberté. On obtient le même résultat qu'avec le plâtrage sans changer la nature des vins.

L'addition d'acide tartrique est permise par la loi. On ne peut en mettre un excès, car le vin ne serait pas buvable. La recherche et le dosage de cet acide, lorsqu'il est à l'état libre, se fait facilement par les procédés indiqués à l'analyse des vins : *Dosage des acides*.

CRÈME DE TARTRE

La crème de tartre est souvent ajoutée aux vins pour en augmenter le titre acide et par conséquent pour en aviver la couleur, mais alors elle rend les vins plus âpres. Dans ce cas, ce n'est pas une falsification.

Elle est également introduite dans les vins mouillés et vinés afin de revenir au poids normal : ce n'est qu'une falsification secondaire.

On l'ajoute encore aux vins plâtrés pour dérouter les experts ; mais c'est une erreur, car le plâtrage peut se trouver sans le dosage de la crème de tartre ; et de plus, si le plâtre est alumineux, cette addition fera conclure à la présence de l'alun, ce qui est beaucoup plus grave.

Tannin. — Le tannin est quelquefois ajouté au vin pour en aviver la couleur ; mais cette addition dans ce but est très rare ; on l'ajoute ordinairement plutôt pour en modifier le goût, au point de vue frauduleux, bien entendu. (Voyez chapitre suivant).

SALAGE

Les médecins ont déclaré que des vins contenant 1 gr. de chlorure ont provoqué de graves indispositions chez les personnes qui en ont fait usage. (Laboratoire d'Alger).

M. Cazalis-Allut a proposé de remplacer le plâtrage par le salage qui n'est pas répréhensible quand il est maintenu dans de faibles limites 0,1 à 0,2 de sel. Cette opération est, dit-il, très fréquemment appliquée en France, en Algérie et en Espagne.

La dose indiquée par M. Cazalis ne peut guère servir que pour faciliter le collage, mais ne doit pas produire le même effet que le plâtrage.

M. Pichard (Comptes Rendus, 1883, mars 19) pense que le salage n'appauvrit pas le vin en tartre, parce que le chlorure de sodium ne précipite pas la crème de tartre comme le chlorure de potassium et le sulfate de potasse.

Par une lettre du 12 mars 1890, l'Administration des Douanes a fait connaître qu'à partir du 1er octobre 1890 les vins renfermant plus de 1 gr. de chlorure de sodium par litre seraient ou repoussés simplement à la frontière ou saisis.

Le sel marin peut avoir été introduit dans un voyage en mer, soit par accident, soit par les marins pour remplacer du vin enlevé ; fait que j'ai été à même de constater dans un envoi de vins d'Algérie.

Un vin naturel renferme rarement plus de 0gr1 de chlorure de sodium ; on peut admettre qu'un vin qui en renferme plus de 0.2 a été salé. (Ch. Girard).

Cependant, j'ai eu en mains un vin naturel d'Algérie contenant 0,207 de chlorure de sodium ; on pourrait plutôt admettre le chiffre de 0,3 comme limite du vin naturel. Tout vin contenant de 0gr3 à 1 gr par litre serait salé, et au-dessus de 1 gr. le vin serait sursalé et par conséquent prohibé.

Recherche et dosage du chlorure de sodium. — La recherche et le dosage du chlorure de sodium se borne simplement à la recherche et au dosage du chlore. Il n'est pas besoin de rechercher la soude, puisque dans les procédés indiqués pour ce dosage, on admet que tout le chlore est à l'état de chlorure de sodium, ce qui est exact à peu de chose près.

Recherche. — On calcine au rouge sombre l'extrait sec de 200 gr. de vin ; on réduit le résidu de la calcination en poudre fine, que l'on traite ensuite par l'alcool pur ; on laisse reposer 24 heures et on décante avec soin. On recueille cet alcool et on l'évapore dans une capsule de verre, à une douce température de manière à obtenir une cristallisation aussi parfaite que possible.

Souvent, le simple examen de cette cristallisation, avec une forte loupe ou mieux au microscope, permet de distinguer les cristaux bien caractérisés de chlorure de sodium ; mais ce seul caractère ne suffit pas ; ce n'est qu'une présomption.

On peut aussi opérer directement sur le vin. On évapore une certaine quantité de vin de façon à en obtenir l'extrait sec.

On traite cet extrait par quatre ou cinq fois son volume d'alcool à 75°.

On fractionne cet alcool et on l'évapore doucement dans des verres de montres un peu creux. Le sel marin reste dans le résidu ; on examine alors au microscope.

Il est beaucoup plus simple de procéder au dosage du chlore par l'un des procédés suivants.

Dosage du chlore dans les Cendres. — 1° on prépare préalablement une liqueur d'azotate d'argent contenant 29gr06 de ce sel par litre. Un centimètre cube de cette solution égale 0gr01 de chlorure de sodium.

On réduit 200 à 300cmc de vin à l'état d'extrait, puis à l'état de cendres ; on reprend par l'eau distillée, puis on ajoute à froid un petit excès d'acide azotique ; on filtre, et lave le filtre.

Le liquide filtré est versé dans un vase de porcelaine, et on sature exactement l'acide azotique par du carbonate de soude, en se servant du papier neutre de tournesol, comme il est dit au dosage du Titre Acide. On verse alors dans le liquide quelques gouttes d'une solution de chromate de potasse.

On verse alors, goutte à goutte, la liqueur titrée d'azotate d'argent jusqu'à ce qu'il se forme une coloration rouge persistante,

Le chromate d'argent, qui est d'un beau rouge, ne se forme que lorsque tout l'acide chlorhydrique contenu dans les chlorures est à l'état de chlorure d'argent.

Ce procédé, tout en donnant la proportion de chlore contenu, est beaucoup plus rapide que le procédé de recherche indiqué ci-dessus.

2° Si l'on veut doser le chlore avec une précision mathématique, il faut opérer par pesée du chlorure d'argent.

On traite les cendres du vin par l'eau distillée et l'acide azotique, puis on filtre comme ci-dessus.

Dans le liquide clair qui doit avoir une forte réaction acide, on verse une dissolution d'azotate d'argent. Si le résidu contient du chlore, il se produit immédiatement un précipité blanc, caillebotté, insoluble dans l'acide azotique.

On recueille ce dépôt sur un filtre taré ; puis on lave à plusieurs reprises avec de l'eau aiguisée d'acide azotique pur.

Quand le lavage est terminé, on sèche le filtre et on pèse.

1 de chlorure d'argent égale 0.24738 de chlore.
1 — — 0.40767 de chlorure de sodium.

La pesée des précipités sur les filtres tarés demande des précautions, car les filtres et souvent les précipités absorbent rapidement l'humidité de l'atmosphère, de sorte que le poids change constamment pendant tout le temps de la pesée ; on ne peut peser le filtre chaud, l'erreur serait encore plus forte et le dessiccateur ne suffit pas.

Pour obtenir des résultats exacts on se sert des pèse-filtres (fig. 117).

A est un flacon bouché à l'émeri en verre léger ; on peut y introduire le filtre et son contenu ; ce flacon peut servir également à la dessiccation des corps en poudre ou encore de tare ; B est le pèse-filtre ordinaire ; le filtre est introduit dans le tube lorsqu'il est sec, bouché et pesé après refroidissement; on le pose sur la balance au moyen de l'un des deux supports D et E ; C se compose de deux verres de montre dont les bords sont rodés l'un sur l'autre ; l'usage est le même que pour les pèse-filtres.

Pour la dessiccation des filtres on opère généralement de la manière suivante :

Le filtre chargé du précipité est porté à l'étuve et placé la pointe en bas dans l'un des trous des plaques de fonte émaillée ; lorsque la plus grande partie de l'humidité a disparu, on ouvre le filtre, on l'étale à plat et on place à côté le tube pèse-filtre débouché.

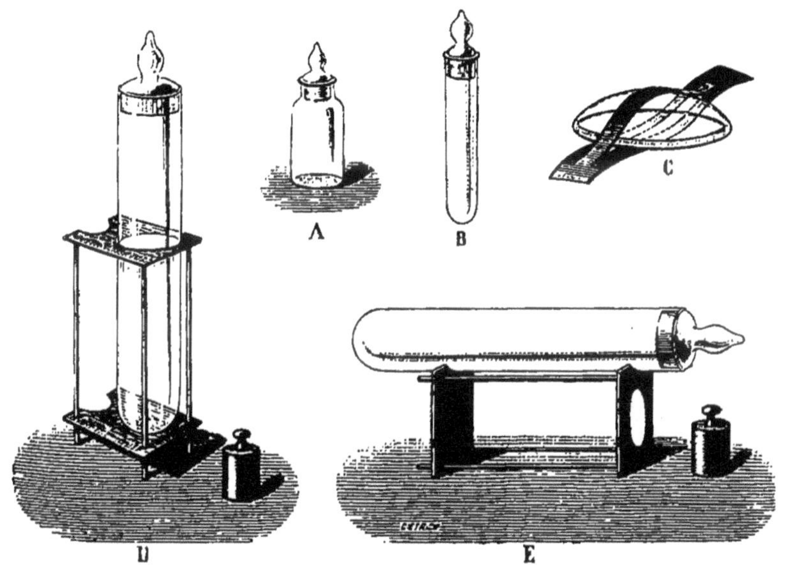

Fig. 117.

(Chabaud).

(A, 1 fr. 25. — B, 1 fr. — C, 1 fr. 20 à 2 fr. 20. — D,E, 7 fr.)

Lorsque le filtre est sec on l'introduit dans le tube que l'on bouche et laisse refroidir. La pesée se fait facilement; si le tube n'est pas taré, on équilibre le tout sur la balance, on retire le filtre du tube, qu'on laisse sur la balance et on remplace le filtre par des poids. On opère exactement de même pour avoir le poids du filtre sec, avant de s'en servir.

Dessiccateur de filtres Yvon (1885). — Cet appareil, fabriqué par M. Wiessnegg, a pour but de dessécher rapidement les précipités peu volumineux avec une minime dépense de gaz. Il se compose d'une plaque rectangulaire en cuivre platiné ou nickelé de 4 à 5 millimètres d'épaisseur ; sur un des côtés est une petite cuvette qui reçoit un thermomètre coudé, allant de 60 à 100° et placé dans de la limaille de cuivre. En quelques minutes on peut porter la température de la plaque à 100° ; on étale dessus le filtre humide ; le papier adhère à la plaque, se dessèche très rapidement et se détache ensuite facilement; si le lavage du précipité a été bien fait, la plaque reste brillante. Cet appareil placé dans une étuve semblable à celle de Schlœsing (fig. 93), coûte 30 fr.

Le chlore peut aussi se trouver dans les vins, soit à l'état naturel, soit par suite de l'impureté du sel marin ajouté, à l'état de chlorure de magnésium et de calcium, mais c'est une hypothèse, quant à l'état naturel, car on n'a pu les isoler et les séparer du chlorure de sodium d'une manière parfaite.

Dans le cas d'une semblable recherche, qui n'a qu'un intérêt scientifique, on dosera tout le chlore et toute la soude et l'on établira la relation qui existe entre les chiffres trouvés et les équivalents, pour former du chlorure de sodium. Si on obtient un excès de l'un ou de l'autre corps, c'est qu'on est en présence d'un autre sel. S'il y a un excès d'acide, il y a du chlorure de magnésium et même du chlorure de calcium, dont les proportions en centièmes sont pour le chlorure de magnésium : chlore 0.73652, magnésium 0.26348 et pour le chlorure de calcium : chlore 0.63356, calcium 0.36644, tandis que le chlorure de sodium contient : chlore 0.60344 et sodium 0.39656.

Si la soude est en excès, il est probable qu'il existe dans le vin un tartrate double de soude et de potasse, ou même du malate de soude.

Modification Viard. — Ainsi que nous l'avons vu dans l'étude de l'acide sulfurique libre, la simple calcination ne donne pas le chiffre exact du chlore par suite du déplacement de ce gaz par l'acide sulfurique et même de l'acide tartrique.

Il est facile de remédier à cet inconvénient : on neutralise le vin à traiter par la soude caustique jusqu'au papier de tournesol violacé, on évapore, incinère à basse température et lorsqu'il n'y a plus de vapeurs odorantes on lave le charbon à l'eau bouillante, puis on traite par l'acide azotique jusqu'à légère acidité ; on fait bouillir et on agit sur le liquide comme précédemment.

Chloruromètre Dujardin. — Le procédé de dosage du chlore dans les cendres est long et délicat; aussi M. Dujardin, désireux d'obtenir une méthode pratique, a-t-il de suite pensé au noir animal pour décolorer le vin. Il a constaté que des solutions titrées de sel marin mises en présence de noir animal pendant 24 heures, n'avaient pas été sensiblement modifiées.

Le noir animal employé ne doit pas donner par un lavage à l'eau distillée de réaction avec l'azotate d'argent ; s'il en était autrement il faudrait faire deux essais avec le même noir en deux quantités égales ; l'un avec le vin, l'autre avec une même quantité d'eau distillée ; la différence entre les deux dosages donnerait le chlore du vin.

On prélève une mesure de noir animal et on la verse dans un verre, on y ajoute une mesure de vin et on mélange bien le tout, puis au bout de quelques instants on filtre; on rejette les premières portions de liquide filtré puis on prélève avec une pipette 10^{cc} du liquide que l'on verse dans un vase à précipité (fig. 118) placé sur une plaque de porcelaine blanche ; on y ajoute quelques gouttes de carbonate de soude pur jusqu'à ce qu'une bande de papier de tournesol bleu ne rougisse plus dans le liquide; on verse alors 10cc d'eau distillée et 3 à 4 gouttes de chromate de potasse; on verse au moyen de la burette la liqueur d'azotate d'argent jusqu'à ce qu'on obtienne une teinte rouge brique persistante.

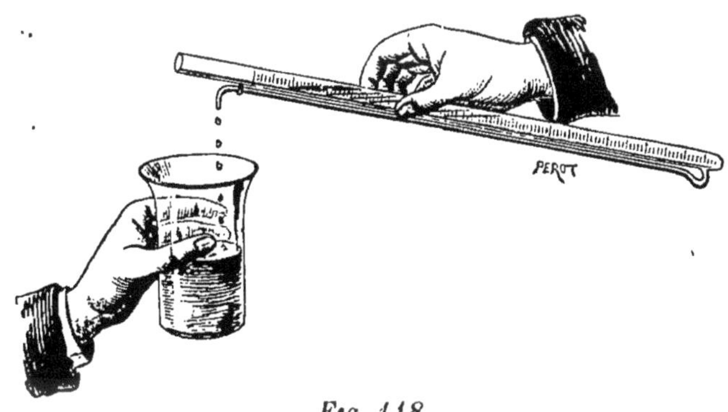

Fig. 118.

(Dujardin).

Procédé Blarez. (1890, avril, Bull. Soc. Ph. Bordeaux, p. 112). — On prend 50 ou 100cc de vin que l'on verse dans un flacon avec 5 gr. de noir pur et 5 gr. de bioxyde de manganèse pulvérisé; on agite à plusieurs reprises; au bout de 15 minutes, on ajoute 0gr25 à 0gr30 de carbonate de chaux en poudre, on agite quelques instants et filtre. On prend 20cc du liquide filtré, qui est encore un peu coloré, on le verse dans un ballon avec 150 à 200cc d'eau distillée avec quelques gouttes de chromate de potasse. On déduit du volume de liqueur d'argent employé 1/10 de cc. nécessaire pour obtenir dans de l'eau la teinte rouge brique.

D'après l'auteur, cette méthode est plus exacte que la simple calcination, lorsqu'on opère avec des vins fortement plâtrés.

Procédé Roos. (1890, Jl de Ph. et Ch. t. 21, p. 416). — On prépare une solution d'azotate d'argent azotique à 5 % et une liqueur de ferrocyanure de potassium, saturant exactement cette solution, à volume égal; les solutions décinormales conviennent parfaitement.

On prend 20cc de vin auquel on ajoute un excès de solution d'argent, puis on cherche avec le ferrocyanure la quantité d'argent inutilisée par les chlorures. On ajoute peu à peu le ferrocyanure en faisant une tache sur du papier Berzelius et passant dessus une goutte de sulfate ferreux (pour éviter la coloration noire des sels ferriques avec le tannin du vin).

La tache reste rouge tant qu'il n'y a pas d'excès de ferrocyanure et devient franchement bleue dès qu'il y a excès.

Cette méthode, dit l'auteur, n'est pas aussi satisfaisante que la méthode au chromate de potasse, mais les résultats sont satisfaisants.

M. A. Riche a trouvé que ce procédé donnait toujours des résultats trop faibles de 0,12 à 0,38 par litre.

Procédé Sinibaldi et Combe. — (1891, Mars, Moniteur Scientifique) Le vin est d'abord décoloré au moyen d'un mélange de carbonate de chaux, de bioxyde de manganèse et d'une faible proportion de carbonate de soude; après filtration le liquide est limpide et neutre ou légèrement alcalin.

Le liquide filtré est additionné d'une solution d'azotate d'argent qui précipite le chlore; le précipité formé est redissous par une liqueur d'ammoniaque étendue. Cette liqueur est titrée au moyen d'un vin salé à 1 gr. par litre et étendue de telle façon que 10^{cc} d'ammoniaque diluée dissolvent juste la quantité de chlorure d'argent précipité dans un vin contenant 1 gr. de chlorure de sodium. Si le vin contient plus de 1 gr. de chlorure par litre, il restera un excès de chlorure d'argent, non dissous, et le liquide sera trouble.

En mettant plus ou moins de la liqueur ammoniacale on arrive à doser le chlore à 1 décigr. de chlorure près.

Ces chimistes n'ont pas donné les doses des produits qu'ils emploient, et comme ils vendent un nécessaire : *l'œnochloromètre*, 25 francs et la poudre pour 50 dosages, 15 fr., je n'ai pas cru pouvoir indiquer les proportions des réactifs.

Procédé Gondoin. — (1891, Jl de Ph. et Ch. t. 24 p. 8) — Par la méthode ordinaire on ne peut rien voir dans le vin par suite de sa couleur ; la difficulté se trouve tranchée par l'emploi du papier de chromate jaune.

Il emploie une liqueur d'argent contenant 7^{gr}25 d'azotate d'argent par litre ; 4^{cc} de cette liqueur précipitent 0^{gr}01 de chlorure de sodium correspondant à 1 gr. par litre, l'essai se faisant sur 10^{cc} de vin.

On verse le vin dans un verre à pied et on verse goutte à goutte la liqueur d'argent, on agite rapidement et on dépose une goutte du liquide sur le papier au chromate.

Si au milieu de la tache gris rosé ordinaire du vin, on voit apparaître le rouge brique du chromate d'argent c'est qu'il y a un excès d'argent ; on regarde alors sur la burette et on calcule la quantité de chlore.

Les résultats sont un peu plus forts que par l'incinération ; à la suite de nombreuses expériences il a constaté que pour 10^{cc} de vin, il faut, à 4^{cc} de liqueur d'argent, pour 1 gr. de chlorure par litre, ajouter 0^{cc}7 pour pouvoir conclure. Il faut donc verser 4^{cc}7 pour 1 gr. Ce procédé n'est donc applicable qu'à la recherche de 1 gr. de chlorure en plus ou en moins. On verse donc 4^{cc}7 de liqueur ; si on a la teinte rouge brique il y a moins de 1 gr.

Pour préparer le papier au chromate on fait une dissolution de ce sel à 10 % et avec un pinceau doux on l'étend sur une feuille de papier à filtrer ordinaire ; il faut en faire peu à la fois et le mettre à l'abri de la lumière.

CHAPITRE 5

MODIFICATION DU GOUT ET DE L'ODEUR

Sucres — Saccharine — Acide acétique — Acide tartrique — Crème de tartre — Tannin — Alun — Sels de plomb — Carbonates alcalins Extraits, Essences et Bouquets Artificiels.

Les corps qui sont employés pour modifier le goût et l'odeur des vins ont pour but soit de détruire ou de cacher un mauvais goût, soit de donner aux vins un goût les faisant ressembler à un vin de qualité supérieure.

SUCRES

Nous avons vu que le sucrage des moûts pour produire de l'alcool était permis; il n'en est pas de même lorsque les vins faits sont additionnés de sucres.

Lorsque les vins sont très durs et très acides on y ajoute du sucre pour leur donner la douceur qui leur manque.

Rien n'est plus facile que de démontrer cette fraude. On cherche et dose le sucrose ou le glucose et la dextrine comme nous l'avons vu au Sucrage et aux Vins glucosés. On cherche le titre acide et on déguste.

Un dégustateur trouvera toujours l'acidité malgré le sucrage ; le titre acide sera supérieur à la moyenne des vins analogues et ne sera pas en rapport avec sa teneur en sucre. La présence du sucre, avec une dose d'alcool inférieure à 16°, prouvera le sucrage du vin fait, s'il n'y a plus de fermentation.

Ces vins sont ordinairement pauvres en alcool; dans ce cas ils se remettent rapidement à fermenter; il en est de même lorsque ces vins sont riches en alcool mais coupés ultérieurement avec des vins faibles. Si ce vin a été mis en bouteilles il produit du vin mousseux et les bouteilles sont souvent brisées. J'ai eu entre les mains un vin rouge qui moussait comme du champagne et avait un goût acide désagréable.

Il ne faut pas commettre d'erreur, car certains vins d'Algérie, d'Espagne et d'Italie dont la fermentation naturelle ne s'est pas terminée et a laissé du sucre produisent le même résultat; mais ici l'acidité est très faible.

Les sucres sont également employés pour sucrer des vins ordinaires afin de les faire ressembler aux vins sucrés naturels, dans ce cas ils sont également vinés ; il y a tromperie sur la nature de la marchandise.

On est arrivé ainsi à imiter même les vins d'imitation.

Dans une expertise semblable, la différence des éléments naturels du vin suspect avec ceux des vins naturels démontrera la falsification.

Il y aura certitude absolue s'il reste du sucrose, du glucose ou de la dextrine, les vins naturels n'ayant que du sucre inverti.

Cidre et Poiré. — Le cidre et le poiré sont employés dans quelques cas pour imiter les vins sucrés auxquels ils donnent un goût particulier et sucré.

Acide carbonique et sucres. — On fait une imitation grossière des vins de Champagne en mutant des vins blancs, les chargeant d'acide carbonique et les mettant en bouteilles comme les eaux gazeuses.

SACCHARINE

La saccharine est un des plus curieux produits de la chimie contemporaine ; c'est un corps extrêmement sucré puisqu'il sucre 280 fois plus que le sucrose et cependant il ne ressemble en rien aux sucres ni physiquement ni chimiquement.

C'est l'imide orthosulfobenzoïque résultant de la deshydratation de l'acide sulfamidobenzoïque.

Les premières recherches sur ce corps sont d'Engelhard et Latschinoff, Mlle A. Wolkow s'en occupa en 1870, Ira Remsen de 1875 à 1879, et Beckurts en 1877 ; en 1879 Fahlberg et Ira Remsen continuèrent les essais, mais c'est Fahlberg seul qui en 1880 trouva la saccharine et la fit breveter. Cependant la validité du brevet est attaquée.

Les essais conduisant à la saccharine datent de 1870 ; elle a été obtenue et décrite en 1879 et dès lors sa fabrication n'est pas brevetable en France. — (Moniteur scientifique 1886 p. 434 — Virchows archiv. 110 p. 613).

Les travaux qui intéressent ce produit se trouvent dans les ouvrages suivants : Journal de Pharmacie et de Chimie 5e série t. 13 p. 602 — t. 14 p. 205, 306 — t. 15 p. 216 — t. 18 p. 124, 172, 225, 292, 368, 551.

Annalen der Chemie 178 p. 275. — Berichte der deustchen chemischen Gesellschaft t. 10 p. 913. t. 12 p. 469, 1048, 1348, 1848 ; t. 13 p. 1292 ; t. 16 p. 52 ; t. 17 p. 283 ; t. 20 p. 1596, 2274, 2928. Zeitschrift für Chemie 6 p. 321. Americ. Chem. Journal 8 p. 176, 227, 223, 235, 229. t. 7 p. 145.

La saccharine est soluble dans l'eau ; peu dans l'eau froide ; 1 litre d'eau à 15° n'en dissout que 2gr41, dit un auteur et 3gr33 dit un autre ; très soluble dans l'eau bouillante. Elle est plus soluble dans l'alcool.

Eau et alcool à 10° alcoolique dissolvent par litre 5gr41 de saccharine.

20	7. 39
30	11. 47
40	19. 88
50	27. 63
60	28. 90
70	30. 70
80	32. 15
90	31. 20
100	30. 27

L'éther en dissout 0,468 °/₀ et l'enlève de ses dissolutions aqueuses; le pétrole de même; elle est soluble dans la glycérine, le sirop de glucose et surtout dans l'acétone mais à peine soluble dans la benzine et le chloroforme.

A 100° elle ne s'altère pas; elle fond à 118-120° et se volatilise vers 150°.

Elle ne réduit pas la liqueur de cuivre, mais chauffée avec l'acide sulfurique elle détermine un précipité d'oxydule de cuivre (Rouquès).

C'est un acide car elle forme des saccharinates.

C'est un antiferment; d'après Mercier une solution de saccharine à 3 pour 1000 serait supérieur comme antifermentescible à une solution d'acide borique à 15 pour 1000 et à l'acide salicylique ou phénique à 1 pour 1000.

La question de l'innocuité de la saccharine a donné lieu à de nombreuses discussions. Stutzer, Aducco et Mosso, Leyden, Mercier et Constantin, sont d'avis qu'elle est inoffensive et passe dans les urines; au contraire Stadelmann, Hedley, Pavy, Worms, Dujardin-Baumetz, soutiennent qu'elle occasionne des troubles gastriques.

Le Dr Worms (Acad. Médec. 1888, avril 10) a administré 10 centigr. par jour, de saccharine, à quatre personnes; elles ont eu des douleurs d'estomac et des troubles de digestion tels, au bout de 15 jours, qu'on a dû en abandonner l'emploi; ces troubles reparaissaient chaque fois qu'on voulait en reprendre l'emploi.

M. Bruylants (Jl Ph. et Ch. 1888, t. 18, p. 292) soutient que la saccharine est complètement éliminée par les urines et ne se trouve dans aucune autre sécrétion. 1 °/₀ de saccharine affaiblit la fermentation alcoolique; il faut un minimum de 2 1/2 °/₀ pour empêcher la fermentation putride.

La fermentation de la pepsine est peu retardée par la saccharine, mais la fermentation pancréatique ne se fait que lentement dans un liquide à 1 °/₀.

Elle est d'une innocuité complète, d'après l'auteur, qui en a pris assez longtemps jusqu'à 3 gr. par jour.

On se demande si le produit essayé par M. Bruylants est bien le même que celui essayé par M. Mercier, qui indique comme très antifermentescible la dose de 3 pour 1,000.

En 1888, l'Académie de Médecine a adopté le rapport de M. Dujardin-Baumetz, présenté au Conseil d'hygiène publique de la Seine et concluant que la saccharine n'est pas un aliment et doit être interdite comme telle, mais permise comme médicament antiseptique.

Le 13 août 1888, le Comité consultatif d'hygiène publique de France a conclu que la saccharine n'était pas un aliment et ne pouvait remplacer le sucre; que son emploi dans l'alimentation suspend la digestion des substances amylacées ou albumineuses, par conséquent trouble la digestion et peut multiplier le nombre des dyspepsies; elle doit donc être proscrite. Cette résolution a été prise à la suite d'un rapport de MM. Brouardel, Pouchet et Ogier.

Enfin, pour moi, la saccharine est un produit pharmaceutique; son goût est fortement sucré, mais il reste dans l'arrière-gorge une saveur particulière pharmaceutique qui persiste assez longtemps après que la saveur sucrée a disparu. Ce fait a été constaté par plusieurs dégustateurs. Des essais faits sur des enfants ont fait constater qu'au bout de peu de temps le dégoût de cette sorte de sucre les prend et qu'ils n'en veulent absolument plus.

La saccharine sucre, mais ne fermente pas ; elle ne peut donc servir au sucrage ; elle pourrait seulement servir à adoucir les vins.

Cette substance a été rencontrée pour la première fois au Laboratoire municipal de Paris, dans un vin de Champagne déposé le 11 mai 1888 et communiqué par M. Lépine, Secrétaire général de la Préfecture de Police au Conseil d'hygiène de la Seine.

L'Administration des Douanes a interdit l'importation en France de la saccharine et des substances saccharinées par un décret en date du 1er décembre 1888.

Recherche. — La saccharine se retrouve facilement dans les vins grâce à sa solubilité dans l'éther. Les divers procédés indiqués ci-après ont été dénommés du nom des personnes qui les ont publiés sans autre nom d'auteur.

Procédé Dujardin. — Pour cette recherche on emploie le même nécessaire que celui qui est indiqué à la recherche de l'acide salicylique ; seulement le tube à robinet est divisé en trois parties et le dé en verre n'a pas de marques.

Dans le tube à robinet on verse jusqu'au trait inférieur le vin à essayer et on ajoute de l'eau distillée jusqu'au second trait, puis deux ou trois gouttes d'acide sulfurique pur ; on retourne le tube sens dessus dessous à plusieurs reprises et on verse par dessus le mélange de l'éther jusqu'au trait supérieur ; on mélange de la même manière et on laisse reposer jusqu'à séparation de l'éther, dans lequel la saccharine s'est dissoute. On ouvre le robinet et on laisse écouler la partie inférieure avec un peu d'éther ; on ferme le robinet, ajoute de l'eau pour laver l'éther et rejette également cette eau. L'éther est ensuite versé dans le petit vase de verre et mis à évaporer dans l'eau chaude. S'il y a de la saccharine, elle se dépose sur les parois du vase, sous forme d'une poudre blanche extrêmement fine ; il suffit d'en recueillir une parcelle et de la porter à la langue pour sentir la saveur sucrée caractéristique. Par ce procédé on peut déceler dans un litre de vin la présence de 1 centigramme de saccharine, correspondant comme goût sucré à 2gr80 de sucrose par litre.

Procédé Remsen. — On traite le vin comme ci-dessus, par l'éther, et on obtient un résidu qui est desséché à 100° puis additionné de quelques gouttes d'acide sulfurique et un peu de résorcine ; on chauffe doucement ; il se développe une coloration jaune, rouge, puis vert foncé, en même temps qu'il se dégage de l'acide sulfureux, s'il y a de la saccharine. Le liquide étant refroidi, on ajoute de l'eau et on verse dans un verre avec les eaux de lavage, on ajoute de la potasse ; le liquide devient rouge avec une fluorescence verte.

Avec cette méthode M. Lopès a pu caractériser 5 milligr. de saccharine par litre.

On peut faire cette opération sur le résidu du traitement du vin par l'éther et le pétrole, procédé Schmidt.

Procédé Halphen. — Le résidu de l'évaporation de l'éther est repris par une solution de soude, sous un très petit volume, et soumis pendant plusieurs heures sous l'action d'un courant électrique de 4 volts ; s'il y a de la saccharine, dans le liquide analysé, on constate la présence d'acide sulfurique, d'acide azotique et d'un corps réduisant l'azotate d'argent ammoniacal additionné d'un peu de potasse.

Procédé Schmidt. — On traite 100^{cc} de vin par quelques gouttes d'acide sulfurique, puis par 25^{cc} d'un mélange à volumes égaux d'éther à 62° et d'essence légère de pétrole ; le liquide éthéré remonte à la surface, on recueille ce liquide dans une capsule de porcelaine ; on traite à nouveau le vin par 25^{cc} du mélange éther-pétrole et on réunit au premier liquide dans la capsule de porcelaine ; on évapore sur l'eau chaude (Toutes ces évaporations d'éther loin du feu). On ajoute au résidu quelques gouttes d'une solution de soude et on évapore sur un couvercle d'argent ou dans un petit creuset de porcelaine, on continue à chauffer jusqu'à fusion, pendant une 1/2 heure. On laisse refroidir et acidule par l'acide sulfurique ou chlorhydrique ; la saccharine s'est transformée en acide salicylique. On épuise le résidu par l'éther, évapore, reprend par l'eau et ajoute du perchlorure de fer qui développe une belle couleur violette.

Si le vin contenait de l'acide salicylique, on ne pourrait pas se servir de ce procédé qui, du reste, ne peut déceler plus de 5 centigrammes de saccharine par litre.

Procédé Bœrnstein. — La saccharine extraite par l'éther est dissoute dans une lessive de potasse à 25 °/₀ ; on y ajoute du brôme, goutte à goutte, jusqu'à coloration persistante ; après plusieurs heures et refroidissement, il se forme un précipité jaune amorphe que l'on filtre et lave. Cette poudre jaune, vue au microscope, est formée de prismes transparents ou d'aiguilles ; chauffée sur une lame de platine, elle se boursoufle beaucoup, mais ne fond pas et finit par donner un charbon riche en potasse. Avec un centigramme de saccharine on peut obtenir cette réaction.

Procédé Bruylants. — Ce procédé, basé sur l'action de la résorcine, a pour but de chercher la saccharine dans un liquide contenant de l'acide salicylique. Le résidu éthéré est dissous dans l'eau, neutralisé par le carbonate de soude et traité par un léger excès d'azotate de mercure ; il se forme un abondant précipité de saccharinate de mercure qu'on recueille et dessèche après lavage, entre des papiers à filtrer doubles. On le met dans un tube à essais et on y ajoute deux fois son volume de résorcine, agite, ajoute l'acide sulfurique et continue comme au procédé simple.

Dosage. Procédé Bruylants. — On traite le vin par un léger excès de chlorure de barium et de baryte caustique ; fait bouillir, filtre et évapore à sec. Le résidu est épuisé par l'alcool 98° ; la dissolution alcoolique est évaporée et le nouveau résidu dissous dans l'eau. Cette solution est chauffée à 80° et traversée par un courant d'acide azoteux jusqu'à ce qu'il ne se dégage plus d'acide carbonique ; on neutralise par du carbonate de potasse, évapore et fond le résidu avec un mélange de carbonate et d'azotate de potasse ; on pèse enfin à l'état de sulfate de baryte.

Le poids du sulfate de baryte, multiplié par 0,854, donne la saccharine. On peut aussi doser l'acide salicylique résultant de la transformation de la saccharine.

Procédé général. — Dans la saccharine retirée du vin par l'éther, on peut doser le soufre qu'elle contient par les procédés de chimie générale.

ACIDE ACÉTIQUE

L'emploi de cet agent est excessivement rare, car il existe déjà beaucoup trop, malheureusement, à l'état naturel dans les vins, par suite de leur altération.

Néanmoins, on l'ajoute dans quelques cas, lorsque le vin est trop plat, afin de lui donner un petit goût acide. On l'emploie également pour masquer le mouillage.

Il est impossible de prouver qu'il y a falsification, car le vin contenant naturellement une certaine proportion de cet acide, et l'excès que l'on peut y trouver pouvant provenir du contact de l'air, on n'a aucun moyen de distinguer l'acide ajouté de celui qui se formerait naturellement.

De plus comme on évitera avec soin d'en mettre un excès, il est complètement inutile de s'occuper de cette recherche au point de vue de cette fraude.

Il n'y a lieu de rechercher la dose d'acide acétique libre que pour les vins piqués ou sautés, car lorsque la dose de cet acide est en excès, on peut refuser les vins.

Müller a donné le tableau suivant des quantités d'acide acétique libre contenu dans les vins. (C'est le seul document que j'aie pu trouver).

Acide acétique hydraté libre par litre représenté en soude caustique sèche.

Vins du Rhin	de	0.41	à	0.70
Bordeaux ordinaires		0.53		0.91
Sauterne		0.54		0.92
Beaune		0.19		0.32
Pomard		0.41		0.70
Ermitage		0.65		1.11
Rivesaltes		0.52		0.89
Roussillon		0.38		0.66
Langlade		0.42		0.71
Moyenne		0.45		0.75

ACIDE TARTRIQUE

On l'introduit quelquefois dans les vins pour donner une saveur aigrelette à ceux qui sont plats ou mouillés.

Son introduction dans les vins plats est évidemment une fraude, puisqu'il y a tromperie sur la nature de la marchandise, mais elle ne tombe pas sous le coup de la loi. Quant aux vins mouillés, le mouillage suffit pour faire condamner le vendeur.

On constatera l'addition d'acide tartrique comme il est dit à l'Analyse des vins.

CRÈME DE TARTRE

Elle est employée dans le même but que l'acide tartrique.

On l'emploie aussi pour masquer l'addition de cidre et de poiré dans les vins. Ces deux substances ne contenant pas de crème de tartre, on a ajouté la crème de tartre pour masquer la fraude ; on en a fait autant pour les vins mouillés et plâtrés.

Lorsqu'il n'y a pas d'excès de crème de tartre ajoutée, on ne peut découvrir la fraude.

TANNIN

Le tannin est quelquefois ajouté aux vins pour leur donner un goût astringent particulier qui se rencontre dans quelques vins naturels. Mais le plus souvent cette addition a lieu pour masquer le goût plat produit par le mouillage.

Si le vin a un goût astringent, suffisamment prononcé pour que la dégustation le décèle immédiatement et si on a constaté l'absence d'alun, ce goût sera dû au tanin.

L'addition de tannin a aussi pour but de conserver les vins, de faciliter les collages et d'aviver la couleur.

Depuis quelque temps on emploie en grand l'écorce de chêne pulvérisée ajoutée au moment de la cuvaison, le tannin clarifie le vin en précipitant les matières albuminoïdes.

Tous les tannins ajoutés, chêne, noix de galle ou autres sont différents de l'œnotannin et par conséquent faciles à différencier.

L'addition de tannin se démontre par la différence que l'on trouve entre l'œnotannin et les tannins préparés. Le dosage du tannin, comparé avec les quantités normales qui existent dans les vins de même provenance, indiquera approximativement la quantité ajoutée.

L'addition de tannin n'est pas défendue par la loi. Si on en constate un excès, on l'enlèvera par des collages.

Il y a cependant une différence assez sensible sur l'estomac entre les tannins et l'œnotannin. La plupart des tannins végétaux forment avec les matières albuminoïdes des combinaisons insolubles même à chaud, tandis que l'œnotannin donne des combinaisons assez solubles et qui se digèrent bien.

Recherche. — On évapore le vin, rapidement à 100° ou dans le vide, sur quelques grammes de noir animal ; on reprend le résidu par l'éther à 56°, qui dissout les tannins ; on évapore l'éther et on traite le résidu par l'eau, on filtre et neutralise très exactement par du carbonate de soude ; on ajoute alors une trace de perchlorure de fer. Le vin naturel donne une belle couleur verte, tandis que le vin contenant un tannin étranger donne une couleur bleue, noire ou violette.

ALUN

L'alun est employé pour cacher le goût plat de certains vins, soutout ceux de la Bourgogne. C'est une falsification qui est complètement prohibée et sévèrement punie. Son étude a été faite dans le chapitre précédent.

SELS DE PLOMB

Céruse. — Litharge. — Acétate de plomb.

Les sels de plomb ont été employés autrefois pour adoucir les vins en neutralisant les acides libres qui leur donnaient un goût aigre.

Cette fraude, la plus dangereuse de toutes celles pratiquées sur les vins, a cessé ; mais on peut rencontrer le plomb dans les vins, par suite de l'emploi de vases en plomb ou de tout appareil en plomb ayant été en contact avec les vins. (Voir *Falsifications accidentelles*).

CARBONATES ALCALINS

Carbonate de chaux. — Carbonate de potasse. — Carbonate de soude.

Les vins qui ont de la verdeur ou qui sont piqués, sautés ou amers doivent leur mauvais goût à un excès d'acide.

Dans les vins qui passent à l'amer, le tartre sous l'influence de certains ferments se transforme en entier en acétate de potasse et en acide acétique (Glénard). Dans ce cas, l'acide acétique est accompagné de $\frac{1}{12}$ à $\frac{1}{16}$ d'acide butyrique et d'une quantité d'acide valérique qui ne dépasse pas 10 milligr. par litre (Duclaux).

C'est surtout dans le commerce des vins communs, au détail, que les vins étant en vidange se piquent et aigrissent.

Comme ces vins ne peuvent se boire, il y a perte pour le débitant qui a alors recours à différents moyens pour faire disparaître cette acidité. Nous avons étudié les procédés licites, à la correction de la verdeur et de l'acidité, mais l'emploi des carbonates alcalins est considéré comme une fraude, car il y a tromperie sur la nature de la marchandise vendue, en même temps qu'il y a introduction dans le vin de un ou plusieurs éléments qui lui sont étrangers, quoiqu'ils soient inoffensifs au point de vue de l'hygiène.

Les vins verts ou acides peuvent être traités par le carbonate de chaux sans qu'il y ait fraude, car il se forme des sels de chaux insolubles ; on n'y rencontrera que très peu ou point d'acétate.

Les carbonates alcalins saturent l'acide acétique libre en dégageant de l'acide carbonique. Le carbonate de chaux est le plus inoffensif des trois carbonates employés.

Lorsqu'on emploie les carbonates de soude et de potasse, la saveur des vins devient fade et alcaline quoiqu'on soit dans l'habitude de les remonter par une addition d'alcool ; de plus, la couleur, vire au violet. La craie n'a pas ces inconvénients. La chaux, la soude, la potasse, restent dans les vins à l'état d'acétates ; c'est donc à cet état qu'il faut les y rechercher.

D'après Batilliat la chaux vive à dose convenable neutralise une partie de l'acide sans changer la couleur ; elle développe le bouquet et la saveur du vin, hâte la vieillesse de tous les vins. Par un excès, ils se troublent, deviennent brunâtres et d'un goût désagréable, mais si on ajoute de l'acide tartrique, la couleur et le goût reparaissent et l'odeur de vieux persiste ; la chaux hydratée n'agit pas au même degré. M. Maumené déclare ces assertions inexactes ; le vin devenu brun par la chaux ne peut reprendre sa couleur par l'acide tartrique.

Cette falsification est ancienne. Columelle et Pline disent que les Grecs, les Romains et les Carthaginois adoucissaient les vins acides avec de la lie de vin brûlée, le sel des cendres de sarments (carbonate de potasse) ou avec de la chaux brûlée.

On peut corriger un vin un peu acide, en lui ajoutant une solution de tartrate neutre de potasse. L'acide acétique libre forme de l'acétate de potasse qui reste dissous (ce sel est inoffensif et existe déjà dans le vin normal) et du bitartrate de potasse peu soluble qui se sépare en se déposant avec la lie ou en cristallisant contre les parois du tonneau. La quantité de tartrate à ajouter se calcule, sur un litre, d'après la quantité de carbonate de soude sec et pur qu'il faut ajouter pour obtenir la neutralisation de l'acide libre. (Voir *Titre Acide*). On ajoute donc un poids de tartrate neutre égal à celui du carbonate de soude employé ; de cette façon on ne sature pas complètement l'acidité. (J. Brun).

Ce procédé comme le carbonatage introduit de l'acétate de potasse.

4° On peut diminuer la verdeur d'un vin en le traitant avec précaution par de la craie lavée à l'eau, ou mieux du marbre, et même du lait de chaux étendu. La chaux forme avec l'acide tartrique du tartrate de chaux qui se dépose et avec l'acide acétique de l'acétate de chaux soluble. On peut opérer ainsi : on prélève trois litres de vin et on en sature deux avec précaution par de la craie ; on note la quantité nécessaire pour obtenir la neutralisation ; on ajoute le 3e litre et on filtre. Si le vin a conservé une acidité suffisante, on ajoute au vin la quantité proportionnelle à celle de l'essai ; sinon on verse du vin peu à peu dans le résultat de la filtration des trois premiers litres jusqu'à ce que le goût du mélange soit normal ; on calcule la craie employée pour cette quantité de vin et l'on procède alors au traitement de la totalité.

Gautier donne ce procédé comme bon et licite. Baudrimont le donne comme mauvais par suite de l'introduction d'un sel calcaire. Robinet le considère, avec raison, comme une fraude, non dangereuse il est vrai, mais qui favorise la vente de produits qui ne devraient pas être livrés au commerce. Je suis de cet avis, les vins piqués ou aigris traités par ce moyen renfermant ensuite une notable proportion d'acétate de chaux étranger aux vins.

Malgré l'opinion émise ci-dessus M. Robinet donne le moyen de guérir les vins un peu acides : les traiter par la chaux, la craie, le marbre pilé ou la potasse après avoir fait un essai en petit, coller ensuite et soutirer dans un fût mèché, puis verser 1 litre d'alcool et 30 gr. d'acide tartrique. Mais, dit-il, on ne peut guérir un vin contenant plus de 1 gr. d'acide acétique par litre. Je trouve même cette dose bien forte, car elle introduira environ 1gr5 d'acétate de chaux et près de 2 gr. d'acétate de potasse.

On avait pensé au carbonate de magnésie, mais l'acétate et le tartrate de magnésie sont solubles, purgatifs et communiquant un mauvais goût aux vins, aussi a-t-il été abandonné.

La législation est muette sur le carbonatage qui est peu pratiqué, néanmoins les tribunaux condamneront toujours un vin dans lequel on trouvera une proportion sensible d'acétate.

EXPERTISE D'UN VIN CARBONATÉ. — Le premier dosage à faire est celui de l'extrait sec, puis celui des cendres dont les poids augmentent dans la proportion des carbonates introduits.

La recherche de la chaux, de la potasse et de la soude n'a qu'une importance secondaire, puisque ces bases se trouvent naturellement dans les vins ou peuvent avoir été ajoutées pour toute autre cause.

Un vin naturel donne, avec l'oxalate d'ammoniaque, un précipité peu sensible d'oxalate de chaux, tandis qu'il devient très sensible si on a ajouté du carbonate de chaux. Cependant il ne faut pas oublier qu'un vin fortement plâtré ou mouillé avec une eau calcaire donne un précipité semblable. De plus, certains vins venus dans les terrains calcaires contiennent une quantité de chaux fort appréciable. Cependant il est utile de faire cette recherche afin de voir s'il faut continuer les expériences, car s'il n'y a pas de chaux, il est inutile de continuer, quant au carbonate de chaux.

Toute la craie ajoutée n'est pas dissoute dans le vin, car une partie de la chaux se précipite à l'état de tartrate de chaux, en enlevant la moitié de l'acide tartrique du tartre ; il y donc lieu de doser l'acide tartrique total, qui a diminué.

Les procédés de recherche des trois carbonates sont basés sur l'élimination des acétates par le traitement alcoolique du résidu sec du vin, mais les auteurs ne sont pas d'accord sur le degré de concentration à donner à cet alcool ; ce qui prouve qu'il n'influe pas beaucoup sur cette recherche.

Procédé Pédroni fils. — On traite le résidu sec par de l'alcool à 95°, lequel dissout l'acétate de potasse qui est obtenu par évaporation. Ce sel possède une saveur piquante et est très hygrométrique. Si on verse dessus de l'acide sulfurique, il répand des vapeurs d'acide acétique et, par la calcination, il donne du carbonate de potasse. Dans sa dissolution dans l'eau, il donne, avec l'acide tartrique en excès, un abondant précipité de crème de tartre, et un précipité jaune avec le bichlorure de platine.

Si les réactions ci-dessus ont donné un résultat négatif, on recherche la soude en traitant le résidu par de l'alcool à 58° qui dissout l'acétate de soude. En évaporant cet alcool, on obtient des cristaux d'une saveur légèrement amère et piquante ; traités par l'acide sulfurique, ils donnent l'odeur d'acide acétique. A la chaleur ils fondent dans leur eau de cristallisation et par calcination forment du carbonate de soude, verdissant le sirop de violette, faisant effervescence avec les acides et donnant une flamme jaune au chalumeau, mais ne fournissant aucun précipité par l'acide tartrique, le bichlorure de platine et l'oxalate d'ammoniaque.

Procédé J. Brun. — On décolore 200 gr. de vin suspect par du noir animal lavé avec de l'acide chlorhydrique ; on filtre et on évapore à siccité complète. L'extrait obtenu est mis en digestion avec de l'alcool à 36° qui dissout les acétates : cette dissolution filtrée et évaporée à siccité donne un résidu que l'on pèse. Ce poids donne déjà l'indication de l'abondance de ces corps que l'on redissout dans l'eau distillée. C'est dans ce liquide fractionné en trois parties que l'on recherche les bases.

Procédé Robinet. — On évapore le vin à une douce température et on traite le résidu par quatre ou cinq fois son volume d'alcool à 75°. Comme tous les acétates sont solubles dans cet alcool, celui-ci enlèvera les acétates au résidu. On évapore l'alcool et on dissout le résidu dans l'eau distillée que l'on fractionne pour rechercher les bases.

L'acétate de potasse cristallise en lamelles blanches.

Recherche de la chaux, de la potasse et de la soude. — Les acétates obtenus étant dissous dans l'eau distillée, on fractionne le liquide en trois parties égales dans chacune desquelles on recherche successivement l'une des trois bases.

Chaux. — Pour rechercher la chaux, on ajoute de l'oxalate d'ammoniaque, qui donne un précipité blanc insoluble dans l'acide acétique. Tous les vins contiennent de la chaux, mais rarement à l'état d'acétate. J. Brun dit que ce sel n'existe pas dans les vins naturels, mais Robinet dit qu'ils en contiennent, rarement il est vrai : un vin dans de bonnes conditions ne doit pas en contenir, cependant il peut se trouver des sels de chaux solubles dans l'alcool, mais ils sont en très faibles proportions.

Si le précipité est abondant, on peut conclure à la fraude.

On s'assure de la nature du sel de chaux par l'acide sulfurique qui dégage l'odeur d'acide acétique sur le résidu primitif.

L'ébullition avec l'acide sulfurique et l'alcool donne de l'éther acétique.

On peut aussi se servir des réactions de l'acide arsénieux et de l'azotate mercureux, quoiqu'elles soient très délicates.

Les acétates neutres chauffés avec de l'acide arsénieux et un alcali caustique en poudre bien desséchée, dégagent du cacodyle, remarquable par son odeur repoussante.

Le protonitrate de mercure donne un précipité blanc cristallin que l'eau bouillante décompose en partie, en séparant du mercure métallique.

Le perchlorure de fer, avec les acétates neutres, prend une teinte rouge foncé que l'acide libre ne donne pas ; avec le nitrate d'argent ils donnent un précipité blanc cristallin soluble dans l'eau bouillante. On peut peser le précipité d'oxalate d'ammoniaque sur un filtre taré. — 1 d'oxalate égale 0.341 de chaux anhydre. — Ou calciner à l'état de carbonate de chaux avec les précautions indiquées à l'analyse des cendres. — 1 de carbonate égale 0.56 de chaux . Il faut, autant que possible, opérer par comparaison avec un vin de provenance identique. Certains vins (champagne) contenant une forte proportion de sels calcaires, pourraient être une cause d'erreur ; mais ces sels n'étant pas à l'état d'acétate sont faciles à reconnaître.

Potasse. — L'acétate de potasse peut exister naturellement dans les vins, dit J. Brun, tandis que Robinet soutient qu'un vin normal n'en contient jamais. Je crois devoir me ranger à l'opinion de ce dernier, son autorité en matière vinicole étant indiscutable. Si donc on se trouve en présence d'acétate de potasse, il y a une forte présomption de croire que le vin a été additionné de carbonate de potasse ou de *tartrate neutre de potasse*.

La présence de la potasse étant constante dans les vins, il faut démontrer son excès et son existence à l'état d'acétate.

Dans la deuxième partie de la solution primitive, contenant les acétates, on ajoute de l'acide tartrique qui, par l'agitation, donne un précipité blanc de bitartrate de potasse ; le bichlorure de platine donne un précipité jaune serin.

On peut peser les précipités, lavés à l'alcool sur un filtre taré puis séchés.

1 de bitartrate de potasse égale 0.25 de potasse.

1 de chloroplatinate de potasse égale 0.1926 de potasse.

On constate la présence de l'acide acétique comme il est dit plus haut.

Le dosage de la potasse totale, déduction faite de la potasse qui constitue la crème de tartre, donnera le poids de celle qui est à l'état de sulfate, acétate, bisulfate ou nitrate.

Dans les vins naturels, ces sels sont en quantité tellement faibles qu'on peut les négliger ; aussi toute augmentation de potasse peut elle être considérée comme l'indication d'une fraude.

Les fraudes qui l'introduisent sont le plâtrage, l'addition de cidre et de poiré, l'addition de crème de tartre et de carbonate de potasse; mais il n'y a que le carbonate de potasse et le tartrate neutre de potasse qui puissent introduire dans les vins de l'acétate de potasse. On peut connaître lequel des deux sels a été ajouté, sachant que le premier augmente la dose de crème de tartre.

Soude. Procédé J. Brun. — Dans la troisième partie de la liqueur mise à part précédemment on précipite la chaux par l'oxalate d'ammoniaque; on filtre, puis on précipite la potasse par l'acide tartrique et on filtre à nouveau. Le liquide qui résulte de ces deux opérations est évaporé à sec et calciné; le résidu, s'il y en a un, sera du carbonate de soude qu'il est facile de distinguer.

1 de carbonate de soude égale 0.594 de soude.

Le vin normal ne contient que des traces de soude, et rarement un peu d'acétate de soude.

Les paillettes translucides et nacrées qui flottent quelquefois dans le vin blanc vieux sont formées d'acétate de soude.

Procédé Robinet. — La troisième partie de la liqueur est traitée par l'oxalate d'ammoniaque, filtrée puis traité par une solution concentrée d'antimoniate de potasse, seul agent qui précipite la soude de ses combinaisons. Si on obtient un précipité, il faut tenir compte que le chlorure de magnésium est soluble dans l'alcool et précipite par ce réactif. Il faudra donc rechercher s'il y a de la magnésie au moyen du phosphate de soude, qui forme avec elle, à la longue, un précipité blanc grenu.

Le vin peut aussi contenir du chlorure de sodium, qui, étant soluble dans l'alcool à 75°, sera retrouvé à la fin. On dose le chlore comme il est dit à l'article Salage.

Procédé Viard. — On traite la 3e partie de la liqueur par l'oxalate d'ammoniaque, puis par de l'acide tartrique en excès; on filtre et on évapore. Pendant la fin de l'opération, on sent les vapeurs qui s'échappent, afin de voir si l'excès d'acide tartrique fait évaporer de l'acide acétique. Lorsque le tout est à l'état pâteux, si on n'a pas saisi l'odeur de l'acide acétique, on ajoute de l'acide sulfurique, qui fait évaporer cet acide s'il y en a. On redissout alors le résidu dans l'eau; il se dissout du sulfate de soude, de l'acide sulfurique, de l'acide tartrique; il peut y avoir aussi des chlorures de magnésium et de sodium. On divise la liqueur en 3 parties: La première aiguisée par l'acide azotique est additionnée d'azotate d'argent qui précipite le chlore à l'état de chlorure d'argent, que l'on peut peser. Dans la 2e portion on recherche la magnésie au moyen du phosphate de soude lequel détermine un précipité de phosphate ammoniaco-magnésien, que l'on peut peser. La troisième partie évaporée et calcinée donne du sulfate de soude ou du sulfate de magnésie, ou le mélange des deux, que l'on pèse.

Comme on connaît la quantité de magnésie, on détermine la proportion de sulfate qui y correspond; le poids de ce sulfate déduit du poids du mélange des deux donne le poids du sulfate de soude, lequel donne la quantité de soude.

Comme d'autre part on a déterminé le poids du chlore, on calcule la quantité de ce corps combiné à la magnésie ; la différence donne la proportion de chlore combiné à la soude.

La soude non combinée au chlore est à l'état d'acétate.

EXTRAITS ET ESSENCES

A l'étude des vins d'imitation nous avons vu quels étaient les extraits et les essences employés pour donner aux vins une saveur et une odeur agréables ; ces substances ne tombent pas sous le coup de la législation, et cependant plusieurs d'entre elles peuvent influer fâcheusement sur le système nerveux de certaines personnes ; tels sont : l'iris de Florence, les feuilles de laurier-cerise, l'essence d'amandes amères et l'absinthe. Du reste, par les derniers travaux de différents savants, on sait aujourd'hui que beaucoup de substances odorantes que l'on croyait inoffensives, comme l'anis, ont une action délétère sur l'organisme.

L'emploi de ces substances devient coupable lorsqu'il a pour but d'imiter plus ou moins exactement le bouquet des vins de qualité et de faire passer des vins inférieurs pour des vins de valeur supérieure. Les vins sucrés naturels ou d'imitation sont ainsi imités et deviennent dangereux. Un gourmet ne s'y trompera pas, mais la masse du public ne sait pas les distinguer.

L'addition de ces différentes substances a été peu étudiée par les différents chimistes vinicoles, pour ne pas dire du tout. Car à part J. Brun qui en dit quelques mots, tous les autres auteurs passent complètement sous silence l'introduction de ces substances dans les vins.

Cependant cette fraude est déjà ancienne, puisque l'histoire romaine nous apprend que selon les contrées on aromatisait les vins avec du sureau, de l'absinthe, des oranges, des roses, du fenouil, etc. Ces mêmes usages existent encore en Chine.

Il y a donc là toute une étude à faire, mais pour y arriver il faudrait beaucoup de temps et d'habileté, car cette question est excessivement difficile et complexe.

Le seul procédé indiqué pour reconnaître les parfums ajoutés est le *Procédé Suskind*. L'éther pur agité avec le vin, décanté et évaporé dénote les parfums ajoutés, s'ils sont en assez forte proportion. Une température de 50 à 60° centigrades, en favorisant l'évaporation de ces parfums, donne aussi d'excellents indices à un nez connaisseur.

Les extraits peuvent se retrouver lorsque leurs éléments diffèrent de ceux des vins. Les extraits de cassis, de framboises et d'oranges contiennent de l'acide citrique, comme du reste tous les fruits rouges et un peu d'acide malique. Le cassis se reconnaît facilement aux réactions de sa couleur indiquées à la coloration artificielle; la couleur de la framboise n'a pas été étudiée, peut-être pourrait-elle donner un indice.

Les amandes amères contiennent une huile et de l'amygdaline, le brou de noix contient beaucoup de tannin.

Les autres substances ne peuvent guère se distinguer que par leur odeur; les essences de toutes les plantes sont dans le même cas.

ETHERS OU BOUQUETS ARTIFICIELS

Les produits précédents sont retirés des plantes; ils ont donc une source naturelle, mais ici il est question de produits fabriqués ayant pour but de simuler la nature, je ne dis pas imiter, car jusqu'à présent la science paraît impuissante à produire des corps ayant absolument tous les caractères physiques, chimiques et surtout physiologiques, de ceux produits par elle.

D'après M. Maumené, les éthers à acides gras, dérivés d'alcools homologues de l'alcool vinique, permettent d'imiter d'autant mieux les bouquets des différents vins que l'acide et l'alcool sont d'un équivalent plus élevé.

Les éthers valéro-amylique, éthylbutyrique et éthylœnantique sont ceux qui réussissent le mieux.

J'ai en main un prospectus de la maison Ulysse Roy de Poitiers, de 1864 (Existe-t-elle encore ?), dans lequel il est dit que cette Maison a obtenu de l'Institut de France une médaille d'or de 3.000 francs et le prix Monthyon de 4.000 francs.

L'illustre Bouchardat approuve complètement l'emploi des produits de cette maison, et il dit que l'emploi de la framboise et autres produits aromatiques, loin d'être blâmé, doit être encouragé, *parce qu'il tend à perfectionner les produits naturels*, et que ce n'est pas tromper le public que de lui vendre un produit amélioré. Payen et Lunel sont de cet avis.

La statistique de la Préfecture de la Vienne, en 1863, donne comme conclusions : « Que le bouquet *œnantique des vins*, l'*essence de Cognac*, les parfums pour liqueurs et l'*essence de Rhum*, améliorent les produits *sans falsification*; et que c'est le plus sûr moyen d'augmenter la valeur des récoltes et de fabriquer des liqueurs excellentes à un prix modéré. »

Tous ces documents et ces appréciations d'hommes éminents ne me convainquent pas; car il peut être parfaitement permis d'améliorer un vin avec des produits inoffensifs, mais comme il arrive presque toujours que l'on se sert de ces essences pour imiter des vins supérieurs avec des vins inférieurs, je soutiens qu'il y a fraude, de même que lorsqu'on livre de l'alcool de betterave coloré par du caramel et parfumé par ces éthers pour de l'eau-de-vie. Quant aux liqueurs faites avec ces essences, elles sont loin de valoir celles qui sont fabriquées avec les fruits, tant au point de vue du goût qu'au point de vue hygiénique.

On fait aussi d'autres essences : l'*essence de Médoc*, l'*essence de Volney*, l'*essence de Cognac*, etc.

D'après le rapport de la Commission supérieure à l'Exposition de Vienne, il paraîtrait qu'à l'Institut de Klosterneuburg, en Autriche, on apprend à fabriquer des extraits ou éthers œnantiques reproduisant les bouquets des vins les plus renommés. Je ne puis que blâmer une telle instruction, si elle a pour but de faire passer ces produits dans l'alimentation.

Tous ces produits sont loin d'être sans action sur l'organisme, puisque M. A. Riche, ainsi que nous l'avons vu à l'étude des alcools pour le vinage, les classe dans les plus toxiques.

MM. Laborde et Magnan (Revue d'hygiène, 1887, août 9 et 20) ont fait une étude sur les propriétés toxiques des bouquets, dits huiles de vin, sur les alcools de vin, de betteraves et de maïs, et sur les essences pour liqueurs; ces essais faits sur des chiens, leur ont montré que les substances qui nous occupent causaient des accidents graves.

Le commerce de ces essences se fait librement et a pris un tel développement que des voyageurs visitent continuellement les négociants en vins, et produisent sous leurs yeux tous les vins connus avec un seul et même vin quelconque ; aussi je ne doute pas que les Pouvoirs publics ne finissent par s'en préoccuper.

Dans tous les cas, peut-on reconnaître la présence des éthers ajoutés ? J'en doute, car avec le procédé Suskind, si ces éthers ne sont pas ajoutés en excès, comme ils se rapprochent des éthers naturels des vins, un expert, même très connaisseur, doit s'y tromper ; et du reste, il n'appuierait son appréciation que sur une base toute personnelle et qu'un autre expert pourrait contredire.

Il n'y a que le cas où un vin supérieur aurait été imité avec un vin inférieur dans lequel on pourrait démontrer la fraude, et encore la nature des éthers serait-elle étrangère à cette démonstration. Il faudrait analyser complètement le vin suspecté et comparer les résultats obtenus avec les composants naturels du vin imité.

CHAPITRE 6.

COLORATION ARTIFICIELLE DES VINS

Lorsqu'un vin est augmenté de volume, soit par l'eau, l'alcool, le cidre, le poiré, etc., la matière colorante diminue dans la proportion du liquide ajouté ; aussi a-t-on cherché, pour cacher ces diverses fraudes, à donner aux vins la même couleur, au moyen d'agents colorants étrangers.

Cette falsification était devenue tellement générale il y a quelques années, que les Gouvernements s'en sont émus et que de tous côtés les recherches les plus minutieuses ont été faites pour découvrir les fraudes. Aujourd'hui, des laboratoires sont installés aux frontières et dans les ports, et tous les vins entrants sont analysés.

A Paris, un laboratoire municipal examine les produits alimentaires fournis aux particuliers. Ce laboratoire a été l'objet de bien des critiques, qui ont porté à la fois sur la manière de prélever les échantillons et sur les méthodes d'analyses ; ces causes de critique ont à peu près disparu et désormais il ne sera plus attaqué que par les fraudeurs. Il serait à désirer que les autres villes de France suivissent cet exemple.

Grâce aux moyens chimiques nombreux et sûrs pour découvrir les matières colorantes artificielles, on trouve peu de vins colorés ainsi ; cependant, de temps à autre on saisit à la frontière quelques vins colorés par la fuchsine.

La coloration des vins blancs pour les vendre comme vins rouges se fait rarement, la quantité de teinture devant être trop forte pour obtenir ce résultat. L'emploi des substances tinctoriales a surtout lieu pour colorer les vins rouges dont la teinte a été affaiblie par l'addition d'eau, de cidre, de poiré, ou de vins blancs, ou encore pour remonter les vins faibles en couleur et leur donner ainsi une valeur supérieure, en imitant des vins plus chers.

Les colorants jaunes sont aussi introduits dans les vins rouges nouveaux pour leur donner la teinte des vins vieux, mais c'est une falsification difficile à pratiquer.

On emploie les couleurs bleues pour donner aux vins rouges ordinaires la teinte violette de crus estimés.

Les matières colorantes dont on se sert pour colorer les vins sont très nombreuses ; j'en ai donné la liste, en tête de la 4e partie, et plus loin je donne la nomenclature des innombrables dérivés de la houille.

Pour bien se rendre compte des colorants que l'on cherche, il est nécessaire de connaître leurs principales propriétés ; c'est pour cela que je donne ici une idée succincte des colorants.

Certains vins ayant une teinte bleu violet, pas agréable, sont souvent pris par le public comme étant falsifiés, tandis que cette couleur est très naturelle. Elle est due à de jeunes vins provenant de plants de vignes américaines ou encore au coupage de petits vins français avec les vins très colorés du Midi, d'Italie et d'Espagne.

Bois de Brésil, de Fernambouc, de Lima, de Sappan, de Sainte-Marthe et de Nicaragua. — Tous ces bois sont classés par tous les chimistes dans le même chapitre et souvent sous le même nom générique de bois de Brésil, ou sous celui de bois de Fernambouc.

Les bois de Brésil proviennent de différents arbres du genre cæsalpinia, des espèces echinata et christa. Ces bois ne sont pas tous estimés, bien que contenant la même matière colorante : la *brésiline* ; comme celle-ci se trouve associée à différentes matières astringentes, la teinte en est changée suivant la provenance.

Le cæsalpinia echinata brasiliensis est celui qui est le plus riche en matière colorante, et celui qui a la plus belle teinte.

Ces bois communiquent à l'eau bouillante une belle couleur rouge très énergique. Sa décoction alcoolique est d'un rouge jaunâtre assez intense, inodore et presque insipide, violette en présence des alcalis et des carbonates.

La matière colorante principale est la *brésiline* que l'on trouve dans tous ces bois ainsi que dans ceux de Terre-Ferme ; elle est soluble dans l'eau, l'alcool et l'éther et elle cristallise en petites aiguilles de couleur orangée. Les alcalis la colorent en pourpre violet ; les acides font virer la teinte au rouge. En présence de l'air et de l'ammoniaque, elle se colore en pourpre foncé en se transformant en *brésiléine* ; l'acide sulfhydrique la décolore.

Le bois de Brésil diffère du bois de Campèche par sa teinte qui est plus claire et par le précipité rouge que donne sa décoction avec la chaux, la baryte, le protochlorure d'étain et l'acétate de plomb, au lieu du précipité bleu que donne le bois de Campèche.

Le seul caractère commun de ces deux bois est de prendre une teinte jaune sous l'influence d'une petite quantité des acides sulfurique ou chlorhydrique et de rougir par un excès.

Vins au Brésil. — Ces bois sont employés à l'état de décoction, pour colorer les vins ; dans ce cas, il faut ajouter de l'*alun* pour fixer la couleur.

Si on colore les vins avec la brésiline préparée par le procédé Chevreul, celle-ci étant soluble dans l'eau et l'alcool, il n'est pas besoin d'alun.

Bois de Campêche. — Le bois de campêche, ou bois d'Inde, provient d'un grand et bel arbre, l'hœmatoxylon campechianum, de la famille des papillonnacées, tribu des cæsalpiniées, originaire de la baie de Campêche, au Mexique.

Le bois de cet arbre sert en tabletterie, mais surtout en teinture. Il renferme une essence, une matière colorante, l'hématine ou hématoxyline, une substance azotée, de la résine, de l'acide acétique, du chlorure de potassium, des acétates de potasse et de chaux, des sulfates de potasse, de l'oxalate de chaux, de l'alumine, de l'oxyde de fer et de l'oxyde de manganèse.

Un gramme de bois de campêche exige pour être épuisé deux litres d'eau bouillante et donne $0^{gr}25$ à 0.30 d'extrait.

L'hématine est une belle couleur violette ou rouge très foncée, suivant le mode de traitement ; elle se colore en rouge vif par les acides et en bleu par les alcalis ; elle est soluble dans l'eau, l'alcool et l'éther ; elle ne se dissout que lentement dans l'eau froide et très bien dans l'eau bouillante. Sa saveur est légèrement sucrée.

La baryte la précipite en blanc bleuâtre qui tourne au violet, puis au brun par le contact de l'air ; l'acétate de plomb donne un précipité blanc qui se colore en bleu à l'air ; elle est décolorée par l'acide sulfhydrique et les sulfites de soude ou d'ammoniaque.

L'acide sulfurique étendu d'eau la colore en jaunâtre ; les acides chlorhydrique et azotique étendus la colorent en rouge pourpre. Elle réduit la liqueur de cuivre et dévie à droite le plan de polarisation.

Le borax, le phosphate de soude et l'hyposulfite de soude la dissolvent, et à l'air la transforment en hématéine, substance cristalline d'un beau noir violacé à reflets métalliques, soluble dans l'alcool en rouge foncé et dans l'éther en jaune succin.

Vins au campêche. — Cette teinture étant très énergique a été employée en quantité très considérable dans les vins. Dissoute dans l'eau elle lui communique une couleur rouge violet foncé qui convient très bien pour imiter les vins rouges, tout en ne donnant ni goût ni odeur. Comme elle colore l'alcool en rouge jaune, elle a beaucoup servi pour donner aux vins rouges la teinte *rancio foncé* qui en rehausse le prix. On l'a employée à Paris pour faire des vins de toutes pièces.

Le campêche ajouté directement aux vins les rend jaunes et leur enlève une partie de leur matière colorante ; introduit, au contraire, soit en dissolution, soit à l'état naturel, dans la cuve de fermentation, il augmente considérablement la couleur du vin et lui communique une teinte foncée qui fait rechercher ces liquides pour les coupages.

Pour conserver la couleur du campêche dans les vins, il faut y ajouter de l'*alun*, ce qui rend la fraude nuisible.

Baies de Sureau. — Le sureau commun ou sureau à fruits noirs (sambucus nigra) donne des baies d'abord rouges, puis noires à la maturité ; ces baies sont diurétiques ; fermentées avec du sucre, du gingembre ou du girofle, elles donnent une liqueur d'où l'on tire par la distillation une eau-de-vie employée dans l'industrie. Cuites dans le vinaigre, ces baies teignent les peaux et le fil en violet.

Vins au sureau. — Les baies de sureau colorent les vins en rouge foncé, très vineux et leur donnent un goût muscat, tout en étant inoffensives au point de vue hygiénique. On les emploie ordinairement en mettant ces fruits dans la cuve de fermentation en même temps que les raisins avec lesquels ils fermentent en cédant leur couleur.

Dans certains pays vinicoles, on plante les sureaux dans les vignes elles-mêmes et on les récolte en même temps pour les ajouter aux vins, sans se cacher.

Le vin de sureau qui est très légèrement, purgatif serait sans inconvénient pour la santé publique si on n'ajoutait à sa teinture, qui a des tendances à tourner au brun, soit de l'*acide tartrique*, ce qui est inoffensif, soit de l'*alun*, ce qui est grave.

La teinture au sureau, qui a été employée en très grande quantité et au grand jour, est la *teinte de Fismes* qui a une si grande puissance de coloration, elle s'employait à Fismes, Paris et Poitiers.

Cette teinture se composait de 250 à 500 gr. de baies de sureau écrasées, de 30 à 60 gr. d'*alun* et 800 à 500 gr. d'eau. On fait digérer et on presse. On s'en servait dans le Nord pour colorer les petits vins blancs, ou même pour faire des vins factices.

En Espagne, et surtout en Portugal (vins de Porto), on se sert des baies de sureau pour communiquer à certains vins très alcooliques et sucrés une teinte particulière et un goût spécial. Maumené a trouvé, dans un litre de vin fraudé par la teinte de Fismes, de 4 à 7 gr. d'alun. On comprend le danger d'une pareille boisson.

Baies d'Hièble. — Ce sont les baies du sambucus ebulus, espèce de plante du genre sureau. Elle est indigène et croît dans les terrains marécageux, sur le bord des rivières ou le long des champs de blé dans les terrains calcaires.

Son odeur est désagréable ; aussi les animaux ne la mangent-ils pas.

Les baies d'hièble mûrissent vers le mois de septembre ; elles sont sphériques comme celles du sureau, mais moins colorées. Elles sont très riches en matière colorante rouge violet, avec laquelle on teint les tissus. Du temps de Virgile on en teignait le visage de certaines divinités.

Vins à l'hièble. — Le suc fermenté de ces baies a une odeur forte et désagréable ; le goût en est acide, amer et âcre, surtout lorsqu'il est gardé dans la bouche, dont il colore l'intérieur, les dents et les gencives.

Il contient beaucoup de mucilage et d'*acide malique*.

On l'emploie de deux manières pour falsifier les vins : soit en le faisant fermenter avec le raisin, soit en teinture avec de l'eau et de l'*alun*, car la matière colorante ne reste en suspension dans les vins que grâce à une forte proportion d'alun. Sans cet agent, la couleur se décompose rapidement au contact de l'air, en s'oxydant. Des vins à l'hièble seraient inoffensifs si on n'ajoutait pas d'alun.

Baies de Troëne. — Le troëne ou ligustre (ligustrum vulgare) est une plante de la famille des oléacées, tribu des oléinées.

Ses fruits sont de petites baies noires d'une saveur amère, très appréciées des oiseaux ; elles sont comme farineuses et peu succulentes. Elles contiennent du *glucose*, une substance cireuse et une matière colorante d'un beau cramoisi : la *liguline* (Nicklès).

La liguline extraite du suc récent des baies de troëne, par le procédé Glénard (Voir *Analyse des Vins, Matières colorantes*) possède les propriétés suivantes : Elle est soluble dans l'eau et l'alcool, insoluble dans l'éther ; elle est très stable ; l'ébullition prolongée et l'acide sulfureux, même à la longue, ne l'altèrent pas. La gélatine ne la précipite nullement. Le sesquichlorure de fer donne une coloration brune ; l'acide chlorhydrique la rougit sans l'altérer ; les alcalis la verdissent et les bicarbonates alcalins la bleuissent. Une goutte de sa solution alcoolique versée dans l'eau distillée lui donne une belle couleur cramoisie, mais si cette eau contient du bicarbonate de chaux, sa couleur devient d'un beau bleu. (Cette réaction caractéristique en fait un excellent réactif pour les essais des eaux).

Dans le suc fermenté de troëne (rouge brun) la liguline est modifiée ; la couleur cramoisie devient rouge et l'eau calcaire au lieu de bleuir tourne au gris (Nicklès).

Vins au troëne. — On s'est beaucoup servi des baies de troëne pour donner aux vins une couleur plus foncée.

La liguline résiste peu à l'action des vins ; sa couleur violette se change rapidement en rouge clair et alors elle n'ajoute aucune coloration au liquide ; la diminution de la couleur est encore plus forte si le suc a fermenté.

Son emploi en France est très rare et presque sans avantages pour le fraudeur. Cette substance est inoffensive si l'on n'y joint l'*alun*, afin de fixer la couleur.

Baies d'Airelle Myrtille, ou *Raisin des Bois, Raisins d'Ours, Brimbelle, Arbretier* et *Vaciet*. Cette plante (vaccinium myrtillus) est l'espèce la plus commune, en Europe, de l'Airelle de la famille des éricacées. Ses baies sont d'abord rouges, puis d'un bleu noirâtre ; elles ont un goût aigrelet et astringent agréable. On en mange beaucoup dans les pays de montagne. Avec leur suc et avec les baies on en fait des sirops, des tartes et des confitures susceptibles d'être gardées pendant plusieurs années.

Le suc récent de ces fruits est d'un beau violet extrêmement foncé ; gardé dans la bouche, il en colore fortement les membranes et les dents (Caspari). La matière colorante n'est pas détruite par la digestion ; aussi colore-t-elle en bleu les excréments et les urines.

La fermentation modifie et diminue ces caractères. L'acide sulfureux décolore toujours ce suc.

Dans les baies de myrtille on trouve de *l'acide citrique*, de *l'acide malique*, du *citrate de chaux*, une assez grande quantité de tannin qui précipite en bleu la gélatine, du sucre, de la gomme, de la pectine et un peu d'albumine ; aussi le suc a-t-il peu de tendance à fermenter.

Le suc récent est presque inodore et son goût est fade ; traité par les acides, il passe du bleu au rouge ; par les carbonates alcalins, il passe au vert, et par la potasse caustique, au brun jaune (Thomson).

Par la fermentation, la matière colorante devient très semblable à celle du vin ; le suc devient d'un beau rouge bleu ; son goût est acidule, agréable, légèrement astringent et peu alcoolique.

D'après J. Brun, ce sucre contiendrait 56.02 % d'extrait sec et 3.936 de cendres dont le *sulfate de chaux* forme environ la moitié.

Vins d'Airelle. — En Suisse, on fait avec ces baies fermentées une sorte de vin d'un goût peu agréable lorsqu'on n'en a pas l'habitude, mais qui est très consommé dans ce pays.

On l'employait souvent à Paris et en Suisse pour colorer les vins en rouge violacé, mais cette introduction a été défendue.

Tolard, dans un article remarquable (avant 1866), dit : qu'une grande quantité d'airelles sèches en balles, envoyées d'Allemagne à Paris, servirent avec de l'alcool et une matière sucrée à faire des vins artificiels, d'une belle couleur, et qui furent consommés sans danger.

Cette substance est non seulement inoffensive, mais elle est même comestible. Cependant il y a fraude à l'introduire dans les vins par suite de tromperie sur la nature de la marchandise vendue.

Où la fraude prend un caractère grave, c'est qu'on emploie ordinairement l'*alun* pour en fixer la couleur.

Baies de Phytolacca (*phyton*, plante, *lacca*, laque). — Le phytolacca decandra ou *phytolaque*, ou *raisin d'Amérique*, ou *herbe à la laque*, ou *épinard de Virginie*, est une plante de la famille des phytolaccées, dont elle est le type. Les baies de cette plante conviennent fort bien à la volaille, et les jeunes pousses se mangent quelquefois comme les épinards.

Le suc des baies donne une belle couleur analogue à la laque.

Il est vénéneux, et, à une dose assez faible, il provoque des vomissements qui sont occasionnés par la présence d'un excès d'*acide oxalique*. Il est purgatif, très visqueux, d'une couleur rouge carmin magnifique, d'un goût désagréable et tenace, et d'une odeur nauséabonde. Il contient beaucoup de fécule provenant des graines.

Depuis une vingtaine d'années on l'exploite dans l'Alsace, le Midi de la France, le Würtemberg, le Portugal et l'Italie, pour sa belle matière colorante.

Vins au Phytolacca. — Le suc de ces baies ne fermente pas et donne des cendres presque entièrement composées de potasse (J. Brun).

C'est en Portugal que cette substance a été surtout employée pour colorer les vins en beau rouge carmin.

Cette falsification était tellement devenue générale dans le pays, que le gouvernement Portugais fut obligé de faire couper tous les phytolacca avant la maturité des fruits, puis d'en interdire la culture sous les peines les plus sévères.

On a nommé ces baies pendant longtemps — baies de Portugal — aussi en 1876 a-t-on cru qu'on en expédiait encore de Porto, parce qu'on avait envoyé de cette ville des baies de sureau sous cette dénomination. La baie de sureau renferme trois petites graines grises, tandis que le phytolacca a dix petites graines noires.

A cette époque Bastide a analysé plus de 3.000 échantillons de vins français et étrangers, et dans aucun il n'a constaté la présence du phytolacca.

Le vin au phytolacca étant vénéneux et drastique, est on ne peut plus dangereux pour la santé publique ; mais on ne le rencontre plus, sa recherche étant très facile.

D'après Lacour-Eymard (1890, Journal de Ph. et Ch., t. 21, p. 243, le phytolacca sert plus que jamais à colorer les vins en Espagne et en Portugal ; le suc de cette baie à la dose de 60 gr. n'a donné qu'une selle ; à la dose de 80 gr. c'est un bon purgatif cathartique.

Ces indications sont en contradiction avec toutes les données qu'on avait jusqu'à ce jour sur cette plante, il y aurait donc lieu de les vérifier. Quant à la recrudescence de la fraude à ce sujet, en Espagne et en Portugal, les consommateurs français n'ont pas à s'en préoccuper, tous les vins de l'étranger étant analysés par l'Administration des Douanes.

Mûres noires. — Ce sont les baies du mûrier noir (morus nigra), le seul connu des anciens. C'est un arbre qui atteint souvent 10 mètres de hauteur. Le fruit est d'un pourpre noir, d'une saveur sucrée et fraîche; on en compose un sirop recommandé dans les inflammations de la gorge. En France on cultive le mûrier multicaule (morus multicaulis) qui a été importé de Manille en 1824 ; ses fruits sont petits et passent du blanc au rouge puis au pourpre noirâtre.

Les baies du mûrier noir contiennent de l'*acide tartrique* et de l'*acide citrique* à l'état libre ; elles colorent les vins en rouge foncé.

De tous les auteurs qui ont traité de la coloration artificielle des vins, Brun est le seul qui en dise quelques mots, ainsi que des trois baies suivantes, quoiqu'elles doivent être très employées.

Mûrons des haies. — Cette baie nommée *mûre* est le fruit du mûron ou framboisier sauvage ou ronce noire, le rubus fruticosus, très commun en France, dont il constitue la plus grande partie des haies.

Avec ses baies on fabrique des boissons ; dans l'Est on les mélange aux raisins de marc pour obtenir un petit vin aigrelet coloré.

Ce fruit est bon et ne paraît pas avoir besoin d'alun pour maintenir sa couleur, du moins pendant un certain temps.

Ces baies contiennent de l'*acide malique* et de l'*acide citrique*.

Cassis et Framboises. — Ces fruits sont employés plutôt pour leur odeur que pour leur couleur (Voyez Odeur des Vins), car ils coûtent cher. Avec le cassis seul on peut colorer suffisamment un liquide pour le faire ressembler à un vin. Du reste le vin de cassis n'est pas désagréable.

Ces baies contiennent de l'*acide malique* et de l'*acide citrique*.

Maqui. — C'est le fruit de l'aristotelia macqui (L'Héritier) de la famille des Tiliacées. C'est un arbrisseau du Chili, qui est cultivé au Muséum de Paris et qui fructifie, même en pleine terre, dans les années chaudes (M. D. Bois).

Cet arbrisseau est très rameux; ses feuilles sont opposées et ses fleurs disposées en grappes terminales; le fruit ou baie est rouge et pisciforme; les semences sont convexes d'un côté et anguleuses de l'autre (Ventenat). Le fruit du maqui était employé couramment à Reims pour colorer les vins de raisins secs. M. Lajoux a découvert sa présence et donné les réactions qui permettent de le reconnaître.

Vin au maqui. — Sa décoction rouge vineuse est agréable au goût, acidule et sans danger; elle ne se distingue guère des vins; sa couleur tient de celle du vin et de celle du sureau.

Coquelicot. — Le pavot rouge, Papaver-Rœas, est une plante annuelle, qui croît à profusion en France et dont la fleur, nommée coquelicot, est d'une couleur rouge ponceau très vif, d'un éclat superbe. Les vaches et les moutons en mangent impunément, mais elle est nuisible aux chevaux.

Les pétales de cette fleur ont une saveur mucilagineuse; elles sont adoucissantes et légèrement calmantes; on les recommande dans les catarhes pulmonaires, la pleurésie et la toux : on les administre en infusion et en sirops.

Vins au coquelicot. — Les pétales séchées et traitées par l'alcool ou l'eau alcoolisée donnent une décoction très visqueuse, peu odorante et d'un goût un peu fade. La matière colorante, très riche et très soluble dans les vins, s'y maintient parfaitement; avec le temps, cependant, elle tourne au brun, comme toutes les matières colorantes végétales qui sont très avides d'oxygène.

Le coquelicot a été fort employé par les fraudeurs; il est tout à fait inoffensif au point de vue hygiénique, quoiqu'il possède, à une dose moyenne, les propriétés somnifères du pavot.

Mauve noire ou Rose trémière ou *Passe-Rose* ou *Rose arberies* ou *alcée* (Althea nigra). — C'est un genre de plantes de la famille des malvacées ayant de grands rapports avec la guimauve. Elle est fort cultivée en Allemagne. La variété qui donne des fleurs d'un rouge foncé est la seule employée comme teinture; on la fait bouillir dans de l'eau chargée d'alun et on obtient une belle teinture violette.

Vins à la mauve. — Cette teinture n'est guère employée dans les vins, sauf en Allemagne et sur les bords du Rhin ; en France on n'en fait que peu d'usage.

Les fleurs de mauve noire communiquent aux vins une saveur fausse, à laquelle succède, au bout de quelques mois, un goût franchement désagréable, ce qui rend cette falsification facile à reconnaître dans un pays vignoble. La couleur de ces fleurs est très peu stable et se précipite rapidement. Elle ne tient pas lorsqu'on l'ajoute aux raisins pendant la fermentation, et disparaît plus vite dans les vins rouges que dans les vins blancs.

On ne parvient à la maintenir que grâce à l'addition d'*alun* ou d'*acide tartrique* en excès.

Betterave. — (Beta rapa, beta vulgaris, L.). C'est une plante de la famille des chénopodées. tribu des cyclolobées.

Sa racine, d'un beau rouge, fournit un aliment sain et agréable, et entre dans la composition des salades, principalement celle de la barbe de capucins. Ses feuilles cuites comme les épinards s'en distinguent peu.

Vins à la betterave. — Le jus de cette racine étant d'un beau rouge imitant parfaitement le vin, on a essayé, en le faisant fermenter, d'en falsifier les vins. On a même proposé d'employer le jus fermenté tel quel, sous le nom de *vins de betteraves*. Le jus de betteraves amène avec lui dans les vins une grande quantité de corps nuisibles : des matières albuminoïdes, des *oxalates*, des sels ammoniacaux, des matières grasses et enfin des huiles essentielles qui en modifient profondément le goût. S'il est employé sans fermentation, il introduit dans les vins des quantités sensibles de *sucre cristallisable*, chose dangereuse pour la conservation de ces boissons, qui, à la moindre élévation de température, entrent en fermentation et changent de nature. Si le jus est fermenté et qu'on n'ait pas chassé tout l'alcool, on obtient un goût désagréable d'alcool de betterave, dont l'odeur particulière est très tenace.

La fermentation ôte au jus une partie de sa couleur et lui donne une tendance à s'altérer. Les cendres de ce jus sont presque entièrement composées de potasse (il y a de $2\,^1/_2$ à 3 gr. de potasse pure par kilo). Ce suc subit facilement la fermentation visqueuse et contient alors une assez forte proportion de *mannite*.

On ne l'emploie guère que pour masquer certains mélanges, mais presque jamais seule, la teinte qui lui est due, passant au rancio, puis au jaune brun, au bout de un mois au plus.

Orcanette. — C'est le nom vulgaire de deux espèces de plantes de la famille des boraginées, de la tribu des anchusées : 1° Le gremil tinctorial ou buglosse des teinturiers (lithospermum tinctorium) est une plante herbacée d'environ 50cm de hauteur qui vient dans les terrains arides sur les bords de la Méditerranée. 2° L'onosme vipérine (onosma echioides) croît sur les mêmes rivages et sur ceux de la mer Caspienne.

Le nom d'orcanette est plus spécialement appliqué à la racine qui contient la matière colorante.

Cette racine est rugueuse, foliacée, rouge violet, très foncée à l'intérieur; sans saveur ni odeur. La matière colorante est peu soluble dans l'alcool aqueux, mais elle se dissout dans l'essence de térébenthine, l'essence de pétrole, la benzine, les huiles et l'éther auxquels elle donne une belle couleur rouge.

Avec les alcalis, elle forme des combinaisons d'un beau bleu; et avec les terres des laques diversement colorées.

On l'a rencontrée dans les vins, mais très rarement, cette couleur étant fort peu soluble dans l'eau alcoolisée, même à 20°.

Orseille. — C'est un genre de plantes de la famille des lichens ou lichenacées; c'est un cryptogame amphigène.

On distingue : 1° Les orseilles de mer qui croissent naturellement sur les roches, dans les îles du Cap-Vert, des Canaries, Madère, Madagascar, Angola, etc. Celles des Canaries et du Cap-Vert, fournies par l'orseille des teinturiers (Rocella Tinctoria) sont les plus estimées; l'orseille perlée est la meilleure. 2° Les orseilles de terre sont des plantes du genre varolaria leucanora; les meilleures croissent dans les Pyrénées, l'Auvergne, la Suède et la Norwège.

La principale matière colorante de l'orseille est l'*orcéine*, qui est rouge, soluble dans les solutions alcalines et l'alcool, peu soluble dans l'eau et l'éther; elle se trouve à deux états : l'alpha-orcéine et la beta-orcéine. On trouve aussi dans l'orseille une autre substance colorante, l'*azoérythrine*, insoluble dans l'eau, l'alcool et l'éther, mais soluble dans les solutions alcalines. Enfin l'*acide érythroléique*, qui est un liquide violet, de consistance huileuse, soluble dans l'alcool, l'éther et les alcalis.

Le *carmin d'orseille* est obtenu en dissolvant l'orseille ordinaire dans l'eau bouillante et évaporant la solution au bain-marie.

Vins à l'orseille. — Sa couleur étant très belle et très vive, son emploi dans les vins a été très considérable, mais ce sont surtout ses résidus qui ont servi à cet usage.

Tous les auteurs croient qu'on ne l'emploie plus que rarement, depuis longtemps; c'est une erreur, car il y a quelques années on l'a fort employée mélangée aux couleurs d'aniline, afin de dérouter les experts, ses réactions étant très différentes de celles des autres matières colorantes.

Les Espagnols employaient encore dernièrement un mélange vendu sous le nom de *Tintura por los Vinos*, soluble dans l'alcool vinique, l'alcool amylique et l'éther, à base d'orseille.

Elle est peu tenace dans les vins et se retrouve dans les dépôts.

Tournesol. — C'est une teinture bleue qu'on extrait des lichens cryptogames. Le *tournesol en pains* est produit par la *parelle d'Auvergne*. Dans cette plante, on trouve un acide, l'*acide leucanorique*, qui, chauffé avec la potasse, se change en acide carbonique, et en *orcine*, laquelle, sous l'influence de l'ammoniaque, se change en *orcéine* violet pensée; cette dernière, sous l'influence de la fermentation, se transforme en plusieurs corps rouges qui deviennent bleus au contact des alcalis. Le tournesol n'est donc qu'une combinaison de ces corps rouges avec les bases; dès lors il est évident que les acides s'emparant des bases mettent l'acide en liberté et le tournesol devient rouge.

Le *tournesol en drapeau* est formé de toiles que l'on colore avec le jus du *tournesol des teinturiers* ou morelle (croton tinctorium).

Sa couleur n'est pas la même que celle du tournesol en pains; elle rougit bien par les acides, mais n'est plus ramenée au bleu par l'ammoniaque.

Le tournesol en drapeau a été introduit dans les vins, mais cette falsification n'a plus sa raison d'être, son prix étant trop élevé pour cet emploi.

Indigo. — L'indigo est une matière colorante bleue extraite de plusieurs plantes. D'abord des *indigotiers*, arbrisseaux de la famille des légumineuses, section des papilionacées, tribu des lotées, sous-tribu des galigées (ou du genre dicotylédones dialypétales périgynes).

On en compte quatre-vingts espèces, dont les principales sont : L'indigotier franc (indigofera tinctoria) originaire de l'Inde, cultivé à Maurice, Madagascar, la Réunion et Saint-Domingue ; il fournit le meilleur indigo.

L'indigotier à feuilles argentées (indigofera argentea) ; il est originaire de l'Abyssinie.

L'indigotier bâtard (indigofera anil) croît à Java et Sumatra.

On cite encore l'indigotier de la Caroline et l'indigotier à deux semences du Guatémala.

On retire aussi l'indigo d'une plante indigène, le pastel, vouède ou guède (isatis tinctoria) et de diverses plantes de la famille des polygonées.

L'indigo est une substance d'un bleu foncé à reflets cuivrés; il renferme de l'*indigotine*, substance cristallisable en belles aiguilles d'un pourpre foncé, insoluble dans l'eau, l'alcool et l'éther, les acides faibles et les alcalis; soluble à chaud dans l'acide sulfurique à 66°. Dans l'acide de Nordhausen, elle donne une solution pourpre superbe.

On obtient le *carmin d'indigo* ou indigo soluble, en traitant la solution sulfurique par la potasse. On y trouve aussi du gluten et de l'*acide oxalique*.

Vins à l'indigo. — Cette teinture a été introduite dans les vins à l'état de carmin d'indigo ou de sulfate acide. Les vins contiennent dans le premier cas un excès d'*acide sulfurique combiné* et dans le second un excès d'*acide sulfurique libre*. Dans le premier cas, il est nuisible par suite du *sulfate de potasse* introduit ; dans le second il est très dangereux.

Son introduction dans les vins avait pour but de les bleuir, et imiter ainsi certains crus bleuâtres. Il est rarement employé aujourd'hui, la facilité de sa recherche ayant découragé les fraudeurs. L'indigo ajouté aux vins disparaît rapidement en se déposant dans les lies. Un vin peut être indemne et ses lies contenir une forte proportion d'indigo.

Cochenille (du grec coccinos, écarlate). — La cochenille, cocus cacti, est un insecte de la famille des hémiptères, de la tribu des homoptères et du genre cocus. Il est originaire du Mexique, où il vit sur le cactus opuntia ou Nopal. Ce sont de très petits insectes, ayant de 3 à 4^{mm} de largeur et de 4 à 5 de longueur. On connaît encore la cochenille du chêne Kermès ou graine écarlate, la cochenille kermès de Pologne et la cochenille laque.

Cet insecte, desséché, est composé d'une matière grasse analogue au suif, formée de stéarine et d'oléine ; une huile odorante analogue à l'acide butyrique (l'acide coccinique) ; une matière azotée, colorée en brun et d'une matière colorante rouge appelée *carmine,* formant la moitié de son poids.

La carmine est une matière rouge pourpre inaltérable à l'air, très soluble dans l'eau, moins dans l'alcool. Les acides la font tourner au rouge vif et les alcalis en un beau violet. Avec l'alumine en gelée elle forme une belle laque rouge ; sous l'action de la chaleur, elle devient cramoisie et tourne au violet.

Le *carmin* est un produit solide que l'on obtient en versant dans une décoction de cochenille une solution d'alun. Il se forme un magnifique précipité que l'on divise en pains coniques.

Le *carmin liquide* est une liqueur formée de cochenille, de crème de tartre et d'alun.

Le *carmin ammoniacal* se forme avec des cochenilles pilées et mises en digestion avec de l'ammoniaque et portées ensuite en consistance de pâte solide par l'évaporation.

Vins à la cochenille. — La décoction aqueuse de cochenille ne communique aux vins blancs qu'une teinte jaune légèrement rouge et un goût un peu amer (J. Brun).

Je ne suis pas de son avis. J'ai parfaitement coloré en rouge un vin blanc, avec de la cochenille, mais il en faut beaucoup. Si on ajoute de l'alun en faisant la décoction, on obtient une belle couleur.

Le vin coloré par le carmin ammoniacal prend une belle teinte rouge violet intense, et l'altération du goût qui en résulte est difficilement appréciable. Gardé dans la bouche, ce vin en colore, à la longue, les membranes en violet, et la salive garde longtemps cette couleur.

Il y a quelques années on employait beaucoup ce carmin dans les vins de l'Hérault et du Gard ; mais sa recherche est si facile, son prix si élevé et sa couleur si peu fixe, que cette fraude a été abandonnée. On peut aussi employer le carmin ordinaire avec addition préalable d'ammoniaque.

La couleur de la cochenille manque de stabilité dans les vins ; elle se précipite rapidement dans les lies ou les dépôts.

Bastide a constaté dans plusieurs vins à la cochenille la présence de l'*acide oxalique.*

Matières colorantes extraites des goudrons de houille. — L'étude de toutes ces substances m'obligerait à faire un volume spécial, tant leur nombre est considérable. Le nombre des procédés de leur préparation l'est plus encore.

Je me contenterai de donner la liste de ces produits, suivi de l'étude de quelques-unes de ces substances, les plus employées.

M. Gautier classe les produits dérivés de la houille en 4 classes : 1° ceux qui dérivent de la fuchsine ou s'y rattachent : fuchsine, rouge magenta, chrysaniline, bleu d'aniline, violet de méthyle, bleu soluble, Victoria, mauvéine, etc. ; 2° les dérivés des phénols : coralline, fluorescéine et ses dérivés (eosine, phloxine, etc.), galléine, auramine ; 3° groupe des diazoïques : orangés, ponceaux, Bordeaux, roccellines ; 4° un nombre considérable de produits colorants non définis qui proviennent de mélanges ou de résidus de fabrication.

Je les classerai suivant leur composition chimique :

Dérivés basiques.

Fuchsine.
Sels de rosaniline.
Rouge Magenta (rouge d'aniline).
Rouge neutre.
Safranine.
Phosphine ou Chrysaniline.
Flavaniline.
Chrysotoluidine.
Auramine.
Vert malachite.
Vert brillant.
Vert de méthyle ou vert à l'iode.
Bleu de méthylène.
Bleu nouveau B et D.
Bleu nouveau.
Bleu victoria.
Mauvaniline.
Bleu d'aniline.
Indulines.
Violet de méthyle.
Violet Hoffmann.
Violet neutre.
Mauvéine.
Violet améthyste.
Violet cristallisé.

Dérivés acides.

Phtaléines :
Eosines.
Safrosine.
Phloxine.
Rose Bengale,
Fluorescéine.
Aurine.
Coralline.
Rosanilines sulfoconjuguées ou sulfonées :
Sulfofuchsine ou fuchsine acide.
Vert acide ou vert lumière.
Bleu alcalin B à 6 B.
Violet acide.
Bleu soluble B à 6 B ou bleu de Chine.
Dérivés de la benzidine :
Rouge Congo.
Benzo purpurine.
Bleu azoïque.
Dérivés de la naphtaline.

Dérivés azoïques.

Rocelline (sulfoconjugué sodique).
Rouge solide.
Bordeaux B (diazonaphtaline).
Bordeaux G } sels sulfoconjugués du
Bordeaux R } naphtol β, sodique.
Pourpre, diazonaphtaline, monosulfoconjugué et naphtol β disulfoconjugué sodique.
Ponceau R, diazoxylol sur le sulfoconjugué du naphtol β sodique.
Ponceau RR } dérivés homologues du
Ponceau RRR } précédent.
Rouge de Biebriech, β naphtol tétrabenzol sulfoconjugué sodique.
Ecarlate de Biebriech sulfoné.
id. id. Allemand.
id. id. de Lyon.
Crocéine.
Rouge NN.
Eosine J et B.
Erythrosine.

Ethyléosine.
Safrosine.
Fond rouge.
Coccine.
Ponceau S.
Ponceau de xylidine.
Chrysoïdine.
Tropéoline O.
id. OO.
id. R.
id. D.
Orangé 1.
id. 2.
Hélianthine, orangé 3.
Tropéoline 20, orangé 4.
Chrysoïne.
Jaune 2.
Chrysoline.
Orangé de méthyle.
Orangé G.
Jaune de métanile.
Azoflavine.
Citronine.
Jaune d'or.
Jaune N Poirier.
Jaune NS.
Jaune solide.
Lutéoline.
Ecarlates de crocéine, 3 B à 7 B.
Vésuvine.
Brun Bismarck.
id. Manchester.
id. de phénylène diamine.
Amido azobenzol.

M. Cazeneuve a donné la liste suivante des colorants commerciaux, classés par couleurs.

Rouges.

Carminaphte.
Rose de Magdala (de naphtaline).
Rouge de quinoléine.
Eosines à l'alcool.
Rhodindine (indulines, série naphtaline).
Basiques :
Fuchsine.
Magenta.
Rouge d'aniline.
Rouge de toluène.
Basiques de Safranines :
Galléine.
Safranine.
Safranisol.
Eosine.
Ecarlate d'éosine.
Lutécienne (bromonitro-fluorescéine).
Phloxine.
Rose Bengale.
Ecarlate de Biebriech.
Ecarlate de crocéine 3 B.
Rouge Congo.
Ponceau de xylidine.
Ecarlate de crocéine 7 B.
Ponceaux R, 2 R, 3 R.
Rouge d'anisol.
Coccine.
Azorubine acide.
Roccelline.
Rouge solide.
Bordeaux B.
Fuchsine acide.
Nopaline (nitro-bromofluorescéine).
Erythrosine (iodo-fluorescéine).
Alizarine.
Purpurine.

Jaunes.

Quinophtalone.
Diméthyl-amido-azobenzol.
Amido azobenzol.
Acides : Acide picrique.
Jaune de Martius.
Jaune de naphtol.
Uranine (fluorescéine).
Chrysoline (benzyle fluorescéine).
Jaune de quinoléine (acide quino-naphto-sulfonique.
Jaune NS.
Basiques : Phosphine.
Flavaniline.
Auramine.
Chrysaniline.
Azoïques : Chrysoïdine.
Vésuvine.
Brun de phénylène diamine.
Brun Bismarck.

Jaune solide.
Orangé de méthyle.
id. d'éthyle (orangé 3).
Tropéoline OO (orangé 4).
Jaune N (Poirier).
Lutéoline.
Citronine (jaune indien).
Orangé G.
Tropéoline O.
Chrysoïne.
Orangé 2.
Mandarine.
Tropéoline OOO (orangé 1).
Aurantia.
Nitroalizarine.

Verts.

Céruléine.
Vert Victoria.
Vert brillant.
Vert de méthyle.
Vert à l'iode.
Vert lumière.
Vert acide.
Vert Helvétia.
Vert malachite.

Bleus.

Bleu de rosaniline.
Bleu de diphénylamine.
Indophénol.
Bleu de méthylène.
id. Victoria.
Bleus alcalins R à 6 B.
id. coton, R à 6 B.
Carmin d'indigo.
Indulines R à 6 B.
id. solubles.
Leukindophénol.
Acide ortho-nitrophényle propiolique.
Bleu d'alizarine.

Violets.

Regina purple.
Violet impérial.
Diphényle rosaniline.
Violet de méthyle, R à 6 B.
Violet Hoffmann.
Mauvéine.
Violet Perkins.
Rosalane.
Violet de Lauth.
Thionine.
Gallocyanine.
Améthystes.
Fuchsine violette.
Girofle (classe des safranines).

Les fraudeurs, pour dérouter les experts, ont composé des mélanges formés des différentes couleurs précédentes, avec d'autres matières végétales, colorantes ou non.

Les rouges et les violets ont été souvent employés mélangés à des matières colorantes, jaunes ou rouges, et surtout à des sirops de glucose, caramélisés ensuite sous le nom de *caramels*.

D'après Bastide, ces caramels contiennent du fer, du sulfate de chaux et de l'arsenic en très légères traces.

Pour constater la présence des dérivés de la houille dans les caramels on verse quelques gouttes de ces produits dans un verre d'eau, puis on ajoute de l'ammoniaque. La couleur disparaît peu à peu, et il se forme un précipité floconneux bleuâtre, renfermant de l'oxyde de fer et qui noircit au contact de l'air. L'acide acétique ramène la couleur au rouge (Bastide).

Le *grenat*, qui a été si employé, est le résidu de la fabrication des couleurs d'aniline. C'est un mélange de fuchsine, de mauvaniline, de chrysotoluidine, de brun de phénylène diamine et d'une matière colorante indéterminée, le grenat brun. Ce résidu est très chargé d'arsenic.

Dans une lettre adressée au Ministre de la Justice, à la date du 18 octobre 1876, la Chambre Syndicale des Vins et Spiritueux de Narbonne a signalé les colorants suivants, employés frauduleusement à colorer les vins :

1° Le *Roussillon concentré*, « produit employé sur presque toutes les places, et principalement en Espagne et en Italie » ; Le *colorant*, pour confiseurs, etc., vins, boissons et piquettes, dont l'analyse a donné lieu à « des rapports satisfaisants de plusieurs professeurs et directeurs de laboratoires » ; 3° *L'extrait concentré végétal*, « ne se trouvant ni à l'analyse, ni aux réactifs » ; 4° La *nouvelle poudre*, destinée à la coloration des vins, qui doit répondre aux qualités exigées par la loi, puisque l'analyse « ne peut se faire que sur la poudre elle-même et qu'il est est impossible de retrouver le colorant lorsqu'il est dissous » ; 5° Le *Lignotino* simple ou extra « dont le principal mérite consiste en ce qu'un vin rouge coloré avec ce produit verdit au réactif de l'ammoniaque, absolument comme le vin naturel » ; 6° La *Teinte bordelaise*, « reconnue exempte de matières nuisibles, par conséquent inoffensive et salubre » ; 8° La *Teinte gros noir* du Cher « qui échappe complètement à l'analyse » ; 9° Le *rouge végétal* « vinicole qui n'est qu'un extrait sec exclusivement composé de matières colorantes végétales » ; 10° Le *caramel de raisin* rouge vif, lequel « contrairement à tous les colorants employés jusqu'à ce jour, soit en poudre, soit en liquides, qui tous, se retrouvent à l'analyse et au réactif, a l'avantage de ne pas se trouver, ce qui permet de l'employer en toute sécurité » ; 11° Le *Purprit-Wine* « colorant anglais, le seul reconnu neutre, inoffensif, sans arsenic ni fuchsine » et qui, cependant, a ses prospectus envoyés sous enveloppe d'eau de toilette.

(Toutes les parties mises entre guillemets sont extraites du boniment des fabricants.)

M. H. Jay a signalé (1884, Bull. Soc. Chim., t. 42, p. 167) une matière colorante, employée à Huesca et dans les environs sous le nom de *Tintura por los vinos* ; elle est composée de rouge de Biebriech et d'un sel de rosaniline se comportant comme le rouge cerise.

Il a trouvé 66.40 °/₀ de colorant, 1.62 °/₀ d'acide arsénieux, 26.10 de sulfate de soude anhydre et 5,88 de divers corps.

Sous les noms de *Colorine*, *Cramoisine*, *Carottine*, *Purpurine*, *Sanguine*, *Scarlatine*, etc., on a vendu des mélanges semblables avec de la cochenille, de l'orseille, de la betterave, etc.

Je ne donnerai ici que l'étude des produits les plus employés dans les vins ; les autres produits n'ont d'intérêt que dans la teinture.

Fuchsine. — Chlorhydrate de Rosaniline — $C^{20}H^{19}Az^{3},ClH$. C'est une matière tinctoriale d'une puissance de coloration en rose magnifique, inconnue parmi les autres substances colorantes ; elle est peu fixe et disparaît sous l'action des rayons solaires.

Cette substance tire son nom du fuchsia. Elle fut ainsi nommée par Renard frères (fuchs, en allemand, renard).

Découverte par Berzélius, elle fut préparée industriellement pour la première fois par Verguin, de Lyon, dans l'usine Renard frères.

En 1863, Hoffmann démontra que les fuchsines de différentes provenances sont les sels plus ou moins purs d'une même base, la *rosaniline*. Le sel le plus commun est le chlorhydrate.

Ritter fit, le premier, des études très sérieuses sur cette matière et sur son introduction dans les vins.

La fuchsine cristallisée se présente en petits grains verts mordorés du plus bel effet. Elle se dissout facilement dans l'alcool vinique, l'alcool amylique, l'alcool méthylique et l'éther, en les colorant en rouge carmin intense. L'eau bouillante la dissout et la laisse déposer par le refroidissement. Pour la dissoudre dans l'eau froide, il faut d'abord faire une solution alcoolique, que l'on mélange ensuite à l'eau.

En cherchant quelle était la puissance de coloration de la fuchsine, j'ai trouvé que 1 milligramme de cette couleur donnait une teinte sensible à 5 litres d'eau.

Les alcalis la décolorent, mais ne la détruisent pas ; par l'addition d'un acide, la couleur reparaît. L'acide sulfureux la décolore, mais l'addition du chlore fait revenir la couleur ; un excès de chlore la décolore. Les acides azotique, chlorhydrique et sulfurique la font tourner au brun ; les alcalis ramènent la couleur au rouge.

La fuchsine versée dans la liqueur de cuivre servant au dosage du glucose donne un précipité brun foncé, et le liquide qui surnage est d'un beau vert (E. Viard). Le pernitrate de mercure la fait tourner au rouge vineux et il se produit un précipité noir (E. V.).

La fuchsine était préparée autrefois (Procédé Laire et Girard) par l'action de l'acide arsénique sur l'aniline, ce qui la rendait si dangereuse. On la prépare aujourd'hui par le procédé Coupier, mais pas partout, en faisant réagir l'aniline et la nitrobenzine sur un mélange de fer et d'acide chlorhydrique.

Vins à la fuchsine. — Cette substance a été employée il y a 15 ou 16 ans, en quantité tellement considérable, que le gouvernement français s'en est ému ; il a ordonné une vaste enquête et les fraudeurs ont été sévèrement punis. J'ai eu, à cette époque, l'occasion de constater un grand nombre de vins fuchsinés, mais à de très petites doses.

A ce moment, presque toutes les teintures, *vendues publiquement*, sous le nom de caramels pour vin, étaient à base de fuchsine.

Ritter trouva dans les vins fuchsinés jusqu'à 1 milligr. d'arsenic par litre, mais où la proportion moyenne était de 0gr00045 à 0gr00081. Charvey prétend avoir trouvé des vins contenant 0gr08 d'arsenic par litre ; il y a là une erreur évidente, cette dose étant plus grande que celle de la fuchsime ajoutée, dont il faut 4 à 5 centigr. par litre pour colorer un vin blanc.

La question a changé de face par suite de la préparation de la fuchsine sans arsenic. Cette substance est-elle inoffensive ?

Voici les conclusions du rapport présenté au gouvernement français par une commission consultative composée des savants les plus illustres de France : Bergeron, Bussy, Fauvel, Proust, et Würtz, président de l'Académie des Sciences, rapporteur (1877).

« 1° La matière colorante du vin, indépendamment du tannin et de l'œnanthine qu'elle paraît retenir, doit à sa composition propre de contribuer aux propriétés nutritives des vins rouges. Elle n'est donc pas seulement une teinture. Elle est un élément utile que le travail de vinification associe intimement aux autres principes provenant directement de la grappe ou engendrés par la fermentation. 2° Aucune des substances employées par le commerce pour relever la couleur des vins rouges ou colorer les vins blancs, ne possède les propriétés de la matière colorante produite par la grappe ; aucune ne peut ajouter aux vins la moindre qualité ; toutes l'altèrent, au contraire, en ce sens que, dans les opérations que leur emploi a surtout pour but de favoriser, c'est-à-dire le mouillage des vins rouges et la coloration des vins blancs, pour l'une, elles se substituent à une certaine proportion de la matière colorante naturelle du vin, et la remplacent complètement pour l'autre, au détriment du consommateur dans les deux cas. 3° On ne peut donc contester que l'emploi des couleurs artificielles constitue une tromperie sur la qualité de la chose vendue. 4° La plupart de ces couleurs artificielles, celles par exemple qui proviennent de la mauve noire, des baies de sureau, des baies de l'airelle myrtille, de la betterave rouge, du bois de campêche ou de la cochenille, sont inoffensives, c'est-à-dire que si, comme toutes les teintures, elles diminuent la qualité du vin, du moins elles ne lui donnent aucune propriété nuisible (s'il n'y a pas d'alun. E. V.). La couleur qui est extraite des baies du phytolacca, plus connues sous le nom de baies de Portugal, contient au contraire un principe drastique qui les a fait abandonner peu à peu par le commerce des vins. 5° Quant à la fuchsine, qui, aujourd'hui, en raison de sa puissance tinctoriale et de la modicité de son prix, tend à remplacer toutes les autres teintures destinées à la coloration des vins, non seulement elle est manifestement toxique lorsqu'elle renferme de l'arsenic, et la plupart des caramels de teinture livrés au commerce en contiennent une notable proportion, mais en outre, lorsqu'elle est complètement débarrassée de ce poison, elle est encore nuisible, en ce sens, d'une part, qu'elle altère la qualité du vin d'une manière plus sérieuse que les autres couleurs artificielles, et, d'autre part, qu'aux doses où elle est généralement introduite dans le vin, elle paraît capable, sinon de produire immédiatement des accidents d'empoisonnement, du moins d'amener, au bout d'un laps de temps encore indéterminé, des troubles fonctionnels et même des altérations organiques de nature à compromettre la santé du consommateur. 6° En conséquence, le Comité estime que la vente et l'emploi de la fuchsine pour la coloration des vins sont passibles des peines fixées par les articles de la loi de 1851, rendue applicable aux boissons par la loi de 1855.

Fallières a démontré que la fuchsine se précipite dans les vins en entraînant une portion de la matière colorante naturelle, de sorte qu'au bout de peu de temps le vin est privé de ses qualités essentielles, et, de plus, cette précipitation produit une altération des matières organiques, produisant un goût de pourri, ce qui est grave.

Ritter et Husson ont constaté sur des hommes, que l'ingestion de la fuchsine non arsenicale donnait lieu à la formation d'albumine dans les urines, au bout d'une quinzaine de jours ; les urines étaient rosées. D'autres auteurs, Voisin, Lancereau, Hérard, Bergeron, Clouet, Lhote, Bouchardat et Girard, considèrent la fuchsine exempte d'arsenic comme inoffensive dans les vins.

La conclusion des débats de l'Académie des Sciences, auxquels ont pris part Würtz, Pasteur, Vulpian, Boussingault, Dumas et le général Morin, est que la fuchsine non arsenicale est une substance frauduleuse, mais non homicide.

Je n'ai pas à discuter ces appréciations ; mais je trouve que l'on prend bien des précautions pour ne pas trop punir les fraudeurs, et pas assez pour préserver la vie des consommateurs.

La fuchsine non arsenicale, qui est déclarée non homicide, mais qui l'était reconnue pour telle précédemment, *doit l'être* lorsque les vins sont ingérés pendant un temps très long. Car quelle que soit l'autorité des savants qui ont traité cette question, il faut savoir qu'ils n'ont opéré que sur des sujets donnés et pendant un temps très court (15 jours au maximum). Il faudrait faire ces études sur des sujets faibles et pendant un temps plus long.

Lorsqu'un vin fuchsiné a séjourné pendant quelque temps dans un tonneau, le bois de ce fût absorbe la fuchsine ; et si, ensuite, on vient à y introduire un vin pur, celui-ci ne tardera pas à se charger de fuchsine. J'ai vu beaucoup de cas de ce genre.

Pour enlever la fuchsine aux tonneaux, il faut remplir ces vases d'une solution au 1000[e] au moins de carbonate de soude, laisser 48 heures au minimum, en agitant de temps en temps, laver à l'eau, puis avec de l'acide sulfurique étendu, et rincer à nouveau. Le carbonate agit chimiquement sur le tartre des tonneaux en formant du sel de seignette très soluble et débarrasse de la fuchsine qu'il enlève aussi comme alcali (Bastide).

Sulfofuchsine. — La fuchsine ne pouvait presque plus s'employer dans les vins par suite de la facilité que présentait sa recherche. L'usine La Badische réussit à sulfoconjuguer la fuchsine et fit breveter un produit appelé fuchsine 5, ou fuchsine S, dont le procédé de fabrication n'est pas connu. Ce produit paraît être un mélange de rosaniline disulfoconjuguée et de rosaniline disulfoconjuguée sodique ou sulfate double de soude et de rosaniline sulfoconjuguée.

Ce produit est exempt d'arsenic et d'autres impuretés dangereuses.

Le sulfofuchsine, traité par les bases, donne de la rosaniline salifiée incolore qui n'est pas enlevée à l'eau par l'éther, l'éther acétique, l'alcool amylique ; aussi son emploi dans les vins avait-il pris une extension considérable, parce qu'on ne le retrouvait pas ; mais grâce à M. Charles Girard, qui signala la présence de ce colorant et indiqua le premier procédé permettant de le reconnaître, il est à peu près abandonné aujourd'hui.

On a aussi sulfoconjugué la roccelline et d'autres dérivés de la houille.

Safranine. — La safranine est la matière colorante du safran, *crocus sativus* ; elle est d'un rouge écarlate, amère, très soluble dans l'eau, l'alcool, et insoluble dans l'éther. Mais ce n'est pas de cette substance qu'il s'agit, car elle est beaucoup trop chère pour être introduite dans les vins.

La *safranine de la houille* est une très belle matière colorante rouge ponceau, tirant un peu sur l'écarlate ($C^{21}H^{20}Az^{4}$ — Hoffmann et Geyger). — La base qu'elle contient est presque insoluble dans l'éther ; elle se fixe difficilement sur la laine et teint la soie en rose. Elle est soluble dans l'eau et l'alcool. Le chlorhydrate de safranine se présente sous forme de petits cristaux rougeâtres plus solubles à chaud qu'à froid dans l'eau et l'alcool. Sa solution est d'un beau rouge jaune intense et d'une fluorescence particulière. Sa réaction caractéristique est celle qu'elle donne avec l'acide sulfurique concentré et même avec l'acide chlorhydrique qui forment une couleur violette, puis bleue, enfin verte.

Le *Rouge de Toluène* ressemble à la fuchsine et en possède toutes les propriétés, sauf une teinte plus violacée.

Violets. — Les violets sont encore plus nombreux que les rouges, car il y a peu de réactions sur les goudrons de houille, qui ne donnent des couleurs violettes.

Les *violets d'aniline* sont obtenus en traitant l'aniline par de nombreuses substances. Ils ont reçu des noms différents, suivant leur méthode de préparation : *aniléine, mauvéine, indisine. violine, violet à l'aldéhyde, violet de méthylaniline*, etc.

La *fuchsine violette*, découverte en 1861 par Girard et de Laire, sous le nom de violet impérial, est une belle matière colorante violet foncé, à reflets mordorés, soluble dans l'alcool, l'acide acétique, l'esprit de bois, et insoluble dans l'eau.

Il y a aussi les violets d'éthyl et de méthylrosaniline.

Le *violet de mauvaniline* est formé de chlorhydrate ou d'acétate de mauvaniline. Cette base a été découverte par Girard, de Laire et Chapoteaut, en 1867, ce qui leur fit abandonner la *violaniline*, qu'ils avaient trouvée l'année précédente.

Les sels de mauvaniline cristallisent en cristaux à reflets vert bronze, ils sont peu solubles dans l'eau froide, mais solubles dans l'eau bouillante, surtout si elle est acide.

Le *violet de safranine* est obtenu en chauffant la safranine avec l'aniline. Il possède des propriétés semblables à celles de la mauvéine.

Toutes ces substances ont été plus ou moins introduites dans les vins, soit pour leur donner la teinte violette, que possèdent certains vins estimés, soit pour cacher la teinte trop vive de la fuchsine et de la safranine.

Bleus. — Le *bleu d'aniline* ou *azuline*, découvert en 1860 par Gunion et Marnas, est identique au *bleu de Lyon*, ou *bleu de fuchsine*. Il est insoluble dans l'eau et soluble dans l'alcool, insoluble dans l'éther.

Le *bleu de Paris* est soluble dans l'eau. Il y a aussi le *bleu de toluidine* et le *bleu de diphényldiamine*, etc.

Ces couleurs ont été employées pour remplacer l'indigo.

Bruns. — Celui qui a été introduit dans les vins est le *brun de phénylènediamine*, découvert en 1844 par Zinin. Cette couleur, trouvée dans les vins de Bourgogne, avait pour but de leur donner la teinte pelure d'oignon des bons vins vieux.

Jaunes. — La seule de ces substances indiquée comme ayant été trouvée dans les vins, est la *Chrysotoluidine*, découverte par Girard et de Laire. C'est une substance jaune orangée, soluble dans l'alcool avec une couleur jaune citron et des reflets vert jaune très intenses. La chrysotoluidine ne peut être employée seule dans les vins, par suite de la faiblesse de sa teinte jaune comparée avec la vivacité de son reflet vert ; elle ne s'y rencontre, et en doses infinitésimales, que par suite de sa formation constante dans la préparation des violets de toluidine.

Enfin, dans la longue liste précédente, les fraudeurs ont cherché à mélanger les couleurs pour dérouter les experts ou pour obtenir une teinte se rapprochant le plus possible du vin qu'ils voulaient imiter.

D'après les essais de MM. Cazeneuve et Lépine (*Coloration artificielle*, 1886), le sulfofuchsine, le rouge pourpre, le ponceau R, la tropéoline, l'induline, le bleu Coupier, et le vert acide paraissent sans action sur l'organisme ; le rouge Bordeaux B et le jaune solide sont peu actifs. La safranine et ses isomères, sans arsenic, diminuent l'appétit et le poids de l'animal ; le jaune N S est légèrement laxatif. Le Jaune Martius, ou jaune d'or, provoque la diarrhée, des vomissements, l'inappétence complète ; la respiration devient pénible, l'urine albumineuse et jaune, puis l'animal meurt ; le bleu de méthylène produit la diarrhée, les vomissements et l'amaigrissement. Ces essais ont été faits sur des hommes et des animaux mais n'ont pas dépassé un mois, sauf quelques cas.

PROCÉDÉS GÉNÉRAUX

DE RECHERCHE DES MATIÈRES COLORANTES ARTIFICIELLES

On ne connaît pas de réactif indiquant la pureté du vin au point de vue de toutes les substances qui peuvent y être introduites. On ne peut arriver à prouver qu'un vin est naturel qu'au moyen de plusieurs réactions, qui sont souvent assez compliquées.

J'ai divisé l'étude de la Recherche des Couleurs artificielles en trois parties : 1° Procédés généraux permettant de découvrir tout ou partie des matières colorantes ; 2° Réactifs employés pour ces recherches ; 3° Etude spéciale de chaque matière colorante.

Lorsque les procédés généraux ont fait soupçonner la présence d'une ou plusieurs matières colorantes artificielles, on reprend l'étude des réactifs d'après la 3e partie de ce travail et c'est alors seulement que l'on peut conclure.

Des essais de ce genre ne peuvent être faits que par des personnes au courant des manipulations de laboratoire et, dans ce cas, chaque expert possède des aptitudes particulières qui lui rendent plus ou moins facile l'emploi de telle ou telle méthode ; c'est pour cela que je les décris toutes, tout en donnant mon appréciation personnelle, s'il y a lieu. De plus, l'étude de toutes les méthodes en fait surgir de nouvelles qui, sans cela, fussent restées inconnues.

Dans la recherche générale des matières colorantes, on doit d'abord commencer par rechercher les produits de la houille, qui sont plus particulièrement employés aujourd'hui, et si on en a découvert, on peut considérer l'expertise comme terminée, la condamnation étant certaine, mais on peut poursuivre si l'on veut. On ne passe qu'ensuite à la recherche des produits végétaux.

Avant tout essai, on examinera le résultat du procédé Viard, de celui de Carles et des bâtons de craie Gautier, les plus simples, et qui donnent quelques indications. On cherchera ensuite les dérivés de la houille par les procédés Cazeneuve, Bellier, Ch. Girard, Barillot, H. Jay ou Blarez ; la recherche des matières végétales se fera par le procédé Gautier et par le procédé Husson, en même temps.

Lorsqu'on veut faire une expertise, il faut inscrire les réactifs sur une feuille de papier, et en face on note le résultat obtenu avec le vin essayé ; lorsque les essais sont suffisants, on reprend chaque réactif d'après son étude particulière et enfin on étudie la substance décelée par l'analyse.

Dans tous ces essais il faut une grande prudence ; il ne faut jamais signer un bulletin, sans une certitude absolue. Toutes les réactions doivent concourir au même résultat. C'est surtout pour les matières végétales qu'il faut observer sérieusement ; certains vins sucrés ou vins de vignes américaines se rapprochent beaucoup de la betterave et de la myrtille, mais dans ce cas on ne peut jamais conclure, car il n'y a qu'une partie des réactions qui donnent l'indication de ces produits qui, s'ils existent, donnent toutes les réactions indiquées.

Préparation des Réactifs. — J'engage les chimistes à ne pas faire eux-mêmes leurs produits chimiques, ce qui est une perte de temps et souvent d'argent ; il vaut mieux les acheter à une maison de premier ordre et connue pour la pureté de ses produits. On doit du reste vérifier les substances que l'on achète.

Pour obtenir un liquide saturé à froid, on peut : 1° introduire dans le dissolvant une quantité de sel supérieure à celle qui est dissoute normalement et agiter de temps en temps, jusqu'à ce qu'il ne s'en dissolve plus ; 2°, en faisant chauffer le dissolvant avec un excès de sel et laissant ensuite refroidir. Ce moyen est beaucoup plus rapide que le premier, mais il est moins sûr, parce qu'il y a souvent sursaturation. On peut détruire celle-ci en jetant dans le vase de la poudre de sel dissous, l'excès de sel se dépose bientôt. On ne peut employer ce moyen pour les réactifs que l'ébullition décompose.

Pour obtenir les solutions au 8e, 10e, 100e, 200e, etc., on pèse 12 gr. 1/2 — 10 gr., 1 gr., 0gr5 du produit et l'on achève un volume de 100cmc avec de l'eau distillée, ou, selon le cas, avec de l'eau et de l'alcool. Si le réactif est liquide, on en mesure 12cmc 1/2, 10cmc 1cmc ou 1/2cmc. Une fois préparés, les réactifs doivent être versés dans des petits flacons étiquetés et bouchés à l'émeri.

Préparation des vins à essayer. — Si les vins sont troubles, on les filtre et on examine le dépôt à part.

On peut alors appliquer directement les procédés Viard et Husson. Pour les autres procédés et les autres réactifs, on fait subir aux vins les opérations suivantes :

Comme les vins acides gênent la plupart des réactions, on les neutralise en ajoutant, goutte à goutte, une solution étendue de bicarbonate de soude jusqu'à ce que la liqueur ne soit que très légèrement acide, ce que l'on reconnaît à une teinte vineuse violacée particulière (Gautier).

On procède ensuite au collage des vins. Ainsi que l'ont observé Fauré et Carles, un collage énergique des vins précipite la matière colorante naturelle sans toucher aux colorants artificiels. (Ceci n'est pas absolu, l'indigo est précipité par le collage et la cochenille peut l'être en partie). Les vins ne sont pas décolorés complètement, mais comme la matière colorante est presque toute enlevée, le liquide restant est beaucoup plus facile à examiner au point de vue des colorants étrangers.

Le collage se fera soit à la gélatine (Procédé Fauré), soit, ce qui est mieux, au blanc d'œuf (Procédé Carles). Lorsque les vins seront pauvres en tannin, on en ajoutera un peu. Dans les deux cas on peut observer le dépôt formé, et le liquide ; on pourra en tirer quelques indications.

D'après Gautier, un mélange de farine et de magnésie délayées dans de l'eau précipite à peu près toute la matière colorante naturelle du vin et laisse en solution une notable proportion de la plupart des matières colorantes étrangères. Cet essai fait rapidement dans un tube fermé d'un bout peut dans beaucoup de cas donner d'utiles renseignements.

Mesure des liquides. — Pour mesurer les liquides, il faut avoir plusieurs pipettes de 5cmc, effilées, en forme de tube de verre ordinaire (5mm de diamètre intérieur) et divisées en dixièmes de centimètre cube. Les divisions de ce tube étant assez espacées on obtient plus facilement le volume cherché. On aspire les liquides directement dans les flacons qui les contiennent. On aspire le liquide jusqu'à ce qu'il dépasse un peu le volume cherché et on place vivement le bout de l'index de la main droite sur l'ouverture supérieure du tube. En levant légèrement le doigt, on laisse écouler lentement le liquide jusqu'à ce qu'il soit en face de la division voulue ; alors on verse le liquide dans le vase à expérience. On ne verse que le liquide qui s'écoule naturellement, les pipettes étant graduées ainsi ; il ne faut pas souffler les dernières gouttes qui restent à la pointe. Il vaut mieux se servir de pipettes dont la graduation commence au-dessus de la pointe. On ne verse alors que le liquide contenu entre deux divisions.

Après chaque opération, la pipette doit être lavée, en faisant passer à l'intérieur un vif courant d'eau ; on laisse égoutter et sécher avant une nouvelle aspiration.

Observation des liquides et des précipités. — Lorsqu'on a beaucoup de vin à sa disposition, il vaut mieux faire les réactions dans un verre à pied de forme ovoïde en cristal mousseline. Ce verre est mis dans une position inclinée sur une feuille de papier blanc, de manière à examiner la couleur qui se reproduit par transparence sur ce fond blanc. Il ne faut jamais regarder les liquides au travers, avec la lumière du ciel. Il ne faut pas non plus se mettre au soleil.

On peut aussi se servir de tubes de cristal fermés d'un bout, ayant 15^{mm} de diamètre et 20^{cm} de longueur, leur emploi est préférable pour les réactions dans lesquelles on est obligé de porter à l'ébullition. Dans ce dernier cas, lorsque la quantité de vin est assez forte, la capsule de porcelaine est d'un emploi plus commode.

Telles sont les indications que je donnais en 1884 ; aujourd'hui, après de nombreux essais, je préfère à tout la capsule de porcelaine, bien blanche, qui permet de voir directement la moindre nuance sans l'intermédiaire du verre (plus ou moins vert) entre le liquide et la surface blanche.

Lorsque l'appréciation de la couleur du précipité n'est pas facile à faire, on jette le tout sur un petit filtre sans plis, en papier Berzélius ; le liquide étant écoulé, la couleur du précipité apparaît nettement.

Il est toujours bon d'étendre d'eau distillée le liquide, après la première observation, afin de mieux constater les différences de couleurs.

Il ne faut jamais se fier à une seule réaction pour conclure à la fraude ; il faut que toutes les réactions essentielles coïncident bien entre elles pour que l'on soit sûr de la substance colorante artificielle qui a été introduite. Il faut tenir compte que beaucoup des réactions données par les différents auteurs n'ont été faites que sur des mélanges de vins ordinaires et des couleurs artificielles ; tandis qu'aujourd'hui les vins d'Espagne, d'Italie et les vins de vignes américaines changent certaines réactions. Le plâtrage change aussi la matière colorante et par suite les réactions qu'elle subit (Magnier de la Source).

Procédé Fauré. — Une certaine quantité de vin (30 gr.) est additionnée de quelques gouttes d'une solution concentrée de tannin (1 gr.), étendue d'eau (15 gr.), puis agitée fortement ; on verse ensuite dans le tout une solution chaude de gélatine (1gr5 dans 30 gr. eau).

Le tannin se combine immédiatement avec la matière colorante naturelle du vin, et la gélatine en précipitant le tannin précipite en même temps la matière colorante ; le liquide qui filtre est incolore ou légèrement jaune paille pour les vins naturels. S'il y a une matière colorante artificielle la liqueur sera plus ou moins colorée suivant la nature du colorant.

	LIQUIDE	PRÉCIPITÉ
Vins purs	presque décoloré	gris violet sale ou lie de vin.
Campêche	jaune	beau jaune fauve.
Troëne fermenté	jaune brun	rouge noyer.
Brésil	devient très beau rouge à l'air	id. id.
Coquelicot	rouge cuivre	gris violacé.
Myrtille fermentée	rouge	gris violet.
Sureau fermenté	très rouge	rouge violet.
Mûres noires	rose	gris violet sale.
Phytolacca	violet	beau violet.
Betteraves	brun rosé	rose sale.
Dérivés de la houille	se fixent facilement	rouge.

Quand on a affaire aux teintures de Fernambouc, Campêche, fuchsine, orseille et cochenille, la réaction ne laisse aucun doute et est d'une grande sensibilité. Quand au contraire la teinture est due à des baies de fruits, la décoloration est presque complète.

Avec les baies de sureau, les mûres et le phytolacca, la réaction est très caractérisée.

Ce procédé est critiqué, avec juste raison, par Gautier et par Robinet. Le faible de Fauré est de n'avoir pas essayé des vins de diverses origines, surtout des vins de vignes américaines, des vins du Midi de la France et de l'Espagne. Les vins de vignes américaines ont une telle analogie avec ceux donnés par les teintures artificielles qu'on serait tenté de s'y tromper. (Il est vrai que ces vins étaient inconnus du temps de Fauré.)

Procédé Carles. — 1° On ajoute aux vins une certaine quantité de tannin, puis un excès de blanc d'œuf ; le collage précipite la matière colorante du vin ; les autres colorants restent à peu près intacts. Au moyen du colorimètre on détermine la quantité de couleur perdue.

Gautier a basé toutes ses recherches sur ce procédé. En effet, par ce collage, le vin est débarrassé de la plus grande partie de sa matière colorante naturelle, ce qui donne un liquide filtré beaucoup plus sensible aux réactions des divers colorants ; mais par lui-même ce n'est pas un procédé de recherche. Ce collage est de beaucoup supérieur à celui de Fauré, en ce sens qu'il ne précipite pas les baies de fruits, ce qui arrive avec la gélatine.

2° On opère sur le vin non collé. On remplit d'*eau potable* un vase quelconque à *fond blanc*, ayant une certaine profondeur et de 150 à 250cc de capacité ; on y ajoute un léger filet de vin suspect (de 2 à 5 gr., suivant l'intensité de la couleur).

Si le vin est pur, après le mélange, il conserve sa couleur primitive pendant plusieurs heures, sauf les exceptions indiquées plus loin. S'il est fraudé, il tire au vert ou au violet.

Avec le vin collé il faut augmenter la quantité de vin de façon à obtenir une teinte sensible. Les vins piqués, verts au goût, ou riches en crème de tartre, ne donnent plus les mêmes réactions. Souvent on a des résultats plus nets en traitant par l'alcool fort les lies restées sur le filtre, ce dissolvant attaquant plus facilement les matières artificielles que la couleur naturelle du vin.

Les vins naturels de Saumur sucrés ou non tirent au violet.

Tableau des réactions indiquées par Carles.

Conserve sa couleur.	L'échantillon primitif est en partie décoloré par l'albumine et verdit franchement par l'ammoniaque.			Vin pur.
	Il est décoloré en partie par l'albumine avec virage au violet, sans verdir par l'ammoniaque.	Si la décoloration est complète et si l'acide acétique recolore.		Rosaniline.
		Si la décoloration est incomplète.	Jaunit et ne reprend pas sa couleur par l'acide acétique.	Phytolacca.
			Reprend sa couleur par l'acide acétique.	Caramel spécial.
			Bleuit.	Cochenille.
Vire au violet.	On traite l'échantillon par l'albumine et on filtre.	Le liquide écoulé s'est en partie décoloré, et verdit, ainsi que le vin primitif, par l'ammoniaque.		Vin pur nouveau
		Se décolore en grande partie, mais bleuit au lieu de verdir.		Cochenille.
Verdit franchement, sinon on le colle et on filtre, on traite de nouveau par l'eau, le liquide filtré qui verdit alors franchement.	On traite le vin primitif par l'acétate basique d'alumine.	Devient violet, on traite par l'extrait de Saturne.	Précipité rose.	Sureau.
			Précipité vert bleuâtre	Mauve.
		devient vert.		Myrtille.

Procédé Schrœder. — Cette méthode est basée sur la diffusion des matières colorantes. On place une fiole de vin à une certaine hauteur au-dessus d'un vase plein d'eau ; puis on fait descendre lentement le vin de la fiole dans l'eau, au moyen d'un fil. La matière colorante se diffuse alors ; les colorants employés se diffusent plus vite que la couleur naturelle des vins ; les couches supérieures du liquide renferment les colorants employés.

Tous les auteurs sont d'accord pour refuser à ce procédé toute valeur.

Procédé Facon (1858). — On prend 50 gr. du vin ; on les verse sur 50 gr. de bioxyde de manganèse pulvérisé ; on agite pendant 1/4 d'heure et on filtre. Si le liquide est clair et incolore ou simplement paille, le vin est naturel ; s'il est coloré, le vin est falsifié.

Ce procédé est critiqué, avec juste raison, par tous les auteurs ; car un grand nombre de colorants artificiels sont entièrement décolorés par cet agent. Le brésil, la cochenille, le phytolacca et le sureau, même en fortes proportions, disparaissent. et le liquide reste jaune paille, surtout s'ils sont mélangés avec des vins de vignes américaines.

Modification Lamattina (1876, Journal Ph. et Ch. t. 23, p. 393). — Il reprend le procédé Facon : 100 gr. vin, 100 gr. bioxyde, agite 1/4 d'heure et filtre sur double filtre ; le vin naturel donne un liquide incolore ; les vins artificiels donnent un liquide coloré.

Si au vin décoloré, on ajoute du carbonate d'ammoniaque, il y a une légère effervescence ; il se forme une teinte brune plus ou moins verte, suivant la matière colorante et un précipité blanc, avec les vins naturels ; le précipité est vert bleu clair, soluble dans un excès, en bleu, s'il y a du cuivre.

La même année (t. 24, p. 47), Lamattina rectifie les doses indiquées ci-dessus ; il ne prend plus que 15 gr. de bioxyde pour 100 gr. de vin laissés en contact pendant 12 à 15 minutes ; le vin pur est incolore, s'il est coloré la couleur est artificielle. Si le peroxyde de manganèse est pur, il donne ce résultat avec toutes les matières colorantes.

Lorsque le peroxyde contient du fer et si on ajoute à la liqueur 30 ou 40 centigr. d'acide tartrique, la fuchsine forme une combinaison insoluble qui reste sur le filtre ; la liqueur est légèrement jaunâtre ; si on verse de l'alcool sur le filtre la fuchsine se dissout et l'alcool est coloré en bleu légèrement violet ; la matière colorante naturelle du vin est insoluble. Par le peroxyde contenant du fer les vins passent colorés en rose.

Lamattina a commis une erreur en diminuant la dose de peroxyde ; les vins d'Espagne ne sont pas décolorés, pour la plupart, avec 15 gr., tandis qu'ils le sont avec 100 gr. ; d'autre part, beaucoup de substances végétales sont décolorées.

M. Cazeneuve a repris ce réactif, avec les doses de Facon, pour la recherche du sulfofuchsine.

Procédé Filhol. — On emploie un réactif préparé avec 10^{cc} d'ammoniaque et 8^{cmc} de sulfhydrate d'ammoniaque ordinaire, au 10e, pour faire un litre avec de l'eau. Le vin est mélangé volume à volume et filtré.

Si le vin est naturel, le liquide est verdâtre ; s'il est coloré artificiellement, le liquide sera bleu, violet, lilas ou rouge.

Cette réaction manque de sensibilité, et certains vins donnent la nuance violacée.

Procédé Batilliat. — L'ammoniaque étant ajoutée au vin, la matière colorante devient en partie brune et en partie verte ; elle ne reprend pas sa couleur en ajoutant de l'acide tartrique si le vin est naturel, tandis que tous les pigments artificiels reprennent leur couleur.

Ce procédé est complètement faux, les vins reprenant toujours leur couleur.

Procédé Gadet de Gassicourt. *Modification Nees d'Essenbeck.* — On fait deux solutions ; la première avec une partie d'alun dans 11 p. d'eau ; la seconde avec une partie de carbonate de potasse dans 8 p. d'eau. On ajoute au vin un égal volume de solution d'alun, puis peu à peu la deuxième solution, en ayant soin de ne pas précipiter tout l'alun.

L'alumine se précipite, forme une laque qui entraîne la matière colorante du vin et donne un précipité gris sale quand le vin est naturel.

Si on a ajouté un trop grand excès d'alcali, une partie du précipité est dissoute et le reste prend la nuance gris cendré.

Le vin nouveau prend une teinte verte s'il y a excès de carbonate.

Si les précipités sont bleus, violets ou roses, *on peut* les soupçonner de contenir des matières colorantes artificielles. Le phytolacca est le seul dont les réactions sont les mêmes que celles du vin.

Bois d'Inde	Précipité	rose.
Coquelicot	id.	gris brunâtre passant au noir par excès d'alcali.
Myrtille...............	id.	gris bleuâtre.
Brésil.................	id.	gris violacé.
Sureau.................	id.	violet.

C'est une bonne réaction, mais qui ne peut servir de procédé général.

Procédé Rousselle. — Ce n'est que l'application du procédé Bouilhon aux dérivés de la houille. Les vins traités par la baryte hydratée et l'éther donnent une coloration rose avec la fuchsine ; rouge groseille, avec un des sels dérivés de la fuchsine ; verte, avec le vert d'aniline ; jaune, avec le dinitro-naphtalate de sodium (employé pour colorer certains vins blancs) et grenadine, avec une substance inconnue. Le rouge groseille dissous dans l'eau, traité par l'ammoniaque jusqu'à décoloration et agité avec l'éther, lui donne une teinte légèrement fluorescente, tandis que la fuchsine laisse l'éther incolore.

Procédé Girard (1876). — Ce procédé complète les expériences qui ont été faites pour la recherche de la fuchsine.

Par l'éther, la mauvaniline, la chrysotoluidine et la fuchsine, qui se trouvent dans les résidus de la fabrication de la rosaniline et vendus sous le nom de *grenat*, on ne distingue pas ces substances. La safranine et la plupart des autres substances sont presque insolubles dans l'éther ; aussi recommande-t-on de chauffer avec l'ammoniaque. Ch. Girard emploie l'*éther acétique*, qui dissout plus facilement ces bases et en plus grande quantité que l'éther ordinaire. L'emploi de cet éther présente aussi moins de danger, car il s'enflamme moins facilement. On prend 150^{cc} de vin ; on les sature par un léger excès d'eau de baryte ou de solution de potasse ou de soude, pour rendre le liquide alcalin. L'addition de la baryte peut déjà servir d'indication pour le campêche, la cochenille, etc. On ajoute ensuite 25 à 20^{cc} d'éther acétique ou d'alcool amylique ; on agite et on laisse reposer. On décante l'éther ou l'alcool, on filtre et on évapore rapidement en présence d'un fil de laine ou d'un mouchet de soie composé de 3 ou 4 fils, au plus.

La liqueur éthérée ou alcoolique prend le plus souvent une couleur plus ou moins rosée, surtout s'il n'y a pas un trop grand excès d'alcali. Cette coloration, très sensible avec l'alcool amylique, s'aperçoit très aisément en regardant la surface de séparation du vin et du liquide ajouté, sous une faible incidence. Le passage de la solution à travers un papier filtre a pour but d'enlever toute trace de la liqueur mère aqueuse qui pourrait masquer ou modifier la teinte déposée sur le tissu. Lorsque l'on a obtenu sur laine ou sur soie, une coloration rouge, il suffit pour distinguer la rosaniline de la safranine de verser dessus quelques gouttes d'acide chlorhydrique concentré. La *rosaniline* se décolore et donne une nuance feuille morte; l'eau en excès ramène la teinte primitive. La *safranine* passe au violet, au bleu foncé et enfin au vert. En ajoutant, peu à peu de l'eau, les mêmes phénomènes de coloration se reproduisent en sens inverse; enfin une plus grande quantité d'eau régénère la teinte primitive. La soie fixe beaucoup mieux la safranine que la laine. (L'alcool amylique est préférable, la safranine étant insoluble dans l'éther. E. V.).

Les *violets solubles* à l'eau donnent par le même réactif une coloration bleu verdâtre, puis jaune ; l'eau en excès donne une teinte violette.

La *mauvaniline* fournit une nuance d'abord bleu indigo, puis jaune, plus feuille morte que celle de la rosaniline ; l'eau en excès fait virer au violet rouge.

La *chrysotoluidine* ne se décolore que très peu par l'acide chlorhydrique. Pour la caractériser, il suffit de faire bouillir le tissu teint avec un peu de tuthie ou poudre de zinc ; les bases donnent des leucodérivées incolores, tandis que celui de la chrysotoluidine reparaît au contact de l'air.

Le *brun d'aniline* ou *brun de phénylène diamine* se fixe directement sur le tissu avec une couleur jaune rouge ; au contact de l'air ou avec quelques gouttes d'acide chlorhydrique étendu, la nuance vire au brun rouge foncé. La solution acétique un peu concentrée teint également en brun rouge.

Pour distinguer les dérivés de la houille de la cochenille, il suffit de verser quelques gouttes d'hydrosulfite de soude ; les sels de rosaniline sont entièrement décolorés, tandis que la teinte rose de la cochenille n'est détruite que lentement.

Procédés Husson (1877. Du Vin). — **1°** Husson, pharmacien de Toul, a basé son procédé de recherche sur la remarque faite par lui que la présence de l'alun modifie souvent les réactions indiquées par les différents auteurs.

Au lieu de précipiter l'alumine par un carbonate alcalin pour former des laques à teintes indécises, données comme caractéristiques, il précipite l'acide sulfurique par l'acétate de plomb cristallisé.

Le sulfate de plomb, en se déposant, entraîne avec lui la presque totalité de la matière colorante du vin et laisse au contraire en solution les colorants artificiels dont les teintes sont avivées par l'acétate d'alumine qui se forme.

On prépare deux solutions concentrées, à froid, l'une d'alun, l'autre d'acétate neutre de plomb cristallisé. On ajoute un égal volume de vin à une solution d'alun ; on traite ensuite par l'acétate, et on filtre ; si le liquide n'est pas décoloré, on ajoute deux gouttes d'acide chlorhydrique au dixième ; il se forme un nouveau précipité que l'on jette sur un filtre.

Les vins naturels donnent un précipité allant du blanc sale au gris ardoise ou verdâtre et un liquide incolore.

MATIÈRE COLORANTE	PRÉCIPITÉ	LIQUEUR FILTRÉE
Vin de Toul 1874	blanc sale	légère teinte vineuse.
Mâcon 1873	gris bleu	id.
Bordeaux, plaine 1870	gris légèrement violacé	id.
Hérault 1874	gris bleu	id.
Aramon et vin de Toul 1874	blanc sale	id.
Teinturier 1874	gris violet	id.
Indigo	bleuâtre	complètement décolorée.
Troëne	gris bleu	beau bleu de cuivre ammoniacal
Vigne vierge	gris violacé	beau violet très franc, bleu azuré
Myrtille	bleu violet	violet bleu.
Sureau	id. id.	id.
Campêche	id. id.	bleu violet.
Fernambouc	violet cerise	violet cerise.
Mauve noire	gris bleu	bleu mauve.
Vins à traces de fuchsine	blanc sale	roux.
Fuchsine	rosé	rose fuchsine.

Conclusions : 1° La couleur du précipité peut guider l'expert pour déterminer le cru ayant fourni le vin. Dans une recherche de ce genre, le chimiste tâchera de se procurer du vin de même provenance et de même année, et il constatera si les précipités sont identiques.

Les réactions obtenues ne sont pas assez positives (Robinet) et il n'est pas toujours facile de se procurer des vins identiques ; 2° le vin naturel, quelle qu'en soit la provenance, après avoir suivi le traitement indiqué, passe toujours avec une teinte vineuse très atténuée ; 3° si le liquide passe avec une teinte bleu franc, il y a du *troëne ;* 4° si le liquide a une teinte bleu mauve pâle, c'est un mélange de vin et de *mauve notre* ; 5° lorsque la teinte est violette, plus ou moins bleue, on se trouve en présence du sureau, de la myrtille, du campêche ou du phytolacca ; 6° si le liquide violet devient jaune par l'ammoniaque, et si le carbonate de soude en présence de l'alun détermine un précipité lilas, il y a du *phytolacca ;* 7° si la solution donne avec le carbonate de potasse un précipité gris violacé, c'est dû à la *myrtille ;* 8° quand la solution passe au bleu sous l'influence de l'acétate de cuivre, au rose-lilas par l'acétate de soude, et donne un précipité violet par le carbonate de soude, on a affaire au *sureau* ; 9° en mettant un peu d'acide azotique dans les liquides colorés en violet bleu, ils passent tous au rouge groseille, sauf le *campêche*, qui prend la teinte rouge pelure d'oignon ; 10° quand le liquide coloré en rouge groseille devient pelure d'oignon par un excès d'acide azotique, il se trouve du *fernambouc ;* 11° lorsque la teinte est d'un rouge sale, il y a lieu de chercher la *fuchsine ;* 12° si le liquide passe avec la teinte vineuse, et si le dépôt sur le filtre a une couleur bleue prononcée, on cherchera l'*indigo*.

Pour laisser à la justice un témoin de la falsification, on opère de la manière suivante : Le vin est additionné d'alun ; puis on dépose 2 gouttes sur du papier Berzélius blanc, on ajoute ensuite une goutte d'acétate de plomb ; le précipité se forme, et le liquide coloré qu'on fait sécher teint le papier de différentes nuances, preuves de la falsification.

Robinet approuve ce procédé et le préfère à celui de Gautier, qu'il trouve très long et très minutieux. Cependant il est bon de se servir des deux procédés, car Husson ne donne pas toutes les matières colorantes artificielles.

2° Un blanc d'œuf est mélangé à 250 gr. d'eau distillée, de façon à obtenir un liquide limpide. Dans deux tubes à essais on met des parties égales de vin et d'eau albumineuse ; l'un des tubes est traité par quelques gouttes d'acide azotique ; l'autre tube est chauffé ; l'albumine se coagule dans les deux cas. On filtre sur un très petit filtre.

	ALBUMINE COAGULÉE par l'acide azotique.		ALBUMINE COAGULÉE par la chaleur.	
	PRÉCIPITÉ	LIQUIDE	PRÉCIPITÉ	LIQUIDE
Vin pur	rose vineux	couleur vin faible.	gris violacé	légèrement vineux.
Fuchsine	blanc	décoloré	violet de fuchsine.	rosé.
Campêche	id.	couleur chair	gris violet	violet.
Vigne vierge et sureau	rouge groseille	beau rouge	ardoise	bleu violet.
Troëne	carmin, puis jaune	devient vite jaune.	bleu très accentué	bleu.
Mauve	rouge cerise	rouge	gris bleu	bleu pâle.

L'albumine seule agit par les alcalis qu'elle renferme.

Cette réaction peut servir à distinguer le troëne du sureau et de la mauve. (E. V.).

3° On mélange 10 gr. de vin à 10 gr. d'aldéhyde dans un ballon, et on fait bouillir ; avec le vin naturel il n'y a aucune modification, même si on amène le liquide à consistance sirupeuse.

Avec les teintures, si on ajoute une goutte d'acide sulfurique, on obtient de suite une teinte rouge avec le *sureau*, la *myrtille* et les colorants analogues.

Avec une solution de *fuchsine* on obtient des reflets violets ; si on évapore en ajoutant de l'aldéhyde, on a un beau bleu violacé ; 1 goutte d'acide sulfurique versée avec précaution fait passer rapidement la teinte au bleu, au vert, et enfin au jaune brun ; par l'addition d'eau, on régénère la couleur.

Dans une teinture de *mauve* ou de roses papales on obtient une coloration violette se rapprochant de la fuchsine ; l'acide sulfurique fait passer de suite au rouge.

Avec le *bois de campêche* on obtient une teinte jaune brun.

Les vins mélangés à ces teintures donnent des teintes plus ou moins fortes suivant la quantité du colorant.

Les vins fuchsinés et les vins à la mauve donnent des reflets violacés ; les vins au campêche donnent une teinte pelure d'oignon, et les vins naturels ou au sureau et à la myrtille ne changent pas.

Procédé Chancel (1877, Comptes Rendus, février 19). — C'est une méthode générale de recherche basée sur l'emploi du sous-acétate de plomb et du carbonate de potasse.

A 10cc du vin, on ajoute un excès, soit 3cc environ, de sous-acétate de plomb liquide au 20e afin d'entraîner dans le précipité toutes les matières colorantes ; on agite, on chauffe légèrement et on jette le tout sur un très petit filtre placé au-dessus d'un tube à essai. On lave le précipité 3 ou 4 fois à l'eau chaude. Si la liqueur est colorée, il faut voir si elle précipite encore par l'extrait de saturne, sinon il y a un peu de *fuchsine* que l'on recherche par le procédé Roméi. On épuise le précipité sur le filtre lui-même au moyen de quelques centimètres cubes d'une solution de carbonate de potasse au 50e, en faisant passer à plusieurs reprises la même solution sur le précipité, lequel cède au réactif la fuchsine qu'il peut encore contenir, l'acide carminamique de la *cochenille ammoniacale* et de l'*acide sulfo-indigotique*, tandis qu'il retient encore les pricipes colorants de l'*orcanette* et du *campêche*. Sous l'influence de la liqueur alcaline, l'œnocyanine du vin laisse au liquide une teinte jaune verdâtre des plus faibles qui ne gêne en rien les réactions.

On caractérise la fuchsine par l'acide acétique et l'alcool amylique.

On doit s'assurer de l'identité de cette substance par la bande d'absorption qu'elle présente au spectroscope.

La cochenille se distingue en isolant le liquide obtenu précédemment par décantation et ajoutant une ou deux gouttes d'acide sulfurique et agitant à nouveau avec de l'alcool amylique qui ne dissout que l'acide carminamique que l'on soumet à l'analyse spectrale ou par les méthodes Gautier et Carles.

L'acide sulfo-indigotique est retenu dans le liquide inférieur qu'il teinte en bleu ; on l'examine au spectroscope et l'on distingue l'indigo.

Le précipité resté sur le filtre après l'action de la liqueur alcaline, est traité par la solution de sulfure alcalin de potassium ou de sodium au 50e qui dissout à la fois la matière colorante du campêche et celle du vin. C'est pourquoi on agit de préférence sur le vin lui-même ; on en chauffe quelques centimètres cubes avec un peu de craie ; on ajoute quelques gouttes d'eau de chaux et on filtre. Le liquide filtré est rouge s'il y a du campêche, tandis que le vin naturel se colore à peine en jaune verdâtre.

Le précipité plombique, soumis à toutes les opérations précédentes, est enfin lavé à l'eau bouillante, égoutté, puis traité par l'alcool qui prend une teinte rouge due au principe colorant de l'orcanette qu'on examine au spectrocope.

La *cochenille ammoniacale* ne peut pas être confondue avec une autre couleur ; le spectre est interrompu par deux bandes obscures situées, l'une dans le jaune verdâtre, entre les raies D et E de Fraunhofer, la seconde, dans le vert correspondant sensiblement dans sa partie moyenne avec la raie E ; une troisième bande, moins accusée, se montre dans le bleu.

L'*indigo* donne une bande d'absorption située dans le rouge entre les raies C et D.

Le *campêche* donne une bande d'absorption qui le caractérise, et l'*orcanette* une large bande d'absorption.

Ce procédé est très incomplet et assez difficile d'exécution, mais il possède plusieurs réactions utiles à connaître.

L'étude des spectroscopes se trouve dans la description des réactifs.

Procédés Vogel — 1° Ce savant s'était mis à la recherche d'un réactif unique, caractérisant toutes les falsifications des vins. Il avait pensé l'avoir trouvé dans l'*acétate de plomb*. Il obtient, avec sa solution, un précipité vert grisâtre ou bleu avec les vins purs, et jaune crème avec les vins de Madère ; un précipité bleu indigo avec les vins colorés par le bois de Brésil ou le sureau, et un précipité rouge puce avec les vins colorés par le campêche, le santal ou la betterave.

2° A 10^{cmc} de vin et 90^{cmc} d'eau, on ajoute une solution concentrée de *sulfate de cuivre*. Si le vin est pur, il est décoloré, sinon il conserve sa teinte plus ou moins accentuée. S'il contient de la mauve, il se colore en violet. Tous les vins purs sont décolorés, vieux ou nouveaux. Ce procédé est d'une extrême sensibilité, mais n'est pas toujours exact, car beaucoup de baies de fruits se décolorent. Il n'a donc rien de positif, mais il peut servir de réactif pour la mauve.

En 1877, cet auteur a publié des essais très complets sur les matières colorantes au moyen du spectroscope : *Die Pracktische Spectralanalyse irdischer Stoffe* (Nordlingen). On les trouve aussi dans le Dictionnaire de Würtz, p. 144.

Procédé Hilger. — Il a essayé les réactions de cinq réactifs sur les vins naturels, la mauve, le phytolacca et la fuchsine ; il est donc tout à fait incomplet. Ses cinq réactifs sont : l'hydrogène produit par le zinc et l'acide chlorhydrique, l'ammoniaque, la potasse concentrée et l'alcool amylique. Tous ces réactifs étaient connus, sauf l'hydrogène, qui ne donne rien de bien particulier. Ses réactions ont du reste été faites évidemment sur les teintures mêmes des colorants et non sur des mélanges de vins et de colorants. On trouvera ces réactions parmi celles indiquées aux Réactifs.

Modification Duclaux. — Duclaux a essayé l'action de l'hydrogène naissant sur les vins. Il prenait 10 gr. de vin, 2 gr. de zinc en fines lamelles et 2 gr. d'acide chlorhydrique.

Avec les *vins naturels*, le jus de *brimbelles* et le *sureau*, on obtient une réduction lente, une teinte rouge groseille et une teinte vineuse devenant grisâtre. Avec la *mauve* ou la *rose papale*, les teintes sont bleues ou violacées. Le *campêche* donne une différence sensible. Du point de départ des bulles on voit sortir, au bout de quelques instants, des traînées jaunes et l'on obtient finalement une teinte jaune. La *fuchsine* donne les mêmes phénomènes, mais, le jaune obtenu, le liquide devient gris puis incolore. Ces produits mélangés aux vins donnent les mêmes résultats.

Lorsque la réaction est terminée et que le liquide est légèrement acide, on décante et on ajoute dans une petite fiole 2 gr. de bioxyde de barium en poudre très fine.

Dans les *vins naturels*, le liquide reprend sa teinte vineuse puis devient rapidement jaune acajou ; le dépôt se borde d'une légère couche gris rosé ; la masse d'oxyde reste blanche ; le jus de *brimbelle* donne le même résultat.

Le *sureau* donne un liquide et un précipité jaune serin, puis jaune paille.

La *mauve* donne un liquide bleu violacé ; le bioxyde est bleu ardoisé ; si on ajoute de l'acide chlorhydrique le liquide devient pourpre, mais le dépôt reste bleu.

Le *campêche* donne une réaction analogue à la mauve, mais une goutte d'acide chlorhydrique donne un liquide jaune oignon ; le dépôt reste bleu.

La *fuchsine* donne un liquide violacé et un dépôt rose.

Dans les vins, le *sureau* fournit un liquide jaune et le bioxyde se couvre d'un premier dépôt gris rosé et d'un autre jaune.

La *mauve* et la *rose papale* ont un liquide bleu et un dépôt gris rosé.

La *mauve* et la *fuchsine* dans les vins forment trois dépôts ; l'un gris rose, dû au vin, le deuxième bleuâtre, causé par la mauve et le troisième rose de fuchsine ; cette expérience est délicate à faire ; par excès d'acide chlorhydrique, le liquide passe au jaune.

Procédé Labiche (1877, J[l] de Ph. et Ch., t. 25, p. 486). — L'alcool amylique agité avec le vin pur est incolore ou rose ; il est rose avec la fuchsine et l'orseille. La laine, la soie, le fil, le coton se teintent en rose. Le lavage à l'eau enlève la couleur des vins naturels et laisse les colorants étrangers ; les étoffes sont rouges avec la *fuchsine* et violette avec l'*orseille*.

L'alcool amylique traité par l'ammoniaque forme deux couches : pour les vins purs la couche inférieure est jaunâtre limpide et la couche supérieure est trouble et jaunâtre.

Pour la fuchsine, la couche inférieure est jaunâtre et limpide ; la couche supérieure est incolore ; enfin, pour l'orseille, la couche inférieure est rouge brun et la couche supérieure rose.

Le sous-acétate de plomb précipite la couleur des vins et presque toutes les couleurs artificielles, dont quelques-unes peuvent être retirées du précipité.

Si le précipité s'éloigne de la couleur gris ardoise, il y a fraude. On le lave à l'eau distillée et on fait passer de l'alcool vinique qui prend la couleur rose de l'*orseille ;* à cette solution on ajoute une dissolution de carbonate de soude, puis de l'alcool amylique qui s'empare de l'orseille.

Lorsque le précipité ne cède rien à l'alcool on le traite par une faible addition d'acide azotique qui dissout le tout ; on précipite par un excès de carbonate de soude et on filtre ; le liquide est incolore si le vin est pur ; rose violet, s'il y a du *phytolacca* et gris, si c'est du *coquelicot*.

Au liquide alcalin on ajoute de l'acide citrique ; la couleur change peu pour le phytolacca et devient rouge pâle avec le coquelicot.

Procédé Chevallier (1827). — Il a employé la solution alcaline de potasse et on a obtenu quelques réactions indiquées plus loin dans l'étude des réactifs.

Procédé Blume. — On imbibe une mie de pain, du vin soumis à l'essai, et on la pose doucement sur quelques millimètres d'eau contenus dans une assiette ; cette eau se teint immédiatement par la diffusion de la matière colorante, si celle-ci est étrangère au vin. Le vin pur ne produit cet effet qu'au bout de 20 ou 30 minutes. Ce procédé n'a aucune valeur.

Procédé Lapeyrère. — Une bande de papier Berzélius, préalablement imbibée d'une solution concentrée d'acétate neutre de cuivre, et sur laquelle on promène une goutte de vin, étant séchée ensuite rapidement, offre une coloration grise avec le vin pur, tandis qu'elle prend une teinte bleu violacé si le vin est coloré avec le bois de campèche. Ce n'est qu'une réaction isolée.

Procédé Jacob (de Tonnerre). — Dans 2 gr. du vin à essayer, on verse 2 gr. d'une solution formée par 10 gr. de sulfate d'alumine et 100 gr. d'eau distillée ; puis on ajoute à ce mélange 12 à 16 gouttes d'une solution alcaline préparée avec 8 gr. de carbonate d'ammoniaque et 100 gr. d'eau distillée. On obtient un précipité abondant d'alumine, qui entraîne la matière colorante du vin, et c'est d'après la nuance du précipité que l'on décide de la valeur de la fraude. En même temps on essaie le sous-acétate de plomb et on compare les résultats.

Ce procédé ne contient qu'un seul réactif particulier, le sulfate d'alumine et le carbonate d'ammoniaque, lequel donne de bonnes indications, mais insuffisantes pour un procédé général. (Voir à l'*Etude des Réactifs*).

Procédé Robinet. — On verse dans le vin une solution de protonitrate de mercure, il se forme un précipité qui est gris perle avec les vins naturels, rose ou violet dans les vins falsifiés et bleu avec le coquelicot. Le liquide surnageant garde généralement une faible nuance dans les vins fraudés, tandis que pour les vins naturels, il devient blanc légèrement paille. Ce procédé est bon pour un premier essai, car il est sensible et rapide.

M. Robinet, qui préfère ce réactif, n'ose pas le conseiller, car il exige une étude spéciale et n'est pas assez pratique.

Les différences ne sont pas toujours accentuées : certains vins d'Espagne donnent un précipité violacé et avec les mûrons des baies, au 5e, le précipité est gris violacé à peine sensible. (E. V.)

Procédé Falières (1873). — Dans un flacon de 30 gr. on met 5 à 6 gr. de vin et 8 à 10 gouttes d'ammoniaque ; on remplit aux 30 gr. avec de l'éther, agite, décante et ajoute goutte à goutte de l'acide acétique, l'éther se colore en rose par la fuchsine ; la sensibilité est au-dessous de 1/10 de milligr.

Ce procédé n'est pas exact, parce que l'éther dissout la matière colorante jaune du vin qui devient rosée, rouge et même violette à la longue et par un acide.

Procédé J. Brun. — Il consiste dans l'emploi d'un certain nombre de réactifs connus et décrits précédemment.

On devra suspecter comme étant coloré artificiellement : 1° Tout vin qui, avec le tannin et la gélatine, ne perdra pas la presque totalité de sa couleur (Fauré). 2° Tout vin qui, gardé dans la bouche, en colorera les membranes ou les dents (Caspari), ou qui colorera les excréments ou les urines (Tromsdorf). (Il faut une forte fraude pour arriver à ce résultat). 3° Tout vin qui avec l'alun et la potasse ou le carbonate de potasse (Nees d'Essenbeck) ou le sulfate d'alumine et le carbonate d'ammoniaque (Jacob) donne une laque couleur rose, rouge ou violette, verte ou franchement bleue, s'éloignant de la teinte ardoise qui est si constante dans les vins naturels. 4° Tout vin dont la matière colorante ne sera pas détruite par l'acide sulfureux. 5° Tout vin qui cèdera à l'éther une partie de sa couleur. 6° Tout vin qui rendu alcalin par l'ammoniaque et additionné de sulfhydrate d'ammoniaque et filtré, donnera un liquide bleu, rouge ou violet, s'éloignant de la couleur verte du vin naturel (Filhol).

Ce n'est donc l'emploi que de procédés connus et dont aucun n'appartient à l'auteur, de plus la plupart de ces réactifs n'ont aucune valeur ; les baies de fruits passeront inaperçues.

Procédé Bastide. — Faire bouillir quelques centimètres de laine blanche à broder avec le vin, et évaporer à siccité, dégorger fortement la laine dans l'eau, constater la couleur de la laine, puis la traiter par l'ammoniaque au 100e et voir quel est le changement de teinte. La matière colorante ajoutée aux vins, dans la proportion de 20 %, donne les résultats suivants :

	LAINE	AMMONIAQUE
Vins naturels............	peu colorée, lie de vin...	vire au vert jaunâtre.
Fuchsine...............	rouge....................	décolore en partie, l'acide acétique fait reparaître la couleur.
Orseille.................	rouge violet.	bleuit.
Campêche...............	marron violet...........	fonce beaucoup la couleur.
Cochenille..............	rosée.....................	ne change pas ou verdit à peine.
Indigo..................	bleue.....................	avive la couleur en la verdissant.
Mauve..................	marron cendré..........	vert sale.
Sureau, Hièble.........	brun cendré............	fonce la couleur en la verdissant.

Ce procédé donne de bonnes indications, mais n'est pas suffisant. Bastide lui-même y joint l'emploi du borax et de l'alun ammoniacal. Ce procédé est supérieur à celui de Brun, mais inférieur à ceux de Husson et de Gautier.

Procédé Didelot (1876). — Dans un tube à essais, on agite 4 gr. de vin avec 2 gr. de chloroforme et on laisse reposer; le chloroforme gagne le fond diversement coloré.

Vin de Lorraine	gris clair légèrement rosé, à moitié transparent.
Vin du Midi	gris rosé, non transparent.
Vin à la fuchsine	rose violacé.
— orseille	gris bleuâtre passant au rouge brun.
— cochenille préparée	gris sale un peu violet.
— rose papale	rose violacé.

Procédé Molinari (1877). Revue Vinicole 1888 Juillet 26 et Août 16) — On emploie le carbonate de magnésie naturel (CO^2,Mgo) appelé en minéralogie Giobertite, et qui est difficilement soluble dans les acides.

On coupe ce produit en tranches d'environ 15 millimètres d'épaisseur; on polit la partie plate de façon à bien la lustrer ; au moyen d'un compte-gouttes, on dépose, l'une après l'autre, deux ou trois gouttes de vin sur la surface polie; le vin est absorbé et ne laisse à la surface que la couleur.

Les vins naturels donnent une couleur verte qui va du vert d'eau au vert bouteille ; toute autre teinte est due à une couleur artificielle ; les *baies de sureau* et de *myrtille* n'ont pas tout à fait la même teinte.

Roses trémières	mauve.
Coquelicot	plus mauve.
Campêche	auréole violette.
Indigo	bleu.
Cochenille	carmin.
Orseille	violet pourpre.
Fuchsine et ses dérivés	rose ou rouge.

Les coupages avec des vins de raisins secs en quantité un peu forte peuvent être décelés.

Würtz, après étude de ce procédé, a fait un rapport favorable quoique légèrement dubitatif dans certains cas.

M. Molinari revendique l'exploitation industrielle de son procédé.

Procédé Cadet. — Le vin est étendu de quelques gouttes d'une solution de sulfate d'alumine et d'une solution de potasse.

Vin de Bourgogne	vert bouteille.
— Languedoc, Roussillon	— — foncé.
— Pays	vert tirant sur le gris.
Tournesol en drapeau	violet clair.
Hièble, Troëne	violet bleuâtre.
Airelle	couleur lie sale.
Campêche	prune Monsieur.
Fernambouc	laque rouge.

1er Procédé Gautier. — On emploie des laines différemment mordancées. Le Campêche, le Brésil, la Cochenille, l'Indigo et la Fuchsine teignent la laine mordancée en couleurs dont l'intensité varie avec la quantité de colorants. En lavant à l'eau, si la couleur tient, c'est qu'il y a fraude ; mais les colorants de fleurs ou de fruits à sucs rouges donnent une réaction nulle. Ce n'est pas une méthode générale, mais un moyen facile de classer les colorants. Il est fâcheux que Gautier ne donne pas d'autres indications, car l'emploi de tissus mordancés serait très avantageux au point de vue des recherches primitives. Quant aux colorants qui n'indiqueraient rien, on les chercherait par un autre procédé.

2me Procédé Gautier. — Ce procédé donne des indications parfaitement exactes avec des vins dont le cinquième de la couleur est artificielle.

Ce procédé est très bon et si la préparation des réactifs est assez longue, l'essai d'un vin va très vite.

Préparation des réactifs. — 1° Carbonate de soude au 200e. On dissout 1 gr. de carbonate de soude cristallisé dans 200cc d'eau ; 2° Alun 10 % ; on dissout 20 gr. d'alun de potasse dans 200cc d'eau ; 3° Carbonate de soude 10 % ; on opère de même avec du carbonate de soude ; 4° Borax, on l'emploie en solution aqueuse saturée à la température de 15° ; 5° Sous-acétate de plomb, c'est l'extrait de saturne, devant marquer 15° Baumé ; 6° Acétate d'alumine, on prend le produit commercial et on l'étend d'eau jusqu'à 2° Baumé ; 7° Bicarbonate de soude, on dissout 8 gr. de ce sel dans 100cc d'eau et on fait passer dans la solution un courant d'acide carbonique jusqu'à saturation, afin d'être bien sûr qu'il soit tout entier à l'état de bicarbonate.

Les autres réactifs employés pour faire les séparations sont : l'ammoniaque du commerce à 15°, mise au 10e ; l'eau de baryte en solution aqueuse à 15° ; l'aluminate de potasse dont la préparation est indiquée dans l'étude des réactifs ; enfin le bioxyde de barium.

Préparation préalable du vin. — (Si le vin était très pauvre en tannin, on y ajouterait quelques gouttes d'une solution récente de tannin).

On ajoute au vin à examiner le dixième de son volume d'un mélange de blanc d'œuf battu avec 1 1/2 volume d'eau. Au bout d'une demi-heure, on filtre la liqueur et on y ajoute ensuite, goutte à goutte, du bicarbonate de soude étendu, jusqu'à ce que cette liqueur ne soit que très légèrement acide, ce que l'on reconnaît à une teinte vineuse violacée particulière. Toutes les réactions du tableau, sauf celles de l'indigo, doivent être tentées sur le liquide ainsi préparé. Les titres et les volumes des liquides servant de réactifs doivent être pris très exactement. Les réactions indiquées s'appliquent surtout aux vins de 3 à 18 mois contenant de 12 à 25 % de la couleur artificielle.

1er Essai. — On met à part la liqueur filtrée ; on continue à laver le précipité jusqu'à ce que les eaux de lavage passent incolores. Alors, si le précipité est de couleur vineuse, lilas ou marron, on passe au 3e essai du tableau ; si, au contraire, il est d'une couleur vineuse très foncée, bleu violacé ou bleuâtre, on passe au 2e essai,

2e Essai. — Le précipité est lavé à deux ou trois reprises avec de l'alcool à 25°, puis détaché du filtre. On en enlève une partie que l'on fait bouillir avec de l'alcool à 85° et on jette sur un filtre.

Si le liquide filtré est rose ou vineux, et qu'une autre partie du précipité non bouilli avec de l'alcool, délayée dans l'eau et saturée *avec précaution* par du carbonate de potasse étendu, vire au brun sale ou au brun noirâtre, on passe au 3e essai. Si au contraire la liqueur filtrée est bleue, et qu'une autre partie du précipité traitée par le carbonate de potasse donne une liqueur bleu foncé qu'une plus grande quantité d'alcali fait virer au jaune, on a affaire à un vin coloré par les diverses préparations d'*indigo*.

Essais sur le vin collé. — J'ai réuni ici les opérations à faire subir aux vins collés afin de débarrasser le tableau des réactions obtenues, des explications sur les manipulations.

3e Essai. — 2cmc du vin sont traités par 6 ou 8cmc du carbonate de soude au 200e; suivant la puissance de coloration du vin on versera plus ou moins de réactif; ce qu'il faut, c'est obtenir un changement de teinte dans le vin ; lorsqu'on l'aura obtenu, on versera encore 1cmc de réactif.

4e Essai. — Le liquide traité par le carbonate de soude sera soumis à l'ébullition, dans un tube à essais.

5e Essai. — 4cmc du vin collé sont traités par 2cmc de la solution d'alun à 10 °/o et 2cmc de la solution de carbonate de soude à 10 °/o ; on filtre.

6e Essai. — On traite 2cc du vin collé par 1cc de sous-acétate de plomb, agite et filtre.

7e Essai. — On mélange 2cc de vin collé avec 3 ou 4cc (suivant l'intensité de la couleur) de la solution de borax.

8e Essai. — On traite le vin collé par quelques gouttes d'acétate d'alumine et on attend quelques instants.

9e Essai. — On prend 2cmc du vin collé et on les traite par 1,5 à 2cmc de la solution de bicarbonate de soude ; selon l'acidité et la couleur plus ou moins foncée du vin, on met plus ou moins de réactif.

Dans l'ancien procédé Gautier, on traitait aussi le vin par l'eau de baryte et l'éther afin de distinguer les dérivés de la houille ; mais par suite de la grande augmentation de ces substances, il a fallu les chercher absolument à part ; j'ai donc distrait du tableau des recherches de Gautier, les produits de la houille.

En 1884, j'avais donné la méthode de M. Gautier en tableau, au lieu de le mettre en pages ; ce système a fait école, et aujourd'hui la plupart des ouvrages vinicoles ont donné les nouveaux procédés mis en tableaux.

- **3e essai, Carbonate de soude au 200e**

  Le mélange vire au lilas ou au violet, quelquefois seulement il prend une teinte vineuse ou violacée.

  On fait bouillir. 4e essai
  - Le liquide reste coloré en lilas, rose ou violet vineux.

    On fait le 5e essai. Alun et carbonate de soude.
    - Laque vert, jaunâtre clair ou bleuâtre ; liquide filtré incolore verdissant légèrement quand on chauffe ; l'acétate d'alumine décolore complètement . . . . **Vin naturel.**
    - Laque bleu verdâtre, vert foncé jaunâtre, vineuse ; liqueur filtrée rose franc décolorée par l'ébullition, mais non par l'eau de chaux à froid . . . . **Cochenille.**
    - Laque grenat, vineux violacé ; liquide filtré vert brun ou légèrement marron verdit par l'ébullition ; bouilli avec le bicarbonate beau violet . . . . **Campêche.**
    - Laque lilas ou marron lilas ; liqueur filtrée grisâtre, pointe marron ; grenat ou lilas par l'ébullition ; le bicarbonate à chaud avive cette teinte . . . . **Fernambeu**
  - Le lilas ou la trace de teinte vineuse disparaît ; elle peut être remplacée par une teinte jaune, marron ou roux.

    On fait le 5e essai alun et carbonate de soude.
    - La liqueur filtrée est lilas ou grenat, se décolore par ébullition ou eau de chaux.

      On fait le 6e essai sous-acétate de plomb.
      - la liqueur filtrée passe rose, même en alcalinisant ; se décolore à l'ébullition ou par l'eau de chaux . . . **Phytolacca**
      - le liquide filtré est jaunâtre ou de teinte rousse . . . . **Betterave.**
    - La liqueur passe vert bouteille et vert marron.

      Le précipité du 5e essai est :
      - Bleu foncé.

        On fait le 8e essai acétate d'alumine.
        - Violet franc ou vineux violacé.

          On fait le 9e essai bicarbonate de soude.
          - liqueur un instant lilas rapidement gris bleu verdâtre, le 3e essai était gris sombre verdâtre . . . **Sureau.**
          - la liqueur garde une teinte lilas ou grise mélangée de marron, le essai à l'ébullition se décolore et donne du roux **Hièble.**
      - Vert bleuâtre ou verte ou légèrement rosée.

        On fait le 8e essai acétate d'alumine.
        - Grenat ou lilas vineux.
        - Rosé.
        - Lilas.
        - Violet bleuâtre.

          On fait le 9e essai au bicarbonate pour mieux distinguer.
          - gris foncé verdâtre . . **Vin nature**
          - id. . . **Vin teintur**
          - jaune . . . . **Betterave.**
          - gris jaune . . . . **Myrtille.**

- **3e essai, Carbonate de soude au 200e**

  Le liquide vire au vert bleuâtre avec ou sans lilas vineux.

  On fait bouillir ; 4e essai.
  - coloration lilas ou lilas violet . . . . **Campêche.**
  - Le liquide se décolore, passe au jaune verdâtre ou vert sombre.

    On fait le 5e essai alun et carbonate de soude.
    - le liquide filtré est lilas ou violet . . . . **Phytolacca**
    - La liqueur filtrée est vert bouteille ou vert marron.

      On fait le 7e essai, borax.
      - La liqueur garde la teinte lilas, vineuse ou violacée.

        On fait le 9e essai bicarbonate de soude.
        - la teinte d'abord lilas passe au gris marron ; le précipité du 5e essai est vert bleuâtre foncé . . **Hièble.**
        - Gris teinté de vert ou vert jaunâtre.

          Le précipité du 5e essai était :
          - vert bleu foncé . . . . **Sureau.**
          - verdâtre . . . . **Troëne.**
          - vert cendré . . . . **Myrtille.**
      - La liqueur est gris bleuâtre, quelquefois avec une faible pointe violette.

        On fait le 8e essai acétate d'alumine.
        - Le liquide garde la teinte vineuse. On essaie le sulfate de cuivre.
          - grenat . . . . **Vin natur**
          - violet bleuâtre . . . . **Myrtille.**
        - Le liquide est violacé bleuâtre.

          Le précipité du 5e essai était :
          - laque vert clair . . . . **Myrtille.**
          - laque vert bleuâtre.

            On essaie la craie albuminée.
            - bleu foncé, l'acétate d'alumine donne du violet bleu . . . . **Mauve.**
            - bleu clair ; l'acétate d'alumine donne du lilas . . . . **Maqui.**

- **3e essai :**

  Le mélange prend une teinte jaune verdâtre sans bleu ni violet : Vin naturel, Myrtille ou Betterave ; on différencie comme ci-dessus par le 9e essai.

3e Procédé Gautier. — Bâtons de craie. — Ce procédé doit être employé avant tout autre essai ; il donne des indications préalables, intéressantes dans plusieurs cas.

Craie albuminée. — On laisse digérer dans 1 litre d'eau 10 gr. d'albumine d'œuf sèche et pulvérisée (séchée à 50°) ; quand l'albumine est dissoute, on filtre et on plonge dans ce liquide des bâtons de craie choisis et dont on a poli la surface ; on les y laisse 2 heures et on les sèche à 45°.

Une partie de ces bâtons est mise de côté pour servir telle quelle ; l'autre partie, la plus grande, est traitée par les quatre réactifs suivants :

Craie émétisée. — On dissout 10 gr. d'émétique dans un litre d'eau et on y plonge des bâtons de craie albuminée; on laisse 40 minutes et on sèche à 50°.

Craie zincique. — 10 gr. d'acétate de zinc sont dissous dans un litre d'eau, les bâtons de craie y sont plongés et traités comme précédemment.

Craie cuprique. — On agit de même avec une liqueur contenant 10 gr. d'acétate de cuivre par litre.

Craie plombique. — On opère de même dans une dissolution de 12 gr. d'acétate de plomb dans un litre d'eau.

Pour les essais, on dépose sur chaque bâton de craie, au moyen d'un tube effilé, 3 gouttes de vin étendu de façon à ce qu'il ait une teinte rose groseille (équivalent à une solution de 0gr15 de fuchsine par litre). Les bâtons de craie sont portés à l'étuve à 100° pendant 1 heure; les taches gardent leur couleur d'une façon invariable ; on examine alors la couleur de la tache.

Les essais de M. Gautier ont été faits avec des vins dont le 1/3 de la couleur était en matières étrangères.

VINS	ALBUMINÉE	ÉMÉTISÉE	ZINCIQUE	CUPRIQUE	PLOMBIQUE
Aramon, 1 an et moins	gris perle bleu			pointe jaune	
Portugal, Espagne...	gris ardoisé	ardoisé bleu		gris bleu ardoisé faible	
Carignane de l'année.	bleu allant à l'indigo ou cendré	bleu violacé	bleu un peu indigo		
Jacquez.............	Id. gris bleu ardoise		Id.		
Espagne............	bleu à peine violet		gris neutre		
Alicante, 1 an........	Id.		Id.		
Vins naturels........	gris perlé, cendré, bleuâtre pur, cendré				
—	avec pointe marron gris mauve, indigo				
Roussillon, 3 mois plâtré................	cendré avec pointe marron				
Roukina, Algérie, plât.	cendré bleu				
Carignane, 3 mois, plâtré............	gris bleu ardoise				
Bordeaux, 3 mois....	indigo				
St-Emilion, 4 ans....	gris mauve				
Bourgogne, Gamay 2 mois........	bleu pâle violacé				
Bourgogne, Pinot, 2 mois............	mauve rabattu de gris				
Sarragosse..........	bleu ciel				
Vins colorés du Midi.	gris perle cendré, bleuâtre, gris bleu.	cendré bleuâtre	cendré	cendré foncé	cendré perle
Roussillon..........	cendré violâtre	ardoise claire, pointe violet	cendré foncé	gris ardoise	cendré
Bordeaux jeune, qq. vins Espagne......	indigo	indigo	indigo	indigo	indigo et un peu de gris cendré
Algérie, Roukina.....	bleu cendré foncé	gris bleu	cendré bleu	gris ardoise	
Bourgogne, Gamay...	gris violacé	gris violacé		gris violacé	
Maqui.............	bleu gris franc		un peu plus bleu		
Sureau.............	Id.		bleu légèrement verdâtre		
Mauve.............	Id.		un peu ardoisé		
Cochenille..........	bleu violacé net			violet	
Sulfofuchsine........	Id.			gris bleuté	
Rouge de Bordeaux...	violet rouge			gris violacé	
Fuchsine B..........	Id. plus foncé			violet primitif	
Ponceau J..........	violet mêlé de brun			gris violacé	

M. Gautier a imprimé une planche portant les couleurs désignées ci-dessus, dans son livre : *Sophistication et Analyse des Vins*, 4e édition, 1891.

Si sur la craie albuminée on obtient avec les vins de l'année des tons roses, rouges, violets, bruns ou mauves, on peut considérer les vins comme fraudés.

Si la craie albuminée a donné des taches bleues ou cendrées et que les craies à réactifs donnent des roses, violets, bleus violets, ardoises ou bruns, on peut considérer le vin comme suspect.

Ce procédé est loin d'être absolu ; il ne peut, dans presque tous les cas, donner qu'une indication préliminaire.

Stierlein, de Lucerne, a fait des recherches dans le genre de celles du 2e procédé Gautier, et mises en tableaux, mais je ne les ai pas eues entre les mains : du reste celles de Gautier sont suffisantes.

Procédé Dietrich. — Il se sert principalement de l'acétate de plomb, du sulfate de cuivre et de la baryte, tous en solution au 10e, versés dans du vin étendu de vingt fois son poids d'eau.

Procédé Romei modifié par Marty. — On verse dans un ballon 50cc de vin : on y ajoute 10cc de sous-acétate de plomb liquide d'une densité de 1.320 ; on chauffe sans atteindre l'ébullition et on jette sur un filtre. Le liquide étant refroidi on ajoute 10 gouttes d'acide acétique et 10cc d'alcool amylique ; on agite vivement et on laisse reposer ; l'alcool remonte à la partie supérieure. S'il est incolore, le vin est pur ; s'il est rose ou rouge cerise, il y a de la fuchsine ; s'il est rose ou rouge violacé, il y a de la fuchsine et s'il est jaune, c'est de l'acide rosolique. On décante alors, avec une pipette, une partie de l'alcool et on verse dans un tube fermé d'un bout. On y ajoute son volume d'une solution ammoniacale faible et on agite. Si l'alcool se décolore sans colorer l'eau ammoniacale, c'est de la *fuchsine ;* si l'alcool se décolore, mais colore l'eau en rouge violacé, c'est de l'*acide rosolique*, et en bleu violet, il y a de l'*orseille*.

Procédé H. Jay (1881). — Ce savant chimiste vinicole de Paris a indiqué sous le pseudonyme de de Lionne, dans le *Moniteur vinicole*, le procédé suivant, afin de distinguer entre elles les matières colorantes dérivées de la houille, l'orseille, la cochenille et le bois de campêche. Lorsque les essais préliminaires auront indiqué la présence de une ou plusieurs de ces substances, on les distinguera par ce procédé.

15 à 20cc de vin placés dans un tube de verre sont additionnés de 5cmc environ d'alcool amylique ; on agite doucement et on laisse reposer ; l'alcool amylique vient au bout de peu de temps, se rassembler à la surface. Il est incolore, coloré en rouge ou rouge violacé. 1° S'il est incolore, le vin est naturel ou contient du campêche. On prend à nouveau 4 à 5cmc de vin que l'on additionne de carbonate de soude au 10e, goutte à goutte, jusqu'à ce que le mélange ne change plus de teinte ; ce mélange est verdâtre ou vert bleuâtre ; par l'ébullition il devient légèrement jaunâtre, ce qui indique que le vin est naturel. Si, au contraire, il a conservé une nuance plus ou moins rouge qui se serait accentuée par l'ébullition, c'est qu'il y a du campêche. Ce cas est rare, comme pour la cochenille.

2° S'il est coloré en rouge, il peut être naturel (les vins d'Alicante, de Huesca, d'Aragon, le Gros-Noir, de Bayonne et de Barletta, sont dans ce cas) mais le plus souvent il est fraudé.

On décante l'alcool coloré dans un autre tube additionné d'un peu d'alcool puis de quelques gouttes d'ammoniaque ; le liquide peut devenir incolore ou violet ou rester rouge. S'il est incolore, on recherche la *fuchsine*, puis la *mauvaniline*, le *brun d'aniline*, la *safranine* et la *chrysotoluidine*. S'il est violet, on cherche l'*orseille* ou la *cochenlle*.

La cochenille est recherchée sur un nouvel échantillon au moyen de l'hydrosulfite de soude. Si le vin contenait aussi de l'orseille, les réactions de la cochenille seraient masquées par cette substance, qui donne des teintes plus ou moins fortes et qui seraient seules remarquées dans l'expérience. Il faut donc quand même rechercher la cochenille avec soin.

3° Le liquide reste rouge. On traite 50^{cmc} de vin, à deux ou trois reprises, par 25^{cmc} d'éther acétique ou d'alcool amylique ; on décante dans une capsule de porcelaine ; on évapore doucement, et, avant que la matière soit entièrement sèche, on ajoute quelques gouttes d'eau de manière à avoir une solution fortement colorée. On la traite par l'acide sulfurique concentré. Dans une capsule de porcelaine bien blanche et bien propre, on verse l'acide de façon à couvrir complètement le fond du vase ; puis, au moyen de la baguette de verre ou d'un demi-tube effilé, on laisse tomber dans la capsule une ou deux gouttes de la solution à examiner ; des stries différemment colorées se produisent ; on mélange bien le tout et on remarque la teinte prise par l'acide ; s'il est bleu, c'est que le vin contient du *rouge de Biebriech*, s'il est violet, il y a de la *roccelline* (matières colorantes dérivées de la houille). Ces deux dernières à la dose de 0^{gr}05 par litre (ce qui est beaucoup) peuvent se reconnaître de la manière suivante :

On dispose l'acide comme ci-dessus et on laisse écouler un léger filet du vin à essayer. La matière colorante naturelle passe au jaune, tandis que les deux autres substances donnent les caractères qui leur sont propres.

Les réactions indiquées peuvent tomber sur une ou plusieurs matières colorantes ajoutées au vin et qu'elles ne décèlent pas toutes à la fois.

Il n'est pas nécessaire dans une expertise judiciaire que l'expert indique qu'il a trouvé telle ou telle substance colorante étrangère, il suffit qu'il affirme qu'il y a fraude pour qu'il y ait poursuites.

La fuchsine et la cochenille sont masquées dans l'essai à l'ammoniaque et l'acide sulfurique par l'orseille. (H. Jay).

Cependant, en cas de fraude, l'expert doit pouvoir déterminer la substance ajoutée. La fuchsine étant dangereuse et l'orseille inoffensive (E. V.).

Avec l'emploi de l'acide sulfurique après l'alcool amylique, on obtient très souvent une teinte orangée avec des vins naturels ; cette teinte est commune à presque toutes les matières organiques et est due à une partie de la matière colorante du vin passée dans l'alcool amylique. Pour y remédier M. Jay a modifié son procédé (Bull. de Soc. Chim., 1884, t. 42, p. 166).

On prend 20^{cc} de vin et on verse goutte à goutte 6 à 8 gouttes d'ammoniaque, puis environ 8^{cmc} d'alcool amylique, agite doucement et laisse reposer ; l'alcool amylique doit être alcalin ; avec une pipette on soutire l'alcool que l'on verse dans une capsule de porcelaine et qu'on évapore doucement en présence d'un mouchet de soie. Il ne faut pas évaporer à sec, car par la chaleur il se forme des matières brunes. Si la soie est teinte en rose, il y a des dérivés de la houille ou de l'orseille. On reprend la soie par l'éther qui dissout la couleur; évapore l'éther et traite par l'acide sulfurique.

Modification Tony Garcin. — Il a reconnu que la majorité des vins cèdent à l'alcool amylique une matière brune qui colore l'alcool amylique en jaune, jaune brun ou verdâtre, mais jamais en rose ou violet; ce n'est que dans les vins rancio qu'il n'y a pas de dissolution. (Nous venons de voir que certains vins coloraient l'alcool amylique en rouge; ce n'est donc pas exact.) Cette matière colorante se fixe peu ou pas sur la soie avec une teinte jaune ou brun très clair sans rose.

On prend 50^{cc} vin, 1 à 2^{cc} d'ammoniaque à 22° et 50^{cc} d'alcool amylique ; le liquide doit être vert sans violet ni lie de vin. On laisse reposer pendant 20 à 30 minutes ; on peut retirer 40^{cc} d'alcool exempt de matières du vin ; on filtre sur du papier sec et on reçoit le liquide dans un tube à essais ; on y plonge un fragment de soie blanche à broder, 3 cm. de long avec un nœud à l'extrémité ; l'alcool est porté à l'ébullition et quand celle-ci est bien régulière on enflamme l'alcool au haut du tube ; lorsque le liquide est évaporé, à moitié au plus, on laisse refroidir et quand il est tiède on décante l'alcool en laissant la soie dans le tube, on retire ensuite la soie et on la sèche entre deux feuilles de papier filtre. Les vins purs ne donnent jamais que des mouchets blancs ou jaune brun très clair sans trace de rose ni de violet. (Répertoire pratique, 1888, juillet).

Modification Arata. (1889, Bull. Soc. Chim., Paris). — On prend des fibres de laine teintes par le vin, on les lave et les fait bouillir avec une solution faible d'acide tartrique, pour éliminer l'œnocyanine et on sèche. On traite par quelques gouttes d'acide sulfurique monohydraté, ajoute de l'eau pour faire 10^{cc} et sursature par l'ammoniaque ; la solution ammoniacale est épuisée par l'alcool amylique ; on décante, filtre, évapore et essaie l'acide sulfurique comme dans le procédé Jay.

Procédé E. Viard. (1882). — (*Voir Recherche fuchsine*). En 1876 j'avais trouvé un procédé de recherche de la fuchsine dans les vins consistant dans l'emploi des tissus non mordancés, puis de l'ammoniaque. — Les tissus de soie ou de laine plongés pendant 5 minutes dans les vins, puis lavés dans l'eau ammoniacale au 10e pendant 5 à 6 minutes, ne conservaient qu'une très faible teinte, tandis que tous les dérivés de la houille donnaient une teinte très sensible.

En 1878, j'ai modifié ce procédé de manière à obtenir avec tous les vins naturels des tissus parfaitement blancs. Ce procédé fut publié dans une petite brochure, à Nantes (1879). La modification apportée consiste à plonger les tissus dans le vin ammoniacal et à le laver à grande eau.

Enfin, en 1882, j'ai appliqué ma méthode à tous les colorants artificiels (*Moniteur Vinicole*, Avril 1882) et depuis j'y ai fait quelques additions.

Il existe des procédés presque identiques au mien, mais qui en diffèrent par la simplicité et l'exactitude.

Ma méthode repose sur quelques faits connus, mais non réunis dans le même but.

Les matières colorantes des vins traitées par l'ammoniaque sont décomposées en un précipité noir et un liquide verdâtre pour les vins ordinaires, et d'un beau vert pour les vins de Roussillon, d'Espagne et d'Italie ; certains vins tirent sur le vert bleu.

Ces matières indécomposées sont impropres à se fixer sur les tissus de laine ou de soie non préparés ; un lavage à l'eau suffit pour les enlever et rendre à ces tissus la couleur primitive exacte.

Les matières colorantes étrangères traitées par l'ammoniaque, se fixent plus ou moins fortement sur les tissus, mais seuls les dérivés de la houille donnent des teintes très sensibles.

Pour le public, le procédé simple est celui-ci : Prendre un demi-verre de vin, y ajouter gros comme un dé à coudre d'ammoniaque, puis plonger un morceau de molleton de laine blanche, coupé en carré d'environ 4cm de côté; retirer au bout d'un quart d'heure, laver dans l'eau, puis sécher et examiner la teinte. Si le tissu est rose sensible, c'est que le vin contient de la fuchsine, de la safranine ou du rouge de toluène. Si le tissu est violet, c'est qu'il y a de la mauvaniline ou de la fuchsine violette.

Une coloration sensible indique une falsification.

Le procédé général comprend l'étude de l'action de l'ammoniaque, puis des tissus de soie et de laine non lavés et lavés.

On prend 30cc du vin à essayer ; on ajoute 1 à 2cc d'ammoniaque pure, puis on examine la tranche supérieure du liquide qui surmonte le précipité noir formé par les matières colorantes naturelles du vin.

L'examen de la partie supérieure du liquide se fait le mieux dans un verre de cristal en forme d'œuf et uni.

Les vins très riches en couleur violette, comme ceux du Roussillon, de l'Espagne et de l'Italie, donnent une couleur verte tirant sur le bleu, mais sans aucune trace de violet.

Les teintures hydro-alcooliques faites avec les colorants étrangers se distinguent de suite, par l'ammoniaque seule, des vins.

TEINTURES	APRÈS AMMONIAQUE	TEINTURES	APRÈS AMMONIAQUE
Bois de Brésil.......	Groseille.	Orseille...........	Rouge violacé.
Brésil et Alun.......	Rouge pourpre.	Mûres noires......	Masse rouge, liq. vert.
Bois de Campêche...	Groseille foncé.	Safranine.........	Rouge, précipité blanc
Campêche et alun...	Rouge pourpre foncé	Mauvaniline.......	Violet, id.
Bois de Lima........	Id.	Fuchsine..........	Rose, se décolore.
Lima et alun........	Id.	Rouge de Toluène..	— —
Bois de Fernambouc.	Carmin foncé.	Fuchsine violette...	Violet, —
Fernambouc et alun.	Rouge pourpre foncé.	Orcanette..........	Bleu d'azur magnifique
Hièble et alun.......	Bleu traces violet.	Roccelline.........	Rouge carmin vif.
Airelle Myrtille......	Brun sale laiteux.	Rouge de Biebriech.	id.
Coquelicot..........	Brun marron foncé.	Indigo............	Bleu, excès vert.
Mauve noire et alun.	Beau vert.	Tournesol.........	Bleuit un peu.
Sureau et alun......	Violet.	Bleu d'aniline......	Bleu, se décolore peu
Betterave...........	Rouge vin foncé.	Brun d'aniline.....	Brun, id.
Cochenille..........	Rouge.	Chrysotoluidine....	Vert pomme intense.
Troëne.............	Brun jaune.		

Les vins colorés, en partie par des substances artificielles, donnent des liquides diversement colorés suivant la nature des colorants.

On note la teinte de ce liquide, puis on plonge dedans deux petits carrés de 3^{cm} de côté, l'un de molleton de laine blanche, l'autre d'une portion de ruban de soie blanche, et on les laisse pendant 1/4 d'heure à 1/2 heure. (Il ne faut pas dépasser 1 heure, les matières colorantes naturelles des vins finissant par teinter les tissus). On note la couleur de la laine au sortir du liquide ; on l'étreint entre les doigts pour mieux juger de la teinte, puis on lave à grande eau et on fait sécher sur du papier filtre.

Ces petits carrés, une fois secs, placés sur les tissus primitifs, ont exactement la même teinte, si les vins sont naturels. La moindre trace de couleur rosâtre est l'indice d'une falsification.

La soie donne pour la fuchsine et d'autres substances des résultats moins sensibles que la laine, aussi l'avais-je abandonnée ; mais ayant reconnu que certains dérivés de la houille agissaient en sens contraire, j'ai depuis plongé les deux tissus en même temps. Les teintes sont les mêmes, avec plus ou moins d'intensité.

Pour se rendre un compte exact de la valeur des falsifications et pouvoir doser la fuchsine dans les vins, il faut avoir une gamme de couleur comme celle que j'ai obtenue par synthèse.

(*Voir Dosage de la Fuchsine*). — 1/2 milligr. de fuchsine par litre donne une teinte rose sensible, mais 1/4 milligr. est à peine visible, cependant, le carré placé sur le tissu primitif et à contre jour présente une différence appréciable. — Il faut avoir au moins une gamme de 1/2 — 1 et 2 milligr. de fuchsine par litre.

Pour composer le tableau qui suit, j'ai préparé des teintures, avec toutes les substances colorantes artificielles, dont la couleur était égale comme intensité, sinon comme teinte, à celle d'un vin rouge ordinaire. Le phytolacca et le troëne que j'ai employés étaient desséchés, ce qui change, sans doute, leurs réactions.

J'ai ensuite mélangé ces teintures avec du vin pur, dans les proportions de 1/4 de teinture pour 3/4 de vin, 1/8 puis 1/16 de teinture pour 7/8 et 15/16 de vin et jusqu'à 1/32 de teinture pour 31/32 de vin, avec les dérivés de la houille.

Les résultats sont indiqués et classés dans le tableau ci-après :

MATIÈRES TINCTORIALES	Quantité de teinture introduite dans le vin	LIQUIDE SUPÉRIEUR par TRANSPARENCE	LAINE NON LAVÉE	LAINE LAVÉE couleur indiquée en milligr. de fuchsine d'après la gamme
Vins purs ordinaires.	0	vert-jaune ou bleu..	noirâtre	incolore.
Vin d'Espagne	0	vert brun	gris rosâtre	rose très faible.
Vin Algérie	0	bleu vert	gris pointe bleue	id.
Vin de Saumur	0	vert bleu	noirâtre	rougeâtre sombre.
—	0	—	jaunâtre pâle	teinte grisaille.
— (râfle)	0	vert	grise	gris rougeâtre.
— (sucré)	0	vert fond brun	verdâtre	jaunâtre gris.
— (sucre et eau).	0	id.	grise	gris jaune brique.
— (sucré)	0	vert bleu	id.	grise.
— (sucre et eau)	0	bleu	id.	gris brique.
Vin naturel, 2e cuvée.	0	gris bleu fond violet..	gris vert	gris jaune brique.
Vin 2e cuvée	0	verdâtre fond marron	gris faible	jaune gris.
—	0	vert pointe roux	id.	gris jaune
Vin Othello	0	beau vert	grise	gris rougeâtre.
Vin Jacquez	0	vert bleu	id.	grise.
Brésil et alun	1/16	vert fond brun	id.	id.
Cochenille	1/16	id.	id.	id.
Fernambouc et alun	1/16	id.	id.	id.
Betterave	1/16	id.	id.	id.
Myrtille et alun	1/4	id.	id.	id.
Tournesol	1/4	id.	id.	id.
Bleu d'aniline	1/16	id.	id.	id.
Indigo	1/4	id.	id.	id.
Bois de Brésil	1/4	id.	id.	1/4
Hièble et alun	1/4	id.	id.	1/4
Mauve et alun	1/4	id.	id.	1/4
Sureau et alun	1/4	id.	id.	1/4
Mûres de haies	1/4	id.	id.	1/2
Rouge de Biebriech	1/32	id.	id.	1/2
Fuchsine violette	1/32	id.	id.	1/2
Coquelicot	1/4	id.	id.	1 1/2
Mauvaniline	1/32	id.	id.	violet pâle.
Fuchsine violette	1/16	id.	noirâtre	id.
—	1/8	id.	id.	violet.
Rouge de Biebriech	1/16	id.	id.	rose.
Bleu d'aniline	1/4	id.	id.	bleu sensible.
—	1/8	id.	id.	bleu très pâle.
Bois de Lima	1/8	id.	rouge peu sensible	1/2
Orseille	1/16	id.	violet id.	1/2
Campêche	1/4	id.	rougeâtre	1/4
Roccelline	1/32	id.	rose	rose.
—	1/16	id.	id.	id.
Fuchsine violette	1/4	id.	violette	violette.
Fernambouc	1/8	brun marron	jaunâtre	0
Betterave	1/4 1/8	id.	id.	1/4
Brun de phenylène-Diamine	1/4	brun verdâtre	jaune	jaune roux.
	1/8	id.	id.	très vif.
—	1/16	vert	jaune pâle	jaune roux.
—	1/32	id	jaune très pâle	jaune pâle.
Fuchsine	1/4	D'abord rouge, puis roste brun pâle.	rosâtre	rose très vif.
Orcanette	1/32	vert foncé bleu	noirâtre	0
—	1/16	id.	bleuâtre	0
—	1/8	bleu vert	bleu pâle	un peu rose.
Rouge de Biebriech	1/8	brunâtre	rosâtre	rose t. pâle,
Mauvaniline	1/16	vert bleu	violacé	violette.
Orcanette	1/4	bleu un peu vert	bleue	bleu t. pâle.
Brésil et alun	1/8	violet foncé	noirâtre	1/4
Campêche et alun	1/8	id. sombre	id.	1/4
— —	1/16	id. noir	id.	1/4
Lima et alun	1/8	id. sombre	id.	1/4
Fernambouc	1/4	id. id.	id.	1/4
Brésil et alun	1/4	beau violet	fond rougeâtre	1/4
Lima et alun	1/4	rouge violet	rouge sensible	1/2

MATIÈRES TINCTORIALES	Quantité de teinture introduite dans le vin	LIQUIDE SUPÉRIEUR par TRANSPARENCE	LAINE NON LAVÉE	LAINE LAVÉE couleur indiquée en milligr. de fuchsine d'après la gamme
Safranine	1/32	violet brun	rouge	rose.
Campêche et alun	1/4	beau violet	violet sombre	1/4
Cochenille	1/4	violet foncé	violet pâle	1/4
Fernambouc	1/8	violet	id.	1/4
Orseille	1/8	violet foncé	violette	1
—	1/4	id.	id.	1 1/2
Mauvaniline	1/8	id.	id.	violette.
id.	1/4	violet bleu	id.	id.
Cochenille	1/8	rouge	noirâtre	1/4
Lima	1/4	rouge chocolat	rouge sensible	1/2
Fernambouc	1/4	rouge groseille	rouge foncé	1/2
Fernambouc et alun	1/4	id. id.	id.	1/2
Safranine	1/16	rouge	rouge	rose.
id.	1/4	id.	id.	rose foncé.
Rouge de Biebriech	1/4	chocolat très fort	rose pâle	1/4
Roccelline	1/4	rouge brun t. fort	id.	rose.
id.	1/8	terre de Sienne	id.	id.
Chrysotoluidine	1/4 1/32		noirâtre	1/4

Lorsqu'on verse de l'ammoniaque dans un vin contenant même 1/32 de chrysotoluidine, il se forme à sa surface une couleur vert pomme excessivement intense.

Au moyen de ce tableau, il est facile de trouver un certain nombre de falsifications. Il ne peut y avoir de doute que lorsque la couche supérieure du liquide ressemble à celle du vin pur, que la laine non lavée a une teinte noirâtre, et que la laine lavée et sèche est incolore ou faiblement colorée. La soie se teinte plus facilement dans les vins naturels.

Lorsque la laine est incolore, il y a lieu de rechercher les substances étrangères aux vins donnant cette réaction. Si la teinte rose est faible, on a quelques points de comparaison ; pour les teintes se rapprochant de la fuchsine : l'orseille au 1/16, bois de Lima au 1/8, coquelicot au 1/4, mûres noires au 1/4, et encore avec des vins purs comme types et avec beaucoup d'attention, on voit que la couche supérieure est plus marron foncé que pour le vin pur et que pour le vin contenant cette dose de fuchsine, laquelle n'a aucune influence sur le liquide.

Pour les faibles teintes de fuchsine, de safranine et de mauvaniline, on plonge la laine colorée et sèche dans l'ammoniaque pure ; le tissu se décolore si c'est de la fuchsine, et non s'il y a de la safranine ou de la mauvaniline ; on obtient le même résultat avec l'acide chlorhydrique étendu aux 2/3 d'eau.

La mauvaniline se distingue par son ton violeté ; la fuchsine violette donne une teinte plus foncée et plus franche, et de plus elle se décolore comme la fuchsine rose.

Différences entre la Laine et la Soie.

		SOIE ÉTREINTE NON LAVÉE	SOIE LAVÉE ET SÈCHE	LAINE ÉTREINTE	LAINE LAVÉE ET SÈCHE
Rouge de Biebriech.	1/4	Rose foncé. . . .	10 milligr.	rose pâle.	rose.
id.	1/8	id. très sensible	8 id.	rosâtre. .	rose sensible.
id.	1/16	id. sensible. . .	4 id.	grisâtre. .	rose très pâle.
id.	1/32	rosâtre	2 id.	id. . .	rose insensible.
Indigo	1/4 1/8	grisâtre.	légèrement bleue. . .	id. . .	incolore.
Chrysotoluidine . . .	1/16 1/32	id.	bleuâtre, puis 1 mil.	id. . .	1/4.
Bleu d'aniline	1/4	id.	bleu sensible.	id. . .	incolore.
id.	1/8	id.	bleu très pâle. . . .	id. . .	id.

La fuchsine violette, la mauvaniline, le brun d'aniline, le tournesol, la roccelline et l'orcanette, donnent les mêmes résultats avec la soie qu'avec la laine.

J'ai repris également mon premier procédé, qui consiste à tremper le tissu dans le vin non ammoniacal, puis à le plonger dans l'ammoniaque au 10°. Certaines substances qui ne se fixent pas sur les tissus, dans le vin ammoniacal, se fixent dans le vin seul et ne sont plus décomposées par l'ammoniaque, tandis que les matières colorantes naturelles du vin, se détachent du tissu, sauf une trace qui égale 1 milligr. de fuchsine.

		SOIE DANS VIN & AMMONIAQUE		SOIE DANS VIN TEL QUEL		AMMONIAQUE AU 10°	
		ÉTREINTE	LAVÉE SÈCHE	ÉTREINTE	LAVÉE	SOIE HUMIDE	SOIE SÈCHE
Indigo.	1/4	à peine bleuâtre	à peine bleuâtre	Bleu violet	bleue. .	bleu foncé. . .	bleue.
id.	1/8	id.	id.	violette. . .	violette	bleu pâle . . .	violacée.
id.	1/16	id.	id.	rose	rose . .	bleuâtre	rose pâle.
Tournesol.	1/4	grisâtre	incolore.	id. . . .	id. . .	jaunâtre. . . .	rose t. pâle
id.	1/8	id.	id.	id. . . .	id. . .	id. . . .	1 milligr.
id.	1/16	id.	id.	id. . . .	id. . .	id. . . .	1/2 milligr.
Chrysotoluidine. .	1/16	id.	bleuâtre rosâtre	id. . . .	id. . .	couleur rouille	violacée 2 m.
id.	1/32	id.	id.	id. . . .	id. . .	violacé t. pâle.	id. 1 m.

Sur le tissu sec, l'ammoniaque au 1/3 a donné pour l'indigo : la soie bleuit et verdit beaucoup ; la chrysotoluidine devient vert pomme.

La roccelline, le rouge de Biebriech et le violet d'aniline ne se décolorent pas. La fuchsine et les petites quantités de bleu d'aniline et de mauvaniline se décolorent.

L'acide chlorhydrique fait apparaître sur les tissus des colorations qui n'existaient pas. La fuchsine est décolorée ; l'orcanette, la roccelline et le rouge de Biebriech ne donnent pas de changements.

Mais dans les vins purs cet acide fait apparaître une teinte rose semblable à celle de 1 à 1 1/2 milligr. de fuchsine ; il n'y a donc pas lieu d'en tenir compte pour les faibles colorations.

Action de l'acide chlorhydrique sur le :

	TISSU HUMIDE	TISSU SEC
Indigo.	rougit fortement.	reste rose très sensible
Tournesol	rose très sensible.	reste rose sensible.
Chrysotoluidine.	rougit fortement.	—
Mauvaniline, fuchsine violette	verdit et se décolore peu à peu	jaunâtre ou incolore
Bleu d'aliline.	la couleur fonce beaucoup. .	et reste de même.

Le temps m'a manqué pour compléter cette étude avec tous les colorants nouvellement découverts ; mais les procédés ne manquent pas pour les retrouver.

Procédé Patrouillard. — *Spectroscope.* — Ce procédé a pour objet de rechercher dans les vins l'indigo, le campêche et l'orcanette.

L'acide sulfindigotique, quand il existe, fait apparaître de suite l'acide carminamique. On voit le liquide aqueux sous l'alcool amylique avec une couleur bleue, et dans le spectroscope on trouve la bande d'absorption caractéristique entre C et D.

Campêche. — 10^{cc} de vin sont additionnés de carbonate de chaux pur et de 1 à 2 gouttes d'eau de chaux, puis filtrés. Pour un vin pur, le liquide filtré est à peine jaune verdâtre ; avec le campêche on a une belle couleur rouge, donnant au spectroscope la bande caractéristique.

Orcanette. — Le vin est traité par l'acétate de plomb et filtré ; le précipité délayé dans l'eau est traité par du sulfure de potassium au 50e qui précipite du sulfure de plomb ; le campêche et l'œnocyanine sont dissous, l'orcanette reste précipitée ; on lave le sulfure de plomb à l'eau bouillante, puis on le traite par l'alcool, qui devient rouge ; au spectroscope on observe une large bande d'absorption (Jl de Ph. et Ch. (4), t. 25, p. 262).

Procédé Girard et Pabst. — *Spectroscope* (1885, Comptes Rendus, juillet 13). La méthode d'analyse par le spectroscope présente l'avantage de n'exiger que des petites quantités de matières et de ne pas les dénaturer. Avec un spectroscope de poche, on peut reconnaître de suite la présence des fuchsines, soit dans un vin, soit dans un sirop.

Ils indiquent les qualités que doivent remplir les spectroscopes et ils donnent les bandes d'absorption particulières à chaque sorte de colorants ; cette étude est donnée plus loin dans les Réactifs : Spectroscope.

Le dessin des bandes d'absorption se trouve dans la « Coloration des Vins » de Cazeneuve, et dans la « Coloration artificielle » de Monavon.

D'après Gautier, ce procédé est très bon pour différencier les substances isolées ou commerciales, mais ne donne que des indications vagues quand elles ont été mêlées aux vins.

Procédé Krohn. — *Electrolyse* (Jl Ph. et Ch., t. 9, p. 298 (5) 1884). — M. L. Monrad Krohn, pharmacien à Bergen (Norwège), a appliqué l'électrolyse à l'analyse des vins rouges. « On sait qu'il existe plusieurs réactions permettant de distinguer l'œnoline, matière colorante du vin, des autres substances employées pour colorer artificiellement ce liquide. Le nombre des réactifs usités dans ce but pourrait être augmenté. Je citerai, par exemple, la solution d'azotate mercurique comme fournissant les réactions suivantes, que je crois nouvelles. »

	Couleur du précipité.	Couleur de la liqueur filtrée
Vin rouge	gris	rouge blond.
Bois de Campêche	brun foncé	jaune.
id. avec vin blanc	lilas	jaune.
Bois de Fernambouc	rouge brun	jaune.
id. avec vin blanc	saumon	jaune.
Cochenille	pourpre	incolore.
id. avec vin blanc	rouge violacé	incolore.
Rouge d'aniline, un excès de réactif décoloré	(pas de précipité).	rouge.
id. avec vin blanc	violet clair	rouge.
Rouge du *Vaccinium myrtillus*	bleu violacé	incolore.
id. id. avec vin blanc	bleu violacé	incolore.

Cependant les résultats obtenus par les moyens de ce genre ne peuvent inspirer une grande confiance pour diverses raisons et, entre autres, à cause de l'altération que le temps fait subir aux diverses matières colorantes.

C'est pourquoi j'ai cherché d'autres moyens permettant de reconnaître la nature de la coloration du vin. Je me suis arrêté à l'électrolyse.

Si on dirige un courant électrique, même assez faible (deux éléments Bunzen) dans 5 ou 10cc de vin rouge naturel, dilué de six fois son volume d'eau additionnée de quelques gouttes d'acide sulfurique concentré, on voit bientôt un dépôt de lamelles rouges s'effectuer au pôle positif.

Ces lamelles sont déjà caractéristiques à l'œil nu, mais elles le sont davantage encore quand on les examine au microscope ; elles prennent alors l'apparence d'un tissu. Ce dernier est d'autant moins solide et continu que l'électrolyse a été plus courte ; après 12 ou 20 heures, il est résistant et serré. Pendant l'électrolyse, on perçoit l'odeur de l'aldéhyde et le liquide rouge devient jaune, puis incolore.

J'ai obtenu les mêmes résultats avec dix échantillons de vin d'âge et de qualités différents, et qui m'ont été livrés comme naturels.

Pour me convaincre que le phénomène observé est bien dû à la matière colorante (et tannique) du vin, j'ai expérimenté sur 25cc de différents vins blancs dilués avec de l'eau additionnée d'acide sulfurique : ces vins blancs ont perdu entièrement leur faible coloration, mais n'ont fourni aucun dépôt analogue à celui que donnent les vins rouges dans les mêmes conditions. Il en est de même lorsqu'on décolore le vin rouge par le noir animal avant de le soumettre à l'électrolyse.

Enfin j'ai cherché à isoler la matière colorante du vin pour la soumettre seule à l'électrolyse. J'ai précipité 100^{cc} de vin de Saint-Estèphe 1878 par l'acétate basique de plomb, j'ai lavé à l'eau le précipité gris bleuâtre formé, puis je l'ai délayé dans de l'eau pure et décomposé par l'hydrogène sulfuré. Le produit insoluble, lavé à l'eau et desséché au bain-marie, a été traité par de l'alcool faible additionné d'acide tartrique. La liqueur débarrassée du sulfure de plomb par filtration, était d'une couleur rouge foncé. Je l'ai électrolysée et j'ai obtenu, au pôle positif, le même dépôt lamelleux et rouge clair que dans les expériences faites avec le vin et rapportées ci-dessus.

En soumettant au même traitement les matières colorantes ordinairement employées pour la coloration frauduleuse des vins, le rouge d'aniline, la cochenille, le bois de Fernambouc, le bois du Brésil, le suc de *Vaccinium myrtillus*, le suc de cerise, tous tenus en dissolution dans du vin blanc, j'ai constaté qu'elles se décolorent sans donner lieu à aucun dépôt solide.

D'après cet exposé, j'admets que *l'électrolyse du vin rouge réunie à l'analyse microscopique du dépôt qu'elle fournit est un moyen certain de reconnaître si la coloration du vin rouge est naturelle.* Le renseignement fourni est moins net s'il s'agit de reconnaître la coexistence d'une matière colorante ajoutée ; cependant, si un vin fortement coloré ne donne qu'un faible dépôt lamelleux, il y a toute probabilité que cette coloration est due pour une partie à des substances autres que l'œnoline.

L'appareil nécessaire pour ce genre d'analyse est très simple : il suffit de deux éléments Bunzen dont les pôles sont mis en communication avec deux lames de platine que l'on plonge dans le liquide à examiner. On peut d'ailleurs traiter plusieurs échantillons à la fois dans un même circuit, ce qui exige peu de surveillance. »

L'électricité pour l'analyse des vins a été essayée aussi par MM. Estève et Herbert au laboratoire de La Réole. mais je n'ai pas vu la description de leurs essais.

2° **Procédé H. Jay** (1885, J[l] de Ph. et Ch., t. 12, p. 302) *Recherche des dérivés de la houille.* — Les réactifs employés sont : 1° l'*ammoniaque* et l'*alcool amylique*, comme dans le premier procédé, modifié par la présence du mouchet de soie. Il indique ici certaines précautions indispensables, en plus de celles données précédemment : l'alcool amylique décanté est filtré sur un filtre sec, évaporé à 120-125° en présence de la soie aux 3/4 seulement ; le mouchet de soie est exprimé entre deux feuilles de papier filtre, lavé à l'eau dans le tube et séché au papier. La soie du commerce étant azurée, il faut la faire bouillir deux fois dans l'eau, pendant 15 minutes à chaque fois et sécher au papier filtre.

Si le mouchet de soie est incolore, le vin peut être bon ; s'il est teint en rose, même avec une teinte faible, mais franche, il y a un dérivé de la houille.

Par ce procédé, on décèle les doses minima des colorants suivants (exprimés en dixièmes de milligramme par litre) : fuchsine 5, aniléine 5, cerise 5, rose Magdala 25, pourpre foncé 5, safranine 5, erythrosine 5, orange Poirier 5, rose Japon 5, roccelline 2, primerose 5, purpurine 2, pourpre orseille 2, éosine 20, rouge ponceau 20, chrysoïne 20, biebriech 20.

Acétate de mercure. — On emploie une solution d'acétate de mercure au 10° et une solution de potasse au 10° ; on agit de deux manières : 1° à 10cc de vin on ajoute 2cc de l'acétate de mercure et on filtre ; 2° à 10cc de vin on ajoute quelques gouttes de potasse, de façon à obtenir un liquide à peine neutre, on verse 2cc de la solution d'acétate et on filtre. Les vins naturels sont incolores ou à peine jaunes et ne rougissent pas si l'on ajoute de l'acide acétique.

M. Jay fait remarquer qu'il s'éloigne du procédé Ch. Girard, recommandant la liqueur alcaline, même après filtration ; les vins authentiques qu'il a traités donnaient des liquides incolores, tandis que, par le procédé Girard, il obtenait un liquide verdâtre devenant rose par l'acide acétique.

Doses minima décelées : groséine 10, rouge ponceau 20, écarlate 20, grenat 20, colorant bordelais 30.

Procédé Falières, par l'éther ; doses minima : fuchsine 2, cerise 5, purpurine 1, pourpre foncé 2, aniléine 2, magdala 2, chrysoïne 20, roccelline 20, safranine 20.

Sous-acétate de plomb et alcool amylique. — Le sous-acétate est employé à 40° Baumé, à la base de 4cc pour 20cc de vin, on filtre et obtient un liquide plus ou moins coloré et on traite par l'alcool amylique : fuchsine 10, aniléine 20, safranine 10, chrysoïdine 10, pourpre foncé 10, cerise 20, purpurine 10.

Procédé Blarez, au bioxyde de plomb : 20cc de vin sont agités pendant 2 minutes avec 6 gr. de bioxyde de plomb et filtrés. Le liquide doit être incolore ou légèrement jaunâtre pour les vins naturels.

La groséine et le colorant bordelais verdissant sont nettement reconnus jusqu'à 2 milligr. par litre.

Procédé Blarez. — (Bull. Soc. Pharm., Bordeaux, p. 54, 1884, Congrès de Grenoble, 1re partie, p. 114, 1885. — Jl de Ph et Ch, 1886, t. 13, p. 314 et 1887, t. 15, p. 326).

L'oxyde puce de plomb s'emploie à la dose de 3 à 5 gr. pour 20cc de vin ; certains vins sont décolorés par 3 gr., d'autres le sont par 5 gr., c'est la quantité maximum. On mélange et agite pendant une ou deux minutes et filtre. Toutes les matières colorantes sont décolorées, sauf le sulfofuchsine ; lorsque la solution est rendue légèrement acide, et surtout par l'acide tartrique, toutes sont décolorées, sauf le sulfofuchsine avec lequel il a toujours obtenu un filtrat coloré.

Si le vin est très coloré, on l'étend avec une solution saturée de crème de tartre légèrement tartrique, jusqu'à la couleur des vins de la Gironde. Le sulfofuchsine reste rose, les autres colorants deviennent incolores ou jaunâtres.

Si l'expérience ne réussit pas quelquefois, cela tient à la mauvaise qualité de l'oxyde de plomb, tous les oxydes du commerce sont très impurs.

On peut trouver 1 millgr. de sulfofuchsine par litre, et quelle que soit la destruction de ce produit, il en reste assez pour déceler ce milligramme.

Critique. — M. Cazeneuve (Bull. Soc. Chim., 1886, t. 45, p. 237) dit que le bioxyde de plomb détruit une partie du sulfofuchsine suivant le temps de la présence ; il lui préfère le bioxyde de manganèse.

M. Sambuc (J[l] P[h] et C[h], 1886, t. 13, p. 499) constate qu'il décolore entièrement une solution de sulfofuchsine à 2 centigr. par litre.

M. Blarez a répondu ci-dessus aux objections et annonce (Bull. P[h] Bordeaux, 1886, octobre) qu'il a rencontré des vins purs de cépages américains qui ne se laissent pas décolorer par le bioxyde de manganèse.

Procédé général Blarez. — (Dictionnaire encyclopédique des Sciences médicales) :

1° Recherche de la *fuchsine* par l'ammoniaque, l'éther et un brin de laine ;

2° Recherche du *sulfofuchsine* par le bioxyde de plomb ;

3° Recherche des dérivés de la houille : **A** On chauffe à 60-70°, 10^{cmc} de vin avec 1 ou 2^{cc} (suivant la couleur) de la solution suivante : Oxyde rouge de mercure 10 gr., acide acétique cristallisable 35 gr., eau distillée 120 gr. ; on agite, refroidit et jette sur un filtre ; on obtient une laque insoluble des matières végétales ; les dérivés de la houille sont imparfaitement précipités ; on peut déceler 2 millionièmes de sulfofuchsine ; le filtre égoutté est lavé avec 10^{cc} d'alcool fort additionné de quelques gouttes d'acide acétique ; s'il passe rose, il y a un dérivé de la houille ; **B** 20^{cc} de vin sont saturés par l'eau de baryte ou la potasse ; on ajoute 15^{cc} d'éther acétique ou d'alcool amylique pur ; on agite sans secouer, décante et évapore sur de la laine blanche ; avec les produits végétaux il n'y a rien, avec les produits de la houille on a une coloration ; les résultats sont souvent trompeurs. **C.** On fait réduire à moitié 100^{cc} de vin en présence de laine blanche, refroidit, lave à grande eau et expose encore humide aux vapeurs d'ammoniaque ; la laine verdit franchement avec les vins naturels ou les couleurs végétales ; elle devient rouge ou brune avec les dérivés de la houille, rouge de Bordeaux, biebriech, brun de phénylène ; et violette avec l'orseille.

Pour les matières végétales, on essaie : Eau de Carles, le collage au blanc d'œuf, l'alun et l'acétate de plomb, l'ammoniaque à 5 %, le borate de soude à 3 %, le bicarbonate de soude 5 %, l'acétate de cuivre 5 %. On recherche l'orseille en faisant bouillir le vin avec de la magnésie et de la laine ; celle-ci reste violette.

Procédé Blarez et Denigès. — (Bull. Soc. Ph., Bordeaux, 1886, mai). — Ils emploient l'*acétate de mercure*, déjà connu, de la manière suivante : 10^{cc} de vin sont recouverts de 10 gouttes d'acide acétique cristallisable, puis chauffés au bain-marie d'eau presque bouillante ; au premier signe d'ébullition du vin, on retire le tube et on y fait tomber 0^{gr}2 d'acétate de mercure bien pulvérisé, on secoue, met le tube dans un courant d'eau froide et filtre; le précipité bien égoutté contient la couleur de houille et l'œnocyanine; on le fait traverser par 5^{cc} d'alcool contenant 4 à 5 gouttes d'acide acétique; la couleur se dissout et donne un filtrat rouge dans lequel on peut la reconnaître; les matières végétales donnent une coloration jaunâtre faible.

Dans le liquide filtré on verse de l'*acétate de cuivre:*

Le sulfofuchsine donne du violet passant au vert bleuâtre suivant la dose 2/10 milligr. p. l.

Fuchsine : couleur rose, à la dose de 2 milligr. p. l.

Rouge de Bordeaux : vert jaune à la dose de 5 à 10 milligr, p. l.

Roccelline, rouge à la dose de 1 milligr. p. l.

Les orangés 1, 2 (Poirier), les Tropéolines 000, n° 1 et 000, n° 2, la tropéoline D (hélianthine), donnent des filtrats roses pour 1 milligr. p. l.

Le brun de phénylène (Vésuvine, brun Bismarck) donne un filtrat jaune brun ; la safranine, rosé; la fluorescéine ou phtaléine de la résorcine, jaune avec pointe de fluorescence; elle devient rose et très fluorescente par un excès de bicarbonate de soude.

L'éosine ou sel de sodium de la tétrabromo-fluorescéine se décèle comme la fuchsine, à la dose de 1 centigr. par litre, et l'érythrosine également.

Le jaune d'aniline, tropéoline 00 ou orangé 4, filtrat jaune ; le vert d'aniline, couleur verte; les violets et noirs d'aniline, filtrats violets et le bleu d'aniline, bleu de Lyon, bleus.

Ce procédé n'est donc que l'étude d'un réactif.

Procédé Cazeneuve. — (1886, Comptes Rendus, janvier 4 ; J[l] P[h] et C[h], t. 13, p. 499. *La Coloration des Vins,* Cazeneuve 1886). — M. Cazeneuve emploie une série de réactifs nouveaux.

Hydrate d'oxyde de plomb. — On traite le sous-acétate de plomb par la potasse, avec précaution, pour éviter un excès et on lave pour enlever toute trace de potasse. On égoutte rapidement sur un linge et on l'enferme très humide (50 °/₀ d'eau) dans un flacon émeri (à sec il ne vaut rien).

On prend 10^{cc} de vin, ajoute 2 gr. de l'hydrate humide, fait bouillir et filtre ; le liquide doit passer incolore ; s'il passe coloré, on a affaire à un vin très acide ou très riche ; on recommence avec 1/2 ou 1 gr. de plus ; le vin naturel doit être incolore. On peut traiter 50 ou 100^{cc} de vin avec une quantité proportionnelle de réactif; la réaction est plus sensible.

Hydrate stanneux. — Le protochlorure d'étain est traité par l'ammoniaque, filtré sur un linge, lavé rapidement, égoutté et conservé humide (70 °/₀ d'eau) dans de petits flacons pleins, à l'abri de l'air et de la lumière.

A 10^{cc} de vin on ajoute 2 gr. d'hydrate stanneux, on porte à l'ébullition et on filtre ; le vin naturel ou contenant des colorants végétaux est incolore.

Oxyde jaune de mercure. — C'est l'oxyde des pharmaciens, finement pulvérisé.

On traite 10^{cc} de vin par 20 centigrammes d'oxyde jaune à froid ou à chaud ; on ajoute l'oxyde, on agite pendant une minute et on jette sur un double filtre; le vin naturel passe incolore.

Bioxyde de manganèse, pulvérisé des drogueries ; on prend 50^{cc} de vin et 50 gr. de bioxyde, agite 5 minutes, filtre et acédifie la liqueur filtrée par l'acide acétique.

Les vins naturels, colorés par les matières végétales, la plupart des azoïques et même la fuchsine donnent des liquides incolores ou teintés de jaune ; les sulfofuchsines colorent en rose.

Hydrate de peroxyde de fer gélatineux. — On précipite le perchlorure de fer par l'ammoniaque, en liquides étendus et froids. On lave avec soin pour enlever toute trace d'ammoniaque, égoutte sur un linge pendant quelque temps et renferme dans flacon émeri (90 °/₀ d'eau).

Après le traitement par les oxydes, un vin filtré ne doit jamais passer au vert par l'ammoniaque, sans cela il aurait passé un peu de la matière colorante du vin. Il faut faire plusieurs essais avec des quantités variables d'oxydes, oscillant autour des quantités prescrites, et contrôler la nature du colorant trouvé par toutes les réactions connues. On reconnaît ainsi quelques dixièmes de milligr. par litre, dé fuchsine et bien moins de 1 centigramme pour les autres produits.

La méthode Cazeneuve comprend 12 essais dont je vais donner la liste, mais pour suivre la marche de l'analyse on se reportera au tableau ci-après ; dans beaucoup de cas on n'a que quelques essais à faire pour caractériser certaines substances ; pour les vins purs, il en faut trois, etc.

1er Essai. — *Oxyde de mercure :* 10^{cc} de vin, 0^{gr}2 d'oxyde, fait bouillir, filtre sur double papier, ajoute quelques gouttes d'acide acétique, examine couleur du liquide filtré.

2e Essai. — *Peroxyde de fer:* 10^{cc} de vin, 10 gr. de peroxyde, fait bouillir, filtre et examine le liquide.

3e essai — *Hydrate stanneux* : 10^{cc} vin, 10 gr. hydrate, fait bouillir, filtre et examine le liquide.

4e essai — *Peroxyde de plomb hydraté* : 10^{cc} vin, 2 gr. peroxyde, fait bouillir, filtre et examine le liquide.

5e essai — *Ammoniaque.* Ce réactif a été introduit dans cette méthode par M. Monavon (Coloration artificielle), qui a fait un tableau analogue à celui que je donne sur le procédé Cazeneuve ; ce réactif dont on peut se passer facilite cependant la marche régulière de l'essai. Le liquide filtré résultant de l'essai 1 est traité par quelques gouttes d'ammoniaque.

6e essai — *Acide acétique.* Le liquide filtré incolore résultant de l'essai 4 est traité par quelques gouttes d'acide acétique.

7e essai — *Alcool amylique.* Le liquide résultant de l'essai 6 est traité par l'alcool amylique en agitant doucement.

8e essai — *Bioxyde de manganèse.* — 50^{cc} de vin sont agités à froid avec 50 gr. de bioxyde, 10 minutes, filtre et ajoute quelques gouttes d'acide acétique.

9e essai — *Laine et acide sulfurique*. Dans le liquide rouge du 1er essai on met de la laine et on fait bouillir, lave et exprime ; la laine encore humide est traitée par l'acide sulfurique concentré et pur.

10e essai — *Même réactif*. On opère la même réaction que précédemment sur le liquide rouge du 4e essai.

11e essai — *Peroxyde de plomb hydraté*. On recommence le 4e essai, mais en ajoutant un grand excès de peroxyde.

12e essai — Cet essai est spécial au bleu de méthylène, le plus répandu. On fait le 4e essai, le précipité égoutté est traité sur le filtre par quelques centimètres d'alcool bouillant ; l'alcool passe coloré en bleu, s'il y a du bleu de méthylène ; on y teint la laine et traite par l'acide sulfurique qui fait virer au vert. Le vin primitif, bouilli avec un peu de fulmi-coton, teint ce dernier en bleu (Voir le tableau).

Réactions de Cazeneuve

1er essai
le liquide est :

- *Incolore* — On fait le 2e essai. Le liquide est :
  - *incoloré* — on fait le 3e essai. Le liquide est :
    - *incolore*
      - . . . . Vin pur.
      - . . . . Colorants végétaux.
    - coloré . . . . Cochenille.
  - *coloré*
    - en rose fluorescent . . . . Eosine.
    - en rose non fluorescent . . . . Erythrosine.
- *rouge* — on fait le 4e essai. Le liquide est :
  - *rouge*
    - . . . . Safranine.
    - elles ont été séparées par le 1er essai, donnant du jaune . . Tropéolines.
  - *jaune* — elles sont séparées par le 1er essai, donnant du jaune . . . Azoïques jaunes. Dérivés nitrés.
  - *incolore* — on fait le 5e essai. Le liquide
    - *ne change pas* — on fait le 9e essai. La couleur est :
      - violet rouge . . . . Roccelline.
      - violet bleu. . . . . Rouge pourpre.
      - bleue . . . . Rouge de Bordeaux.
      - cramoisie . . . . Ponceaux.
      - vert pré. . . . . Ecarlate de Biebriech.
      - bleu indigo . . . . Crocéine 3 B.
      - violette . . . . Crocéine 7 B,
    - *vert ou incolore* — on fait le 6e essai. Le liquide est :
      - incolore, déjà séparé par le 3e essai. . . Vin pur.
      - rose ou rouge — on fait le 7e essai
        - Passe dans l'alcool — 8e essai inc. . . Fuchsine.
        - Passe pas — 8e essai rose. . . Sulfofuchsine.
- *jaune* — on fait le 4e essai. Le liquide est
  - *rouge* — on fait le 10e essai. La couleur est
    - rouge fuchsine . . . . Tropéolines 000, 1 et 2. (Orangé 1 et 2 Poirier).
    - orangé brun . . . . Tropéoline 0, chrysoïne.
    - jaune orangé . . . . Tropéoline Y.
    - violet rouge . . . . Tropéoline, orangé 4 Poirier
    - brun jaune . . . . Hélianthine orangé 3 Poirier
  - *jaune* — on fait le 11e essai. Le liquide est
    - *incolore* — on fait le 9e essai. La couleur est
      - brun jaunâtre . . . . Chrysoïdine.
      - brune . . . . Brun de phénylène.
      - jaune devenant rouge saumon par dilution . Jaune solide.
      - bleu verte . . . . Jaune N.
    - *jaune faible* — on fait le 9e essai. La couleur est
      - brun jaune . . . . . . Jaune N S.
      - jaune. . . . . Jaune d'or, de Martius.
- *bleu*, on fait le 12e essai pour caractériser . . . . Bleu de méthylène.

Procédé Bellier. — (1886 Jl de Ph. et Ch. t. 13 p. 461). — Ce procédé a pour but de séparer la cochenille, le phytolacca, la betterave et l'orseille.

Pour les trois premiers corps il emploie un mélange intime de *protochlorure d'étain sec*, 94 gr. et de *borax deshydraté* 217 gr. Pour l'orseille il mélange le borax deshydraté 50 gr. à de *l'acétate de plomb pulvérisé* 50 gr.

Dans un tube à essai on met environ 10^{cc} de vin et on fait tomber $0^{gr}4$ de mélange d'étain, on fait bouillir et filtre ; dans le vin pur il n'y a aucune coloration ; dans le vin coloré il y a une couleur rouge plus ou moins intense ; il y a 4 à 5 % de la couleur s'il y a de la cochenille ; pour la betterave et le phytolacca la réaction est moins nette ; la cochenille se distingue par l'ammoniaque qui la rend violette, mais jaunit les deux autres, ou bien un peu d'acide sulfurique et d'alcool amylique qui est coloré en rouge avec la cochenille et incolore avec les deux autres.

Pour l'orseille on fait la même opération avec le second réactif, le liquide filtré est plus ou moins violet, la cochenille donne la même couleur, ce qui force à faire la première réaction.

Avant l'essai il faut s'assurer par le mélange *d'acétate de mercure* et la *magnésie*, s'il n'y a pas de dérivés de houille. On fait un mélange d'acétate de mercure et de magnésie calcinée, en poudre et on ajoute une pincée de ce mélange à 10^{cc} de vin dans un tube à essai, on agite, porte à l'ébullition et filtre et ajoute quelques gouttes d'acide acétique, le vin pur donne un liquide incolore, les dérivés de houille donnent un liquide rose ou rouge.

Procédé Frehse. — (1886 Jl de Ph. et Ch. t. 13 p. 260). — La fuchsine ordinaire en solution ammoniacale agitée avec l'alcool amylique le colore en belle couleur rouge violacé.

La solution de fuchsine ou de sulfofuchsine décolorée par *l'acide sulfureux*, à l'ébullition reprend sa teinte, pour la reperdre par le refroidissement, et ce, un grand nombre de fois. Evaporé au bain-marie, le résidu rouge violacé se redissout dans l'eau froide avec une belle couleur rouge. Le *bisulfite de soude* agit de même mais après la décoloration il faut ajouter de l'acide acétique pour faire revenir la couleur.

Les éosines sont rapidement décolorées, d'autres sont décolorées plus ou moins rapidement, enfin il y en a qui ne le sont pas.

Les grenat, grenadine, géranium, cerise, retirés des eaux mères de la fuchsine sont décolorées par l'acide sulfureux ; la liqueur reste jaune et ce jaune est enlevé par l'alcool amylique froid.

Si on agite une solution amylique de sulfofuchsine avec une eau légèrement acide, cette dernière l'enlève à l'alcool et se décolore au bout de quelques instants ; la couleur est régénérée par un acide.

Dans le vin, si on fait passer un courant d'acide sulfureux ; à l'ébullition, s'il y a de la fuchsine, la couleur se produit et malgré la teinte jaune du vin on voit la différence dans un tube à essais.

Pour rechercher les colorants de la houille, M. Frehse commence par retirer la couleur de la houille par la teinture de la soie, reprend cette couleur par l'alcool et sur cet alcool étendu et neutre fait les essais suivants :

1er essai — On fait une solution *d'acétate de cuivre* saturée et on en verse une goutte dans l'alcool coloré.

2e essai — A l'alcool coloré on ajoute peu à peu une solution concentrée de *soude*.

3e essai — A l'alcool coloré on ajoute de l'acide *sulfurique* concentré.

4e essai — On ajoute de l'acide *chlorhydrique* concentré à l'alcool coloré.

Le tableau ci-contre indique la marche des réactions et leurs résultats.

Réactions de Frehse

1er essai acétate de cuivre	1 goutte *coloration jaune franc* on fait le 2e essai. La liqueur	*ne change pas* on fait le 3e essai. La liqueur	*reste rouge*		Ponceau.
			devient violette, bleue ou verte on fait le 4e essai. La liqueur	*ne change pas*	Rouge soluble.
				jaunit	Roccelline.
		s'affaiblit ou fonce en couleur sale on fait le 3e essai. La liqueur devient	rouge ou violette plus ou moins rouge		Pourpre. Rouge de Bordeaux
			bleue ou violet bleu		Cérasine. Violet I.
	plusieurs gouttes *coloration douteuse, vineuse couleur sale.* on fait le 2e essai. La liqueur	devient *violette*; par le 3e essai. *bleue*.			Rouge orseille.
		devient *vineuse, rouge sale foncée,* par le 3e essai, *violette*			Crocéines. Ponceau A.
	1 goutte *coloration violette* on fait le 2e essai. La liqueur	se *décolore* ou *jaunit* on fait le 4e essai. La liqueur	reste rouge, devient plus violette, puis s'affaiblit par un grand excès		Sulfofuchsine.
			est décolorée et jaunit		Fuchsine. Grenat, grenadine. Cerise, Rosaniline. Géranium.
		reste *rouge* on fait le 3e essai. La liqueur devient	incolore ou jaune		Eosines. Primerose. Erythrosine. Méthyléosine. Rose Bengale.
			violette puis verte		Safranine.
		devient *violette* on fait le 4e essai. La liqueur devient	bleue		Rosalane.
			bleue, verte par très grand excès		Ecarlate. Rouge Biebriech.
			décolorée		Rose Bengale.
			ne change pas		Rose de naphtaline.

Procédé Ch. Girard. — (1886, Documents sur les Falsifications). C'est un procédé général pour toutes les couleurs artificielles.

La matière colorante naturelle du vin est soluble dans l'alcool, à peine soluble dans l'eau, insoluble dans l'éther, le chloroforme, la benzine et l'essence de térébenthine ; elle est détruite par l'acide sulfureux et plus rapidement par l'acide hydrosulfureux préparé avec le zinc.

Pour s'assurer qu'un vin est exempt de matières colorantes étrangères il faut le soumettre à 6 essais :

1er essai — *Bâtons de craie* (Voyez Procédé Gautier).

2e essai — On traite le vin par *l'eau de baryte* de manière à faire virer au vert ; on ajoute de *l'éther acétique* ou de *l'alcool amylique*, agite et laisse reposer, après s'être assuré que le mélange est légèrement alcalin ; on décante et on acidule par l'acide acétique.

3e essai — A 10cc du vin on ajoute 2cc d'une *solution de potasse à 5 %* ; le liquide doit devenir franchement vert ; quand le vert ne se produit pas, il faut encore ajouter de la potasse ; on additionne alors *d'acétate de mercure* en solution à 20 %, en volume égal à celui de la solution de potasse employée ; le mélange doit être légèrement alcalin ; on filtre et examine le liquide, puis on acidule par l'acide chlorhydrique et on examine à nouveau.

4e essai — Dans un tube à essais, on mélange 4cc de vin avec 2cc de *solution d'alun* à 10 %, puis 2cc de *carbonate de soude* 10 % ; on agite et filtre ; on examine la laque formée et le liquide filtré.

5e essai — Le vin est saturé par le *carbonate de soude faible* jusqu'à teinte violacée, puis on ajoute de *l'acétate d'alumine*, marquant 2° Baumé, en volume égal à celui du vin ; on examine la teinte du vin mélangé au réactif.

6e essai — On mélange 2cc de vin et 1cc de *sous-acétate de plomb* à 15° Baumé, on filtre et on examine la laque et le liquide filtré.

Réactions données par les vins purs. — 1er Essai : gris clair avec les vins ordinaires, gris ardoisé ou bleu indigo avec les vins très colorés.

2e essai : la couche supérieure traitée ou non par l'acide acétique est incolore.

3e essai : la liqueur filtrée acidulée ou non est incolore.

4e essai : la laque est vert bouteille, sans mélange de bleu ou de violet ; le liquide est vert franc ou incolore verdissant légèrement à chaud ; s'il y a une teinte lilas, elle doit être ramenée au vert par une nouvelle addition de carbonate de soude.

5e essai : le liquide est grenat ou lilas ou vineux peu intense suivant les cépages.

6e essai : la laque a une couleur allant du bleu grisâtre au vert clair, le liquide filtré est incolore.

Le tableau suivant donne les réactions fournies par les colorants artificiels.

1er essai la tache est :	gris violacé	Campêche.
	gris verdâtre	Sureau, hièble.
	bleu verdâtre	Mauve.
	rose violacé	Orseille.
	rose franc	Fuchsine et ses dérivés.
	— plus faible	Cochenille.
2e essai la couche supérieure non acidulée est :	coloration violette.	Orseille.
	— rose	Roccelline, rouge de Biebriech.
	— verte	Matières azoïques.

Incolore ou peu colorée, aciduler.

la couche supérieure acidulée est :	coloration rose.	Fuchsine, safranine, dérivés basiques.
	— jaune	Dérivés azoïques.
	— violette.	Mauvéine, violet de méthyle.

Une coloration avant ou après l'acide acétique indique toujours un colorant de houille à caractère basique.

3e essai la liqueur filtrée est : la liqueur acidulée est :	colorée en rouge ou jaune . . .	Dérivés azoïques, sulfoconjugués, roccelline, crocéine, ponceau, etc
	rose	Sulfofuchsine.

La coloration avant ou après l'acide chlorhydrique indique un dérivé de la houille à caractère acide.

4e essai on obtient une	laque rosée ou violette	Cochenille, fernambouc. Campêche, fuchsine.
	laque bleu violacé, s'accentue au contact de l'air, la fibre du filtre reste colorée en bleu après dessiccation	Hièble.
	laque brun bleuâtre, noircit à l'air.	Sureau.
	laque bleu gris.	Maqui, tournesol.
le liquide filtré est :	violette ou rose, on étend d'eau et fait bouillir, la couleur persiste.	Cochenille.
	— disparaît	Phytolacca, betterave.
	légèrement verte ou incolore, jaunissant à chaud.	Maqui.
5e essai le mélange prend une teinte	bleu violacé, violet bleu	Mauve, myrtille, sureau, hièble.
	le dépôt sur le filtre bleu ou violacé.	Troëne, vigne vierge.
6e essai le liquide filtré est :	incolore, coloré par acétique, décoloré par ammoniaque . . .	Sulfoconjugués.
	coloré.	Sulfofuchsine, orseille, phytolacca, betterave.
	la couleur du phytolacca disparaît par l'ébullition.	Fuchsine.

Ces réactions ne séparent pas les colorants, elles les indiquent seulement dans bien des cas ; aussi ces essais sont-ils suivis d'autres essais ayant pour but de séparer les colorants :

Colorants acides. — Le vin est saturé par l'ammoniaque, traité par l'alcool amylique, décanté et filtré puis acidifié par l'acide acétique ; s'il se colore en rose on évapore en présence d'un mouchet de soie en enflammant l'alcool ; sur la soie colorée on verse 1cc d'acide sulfurique concentré.

Violet Parme.	Roccelline.
Marron.	Fond rouge.
Bleu.	Bordeaux B et R.
Cramoisi.	Ponceau R, RR, RRR.
Rouge.	Ponceau A.
Rouge fuchsine.	Tropéoline OOO n° 1 et 2, orangés Poirier 1 et 2.
Jaune orangé.	Tropéoline O et chrysoïne, excès d'eau, ponceau.
id.	Tropéoline Y, excès d'eau orangé.
Violet rouge.	Tropéoline OO (orangé 4 Poirier), petit excès acide sulfurique violet Parme.
Brun jaune.	Hélianthine (orangé 3 Poirier), excès d'eau, ponceau.
Jaune.	Eosine B, Eosine JJ, Ethyléosine, Safrosine.

Avec les rouges de Biebrich, par l'évaporation de l'alcool amylique on obtient une cristallisation de fines aiguilles caractéristiques ; ces aiguilles traitées par l'acide sulfurique, donnent :

Bleu.	Rouge allemand.
Violet.	Rouge de Lyon.
Vert foncé.	Dérivés sulfoconjugués benzéniques.

Nitrate mercureux, dissous dans 10 p. d'eau. Avec le vin il donne un précipité abondant et un liquide presque incolore ; avec la plupart des dérivés de la houille et quelques colorants, comme le phytolacca, il donne un liquide coloré ; le sureau donne un liquide orange.

L'eau oxygénée, le *bioxyde de barium*, le *bioxyde de manganèse*, oxydent plus vite la matière colorante du vin que les colorants artificiels ; l'orseille se maintient, le sureau laisse une couleur orange.

Le borax ne décolore pas les sulfofuchsine, fuchsine, coralline, dérivés azoïques ; la coloration persiste quelque temps.

Procédé Carpéné (1887, Avril 25, Annales Agronomiques). — Les matières colorantes naturelles des vins ne teignent pas les cellules des ferments qui sont teintes diversement par les couleurs de la houille.

On recueille les ferments dans les dépôts de vins blancs, aux premiers soutirages ; on les met sur une toile, puis filtre sans plis et lave jusqu'à neutralité du liquide ; ils se conservent bien en vase bouché.

On prend quelques centimètres cubes de vin qu'on additionne de ferments et on passe au microscope.

Si l'on n'a pas de coloration, on met un papier à cigarette devant la lumière de la lampe pour n'avoir qu'une lumière diffuse ; si les ferments sont encore incolores, on réduit le vin au bain-marie, à un petit volume et on traite par l'alcool pour séparer les tartrates ; on évapore encore, reprend par l'eau et mélange aux ferments et recommence l'opération ; le vin pur ne colore pas les ferments mais les dérivés de la houille colorent.

Ce procédé n'a rien de pratique, ni de concluant ; il n'est intéressant qu'au point de vue scientifique.

Procédé Hertz (1888 Jl de Ph. et Ch. t. 17 p. 523). — On verse dans un tube à essais 10 à 15cc de vin et on agite avec 5cc d'une solution aqueuse concentrée d'*émétique* et on examine la couleur à la lumière réfléchie et à la lumière transmise. S'il ne se produit aucune modification de nuances, on attend pendant quelques heures, il se produit alors un dépôt de flocons colorés.

Les vins rouges naturels prennent tous dans ces conditions une couleur rouge cerise, tandis que les vins colorés par les pigments végétaux virent presque tous au violet plus ou moins marqué.

Vins colorés à 20 °/₀ de couleur artificielle :

Coquelicot	rouge cerise foncé.
Sureau	violet.
Myrtille	violet rouge.
Troëne	violet pur.

Avec 10 °/₀ de colorant on peut voir la différence si on a un vin authentique de même couleur.

Procédé Lagorce (1888, Jl de Ph. et Ch. t. 18 p. 489). — Ce procédé est basé sur la propriété que possèdent les sels d'urane de donner une laque vert bleuâtre avec l'acide carminamique.

Le vin est agité avec un mélange à volumes égaux *d'alcool amylique* et de *benzine* ou mieux de *toluène*. L'alcool amylique seul dissout assez d'acide œnolique pour empêcher la vue de la réaction ou tout au moins en enlever la netteté.

On peut évaluer 1/15e de la couleur en cochenille.

On décante le dissolvant dans un tube à essais, on ajoute 1 ou 2^cc d'eau distillée, 1 goutte d'*acétate d'urane* et on agite vivement ; l'eau se colore en vert bleuâtre.

La cochenille ammoniacale	donne	une laque	rose violacée ou violet bleu.
Le vin naturel	—	—	couleur lie.
Campêche	—	—	violette.
Sureau	—	—	violacée.
Fernambouc	—	—	rouge brun.

L'orseille en solution neutre n'est pas modifiée par l'urane.

Ces dernières réactions ne peuvent guère être utilisées, ces colorants étant insolubles dans les dissolvants indiqués plus haut. Cependant si dans le vin même par l'acétate d'urane, on obtenait du violet ou du brun il faudrait chercher ces substances.

Procédé Pagnoul (1889, Jl de Ph. et Ch. t. 19 p. 326). — La *dissolution alcoolique de savon* détruit la couleur naturelle des vins, sans la colorer en vert et sans altérer les colorants étrangers.

On verse 5^cc de liqueur hydrotimétrique, dans un tube à essais avec 5^cc d'eau distillée et 10 à 20 gouttes de vin, puis on mélange ; le vin naturel devient incolore ; la couleur artificielle reste et varie avec le colorant employé 1 centigr. par litre est facilement visible.

La fuchsine à 2 ou 3 milligr. par litre est visible en comparant avec un vin naturel.

Avec 1 centigr. la coloration rose est très accentuée avec 20 gouttes de vin (il ne faut pas dépasser 20 gouttes, sinon la couleur du vin reparaîtrait).

Fuchsine	couleur	rose.
Cochenille	—	rose violacé.
Orcéine	—	violette.
Violet d'alinine	—	bleu violet.
Bleu d'aniline, carmin d'indigo	—	bleu.
Eosine		conserve sa fluorescence rose vert avec 10 gouttes d'un vin renfermant 1 centigr.

Ce procédé n'est qu'un réactif qui peut être utilisé dans une recherche générale.

Procédé Mathieu et Morfaux (1889 Caractérisation des fuchsines, Chalamel, Paris).

Les auteurs ont fait faire un nécessaire pour cet essai ; il se compose de floches de soie pure ayant la forme de petites houppes, attachées par des bracelets de caoutchouc. Cette soie a été passée dans un bain d'acide azotique au 10e, à froid pendant quelque temps et lavée.

Le réactif se compose de 450 gr. d'*acétate de plomb cristallisé*, 20^cc d'*aci-*

de acétique et 1000 gr. d'eau distillée. On l'étend de 10 fois son volume d'eau, au moment de son emploi.

On plonge la soie dans le vin pendant 5 minutes au moins ; on obtient des résultats plus nets en prolongeant la teinture.

On lave la soie et on la plonge dans le réactif au 10e, mis dans un tube pendant un temps proportionnel à celui de la teinture.

La soie teinte par les vins purs passe au vert plus ou moins rabattu de gris ; jamais la teinte rouge ne persiste. Un seul vin de Jacquez a donné une teinte bleu verdâtre rabattue de gris (mais ce vin ne pouvait être employé qu'en coupage). Les vins de quelques mois donnent du vert bouteille ; ceux d'un an, plutôt jaune verdâtre que vert ; les vins vieux ont une teinte insensible.

Il faut éviter l'action de l'air sur le vin et la soie ; cette dernière, au sortir du vin, doit être lavée rapidement et plongée dans le réactif. La couleur de la soie est :

Rouge avec	Fuchsine, safranine, mauvaniline, chrysotoluidine, chrysoïdine, sulfofuchsine, rouge de Bordeaux, rouge pourpre, rouge de Biebriech, éosines, éthyléosine, roccelline et méthyléosine.
Rouge violet. .	Orseille.
Violet avec	Violet d'aniline, bleus, bleus coton, bleu méthylène. Indigo, cochenille.
Jaune	Brun d'aniline, jaune orange, chrysoïne, orangés. Divers, tropéoline.
Bleu.	Campêche.
Gris sale. .	Fernambouc.

Les essais ont été faits sur des vins colorés au 5e ; le sulfofuchsine se découvre au 1/15e, soit 0gr.005 par litre ; on est sûr à 10 % de la couleur.

Les autres colorants végétaux ne peuvent se distinguer ; cependant il y a dans les vins naturels une coloration violette passagère, avant le vert, qui n'existe pas dans les colorants étrangers, mais peut avoir lieu dans un mélange de vins.

En somme, ce procédé n'est qu'une modification du procédé Viard, et s'il ne permet de retrouver qu'une partie des colorants, il est très utile dans un premier essai.

Procédé Wolff. (1889. Station de Klosterneuburg). Ce procédé est adopté en Suisse.

10^{cc} de vin sont agités avec 10^{cc} d'une solution de *bichlorure de mercure*, saturée à froid ; on additionne ensuite de 10 gouttes d'une solution de *potasse caustique* d = 1,27 ; on agite de nouveau et filtre. La partie filtrée peut être :

1° Faiblement jaune ; on ajoute de l'*acide acétique* jusqu'à réaction acide : une belle couleur rose indique le sulfofuchsine.

2° La couleur est jaune rose rouge ; la partie filtrée est acidulée par l'*acide chlorhydrique*.

A. La couleur ne change pas ou devient rose pur.	Couleurs azoïques; Bordeaux, Ponceaux, etc.

On évapore la liqueur filtrée, au bain-marie, et on cherche la couleur avec l'acide *sulfurique concentré.*

B. La couleur passe du jaune rouge au bleu ou au violet.	Couleurs amido-azoïques : Congo, benzo-purpurine, méthylorange, etc.

Un excès d'alcali fait revenir au rouge jaune.

3° La couleur est bleu rouge; on acidule par l'acide chlorhydrique; elle passe au rouge jaune et revient au bleu par l'ammoniaque; on se trouve en présence de cochenille ou d'orseille en quantité notable.

Procédé Barillot. (1889. Manuel de l'analyse des vins). — Il accepte le procédé général de M. Ch. Girard, mais il y a joint d'autres réactifs.

1° On obtient de *la soie et de la laine mordancée* en les faisant bouillir dans des solutions d'acide tartrique, acétate d'alumine, etc.

On fait bouillir 25cc du vin et on y plonge une floche mordancée de chaque tissu; on évapore le vin à consistance sirupeuse, lave à grande eau.

Couleur lie de vin, virant au vert par l'ammoniaque.	Vin naturel.
— rosée.	Cochenille.
— rouge.	Fuchsine.
— rouge violet, bleuissant par l'ammoniaque.	Orseille
— violet marron.	Campêche
— Bleue.	Indigo.
— Marron cendré.	Mauve.
— Brun cendré.	Sureau, hièble.

Cette réaction ne donne que des présomptions.

2° *Borax.* — On mélange 2 volumes de solution saturée de borax à 1 volume de vin et on regarde la couleur par réflexion.

Bleu verdâtre, quelquefois avec pointe marron.	Vin naturel
Bleu verdâtre avec pointe lilas.	Dérivés de la houille.
Bleu violacé	Cochenille, orseille.
Marron ou bleu; si le bleu apparaît au début, il vire à l'ébullition.	Campêche
Bleu verdâtre avec pointe marron.	Sureau, Hièble
Verdâtre	Mauve.

3° *Alun ammoniacal* en solution à 10 %. On mélange 1 volume de vin avec 3 volumes de réactif et on fait bouillir. La couleur est :

Rouge brique et ne se fonce pas sensiblement.	Vin naturel
— et se fonce légèrement	Hièble, sureau.
La couleur se fonce beaucoup et tire sur le violet.	Campêche, mauve
id. id. le bleu	Indigo.

Séparation des dérivés basiques. — Lorsqu'on a constaté la présence de dérivés basiques, on procède à leur recherche séparée. On évapore à sec 1/2 litre de vin mélangé à du sable sec et additionné vers la fin de la dessiccation de *baryte* pulvérisée en léger excès; on traite ce résidu par l'éther acétique ou l'*alcool amylique* que l'on décante, lave à l'eau, puis que l'on traite par l'*eau acidulée par l'acide acétique;* cette eau s'empare de la matière colorante et se colore en :

Coloration et essai	Réaction	Matière colorante
rouge franc, rouge violet ou *rouge tirant sur le bleu*. On évapore un peu de la solution au bain-marie et sur le résidu sec on verse de l'acide sulfurique concentré, qui donne une couleur	*Jaune brun* : La solution colore le coton mordancé au tannin.	*Fuchsine. Magenta. Rouge d'aniline.*
	en général	*Sels de Rosaniline.*
	Vert brunâtre : avec l'acide chlorhydrique on a une coloration bleue. L'ammoniaque précipite une matière fibreuse qui se dissout dans l'éther avec une fluorescence verte,	*Rouge neutre.*
	Verte : l'addition d'alcool à la solution aqueuse détermine la fluorescence orangée. Par ébullition avec la poudre de zinc, la liqueur se décolore mais reprend rapidement sa coloration au contact de l'air	*Safranine.*
Jaune. On ajoute un léger excès d'ammoniaque, on a un précipité	*Jaune fibreux* (quelquefois rouge) qui se dissout dans l'éther avec une fluorescence verte.	*Phosphine* ou *chrysaniline.*
	Blanc jaunâtre, soluble dans l'éther sans coloration mais avec une fluorescence jaune verdâtre.	*Flavaniline.*
Vert ou *bleu verdâtre*. On ajoute de l'ammoniaque en excès, on a :	*Un précipité* gris ou rosé : les acides en excès font virer cette solution au jaune	*Vert malachite.*
	Pas de précipité : on teint un échantillon de coton mordancé au tannin, on le porte quelques heures à 100°, il reste vert	*Vert brillant.*
	Pas de précipité : on teint un échantillon de coton mordancé au tannin, on le porte quelques heures à 100°, il devient violet	*Vert de méthyle ou vert à l'iode.*
Bleu, bleu lilas. On ajoute de l'acide sulfurique sur le résidu solide ou dans la solution, l'acide colore en	*vert,* la solution aqueuse donne avec la soude un *précipité noir lilas* dans les solutions concentrées ; la solution de chlorure de chaux à 5 °/₀ décolore.	*Bleu de méthylène.*
	vert, la solution aqueuse donne avec la soude un *précipité noir brun* ; réduite par le zinc et additionnée d'alcool méthylique, la solution devient verte	*Bleu nouveau B et D*
	rouge violet, la solution chaude est violette, elle est verte à froid ; avec les alcalis on a un précipité brun rougeâtre	*Bleu nouveau.*
	brun rouge, les acides colorent la solution en brun, teint les étoffes de coton mordancées au tannin	*Bleu Victoria.*
Violet. On ajoute de l'acide sulfurique à la dissolution ou sur la matière solide ; on a une coloration :	*Jaune* : par addition d'eau, il passe au vert, bleu et lilas.	*Violet de méthyle.*
	Jaune : les alcalis précipitent en brun	*Violet Hoffmann.*
	Lilas terreux : par addition d'eau, il passe au bleu puis au lilas : les alcalis donnent un précipité brun fibreux.	*Violet neutre.*
	Gris ; étendue d'eau, elle se colore en bleu, violet et violet rouge	*Mauvéine.*
	Vert, qui passe au bleu puis lilas par l'eau. L'addition d'alcool donne une fluorescence brun rouge.	*Violet améthyste.*
	Orangé, non modifié par l'addition d'eau.	*Violet cristallisé.*
Jaune ou *brun*. Par l'ébullition avec l'acide sulfurique on a	*Décoloration graduelle,* puis liqueur incolore	*Auramine.*
	Rien de sensible ; l'acide sulfurique donne sur la matière solide une coloration *brun jaunâtre* ; la solution chaude se prend en gelée par le refroidissement.	*Chrysoïdine.*
	Rien de sensible ; l'acide sulfurique donne sur la matière solide une coloration *brune* ; la solution reste fluide après refroidissement, se fixe sur le coton mordancé au tannin	*Vésuvine. Brun Bismarck. Brun Manchester.*

Dans ce tableau (Barillot) il y a deux fois la couleur jaune, en tête, 2e et dernière couleur ; il y aurait donc lieu de le modifier de façon à faire la séparation de ces deux couleurs jaunes.

Séparation des dérivés acides. — Ces dérivés ont été indiqués par la réaction de l'acétate de mercure, il y a donc lieu d'en rechercher la nature.

Le réactif principal se prépare en mélangeant 25 gr. de *tannin* pur avec 25 gr. d'*acétate de soude* et 250cc d'eau ; il ne faut en employer que quelques gouttes, dans un essai, sur la matière colorante séparée de l'acétate de mercure ou de l'alcool amylique et dissoute dans l'eau.

La solution de la matière colorante ne précipite pas par le tannin. On fait bouillir le liquide acidifié par l'acide chlorhydrique avec la poudre de zinc, jusqu'à décoloration. On filtre, la fibre du filtre et la liqueur filtrée sont	*Colorées,* la coloration primitive réapparaît; on agite la liqueur filtrée avec de l'éther; la couche éthérée est . . .	*colorée*		*Phtaléines.*
		incolore		*Dérivés acides de la rosaniline.*
	Incolores, ou la coloration primitive ne réapparaît pas. On ajoute au liquide primitif un excès d'ammoniaque, on agite avec l'alcool amylique et décante, évapore en présence mouchet coton blanc non mordancé; ce coton	*ne se colore pas.* . . .		*Absence de dérivés azoïques.*
		se colore, on le fait bouillir avec solution de *savon* la coloration	se maintient.	*Dérivés de la benzidine.*
			disparaît . .	*Dérivés azoïques.*

Séparation des phtaléines

La solution légèrement alcoolique et un peu alcaline est		Précipité	Couche d'éther	Acide sulfurique sur la matière	
	fluorescente, l'addition d'acide chlorhydrique dilué forme un précipité et l'éther se colore quand on l'agite avec le mélange. .	orangé fibreux	jaune	jaune	Eosine
		jaune brun	jaune	jaune doré	Safrosine
		couleur chair	brun jaune	id.	Phloxine
		ponceau	orangé	orangé	Rose Bengale
		jaune	jaune	jaune	Fluorescéine
	non fluorescente . .	jaune	jaune	jaune	Aurine, coralline

Safrosine ou écarlates, écarlates d'éosine Lutécienne.
Fluorescéine ou Uranine, chrysoline, benzilfluorescéine.

Séparation des dérivés de la benzidine

Ces couleurs teignent les étoffes végétales non mordancées. La solution aqueuse est	*rouge,* on ajoute quelques gouttes d'acide chlorhydrique, la couleur devient	*bleue,* l'acide sulfurique dissout la couleur en bleu d'ardoise, l'eau ajoutée ne change rien.	Rouge Congo.
		brune, précipité brun, l'acide sulfurique dissout la couleur en violet . .	Benzopurpurine.
	bleu lilas, les alcalis la font virer au rouge, l'acide chlorhydrique en solution concentrée forme un précipité lilas, l'acide sulfurique dissout en violet		Bleu azoïque.

Séparation des dérivés azoïques. — Les dérivés azoïques sont distingués par le procédé Ch. Girard, que M. Barillot a complété et qu'il emploie également ci-dessus.

On prend un peu de la matière colorante azoïque et sur une soucoupe on la délaie dans 1 ou 2cc d'acide sulfurique concentré, on examine la couleur, puis on ajoute de l'eau peu à peu, et on note le changement survenu.

Acide sulfurique	Etendue d'eau	
Jaune	rouge, puis orangé. . . .	*Jaune solide, tropéoline O.*
	rouge carmin	*Orangé de méthyle.*
Orangé foncé, brun	pas de changement . . .	*Orangé G.*
	rouge brique.	*Hélianthine*
	rose vif.	*Tropéoline D, orangé 3, Chrysoïne*
Rouge carmin	jaune	*Citronine, azoflavine.*
	précipité orangé. . . .	*Orangé 2, ponceau R à RRR.*
Marron.	rouge violacé.	*Fond rouge.*
Rouge violet. . . .	rouge franc	*Coccine.*
Vert foncé	bleu, lilas, précipité brun .	*Ecarlate de Biebriech.*
Vert bleuâtre . . .	lilas, précipité gris. . . .	*Jaune N* (Poirier).
Vert jaunâtre . . .	id.	*Lutéoline.*
Bleu	lilas, rouge	*Ecarlates de crocéine, 3 B à 7 B.*
	rouge	*Bordeaux, B, G et R, écarlate de Biebriech* (*allemand*), *ponceau S.*
Violet	précipité brun	*Ponceau de xylidine.*
	rouge vif	*Ecarlate de Biebriech* (*Lyon*).
Violet rouge. . . .	violet rouge	*Tropéoline OO, orangé 4* (*Poirier*).
Lilas	rouge	*Roccelline, rouge solide.*
	rouge fuchsine	*Azoflavine.*

De tous ces procédés, celui de M. Barillot est le plus complet ; cependant il ne faut pas négliger les autres procédés ; car, dans ceux de Frehse, H. Jay, Bellier, Cazeneuve, Blarez, etc.. on trouve des réactions très intéressantes.

Comme ces essais ne peuvent être faits que par des experts en chimie vinicole, et que d'autre part, chaque expert possède des qualités particulières qui lui font préférer une manière d'opérer à une autre, je n'ai pas voulu indiquer une marche absolue à suivre. dans ce cas. Un expert doit connaître tous les procédés et tous les réactifs, et une fois cette étude faite sérieusement, il choisira ceux qui lui réussissent le mieux tout en lui donnant tous les composés introduits dans les vins.

Procédés divers. — Sous ce titre, j'ai classé quelques réactifs que j'ai trouvés dans mes lectures, sans indication de nom d'auteur.

Collodion et ricin. — Le réactif se compose de fulmi coton en solution dans l'éther et l'alcool, connue sous le nom de collodion.

On prend 10^{cc} de vin et on agite avec 2^{cc} du réactif, puis on ajoute de l'huile de ricin et on mélange ; l'huile en remontant entraîne le coton précipité ; on évite ainsi une filtration.

Le coton forme, à la partie supérieure, une couche incolore avec le vin naturel. La couche est colorée avec la fuchsine, la safranine, le rouge de Biebriech, la mauvaniline, la méthyléosine.

La couleur est presque toute enlevée pour le brun d'aniline et le bleu de méthylène.

Elle n'est enlevée que partiellement pour le ponceau, la roccelline, le jaune orange et la chrysoïne.

L'orseille et le campêche donnent une légère teinte,

Les autres matières colorantes, parmi lesquelles le sulfofuchsine, le rouge de Bordeaux, etc., ne colorent pas le coton.

Diffusion : 1° On imbibe une petite éponge avec le vin à essayer et on la pose sur une assiette couverte de quelques millimètres d'eau. Si le vin est naturel, l'eau de l'assiette mettra 1/4 d'heure ou 1/2 heure pour rougir ; si, au contraire, il n'est pas naturel, l'eau se colorera presque immédiatement.

2° Dans un verre on met du sable bien sec jusqu'au tiers, puis 1/3 de lait et 1/3 de vin. Si le vin est naturel, le vin surnage et le lait reste pur ; si le vin est fraudé il se mélange au lait et trouble la démarcation des deux liquides.

3° On vend sur les places publiques un petit vase conique en pierre schisteuse dont l'ouverture située à la pointe du cône est trés petite ; on remplit le cône avec le vin et on plonge le tout dans un verre d'eau ; si le vin est naturel, il n'y a pas de modification ; si le vin est fraudé, la couleur monte à la surface.

Ces procédés, qui ne s'appliquent qu'à quelques cas particuliers ne peuvent qu'induire en erreur.

Photographie. — La photographie a été appliquée à un vin d'Algérie. Elle révèle les altérations du vin par les changements opérés dans les cristaux et la couleur. Elle sert à contrôler les vins additionnés de matières colorantes ; elle indique l'âge, la provenance et la condition des vins. La photographie d'un vin à diverses époques de sa vie révèle les états successifs par lesquels il a passé (J.-F. Audibert).

Je terminerai cette étude en signalant les réactions obtenues sur les colorants pour vins, dérivés de la houille, par M. Ch. Girard, dans ses Documents sur les falsifications, 1886, et par M. Cazeneuve, dans la Coloration des vins, 1886.

En faisant l'essai de ces colorants, comme l'indique M. Barillot, d'après les réactions de M. Ch. Girard, dans les vins, on obtiendra la composition du colorant proposé pour frauder les vins.

EXPERTISE DE LA COULEUR DES VINS

Au sujet de la couleur des vins, plusieurs questions peuvent être posées aux chimistes.

La plus simple est celle de savoir si une substance désignée existe dans le vin à examiner. Pour répondre à cette question, il suffit de faire les réactions indiquées dans l'étude des réactions particulières aux colorants ; étude qui se trouve après celle des réactifs.

La seconde question, plus complexe, est celle-ci : Y a-t-il des produits de la houille ? Pour y répondre, on essaiera les procédés Girard-Barillot, Cazeneuve, Frehse, Blarez ou Jay ; sans oublier les essais préliminaires.

La troisième question, ressemblant à la précédente, est : Y a-t-il des colorents végétaux ? La réponse se fera d'après les résultats obtenus par les esssais préliminaires, suivis de l'emploi de la méthode Gautier ou Girard-Barillot.

Enfin la dernière demande, qui paraît si simple au public, et qui est si difficile à résoudre : La couleur est-elle naturelle ? Pour s'assurer qu'il n'y a pas de matière colorante artificielle, il suffira de suivre la méthode Ch. Girard, modifiée par Barillot, ou d'employer la méthode Gautier, pour les couleurs végétales et l'une des autres pour les couleurs de la houille.

On peut aussi demander si le vin contient une matière colorante nuisible ; dans ce cas, on recherche d'abord les dérivés de la houille ; ensuite on cherche le phytolacca et l'indigo.

Lorsqu'on croit avoir trouvé un ou plusieurs colorants étrangers aux vins, on examine séparément toutes les réactions applicables à ces colorants, et ce n'est que lorsque toutes les réactions sensibles concordent bien que l'on arrive à une certitude.

Essais préliminaires. — Sous ce nom, j'indique des essais très faciles qui donnent dans beaucoup de cas une indication sur la marche à suivre pour poursuivre les essais.

En premier lieu on versera 25^{cc} de vin dans un verre et 25^{cc} dans une capsule de porcelaine ; dans le verre on plongera un morceau de flanelle blanche et un morceau de ruban de soie blanche, ayant chacun en carré 15 millimètres de côté ; on laisse les tissus dans le verre pendant 10 minutes, on les retire, lave à l'eau et les plonge pendant 5 minutes dans l'ammoniaque au 10e ; on sèche sur du papier filtre et ensuite à l'air. Le tissu sec ne doit avoir qu'une teinte rose presque invisible avec les vins purs. Pendant le temps du repos du tissu dans le vin, on ajoute dans la capsule de porcelaine, aux 25^{cc} de vin, de 1/2 à 1^{cc} d'ammoniaque pure ; on incline la capsule et on examine la tranche supérieure du liquide, sur le fond blanc ; on note la couleur que l'on compare à celle des tableaux du Procédé Viard ; ensuite on plonge dans le vin ammoniacal deux carrés de tissus semblables aux précédents ; au bout d'un quart d'heure on les retire, les lave à grande eau, examine la couleur et fait sécher. Les vins purs donnent des tissus incolores. Les vins sucrés, sucrés et mouillés et les vins de vignes américaines donnent des teintes presque insensibles et qu'on ne voit qu'en plaçant le tissu sur un morceau semblable, mais plus grand. L'addition d'alun aux vins rend les réactions végétales plus sensibles. On peut essayer ensuite le procédé Bastide.

Concurremment à cet essai, on essaiera les bâtons de craie Gautier et la magnésie Molinari.

Enfin on collera le vin à l'albumine dont on vérifiera l'action sur les tableaux Carles et Husson, puis on essaiera l'eau ordinaire Carles.

Suivant les indications données par ces courts essais, on pourra modifier la marche générale dans un sens ou dans l'autre, de façon à l'abréger notablement.

Une bonne indication, et qu'un expert ne doit pas négliger, est celle que donne la présence dans les vins des substances qui sont introduites par les colorants étrangers.

Corps contenus dans les vins par suite des colorants introduits. *Alun* — Les colorants végétaux ayant besoin d'alun pour fixer leur couleur dans les vins, cet agent se trouve généralement dans les vins ainsi traités. Aussi certains chimistes, après avoir constaté l'absence des dérivés de la houille, cherchent-ils l'alun, dont la présence leur sert de présomption sur l'existence d'un colorant végétal.

L'acide malique est introduit par le sureau, l'hièble, l'airelle myrtille, les mûrons de haies, le cassis et les framboises. (Le cidre, le poiré l'introduisent également).

L'acide citrique se trouve dans l'airelle myrtille à l'état de citrate de chaux, dans les mûres noires à l'état libre, dans les mûrons des haies, le cassis et les framboises.

L'acide oxalique est contenu dans le phytolacca, la cochenille et l'indigo : et dans la betterave à l'état d'oxalates.

L'acide tartrique libre est contenu dans les mûres noires, et peut être mis pour maintenir la couleur de la mauve noire.

L'acide sulfurique libre ou combiné entre dans les préparations de l'indigo.

Le sucre cristallisable et quelquefois la *mannite* accompagnent la betterave.

L'ammoniaque est introduite par le carmin ammoniacal ou par des dérivés ammoniacaux du goudron de houille.

Le glucose et le caramel forment la base des colorants nommés caramels.

L'arsenic se trouve dans les dérivés de la houille.

ÉTUDE DES RÉACTIFS

Cette étude forme pour ainsi dire un double emploi puisque les réactifs sont indiqués dans les procédés généraux et dans les réactions particulières des colorants. Cependant je la crois indispensable, en ce sens qu'elle permet de mieux juger des réactions qui ne sont indiquées, le plus souvent, que vaguement, dans les procédés généraux.

Les teintures sont faites avec de l'eau alcoolique ou des vins blancs.

Lorsqu'il n'y a pas d'indications spéciales pour les vins colorés en partie artificiellement, c'est qu'ils contiennent 20 % ou 1/5e de la couleur artificielle.

ALCALIS

1. Ammoniaque Fauré. — Les vins bleuissent si la matière colorante bleue domine et verdissent s'il se trouve assez de jaune pour former du vert ; ce dernier cas est le plus général.

1. A. — Gautier et **Garcin.** — *Préparation.* On fait de l'ammoniaque au 10e et on verse un égal volume de vin et de réactif, ou bien on verse 2^cmc^ de vin, 3^cc^ de réactif et 5^cc^ d'eau.

Vins purs. On obtient une couleur vert bouteille, gris verdâtre, jaune verdâtre et gris bleuâtre, avec les vins très colorés ; chamois ou infusion de thé avec pointe de lilas, si c'est de l'aramon, du petit bouschet, ou si le vin en contient. Les couleurs sont plus franchement nettes si le vin est nouveau. Un excès d'ammoniaque fait passer les vins d'un an et plus à la couleur feuille morte ; ceux de 2 à 5 mois prennent une teinte vert chêne très caractéristique (Garcin). Si le vin est très foncé, violacé ou bleuâtre, en ajoutant de l'alcali un peu plus concentré, la première goutte détermine d'abord du bleu, quelquefois un précipité bleu, puis la teinte passe au verdâtre et au brun. Par l'action prolongée du réactif, la liqueur se colore en jaune brun. Les vins tournés passent à une teinte brun doré. Les vins verts ou piqués conservent une teinte vineuse ; il faut augmenter la dose d'alcali jusqu'à disparition de cette teinte (Gautier).

(Dans toute cette étude je n'indique que les réactions des colorants qui diffèrent de celles des vins purs).

VINS COLORÉS	Lilas rabattu de gris ou de marron.	Fernambouc, Brésil.
	Gris verdâtre avec pointe de rose. .	Fuchsine.
	Gris foncé pointe marron ou lilas. .	Phytolacca.
	Gris jaunâtre sale.	Betterave fraîche, Myrtille.
	Gris verdâtre	Sureau.
TEINTURES	Liquide groseille	Fernambouc.
	Lilas violet (disparaît en chauffant, reparaît par le refroidissement) . .	Campêche.
	Lilas violet	Cochenille.
	Rose (un excès de réactif décolore). .	Fuchsine.
	Rose violacé.	Phytolacca, Betterave fraîche.
	Jaune	Betterave fermentée.
	Vert	Mauve, Sureau, Hièble, Troëne.
	Par réflexion vert bouteille, par transparence marron	Myrtille.
	Violet bleu. . . . . ,	Orseille.
	Bleue, se décolore peu à peu.	Indigo.
	Brun noirâtre légèrement violet . . .	Mûres noires.

1. B. Viard. — On prend 25^{cc} de vin non collé et on y ajoute 0,5 à 1^{cc} d'ammoniaque pure à 15° Baumé et on attend 10 minutes. On regarde la tranche supérieure du liquide sur un fond blanc.

Vins purs. — Masse noire (précipité noir), liquide verdâtre pour les vins ordinaires, liquide d'un beau vert feuille de chêne pour les vins de Roussillon, d'Italie et d'Espagne, ainsi que les vins nouveaux. Certains vins très colorés tirent sur le bleu.

Quelques vins naturels se rapprochent des vins fraudés, la couleur supérieure n'étant pas franchement verte ; mais on n'y trouve guère qu'une teinte rousse ou marron faible dans le vert. J'ai trouvé pour un vin rouge de

Saumur cuvé avec râfles et un peu sucré	vert jaune fond brun.
Un mélange de vin rouge avec du vin de 2e cuvée	gris bleu fond violeté.
id. id.	verdâtre fond brun rouge clair.
Un vin de 2e cuvée	gris vert fond acajou clair.
id.	vert pointe de roux.
Un autre vin rouge sucré a donné	terre de sienne pointe verte.

Les vins blancs donnent des couleurs qui vont du jaune au chocolat violeté ; il faut en tenir compte dans les coupages qu'ils peuvent déceler.

6 vins blancs de Saumur	non mousseux	foncent beaucoup en jaune roux.
1 id.	mousseux	de même tirant sur l'orangé.
1 id.	non mousseux	jaune d'or puis roux.
1 id.	mousseux	rouge vineux, fonce ensuite beaucoup en rouge brique lilas.
1 id.	non mousseux	rouge vineux, puis rouge brique.
1 id.	de raisins rouges	jaune roux.
Le même sucré		terre de Sienne claire.
Le même plus sucré et mouillé		terre de Sienne.
Mélangé de vin naturel et de vin de marc sucré		gris bleu fond violeté.

D'après Bischop et Ferrer, les vins rouges des Pyrénées-Orientales donnent du violacé sale plus ou moins verdâtre.

Quelques vins purs de ce département m'ont donné du vert bleu ; je n'ai pas eu la couleur qu'ils indiquent (E. V.)

VINS COLORÉS	Violet	Brésil, Fernambouc et Lima avec l'alun, Campêche, Orseille, Cochenille, Mauvaniline et Safranine 1/32.
	Rouge	Safranine 1/4 à 1/16.
	Rouge groseille	Fernambouc 1/4.
	Rouge chocolat	Lima 1/4.
	Marron	Fernambouc 1/8.
	Rouge puis brun pâle	Fuchsine.
	Violet id. id	Fuchsine violette (Voir le procédé Viard).

TEINTURES	RÉACTION	TEINTURE	RÉACTION
Brésil	groseille.	Fuchsine violette	violet se décolore
Brésil et alun	rouge pourpre.	Mauvaniline	violet précip. blanc, se décolore
Fernambouc	carmin foncé.	Safranine	rose id. id. id.
Lima	groseille foncé.	Orcanette	très beau bleu d'azur
Lima et alun	rouge pourpre foncé.	Indigo	bleu, excès très beau vert.
Campêche	groseille foncé.	Bleu d'aniline	se décolore.
Campêche et alun	rouge pourpre foncé.	Brun de phénylène diamine.	décoloration partielle.
Hièble et alun	bleu légèrement violet	Chrysotoluidine	fonce la teinte
Sureau et alun	violet.	Rouge de Biebriech	rouge carmin vif.
Myrtille et alun.	brun sale laiteux.	Roccelline	id
Troëne	brun jaune.	Tournesol	bleuit légèrement
Kûrons fermentés	vert brunâtre.	Sureau fermenté	beau vert.
Coquelicot	brun marron foncé,	Myrtille id.	vert pur.
Mauve noire	beau vert.	Troëne id.	vert jaunâtre.
Orseille	rouge violacé.	Phytolacca	devient jaune serin.
Tournesol	bleu.	Betteraves fermentées	chocolat, brun marron.
Betteraves	rouge vin foncé.	Mûres noires fermentées	brun noirâtre violeté.
Cochenille	rouge.	Myrtille	violet passant peu à peu au rouge puis brun.
Fuchsine	rose se décolore.	id.	

Ce réactif seul permet de distinguer toutes les teintures des vins naturels.

L'ammoniaque est employée comme réactif secondaire dans un grand nombre de procédés.

2. Potasse. — Chevalier. — On l'emploie en solution faible à 3 ou 4° Baumé.

Vins purs. Elle donne à peu près les mêmes réactions que l'ammoniaque, mais moins sensibles.

Les vins de la Côte-d'Or, de la Haute-Marne, de l'Hérault, de la Gironde, des Vosges, de la Meurthe, de la Meuse et de la Seine, varient du vert bouteille au vert noirâtre.

Les vins sucrés et les vins de marcs donnent des teintes jaunes et marron plus accentuées qu'avec l'ammoniaque.

VINS COLORÉS	Précipité violacé	Hièble, Mûres.
	id. violet clair	Tournesol en drapeau.
	id. rouge violacé	Campêche.
	id. violet bleu	Troëne.
	id. rouge	Fernambouc, Betterave.
	id. jaune	Phytolacca.
	Coloration brune	Mauve.
	id. violette	Orseille.
	Décoloration moins sensible qu'avec l'ammoniaque.	Fuchsine.

en solution concentrée, bouillie avec l'indigo, elle le décolore.

La potasse à 5 % est employée avec l'acétate de mercure dans le procédé Girard et avec le bichlorure de mercure en solution d'une densité de 1,27 dans le procédé Wolff.

3. Soude. — La soude, comme solution, n'est employée que comme réactif secondaire dans les procédés Bellier et Barillot pour la caractérisation des dérivés de la houille.

Versée directement dans les vins elle donne à peu près les mêmes réactions que l'ammoniaque ou la potasse, mais ordinairement plus marron.

4. A. Carbonate de soude, au 200°, Gautier. — On prépare ce réactif en dissolvant 5 gr. de carbonate de soude par litre d'eau. On prend 2cc de vin et 6 à 10cc du réactif suivant l'intensité de la couleur et de l'acidité des vins.

Vins purs. On obtient une coloration gris verdâtre, verdâtre ou vert bleuâtre, gris bleu, bleu verdâtre ou même gris jaunâtre, selon l'âge et la provenance des vins ; et même tout à fait bleue pour certains cépages (Bastide). Si la teinte vineuse persiste, quelques gouttes du réactif la font disparaître.

Quelquefois, surtout pour les vins d'aramon de 5 à 19 mois et pour un mélange d'aramon et de petit bouschet, une teinte lilas ou vineuse persiste malgré un petit excès de réactif et sans que l'ébullition la fasse disparaître Le vin teinturier donne une teinte vert bleuâtre foncée qui se colore à l'ébullition.

VINS COLORÉS	Lilas brun ou teinté marron	Fernambouc.
	Gris de lin ou gris teinté de lilas	Cochenille.
	Violacé ou lilas sombre	Phytolacca, Mûrons.
	Gris Jaunâtre	Betteraves fermentées
	Couleur rancio affaibli	id. fraîches.
	Vert assombri, teinte lilas	Sureau, Hièble.
	Jaunâtre, pointe lilas ou rose vineux	Myrtille.

TEINTURES	Groseille	Fernambouc
	Rouge pourpre ou violet	Campêche.
	Lilas	Cochenille.
	Rose	Fuchsine.
	Rose violacé	Phytolacca.
	Vert bouteille assombri	Mauve, Hièble, Troëne
	Rose ou rouge rancio	Betterave.
	Lilas violet, puis gris bleuâtre, puis vert bleuâtre	Sureau
	Vineux, petit excès gris lilas, grand excès marron	Myrtille
	Violet bleuâtre	Orseille
	Bleu	Indigo.
	Beau vert olive jaunissant	Maqui.

4. B. — On porte le mélange à l'ébullition.

Vins purs. — Ne virent jamais au marron ou au violet (Bastide).

La liqueur jaunit et tend à se décolorer; le vin teinturier prend à chaud un ton brun marron dichroïque, l'aramon et le petit bouschet restent lilas (Gautier).

VINS COLORÉS	Couleur vineuse ou grenat	Fernambouc.
	Lilas, ou vineux violacé ou grenat	Campêche.
	Ne change pas	Cochenille.
	Le violet ou le rouge disparaît	Fuchsine.
	Gris jaune pointe marron plus ou moins forte	Phytolacca.
	Se décolore en partie	Hièble, mauve. Betterave ancienne,
	Gris jaunâtre	Betterave fraîche.
	Gris verdâtre sombre	Sureau, Orseille.
	Jaune sale violacé	Troëne. Indigo.
	Jaune foncé	Myrtille.
TEINTURES	Jaunit rapidement	Maqui.
	Groseille, se fonce	Fernambouc.
	Lilas	Cochenille.
	Gris jaunâtre	Myrtille.
	Bleu violet, se fonce	Orseille.
	Jaune pur	Maqui.

M. Gautier ne donne pas d'indications pour les autres teintures.

Des raisins ayant produit des vins naturels donnant du gris bleu vert avec le carbonate de soude et devenant jaune roux grisâtre par l'ébullition, ont donné : une fois sucrés et mouillés, du violet pâle devenant gris roux pâle à l'ébullition; un mélange des deux premiers vins et de vin de 2e cuvée a donné du gris bleu violacé devenant gris chocolat clair à l'ébullition; le mélange de la 1re et de la 2e cuvée a fourni du gris lilas faible changeant en terre de Sienne claire; enfin le vin de 2e cuvée a donné une pointe brique et à l'ébullition la même teinte tirant sur la terre de Sienne.

4. C. — Carbonate de soude au 10e — Ce réactif n'est employé que dans les réactions secondaires des procédés H. Jay et Labiche. Il est aussi joint à d'autres réactifs.

5. — Carbonate de potasse. — Il donne à peu près les mêmes réactions que le carbonate de soude. Il est peu employé et n'a guère été essayé qu'avec l'alun.

6. — Bicarbonate de soude surchagé d'acide carbonique. Gautier. — On fait une solution de 8 gr. de bicarbonate de soude dans 100 gr. d'eau distillée ; on sature ensuite cette solution par un courant de gaz acide carbonique, pour être certain que tout le sel est à l'état de bicarbonate. A 2^{cc} du vin on ajoute de 1 1/2 à 2^{cc} du réactif suivant l'acidité des vins. On observe la couleur au bout de 1 ou 2 minutes.

Vins purs. — 1° La liqueur obtenue est légèrement trouble, d'une teinte gris de fer, avec une pointe vert bouteille ; 2° avec quelques vins, gris légèrement verte ; et une pointe lilas et gris violacé sombre avec le Carignane de 2 mois ; 3° le vin teinturier devient vert foncé ; 4° l'aramon, rose vineux brun, et l'aramon mêlé de petit Bouschet, rose vineux ou lilas, qui à 100° passe à la couleur infusion de thé. Les vins d'Espagne plâtrés donnent une liqueur violacée. (Magnier de la Source). Les vins de Saumur gris bleu et gris vert, les vins sucrés bleu violet. Mélange 1re et 2e cuvée gris lilas, vin de 2e cuvée gris rose brique (E. V.)

VINS COLORÉS

Comme les vins purs n° 1	Campêche, Mauve, Troëne, Orseille, Mûrons.
id. id. 2	Cochenille, Hièble, Orseille.
id. id. 4	Fuchsine, Orseille.
Lilas franc	Phytolacca.
Lilas, puis rapidement gris vert bleuâtre	Sureau.
Gris jaunâtre roux	Myrtille.
Bleu verdâtre	Indigo.
Lilas vineux	Fernambouc.
Jaune rougeâtre ou brun lilas	Betterave.

TEINTURES

Groseille	Fernambouc.
Rose vineux	Campêche, Sureau.
Lilas	Cochenille, Myrtille.
Rose	Fuchsine.
Rose violacé	Phytolacca.
Gris verdâtre sombre	Mauve.
Rose ou rancio (se maintient)	Betterave.
Gris sombre teinté de marron	Orseille.
Bleu, tend à verdir	Indigo.

Ce réactif donne des indications manquant de précision, mais qu'il ne faut pas négliger (Gautier).

7. — Baryte. — On fait une solution saturée dans l'eau distillée à 15°. On l'emploie à volume égal à celui du vin ; on filtre au bout de 10 minutes et on sature, après l'action sur le vin, par l'acide acétique.

Vins purs. — Abondant précipité vert ; la liqueur est vert olive, ou vieille eau-de-vie, selon les crus, et jaune verdâtre sale avec quelques cépages. Le vin teinturier donne une teinte madère et un précipité bleu qui ne cède rien à l'alcool amylique. L'aramon de 18 mois donne une teinte chamois ou vieille eau-de-vie ; le précipité est rose, puis jaune verdâtre. L'alcool amylique agité avec le précipité rose, se colore en rose ; mais agité avec le précipité jaune, il est incolore. Saturée par l'acide acétique, la liqueur filtrée passe au rose, sauf le teinturier qui reste chamois, et l'aramon, vert jaunâtre clair.

Vins colorés. — Le liquide filtré est franchement coloré en rose ou en violet, selon la nature des colorants ; il est rouge brun ou jaune brun avec le campêche, le brésil ; violet ou rose avec les baies de fruits ; jaune verdâtre sale avec la mauve, l'indigo, la cochenille, la fuchsine et le phytolacca ; jaunâtre clair avec la betterave, et rose avec les mûrons.

L'acide acétique rend le liquide pelure d'oignon ou jaune presque incolore, avec le brésil et la betterave ; à peine rosé avec le campêche, la mauve, le sureau, l'hièble, le troëne, la myrtille ; nettement rosé avec l'indigo, la cochenille, la fuchsine et le phytolacca ; rose avec les mûrons. Les réactions sont masquées dans le cas où le colorant est un mélange de fruits et de teintures de bois ou de cochenille.

Teintures. — Violacé bleu devenant rose pelure d'oignon par l'acide acétique avec l'orseille ; verdit, puis se décolore peu à peu avec l'indigo.

D'après Gautier, c'est un réactif assez sensible et qui donne des indications précieuses quand on commence une analyse.

Cependant on possède des réactifs bien plus sensibles et caractérisant davantage les substances colorantes.

La baryte est employée dans les procédés Ch. Girard et Barillot.

8. — Eau de chaux. — Les eaux calcaires et l'eau de chaux donnent dans le vin collé, avec la cochenille une nuance violette ; les vins naturels donnent du vert ou du jaune. Un vin naturel de Saumur m'a donné du rose.

9. — Magnésie. — Elle est employée par M. Bellier avec l'acétate de mercure pour rechercher les dérivés de la houille.

10. — Carbonate de Magnésie. Molinari. — On prend la magnésie naturelle, *giobertite*, on la découpe en tranches de 15mm d'épaisseur et on polit la surface ; on verse deux ou trois gouttes de vin, l'une sur l'autre, sur l'un des points de la surface. Les vins naturels donnent une couleur verte.

	VINS COLORÉS
Mauve	Roses trémières.
Plus mauve	Coquelicot.
Auréole violette	Campêche.
Bleu	Indigo.
Carmin	Cochenille.
Violet pourpre	Orseille.
Rose ou rouge	Fuchsine et ses dérivés.

Certains vins naturels donnent du violet très pâle ou du gris violacé.

Un mélange de 1re et 2e cuvées a donné du lilas et un vin de 2e cuvée du rose lilas (E. V.)

11. — A. Craie en bâtons. Gautier. — Ce réactif est complètement expliqué dans le procédé Gautier et comme il n'est employé que dans ce cas il faut s'y reporter.

11. — B. Craie en poudre. — Elle devient violette par la cochenille et d'un beau rose par le campêche.

12. — Liqueur alcoolique de savon. Pagnoul. — On verse 5^{cc} de cette liqueur et 5^{cc}; on mélange et ajoute 10 à 20 gouttes de vin.

Le vin naturel devient incolore.

VINS COLORÉS	
Rose	Fuchsine.
Rose violacé	Cochenille.
Violet	Orseille.
Bleu violet	Violet d'aniline.
Bleu	Bleu d'aniline, Carmin d'indigo.
Fluorescence rose vert	Eosine.

M. Barillot l'emploie pour la séparation des dérivés acides.

13. — Ammoniaque et sulfhydrate d'ammoniaque. Filhol. — Voir *Procédé Filhol.*

Vins purs. — Le liquide filtré est vert. Certaines espèces de vins passent fortement vert, puis donnent des nuances légèrement violacées.

Vins colorés. — Les mûrons donnent une teinte brun vert marron ; les autres substances donnent des nuances violacées, lilas ou bleuâtres. C'est un mauvais réactif.

FIBRES VÉGÉTALES ET ANIMALES

Avant d'employer les tissus et de les mordancer, on les décreuse ; c'est-à-dire qu'on les prive de leurs matières gommeuses ou graisseuses naturelles.

Pour la laine, on la lave simplement dans l'eau tiède contenant $1/100^e$ de carbonate de soude, puis à l'eau claire. On fait tremper la soie dans de l'eau chaude contenant 30 de savon pour 100 de soie; on fait bouillir pendant quelques minutes et on lave à l'eau tiède et claire avec le plus grand soin, et on repasse s'il y a lieu.

On emploie les fils de laine, les floches de soie ou les tissus ; je préfère ces derniers, qui donnent une teinte plus sensible et plus uniforme.

FIBRES NON MORDANCÉES

14. — Ammoniaque et laine ou soie. Viard. — On prend un morceau de molleton de laine blanche coupé en carré de 2 à 4^{cm} de côté et on l'introduit, en même temps qu'un morceau semblable de ruban de soie décreusée, dans le vin traité par l'ammoniaque, B ; on laisse 15 minutes.

On note la couleur de la laine et de la soie au sortir du vin ; on lave fortement et on fait sécher sur du papier à filtre. Le tissu plongé dans le vin, une fois sec, est placé sur le tissu primitif, à contre jour, et on observe la différence de teinte.

Vins purs. — La laine non lavée a une teinte gris noirâtre sale ; lavée, elle a exactement la même teinte que le tissu primitif. La moindre teinte sombre, rose ou violette, est l'indice d'une falsification. La soie donne les mêmes résultats.

Vins colorés. — Voir le tableau des réactions donné au Procédé Viard.

15. A. Laine et Ammoniaque. Bastide. — On fait bouillir avec le vin quelques centimètres de laine blanche à broder et on évapore à siccité ; on dégorge fortement dans l'eau et on observe la couleur ; puis on plonge dans l'eau ammoniacale au 100e.

Vins purs. — La laine lavée a une couleur lie de vin faible ; l'ammoniaque la fait virer au vert jaunâtre. (Par dessiccation la laine reste verte). Je préfère au fil de laine le carré de molleton blanc.

VINS COLORÉS NON COLLÉS

LAINE LAVÉE	ACTION DE L'AMMONIAQUE	COLORANTS
Brun cendré	fonce en verdissant	Hièble, Sureau.
Marron cendré	vert sale	Mauve noire.
Marron violet	fonce beaucoup	Campêche.
Rosé	ne change pas ou verdit à peine	Cochenille.
Rouge	ne change pas; si verdit, eau ramène au rouge	
Rouge violet		Fuchsine.
Bleu	bleuit	Orseille.
Lie de vin (E. V.)	avive en verdissant	Indigo.
Rouge intense	devient verte, par dessiccation lie de vin	Mûrons.
	fonce la couleur en marron ; si verdit, eau ramène au rouge	Dérivés de la houille
Brun jaune		Brun de phénylène.

15. B. Soie et Ammoniaque. — Gautier. — On prend des floches de soie décreusées ; on les trempe dans le vin collé préalablement au blanc d'œuf ; on évapore au 5e, au bain-marie : on lave à l'eau et on dessèche à 100°.

Vins purs. — Ils donnent aux floches de soie une couleur lie de vin très faible et l'ammoniaque fait virer au vert jaunâtre.

Vins colorés. — Le Fernambouc et le Campêche donnent une teinte lilas ou marron roux que l'ammoniaque ne fait que partiellement disparaître et qui rend vertes ou brunes toutes les autres couleurs. Si la soie traitée par l'acétate d'alumine devient violette, il y a du campêche.

La fuchsine colore la soie, dans ces conditions, en rose, et l'ammoniaque la décolore, mais la couleur revient à l'air. (E. V.).

16. — Acétate de plomb et Soie. — Mathieu et Morfaux. — La soie est plongée pendant quelque temps dans un bain d'acide azotique au 10e. On prépare le réactif plombique en dissolvant 45 gr. d'acétate de plomb et 20^{cc} d'acide acétique dans un litre d'eau ; on l'étend de 10 fois son volume d'eau au moment de l'emploi.

On plonge la soie dans le vin pendant 5 minutes ; on lave et plonge dans le réactif au 10e.

Pour les vins naturels, la soie est verte avec pointe de gris ; un seul vin de Jacquez a donné du bleu verdâtre gris.

VINS COLORÉS

Rouge	Fuchsine et dérivés de la houille
Rouge violet	Orseille.
Violet	Violets et bleus de la houille.
Id.	Indigo, cochenille.
Jaune	Brun d'aniline, orangés de la houille.
Bleu	Campêche.
Gris sale	Fernambouc.

(Voir le procédé Mathieu et Morfaux).

Enfin la soie est fort employée avec d'autres réactifs pour séparer les dérivés de la houille.

Fibres mordancées. — Plusieurs matières colorantes, telles que le fernambouc, le campêche, l'indigo, la cochenille et la fuchsine, se précipitent sur les fibres animales, et d'autant plus abondamment que l'on renouvelle la liqueur.

Les mordants employés sont : l'acide tartrique, l'acétate d'alumine (déjà vus), l'alun, la crème de tartre et l'oxychlorure d'étain.

D'après Gautier, qui a beaucoup étudié cette question, on ne peut en faire une méthode générale ; car on ne peut reconnaître à peu près aucune des matières colorantes des fruits ou des fleurs à sucs rouges.

Gautier emploie la laine ou la soie mordancée à l'acide tartrique et fait agir dessus divers réactifs. L'ammoniaque, la chaux, le chlorure de calcium, les sels de zinc, fer, cuivre, mercure et étain.

17. — Soie ou Laine et Acide tartrique. — *Gautier.* **A.** — On plonge la laine ou la soie dans une solution étendue d'acide tartrique, à chaud.

On trempe ce tissu dans le vin pendant 24 heures ; on le retire, le lave et sèche à 60 ou 70° ; ou bien on plonge le tissu dans le vin ; on évapore au 5e du volume primitif, on lave et dessèche à 100°.

On divise le tissu en trois morceaux que l'on traite séparément par l'ammoniaque, la chaux et l'acétate d'alumine.

Vins purs. — Le tissu a une teinte vineuse ou lilas ; par l'ammoniaque et porté un instant à 100°, il devient gris franc, à peine relevé de traces de couleur primitive. Si on plonge dans l'eau de chaux, le tissu devient roux jaunâtre sale et terne ; par l'acétate d'alumine on obtient à peine une coloration rose.

Vins colorés. — La couleur est lilas, nettement marron ou roux, avec le brésil, fernambouc et le campêche ; par l'ammoniaque étendue et portée un instant à 100°, la teinte disparaît partiellement avec le fernambouc et le brésil, et devient rabattue de gris, violet avec le campêche ; toutes les autres couleurs voient la teinte disparaître ou devenir brune.

La soie trempée dans de l'eau de chaux donne du gris cendré avec le fernambouc. Avec l'acétate d'alumine et séchée à 100°, la soie conservera sa teinte lilas vineuse pour le brésil ; la teinte deviendra d'un beau violet bleuâtre avec le campêche.

Ce procédé n'est par le fait que la séparation du bois de Brésil et du bois de Campêche.

Les tissus sont préférables, en ce sens qu'ils laissent une marque palpable de la falsification.

17. B. Barillot. — On fait bouillir la soie dans l'acide tartrique et on sèche. On évapore le vin à consistance sirupeuse et on lave à grande eau.

Les vins naturels donnent une couleur lie de vin virant au vert par l'ammoniaque.

VINS COLORÉS	
Rosé	Cochenille
Rouge	Fuchsine
Rouge violet, bleuissant par l'ammoniaque	Orseille
Violet marron	Campêche
Bleue	Indigo
Marron cendré	Mauve
Brun cendré	Sureau, hièble

18. — Laine et acétate d'alumine. — Prax. — On prend des floches de soie ou des morceaux de flanelle mordancés en les faisant bouillir pendant une 1/2 heure dans une solution du sel. Dans un petit ballon en verre, on verse 40 à 50 cmc de vin ; on y jette le tissu mordancé; et on fait bouillir pendant quelques minutes, jusqu'à réduction de moitié, et on lave à grande eau.

Vins purs. — Le tissu est coloré d'une teinte rose lie de vin ou jaunâtre peu sensible. L'eau légèrement ammoniacale fait virer au vert sale.

Le tissu teint, trempé dans une solution d'acétate de cuivre et séché à 100° ne change pas. La solution, étendue de chlorure de zinc, à 100° : la laine ou la soie ainsi traitée, lavée dans une solution de carbonate de soude, puis à l'eau et séchée, ne change pas ou ternit.

Vins colorés. — La laine teinte passe au brun foncé par l'ammoniaque, s'il y a du sureau, de l'hièble ou de la myrtille.

Par l'acétate de cuivre, la fuchsine prend un beau ton rosé vif ou beau violet qui résiste aux lavages à l'eau. Elle devient pourpre par le chlorure de zinc, avec la cochenille.

Elle ne donne aucun résultat satisfaisant avec les colorants végétaux.

19. — Coton et tannin. — Barillot. — Le coton mordancé par le tannin est employé par M. Barillot comme réactif secondaire dans la séparation des dérivés basiques. On le plonge dans le dissolution de la matière colorante retirée au moyen de la baryte, de l'alcool amylique et de l'eau acidulée par l'acide acétique ; dans le deuxième cas, on le porte quelques heures à 100°

Rose	Fuchsine, sels de rosaniline
Vert	Vert brillant
Violet	Vert de méthyle, violet à l'iode
Bleu	Bleu Victoria
Brun	Vésuvine, brun Bismarck

20. — Pyroxyline ou Fulmi-coton. — A. — *Jacquemin.* — On plonge la pyroxyline dans le vin pendant quelque temps et on lave à l'eau.

Avec les vins purs, la pyroxyline est incolore ; la fuchsine la colore en rose.

20. B. Didelot. — Dans un tube à expérience on place une boule de fulmi-coton ; on verse dessus 10 à 15 gr. de vin ; on agite fortement pendant quelques secondes ; on renverse le vin et on lave le fulmi-coton jusqu'à ce que l'eau soit incolore. Avec les vins purs, le fulmi-coton est incolore; la fuchsine et l'orseille le colorent en rose. Ce fait n'est pas exact, plusieurs vins naturels colorent le fulmi-coton en rose.

20. C. — *Collodion et ricin.* — Ce réactif est le même que le précédent ; ce n'est qu'un moyen d'utiliser le fulmi-coton. Le collodion est du fulmi-coton dissous dans l'éther.

On prend 10^{cc} de vin, 2^{cc} de collodion et de l'huile de ricin, on mélange le tout. Le coton est soulevé à la partie supérieure par l'huile et forme une couche incolore avec le vin naturel. Ce réactif a peu d'intérêt. (Voyez *Procédés divers*).

COLLAGE

21. — Tannin et Gélatine. — Fauré. — On prépare une solution concentrée de tannin et une solution de gélatine contenant 50 gr. par litre.

On prend 30^{cc} de vin, on y ajoute quelques gouttes de tannin et 15^{cc} d'eau, on agite fortement et on verse 30^{cc} de la solution de gélatine, chaude.

Vins purs. — Le liquide est presque décoloré et le précipité est gris violet sale ou lie de vin.

TEINTURES

LIQUIDE	PRÉCIPITÉ	
jaune	beau jaune fauve	Campêche.
jaune brun	rouge noyer	Troëne fermenté.
devient très beau rouge à l'air	id. id.	Brésil.
rouge cuivre	gris violacé	Coquelicot.
rouge	gris violet	Myrtille fermentée.
très rouge	rouge violet	Sureau id.
rose	gris violet sale	Mûres noires.
violet	beau violet	Phytolacca.
brun rosé	rose sale	Betterave.
peu coloré, diverses couleurs	rouge	Dérivés de la houille.

22. Albumine. A. Gautier. — On mélange 10 volumes de blanc d'œuf avec 15 volumes d'eau ; on ajoute à 10 volumes de vin 1 volume d'albumine et on filtre.

Si le précipité lavé est vineux lilas ou marron, on cherche d'après le procédé Gautier toutes les matières colorantes étrangères ; s'il est vineux très foncé, bleu violacé ou bleuâtre, on cherche l'indigo.

22. B. Carles. — C'est le réactif qui avec l'eau fait la base de son procédé. On ajoute du tannin et de l'albumine ; les doses ne sont pas indiquées, on colle et ajoute un peu de vin collé dans de l'eau ordinaire filtrée.

Le vin pur est en partie décoloré et le liquide verdit franchement par l'ammoniaque.

Décoloré complètement et l'acide acétique recolore			Rosaniline
Décoloration incomplète, jaunit, l'acide acétique ne recolore pas			Phytolacca
—	—	reprend sa couleur par l'acide acétique	Caramel spécial
—	—	bleuit	Cochenille

22. C. Husson. — Dans 250 gr. d'eau on délaie un blanc d'œuf et on filtre; on mélange le vin et l'albumine à volumes égaux; on remplit deux tubes dans lesquels on coagule l'albumine par la chaleur dans un tube et par quelques gouttes d'acide azotique, à froid, dans l'autre.

CHALEUR		ACIDE AZOTIQUE		
PRÉCIPITÉ	LIQUIDE	PRÉCIPITÉ	LIQUIDE	
légèrement vineux	gris violacé	rose vineux	vineux faible	Vin pur
rosé	violet de fuchsine	blanc	décoloré	Fuchsine
violet	gris violet	id.	couleur chair	Campêche
bleu violet	ardoise	rouge groseille	beau rouge	Sureau
bleu	bleu très accentué	carmin puis jaune	très vite jaune	Troëne
bleu pâle	gris bleu	rouge cerise	rouge	Mauve

DISSOLVANTS

Sous ce titre je range tous les réactifs pouvant dissoudre les matières colorantes artificielles, tout en laissant la matière colorante naturelle insoluble.

23. Noir animal et alcool. — Yvon modifié par *Latour*.

On prend un volume de noir animal fin, lavé à l'acide chlorhydrique, et un volume de vin ; on agite et on filtre ; le liquide passe peu à peu incolore. On lave le filtre avec un peu d'eau, puis on verse sur le filtre de l'alcool à 50°.

Avec les *vins purs*, l'alcool passe incolore ou lie de lin. S'il passe rose, il y a de la fuchsine ; s'il passe violet, c'est qu'il y a de la fuchsine violette ou de la mauvaniline.

Ce procédé n'est pas très sensible, car on enlève un peu de la matière colorante du vin, qui pourrait être prise pour de la fuchsine.

24. Ether sulfurique. — On a indiqué l'emploi de l'éther comme procédé général ; le vin pur ne colorant pas l'éther et les matières colorantes artificielles le laissant coloré, ce qui est inexact.

Dans un vase à long goulot, dont la panse contient environ 50cc (un petit matras de 50cc, à ventre rond, est très bon pour cet essai) on introduit du vin jusqu'à l'entrée du col, puis on remplit celui-ci avec de l'éther sulfurique *pur* et on mélange, en retournant à plusieurs reprises le flacon, mais sans agiter vivement ; puis on abandonne au repos. S'il se forme une sorte de gelée, on ajoute quelques gouttes d'éther, sans remuer ; la gelée tombe au fond ; on décante alors avec soin dans une capsule de porcelaine. On peut décanter au moyen d'une pipette, ou bien se servir du tube à robinet indiqué au paragraphe Fuchsine. Il faut éviter d'introduire dans la capsule aucune partie du vin. Dans le cas où il en serait passé quelques traces, on décante dans une nouvelle capsule ; on laisse l'éther s'évaporer spontanément ou on le place sur de l'eau chaude.

Vins purs. En général, les vins ne cèdent rien à l'éther, et par conséquent ne donnent aucune coloration avec les réactifs introduits dans le dissolvant. Cependant quelques vins lui cèdent une matière qui passe au jaune brun par l'addition d'ammoniaque (Robinet).

Vins colorés. L'orseille donne à l'éther une coloration orange vive, qui devient violet franc par une goutte d'ammoniaque ; l'acide sulfurique et l'acide chlorhydrique la rendent rouge vineuse.

La fuchsine colore en rose ; l'ammoniaque la décolore ; l'acide chlorhydrique et l'acide sulfurique colorent en jaune.

Le campêche donne à l'éther une teinte jaune, qui devient rose vif, par l'ammoniaque, et passe au rouge par un excès.

La cochenille colore l'éther en rouge, qui ne change pas par l'ammoniaque.

Ce réactif laisse quelques doutes à cause de la dissolution de la matière jaune de quelques vins purs ; cependant cette matière donnant avec l'ammoniaque une teinte jaune brun, il est impossible de la confondre avec le campêche et l'orseille.

Il est employé comme réactif secondaire dans le procédé Barillot et il est joint à d'autres réactifs dans le procédé Falières.

25. Ether acétique. — Employé seul, il donne les mêmes réactions que l'éther sulfurique. Joint à d'autres réactifs il est préconisé par plusieurs auteurs pour remplacer l'alcool amylique.

26. Alcool amylique. — Labiche. — C'est un très bon dissolvant ; on l'emploie comme l'éther, ou bien on verse dans un tube 15 à 20^{cc} du vin et 5^{cc} d'alcool amylique.

Vins purs. Il se dissout de petites quantités de matières colorantes qui colorent l'alcool amylique en rouge très faible, ou il reste incolore. Certains vins très colorés lui donnent une couleur rouge cerise.

Vins colorés. Il enlève presque toute la matière colorante de la myrtille et de la fuchsine. Il est incolore avec le phytollaca et le campêche. il dissout presque toute la couleur de la mauve, en devenant rouge avec une teinte violette à la surface. S'il est coloré en rouge, ou violacé, il peut contenir de l'orseille, de la cochenille, de la fuchsine et ses dérivés.

Il est employé dans le procédé H. Jay, 1881.

Il est peu employé comme réactif seul, mais il est d'un très grand usage dans le vin alcalinisé pour en retirer les dérivés de la houille.

27. Alcool méthylique. — Barillot. — Il n'est employé que comme réactif tertiaire dans le procédé Barillot pour la recherche du bleu nouveau B et D. La solution de ce colorant réduite par le zinc et traitée par l'alcool méthylique, donne une solution verte.

28. Chloroforme Didelot. — On mélange dans un tube fermé d'un bout 4^{cc} de vin avec 2^{cc} de chloroforme et on laisse reposer.

Vins naturels. Gris clair rosé ou gris rosé.

VINS COLORÉS	
rose violacé	Fuchsine
gris bleuâtre passant au rouge brun	Orseille
gris sale un peu violet	Cochenille préparée
rose violacé	Rose papale

29. A. Ammoniaque et éther. — Casali. — On ajoute de l'ammoniaque au vin, jusqu'à ce que l'on en perçoive nettement l'odeur ; on chauffe très légèrement, puis on opère comme pour l'éther.

Vins purs. L'éther est incolore et laisse un résidu très faible et incolore par l'évaporation.

Vins colorés. La fuchsine donne une coloration rose.

29. B. — Ammoniaque, éther et acide acétique. Falières — Dans l'éther obtenu comme ci-dessus, on ajoute quelques gouttes d'acide acétique qui fait apparaître plus vivement la coloration des dérivés de la houille : la couleur est rose avec la fuchsine, et violette avec la fuchsine violette et la mauvaniline.

29. C. — Ammoniaque, éther et laine. Gautier. — Dans l'éther obtenu comme précédemment, on plonge un morceau de laine et on le retire lorsque le liquide est presque évaporé, puis on fait sécher. La laine est incolore avec les vins purs. La soie ou la laine devient rose par suite de la propriété que possèdent ces tissus de fixer sans mordants la fuchsine et les autres produits dérivés de la houille à l'état de sels ammoniacaux. L'orseille la colore aussi en rose, mais l'acide sulfurique et l'acide chlorhydrique un peu concentrés la colorent en rouge vineux tandis que la fuchsine est décolorée. L'ammoniaque fonce la couleur de l'orseille et décolore la fuchsine.

30. Ammoniaque et Chloroforme. — Fordos. — Voir *Fuchsine.*

31. Ammoniaque et alcool méthylique. — Bélus. — Voir *fuchsine.*

32. Ammoniaque et alcool amylique. — Labiche. — Le vin est traité par l'alcool amylique et ce dernier est traité séparément par l'ammoniaque ; il se forme deux couches :

couche supérieure	couche inférieure	
trouble et jaunâtre	jaunâtre limpide	Vins naturels
incolore	id.	Fuchsine
rose	rouge brun	Orseille

Cette réaction est utilisée dans le procédé H. Jay.

30. Ammoniaque, alcool amylique et soie A. — H. Jay. — On prend 20^{cc} de vin et on verse goutte à goutte 6 à 8 gouttes d'ammoniaque et 8^{cc} d'alcool amylique, agite doucement et laisse reposer ; l'alcool amylique doit être alcalin ; on soutire l'alcool au moyen d'une pipette et on le fait évaporer presqu'à sec en présence d'un mouchet de soie.

Si la soie est teinte, il y a des dérivés de la houille ; on traite la soie par l'éther qui enlève la couleur, on l'évapore et traite par l'acide sulfurique.

33. B. Tony Garcin. On prend 50^{cc} de vin, 1 à 2^{cc} d'ammoniaque à 22° et 50^{cc} d'alcool amylique ; on laisse reposer 20 à 30 minutes, on décante 40^{cc} d'alcool amylique, on filtre sur du papier sec et on reçoit dans un tube à essais ; on plonge un fragment de soie blanche, on fait bouillir l'alcool en enflammant les vapeurs jusqu'à évaporation de la moitié au plus, on laisse refroidir, on retire la soie et on la sèche entre deux feuilles de papier buvard. Les vins purs ne donnent que des mouchets blancs ou jaune brun très clair, sans trace de rose ni de violet.

33. C. Arata. — On prend de la laine teinte par le vin, on la fait bouillir dans une solution faible d'acide tartrique ; on traite par quelques gouttes d'acide sulfurique, puis de l'eau pour faire 10^{cc}, on sursature par l'ammoniaque ; on épuise cette solution par l'alcool amylique et opère comme dans le procédé H. Jay.

Le procédé Barillot retire la matière colorante par le procédé H. Jay pour caractériser les dérivés acides de la houille.

34. Potasse et alcool amylique. *Ch. Girard.* — Voir *Fuchsine.*

35. Baryte et alcool amylique. *Balard*, *Würtz*, etc. — On sature le vin par la baryte et traite par l'alcool.

On obtient un précipité bleu noir, et l'alcool est coloré en rouge violacé avec l'orseille ; la coloration rouge violacé de l'alcool se forme même en présence d'un excès d'eau de baryte, ce qui n'a pas lieu pour la fuchsine.

Les vins naturels, même les plus colorés, ne colorent pas cet alcool ; le vin teinturier donne à l'eau de baryte un précipité bleu qui ne cède rien à l'alcool amylique ni à l'éther acétique. L'aramon donne avec la baryte un précipité rose, puis jaune verdâtre. L'alcool se teint en rose quand on l'agite avec le précipité rose, et est incolore lorsqu'il est agité avec le précipité jaune.

L'ammoniaque colore l'orseille en violet et décolore la fuchsine.

36. A. Baryte, alcool amylique et acide acétique. *Ch. Girard.* — On traite le vin par l'eau de baryte de façon à le faire virer au vert, on ajoute de l'alcool amylique, on laisse reposer après s'être assuré que le mélange est alcalin ; on décante, examine la couleur et traite par l'acide acétique jusqu'à acidité, puis examine à nouveau la couleur.

La couche d'alcool amylique est incolore avec les vins purs, acidulée ou non par l'acide acétique.

L'alcool amylique non acidulé est :

Violet	Orseille.
Rose	Roccelline, rouge de Biebriech.
Vert	Matières azoïques.

L'alcool est incolore ou peu coloré ; acidifié par l'acide acétique, il devient :

Rose	Fuchsine, safranine, dérivés basiques.
Jaune	Dérivés azoïques.
Violet	Mauvéine, violet de méthyle.

36. B. Barillot. — On mélange 1/2 litre de vin à du sable sec et on évapore à sec ; vers la fin de l'évaporation on ajoute de la baryte pulvérisée en léger excès ; le résidu est traité par l'alcool amylique, décanté, lavé à l'eau et traité par l'eau acidulée d'acide acétique ; cette eau s'empare de la couleur de l'alcool et se colore.

Rouge franc ou rouge bleu	Sels de rosaniline, safranine.
Jaune	Flavaniline, chrysaniline.
Vert bleu	Verts de houille.
Bleu	Bleus de houille.
Violets	Violets de houille.
Jaune ou brun	Chrysoïdine, vésuvine.

L'éther acétique est indiqué pour remplacer l'alcool amylique dans toutes ces réactions, mais ce dernier est d'un maniement plus facile et donne les mêmes résultats.

L'emploi de l'eau de baryte est contesté ; plusieurs chimistes préfèrent de beaucoup l'ammoniaque. M. T. Garcin (Répertoire pratique, 1888) a constaté que la baryte ne rend pas complètement insoluble la matière des vins jeunes et très colorés. Avec cette base, même en léger excès, l'alcool remonte avec une belle couleur rouge qui pourrait les faire croire colorés artificiellement. Dans ce cas, le mouchet de soie se teint d'une couleur lie de vin, passant au vert par l'ammoniaque et masquant les colorations artificielles, s'il y en a.

37. Sous-acétate de plomb et alcool amylique. *Roméi.* — On précipite le vin par le sous-acétate de plomb en excès et on agite avec de l'alcool amylique.

Pour les vins purs, l'alcool est incolore.

S'il est teint en rouge, il y a de la fuchsine, aniléine, safranine, chrysoïdine, pourpre foncé, cerise ou de la purpurine.

38. Sous-acétate de plomb et éther acétique. *Ch. Girard.* — Voir *Fuchsine*.

Les matières colorantes sont, dans beaucoup de procédés, extraites par les colorants ci-dessus, évaporés en présence de la laine.

La laine teinte est traitée par des réactifs afin de caractériser la couleur, ou elle est traitée par un dissolvant qui permet d'obtenir le colorant en solution ou à l'état solide.

OXYDES

39. Eau oxygénée. — Ce réactif a été indiqué par M. Ch. Girard comme oxydant plus vite la matière colorante du vin que celle des colorants artificiels; l'orseille se maintient et le sureau laisse une teinte orange. Il est peu usité.

40. Bioxyde de plomb. *Blarez.* — Dans 20[cc] de vin on met 3 à 5 gr. d'oxyde de plomb, suivant la couleur; on agite pendant une ou deux minutes et on filtre.

Dans la liqueur filtrée, acidulée ou non par l'acide acétique, toutes les matières colorantes sont décolorées, sauf le sulfofuchsine.

Ce réactif a été l'objet de critiques (Voir *Procédé Blarez*).

41. Bioxyde de manganèse. *Facon.* — On verse dans 50[cc] de vin 50 grammes de bioxyde de manganèse, on agite pendant 12 à 15 minutss et on filtre.

Vins purs. Le liquide est incolore ou jaune paille faible.

Cependant quelques vins très colorés d'Espagne ne sont pas complètement décolorés, même avec 100 grammes de peroxyde.

Vins colorés. Le liquide conserve une coloration caractéristique rouge, rose ou violette (Robinet). Gautier, en variant les doses, n'a obtenu que le jaune paille, avec la cochenille, le sureau, le phytolacca et le fernambouc. Les mûrons des haies m'ont donné une teinte jaune paille roux, pâle.

D'après M. Ch. Girard, l'orseille maintient sa couleur et le sureau donne une teinte orange.

M. Cazeneuve ne l'emploie que pour la recherche du sulfofuchsine, qui seul donne une teinte rose.

42. A. Bioxyde de Barium et acide tartrique. *Gautier.* — On prend 3[cc] de vin collé ou étendu au rose; on acidule avec 3 à 5 gouttes d'une solution d'acide tartrique à 5 °/₀, et on met 0[gr]1 de bioxyde de barium en poudre; puis on laisse de 18 à 24 heures. Au bout de ce temps, on examine la couleur du liquide et du dépôt. Ce réactif donne des résultats d'une grande exactitude, et il a l'avantage de distinguer les colorants entre eux.

Vins purs. Ils se décolorent presque en 24 heures; ils sont légèrement roses et ayant une trace de teinte orange au contact du bioxyde.

Vins colorés. — Avec : hièble, sureau, fuchsine, fernambouc, campêche, betterave et cochenille, la couleur rose ou lilas persiste bien plus longtemps. Après 8 ou 10 h., le vin est devenu entièrement jaune, et il y a un fort dépôt orangé au contact du bioxyde, pour le campêche et le fernambouc.

Au bout de 24 heures, le liquide est jaune paille et il y a un dépôt brun au contact du bioxyde pour les mûrons fermentés ou non (E. V.)

Comme les vins purs						Myrille.
Liquide rose		avec teinte jaune orange au contact du bioxyde				Phytolacca.
id.		id.	id.	id.	id.	Cochenille.
id.		id.	id.	id.	id.	Orseille.
id.	à peine rose	dépôt	id.	id.	id.	Fuchsine.
id.	jaune pâle à peine rosé.	fort dépôt	id.	id.	id.	Mauve.
id.	rouge lavure de chair	id.	id.	id.	id.	Betterave.
id.	brun un peu rosé	dépôt	id.	id.	id.	Sureau.
id.	rose teinté de marron	id.	id.	id.	id.	Hièble.
id.	rose	id.	id.	id.	id.	Troëne.
id.	jaune paille	id.	brun	id.	id.	Mûrons.

Un vin naturel de Saumur m'a donné la même réaction que les mûrons.

42. B. — Hydrogène naissant et Bioxyde de barium. — Duclaux. — On opère d'abord la réaction de l'hydrogène naissant (Voyez ce réactif.) et dans le liquide qui en résulte, 12^{cc}, on met 2 gr. de bioxyde de barium en poudre très fine.

Vins purs. — Le liquide reprend sa teinte vineuse et devient rapidement jaune acajou ; l'oxyde reste blanc, mais se borde d'une légère couche gris rosé.

VINS COLORÉS

Jaune.	Gris rosé et jaune.	Sureau.
Bleu.	Gris rosé.	Mauve.
Jaune violacé.	Rose.	Fuchsine.

TEINTURES

LIQUIDE	PRÉCIPITÉ	
Jaune serin, puis jaune paille.	Jaune.	Sureau.
Bleu violacé, acide chlorhydrique pourpre.	Bleu ardoisé.	Mauve.
id. id. jaune.	id.	Campêche.
Violacé.	Rose.	Fuchsine.

43. — Oxyde de plomb hydraté. — Cazeneuve. — (Voir sa préparation au procédé Cazeneuve.) On prend 10^{cc} de vin et on ajoute 2 gr. de l'oxyde humide, fait bouillir et filtre. On examine la couleur du liquide filtré.

Vins purs. — Les vins naturels sont ordinairement incolores ; dans le cas contraire ils le deviennent avec 1/2 ou 1 gr. d'oxyde de plus.

VINS COLORÉS

Incolore.	Végétaux, Cochenille, Eosine, Erythrosine.
Rouge.	Safranine, Tropéolines, Hélianthine.
Jaune.	Chrysoïdine, brun de phénylène, jaunes de houille.

44. — Oxyde d'étain hydrate. — Cazeneuve. — A 10^{cc} du vin on ajoute 2 gr. d'hydrate stanneux ; on fait bouillir, filtre et examine le liquide ; s'il est coloré, on recommence avec 1/2 à 1 gr. de plus.

Vins purs. — Les vins naturels ou contenant des colorants végétaux donnent un liquide incolore ; il est coloré s'il y a de la cochenille.

45. — Peroxyde de fer gélatineux. — Cazeneuve. — On mélange 10cc de vin à 10 gr. de peroxyde de fer ; on fait bouillir, filtre et examine le liquide.

Le liquide est incolore avec les vins naturels ou avec les colorants végétaux et la cochenille ; il est coloré en rose fluorescent avec l'éosine, et en rose non fluorescent avec l'érythrosine.

46. — Oxyde jaune de mercure. — Cazeneuve. — On traite à froid 10cc de vin par 20 centigrammes d'oxyde jaune des pharmaciens, finement pulvérisé, pendant une minute, et on jette sur un double filtre. On examine le liquide.

Vins purs. — Un vin pur est incolore ; s'il était coloré il serait incolore avec l'oxyde de plomb.

VINS COLORÉS

Rouge.	Fuchsine et ses dérivés, azoïques jaunes, dérivés nitrés, safranine, tropéolines et rouges de houille.
Jaune.	Tropéolines, chrysoïdine, bruns et jaunes de houille.
Bleu.	Bleu de méthylène.

47. — Oxyde rouge de mercure. — Blarez. — On prépare le réactif en dissolvant 10 gr. d'oxyde de mercure dans 35 gr. d'acide acétique cristallisable et 120 gr. d'eau. On chauffe à 60-70°, 10cc avec 1 ou 2cc du réactif, suivant la couleur du vin, on agite, laisse refroidir et filtre; le filtre égoutté est lavé avec 10cc d'alcool fort, acidulé par quelques gouttes d'acide acétique.

Les vins purs ou contenant des colorants végétaux donnent un liquide incolore ; s'il est coloré, il y a un dérivé de la houille.

48. — Acide sulfurique. — A. H. Jay. — On verse quelques gouttes de l'acide monohydraté dans l'alcool amylique qui a été décanté après son agitation avec le vin. Cet acide colore le vin à l'orseille en rose vineux. Il donne une coloration bleue magnifique avec l'indigo retiré du vin par l'alun et le sous-acétate de plomb.

Il sert pour distinguer la roccelline et le rouge de Biebriech.

48. — B. — Ch. Girard. — Le vin est saturé par l'ammoniaque, traité par l'alcool amylique, puis celui-ci décanté et acidulé par l'acide acétique ; s'il se colore en rose, on évapore en présence d'un mouchet de soie et sur la soie colorée on verse 1cc d'acide sulfurique concentré.

Rouge.	Ponceau A.
Rouge fuchsine	Tropéolines 000, 1 et 2.
Cramoisi.	Ponceaux, R, RR, RRR.
Violet Parme.	Roccelline.
Violet rouge, excès d'acide violet Parme.	Tropoéline OO.
Bleu.	Bordeaux B et R.
Jaune.	Eosines, Ethyléosine, Safrosine.
Jaune orangé, excès d'eau ponceau.	Tropéoline O, Chrysoïne.
— id. orangé.	Tropéoline Y.
Brun jaune. id. ponceau.	Hélianthine.
Marron.	Fond rouge.

48. — C. — Frehse. — On retire la couleur par la teinture de la soie comme précédemment, puis on enlève la couleur par l'alcool, et c'est dans la solution alcoolique neutre que l'on verse l'acide sulfurique concentré.

Rouge.	Ponceau.
Violet.	Roccelline.
Bleu ou Violet bleu.	Rouge soluble, Rouge de Bordeaux, Cérasine, Violet I.
Rouge ou violet rouge.	Pourpre.
Violet, puis vert.	Safranine.
Incolore ou jaune.	Eosines, Primerose, Erythrosine, Méthyléosine.

48. — D. — Barillot. — On retire la couleur du vin par la baryte et l'alcool amylique et on enlève la couleur de l'alcool par l'eau acidulée par l'acide acétique ; cette eau colorée est évaporée au bain-marie, et c'est sur le résidu solide que l'on verse quelques gouttes d'acide sulfurique concentré.

Jaune brun.		Sels de rosaniline (Fuchsine), Chrysoïdine.
Jaune.	excès d'eau, vert, bleu, lilas.	Violet de méthyle, violet Hoffmann.
Id.	soluble éther avec fluorescence verte.	Chrysaniline.
Orangé.	excès d'eau, change pas.	Violet cristallisé.
Blanc jaune.	soluble éther avec fluorescence jaune.	Flavaniline.
Brun.		Vésuvine, brun Bismarck, brun Manchester.
Vert brunâtre.	acide chlorhydrique, bleu.	Rouge neutre
Vert.	fluorescence orangée avec alcool.	Safranine.
Id.	la soude donne un précipité noir.	Bleu de méthylène.
Id.	id. id. noir brun.	Bleu nouveau, B et D.
Id.	excès d'eau bleu et lilas.	Violet améthyste.
Rouge violet.	à chaud, verte à froid.	Bleu nouveau.
Brun rouge.		Bleu Victoria.
Lilas terreux.	excès d'eau bleu et lilas.	Violet neutre.
Gris.	excès d'eau bleu, violet, violet rouge.	Mauvéine.
Bleu.		Rouge Congo.
Violet.		Benzopurpurine.

Pour les dérivés azoïques voyez le tableau du procédé Barillot.

M. Cazeneuve teint la laine dans le liquide résultant de l'essai du vin par l'oxyde de mercure et traite cette laine par l'acide sulfurique. Enfin cet acide est employé dans le procédé Krohn.

49. — Acide chlorydrique. — Etendu, il rougit et avive la couleur des vins violacés ; il avive la couleur de tous les vins naturels et toutes les autres couleurs sauf : le vin au phytolacca, qu'il rend bleu violet et le vin à la fuchsine, qu'il décolore dans la proportion de la fuchsine ajoutée.

Dans le procédé Frehse, il est utilisé comme réactif secondaire, par son action sur l'alcool coloré par la matière colorante dérivée de la houille, retirée par l'alcool amylique et la soie.

Rouge, plus violette.	s'affaiblit par grand excès.	Sulfofuchsine.
Décoloré et jaunit.		Fuchsine, grenat, cerise.
Id.		Rosaniline, géranium.
Id.		Rose Bengale.
Ne change pas.		Rose de naphtaline.
Bleu.		Rosalane.
Bleu.	vert par très grand excès.	Ecarlate, rouge de Biebriech.

M. Wolf l'emploie dans les mêmes conditions :

La couleur ne change pas ou devient rose pur	Couleurs azoïques

M. Barillot l'utilise sur l'eau acétique colorée par le dérivé de la houille.

Couleur bleue	Rouge Congo, rouge neutre
Couleur brune	Benzopurpurine
Précipité lilas	Bleu azoïque
— jaune	Fluorescéine, Aurine, Coralline,
— jaune brun	Safrosine
— orangé fibreux	Eosine
— couleur chair	Phloxine
— Ponceau	Rose Bengale

L'acide chlorhydrique est joint à la poudre de zinc pour produire l'hydrogène naissant :

50. — Acide azotique. — Husson. — Ce réactif ne sert que dans le procédé Husson et comme réactif secondaire sur le liquide résultant de l'action de l'acétate de plomb et de l'alun sur le vin.

Dans les liquides colorés en violet bleu l'acide azotique fait passer la couleur au rouge groseille sauf pour le campêche qui donne une couleur rouge pelure d'oignon. Le liquide rouge groseille primitivement donnant du rouge pelure d'oignon est dû au Fernambouc.

51. — Acide acétique. — Cet acide n'est employé que pour rendre acides des liqueurs alcalines résultant de traitements antérieurs ; l'acidification fait ou non revenir la couleur primitive.

M. Carles traite par l'albumine, puis par l'acide acétique.

Recolore	Rosaniline, caramel spécial
Jaunit	Phytolacca
Bleuit	Cochenille

Il sert dans les conditions ci-dessus pour acidifier l'alcool amylique et l'éther ; le liquide résultant de l'action du bioxyde de manganèse, de l'acétate de mercure, le bichlorure de mercure. Il est joint à l'acétate de plomb cristallisé dans le procédé Mathieu et Morfaux.

52. — Acide tartrique. — La soie et la laine sont mordancées en les faisant bouillir avec de l'eau contenant de l'acide tartrique. L'acide tartrique est joint au bioxyde de barium pour aciduler le liquide.

53. — Acide sulfurique et aldéhyde. — Husson. — Dans un ballon on mélange 10 gr. de vin à 10 gr. d'aldéhyde et on fait bouillir, puis on ajoute une goutte d'acide sulfurique.

Vins purs. — Aucune modification, même à l'état sirupeux.

Teintures. — On a une teinte rouge avec le sureau, la myrtille et analogues. Avec l'aldéhyde on a du bleu violacé et par l'acide sulfurique bleu, vert, jaune brun rapidement, l'eau régénère le bleu, c'est de la fuchsine.

La coloration violette passant au rouge est due à la mauve.

Le jaune brun est causé par le campêche.

Vins colorés. — La fuchsine et la mauve donnent des reflets violacés, le campêche, une teinte pelure d'oignon ; les vins naturels et la myrtille ne changent pas.

RÉDUCTEURS

54. — Acide sulfureux. — On l'emploie en solution dans l'eau.

D'après Brun et Robinet, tout vin dont la matière colorante ne sera pas détruite par ce réactif doit être réputé comme falsifié.

D'après Gautier, c'est une erreur grave ; car, tout au contraire, si avec les vins jeunes la couleur s'atténue légèrement, mais sans qu'il y ait de décoloration, au moins après quelques heures, avec les vins âgés elle est avivée et se conserve, au contact d'un grand excès, même après 24 heures. Et de plus, beaucoup de matières colorantes végétales sont décolorées par cet acide.

D'après Frehse, la solution de fuchsine et de sulfofuchsine décolorée par l'acide sulfureux, reprend sa teinte à l'ébullition pour la reperdre par le refroidissement, et ce, un grand nombre de fois. Evaporé au bain-marie, le résidu rouge violacé se dissout en beau rouge dans l'eau froide. (Voyez Bisulfite de soude).

55. — Hyposulfite de soude. — Gautier. — Il l'emploie en solution saturée pour déterminer la cochenille. Ce réactif décolore de suite les tissus teints par la fuchsine, tandis qu'il ne décolore que très lentement ceux qui sont teints par la cochenille.

56. — Hydro-sulfite de soude. — H. Jay. — On remplit un flacon à parties égales, de grenailles de zinc et de bisulfite de soude et on comble les vides avec de l'eau distillée. On bouche, et au bout de 2 heures, le réactif est prêt. On l'ajoute alors, goutte à goutte, au vin à essayer. Il décolore presque instantanément toutes les matières colorantes végétales et celles de la houille, laissant seulement intacte pendant un assez long temps la cochenille.

Par décolorer on entend que la teinte rose fait place à une teinte verdâtre ou jaune très faible.

57. — Bisulfite de soude. — Frehse. — Ce réactif agit comme l'acide sulfureux, mais après la décoloration il faut ajouter de l'*acide acétique* pour faire revenir la couleur.

Les éosines sont variables ; les unes ne sont pas décolorées, les autres le sont plus ou moins rapidement.

Les grenats, grenadines, géraniums, sont décolorés ou restent jaunes, et ce jaune est dissous à froid par l'alcool amylique.

58. A. — Hydrogène naissant. — Duclaux. — On prend 10^{cc} du vin, 2 gr. de zinc en fines lamelles et 2 gr. d'acide chlorhydrique.

Vins purs. — Les vins purs se décolorent lentement, on obtient une teinte rouge groseille, puis vineuse devenant grisâtre.

Vins colorés. — Le jus de brimbelles, le sureau et la myrtille agissent comme les vins purs.

La mauve donne une teinte bleue ou violacée.

Le phytolacca se décolore plus vite que les vins purs ; mais M. Gautier a rencontré des cépages dont le vin se décolore aussi vite.

Le campêche donne une différence sensible ; du point de départ des bulles on voit sortir des traînées jaunes et l'on obtient finalement une teinte jaune.

58. B. — Barillot. — La matière colorante de la houille retirée du vin par l'alcool amylique et l'eau acétique, et traitée par l'acide chlorhydrique et la poudre de zinc à l'ébullition sert à caractériser la safranine qui se décolore mais reprend rapidement sa couleur au contact de l'air.

SELS DE MERCURE

59. A. — Acétate de mercure et potasse. — Ch. Girard. — A 10^{cc} du vin on ajoute 2^{cc} d'une solution de potasse à 5 % pour rendre le liquide franchement vert ; on ajoute ensuite une solution d'acétate de mercure à 20 %, à volume égal à celui de la potasse employée et on filtre ; le mélange doit être légèrement alcalin, on filtre et on examine la couleur ; on acidifie par l'acide chlorhydrique et on examine à nouveau.

Un liquide coloré avant ou après acidulation indique un dérivé de la houille. Avec les dérivés azoïques, sulfoconjugués, roccelline, crocéine, ponceaux, etc., le liquide non acidulé est coloré en rouge ou en jaune.

Avec le sulfofuchsine, le liquide acidulé est coloré en rose.

59. B. — H. Jay. — Il emploie une solution de potasse au 10e et une solution d'acétate au 10e ; il n'ajoute que quelques gouttes de potasse de façon à obtenir un liquide à peine neutre : 10^{cc} de vin, quelques gouttes de potasse et 2^{cc} d'acétate de mercure, on filtre.

Les vins naturels sont incolores ou à peine jaunes et ne rougissent pas par l'acide acétique.

Il remarque que des vins authentiques traités suivant les prescriptions de M. Ch. Girard lui ont donné des liquides verdâtres devenant roses par l'acide acétique.

60. — Acétate de mercure et magnésie. Bellier. — On fait un mélange d'acétate mercurique en poudre et de magnésie calcinée et on ajoute une pincée de poudre à 10^{cc} de vin, on agite, chauffe à l'ébullition et filtre ; le liquide est traité par l'acide acétique.

Le vin naturel et beaucoup de colorants sont incolores.

Le sulfofuchsine et la plupart des dérivés azoïques sulfoconjugués donnent une couleur rose ou rouge.

61. — Acétate de mercure. acide acétique et alcool. Blarez et Denigès. — Dans 10^{cc} on verse 10 gouttes d'acide acétique cristallisable, on fait chauffer au bain-marie d'eau presque bouillante ; au premier signe d'ébullition du vin on retire le tube et y fait tomber 0gr2 d'acétate de mercure en poudre fine, agite, refroidit le tube dans un courant d'eau froide et filtre ; le précipité bien égoutté est traité par 5cc d'alcool contenant 4 à 5 gouttes d'acide acétique.

Les matières colorantes de la houille se dissolvent et donnent une solution colorée que l'on traite par divers réactifs pour les distinguer.

62. — Bichlorure de mercure et potasse. Wolff. — On fait une solution de bichlorure de mercure saturée à froid et une solution de potasse caustique d'une densité de 1,27.

10cc de vin sont agités avec 10cc de la solution de bichlorure et additionnés ensuite de 10 gouttes de potasse ; on agite et filtre.

Vins purs. — Le liquide est incolore.

Vins colorés. — Si le liquide est faiblement jaune, on acidule par l'acide acétique. S'il y a du sulfofuchsine, on obtient une belle couleur rose.

Si le liquide est rose jaune rouge, il y a d'autres dérivés de la houille, dérivés azoïques, benzopurpurine, congo, méthylorange, etc. Si la couleur est bleu rouge, il y a de la cochenille ou de l'orseille.

63. — Protoazotate de mercure. — Ce savant ne donne pas d'indications spéciales. On n'aura qu'à faire une solution concentrée de ce réactif et la verser, goutte à goutte, dans le vin jusqu'à cessation de précipité. On attend 10 minutes avant d'examiner le dépôt.

Vins purs. — Précipité gris perle ; le liquide surnageant est blanc légèrement paille. (Pour les vins très colorés d'Espagne, le précipité tire un peu sur le bleu, mais le liquide est paille. E. V.)

Vins colorés. — Le liquide garde une faible nuance rose et le précipité est rose violet ; s'il est bleu, il y a du coquelicot.

Le précipité est gris bleu violacé et le liquide rose avec les mûres au cinquième (E. V.) Robinet l'indique comme premier réactif à employer.

Le liquide est jaune orange avec le sureau (Ch. Girard).

64. — Bi-azotate de mercure. Krohn. — Le bi-azotate de mercure ou azotate mercurique a été indiqué sans aucun mode opératoire par M. Krohn ; on l'essaiera donc de la même manière que le protoazotate de mercure ou azotate mercureux. On examine la couleur du précipité et du liquide filtré.

Vins purs. — Le précipité est gris et le liquide est rouge blond.

TEINTURES

Précipité	Liqueur filtrée	
Brun foncé	jaune	Campêche.
Rouge brun	id.	Fernambouc.
Pourpre	incolore	Cochenille.
Pas de précipité	rouge (excès décolore)	Rouge d'aniline.
Bleu violacé	incolore	Myrtille.

VINS COLORÉS (vins blancs)

Lilas	jaune	Campêche.
Saumon	id.	Fernambouc.
Rouge violacé	incolore	Cochenille.
Violet clair	rouge	Rouge d'aniline.
Bleu violacé	incolore	Myrtille.

Il faut bien observer que dans un mélange de vin rouge et de vin coloré les réactions tiendront de celles des vins purs et de celles des colorants ci-dessus (E. V.) Du reste l'auteur du réactif n'attache pas beaucoup d'importance à ses indications.

SELS D'ALUMINE

65. — Alun et acétate de plomb. Husson. — On fait une solution concentrée d'alun et une solution concentrée d'acétate de plomb ; on mélange l'alun et le vin en volumes égaux et on ajoute la solution d'acétate, goutte à goutte, jusqu'à cessation de précipité.

Vins purs. — Le liquide filtré a une légère teinte vineuse. Le précipité varie du blanc sale au gris bleu violet. Les vins du Midi, très jeunes et ceux des vignes américaines donnent un précipité gris bleu (Voir *Procédé Husson.*)

VINS COLORÉS

ON N'EXAMINE QUE LE LIQUIDE SEUL

Bleu franc			Troëne.
Bleu mauve pâle	précipité gris bleu		Mauve.
Verdâtre violeté	violet sombre par le borax		Mûrons (E. V.)
Lilas	devient jaune par l'ammoniaque, et lilas par l'alun et le carbonate de soude		Phytolacca.
Teinte violette plus ou moins bleue	Le carbonate de potasse donne un précipité gris violacé		Myrtille.
	Le liquide devient bleu par l'acétate de cuivre, et lilas par l'acétate de soude, précipité violet par le carbonate de soude		Sureau. Hièble.
	acide azotique faible.	pelure d'oignon	Campêche.
		groseille, excès pelure d'oignons	Fernambouc.
		groseille	Mûrons.
Rouge sale			Fuchsine.
Liquide vineux	précipité bleu prononcé		Indigo.

Certains vins naturels donnent des réactions douteuses. Un vin d'Espagne m'a donné un liquide rouge brique pâle et des vins rouges naturels de Saumur m'ont donné des liquides vineux violeté, et lilas vineux (E. V.)

66. A. — Alun et Carbonate de potasse. A. Nees d'Essenbeck. — On fait deux solutions : l'une de 1 partie d'alun et de 11 parties d'eau ; l'autre de 1 partie de carbonate de potasse et de 8 parties d'eau. On ajoute au vin un égal volume de la première solution, puis, peu à peu, en agitant, la deuxième solution.

Vins purs. — Les vins naturels donnent un précipité gris sale ; le liquide prend une teinte verte s'il y a excès de carbonate. Le phytolacca donne les mêmes réactions que les vins.

Précipité rose	Bois de Campêche.
— gris violacé	— Brésil.
— gris bleuâtre	Myrtille.
— gris brunâtre, excès de carbonate noir	Coquelicot.
— violet	Sureau.

66. B. — J. Brun. — Ce chimiste l'emploie de la manière suivante : 30 gr. de vin, 2 gr. d'alun et 30 gr. d'eau — puis il verse le carbonate de potasse jusqu'à réaction alcaline.

Vins purs. — Ils donnent une laque gris sale virant plus ou moins au rouge ; un excès d'alcali la redissout en partie et la rend gris cendré.

Dans les vins nouveaux, le précipité prend une couleur verte, par un excès d'alcali, on obtient une laque gris bleu d'ardoise, gris souris chez les vins vieux.

VINS COLORÉS	La seule réaction indiquée est le précipité gris bleuâtre	Myrtille.
TEINTURES	Laque bleu foncé	Campêche.
	Rose	Brésil.
	Rouge noir ardoisé devenant brun	Coquelicot.
	Bleu violet sale	Sureau fermenté, Hièble.
	Rouge cuivre foncé	Mûres noires fermentées.
	Ardoise bleuâtre et noirâtre devenant brun.	Troëne et Myrtille fermentées
	Bleu violet devenant jaune	Phytolacca.
	Gris violet id. id.	Betteraves épurées.

67. A. — Alun et Carbonate de soude. A. Gautier. — On prépare deux solutions au 10e et on verse dans un verre 4cc de vin, 1cc d'alun et 1cc de carbonate de soude ; on filtre, puis examine le précipité et le liquide.

Vins purs. Le précipité est gris bleuâtre, vert d'eau, et quelquefois blanc sale ; le liquide est vert bouteille, gris marron, quelquefois incolore avec de rares cépages (aramon). S'il était légèrement lilas, il faudrait s'assurer qu'une goutte de la solution carbonatée ne fait pas disparaître cette couleur; dans ce cas il y a fraude.

VINS COLORÉS

PRÉCIPITÉ	LIQUIDE	(GAUTIER)
Lilas passant au rose roux	gris pointe de marron	Fernambouc.
Vert bleuâtre avec teinte violette devenant plus violacée par dessication	vert bouteille	Campêche.
Bleuâtre légèrement rosé	rose lilas	Cochenille, Phytolacca 1/2
Verdâtre légèrement rosé	vert clair	Fuchsine.
Verdâtre	vert	Troëne.
Vert clair	vineux	Betterave fraîche.
id.	jaunâtre	id. ancienne.
Bleu gris	incolore ou légèrement vert jaunissant à chaud	Maqui.
Bleu violacé	vert bouteille	Sureau.
Bleu violet foncé	id. clair	Hièble.
Bleu verdâtre très légèrement rosé	id. id. pointe marron	Myrtille.
Vert gris cendré	très faiblement bleuâtre	Indigo.
Blanc rose violeté	bleuâtre	Mûrons (E. V.)

67. B. — Ch. Girard. — On emploie les mêmes réactifs de la même manière, les doses seules diffèrent; 4^{cc} de vin, 2^{cc} d'alun et 2^{cc} de carbonate de soude. La laque est rosée ou violette avec la cochenille, le fernambouc, le campêche ou la fuchsine; elle est bleu violacé s'accentuant à l'air et colorant en bleu la fibre du filtre desséché, avec l'hièble; elle est brun brunâtre noircissant à l'air avec le sureau et bleu gris avec le maqui et le tournesol.

Le liquide filtré est rose ou violet; on fait bouillir après addition d'eau, la couleur persiste avec la cochenille et disparaît avec le phytolacca et la betterave. Un certain nombre de vins rouges naturels de Saumur m'ont donné dans les deux cas ci-dessus une laque rosâtre ou rougeâtre et un liquide incolore jaunâtre, ou marron rouge. Un même vin sucré a donné une laque rougeâtre et un liquide rougeâtre brique.

68. — Aluminate de potasse. — J. Brun. — On prend 30 gr. de vin, 2 gr. d'alun et 30 gr. d'eau; on verse, goutte à goutte, la solution de potasse jusqu'à précipité et réaction alcaline. Il vaut mieux préparer le réactif à l'avance.

Gautier. — On prend une solution d'alun au 10e et on ajoute de la potasse en solution jusqu'à ce que le précipité d'alumine soit redissous. On verse ensuite dans ce mélange de la même dissolution d'alun, jusqu'à l'apparition d'un léger trouble et on filtre.

On prend 1^{cmc} de vin; on l'étend au rose; on y ajoute 4 gouttes du réactif et on filtre.

Vins purs. Le liquide fitré est lilas ou faiblement rosé et tendant à se décolorer; la laque est de couleur ardoise bleuâtre et ardoise grise pour les vins vieux.

VINS COLORÉS

Liquide . .	couleur pelure d'oignon, précipité rose	Fernambouc.
	très légèrement rosé un peu brun	Betteraves.
	rose foncé ou vif	Cochenille, Fuchsine, Phytolacca, Sureau, Hièble, Troëne, Myrtille, Mûrons.
	rose violacé	Mauve.
	vineux	Sureau, Indigo.
	lilas violacé, précipité rose violacé	Campêche.

TEINTURES

Laque . . .	beau bleu foncé	Campêche.
	violet très sensible	Brésil.
	beau violet, jaune avec excès de potasse	Phytolacca.
	gris violet	Betterave.
	violâtre	Hièble, Mûres, Tournesol.
	brun cuivré	Coquelicot.
	bleu violet sale	Sureau et Troëne fermentés.

(Gautier.)

Laque . . .	rouge cuivre terne	Mûres noires fermentées.
	vert brun très foncé	Myrtille id.
	ardoise violacé très foncé	Troëne id.
Liqueur . .	rose lilas foncé	Cochenille.
	rose	Fuchsine.
	rose violacé, excès de réactif vert sombre	Mauve noire.
	jaune brun id. id. id.	Betterave.
	gris sale id. id. vert bouteille.	Sureau.
	lilas vineux sombre	Hièble.
	vert, assombri par un excès	Troëne.
	gris teinté de vert, vert marron	Myrtille.
	violet bleu	Orseille.
	tend à passer au vert puis au jaune verdâtre.	Indigo.

(J. Brun.)

69. — Aluminate de soude. — Préparé et employé de la même manière.

Vins purs. La couleur n'est pas sensiblement altérée.

Vins colorés. Coloration violette très sensible.......... Campêche.

— rose franc (Robinet) ; violette (Pasteur, Würtz)...... ..... Sureau.

70. — Alun ammoniacal. — Bastide. — On mélange un volume de vin et trois volumes d'alun en solution au 10e et on fait bouillir.

Vins purs. Couleur rouge brique. Les vins de Mourastel et quelques autres cépages se colorent en bleu violet comme la mauve.

VINS COLORÉS	La couleur se fonce légèrement	Sureau.
	id. id. beaucoup et devient légèrement violette	Campêche.
	id. id. id. et bleuit	Indigo.
	Pas de changement de nuance	Mûrons (E. V.)
	Coloration bleu violet	Mauve.

L'alun ammoniacal ne donne pas de réactions bien sensibles, puisque certains cépages donnent les mêmes teintes que les vins colorés artificiellement.

71 A. — Acétate d'alumine. — Gautier. — Avec l'acétate d'alumine commercial on fait une solution à 2° Baumé.

On sature l'acidité du vin par quelques gouttes de carbonate de soude au 10e, jusqu'à la teinte violacée ; on prend 2^{cc} de vin violacé et on ajoute 2^{cc} d'acétate d'alumine, on mélange, filtre et examine le liquide.

Vins purs. Rose sale, lilas vineux, tend à se décolorer ; presque décoloré avec l'aramon. Vin d'Espagne plâtré ; violacé (Magnier de la Source).

VINS COLORÉS	Rouge de vin vieux ou rosé	Fernambouc.
	Violacé ou lilas	Campêche, Mûrons (E. V.)
	Lilas vineux ou lilas franc	Cochenille, Phytolacca.
	Lilas ou rosé	Fuchsine.
	Lilas clair	Betterave.
	Violet bleu	Mauve
	Violet bleu ou lilas	Sureau, Hièble, Troëne, Myrtille.
	Liquide vineux	Indigo.
	Violacé très net ou violet	Maqui.

M. Ch. Girard indique le grenat ou rouge orange sale pour le Fernambouc.

M. Carles donne le vert avec la myrtille.

71 B. — Bastide. — Il indique que si on ajoute un petit filet d'acétate d'alumine à 2 ou 3ᵉᵐᵉ de vin, le vin ordinaire ne change pas et tend même à se décolorer, tandis que l'indigo bleuit légèrement; la réaction étant beaucoup plus sensible si on étend le mélange de 4 ou 5 fois son volume d'eau.

TEINTURES	Conserve sa couleur	Fernambouc, Orseille.
	S'assombrit	Betterave.
	Garde sa couleur, excès, s'assombrit et reste verdâtre	Troëne.
	Bleu violacé	Campêche.
	Lilas violacé	Mauve, Myrtille
	Bleu	Indigo.
	Rose lilas	Cochenille.
	Rose	Fuchsine.
	Rose violacé	Phytolacca.
	Lilas vineux sombre	Hièble.
	Violet pur	Sureau.

M. Carles indique la couleur verte pour la myrtille.

M. Ch. Girard indique que la laque obtenue avec ce réactif est grenat ou lilas, pour le vin naturel et que le filtre ne se colore pas en bleu. La laque est bleue ou violacée pour la mauve, myrtille, sureau, hièble, troëne, vigne vierge.

72. — Sulfate d'alumine et carbonate d'ammoniaque. — Jacob. — Les laques obtenues sont stables et ont des couleurs bien franches (Brun).

On fait une solution de sulfate d'alumine au 10ᵒ et une solution contenant 8 grammes de carbonate d'ammoniaque pour 100 grammes d'eau distillée.

Dans 2 grammes de vin on verse 2 grammes de la première solution, puis on ajoute de 12 à 16 gouttes de la seconde. On obtient un abondant précipité qui entraîne la couleur du vin.

Vins purs. Laque gris bleu cendré, gris chez les vins vieux.

VINS COLORÉS	Précipité violet	Hièble, Brésil, Troëne, Mûrons des haies.
	Rose carmin	Fernambouc.
	Gris ardoisé	Coquelicot, Sureau.
TEINTURES	Bleu violet foncé	Campêche.
	Rose carmin	Brésil.
	Bleu	Sureau fermenté.
	Gris cendré légèrement rose	Mûres noires.
	Rose violet	Phytolacca.
	Gris jaune un peu rose	Betterave.
	Comme les vins purs	Coquelicot, Myrtille, Troëne.

73. — Sulfate d'alumine et potasse. — Cadet. — Il ne donne aucune indication précise.

Le vin est traité par quelques gouttes de sulfate d'alumine et d'une solution de potasse.

Vins purs : vert bouteille, vin de Bourgogne; vert bouteille foncé, Languedoc et Roussillon; vert tirant sur le gris, vin de pays (?)

VINS COLORÉS

Violet clair	Tournesol en drapeau
Violet bleuâtre	Hièble, Troëne
Lie sale	Airelle
Prune Monsieur	Campêche
Laque rouge	Fernambouc

74. Sous-sulfate d'alumine. — Je n'ai trouvé aucune indication sur le mode opératoire, on doit sans doute neutraliser le vin avant de le traiter par le réactif. La laque est :

Vert russe	Vin naturel
Bleu grisâtre	Tournesol, Maqui
Violacé, le papier desséché est bleu foncé	Hièble
Violette	Cochenille, Fernambouc, Campêche
Brun bleuâtre	Sureau

SELS DIVERS

75. Borax. A. — Moitessier. — Le borax est employé en solution saturée à 15°, dans la proportion de 2 volumes pour un de vin étendu préalablement au rose vif.

Si les vins sont nouveaux ou plâtrés, il se forme un précipité de borate de chaux que l'on doit filtrer immédiatement pour examiner la couleur. C'est un excellent réactif qui a l'avantage de donner des teintes invariables pendant plusieurs heures. (D'après Robinet, elles manquent de précision).

Vins purs. Coloration qui varie du gris bleuâtre fleur de lin au gris bleu légèrement verdâtre.

Le pinot de 16 mois et le carignane de 5 mois donnent un liquide gris bleu légèrement verdâtre ; le carignane de 18 mois, gris bleuâtre, avec une pointe très faible violacée.

L'aramon et certains vins du Midi ont une pointe marron.

Un vin de Saumur rouge, donnant avec le borax du bleuâtre donnait, une fois sucré (mêmes raisins fermentés avec sucre) du lilas violeté.

L'aramon mêlé de petit bouschet donne un liquide nettement lilas vineux, les vins d'Espagne plâtrés, de même ; le vin teinturier introduit dans le vin modifie la réaction, et comme ce n'est pas une fraude, il faut en tenir compte Les vins tournés prennent souvent une teinte brun doré.

VINS COLORÉS

Lilas vineux	Fernambouc
Gris bleu lin, légèrement teinté de marron, à l'ébullition le marron apparaît	Campêche
Gris bleuâtre, un peu lilas, quelquefois très peu	Fuchsine
Lilas ou gris bleuâtre teinté de lilas	Cochenille, Phytolacca, Sureau, Troëne
Gris bleuâtre ou verdâtre	Mauve
Gris	Betterave ancienne
Gris avec pointe brun violet	id. fraîche
Lilas	Hièble
Gris teinté de lilas	Myrtille
Vert bleuâtre ou bleu légèrement verdâtre	Indigo
Bleu violacé ou lilas	Orseille
Rose ou lilas franc	Cochenille
Bleu verdâtre plus ou moins lilas	Dérivés de la houille

TEINTURES		
Liqueur groseille	Fernambouc	lilas C. Girard
Rose vineux	Campêche	
Lilas	Cochenille	
Rose	Fuchsine	
Rose violacé	Phytolacca	
Infusion thé foncée	Mauve	
Rose ou rancio suivant l'âge	Betterave	grenat Ch. Girard
Gris bleu verdâtre avec pointe lilas sensible	Hièble	
id. id. id. à peine sensible	Sureau	
Rose rougeâtre sale	Troëne	
Jaune sale teintée de lilas	Myrtille	
Bleue	Indigo	
Violet sombre	Mûrons (E. V.)	
Ne change pas	Orseille	
Brun jaune	Maqui	

B. — Bastide. — Borax à 8 % vin 1 partie, borax 2 parties, et plus si le vin est acide.

Vins purs. Bleu verdâtre ; si le vin contient de l'aramon et certains vins du Midi, il y a une pointe de marron.

VINS COLORÉS	Bleu verdâtre légèrement lilas	Fuchsine
	id. id. plus sensible	Dérivés de la houille
	Bleu violacé	Orseille, Mûrons
	Marron	Campêche
	Bleu, à l'ébullition le marron apparait	peu de Campêche
	Bleu violet	Cochenille
	Bleu légèrement verdâtre	Indigo
	Verdâtre	Mauve
	Bleu verdâtre pointe marron	Sureau, Hièble

C. — Barillot. — On mélange 2^{cc} de solution saturée de borax et 1^{cc} de vin ; on regarde la couleur par réflexion.

Bleu verdâtre, quelquefois avec pointe marron	Vin naturel
id. avec pointe lilas	Dérivés de la houille
Bleu violacé	Cochenille, Orseille
Bleu verdâtre avec pointe marron	Sureau, Hièble
Verdâtre	Mauve
Marron ou bleu ; si le bleu apparaît au début il vire à l'ébullition	Campêche

76. — Acétate de soude. — Vélain. — On verse quelques gouttes d'une solution saturée de ce sel dans le vin.

Les *vins purs* se colorent en brun.

Vins colorés. La liqueur reste lilas avec le sureau. Cette réaction n'est pas appréciable avec les vins du Midi et riches en couleur.

Moitié de vin blanc, un quart d'aramon, et un quart de sureau, donnent une réaction nulle, le brun de l'aramon cachant la teinte du sureau.

77. — Acétate de soude et tannin. Barillot. — On mélange 25 gr. d'acétate de soude, 25 gr. de tannin et 250^{cc} d'eau.

Ce réactif n'est employé que pour faire la séparation des dérivés acides de la houille.

On sépare la matière colorante par l'acétate de mercure ou l'alcool amylique et ne met que quelques gouttes du réactif (Voyez Procédé Barillot).

78. — Sous acétate de plomb. — On emploie cet agent en solution à 15° Baumé et à différentes doses, d'après les auteurs qui l'indiquent.

Suivant M. Bastide, on se sert de l'extrait de Saturne officinal à 35° Baumé. On emploie 15cc de vin, 5cc de réactif et 5cc d'alcool; on agite fortement et on filtre.

D'après M. Gautier, on prend 2cc de vin et 1cc de réactif ou 2cc de vin et 2cc de réactif; il doit y avoir excès; on agite et on filtre.

H. Jay prépare ce réactif en ajoutant, à l'extrait de Saturne officinal, son volume d'eau distillée et versant 2cc de ce liquide pour 10cc de vin; il agite et filtre.

Toutes ces précautions ne sont pas nécessaires; il suffit de verser dans le vin étendu d'eau de l'extrait de Saturne, goutte à goutte, jusqu'à ce qu'il n'y ait plus de précipité. On observe la couleur du précipité et celle du liquide filtré.

78. A. — *Vins purs.* Précipité bleu cendré, bleu verdâtre, vert clair, bleu ou violet, suivant l'âge des vins et leur coloration. Le liquide est incolore, même après acidulation. Avec le teinturier, le précipité est gris bleuâtre, rarement vert pomme.

VINS COLORÉS

PRÉCIPITÉ	LIQUEUR	
Bleuâtre avec traces de marron, ou violacé	incolore	Campêche.
Gris bleuâtre rosé, ou sans rose	rose } rose C. Girard	Phytolacca, Fuchsine.
id. avec traces de violet	violette } rose C. Girard	Orseille.
id.	id. ou incolore	Sureau, Hièble.
Bleu verdâtre vif	légèrement bleue ou incolore.	Indigo.
id.	incolore	Mauve, Mûrons.
Bleu foncé terne	id.	Sureau, Hièble.
Bleuâtre pointe rouge	id.	Cochenille.
Gris bleuâtre	id.	Tournesol.
Rouge vineux	id.	Fernambouc.
Vert sale	id.	Sureau, Troëne.
Gris sale	id.	Coquelicot.
Vert, bleuâtre clair, jaunâtre ou roux.	id.	Betterave.
Vert franc	id.	Maqui.
Gris sale avec pointe de rouge	id. quelquefois rose	Derivés de la houille.

TEINTURES

Bleu violet		Brésil.
Jaune verdâtre gris sale		Coquelicot.
Vert bleu foncé, devenant bleu à l'air		Sureau fermenté.
Gris vert		Myrtille fermentée.
Vert bleu sale		Troëne fermenté.
Rouge violet très foncé		Phytolacca.
Chocolat rougeâtre	Jaune	Betterave.
Vert foncé		Maqui.

Ce réactif n'indique rien de très positif; la couleur du précipité peut varier mais sans donner d'indications assez précises pour que l'on soit affirmatif dans une expertise légale. Cependant Gautier le condamne d'une façon trop absolue, car on peut en tirer d'utiles indications ; c'est du reste l'opinion de Robinet, Bastide et J. Brun.

Toutes les fois que le précipité est violacé, marron, rougeâtre ou bleu, le vin doit être coloré (Bastide.)

78. B. — **Tableau d'après Gautier**

VINS COLORÉS

PRÉCIPITÉ	LIQUEUR	
Bleu cendré teinté de jaune ou de roux.	décolorée ou très legèrement rousse.	Fernambouc. Betterave.
Bleu plus violacé que les vins purs.	id. id.	Campêche.
Bleu cendré ou vert clair..........	décolorée..........................	Cochenille.
id. légèrement teinté de rose	rose..............................	Fuchsine.
id. verdâtre...............	incolore ou très légèrement rose....	Phytolacca.
id. id.	légèrement rose	Orseille.

TEINTURES

PRÉCIPITÉ	LIQUEUR	
Lilas brun.........................	excès réactif et chauffé, groseille..	Fernambouc.
Violacé............................	incolore ou légèrement lilas.....	Campêche.
Violet lilas foncé.................	id. id.	Cochenille.
Pas de précipité...................	rose..............................	Fuchsine.
Violet marron soluble excès s'altérant.	décolorée ; avec excès, rancio...	Phytolacca.
Vert sombre ou bleuâtre............	incolore..........................	Mauve, Sureau.
id. id.	id.	Hièble, Troëne.
Bleu cendré verdâtre...............	id.	Myrtille.
Rose devient orange à l'air	id.	Betterave fraîche.
Jaune rose id. id..........	id.	id. ancienne.
Pas de précipité sensible..........	bleu rosé.........................	Orseille.
id. id.	bleue.............................	Indigo.

78 C. — **Ch. Girard.** — 2^{cc} de vin, 1^{cc} de sous-acétate de plomb à 15° Baumé, filtre et examine la couleur de la laque et du liquide.

Vins purs. — La laque a une couleur qui va du vert clair au bleu grisâtre, le liquide est incolore.

Vins colorés. — Le liquide filtré est incolore, coloré par l'acide acétique et décoloré par l'ammoniaque avec les dérivés sulfoconjugués.

Le liquide est coloré avec le sulfofuschine, l'orseille, le phytolacca, la betterave et la fuchsine. La couleur du phytolacca disparaît par l'ébullition.

Ce réactif n'est employé par M. Girard que comme réactif de séparation, dans son procédé général de recherche.

79. — **Sous-acétate de plomb et acétate d'Alumine.** — **Carles.** — Ce réactif n'a pour but, dans le procédé Carles, que de séparer le sureau de la mauve.

Dans le vin traité par l'acétate d'alumine (comme il a été dit à ce réactif), on verse de l'extrait de Saturne. Le précipité est rose avec le sureau et vert bleuâtre avec la mauve.

80. — Sous-acétate de plomb, Carbonate de potasse et Sulfure de potassium. = Chancel. — Ces trois réactifs font partie du procédé de recherche de Chancel, décrit précédemment, et qu'il est inutile de reproduire ici.

81. — Acétate de plomb. — Vogel. — Il n'a pas donné d'indications.

Vins purs. — Précipité vert grisâtre ou vert, jaune même, avec le vin de Madère.

Vins colorés. — Précipité bleu indigo, avec le brésil et le sureau.

Précipité rouge puce, avec le campêche, le santal et la betterave.

Ce réactif n'indique rien de bien positif.

82. — Acétate de plomb et Borax sec. = Bellier. — Ces deux corps, en poudre, sont mélangés à poids égaux et on traite 10^{cc} de vin par 0^{gr}4 de ce mélange, à l'ébullition ; le liquide filtré est coloré en violet plus ou moins prononcé avec l'orseille et la cochenille. (Voyez *Procédé Bellier*).

83. — Perchlorure de fer. — On verse quelques gouttes d'une solution concentrée de ce réactif dans 3 à 4^{cmc} de vin.

J. Brun indique un volume égal de vin et d'une solution au 100e.

Vins purs. — Coloration brun violet foncé ; elle tourne au marron pour les vins très colorés.

Vins colorés. — La couleur fonce beaucoup et devient terre de Sienne : Mûrons (E. V.).

TEINTURES	Dépôt violet presque noir	Campêche.
	Rouge brun très foncé	Brésil.
	Marron	Coquelicot.
	Bleu lilas pur	Sureau et Hièble fermentés.
	Brun jaunâtre	Mûres noires fer. Betteraves.
	Marron verdâtre	Myrtilles fermentées.
	Jaune brun	Troëne id.
	Lilas très intense	Phytolacca.

Un certain nombre de vins naturels m'ont donné du marron plus ou moins orangé ; les vins de 2e cuvée donnent de l'orangé ou de la terre de Sienne avec une teinte brune ou grise.

84. — Proto-sulfate de fer et eau brômée. Balard, Wurtz, etc. — On colle préalablement le vin s'il contient du tannin.

Dans un ou 2^{cc} de vin on ajoute gros comme un pois de sulfate de fer, puis quelques gouttes d'une solution de brôme dans l'eau.

Vins purs. — Après l'addition de sulfate de fer, il n'y a pas de changement sensible dans la nuance ; avec le brôme, il se trouble, mais ne se colore pas en bleu.

VINS COLORÉS	Par le sulfate de fer :		violet vif	Mauve.
	id.	id.	bleu foncé	Sureau, Mûrons.
	id.	id.	vert jaunâtre sale	Myrtille, Hièble.

Par l'addition de l'eau brômée, on obtient une coloration bleue avec la mauve et le sureau.

Le vin contenant du tannin donne les mêmes réactions que s'il contenait de la mauve et du sureau ; c'est pour cela qu'il faut faire un collage préalable. (Chancel).

85. — Alun de fer. Balard, Wurtz, etc. — On opère comme ci-dessus.

Vins purs. — Précipité avec une teinte brun jaunâtre.

VINS COLORÉS	La liqueur passe au jaune sans précipité	Mauve.
	id. devient verte avec précipité	Sureau.
	id. id. brune plus foncée que le vin pur avec l'Hièble et la Myrtille	

86. — Sulfate de cuivre. Vogel. — On fait une solution au 10e avec ce sel bien pur On étend 1cc de vin avec 9cc d'eau et en ajoute 3cc du réactif.

Vins purs. — Tous les vins, sans exception, jeunes ou vieux, sont décolorés par ce réactif ; puis, peu à peu, il se produit une coloration brune. Le liquide devient bleu par la mauve, violet par la myrtille et la fuchsine, brun passant au vert par le phytolacca et violet bleuâtre sombre par les mûrons ; bleu évident par le maqui dont la teinture donne du bleu foncé.

Cette réaction est d'une extrême sensibilité, mais n'est pas toujours exacte ; un grand nombre de baies de fruits sont décolorées comme les vins purs, elle n'a donc rien de positif, mais elle est très bonne pour la recherche de la mauve.

87. — Acétate de cuivre. A. — Lapeyrère. — La solution de ce sel au 30e est mélangée avec un égal volume de vin. Ou bien, on imprègne des bandes de papier Berzélius d'une solution concentrée de ce sel et on fait sécher, puis on trempe dans le vin.

Vins purs. — Coloration bleu noir.

VINS COLORÉS	Comme les vins purs	Campêche.
	Brun sombre violacé, précipité légèrement blanchâtre	Mûrons (E. V.).
TEINTURES	Bleu noirâtre	Campêche.
	Beau bleu	Sureau et Mûres noires fermentées.
	Rouge vin très foncé	Brésil
	Noir vert	Coquelicot.
	Bleu verdâtre	Myrtille fermentée.
	Brun foncé devenant noirâtre	Troëne id.
	Rouge pavot foncé, devenant plus tard vert gazon,	Phytolacca.
	Brun, id. id. id. id.	Betterave.

Le réactif liquide est surtout employé dans les réactions secondaires sur les tissus mordancés à l'acétate d'alumine.

Le papier Berzélius sert à distinguer le campêche du bois de Brésil, le premier donnant une teinte bleu violacé, tandis que le second le colore en rouge violacé.

Ce réactif m'a permis de distinguer les vins de deuxième cuvée des vins de première cuvée.

Vin naturel	bleu foncé.
Vin mouillé et sucré	gris bleu azur clair.
Mélange 1re et 2e cuvées	vert jaune.
Vin de 2e cuvée	vert tendre.

87. B. — Blarez et Denigès. — Ce réactif est essayé sur l'alcool acétique tenant en dissolution le dérivé de la houille retiré du vin par l'acétate de mercure. (Voyez le procédé B. et D.).

Violet passant au vert bleuâtre	Sulfofuschine,
Rose	Eosine, Erythrosine, Safranine, Fuchsine, Tropéoline.
Vert jaune	Rouge de Bordeaux.
Rouge	Roccelline.
Jaune brun	Brun de phénylène.
Jaune avec pointe de fluorescence	Fluorescéine.
Jaune	Tropéoline 0 0.
Vert	Vert d'aniline-
Violet	Violets et noirs d'aniline.
Bleu	Bleu d'aniline, bleu de Lyon.

87. C. — Frehse. — Il commence par retirer la matière colorante de la houille par la teinture de la soie ; il enlève ensuite la couleur par l'alcool et c'est dans cet alcool étendu et neutre qu'il verse l'acétate de cuivre comme premier réactif de sa méthode de recherche. (Voyez).

On verse une goutte d'acétate de cuivre saturé dans l'alcool coloré.

On obtient une coloration jaune avec : Ponceau, rouge soluble, roccelline, pourpre, rouge de Bordeaux, Cérasine de violet I.

On a une coloration violette avec : sulfofuchsine, fuchsine, grenat, grenadine, cerise, rosaniline, géranium, éosine, primerose, érythrosine, méthyléosine, rose Bengale, safranine, rosalane, écarlate, rouge de Biebriech, rose de naphtaline.

On n'obtient rien ; par plusieurs gouttes la couleur est vineuse, sale ; rouge orseille, crocéines, ponceau A.

88. — Sulfate de zinc. — En solution concentrée, il donne un précipité bleu avec la teinture de campêche.

89. — Chlorure de zinc. — Il est employé en solution saturée, sur la laine et la soie mordancées à l'acétate d'alumine pour distinguer la cochenille qui prend une belle couleur pourpre.

90. — Protochlorure d'étain et Borax. — Bellier. — On prend ces deux produits à l'état sec et en poudre fine ; on pèse 94 gr. du premier et 217 gr. du second et on mélange intimement.

Dans 10cc de vin on verse 0gr4 du réactif, on agite, fait bouillir et filtre.

Vins purs. — Les vins naturels sont décolorés.

Vins colorés. — Les vins contenant de la cochenille, de la betterave et du phytolacca restent colorés.

91. — Emétique. — Hertz. — On prépare une solution aqueuse concentrée d'émétique ou tartrate double de potasse et d'antimoine. Ce réactif est mélangé à 10 ou 15^{cc} de vin, à la dose de 5^{cc} et on examine la couleur dans un tube à la lumière réfléchie et à la lumière transmise.

S'il ne se produit aucun changement on attend quelques heures ; il se produit alors un dépôt de flocons colorés.

Vins purs. — Tous les vins naturels prennent une couleur rouge cerise.

Vins colorés. — A 20 °/₀ de la couleur artificielle.

Rouge cerise foncé	Coquelicot
Violet	Sureau
Violet pourpre	Myrtille
Violet pur	Troëne

92. — Bichromate de potasse. — Dans un tube de verre de 2^{cm} de diamètre on verse 3 ou 4^{cc} de vin, puis quelques gouttes d'une solution de ce sel au 10e.

Vins purs. — Ils sont colorés en brun ; la couleur se modifie peu et ne retourne jamais au violet, même avec les vins de vignes américaines.

VINS COLORÉS	Précipité jaune orange	Mûrons
	Id. rouge	Phytolacca.
	Liquide violet	Campêche
TEINTURE	Violet magnifique et très intense	Id

93. — Picrate de potasse. — Müller. — On verse quelques gouttes d'une solution concentrée de ce sel dans le vin.

Il trouble le vin naturel et le colore en brun jaune sale.

Avec la mauve, il donne naissance à une coloration rouge carmin, sans produire de trouble. Cette réaction n'est pas souvent exacte.

94. — Sulfate de potasse et chlorure de barium. — Bastide. — On ajoute quelques gouttes de solution concentrée de sulfate de potasse si le vin n'est pas plâtré, puis du chlorure de barium, et on lave le précipité à l'eau claire (Je pense qu'il vaut mieux verser le chlorure de barium pour voir si le vin est plâtré et, s'il n'y a presque pas de précipité, ajouter du sulfate de potasse). Le précipité lavé obtenu avec les vins purs est blanc tandis qu'il reste coloré en bleu, même après lavage, s'il y a de l'indigo.

95. — Cyanure rouge de potassium et liqueur de Labarraque. — Bastide. — On prend du cyanure rouge de potassium ou ferricyanure, ou cyanoferride, au 10e, et de la liqueur de Labarraque ou hypochlorite de soude. On fait bouillir pendant une ou deux minutes, 3^{cc} de vin collé, avec 10 gouttes de solution de cyanure, et on verse le tout dans 15 fois environ son volume d'eau ; puis on ajoute quelques centimètres cubes de liqueur de Labarraque.

Vins purs. — La solution bouillie est limpide, couleur vert émeraude ; l'addition de la liqueur de Labarraque ne change pas la couleur ou l'avive.

Cette couleur verte est due à l'action du cyanure sur le fer du vin ; il se forme, en effet, au bout de quelque temps, un précipité bleu.

Le cyanure jaune ne donne rien ; mais, si on fait bouillir avec de l'acide azotique, on obtient le même résultat.

Vins colorés. — Le liquide est brun verdâtre sale ; l'addition de la liqueur de Labarraque fait apparaître la couleur vert émeraude du vin en détruisant la couleur de la baie de sureau. Les autres colorants végétaux se comportent de même, mais moins sensiblement.

96. — Chlorure de chaux. — Barillot. — Il n'est employé que dans le procédé Barillot et seulement pour caractériser le bleu de méthylène qu'il décolore, employé en solution à 5 °/₀.

97. — Acétate d'Urane. — Lagorce. — (Voyez ce procédé). Le vin traité par l'acétate d'urane donne avec les vins naturels une couleur lie de vin ; la couleur est violette ou violacée avec le campêche et le sureau et rouge brun avec le Fernambouc. Ce réactif a peu d'intérêt.

APPAREILS

98. — A. — Microscope. — Certains auteurs ont dit qu'une goutte desséchée de vin naturel vue au microscope paraît uniformément colorée, tandis que dans le cas de vin fraudé, les choses se passeraient autrement. C'est une erreur grave ; des essais nombreux faits par Robinet lui ont prouvé l'inanité de cette idée. J'ai fait au microscope un certain nombre d'essais de vins colorés ou non et je ne crois pas possible de distinguer, au moyen de cet appareil seul, un vin naturel d'un vin fraudé.

98. B. — Microscope et Ferments. — Carpéné. — (Voyez procédé Carpéné). Les ferments bien lavés ne sont pas colorés par les colorants végétaux, mais ils le sont par les dérivés de la houille. Ce procédé n'a aucun intérêt pratique ; pendant le temps qu'on mettrait à chercher la présence de ces dérivés, on en aurait caractérisé plusieurs par les autres méthodes.

99. — Electrolyse. — Krohn. — J'en dirai autant de ce procédé, qui cependant est plus général. (Voyez procédé Krohn).

100. — Photographie. — Les essais tentés à ce sujet, s'ils sont intéressants au point de vue de la constitution des vins, n'ont rien pu démontrer quant à la coloration artificielle.

101 — Spectroscopes. — Chancel, Vogel, Ch. Girard et Pabst, Patrouillard, etc., ont cherché à distinguer les matières colorantes artificielles au moyen du spectroscope.

Beaucoup de couleurs ont été déjà distinguées, de sorte qu'on peut les reconnaître et les caractériser parfaitement dans les vins.

Il y aurait donc lieu de faire un travail d'ensemble sur toutes les matières colorantes introduites dans les vins. Les résultats acquis jusqu'à ce jour permettent d'espérer qu'on arrivera, au moyen de cet instrument, à une méthode générale plus facile que celles que nous connaissons.

C'est pour ces différentes raisons que j'ai cru devoir donner une étude spéciale, mais résumée, de cet appareil.

Lorsque Newton, en 1669, examina le spectre solaire produit par les prismes, il opérait avec une ouverture trop grande et des matières pas assez pures pour qu'il ait pu constater la présence de raies dans le spectre. Wollaston trouva 4 raies en 1802 et plus tard en 1814, Fraunhofer, qui ne paraît pas avoir connu les travaux de Wollaston, en trouva 600 qu'il classa par groupes et dessina. Depuis divers savants : Herschel, Fox, Talbot, Miller et Daniell, Wheastone, Foucault, Becquerel, Mascart, Thalen, Jamin et Desains firent faire de nombreux progrès à l'étude de ces raies. Mais c'est Bunzen et Kirchoff (1855) qui firent comprendre l'importance de l'analyse spectrale. Ils construisirent un spectroscope (perfectionnement de celui de Swann (1847) à collimateur pourvu d'une échelle permettant de déterminer les positions relatives des raies et ils y joignirent un prisme auxiliaire pour comparer les divers spectres avec celui du soleil ; ils découvrirent ainsi le Rubidium et le Cœsium. C'est ainsi que furent ensuite découverts le Thallium par Crookes, l'Indium par Reich et Richter et le Gallium par Lecoq de Boisbaudran.

Amici, puis Janssen perfectionnèrent le spectroscope, ce qui permit d'étudier l'atmosphère des planètes. Depuis, de nombreux savants ont fait faire de grands progrès à cette science qui est arrivée à analyser l'atmosphère des étoiles et des comètes, en même temps que presque tous les corps terrestres. Tout le monde connaît les couleurs du spectre solaire ou de l'arc-en-ciel : violet, indigo, bleu, vert, jaune, orangé, rouge. Fraunhofer dessina ces couleurs mais en sens inverse, de gauche à droite, le rouge étant à gauche et le violet à droite, et il nota les principales raies par des lettres : A est vers la limite du rouge ; B au milieu du rouge ; C se trouve entre le rouge et l'orangé ; D dans l'orangé ; E dans le vert ; F dans le bleu : G dans l'indigo et H dans le violet, vers la limite ; il a trouvé également deux autres raies remarquables *a* entre A et B et *b* entre E et F mais plus près de E. Ces raies ont des positions fixes avec la lumière solaire, mais sont changées par la lumière artificielle ou celle des étoiles ; avec la lumière électrique, les raies obscures sont remplacées par des raies brillantes.

Enfin Brewster a porté le nombre des raies à 2000 et aujourd'hui on est arrivé à 3000.

Les diverses substances que l'on examine au spectroscope ont toutes plus ou moins la propriété d'absorber une partie des couleurs du spectre, de sorte que le spectre est noir aux points absorbés ; mais il reste toujours une partie visible. Ainsi le sodium produit un spectre tout noir, moins une raie jaune brillante, située en D. Le potassium n'absorbe que le rouge et le violet en laissant une raie rouge et une raie violette dans le noir. Ces teintes noires sont ce qu'on appelle *bandes d'absorption*.

Les spectroscopes sont des appareils qui ont pour but de rechercher quelles sont les différentes bandes d'absorption des corps qui sont à la surface de la terre, et, ces bandes une fois connues, de rechercher ces substances.

Il y a un grand nombre de spectroscopes ; je n'en signalerai que quatre qui conviennent parfaitement pour les essais des vins.

Spectroscope à vision directe. — Cet apppareil (fig. 119), comme tous les spectroscopes, se compose : 1° d'un collimateur avec fente variable, donnant des rayons parallèles ; 2° d'un prisme décomposant la lumière, mais dans cet instrument le prisme ordinaire est formé de trois prismes dont deux

Fig. 119.
(Ph. Pellin. — 250 fr.)

en crown et un en flint ; il décompose ainsi la lumière blanche, sans produire de déviation ; 3° d'une lunette d'observation avec réticule dans le plan focal de l'objectif et au foyer de l'oculaire ; 4° d'un micromètre divisé en 250 parties et dont l'image vient se faire sur la surface même du prisme et servant de point de repère.

La fente porte un petit prisme à réflexion totale permettant d'avoir un spectre de comparaison tangent au spectre dans lequel se trouvent les raies brillantes ou les bandes d'absorption observées.

Pour faire des analyses précises et comparables entre elles, il faut graduer chaque spectroscope en longueur d'onde, mais cette graduation s'applique à l'analyse des métaux et non à la couleur des vins ; cependant, lorsqu'on achète un appareil sérieux, il est bon de pouvoir faire toutes les analyses. Avec ce spectroscope, rien de plus facile que la graduation en longueurs d'onde, au moyen de papiers quadrillés ; le micromètre est nécessaire dans ce cas.

Spectromètre Yvon, à épaisseur variable. — Dans les spectroscopes ordinaires, il faut une quantité assez considérable de liquide, quantité dont on ne peut pas toujours disposer dans les analyses organiques. Le spectromètre Yvon permet de faire varier la couche de liquide de 0 à 70 millimètres et d'apprécier la variation des liquides. Cet appareil (fig. 120) se compose

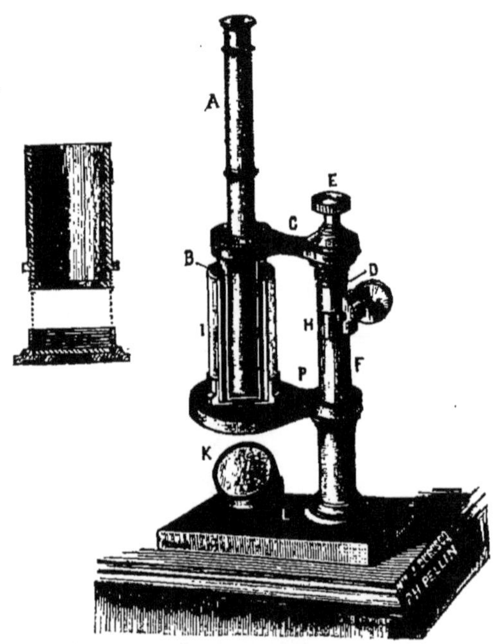

Fig. 120.

(Ph. Pellin. — 150 fr.)

d'un spectroscope à vision directe A, ayant au foyer de son oculaire un micromètre photographique. Il entre à frottement doux dans un tube platiné B, fermé à sa partie inférieure par un galet en glace. Ce tube B est vissé dans un support C qui peut être rendu solidaire à une colonne D par un bouton E ; cette colonne se meut dans un tube F au moyen d'un pignon et d'une crémaillère. Une fenêtre H permet de lire une division qui indique la hauteur du dessus du galet du tube B au fond du godet I, et donne, par conséquent, l'épaisseur de la couche de liquide observée. Ce godet I, en verre ou en tube platiné, fermé à sa partie inférieure par un galet en glace, est posé sur une platine P faisant corps avec le tube F ; cette platine est percée d'un trou à son centre. Un porte-miroir mobile K, ayant d'un côté un miroir plan et de l'autre un miroir convexe, envoie la lumière réfléchie dans l'axe de l'appareil ; le tout est supporté par un pied L.

Le nettoyage de l'appareil est très facile : on enlève le spectroscope A en le sortant du tube B, dans lequel il est maintenu en position fixe par une goupille. On relève le tube B au moyen du pignon et de la crémaillère, on desserre le bouton E, on sort le support C de son guide et on essuie extérieurement le tube B. On enlève le godet I, on en dévisse le fond, on lève le tout facilement et on remonte ; l'instrument est prêt pour une autre opération.

Cet appareil a été fait pour les analyses biologiques et les analyses de liquides organiques tels que les vins.

Je citerai encore, parmi les appareils de ce genre dont on peut se servir pour les essais des vins :

Le spectroscope à main, à fente variable, avec support porte-tube, inventé par M. de Luynes, directeur du Laboratoire des Douanes. Cet appareil, du prix de 85 francs, employé dans le Laboratoire des Douanes, sert à tous les produits organiques.

Le spectroscope de poche, avec fente variable, coûtant 35 francs, est recommandé par MM. Girard et Pabst, pour les essais de vins. Il y a, avec cet appareil, des cas où la dispersion est un peu trop restreinte.

Travaux de Chancel. — Au moyen du sous-acétate de plomb, du carbonate de potasse et de l'acide sulfurique, il retire du vin les matières colorantes introduites : fuchsine, cochenille, sulfate d'indigo, orcanette et campêche, pour les caractériser par le spectroscope.

La cochenille ammoniacale donne un spectre interrompu par deux bandes obscures, situées, l'une dans le jaune verdâtre, entre les raies D et E, la seconde dans le vert correspondant à la raie E ; une troisième bande, moins accusée, se montre dans le bleu.

L'indigo donne une bande d'absorption située dans le rouge, entre les raies C et D.

Les bandes d'absorption du campêche et de l'orcanette ne sont pas spécifiées.

Travaux de Ch. Girard et Pabst (Comptes Rendus, 1885, juillet, 13). — Ils signalent d'abord les travaux de Vogel, faits d'abord en Allemagne, en 1877. Ils recommandent de préférence les spectroscopes de poche, les plus petits et les plus lumineux possibles, et devant satisfaire aux conditions suivantes :

1° L'image visible du spectre aura une longueur apparente d'au moins 2 centimètres ;

2° La fente s'élargira à volonté et aura au moins un 1/2 centimètre de hauteur ;

3° Avec une ouverture étroite de la fente, on verra encore le spectre brillant de A à G et les raies D, E, F seront nettes, suivant la mise au point.

Les liquides seront examinés tout simplement dans des tubes à essais, à la lumière diffuse du jour, de préférence aux lumières artificielles qui donnent des résultats différents.

Cette méthode d'analyse présente l'avantage de n'exiger que de petites quantités de matières et de ne pas les dénaturer. Avec un spectroscope de poche, on peut reconnaître de suite la présence des fuchsines, soit dans un vin, soit dans un sirop.

Les vins naturels donnent une bande d'absorption entre D et F et une absorption unilatérale dans le violet.

D'après Gautier, le spectroscope est très bon pour différencier les substances isolées ou commerciales, mais il ne donne que des indications vagues quand elles ont été mêlées aux vins.

Le cliché des bandes d'absorption de MM. Girard et Pabst se trouve dans la Coloration des Vins, de Cazeneuve, et la Coloration artificielle, de Monavon.

Bande d'absorption de B à G, maximum D et G	Orseille
— — — — entre DE et en G	Fuchsine concentrée.
— — C à G — — EF — G	Rouge Congo et acide.
— — — uniforme	— —
— — entre CD à G grand maximum DE, autre F et G	Cochenille.
— — — — — — EF	Bordeaux verdissant.
— — de D à G uniforme	Chrysoïdine concentrée.
— — — id. moins épaisse	Orange concentré,
— — — — —	Bordeaux R.
— — — uniforme	Sulfofuchsine.
— — entre DE à G —	Ponceau RR.
— — — plus large	— B
— — — — comme Ponceau RR	Rouge Biebriech
— — — — la plus mince	Bordeaux B
— — — — encore plus mince	— étendu.
— — — maximum DE, EF et G	Cochenille ammoniacale.
— — — même, moins accentuées	— et acide azotique.
— — — maximum E et G	Bordeaux R étendu.
— — — — EF et G	Ponceau B —
— — de E à G — G oblique	Ponceau RR —
— — entre EF. à G. — —	Rouge Biebriech —
— — — uniforme, large	Chrysoïdine —
— — de F à G oblique, maximum G	Rouge Congo —
— — entre FG à G maximum G	Orangé
— — entre DE à F, 2 maximum, entre DE, près de F	Cochenille ammoniacale dans l'alcool.
— — de D à F — près D et près E	Cochenille et potasse.
Deux bandes d'absorption l'une en D large l'autre F à G mince	Orseille alcaline.
— — entre C et D demi-cercle, et entre F G à G bande	Vert de méthyle étendu.
— — B à D, maximum C; F à G uniforme	— — concentré
— — mêmes, mais plus vers la droite	Vert malachite —
— — la 1re bande part entre B à C, 2e même	Vert brillant —
— — entre CD à E et en F	Sulfofuchsine.
Une bande allant de D à E portant sur la droite, maximum gauche	Fuchsine étendue.
Arc de cercle au milieu de CD	Vert brillant étendu.
— — entre CD plus près de D	— malachite —

Patrouillard. — Il donne le moyen (voyez son procédé) de distinguer l'indigo, le campêche et l'orcanette.

Il signale la bande de l'indigo : bande d'absorption caractéristique entre C et D.

RÉACTIONS PARTICULIÈRES

AUX COLORANTS ARTIFICIELS

Lorsque par les essais préalables on est parvenu à reconnaître la présence d'une substance colorante étrangère dans le vin, il est bon de revoir ses expériences et de les classer, en les augmentant de quelques autres, particulières aux corps découverts dans les vins, afin de pouvoir être affirmatif.

Sous le nom de vin, dans ce paragraphe, je ne comprends que des vins colorés par des décoctions dont le nom est en tête, et contenant de 15 à 20 °/₀ de la couleur totale du vin.

Les teintures sont des dissolutions de la matière colorante dans de l'eau alcoolisée ou dans du vin blanc.

Les réactifs portent les numéros et les marques indiqués précédemment afin que l'on puisse recourir à leur préparation et à leurs caractères généraux.

Campêche. — Il est bon de chercher l'alun dans le vin, la couleur ne se maintenant que grâce à ce sel.

Vin (coloré par le campêche). — RÉACTIFS CARACTÉRISTIQUES. 24. — *Ether sulfurique* : L'éther prend une teinte jaune plus ou moins foncée suivant la quantité de campêche qu'il y a dans le vin. La liqueur étant décantée, si on y ajoute quelques gouttes d'ammoniaque, celle-ci produit une teinte rose plus ou moins vive et qui passe au rouge par un excès, ce qui différencie nettement le campêche de la fuchsine.

L'orseille donne une teinte jaune orangé vif, à l'éther, mais l'ammoniaque le fait passer au violet franc.

17. A. — *Soie et acide tartrique.* — La soie prend une belle couleur roux ou marron ; traitée par l'ammoniaque étendue, elle devient lilas cendré violeté ; l'acétate d'alumine la rend violet bleuâtre. 17. B. — Violet marron.

C'est là une différence caractéristique du campêche et du Fernambouc.

87. A. — *Acétate de cuivre.* — Le papier Berzélius prend une teinte bleu violacé. C'est une réaction qui réussit fort bien ; le fernambouc donne à peu près la même réaction, mais facile à distinguer par un expert habile ; le papier est rouge violacé, au lieu de bleu violacé.

69. — *L'aluminate de soude* développe peu à peu une coloration bleu violet très intense, plus manifeste si on étend d'eau.

78. A. — Le *sous-acétate de plomb* donne un précipité bleuâtre avec une trace de marron ; quelquefois le liquide filtré est incolore.

71. A. — L'*acétate d'alumine* donne une belle coloration violet bleuâtre, réaction très sensible.

18. — La *laine* donne aussi une couleur semblable, ce qui différencie du fernambouc ; qui reste lilas vineux ; l'eau ammoniacale fonce beaucoup cette teinte, ce qui le distingue des produits de la houille.

16. — *Acétate de plomb et soie.* — La couleur est bleue.

4. B. — *Carbonate de soude au 200°.* — Le mélange devient marron ou bleu manifeste, s'il y a peu de campèche ; à l'ébullition, la coloration violette ou marron apparaît. D'après Bastide, c'est une bonne réaction, mais Robinet prétend qu'elle est peu sensible, s'il n'y a pas un grand excès de campèche.

Ch. Girard donne comme couleur de ce réactif lilas, vineux violacé ou grenat.

Autres réactifs. — 1° A. B. — L'*ammoniaque* en décèle de suite la présence en donnant un liquide violet, mais sans le distinguer d'autres colorants.

14. — La *laine non mordancée*, non lavée, a un fond rougeâtre comme avec les autres bois de teintures et la fuchsine ; lavée, elle est rose presque insensible.

15. A. — La *laine* devient marron violet ; l'eau ammoniacale fonce beaucoup la couleur.

15. B. — Les *floches de soie* se teignent en marron roux que l'ammoniaque ne fait que partiellement disparaître ; il reste une couleur lilas violet gris, tandis qu'elle rend vertes ou brunes toutes les autres couleurs, sauf le brésil.

65. — Le *procédé Husson* caractérise le campèche, mais peut le faire confondre avec le sureau et la myrtille. On obtient un liquide violacé et un précipité violet. C'est une réaction délicate, que l'on rend plus sensible en traitant la liqueur filtrée violette par l'acide azotique ; s'il y a du campèche et du fernambouc, on obtient une pointe rouge pelure d'oignon.

La *baryte* (7) donne du rouge brun ou du jaune brun ; réaction incertaine. L'*eau de chaux* (8) donne un liquide filtré rouge. Le *carbonate de magnésie* (10) produit une auréole violette. Les *bâtons de craie* (11 A) se colorent en gris violacé et la *craie en poudre* (11 B) en rose.

Le *tannin et la gélatine* (21) donnent un liquide jaune et un précipité beau jaune fauve. L'*albumine coagulée* (22 C) par l'acide azotique forme un précipité blanc et un liquide couleur chair et par la chaleur un précipité gris violet, le liquide étant violet. Le *bioxyde de barium* (42 A) laisse persister la couleur beaucoup plus de 24 heures, et après l'hydrogène (42 B) le liquide est bleu violacé, le dépôt bleu ardoise ; l'*acide chlorhydrique* forme un liquide pelure d'oignon le dépôt restant bleu.

L'*aldéhyde et l'acide sulfurique* (53) produisent une teinte pelure d'oignon. L'*hydrogène naissant* (58 A) forme des traînées jaunes, puis un liquide jaune. Le *biazotate de mercure* (64) forme un précipité lilas et un liquide jaune. L'*alun et le carbonate de potasse* (66 A) précipité rose.

L'*alun et le carbonate de soude* (67 A) donnent un précipité vert bleuâtre avec teinte violette devenant plus violacée par dessiccation ; liquide vert (67 B) laque rosée ou violette.

L'*aluminate de potasse* (68) donne un précipité rose violacé et un liquide lilas violacé. L'*alun ammoniacal* (70) fonce la couleur en violeté. Le *sulfate d'alumine et la potasse* donnent une couleur prune Monsieur. Le *sous-sulfate d'alumine* (74) précipité violet. Le *borax* (75, A. B. C.) donne du marron ou du bleu, si le vin contient peu de campêche ; à l'ébullition le marron apparaît, réactif peu sûr. L'*acétate de plomb* (81), précipité rouge et l'*acétate d'urane* (97) couleur violette. Quelques gouttes de *bichromate de potasse* (92) font virer au violet.

Teinture. — Les teintures étant décelées immédiatement par l'ammoniaque et distinguées de suite par les premiers réactifs désignés dans l'étude de ces réactifs, il serait inutile d'indiquer les autres réactions, si elles ne pouvaient servir à l'expert pour les recherches dans les vins, car presque jamais on ne colore complètement les vins blancs avec les extraits colorants. Mais connaissant les propriétés des teintures et celles des vins purs, par la différence de teinte, l'expert peut apprécier, très approximativement, il est vrai, la proportion de teinture introduite.

La teinture de campêche est de couleur rouge jaune, d'une saveur douceâtre et d'une odeur d'iris.

Le *carbonate de soude au 200°* (4 A) donne une teinte rouge pourpre ou violette. L'*ammoniaque* (1) rend la liqueur violette ; un excès fait disparaître le violet et il ne réapparaît pas par l'ébullition. Le *bicarbonate de soude* (6) rose vineux. La *craie en poudre* (11) devient immédiatement d'un très beau rose. Le *tannin et la gélatine* (21) donnent un dépôt d'un beau jaune fauve et un liquide jaune. L'*alun et le carbonate de soude* (66 A) donnent une laque bleu violacé. L'*alun et le carbonate de potasse* (66 B) donnent une laque bleu foncé et l'*aluminate de potasse* (68) bleu violacé. L'*acétate d'alumine* (71 A) un liquide bleu violacé. Le *sulfate d'alumine* (72) donne une laque bleu violet foncé. Le *borax* (75) liquide rose vineux ou lilas. Le *sous-acétate de plomb* (78) donne un précipité violacé et un liquide incolore ou légèrement lilas. L'*acétate de cuivre* (87 A) forme un précipité bleu noirâtre. Le *sulfate de zinc* (88) donne un précipité bleu. Le *bichromate de potasse* (92) fournit un violet magnifique et très intense qu'il faut étendre d'eau pour bien juger.

BRÉSIL ou FERNAMBOUC. — On emploie ordinairement un excès d'alun pour maintenir la couleur dans les vins ; il y a donc intérêt à le rechercher. La teinture à l'alun est très énergique comme colorant. On classe ces bois sous le même titre, car ils ont à peu près les mêmes réactions. La Brésiline obtenue par le Procédé Chevreul ayant une grande puissance de coloration et étant soluble dans l'eau et l'alcool, se conserve très bien dans les vins sans alun.

Vins. — Réactions caractéristiques. — Les *floches de soie* (17 A) prennent une couleur lilas nettement marron ou roux. Si on les trempe alors dans l'ammoniaque et qu'on les porte un instant à 100°, elles prennent une teinte roux lilas ; au lieu d'ammoniaque, si on met de l'eau de chaux, la soie passe au gris cendré.

La soie primitive plongée dans l'acétate d'alumine et portée à 100° conserve sa couleur lilas vineux roux. Le campêche donne du violet.

L'*acétate de cuivre* (87 A) sur le papier Berzélius, donne à peu près la même couleur qu'avec le campêche, mais il est plus rouge (Voir campêche).

L'*alun* et *l'acétate de plomb* (65) donnent une teinte violette plus ou moins bleue, par l'acide azotique faible ; elle devient d'abord groseille, puis par un excès, pelure d'oignon ; le précipité est groseille, ce qui le distingue du bois de campêche qui donne un précipité violet un peu cerise.

Autres Réactions. — Le collage ne décolore pas le bois de Brésil, L'ammoniaque (1 A) donne une couleur lilas brun plus ou moins foncée, suivant la quantité du colorant (1 B), la couleur est violette. La *laine* (14) non lavée a un fond rougeâtre ; lavée elle possède une coloration rose très peu sensible. Le *bicarbonate de soude* (6) donne du lilas vineux. Le *borax* (75 AB) donne du lilas vineux plus sensible, qui à l'ébullition devient lilas vineux foncé. L'*alun et le carbonate de potasse* (66 A) forment un précipité gris violacé ou lilas passant au rose marron ; le liquide est gris avec une pointe marron. L'*aluminate de potasse* (68) forme un précipité rose et une liqueur rouge pelure d'oignon. Le *carbonate de soude* (4 AB) donne du lilas brun ou lilas teinté de marron ; à l'ébullition il devient lilas vineux foncé. Le *bioxyde de barium* (42 A) donne une couleur qui persiste plus de 24 heures. La *baryte* (7) coloration rouge brun.

L'*acétate de plomb et la soie* (16) donnent une couleur gris sale. Le *biazotate de mercure* (64) forme un précipité saumon et un liquide jaune. L'*alun et le carbonate de soude* (67 AB) produisent une laque rosée ou violacée. L'*acétate d'alumine* (71 A) colore en rouge de vin vieux, ou en rosé. Le *sulfate d'alumine et la potasse* (73) donnent une laque rouge. Avec le sous-*sulfate d'alumine* (74) laque violette et avec l'*acétate d'urane* (97) une laque rouge brun.

Teinture. — Elle est de couleur rougeâtre, inodore et presque insipide.

Tannin et gélatine (21) : le liquide se fonce et devient à l'air d'un beau rouge. *Ammoniaque* (1) rouge groseille. *Borax* (75 A) liqueur groseille. *Acétate d'alumine* (71 B) conserve la teinte primitive. *Alun et carbonate de potasse* (66 A) laque rose (66 B) laque rose rouge. *Aluminate de potasse* (68) laque rouge groseille. *Sulfate d'alumine* (72) laque rose carmin. *Sous-acétate de plomb* (78 AB) précipité bleu violet, liquide vineux ou lilas brun. *Bicarbonate de soude* (6) couleur groseille. *Acétate de cuivre* (87 A) coloration rouge vin très foncé. *Perchlorure de fer* (83) coloration rouge brun très foncé. *Biazotate de mercure* (64) précipité rouge brun, liquide jaune.

SUREAU. — La matière colorante des baies de sureau jouit de propriétés semblables à celles de l'hièble et du troëne, sa présence se démontre facilement dans les vins, mais la distinction entre le sureau, l'hièble et le troëne (Voir) est délicate. Aussi plusieurs auteurs ont-ils réuni ces trois substances dans le même paragraphe. La matière colorante de ces baies ne se maintient dans les vins que grâce à une forte proportion d'alun ; et comme elles contiennent de l'acide malique, il faudra rechercher l'*alun* et l'*acide malique*.

Vins. — Réactions caractéristiques. *Carbonate de soude* (4 A.). Il donne une teinte verte très sombre, tirant quelquefois fortement sur le bleu, et par transparence, une teinte lilas très nette. L'hièble se comporte de même ; du reste, des vins naturels ont donné cette réaction : ce n'est donc qu'une présomption. (B). Porté à l'ébullition, il devient verdâtre plus sombre, tandis qu'il se décolore en partie avec l'hièble. *Acétate d'alumine* (71. A) : le précipité et le liquide sont violets ou lilas franc ; cette réaction est très voisine de celle de l'hièble, du troëne et de la myrtille, qui donnent du violet bleu ou lilas ; mais avec l'habitude on peut les distinguer. La *laine* (18) traitée par l'ammoniaque prend une teinte brune au lieu de la teinte verte des vins naturels ; l'hièble et la myrtille de même. *Perchlorure de fer* (83), bleu lilas pur, ce qui le distingue de la myrtille. *Protosulfate de fer* (84). Dans 1 ou 2cc de vin contenant de la mauve, du sureau, de l'hièble ou de la myrtille, on place gros comme un pois de sulfate de fer, puis on ajoute quelques gouttes de la solution de *brôme* : violet vif, mauve ; bleu foncé, sureau ; vert jaunâtre sale, myrtille et hièble ; le vin pur se fonce sans bleu. Pour bien voir la couleur, il faut étendre d'eau. *Alun de fer* (85) la liqueur passe au jaune sans précipité avec la mauve, vert et avec un précipité pour le sureau, ou se colore en brun et précipite s'il y a de l'hièble et de la myrtille.

Le vin additionné de tannin donne la même réaction que le sureau ou la mauve avec les sels de fer ; il faut donc dans ce cas coller le vin à l'albumine ; la réaction est du reste plus sensible.

L'*alun ammoniacal* (70) fonce légèrement le liquide, ce qui distingue le sureau de la mauve qui devient bleu violet.

Autres réactifs. — Le vin verdit dans une grande quantité d'eau.

L'*ammoniaque* (1) verdit franchement ou donne une couleur verdâtre sale. La *laine Bastide* (15 A.) prend une couleur brun cendré, l'eau ammoniacale fonce la couleur en la verdissant. Le *procédé Husson* (65) fournit un précipité violacé et un liquide coloré en violet bleu ; traité par l'acétate de cuivre, il devient bleu ; par l'acétate de soude, lilas, et par le carbonate de soude, précipité violet. L'hièble agit de même. Le *bicarbonate de soude* (6), lilas, puis rapidement gris mêlé de vert bleuâtre.

Le *borax* (75 A.) donne une nuance gris bleu verdâtre à peine lilas, suivant les cépages, mais elle est bleuâtre plus foncée qu'avec les vins purs, et la pointe lilas ou marron est nettement accentuée (75 C), bleu verdâtre avec pointe marron. L'*alun et le carbonate de potasse* (66 A) forment un précipité violet. L'*alun et le carbonate de soude* (67 A) produisent un précipité bleu violacé et un liquide vert bouteille (67 B) donne une laque brun brunâtre noircissant à l'air. L'*aluminate de potasse* (68), laque bleu violet sale, rose ou vineux, commune à d'autres colorants. *Aluminate de soude* (69), coloration rose franc, peu de différence avec les vins purs qui sont rose lilas (Gautier), coloration violette, qui est la même pour le sureau, l'hièble et la myrtille (Balard, Wurtz, etc.). *Sulfate d'alumine* (72), précipité gris ardoisé, violet avec l'hièble. *Sous-acétate de plomb* (78 A C), précipité bleu verdâtre, cendré foncé, terne, diffère peu des vins purs ; le liquide est décoloré. *Bioxyde de barium* (42 A), la couleur persiste beaucoup plus de 24 heures ; la liqueur est brune, un peu rosée et le dépôt orange au contact du bioxyde. *Cyanure rouge de potassium* (95). On obtient un liquide brun verdâtre sale ; la liqueur de Labarraque fait apparaître une couleur vert émeraude, en détruisant la couleur de la baie ; les autres colorants agissent à peu près de même, mais d'une manière moins tranchée que pour le sureau et pour l'hièble.

Certains vins de cépages américains donnent une coloration brune, il ne faut pas confondre. L'acétate de soude (76) est un mauvais réactif.

L'*albumine et l'eau* (22 B) donne une franche couleur verte. L'*albumine* (22 C), coagulée par l'acide azotique, donne un précipité rouge groseille et un liquide d'un beau rouge ; celle qui est coagulée par la chaleur forme un précipité ardoise et un liquide bleu violet. La *craie albuminée* (11 A) est bleu gris, franc, et la craie zincique bleue légèrement verdâtre. La *laine et l'acide tartrique* (17 B) est brun cendré. L'*eau oxygénée* (39) produit une teinte orange. Le *bioxyde de barium* (42 B), après l'*hydrogène naissant*, produit deux dépôts ; l'un gris rosé et l'autre jaune ; le liquide est jaune. Le *protoazotate de mercure* (63), liquide orange. L'*acétate d'alumine* (71 A), bleu violacé. Le *sous-sulfate d'alumine* (74), brun bleuâtre. Le *sous-acétate de plomb*, après l'*acétate d'alumine*, (79), précipité rose. L'*émétique* (91), violet. L'*acétate d'urane* (97), violacé.

Teinture. — *Ammoniaque* (1), belle coloration verte. *Bicarbonate de soude* (6), liqueur lilas vineux. *Borax* (75 B), couleur vineuse. *Acétate d'alumine* (71 B), liquide violet pur. *Alun et carbonate de potasse* (66 B), laque bleu violet sale. *Alun et potasse* (68), même laque. *Aluminate de potasse* (68), liquide gris lilas sombre passant au vert bouteille sombre, par un excès de réactif. *Sulfate d'alumine* (72), laque beau bleu. *Sous-acétate de plomb* (78 A B), précipité vert bleu sombre devenant bleu à l'air, liquide décoloré. *Carbonate de soude* (4 A), liquide violet lilas passant au gris bleuâtre sombre, puis au vert bleuâtre. *Acétate de cuivre* (87 A), coloration beau bleu stable. *Perchlorure de fer* (83), coloration bleu lilas pur. *Tannin* et *gélatine* (21), dépôt rouge violet ; le liquide reste très rouge.

HIÈBLE. — (*Voir Sureau*). La matière colorante de l'hièble ne se maintient dans les vins qu'à la faveur d'une forte proportion d'*alun ;* il faut donc rechercher ce sel, ainsi que l'*acide malique* qui préexiste dans cette baie.

Les réactions de l'hièble sont très peu différentes de celles du sureau ; aussi divers chimistes (Bastide, Gautier) les mettent-ils ensemble. Cependant on peut les distinguer.

Vins. — Réactions caractéristiques. *Bicarbonate de soude* (6). Le liquide reste un instant lilas et prend rapidement un ton gris bleu verdâtre avec le sureau ; la liqueur garde une teinte lilas ou grise mélangée de marron ou de lilas sale avec l'hièble, et gris jaunâtre avec pointe de vert ou de roux pour la myrtille.

Acétate d'alumine (71 A), liqueur violet bleu ou lilas. La *laine* et *l'acétate d'alumine* (18) se colorent en rose ; l'ammoniaque teinte en brun. L'*alun et carbonate de soude* (67 A), précipité bleu violet foncé, liquide vert bouteille comme avec le sureau (67 B), laque bleu violacé ; la fibre du filtre est colorée en bleu après dessiccation. *Borax* (75 A), couleur gris bleu verdâtre avec une pointe de lilas très nette, tandis que pour le sureau, la teinte lilas est à peine sensible. C'est une réaction des plus sûres pour l'hièble (75 C), verdâtre pointe marron. *Carbonate de soude* (4 A B), vert teinte lilas, le vin pur étant vert bleuâtre ou gris légèrement verdâtre ; porté à l'ébullition, il prend une teinte gris sombre verdâtre avec le sureau ; il tend à se décolorer, le vert étant remplacé par du roux pour l'hièble et devenant gris foncé avec la myrtille. *Baryte* (7) ; le liquide devient jaune verdâtre clair ; par l'acide acétique, le liquide est à peine rosé. Il y a une petite différence avec le sureau. *Protosulfate de fer* (84). On peut dissoudre le sel de fer à chaud ; la liqueur prend une couleur violacée comme les vins purs ; la solution de *brôme* versée dans le vin, puis étendue d'eau, présente une nuance vert jaunâtre sale. L'hièble est plus riche en couleur et est plus verte que la myrtille ; le sureau donne du bleu. *Alun de fer* (85) ; précipité brun jaunâtre, plus foncé que celui des vins naturels, mais semblable à celui de la myrtille. Avec l'hièble au 8e, le liquide a une coloration brune ; la mauve donne du jaune et le sureau du vert.

Autres Réactions. — *Tannin* et *gélatine* (21). Tannisée fortement, toute la matière colorante est précipitée. *Laine* Bastide (15 A), brun cendré ; l'eau ammoniacale fonce la couleur en la verdissant. *Alun* et *acétate de plomb* (65) ; le liquide a une teinte violette et le précipité est violet bleu ; réaction très caractéristique, mais semblable au sureau. *Aluminate de potasse* (68) ; rose franc, commun à beaucoup d'autres colorants. *Sulfate d'alumine* (72) ; précipité violet clair, commun au brésil, troëne et mûrons ; le sureau est gris ardoisé. *Sous-acétate de plomb* (78) ; précipité vert chêne sombre ou bleu foncé terne comme le sureau ; le liquide est violet ou incolore. Le suc récent de l'hièble donne un précipité beau violet, et s'il est fermenté vert. *Bioxyde de barium* (42 A) ; la liqueur est teinte en rose marron ; le dépôt est orange au contact du bioxyde ; la couleur persiste plus de 24 heures.

Bâtons de craie albuminée (11 A) ; gris verdâtre. *Laine et acide tartrique* (17 B) ; brun cendré. *Alun ammoniacal* (70) ; rouge brique, se fonçant légèrement. *Sulfate d'alumine et potasse* (73); violet bleuâtre. *Sous-sulfate d'alumine* (74), violacé ; le papier desséché est bleu foncé.

On peut donc distinguer le sureau de l'hièble. Si l'expert n'a pas une grande habitude des essais de vins, il pourra préparer deux vins, l'un à l'hièble et l'autre au sureau, fermentés et non, et comparer leurs réactions avec le vin soumis à l'analyse.

Teinture. — *Tannin et gélatine* (21) : dépôt rouge violet ; le liquide reste très rouge. *Ammoniaque* (1) vert bouteille assombri. *Bicarbonate de soude* (6) liquide lilas rabattu de gris ou gris teinté de marron. *Borax* (75 A) couleur vineuse du vin de Porto. *Acétate d'alumine* (71 B) liquide lilas vineux sombre. *Alun et potasse* (68) laque bleu violet sale. *Aluminate de potasse* (68) lilas sombre. *Sulfate d'alumine* (72) laque beau bleu. *Sous acétate de plomb* (78 A) précipité bleu vert foncé (vert chène), devenant bleu à l'air, liquide décoloré. *Carbonate de soude* (4 A) liquide vert avec teinte lie de vin ou gris légèrement vert ; la chaleur fait disparaître le vert. *Acétate de cuivre* (87 A) coloration bleu stable. *Perchlorure de fer* (83) coloration bleu lilas pur.

TROENE. — Cette teinture est moins employée que le sureau et l'hièble, par suite de sa plus faible couleur, et de sa précipitation immédiate dans les lies. Il faut rechercher l'*alun* que l'on ajoute pour fixer la couleur. La liguline (matière colorante du troëne) est faible en couleur, surtout dans la baie fermentée. La recherche du troëne est des plus délicates ; on n'obtient avec les réactifs que des nuances fugaces, qu'un expérimentateur peu exercé laisserait échapper.

Vins. — Réactions Caractéristiques. — *Alun et acétate de plomb* (65). — C'est un procédé sûr ; la réaction est bien caractérisée. Le précipité est franchement gris bleu ; mais ce phénomène n'a rien de probant, car il se produit avec les vins du Midi, et ceux des vignes américaines. Dans le liquide clair on cherche les caractères du troëne ; la liqueur est d'un beau bleu, tandis que les vins purs ont une teinte vineuse à peine sensible. Cette nuance bleue, semblable à celle du cuivre ammoniacal, ne doit pas être confondue avec la nuance bleu mauve pâle que donne la mauve. *Borax* (75 A) verdâtre gris bleu teinté de lilas ; la pointe de lilas distingue des vins purs ; la teinte est très claire pour le troëne, tandis que le sureau donne une teinte bleuâtre foncé. *Acétate d'alumine* (71) liquide violet bleuâtre ou lilas, comme le sureau, la mauve, l'hièble et la myrtille. Mais le précipité est verdâtre ou à peine verdâtre avec le troëne et bleu violacé avec le sureau, l'hièble et la myrtille. *Alun et carbonate de soude* (67 A). — Laque verdâtre, liquide vert.

Autres réactions. — *L'aluminate de potasse* (68) donne une laque rose franc. *Sulfate d'alumine* (72) précipité violet. *Carbonate de soude* (4, A. B.) couleur vert bleuâtre avec légère pointe lilas, semblable aux vins d'Espagne et de Roussillon de 2 ans; seulement, à l'ébullition elle passe au jaunâtre sale comme l'indigo, mais le vin teinturier prend le ton brun marron, ce qui peut cacher la réaction. *Bioxyde de barium* (42 A) liquide surnageant rose, dépôt orange au contact du bioxyde. *Baryte* (7) liquide jaunâtre mêlé d'un peu de vert, ressemble à l'aramon ; l'acide acétique donne une liqueur à peine rosée. Peu de différence avec les vins purs. *Acétate de cuivre.* (87 A) brun foncé devenant noirâtre avec le troëne fermenté. *Perchlorure de fer* (83) jaune brun avec la baie fermentée.

Potasse (2) précipité violet bleu. *Albumine* (22 C). Coagulée par l'acide azotique, elle donne un précipité carmin, puis jaune ; le liquide devient très vite jaune ; par la chaleur, le précipité est bleu très accentué et le liquide est bleu. L'*acétate d'alumine* (71 A) précipité bleu ou violacé, liqueur bleu violacé. *Le sulfate d'alumine et la potasse* (73) violet bleuâtre. L'émétique (91) violet pur.

Teinture. — Elle a une couleur rouge brun ; sa saveur est âcre et peu sensible. *Amoniaque* (1) coloration jaune verdâtre sombre. *Tannin et gélatine* (21), dépôt rouge noyer, le liquide jaune brun. *Bicarbonate de soude* (6) gris sombre teinté de marron. *Borax* (75 A) liquide rose rougeâtre sale. *Acétate d'alumine* (71 B) le liquide garde d'abord sa couleur, puis il s'assombrit et passe au verdâtre avec un excès de réactif. *Alun et potasse* (68 brun) laque couleur ardoise violacée devenant plus foncée (Gautier) vert assombri par un excès de réactif. *Sulfate d'alumine* (72) laque couleur ardoise. *Sous-acétate de plomb* (78 A) précipité vert sombre, liquide décoloré, ou précipité vert bleu sale noirâtre (J. Brun).

AIRELLE MYRTILLE. (Voir *Hièble et sureau*). — La matière colorante de la myrtille ne se maintient que par l'addition d'*alun*. Elle n'est guère employée en France ; on l'a cependant trouvée à Paris et en Suisse, dans des vins blancs colorés. Le jus de ces baies contient des quantités assez considérables d'*acide citrique ;* la présence de cet acide, d'après divers auteurs, est le meilleur caractère de la myrtille ; cependant les framboises, le cassis, les mûrons des haies et les mûres noires, en contiennent également ; mais comme il est facile de les distinguer, on démontre ainsi la présence de la myrtille. On y trouve aussi de l'*acide malique* et du *citrate de chaux.*

Vins. — Réactions caractéristiques. — *Alun et acétate de plomb* (65) le précipité est violacé et le liquide violet bleu. Cette réaction est commune au sureau et à l'hièble, mais on peut les distinguer, car le liquide traité par le *carbonate de potasse* (5) donne un précipité gris violacé, ce qui distingue la myrtille des deux autres. *Bicarbonate de soude* (6) le liquide est gris jaunâtre terne, souvent avec une pointe de roux, ce qui distingue la myrtille des autres colorants, sauf quelquefois la betterave, *Sous-acétate de plomb* (78 A) précipité très clair semblable aux vins naturels, ce qui la sépare du troëne. C'est la seule substance qui ait une si grande analogie avec les vins naturels. *Sulfate de cuivre* (86) il colore ce vin en violet; c'est la réaction la plus sensible; la fuchsine agit de même, mais il est très facile de la reconnaître. *Acétate d'alumine* (71 A) liqueur violette ou lilas violacée, comme l'hièble et le sureau, précipité bleu violacé.

Autres réactions. — *Ammoniaque* (1) gris jaunâtre ou gris verdâtre. *Borax* (75 A) teinte grise avec pointe lilas, peu tranchée.

Alun et carbonate de soude (67 A) la laque bleu verdâtre obtenue est légèrement rosée sur les bords; le fond de la teinte est bleu vert cendré; la liqueur est généralement verdâtre ou vert marron. Pour 30 °/₀ il y a une légère nuance rose ou quelquefois marron. Ce caractère ressemble à celui d'autres colorants. *Alun et carbonate de potasse* (66 A et B) précipité gris bleuâtre. *Aluminate de potasse* (68 Gautier) liquide rose franc comme l'hièble, le sureau a une petite teinte vineuse en sus du rose. *Carbonate de soude* (4 A B) vert bleuâtre ou jaunâtre avec pointe lilas, ou rose vineux analogue au troëne. Indications vagues qui peuvent se confondre avec les réactions obtenues avec l'aramon et les vins de vignes américaines, mais à l'ébullition, les vins naturels se décolorent ou deviennent jaunes ou lilas vineux rose, tandis que la myrtille devient gris jaune foncé. *Bioxyde de barium* (42 A) liqueur décolorée à peine rosée, trace de dépôt orange. *Baryte* (7) liquide jaune verdâtre, après l'action de l'acide acétique, faiblement rosé. Le *protosulfate de fer* et la liqueur de *brôme* (84). (Voir *Hièble*). *Alun de fer* (85) précipité et coloration brune. *Albumine et eau* (22 B) verdit franchement. *Aldéhyde et acide sulfurique* (53) teinte rouge. *Biazotate de mercure* (64) précipité violacé, liquide incolore. *Sulfate d'alumine et potasse* (73) couleur lie sale. *Emétique* (91) violet rouge. L'alcool amylique (26) se colore en rouge.

Certains vins naturels, parmi lesquels je signalerai des vins rouges de Saumur, donnent une grande partie des réactions de la myrtille, mais pas toutes; il faut y faire bien attention.

Teinture. — *Ammoniaque* (1) gris vert bouteille, par transparence, teinté de marron (Gautier); vert pur (Brun); brun sale laiteux (Viard). *Tannin et gélatine* (21) dépôt gris violet, liquide rouge. *Bicarbonate de soude* (6) le liquide reste lilas; avec un excès, il devient rapidement gris, légèrement roux. *Borax* (75 A) jaune sale teinté lilas. *Acétate d'alumine* (71 B) liquide lilas violacé. *Alun et carbonate de potasse* (66 B) laque couleur ardoise bleuâtre et noirâtre devenant brune. *Alun et potasse* (68 Brun) laque vert brun très foncé. *Aluminate de potasse* (Gautier) liquide gris, teinté vert marron par transparence. *Sulfate d'alumine* (72) laque bleu grisâtre ardoisé. *Sous-acétate de plomb* (78 A) précipité gris vert, bleu cendré verdâtre, liquide incolore. *Carbonate de soude* (4 A B) liquide vineux; un excès de réactif le rend lilas, et un grand excès gris teinté marron; à l'ébullition gris jaunâtre. *Acétate de cuivre* (87 A) coloration bleu verdâtre. *Perchlorure de fer* (83) coloration marron verdâtre.

PHYTOLACCA. — C'est une des substances les plus faciles à reconnaître. Comme il contient de l'*acide oxalique,* la présence de cet acide donne une certitude ; on le retrouve dans le précipité plombique insoluble dans l'ammoniaque.

Vins. — Réactions caractéristiques. — *Alun et carbonate de soude* (67 A) laque bleuâtre légèrement rosée, liquide rose lilas. (67 B) laque vert bleuâtre, caractère nul, le liquide filtré est coloré en lilas ou violet, ce qui le distingue des autres colorants végétaux. On ne pourrait le confondre qu'avec la cochenille, mais si on chauffe avec un petit excès de carbonate de soude, le liquide se décolore, tandis qu'il reste coloré avec la cochenille. *Carbonate de soude* (4 A) la coloration produite varie du violet sombre au lilas. Quelquefois, lorsque le vin au phytolacca est ancien, l'essai donne au mélange une couleur verdâtre ou vert bleuâtre, sans cependant que la teinte violacée disparaisse (B). Si on porte à l'ébullition, le liquide perd sa teinte verdâtre et lilas pour en acquérir une jaunâtre, ou il passe simplement au marron. Dans le premier cas, on peut avoir affaire aussi bien au vin naturel qu'à toutes les baies ; dans le second cas, il y a présomption de la fraude par le phytolacca. *Bicarbonate de soude* (6) couleur franchement lilas, des plus caractéristiques et d'une extrême sensibilité, même quand le mélange est déjà ancien. *Borax* (75 A) lilas ou gris bleuâtre, avec une pointe de lilas, ou légèrement marron, comme l'hièble ou le sureau. *Alun et acétate de plomb* (65) le liquide violet traité par l'ammoniaque devient jaune et lilas par l'alun et le carbonate de soude. Le précipité est verdâtre bleuté si le colorant est en faible dose, et rosé s'il est abondant ; le liquide est franchement lilas. C'est une excellente réaction. *Protonitrate de mercure* (63) il donne les mêmes réactions que le précédent, mais plus accentuées.

En solution étendue, la couleur n'est pas affectée à froid par les acides. L'*acide chlorhydrique* (49) fonce la couleur en bleu violet, ce qui le distingue de toutes les matières colorantes.

Autres réactions. — *Ammoniaque* (1 A) gris foncé ou marron avec pointe lilas, comme les bois de teinture. *Acétate d'alumine* (71) lilas vieux ou lilas franc. *Aluminate de potasse* (68) liquide rose vif. *Sous-acétate de plomb* (78) précipité bleu verdâtre un peu foncé, ou violacé ; le liquide filtré prend une teinte rose ou violacée, persistant même après une légère alcalinisation. Ce liquide rose se décolore par l'ébullition en prenant une teinte légèrement jaunâtre. Un excès d'alcali fait disparaître la couleur. *Bioxyde de barium* (42 A) liquide franchement rose, dépôt orange (bon). *Sulfate de cuivre* (86) couleur brune passant au vert. *Baryte* (7) liquide jaune verdâtre sale, devenant à peine rosé par l'addition d'acide acétique. *Bichromate de potasse* (92) précipité rouge. *Potasse* (2) coloration jaune. *Hydrogène naissant* (58 A) réactif insuffisant pour caractériser cette couleur qui l'est déjà par les réactifs précédents. Il se décolore plus vite que les vins naturels.

Alumine et eau (22 B) jaunit et l'acide acétique ne recolore pas. *Chlorure d'étain et borax* (90) coloration rose. *Biazotate de mercure* (63) liquide coloré.

Teinture. — Elle est très visqueuse, de couleur rouge carmin, ayant un goût âcre, une odeur nauséabonde et une saveur acide et astringente. *Tannin et gélatine* (21) dépôt d'un beau violet, liquide violet. *Ammoniaque* (1) la couleur se fonce d'abord, puis pâlit et devient jaune serin. *Bicarbonate de soude* (6) liquide rose violacé. *Borax* (75 A) bleu lilas (Brun), rose violacé (Gautier). *Acétate d'alumine* (71) liquide rose violacé. *Alun et carbonate de potasse* (66 B) laque bleu violet foncé devenant jaune ; belle laque rosée, d'après Carles. *Alun et potasse* (68 Brun), laque bleu violet, devenant jaune par un excès de potasse. *Sulfate d'alumine* (72) laque beau rose violet. *Sous-acétate de plomb* (78 A) précipité rouge violet très foncé, marron, soluble, en s'altérant, dans un excès de réactif ; liquide décoloré et rose rancio par un excès de réactif. *Carbonate de soude* (4 A) liquide rose violacé. *Acétate de cuivre* (87 A) couleur rouge pavot foncé, devenant plus tard vert gazon. *Perchlorure de fer* (83) coloration lilas très intense. *Bichromate de potasse*, laisse la couleur, puis précipite en rouge brun. *Acide chlorhydrique* (49) belle couleur bleu violet très foncé.

M. Lacour-Eymard (J[l] de Ph. et Ch., 1890, t. 21, p. 243) a donné des expériences sur le jus du phytolacca, qui ne ressemblent en rien aux essais ci-dessus, pas plus que les expériences physiologiques. Devant ces énormes différences, on se demande si c'est bien le même produit :

Ammoniaque (1) vert bouteille, le rouge ne réapparaît pas par un acide. *Sulfate d'alumine* (72) léger trouble, avivage. *Sous-acétate de plomb* (78 A) rouge brique. *Carbonate de soude* (4 A) liquide vert bouteille. *Acide chlorhydrique* (49) beau rouge. *Bitartrate de potasse*, cramoisi. *Azotate d'argent*, léger précipité violet.

MURES NOIRES. — Ces baies contiennent de l'*acide citrique* et de l'*acide tartrique* libres. La présence de ces deux acides peut, jusqu'à un certain point, servir de base à la démonstration de la présence de cette teinture, si on n'a pas trouvé de myrtilles, de cassis, de framboises et de mûrons des haies. Les caractères de ces baies n'ont été étudiés que par J. Brun et encore sur du vin blanc coloré directement. Les vins rouges mélangés n'ont pas été essayés, mais ils participent des propriétés des vins naturels jointes à celles de la teinture.

Teinture. — *Ammoniaque* (1) la couleur tourne au brun noirâtre légèrement violet. *Tannin et gélatine* (21) dépôt gris violet sale, liquide rose. *Alun et carbonate de potasse* (66 A) laque rouge cuivre foncé. *Alun et potasse* (68 Brun) laque rouge cuivre terne. *Sulfate d'alumine* (72) laque gris cendré légèrement rose. *Acétate de cuivre* (87 A) coloration bleu pur. *Perchlorure de fer* (83) coloration brun jaunâtre. Cette teinture peut donc parfaitement se distinguer des autres ; mais je ne sais si un vin mélangé avec

1/5e de la teinture pourrait se distinguer d'autres vins mélangés avec les baies de fruits.

MURES de HAIES ou MURONS. — Ces baies sont très employées en France par les cultivateurs pour colorer leurs piquettes faites avec des marcs de raisins. En même temps que la couleur, elles communiquent un petit goût agréable. Elles renferment de l'*acide citrique* et de l'*acide malique*. On doit donc l'introduire dans les vins, car son extrait fermenté possède une belle couleur, et j'en ai fait des vins, sans alun, qui ne se distinguaient ni par l'odeur, ni par la saveur, des vins naturels. Mais pour que la couleur se maintînt longtemps, il faudrait y ajouter de l'alun. Comme je n'ai trouvé aucune étude sur cette question, j'ai préparé un vin de Roussillon contenant 20 °/₀ de sa couleur en extrait de mûres fermentées, et j'ai obtenu les résultats suivants :

Vins. — Réactions caractéristiques. *Alun et acétate de plomb* (65) liquide verdâtre violeté, devenant rouge groseille par l'acide azotique. *Borax* (75 A) violet sombre, ce qui le distingue des autres colorants. *Alun et carbonate de soude* (67 A) précipité blanc, rose violeté, liquide bleuâtre, ce qui le distingue des autres colorants. *Protosulfate de fer* (84) couleur bleu violet très foncé au contact.

Autres Réactions. *Ammoniaque* (1, B) comme les vins purs. *Laine Viard* (14) teinte rose sensible avec les mûrons frais ; teinte presque insensible avec les mûrons fermentés. *Laine Bastide* (15 A) laine couleur lie de vin ; par l'ammoniaque, coloration verte redevenant lie de vin par dessiccation. *Protonitrate de mercure* (63) précipité gris bleu violacé ; liquide rose. *Peroxyde de manganèse* (41) jaune paille roux. *Bicarbonate de soude* (6) gris verdâtre pointe violet sombre. *Acétate d'alumine* (71 B) violeté. *Aluminate de potasse* (68) rose. *Sulfate d'alumine* (72) précipité violet, comme l'hièble, le brésil et le troëne. *Sous-acétate de plomb* (78) précipité bleu verdâtre. *Carbonate de soude* (4 A) couleur violacée ou lilas sombre. *Bioxyde de barium* (42 A) liquide lilas ; dépôt brun au contact du bioxyde. *Sulfate de cuivre* (86) violet bleuâtre sombre. *Baryte* (7) liquide lilas vineux ; l'acide acétique rend rouge lilas. *Acétate de cuivre* (87 A) coloration brun sombre violacé. *Perchlorure de fer* (83) fonce beaucoup la couleur, qui devient terre de Sienne. *Bichromate de potasse* (92) précipité jaune orange. La *potasse* (2) et l'*eau de chaux* (8) donnent les mêmes résultats que l'ammoniaque. Les réactions de cette couleur se rapprochent beaucoup de celles du phytolacca, mais il est facile de les séparer par l'action du borax.

CASSIS et FRAMBOISES. — Ces deux fruits sont plutôt employés pour leur odeur et leur saveur que pour leur couleur, car leurs prix comparés à la teinte qu'il pourraient donner n'est pas en rapport avec le service rendu. Ils contiennent de l'*acide citrique et de* l'*acide malique*. La découverte de ces deux acides, l'absence de myrtille, mûres noires, mûrons, cidre et poiré, et d'acide tartrique libre suffisent pour les caractériser (Voir *Odeur des Vins*).

MAQUI. — Cette matière colorante, toute nouvelle a été étudiée entièrement par M. Lajoux, de Reims; depuis quelques réactifs ont été essayés.

La couleur des vins colorés est de 1/3 en infusion de maqui.

Vins. — *Carbonate de soude au 200e* (4 B) vert d'eau jaunissant rapidement, surtout à chaud ; ce qui distingue le maqui du sureau dont il a beaucoup de réactions. *Alun et carbonate de soude* (67 A,B) laque bleu gris très évident, liquide filtré incolore ou légèrement vert bleuâtre jaunissant nettement à chaud. *Acétate d'alumine* (71 A) violet ou violacé très net. *Bâtons de craie* (11 A) albuminés bleu gris franc (Gautier) gris ardoisé un peu violacé (Lajoux) zincique, un peu plus bleu. *Bioxyde de manganèse* (41) décoloré. *Oxyde jaune de mercure* (46) décoloré. *Sous-acétate d'alumine* (74) bleu grisâtre. *Sous-acétate de plomb* (78 A) précipité vert clair ou gris verdâtre liquide vert franc. *Sulfate de cuivre* (86) bleu évident. *Spectroscope* (101) fortement acidulé par l'acide acétique même bande d'absorption unilatérale que tous les fruits rouges.

D'après M. Gautier les vins au maqui étendus d'eau et traités par quelques gouttes d'une solution d'alun, puis par un peu de molybdate d'ammoniaque neutre prennent une coloration grenat clair ; si le milieu était neutre, la couleur passerait au jaune verdâtre sale.

Teinture. — *Carbonate de soude au 200e* (4 A) beau vert olive devenant peu à peu jaunâtre et jaune pur à chaud. *Alun et carbonate de soude* (67 AB) laque bleu foncé, liquide filtré bleu, devenant jaunâtre à chaud. *Acétate d'alumine* (71 A) violet très beau. *Borax* (75 A) brun jaune. *Sulfate de cuivre* (86) bleu foncé. *Sous-acétate de plomb* (78 A) précipité vert foncé. *Bâtons de craie* (11 A) albuminée, gris ardoisé, un peu violacé.

COQUELICOT. — Cette teinture a été peu étudiée. M. Gautier n'en parle pas; les autres auteurs en parlent à peine ; cependant elle mérite qu'on s'en occupe par suite de la belle coloration qu'elle donne ; et il suffit que les experts la négligent pour que les fraudeurs s'en emparent. Néanmoins elle est peu employée. Sa recherche présente une certaine difficulté, car elle n'a pas de caractères bien saillants. Cette couleur se fixe par l'*alun* ou par l'*acide tartrique*.

Vins. — *Tannin et gélatine* (21), le liquide conserve sa couleur, on ne se décolore que fort peu. Le *protonitrate de mercure* (63) donne un précipité d'un beau bleu et le liquide est presque incolore. Cette réaction suffit pour le distinguer d'autres colorants (Robinet) mais elle ne le distingue pas de certains vins d'Espagne, qui donnent la même réaction. *Alun et carbonate de potasse* (66 A) précipité gris brunâtre passant au noir par un excès d'alcali.

M. Labiche traite le vin au coquelicot par le sous-acétate de plomb, filtre dissout le précipité par l'acide azotique et précipite par le carbonate de soude, le précipité est gris. Le *Carbonate de magnésie* (10) mauve. L'*Emétique* (91) rouge cerise foncé.

Teinture. — Elle est très visqueuse, d'un goût fade et d'une couleur rouge brun.

Tannin et gélatine (21). Dépôt gris violacé sale, liquide rouge cuivre. *Ammoniaque* (1) la couleur tourne au brun noir. *Alun et carbonate de potasse* (66 B) laque rouge noir ardoisé devenant brune. *Alun et potasse* (68) laque brun cuivré. *Sulfate d'alumine* (72) laque gris cendre ardoisé. *Sous-acétate de plomb* (78) ; précipité jaune verdâtre sale. *Acétate de cuivre* (87 A) coloration noir vert. *Perchlorure de fer* (83) coloration marron.

MAUVE NOIRE ou ROSE TRÉMIÈRE. — Cette teinture ne se maintient dans les vins que grâce à l'addition d'*alun* ou de fortes proportions d'*acide tartrique* ; il faudra donc rechercher ces deux corps.

Vins. — Réactions Caractéristiques. *Alun et acétate de plomb* (65) liquide bleu mauve pâle, qu'il ne faut pas confondre avec le bleu franc du troëne. Précipité gris bleu comme les vins purs. Ce liquide, légèrement teinté de lilas vineux, permet à l'expert de se prononcer d'une façon formelle. *Sulfate de cuivre* (86) coloration bleu intense ; on peut la confondre avec le troëne, mais il y a une distinction assez appréciable. *Protosulfate de fer* (84) la couleur devient violet foncé ; on ajoute l'eau brômée ; la teinte violette s'exalte sans passer au bleu. Il faut coller le vin avant cette expérience. *Alun de fer* (85) la mauve passe au jaune sans se précipiter.

Autres Réactions. — *Laine Bastide* (15 A) couleur marron cendré, par l'ammoniaque devient vert sale. *Bicarbonate de soude* (6) nuance grise avec reflets verts, mais le plus souvent bleus. Si le mélange est récent, la nuance sera bleue ; s'il est ancien, jaune tirant sur le vert. Cela tient à l'oxydation lente de la matière colorante. Diffère peu des vins purs. *Acétate d'alumine* (71 A) nuance bleu violacé, précipité bleu violacé ; cette réaction est très sensible, mais se rapproche de celles de l'hièble, du sureau, etc.; lorsqu'on ajoute dans le liquide du *sous-acétate de plomb* (79), on obtient du vert bleuâtre tandis que le sureau donne du rose. *Carbonate de soude* (4 A), la couleur devient, en général, d'un beau vert, quelquefois tout à fait bleue. On y observe rarement les nuances jaunâtres que l'on rencontre toujours dans les vins naturels, surtout ceux de un an et plus et marron ou violet, ce qui distingue du campêche. *Bioxyde de barium* (42 A) liquide jaune pâle à peine rosé fort dépôt orange (42 B) après l'*hydrogène naissant* (58 A) qui donne une teinte bleue ou violacée, le bioxyde de barium donne un liquide bleu violacé ; le bioxyde est bleu ; si on ajoute de l'acide chlorhydrique, le liquide devient pourpre, mais le précipité reste bleu. Le *carbonate de magnésie* (10) mauve. La *soie et l'acide tartrique* (17 B), marron cendré. Les *bâtons de craie* (11 A) albuminés : bleu gris franc, zincique, un peu ardoisé

(Gautier) la craie albuminée donne du bleu verdâtre (Girard). *L'albumine* (22 C) coagulée par l'acide azotique : précipité rouge cerise liquide rouge ; par la chaleur, précipité gris bleu, liquide bleu pâle. *L'alcool amylique* (26) dissout presque toute la couleur et se colore en rouge avec une teinte violette à la surface. Le *chloroforme* (28) se colore en rose violacé. *Acide sulfurique et aldéhyde* (53) violet passant au rouge. *Borax* (75 C) verdâtre. *Alun ammoniacal* (70) on ajoute 5 ou 6 fois le volume du vin, d'une solution saturée d'alun. L'action commence à froid, mais devient plus manifeste à l'ébullition. Le liquide se fonce beaucoup et devient bleu violet avec moins de 1/8e de la matière colorante. Il ne faut pas la confondre avec les vins de Mourastel et quelques autres cépages qui donnent la même teinte. *Alun de fer* (85) la mauve perd sa couleur et passe au jaune sans précipité. *Craie albuminée* (11 A, voir ce réactif). *Potasse* (2) coloration brune. *Picrate de potasse* (93) coloration rouge carmin sans trouble. Réaction souvent inexacte.

Teinture. — *Ammoniaque* (1) liquide vert bouteille. *Bicarbonate de soude* (6) liquide gris verdâtre sombre. *Borax* (75) couleur infusion de thé foncé. *Acétate d'alumine* (71 B) lilas violacé ; s'assombrit par un excès. *Aluminate de potasse* (68) vert sombre par un excès. *Sous-acétate de plomb* (78 B) précipité vert sombre ou vert bleuâtre ; liquide décoloré. *Carbonate de soude* (4 A) vert bouteille assombri.

BETTERAVE. — Cette plante introduit dans les vins du *sucre cristallisable*, qui peut disparaître par la fermentation des *oxalates* et quelquefois de la *mannite*. qu'il faut rechercher. La couleur ne tient pas.

Si la betterave n'a pas fermenté, elle donne un goût sucré désagréable bien connu. Le vin contiendra du sucre cristallisable, des oxalates et de la mannite. L'alcool distillé de ce vin aura l'odeur de la betterave.

Si la betterave a fermenté, la présence de l'acide oxalique, en l'absence du phytolacca et de la betterave, viendra appuyer les expériences sur la couleur. L'alcool de ce vin présentera tous les caractères de l'alcool de betteraves impur. De plus il y a mouillage.

Les réactions de la betterave sont peu tranchées, cependant elles présentent des colorations jaunes ou brunes qui permettent de conclure rien que sur ces réactions, mais il ne faut pas les confondre avec celles de la myrtille.

Certains vins rouges mouillés et sucrés m'ont donné presque toutes les teintes jaunes de la betterave, mais pas toutes ; il y a dans ce cas incertitude; l'absence d'acide oxalique vient démontrer la pureté du vin, au point de vue de la couleur.

Vins. — Réactions Caractéristiques. *Ammoniaque* (1, A) gris jaunâtre sale avec la betterave récente, et jaune brun clair ou brun jaunâtre pour la betterave fermentée. *Laine* (14) non lavée, jaunâtre, lavée teinte 1/4 milligr. fuchsine. *Bicarbonate de soude* (6) jaune rougeâtre ou brun lilas ; le vin pur est quelquefois gris foncé et quelquefois lilas. *Carbonate de soude* (4, A) avec la betterave fraîche le vin conserve sa couleur rose ou rancio affaibli, et gris jaunâtre, si elle est fermentée. (B) à l'ébullition, la betterave fraîche passe au gris jaunâtre, et la betterave fermentée se décolore en partie. *Alun et carbonate de soude* (67, A) précipité vert clair; couleur vineuse avec la betterave fraîche et jaunâtre avec la betterave fermentée. (67, B) liquide rose, par l'ébullition disparaît. *Potasse* (2) précipité rouge.

Autres réactions. — *Borax* (75 A), teinte grise avec reflets brun violet pour la betterave non fermentée. (Peu sensible). *Aluminate de potasse* (68), liqueur rouge pelure d'oignon ou légèrement rosée, un peu brune. *Sous-acétate de plomb.* (78 A), précipité bleuâtre clair, devenant jaunâtre ou roux par l'exposition à l'air (78 B), précipité bleu cendré teinté de jaune ou de roux, liquide décoloré ou très légèrement roux. *Baryte* (7), liquide jaunâtre clair, qui reste jaunâtre ou devient pelure d'oignon ou légèrement rose après addition d'acide acétique. *Acétate de plomb* (81), précipité rouge puce. *Perchlorure d'étain et borax* (90), coloration rose.

Teinture. — Elle a une couleur rouge rose; un goût et une odeur désagréables et particuliers à la betterave.

Ammoniaque (1), coloration brun marron devenant jaune foncé (Viard); betterave fermentée, jaune; betterave récente, rose (Gautier). *Tannin et Gélatine* (21), dépôt rose sale, liquide brun rosé. *Sous-acétate de plomb* (78 A) précipité chocolat rougeâtre; liquide jaune (78 B), liquide incolore, précipité rose, devient orange à l'air; dans la betterave ancienne, le rose est mêlé de jaune. *Acétate de cuivre* (87 A), coloration brune devenant ensuite vert gazon comme le phytolacca. *Perchlorure de fer* (83), coloration brun jaune. *L'alun et le carbonate de potasse* (66 B), gris violet devenant jaune.

ORCANETTE. — Cette teinture a été signalée dans les vins; mais son emploi est nul, car sa matière colorante est presque insoluble dans l'alcool aqueux. Elle est sans odeur ni saveur. Elle est soluble dans l'alcool, l'éther, les huiles, la benzine et l'essence de térébenthine, auxquels elle communique une belle couleur rouge.

Il y a peu de travaux faits sur cette matière colorante. Je ne connais que trois auteurs qui s'en soient occupés.

M. Gautier dit qu'elle forme avec les alcools des combinaisons d'un beau bleu, et avec les terres des laques diversement colorées.

Chancel (Voir son procédé) précipite le vin par l'acétate de plomb, traite le précipité par le carbonate de potasse au 50°, puis par le sulfure de sodium, l'eau bouillante et enfin l'alcool qui se colore en rouge par l'orcanette que l'on examine au spectroscope.

Patrouillard suit à peu près le même procédé que Chancel.

Voici les essais que j'ai faits sur les vins à l'orcanette:

Vins. — *Ammoniaque* (1 B) 1/4, bleu un peu vert ; 1/8, bleu vert ; 1/16 à 1/32, vert foncé bleu. *Laine non lavée* (14), 1/4, bleu ; 1/8, bleu pâle ; 1/16, bleuâtre. *Laine lavée*, 1/4, bleu très pâle ; 1/8, un peu rosé, puis incolore.

Cette laine, desséchée et plongée dans l'ammoniaque au 10e, donne une teinte bleuâtre très sensible ; au 1/4, 1/8, bleuâtre faible, mais sensible ; 1/16, teinte sombre indécise ; 1/32, teinte qui disparaît par la dessiccation ; avec l'acide chlorhydrique, la réaction est nulle. La soie n'indique rien. L'*éther* enlèvera la couleur et donnera par l'ammoniaque une couleur bleue.

ORSEILLE. — Les matières colorantes de l'orseille varient suivant le mode de traitement que l'on fait subir à cette plante ; aussi les réactions obtenues avec cette couleur sont-elles variables, mais néanmoins assez rapprochées et surtout très différentes des autres colorants.

M. Blarez donne (Bull. Soc. Ph. Bordeaux, 1886, p. 82) un procédé pour distinguer l'orseille de toutes les matières colorantes végétales : Dans 500^{cc} de vin on met environ 0^{gr}50 de magnésie calcinée, on porte le tout à l'ébullition et on y plonge un brin de laine blanche à broder ; on laisse refroidir et lave la laine. S'il y a de l'orseille, la laine est colorée en violet ; elle est incolore avec toutes les autres matières colorantes végétales. Ce procédé a le défaut de prendre un grand volume de vin.

Vins. — Réactions caractéristiques. — *Ammoniaque* (1 B) violet par l'orseille au 1/4 et au 1/8. *Laine* (14), non lavée, violette, du 1/4 au 1/16, comme la mauvaniline, le campêche, la cochenille et le fernambouc ; lavée, elle a une teinte sensible de 1 1/2 à 1/2 milligr. pour 1/4 à 1/16. *Laine* (15 A), rouge violet, bleuissant par l'action de l'ammoniaque.

L'orseille est déjà caractérisée par ces trois réactions ; la mauvaniline pourrait seule être confondue avec elle, et encore l'ammoniaque décolore cette dernière en partie. *Ether sulfurique* (24) ; l'éther prend avec l'orseille une belle teinte rouge vif ; jaune, dit Ch. Girard ; la solution éthérée traitée par une goutte d'ammoniaque prend une teinte violet franc.

Cette réaction est des plus caractéristiques ; elle distingue l'orseille de la cochenille, laquelle est insoluble dans l'éther. Les acides chlorhydrique et sulfurique un peu concentrés la rendent rouge vineux ; ce qui la sépare de la fuchsine, celle-ci étant décolorée par l'ammoniaque et par l'acide chlorhydrique. Le campêche donne avec l'éther une teinte jaune plus ou moins foncée, que l'ammoniaque teinte en rose, puis rouge par un excès. *Ether acétique* (25) et *alcool amylique* (26), mêmes réactions. Les étoffes se teignent en violet dans ces dissolvants.

Ammoniaque et éther (29 A), faible couleur rouge, donnant les mêmes réactions que l'acide sulfurique seul ; mais ce réactif est préférable, car il y a élimination de la matière colorante naturelle du vin 29 B, C ; 30, 31, 32 et 34 de même. *Eau de baryte et alcool amylique* (35). L'eau de baryte donne un précipité bleu noir et l'alcool amylique se colore en rouge violacé (comme la fuchsine) qui se maintient en présence d'un excès d'eau de baryte, ce qui n'a pas lieu pour la fuchsine. L'ammoniaque colore cette solution en violet ; la fuchsine est décolorée (36 A) violet. *Chloroforme* (28), gris bleuâtre passant au rouge brun.

AUTRES RÉACTIONS. — *Tannin et gélatine* (21) ; liqueur filtrée rouge. *Borax* (75, A B C) bleu violacé. *Sous-acétate de plomb* (78 A) ; la liqueur filtrée est légèrement rosée ou violette ; le précipité est gris bleuâtre, avec traces de violet (78 B), précipité gris bleu cendré verdâtre, liquide légèrement rose. Le précipité colore l'alcool en rouge. Le *fulmicoton* (20 B), chauffé pendant quelques minutes dans le vin, puis lavé à grande eau, reste rose ou rouge comme pour la fuchsine ; l'ammoniaque le rend violet et les acides chlorhydrique et sulfurique, rouge. La *potasse* (2), violet. Le *carbonate de magnésie* (10), violet pourpre. Les *bâtons de craie* (11 A), tache rose violacée (Girard). *Teinture de savon* (12), violet. *Acétate de plomb et soie* (16), rouge violet. *Soie et acide tartrique* (17 B), rouge violet, bleuit par l'ammoniaque. L'*Eau oxygénée* (39) ne décolore pas l'orseille. *Bioxyde de barium* (42 A), liquide rose, teinte orange sur le bioxyde. *Bichlorure de mercure et potasse* (62), bleu rouge ; l'acide chlorhydrique change en rouge jaune et l'ammoniaque en bleu. *Acétate de potasse et borax* (82), liquide plus ou moins violet. *Spectroscope* (101) ; bande d'absorption de B à G, maximum entre D et G.

Teinture. — La teinture d'orseille est très facile à distinguer, puisque déjà, dans les mélanges avec les vins, elle se reconnaît facilement.

Ammoniaque (1 A), violet bleu (1 B) rouge violacé. *Carbonate de soude* (4 A), violet bleuâtre se fonçant à l'ébullition. *Bicarbonate de soude* (6), gris sombre teinté de marron. *Baryte* (7), violacé bleu ; par l'acide acétique, pelure d'oignon. *Aluminate de potasse* (68 J. Brun), violet bleu. *Acétate d'alumine* (71 B) conserve sa couleur ; de même avec le borax (75 A). *Sous-acétate de plomb* (78 B) ; pas de précipité sensible, liqueur bleu rosé. *Spectroscope* (101), comme dans les vins.

Toutes les autres réactions applicables aux vins sont, à plus forte raison, applicables à la teinture ; tous les dissolvants, les tissus, les acides peuvent la caractériser sûrement.

TOURNESOL. — Cette substance, qui n'a pour but que de rendre violets les vins rouges, n'est pas employée aujourd'hui, vu son prix élevé. On lui a préféré l'indigo et, mieux, les dérivés de la houille, bleus ou violets.

On n'a qu'un nombre très restreint de réactions connues ; les 2 premières ci-dessous sont de J. Brun, faites sur des vins blancs colorés avec du tournesol. Les autres réactions sont faites sur des vins rouges dont le 1/4 de l'intensité colorante est en tournesol.

Sulfate d'alumine (72), laque d'un beau rose carmin comme le bois de Brésil. *Alun et potasse* (68), précipité violet clair, comme l'hièble et les mûres.

Laine Viard (14). La laine et la soie plongée dans le vin et lavée est rose ; l'ammoniaque les rend jaunâtres ; séchées, on a 1/4, rose violacé ; 1/8, 1 milligr. fuchsine ; 1/16, 1/2 milligr. ; par l'acide chlorhydrique, la teinte rose s'accentue et reste par la dessiccation. *L'ammoniaque* bleuit ces vins, suivant la proportion de tournesol. L'*alun* et le *carbonate de soude* (67 B) donne une laque bleu gris (Girard). Le *sulfate d'alumine et potasse* (73), violet clair et le *sous-sulfate d'alumine* (74), une laque bleu grisâtre.

INDIGO. — Cette substance est le plus souvent introduite dans les vins à l'état de sulfo-indigotate. Dans ce cas, les vins contiennent de *l'acide sulfurique libre*. L'addition de ce colorant se fait conjointement à la cochenille ou à la fuchsine.

Vins. — Réactions caractéristiques. Le *collage* (22 A) du vin par l'albumine enlève presque tout l'indigo contenu ; Gautier dit avoir pu déceler ainsi moins de 1 millionième d'indigo ajouté au vin. En général, 50^{cc} de vin suffisent. Le précipité est vineux très foncé, bleu violacé ou bleuâtre, suivant la proportion ; ce précipité traité par l'alcool ou le carbonate de soude donne une belle couleur bleue.

La *laine ou la soie* (14) plongées dans le vin, sans ammoniaque, se colorent différemment : la *soie* est beaucoup plus sensible. Non lavée : bleu violet 1/4, violette 1/8, rose 1/16. Lavée : bleue 1/4, violette 1/8, rose 1/16 ; traitée par l'ammoniaque au 10e. Humide : bleu foncé 1/4, bleu pâle 1/8, rose très pâle 1/16. Sèche : bleue 1/4, violacée 1/8, rose pâle 1/16. L'acide chlorhydrique rougit fortement, et la soie reste rose avec la même teinte, quelle que soit la quantité d'indigo introduite (15 A). La *laine* est bleue ; l'ammoniaque avive la teinte en la verdissant, ce qui est très caractéristique ; on peut aussi teindre la laine mordancée à l'alun ou à la crème de tartre. *Alun et acétate de plomb* (65) le précipité est bleu ; il cède à l'alcool toute la matière bleue qu'il avait retenue. On distingue ensuite l'indigo par la potasse et l'acide sulfurique. *Acide sulfurique* (48). Il dissout l'indigo en beau bleu. *Sulfate de potasse* (94) le précipité lavé par décantation est bleu. Le *sous-acétate de plomb* traité par le *carbonate de potasse* (80) le dissout en bleu ; essayé au spectroscope (101), il donne une bande d'absorption dans le rouge, entre C et D.

Autres réactions. — *Bicarbonate de soude* (6) liquide bleu verdâtre. *Acétate d'alumine* (71 A) liqueur vineuse (Gautier). Bastide indique que si on ajoute un petit filet de ce réactif à 2 ou 3^{cc} de vin à l'indigo, celui-ci bleuit légèrement. La réaction est beaucoup plus sensible si on étend le mélange de 4 ou 5 fois son volume d'eau. Le *carbonate de magnésie* (10), bleu. Le *sous-acétate de plomb et la soie* (16) violette. La *laine* ou la *soie* et l'*acide tartrique* (17 B) bleue. Le *carbonate de soude* à l'ébullition (4 B) donne du jaune sale violacé. La *laine ou la soie* mordancées à l'acétate d'alumine, chauffées avec 30 ou 40^{cc} de vin jusqu'à siccité, lavées à l'eau, puis trempées dans une solution très faible d'ammoniaque, se colorent en vert sale avec les vins naturels et en bleu s'il y a une trace d'indigo (Chancel, Pasteur, Würtz, Balard). Cette réaction est assez sensible, mais il vaut mieux ne point s'en tenir à la coloration de l'étoffe, car une trace de coloration vineuse, que les lavages n'auraient pas bien enlevée pourrait masquer la teinte de l'indigo. *Alun et carbonate de soude* (67 A) précipité gris cendré, verdâtre plus clair que le vin pur ; le liquide est faiblement bleuâtre. *Aluminate de potasse* (68 Gautier) liquide vineux. *Sous-acétate de plomb* (78) liquide légèrement bleu, précipité bleu verdâtre. *Alun ammoniacal* (70) il fonce la couleur et la bleuit légèrement. *Potasse* (2) concentrée et bouillie avec l'indigo, elle le décolore. La formation du chloranile, proposée et pratiquée par des chimistes sérieux, pour déceler l'indigo dans les vins suspects, est une idée qui doit être rejetée dans le vaste domaine des utopies que les théories ont suggérées à ceux qui se sont occupés de ces délicates recherches.

Lies. — Un vin pourra ne pas contenir d'indigo, parce que celui que l'on aurait introduit se serait déposé dans les lies. Pour le reconnaître, on lavera les lies à l'eau, puis on les fera bouillir avec de l'alcool qui dissoudra l'indigo en se colorant en bleu.

Cette substance étant employée le plus souvent pour masquer la teinte rose trop vive d'autres colorants, il sera bon de rechercher s'il n'y a pas une autre couleur artificielle.

Teinture. — *Ammoniaque* (1) couleur verte très belle, se décolorant peu à peu. *Bicarbonate de soude* (6) liquide bleu, tend à verdir. *Borax* liquide bleu. *Acétate d'alumine* (75) liquide bleu. *Aluminate de potasse* (68) le liquide tend à passer au vert puis au jaune verdâtre. *Sous-acétate de plomb* (78) pas de précipité, liquide bleu. *Carbonate de soude* (4 A) liqueur bleue. *Baryte* (7) la liqueur verdit et se décolore peu à peu.

La teinture ayant une couleur bleue se distingue seule des vins, sans réactifs. Dans un cas de mélange de teintures, on précipitera l'indigo par l'alun et on le caractérisera comme il vient d'être dit.

COCHENILLE. — Cette teinture introduit avec elle dans les vins de l'*acide oxalique* ; de l'*alun* ajouté pour fixer la couleur, et de l'*ammoniaque*, si on a employé la cochenille ammoniacale.

Vins. — Réactions caractéristiques. Avec le *tannin et la gélatine* (21) le liquide filtré est rouge. D'après Carles, on enlèvera la couleur du vin par un fort collage à l'albumine ; on filtrera et on versera 10 à 12 gouttes de ce liquide clair dans 250^{cc} d'eau ordinaire. Le bicarbonate que contiennent les eaux calcaires fera virer rapidement la teinte au violet. *Acétate d'alumine* (71 A) le liquide est lilas vineux ; (18) la *laine* laissée 24 heures dans le vin collé, lavée ensuite à l'eau et séchée à 100°, prend une couleur violacée vineuse ou analogue à celle des vins purs, couleur qui ne change pas par l'*acétate de cuivre* à 100°, ce qui le distingue de la fuchsine. La laine teinte, trempée dans le *chlorure de zinc*, puis lavée au carbonate de soude, à l'eau et séchée, prendra une belle couleur pourpre au lieu du lilas gris terne du vin pur. La soie et la laine teintes, plongées dans un bain d'hyposulfite de soude, résistent assez longtemps, tandis que la fuchsine se décolore aussitôt. Cette même laine traitée par l'ammoniaque se décolore avec la fuchsine, et, au contraire, forme du carmin plus foncé avec la cochenille. *Ether* (24) ou *Ammoniaque et éther* (29 A) la cochenille ne cède en rien à l'éther ammoniacal ou non, ce qui la distingue le mieux de la fuchsine. *Baryte* (7) on traite le vin par son volume d'eau de baryte ; on filtre et on neutralise par l'*acide acétique* ; on obtient une couleur nettement rose, on ajoute quelques gouttes d'*hydrosulfite de soude* (56) la teinte rose ne disparaît que lentement, avec la fuchsine elle disparaît de suite. L'*hydrosulfite de soude* décolore toutes les matières colorantes végétales et celles qui sont dérivées de la houille, pour faire place à une teinte jaune ou ou verdâtre très faible. La cochenille persiste assez longtemps ; c'est son meilleur réactif. *L'alun et le carbonate de soude* (67) donnent un liquide rose franc, non décoloré à froid par l'eau de chaux, mais qui se décolore peu à peu par la chaleur (Husson). (67 B) laque rosée ou violette. *Carbonate de magnésie* (10) carmin. Les *bâtons de craie* (11) A *albuminés*, bleu violacé net (Gautier) rose faible (Girard) ; *craie cuprique*, violet (Gautier). (11 B) violette. *Eau de chaux* (8) violette. *Bichlorure de mercure et potasse* (62) bleu rouge, par l'acide chlorhydrique, rouge jaune, et, par l'ammoniaque, bleu. *Sous-acétate de plomb et carbonate de potasse* (80) dissout cochenille ; avec 2 gouttes d'acide sulfurique et l'alcool amylique, on la retire du mélange et on l'examine au *spectroscope* (101). La cochenille possède une bande d'absorption entre C et D jusqu'à G, le grand maximum étant entre D et E, et une autre bande entre F et G (Girard et Pabst). La cochenille ammoniacale a trois bandes d'absorption : la première dans le jaune, entre D et E ; la deuxième dans le vert correspondant à la raie E et la troisième moins accusée dans le bleu. Il faut une certaine quantité de cochenille pour bien voir cette réaction.

Autres Réactions. — *Ammoniaque* (1, A) liquide rose lilas faible ; il se produit un léger trouble, qui, séparé du liquide, laisse apparaître celui-ci avec une nuance lilas franche (H. Jay) ; coloration brune (Robinet) ; (1, B) teinte violette pour la cochenille au 1/4. *Laine Viard* (14) non lavée, violet pâle, lavée 1/4 milligr., insensible. *Laine Bastide* (15 A) rosée ; par l'ammoniaque ne change pas ou verdit à peine. *Borax* (75, A), rose ou lilas franc, (B) bleu violet (C) bleu violacé. *Alcool amylique* (26) il dissout la cochenille en se colorant en rose violacé comme avec l'orseille, la mauve et la fuchsine et certains vins naturels. *Aluminate de potasse* (68) liqueur rose lilas foncé. *Sous-acétate de plomb* (78, A) précipité bleuâtre avec pointe rouge. (78, B), précipité bleu cendré ou vert clair, liquide incolore. *Carbonate de soude* (4, A) teinte lilas manifeste qui s'accentue par la chaleur (H. Jay). Liqueur couleur gris fleur de lin ou grise avec une teinte lilas qui reste la même par l'ébullition (Gautier). *Bioxyde de barium* (42, A) la couleur persiste beaucoup plus de 24 heures; teinte jaune orange au contact du bioxyde. *Teinture de savon* (12) rose violacé. *Sous-acétate de plomb et soie* (16) violet. La *soie et l'acide tartrique* (17, B) rosé. *Albumine et eau* (22, B) bleuit. *Chloroforme* (28) grisâtre un peu violet. *Hydrate tanneux* (44) liquide coloré *Bi-azotate de mercure* (64) précipité rouge violacé, liquide incolore. *Sous-sulfate d'alumine* (74) violet. *Acétate de plomb et borax* (82) liquide violet. *Acétate d'urane* (97), la cochenille ammoniacale donne une laque rose violacé ou violet bleu.

Teinture. — (Vin blanc et carmin ammoniacal. J. Brun). *Ammoniaque* (1) violet. *Sous-acétate de plomb* (78) dépôt lilas bleu. *Tannin et gélatine* (21) trouble rose carmin. *Acétate de cuivre* (87 A) bleu lilas. *Alun et carbonate de potasse* (66 B) belle laque rouge lilas. (Teinture hydro-alcoolique de Gautier). *Ammoniaque* (1) lilas violet. *Carbonate de soude* (4 A) lilas, à l'ébullition ne change pas. *Bicarbonate de soude* (6) de même. *Borax* (75) lilas. *Alun et carbonate de soude* (67 AB) laque rose, liqueur rose persistant à l'ébullition. *Sous-acétate de plomb* (78 A) précipité violet lilas foncé; liquide presque incolore, un peu lilas. *Acétate d'alumine* (71 A) ou *Aluminate de potasse* (68) liquide rose.

DÉRIVÉS DE LA HOUILLE

Les couleurs dérivées de la houille sont très nombreuses ; cependant elles ont un certain nombre de réactions qui leur sont communes ; c'est ce qui a permis d'établir les procédés de recherche et de séparation que nous avons étudiés précédemment et qui partent tous d'un réactif unique.

Acétate de mercure (59, AB, 60) colore tous les dérivés de la houille, incolore avec les vins naturels. Base du procédé Ch. Girard avec divers réactifs. Base du procédé Blarez et Denigès (61) avec l'acétate de cuivre (87).

Ammoniaque et alcool amylique (33, ABC) coloration. Base du procédé H. Jay avec l'acétate de mercure, l'éther, le sous-acétate de plomb et l'alcool amylique et avec l'*acide sulfurique* (48 ABCD). Procédés H. Jay, Girard, Barillot et Frehse. L'*acétate de cuivre* (87) colore tous les dérivés ; premier réactif de Frehse. Le *sous-acétate de plomb et la soie azotique*, colore tous les dérivés (Mathieu et Morfaux). *Bichlorure de mercure* (62) colore les dérivés ; base du procédé Wolf. *Baryte, alcool amylique et eau acétique* (36 AB) base des procédés Ch. Girard et Barillot. L'*oxyde jaune de mercure* (46) colore tous les dérivés de la houille, sauf l'éosine et l'érythrosine ; premier réactif du procédé Cazeneuve. L'*oxyde rouge de mercure* (47) est le premier réactif du procédé Blarez. *Borax* (75 BC) bleu verdâtre avec pointe lilas. *Sous-acétate de plomb* (78 A) gris sale avec pointe rouge. *Laine et ammoniaque* (15 A) fonce la couleur rouge intense, en marron, et si elle verdit, l'eau ramène au rouge, sauf le brun de phénylène qui est brun jaune.

DÉRIVÉS BASIQUES

Les dérivés basiques se reconnaissent surtout par la baryte ou la potasse ou l'ammoniaque et l'alcool amylique. M. Barillot fixe la couleur dans l'eau acidulée par l'acide acétique : la couleur est rouge, rouge bleu, violette, jaune, vert, bleu ou lilas, suivant le colorant. M. Cazeneuve se sert du même réactif, mais la laine ou la soie remplace l'eau acétique. Il emploie également dans le même but l'oxyde de plomb hydraté humide. La *laine Viard* se colore avec tous les dérivés basiques. La *magnésie carbonatée Molinari* se colore en rose rouge avec les dérivés basiques rouges.

FUCHSINE. — La fuchsine est celle des matières colorantes employées pour frauder les vins qui a le plus donné lieu aux travaux chimiques de recherches. Ses réactions sont si caractéristiques, qu'une grande quantité d'auteurs ont découvert des procédés permettant de la distinguer des matières colorantes naturelles des vins. On l'appelle aussi rouge d'aniline, rouge Magenta.

Le plus simple de tous les procédés est celui que j'ai découvert.

Pour trouver la fuchsine dans les vins, on essaiera d'abord le procédé Viard. Si le tissu possède une teinte rose peu sensible, on essaiera les procédés Ritter, Roméi ou Girard. Si la teinte est très sensiblement rose, la coloration est due à la fuchsine quand elle disparaît par l'ammoniaque et l'acide chlorhydrique. Lorsque la laine et la soie restent blanches, il n'y a pas de fuchsine.

Procédé Casali (1870). — C'est le premier procédé publié. Le vin est traité par l'*ammoniaque*, puis agité avec de l'éther ; par l'évaporation, l'éther se colore en rose. Ce procédé a du bon, mais il peut passer un peu de matière colorante naturelle du vin.

Le campêche, l'orseille et la cochenille se dissolvent également ; il faut donc les séparer. (*Voir aux chapitres de ces substances*).

Ce procédé a plus ou moins été modifié par les auteurs suivants, mais il a toujours le même principe : traiter le vin par l'ammoniaque et dissoudre la fuchsine ammoniacale.

Procédé Fallières. (1873). — On traite le vin par l'*ammoniaque* et l'*éther* ; on évapore l'éther en partie (selon le conseil de Gautier) et on ajoute une ou deux gouttes d'acide acétique, qui fait apparaître la couleur rose de la fuchsine.

Procédé Roméi (1873). — Il est considéré comme le meilleur par le Conseil d'hygiène de France. On précipite le vin par un excès de *sous-acétate de plomb*, (Il faut que dans la liqueur filtrée ce réactif ne donne plus de précipité) ; on agite le liquide filtré, qui est rose s'il y a de la fuchsine, avec de l'*alcool amylique ;* celui-ci se teint en rose ou en rouge. La coloration disparaît par l'ammoniaque et reparaît par l'acide acétique, caractère propre à la fuchsine.

Jaillard a revendiqué la priorité de ce procédé (J[l] de Ph. et Ch., t. 24, p. 467, 1876) qu'il a indiqué le 1er septembre 1873. Dans tous les cas, il l'a vulgarisé sous le nom de *fuchsinoscope*. Il indique 50cc de vin, 10 gr. de sous-acétate de plomb liquide et 20 gr. d'alcool amylique. Lorsque le vin contient de 1 milligr. à 1 centigr. par litre, il n'est pas nécessaire de filtrer, il suffit de mélanger les trois produits dans un tube.

Marty prend 50cc, 10cc de sous-acétate de plomb, $d = 1{,}320$, chauffe sans bouillir, filtre, refroidit, ajoute 10 gouttes d'acide acétique et 10cc d'alcool amylique. Incolore avec vin pur, rose ou rouge avec la fuchsine, jaune avec l'acide rosalique et rouge violacé avec l'orseille. On décante l'alcool dans un tube fermé d'un bout, ajoute un même volume d'ammoniaque faible. La fuchsine se décolore sans colorer l'eau.

Girard remplace l'alcool amylique du procédé Roméi par l'éther acétique.

Guillot a proposé de substituer au sous-acétate de plomb une solution alcoolique d'acétate de plomb. C'est une mauvaise innovation, le sous-acétate précipitant plus complètement les matières colorantes des vins.

La *potasse* et l'*alcool amylique* ont aussi été proposés.

Procédés Jacquemin.—1° (1873). On distille le vin pour se débarrasser de l'alcool (200cc de vin à moitié). Le reste du vin est traité par 10cc *d'ammoniaque* et 40 à 50cc d'éther à froid ; la couche d'éther est mise en évaporation sur quelques brins de soie floche ou de laine blanche à broder qui se colorent en rose s'il y a de la fuchsine. Avec 50cc d'éther on en obtient 27 de clair et incolore. La sensibilité est de 5/100 de milligr. Le 24 août 1874, il dit qu'on peut se contenter de faire bouillir la laine dans le vin ; elle se teint en rouge vif, le vin naturel colore un peu. Le 24 janvier 1876, il a indiqué 100cc de vin, 10 d'ammoniaque et 80 d'éther. Le tissu teint vire au brun par l'ammoniaque et ce réactif incolore devient rose par l'acide acétique.

2° (4 mai 1874). Le fulmi-coton ou pyroxiline se teint par les couleurs de houille.

En 1876 (J[l] Ph. et Ch., t. 24, p. 109), il dit qu'il chauffe 10 à 20cc de vin avec une bourre de fulmi-coton à froid, l'opération est moins nette ; le fulmi-coton est aussi coloré par l'orseille, le sureau, la mauve, etc.

Procédé Pasteur, Wurtz, Balard, etc. (1874). — On ajoute au vin, goutte à goutte, de l'*eau de baryte* concentrée, jusqu'à ce que le précipité, d'abord violacé, devienne verdâtre ; puis on agite vivement avec de l'*alcool amylique*.

Ce dernier dissout la fuchsine et se sépare de la liqueur au bout de quelques minutes ; il est coloré en rose ou rouge écarlate plus ou moins foncé, suivant la dose. Il ne faut pas mettre un excès de baryte, qui mettrait la rosaniline en liberté, laquelle est incolore, mais dans ce cas, elle se colorerait en rose à l'air ou par l'addition de quelques gouttes d'acide acétique. Les vins les plus colorés ne donnent pas cette réaction, mais l'orseille agit comme la fuchsine.

Procédé Ritter (1876). — On évapore de 200 à 300^{cc} de vin, à moitié. Au liquide refroidi on ajoute 10 °/₀ de sous-acétate de plomb ; on filtre et on recueille le liquide filtré dans le tube à robinet, figure 112, acide salicylique) jusqu'au trait A. On ajoute alors de l'ammoniaque jusqu'au trait B. On agite le mélange, puis on introduit de l'éther par petites portions, en agitant après chaque addition.

S'il se forme une sorte de gelée avec l'éther, il suffit de verser une ou deux gouttes d'éther sans remuer pour la faire tomber. On laisse reposer le tube verticalement jusqu'à ce que l'éther soit tout rendu à la surface. On ouvre le robinet R, de façon à faire écouler le vin, ainsi qu'une petite portion d'éther. On ferme le robinet et on lave l'éther qui reste, à plusieurs reprises, avec de l'eau distillée ; on décante l'eau comme pour le vin et enfin l'éther est versé dans le tube G, dans lequel on ajoute quelques gouttes d'acide acétique et un petit écheveau de laine blanche. On évapore l'éther comme il a été dit à l'acide salicylique. La laine se teint en rose, s'il y a de la fuchsine. Cette laine ne doit pas être trop épaisse et il ne faut pas en prendre plus de 5^{cm}. Ce procédé n'est autre que celui de Jacquemin, entouré de précautions minutieuses.

Il est sensible aux 5 centièmes de milligr. par litre, soit un 20 millionième.

Procédé Didelot (1876). — Dans un tube à expériences, on place une boule de fulmi-coton et on verse dessus 10 à 15 gr. de vin ; on laisse en contact pendant plusieurs heures après avoir agité fortement pendant quelques secondes. On renverse le vin ; on lave soigneusement le fulmi-coton avec de l'eau, dans le tube même, jusqu'à ce qu'elle reste incolore. Si le vin est pur, le fulmi-coton est blanc ou légèrement coloré, et s'il y a de la fuchsine, il est coloré en rose vif. On ne peut distinguer les petites proportions de fuchsine ; et encore moins si, comme le conseille Didelot, on fait bouillir le fulmi-coton dans le vin. Beaucoup de vins, surtout ceux qui sont salés, colorent ce textile. Ce n'est que le procédé de Jacquemin de 1874.

Procédé Labiche (1876). — On traite le vin par l'alcool amylique ; on décante l'alcool et on le sépare en 2 parties : dans la première on teint la soie ou la laine en rose ; la seconde est traitée par l'eau ammoniacale, la couche supérieure est incolore et la couche inférieure jaunâtre et limpide.

Procédé Bouilhon (1876, Journal de Ph. et Ch., t. 24, p. 469). — On réduit 500^{cc} de vin au 1/4 de son volume et on ajoute 20 gr. d'hydrate de baryte cristallisé, on agite et laisse refroidir ; on filtre et lave le précipité à l'eau distillée de façon à obtenir en tout 125^{cc} de liqueur filtrée ; on s'assure par la baryte que la précipitation a été complète. On introduit le liquide filtré dans un flacon de 250cc avec 50cc d'éther et on agite vivement. On enlève l'éther clair avec une pipette ; on en obtient environ 32cc que l'on verse dans une capsule avec 1 goutte d'acide acétique et 4 gouttes d'eau distillée et une petite floche de soie de 10 fils de 1cm de long. La couleur se fixe sur la soie, par évaporation. On décèle ainsi 1/100 de milligr. par litre. L'emploi de la baryte est plus long et plus cher.

Procédé Yvon. — 25 à 30cc de vin sont agités avec 1 ou 2 gr. de *noir animal*, puis jetés dans un entonnoir bouché avec un tampon d'amiante (il n'est pas nécessaire de décolorer complètement le vin). On laisse égoutter et on lave le vin avec un peu d'eau. Une fois égoutté, on passe sur le noir de l'*alcool* ou de l'eau-de-vie forte ; l'alcool se colore en rouge plus ou moins foncé, suivant la quantité de fuchsine. On en détermine ainsi 0gr002 par litre.

Ce procédé n'est pas aussi exact que son auteur le dit, l'alcool enlevant souvent au noir la matière colorante naturelle du vin.

Pour vérifier si c'est de la fuchsine, on trempe dans l'alcool de la laine ou de la soie ; ces tissus se colorent en rose.

Procédé Latour. — Procédé Yvon modifié. Le noir ayant décoloré le vin, est lavé avec de l'eau, laissé égoutter et séché exactement, enfin traité par un mélange de 5 gr. d'ammoniaque et 100 gr. d'éther, qui se colore en rose aux dépens de la fuchsine.

Procédé Moreau. — On ajoute au vin une petite quantité d'*éther acétique* et on agite vivement la liqueur. On plonge ensuite du papier blanc ordinaire qui fixe la fuchsine et se colore en rose plus ou moins vif. Le papier séché est ensuite épuisé par l'éther qui se colore avec la fuchsine.

Procédé Gautier. — On plonge dans le vin des *floches de soie non mordancées* ; elles se colorent en rose vif, mais les vins naturels les colorent aussi en rose, qui reste après les lavages à l'eau. L'*acide chlorhydrique* fait passer la fuchsine au jaune et les vins purs au rouge vif ; on ne distingue donc pas les petites quantités de fuchsine. Si on trempe la soie dans l'*acétate de cuivre* étendu, puis, si on la sèche à 100°, elle se teindra en beau rose violet foncé s'il y a de la fuchsine ; le vin pur prend un ton gris cendré avec pointe lilas. Peu sensible ; à rejeter.

Procédé Husson. — On verse quelques gouttes de vin dans une fiole, et un peu d'*ammoniaque*. Le mélange prend une teinte d'un vert sale.

On plonge dans le liquide un *fil de laine blanche à tapisserie*. Lorsqu'il est bien imbibé, on le retire et on le dispose verticalement ; on fait alors couler le long de ce fil une goutte de *vinaigre* ou d'acide *acétique*. Si le vin est naturel, à mesure que la goutte avance, le fil devient d'un blanc rose ; et s'il y a de la fuchsine, le fil se teint en rose plus ou moins foncé. La réaction est des plus nettes pour les fortes quantités, mais fausse pour les petites.

Procédé E. Viard. — 1° (1876). On trempe la laine pendant 5 minutes dans le vin, puis on la lave à l'eau ammoniacale au 10ᵉ pendant 5 à 6 minutes puis à l'eau. La fuchsine colore le tissu en rose, la safranine également. La fuchsine violette et la mauvaniline, en violet ; le brun de phénylène diamine, en jaune roux, et l'orcanette la teinte en bleu.

2° (1878). On introduit dans 50^{cc} de vin, 2 à 3^{cc} d'ammoniaque et on mélange ; on observe le liquide par transparence, puis on plonge un petit carré de molleton de laine blanche de 2 à 4^{cm} de côté ; on retire au bout d'un 1/4 d'heure ; on lave à grande eau et on sèche sur du papier filtre. La laine est incolore avec les vins naturels ; elle se colore en rose avec la fuchsine, même à la dose de 1/2 milligr. par litre. C'est-à-dire que la laine est teinte par 1/40ᵉ de milligr. de fuchsine. La safranine agit de même, ainsi que d'autres substances.

Pour les quantités dépassant 3 milligr. par litre, il n'y a aucun doute, sauf pour la safranine et autres matières dérivées des goudrons de houille, mais dans ce cas l'examen du liquide traité par l'ammoniaque a montré la différence de ces produits. (*Voir le procédé général E. Viard*). Pour les faibles colorations roses de la laine, les substances suivantes ont pu y concourir.

	Vin et Ammoniaque	Laine non lavée.
Orseille 1/4 1/8	Violet	Violette.
Lima	Rouge violet	Rouge sensible.
Fernambouc	Rouge groseille	Rouge foncé.
Orseille 1/16	Vert brun	Violet peu sensible.
Fuchsine	d'abord rouge puis comme les vins purs	Noirâtre.
Coquelicot	Verdâtre	id.
Mûres de haies	id.	id.

Il ne reste donc comme douteux que le coquelicot, les mûres de haies, l'orseille au 1/16ᵉ, la safranine et la mauvaniline, ces deux dernières en proportions infinitésimales. Cette laine colorée, plongée dans de l'acide chlorhydrique étendue des $^2/_3$ d'eau, se décolore si c'est de la fuchsine et non si c'est de la safranine. L'ammoniaque décolore aussi la fuchsine et laisse la teinte des autres substances.

Procédé Gautier (1877). — On chauffe le vin légèrement avec de l'ammoniaque et après refroidissement, on y ajoute trois fois son volume d'éther.

Les bases colorées sont ainsi déplacées. Gautier s'était aperçu que ces bases échappaient à l'ammoniaque, si celle-ci était en trop minime proportion, ou si l'on agissait à froid. On fait ensuite apparaître la fuchsine par l'*acide acétique*, puis on la fixe sur la *laine*.

Observations. Fauré. (Ether seul). Il y a dans le vin une matière colorante jaune soluble dans l'éther, qu'elle colore à peine, mais qui, à l'air et à la lumière devient rosée, puis violette ; il faut donc opérer rapidement.

Une trop minime proportion d'éther expose à dissoudre cette matière, grâce à l'alcool du vin. L'éther dissout l'orseille, le campêche et la fuchsine. L'éther évaporé additionné d'ammoniaque se décolorera, si c'est de la fuchsine. Il rougit par le campêche et fonce en violacé pour l'orseille.

Viard. La couleur de la soie ou de la laine n'est pas en rapport avec la teinte prise par l'éther.

L'orseille colore peu la soie pour une teinte assez forte de l'éther.

Si, donc, l'éther est très coloré, la soie faiblement, c'est dû à l'orseille.

La fuchsine colore la soie aussi vivement que l'éther.

Procédé Schuttleworth. — Il emploie l'ammoniaque et l'alcool amylique ce changement dans le procédé ci-dessus n'a aucune supériorité.

Procédé Bélus. — On verse dans un tube divisé en trois parties égales, du vin à essayer, jusqu'à la première partie ; on remplit la deuxième d'*ammoniaque* diluée ; on agite, puis on remplit la troisième d'*alcool méthylique* : on agite et on laisse reposer. Il se forme à la surface une zone qui est plus ou moins rosée suivant la quantité de fuchsine ; cette zone est incolore avec les vins purs.

Procédé Fordos. — On prend 10^{cc} de vin ; on agite vivement pendant quelques secondes avec 10 gouttes d'*ammoniaque* pure, dans un tube à essais. On ajoute 5 à 10^{cc} de *chloroforme* ; on renverse à plusieurs reprises sans agiter et on verse le tout dans un tube de verre à robinet. Lorsque le chloroforme a gagné le fond, on ouvre le robinet pour le recueillir dans une capsule de porcelaine que l'on place sur un bain de sable. On met dans le chloroforme un petit morceau d'étoffe de soie blanche ; à mesure que le chloroforme se volatilise, la fuchsine apparaît et colore la soie en rose. Plus il y a de fuchsine, plus la soie est colorée. Vers la fin de l'évaporation on ajoute de l'eau et on chauffe. La soie teinte se décolore dans l'ammoniaque et la teinte reparaît si on chauffe. Avec ce procédé on retrouve 1/500 de milligr. par litre. On obtient la même teinte qu'avec le procédé Jacquemin, mais il est moins long et moins compliqué. On peut aussi jeter dans le chloroforme sans l'évaporer, en chauffant à 40-50°, un petit cristal d'acide citrique ; toute la fuchsine se précipite à sa surface ; l'excès d'ammoniaque retarde ce dépôt qu'il ne faut pas confondre avec le liquide du vin qui se précipite quelquefois sur le cristal.

Procédé Girard. — (Le meilleur suivant Gautier). — On traite le vin par de *l'eau de baryte* versée goutte à goutte jusqu'à ce que le précipité soit devenu verdâtre, et on agite le tout avec de *l'éther acétique*. Celui-ci se colore en rose. On laisse déposer ; on décante la solution éthérée, et on l'introduit dans un tube bouché, au fond duquel on a placé un mouchet de soie blanche. On place le tube dans de l'eau chaude (loin du feu) ; on évapore ainsi l'éther. Le mouchet de soie se colore en rouge écarlate, persistant après un lavage à l'eau. L'éther acétique, dont la coloration est moins sensible que celle de l'alcool amylique, présente l'avantage de mieux permettre l'essai de teinture. Ses éléments se séparent facilement au contact d'une base, et même de l'eau ; l'acide acétique régénéré peut s'unir à la rosaniline qu'un excès d'eau de baryte aurait pu mettre en liberté ; la coloration rose apparaît ainsi plus sûrement. L'orseille donne, avec la baryte, un précipité bleu noir et la soie est teinte en rose ; mais celle-ci traitée par l'ammoniaque se colore en violet, tandis que la couleur due à la fuchsine disparaît.

D'après Marty (1877. J[l] Ph. et Ch. t. 25 p. 579) l'éther acétique est inférieur comme sensibilité à l'éther ordinaire.

Procédé Béchamp (1877. Comptes Rendus 15 Janvier). Dans 20[cc] de vin on ajoute de la baryte concentrée jusqu'au vert sale ; on chauffe quelques minutes au bain-marie pour chasser l'alcool et jette sur filtre mouillé, lave à l'eau alcalinisée par la baryte ; le liquide est recueilli dans un flacon à émeri allongé, il est peu coloré en jaune et doit être alcalin ; on divise en deux parties égales ; la plus petite partie est traitée par l'acide acétique à légère acidité ; la fuchsine donne du rose et la laine se teint ; dans l'autre partie on met de l'éther, agite, décante, ajoute une trace d'acide acétique évapore au bain-marie sans aller à sec ; s'il y a un résidu rose qui teint la laine, c'est de la fuchsine.

Il préfère l'éther au chloroforme et la soie à la laine. La soie teinte reprise par l'alcool forme une solution qui se décolore par la potasse, la baryte, la chaux, l'ammoniaque, devient jaune par un peu d'acide chlorhydrique incolore par un excès.

Procédé Molinari (1877). — On dépose sur un pain de *carbonate de magnésie* une goutte de vin et on apprécie la nuance de la tache formée, elle est rose avec la fuchsine.

Procédé C. Girard et Gautier. — Ce n'est que le procédé Molinari perfectionné en substituant au carbonate de magnésie trop alcalin, des bâtons de craie trempés dans une solution d'albumine et séchés ensuite. Le vin à la fuchsine et à la cochenille font apparaître des taches rouges, la mauve une tache bleue très prononcée, les autres substances des taches plus ou moins grises. On distingue la fuchsine de la cochenille, en déposant sur la tache une goutte d'émétique qui fait disparaître la cochenille et ne touche pas à la fuchsine. Ce procédé ne permet pas de distinguer les petites quantités de fuchsine, certains vins donnant des taches qui masquent cette substance.

Procédés Wartha. — 1° On traite 20[cc] de vin par un excès de magnésie calcinée. Après une vive agitation, on ajoute 1[cc] d'un mélange d'éther et d'alcool amylique, à parties égales. On agite à nouveau et on abandonne au repos. Dans la plupart des cas, 1 milligr. de fuchsine par litre colore ce dissolvant en rose ; s'il est coloré en jaune ou brun clair, on passe à l'essai suivant : 2° On précipite 20[cc] du vin par 10[cc] d'acétate de plomb ; on agite et on filtre, puis on additionne le liquide filtré du mélange d'éther-alcool et on agite. Le dissolvant se colore en rose. Ce procédé n'a aucune supériorité sur les précédents.

Procédé Flückiger. — Il emploie le chlore ou le brôme qui décolorent ou jaunissent les vins rouges, et, au contraire, foncent la couleur des vins à la fuchsine.

Procédé Duclaux (42 B). — L'hydrogène naissant forme des points jaunes sur les bulles et le liquide devient gris puis incolore ; le bioxyde de barium versé dans ce liquide le colore en violacé et forme un dépôt rose.

Procédés Husson (1877). — 1° L'alun et l'acétate de plomb donnent un précipité rosé et un liquide rose. L'albumine (22 C) coagulée par l'acide azotique donne un précipité blanc et un liquide décoloré ; coagulée par la chaleur elle forme un précipité violet de fuchsine et un liquide rosé. L'acide sulfurique et l'aldéhyde donnent du bleu violacé, une goutte d'acide sulfurique donne du bleu, du vert, puis du jaune brun ; l'addition d'eau régénère la couleur primitive.

Procédé Chancel (1877). — Le vin est traité par le carbonate de potasse ainsi qu'il est dit aux procédés généraux et le liquide examiné au spectroscope.

Procédé Coulier (1880, J[l] de Ph. et Ch., décembre). — On neutralise le vin par l'ammoniaque et on dissout par l'alcool amylique que l'on passe au spectroscope sous une couche de 5 millim. seulement. Dans le vin on reconnaît la bande de la fuchsine à la dose de 1 centigr. par litre ; dans l'alcool amylique à la dose de 2 ou 3 milligr. par litre avec une épaisseur de 2[cm] on voit la bande d'absorption de la fuchsine. C'est une large bande à gauche de D ; le violet étant à droite.

Procédé Kœnig (1881). Il fixe la fuchsine sur la laine, détruit cette laine par la potasse et agite la solution alcaline avec de l'éther qui se charge de fuchsine. Ce procédé ne vaut pas celui dans lequel on emploie l'ammoniaque et l'éther (Casali).

Procédé Macagno (1881). — Il utilise le microspectroscope de Browning pour la recherche des couleurs d'aniline dans les vins rouges. Il ajoute au vin deux fois son volume d'eau et un peu d'*éther acétique*, lequel ne dissout que peu d'œnoline, tandis qu'il s'empare facilement de la fuchsine, de la safranine et du violet de méthyle, dont les lignes caractéristiques sont décelées par le spectroscope.

Procédé Krohn (1884). — Le biazotate de mercure donne un précipité violacé clair et un liquide rouge.

Procédé Girard et Pabst (1885). — La fuchsine retirée du vin par l'alcool amylique est examinée au spectroscope. En solution concentrée elle donne une bande d'absorption allant de B à G avec deux maxima, un entre D E et l'autre en G ; en solution étendue elle donne une bande allant de D à E portant sur la droite, le maximum étant à gauche.

Procédé Blarez et Denigès (1886). — L'acétate de mercure (61), l'acide acétique et l'acétate de cuivre (87) donnent une couleur rose ; on décèle ainsi 2 milligr. par litre. Il est donc moins sensible que plusieurs des procédés ci-dessus.

Procédé Cazeneuve (1886). — L'oxyde jaune de mercure (46) donne un liquide rouge, le peroxyde de plomb hydraté donne un liquide incolore que l'acide acétique colore en rose et ce rose passe dans l'alcool amylique.

Procédé Frehse (1886). — L'acétate de cuivre donne du violet qui, traité par la soude, se décolore ou jaunit. L'acide sulfureux décolore la fuchsine qui reprend sa teinte à l'ébullition pour la reperdre par le refroidissement, et ce, un grand nombre de fois.

Procédé Carpéné (1887). — Le vin fuchsiné traité par des ferments lavés colore ces ferments en rose, tandis que les vins naturels les laissent incolores; mais les dérivés de la houille agissent de même; il faut faire ensuite la séparation.

Procédé Barillot (1889). La baryte, l'alcool amylique, l'eau et l'acide acétique donnent un liquide rouge qui, évaporé et traité par l'acide sulfurique, donne du jaune brun; le liquide rouge colore en rose le coton mordancé au tannin.

Procédé Mathieu et Morfaux (1889). — Le vin traité par l'acétate de plomb dans lequel on plonge de la soie azotique, colore cette soie en rouge s'il y a de la fuchsine.

Autres réactifs. — *Tannin et gélatine* (21), liquide rose. *Bicarbonate de soude* (6), liquide lie de vin rosé. *Borax* (75), gris bleuâtre ou bleu verdâtre légèrement lilas. *Acétate d'alumine* (71 A), liquide lilas ou rosé. *Aluminate de potasse* (68), liqueur rose franc. *Sous-acétate de plomb* (78), précipité gris bleuâtre rosé, quelquefois sans trace de rose; liquide filtré, rose. *Bioxyde de barium* (42 A), liquide à peine rose, dépôt orange. *Baryte* (7), liquide jaune verdâtre sale devenant nettement rosé par l'acide acétique.

Le vin traité par l'*albumine* est décoloré en partie; il se décolore par l'*ammoniaque* et se recolore par l'acide acétique (Carles). La *liqueur de savon* (12) donne du rose. *Soie et acide tartrique* (17 B), rose. *Alun et carbonate de soude* (67 B), laque rosée.

L'éther phéniqué, qui est incolore dans un vin naturel, est fortement coloré en rouge par la fuchsine et en rouge violacé par le rouge de gentiane.

Teinture. — Elle est d'un rouge rose vif magnifique et d'une puissance de coloration très grande; elle s'attache aux vases de verre, et des lavages à l'eau ne peuvent l'enlever; elle colore fortement les membranes et la peau.

Ammoniaque (1), liquide rose décoloré par un excès. *Bicarbonate de soude* (6), liquide rose. *Borax* (75), liquide rose. *Acétate d'alumine* (71), rose. *Alun et carbonate de soude* (67), laque violette. *Aluminate de potasse* (68), liquide rose. *Sous-acétate de plomb* (78), liquide rose. *Carbonate de soude* (4 A), liquide rose. *Acide chlorhydrique* (49), décoloration et teinte jaune.

Dosage de la Fuchsine dans les vins. Procédé Viard. — Aucun auteur n'a donné le moyen d'indiquer la proportion exacte de fuchsine contenue dans un vin. Le procédé que j'ai découvert est d'une grande simplicité et néanmoins fort sensible. Il est basé sur la propriété que possède la fuchsine ammoniacale de teindre la laine ou la soie proportionnellement à son poids. Les autres dérivés de la houille ne possèdent pas cette propriété; ils teignent bien, plus ou moins, les tissus, suivant leur plus ou moins grande quantité, mais les teintes obtenues ne sont pas exactement proportionnelles.

Pour doser la fuchsine dans les vins, il faut avoir une gamme de couleur semblable à celle que j'ai préparée par synthèse : on pèse très exactement $0^{gr}0125$ de *fuchsine pure*; puis on la dissout dans 50^{cc} d'eau alcoolisée. 1/10 de cc. de cette liqueur contient 1/40 de milligr. de fuchsine, lequel versé dans 50^{cc} de vin correspondant à 1/2 milligr. de fuchsine par litre. On peut aussi, ce qui est plus facile, peser $0^{gr}125$ de fuchsine dans de l'eau alcoolisée et en faire 1 litre; dans ce cas il faut 2/10 de cc. pour obtenir 1/40 de milligr. A la dose de 1/2 milligr. par litre, la fuchsine colore à peine l'eau (Voir procédé Viard, recherche de la fuchsine).

Dans différentes portions de vin pur, de 50^{cc} chacune, on verse un 1/10, 2/10, 4/10, 6/10... suivant le premier cas, et 2/10, 4/10, 8/10, 12/10 de cc. de fuchsine dissoute, suivant le second; on obtient ainsi des vins contenant 1/2, 1, 2, 3... 10 milligr. de fuchsine par litre. L'ammoniaque, puis la *laine* donnent la gamme de carrés de tissus teints, lesquels étant bien gradués serviront pour les dosages, 11 carrés suffiront.

Lorsque la présence de la fuchsine *seule* a été constatée dans un vin, rien n'est plus facile de savoir dans quelle proportion. Il suffit d'ajouter au vin (50^{cc}), de l'ammoniaque 2^{cc} et de laisser la laine pendant 1/4 d'heure, la retirer, la laver à grande eau et la laisser sécher. Le carré de tissu teint par le vin, placé en face de ceux obtenus par synthèse, indique la dose de fuchsine contenue. Il peut arriver deux cas faisant exception :

1° La couleur est plus faible que celle indiquant 1/2 milligr. par litre; le dosage n'a alors guère de nécessité, car la fuchsine colorant à peine l'eau, pour cette proportion, n'a pu être introduite que par un large coupage ou par les tonneaux; néanmoins on peut y arriver en prenant une plus forte proportion de vin, le collant avec de la gélatine et l'évaporant jusqu'à 50 ou 25^{cc}, et tenant compte de la concentration; ou, mieux, traitant le vin par l'ammoniaque, puis par l'éther; puis évaporant celui-ci et ajoutant de l'eau alcoolisée pour former 25^{cc}. 2° La couleur est plus forte que 10 milligr., ce qui est très rare, car 20 milligrammes donnent au vin blanc la couleur du vin rouge; et alors la coloration de la fuchsine se distingue à la simple vue; les verres sont tachés ainsi que les doigts et la bouche; dans ce cas, il suffit de prendre 25^{cc} de vin et d'ajouter 25^{cc} d'eau; le résultat trouvé sera multiplié par deux. Les carrés de molleton de laine blanche que j'ai employés ont 2^{cm} de côté. (On peut ainsi doser la fuchsine achetée pour la teinture).

SELS DE ROSANILINE. — Dans la préparation de la fuchsine il reste comme résidu des matières tinctoriales auxquelles on a donné des noms très différents : ce sont d'autres sels de rosaniline plus ou moins purs ; ils participent des réactions de la fuchsine.

Carbonate de magnésie (10), rose ou rouge. *Craie albuminée* (11 A), rose franc. *Baryte, alcool amylique* et *acide acétique* (36 B), rose franc ou rouge bleu ; *acide sulfurique* (48 D), jaune brun ; *coton mordancé au tannin* (19), rose (Barillot). *Albumine et eau* (22 C), se décolore et l'acide acétique recolore en rose. *L'acide chlorhydrique* (49) décolore et jaunit. *Acétate de cuivre* (87 C), violet.

Aniléine. — L'ammoniaque et l'alcool amylique colorent la soie en rose (H Jay), le sous-acétate de plomb et l'alcool amylique (37) donnent du rose ; caractères communs avec la fuchsine et le cerise. Je n'ai pas trouvé d'autres réaction sur ce corps le distinguant des autres; du reste, il en est ainsi pour la plupart des dérivés de la houille.

Cerise. — Les deux réactions ci-dessus s'appliquent au cerise. Procédé Frehse : l'*acétate de cuivre* colore en violet, la *soude* décolore ou jaunit ; l'acide chlorhydrique décolore ou jaunit. Ces réactions ne caractérisent pas cette teinture.

Grenat ou Grenadine, Géranium. — L'*acétate de mercure* (Blarez) donne du rose. Le procédé Frehse donne les mêmes résultats que pour le cerise. Le *bisulfate de soude* les décolore en laissant une teinte jaune qui se dissout à froid dans l'alcool amylique. L'ammoniaque et l'éther acétique colorent en rose. Procédé Ch. Girard.

Rouge neutre. — La *baryte, l'alcool amylique* et *l'eau acétique* (36 A) donnent une coloration rouge violet; l'*acide sulfurique* (48 D) colore en vert brunâtre, que l'acide chlorhydrique bleuit. Dans l'eau acétique, l'ammoniaque précipite une matière fibreuse qui se dissout dans l'éther avec une fluorescence verte.

SAFRANINE. — *Procédé Girard* (1876) (36 A). — On traite le vin par la baryte et l'éther acétique (l'alcool amylique vaut mieux, E V) et on évapore l'alcool coloré en rose en présence de la soie, qui se colore en rose pour 5/10 de milligr par litre, d'après H. Jay.

Cette soie, traitée par l'acide chlorhydrique concentré, passe au violet, au bleu foncé et enfin au vert. En ajoutant peu à peu de l'eau, le phénomène se produit en sens inverse pour arriver à la teinte primitive par un excès d'eau. Sa séparation d'avec la fuchsine est bien nette.

Procédé Viard (1882). Traité par l'ammoniaque, un vin contenant le 32e de sa couleur en safranine a donné du violet brun ; la laine non lavée était rouge et sèche rose ; au 16e et au quart, le liquide était rouge, la laine non lavée rouge, et la laine sèche rose et rose foncé. Cette laine, plongée dans l'ammoniaque pure, conserve sa couleur, ce qui distingue la safranine de la fuchsine, qui est décolorée ; on obtient le même résultat dans l'acide chlorhydrique étendu de 2/3 d'eau.

Procédé Cazeneuve (1886). L'oxyde jaune de mercure (46) donne un liquide rouge, qui, traité par l'ammoniaque, reste rouge.

Procédé Frehse. L'acétate de cuivre (87 C) donne une couleur violette; la soude ne change pas la couleur rouge ; l'acide sulfurique (48 C) rend la solution violette, puis verte.

Procédé Barillot (1889). La baryte, l'alcool amylique et l'eau acétique donnent du rouge franc ; l'acide-sulfurique (48 D) rend la matière solide, verte ; l'addition d'alcool à la solution aqueuse détermine une fluorescence orangée. Par l'ébulliton avec la poudre de zinc (58 B), la liqueur se décolore mais reprend rapidement sa couleur au contact de l'air. L'acétate de mercure (61) et l'acétate de cuivre (87 B) donnent des filtrats roses.

L'*éther* (24) se colore en rose pour 2 milligr. par litre. Le *sous-acétate de plomb* et l'*alcool amylique* (37) donnent du rose pour 1 milligr. par litre. L'*acétate de plomb et la soie* (16), rose. L'*oxyde de plomb hydraté* (43), rouge.

Chrysaniline, Phosphine, Flavaniline, Auramine. — Ces quatre substances jaunes ne sont déterminées que dans le procédé Barillot, indiqué aux procédés généraux.

La chrysaniline par l'acide chlorhydrique faible donne un précipité jaune ; par l'acide sulfurique concentré, une couleur jaune ; par la poudre de zinc, décoloration et recoloration à l'air ; par la potasse, pécipité jaune, et par l'acide azotique un précipité en liqueur concentrée.

La phosphine donne un précipité jaune floconneux par les alcalis, se dissolvant dans l'éther en jaune pur avec magnifique dichroïsme vert caractéristique.

La flavaniline précipite en blanc de lait par les alcalis ; se dissout dans l'éther, incolore avec fluorescence vert bleu.

L'auramine précipite en blanc par les alcalis ; soluble éther sans aucune couleur. Bouillie dans l'eau chlorhydrique, se décolore.

Chrysotoluidine. — Couleur jaune. *Procédé Ch. Girard* (1876). Par l'ammoniaque et l'éther acétique et la soie on retire la couleur qui ne se décolore que très peu par l'acide chlorhydrique. On fait bouillir le tissu avec un peu de poudre de zinc ; la coloration reparaît à l'air.

Procédé Viard (1882). — La laine est peu colorée en rose. La soie lavée et sèche est bleuâtre puis rose ; il faut 1/16e de la couleur du vin pour obtenir ce résultat. La soie teinte dans le vin et plongée dans l'ammoniaque puis lavée humide, donne une couleur rouille 1/16 et violacé très pâle 1/32, une fois sèche elle a une teinte violacée de 2 milligr. et 1 milligr. de fuchsine par litre. Sur le tissu sec, l'ammoniaque donne du vert pomme et l'acide chlorhydrique sur le tissu sec rougit fortement et en séchant le tissu reste rose.

L'*acétate de plomb et l'acide azotique* donne du rouge.

Vert d'aniline. — Il n'a été spécifié que par MM. Blarez et Denigès. Le vin traité par l'acétate de mercure (61) et par l'acétate de cuivre (87 B) donne un liquide vert.

Vert Malachite. Procédé Barillot. — On obtient la couleur par le réactif (36 B) à l'état d'eau acétique verte ; on ajoute de l'ammoniaque en excès et il se forme un précipité gris ou rosé ; les acides en excès font virer cette solution au jaune. Au spectroscope (101) Girard et Pabst, la solution étendue donne une bande d'absorption avec arc de cercle entre C et D et plus près de D. En solution concentrée il y a deux bandes d'absorption de B à D maximum en C et de F à G, uniforme portant plus à droite que le vert de méthyle.

La matière pure par l'acide chlorhydrique faible se colore en jaunâtre. L'acide sulfurique concentré donne du brun devenant vert par l'eau. Le chlorure de calcium et la poudre de zinc décolorent. La potasse donne un précipité gris.

Vert Brillant ou vert Victoria. — Procédé Barillot. L'eau acétique a une teinte verte, l'ammoniaque en excès ne forme pas de précipité. On teint un échantillon au coton mordancé (19) et on le porte pendant quelques heures à 100°, il reste vert. Le spectroscope (101).

La matière pure est soluble dans l'eau en vert. Les alcalis précipitent en gris ou rose ; les acides forts colorent en jaune la solution.

Vert de méthyle ou vert à l'iode. — L'eau acétique Barillot est colorée en vert bleu ; l'ammoniaque ne produit pas de précipité ; le coton mordancé porté quelques heures à 11° devient violet.

L'acide chlorhydrique faible rend la couleur pure jaunâre ; l'acide sulfurique concentré colore en brun, l'eau régénère le vert ; le sulfhydrate d'ammoniaque décolore, ainsi que la poudre de zinc.

Le spectroscope (101, Girard et Pabst) dans la solution étendue donne deux bandes d'absorption entre C et D en demi-cercle et une bande entre F et G à G ; en solution concentrée elle forme deux bandes : de B à D maximum en C et de F à G uniforme.

La matière pure se dissout dans l'eau en bleu vert que les acides colorent en jaune et que les alcalis décolorent sans précipité.

Bleu d'aniline, bleu de rosaniline, bleu de diphénylamine, bleu de Lyon, azuline. — Ces substances sont ou synonymes ou ont les mêmes réactions.

Le procédé Blarez et Denigès par l'*acétate de mercure* (61) et l'*acétate de cuivre* (87 B) le détermine par une coloration bleue. La *teinture alcoolique de savon* (12) de Pagnoul donne du bleu.

La couleur pure retirée du vin est insoluble dans l'eau, soluble dans l'alcool ; l'acide chlorhydrique ne se décolore pas, mais précipite des cristaux microscopiques verts.

Les alcalis colorent en rouge brun. L'acide sulfurique concentré dissout la couleur en rouge brunâtre clair.

Le procédé Viard le fait reconnaître. Dans la teinture, l'ammoniaque décolore très peu. Dans les vins, l'ammoniaque ne marque pas ; la laine sèche donne du bleu très pâle pour le 8e et du bleu sensible pour le 1/4. Mais la soie est plus sensible ; l'acide chlorhydrique fonce beaucoup la couleur.

Bleu de méthylène. — Le procédé Cazeneuve caractérise complètement ce bleu ; l'oxyde jaune de mercure donne un liquide bleu. On traite par le peroxyde de plomb hydraté, égoutte le précipité que l'on traite par un peu d'alcool bouillant qui se colore en bleu ; on y teint la laine en bleu ; l'acide sulfurique fait virer le bleu sur laine en vert. Le vin bouilli avec du fulmi-coton se teint en bleu.

Le procédé Barillot caractérise également ce bleu. L'eau acétique est colorée en bleu. L'acide sulfurique colore en vert ; la soude donne un précipité noir, lilas dans les solutions concentrées, le chlorure de chaux à 5 °/₀ décolore.

L'acétate de plomb et la soie (16) coloration violette.

La matière colorante pure est soluble dans l'eau ; les alcalis la précipitent en violet rouge et l'acide chlorhydrique concentré en vert, étendu violet bleu. La poudre de zinc décolore et reprend sa teinte à l'air. La matière colorante contient du zinc. Le sulfhydrate d'ammoniaque décolore ; la liqueur est recolorée par l'acide chlorhydrique et le perchlorure de fer.

Bleu nouveau, bleu nouveau B et D, bleu Victoria. — *L'acétate de plomb et la soie* (16) coloration bleue.

Le procédé Barillot distingue ces trois bleus. L'eau acétique est bleue ou bleu lilas, l'acide sulfurique concentré donne sur la matière solide du vert avec le bleu nouveau B et D, du rouge violet avec le bleu nouveau et du brun rouge avec le bleu Victoria.

La solution de bleu nouveau B et D traitée par la soude forme un précipité noir brun ; réduite par le zinc et additionnée d'alcool méthylique elle devient verte.

La solution de bleu nouveau solide traitée par l'acide sulfurique est violette à chaud et verte à froid ; les alcalis la précipitent en brun rougeâtre.

La solution du bleu Victoria est colorée en brun par les acides et elle teint le coton mordancé au tannin.

Bleus Coton, R à 6 B. — *L'acétate de plomb et la soie* (16) donnent une coloration violette.

La matière colorante pure est soluble dans l'eau ; la laine ne se teint que sur bain acide. Les alcalis ne précipitent pas la solution et la poudre de zinc la décolore.

MAUVANILINE. — Cette substance violette a été, en même temps que la fuchsine, l'une des premières matières colorantes de la houille introduites dans les vins, pour enlever le ton cru au rouge de la fuchsine.

Le procédé Viard la fait retrouver très facilement dans les vins. Dans la teinture, l'ammoniaque donne un précipité blanc, la couleur restant violette. Dans les vins, l'ammoniaque donne du violet bleu pour le 1/8 et le 1/4 de la couleur. La laine non lavée est violacée pour le 1/16 et violette 1/8, 1/4. La laine sèche est violet pâle au 1/32, violette au 1/16, 1/8, 1/4.

Dans le procédé Ch. Girard, la laine teinte traitée par l'acide chlorhydrique concentré donne d'abord du bleu indigo, puis du jaune feuille morte; l'eau en excès fait virer au violet rouge.

L'*acétate de mercure* (61) et l'*acétate de cuivre* (87 B) donnent du violet. La *teinture de savon* (12) violet. L'*acétate de plomb et la soie* (16) violet. Le fulmi-coton se colore en violet.

Violet d'aniline, Fuchsine violette. — Procédé Viard : L'ammoniaque, dans la teinture violette, décolore peu à peu; dans les vins au 1/32, elle donne déjà un fond brun qu'elle conserve à plus haute dose. La laine non lavée n'est violette que au 1/4 : sèche elle est rose correspondant à 1/2 milligramme de fuchsine par litre pour 1/32, au 1/16 elle est violet pâle et au 1/8, violette ; le tissu ne se décolore pas dans l'ammoniaque étendue de 2/3 d'eau ; l'acide chlorhydrique faible verdit et décolore peu à peu.

L'*acétate de plomb et la soie* (16) donnent une coloration violette. La *teinture de savon* (12) bleu violet. L'*eau acétique* (36 B) est violette. L'*acétate de mercure* (61) et l'*acétate de cuivre* (87 B) donnent du violet.

Violet de méthyle ou Violet Hofmann, Violet neutre, Violet améthyste, Violet cristallisé. — Ces violets sont solubles dans l'eau. Par le procédé de Ch. Girard on les retrouve dans les vins. L'eau de baryte et l'alcool amylique et l'acide acétique donnent une coloration violette. Le procédé Barillot les caractérise. L'eau acétique est violette. L'acide sulfurique sur la matière solide donne du jaune pour le violet de méthyle, du lilas terreux pour le violet neutre, du vert pour le violet améthyste et de l'orangé pour le violet cristallisé. Avec le violet de méthyle, la matière traitée par l'acide sulfurique étant étendue d'eau, la couleur passe au vert, au bleu, puis au lilas ; les alcalis précipitent en brun ; le violet neutre, par l'eau, passe au bleu et au lilas; les alcalis donnent un précipité brun fibreux; le violet améthyste, par l'eau, passe au bleu et au lilas ; l'alcool donne une fluorescence brun rouge; le violet cristallisé n'est pas modifié par l'eau. La teinture de violet de méthyle est colorée en bleu par l'acide chlorhydrique faible ; l'acide concentré donne du bleu, du vert, puis du jaune. L'acide sulfurique concentré donne du brun jaune que l'eau rend vert puis bleu. Le sulfhydrate d'ammoniaque donne un précipité bleu. La poudre de zinc donne une décoloration persistante et la potasse précipite en violet.

Mauvéine. Rosalane ou Violet Perkin. — Cette matière colorante est d'un beau violet, peu soluble dans l'eau. Elle est confondue avec le violet de méthyle dans la réaction Girard : elle est séparée des violets précédents, dans le procédé Barillot : l'acide sulfurique donne une coloration grise qui, traitée par l'eau, se colore en bleu, violet, puis violet rouge. Le procédé Frehse la sépare également. L'acétate de cuivre donne une coloration violette, la soude ne change pas la couleur violette et l'acide chlorhydrique colore en bleu. La matière colorante pure se colore en violet bleu par l'acide chlorhydrique faible ; l'acide sulfurique concentré dissout la matière colorante en gris ; l'eau fait du gris vert, bleu de ciel, bleu violet et violet (Cazeneuve), l'acide colore en vert pâle que l'eau rend bleu, puis violet rouge (Ch. Girard). Le sulfhydrate d'ammoniaque forme un précipité bleu ; la poudre de zinc décolore, la coloration revient à l'air ; la potasse forme un précipité bleu, soluble en bleu dans l'alcool.

Brun d'aniline, Brun de phénylène diamine, Vésuvine, Brun Bismarck, Brun Manchester. — Sous ces divers noms, on est en présence, ou à peu près, de la même matière colorante.

Procédé Viard. — La teinture traitée par l'ammoniaque se décolore très peu. Dans les vins, l'ammoniaque ne donne du brun qu'au 1/4 et au 1/8. La laine lavée est déjà jaune pour 1/32, la laine sèche est jaune pâle au 32e, roux au 16e et jaune roux très vif au 1/8 et au 1/4.

Procédé Ch. Girard. — La laine se teint en jaune rouge ; au contact de l'air ou avec quelques gouttes d'acide chlorhydrique étendu, la nuance vire au brun rouge foncé. La solution acétique un peu concentrée teint également en brun rouge.

Procédé Blarez et Denigès. — L'acétate de mercure et l'acétate de cuivre donnent un liquide jaune brun.

Procédé Cazeneuve. — L'oxyde jaune de mercure donne un liquide jaune ; le peroxyde de plomb hydraté donne aussi du jaune ; on recommence cet essai avec un grand excès d'oxyde, le liquide est incolore. Dans le liquide du premier essai on teint la laine et on traite par l'acide sulfurique, on obtient une teinte brune.

La soie *Mathieu et Morfaux* se teint en jaune.

Procédé Barillot. — L'eau acétique est brune ; par l'ébullition avec l'acide sulfurique étendu on n'obtient pas de modification sensible ; l'acide sulfurique sur la matière solide colore en brun ; la couleur se fixe sur le coton au tannin.

La laine et ammoniaque Bastide (15 A) colorent en brun jaune.

DÉRIVÉS ACIDES

Ces dérivés sont retrouvés dans les vins par le *procédé Ch. Girard* au moyen de l'acide sulfurique sur la couleur retirée par la baryte et l'alcool amylique ; ils ne sont pas séparés des dérivés azoïques, mais plusieurs colorants sont caractérisés.

Le *procédé Barillot* (Voyez) est celui qui les sépare et les caractérise le mieux. Il les divise en dérivés acides de la rosaniline, phtaléines et dérivés de la benzidine. La matière colorante retirée par l'acétate de mercure ou l'alcool amylique est traitée par le tannin et l'acétate de soude, ne précipite pas. Par l'acide chlorhydrique et la poudre de zinc, les dérivés de la rosaline et les phtaléines sont colorés; traité par l'éther celui-ci est incolore avec la rosaline et coloré avec les phtaléines. Par le zinc liquide incolore on ajoute un excès d'ammoniaque agite l'alcool amylique; un mouchet de coton non mordancé se colore avec la benzidine et les azoïques, mais bouilli avec du savon les couleurs de la benzidine se maintiennent tandis qu'elles disparaissent avec les azoïques.

La classification des dérivés de la houille n'est pas facile à faire : Certains auteurs classent tous ces produits en deux séries : les corps basiques et les corps acides. D'autres les divisent en trois classes : les dérivés basiques, les dérivés acides et les dérivés azoïques qui sont ou acides ou basiques; c'est cette dernière classification que j'ai adoptée en rectifiant plusieurs erreurs constatées dans ces classifications. Dans le même ouvrage on trouve plusieurs produits classés d'une façon et dans un autre endroit classés autrement.

SULFOFUCHSINE, fuchsine acide ou sulfoconjugué de fuchsine. — De 1884 à 1886, l'emploi de ce produit a été considérable pour la coloration des vins parce qu'il échappait aux réactions connues de la fuchsine jusqu'au moment où M. Ch. Girard trouva les réactifs permettant de le découvrir.

Procédés Ch. Girard. 1° On sature le vin exactement par la baryte, on filtre et ajoute un acide; le liquide devient rouge s'il y a du sulfofuchsine.

Ce procédé est d'une exécution délicate parce que si on ne sature pas suffisamment, il passe de la couleur du vin; si on met un excès de baryte il se forme une laque verte qui passe au travers du filtre et rougit par l'acide.

2° (Documents sur les falsifications, 1884). Dans 10^{cc} de vin on verse 2^{cc} de potasse à 10 °/₀ en léger excès et 2^{cc} d'acétate mercurique à 2 °/₀ en quantité égale à celle de la solution de potasse; la liqueur filtrée doit être alcaline.

Le liquide filtré est rose rouge s'il y a du sulfofuchsine et on peut teindre un mouchet de soie. Avec le sous-acétate de plomb le sulfofuchsine donne un liquide rose qui ne disparaît pas à l'ébullition — le borax ne le décolore pas.

Un excès de potasse produit une laque jaune verdâtre, avec la matière colorante du vin, qui vire au rouge par un acide.

M. Jay au contraire (Voyez Procédés généraux) sature à peine le vin par la potasse.

M. Blarez l'emploie à l'état solide et traite par l'acétate de cuivre (61-87 B) on obtient du violet passant au vert bleuâtre; on décèle 2/10 de milligr. par litre.

Procédé Blarez (1884). Il emploie l'oxyde puce de plomb et l'acide tartrique, on obtient une couleur rose avec 1 milligr. par litre. (Voyez Procédés généraux).

Procédé Cazeneuve : L'oxyde jaune de mercure donne une couleur rouge ; le peroxyde de plomb, un liquide incolore qui traité par l'acide acétique devient rose ou rouge ; la liqueur rouge résultant de l'oxyde de mercure traitée par l'ammoniaque est décolorée (Monavon) ; le bioxyde de manganèse donne un liquide rose ; la liqueur rouge de l'oxyde de plomb ne colore pas l'alcool amylique.

Procédé Frehse. La couleur retirée par la soie et dissoute dans l'alcool est traitée par l'acétate de cuivre qui colore en violet ; la soude décolore ou jaunit, l'acide chlorhydrique rend la couleur plus violette et affaiblie par un grand excès. L'acide sulfureux décolore le sulfofuchsine, à l'ébullition la couleur reparaît pour disparaître par le refroidissement.

Procédé Bellier. Il a repris le réactif de M. Ch. Girard l'acétate de mercure mais il remplace la potasse par la magnésie qui n'a aucun de ses inconvénients ; un excès de magnésie n'agit pas.

Il mélange le sel de mercure et la magnésie calcinée tous deux à l'état solide ; on verse une pincée dans 10^{cc} de vin et fait bouillir, puis filtre, le vin naturel passe toujours incolore, le sulfofuchsine et la fuchsine passent rose ; on examine au spectroscope ou on teint la laine.

Procédé Girard et Pabst (1885). Le liquide coloré résultant de l'essai au sel de mercure est étendu à la teinte rose et passé au spectroscope. Par un alcali le liquide se décolore complètement ; l'absorption due aux autres couleurs, s'il y en a, disparaît et celle du sulfofuchsine est encore assez nette. Le sulfofuchsine ou son dérivé sulfoconjugué a une bande semblable à la fuchsine mais déplacée un peu vers le rouge et en outre une autre bande à la naissance du bleu. Ces deux bandes disparaissent par un excès d'alcali en même temps que la couleur rose (Comptes Rendus 13 Juillet) (Voyez le réactif 101).

Dosage du sulfofuchsine. M. Cazeneuve dit qu'on le dose approximativement en opérant ainsi : 50^{cc} de vin agité avec 50 gr. de bioxyde de manganèse, repos de 5 minutes, filtré et lavé jusqu'à ce qu'on obtienne 150^{cc} de liquide. On compare alors au colorimètre Duboscq avec une solution de sulfofuchsine titrée.

M. Sambuc (J[l] de Ph. et Ch. 1886 t. 13 p. 497 et 557), en opérant ainsi avec un vin naturel additionné de sulfofuchsine n'a pu retrouver que les 2/3 de cette substance. Une dissolution de sulfofuchsine, dans les mêmes conditions n'a donné que la moitié ; en doublant l'oxyde de manganèse on n'a plus que le 1/4. Pour y remédier il propose d'examiner le liquide coloré comparativement à une solution titrée de sulfofuchsine faite avec du vin et soumise à l'action du bioxyde et dans des proportions se rapprochant beaucoup du vin à examiner.

M. Cazeneuve lui a répondu qu'il n'avait pas acidifié le liquide filtré après l'action du bioxyde. Il a fait une solution de 1 milligr. de sulfofuchsine par litre, l'a traitée à froid d'une part et un instant au bain-marie d'autre part ; après acidification, dans les deux cas, le liquide avait la même teinte que celui non traité par le bioxyde.

Il a pu constater la présence du sulfofuchsine dans un vin tandis que l'acétate de mercure n'en indiquait pas trace.

M. Blarez (Bull. Soc. Ph. Bordeaux 1886 p. 302) utilise la réaction de l'oxyde puce de plomb, pour le dosage du sulfofuchsine. Il emploie le colorimètre et des verres colorés types dont la valeur est mesurée directement.

Différentes couleurs de houille, dont je n'ai pas parlé jusqu'à présent parce qu'on ne les pas rencontrées dans les vins, ont les mêmes propriétés que le sulfofuchsine ; ce sont : le bleu alcalin B à 6 B, le bleu soluble B à 6 B ou bleu de Chine, le violet acide et le vert acide ou vert lumière. Les alcalis les décolorent et l'acide acétique fait réapparaître la couleur.

Nous allons maintenant étudier les phtaléines :

Eosine (*tétrabromofluorescéine potassée*). — Substance colorante rouge. Deux procédés seulement permettent de la caractériser complètement : les autres en indiquent la présence parmi plusieurs autres, non caractérisées également.

Procédé Cazeneuve. — L'oxyde jaune de mercure (46) donne un liquide incolore et le peroxyde de fer (45) gélatineux un liquide coloré en rose fluorescent.

Procédé Barillot. — La solution de la matière colorante ne précipite pas par le tannin et l'acétate de soude (77). Le liquide coloré bouilli avec l'acide chlorhydrique et la poudre de zinc (58 B) n'enlève pas la couleur qui colore l'éther. La solution légèrement alcoolique et un peu alcaline et fluorescente, l'acide chlorhydrique dilué forme un précipité orangé fibreux, l'éther se colore en jaune et l'acide sulfurique sur la matière solide est jaune.

L'ammoniaque, l'alcool amylique et la soie (33 A) donne une couleur rose pour 2 milligr. par litre (H. Jay).

L'acétate de mercure et l'acétate de cuivre (61) donnent du rose pour 1 centigr. par litre (Blarez).

La teinture de savon (12) conserve la fluorescence rose vert avec 10 gouttes de vin contenant 1 centigr. par litre (Pagnoul).

La baryte, l'alcool amylique et l'acide sulfurique (48 B) donnent du jaune (Ch. Girard).

L'acétate de plomb et la soie (16) donnent du rouge (Mathieu).

L'éosine pure en solution aqueuse est d'un beau rouge avec fluorescence jaune vert qui paraît d'autant mieux que la dilution est plus grande. Les acides précipitent des flocons orangés solubles dans l'éther en jaune pur sans fluorescence. Elle est soluble en jaune dans l'acide sulfurique.

Primerose. — Deux auteurs seulement parlent de cette substance parmi plusieurs autres, de sorte qu'elle n'est pas caractérisée, ni comme réaction, ni comme composition.

L'ammoniaque et l'alcool amylique (H. Jay) permet d'en déceler 5/10 de milligr. par litre.

L'acétate de cuivre (Frehse) colore en violet, la soude laisse le rouge et l'acide sulfurique décolore ou jaunit.

Phloxine. — M. Barillot en fait la séparation des autres produits. M. Cazeneuve n'en parle que comme colorant et ne la distingue pas du rose Bengale ; les autres auteurs ne la citent même pas.

Après les réactions propres aux phtaléines on constate que la solution alcoolique et alcaline est fluorescente, l'acide chlorhydrique donne un précipité couleur chair qui se dissout dans l'éther en brun jaune et l'acide sulfurique sur la matière solide colore en jaune doré (Barillot),

La solution aqueuse de la phloxine pure est rouge bleuté sans fluorescence ; les acides donnent un précipité orangé jaune, soluble dans l'éther avec cette couleur. La poudre de zinc décolore la solution ammoniacale et la couleur ne revient que très peu à l'air. Propriétés communes avec le Rose Bengale. (Cazeneuve).

Rose Bengale (*dérivé de la napthylamine*), M. Frehse lui donne les mêmes réactions que la primerose dont il ne la distingue pas.

M. Barillot la caractérise et la différencie de la phloxine en ce que l'acide chlorhydrique donne un précipité ponceau, soluble en orangé dans l'éther et que l'acide sulfurique donne de l'orangé.

M. Cazeneuve lui donne les mêmes réactions que la phloxine.

Fluorescéine ou *Uranine* (Phtaléine de la résorcine), **Benzylfluorescéine** ou *Chrysoline.* — Ces deux substances colorantes jaunes ont les mêmes réactions.

L'acétate de mercure et l'acétate de cuivre (Blarez et Denigès) donnent une teinte jaune avec une pointe de fluorescence ; elle devient rose et très fluorescente par le bicarbonate de soude.

Elles se distinguent des autres phtaléines dans le procédé Barillot en ce que, étant fluorescente, l'acide chlorhydrique, l'éther et l'acide sulfurique colorent en jaune.

La solution pure est brun jaune à splendide fluorescence verte qui disparaît par les acides qui précipitent des flocons jaunes. (Cazeneuve).

Aurine ou Coralline. Jaune. — Le borax ne la décolore pas. (Ch. Girard). Elle donne les mêmes réactions que la fluorescéine, seulement sa solution un peu alcoolique et un peu alcaline n'est pas fluorescente, ce qui la distingue.

Erythrosine ou Iodofluorescéine. Rouge. (Sel de sodium de la tétraiodofluorescéine). — Elle est seulement caractérisée dans le procédé Cazeneuve. L'oxyde jaune de mercure la décolore et le peroxyde de fer gélatineux est coloré en rose non fluorescent.

Les autres procédés la font découvrir mais ne la caractérisent pas. D'après

Frehse, elle a les mêmes réactions que la primerose et l'éosine. L'ammoniaque, l'alcool amylique et la soie (H. Jay) colorent en rose pour 5/10 de milligr. par litre.

L'acétate de mercure et l'acétate de cuivre (Blarez) donnent du rose pour 1 centigr. par litre.

La dissolution de la teinture pure n'est pas fluorescente, et donne un précipité jaune avec l'acide chlorhydrique faible. L'acide sulfurique concentré colore en brun jaune et à chaud dégage des vapeurs d'iode. Le chlorure de calcium donne un précipité rouge. La poudre de zinc la décolore. Il y a une fluorescence verte en liqueur alcaline par le bichromate de potasse.

Ethyléosine. Eosine. J et B. Rouges. — Sel de sodium de tétrabromofluorescéine. Ces deux substances ne sont pas séparées dans les essais connus.

M. Ch. Girard retire la couleur au moyen de l'ammoniaque et de l'alcool amylique et fait agir l'acide sulfurique concentré sur le résidu de l'évaporation ou sur la soie teinte ; on obtient une couleur jaune.

L'acétate de plomb et la soie (Mathieu) colorent en rouge.

Méthyléosine. Rouge. — Le procédé Frehse donne le même résultat qu'avec l'éosine. Le procédé Mathieu et Morfaux donne une coloration rouge comme l'éthyléosine et le fulmi-coton se colore en rose en présence de l'éther et de l'huile de ricin. Elle n'est pas caractérisée.

Dérivé de la Benzidine. — Ce sont des matières colorantes rouges dont les principales sont le rouge Congo et la benzo-purpurine. Le bleu azoïque, qui est classé dans les azoïques, participe des principales propriétés de ces substances .

Dans le procédé Wolf par la potasse caustique et le bichlorure de mercure, la couleur rouge est très sensible, on évapore à sec et traite par l'acide sulfurique, on a du bleu et du violet.

Dans le procédé Barillot, la solution de la matière colorante ne précipite pas le tannin. L'ébullition avec la poudre de zinc et l'acide chlorhydrique jusqu'à décoloration, ne colore ni la liqueur ni le filtre. La solution primitive est traitée par l'ammoniaque et l'alcool amylique et évaporé avec un mouchet de coton non mordancé ; ce coton se colore en rouge et la coloration se maintient lorsqu'on fait bouillir avec une solution de savon.

Rouge Congo. — En plus des réactions ci-dessus, cette matière colorante se distingue en ce que la solution aqueuse rouge traitée par l'acide chlorhydrique devient bleue et que l'acide sulfurique dissout la couleur en bleu d'ardoise, sans que l'addition d'eau modifie cette teinte (Barillot).

Par le procédé Ch. Girard et Pabst, au spectroscope on voit une bande d'absorption oblique de F à G, le maximum étant en G.

Benzo-purpurine. Rouge. — L'ammoniaque et l'alcool amylique colorent le tissu de soie en rouge pour 2/10 de milligr. par litre de purpurine (H. Jay).

Elle possède les réactions des dérivés benzéniques et se distingue du rouge Congo en ce que l'acide chlorhydrique donne une coloration brune pendant qu'il se forme un précipité brun. L'acide sulfurique colore la purpurine en violet tout en la dissolvant.

Rose de Naphtaline ou **Rose** ou **Rouge de Magdala**. — Cette substance est caractérisée par le procédé Frehse seulement. L'acétate de cuivre (87C) forme une couleur violette ; la soude (3) couleur violette ; l'acide chlorhydrique (49) ne change pas la couleur.

L'ammoniaque, l'alcool amylique et la soie (33A) donnent une couleur rose pour 2 milligr. 5 de rouge de Magdala par litre.

Le produit pur en dissolution alcoolique est rouge bleuté avec une fluorescence jaune orangé marquée. L'acide sulfurique colore cette substance en bleu noir devenant rouge par l'eau (Girard) ; la dissolution est gris verdâtre ; l'eau colore en rouge, puis abandonne un précipité rouge violet (Cazeneuve).

La poudre de zinc décolore et la couleur revient à l'air. Au spectroscope on voit une large bande d'absorption qui couvre tout le jaune et le vert.

Dérivés Azoïques

Les dérivés azoïques sont de plusieurs sortes, ce qui fait que toutes les classifications ne se ressemblent pas. Il y a des dérivés basiques et des dérivés acides, des dérivés nitrés et des dérivés diazoïques.

Les réactifs communs aux azoïques sont : la potasse et l'acétate de mercure qui donnent du rouge ou du jaune ; le borax, qui ne les décolore pas, et le bichlorure de mercure et la potasse qui colorent en jaune ou rouge et que l'acide chlorhydrique ne change pas lorsqu'il est étendu d'eau.

Le procédé Barillot les caractérise. Le tannin ne précipite pas la solution de la couleur ; la poudre de zinc à l'ébullition chlorhydrique décolore ; l'ammoniaque et l'alcool amylique colorent un mouchet de coton non mordancé s'il y a des azoïques ; la coloration disparaît par l'ébullition avec le savon. L'eau de baryte et l'alcool amylique (36 A) se colorent en vert et l'acide acétique en jaune ; l'oxyde jaune de mercure colore en rouge ou en jaune.

Safrosine. *Nitrobromofluorescéine.* **Ecarlate d'Eosine.** *Lutécienne*, Bromonitro fluorescéine. — D'après Barillot, ces deux noms désignent la même substance, tandis que Cazeneuve les sépare en deux produits distincts; il appelle même la safrosine *Nopaline.* Barillot classe cette substance dans les phtaléines acides et Cazeneuve dans les dérivés azoïques avec plus de raison, d'après sa composition.

Procédé Ch. Girard. — La substance colorante retirée des vins et traitée par l'acide sulfurique concentré se colore en jaune, ainsi que les éosines.

Procédé Barillot. — La solution alcoolique un peu alcaline est fluorescente ; l'acide chlorhydrique donne un précipité jaune brun se dissolvant en jaune dans l'éther et donnant par l'acide sulfurique du jaune doré.

L'écarlate d'éosine pure en solution aqueuse est rouge bleuté, sans fluorescence ; elle précipite en jaune par les acides, soluble en jaune dans l'éther; l'acide sulfurique donne du jaune d'or; la poudre de zinc et l'ammoniaque décolorent; cette liqueur absorbée par du papier filtre se colore à l'air en rouge bleuté intense, ce qui la distingue de l'éosine.

La Nopaline ou safrosine donne avec l'acide chlorhydrique un faible précipité jaune. L'acide sulfurique concentré colore en brun jaune et à chaud donne des vapeurs de brôme ; le chlorure de calcium donne un précipité jaune ; la poudre de zinc décolore ; sa solution n'est pas fluorescente.

ROCCELLINE ou Rouge solide. — C'est une poudre d'un rouge brun foncé soluble dans l'eau en toutes proportions avec une belle teinte rouge légèrement violacée. Elle ne change pas de couleur par l'addition d'ammoniaque, mais elle acquiert une nuance plus violette sous l'influence d'un acide étendu (chlorhydrique ou sulfurique).

La solution aqueuse concentrée ou la poudre elle-même, donne avec l'acide sulfurique, à 66° Baumé, une coloration violette intense, qui passe peu à peu au violet bleu. Caractéristique.

Les alcools vinique et amylique la dissolvent peu, l'éther et la benzine pas, mais si on ajoute à ces dissolvants quelques gouttes d'ammoniaque ou d'acide chlorhydrique, la dissolution s'opère facilement dans les deux premiers dissolvants et plus difficilement dans les deux seconds, ce qui établit d'une manière nette les caractères de cette substance.

La solution concentrée à l'ébullition traitée par quelques gouttes de soude concentrée, précipite des stries brunes miroitantes.

La Roccelline est parfaitement caractérisée dans les vins par plusieurs procédés ; c'est une des premières substances employées après la fuchsine, M. Jay, le premier, a donné le moyen de la déceler.

Procédé H. Jay. — On traite 20 ou 30^{cc} du vin par l'ammoniaque dans un tube à essais, jusqu'à ce que après l'agitation du mélange on sente nettement l'odeur ammoniacale ; on agite avec 1/2 volume d'alcool amylique et on laisse reposer. On recueille cet alcool ; on l'évapore à une très douce température dans un petit vase en faïence blanche, et on traite le résidu de l'évaporation, qui ne doit plus avoir d'odeur, par 1 ou 2^{cc} d'acide sulfurique concentré, lequel donne une couleur violette intense avec la roccelline. On décèle ainsi 2/10 milligr, par litre.

Procédé Cazeneuve. — L'oxyde jaune de mercure colore en rouge, le peroxyde de plomb décolore ; l'ammoniaque ne change pas la couleur ; la laine et l'acide sulfurique donne du violet rouge.

Procédé Frehse. — L'acétate de cuivre colore en jaune franc ; la soude ne change pas la couleur et l'acide sulfurique non plus.

Procédé Ch. Girard. — La potasse et l'acétate de mercure donnent un liquide non acidulé rouge ; la baryte et l'alcool amylique donnent une couche non acidulée rose ; la laine teinte dans l'alcool amylique et traitée par l'acide sulfurique donne du violet Parme. Il ne faut pas confondre avec les Tropéolines qui donnent du violet rouge.

M. Barillot traite la substance solide par l'acide sulfurique et obtient du lilas qui, étendu d'eau, devient rouge ; il ne faut pas confondre avec le rouge fuchsine de l'azoflavine.

Procédé Blarez. — L'acétate de cuivre versé dans le liquide résultant de l'essai à l'acétate de mercure colore en rouge.

Procédé Viard. — Dans la teinture l'ammoniaque donne du rouge carmin. Dans les vins l'ammoniaque donne du vert fond brun 1/32, 1/16, de la terre de Sienne 1/8 et du du rouge brun très fort 1/4. La laine non lavée est rose pâle pour toute quantité et sèche rose. L'acide chlorhydrique et l'ammoniaque ne décolorent pas. Ce procédé ne sépare pas du rouge de Biebriech ; on emploiera pour cela l'acide sulfurique.

L'acétate de plomb et la soie (Mathieu) donnent du rouge.

Rouge soluble. — Cette substance n'est indiquée que dans le procédé Frehse. Elle ne se distingue de la Roccelline que parce que l'acide chlorhydrique ne le change pas tandis qu'il jaunit la roccelline.

Rouge pourpre ou **pourpre** ou **pourpre foncé.** — Sous ces trois noms plusieurs auteurs indiquent dans les vins une substance colorante rouge, sans aucune indication de sa nature et de sa provenance.

Procédé Cazeneuve. — Rouge pourpre. L'oxyde jaune de mercure donne du rouge ; le peroxyde de plomb hydraté décolore ; l'ammoniaque ne change pas la couleur primitive ; l'acide sulfurique sur la laine donne du violet bleu. Il ne faut pas confondre avec la roccelline qui donne du violet rouge et le rouge de Bordeaux qui donne du bleu.

Procédé Frehse. Pourpre. — L'acétate de cuivre colore en jaune franc ; la soude affaiblit la couleur ou fonce en couleur sale ; l'acide sulfurique concentré donne une teinte rouge ou violette plus ou moins rouge.

Les autres procédés reconnaissent la couleur mais ne la distinguent pas. L'ammoniaque, l'alcool amylique et la soie (Jay) colorent en rouge pour 5/10 de milligr. de pourpre foncé. Le sous-acétate de plomb et l'alcool amylique (Roméi) donnent du rouge avec le pourpre foncé. L'acétate de plomb et la soie (Mathieu) colorent en rouge avec le rouge pourpre.

Fond rouge. — Cette matière colorante n'est indiquée que par MM. Ch. Girard et Barillot. Le vin traité par l'ammoniaque puis par l'alcool amylique colore ce dernier en rouge. La soie teinte traitée par l'acide sulfurique concentré se colore en marron, qui par l'eau devient rouge violacé.

Rouge de Bordeaux B ou Cérasine, rouges de Bordeaux G et R. — En 1881, M. Guichard a trouvé cette substance dans des vins. C'est un dérivé sulfo-conjugué, à base de soude, des hydrocarbures de la houille.

Ch. Thomas en fait la recherche par le dosage de l'acide sulfurique qu'il contient, après avoir éliminé préalablement celui que le vin renferme naturellement dans ses sulfates. On prend 100^{cc} du vin ; on l'additionne d'un excès d'eau de baryte ; on fait bouillir ; puis, après filtration, on ajoute aux liqueurs un excès de carbonate d'ammoniaque, qu'on laisse agir pendant 12 heures dans un endroit chaud. On filtre de nouveau ; on évapore le liquide dans une capsule en platine ; on incinère le résidu pour détruire la matière organique; puis on reprend les cendres par de l'acide chlorhydrique affaibli, et, dans la solution filtrée et limpide, on ajoute quelques gouttes de chlorure de barium. Il en résulte un précipité de sulfate de baryte, si le vin a été additionné de matière colorante sulfo-conjuguée. En 1882, le même auteur a trouvé une autre matière colorante sulfo-conjuguée, qui, à la place de la soude, paraissait contenir de l'ammoniaque. La recherche se fait de même.

M. Parmentier (1885, Union pharmaceutique) a démontré l'infidélité de ce procédé. A plusieurs reprises il a trouvé ce procédé erroné, non seulement avec des vins plâtrés, collés avec des gélatines sulfureuses, mais sur des vins purs et des vins faits par lui.

Procédé Bouvier. — M. O. Bouvier a indiqué, en 1884, dans le Bulletin de la Société de Pharmacie de Bordeaux, un procédé pour la recherche et le dosage du rouge de Bordeaux dans les vins.

Il avait déjà annoncé, en 1882, que les vins colorés par le rouge de Bordeaux ou ses analogues, fournissaient par le chlorure de barium (solution Marty) un précipité coloré résistant à un lavage modéré à l'eau distillée ; réaction indiquée pour d'autres colorants par Bastide. Il ajoutait de plus, que ce précipité coloré, décomposé à chaud par une solution de carbonate de soude, donnait une solution colorée, à teinte brune, virant au rose franc par l'acide acétique.

Pour rechercher le rouge de Bordeaux : dans 50^{cc} de vin on ajoute 15^{cc} de sulfate de soude (161 grammes par litre) et 15^{cc} de chlorure de barium (104 grammes par litre), dans un ballon jaugé de 100^{cc} que l'on complète avec de l'eau distillée ; on abandonne 1/2 heure ou 1 heure en agitant de temps en temps et on filtre au clair ; la matière colorante se fixe intégralement sur le précipité que l'on lave légèrement avec 50^{cc} d'eau. On le détache du filtre et on le fait bouillir avec 30^{cc} de solution de carbonate de soude (143 gr. par litre) ; s'il y a du rouge de Bordeaux, la solution a une couleur rougeâtre, légèrement brune, passant au rouge vif par un excès d'acide acétique.

On ajoute alors une petite quantité de soie floche dans le liquide et on fait bouillir ; toute la couleur se fixe sur la soie et la colore proportionnellement à la quantité de matière colorante contenue. On peut préparer une gamme de floches de soie teintes avec des proportions diverses de rouge de Bordeaux, et doser par comparaison le rouge contenu dans les vins.

Procédé Cazeneuve. — L'oxyde de mercure colore en rouge ; le peroxyde de plomb décolore ; l'ammoniaque ne change pas la couleur ; l'acide sulfurique colore la laine teinte dans le premier essai en bleu ; il ne faut pas confondre avec le rouge pourpre qui colore en violet bleu.

Procédé Frehse. — L'acétate de cuivre colore en jaune franc ; la soude affaiblit ou fonce la couleur en sale ; l'acide sulfurique concentré donne du bleu ou du violet bleu ; il ne se distingue pas du violet I.

Procédé Ch. Girard. — Le vin traité par l'ammoniaque, agité avec l'alcool amylique, le colore en rose ; évaporé avec de la laine, celle-ci traitée par l'acide sulfurique donne du bleu avec les Bordeaux B et R et G ; étendu d'eau (Barillot) elle devient rouge. M. Barillot donne aussi cette réaction pour l'écarlate de Biebriech allemand et le ponceau S ; il n'y a donc pas séparation.

Le spectroscope (Girard et Pabst), pour le Bordeaux B, donne une bande d'absorption entre DE jusqu'à G et en solution étendue encore plus mince. Le Bordeaux R donne une bande uniforme de D à G ; en solution étendue, il a une bande entre DE jusqu'à G, les maxima en E et G.

Procédé Blarez. — L'oxyde rouge de mercure donne une coloration rouge qui, fixée sur la laine mise dans les vapeurs ammoniacales, vire au rouge brun ; l'acétate de cuivre (87 B) donne du vert jaune.

La craie albuminée se colore en violet rouge et la craie cuprique en gris violacé. L'acétate de plomb et la soie donnent du rouge.

La couleur pure donne une solution aqueuse rouge. L'acide chlorhydrique faible la colore en violacé sale. L'acide sulfurique colore en violet et donne avec l'eau un précipité brun. Le chlorure de calcium donne un précipité gélatineux. La poudre de zinc en liqueur acide décolore.

Bordeaux verdissant. — Ce produit, signalé par M. Ch. Girard, est un mélange de bleu de méthylène, d'acide sulfoconjugué, de fuchsine et d'orangé à la diphénylamine ; il avait été composé de façon que, verdissant à l'ammoniaque, on ne put le reconnaître. Il est difficile en effet à caractériser ; cependant, l'alcool amylique en présence de l'ammoniaque se colore en jaune ; le sulfofuchsine sera facilement reconnu, ce qui suffira pour faire condamner le délinquant. Le bioxyde de plomb en décèle 2 milligr. par litre et l'acétate de mercure 3 milligr.

En même temps, il signalait un produit dont il ignorait le nom commercial composé de sulfofuchsine, d'amidoazobenzol et de violet de méthyl ; il se reconnaît par le borax, l'acétate de mercure, l'azotate mercureux ; la baryte et l'éther acétique enlèvent le violet ; l'alcool amylique et l'ammoniaque enlèvent le jaune.

Au spectroscope, le bordeaux verdissant donne une bande d'absorption entre C et D à G, le grand maximum DE et un autre en EF.

PONCEAUX R, RR, RRR, ou Rouge d'Anisol ou Coccine A, S et Ponceau de xylidine. — Ce sont des sulfoconjugués sodiques du naphtol ; il y a aussi les ponceaux B et J, sur lesquels je n'ai aucune indication.

Aucun auteur ne sépare tous ces ponceaux ; les ponceaux R, RR, RRR sont toujours réunis et les autres ne sont pas complètement distingués, ce que l'on peut faire en opérant par divers procédés.

L'ammoniaque, l'alcool amylique et la soie donnent une couleur rose avec les ponceaux, pour 2 milligr. par litre (H. Jay), mais cette réaction est commune à d'autres colorants.

Procédé Cazeneuve. — L'oxyde jaune de mercure colore en rouge ; le peroxyde de plomb décolore ; l'ammoniaque ne change pas la couleur primitive, la laine est teinte en cramoisi par l'acide sulfurique avec les ponceaux.

Procédé Frehse. — Il sépare le ponceau A des autres. L'acétate de cuivre colore en jaune franc les ponceaux, mais donne une coloration vineuse sale avec le ponceau A. La soude rend violette la liqueur du ponceau A, tandis qu'elle ne change pas celle des autres ponceaux, d'où séparation complète.

L'acide sulfurique ne change pas la couleur qui reste rouge avec les ponceaux, ce qui les distingue du rouge soluble et de la roccelline.

Procédé Ch. Girard. — La potasse et l'acétate de mercure donnent une liqueur filtrée colorée en rouge. Le sous-acétate de plomb donne un liquide incolore, se colorant par l'acide acétique et se décolorant par l'ammoniaque. La couleur retirée par l'ammoniaque, l'alcool amylique et la soie, traitée par l'acide sulfurique concentré, donne une couleur cramoisie avec les ponceaux R, RR, RRR et rouge avec le ponceau A.

M. Barillot traite la matière solide par l'acide sulfurique ; il obtient du rouge carmin qui, étendu d'eau, donne un précipité orangé pour les ponceaux R, RR, RRR et pour l'orangé 2. La couleur est violette et donne, par l'eau, un précipité brun avec le ponceau de xylidine.

Les ponceaux R, RR, RRR, à l'état pur, sont colorés en rouge rosé ou carmin par l'acide sulfurique étendu d'eau ; il se forme un précipité brun rouge. Le chlorure de calcium produit des flocons amorphes en liqueur aqueuse étendue et un précipité cristallin en liqueur concentrée. La poudre de zinc décolore d'une manière persistante.

Le ponceau de xylidine, dissous dans l'eau bouillante, produit, par le refroidissement, des cristaux à éclat bronzé ; l'acide sulfurique donne une coloration violette et l'eau un précipité brun.

ROUGE DE BIEBRIECH. — Les rouges de Biebriech sont des sulfoconjugués sodiques des β naphtoltétrabenzols. Ils se distinguent facilement des autres colorants.

Procédé Viard. — L'ammoniaque dans le vin donne une teinte brunâtre pour le 8e et chocolat très fort pour le 1/4 de la couleur. La soie vaut mieux que la laine pour cette couleur ; non lavée elle est rosâtre au 1/32, rose sensible au 1/16 et très prononcée au 1/8 ; le tissu lavé et sec a une teinte correspondant à 2 milligr. de fuchsine par litre pour le 1/32 de la couleur, 4, 8, 10 milligr. pour le 1/16, 1/8, 1/4. L'ammoniaque au 10e et l'acide chlorhydrique au 1/3 ne changent pas les teintes ; l'acide sulfurique concentré pour 1/4, 1/8 donne du jaune avec une zone brune autour ; la couleur est jaune pour le 1/16 et 1/32, ce qui sépare de la roccelline qui a une couleur violacée au 1/4 et 1/8, et verdâtre légèrement foncé pour 1/16 et 1/32. Il faut regarder la tache par transparence et par réflexion.

Procédé H. Jay. — Le vin traité par l'ammoniaque, agité avec l'alcool amylique non acidifié, colore ce dernier en rose pour 2 milligr. par litre de rouge de Biebriech ; la soie teinte traitée par l'acide sulfurique devient bleue.

Procédé Frehse. — L'acétate de cuivre colore en violet ; la soude rend la couleur violette ; l'acide chlorhydrique colore en bleu et par un très grand excès en vert ; il n'est pas distingué de l'écarlate.

L'eau de baryte et l'éther acétique non acidulé donnent une couleur rose comme la roccelline (Ch. Girard).

La laine bouillie avec le vin reste rouge en présence de l'ammoniaque.

L'acétate de plomb et la soie (Mathieu) donnent du rose.

Le spectroscope montre une bande d'absorption entre D E jusqu'à G, comme le ponceau R R, en solution concentrée ; entre E F à G maximum G, oblique en solution étendue.

La couleur pure traitée par l'acide chlorhydrique faible donne du violet sale ; l'acide sulfurique concentré est vert, avec l'eau il passe au bleu, violet puis il se forme un précipité brun ; le chlorure de calcium forme un précipité gélatineux ; la potasse donne du brun ; la poudre de zinc décolore en liquide acide.

Ecarlates de Biebriech. — *Ecarlate allemand, écarlate de Lyon, écarlate sulfoné* ou *sulfoconjugué benzénique.* — L'écarlate allemand provient de dérivés sulfoconjugués du naphtol et du benzol et l'écarlate de Lyon du groupe naphtol. MM. Girard et Barillot seuls les ont séparés.

L'acétate de mercure donne une coloration rose pour 2 milligr. par litre d'écarlates (H. Jay).

Procédé Cazeneuve. — L'oxyde jaune de mercure donne du rouge ; le peroxyde de plomb décolore ; l'ammoniaque ne change pas ; la laine teinte dans le liquide de l'oxyde jaune traitée par l'acide sulfurique donne du vert pré. Il n'indique évidemment que l'écarlate sulfoné.

Procédé Frehse. — L'acétate de cuivre donne du violet ; la soude également ; l'acide chlorhydrique donne du bleu et du vert par un grand excès ; il ne distingue pas les écarlates du rouge de Biebriech.

Procédé Ch. Girard. — Par l'évaporation de l'alcool amylique on obtient une cristallisation de fines aiguilles caractéristiques ; ces aiguilles traitées par l'acide sulfurique concentré donnent du bleu avec le rouge allemand, du violet avec le rouge de Lyon, et du vert foncé avec l'écarlate benzénique, l'écarlate allemand n'est pas distingué du rouge de Biebriech.

M. Barillot donne les mêmes réactions plus l'action de l'eau : la couleur bleue vire au rouge pour l'écarlate allemand ; le violet vire au rouge vif pour l'écarlate de Lyon et le vert foncé devient bleu, lilas, puis un précipité brun avec l'écarlate sulfoné benzénique.

M. Cazeneuve donne les réactions de la matière pure de l'écarlate de Biebriech ou écarlate double. La solution aqueuse chaude se prend en gelée par le refroidissement. Un acide forme un précipité floconneux. Chauffée avec de l'ammoniaque et de la poudre de zinc, la liqueur devient jaune et plus tard incolore. L'acide sulfurique dissout en vert pré, la dilution fait virer au bleu puis forme un précipité brun. Ce doit être l'écarlate benzénique.

Crocéine rouge. — C'est un isomère du rouge de Biebriech. Ne paraît pas se distinguer de ses écarlates d'une façon sensible dans les vins.

Procédé Frehse. — L'acétate de cuivre donne une couleur vineuse sale ; la soude donne du vineux ; l'acide sulfurique concentré donne du rouge sale foncé avec les crocéines.

Procédé Ch Girard. — La potasse et l'acétate de mercure donnent une liqueur filtrée non acidulée rouge, comme la roccelline, les ponceaux, etc. Elle n'est pas séparée.

La crocéine pure donne par l'acide chlorhydrique faible du violet sale ; l'acide sulfurique donne du bleu que l'eau rend rouge ; le chlorure de calcium ne précipite pas en liqueur étendue ; la poudre de zinc décolore et la potasse colore en brun (Ch. Girard).

Ecarlates de crocéine, 3 B et 7 B. — M. Cazeneuve seul sépare ces deux substances : l'oxyde jaune de mercure donne du rouge ; le peroxyde de plomb hydraté décolore ; l'ammoniaque ne change pas la couleur ; l'acide sulfurique sur la laine est bleu, indigo avec la crocéine 3 B, le rouge de Bordeaux étant bleu ; elle est violette avec la crocéine 7 B, le rouge pourpre étant violet bleu et la roccelline violet rouge.

M. Barillot indique l'action de l'acide sulfurique qui donne du bleu virant au lilas, puis au rouge par l'eau. On peut donc avec ces deux procédés les séparer des autres colorants.

L'écarlate 3 B pure se dissout dans l'acide sulfurique concentré en bleu indigo ; l'eau fait virer au violet puis au rouge ; le chlorure de barium forme un précipité floconneux rouge devenant subitement cristallin et violet noir foncé à l'ébullition.

L'écarlate 7 B se dissout dans l'acide sulfurique en violet ; il teint la laine en rouge écarlate ; le sulfate de magnésie, dans la solution aqueuse concentrée chaude, produit par le refroidissement de longues aiguilles soyeuses.

Tropéoline O ou R ou Chrysoïne ou Jaune 2. — C'est le résorcine-azobenzine-sulfonate de sodium ; orange de résorcine.

Procédé Cazeneuve. — L'oxyde jaune de mercure donne du jaune ; le peroxyde de plomb hydraté donne du rouge ; ce rouge fixé sur la laine, traité par l'acide sulfurique donne de l'orangé brun qu'il ne faut pas confondre avec les couleurs de l'orangé 3 et de la Tropéoline Y.

Procédé Ch. Girard. — Le vin traité par l'ammoniaque et l'alcool amylique, décanté, acidifié et évaporé teint la soie ; l'acide sulfurique donne une couleur jaune orangé devenant ponceau par un excès d'eau.

La matière retirée du vin à l'état solide traitée par l'acide sulfurique donne de l'orangé foncé qui, étendu d'eau, devient rose vif (Barillot).

L'alcool amylique teint la soie pour 2 milligr. par litre de chrysoïne (H. Jay). L'acétate de cuivre après l'acétate de mercure colore en jaune (Blarez).

L'acétate de plomb et la soie (Mathieu) colore en jaune. Le fulmi-coton, dans le collodion et ricin, également.

La matière colorante pure se dissout dans l'eau en jaune ; l'acide chlorhydrique faible colore en rouge et l'eau ramène au jaune (Ch. Girard) ; l'acide chlorhydrique détermine une cristallisation en feuillets jaunes, puis par excès aiguilles grises (Cazeneuve). L'acide sulfurique colore en brun orangé que l'eau ne modifie pas ; le chlorure de calcium forme un précipité cristallin, la poudre de zinc décolore d'une façon persistante en liquide acide.

Tropéolines 000, 1 et 2 ou Orangés Poirier 1 et 2. — Ce sont des naphtolazobenzine-sulfonates de sodium sur les naphtols alpha et bêta.

Procédé Cazeneuve. — L'oxyde jaune de mercure donne du jaune, le peroxyde de plomb donne du rouge avec lequel on teint la laine ; l'acide sulfurique colore cette laine en rouge fuchsine.

La couleur de la laine Girard est la même que celle de Cazeneuve ; lorsqu'on étend d'eau, il se forme un précipité orange dans la liqueur rose carmin Barillot.

L'acétate de mercure et l'acétate de cuivre (Blarez) donnent un filtrat rose pour 1 milligr. par litre de tropéoline 000.

L'orangé 1 pur se dissout dans l'eau en rouge orangé ; la soude le colore en rouge carmin. L'acide sulfurique le dissout en violet rouge, qui vire à l'orangé rouge par l'eau. L'acide chlorhydrique faible précipite des cristaux bruns brillants.

Le chlorure de calcium donne un précipité cristallin ; par la poudre de zinc, la décoloration est persistante.

L'orangé 2 pur se dissout en rouge orangé. L'acide sulfurique le dissout en rouge carmin, que l'eau fait virer à l'orangé. Le chlorure de calcium précipite un sel rouge, qui cristallise en aiguilles dans l'eau bouillante. Par la poudre de zinc, la décoloration est persistante.

Tropéoline D ou Orangé 3 (Poirier) ou Hélianthine, ou Jaune d'aniline ou Orangés d'Ethyle et de Méthyle. — C'est la diméthylaniline. Sous le nom d'orangé 3, M. Cazeneuve indique aussi l'orangé d'éthyle et celui de méthyle, tandis que M. Ch. Girard n'indique que le méthyle ; ce qui prouve les confusions qu'il y a dans les dérivés de la houille.

Procédé Cazeneuve. — L'oxyde de mercure colore en jaune ; l'oxyde de plomb colore en rouge, avec lequel on colore la laine, que l'on traite par l'acide sulfurique ; on obtient du brun jaune qu'il faut distinguer de l'orangé brun de la chrysoïne et du jaune orangé de la tropéoline Y.

Procédé Ch. Girard. — L'ammoniaque et l'alcool amylique acidifié servent à colorer en jaune un mouchet de soie que l'on traite par l'acide sulfurique qui colore en brun jaune, que l'excès d'eau fait revenir au ponceau, ce qui la rapproche de la chrysoïne, qui est jaune orangé virant au ponceau.

Procédé Barillot. — La matière colorante retirée de l'alcool amylique par l'eau acétique et évaporée à l'état solide, puis traitée par l'acide sulfurique donne de l'orangé foncé qui vire au rouge brique par l'eau pour l'hélianthine et au rose vif pour l'orangé 3. Il fait donc ici une séparation que ne font pas les deux autres auteurs. D'autre part, pour l'orangé de méthyle ou méthylorange, il donne pour l'acide sulfurique du jaune virant au rouge carmin par l'eau. Cela fait donc trois corps, dont les réactions, il est vrai, se rapprochent beaucoup.

La solution aqueuse du produit pur est jaune ; lorsqu'elle est concentrée à chaud, elle laisse déposer, par le refroidissement, des paillettes à éclat doré. L'acide chlorhydrique donne un précipité rouge légèrement violacé, miroitant. L'acide sulfurique colore en brun jaune virant par l'eau au rouge carmin. Le chlorure de calcium forme un précipité lamelleux ; la poudre de zinc produit une décoloration persistante.

Tropéoline OO ou Orangé 4 Poirier. — *Diphénylaniline* ou *jaune de diphénylamine.* — L'acétate de mercure et l'acétate de cuivre (Blarez) donnent un filtrat jaune.

Procédé Cazeneuve. — L'oxyde de mercure donne du jaune ; le peroxyde de plomb donne du rouge, qui, fixé sur la laine, se colore en violet rouge par l'acide sulfurique.

Procédé Ch. Girard. — Le vin ammoniacal, traité par l'alcool amylique, décanté et acidifié, teint la soie ; l'acide sulfurique colore en violet rouge et par un petit excès en violet Parme.

M. Barillot traite la matière solide par l'acide sulfurique qui se colore en violet rouge que l'eau ne change pas, mais rougit un peu.

La matière pure se dissout dans l'eau en jaune à chaud ; elle cristallise par le refroidissement ; l'acide chlorhydrique faible donne des cristaux bleus brillants. L'acide sulfurique colore en violet, que l'eau rend plus rouge en formant un précipité gris d'acier. Le chlorure de calcium donne un précipité blanc ; la décoloration par la poudre de zinc est persistante.

Tropéoline Y. — *Procédé Cazeneuve.* — L'oxyde de mercure donne du jaune ; l'oxyde de plomb du rouge qui, fixé sur la laine, donne, par l'acide sulfurique, du jaune orangé.

Procédé Ch. Girard. — L'acide sulfurique sur la soie donne du jaune orangé qu'un excès d'eau ne change pas.

Jaune solide. — Sulfoconjugué de l'amidoazo-orthotoluol. — **Jaune N.** *Poirier.*

Procédé Cazeneuve. — Ces deux substances sont caractérisées par ce seul procédé ; les autres auteurs n'en parlent pas.

L'oxyde de mercure donne du jaune ; l'oxyde de plomb du jaune, et par un excès incolore. La laine teinte dans le liquide de l'oxyde de mercure donne avec l'acide sulfurique du jaune devenant rouge saumon par dilution avec le jaune solide et du bleu vert avec le jaune N.

La couleur pure du jaune solide donne avec l'acide sulfurique la même réaction que dans les vins.

Le jaune N pur se dissout en jaune, cristallisant par le refroidissement. L'acide sulfurique le dissout en bleu vert, que l'eau fait virer au violet, avec précipité bleu à reflets d'acier. Le chlorure de barium précipite un sel jaune qui cristallise dans beaucoup d'eau en feuillets scintillants.

Jaune d'or ou jaune de Martius. — Sel de soude du binitronaphtol. **jaune N S** sel de soude du binitronaphtol sulfoconjugué.

Seul, *M. Cazeneuve* les sépare. L'oxyde de mercure donne du jaune ; l'oxyde de plomb également et par un excès il y a encore du jaune faible. L'acide sulfurique sur la laine teinte donne du jaune avec le jaune d'or et du brun jaune avec le jaune N S.

Le jaune d'or en solution aqueuse est jaune d'or ; l'acide chlorhydrique faible forme un précipité jaune ou blanchâtre ; l'acide sulfurique donne du brun jaune ; la poudre de zinc décolore et le perchlorure de fer forme un précipité brun ($Fe^2 Cl^6$).

Le jaune N S se dissout dans l'eau en jaune d'or, l'acide chlorhydrique faible ne le précipite pas ; l'acide sulfurique forme un précipité brun jaune peu solide, la potasse donne un précipité cristallin ; la poudre de zinc agit comme avec le jaune d'or. Le chlorure de calcium ne produit rien.

Chrysoïdine. — Matière colorante jaune basique et azoïque. Se distingue par deux procédés.

Procédé Cazeneuve. — L'oxyde de mercure donne du jaune ; l'oxyde de plomb laisse du jaune, par un excès le liquide est incolore ; la laine teinte dans le premier essai, traitée par l'acide sulfurique se colore en brun jaunâtre ; le brun de phénylène colore la laine en brun ; il y a lieu de distinguer.

Procédé Barillot. — Le vin est traité par la baryte et l'alcool amylique qui dissout la couleur ; on lui enlève par l'acide acétique qui se colore en jaune ; on fait bouillir avec l'acide étendu, la couleur ne change pas. La matière solide traitée par l'acide sulfurique est colorée en brun jaunâtre. La solution chaude se prend en gelée par le refroidissement, ce qui distingue du brun de phénylène qui reste fluide.

L'acétate de plomb et la soie (Mathieu) coloration rouge. Le sous-acétate de plomb et l'alcool amylique (Romei) rouge.

Le spectroscope (Girard et Pabst) en solution concentrée donne une bande d'absorption uniforme de D à G ; en solution étendue, elle donne une large bande uniforme entre EF à G.

La matière pure se dissout en jaune dans l'eau. L'acide chlorhydrique faible la colore en rouge que l'eau fait virer au jaune. L'acide sulfurique la dissout en brun jaunâtre. La poudre de zinc, en liqueur acide, produit une décoloration persistante. La solution aqueuse chaude se prend, par le refroidissement en gelée rouge sang.

Azoflavine, Citronine ou jaune indien ou curcumine ou jaune orange. — Ces substances ne sont indiquées que par M. Barillot, dans son procédé général, et d'une façon douteuse. En effet, la matière solide délayée dans l'acide sulfurique concentré produit une coloration :

Rouge carmin virant au jaune par l'eau	Citronine, Azoflavine.
Lilas virant au rouge fuchsine	Azoflavine.

Il est difficile de se rendre compte de la réaction de l'azoflavine étant donné ces deux réactions indiquées dans le tableau de M. Barillot (Manuel de l'analyse des vins p. 105).

M. Cazeneuve donne les réactions de la Citronine pure. L'acide sulfurique la dissout en rouge carmin tirant au jaune par la dilution ; c'est la première réaction ci-dessus. La solution aqueuse est jaune, souvent trouble, devenant rouge foncé quelquefois violette par l'addition de soude alcoolique.

Lutéoline. — Indiquée dans les vins par M. Barillot et comme colorant par M. Cazeneuve.

La réaction Barillot ci-dessus, par l'acide sulfurique donne du vert jaunâtre passant au lilas avec précipité gris par l'eau.

La matière pure se dissout dans l'eau chaude en jaune et cristallise par le refroidissement. L'acide sulfurique donne du vert jaune passant au violet avec précipité gris par la dilution. Le chlorure de calcium donne un précipité orangé devenant rouge cristallin à l'ébullition.

Amidoazobenzol. — Ce produit a été signalé par M. Ch. Girard dans un mélange de couleurs commerciales.

L'acide sulfurique sur la substance pure donne du brun devenant rouge par l'eau ; l'acide chlorhydrique faible colore en rouge virant au jaune par l'eau.

La poudre de zinc produit une décoloration persistante. Le nitrite d'amyle modifie la couleur et détermine un faible dégagement d'azote.

Bleu azoïque. — Signalé seulement par M. Barillot, dans les dérivés de la benzidine.

Il teint les étoffes non mordancées. Sa solution aqueuse est bleu lilas que les alcalis font virer au rouge. L'acide chlorhydrique en solution concentrée forme un précipité lilas. L'acide sulfurique le dissout en violet.

J'indiquerai maintenant quelques produits cités par quelques auteurs sous des noms ne permettant pas de les caractériser ou qui ne sont pas déterminés suffisamment.

M. H. Jay cite le rose Japon et le pourpre orseille, caractérisés par l'ammoniaque, l'alcool amylique et la soie à la dose, le premier de 5/10 de milligr. par litre et le second 2/10. La groséine, à la dose de 1 milligr. par litre et le colorant Bordelais, 3 milligr. par litre, sont décelés par l'acétate de mercure et la potasse.

M. Frehse, dans son procédé général, caractérise le rouge orseille et le violet I de Leo Vignon. Ces noms sont sans doute des synonymes d'autres corps étudiés déjà.

Acide rosolique. — Cet acide a été signalé dans les vins par MM. Bidaux et Guyot en 1877 (J[l] de Ph. et Ch., t. 25, p. 115). Cet acide en présence de l'ammoniaque donne une teinte rose et ne cède rien à l'éther. Chauffé avec le chloroforme, il s'y dissout en le colorant en rose en présence de l'ammoniaque, ce qui le distingue de la fuchsine qui est décolorée.

Pour séparer la fuchsine de l'acide rosolique, on verse le vin dans un flacon et on ajoute de l'ammoniaque puis de l'éther, on agite et décante; l'éther traité par l'acide acétique se colore en rose par la fuchsine. Le vin est traité à nouveau par l'éther et l'acide acétique, les deux colorants sont enlevés; la dissolution renferme la fuchsine rouge et l'acide rosolique jaune; on décante et ajoute de l'eau légèrement ammoniacale; l'éther est décoloré et la partie aqueuse contenant l'acide rosolique est rose.

M. Marty traite 50[cc] de vin par 10[cc] de sous-acétate de plomb, d = 1320, chauffe sans bouillir, filtre et laisse refroidir, ajoute 10 gouttes d'acide acétique et 10[cc] d'alcool amylique. Cet alcool est incolore avec le vin naturel; rose ou rouge avec la fuchsine; jaune avec l'acide rosolique et coloré en rose ou rouge violacé par l'orseille. On décante l'alcool dans un tube à essais et on ajoute une solution d'ammoniaque faible; la fuchsine se décolore sans colorer l'eau; l'alcool se décolore et l'eau est rouge violacé avec l'acide rosolique ou bleu violet avec l'orseille.

Telles sont toutes les substances signalées et reconnues dans les vins.

Dans plusieurs cas cette étude manque de clarté par suite de la grande quantité de colorants et surtout des nombreux synonymes s'appliquant aux mêmes substances; il doit y avoir double emploi dans plusieurs cas. Un certain nombre de réactions diffèrent parce que les auteurs n'ont pas eu entre les mains exactement les mêmes substances quoique fabriquées sous le même nom.

Je terminerai cette étude par les propriétés de diverses substances commerciales signalées par MM. Ch. Girard et Cazeneuve, que l'on pourrait rencontrer dans les vins.

On les retirera des vins par l'alcool amylique et les tissus ou par l'eau acétique, ou par l'oxyde jaune de mercure ou l'acétate de mercure; on les amènera à l'état solide et on examinera leurs propriétés.

Rouges. — *Carminaphte.* — La solution alcoolique est rouge saumon sans fluorescence. La dissolution dans l'acide sulfurique est rouge violet.

Rouge de Quinoléine. — Soluble dans l'eau chaude, insoluble dans l'eau froide. La solution alcoolique a la même bande d'absorption au spectroscope que le rouge de Magdala, mais elle est un peu plus à droite, de sorte qu'on voit un peu de jaune. L'acide sulfurique le dissout en le décolorant ; la liqueur incolore traitée goutte à goutte par l'eau produit une coloration rouge qui disparaît par l'agitation, jusqu'au moment où, la dissolution étant assez étendue, le liquide est rouge fuchsine.

Rhodindine (indulines de la série de la naphtaline). — La solution alcoolique est rouge bleu sombre. L'acide sulfurique la dissout en vert qui vire au rouge bleuté par l'eau.

Rouge de Toluylène (rouge de toluène). — La solution aqueuse est rouge bleuté ; l'ammoniaque en précipite des flocons orangés que l'éther dissout en rouge avec fluorescence jaune. L'acide sulfurique le dissout en vert variant au rouge par l'eau en passant par le bleu et le violet.

Galléine. — La solution aqueuse traitée par la soude devient bleu intense. L'acide sulfurique la dissout en jaune brunâtre devenant plus rouge par l'eau.

Azorubine acide (brevet allemand 26012). L'acide sulfurique la dissout en violet bleuté virant au rouge par l'eau. La laine est teinte en rouge fuchsine. Le chlorure de calcium précipite la solution aqueuse en flocons rouges cristallins.

Alizarine. — L'acide chlorhydrique faible colore en jaune rouge ; l'acide sulfurique, de même. Le chlorure de calcium donne un précipité pourpre ; la poudre de zinc, une décoloration persistante et la potasse une couleur rouge puis pourpre. Elle fond entre 275 et 280 degrés.

Purpurine. — L'acide chlorhydrique faible donne une liqueur jaune rouge et l'acide sulfurique concentré, rouge. Le chlorure de calcium donne un précipité rouge, la potasse une liqueur rouge décolorée par le permanganate de potasse et la poudre de zinc une décoloration persistante.

Jaunes. — *Quinophtalone.* — Insoluble eau froide, soluble dans l'alcool en jaune citron. Les acides et les alcalis en foncent légèrement la nuance.

Curcuma. — Insoluble dans l'eau froide, soluble dans l'alcool en jaune d'or. Les acides ne changent pas la couleur ; les alcalis et l'acide borique la font passer au rouge brun foncé.

Diméthylamido-azobenzol (employé pour colorer l'ozokérite). — Insoluble dans l'eau, soluble dans l'alcool, en jaune d'or virant au rouge par l'acide chlorhydrique. Le nitrite d'amyle, à l'ébullition, ne provoque aucun changement de couleur ni de dégagement d'azote.

Acide picrique. — Soluble dans l'eau en vert jaune. L'acide sulfurique ne le colore pas, il reste jaune. Les alcalis donnent du jaune foncé ; le chlorure de calcium donne un précipité cristallin. Il est détonant et très amer.

Jaune de naphtol acide. — Soluble dans l'eau en jaune d'or, ne précipite pas par les acides ; l'acide sulfurique ne le colore pas ; le chlorure de potassium précipite des cristaux en fines aiguilles.

Jaune de Quinoléine. — Soluble dans l'eau en jaune d'or ne précipitant pas par les acides. L'acide sulfurique ne le colore pas. Il n'est pas décoloré par la poudre de zinc et l'ammoniaque, ni par l'étain et l'acide chlorhydrique.

Orangé G — Il est soluble dans l'eau en orangé; l'acide sulfurique donne de l'orangé foncé non modifié par l'eau; le chlorure de calcium forme une magnifique cristallisation en feuillets.

Aurantia (hexanitro diphénylamine). — Soluble dans l'eau en jaune; l'acide chlorhydrique faible donne un précipité jaune foncé; l'acide sulfurique colore en brun jaune; la poudre de zinc produit une décoloration persistante et le chlorure de calcium donne un précipité blanc. Il est détonnant.

Nitroalizarine. — Soluble dans l'eau en jaune; l'acide chlorhydrique donne un précipité jaune paille; l'acide sulfurique la colore en jaune sans la dissoudre; le chlorure de calcium, précipité rouge brun; la potasse donne une coloration rouge cerise.

Verts. *Verts alcalins* — L'acide chlorhydrique faible avive la couleur; l'acide sulfurique donne du brun virant au vert par l'eau; le sulfhydrate d'ammoniaque décolore, de même que la poudre de zinc ou la potasse.

Céruléine. — Elle est peu soluble dans l'eau en vert olive; les alcalis facilitent la dissolution en vert pré foncé; l'acide sulfurique la dissout en beau brun.

Vert lumière S ou *vert acide* ou *vert Helvetia.* (Vert à l'essence d'amandes amères sulfoconjugué). — Très soluble dans l'eau avec coloration verte faible : l'acide chlorhydrique faible fonce d'abord la couleur, puis fait virer au jaune; les alcalis le décolorent; les tissus ne se teignent que sur bain acide et ne s'altèrent pas à une température de 150° pendant quelque temps.

Violets. *Violet de Lauth ou Thionine.* — Soluble dans l'eau en violet que les acides précipitent en bleu pur et les alcalis en rouge violet. L'acide sulfurique le dissout en vert émeraude passant au bleu de ciel par l'addition d'eau. La poudre de zinc le réduit en liqueur acide ammoniacale.

Gallocyanine. — Insoluble dans l'eau froide, soluble dans l'eau bouillante. L'acide chlorhydrique faible colore en rouge carmin. L'acide sulfurique la dissout en bleu que l'eau fait virer au rouge.

Bleus. *Bleu à l'alcool.* — L'acide chlorhydrique faible le colore en violet bleu; l'acide sulfurique le dissout en brun que l'eau précipite en bleu; la poudre de zinc le décolore, mais la couleur revient lentement à l'air; la potasse en solution alcool colore en rouge chair; il est insoluble dans l'eau.

Bleu à l'eau. — L'acide chlorhydrique faible en solution étendue ne change pas la couleur; l'acide sulfurique agit comme sur le bleu précédent; la poudre de zinc également; la potasse le décolore presque complètement.

Indophénol. — Insoluble dans l'eau, soluble en bleu dans l'alcool; l'acide chlorhydrique colore en rouge; les alcalis n'ont pas d'action.

Bleus alcalins. — Solubles dans l'eau en beau bleu ; l'acide chlorhydrique faible donne un précipité bleu ; l'acide sulfurique concentré colore en brun que l'eau précipite en bleu ; la poudre de zinc décolore, mais la couleur revient lentement à l'air ; la potasse décolore presque complètement et la laine plongée dans ce liquide, puis traitée par un acide, est colorée en bleu très intense.

Indulines R à 6 B. — Insolubles dans l'eau, solubles dans l'alcool. Les alcalis colorent la solution en nuances variant du brun rouge au violet ; l'acide sulfurique les dissout en bleu.

Indulines solubles. — Solubles dans l'eau. L'acide chlorhydrique faible forme un précipité bleu. L'acide sulfurique concentré les dissout en bleu que l'eau précipite en bleu ; la potasse les colore en rouge ou violet ; la poudre de zinc décolore et la couleur revient vite à l'air ; avec l'ammoniaque et la poudre de zinc on forme une cuve. L'acide azotique dilué, même à l'ébullition, ne décolore pas la solution.

Bleu d'alizarine. — Ce produit fond à 269°. L'acide chlorhydrique faible et l'acide sulfurique concentré le colorent en rouge et la potasse en bleu. La poudre de zinc le décolore, mais la couleur revient vite à l'air.

Examen de la couleur à l'étranger.

Italie. — L'examen des matières colorantes sera fait en se basant sur les six réactions de Ch. Girard : 1° craie albuminée ; 2° eau de baryte et éther acétique ou alcool amylique ; 3° carbonate de potasse et acétate de mercure ; 4° alun et carbonate de soude ; 5° carbonate de soude et acétate d'alumine ; 6° acétate de plomb. S'il s'agit des couleurs de goudron, il suffira de se borner à la fixation des matières colorantes acides ou basiques pour en contrôler la présence, sans désignation particulière. Comme contre-épreuve on recommande la méthode Cazeneuve et pour la fuchsine, celle de F. Krœnig. On ne doit pas négliger de faire bouillir de la laine dans le vin acidulé par l'acide tartrique.

Suisse. — Pour les matières colorantes végétales on s'en tient aux méthodes usuelles et n'accorde une valeur réelle qu'à la cochenille. Pour les couleurs basiques, fuchsine, rosaline, on se sert des méthodes usuelles ; pour les matières colorantes du groupe sulfonique, on recommande le procédé Cazeneuve et celui de Wolff.

Allemagne. — Les vins rouges doivent toujours être examinés à l'égard des couleurs de goudron. Des conclusions sur la présence d'autres matières colorantes, d'après la couleur, précipités et autres réactions, ne sont recommandées qu'exceptionnellement comme sûres. Pour l'examen des couleurs dérivées du goudron on recommande d'agiter 100^{cc} de vin avec de l'éther avant et après avoir ajouté de l'ammoniaque.

Autriche. — Les vins colorés avec les couleurs tirées du goudron doivent être saisis (Ordonnance ministérielle du 1er mars 1886). Pour ces substances les réactions sont assez nombreuses. Pour les couleurs végétales, si l'on est en présence d'un mélange de couleur naturelle du vin et des couleurs d'origine végétales autres, et si la couleur naturelle est quelque peu altérée et ne présente pas avec toute leur netteté les réactions comme à l'état frais une appréciation devient impossible dans la plupart des cas.

Hongrie. — On se borne à constater les couleurs de goudron ; l'examen des autres matières n'a pas lieu.

CHAPITRE 7

FALSIFICATIONS ACCIDENTELLES

Sous ce titre, on désigne les corps introduits dans les vins, accidentellement, sans qu'il y ait intention de le faire.

Ces falsifications sont peu nombreuses ; elles ne se composent, pour la plupart, que des métaux introduits par les vases employés.

On peut y comprendre également la fuchsine, qui, ayant été employée précédemment, aurait coloré le bois des fûts, lesquels vendus à d'autres négociants, auraient rendu les vins fuchsinés.

Parmi les métaux qui se trouvent accidentellement dans les vins, on trouve le cuivre, l'antimoine, l'étain, le zinc, le plomb, l'arsenic, et quelquefois le fer, lequel existe aussi à l'état normal.

Plomb. — Nous avons vu à l'article de la Modification de la saveur des Vins, que les sels de plomb avaient été employés pour corriger l'acidité des vins aigres, mais ce dangereux usage a cessé. On ne peut donc trouver le plomb aujourd'hui que par suite de l'attaque des vases de plomb par les acides du vin.

Lorsque les vins sont en contact avec les appareils en plomb ou en étain et plomb, tels que vases, tuyaux, comptoirs, siphons, robinets, etc. ; ou bien des grains de plomb laissés dans les bouteilles mal rincées ; les acides que contiennent ces vins attaquent le plomb pour former de l'acétate, du tannate, du tartrate, etc., de plomb. L'acétate étant très soluble et très toxique, est le plus dangereux de tous. Le vin, au contact de l'air et du plomb, forme rapidement de l'acétate de plomb.

Aussi, pour éviter les inconvénients graves résultant de la dissolution de ce métal, a-t-on réglementé la confection des vases servant à la vente, à la mesure et à la préparation des vins.

Au lieu de grenailles de plomb, on ne se sert plus que de chaînettes, ce qui est plus pratique, et sans danger.

Dans les hôpitaux, les vases en étain pur sont seuls admis.

Cuivre. — L'usage journalier des ustensiles en cuivre pour les manipulations des vins, explique sa présence dans certaines de ces boissons. Cette présence peut avoir les conséquences les plus graves, car l'intoxication des sels de cuivre est des plus violentes.

Un vase de cuivre contenant du vin est bientôt attaqué par les acides libres, et surtout, si le vin aigrit, le cuivre est dissous rapidement pour former de l'acétate de cuivre, poison violent.

En 1880, Schmitt a trouvé un vin qui contenait du cuivre provenant des appareils de chauffage. Il ne faut donc employer les vases de cuivre que bien étamés, à l'étain pur, à l'intérieur. Pasteur recommande le cuivre argenté.

En 1875, le Docteur Galippe a déclaré que les sels de cuivre n'étaient pas dangereux. Les sels de cuivre à haute dose, dans les aliments, provoquent de violents vomissements qui les expulsent ; si la dose n'est pas assez forte pour faire vomir, ils sont sans danger. Le 9 avril 1877, reprenant cette thèse, il a essayé pendant plus d'un mois sur lui et son entourage des aliments préparés dans des vases de cuivre avec ou sans vinaigre et consommés de suite ou 24 heures ou 36 heures après leur préparation ; les aliments contenant du vinaigre avaient, au bout de 24 heures, une teinte verte de vert de gris ; ils n'ont causé aucun mal. Les accidents constatés ne seraient-ils pas dus au plomb de l'étamage ; ou au mélange de plomb et de cuivre? Des médecins ont donné pendant plusieurs mois 0gr5 de sels de cuivre et le Docteur Gerbier a été, pour l'acétate de cuivre, jusqu'à 1 gr. 1/2 (Annales d'hygiène publique, 2e série, 1878).

C'est une question qui n'est pas élucidée. Il est certain que les vases en cuivre ont causé beaucoup de morts, est-ce dû au plomb ou au cuivre?

J'ai pourtant entendu citer des cas d'empoisonnement par le sulfate de cuivre et l'acétate de cuivre.

Une question qui a ému le monde vinicole, il y a quelques années, c'est la présence du cuivre dans les moûts et les vins par suite de l'emploi des sels de cuivre pour combattre les maladies de la vigne. Heureusement, on a fini par reconnaître que cette émotion n'avait aucune raison d'être.

Lorsque les raisins ont été traités tardivement, ils conservent à leur surface une certaine proportion de sels de cuivre qui passent dans le moût.

M. Quantin (Comptes Rendus 1886, novembre 8) a constaté que pendant la fermentation il se produit de l'acide sulfhydrique qui précipite le cuivre à l'état de sulfure de cuivre insoluble et que l'on retrouve dans les lies ; il ne faut donc pas aérer les lies, sans cela le sulfure se transformerait en sulfate.

M. Chuard (C. R. 1887, Décembre 12) a confirmé les résultats de M. Quantin, Il a fait un essai en sulfatant une vigne avec excès ; le moût contenait 26 milligr. de cuivre, c'est-à-dire plus du double de ce que l'on avait rencontré jusque-là. Quinze jours après, le vin nouveau filtré n'en renfermait que des traces. Il a dissout du carbonate de cuivre dans du moût et par l'analyse, il l'a retrouvé à l'état de malate de cuivre, le vin n'ayant presque plus d'acide malique. Dans la lie, il a constaté la présence de cuivre, d'acide sulfhydrique et de tartrate de cuivre ; probablement ce dernier est dû à l'excès de cuivre. Une lie qui ne contenait pas de cuivre ne renfermait pas d'acide sulfhydrique.

M. Guillaume (Bull. Soc. Agr. Haute-Saône, 1890) pense que la plus grande partie du cuivre contenu dans les vins ne peut se trouver qu'à l'état de tartrate de potasse et de cuivre. Les collages l'enlèvent en formant un albuminate de cuivre insoluble.

Dans tous les cas la proportion de cuivre dans les vins faits est infinitésimale.

Le Docteur Galippe (1887, J[l] de Ph. et Ch. t. 15 p. 430) a trouvé dans 2 kilogr. de vin 0 gr. 0015 de cuivre; un autre vin contenait 0,0037. D'après lui le raisin de Corinthe en contient par kilogr. 0,0044 et le raisin de Malaga 0,0028 ; le cacao et le chocolat en contiennent bien davantage.

MM. Gayon et Millardet (1887 C. R.) avaient déjà publié une étude à ce sujet, en 1886 ; leurs résultats démontrant la faible proportion de cuivre ont été confirmés par Müntz, Zaccharewich, Carles, Bolle, Ravizza, Crolas, Raulin, etc.

Leurs essais ont porté sur des vins résultant de vignes traitées par tous les procédés d'emploi du cuivre.

Dans le moût le maximum a été de 3 milligr. 6 par litre ; et dans le vin le maximum 0^{mm}6, le minimum 0^{mm}03 ; tous en avaient pour un seul traitement.

A la suite des traitements répétés, ils ont trouvé de 1^{mm}3 à 11^{mm}8 dans les moûts et de 0^{mm}01 à 0^{mm}3 dans les vins qui en provenaient.

Sur plus de 50 échantilons de divers vins de France, ils ont obtenu les résultats suivants :

		mm		mm
Vins de 1re cuvée rouges	moins de	0.01	à	2.80
— 1re — blancs	—	0.01	à	0.10
— 2e — blancs ou rouges	—	0.01	à	0.30
Vins de presse	—	0.05	à	1.70
Piquettes normales	—	0.00	à	0.75
— aigres	—	0.01	à	1.60

M. A. Riche, par le procédé indiqué plus loin, a essayé 59 échantillons de vins. Il n'a rien trouvé dans 17 et seulement des traces dans 10.

Sur les autres, il a trouvé un minimum de 0^{mm}1, et sur deux, les maxima 2^{mm}8 et 4^{mm}5.

M. Rommier (1890, Comptes Rendus, mars 10) a démontré que les sels de cuivre, dans le moût, diminuent la puissance fermentescible de la levûre elliptique, mais n'empêchent pas l'apport d'autres levûres par les insectes ; de sorte que les applications tardives de cuivre, sans action sur les vins communs, peuvent modifier les vins fins par le changement de leur levûre propre.

Enfin un grand nombre de chimistes ont dosé le cuivre dans les vins traités par les bouillies diverses et n'ont trouvé au maximum que 1 ou 2 milligr. par litre ; ce qui est insignifiant.

Zinc. — Le zinc se trouve dans les vins, lorsque l'on se sert de vases de zinc. Il y a là, également, un danger sérieux, l'absorption de ces vins causant des troubles très graves dane l'organisme ; ils amènent des vomissements et des diarrhées très dangereux.

Le zinc est attaqué par les vins avec une rapidité telle qu'un litre de vin blanc a pu dissoudre 0gr55 d'oxyde de zinc en 1 heure.

Etain. — Ce métal est bien moins vivement attaqué que les autres métaux ; aussi ne le rencontre-t-on jamais dans les vins en barriques. On peut le trouver dans les vins en bouteilles, lorsque celles-ci renferment des grains d'étain employés pour le rinçage.

Arsenic. — L'arsenic se rencontre dans les vins falsifiés avec les dérivés de la houille fabriqués avec les sels d'arsenic ou des produits qui en contiennent ; dans les vins sucrés avec les glucoses artificiels préparés avec des acides arsénicaux et dans les vins acidifiés par les acides minéraux contenant l'arsenic.

M. Barthélemy (Comptes Rendus, 1883. Octobre 1er) a trouvé de l'arsenic dans des vins logés dans des barriques traitées par l'acide sulfurique.

D'après M. Clouet, le glucose préparé avec l'acide sulfurique ou l'acide chlorhydrique du commerce peut retenir de 3 à 7 milligr. d'arsenic par kil. ; pour un degré d'alcool à obtenir, c'est donc de 6 à 14 milligr. d'arsenic. Le soufre employé pour le mutage peut contenir de l'arsenic quant il provient de pyrites arsenicales.

Le sulfate de cuivre employé contre le mildew peut contenir 0gr66 d'acide arsénique par kilogr.

Un fait assez rare, heureusement, s'est présenté dans le Midi ; de l'acide arsénieux, servant à détruire les rats, a été introduit dans du vin par erreur, ayant été pris pour du plâtre. Cette erreur pourrait se commettre à nouveau.

Antimoine. — On n'a pas eu occasion de le trouver dans les vins.

Il faudrait, pour qu'il s'y trouvât, que les vases employés fussent tout à fait impurs et eussent la composition des caractères d'imprimerie.

PROCÉDÉ GÉNÉRAL DE RECHERCHE DES MÉTAUX

Ce procédé s'applique aux métaux qui peuvent être contenus dans les vins en quantités sensibles et partant nuisibles. Pour les recherches infinitésimales, il faudra recourir aux procédés indiqués dans la recherche séparée des métaux.

1° Sur le vin directement. — On fait passer un courant d'acide sulfhydrique dans 1/2 litre vin, préalablement neutralisé par l'ammoniaque, sans excès. Les métaux se précipitent à l'état de sulfures, sauf le manganèse ; l'alumine se précipite également. On décante la plus grande partie de la liqueur, et on recueille le précipité sur un filtre. On le lave et on le dissout sur le filtre même par quelques gouttes d'acide chlorhydrique ; on obtient ainsi une solution dans laquelle les métaux sont faciles à caractériser.

Le *plomb*, dans la liqueur acide, formera immédiatement, avec l'acide sulfurique, un précipité blanc de sulfate de plomb ; et dans la liqueur neutralisée par le carbonate de potasse, un beau précipité jaune avec le bichromate de potasse. Le *cuivre* sera décelé par la couleur verte, puis bleu d'azur vif, que prend la liqueur traitée par l'ammoniaque. Si on ajoute du cyanoferrure, goutte à goutte, dans la solution acide, étendue d'eau, il se formera un précipité couleur puce. Le *zinc* se reconnaîtra en traitant le liquide acide par un excès d'ammoniaque, qui précipite les métaux et l'alumine, mais dissout les oxydes de zinc et de cuivre. Cet oxyde est recueilli par l'évaporation de l'ammoniaque ; il est jaune à chaud et blanc à froid. Le chlorure de zinc, séché et chauffé au rouge dans un tube de verre, s'y volatilise en partie. Le *fer*, qui se trouve à l'état normal, se caractérise facilement, en ajoutant quelques gouttes d'acide azotique à la solution, puis du cyanoferrure de potassium ; il se forme un beau précipité bleu de Prusse. *L'étain* se reconnaît aisément en traitant la liqueur acide par quelques gouttes d'acide azotique, puis par l'acide sulfhydrique, qui produit un précipité jaune de sulfure d'étain. *L'antimoine* donne également un précipité jaune par l'acide sulfhydrique ; mais il donne aussi une poudre noire sur une lame d'étain plongée dans la solution acide.

2° Recherche dans les cendres. — On calcine 200^{cc} de vin ; on dissout les cendres dans l'acide chlorhydrique, et on fait passer jusqu'à refus un courant d'acide sulfhydrique. Le plomb, le cuivre et l'étain se précipitent ; on filtre et on lave rapidement à l'eau ; on redissout le précipité sur le filtre même, par l'acide azotique fumant.

Lorsque l'attaque des sulfures est complète, on ajoute quelques gouttes d'acide sulfurique et on évapore presque à sec, au bain de sable, pour chasser l'acide azotique. On ajoute de l'eau distillée et on filtre pour séparer le résidu insoluble de *sulfate de plomb*, s'il y en a. Ce sel de plomb ; bien lavé, sera caractérisé par le sulfhydrate d'ammoniaque qui le noircit. On peut aussi dissoudre le précipité dans un excès d'ammoniaque et ajouter à chaud du chromate de potasse, qui formera un beau précipite jaune, soluble dans une solution de potasse d'où il est précipité par l'acide acétique. Dans le liquide séparé du sulfate de plomb, on ajoute de l'ammoniaque en excès ; le *cuivre* est dissous avec une belle couleur bleue. Ou bien, dans la liqueur acidulée par l'acide chlorhydrique, on verse quelques gouttes de prussiate jaune de potasse, qui donne le précipité couleur puce. Dans cette même solution l'*étain* précipitera en jaune par l'acide sulfhydrique ; mais il faut avant additionner de quelques gouttes d'acide chlorhydrique.

Dans le liquide séparé par filtration du précipité des trois sulfures de plomb, de cuivre et d'étain, on ajoute de la potasse, puis de l'acide acétique en excès, et enfin de l'acide sulfhydrique. Le *zinc* se précipitera à l'état de sulfure blanc floconneux. Ce sulfure redissous dans l'acide chlorhydrique donne un précipité jaune par le prussiate rouge de potasse, et par l'ammoniaque un précipité blanc soluble dans un excès de réactif. Dans le liquide séparé du sulfure de zinc, par la filtration, on précipite le *sulfure de fer* et le *sulfure de manganèse* par le sulfhydrate d'ammoniaque ; le premier est noir, et le second blanc rosé.

RECHERCHE SÉPARÉE DE CHAQUE MÉTAL

Pour chaque recherche, on calcine 100^{cc} de vin, de manière à obtenir des cendres bien blanches.

PLOMB. — On traite les cendres par l'acide azotique et on filtre ou on décante, et on étend d'eau distillée, puis on fractionne la liqueur en autant de parties que l'on veut essayer de réactifs.

Les réactions caractéristiques sont celles de l'acide sulfurique, de l'acide sulfhydrique, de l'acide chlorhydrique, de l'iodure de potassium et du chromate de potasse.

Acide sulfurique et *sulfates solubles.* — Précipité blanc peu soluble dans l'acide azotique dilué, soluble dans l'acide chlorhydrique concentré et bouillant, fort soluble dans le tartrate d'ammoniaque et l'hyposulfite de soude. Dans les liqueurs fort étendues et acides, la précipitation ne se fait pas immédiatement ; dans ce cas, on ajoute un excès d'acide sulfurique.

Acide sulfhydrique et *sulfures solubles.* — Précipité noir, insoluble dans les acides étendus, les alcalis et les sulfures alcalins.

Acide chlorhydrique. — Précipité blanc insoluble dans l'ammoniaque.

Iodure de potassium. — Précipité jaune d'iodure de plomb soluble dans un excès de réactif et dans la potasse.

Chromate de potasse. — Précipité jaune, insoluble dans l'hyposulfite de soude, peu soluble dans l'acide azotique dilué, soluble dans la potasse.

Procédé Bussy et Bontron Charlard. — On évapore à siccité une portion du vin à essayer ; on le chauffe assez pour le charbonner ; on triture ensuite la cendre avec deux fois son poids d'azotate de potasse et on décompose le mélange en le projetant par petites portions dans une petite capsule de platine chauffée au rouge. Le résidu de la déflagration est traité par l'eau acidulée par l'acide azotique pur, jusqu'à dissolution complète. Cette liqueur donnera les réactions du plomb, si le vin en contient.

Procédé Pédroni fils. — On verse quelques gouttes d'acide sulfhydrique dans le vin ; s'il contient de la litharge, il se produit une coloration brun chocolat, suivie d'un précipité de même couleur.

C'est une erreur, le cuivre et l'étain donnant la même réaction.

Procédé J. Brun. — On fait passer un courant d'acide sulfhydrique dans un 1/2 litre de vin préalablement neutralisé par l'ammoniaque. Le plomb et les autres métaux, ainsi que l'alumine, se précipitent. On décante la majeure partie de la liqueur ; le reste est recueilli sur un filtre ; on lave le précipité, que l'on redissout sur le filtre même avec quelques gouttes d'acide chlorhydrique. C'est dans cette liqueur acide que l'on recherche la présence du plomb par les réactifs indiqués plus haut. Ce procédé, qui est exact, a l'avantage sur le premier de permettre de faire avec le reste du vin certains dosages dont on peut avoir besoin.

On a conseillé aussi de précipiter le plomb à l'état de sulfate ou de carbonate, et de traiter ce précipité par l'acide sulfhydrique qui le colore en noir. Ces précipités étant colorés, la réaction ne peut s'apercevoir nettement.

Procédé Ch. Girard. — On décolore le vin par le noir animal ; on ajoute de l'acide tartrique et on fait passer un courant d'acide sulfhydrique ; le précipité noir est du sulfure de plomb. Le fer ne précipite pas dans ces conditions.

Procédé Chevallier. — Il combat l'emploi du noir animal pour décolorer le vin, cet agent retenant une certaine proportion de sels métalliques.

Il traite le vin par l'acide sulfhydrique, recueille le précipité sur un filtre, lave, sèche et calcine dans une capsule de porcelaine.

Les cendres, traitées par l'acide azotique faible et bouillant, donnent une solution incolore que l'on évapore à siccité ; le résidu repris par l'eau distillée est traité par les réactifs du plomb.

Procédé Baudrimont. — Ce savant chimiste indique le procédé suivant comme très bon : On évapore le vin à sec ; on calcine. Les cendres, lavées à l'eau distillée, sont débarrassées des sulfates et des chlorures solubles qui agiraient sur la solution plombique ; on les traite ensuite par l'acide azotique ; on filtre et on évapore à siccité. Le résidu, repris par l'eau distillée, précipite en noir par l'acide sulfhydrique, s'il y a du plomb ; on traite ce précipité par l'acide azotique et on caractérise le plomb dans la liqueur.

Procédé Gautier modifié par G. Pouchet. — Gautier prétend que toutes les méthodes employées pour isoler et doser le plomb dans les aliments sont erronées. Le procédé qu'il a trouvé, le seul exact suivant lui, a été modifié d'une façon favorable par Pouchet. On chauffe la matière suspecte (vin ou autre) avec son poids d'acide azotique fumant, additionné de 25 % de sulfate acide de potasse. Lorsque l'effervescence est terminée, on obtient la destruction totale de la matière organique en ajoutant un excès d'acide sulfurique à la masse et en chauffant jusqu'à décoloration complète. On étend d'eau et, sans filtration, on soumet la liqueur acide à l'action de 4 éléments de Bunzen : le plomb tout entier se dépose sur la lame de platine de l'électrode négative. On le dissout par l'acide azotique ; on le précipite et on le dose à l'état de sulfate de plomb.

Procédé Maumené. — On fait bouillir, pendant 1 heure, 1 litre de vin avec 1 gr. de fer pur réduit ; celui-ci précipite le plomb et le cuivre, s'il y en a. On recueille avec soin le précipité, on le lave et on le traite par l'acide chlorhydrique étendu qui enlève le fer et laisse les autres métaux. Sur ce nouveau résidu, on ajoute un peu d'acide azotique et, dans la solution, on caractérise le plomb et le cuivre.

Le dosage du plomb s'exécute par les moyens de la chimie générale en tenant compte des causes d'erreurs signalées par les procédés ci-dessus.

CUIVRE. — La recherche du cuivre est très importante, étant donnés les traitements actuels de la vigne. Si on trouve à la recherche que la proportion paraît très sensible, il faut procéder au dosage afin d'éviter de livrer à la consommation des vins provenant d'un sulfatage exagéré quelques jours avant la vendange et aussi de la présence du cuivre par le séjour dans les vases.

Procédé simple de recherche. — 1° On décolore le vin au moyen du charbon en poudre; on filtre dans un entonnoir de verre, à travers un bouchon de coton, un peu tassé dans le fond. Le vin passe goutte à goutte, décoloré; on le reçoit dans une capsule en porcelaine et on l'évapore à moitié.

On prend une aiguille à tricoter, en fer, on la nettoie à fond, à l'émeri, on la lave à l'alcool et l'essuie avec du papier filtre, puis on la plonge dans le vin décoloré. S'il y a du cuivre, elle ne tarde pas à prendre une teinte jaunâtre; on nettoie l'aiguille avec un peu de papier filtre, puis on plonge ce papier dans de l'eau contenant un peu d'acide sulfurique; le cuivre est dissous et le liquide prend une teinte bleuâtre; il faut une proportion sensible de cuivre pour obtenir cette couleur. On obtient une teinte beaucoup plus prononcée en ajoutant un excès d'ammoniaque.

Procédés ordinaires. — 1° On peut suivre le procédé Maumené, qui sert à la fois au plomb et au cuivre.

2° On réduit 100^{cc} de vin à l'état de cendres blanches que l'on traite, à chaud, par l'acide azotique, puis par l'eau distillée; on filtre, évapore et calcine de nouveau et on ajoute de l'eau distillée, 10^{cc}, et on filtre encore. On essaie alors les réactifs du cuivre.

L'*ammoniaque* précipite le cuivre en bleu; un excès de réactif redissout le précipité en colorant la liqueur en bleu d'azur.

Le *cyanoferrure de potassium* donne un précipité couleur de puce.

L'*acide sulfhydrique* et les sulfures solubles forment un précipité noir.

L'ammoniaque est le réactif le plus sensible du cuivre; on peut déceler moins de 1 millig. de cuivre par litre de vin, en opérant comme je viens de le dire. On peut même le doser approximativement au moyen de tubes contenant une quantité connue de cuivre traité par l'ammoniaque et comparant avec le liquide bleu de l'essai.

Pour rechercher les quantités infinitésimales, on peut se servir du procédé Gautier, indiqué après le procédé Riche.

Dosage. — Le dosage exact du cuivre a une grande importance dans beaucoup de cas. On peut suivre les procédés de chimie générale, mais il vaut mieux suivre le procédé A. Riche.

Procédé A. Riche. — On mesure 800 à 1000^{cc} de vin filtré dans une grande capsule de porcelaine et on évapore en partie; le résidu est transvasé dans une petite capsule de porcelaine de Saxe et l'on dessèche lentement au bain de sable, en élevant graduellement la température jusqu'à ce que la masse charbonneuse ne dégage plus de gaz odorants. On lave et calcine de nouveau le résidu noir insoluble, jusqu'à ce que les cendres soient blanches, grises ou quelquefois vertes, par le manganèse. On les traite par quelques gouttes d'acide sulfurique pur ; on place la solution acide dans une capsule de platine de 50^{cc}, posée sur une rondelle de zinc, recouvrant elle-même un bain-marie à 70-80°, cette plaque de zinc est reliée au pôle positif de deux piles dont le pôle négatif communique avec une lame de platine enroulée et plongeant dans le liquide à analyser. Au bout d'un temps plus ou moins long, suivant l'intensité du courant et la richesse en cuivre, celui-ci se dépose complètement sur la lame de platine. La quantité est trop faible pour être pesée ; on l'apprécie par la méthode volumétrique.

On dissout le cuivre dans quelques gouttes d'acide azotique étendu, lave la lame de platine et évapore le liquide à sec, au bain de sable, après addition de quelques gouttes d'acide sulfurique étendu. On dissout le résidu dans l'eau distillée et fait un volume de 20^{cc} dans un tube à essais.

Dans une série de tubes du même diamètre, on verse des solutions de sulfate de cuivre pur et titré, contenant en cuivre, dans 20^{cc} : $0^{mm}15$, 0,25, 0,50, 0,75, $1^{m}/^{gr}$, 2, 3, etc. On ajoute dans chaque tube quelques gouttes de ferrocyanure de potassium, sur l'échantillon de même et on dose par comparaison.

Procédé Gautier. — On concentre le vin au dixième de son volume, en présence d'un peu d'acide sulfurique et on filtre. La liqueur acide est soumise à l'action d'un courant électrique de 2 volts, dans l'appareil Riche ci-dessus. On dissout le cuivre précipité par l'acide azotique ; la liqueur est évaporée à sec (elle doit bleuir par l'ammoniaque, s'il y a des proportions sensibles de cuivre) ; on la reprend par l'eau et l'amène à 100^{cc}. Pour caractériser le cuivre, on verse dans la solution 2^{cc} de teinture de gaïac (5 gr. copeaux de gaïac pour 100^{cc} d'alcool à 50°, jusqu'à belle couleur jaune pur), on filtre et ajoute 2 à 3^{cc} d'acide cyanhydrique étendu ; on bouche et mélange rapidement le tout ; au bout de 5 minutes, il y a une belle couleur bleue s'il y a du cuivre ; la couleur se conserve pendant plus d'une heure. On peut reconnaître, par ce procédé, avec certitude 0 milligramme 005 de cuivre.

Essai du Sulfate de Cuivre. — Le cultivateur a un grand intérêt à connaître la valeur du sulfate de cuivre qu'il achète. Ce sel ne doit contenir ni fer, ni zinc.

Dans les laboratoires on l'essaie par l'une des méthodes décrites précédemment et le plus souvent par la méthode directe générale de recherche des métaux.

On doit à M. Vassilière, professeur à l'Ecole d'agriculture départementale de la Gironde, un procédé pratique.

On pulvérise 10 à 12 gr. (une cuillerée à café) du sulfate de cuivre à essayer et on dissout dans l'eau distillée, puis on verse environ 15 gr. d'ammoniaque liquide. Le sulfate pur donne une magnifique couleur bleue très limpide, sans dépôt ; s'il y a du fer, il se dépose une matière floconneuse, noir sale.

On peut remplacer l'ammoniaque par de l'eau de chaux ; on obtient un précipité bleu par le sulfate pur ; bleu rouillé par le sulfate de fer et de cuivre ; blanc sale pour le sulfate de zinc et de cuivre.

ZINC. — Le résidu calciné est repris par l'eau, additionné d'un peu de carbonate de soude, puis d'ammoniaque. Ce liquide ne dissout que le cuivre et le zinc, à la faveur des carbonates.

On ajoute alors un excès d'acide chlorhydrique ; on filtre et on traite par le *sulfhydrate d'ammoniaque*, qui donne un précipité blanc de sulfure de zinc. Ce précipité, redissous par l'acide chlorhydrique, donne un nouveau liquide, qui, traité par la *potasse*, donne un précipité blanc entièrement soluble dans un excès ; et par le *carbonate de potasse*, un précipité blanc de sous-carbonate de zinc insoluble dans un excès.

ETAIN. — Les cendres sont traitées par l'acide azotique étendu, puis par l'ammoniaque. Le précipité, filtré et lavé, est repris par l'eau acidulée d'acide azotique, puis par l'*acide sulfhydrique*, qui donne un précipité jaune de bisulfure d'étain (surtout à chaud), lequel est converti, à l'ébullition, par l'acide azotique, en bioxyde d'étain blanc et insoluble.

Le *dosage* des métaux s'exécute d'après les données générales de l'analyse minérale. La présence seule du plomb, du cuivre et du zinc suffit pour faire rejeter le vin.

ARSENIC. — La recherche de l'arsenic est assez délicate et ne peut être faite que par un chimiste exercé.

Procédé Husson (1876 J[l] de Ph. et Ch., t. 24, p. 294). Il faut étrangler le tube de dégagement de l'appareil Marsh à l'endroit où se forme l'anneau et introduire à cet endroit un peu d'iode ; dès que l'hydrogène arsenié se produit, il se forme un anneau rouge jaune d'iodure d'arsenic se volatilisant en vapeurs de même couleur sous l'action de la chaleur.

Dosage. On décompose le résidu du vin par le procédé ordinaire pour former un arsénite ou un arséniate de potasse ; on dissout le résidu dans un peu d'eau distillée et on en fait deux portions égales, dont l'une pour l'analyse qualitative et l'autre pour l'analyse quantitative.

Dosage approximatif. On fait une solution d'iode contenant $0^{gr}1$ d'iode pour 100^{cc} de benzine. On met 20^{cc} de cette solution dans une éprouvette et l'on fait plonger dedans le tube de l'appareil de dégagement ; l'iode se décolore ; avec une burette on ajoute de la benzine iodée jusqu'à ce qu'il n'y ait plus de décoloration ; 2 centigr. d'acide arsénieux sont décomposés par 2 centigr. d'iode.

Méthode plus exacte. Au tube de dégagement de Marsh, on adapte un tube un peu large renfermant de l'amiante et du papier filtre pour dessécher le gaz ; de ce tube en part un autre recourbé et plongeant jusqu'au fond d'une longue éprouvette fermée par un bouchon de caoutchouc à deux trous, l'un pour ce tube et l'autre pour un tube de dégagement allant plonger au fond d'une 2e éprouvette semblable ; 5 à 6 éprouvettes sont placées à la suite les unes des autres, d'après l'essai approximatif précédent. Dans la première on met 20cc de benzine iodée valant 0gr01 d'acide arsénieux ; la 2e 0,005, la 3e 0.001, la 4e 0,005 et la 5e 0,0001.

Procédé Gautier. — On prend l'extrait sec à 100° du vin, refroidi ; on le traite par un mélange de 2 gr. d'acide sulfurique et 30 gr. d'acide azotique, puis on chauffe lentement le résidu avec un excès d'acide sulfurique et de bisulfate de potasse, jusqu'à complète décoloration ; on étend d'eau, filtre, ajoute quelques gouttes d'une solution d'acide sulfureux et fait passer un courant d'acide sulfhydrique qui précipite du sulfure d'arsenic. Ce sulfure est mis à digérer dans un peu d'eau tiède contenant une petite quantité de carbonate d'ammoniaque ; la solution filtrée et évaporée laisse du sulfure d'arsenic, qui, oxydé par l'acide azotique fumant, puis chauffé un instant avec de l'acide sulfurique fort, jusqu'à apparition de vapeurs blanches, est introduit dans l'appareil Marsh.

Procédé Millon (le meilleur suivant M. Ch. Girard). — L'extrait sec du vin est traité par l'acide sulfurique pur ; sur le mélange on verse de l'acide azotique pur, par petites portions, en élevant graduellement la température ; on continue à chauffer jusqu'à l'apparition des vapeurs d'acide sulfurique ; on ajoute à nouveau de petites quantités d'acide azotique et on chauffe encore. Le liquide se décolore et fonce successivement ; on continue jusqu'à cessation de ces colorations. On chasse l'excès d'acide azotique en chauffant jusqu'aux vapeurs blanches d'acide sulfurique. Le résidu contient, en présence d'un excès d'acide sulfurique, tous les sels minéraux du vin. L'arsenic est cherché par les moyens ordinaires.

Matières Empyreumatiques

Lorsque la vigne se trouve près des fours à chaux ou autre industrie brûlant du charbon de terre, on peut trouver dans les vins des matières empyreumatiques. Leur recherche est très facile.

Procédé Husson. — 250 gr. de vin sont traités par 100 gr. d'éther à 56° ; on laisse en contact pendant 24 heures, en agitant de temps en temps ; on décante l'éther qui s'est chargé des matières empyreumatiques et on évapore à une douce température. Le résidu a une odeur de vin altéré, il brunit par l'action de l'air et de la potasse, ce qui est dû aux matières goudronneuses. Ce résidu est délayé dans un peu d'eau et additionné avec précaution d'une solution d'hypochlorite de soude ; il se produit une coloration bleu violet, puis pourpre passant presque de suite au jaune brun.

Le vin non altéré, traité de même, devient incolore puis jaune petit lait.

LES FALSIFICATIONS A L'ÉTRANGER

APPRÉCIATION DES VINS D'APRÈS LEUR ANALYSE

Espagne. — Il n'y a aucune définition légale du vin naturel, de même qu'il n'y a aucune prescription recommandant la manière de procéder dans les analyses des vins. En général, on suit les mêmes méthodes que celles qui sont suivies dans les laboratoires de l'étranger, avec quelques légères modifications.

Il n'existe aucune disposition sur les tolérances pour le plâtrage, le salage, le tartrage, etc. Dans beaucoup de cas on prend comme type celles qui sont en vigueur en France.

Pour les colorants artificiels on suit ordinairement les méthodes du Laboratoire municipal de Paris.

Un décret royal du 30 janvier 1888 ordonne que l'on considère comme adultérés : 1° les vins naturels qui contiennent des alcools d'industrie impurs et des alcools de marcs non rectifiés et purifiés ; 2° l'acide salicylique et autres antiseptiques ; 3° les substances colorantes étrangères, aussi bien les dérivés de la houille que les substances végétales ou de toute autre origine ; 4° le glucose artificiel, sucre de fécule ou moûts ; 5° la glycérine.

Rien n'a été établi pour fixer les maxima et les minima des divers éléments des vins naturels ; les vraies quantités et les relations s'établissent, pour chaque région, par le service des laboratoires municipaux, sur un grand nombre d'analyses des vins de leurs régions respectives. Au laboratoire municipal de Valladolid, par exemple, le terme moyen de la quantité d'extrait sec est de 20 gr. par litre pour les vins rouges et 16 gr. pour les vins blancs ; le degré alcoolique est de 12 % en volume ; l'acidité, calculée en acide sulfurique monohydraté est de 3gr5 par litre ; les cendres des vins non plâtrés (contenant moins de 2 gr. de sulfate de potasse par litre) est de 2gr60 par litre.

(Je dois ces renseignements à l'amabilité du savant Directeur du Laboratoire municipal de Valladolid, professeur de chimie à l'Université de cette ville).

Italie. — Par falsification on entend toute addition au vin de jus de raisin, même de substances qui se trouvent dans le vin naturel, si les quantités ajoutées dépassent la limite de ces produits, dans les vins naturels.

Le plâtrage seul a été toléré, jusqu'à une certaine limite.

Les prescriptions italiennes, pour le dosage des acides, donnent des résultats sans valeur.

10cc de vin sont évaporés au bain-marie puis remis au même volume avec de l'eau. On dose les acides non volatils avec la solution décinormale de soude ; l'acide volatil est déterminé par différence. Les acides sont calculés en acide tartrique et en grammes par litre.

Les autres éléments et les appréciations se font d'après les indications allemandes.

Suisse. — Le vin est la boisson préparée par la fermentation alcoolique du jus de raisins frais, sans addition d'aucune autre substance.

Pour l'expertise d'un vin naturel on doit se baser uniquement sur les nombres limites dérivant des analyses authentiques de vins naturels.

A l'exception de l'acide sulfurique, on fait abstraction des nombres limites.

Allemagne. — La loi du 14 mai 1889 définit le vin « boisson préparée par la fermentation du jus de raisin sans aucune autre addition ».

La commission chargée de présenter un rapport sur un projet de loi spécial a conclu sur les points suivants :

1° *Extrait.* — Les vins, préparés avec du jus pur de raisins, contiennent dans des cas très rares au-dessous de 15 gr. d'extrait par litre ; s'il se présente des vins plus pauvres on doit les saisir, si on ne peut prouver que des vins naturels des mêmes crus et des mêmes années ont une si faible quantité d'extrait ;

2° *Acide et extrait.* — L'extrait, dont on déduit les acides non volatils, doit donner un reste d'au moins 11 gr. par litre, et après défalcation des acides libres un reste d'au moins 10 gr. Les vins qui donneraient un reste plus petit doivent être saisis, s'il n'est prouvé qu'il y a des vins de mêmes crus et de mêmes années semblables. Les acides volatils doivent être dosés par distillation et être énoncés en acide acétique. Les acides non volatils sont trouvés, en défalquant de la valeur des acides libres, calculée en acide tartrique, le chiffre d'acide tartrique correspondant à l'acide acétique ;

3° *Cendres.* — Un vin dont la valeur en cendres est sensiblement plus de 10 °/₀ de celle de l'extrait, doit fournir un extrait plus grand que celui adopté comme minimum dans les vins naturels. Les vins naturels ont un rapport entre l'extrait et les cendres approchant de 1/10. Un écart notablement plus grand peut donner lieu à présomption, mais non à certitude de falsification. Les vins qui contiennent moins de 1gr4 de cendres doivent être saisis, si on ne peut montrer des vins naturels semblables ;

4° *Acide tartrique libre :* Le taux de cet acide libre dans les vins naturels ne dépasse pas 1/6 de la valeur totale des acides non volatils ;

5° *Glycérine* : Les relations entre l'alcool et la glycérine dans les vins naturels varie de 7 à 14 parties, en poids de glycérine pour 100 parties en poids d'alcool. Des vins présentant d'autres rapports donnent une présomption d'addition d'alcool ou de glycérine. Les vins en caves augmentent de 1° d'alcool. Pour les vins sucrés, ces proportions ne sont pas toujours vraies.

Autriche. — A la réunion des chimistes œnologues autrichiens, on a approuvé en principe la fixation des minima et des maxima des divers éléments constitutifs des vins naturels, mais avec l'obligation d'adjoindre au procès la justification que ces limites ont été constatées dans les vins de la même provenance, la même année, etc.

La loi du 21 juin 1880, admet trois catégories : les vins naturels, les demi-vins parmi lesquels sont compris les vins gallisés et petiotisés et les piquettes, et les vins artificiels.

Les acides libres sont déterminés comme en Allemagne et pour les cendres on propose comme minimum 1gr3.

Hongrie. — On a fixé la quantité d'alcool pour les vins d'exportation au minimum à 7 °/₀ et au maximum à 18 °/₀, en volume. Le minimum d'extrait 1, 2 °/₀, soit 12 gr. par litre, trouvés par l'œnobaromètre Houdart ou 14 gr. par dessiccation.

Les vins de Hongrie indiquant moins de 12, 4 °/₀ en volume ou 10 °/₀ en poids d'alcool sont considérés comme naturels si le poids de l'extrait atteint 1/8 de celui de l'alcool.

Les vins accusant plus de 10 °/₀ d'alcool, en poids, sont considérés comme naturels si l'extrait atteint 1/5 du poids de l'alcool. Pour les vins doux, il faut d'abord déduire le sucre (Station de Klosterneuburg).

Uruguay. — La loi exige 16 gr. d'extrait, glucose déduit ; si on ne trouve pas 16 gr. par l'œnobaromètre Houdart, on fait l'extrait à 100°. Des vins ayant donné 10 gr. Houdart ont fourni 17 gr. à 100° et d'autres, pour 13 gr. Houdart, 20 gr. à 100°.

L'analyse légale comporte la densité, l'alcool en volume, le dosage du plâtre (tolérance 2 gr.), l'extrait, les colorants, le glucose lorsque la densité est trop forte, et les antiseptiques dans les vins faibles. On n'a pas pu reconnaître les vins de raisins secs (José de Miquelerena y Noriega, Directeur du Laboratoire des Douanes de Montevideo ; communication personnelle).

Etats-Unis et Colombie. — Les prescriptions pour les vins sont copiées presque mot à mot sur celles de l'Allemagne et de l'Autriche.

Brésil. — Dans ce pays les falsifications sont poussées à un point tel qu'elles constituent un véritable danger pour l'hygiène publique.

On est stupéfait de l'inertie gouvernementale en face de fraudes telles, que la vente des boissons est plutôt une vente de poisons.

Pour se rendre bien compte que je n'exagère en rien, il suffit de lire les brochures du savant docteur Campos da Paz, alors Membre du Conseil d'hygiène de Rio Janeiro et professeur à la Faculté de médecine, aujourd'hui Directeur de la Compagnie générale des Vins brésiliens : Inspectoria geral de Hygiene, Rio de Janeiro, 1888. — A Questão dos vinhos (os vinhos falsificados) 1886. — Hygiene publica (agosto 1888). — Falsifications des boissons alcooliques (Falculté de médecine de Rio Janeiro, 27e leçon).

BIBLIOGRAPHIE

Dans mon Traité Général des Vins et de leurs Falsifications, j'avais mis à la fin une liste des ouvrages vinicoles pouvant intéresser les lecteurs ; l'idée a dû paraître bonne puisqu'elle a été suivie par plusieurs auteurs.

J'avais fait également un paragraphe indiquant le prix des appareils vinicoles, mais le nombre de ces derniers étant devenu très considérable, j'ai remplacé ce paragraphe par la liste des brochures et des catalogues publiés par les constructeurs d'appareils scientifiques, classés d'après le nombre de figures qu'ils ont bien voulu me prêter pour mon livre.

CONSTRUCTEURS D'APPAREILS SCIENTIFIQUES

J. S. SALLERON, DUJARDIN, SUCCESSEUR. — Paris, rue Pavée-au-Marais, 24.

Notice sur les Instruments de précision appliqués à l'Œnologie, 1887.

Même notice (2e partie), 1889. Envoi *franco*.

Etude sur le Vin mousseux, 1886. Prix, 6 fr.

Notice sur le Vino-Colorimètre Salleron, 1880. Prix, 1 fr.

Essais des Vins par l'Ebulliomètre Salleron, 1882.

Gleucométrie, dosage du sucre dans les vins, 1885. Prix, 1 fr.

Analyse commerciale des cidres. Prix, 2 fr.

SOCIÉTÉ CENTRALE DE PRODUITS CHIMIQUES. — Paris, rue des Ecoles, 42 et 44.

Catalogue général, fascicule A : Produits chimiques, 1890.
— — — B : Verrerie, Porcelaine, Terre et grès, 1890.
— — — C : Alcoométrie, Aréométrie, Thermométrie, Balances, 1885.
— — — D 1re partie : Appareils de Chauffage, 1890.
— — — D 2e — : Appareils et outils de Laboratoire, 1890.
— — — D 3e — : Appareils pour Essais techniq. (Vins) 1890.
— — — E 1re — : Instruments de Physique, 1891.
— — — E 2e — : Electricité.

ALVERGNIAT FRÈRES, CHABAUD, SUCCESSEUR. — Paris, rue de la Sorbonne, 10.

Catalogue général, 1re partie : Microbiologie, Instruments et Verrerie de Laboratoires, microscopes, trompes, dessiccateur, etc., 1887.

Catalogue d'Instruments de Météorlogie.

Catalogue général d'Instruments de chimie, physique et physiologie.

WIESNEGG. — Paris, rue Gay-Lussac, 64.

Catalogue des Instruments de Laboratoires, 2 fr. (Spécialité d'appareils de chauffage au gaz).

JULES DUBOSCQ, PH. PELLIN, SUCCESSEUR. — Paris, rue de l'Odéon, 21.

Historique et Catalogue de tous les Instruments d'Optique supérieure. Prix, 5 fr., (colorimètres, saccharimètres, spectroscopes et réfractomètres).

Notice sur les Saccharimètres et le Colorimètre Duboscq. Prix, 2 fr.

Notice sur le Diabétomètre et le Spectromètre Yvon.

A. DUBOSCQ. — Paris, rue des Fossés-Saint-Jacques, 11.

Catalogue des Instruments de précision pour la Science et l'Industrie, 1883, (saccharimètres, spectroscopes).

Réfractomètre Amagat, 1888.

Saccharimètre T. et A. Duboscq, à franges et à lumière blanche, 1888.

Application de l'Oléo-réfractomètre Amagat et F. Jean, à la recherche des falsifications, par F. Jean, 1890.

G. FONTAINE FILS. — Paris, rue Monsieur-le-Prince, 16, 18, 20.

Premier fascicule du Catalogue spécial de Verrerie, Porcelaine, Terre et Grès, 1890. Prix, 2 fr.

Deuxième fascicule Verrerie graduée, Balances, Densité, 1890. Prix, 2 fr.

Catalogue de Chimie générale, analyses et essais techniques (Vins), 1890. Prix, 5 fr.

Catalogue général des Instruments de physique (saccharimètres, spectroscopes, microscopes), 1890. Prix 5 fr.

Prix courant des Produits chimiques et Collections, 1890. Prix, 1 fr.

Notice sur les Appareils pour l'Essai des sucres et les Analyses agricoles. Prix, 0f 75.

Notice sur l'Œnomètre Rey, 1890. Prix, 0 fr. 60.

A. DELAUNAY. — Paris, rue Saint-Jacques, 57.

Instructions pour les Alambics d'essais, le Nécessaire œnométrique, le Platroscope, le Nouvel Acétimètre, etc.

D. SAVALLE FILS & Cie. — Paris, Avenue du Bois de Boulogne.

Appareils de Distillation, Alambics d'essais et Diaphanomètre.

Les Grandes Usines de Turgan, Appareils de la Maison D. Savalle fils et Cie, 28e série, juillet 1891.

Les Distilleries, par D. Savalle, 1880, Masson éditeur, boulevard Saint-Germain, 120, Paris.

Progrès récents de la Distillation, in-8°, fig., 15 fr. Baudry, Paris.

EMILE LIGON. — Paris, rue Beaurepaire, 29.

Notice sur l'Ebullioscope différentiel d'Amagat.

Instruction pour l'usage de l'Œnomètre Amagat.

A. COLLOT. — Paris, rue Monsieur-le-Prince, 62 bis.

Catalogue et Prix courant des Balances et Poids pour les Sciences, 1887, 2e édition.

Appareil de projection lumineuse applicable aux Balances de précision.

BENEVOLO. — Lyon, rue de la République, 48.

Ebullioscope à bouilleur mobile, Notice.

Notice sur le Nécessaire pour l'essai chimique des Vins, système Benevolo.

HOUDART. — Négociant en Vins. Les Lilas, près Paris (Seine), rue de Paris, 52.

Appareils de E. Houdart (œnobaromètre, chauffage, plâtrage, fausset), 1886, Savy, éditeur, boulevard Saint-Germain, 77, Paris.

Œnobaromètre Houdart, 1884, Savy.

Rapport de M. Bérard à la Société d'Encouragement à l'Industrie Nationale, sur l'appareil de M. Houdart, pour le chauffage automatique des Vins.

H. COURTONNE. — Chimiste, Paris, rue de Hanovre, 8.

Tables de l'Aréomètre Baumé, d'après Berthelot. Prix, 0 fr. 25.

Pèse-litre, Dessiccateur dans le vide, calcimètre-carbonimètre, etc.

LOUIS REY. — Chimiste, Paris, rue de la Cérisaie, 15.

Œnomètre L. Rey, Sulfatomètre de poche et à étagère, 1890.

FERDINAND JEAN. — Chimiste, Paris. Laboratoire de la Bourse de Commerce, rue du Louvre, 42.

Application de l'Oléo-réfractomètre Amagat et F. Jean à la recherche des falsifications, 1890.

Recherche des Acides minéraux libres dans les Vins; dosage de la Glycérine, du Tannin, de l'Acide Œnogallique, etc.

Classification des moûts de vins de Champagne, 1882.

LIVRES

ARMAILHACQ (d'). — La Culture des Vignes, Vinification, Vins du Médoc, in-18°, 581 pages, 6 fr. P. Chaumas, Bordeaux.

ARTHAUD (Dr). — De la Vigne et de ses Produits, in-8°, 364 pages.

AUDIBERT (J.-F.) — Art de faire le Vin avec les Raisins secs, 20e édition, 3 fr. 50, *franco* 4 fr. 10, Marseille, rue des Minimes, 53. — In-8°, 304 pages et figures.

Art de faire les Vins d'imitation. In-8°, 304 pages, 5 fr., *franco* 5 fr. 25.

BALTET. — L'art de greffer les Arbres, Arbrisseaux et Arbustes, 4e édition 1888. Un vol. in-12°, 175 figures, *franco* 4 fr. — Camille Coulet, Montpellier.

BARILLOT. — Manuel de l'Analyse des Vins, 1889, 131 pages, 3 fr. 50. Gauthier-Villars, Paris.

BASSET (N.) — Traité théorique et pratique de la fermentation, grand in-18°. Prix, 3 fr. 50.

BASSET. — La Vigne, Oïdium et gelée, in-12°, 538 pages, 5 fr.

BASTIDE. — Les Vins sophistiqués, 1889, 152 pages, 2 fr. J.-B. Baillère et fils, Paris.

BATILLIAT. — Traité sur les Vins de France, 1846, in-8°, 352 pages, 7 fr. 50. Savy, Paris.

BAUDRIMONT. — Dictionnaire des Falsifications, 1882. Grand in-8°, 1500 pages. Asselin et Cie, Paris.

BEDEL A. — Traité complet de Manipulation des Vins, 2e édition 1889. 431 pages. 3 fr. 50. Garnier frères, Paris.

BEDEL A. — Nouvelles Méthodes de Culture de la Vigne, 1890. 421 pages, 3 fr. 50 Garnier Frères, Paris.

BENOIT. — Théorie générale des Pèse-liqueurs, in-8°, 100 pages, 1 planche, 3 fr. 50 Tignol, Paris.

BERNIARD. — L'Algérie et ses Vins, 1888, in-12° 3 fr., *franco* 3 fr. 25. Coulet, Montpellier.

BOIREAU. — Culture de la vigne et Vinification, 2 vol. in-8°, figures 1887, 10 fr. Michelet, Paris.

BOUCAU. — Culture de la Vigne dans les Sables des Landes, 1888, 3 fr. 50, *franco* 4 fr. Coulet, Montpellier.

BOUCHARDAT. — Traité de la Maladie de la Vigne, in-18°, 3 fr. 50.

BRUN. — Fraudes et Maladies des Vins, 2e édition, 187 pages, 3 fr. Hetzel, Paris.

BUSH & FILS & MEISSNER. — Catalogue illustré et descriptif des Vignes américaines, 2e édition, traduit par Bazille, revu et annoté par Planchon, grand in-8° jésus, 234 pages, *franco* 8 fr. 75. Coulet, Montpellier.

CAVOLEAU. — Œnologie française, Vignobles, Culture de la Vigne, in-18°, 5 fr.

CAMPOS DA PAZ. — A questao dos Vinhos, 1885. Typ. Perseveranza Rio de Janeiro r. do Hospicio.

CAZALIS. - Traité pratique de l'Art de faire le Vin, 1890, in-8o, 500 pages, 7 fr. 50. Coulet, Montpellier.

CAZENEUVE. — La Coloration des Vins par les Couleurs de Houille, 1886, 3 fr. 50. Baillère, Paris.

CHAPTAL. — L'art de faire le Vin (1807), 3e déition revue et augmentée par de Valcourt, 6 fr. 75. Office vinicole, Paris.

CHAUZIT. — Etat actuel de la Question du Phylloxera, 1885, *franco* 3 fr. 25. Coulet, Montpellier.

CHEVERONDIER. — La Vigne et le Vin, 2e édition, in-18o, 368 pages, 38 figures, 3 fr. 50.

COCKS. — Bordeaux et ses Vins, vol. in-18o, 225 vues de châteaux, 6 fr. Coulet, Montpellier.

— Même volume avec cartes 8 fr., *franco* 8 fr. 50.

COMMERSON & LAUGIER. — Guide pour l'Analyse des Matières sucrées, 2e édition, Journal des Fabricants de sucre, Paris.

DÉJERNON. — Les Vignes et les Vins d'Algérie, 2 vol. in-8o; total 680 pages, *franco* 11 fr., Coulet, Montpellier.

DESPETIS. — Traité pratique de la Culture des Vignes américaines, 1889, *franco* 4 fr. Coulet, Montpellier.

DUBIEF. — L'immense Trésor des Vignerons et Marchands de Vins, 196 pages. Hetzel, Paris.

— Traité complet théorique et pratique de Vinification, 1888. 4 fr. Hetzel, Paris.

DUBREUIL. — Les Vignobles et les Arbres à Fruits. in-18o, 384 figures, 7 cartes, 6 fr.

J. DUJARDIN. — Essai commercial des Vins et Vinaigres, 1892, cartonné, 4 fr., chez l'auteur, rue Pavée-au-Marais, 24. Paris.

F. DUJARDIN. — L'observateur au Microscope, atlas 30 planches 10 fr. 50. Roret, Paris.

FABRONI. — L'art de faire le Vin, in-8o, 3 fr. (traduit par Baud).

FITZ-JAMES. — (Duchesse de) La viticulture franco-américaine (1869-1889), volume in-12o, 600 pages, figures, *franco* 6 fr. 75. Coulet, Montpellier.

FOEX G. — Manuel pratique de Viticulture, 4e édition, 1887, *franco* 4 fr. Coulet, Montpellier.

— Cours complet de Viticulture, 1888, vol. in-8o, 942 pages, *franco* 17 fr. 50. Coulet, Montpellier.

FOEX & VIALA. — Ampélographie américaine, 1885, in-folio, 6 planches, *franco* 7 fr. 60. Coulet, Montpellier.

FRANCK. — Traité sur les Vins du Médoc et de la Gironde, 401 pages, in-8o, 8 fr. Chaumas, Bordeaux.

FRÉMY. — Génération des Ferments, in-8o. 4 fr.

FRITSCH & GUILLEMIN. — Traité de la Distillation des Produits agricoles et Industriels, 8 fr., l'auteur rue Richelieu, 67. Paris.

GAILLARDON. — Manuel du Vigneron en Algérie et Tunisie, 3 fr. 10. Office vinicole, Paris.

GAUTIER A. — Sophistication et Analyse des Vins, 4e édition, 6 fr. Baillère, Paris.

GEHRARDT ET CHANCEL. — Précis d'Analyses chimiques générales (1874).

GUYOT. — Culture de la Vigne et Vinification, 4 fr. 25. Office vinicole. Paris.

— Etude des Vignobles de France, 2e édition, 1876, 3 volumes, 30 fr. Coulet, Montpellier.

HERPIN (Dr.) — La Vigne et le Raisin, vol. in-16o, 3 fr. 50. Baillère, Paris.

HORSIN-DÉON. — La Distillation, Fabrication des Liqueurs, grand in-8o, 76 pages, 20 figures, 6 pl., 5 fr. Tignol, Paris.

HUSSON. — Du Vin, 1877. Asselin, Paris.

JULIEN (A.) — Topographie de tous les Vignobles connus, 8 fr. 50. Office Vinicole, Paris.

KEHRIG. — Aperçu sur l'Espagne vinicole, 3 fr. 55. Office vinicole, Paris.

KREBS L. — Traité de la Fabrication des Boissons économiques, 1887, *franco* 4 fr. Coulet Montpellier.

LALIMAN. — Etudes sur le Phylloxera et les Vignes américaines, 1880, *franco* 3 50. Coulet, Montpellier.

LADREY. — L'art de faire le Vin, 4e édition, 5 fr. 75. Office vinicole, Paris.

LADREY. — Traité de Viticulture et d'Œnologie, 1873-80, 2 volumes, in-18o, 16 fr. Savy, Paris.

LANEYRIE. — Vade mecum du Négociant en Vins (avec la régie), 1880, *franco* 4 fr. Coulet, Montpellier.

LARBALETRIER. — L'Alcool au point de vue chimique, agricole et économique, in-16o, 62 figures, 3 fr. 50. Baillère et fils. Paris.

LEBEUF. — Du Travail des Boissons, *franco* 4 fr. Michelet, Paris.

— Amélioration des Liquides, 3 fr. Manuels Roret, Paris.

— Culture et Traitement de la Vigne, 2 fr. 50. Manuels Roret.

LENOIR. — Traité de la Culture de la Vigne, Vinification, in-8o, 600 pages, 7 fr. 50.

LUNEL. — Traité de la Falsification des Vins, in-12o, 175 pages, 6 fr.

LEPLAY. — Chimie des Industries du Sucre, 1883. Paris.

LUNEL. — Les Falsifications, 5 fr. Hetzel, Paris.

LORBAC (Ch. de). — Richesses gastronomiques de la France, Vins de Bordeaux crus, classés 25 fr. — Les Fronsadais, 6 fr. — Les Vins de Graves, 8 fr. — Saint-Emilion, 8 fr. — Chaumas, Bordeaux.

MACHARD. — Traité Pratique des Vins, 1860, Besançon, revu 1874, *franco* 4 fr. Coulet, Montpellier.

MAERCKER (Max). — Traité de la Fabrication de l'Alcool, 1889, *franco* 28 fr. Coulet, Montpellier.

MAIGNE. — Manuel complet du Sommelier et Marchand de Vin, 3 fr. Roret, Paris.

MALLET-CHEVALLIER. — Atlas encyclopédique de la Vigne, 1889. — Nouveau Traité de Viticulture, 1889.

MALTE-BRUN. — La France Vinicole. 4 fr. Office vinicole, Paris.

MALVEZIN & FERRET. — Le Médoc et ses Vins, 3 fr. Office vinicole, Paris.

MARÈS. — Description des Cépages de la Méditerranée, 60 fr. Coulet, Montpellier.

— Traité pratique de la Culture de la Vigne dans le Midi. Coulet, Montpellier.

MASSON. — Dictionnaire enclycopédique des Sciences médicales, 100 volumes. 1,200 fr. Paris.

MAUMENÉ. — Traité théorique et pratique du Travail des Vins, 2 volumes. Bernard, Paris.

MAYET. — Les Insectes de la Vigne et remèdes, *franco* 8 fr. 75. Coulet, Montpellier.

MESNARD. — Maladies de la Vigne, 1889.

MILLARDET. — Histoire des Vignes américaines, 1885, 24 pl., *franco* 27. Coulet, Montpellier.

MONAVON. — La Coloration artificielle des Vins. Baillère, Paris.

MORELOT. — Statistique de la Vigne, Côte-d'Or, grand in-8o, 5 fr.

MOUILLEFERT. — Les Vignobles et les Vins de France et de l'Etranger, 1892 (Professeur à l'Ecole Nationale d'Agriculture de Grignon).

ODARD (Comte). — Ampélographie universelle, 1859, in-6°, 6 fr. 50. Savy, Paris.

ODART. — Manuel du Vigneron, 3e édition, in-18°, 358 pages, 4 fr. 50.

PASTEUR. — Etudes sur les Vins, grand in-8°, 32 figures pl. 18 fr. Savy, Paris.

— Conservation des Vins par la chaleur, 4 fr.

— Etudes sur la Bière.

PELLET & G. SENCIER. — Fabrication du Sucre, 1883. Paris, 10 fr.

PELOUZE & FRÉMY. — Chimie générale, 1865. 6 vol. grand in-8°. Masson, Paris.

PÉROCHE. Manuel des Distilleries, in-8°, 348 pages, 3 tableaux, 6 fr. Tignol, Paris.

PETIT-LAFFITTE. — La Vigne dans le Bordelais, histoire, in-8°, 700 pages, 75 fig., 12 fr.

PEYROU. — Le Parfait Maître de chais, in-8°, 336 pages, 9 pl., 5 fr.

PORTES & RUYSSEN. — 1887, Traité de la Vigne et de ses Produits, 2 volumes, 1,500 pages, 24 fr. Lechevallier, Paris.

PRUD'HOMME. — 1890, Traité de Vinification et de Conservation des Vins. Gratier, Grenoble.

PULLIAT. — Mille variétés de Vignes, 1888, in-12°, 400 pages, *franco* 4 fr. 50 Coulet, Montpellier.

RATIER Fils. — Manuel du Négociant en Spiritueux, 1863, 15 fr. Savy, Paris.

RAYNAL. — Traité pratique des Vins, Cidres, Spiritueux et Vinaigres. Masson, Paris.

RENDU Victor. — Ampélographie française, 1 volume texte in-folio, 1 volume, 70 pl. coloriées, reliés, 330 fr. Coulet, Montpellier.

— Texte seul, in-8, 6 fr. 75. Coulet, Montpellier.

ROBINET. — Manuel général des Vins, 1891, 4e édition, 412 pages, 5 fr. Tignol, Paris.

— Manuel pratique d'Analyse des Vins, Falsifications, 1884, 4 fr. Tignol, Paris.

— Manuel pratique de la Fabrication des Alcools, 1890, 5 fr. Tignol, Paris.

— Manuel général des Vins mousseux.

RORET. — Négociant en Eaux-de-vie, Falsifications et drogues (travail de Fauré).

ROUGIER. — Manuel pratique de Vinification, 1889, 2 fr. Masson, Paris.

ROUX. — La Fabrication de l'Alcool, 1883.

ROVASENDA. — Ampélographie universelle, traduite par Cazalis, Foëx et Viala, 2e édition, 1887, *franco* 7 fr. 75. Coulet, Montpellier.

SAHUT. — Les Vignes américaines, leur greffage et leur taille, 3e édition, *franco* 6 fr. 90. Coulet, Montpellier.

SAPORTA de. — La Chimie des Vins, 1889, 2 fr. Baillère, Paris.

STAMMER. — Traité complet de Distillation, grand in-8°, 452 pages, 88 figures, 20 fr. Tignol, Paris.

STOLZ. — Ampélographie rhénane, in-4°, 264 pages, 32 pl. color. 28 fr.

TAQUET. — Les Boissons dans le Monde entier, 1889, 6 fr. 50. Carpentier, Montdidier.

TOCHON. — Art de faire le Vin, 1888, *franco* 2 fr. 75. Coulet, Montpellier.

TURGAN. — Grandes Usines, livraisons 257 à 260. (Maison Moët et Chandon).

VIALA. — Les Maladies de la Vigne, 2e édition augmentée, 1887, *franco* 9 fr. 75. Coulet, Montpellier.

— Les Hybrides bouschet, grand in-8°, 5 planches, 1886, *franco* 7 fr. 60. Coulet, Montpellier.

WURTZ. — Dictionnaire de Chimie pure et appliquée, 1874. Hachette, Paris.

BROCHURES

ABEL. — Etude sur la Vigne de la Moselle.

ALLIEN J. — Les Plants américains à Saint-Georges, 1882, in-8°, 36 pages, *franco* 0 fr. 65. Coulet, Montpellier.

AMBROY T. — La Submersion des Vignes, 1883, in-12°, *franco* 1 fr. 65. Coulet, Montpellier.

ANGLÈS. — Guerre aux Vins plâtrés et sophistiqués. Savy, Paris.

AUDIBERT. — Ce qu'il faut connaître pour faire le Vin... 1891, 1 fr. 50. Audibert, Marseille.

BAILLET (H. de). — Défense de la Vigne, les Matières cuivreuses. Impr. Maury, Bergerac.

BASTIDE. — L'Avenir des Vignes américaines, 1884.

BAYO (don Adolfo). — Falsification des Vins, rapport au Ministre, 1887, 1 fr. 50. Michelet, Paris.

BÉGOU F. — Alcoométrie légale. Colin, Paris.

BEL J. — La maladie de la Vigne et les meilleurs Cépages, in-16°, 306 pages, 111 figures, 4 fr., Baillère, Paris.

BENDER & VERMOREL. — Le Vigneron moderne. Impr. Waltener, Lyon.

BÉRARD, CHANCEL & CAUVY. — Rapport sur le Plâtrage, in-4°, 8 pages, 1 fr. Coulet, Montpellier.

BERGERON & WURTZ. — Rapport sur les Vins fuchsinés, 1877.

BERNARD F. — La Vigne et le Vin en Californie, 1885, Hamelin, Montpellier.

BERTRAND. — La Viticulture algérienne. 1889.

BIGEAT. — Notice sur le Médoc, 2 fr. Chaumas, Bordeaux.

BILLET F. — Levuro-dynamomètre, 1882, impr. Vve Prignet, Valenciennes.

BLAREZ C. — Notice sur les Titres et Travaux scientifiques de Ch. Blarez. Gounouilhou, Bordeaux.

— De l'Oxyde de Plomb dans la recherche et le dosage de la Sulfo-fuchsine 1886. Gounouilhou, Bordeaux.

— Réactions pour distinguer les Colorants végétaux des Couleurs de Houille, 1886.

— Analyse qualitative des Vins, évaluation du Plâtrage.

— Influence des Matières extractives sur le Titre alcoolique des Spiritueux, Comptes-Rendus, 1891, mars, 16.

— Recherche de l'Acide sulfurique libre dans les Vins 1891, mars (Bulletin Soc. Ph., Bordeaux).

BLAREZ & DENIGÈS. — Réaction de l'Acétate de Mercure sur les dérivés de la Houille.

BLUMEREAU. — La Viticulture en Tunisie, 1885.

BOINETTE. — Les Maladies de la Vigne, les bons Cépages. Comte Jacquet, Bar-le-Duc.

BONNARD E. — Séance du Congrès viticole de Montpellier 1874, in-8°, 74 pages, 1 fr. 75. Coulet.

BOUCHERIE. — Etude sur les Boissons fermentées, grand in-8°, 2 fr. 50. Tignol, Paris.

BOUFFARD. — Vin blanc d'Algérie noircissant.

— Le sucre du Raisin pendant sa Maturation 1889. Bocheur, Montpellier.

— Procédés de Vinification pour remplacer le Plâtrage.

BOUFFARD. — Etude analytique des Vins américains et français, 1884, Groller et fils, impr., Montpellier.

— Nouvelle étude sur la Vinification du Jacquez, 1887, 0 fr. 60. Coulet, Montpellier.

— Procédés de Vinification pour remplacer le Plâtrage, 1888, 1 fr. 10. Coulet, Montpellier.

— La loi Griffe et le Plâtrage, 1888. Coulet, Montpellier.

— Rôle de la Chaleur et du Froid dans la Vinification, 1891. Coulet, Montpellier.

— Proportion de Sulfate de Potasse naturel dans les Vins, 1887. Bocheur, Montpellier.

— Œnologie, Maladie des Vins, 1887.

BOURDEL. — Du Plâtrage des Vins, Expériences sur l'homme, 4e édition, 1888, 1 fr. 15. Coulet, Montpellier.

BOURGADE. — *Vignes américaines,* 2e édition, 1884, in-8o, *franco* 2 fr. 15. Coulet, Montpellier.

— Nouvelle Etude sur les Vignes américaines, 1887, *franco* 0 fr. 85. Coulet, Montpellier.

BOUSCHET. — Les Raisins du Verger, 1869, in-8o, 35 pages, *franco,* 1 fr. 25. Coulet, Montpellier.

BRASSART. — Guide pratique pour la fabrication du cidre, 1 fr. Michelet, Paris.

BRIANT. — Les Vignes en chaintres, 1883, 1 fr. 25. Michelet, Paris.

BROCHE. — Petit Traité d'Agriculture, procédé préservant du phylloxera, 0 fr. 60. Coulet, Montpellier.

CADET de VAUX. — L'Art de faire le Vin, 1 fr. 25.

CADET DE VAUX. — Essais sur la Culture de la Vigne sans Echalas, 0 fr. 75.

CAILLE. — Guide pratique du Vigneron pour la Reconstitution des Vignobles de l'Est et du Centre de la France, 1888, in-12o. fig., *franco* 2 fr. 15. Coulet, Montpellier.

CAMPOS DA PAZ. Falsification des Boissons alcooliques, 27e leçon (français), 1887, typogr. Evarista Costa, Rio de Janeiro.

— Hygiene publica, marca de Fabrica, 1888, même typographie, rua do Hospicio, 85.

— A inspectoria geral de hygiene, même typographie.

— E o seu Parecer sobre falsifiçao e fraude dos bebidos alcoolicas, même typographie.

CARLES. — Viticulture classique et Pasteurisation, 0 fr. 50. Ferret, Bordeaux.

CATTA J.-D. — Une Filtrerie de Vins au filtre Chamberland. Impr. Fontana, Alger.

CAUVY. — Maladie de la Vigne dans l'Hérault, 1876, 1 fr. 20. Coulet, Montpellier.

CAZALIS F. — Soufrage des Vignes, 0 fr. 50. Coulet, Montpellier.

CAZALIS-ALLUT. — Observations sur le Plâtrage des Vins, 1858, in-8o, 0 fr. 50. Coulet, Montpellier.

— De l'Altise de la Vigne, 1884, in-8o, *franco* 0 fr. 50. Coulet, Montpellier.

CAZEAUX. — Nos Grands Vins, 1889.

CHANCEL. — Etudes sur la Composition des Vins et la Vinification, 1866, 2 fr. 20. Coulet, Montpellier.

CHATEAU. — Mémoire sur les Falsifications des Alcools. Roret, Paris.

CHAUVIN (Madame). — L'art de faire le Vin en toute Saison. Marbeuf, imp. Bordeaux,

CHAUZIT. — Submersion des Vignes, *franco* 1 fr. 75. Coulet, Montpellier.

CLAYTON. — La Viticulture aux Etats-Unis, 1889.

COMES. — La Gommose ou Mal nero dans les Vignes, 1888, *franco* 1 fr. 10. Coulet. Montpellier.

COMY. — Culture des Porte-greffe américains, 1879, *franco* 2 fr. Coulet, Montpellier.

CORNU. — Culture de la Vigne dans la Côte-d'Or et Vinification, *franco* 1 fr. 70. Coulet, Montpellier.

COSTES. — Le Plâtrage des Vins et l'Hygiène publique, 1887, 1 fr. 10. Coulet, Montpellier.

COT. — Observations relatives au Rapport Marty sur le Plâtrage, 1867.

COUDERC. — Etude de l'Hybridation artificielle de la Vigne, 1887, *franco* 1 fr. 75. Coulet, Montpellier.

COUDERC. — Guide pratique pour la Reconstitution des Vignes, Puech, Rodez.

COURRÈGUELONGUE. — Résumé de la Reconstitution par les Vignes américaines. Impr. Lescamela, Tarbes.

COURTY. — Reconstitution des Vignobles par les Plants américains, 5e édition, 1889, *franco* 1 fr. 70. Coulet, Montpellier.

CROLAS & VERMOREL. — Manuel pratique des Sulfurages, 1886, *franco*, 1 fr. 75. Coulet, Montpellier.

CROZIER. — Traité pratique et raisonné de la Différence des Vignes, 1884, *franco* 2 fr. 85. Coulet, Montpellier.

CUBONI. — Le Peronospora des Grappes, 1889, *franco* 1 fr. 60. Coulet, Montpellier.

CUDET. — Sur la Régénération des Vignobles savoisiens. Impr. Marial, Saint-Julien.

DALICHON. — Le Vin de Jacquez et le Messager du Midi, 1884, 0 fr. 60. Coulet, Montpellier.

DEGRULLY. — A travers les Vignes sulfurées. Impr. Grollier, Marseille.

DEGRULLY & VIALA. — Les Vignes Américaines, à l'Ecole d'Agriculture de Montpellier, 1884, 1 fr. 70. Coulet, Montpellier.

DÉJERNON. — Notes sur la Vigne en Chaintres en Algérie, 1 fr. 35. Office vinicole, Paris.

DELORT. — Renseignements indispensables aux Viticulteurs et Négociants, 1885. Berger, Nancy.

DÉZEIREMIS. — D'une Cause de Dépérissement de la Vigne, 2 fr. 50. Feret, Bordeaux.

DUFOUR-DUVERGIER. — Carte vinicole de la Gironde, 6 fr. Fauras, Bordeaux.

DUPLAIS. — Le Vin de Champagne, 1888. L'Auteur, Paris. Passage de l'Industrie, 6.

DUPLESSIS. — Rapport de l'Enquête sur les Vignes américaines. Impr. Jacob, Orléans.

DUPUITS DE MACONEX. — Guide du Propriétaire de Vignes, 2 fr. Essai d'ampélographie, les Cépages les plus estimés, 3 fr.

FALLIÈRES. — Rapport sur le Plâtrage des Vins, 1888. Gounouilhou, Bordeaux.

FAUCON. — Guérison des Vignes phylloxérées par Submersion, 3 fr. Office vinicole, Paris.

FAURÉ. — Analyse chimique et comparée des Vins de la Gironde, 3 fr. 50. Chaumas, Bordeaux.

FERRAND. — De l'Analyse des Vins falsifiés. Conférence, 1887.

FERRIER. — Guide du Consommateur de bons Vins, 2 fr. 50. Chaumas, Bordeaux.

FIGUIÈRES. — Culture de la Vigne chez les Anciens, 1884.

FOEX G. — Rapport sur le Plâtrage des Vins, 1888, *franco* 2 fr. 50. Coulet, Montpellier.

FOEX G. — Instructions pratiques pour combattre le Mildew, 0 fr. 60. Coulet, Montpellier.

FOEX & VIALA. — Le Mildiou ou Peronospora de la Vigne, *franco* 2 fr. 20. Coulet, Montpellier.

FRANÇOIS. — Manuel du Débitant de Boissons, in-12°, 179 pages, 2 fr.

GAILLARD. — Vignes américaines à production directe, porte-greffes, 1884.

GALLARD. — Du Vinage et des Falsifications des Vins, 1886, in-8°, 32 pages, 1 fr. Baillère.

GASTINE. — Action des Sels de Cuivre contre les Altises, 1887, in-8°, 0 fr. 60. Coulet, Montpellier.

— Les préparations cupriques ammoniacales, 1887, in-8°, 0 fr. 60. Coulet, Montpellier.

GASTINE & CUANON. — Emploi du Sulfure de Carbone contre le Phylloxera, 1884, 5 fr. 50. Coulet, Montpellier.

GAYON & DUBOURG. — Analyse chimique des Vins rouges de la Gironde, 1888. Imprimerie nationale.

GAYON & BLAREZ. — Recherches chimiques sur le Déplâtrage par la Strontiane, 1890, 2 brochures. Chaix, Paris.

GERBER. La Vinification dans les Pays chauds, 1888, 1 fr. 50. Brun, Tunis.

GIRARD (J. de). — Plâtrage des Vins au Point de vue chimique et médical, *franco* 0 fr. 85. Coulet, Montpellier.

— Plâtrage des Vins, Discussion du Rapport Marty, 1889, 0 fr. 70. Coulet, Montpellier.

GIRERD. — Vignes américaines, Greffage. Vitte et Peyrussel, Lyon.

GIRET & VINAS. — Chauffage des Vins, in-8°, 143 pages, 3 figures, 1 fr. 50. Coulet. Montpellier.

GRIGNON. — L'Eau-de-vie de Cidre, 1 fr. 50. Doin, Paris.

GUETTE. — La Fuchsine, 1882, in-16°, 60 pages, 1 fr. 25. Baillère, Paris.

GUILLOT. — Le Vin, 1884. Isnard, Toulon.

HERVOUET. — Guide du Négociant en liquides, 2 fr.

HYGIÈNE PUBLIQUE. — La Falsification des Vins par les Colorants, 1887, impr. Franc.-Comtoise, Besançon.

HUGOUNENCQ. — Nouvelle Note sur le Phosphatage des Vins. Hamelin, Montpellier.

JOLICŒUR. — Les Ennemis des Vignes champenoises. Impr. Justinat, Reims.

JOUÉ. — Guide pratique du Greffeur de Vignes, 1886, *franco* 1 fr. 15. Coulet, Montpellier.

— Lutte contre le Mildew, 1886, *franco* 0 fr. 70. Coulet, Montpellier.

JOUBERT. — Du Médoc, Culture, Traitement des vins, 2 fr. 50.

KEHRIG. — La Cochylis. Feret, Bordeaux.

KLOSTERNEUBURG (Station de). — Coordination des Propositions relatives à l'Appréciation des Vins sur leur Authenticité (en allemand), 1889. La station par Vienne et Obftbau.

LA LAURENCIE (Cte de). — Pratique de la Plantation et Greffage des Vignes américaines, 1 fr. 50. Librairie agricole, rue Jacob, 26, Paris.

LAURENT. — Reconstitution par le Plant résistant, 1884, *franco* 0 fr. 60. Coulet, Montpellier.

LANJOULET. — Taille et Culture de la Vigne, 2 fr. 50.

LAVIGNAC. — La Maladie des Vignes, sa Destruction définitive. Impr. Vve Riffard, Bordeaux.

LECOUTEY. — Du Plâtrage des Vins, 1888, 1 fr. Noblet, Paris.

LEENHARDT-POMMIER. — Rapport sur les Vins exposés à l'Ecole d'Agriculture de Montpellier, 1884. Hamelin, Montpellier.

LEGENTIL. — Mémoire sur la Fermentation des Vins, in-8°, 2 fr. 50.

LESPIAULT. — Les Vignes américaines dans le Sud-Ouest de la France, *franco* 1 fr. 25. Coulet, Montpellier.

— Notes et Observations sur les Vignes américaines, *franco* 1 fr. 50. Coulet. Montpellier.

LICHTENSTEIN. — Les Cépages américains, classés et annotés, 1874, *franco* 0 fr. 60. Coulet, Montpellier.

— Tableau synoptique des Maladies de la Vigne, 1 fr. 65. Coulet, Montpellier.

LOISEAU. — Le Vin. Vendange, 1888, 0 fr. 50. Le Bailly, Paris.

LUNIER. — Du Vinage et de l'Alcoolisation des Vins, 1885. Savy, Paris.

LUTRAND. — Chauffage des Vins, 1870, *franco* 0 fr. 60. Coulet, Montpellier.

MALAFOSSE (L. de). — Rapport sur la Falsification des Vins, 1884. Douladoure, Toulouse.

MALENFANT. — Etude sur deux Points de l'Analyse des Vins, 1884, 0 fr. 75. Masson, Paris.

MALEPEYRE. — Nouveau Manuel d'Alcoométrie, 1888, 1 fr. 25. Roret, Paris.

MARAIS. — Notice sur les Vins plâtrés, 1889. Delesques, Caen.

MARÈS. — Manuel pour le Soufrage des Vignes malades, *franco* 1 fr. 50. Coulet, Montpellier.

— Des Moyens pratiques de combattre la Maladie de la Vigne, 1874, *franco* 0 fr. 60. Coulet, Montpellier.

MAROT. — Notice sur les Vins de Bordeaux, 1889, 2 brochures. Gounouilhou, Bordeaux.

MARTIN (L.-H. de). — Œnotherme de Terrel des Chênes et Chaudières à échauder la Vigne contre les pyrales, 1873, *franco* 1 fr. 75. Coulet, Montpellier.

— Instrument d'Intérieur de Caves au Concours de Narbonne, 1873, 2 fr. 25. Coulet, Montpellier.

— Tribut à la Viticulture et à l'Œnologie, 1875, *franco* 1 fr. 75. Coulet, Montpellier.

— Le Plâtrage de la Vendange en 1887, Conférences, *franco* 0 fr. 85. Coulet, Montpellier.

MARTIN. — Guide du Distillateur de Marcs, 1 fr. Michelet.

MARTY. — Rapport au Ministre sur les Vins plâtrés, 1876.

MATHIEU & MORFAUX. — Caractérisation des Couleurs de Houille dans les Vins, 1889, 2 fr. Challamel, Paris.

MAUNY DE MORNEY. — Le Vigneron.

MENSON. — Nouvelle classification des Vignes des Etats-Unis. Discours, *franco* 0 fr. 60. Coulet, Montpellier.

MESSINE (de). — Le Vinage et le Sucrage des Vins, 1884, 1 fr. 25. Michelet, Paris.

MICHAUD. — Les Engrais de la Vigne, 1889.

MILLARDET. — Traitement du Mildiou et du Rot, 1886, *franco* 2 fr. 25. Coulet, Montpellier.

— Notes sur les Vignes américaines, 1888, *franco* 2 f 75, Coulet, Montpellier.

MONESTIER. — Destruction du Phylloxera par les Gaz, 1873, 1 fr. Coulet, Montpellier.

MORTILLET (de). — Bouturage et Greffage des Vignes américaines, *franco* 1 fr. 25, Coulet, Montpellier,

MULLER. — Le Sucrage des Vins et les Vins de Marcs, 1884, 0 fr. 75. Michelet, Paris.

PELLICOT. — Le Vigneron provençal, *franco* 4 fr. Coulet, Montpellier.

PERSOZ. — Nouveau Procédé de la Culture de la Vigne, 1 fr. 50.

PINSON & PETIT. — Graduation de l'Alcoomètre Gay-Lussac, 1874, Paris.

PLANCHON. — Les Mœurs du Phylloxera de la Vigne, 1877, *franco* 1 fr. 35, Coulet, Montpellier.

— La Question phylloxérique en 1876, *franco* 1 fr. 35. Coulet, Montpellier.

PULLIAT. — Manuel du Greffeur de Vignes, 4e édition, 1889, *franco* 1 fr. 30. Office vinicole, Paris.

— Les vignes d'Amérique, Traitements, etc., *franco* 1 fr. 15. Coulet, Montpellier.

RAVAZ. — Ampélographie, Portugais bleu et Saint-Sauveur, 1887, planches, *franco* 2 fr. 20. Coulet, Montpellier.

RAYNAL. — Plâtrage de la Vendange, rapports Caillard, impr. Narbonne.

— Traité pratique des Vins, Cidres, Spiritueux et Vinaigres. Masson, Paris.

ROBIN & VERMOREL. — Sucrage des Vins et Vins de 2e cuvée, 1 fr. 50. Delahaye, Paris.

ROBINET. — Matières colorantes dans les Vins. Bonnedame et fils, Epernay.

— Notice sur le Vinage des Moûts et Vins mousseux. Chaix, Paris.

ROYER. — Etude sur les Vins de Belgique, in-8o, 2 fr.

ROUGIER. — Instructions pratiques pour la reconstitution des Vignobles, *franco*, 2 fr. 35. Coulet, Montpellier.

SAINT-AMAND. — Le Vin de Bordeaux, Promenade dans le Médoc, 2 fr.

SAINTPIERRE. — Vins d'imitation de Cette et de Mèze, 1875.

SAHUT. — De l'Adaptation au sol des Vignes américaines, 1885, *franco* 0 fr. 85. Coulet, Montpellier.

— Même sujet, 1888, *franco* 1 fr. 75. Coulet, Montpellier.

— La Jaunisse ou Chlorose des Vignes, *franco* 0 fr. 85. Coulet, Montpellier.

SEILLAN. — Les Vins du Gers et les Eaux-de-Vie d'Armagnac, 2 fr.

SENDERENS. — Chauffage des Vins, procédé Senderens, 1884. Privat, Toulouse.

SERIGNE. — Maladies de la Vigne. Hetzel, Paris.

— La Vigne et ses Ennemis, in-8o, 150 pages, 2 fr. 50. Hetzel, Paris.

— La Vigne et le Phylloxera, in-8o, 50 pages, 1 fr. Hetzel, Paris.

— Le Guide général viticole et vinicole de France, 120 livraisons, 0 fr. 50. Hetzel, Paris.

SERRES. — La Vigne et ses Parasites. Impr. Blay, Poitiers.

SINGER (Max). — Traité pratique des Fraudes, 1876, 194 pages, Tignol, Paris.

TELLENNE. — Les Maladies de la Vigne et leurs Causes probables. Impr. régionale, Poitiers.

TERREL DES CHÊNES. — Triologie du Phylloxera, 2 fr. 90. Office vinicole, Paris.

TESTULAT. — Viticulture moderne, 0 fr. 50. Tignol, Paris.

THÉNARD (Baron). — Notice sur le Vinage des Vins, in-8o, 22 pages.

THOMAS. — Manuel de l'Alcoométrie, 1883, Paris.

TROUILLET. — Nouvelle Culture de la Vigne en pleins champs, sans Soutiens, 2 fr. 50.

VERMOREL. — Le Congrès national viticole de Bordeaux, 1886, *franco* 1 fr. 15. Coulet, Montpellier.

VEYRAC. — Barème du Distillateur et du Propriétaire vinicole, 1867, *franco*, 2 fr. 25. Coulet, Montpellier.

VEYRAC. — Barème vinicole du Midi, 7e édition, 1887, *franco* 1 fr. 25. Coulet, Montpellier.

VIALA. — Le traitement du Black-Rot en Amérique, 1888, *franco* 0 fr. 60. Coulet, Montpellier.

— Mission viticole en Amérique, Rapport 1888, *franco* 0 fr. 75. Coulet, Montpellier.

— Même sujet détaillé, cartes et planches, *franco* 16 fr. Coulet, Montpellier.

VIALA. — Monographie du Pourridié des Vignes et des Arbres fruitiers, 1892.

VIALA & RAVAZ. — Le Black-Rot et le Coniothyrium Diplodiella, 1888, 3 fr. 25. Coulet, Montpellier.

— Recherche sur les Maladies de la Vigne, la mélanose, *franco* 2 fr. 20. Coulet, Montpellier.

VIALA & FERROUILLAT. — Traitement du Mildiou, 1887, *franco* 1 fr. 15. Coulet, Montpellier.

— Manuel pratique pour le traitement de la Vigne, 1888, *franco* 2 fr. 25. Coulet. Montpellier.

VIARD Emile. — La Fuchsine dans les Vins, 1876. Petite brochure 0 fr. 50, *franco*.

— Rendement des Sucres au Raffinage, *franco* 1 fr.

VIGNERON (Abbé). — Nouvelle Méthode de Distillation des Marcs, 1886, 0 fr. 40. Sordoillet, Nancy.

VITICULTEUR (Un). — Les Vins français et le Vinage. Masson, Paris.

PUBLICATIONS PÉRIODIQUES

ANNALES DE CHIMIE & DE PHYSIQUE. — Mensuel, 30 fr. Paris, 34 fr. Départements. Masson, boulevard Saint-Germain, 120, Paris.

ANNALES DE LA SOCIÉTÉ ACADÉMIQUE DE NANTES. — Semestrielles, 5 fr. par an. Rue Suffren, Nantes.

ANNALES DE L'ÉCOLE NATIONALE D'AGRICULTURE DE MONTPELLIER. — Coulet, Montpellier.

BULLETIN DE LA SOCIÉTÉ DE PHARMACIE DE BORDEAUX. — Mensuel, 5 fr. par an. Rue Pélegrin.

COMPTES-RENDUS DE L'ACADÉMIE DES SCIENCES. — Hebdomadaire, 20 fr. Paris, 30 fr. Départements, par an. Gauthier-Villars, Paris, quai Grands-Augustins, 55.

LE COSMOS. — Revue des Sciences, illustré, hebdomadaire, 25 fr. par an. Paris, rue François Ier.

ÉCHO UNIVERSEL D'AGRICULTURE. — Hebdomadaire, 6 fr. par an. Marseille, rue des Minimes, 53.

FARMACIA MODERNA. — Hebdomadaire, 10 pesetas par an. Madrid, Luis Siboni (*voir plus bas*).

FEUILLE VINICOLE DE LA GIRONDE. — 4 numéros par mois, 7 fr. 50 par an. Gironde, Bordeaux, rue Notre-Dame, 45.

JOURNAL DES FABRICANTS DE SUCRE. — Hebdomadaire, 25 fr. par an. Paris, boulevard Magenta, 160.

JOURNAL DE PHARMACIE & DE CHIMIE. — Bi-mensuel, 15 fr. par an. Masson, Paris, boulevard Saint-Germain, 120.

JOURNAL DE LA VIGNE. — Hebdomadaire, 12 fr. par an. Paris, rue Faubourg Montmartre, 42.

MESSAGER AGRICOLE. — Mensuel, 8 fr. par an. Montpellier, Coulet, Grand'Rue, 5.

MONITEUR SCIENTIFIQUE. — Quesneville. Mensuel, 20 fr. par an. Paris, rue de Bucy, 12.

MONITEUR VINICOLE. — Bi-hebdomadaire, 23 fr. par an. Paris, rue de Beaune, 6.

NATURE. — Sciences, illustré, hebdomadaire, 25 fr. par an, Paris, Masson, boulevard Saint-Germain, 120.

PROGRÈS AGRICOLE & VITICOLE. — Hebdomadaire, 12 fr. par an. Montpellier, Coulet, Grand'Rue, 5.

REVUE INTERNATIONALE DES FALSIFICATIONS. — Amsterdam, Van Hamel Roos.

REVUE VINICOLE. — Hebdomadaire, 15 fr. par an. Paris, boulevard Montmartre, 19.

UNION PHARMACEUTIQUE. — Mensuel, 6 fr. par an. Paris, Pharmacie Centrale, rue de Jouy, 7.

VIGNERON CHAMPENOIS. — Hebdomadaire, 10 fr. par an. Epernay, Bonnedame, place Flodoard, 70

Le Traité Général de la Vigne et des Vins est traduit, à 1000 exemplaires, en espagnol par MM. Don Luis Siboni et Don Angel Bellogin, directeurs de la Farmacia moderna, journal scientifique, pharmaceutique et vinicole. Don Luis Siboni à Madrid, Munoz Torrero 7, 2°. Don Angel Bellogin à Valladolid, Angustias, 5 6.

SUPPLÉMENT

Levûres des Raisins. — Bulletin mensuel de la *Société des Sciences, Agriculture et Arts de la Basse-Alsace* (Strasbourg, Fritz Kieffer, trésorier, place St-Thomas, 3. — 7 fr. par an).

Dans le fascicule n° 8, août à octobre, M. Jacquemin décrit son procédé de préparation des levûres de raisins pures et annonce qu'il est parvenu à les livrer aux viticulteurs à l'état vivant, en vases fermés brevetés, permettant le dégagement de l'acide carbonique. L'emploi de ces levûres vivantes donne un bien meilleur résultat que l'emploi des levûres endormies. Dans le fascicule n° 9 (novembre), M. Jacquemin se défend d'avoir dit qu'avec ses levûres on pouvait transformer les vins communs en vins supérieurs semblables aux grands vins ; ses levûres améliorent beaucoup les vins ordinaires mais n'en font pas des grands vins. M. Gide dit que la préparation des levûres est connue depuis longtemps et que M. Martinand en a préparé avant M. Jacquemin.

Comptes-Rendus de l'Académie des Sciences (1891, novembre 30). M. Martinand a étudié l'influence du soleil sur les levûres qui se trouvent à la surface des raisins. Il a reconnu que lorsque la durée de l'exposition au soleil est égale ou supérieure à 4 heures et la température comprise entre 41 et 45°, les levûres sont tuées. Aux températures comprises entre 36 et 37°, la levûre apiculée a fermenté une fois et la levûre elliptique deux fois, sur trois essais, et pour une durée d'insolation de 4 à 6 heures. A 36° les levûres sont encore tuées si on les laisse exposées au soleil pendant 3 jours.

Soumises à l'action de l'étuve, à l'abri des rayons solaires, entre 36 et 40°, les levûres sont encore vivantes au bout de 10 jours. La levûre apiculée est tuée au bout de 4 h. à 40-44° et la levûre elliptique seulement après 48 heures d'étuvage à 47-49°.

L'action de la lumière est donc démontrée ; c'est ce qui explique pourquoi il y a peu de levûres sur les raisins situés au haut de la tige et non abrités tandis que les raisins du bas sont plus garnis et que le sol en contient des quantités énormes.

Production Vinicole. — *Rapport sur la Viticulture et le nouveau régime douanier par le Docteur Cot.* (Imprimerie L. Grollier père, Montpellier). Rapport approuvé par la Société Centrale d'Agriculture de l'Hérault, dans la séance du 5 avril 1891.

Je signale cette intéressante brochure aux personnes qui s'occupent de la statistique vinicole. Elle contient des tableaux habilement présentés et remplis de renseignements précieux sur les rapports de la France avec les autres pays. Je citerai quelques chiffres complétant les renseignements donnés dans ce volume.

Espagne. — La surface plantée en vignes est de 2 millions d'hectares qui ont produit en 1890 : 34 millions d'hectolitres de vins. La production dépasse de 10 millions la consommation. L'exportation en France, qui était nulle en 1875, est montée à 6 millions en 1883 et à 8 millions d'hectolitres en 1890, année pendant laquelle l'exportation totale a été de 9 millions d'hectolitres.

Italie. — La surface plantée en vignes était, en 1874, de 1.926.832 hectares; elle a monté à 3.095.293 hectares en 1883. La production totale de 1890 a été de 27.847.200 hectolitres. L'exportation en France était, en 1887, de 2.703.000 hectolitres ; en 1890, par suite des nouveaux droits, elle est tombée à 19 800 hectolitres. En 1889, l'exportation totale a été de 1.338.224 hectol., dont 101.500 pour la France.

Portugal. — Le Portugal a exporté en France 33.886 hl. en 1880; 1.430.490 hl. en 1886 et 882.745 hl. en 1889.

Grèce. — La Grèce a expédié en France pour 20.321.080 francs de raisins secs et 5.118.228 francs de vins ; soit un total de 25.439.308 francs sur 30.811.279 francs d'exportation totale.

Production vinicole en France, en 1891. — D'après le Bulletin de statistique du ministère des finances, pour les 11 premiers mois de 1891, il y a eu 1.763.374 hectares plantés en vignes et la production a été de 30.139.555 hectolitres, soit une augmentation de 2.723.000 hl. sur 1890. La production des vins d'eau sucrée a été de 1.883.298 hl et celle des vins de raisins secs de 1.704.446, soit une diminution pour ces derniers de 2.588.404 hl.

L'Algérie, pour 107.048 hectares, a produit 4.058.412 hl. de vins.

Pendant ces 11 mois l'importation totale a été de 10.828.000 hl. sur lesquels on a tiré de l'Espagne 8.542.000 hl.; du Portugal 20.000 hl ; de l'Italie 8.000 hl. ; de l'Algérie 1.617.000 hl. et de la Tunisie 10.000 hl.

Les exportations ont été de 1.871.000 hl.

La production des cidres a été, pendant le même laps de temps, de 9.280.000 hl. L'importation a été de 639 hl et l'exportation de 9.000.

Dosage de l'acidité due aux acides fixes et aux acides volatils. (Annales de Chimie et de Physique, janvier 1892). — M. Müller a essayé la méthode d'analyse des acides volatils, qui consiste à neutraliser le vin bouilli par la potasse et à traiter ensuite le résidu par l'acide phosphorique avant de distiller presque à sec ; il a constaté que cette distillation devait être très lente, surtout si le vin est riche en glycérine. Ses résultats lui ont démontré qu'il fallait faire 4 distillations avec de l'eau pour obtenir tout l'acide et que la présence de l'acide phosphorique est inutile, le bitartrate de potasse déplaçant l'acide acétique, molécule pour molécule.

Il propose la nouvelle méthode suivante : 1° Sur 10^{cc} de vin on dose l'acidité totale, y compris l'acide carbonique, avec de l'eau de baryte dont $1^{cc} = 0^{gr}01$ d'acide sulfurique ; l'indicateur étant la phénolphtaléine ;

2° On verse 10^{cc} de vin dans un petit ballon que l'on fait communiquer à une trompe à eau et on fait le vide pendant 10 minutes environ, en agitant et en maintenant une température de 18 à 20° ; tout l'acide carbonique est expulsé et il ne s'évapore pas d'acide gras, ainsi que les essais l'ont démontré. On dose l'acidité au moyen de la baryte ;

3° 10^{cc} de vin sont évaporés dans une capsule de porcelaine, à fond rond, de 12 cm. de diamètre, à feu nu sur une petite flamme Bunzen, en donnant au liquide un mouvement giratoire et en soufflant sur la surface. L'évaporation dure quelques minutes, on sèche le résidu pendant 2 ou 3 minutes sans jamais élever la température de la capsule, de façon qu'on ne puisse en supporter la chaleur avec la main. Le résidu est d'un beau rouge ; s'il était brun en quelques points, l'opération serait à recommencer ; on arrête lorsque le résidu est pâteux et ne coule plus. On ajoute 5^{cc} d'eau, on évapore à nouveau, puis une troisième fois, on dissout ensuite dans l'eau et dose l'acidité par la baryte.

Ce procédé, déjà si simple, a été encore simplifié par son auteur. Au lieu de chasser l'acide carbonique par le vide, on peut chauffer jusqu'au commencement de l'ébullition, en soufflant dans la capsule. D'autre part, on peut titrer directement le résidu de l'évaporation du vin ; mais dans ce cas il faut faire une correction, déterminée par un certain nombre d'essais : soit T le titre correspondant à la somme des acides fixes et volatils, t le titre correspondant aux acides fixes et t' le titre réel des acides volatils, on aura à corriger d'après la formule : $t' = 1{,}167\ (T - t)$.

Un grand nombre d'essais faits au moyen de cette formule a donné des résultats bien concordants.

Nouveau Tarif des Douanes. — Le 1er février 1892, est entré en vigueur un nouveau tarif des Douanes qui modifie les droits applicables aux vins à l'entrée en France.

Voici les articles relatifs aux Vins :

« Vins provenant exclusivement de la fermentation des raisins frais, jusqu'à 11 degrés *exclusivement*, c'est-à-dire jusqu'à 10° 9 *dixièmes*.

« *Tarif général* par hectolitre, 1 fr. 20 par degré alcoolique.

« *Tarif minimum* — 0 fr. 70 — —

« Vins provenant exclusivement de la fermentation des raisins frais, à « partir de 11 degrés *inclusivement*.

« *Tarif général*, par hectolitre, même droit pour les dix premiers degrés « et payement par chaque degré en sus, d'une taxe de douane égale au « montant du droit de consommation de l'alcool.

« *Tarif minimum*, par hectolitre, même droit pour les dix premiers « degrés et payement par chaque degré en sus, d'une taxe de douane égale « au montant du droit de consommation de l'alcool. »

Comme on le voit, un Vin à 11°1 dixième, par exemple, est susceptible d'être taxé à un tarif plus élevé qu'un vin à 10°9, et ainsi de suite de degré en degré alcoolique.

Les dosages d'alcool devront donc être faits avec une précision permettant de fixer nettement le 1/10 de degré alcoolique.

A ce sujet, M. *Dujardin* publie une note indiquant les résultats obtenus au Laboratoire central des Contributions indirectes, à la suite d'essais faits sous la surveillance de la Commission extra-parlementaire des alcools, présidée par M. Léon Say, en 1887.

Voici quels sont les résultats donnés par M. Dujardin :

	Vin de l'Aude Jarlaud. Extrait sec : 22 gr. Sucre : 2 gr. 5	Mélange de Vins d'Espagne. Extrait sec : 34 gr. Sucre : 7 gr. 2
Distillation par le grand alambic Salleron, type officiel, degré déterminé par l'alcoomètre poinçonné	9.075	14.50
Ebulliomètre Salleron	9.05 9.20	14.50 14.70
Ebullioscope Malligand	9.50 9.50	14.80 14.85
Ebulliomètre Amagat	9.80 9.70	15.20 14.20

(Extrait du Journal *la Régie*).

Une fois ces résultats obtenus, l'alambic Salleron nouveau type a été adopté à titre officiel par l'Administration centrale des Contributions indirectes et par le Laboratoire du Ministère du Commerce.

TABLE DES MATIÈRES

PREMIÈRE PARTIE

DE LA VIGNE

DEUXIÈME PARTIE

DES VINS

QUATRIÈME PARTIE

FALSIFICATIONS

NANTES — IMPRIMERIE G. SCHWOB ET FILS, RUE SCRIBE, 6.

NANTES, IMPRIMERIE G. SCHWOB ET FILS, RUE SCRIBE, 6.

www.ingramcontent.com/pod-product-compliance
Ingram Content Group UK Ltd.
Pitfield, Milton Keynes, MK11 3LW, UK
UKHW020252230726
13925UKWH00001B/1